Roland Mandl
Bernhard Sick

Messen, Steuern und Regeln mit ICONNECT

Roland Mandl

Bernhard Sick

Messen, Steuern und Regeln mit ICONNECT

Komponentenbasierte Bild- und Signalverarbeitungsanwendungen visuell programmiert

Bibliografische Information Der Deutschen Bibliothek
Die Deutsche Bibliothek verzeichnet diese Publikation in der Deutschen Nationalbibliografie;
detaillierte bibliografische Daten sind im Internet über <http://dnb.ddb.de> abrufbar.

1. Auflage Juni 2003

Konzeption und Layout des Umschlags: Ulrike Weigel, www.CorporateDesignGroup.de
Umschlagbild: Nina Faber de.sign, Wiesbaden

Additional material to this book can be downloaded from http://extra.springer.com.

ISBN 978-3-528-05812-8   ISBN 978-3-322-87251-7 (eBook)
DOI 10.1007/978-3-322-87251-7

Vorwort

ICONNECT stellt ein sehr vielseitiges Werkzeug zur Erzeugung von Applikationen im Bereich *Messen, Steuern und Regeln* dar. Es besteht aus einer umfangreichen Bibliothek von Modulen (*Komponenten*), die in einem grafischen Editor zu komplexeren Anwendungen kombiniert werden (*visuelle Programmierung* von so genannten Signalgraphen). In ICONNECT kann ein Signalgraph dann unmittelbar mit Hilfe einer Ablaufsteuerung ausgeführt werden. Neben zahlreichen Modulen zur Steuerung, Verarbeitung und Auswertung von Signalen stehen auch verschiedenste Module zur Erzeugung von grafischen Benutzerschnittstellen und verschiedenste Treiber zur Verfügung.

Die visuelle, komponentenbasierte Entwicklung von Bild- und Signalverarbeitungsanwendungen hat in den vergangenen Jahren ständig an Bedeutung gewonnen. Wichtigster Grund dafür ist, dass immer komplexere Anwendungen mit minimalem Kostenaufwand und hoher Entwurfssicherheit möglichst schnell entwickelt werden müssen. In kaum einem anderen Anwendungsgebiet hat das Konzept der visuellen Programmierung einen vergleichbaren Erfolg. Auch Applikations-Ingenieure ohne spezifische Programmierkenntnisse können auf grafischem Weg komplexe Anwendungen erstellen. Das Komponenten-Konzept trägt aufgrund der Möglichkeit zur einfachen Wiederverwendung erprobter Bausteine erheblich zur Entwicklung sicherer Software und zur Kosteneinsparung bei. Insgesamt wird der Entwicklungsaufwand für Software (Zeit und Kosten) deutlich planbarer, was Firmen einen entscheidenden Wettbewerbsvorteil gegenüber Konkurrenten ermöglicht.

Das vorliegende Buch wendet sich insbesondere an Informatiker, Ingenieure und Naturwissenschaftler, die sich mit Bild- und Signalverarbeitungsanwendungen beschäftigen. Es wird davon ausgegangen, dass der Leser Grundkenntnisse der Mathematik und der Programmierung besitzt, wie sie etwa beim Vordiplom eines entsprechenden Studiengangs erwartet werden. Das Buch ist so gegliedert, dass die einzelnen Kapitel thematisch aufeinander aufbauen und daher in der vorgegebenen Reihenfolge gelesen werden können. Leser mit unterschiedlichem Interesse und unterschiedlichen Vorkenntnissen werden jedoch an einzelnen Aspekten des Themas mehr oder weniger interessiert sein. Die folgende Tabelle soll daher dem Leser eine kleine Hilfestellung bei der Auswahl der zu lesenden Kapitel geben:

Lesergruppe, ...	Kapitel
... mit Interesse an visueller, komponentenbasierter Programmierung im Allgemeinen bzw. im Bereich Messen, Steuern und Regeln.	1, 2, (3), 12
... ohne bestimmte Vorkenntnisse mit Interesse an dem Softwarewerkzeug ICONNECT.	1 – 5, (11), 13
... mit grundlegendem Basiswissen (bereits ICONNECT-Anwender).	(3), 4, 5, 10
... die sich über Algorithmen im Bereich Messen, Steuern und Regeln informieren möchte.	6 – 8
... die an der Einbettung von ICONNECT in technische (u.a.) Prozesse interessiert ist.	5, 9
... die schnell etwas über mögliche Anwendungen von ICONNECT wissen möchte.	11
... die als Erstes ICONNECT installieren möchte.	13

Dem Buch ist eine CD beigelegt, die ICONNECT in einer Version enthält, die entweder als Demoversion oder – bei entsprechender Lizenzierung – als Vollversion ablauffähig ist. Bei der Demoversion ist lediglich die Größe von Signalgraphen auf 50 Module beschränkt. Dies ist für alle in diesem Buch besprochenen Beispiele (die ebenfalls auf der CD zu finden sind) ausreichend. Durch das Ausprobieren und Modifizieren der weit über 100 Beispiele sowie durch die Entwicklung eigener Anwendungen kann der Leser seine mit Hilfe des Buchs erworbenen Kenntnisse ausbauen und vertiefen.

Sowohl als Entwickler als auch als Anwender haben wir beide die Entstehung von ICONNECT seit den ersten prototypischen Vorversionen begleitet. Interessant war dies insbesondere auch aufgrund der unterschiedlichen, aber komplementären Sichtweisen: Einerseits anwendungsorientiert als Entwicklungsleiter in der Industrie, andererseits forschungsorientiert als Projektleiter und Lehrbeauftragter an einer Universität. Den schon seit längerem gehegten Wunsch, das gemeinsame Wissen und die Erfahrungen aller Autoren in schriftlicher Form festzuhalten und so weiterzugeben, haben wir ab dem Frühjahr 2002 in die Tat umgesetzt.

Wir bedanken uns ganz besonders bei Herrn K. Wisspeintner, Geschäftsführer der Micro-Epsilon Messtechnik, Ortenburg, der das Zustandekommen des Buches ermöglicht hat.

Ganz besonders sollen an dieser Stelle unsere (Co-)Autoren erwähnt werden, die ihre Kenntnisse und Erfahrungen in diesem Buch eingebracht haben (in alphabetischer Reihenfolge): A. Bauhofer, O. Buchtala, H. Farr, Dr. E. Fuchs, Dr. T. Hanning, R. Hesse, M. Heininger, A. Liebl, H. Meyerhofer, M. Ramsauer, J. Schwarzmüller, A. Sonntag, Dr. A. Stübinger, M. Wimmer und U. Wittl. Die Autoren hatten Unterstützung TEXnischer Art, beim Umgang mit CVS, bei der Umsetzung der Beispiele und beim Korrekturlesen ihrer Beiträge von S. Bredl, J. Herr, M. Rank und C. Gruber. Herzlichen Dank an alle für ihr Engagement!

Unser aufrichtiger Dank gilt auch dem Vieweg Verlag für sein Interesse an diesem Buch und speziell Herrn Dr. R. Klockenbusch für seine Betreuung während der Entstehung.

Ortenburg und Passau, 29. April 2003   Dr. R. Mandl, Dr. B. Sick

Inhaltsverzeichnis

1   Einführung

R. Mandl und B. Sick

Ein Verständnis der Abgrenzung zwischen den konträren Anforderungen an Entwicklungssysteme für die Signalverarbeitung im Labor- bzw. Industriebereich erleichtert die Auswahl geeigneter Systeme für beide Bereiche. Dieses Verständnis soll in diesem Kapitel gewonnen und durch Beispiele untermauert werden. Außerdem werden die wichtigsten Auswahlkriterien für Hard- und Software von Systemen für Signalverarbeitung angegeben; insbesondere werden Kriterien an Werkzeuge zur modularen, visuellen Softwareentwicklung mit Hilfe so genannter Komponentenframeworks vorgestellt.

1.1   Online- und Offline-Signalverarbeitung

PCs (Personal-Computer) werden schon seit langer Zeit zur Analyse von Versuchs- und Messergebnissen eingesetzt. Viele Mess- und Prüfgeräte verfügen über eine Schnittstelle, mit der es möglich ist, Messreihen in einer Datei abzulegen, um diese später auszuwerten. Da die Erfassung der Ergebnisse von der Auswertung zeitlich getrennt ist, spricht man in diesem Fall von einer *Offline*-Auswertung.

HARDWARE	Online	Offline
Zuverlässigkeit	hoch bis sehr hoch	mittel bis niedrig
Echtzeitfähigkeit	mittel bis hoch	unwichtig
Schnittstellen	reichhaltig	unwichtig

Tabelle 1.1 Anforderungen an die Hardware

Zur Qualitätskontrolle einer Produktionseinrichtung werden beispielsweise Produktstichproben entnommen und mit Hilfe statistischer Methoden im Labor ausgewertet, um ein mehr oder weniger realistisches Bild des Produktionsvorgangs zu erhalten. Im Zuge einer immer stärker geforderten 0%-Fehlerstrategie ist diese Methode nicht mehr ausreichend und die Erfassung und Kontrolle der Produktmerkmale muss bei *allen* produzierten Teilen erfolgen. Wird diese Prüfung produktionsbegleitend durchgeführt, so spricht man von einer *Online*-Datenerfassung und -Auswertung. Bild 1.1 zeigt eine typische Produktionsumgebung. Fehlerhafte Teile werden zu 100% erkannt und aussortiert. Eine vollständige Kontrolle aller gefertigten Teile in einer Produktionsumgebung stellt spezielle, neue Herausforderungen an die verwendete Hard- und Software zur Messdatenerfassung und Auswertung, denn die Anforderungen an die Software zur Online- oder Offline-Signalverarbeitung sind ebenso konträr wie die jeweiligen Hardwareanforderungen (siehe Tabellen 1.1 und 1.2).

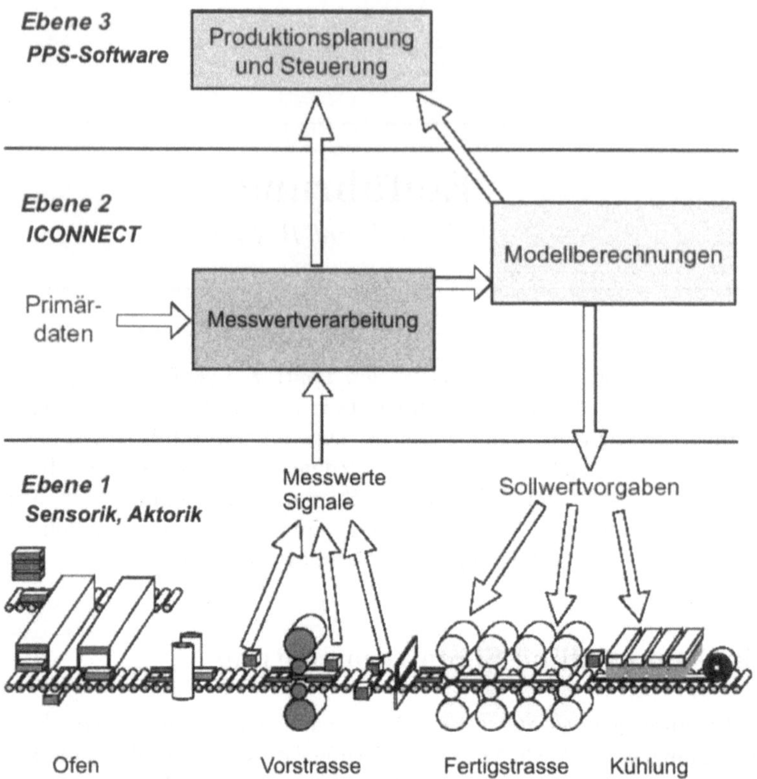

Bild 1.1 Fertigungsprozess mit Produktionsplanung und Steuerung

SOFTWARE	Online	Offline
Erfassung, Verarbeitung und Visualisierung	schritthaltend in Echtzeit, quasi gleichzeitig	nacheinander, ohne Echtzeitanforderungen
Größe der zu verarbeitenden Datenmengen	klein, dadurch kurze Reaktionszeiten für Steuerung und Regelung	groß, dadurch höhere Effizienz bei Berechnungen
Art der Datenauswertung	vollautomatisch, Visualisierung zur Kontrolle und Statistik, Interaktion unerwünscht	meist interaktiv in Visualisierung, Automatisierung mit Makros
Sicherheit, Zuverlässigkeit	Ausfall des Systems führt zu Produktionsausfall	meist unkritisch
Schnittstellen	viele gleichzeitig genutzte Hardwareinterfaces und Kommunikationsprotokolle	Datei, Benutzer
Einsatzgebiet	Maschine, Prüfstand	Labor

Tabelle 1.2 Anforderungen an die Software

Als deutlicher Trend ist absehbar, dass sowohl PC-basierte Hardware als auch die aus der PC-Technik bekannten Software- und Betriebssysteme nach der Eroberung der *Offline*-Signalverarbeitung mehr und mehr auch die *Online*-Domäne der Erfassung- und Verarbeitung übernehmen. Während die SPS (speicherprogrammierbare Steuerung) im klassischen Bereich der Steuerungstechnik immer öfter von Soft-SPS Systemen abgelöst wird, verdrängen PC-basierte Datenerfassungssysteme frühere Prozessrechner. Auch moderne, für das Betriebssystem Windows entwickelte Software hält Einzug in die Steuerungstechnik von Produktionsmaschinen. Fest in einen technischen Prozess (z.B. eine Maschine) integrierte Hard- und Softwarekomponenten werden dabei als *eingebettete Systeme* (*embedded systems*) bezeichnet. Falls die verwendete Hardware PC-kompatibel ist, spricht man von Embedded-PC-Systemen.

1.2   Embedded-(PC-)Systeme

Digital Brains, also digitale „(Klein-)Gehirne" werden heute in einer Vielzahl intelligenter Geräte eingesetzt (Bild 1.2). So misst z.B. ein Microcontroller in der Waschmaschine den Verschmutzungsgrad der Waschlauge und dosiert die benötigte Wassermenge entsprechend. Ein Signalprozessor steuert den optimalen Zündzeitpunkt eines PKW-Motors und spart damit Benzin.

Bild 1.2   Embedded-PC Modul der Firma Kontron

Je nach Komplexität der Anwendung werden mehr oder weniger leistungsfähige Controller eingesetzt. Kostengünstige Applikationen werden meist mit einfachen 8-Bit Microcontrollern realisiert. Ist ein hoher Datendurchsatz gefordert, werden häufig Signalprozessoren verwendet. Sind zusätzlich komplexere Verwaltungsfunktionen notwendig, eignen sich PC-basierte Systeme, die dann den Komfort eines Betriebssystems bieten. Ein Betriebssystem vereinfacht den standardisierten Zugriff auf Massenspeichermedien, Netzwerke und grafische Benutzeroberflächen. Im Embedded-PC-Segment haben sich Standardbetriebssysteme wie Windows-CE, Windows-Embedded-NT und Linux durchgesetzt. Systeme mit hohen Echtzeitanforderungen bauen auf speziellen Echtzeitbetriebssystemen wie

VxWorks o.ä. auf. Bei der Auswahl eines optimalen Betriebssystems spielen neben Fragen des Datendurchsatzes oft auch Fragen der einfachen Portierbarkeit bestehender Software eine große Rolle. Hierauf lässt sich wohl der Erfolg der Microsoft-Betriebssysteme in diesem Bereich zurückführen.

Obwohl standardisierte Komponenten und universelle Betriebssysteme einen stark wachsenden Markt darstellen, bestehen bisherige Systeme nach einer Statistik des größten Anbieters von Digital Brains noch zu etwa 85 % aus proprietären, also speziell für diesen Zweck entwickelten Lösungen. Für große Serien können solche Lösungen durchaus finanzielle Vorteile bieten, eine Standardisierung führt jedoch immer zu einer gesteigerten Zuverlässigkeit der Baugruppen, zu höheren Fertigungslosgrößen bei geringeren Bauteilkosten und damit langfristig zu preiswerteren Lösungen auch bei kleinen Stückzahlen.

Als gemeinsame Merkmale von Embedded-PC-Systemen lassen sich zusammenfassen:

- bisherige Standardisierung gering, viele proprietäre Lösungen,

- großer Markt für preisgünstige Standardkomponenten (Hard- und Software),

- Prozessintegration durch gesteigerte Zuverlässigkeit, geringen Stromverbrauch und kleine Bauformen möglich,

- wichtig sind Sicherheitsaspekte, Zuverlässigkeit, Fehlerfreiheit,

- zeitliche Restriktionen (begrenzte Reaktionszeit auf Ereignisse) durch Zusatzhardware oder mit Interrupt-Routinen und speziellen Device-Treibern unter Windows realisierbar,

- hardwarenahe Programmierung notwendig,

- viele Kommunikationsschnittstellen, hoher Vernetzungsgrad,

- meist Überwachungs-, Signalverarbeitungs- und Regelungsaufgaben und

- oft nebenläufige Visualisierungsaufgaben.

1.3   Entwicklungswerkzeuge für Software

Die rasche und kostengünstige Entwicklung von Applikationsprototypen (*Rapid Prototyping*) aus vorgefertigten, getesteten Softwarebausteinen ist heute oft das primäre Ziel einer Softwareentwicklung für eingebettete Systeme. Meist handelt es sich um relativ große Softwaresysteme, die für die Realisierung umfangreicher Mess- oder Steuerungsfunktionen erforderlich sind. Dabei entstehen üblicherweise eine Reihe von Problemkreisen, die für die Entwicklung aller großen Softwaresysteme typisch sind:

- große Softwaresysteme sind schwierig zu entwickeln,

- sie werden mit zunehmendem Entwicklungsstadium für den Anwender immer unflexibler,

- sie sind schwer zu testen,

- sie führen zu hohen Entwicklungsrisiken bezüglich Zeitplan und Kosten und

- sie sind oft zu einem späteren Zeitpunkt schwer zu verstehen und zu warten.

Das objektorientierte Programmierparadigma hat sich mittlerweile in der industriellen Praxis etabliert, ohne jedoch – wie anfangs erhofft – die grundlegenden Probleme bei der Entwicklung von Software zu lösen. Softwaresysteme werden weiterhin zu spät, zu teuer und mit zu vielen Fehlern ausgeliefert. Die Ursachen hierfür sind vielfältig. Oftmals finden sich organisatorische Mängel bei der Projektdurchführung oder Probleme in der Zusammenarbeit der Teams. Eine der Hauptursachen aus technischer Sicht ist die fehlende oder unsystematisch betriebene Wiederverwendung von Softwarebausteinen. Ähnlich wie schon im Maschinenbau oder der Elektrotechnik könnte der Rückgriff auf vorgefertigte, bereits getestete und mit klar definierter Funktionalität ausgestattete Bausteine (Komponenten) helfen, bessere Software billiger und schneller zu entwickeln. Hier setzt die komponentenbasierte Softwareentwicklung (Bild 1.3) an, in der zwei Arten von Entwicklungsprozessen parallel ablaufen:

- die Entwicklung *von* Komponenten, also die Erstellung flexibler Softwarebausteine, die an das jeweilige Systemumfeld anpassbar sind, und

- die Entwicklung *mit* Komponenten, also der (teilweise automatisierte) Bau von Softwaresystemen unter Nutzung der entwickelten wiederverwendbaren Bausteine.

Die Entwicklung von und mit Komponenten ist im letzten Jahrzehnt sehr weit fortgeschritten: Entwurfsmuster, Frameworks und Komponentenmodelle wie COM oder Enterprise JavaBeans stehen nun zur Verfügung. Zugleich entstanden unternehmensweite Komponenten-Repositories (Lager) und erste Komponentenmärkte im Internet.

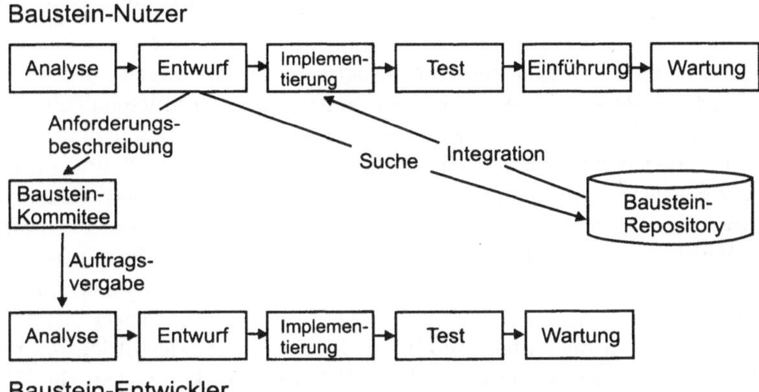

Bild 1.3 Zusammenhang zwischen Komponentenentwicklung und Nutzung

Die objektorientierte, komponentenbasierte Programmierung bietet sowohl hinsichtlich der Änderungsfreundlichkeit als auch in Bezug auf einen effizienten Entwicklungsprozess der Software derzeit die überzeugendsten Vorteile. Sie gestattet eine besonders realitätsnahe Modellierung von Anwendungsbereichen, so dass sich fachspezifische Phänomene und Konzepte in der Software widerspiegeln. Zusätzlich können auch vorgefertigte, wiederverwendbare Komponenten in großem Umfang in neue Programme eingebaut werden, wodurch sich der Implementierungsaufwand wesentlich reduzieren lässt.

Komponentenbasierte Softwareentwicklung wird heute allgemein als adäquates Mittel zur Komplexitätsbewältigung, Rationalisierung und Risikominimierung anerkannt. Vergleichbar mit der Verwendung integrierter Schaltungen im Hardwareentwurf wird modulare und standardisierte Software entwickelt, die dann in Form von geprüften, mit genau spezifizierter Schnittstelle nach außen versehenen und wiederverwendbaren Bausteinen zur Verfügung steht. Das Design der Softwarekomponenten muss aus wirtschaftlicher und technischer Sicht so gestaltet sein, dass es möglich ist, auch bereits bestehende Softwarekomponenten (*legacy software*) zu integrieren. Auch der Frage der Granularität eines Komponentenmodells kommt beim Entwurf eine wichtige Aufgabe zu. Wird diese zu fein gewählt, steigt der Overhead für Verbindungen zwischen den Komponenten, im umgekehrten Fall wird die Anwendung leicht unflexibel.

Zusammenfassend lässt sich also feststellen: *Komponentenbasierte Programmierung* (zur genaueren Definition des Begriffs siehe auch Kapitel 12) soll vor allem für eine verbesserte Qualität der entwickelten Software aufgrund der Möglichkeit zur Wiederverwendung von Software (*re-use*) auf der Komponentenebene sorgen. Dazu kommen eine optimale Unterstüzung von prototypischen Entwicklungen und eine erhebliche Beschleunigung der Entwicklungszeiten (*shorter time to market*). Weitere Vorteile sind eine leichte Anpassbarkeit an variable Anforderungen bzw. eine verbesserte Konfigurierbarkeit (insbesondere wichtig für den Einsatz in eingebetteten Systemen mit veränderlichen Umgebungsbedingungen), eine leichtere Wartung von Anwendungen und ein verbesserter Software-Support vor allem aufgrund der Möglichkeit für Software-Updates auf der Komponentenebene, eine Trennung der Aufgaben von Applikations-Ingenieuren (Komposition von Komponenten) von den Aufgaben von Software-Ingenieuren (Entwicklung von Komponenten) sowie eine höhere Flexibilität und eine leichtere Skalierbarkeit von Software. Nicht zuletzt ermöglicht ein komponentenbasierter Entwurf einen besseren Schutz von geistigem Eigentum (*IP: intellectual property*) durch die Bereitstellung von Bibliotheken compilierter Algorithmen.

Ebenso wichtig wie die Verfügbarkeit von integrierten Schaltungen sind im Hardwareentwurf aber auch geeignete Tools für die Simulation der Gesamtschaltung (CAE- und Simulationstools), das Verdrahten der Bausteine untereinander (Schaltplan und Platinenentwurf) und den Test der Schaltung (In-Circuit-Test). Analog dazu sind im Bereich der Anwendung von Softwarekomponenten Frameworks notwendig, die die visuelle Integration und Komposition (Instanzierung und Parametrierung) von Softwarebausteinen, deren Verdrahtung (Verbindung zum Datenaustausch), den Aufruf (mit Hilfe einer Ablaufsteuerung) und den Test (mit Hilfe eines Debuggers) der gesamten Software ermöglichen. Viele so genannte „Visual XX"-Produkte lösen diese Aufgabe nur textbasiert oder ansatzweise grafisch. Damit entstehen bestenfalls modulare Bibliotheken oder objektorientierte Frameworks (OO-Frameworks), wobei entwickelte Software auf konventionelle Weise durch ein Hauptprogramm instanziert und ausgeführt wird.

Bei der datenflussorientierten visuellen Programmierung bestimmt der Programmierer, welche Daten in welche Operationen einfließen, anstelle beispielsweise anzugeben, welche Operationen wann auf welche Daten zugreifen. Dazu verbindet er Datenquellen mit Daten konsumierenden Operationen (verarbeitende Bausteine) oder Datensenken (z.B. Visualisierungselementen). Die partielle Sequenz der Operationsaktivierung ist dadurch implizit durch die Struktur des entstehenden „Schaltbildes" vorgegeben. Diese Vorgehensweise modelliert die Gedankengänge des Entwicklers beim Erstellen eines solchen Schaltbildes besser als jede textuelle Programmierung und ist aus Sicht des Anwenders wesentlich intuitiver.

Zusammenfassend kann man feststellen: *Visuelle Programmierung* (zur genauen Definition des Begriffs siehe auch Kapitel 12) soll die Kommunikation zwischen verschiedenen Entwicklern einerseits oder zwischen Entwicklern und Anwendern andererseits deutlich erleichtern. Eine wichtige Voraussetzung dabei ist selbstverständlich, dass die visuellen Programme trotz ihrer auf zwei Dimensionen reduzierten Struktur leicht verständlich sind. Um erfolgreich zu sein, muss eine visuelle Programmiersprache einerseits berechnungsuniversell, andererseits jedoch auch leicht erlernbar sein, um effektive Problemlösungsstrategien zu entwickeln. Prinzipiell erwartet man von visueller Programmierung ein hohes Potential zur Produktivitätssteigerung und auch eine leichte Modifizierbarkeit der entwickelten Programme.

Welche Anforderungen an ein Komponentenframework für die visuelle Entwicklung und die Ausführung von Komponentensoftware in einem industriellen Bereich wie Messen, Steuern und Regeln lassen sich daraus ableiten? Ein solches Framework sollte folgende Aspekte geeignet unterstützen:

- *Editor:*
  Auswählen und Instanzieren von Softwarekomponenten einer Komponentenbibliothek, schnelle Auswahl durch geeignete Suchfunktionen (Suche nach Name, Verwendung, Volltextsuche in Hilfe usw.), einfache, dialoggeführte Parametrierung der Komponenten mit Online-Hilfefunktion, interaktives Verbinden von Komponenten (Wiring, Verdrahten).

- *Strukturierung:*
  Unterstützung einer Entwurfshierarchie durch Makrobildung sowie Visualisierung der Hierarchie mittels Projektverwaltung (Baumansicht), schneller Zugriff auf Makros aus der Hierarchieansicht, einfache Umgruppierung von Komponenten innerhalb der Makrostruktur durch Auflösen bestehender Makros und Neugruppierung.

- *Ausführung:*
  Ablaufsteuerung mit dynamischer Bestimmung der optimalen Ablaufreihenfolge (dynamisches Scheduling), manueller Eingriff in die Abarbeitungsreihenfolge über Prioritäten, Ausführung in einer Echtzeitumgebung mit einem so genannten preemptiven Multithreading und individuell einstellbaren Threadprioritäten.

- *Test und Validierung:*
  Test der Komponentenkompatibilität während der Verbindung der Komponenten, visuelles Debuggen (Visualisierung der Abarbeitungsreihenfolge, Setzen von Haltepunkten, Anzeige von Variablen), Profiler (Fine-Tuning der Applikation durch Timing-Analyse, Optimierung von Abarbeitungsprioritäten).

- *Anwendung:*
  Applikations-Deployment (Generierung von Stand-Alone Executables, Installations- und Deinstallationstools), Dokumentation (Speichern in lesbarer Form, Versionsverwaltung, Online-Hilfe Erstellung), Funktionskompatibilität der Softwarekomponenten und der Entwicklungsumgebung bei Software-Updates.

Neben den Erfordernissen des Entwurfsprozesses ergeben sich weitere Anforderungen aus der Anwendersicht. Eine mit dem Komponentenframework erstellte Anwenderoberfläche wird in der Regel in einer industriellen Umgebung eingesetzt, in der ein möglichst sicherer und störungsfreier Betrieb gefordert wird. Auch die teils rauen Umgebungsbedingungen haben Einfluss auf die Gestaltung der Anwenderoberfläche und des Programms. Die wichtigsten Anforderungen an eine *industrietaugliche Applikation* lassen sich so zusammenfassen:

- *Benutzerverwaltung:*
  Bei einer Anmeldung an das System wird vom Benutzer ein Passwort verlangt. Der

Benutzer muss im System registriert sein und erhält damit gewisse Editier- oder Parametrierrechte der Anwendung oder ein ausschließliches Ausführrecht.

- *Rechteverwaltung:*
  Ein Systemadministrator vergibt Rechte an die weiteren Benutzer des Systems. Er kann auch Administrationsrechte für andere Benutzer vergeben. Meist wird auch eine Abschottung des Benutzers vom Entwicklungssystem verlangt. Der Zugang darf nur über Passwort im Falle einer (Fern-)Wartung ermöglicht werden.

- *Autostart:*
  Automatischer Start der Applikation nach dem Bootvorgang des Rechners. Damit ist kein spezieller Anmelde- oder Startvorgang am System notwendig. Erst zu einer Modifikation des Programmablaufs muss ein Passwort eingegeben werden.

- *Bedienerführung:*
  Ein industrietaugliches Softwaresystem benötigt eine einfache Menü- und Dialogführung. Alle wichtigen Funktionen sollten durch Funktionstasten erreichbar sein. Aus Gründen einer Störunempfindlichkeit wird meist auf den Einsatz einer Maus verzichtet.

- *Kritische Tastenkombinationen:*
  Ein Schutz des Systems vor sicherheitskritischen Aktionen, z.B. Tastenkombinationen wie CTRL-ALT-DEL oder ein Start oder die Installation anderer Anwendungen soll möglich sein.

- *Mehrsprachigkeit der Oberfläche:*
  Das User-Interface einer Anwendung sollte meist mehrere Sprachen unterstützen. Die jeweils angezeigte Sprache wird über eine automatische Sprachumschaltung beim Einloggen in das System passend zum Benutzer vergeben.

- *Protokollierungsfunktionen:*
  Sind in einer Produktion Fehler aufgetreten, so wird ein Nachweis der Ursache benötigt. Dabei sind verschiedene kritische Aktionen zu protokollieren: Angemeldeter Benutzer, Start-/Stoppzeiten, Fehlermeldungen, Änderung kritischer Parameter, usw.

Nachdem nun die Anforderungen an ein Softwareentwurfssystem für die industrielle Automatisierungstechnik aufgestellt sind, befassen sich die folgenden Kapitel mit einer konkreten Realisierung eines Komponentenframeworks. Abhängig von der Art der eingesetzten Komponenten stellt dieses Framework eine einheitliche, grafische Entwicklungsumgebung zum schnellen und sicheren Entwurf kundenspezifisch angepasster Software für verschiedene Einsatzgebiete zur Verfügung.

2 Grundlegende Prinzipien
E. Fuchs, R. Mandl und B. Sick

Dieses Kapitel beschäftigt sich zunächst mit einigen grundlegenden Begriffen und Definitionen, beschreibt dann die wesentlichen Konzepte, die einem Werkzeug zur Entwicklung und Ausführung von Anwendungen im Bereich Messen, Steuern und Regeln zugrunde liegen, und zeigt abschließend, wie diese Konzepte in ICONNECT umgesetzt sind. Das Kapitel ist in zwei Abschnitte aufgeteilt, die sich zum einen mit grundlegenden, von ICONNECT weitgehend unabhängigen Aspekten beschäftigen (Abschnitt 2.1), zum anderen auf die konkrete Realisierung in ICONNECT eingehen (Abschnitt 2.2).

2.1 Begriffe, Definitionen und allgemeine Konzepte

In diesem Abschnitt sind die ICONNECT zugrunde liegenden Ideen beschrieben, die jedoch weitgehend unabhängig von der Realisierung in einem konkreten Werkzeug sind (siehe auch [NFSM97, SBF$^+$98a, SBF$^+$98b]).

2.1.1 Eingebettete Systeme

Wie im Titel dieses Buches schon deutlich wird, geht es um die Entwicklung und Ausführung von komplexen Algorithmen in den Bereichen *Messen, Steuern und Regeln* (*MSR-Algorithmen*). Es handelt sich dabei also um Software-Systeme, die Daten in konkreten Anwendungen erfassen, sofort in irgendeiner Form verarbeiten (auswerten, transformieren, neue Daten generieren usw.) und auch Daten wieder ausgeben. Man spricht in diesem Fall auch von *Online-Signalverarbeitung*. Im Gegensatz dazu werden bei der *Offline-Signalverarbeitung* bereits früher erfasste Daten verarbeitet. Häufig sind zwar bei der Offline-Signalverarbeitung die anfallenden Datenmengen größer, doch müssen Systeme zur Offline-Signalverarbeitung keine zusätzlichen Anforderungen (wie sie im Folgenden deutlich werden) erfüllen, so dass sich mit Systemen zur Online-Signalverarbeitung auch im Allgemeinen Offline-Signalverarbeitung durchführen lässt. Umgekehrt ist dies normalerweise nicht oder nur sehr eingeschränkt möglich.

MSR-Algorithmen erhalten Daten, die beispielsweise mit Sensoren unterschiedlicher Art in einem *technischen Prozess* erfasst werden. Ein technischer Prozess kann beispielsweise ein System zur Qualitätskontrolle an einem Fließband sein oder ein physikalischer Versuchsaufbau usw. Beispiele für Daten sind Werte von Kräften (z.B. gemessen mit Dehnmessstreifen), Abständen (z.B. gemessen mit kapazitiven oder induktiven Sensoren) oder Temperaturen (z.B. gemessen mit Infrarot-Kameras). Derartigen Daten lassen sich physikalische Einheiten (*SI-Einheiten*) zuordnen. Spannungen, die physikalische Daten beschreiben, werden durch Abtastung und Quantisierung in eine digitale Form umgesetzt und zur Verarbeitung an einen MSR-Algorithmus übermittelt. Weitere Datenquellen für einen MSR-Algorithmus sind Daten, die digital erfasst werden (z.B. mit einer Lichtschranke), oder Daten, die aus Dateien gelesen werden, über Netzwerke übermittelt werden, vom Bediener eingegeben werden usw.

Die Ergebnisse eines MSR-Algorithmus können wiederum (z.B. über Aktoren) den technischen Prozess beeinflussen. Oft müssen sie dazu wieder in eine analoge Form umgesetzt werden. Andere Ausgabemöglichkeiten sind graphische Anzeigeelemente, Datenbanken, Dateien usw.

Da in typischen MSR-Anwendungen der in einem Computer ausgeführte MSR-Algorithmus ständig mit seiner Umgebung (insbesondere dem technischen Prozess) interagiert, spricht man auch von einem *eingebetteten System*. Bild 2.1 zeigt schematisch den Aufbau eines einfachen eingebetteten Systems.

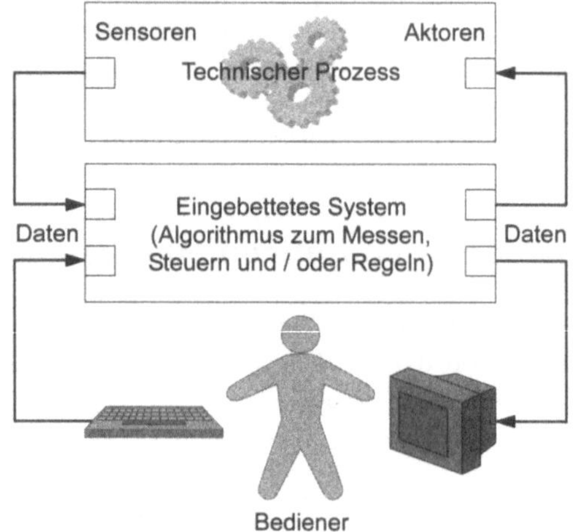

Bild 2.1   Beispiel für ein eingebettetes System

2.1.2   Aufbau komplexer MSR-Algorithmen

In diesem Abschnitt wird der modulare Aufbau eines komplexen MSR-Algorithmus aus einfacheren Komponenten näher betrachtet.

Basisalgorithmen

Wesentliche Grundlage für den Aufbau komplexer MSR-Systeme ist die Verfügbarkeit von verschiedensten *Basisalgorithmen*. Beispiele für derartige Basisalgorithmen sind Fourier Transformation, FIR-Filter, PID-Regler, Algorithmen zur Kantenextraktion in Bildern usw. Auch Treiber für A/D- oder D/A-Karten, Datenbankschnittstellen usw. werden hier als Basisalgorithmus bezeichnet. Ein Basisalgorithmus liest im Allgemeinen Daten ein, verarbeitet sie und stellt wiederum Ergebnisse bereit. Ausnahmen sind möglich, z.B. liest ein Funktionsgenerator üblicherweise keine Daten ein, sondern generiert Daten nach einem vorgegebenen Schema. Eingabedaten eines Basisalgorithmus können von anderen Basisalgorithmen oder vom Bediener des MSR-Systems kommen. Sie können aber auch von Dateien, Rechner-Netzen, Datenbanken oder von Sensoren eingelesen werden. Ausgabedaten können an andere Basisalgorithmen oder Aktoren weitergegeben werden, graphisch ausgegeben werden, in Files oder Datenbanken gespeichert werden usw.

Eine Kommunikation zwischen verschiedenen Basisalgorithmen kann erfolgen, indem beispielsweise die Daten selbst weitergegeben werden oder auch Verweise (Zeiger) auf Daten. In einem komplexen MSR-Algorithmus muss explizit festgelegt werden, welche Basisalgorithmen miteinander kommunizieren (Spezifikation von *Verbindungen* zwischen Basisalgorithmen). Basisalgorithmen können einen oder mehrere *Dateneingänge* und *Datenausgänge* für verschiedene Aufgaben haben. Diese werden als *Eingangs-* oder *Ausgangsports* oder allgemeiner als *Ports* bezeichnet. Eine Kommunikation erfolgt gerichtet von Ausgangs- zu Eingangsports. Es ist möglich, dass eine Ausgabe von mehreren anderen Basisalgorithmen als Eingabe verwendet wird. Umgekehrt kann ein Basisalgorithmus allerdings an einem bestimmten Eingabeport nur Eingaben von *einem* anderen Basisalgorithmus erhalten. Die Art und Weise des Datenaustausches ist im Allgemeinen durch die einzelnen Ports der beteiligten Basisalgorithmen bestimmt.

Basisalgorithmen sind üblicherweise *parametrisierbar*. D.h., ihr Verhalten ändert sich in Abhängigkeit von den eingestellten Parameterwerten. Ein Beispiel ist der Parameter „Blocklänge" bei der Fourier Transformation, eine SQL-Abfrage bei einer entsprechenden Datenbankschnittstelle oder das Regelsystem bei einem Fuzzy-Regler. Parameter können vom Benutzer eingestellt werden, sie können selbst wie andere Daten von anderen Basisalgorithmen kommen, d.h. über Verbindungen übertragen werden. Ein Beispiel hierfür ist ein Algorithmus, der eine Schwellwertüberschreitung feststellt und den Wert des Schwellwerts von einem anderen Basisalgorithmus als Eingabe erhält.

In einem komplexen MSR-Algorithmus können Basisalgorithmen mehrfach vorkommen. Sie können gleich oder unterschiedlich parametrisiert sein und mit den gleichen oder anderen Basisalgorithmen Daten austauschen. Man spricht daher auch von *Instanzen* von Basisalgorithmen. Da der Name eines Basisalgorithmus zur Unterscheidung verschiedener Instanzen nicht ausreicht, müssen eindeutige *Instanznummern* vergeben werden.

Module

In **ICONNECT** wird nicht von Basisalgorithmen gesprochen, sondern es ist von *Modulen* die Rede. Zu einem Modul gehören:

- ein Basisalgorithmus in bereits kompilierter Form (entspricht somit einer Software-Komponente wie in Abschnitt 12.1 beschrieben),

- ein *Parameterdialog* (*Eigenschaftsdialog*), über den Parameter eines Basisalgorithmus eingestellt werden können,

- eine Dokumentation des Verhaltens des Basisalgorithmus, d.h. seine Funktionalität, seine Parameter, sein Ein- und Ausgabeverhalten (z.B. in Form einer Online-Hilfe) und

- ein Icon zur graphischen Repräsentation eines Moduls (siehe Abschnitt 2.1.3).

Der Begriff *Instanz* eines Moduls ist analog zur Instanz eines Basisalgorithmus zu verstehen. Zu einer Modulinstanz können beispielsweise auch noch ein symbolischer Name oder ein Kommentar gehören. Auch die Begriffe Eingang, Ausgang, Port oder Verbindung werden entsprechend bei Modulen verwendet.

2.1.3 Repräsentation komplexer MSR-Algorithmen durch Signalgraphen

In diesem Abschnitt wird nun stärker zwischen verschiedenen Abstraktionsebenen (Sichtweisen) eines MSR-Algorithmus unterschieden. Bild 2.2 beschreibt die drei hier betrachteten Ebenen:

- Die Algorithmen-orientierte Sicht beschreibt Module mit den ihnen zugrunde liegenden Basisalgorithmen sowie die Kommunikation zwischen diesen Modulen über Verbindungen.

- Die Implementierungs-orientierte Sicht beschreibt die Realisierung von Modulen und Kommunikationsmechanismen in einem konkreten Werkzeug wie ICONNECT. Auf diese Sicht wird in Abschnitt 2.2 näher eingegangen.

- Die Graphik-orientierte Sicht beschäftigt sich mit der Repräsentation komplexer MSR-Algorithmen durch Knoten und Kanten eines Graphen.

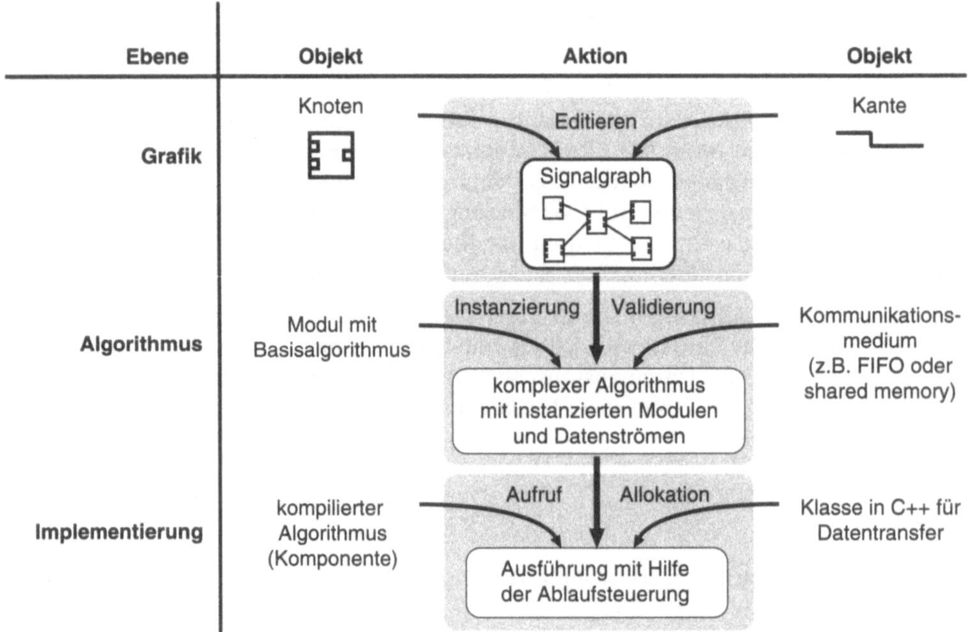

Bild 2.2 Verschiedene Abstraktionsebenen eines MSR-Algorithmus

Den bisherigen Beschreibungen lag die Sichtweise der Algorithmen zugrunde. Auf die Implementierung wird noch eingegangen. Beides reicht prinzipiell für das Verständnis des Verhaltens komplexer MSR-Algorithmen aus. Wieso wird noch eine graphische Darstellung komplexer Algorithmen benötigt? Der Entwickler von komplexen MSR-Algorithmen kennt im Allgemeinen die von ihm verwendeten Basisalgorithmen (bzw. die Module). Er kann auf der abstrakten graphischen Ebene schnell komplexere Zusammenhänge erfassen und verstehen.

Wie erfolgt die graphische Darstellung komplexer MSR-Algorithmen? Module werden als *Knoten* eines Graphen dargestellt; ihre Verbindungen als *Kanten*. Entsprechend dem Typ des zugrunde liegenden Basisalgorithmus sind Knoten durch Icons gekennzeichnet und sie haben unterschiedliche Ports. Eingänge werden typischerweise auf der linken Seite des

Knotens gezeichnet, Ausgänge auf der rechten. Die Kommunikation zwischen Modulen ist gerichtet, also auch die Kanten des Graphen. Kanten führen von einem Ausgang auf der rechten Seite eines Knotens zu einem Eingang auf der linken Seite eines (im Allgemeinen anderen) Knotens.

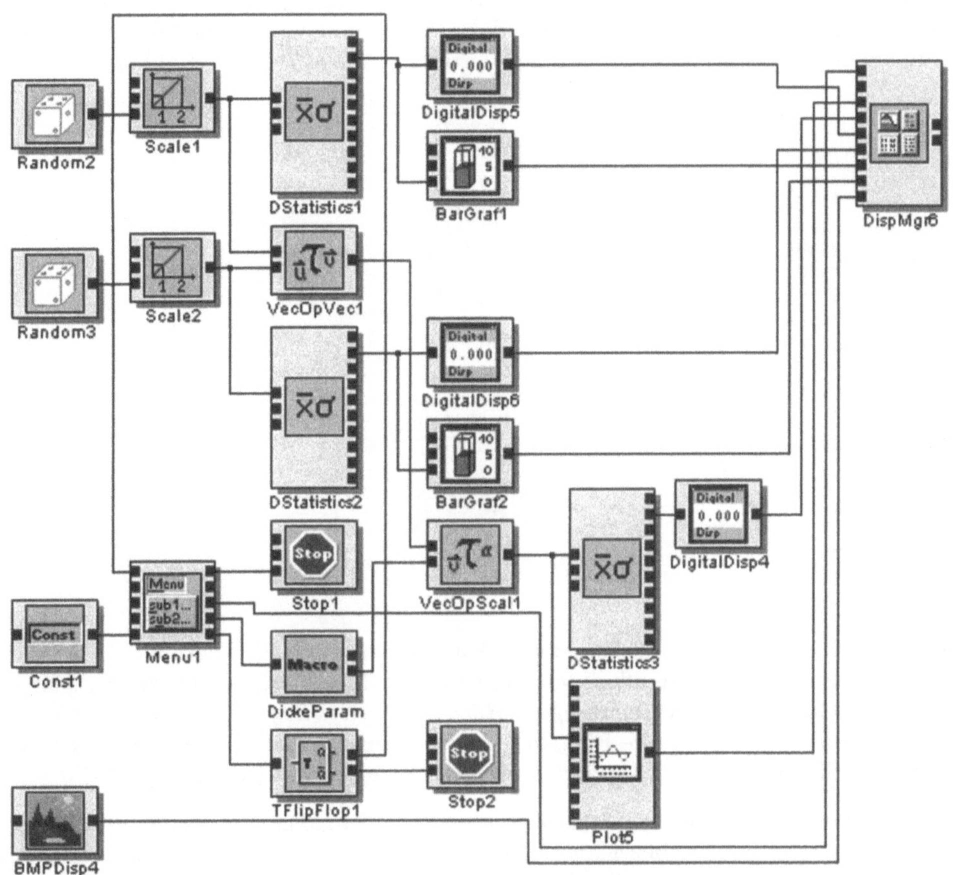

Bild 2.3　Beispiel für einen Signalgraphen aus ICONNECT

Bild 2.3 zeigt ein Beispiel für einen *Signalgraphen*, der einen komplexen MSR-Algorithmus beschreibt (aus ICONNECT). Im Wesentlichen handelt es sich bei Signalgraphen um eine in der Informatik auch als *Datenflussgraphen* (*data flow graph*) bekannte Beschreibungsform bestimmter komplexer Systeme. Signalgraphen können hierarchisch strukturiert sein: Teilgraphen werden dazu in einem Knoten zusammengefaßt (*Makro*). Diese Makros können dann auch mehrfach in einem Signalgraphen auftauchen (Wiederverwendung von Makros).

Im Folgenden ist vereinfachend nur noch von Modulen und Verbindungen die Rede, auch wenn deren graphische Repräsentation gemeint ist. Auch die Begriffe *Vorgängermodul* und *Nachfolgermodul* orientieren sich an der graphischen Sichtweise. Es handelt sich um Module, mit denen das aktuell betrachtete Modul über eingehende bzw. ausgehende Kanten verbunden ist. Umgekehrt meint der Begriff Signalgraph nicht nur die Darstellung, sondern auch den dargestellten komplexen MSR-Algorithmus selbst. Man spricht also z.B. von der *Programmierung* (Erstellung) oder der *Ausführung* eines Signalgraphen. Der Ausdruck „Ausführung eines Moduls" steht abkürzend für die Ausführung einer Modulinstanz. Um auch Signalgraphen mit vielen Knoten übersichtlich darzustellen, werden Verbindungen zwischen Modulen nicht als direkte Verbindungen gezeichnet. Stattdessen werden Module in Schichten angeordnet und die Darstellung von Verbindungen orientiert sich an einem regelmäßigen, quadratischen Gitter (*rechtwinklige Verdrahtung*).

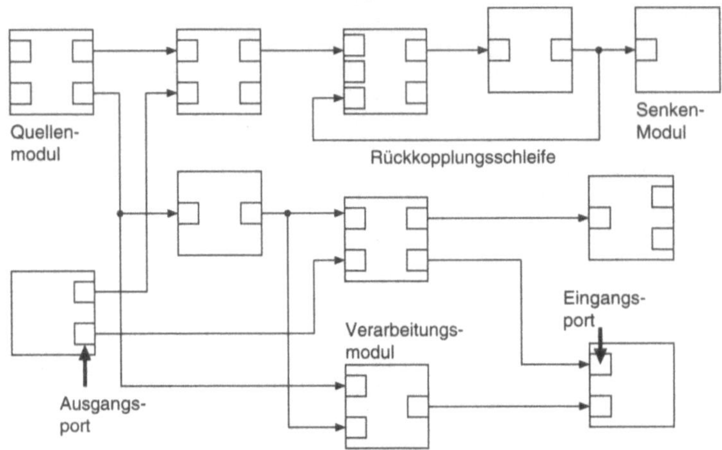

Bild 2.4 Abstrakte Darstellung eines Signalgraphen

Bild 2.4 zeigt nochmals eine schematische Darstellung eines Signalgraphen. Es ist zu erkennen, dass zwar der Datenfluss vorzugsweise von links nach rechts erfolgt, dass jedoch auch rückgekoppelte Verbindungen (*Rückkopplungsschleifen*) vorkommen können. Wichtig ist auch, dass nicht alle Eingänge bzw. Ausgänge eines Moduls verbunden sein müssen. Auf diesen Punkt wird später noch näher eingegangen (Abschnitt 2.1.7).

Üblicherweise werden in einem Graphen Knoten ohne Eingänge als *Quellen* und Knoten ohne Ausgänge als *Senken* bezeichnet. Module, die z.B. Daten von einem technischen Prozess, aus einer Datenbank, oder Bedienereingaben bereitstellen (in diesem Sinn also als *Datenquellen* bezeichnet werden können), müssen nun nicht Quellen im graphentheoretischen Sinne sein. Analog verhält es sich mit *Datensenken* und Senken des Graphen. Ein Beispiel ist ein Modul, das einen Treiber für eine A/D-Karte enthält, welcher Koeffizienten für einen Tiefpassfilter auf der Karte als Eingaben benötigt. Wenn im Folgenden also von *Quellenmodulen* die Rede sein wird, so sind damit Datenquellen gemeint und nicht Quellen im Graphen.

2.1.4 Framework zur Entwicklung und Ausführung von Signalgraphen

An dieser Stelle kann nun etwas genauer auf die verschiedenen Komponenten eines Frameworks zur Entwicklung (Editieren) und Ausführung von Signalgraphen eingegangen werden. Bild 2.5 zeigt diese Komponenten und ihre Zusammenhänge am Beispiel von ICONNECT in einer Übersicht.

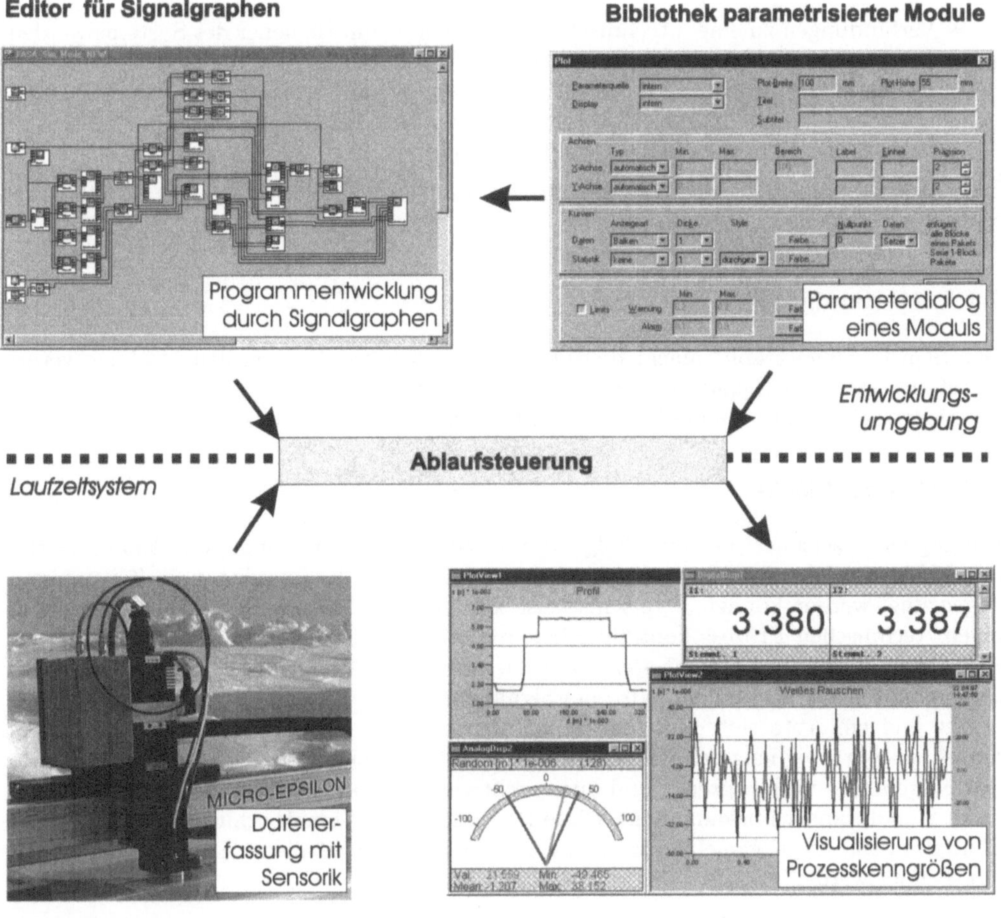

Bild 2.5 ICONNECT-Framework in einer Übersicht

Im einzelnen haben die verschiedenen Komponenten folgende Aufgaben:

- Die *Modulbibliothek* enthält eine große Zahl unterschiedlicher, parametrisierbarer Module, wie sie zur Erstellung von Signalgraphen benötigt werden. Diese Modulbibliothek wird dynamisch geladen, so dass Erweiterungen leicht und ohne Änderung anderer Komponenten möglich sind.

- Der *Signalgrapheditor* unterstützt das graphische Editieren (Erstellen, Laden, Ändern, Speichern usw.) von Signalgraphen. Module können aus einer Bibliothek ausgewählt und verbunden werden. Information über die in einer bestimmten Modulbibliothek enthaltenen Module ist nicht im Editor vorhanden, um eine leichte Erweiterbarkeit der Bibliothek zu ermöglichen.

- Die *Ablaufsteuerung* wird z.B. aus dem graphischen Editor heraus gestartet. Sie führt die erstellten Signalgraphen unter Verwendung der Modulbibliothek aus. Auf ihre Arbeitsweise wird später noch im Detail eingegangen (Abschnitt 2.1.7). Die Fehlersuche in Signalgraphen (*Debugging*) wird durch spezielle Module und den Signalgrapheditor unterstützt (Kapitel 3).

- Verbindungen zu einem technischen Prozess und zum Bediener des Systems werden durch spezielle Module (Datenquellen, Datensenken) im Signalgraphen hergestellt. Im Signalgrapheditor ist die Entwicklung komplexer Benutzerdialoge und auch die Realisierung dynamischer Benutzerschnittstellen (d.h. abhängig von Betriebssituationen) mit Hilfe geeigneter Module möglich.

Ein solches Framework wird also gleichzeitig als Entwicklungsumgebung und als Laufzeitsystem verwendet.

2.1.5 Datenmodell

Der Begriff „Signalgraph" macht deutlich, dass es sich bei den von den Modulen verarbeiteten Daten um *Signale* handelt. Ganz bewusst wurde dieser Begriff jedoch bisher vermieden, da er eine genaue Definition erfordert.

Signale und Blöcke

Ein *Signal* bezeichnet hier eine Folge von Werten (nicht unbedingt nur skalare Werte, auch Vektoren, Arrays oder beliebige Datenstrukturen), die äquidistanten Zeitpunkten zugeordnet werden können. Typischerweise werden beim Messen, Steuern und Regeln in einem technischen Prozess kontinuierliche physikalische Signale mit konstanter *Abtastrate* (bzw. konstantem *Abtastintervall*) gemessen. Auch Aktoren benötigen meist Daten in konstanten Zeitabständen. Wird ein Signal durch eine Wertefolge, einen Anfangszeitpunkt und ein Abtastintervall (oder eine Abtastrate) beschrieben, so lässt sich jedem einzelnen Wert der Folge ein konkreter Zeitpunkt zuordnen. Die Anzahl von Werten in der Folge muss nicht begrenzt und auch nicht vorab (beispielsweise vor der Ausführung eines Signalgraphen) bekannt sein. Diese Definition eines Signals schließt Einzelwerte als Sonderfall ein. Im Allgemeinen kann einem Signal eine physikalische Einheit (SI-Einheit) zugeordnet werden.

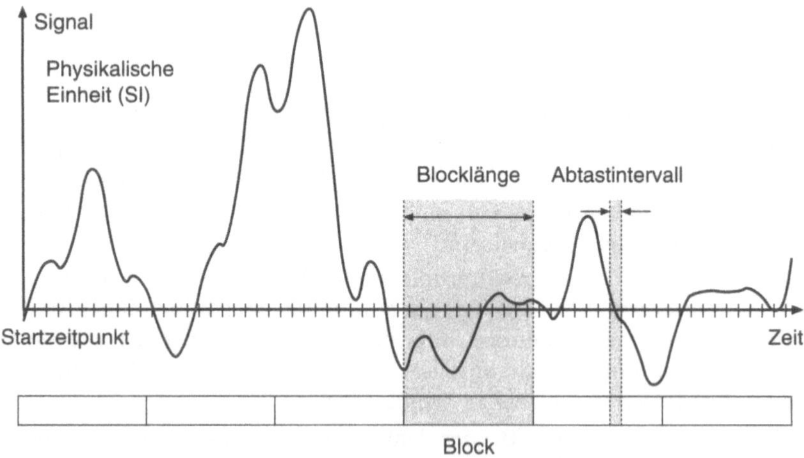

Bild 2.6 Erläuterung der Begriffe „Signal" und „Block"

Bild 2.6 erläutert die Definition von Signalen. Es wird auch gezeigt, dass Signale in

Blöcke konstanter Länge zerlegt werden. Die Begründung hierfür liefern Überlegungen zum Ausführungszeitpunkt von Modulen bzw. Signalgraphen:

- Würde ein Signalgraph (bzw. ein Modul) nach Vorliegen eines einzelnen Eingabewertes eines Signals ausgeführt, so ist die Reaktionszeit kurz, was in vielen Anwendungen vorteilhaft ist. Allerdings entsteht durch durch die häufige Modulkommunikation für viele einzelne Werte ein großer, zusätzlicher Aufwand bei der Datenverwaltung (Verwaltungsoverhead), der insgesamt gesehen zur Verlangsamung der Signalgraphausführung führt. Außerdem benötigen manche Module Folgen bestimmter Länge von Eingabedaten (z.B eine FFT). Diese Module würden mehrmals unnötig aufgerufen und müssten Daten intern speichern, bevor sie selbst Ergebnisse produzieren können.

- Würde ein Signalgraph (bzw. ein Modul) erst nach Vorliegen aller Eingabewerte ausgeführt, so ist der Verwaltungsoverhead und damit die Gesamtausführungszeit minimal. Allerdings ist eine solche Vorgehensweise manchmal prinzipiell unmöglich, z.B. wenn Signale unendlich lang sein können. Bei der Offline-Signalverarbeitung ist diese Vorgehensweise andererseits naheliegend.

Um einen Kompromiss zwischen kurzer Reaktionszeit und geringem Verwaltungsoverhead zu finden, wird ein Signal in Blöcke fester Länge (*Blocklänge*: feste Zahl von Einzelwerten) zerlegt. Nur wenn die Länge eines Signal begrenzt ist, kann der letzte Block eines Signals auch kürzer sein.

Um das Konzept der Blöcke in einem Signalgraphen flexibel einsetzen zu können, sollten an unterschiedlichen Verbindungen Signale mit unterschiedlichen Blocklängen verwendet werden können. Außerdem sollten Signale mit unterschiedlichen Anfangszeitpunkten und unterschiedlichen Abtastraten verarbeitet werden können. Insbesondere muss es möglich sein, in einem Signalgraphen Signale von mehreren Sensoren zu verarbeiten, die physikalische Signale mit unterschiedlichen Abtastraten messen.

Signalströme und Pakete

In der Messtechnik hat man oft so genannte *Totzeiten*, in denen die Werte eines gemessenen Signals nicht interessieren, z.B. wenn nacheinander Objekte auf einem Förderband vermessen werden. Daher schneidet man (z.B. mit Hilfe eines „intelligenten" Sensors) Totzeiten aus einem Signal, wodurch eine Folge kürzerer Einzelsignale mit jeweils eigenem Anfangszeitpunkt entsteht. Eine Folge von Signalen wird auch als *Signalstrom* bezeichnet. Bild 2.7 verdeutlicht diesen Begriff.

Die einem einzelnen Signal eines Signalstroms zugehörende Datenmenge wird auch als *Paket* bezeichnet. Innerhalb eines Pakets erhalten die Blöcke so genannte *Blocknummern*, die die Position eines Blocks im Paket beschreiben:

- I: Der Block ist der erste Datenblock in einem Paket.

- II: Der Block ist weder der erste noch der letzte Datenblock in einem Paket.

- III: Der Block ist der letzte Datenblock in einem Paket.

- IV: Das Paket enthält nur einen einzelnen Datenblock.

Um den Fortschritt bei der Ausführung eines Signalgraphen zu überwachen und um zu verhindern, dass die für eine einzelne Verbindung gespeicherte Datenmenge bei der Ausführung eines Signalgraphen beliebig anwächst, werden bei der Ausführung eines Signalgraphen die Blocknummern der über die Verbindungen übertragenen Daten überwacht.

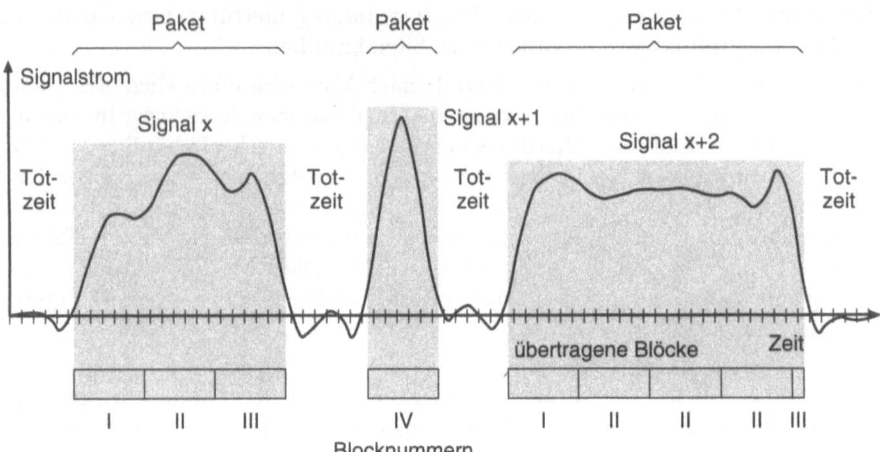

Bild 2.7   Erläuterung der Begriffe „Signalstrom" und „Paket"

Versucht ein Modul, Ergebnisse über eine Verbindung auszugeben, in der noch Daten eines vorausgehenden Pakets abgelegt sind, so wird die Ausführung des Signalgraphen mit einer Fehlermeldung abgebrochen. Diese Situation wird als *Paketstau* bezeichnet. Sie liegt beispielsweise dann vor, wenn ein Vorgängermodul einen Datenblock mit einer Blocknummer I ausgeben will, ein Nachfolgermodul aber einen Datenblock mit einer Paketnummer von III noch nicht gelesen und entfernt hat.

Die Definition eines Signalstroms schließt auch den Fall eines Signals mit nicht äquidistant abgetasteten Einzelwerten als Sonderfall ein. Ein solches Signal wird durch einen Signalstrom beschrieben, dessen Einzelsignale jeweils einen Block enthalten (Blocknummer IV), der wiederum nur einen einzelnen Wert enthält. Da solche Signale üblicherweise selten und mit geringen Datenmengen in Signalgraphen vorkommen (z.B. zur asynchronen Übermittlung von Parameterwerten), kann der Verwaltungsoverhead hier in Kauf genommen werden.

Um auch dabei das Konzept von Paketen in Signalgraphen flexibel einsetzen zu können, darf nicht verlangt werden, dass aufeinander folgende Signale in einem Signalstrom gleiche Länge (d.h. die gleiche Anzahl von Blöcken) haben. Insbesondere sollten Signale prinzipiell auch unendlich lang sein dürfen, z.B. um Signale eines physikalischen Prozesses kontinuierlich und ohne vorgegebene Zeitbeschränkung zu messen. Auch die Anzahl aufeinander folgender Signale in einem Signalstrom darf nicht begrenzt werden.

Verbindungen zwischen zwei Modulen übertragen also Blöcke, die Paketen zugeordnet werden können, bzw. – aus einer anderen Sichtweise – sie übertragen Signale, die Signalströmen zuzuordnen sind. Wann „arbeiten" Module? Im einfachsten Fall dann, wenn ein Datenblock an jedem Eingangsport anliegt. Auf diese Frage wird ausführlicher noch im Abschnitt 2.1.7 eingegangen.

Das zweistufige Datenstrukturierungskonzept (Blöcke und Pakete) ist in der Praxis ausreichend, eine weitere Hierarchieebene ist nicht erforderlich.

Signaltypen

Es wurde bereits erwähnt, dass ein Einzelwert eines Signals nicht nur ein skalarer Wert (z.B. vom Typ Integer oder Double) sein kann. Möglich sind auch andere Typen, wie z.B. Vektoren (z.B. als Resultat einer Fourier-Transformation), Arrays (z.B. Bilder einer Kamera) oder beliebige Strukturen (Records) aus anderen Typen. Prinzipielle Beschränkungen gibt es dabei nicht. Es muss lediglich sichergestellt sein, dass zwei miteinander verbundene Module Werte des entsprechenden Typs ausgeben bzw. einlesen können.

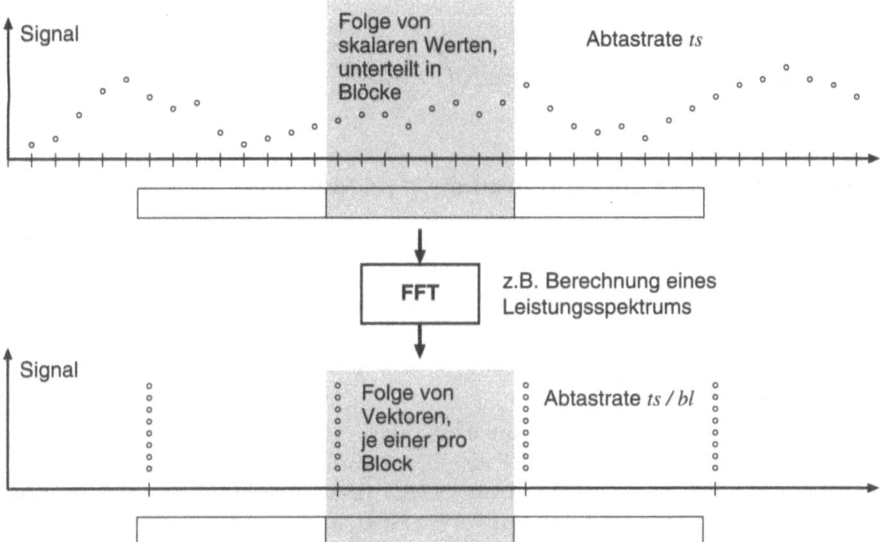

Bild 2.8 Interpretation von aufeinander folgenden Modulausgaben als ein Signal

Auch aufeinander folgende Ausgaben eines blockorientiert arbeitenden Moduls können wieder als Signal aufgefasst werden, wie das folgende Beispiel zeigt: Eine Fourier Transformation (FFT) erhält Datenblöcke der Länge 512 (z.B. 512 skalare Werte vom Typ double im Zeitbereich) eines Signals, das mit einer Abtastrate von 10 240 Hz gemessen wurde. Für jedes derartige Eingabeintervall wird ein Amplituden- oder Leistungsspektrum berechnet, das als Vektor der Länge 256 (ein Vektor vom Typ double im Frequenzbereich) ausgegeben wird. Die Ergebnisse der Anwendung der FFT auf aufeinander folgende Blöcke (d.h. Zeitintervalle) können nun wiederum als ein Signal aufgefasst werden. Das Signal besteht in diesem Fall aus einer Folge von Vektoren. Es hat eine Blocklänge von Eins und eine Abtastrate 10240 / 512 = 20 Hz. Bild 2.8 verdeutlicht dieses Beispiel. Es zeigt auch, dass den Eingabesignalen eigene Zusatzinformation (wie z.B. Blocklängen oder Abtastraten) durch ein Modul für die Weitergabe über Ausgabesignale geeignet modifiziert werden muss.

Das beschriebene Beispiel macht auch deutlich, dass es auch Sinn macht, Signalen außer den erwähnten *Basisdatentypen* einen weiteren Typ zuzuordnen, der die Interpretation des Signals ermöglicht oder erleichtert. Ein solcher *Interpretationsdatentyp* kann zum Beispiel darauf hinweisen, ob ein bestimmtes Signal als Signal im Zeit-, Frequenz-, Statistik- oder Cepstralbereich zu verstehen ist.

Insgesamt gehören zu einem Signal folgende Informationen:

- Werte,

- Basisdatentyp

- Interpretationsdatentyp,

- SI-Einheit,

- Anfangszeitpunkte von Paketen,

- Abtastrate,

- Blocklänge und

- Blocknummern.

Die konkrete Realisierung von Signalen in ICONNECT wird in Abschnitt 2.2.3 noch näher erläutert.

2.1.6 Typprüfung bei der Verbindung von Modulen

Das Beispiel im letzten Abschnitt macht deutlich, dass Daten, die über Verbindungen zwischen Modulen übertragen werden, nicht nur unterschiedlich strukturiert sein können, sondern auch unterschiedliche Eigenschaften haben können (z.B. Basisdatentypen und Interpretationsdatentypen). Im Allgemeinen erwartet ein Modul Daten eines bestimmten Typs an einem bestimmten Eingang und produziert Daten eines bestimmten Typs für einen bestimmten Ausgang.

Es ist jedoch möglich, dass Module auch *parametrische Polymorphie* bzw. *Überladung* unterstützen. Polymorphie bezeichnet hier die Verwendung der selben Prozedur oder Funktion mit Aufrufparametern mit unterschiedlichen Typen. Überladung ist die Verwendung des selben Namens zur Bezeichnung von verschiedenen Prozeduren oder Funktionen.

Ein häufig benötigtes Modul ist beispielsweise ein Demultiplexer, der abhängig von Werten eines Steuersignals die Blöcke von einem seiner beiden Eingänge übernimmt und an seinen Ausgang weitergibt. Dabei ist es unerheblich, welchen Basisdatentyp die durchgeschalteten Daten haben. Ein weiteres Beispiel ist ein Addierer, der nicht nur skalare Werte (integer oder double) addieren kann, sondern auch Vektoren und Matrizen, wenn sie die gleiche Größe besitzen. Einem Ein- oder Ausgangsport kann entweder ein einzelner Basisdatentyp, eine Liste von möglichen Basisdatentypen oder jeder beliebige Basisdatentyp zugeordnet sein. Mit diesen Beispielen wird deutlich, dass es zwar Module gibt, die Daten mit unterschiedlichen Basisdatentypen verarbeiten, die jedoch zumindest den selben Typ an bestimmten Ports erwarten. Somit muss es auch Referenzen zwischen verschiedenen Ports bezüglich der Typen geben.

Ein weiteres Beispiel ist ein Modul zur graphischen Ausgabe von Signalen, das Folgen skalarer Werte (z.B. Typ double) an einem Eingabeport benötigt. Diese Signale können aber entweder dem Zeitbereich oder dem Frequenzbereich entstammen.

Modultypen sind durch die Typen der Signale bestimmt, die sie als Eingabe benötigen bzw. als Ausgabe produzieren. Ein Signalgraph ist bezüglich der Modultypen *korrekt*, wenn für alle Verbindungen, die er enthält, die Typen der verbundenen Ausgangs- und Eingangsports übereinstimmen (bzw. wenn gemeinsame Teilmengen bzgl. der Typen verbundener Ports gefunden werden können). Dies legt nahe, bereits beim Editieren eines Signalgraphen den Entwerfer dahingehend zu unterstützen, dass er korrekte Signalgraphen erstellt (*correctness by construction*). D.h., Entwurfsfehler sollen – soweit das möglich ist – schon beim Erstellen eines Signalgraphen erkannt werden und nicht erst bei seiner Ausführung.

Eine Typprüfung (*type checking*) wird also jedesmal dann durchgeführt, wenn zwei Module miteinander verbunden werden. Die Überprüfung der Typen bzw. die Bestimmung übereinstimmender Teilmengen von Typen erfolgt in zwei Stufen:

- Basisdatentypen müssen übereinstimmen, ansonsten wird eine Fehlermeldung ausgegeben und die Verbindung wird nicht in den Graphen eingezeichnet.

- Interpretationsdatentypen sollen übereinstimmen. Stimmen sie nicht überein, so wird eine Warnung ausgegeben, doch die Verbindung ist zulässig.

Während eine Kompatibilität der Basisdatentypen für die Ausführung eines Signalgraphen absolut erforderlich ist, kann eine Verletzung der Interpretationsdatentypen toleriert werden, wenn dies vom Entwerfer gewünscht wird. Auf die konkrete Implementierung der Typprüfung in ICONNECT wird in Abschnitt 2.2.4 noch näher eingegangen.

2.1.7 Ausführung von Signalgraphen durch die Ablaufsteuerung

In diesem Abschnitt wird untersucht, wie ein Signalgraph (bzw. der durch ihn beschriebene komplexe MSR-Algorithmus) ausgeführt wird. Prinzipiell bedeutet das Ausführen eines Signalgraphen die zyklische (wiederholte) Ausführung der einzelnen Module beginnend mit Datenquellen bis hin zu Datensenken. Eine feste Ausführungsreihenfolge (*statischer Schedule*) lässt sich allerdings nicht angeben, da bei der Online-Signalverarbeitung nicht vor der Ausführung bekannt ist, wann welche Datenquellen wie viele Daten liefern. Außerdem könnte – z.B. abhängig von bestimmten Modulausgaben – der Datenfluss in bestimmte Teilgraphen gelenkt werden, so dass manche Module in bestimmten Situationen nicht ausgeführt werden müssen. Die Ausführungsreihenfolge muss also zur Laufzeit bestimmt werden (*dynamischer Schedule*).

Die für die Ausführung von Signalgraphen zuständige Funktionseinheit wird als *Ablaufsteuerung* bezeichnet. Sie entscheidet darüber, welches von möglicherweise mehreren rechenbereiten Modulen tatsächlich ausgeführt wird. Als zusätzliche Information wird für diese Entscheidung eine *Priorität* genutzt, die der Entwerfer eines Signalgraphen einem Modul zuweisen kann.

Voraussetzung für die Ausführung eines Signalgraphen ist, dass alle *obligatorischen* Eingänge von Modulen mit geeigneten Ausgängen anderer Module verbunden sind. Diese Forderung entspricht auch der Definition eines obligatorischen Eingangs. Ein *nichtobligatorischer* Eingang muss dementsprechend nicht verbunden sein. Ist er verbunden, so werden bei der Ausführung anliegende Daten berücksichtigt. Ist ein obligatorischer Eingang nicht verbunden, so führt dies bei der Ausführung eines Signalgraphen zu einer Fehlermeldung.

Rechenbereitschaft von Modulen

Ein Modul *kann* ausgeführt werden, wenn es *rechenbereit* ist. Wird es dann durch die Ablaufsteuerung ausgeführt (wird es also *rechnend*), so bleibt es rechnend und verfügt somit über den Prozessor, bis es diesen Zustand selbst beendet (Prinzip der *Nicht-Unterbrechbarkeit*).

Wann ist ein Modul bereit zur Ausführung (rechenbereit)? Zur Beantwortung dieser Frage muss zunächst bekannt sein, ob es sich bei einem Modul um eine Datenquelle (*Quellenmodul*) handelt oder nicht. Wie bereits erwähnt, muss es sich dabei nicht um Module handeln, die Quellen im graphentheoretischen Sinn sind. Quellenmodule werden bei der Ausführung eines Signalgraphen anders als *Nicht-Quellenmodule* behandelt. Der Programmierer eines Moduls muss festlegen, ob es sich bei dem von ihm implementierten Modul um ein Quellenmodul handelt.

Ein Quellenmodul ist prinzipiell immer rechenbereit. Wird es ausgeführt, so ist es allerdings auch möglich, dass es keine Daten liefert. Ein Beispiel hierfür ist ein Modul, das blockweise Daten von einem Sensor einliest und an Nachfolgermodule weiterleitet. Dieser Sensor hat möglicherweise zu einem bestimmten Zeitpunkt (an dem das Modul ausgeführt wird) noch keine Werte bereitgestellt.

Ein Nicht-Quellenmodul entscheidet selbst, ob es rechenbereit ist oder nicht. Muss es – dazu aufgefordert von der Ablaufsteuerung (s.u.) – darüber entscheiden, so prüft es die an seinen Eingängen vorliegenden Daten und gibt eine entsprechende Entscheidung zurück. Im Allgemeinen ist dies der Fall, wenn an allen obligatorischen Eingängen ausreichend Daten vorhanden sind. Sind dann an nicht-obligatorischen Eingängen auch Daten vorhanden, so werden diese mit eingelesen und verarbeitet. Es kann allerdings prinzipiell auch Module geben, die rechenbereit werden, obwohl nicht an allen obligatorischen Eingängen Daten vorliegen!

Modulzustände

Ein Modul durchläuft während seiner Lebenszeit verschiedene Zustände:

- **Zustand *instanzierend*:** Instanzen von Modulen und Kommunikationsmedien werden im graphischen Editor durch Auswahl von Modulen aus der Modulbibliothek und Verbinden dieser Module generiert. Die in den Parameterdialogen eingegebenen Werte werden zugewiesen und Makromodule werden durch entsprechende Teilgraphen ersetzt. Gegebenenfalls werden auch spezielle externe Werkzeuge aufgerufen (z.B. ein Tool zum Filterentwurf (Berechnen von Koeffizienten eines FIR- oder IIR-Filters) oder ein Statechart-Editor zur Spezifikation endlicher Automaten).

- **Zustand *initialisierend*:** Wenn das Modul in diesem Zustand ist, wird Speicher – soweit möglich – allokiert und alle Quellenmodule werden in eine Liste eingetragen (geordnet nach Prioritäten).

- **Zustand *nicht rechenbereit*:** In diesen Zustand kommt das Modul im Anschluss an die Initialisierungsphase sowie nach jeder Ausführung. Solange an den Eingängen nicht ausreichend viele Daten anliegen, um das Modul auszuführen, bleibt es in diesem Zustand.

- **Zustand *rechenbereit*:** Ein Modul gelangt in diesen Zustand, nachdem es von der Ablaufsteuerung aufgefordert wurde, seine Rechenbereitschaft festzustellen und, wenn ausreichend viele Eingangsdaten vorliegen, eine entsprechende Meldung an die Ablaufsteuerung zurückgegeben hat.

- **Zustand *rechnend*:** Um rechnend zu werden, muss ein Modul vorher rechenbereit gewesen sein. Im Zustand rechnend führt es seinen Basisalgorithmus auf den anliegenden Eingangsdaten aus und produziert Ausdangsdaten. Es bleibt rechnend, bis es von sich aus die Verfügung über den Prozessor abgibt und wieder nicht rechenbereit wird.

- **Zustand** *terminierend*: In diesen Zustand kann das Modul direkt aus verschiedenen anderen Zuständen gelangen. Es werden beispielsweise Dateien wieder geschlossen oder Speicher wird wieder freigegeben.

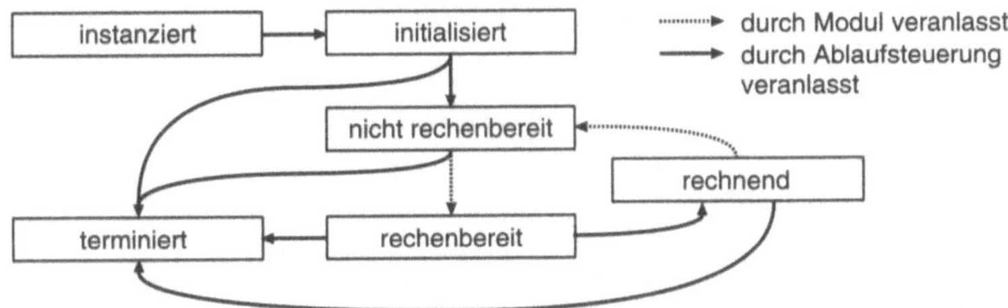

Bild 2.9 Zustände und Zustandsübergänge von Modulen

Bild 2.9 zeigt die verschiedenen Modulzustände und die möglichen Zustandsübergänge. Es wird deutlich, dass einige dieser Zustandsübergänge von den Modulen selbst ausgelöst werden.

Algorithmus der Ablaufsteuerung

Die Ablaufsteuerung enthält – wie ein Betriebssystem – einen *Scheduler*, der die Rechenbereitschaft von Nicht-Quellenmodulen durch diese Module feststellen lässt und anschließend die rechenbereiten Module in eine Liste einträgt. Eine weitere Komponente ist ein *Dispatcher*, der bei Verfügbarkeit des Prozessors die Ausführung eines rechenbereiten Moduls startet.

Wie die Module durchläuft die Ablaufsteuerung verschiedene Phasen (siehe Bild 2.10). Wichtig sind hier die beiden Phasen *Initialisierung* und *Ausführung*:

- In der *Initialisierungsphase* wird eine Liste QL aller Quellenmodule aufgebaut. Dabei steht das Quellenmodul mit der höchsten Priorität (s.o) am Kopf der Liste. Außerdem wird eine weitere, vorläufig leere Warteliste WL für Nicht-Quellenmodule angelegt.

- In der *Ausführungsphase* wird zunächst die Liste QL einmal bearbeitet. D.h., jedes Quellenmodul wird einmal rechnend. Nach der Ausführung jedes Moduls werden Nachfolgermodule im Signalgraphen ermittelt und die Rechenbereitschaft jedes Nachfolgermoduls wird geprüft. Ist ein Modul rechenbereit, so wird es entsprechend seiner Priorität in die Liste WL eingetragen. Quellenmodule bleiben in der Liste QL eingetragen, bis sie sich selbst aus dieser Liste abmelden (z.B. wenn ein Quellenmodul eine Datei vollständig eingelesen hat).

Nach der einmaligen Bearbeitung jedes Moduls in der Liste QL wird die Liste WL bearbeitet. Das Modul am Kopf dieser Liste wird rechnend. Sobald sein Basisalgorithmus ausgeführt ist und es wieder nicht rechenbereit wird, werden Nachfolgermodule dieses Moduls im Signalgraphen ermittelt und die Rechenbereitschaft jedes Nachfolgermoduls wird geprüft. Ist ein solches Modul rechenbereit, so wird es entsprechend seiner Priorität in die Liste WL eingetragen. Anschließend wird wieder das Modul am Listenkopf rechnend usw.

Wird ein Nicht-Quellenmodul nach seiner Bearbeitung wieder nicht rechenbereit, so wird es aus der Liste WL entfernt. Die Bearbeitung von WL endet, sobald diese Liste leer ist. In diesem Fall wird wieder mit der Bearbeitung der Liste QL begonnnen. Insgesamt ist die Ausführung eines Signalgraphen dann beendet, wenn auch die Liste QL leer ist. Auch ein expliziter Abbruch durch den Benutzer oder ein Abbruch aufgrund eines Fehlers in einem Basisalgorithmus ist beispielsweise möglich.

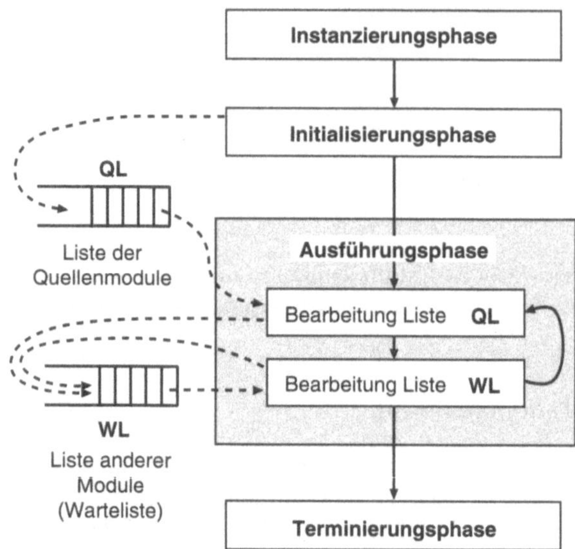

Bild 2.10 Funktionsweise der Ablaufsteuerung

Abhängig von der Verfügbarkeit von Daten werden die Module bearbeitet (*Datenfluss-prinzip*), wobei die Struktur des Signalgraphen lediglich eine partielle Ausführungsreihenfolge vorgibt. Der genaue Schedule wird also dynamisch (zur Laufzeit) in Abhängigkeit von weiteren Informationen bestimmt (Verfügbarkeit von Daten, Prioritäten).

Die Zeitspanne zwischen zwei aufeinander folgenden Zeitpunkten, an denen jeweils mit der Bearbeitung der Quellenliste QL begonnen wird, wird als *Durchlaufzeit* des Signalgraphen bezeichnet, die Ausführung eines Signalgraphen manchmal auch als *Durchlauf*. Die Durchlaufzeit eines Signalgraphen ist prinzipiell nicht konstant, kann aber durch Verwendung geeigneter Wartemechanismen auf einem einigermaßen konstanten Wert gehalten werden.

Das beschriebene Prinzip der Ablaufsteuerung erlaubt auch Rückkopplungsleitungen in Signalgraphen. Aufgrund von solchen Rückkopplungen kann es beispielsweise vorkommen, dass ein Modul mehrmals rechnend wird, bevor ein bestimmtes anderes Modul an der Reihe ist.

Wie bereits erwähnt wurde, kann ein Modul seine Eigenschaft, ein Quellenmodul zu sein, aufgeben. Es kann dann aber, wenn es Vorgängermodule im Graphen besitzt, als Nicht-Quellenmodul weiterarbeiten. Es ist sogar möglich, dass es irgendwann wieder zum Quellenmodul wird. Diese Eigenschaftsänderung wird durch den Basisalgorithmus des Moduls veranlasst.

2.1.8 Trennung verschiedener Anwendergruppen

Bevor in Abschnitt 2.2 auf die konkrete Realisierung der vorgestellten Konzepte in
ICONNECT eingegangen wird, sollen an dieser Stelle die verschiedenen Entwickler- und
Benutzergruppen eines Frameworks wie ICONNECT anhand ihrer jeweiligen Aufgaben
zusammenfassend näher betrachtet werden:

- *Anwendung* von Programmen meint die Ausführung von Signalgraphen, die in einen
  technischen Prozess eingebettet sind, und die Interaktion mit dem Anwender (*Bediener*) über Benutzerdialoge, die graphische Anzeige- und Bedienelemente enthalten (z.B. Schieberegler, Schalter, Texteingabefelder, digitale oder analoge Displays,
  x/y-Diagramme usw.).

- *Anwendungsprogrammierung* ist die (im wesentlichen) visuelle Programmierung
  (Erstellung) von Signalgraphen mit dem in Bild 2.5 gezeigten Framework (Editor,
  Modulbibliothek usw.). Der Anwendungsprogrammierer (*Applikations-Ingenieur*)
  kann erprobte Module oder auch (Teil-)Signalgraphen (Makros) wiederverwenden
  (*Software-Reuse*). Er muss sich nicht um eine effiziente oder numerisch stabile Implementierung von Basisalgorithmen kümmern. Stattdessen kennt er die Anforderungen einer konkreten Anwendung und kann dann in kurzer Zeit auf die Anwendung und den Bediener angepasste Software (mit geeigneten Bedienerdialogen,
  Vergabe von Benutzerrechten usw.) erstellen.

- *Modulprogrammierung* bedeutet die Implementierung von Basisalgorithmen in
  Form von Modulen mit Hilfe vorgefertigter Templates. Der Modulentwickler
  (*Software-Ingenieur*) kann sich auf eine effiziente Modulprogrammierung konzentrieren. Er braucht sich nur mit Anwendungsmöglicheiten, aber nicht mit konkreten
  Anwendungsproblemen beschäftigen. Andererseits soll er Module so implementieren, dass sie in einer möglichst großen Klasse von Anwendungsfällen zum Einsatz
  kommen können. Die Implementierung eines neuen Moduls erfolgt unter Beachtung
  einer in Form von Schnittstellenbeschreibungen vorgegebenen Umgebung (Templates). Zu den Schnittstellenfunktionen, die ein Modulprogrammierer zur Verfügung
  stellen muss, gehören u.a. Funktionen zur Verwaltung der Ein- und Ausgaben eines Moduls bzw. zum Setzen der allgemeinen oder modulspezifischen Parameter,
  sowie die von der Ablaufsteuerung benötigten Funktionen für die verschiedenen
  Bearbeitungsphasen, also für die verschiedenen Modulzustände. Jedes Modul wird
  als eine Klasse in C++ realisiert; die einzelnen Schnittstellenfunktionen werden als
  Methoden dieser Klasse programmiert. Neue Module können leicht im Framework
  getestet werden.

- *Systementwicklung* bedeutet die Konzeption und Realisierung von Komponenten
  des Frameworks. Dazu gehören insbesondere die Ablaufsteuerung (z.B. Strategie
  des Schedulers) und der Grapheneditor sowie die Mechanismen zur Interaktion
  dieser Komponenten. Systementwickler stellen auch Templates für die Implementierung von Modulen bereit, die dem Modulprogrammierer die Entwicklung neuer
  Module erleichtern.

Bild 2.11 fasst die Aufgaben der verschiedenen Benutzer- und Entwicklergruppen sowie
die Vorteile der Aufgabentrennung zusammen. Der wesentlichste Vorteil des beschriebenen Konzeptes ist, dass die Entwicklungszeit von Software für technische Anwendungen erheblich sinkt (Kostenreduktion). Gleichzeitig ist der gesamte Entwicklungsaufwand
besser planbar und somit auch finanziell leichter und genauer kalkulierbar.

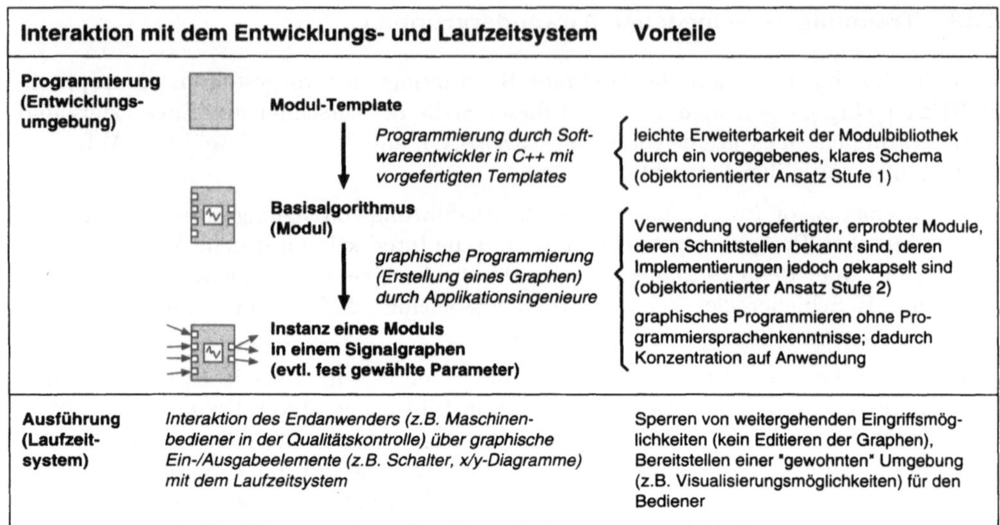

Bild 2.11 Programmierung und Ausführung von Modulen und Signalgraphen

2.2   Implementierung in ICONNECT

In den ersten Abschnitten dieses Kapitels wurden die Konzepte der visuellen Programmierung in einer komponentenbasierten Umgebung vorgestellt. Ein Beispiel für eine konkrete Realisierung am Beispiel des Entwurfsystems ICONNECT folgt in den nächsten Abschnitten.

2.2.1   Module

Ein ablauffähiges Programm zur Lösung einer Steuer- oder Regelungsaufgabe benötigt parametrierbare Basisalgorithmen (Module), einen Datenaustausch zwischen den Basisalgorithmen in Form der Modulkommunikation und eine übergeordnete Instanz, die die Aufrufreihenfolge der Algorithmen und deren Kommunikation regelt (Ablaufsteuerung). Module sind in ICONNECT als dynamisch einbindbare Softwarebibliotheken (Dynamic Link Library, DLL) realisiert. Mit diesem Konzept ist es möglich, beim Start der Entwicklungsumgebung eine Liste aller auffindbaren Softwarebausteine aufzubauen. Aus dieser kann der Anwendungsentwickler die für seine Applikation benötigten Komponenten auswählen. Jedes Modul besitzt eine einheitliche Schnittstelle (Interface), über die einzelne Funktionen (Methoden) des Moduls aufgerufen werden können. Ein Modul ist in Form einer C++ Klasse implementiert.

Modulschnittstellen

Die Schnittstelle eines Moduls lässt sich anhand der verschiedenen Aufgabenstellungen an ein Modul untergliedern:

- *DLL-Schnittstelle*
  Funktionen zum Identifizieren einer DLL als ICONNECT-Modul und zur Erzeugung einer Modulinstanz.

- *Schnittstelle zur Oberfläche (Editor)*
  Darunter lassen sich alle Methoden zusammenfassen, die die grafische Darstellung des Moduls im Editor beeinflussen, also z.B. das darzustellende Icon, die Modulports und deren Namen, der Name und die Instanznummer des Moduls usw.

- *Schnittstelle zur Ablaufsteuerung*
  Methoden zur Initialisierung, zum Feststellen der Rechenbereitschaft des Moduls, zum Aufruf des Algorithmus durch die Ablaufsteuerung und zur Freigabe von Modulressourcen (z.B. dynamisch reserviertem Speicher) nach dem Ablauf.

- *Schnittstelle zur Modulkommunikation*
  Methoden zum Erzeugen und Löschen von Kommunikationsstrukturen und zur Kommunikation.

- *Schnittstelle zum Serialisieren*
  Laden und Speichern von Modulparametern.

Erzeugen eines Moduls

Beim Erzeugen eines Moduls wird zunächst dessen Klassen-Konstruktor aufgerufen. Die Entwicklungsumgebung erzeugt für jedes in den Signalgraphen eingefügte Modul eine eigene Instanz der Modulklasse. Wird ein bereits bestehender Signalgraph geladen, so wird anschließend zusätzlich eine Funktion *Serialize* aufgerufen, über die das Modul aus einem Archiv bereits gespeicherte Einstellungen (Parameter) wieder laden kann. Das Modul hat zu diesem Zeitpunkt noch keine Informationen über Kommunikationsbeziehungen zu irgendwelchen Nachbarmodulen.

Einstellen von Modulparametern

In der Regel wird der Benutzer nach dem Erzeugen eines Moduls (Instanzbildung) dessen Parameter konfigurieren. Dazu öffnet er einen Eigenschaftsdialog des Moduls. Dabei wird vom Editor eine *OnLeftDblClk*-Methode des Moduls aufgerufen. In dieser öffnet das Modul seinen Konfigurationsdialog und der Benutzer wählt die gewünschten Parameter. Nach Schließen des Dialogs kann das Modul feststellen, ob die Auswahl Einfluss auf die Anzahl der darzustellenden Modulports oder deren Datentypen hat. Ist dies der Fall, erfolgt eine entsprechende Mitteilung an die Oberfläche. Das grafische Aussehen des Moduls kann dadurch verändert werden (Hinzufügen oder Löschen von Modulports).

Validierung der Kommunikationskanäle

Die Verbindung der Modulports bewirkt eine zweistufige Validierung der Kommunikationsverbindung. Dabei wird das Modul vom Editor aufgefordert, den gewünschten Datentyp eines Ports zu benennen (Methode *GetPortType*). Ebenso wird mit der Gegenseite verfahren. Diese Informationen tauscht der Editor zur Validierung nun zwischen zwei zu verbindenden Modulen aus. Bestätigt jedes der beiden Module die Korrektheit einer Verbindung durch Vergleich mit dem eigenen Datentyp (Methode *ValidatePortType*), so kommt diese zustande und wird eingezeichnet.

Speichern eines Signalgraphen

Bevor ein Signalgraph-Entwurf zum Test gestartet wird, sollte dieser gespeichert werden. In der Grundeinstellung von ICONNECT erfolgt dies automatisch. Dabei wird von der Oberfläche eine Methode *Serialize* aufgerufen, die alle aktuellen Moduleinstellungen in einem Archiv (ähnlich einer Datenbank) sichert.

Start des Signalgraphen

Die notwendigen Vorbereitungen zum Start eines Signalgraphen sind kompliziert. In dieser Phase werden zunächst alle Makros aufgelöst und eine flache Ablaufstruktur anstelle der Hierarchie erzeugt. Dann werden alle Kommunikationsstrukturen der Module aufgebaut (Methoden *SetInputStream* und *AddOutputStream*). Anschließend wird das Modul aufgefordert, Speicherreservierungen oder ähnliche Initialisierungen vorzunehmen (Methode *Init*).

Nach diesen Vorbereitungen werden Listen von Quellen- und Verarbeitungsmodulen aufgebaut, die für die Ablaufsteuerung benötigt werden. Dazu teilt jedes Modul der Ablaufsteuerung mit, ob es Quelleneigenschaft hat und damit in jedem Abarbeitungszyklus aufzurufen ist. Die übrigen Modul werden als Verarbeitungsmodule behandelt und nur aufgerufen, wenn ein Vorgängermodul potenziell Daten geliefert hat.

Tritt während der Initialisierungsphase ein Fehler auf, so wird direkt die Beendigungsphase (Methode *Done*) aller Module aufgerufen, um alle bereits getätigten Initialisierungen rückgängig zu machen.

Im fehlerfreien Fall wird von der Ablaufsteuerung damit begonnen, die Module auf Rechenbereitschaft zu testen (Methode *Fetch*). Meldet ein Modul über den Rückgabewert der Methode Rechenbereitschaft, so wird dieses entsprechend seiner Ausführungspriorität in eine Warteschlange eingereiht und zu gegebenem Zeitpunkt aufgerufen (Methode *Execute*).

Bei der Ausführung arbeitet ein Modul seinen Basisalgorithmus ab. Dazu gehört auch das Lesen der Daten an den Eingangsports und das Schreiben der Ergebnisse an die Ausgangsports. Neben den reinen Nutzdaten werden in Kommunikationskanälen zusätzliche Informationen übertragen, die während der Abarbeitung des Algorithmus eventuell modifiziert werden. Ein Algorithmus zur Abtastratenänderung (Resampling) eines Signals wird z.B. die ausgegebene Signalabtastrate am Ausgang an die Eingangsabtastrate und die gewählten Modulparameter anpassen. Auch die Block-/Paketstruktur der Eingangsdaten kann durch den Algorithmus verändert werden, z.B. bei einem Puffer-Modul, das eine variable Anzahl von Datenblöcken zusammenfasst.

Ein spezieller Mechanismus beim Schreiben von Datenpaketen an Ausgangsports verhindert, dass der Kommunikationskanal unkontrolliert befüllt wird und dabei überläuft (was sich in Speichermangel bemerkbar machen würde). Dazu überwacht der Produzent der Daten die Funktion des Konsumenten. Werden Pakete nicht korrekt abgeholt (z.B. wegen einer falschen Parametrierung des konsumierenden Moduls), so meldet der Produzent der Daten einen Paketstau-Fehler an die Ablaufsteuerung. Viele Fehler, die durch falsche Priorisierung oder Synchronisation entstehen, lassen sich damit kontrollieren und vermeiden.

Tritt während der Abarbeitung des Algorithmus ein Fehler auf, so wird dieser über den Rückgabewert der Methode *Execute* an die Ablaufsteuerung gemeldet, die dann die weitere Ausführung des Signalgraphen unterbricht. Auch in diesem Fall wird die Methode *Done* aller Module aufgerufen.

Beenden der Ausführung

Bei der Beendigung eines Signalgraphen werden alle Methoden *Done* der Module aufgerufen. Hier geben die Module dynamisch angeforderten Speicher wieder frei und schließen eventuell geöffnete Schnittstellen.

Methodenaufrufe im Überblick

In Bild 2.12 sind die üblichen Aufrufreihenfolgen der Methoden in Form eines Statecharts dargestellt. Diese Art der Modellierungstechnik in Form von Zustandsübergangsdiagrammen wird in ICONNECT verwendet, um das logische und zeitliche Verhalten von Automaten grafisch darzustellen. Der zentrale Zustand *Modul instanziert und initialisiert* wird nach dem Erzeugen eines neuen Moduls oder nach dem Laden eines bestehenden Signalgraphen erreicht. Auch nach der Ausführung eines Signalgraphen befindet sich das Modul wieder in diesem Zustand.

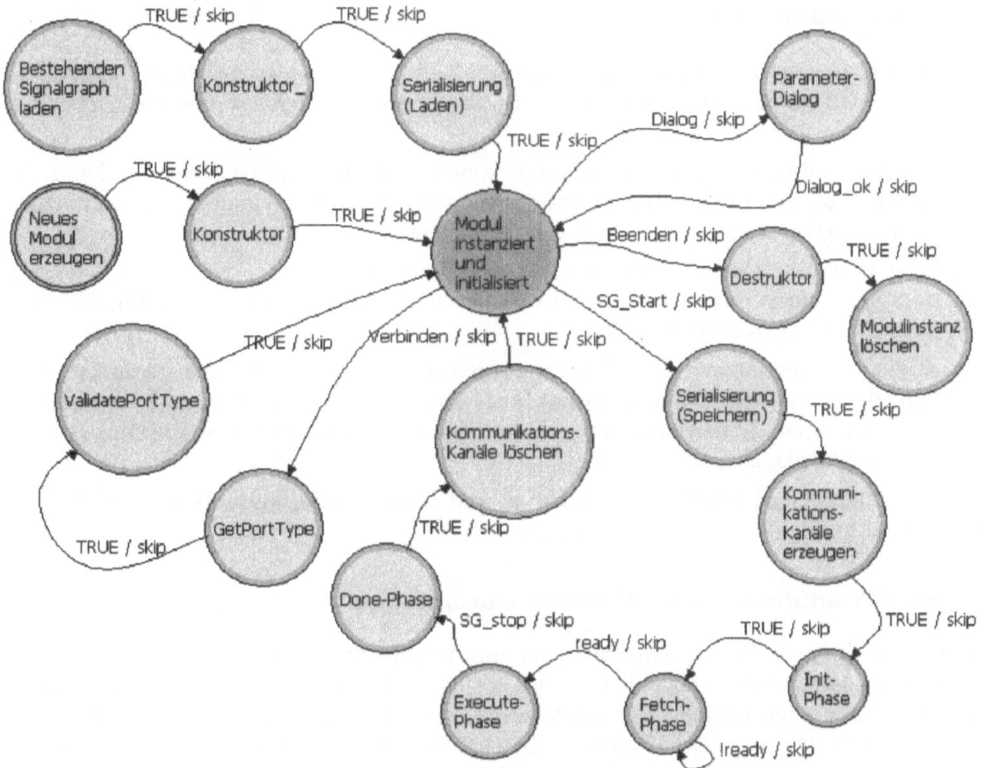

Bild 2.12 Statechart der Methodenaufrufe in ICONNECT

Änderungen am Zustand des Moduls ergeben sich durch Ziehen neuer Verbindungen zu benachbarten Modulen und der anschließenden Typprüfung der Verbindung oder durch Öffnen des Parameterdialogs. Beim Schließen eines Signalgraphen oder durch Löschen einer Modulinstanz wird der Destruktor ausgeführt und die Instanz aus dem Speicher entfernt. Das Speichern des Signalgraphen, das im Statechart als Teil des Startvorgangs angegeben ist (Funktion *Autosave*), kann natürlich auch manuell ausgelöst werden. Das Erzeugen der Kommunikationskanäle zwischen Modulen ist ein Teil der Aufgaben der Module selbst. Prinzipiell könnte die Entwicklungsumgebung Funktionalität dazu bereitstellen. Dadurch wäre aber die Flexibilität des Modulentwicklers bei der Wahl des Kommunikationsmediums unnötig eingeschränkt. Mit der Implementierung der Modulkommunikationsaufgaben beschäftigt sich der folgende Abschnitt.

2.2.2 Modulkommunikation

Module als Bausteine eines Komponentenframeworks benötigen eine standardisierte Kommunikationsschnittstelle, die in der Lage ist, sowohl skalare (int, double, bool etc.) als auch aggregierte (Arrays, Structs, Listen, Matrizen etc.) Datentypen effizient und transparent zwischen Sender und Empfänger zu transportieren. Eine transparente Übertragung von Daten ist von Vorteil, wenn ein grafischer Debugger zur Veranschaulichung der Abläufe und der Datenübertragungen verwendet wird.

2.2.3 Kommunikationsmedium

Als geeignete Kommunikationstechnik zwischen Komponenten bieten sich prinzipiell verschiedene Möglichkeiten an. Eine Einteilung kann bezüglich der Art und des Ortes der Datenhaltung gegeben werden.

- Die Verbindungen zwischen Modulen können die Daten selbst repräsentieren. In diesem Fall entspricht eine Leitung z.B. dem Datentyp skalare Gleitkommazahl (einen Vertreter dieser Art stellt z.B. LabView dar).

- Eine Verbindung kann einen typneutralen Puffer für Daten beliebiger Art (skalar oder aggregiert) darstellen. Auch in diesem Fall ist die physikalische Datenhaltung in den Leitungen (ICONNECT).

- Jegliche Datenhaltung und Datenweiterleitung ist in den Modulen realisiert. Mit Hilfe der (ansonsten funktionslosen) Verbindung ist nur der Zielort einer Kopieraktion zu ermitteln. In diesem Fall repräsentiert die Verbindung keinen Speicherbereich, in dem physikalisch Daten liegen.

Je nach Menge der zu übertragenden Daten und Implementierungsaufwand ist die eine oder andere Art der Realisierung günstiger.

Streams als unidirektionale Kommunikationskanäle

Was ist ein *Stream*? Ein Stream kann als eine intelligente Datei (*smart file*) mit Ein- und Ausgabeoperatoren verstanden werden, in der Datenbytes gespeichert oder aus der Daten gelesen werden können. Die objektorientierte Klasse *iostream* ist Bestandteil aller C++ Compiler. Die Eigenschaften eines Stream-Objekts werden im wesentlichen durch die vordefinierten oder benutzerdefinierten Einfüge- und Ausleseoperationen und die Art der internen Datenhaltung festgelegt. Für das Schreiben in und das Auslesen aus dem

Speicherbereich existieren bereits vorbereitete Operatoren mit der identischen Syntax wie für Dateizugriffe (`cout` << und `cin` >>). Diese können durch die objektorientierte Technik der Vererbung (Überladen der Operatoren >> und <<) für eigene Zwecke modifiziert werden.

Die vorhandenen Operatoren zum Schreiben in einen ASCII-Stream konvertieren dabei alle zu serialisierenden Datentypen in eine textuelle Darstellung. Beim Lesen von Daten aus dem Stream werden diese wieder in die gewünschten Datentypen konvertiert. Konsequenz der textuellen Speicherung von Gleitkommazahlen ist, dass ein Stream über eine Eigenschaft *precision* verfügt, die angibt, mit welcher Genauigkeit Gleitkommazahlen in der textuellen Darstellung repräsentiert werden.

Vorteil eines ASCII-Streams ist die einfache Darstellung der Daten bei einem Debug-Vorgang (Visualisierung der Daten eines Streams bei der Fehlersuche). Eine Konvertierung oder Interpretation der Daten vor der Ausgabe ist unnötig. Der nicht vorhersagbare Speicherbedarf und der Verlust von Genauigkeit bei der Darstellung von Gleitkommazahlen stellen jedoch einen großen Nachteil dar. Aus Gründen der Effizienz der Datenübertragung und der Speicherverwaltung sollte deshalb eine binäre Übertragung der Nutzdaten vorgezogen werden. Um das Interpretieren der Daten während eines Debug-Vorgangs zu erleichtern, wird zusätzlich eine Information über den jeweiligen Datentyp vorangestellt.

Da der Speicher für einen Stream dynamisch allokiert wird, kann eine Mindestgröße für den Zeitpunkt des Erzeugens eingestellt werden. Wird ein Stream über diese Größe hinaus befüllt, so sorgt die interne Speicherverwaltung für ein automatisches, dynamisches Anwachsen des Puffers. Das Anwachsen kann linear oder exponentiell erfolgen.

Da über einen Stream Zeiger (Pointer-Datentyp von C++) verschickt werden können, ermöglicht das Stream-Konzept auch die im vorherigen Abschnitt beschriebene Version der Datenhaltung in den Modulen und vereint damit alle prinzipiellen Möglichkeiten der Modulkommunikation in idealer Weise.

Basisklassenzeiger für bidirektionale Kommunikation

Außer den bereits erwähnten Möglichkeiten der Modulkommunikation ist auch ein direkter Austausch der Modul-Basisklassenzeiger realisierbar. Damit kann ein Modul direkt auf die Daten und Methoden eines mit ihm verbundenen Moduls zugreifen. Da in diesem Fall wesentlich detailliertere Informationen über die Art der Implementation eines kommunizierenden Moduls zugänglich sind als unbedingt notwendig, widerspricht diese Technik sowohl dem Komponenten-Paradigma als auch dem objektorientierten Konzept des Verbergens von Informationen durch die so genannte Kapselung (*information hiding*).

Basisklassenzeiger haben jedoch eine gewisse Berechtigung, wenn es darum geht, bereits bestehende objektorientierte Klassen-Frameworks in Komponenten umzubauen. Weiterhin ist diese Technik die einzige einfache Art, Informationen an benachbarte Module bereits vor dem Start eines aktiven Datenaustausches durch die Ablaufsteuerung weiterzugeben.

Damit können Basisklassenzeiger genutzt werden, um bereits Teile einer Darstellung einer Datenvisualisierung in einem Fenster zu realisieren, bevor der Datenfluss einsetzt. Dies kann sinnvoll sein, um z.B. ein Achsenkreuz eines y-t-Diagramms bereits darzustellen, obwohl die darin einzutragenden Messdaten noch nicht vorhanden sind.

Zusatzdaten der Übertragung

Es gibt Arten von Informationen, die sich während der Abarbeitung eines Signalgraphen nur selten oder überhaupt nicht ändern, wie z.B. Typ-Informationen über die Art der zu übertragenden Daten (etwa die physikalische Einheit eines Messsignals). Würde man diese mit jedem übertragenen Messwert mitsenden, so wäre das Datenaufkommen infolge der zusätzlich übermittelten Daten höher als das der Nutzdaten. Selten zu übertragende Zusatzdaten werden deshalb nicht serialisiert, sondern asynchron parallel zum Streaminhalt übertragen. Dies ist mit Hilfe einer von *iostream* abgeleiteten Klasse leicht möglich. Mögliche Zusatzdaten sind:

- *Signalname*
  Symbolische Bezeichnung (Name) des Signals zur späteren Verwendung in Anzeigeelementen.

- *Anzahl von Datenblöcken*
  Bei blockweiser Datenübertragung (im Gegensatz zur Einzelwertübertragung) wird die Anzahl der Blöcke und die jeweilige Blocklänge übertragen.

- *Informationen über Anfang und Ende einer Messreihe*
  Kennung, die die Stellung (Status) eines Datenblocks innerhalb eines Signals (Zeitreihe) angibt. Mögliche Belegungen: Start, Mitte, Ende innerhalb eines kompletten Datenpakets (Messreihe).

- *Abtastrate von Messdaten, Bildrate eines Videosignals*
  Angabe des zeitlichen Abstands zwischen zwei Messwerten oder Bildern in Hz (Messungen/s).

- *Wertebereichsinformationen*
  Angaben über den zu erwartenden Bereich eines Messsignals (Messbereichsanfang, -ende). Diese Angabe kann z.B. zur intelligenten Skalierung von grafischen Ausgaben (Plots) dienen.

- *Physikalische Einheit des Signals*
  SI-Einheit eines Messsignals zur Verwendung für Anzeigen und zur Kontrolle zulässiger Rechenoperationen bei der Verknüpfung von Signalen.

- *Skalierfaktoren*
  Angabe, wie das Signal bei der Messung skaliert wurde (Milli, Kilo, Mega, ...).

- *Zeitstempel*
  Genauer Zeitpunkt der Erfassung des ersten Messwerts einer Messreihe (Entstehungszeitpunkt der Datenreihe). Folgende Messzeitpunkte können aus der Abtastrate und dem Index des Messwerts ermittelt werden.

Zusatzinformationen erlauben also die intelligente, automatische Skalierung von Darstellungen der Daten, die Kontrolle von Berechnungen (z.B. Fehlermeldung bei der Addition von Signalen verschiedener Einheiten) und verringern so die Verwechslungsgefahr beim Ziehen von Signalverbindungen in komplexen Anwendungen.

Datenhaltung

Bei einer ungepufferten Datenhaltung und bei der Übergabe von Zeigern auf Daten sollte der Datenbereich vor unbeabsichtigtem Überschreiben geschützt werden. Bei rein datenflussgesteuerten Anwendungen ist die Gefahr dabei relativ hoch. Nur durch eine korrekte

Priorisierung der Modulbearbeitungszeitpunkte in mehrdeutigen Situationen kann ein unbeabsichtigtes Überschreiben von Daten verhindert und damit ein deterministischer Ablauf sichergestellt werden (siehe Abschnitt 2.1.7).

Bei der Verwendung gepufferter Datenspeichermedien, wie z.B. Streams, sollte andererseits ein unkontrollierter Überlauf des Speichers vermieden werden. Dieser tritt dann auf, wenn ein Vorgängermodul ständig Daten in einen Kommunikationskanal schreibt, ohne dass diese vom Nachfolger ausgelesen werden. Zu dieser Situation kommt es beispielsweise, wenn eine zyklische Struktur im Signalgraphen höher priorisiert Daten liefert als sie ein nachgeschalteter, niedrig priorisierter Zweig konsumieren kann. Wird diese Situation nicht rechtzeitig erkannt, führt sie unweigerlich zu einem Pufferüberlauf. Anhand der Statusinformation eines Datenblocks innerhalb einer Messreihe (aus der Signalzusatzinformation) kann diese Situation erkannt werden. Das Schreiben eines Datenpakets in einen Stream ohne ein wechselweises Auslesen durch einen Datenkonsumenten wird als *Paketstau* bezeichnet und führt zu einer Fehlermeldung.

2.2.4 Typprüfung

Nicht alle implementierbaren Basisalgorithmen sind in der Lage, mit beliebigen Datentypen zu hantieren. Deshalb ist für eine korrekte Komposition des Gesamtalgorithmus die Überwachung der Datentypen zwischen den Basisalgorithmen notwendig. Dieses automatisierbare Verfahren wird als *Datentypvalidierung* oder *Typechecking* bezeichnet. Der Basisdatentyp einer Kommunikation muss für eine erfolgreiche Datenübertragung und Verarbeitung identisch oder zumindest kompatibel gewählt werden. Dies stellt die rein physikalische Verarbeitbarkeit der Daten sicher, sagt jedoch nichts über die Sinnhaftigkeit der Aktion aus. Für letztere Prüfung ist bis heute kein Automatismus bekannt, jedoch kann der Benutzer dahingehend unterstützt werden, dass dem rein physikalischen Datentyp ein *Interpretationstyp* (Bezeichner) hinzugefügt wird, der bei Inkompatibilitäten zu einer Warnung führt. Diese könnte z.B. so aussehen: „Es ist zu vermuten, dass die Addition von Zeit- und Frequenzbereichsdaten zu keinem physikalisch sinnvollen Ergebnis führen wird, obwohl die beiden Datensatzlängen identisch und die Basisdatentypen kompatibel sind!"

Im Gegensatz zur harten Datentypvalidierung kann hier der Benutzer entscheiden, ob er die Verbindung für sinnvoll hält oder nicht. In jedem Fall wird er dabei ein ausführbares Programm erhalten. Ob das Ergebnis im Falle einer Warnung sinnvoll ist kann durch die Validierung des Bezeichners nicht entschieden werden.

Basisdatentypen

Die Basisdatentypen, die in einer datenflussgetriebenen Anwendung verwendet werden können, lehnen sich an die Möglichkeiten moderner Programmiersprachen und an die für IOStreams definierten Operatoren an. Dabei kann zwischen skalaren Werten (Einzelwert) und Aggregationstypen (Felder von Einzelwerten, so genannte Arrays) unterschieden werden:

Skalare Variablen

- Einzelnes Zeichen (BYTE)
- Ganzzahlen, Integer (WORD, DWORD)

- Gleitkommazahlen (FLOAT, DOUBLE)

Aggregationsdatentypen

- Felder (Arrays) (DOUBLE[ ], SWORD[ ], ...)
- Matrizen (z.B. POINTER to DOUBLE[ ][ ])
- Bilder
- Strukturen, Felder von Strukturen (Point2D[ ])
- Zeichenketten (Strings), Stringarrays (UBYTE[ ], UBYTE[ ][ ])

Der Vergleich der Basisdatentypen erlaubt es, unzulässige Verbindungen sofort zu erkennen. Zusätzliche formale Konventionen müssen z.B. für die konkreten Längen von Arrays oder die unterstützten Bilddatentypen getroffen werden.

Als Sonderfall wird der Zeigerdatentyp POINTER betrachtet. Hier kann die Kompatibilität des Zeigertyps anhand des Interpretationsdatentyps (Bezeichner) geprüft werden. Eine Inkompatibilität führt in diesem Fall zu keiner Warnung sondern zu einer Fehlermeldung.

Interpretationsdatentyp

Als Interpretationsdatentypen bieten sich Informationen über den Zweck der Daten (z.B. die Verwendung eines Parameters) oder deren Entstehung (z.B. ein lückenlos abgetastetes Zeitbereichssignal) an. An die Verwendung eines speziellen Interpretationsdatentyps sind immer gewisse, einheitliche Konventionen geknüpft, die als verbindliche Vereinbarung der Module untereinander zu verstehen sind:

TIME_DOMAIN

- Signal enthält Zeitbereichsdaten
- Äquidistant abgetastet, zeitlich lückenlos
- Länge eines Feldes wird der Übertragung vorausgeschickt

FREQUENCY_DOMAIN

- Signal enthält Frequenzbereichsdaten (Spektrum)
- Länge eines Feldes wird der Übertragung vorausgeschickt
- Lückenlose, äquidistante Spektrallinienverteilung
- Abtastrate kann als Frequenzinformation interpretiert werden

BIN

- Signal wird als binäres Steuersignal verwendet
- Länge (immer 1) wird der Übertragung vorausgeschickt
- Zeitstempel repräsentiert den Zeitpunkt des Flankenwechsels, Abtastrate = 0

TEXT

- Information besteht aus einer Zeichenkette

- Byte-Feld wird als String interpretiert
- Länge des Strings wird im String selbst kodiert

Ein Validierungsmerkmal, das eine weitreichendere Korrektheitsprüfung des Verbindungsaufbaus als die ausschließliche Prüfung des Basisdatentyps gewährleistet, setzt sich also aus der Kombination von Basisdatentyp und Interpretationstyp zusammen und sieht damit wie folgt aus:

```
DOUBLE[] {TIME_DOMAIN}
  oder
POINTER {DOUBLE[] []}
```

Der Interpretationsdatentyp (in geschweiften Klammern angegeben) ist als Kommentar mit zusätzlich vereinbarten Konventionen zu verstehen.

Module, die zu allen Datentypen kompatibel sein sollen, benötigen einen speziellen Mechanismus zur Kennzeichnung ihres Verhaltens. Am einfachsten wird dazu ein *leerer* Validierungsdatentyp verwendet.

Bidirektionale Typprüfung und polymorphe Module

Nicht alle in einem Modul verwendeten Algorithmen sind auf bestimmte, voreingestellte Datentypen beschränkt. Module, die zu mehreren oder beliebigen Datentypen kompatibel sind, werden als polymorph bezeichnet. Ein ideales Beispiel für ein polymorphes Modul stellt etwa ein (De-)Multiplexer (Bild 2.13) dar, der den Datenfluss unabhängig vom Datentyp in unterschiedliche Pfade eines Datenflussgraphen leitet. Die Richtung des Datenflusses wird abhängig von einem Signal am Steuereingang festgelegt.

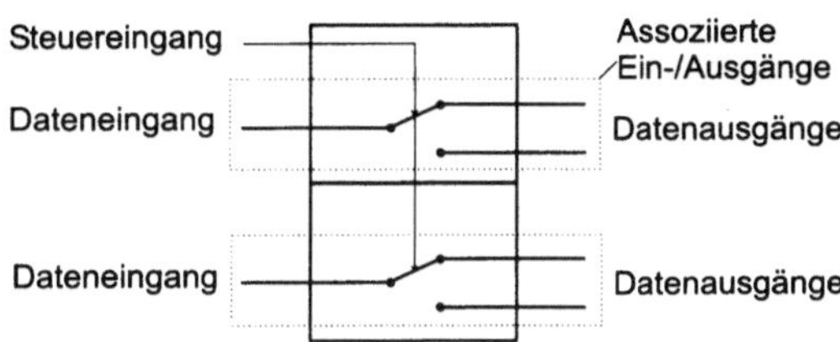

Bild 2.13 Polymorphie eines Multiplexer-Moduls

Ist ein Eingangs- oder Ausgangsport des Moduls einmal verdrahtet, so liegen automatisch auch die Datentypen der restlichen, assoziierten Ein- oder Ausgänge fest. Wie können diese jedoch ermittelt werden, so lange nicht feststeht, ob zuerst ein Eingang oder ein Ausgang verbunden wird? Dazu muss der Mechanismus der Typprüfung um einen bidirektionalen Informationsaustausch erweitert werden. Je nach Verbindungsreihenfolge kann das polymorphe Modul selbst Kompatibilität melden und danach den getesteten Datentyp als den eigenen übernehmen und an seine assoziierten Ein- oder Ausgänge weiterleiten. Aus dieser Sichtweise ist es verständlich, dass Kompatibilitätsanfragen der Module untereinander immer aus beiden Richtungen (also doppelt) gestellt werden. Die Reihenfolge beim Ziehen von Verbindungen hat damit keinen Einfluss auf das Ergebnis und die korrekte Funktion der Validierung.

Um den einmal intern gespeicherten Datentyp eines polymorphen Moduls zu löschen, genügt es nicht, nur eine der Verbindungen einer Multiplexer-Gruppe zu entfernen. Die Datentypinformation kann erst nach dem Löschen *aller* assoziierten Ein- und Ausgangsverbindungen neu vergeben werden.

3   Erste Schritte im Umgang mit ICONNECT

A. Bauhofer, H. Meyerhofer, J. Schwarzmüller und A. Stübinger

Dieses Kapitel führt zunächst in die Bedienung von ICONNECT ein, angefangen mit dem Erstellen von einfachen Signalgraphen bis hin zu weiterführenden Elementen wie Makros, der Benutzerverwaltung und den Gründen für und der Behandlung von Paketstaus. An Hand einer größeren Applikation wird der Umfang der Modulbibliothek, die ICONNECT anbietet, vorgestellt. Das Kapitel endet mit den Visualisierungs- und Eingabemöglichkeiten für mittels ICONNECT erstellter Signalgraphen.

3.1   Der Editor von ICONNECT

ICONNECT stellt die im vorigen Kapitel vorgestellten theoretischen Konzepte praxisnah als Windows-Anwendung zur Verfügung. Die Anwendung beinhaltet dabei alle notwendigen Komponenten. Dazu gehört u.a. auch der im Folgenden vorgestellte Editor, der die Arbeitsfläche für ICONNECT zur Verfügung stellt. Die ebenfalls in ICONNECT integrierte Ablaufsteuerung dagegen bekommt ein Benutzer nur indirekt über den ablaufenden Signalgraphen und dessen Auswirkung zu sehen.

Wie in Bild 3.1 zu sehen, besteht die Oberfläche von ICONNECT aus den folgenden Teilen:

- Menüleiste und Symbolleisten (siehe Abschnitt 3.1.6)
  In der Menüleiste finden sich die Befehle von ICONNECT. Unterhalb der Menüleiste befinden sich nebeneinander die drei Symbolleisten, die mit *Standard*, *Spezial* und *Run/Debug* überschrieben sind. Diese Namen beziehen sich auf die standardmäßig enthaltenen Operationen der Symbolleiste.

- Projektfenster (siehe Abschnitt 3.1.3)
  Dieses Fenster zeigt in Baumdarstellung alle aktuell von ICONNECT geladenen Signalgraphen und ihre Anzeigeelemente an.

- Modulbibliothek (siehe Abschnitt 3.1.2)
  In diesem Fenster sind alle von ICONNECT geladenen Module dargestellt.

- Signalgraphenfenster (siehe Abschnitt 3.1.1)
  Diese Fenster stellen die eigentliche Arbeitsfläche von ICONNECT dar. Falls beim Start von ICONNECT kein Signalgraph angegeben ist, so wird, wie in Bild 3.1 dargestellt, ein leeres Signalgraphenfenster zur Verfügung gestellt.

  In diesem Fenster werden Module und die sie verbindenden Linien zu einem Signalgraphen zusammengestellt. Es können beliebig viele dieser Fenster gleichzeitig geöffnet sein. Windows-Konventionen entsprechend hat jedoch immer nur ein Signalgraphenfenster den Eingabefokus.

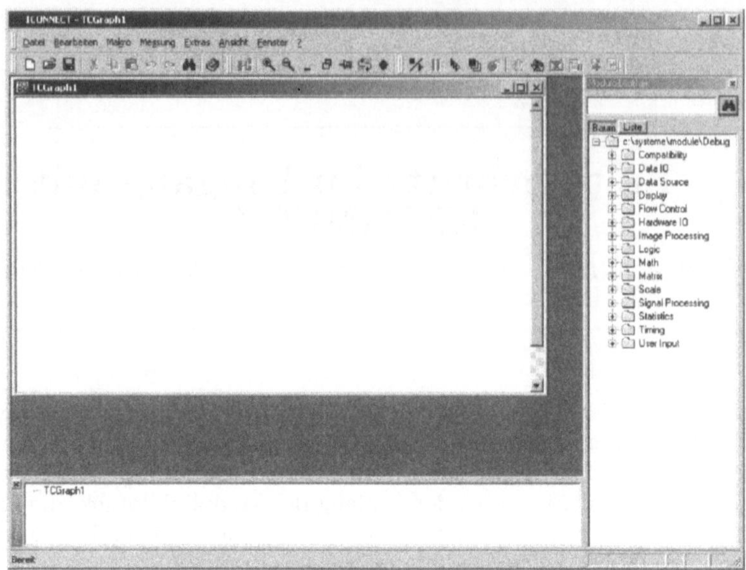

Bild 3.1 Die Oberfläche von ICONNECT

- Statusleiste
  Hier werden Informationen und Kurzhinweise zu den diversen möglichen Aktionen
  innerhalb von ICONNECT angezeigt.

Im Folgenden werden die verschiedenen Teile des Editors von ICONNECT in ihrer Bedienung genauer dargestellt, beginnend mit der Eingabe eines Signalgraphen in dem Signalgraphenfenster.

3.1.1 Arbeiten im Signalgraphenfenster

Das Signalgraphenfenster ist die eigentliche Arbeitsfläche von ICONNECT. Hier werden Module mittels Verbindungen zu Signalgraphen zusammengestellt, d.h., hier wird die eigentliche Funktionalität einer Applikation festgelegt und implementiert, alle anderen eben vorgestellten Fenster sind Hilfsfenster. Entsprechend dem Multiple-Document-Interface Standard (MDI) unterstützt ICONNECT mehrere geladene Signalgraphen, und damit auch mehrere Signalgraphenfenster.

Module einfügen

Ein Modul wird mittels Drag&Drop aus der Modulbibliothek (siehe Abschnitt 3.1.2) in das Signalgraphenfenster eingefügt. Mit der Maus wird dazu auf das das Modul identifizierende Icon in der Modulbibliothek geklickt und dieses Icon mit der Maus in das Signalgraphenfenster gezogen. Sobald das Icon innerhalb des Signalgraphfenster losgelassen wird, so wird eine Instanz dieses Moduls im Signalgraphen erzeugt und entsprechend dargestellt (siehe Bild 3.2).

Jedes Modul stellt bestimmte Funktionalität zur Verfügung, die im Signalgraphen eingesetzt wird. Zur Kommunikation mit anderen Modulen werden Ein- und Ausgangsports

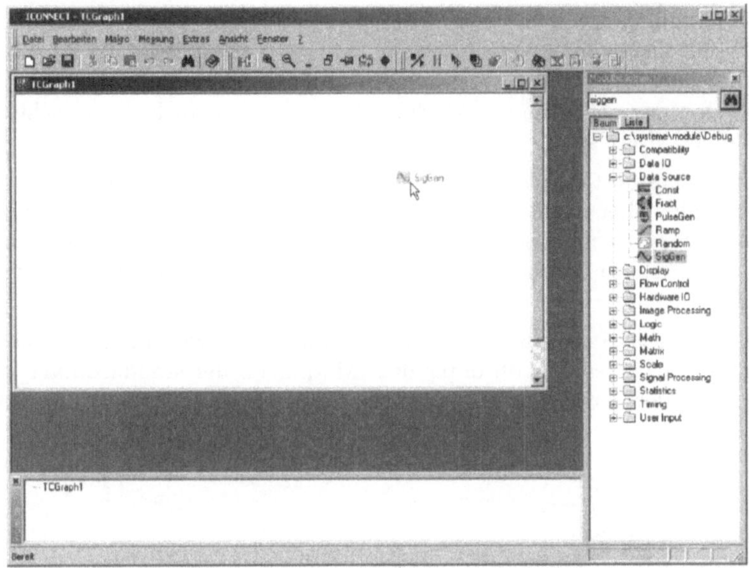

Bild 3.2 Modul SigGen wird per Drag&Drop in den Signalgraphen eingefügt

verwendet. Diese werden durch schwarze Rechtecke links und rechts am Modulrechteck dargestellt. Der Name des Moduls wird unterhalb des Modulrechtecks angezeigt.

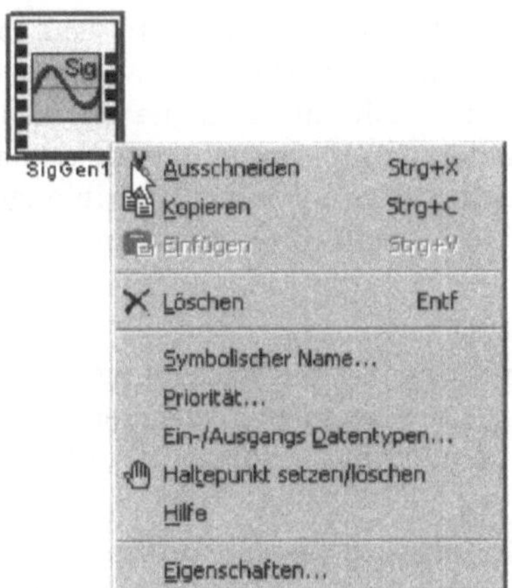

Bild 3.3 Modul SigGen mit Kontextmenü

Dem Windows-Standard entsprechend unterstützt ICONNECT für jedes Objekt auf der Oberfläche ein zugehöriges Kontextmenü (siehe Bild 3.3), das mittels Rechtsklick der Maus geöffnet wird. Neben den Operationen Ausschneiden (STRG-X), Kopieren (STRG-C), Einfügen (STRG-V) und Löschen (ENTF) enthält das Kontextmenü von Modulen die folgenden Operationen:

- *Symbolischer Name...*
  Jedes Modul wird von ICONNECT mit dem so genannten Modulnamen erzeugt.

Der Modulname setzt sich aus dem „Typ" des Moduls (nicht zu verwechseln mit der Typinformation einer Verbindung) und einer fortlaufenden Instanznummer zusammen. Plot25 ist die 25.te Instanz eines Moduls Plot. Somit ist es z.B. bei der Suche nach einem bestimmten Modul sehr einfach möglich die verschiedenen Instanzen eines Moduls voneinander zu unterscheiden.

Daneben unterstützt ICONNECT für jedes Modul einen symbolischen Namen, der vom Anwender über das Kontextmenü SYMBOLISCHER NAME frei eingestellt werden kann. Dieser symbolische Name kann zu Dokumentationszwecken verwendet werden, dann sollte der hier gewählte Name Sinn und Verwendung des Moduls beschreiben.

Über den Menüpunkt ANSICHT|SYMBOLISCHER NAME wird für das aktuelle Signalgraphenfenster eingestellt, ob unter dem Modulicon der standardmäßig generierte Modulname oder der vom Benutzer vergebene symbolische Name angezeigt wird.

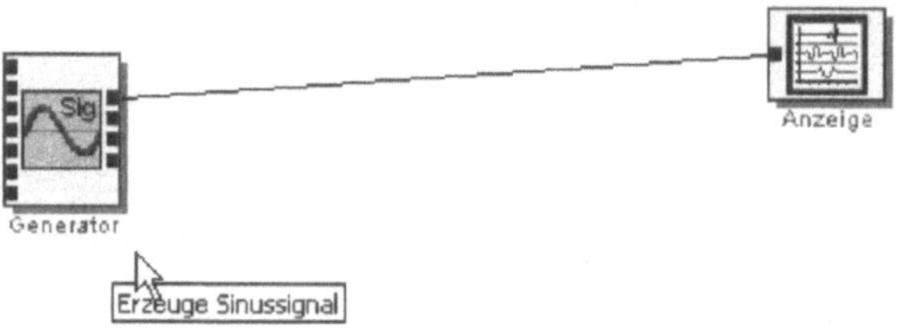

Bild 3.4 Symbolische Namen und Anzeige eines Kommentars im Tooltipfenster

Desweiteren erlaubt es ICONNECT Module mit einem längeren Kommentar zu versehen. Auch diese werden über den Dialog SYMBOLISCHER NAME eingestellt. Um auf diese Weise kommentierte Module im Signalgraphenfenster einfach erkennen zu können, wird der Modulname bzw. symbolischer Name in der Farbe Rot angezeigt. Der Inhalt des Kommentars wird in einem Tooltip angezeigt, d.h., wenn die Maus etwas länger auf dem Modul verweilt, wird der angegebene Kommentar angezeigt (siehe Bild 3.4).

- *Priorität...*
  Die Priorität der Module steuert die Reihenfolge, in der die rechenbereiten Module nacheinander ausgeführt werden: rechenbereite Module mit höherer Priorität werden vor rechenbereiten mit niedriger Priorität ausgeführt (siehe auch Abschnitt 2.1.7).

  Beim Einfügen eines Moduls wird dessen Priorität standardmäßig auf den Wert 255 gesetzt. Über den Kontextmenüpunkt PRIORITÄT kann die voreingestellte Priorität des Moduls angepaßt werden. Vor allem für Problemfälle wie Paketstau (siehe Abschnitt 3.4) ist diese Einstellung notwendig.

  Über den Menüpunkt ANSICHT|PRIORITÄTEN kann entschieden werden, ob für alle Module im Signalgraphen die Namen oder die jeweiligen Prioritäten angezeigt werden.

- *Ein- und Ausgangsdatentypen...*
  Nach Auswahl dieses Menüpunktes werden die Ports und ihre Datentypen angezeigt (siehe Bild 3.5). Aus der Titelzeile des Dialogs geht hervor, ob es sich um ein Quellenmodul oder ein normales Modul handelt.

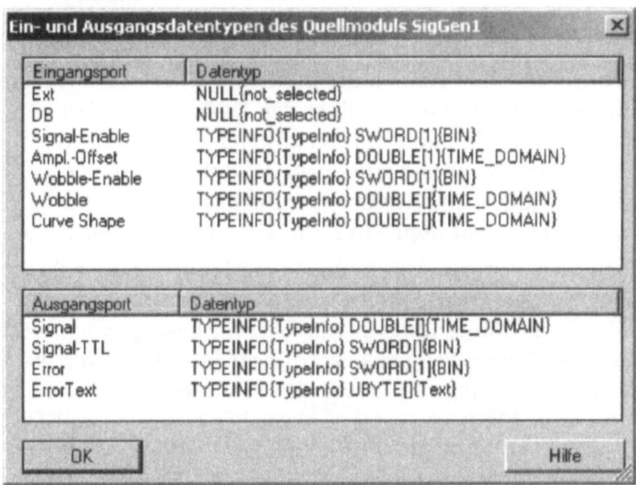

Bild 3.5 Datentypen des SigGen-Moduls aus Bild 3.4

- *Haltepunkt setzen/löschen*
  Damit wird für die aktuell markierten Module der Haltepunkt gesetzt oder gelöscht, je nachdem ob für das Modul ein Haltepunkt gelöscht oder gesetzt war, d.h., der Haltepunkt wird für alle momentan markierten Module geändert. Bei Erreichen eines Haltepunktes wird der Debugger von **ICONNECT** aktiviert (Abschnitt 3.2.2).

  Um für alle Module in allen Signalgraphen die Haltepunkte zu entfernen kann der Menüpunkt MESSUNG|HALTEPUNKTE LÖSCHEN oder die Tastenkombination STRG-K verwendet werden.

- *Hilfe*
  Hiermit kann, wie beinahe überall in **ICONNECT**, die zum Modul gehörende Hilfeseite aufgerufen werden. Sie wird in einem eigenen Hilfefenster dargestellt, dessen Bedienung in Abschnitt 3.1.5 beschrieben wird.

- *Eigenschaften...*
  Nach Auswahl dieses Menüpunkts öffnet sich der modulspezifische Eigenschaftsdialog. Über diesen Dialog können die Einstellungen des Moduls eingesehen und verändert werden.

  Alle modulspezifischen Dialoge besitzen am unteren Rand folgende Knöpfe:

  - OK
    Beendet den Dialog und speichert die Einstellungen im Modul ab.

  - Abbrechen
    Beendet den Dialog ohne die Einstellungen im Modul abzuspeichern, d.h., die Einstellungen werden nicht verändert.

  - Hilfe
    Öffnet das **ICONNECT**-Hilfefenster (Abschnitt 3.1.5) und zeigt die zum Modul gehörige Hilfe an.

Tipp: Falls ein Modul mit speziellen Einstellungen mehrfach benötigt wird, so wird das Modul einmal instantiiert und die entsprechende Einstellungen im modulspezifischen Eigenschaftsdialog getroffen. Sodann kann dieses Modul entsprechend oft kopiert werden (z.B. mittels der Tasten $\boxed{\text{STRG-C}}$ und $\boxed{\text{STRG-V}}$).

All die eben beschriebenen Operationen sind über das Kontextmenü eines Moduls erreichbar. Für die öfter benötigten Operationen unterstützt ICONNECT auch einen „direkteren" Weg: Ein Doppelklick auf das Modulicon öffnet den Dialog EIGENSCHAFTEN des Moduls, ein Doppelklick auf den Modulnamen hingegen öffnet den Dialog SYMBOLISCHER NAME. Bei längerem Verweilen der Maus auf einem Modulport wird dessen Name in einem Tooltipfenster angezeigt. Sofern ein Kommentar für das Modul vergeben wurde, so wird dieser bei längerem Verweilen auf dem Modul in einem Tooltipfenster angezeigt.

Daneben gibt es noch eine weitere „Abkürzung" bei Modulen mit mehreren gleichartigen Ports wie z.B. **DisplayManager** oder **Join**: bei diesen ist der untere Rand des Moduls speziell dargestellt. Sobald die Maus über diesen Bereich bewegt wird, verändert sich der Mauscursor und das Modul kann bei gedrückter linker Maustaste vertikal vergrößert oder verkleinert werden. Mit Änderung der Größe des Modulrechtecks wird auch die Anzahl der gleichartigen Ports am Modul selbst geändert. Bei einem Modul **DisplayManager** ist es damit möglich sehr schnell viele **EXT** Ports für Anzeigeelemente zu erzeugen, die dann sofort mit dem Modul **DisplayManager** verbunden werden können. Auch hier ist eine weitere „Abkürzung" gegeben: Anzeigeelemente stellen den **EXT** Ausgangsport inzwischen automatisch von eigener/interner Darstellung auf externe Darstellung um, sobald der **EXT** Ausgangsport verbunden wird. Durch diese beiden „Abkürzungen" können Anzeigeelemente schnell und bequem im Modul **DisplayManager** angeordnet werden (siehe auch Abschnitt 3.7.1).

Verbindungen einfügen

Module werden über *Verbindungen* miteinander zu einem Signalgraphen verknüpft. Dabei werden die Verbindungen über die jeweiligen Modulports hergestellt (siehe Bild 3.6).

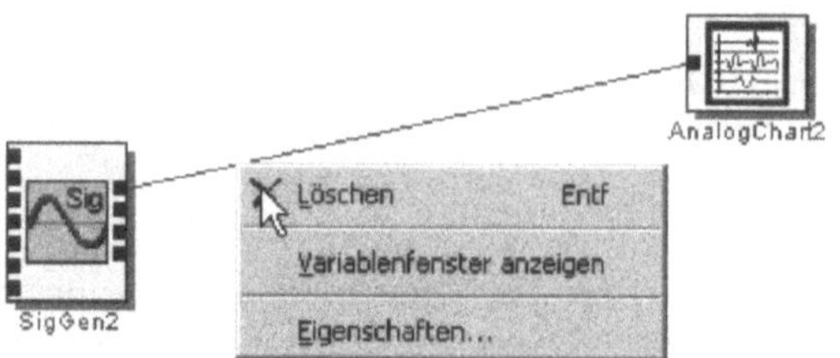

Bild 3.6 Verbindung zwischen den Modulen **SigGen** und **Plot** mit dem zur Verbindung
gehörigen Kontextmenü

Wie schon die Module werden Verbindungen mittels Mausaktionen erzeugt. Um auch in großen Signalgraphen Verbindungen zwischen weit auseinander liegenden Modulen einfach einfügen zu können, wurde hierzu nicht das von anderen Windowsprogrammen bekannte Verfahren „Klicken - Verbindung ziehen - Loslassen" gewählt, sondern „Klicken - Maus bewegen - Klicken". D.h. zum Erzeugen einer Verbindung wird ein Port am Modul angeklickt und die Maustaste wird wieder losgelassen. Sodann „folgt" eine gerade Linie jeglicher Mausbewegung, bis wieder mit der Maus geklickt wird. Falls dieser zweite Klick nicht auf einem Modulport stattfindet, so wird keine Verbindung erstellt. Falls der zweite Mausklick jedoch auf einem Modulport stattfindet, so wird nach den folgenden Überprüfungen eine neue Verbindung zwischen den beiden angeklickten Modulports in den Signalgraphen eingefügt:

- Eine Verbindung kann nur zwischen einem Eingangs- und einem Ausgangsport hergestellt werden.

- Eingangsports können höchstens eine eingehende Verbindung besitzen, Ausgangsports dagegen können beliebig viele ausgehende Verbindung besitzen.

- Die Typen der beiden zu verbindenden Ports müssen miteinander kompatibel sein (siehe auch Abschnitt 2.2.4).

Wenn all diese Überprüfungen positiv verlaufen sind, so wird die gewünschte Verbindung zwischen den beiden Modulports in den Signalgraphen übernommen und als gerade Linie dargestellt.

Tipp: Durch das „Klicken - Maus bewegen - Klicken" ist es, wie schon erwähnt, auch möglich Verbindungen in großen Signalgraphen sehr einfach einzufügen. Während die Maus bewegt wird, können auch die Rollbalken verschoben werden, um damit zum gewünschten Zielmodul zu scrollen, die gerade Linie „folgt" der Maus im Fenster. Erst bei einem zweiten Klick wird die Verbindung entsprechend eingefügt.

Auch für Verbindungen gibt es wiederum ein Kontextmenü (siehe Bild 3.6), das hier, neben den schon bekannten Operationen Einfügen ($\boxed{\text{STRG-V}}$) und Löschen ($\boxed{\text{ENTF}}$) weitere Operationen zur Verfügung stellt:

- *Variablenfenster anzeigen*
  Für Debuggingzwecke kann hiermit ein Anzeigefenster auf die Oberfläche platziert werden, das die auf der Verbindung liegenden Daten darstellt. Daten können jedoch nur dann angezeigt werden, wenn der zur Verbindung gehörige Signalgraph aktiv ist (siehe auch Abschnitt 3.2.2).

- *Eigenschaften...*
  In dem zugehörigen Dialog können Bezeichner, Puffergröße und die Anzahl der angezeigten Nachkommastellen für jede Kante individuell eingestellt werden. Die Standardwerte für Puffergröße und Anzahl der angezeigten Nachkommastellen werden über den Menüpunkt EXTRAS|STANDARDEINSTELLUNGEN (siehe Abschnitt 3.2.4) eingestellt.

Auch für die diversen Verbindungsoperationen gibt es „Abkürzungen": ein Doppelklick auf eine Verbindung öffnet den zugehörigen Dialog EIGENSCHAFTEN. . . . Kurzes Verweilen des Mauszeigers auf der Kante zeigt den im Dialog EIGENSCHAFTEN. . . eingetragenen Namen der Verbindung in einem Tooltipfenster an.

Nachdem per Drag&Drop mehrere Module in den Graphen eingefügt wurden, deren Eigenschaften entsprechend der zu lösenden Aufgabe eingestellt und mit Verbindungen untereinander verbunden sind, ist der Signalgraph zusammengestellt. Wenn dabei ein Modul mit der Maus verschoben wird, so werden auch alle mit diesem Modul verbundenen Verbindungen entsprechend als gerade Linien mitverschoben.

Rechtwinklig verdrahten

Neben dem manuellen Anordnen der Module durch Verschieben mittels der Maus können über den Menüpunkt BEARBEITEN|RECHTWINKLIGE VERDRAHTUNG oder die Taste $\boxed{\text{STRG-R}}$ die Module neu angeordnet werden. Dabei werden alle Verbindungen durch rechtwinklige Linien zwischen den Modulen dargestellt ([Sch99, YCP91]), die Module werden so angeordnet, dass möglichst wenig Knicke in den Verbindungen zwischen den Modulen benötigt werden (siehe Bild 3.7).

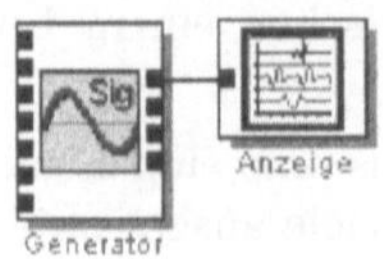

Bild 3.7   Der Signalgraph aus Bild 3.4, rechtwinklig verdrahtet, was hier ohne Knick möglich ist

Tipp: Obwohl die Operation BEARBEITEN|RECHTWINKLIG VERDRAHTEN ohne Einstelldialog auskommt, kann über die Anordnung der Module in der ersten Spalte des Signalgraphen die Anordnung der weiteren Module in gewissen Grenzen beeinflusst werden und damit u.U. eine kreuzungsfreie und damit übersichtliche Verbindung aller Module im Signalgraphen erreicht werden.

Speichern von Signalgraphen

Ein Signalgraph wird von ICONNECT wie ein Dokument in einem Texteditor oder eine Tabellenkalkulation verwaltet. Das bedeutet, dass ICONNECT auch analoge Möglichkeiten zum Abspeichern und Laden von Signalgraphen zur Verfügung zur Verfügung stellt:

- Menü DATEI|SPEICHERN, Taste [STRG-S]
  Speichert den aktuellen Signalgraphen auf Datei, egal ob der Signalgraph verändert ist oder nicht. Falls noch keine Datei mit dem Signalgraphen verknüpft ist, so wird nach einem Dateinamen gefragt und dieser verwendet.

- Menü DATEI|SPEICHERN UNTER...
  Der aktuelle Signalgraph wird unter einem neuen Dateinamen abgespeichert.

- Menü DATEI|ALLES SPEICHERN
  Hiermit werden alle in ICONNECT momentan geladenen Signalgraphen, die nicht gerade ausgeführt werden, abgespeichert. Falls hierbei Signalgraphen noch nicht mit einer Datei verknüpft sind, so wird entsprechend nach einem neuen Namen nachgefragt.

Daneben erkennt ICONNECT, ob ein Signalgraph verändert wurde. Sobald der Signalgraph geändert wurde, wird dem Signalgraphnamen in der Titelzeile des Signalgraphenfensters ein „*" (Stern) angehängt. Vor dem Beenden von ICONNECT oder Starten eines Signalgraphen wird der Benutzer entsprechend auf das Abspeichern des Signalgraphen hingewiesen.

Ausführen von Signalgraphen

Jeder Signalgraph kann über den Menüpunkt MESSUNG|START/STOP zur Ausführung gebracht werden. Hierbei wird von ICONNECT vorher überprüft, ob der Signalgraph seit dem letzten Laden verändert wurde und deshalb abzuspeichern ist. Je nach den Einstellungen in den EXTRAS|STANDARDEINSTELLUNGEN... (siehe Abschnitt 3.2.4) werden deshalb beim Starten eines Signalgraphen unterschiedliche Aktionen unternommen:

- Bei einem neuen Signalgraphen, der noch nie abgespeichert wurde, wird nachgefragt, unter welchem Pfad- und Dateinamen er im Dateisystem abzulegen ist. Sodann wird der Signalgraph unter diesem neuen Dateinamen abgelegt, der Name im Fenstertitel wird entsprechend angepasst und der Signalgraph dann gestartet.

Ausnahme: Falls die Einstellung *Ermögliche Autosave bei Start...* in den Standard-einstellungen (siehe Abschnitt 3.2.4) getroffen wurde, so kann ein neuer Signal-graph, dem noch keine Datei zugeordnet ist, sofort und ohne Rückfrage gestartet werden. Dies ist für kleine Testsignalgraphen gedacht, die nicht abgespeichert werden sollen.

- Falls der Signalgraph schon mit einer Datei verbunden ist, so wird wiederum, je nach Stellung von *Ermögliche Autosave...* automatisch gespeichert, oder aber der Benutzer nachgefragt. Dieser kann dann entscheiden, ob er die Änderungen abspeichern will, bevor der Signalgraph gestartet wird.

Bei Start eines Signalgraphen werden dabei auch alle vom Signalgraphen verwendeten Makrographen, die verändert wurden, zum Speichern vorgeschlagen und, je nach Benutzeraktion, entsprechend auch abgespeichert.

Nach den Aktionen rund um das Speichern eines Signalgraphen, wird der Signalgraph zur Ausführung gebracht. Die dabei von ICONNECT durchgeführten internen Vorgänge werden in Abschnitt 2.1.7 genauer beschrieben.

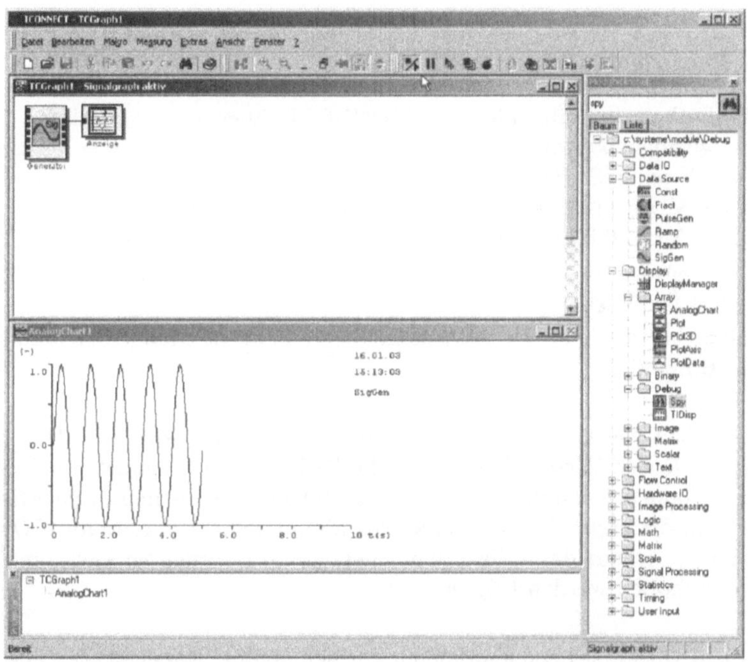

Bild 3.8 ICONNECT arbeitet den Signalgraphen aus Bild 3.4 ab

In Bild 3.8 zeigt das Plot-Fenster die Ausgaben des Moduls SigGen an. Zu sehen ist auch, dass der Schaltfläche für MESSUNG|START/STOP gedrückt ist. Auch in der Statusleiste wird mittels *Signalgraph aktiv* angezeigt, dass momentan ein Signalgraph abgearbeitet wird.

Über den schon verwendeten Menüpunkt MESSUNG|START/STOP wird der Signalgraph auch wieder angehalten.

Schließen von Signalgraphen, Beenden von ICONNECT

Um das Bearbeiten eines Signalgraphen zu beenden gibt es wiederum mehrere Wege:

- Menü DATEI|SCHLIESSEN, Taste STRG-F4
  Schließt das aktuelle Signalgraphenfenster.

- Menü DATEI|ALLES SCHLIESSEN
  Hiermit können alle Signalgraphenfenster auf einmal geschlossen werden.

- Menü DATEI|BEENDEN, Taste ALT-F4
  ICONNECT beenden.

Für alle Operationen gilt: Erst wird nachgesehen, ob der zu schließende Signalgraph verändert wurde. Falls ja, so wird der Benutzer über die Speichermöglichkeiten informiert und erst dann der Signalgraph geschlossen. Jedoch ist das Schließen oder gar Beenden von ICONNECT nur möglich, wenn der zugehörige Signalgraph nicht aktiv ist. Ein aktiver Signalgraph muss beendet werden, bevor er geschlossen werden kann.

Damit ist die grundlegende Bedienung des ICONNECT-Editors beschrieben. Im Folgenden werden die noch fehlenden Fenster und Bedienelemente der Oberfläche eingehender dargestellt.

3.1.2   Das Fenster der Modulbibliothek

Die Modulbibliothek enthält alle von ICONNECT über den Modulpfad (siehe Abschnitt 3.2.4) geladenen Module und wird in einem eigenen Fenster dargestellt. Das Fenster ist am Fensterrahmen von ICONNECT andockbar und kann über den Menüpunkt ANSICHT|MODULBIBLIOTHEK oder das Tastenkürzel STRG-G ein- und ausgeblendet werden. Die Modulbibliothek ist standardmäßig am rechten Rand von ICONNECT angeordnet und kann nur geöffnet werden, sofern der angemeldete Benutzer das Recht *Editieren* besitzt (siehe Abschnitt 3.2.3).

Die Modulbibliothek stellt zwei verschiedene Sichten auf die Menge der Module zur Verfügung (siehe Bild 3.9):

- Baum
  In dieser Sicht werden die Module entsprechend ihrer Position im Dateiverzeichnis dargestellt. Durch Verschieben der Modul DLL's im Verzeichnisbaum des Windows-Explorers kann der Baum eigenen Vorstellungen entsprechend umsortiert werden. Dieses „Umsortieren" des Modulbaumes klappt jedoch nur, wenn ICONNECT geschlossen ist, da nur dann die entsprechenden DLL's auch wirklich im Verzeichnisbaum verschoben werden können.

- Liste
  Diese Sicht wird erst nach einmaligem Suchen gefüllt. Dabei werden alle dem Suchmuster entsprechenden Module in der Liste dargestellt.

Egal, ob die Modulbibliothek als Baum oder Liste angezeigt wird, stellt ICONNECT für jeden Moduleintrag ein Kontextmenü mit folgenden Operationen zur Verfügung:

- Information...
  Es werden der Modulname, die Version des Moduls, ein Kürzel stellvertretend für den Modulentwickler und die Artikelnummer des Moduls angezeigt.

- Hilfe
  Die zum Modul gehörende Hilfeseite wird im Hilfefenster von ICONNECT angezeigt.

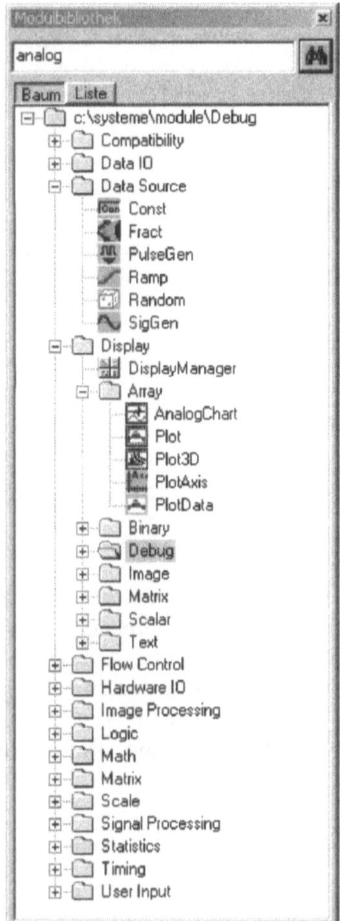

Bild 3.9 Die Modulbibliothek, links als Baum, rechts als Liste

Oberhalb der Baum- und Listendarstellung befindet sich ein Eingabefeld und eine Schaltfläche. Ein eingegebener Suchbegriff wird, nach Druck auf die Schaltfläche, immer vom Anfang des Modulnamen an gesucht (Präfixsuche), dabei wird auch nicht auf Groß- und Kleinschreibung geachtet. Falls der Suchbegriff nicht von Anfang an gesucht werden soll, so kann ein „*" (Stern) vorangestellt werden (siehe Tabelle 3.1).

Tipp: Vor allem die Listendarstellung der Modulbibliothek erlaubt ein sehr schnelles Einfügen von Modulen: nach Aktivieren der Listendarstellung kann sofort, ohne weiteren Mausklick, der Suchbegriff eingegeben werden. Nach Drücken der Taste RETURN kann mit der Maus das Modul aus der Ergebnisliste in den Signalgraphen gezogen werden. Das Eingabefeld für den Suchbegriff behält dabei den Eingabefokus, d.h., es kann der nächste Suchbegriff eingegeben werden, ohne dass ein weiterer Mausklick notwendig wäre.

Ein Hinweis ist vor allem für hardwarenahe Module angebracht: Diese können teilweise nur dann in der Modulbibliothek von ICONNECT zur Verfügung gestellt werden, wenn die zugehörige Hardware auch ansprechbar ist, d.h., die Hardware muss sich im Rechner befinden und die notwendigen Treiber müssen geladen sein. Das bedeutet, dass auch die

Suchbegriff	Ergebnis
plot	Findet (bei einer normalen ICONNECT Installation) die Module Plot, Plot3D, PlotAxis und PlotData
a	Findet alle Module, deren Modulname mit „a" oder „A" beginnt.
*bmp	Findet alle Module, die die Zeichenfolge „bmp" in ihrem Modulnamen haben.
<nichts>	Zeigt alle in ICONNECT geladenen Module.
<Leerzeichen>	Findet kein Modul, da Modulnamen keine Leerzeichen enthalten.

Tabelle 3.1   Eingabemöglichkeiten für die Modulsuche

zugehörigen DLL's gefunden und geladen sein müssen.

3.1.3   Das Projektfenster

Das Projektfenster, das wie die Modulbibliothek an den Fensterrahmen von ICONNECT andockbar ist, zeigt alle in ICONNECT geladenen Signalgraphen entsprechend ihrer hierarchischen Ordnung in einer Baumdarstellung an. Zusätzlich werden Anzeigeelemente entsprechend unterhalb des Signalgraphen angeordnet, in denen sich das zugehörige Modul befindet. Das Projektfenster kann über den Menüpunkt ANSICHT|PROJEKTFENSTER oder die Tastenkombination [STRG-H] ein- und ausgeblendet werden und ist standardmäßig am unteren Rand von ICONNECT angeordnet.

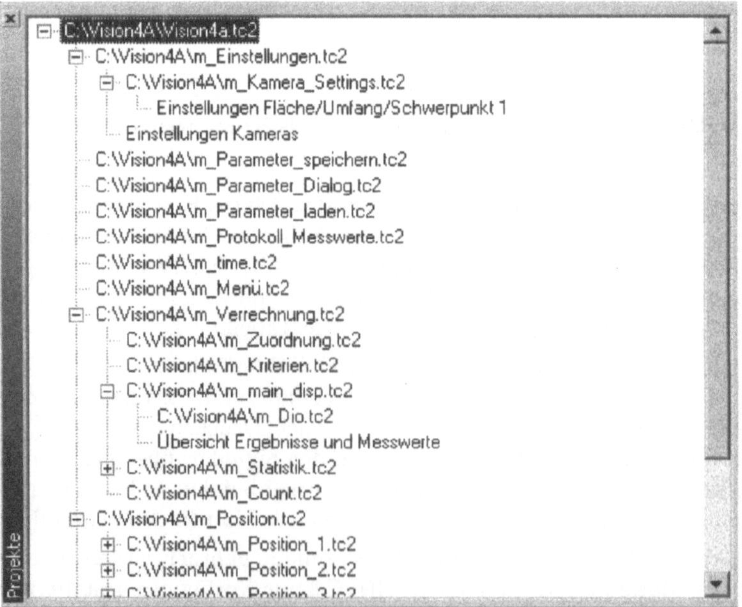

Bild 3.10   Projektfenster zu Vision4A (Abschnitt 11.8)

In Bild 3.10 ist das Projektfenster zu Vision4A (siehe Abschnitt 11.8) zu sehen. Sowohl Signalgraphen, als auch Anzeigefenster werden in die Darstellung übernommen. Es werden hier jedoch nur Anzeigeelemente aufgenommen, die nicht in ein DisplayManager Modul eingebettet sind.

Ein Mausklick auf das + vor einem Eintrag im Baum öffnet und schließt den ausgewählten Unterbaum. Der Doppelklick auf einen Eintrag innerhalb des Projektfenster bewirkt unterschiedliche Aktionen. Im Prinzip wird das zum Eintrag gehörige Fenster entweder in den Vordergrund geholt und angezeigt oder aber unsichtbar. Je nachdem, ob das Fenster einen Signalgraphen oder ein Anzeigeelement enthält, wirkt sich der Doppelklick unterschiedlich aus:

- Fenster enthält Signalgraph
  Das Fenster wird zwischen anzeigen und minimieren hin- und hergeschaltet.

- Fenster enthält Makro
  Das Fenster wird zwischen anzeigen und nicht anzeigen (unsichtbar) hin- und hergeschaltet. Falls das Makro modifiziert ist und unsichtbar werden sollte, so wird der Benutzer auf die Speichermöglichkeit hingewiesen.

- Fenster enthält Anzeigeelement
  Das Fenster wird zwischen anzeigen und nicht anzeigen hin- und hergeschaltet. Dies ist nur für Anzeigemodule erlaubt, die auch über den Signalgraphen selbst sichtbar geschaltet werden können, d.h., für die Module DisplayManager, DialogEditor und InputManager

Beim Erreichen eines Haltepunktes (siehe Abschnitt 3.2.2) wird der Projektbaum so aufgeklappt, dass der zugehörige Signalgraph markiert dargestellt wird und damit sofort zu identifizieren ist.

3.1.4 Eigenschaften eines Signalgraphen

Neben der Implementierung des Signalgraphen selbst stellt ICONNECT diverse Einstellmöglichkeiten zur Verfügung, um u.a. den Signalgraphen vor dem Anwender schützen oder automatisch starten zu können. All diese Eigenschaften sind über das Kontextmenü des Signalgraphen selbst erreichbar. Das zum Signalgraphen gehörige Kontextmenü wird angezeigt, sofern sich die Maus beim Rechtsklick weder auf einem Modul, noch auf einer Verbindung befindet. Das Kontextmenü enthält neben den standardmäßigen Einträgen für Ausschneiden, Kopieren, Einfügen und Löschen nur den Eintrag *Eigenschaften...*, nach dessen Auswahl sich ein Dialog mit mehreren Registerkarten öffnet (siehe Bild 3.11). Die Registerkarten *Zeitverhalten* und *Logdatei* werden in Abschnitt 3.3 eingehend besprochen.

Registerkarte Darstellung

Unter der Registerkarte *Darstellung* finden sich verschiedene Einstellmöglichkeiten, die sich um die Anzeige oder nicht-Anzeige von Signalgraphen und Anzeigelementen ranken:

- *Autostart nach Laden*
  Ein mit *Autostart nach Laden* markierter Signalgraph wird nach dem Laden auch sofort zur Ausführung durch ICONNECT gebracht. Der Benutzer muß ihn nicht erst starten, kann das Starten des Signalgraphen aber auch nicht verhindern.

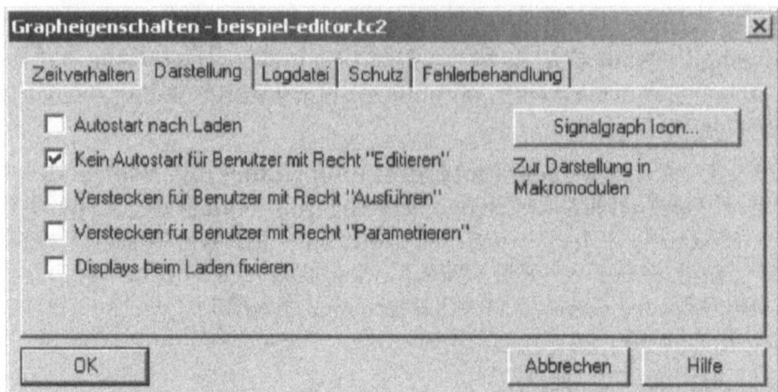

Bild 3.11 Die Registerkarte *Darstellung* der Signalgraph Eigenschaften

ICONNECT lädt beim Start automatisch alle Signalgraphen, die beim letzten Beenden von ICONNECT geladen waren. Falls dieser dann noch die Option *Autostart nach Laden* beinhaltet, so ist sichergestellt, dass dieser Signalgraph sofort wieder zur Ausführung gebracht wird. Weitere Möglichkeiten, um Signalgraphen zu starten sind in Abschnitt 10.1 beschrieben.

- *Kein Autostart für Benutzer mit Recht* Editieren
  Falls der angemeldete Benutzer das Recht *Editieren* (siehe Abschnitt 3.2.3) besitzt und einen Signalgraphen lädt, in dem die Option *Autostart nach Laden* gesetzt ist, so wird mit dieser Einstellung das sofortige Starten des Signalgraphen unterbunden.

  Dies ist für den Signalgraphenentwickler gedacht. Er erhält damit die Möglichkeit den Signalgraphen zu editieren, ohne dass dieser schon beim Laden zur Ausführung gebracht wird.

- *Verstecken für Benutzer mit Recht* Ausführen
  Falls der angemeldete Benutzer nur das Recht *Ausführen* besitzt, so wird der eben geladene Signalgraph nach dem Laden nicht angezeigt.

- *Verstecken für Benutzer mit Recht* Parametrieren
  Falls der angemeldete Benutzer nur das Recht *Parametrieren* besitzt, so wird der eben geladene Signalgraph nach dem Laden nicht angezeigt.

- *Displays beim Laden fixieren*
  Mit dieser Einstellung werden Titelleiste und Bildlaufleisten von DisplayManager und InputManager Fenstern entfernt. Somit können diese Fenster weder verschoben, noch in ihrer Größe verändert werden. Für fertige Applikationen sollte dieser Punkt immer angewählt werden.

- Signalgraph Icon...
  Über diese Schaltfläche kann dem Signalgraphen ein Icon zugeordnet werden. Dieses Icon wird im Signalgraphenfenster oben links angezeigt. Sofern der Signalgraph als Makro (siehe Abschnitt 3.2.1) verwendet wird, so wird dieses Icon als Icon für das zugehörige Makromodul verwendet und entsprechend im Modulrechteck des Makromoduls angezeigt.

Registerkarte *Schutz*

Der Registerkarte *Schutz* (siehe Bild 3.12) ermöglicht es, den Signalgraphen mit einem Passwort zu schützen. Hierzu ist das Passwort zweimal einzugeben, um Fehleingaben zu vermeiden. Normalerweise wird auch der Punkt *Schütze zugehörige Makros* ausgewählt, um gleichzeitig alle verwendeten Makros ebenfalls mit dem Passwort zu schützen. Ein mit Passwort geschützer Signalgraph kann dann zwar ganz normal in ICONNECT geladen und gestartet werden, das Fenster mit dem Signalgraphen selbst jedoch kann nur geöffnet werden, nachdem das richtige Passwort eingegeben wurde. Der Schutz kann im gleichen Fenster aufgehoben werden, indem für den Signalgraphen ein leeres Passwort vergeben wird, d.h., das Eingabefenster für das Passwort ist zu löschen.

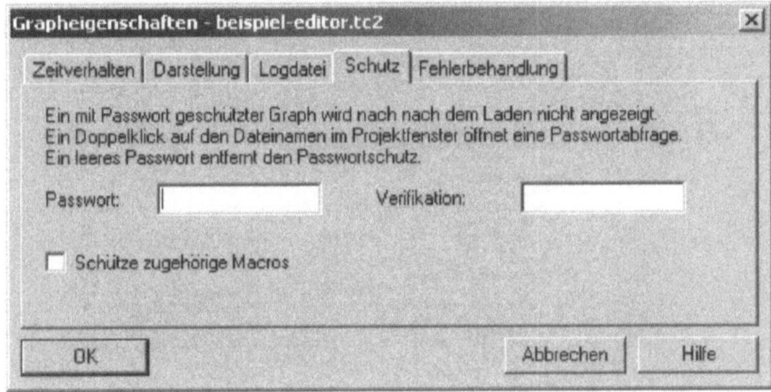

Bild 3.12 Die Registerkarte *Schutz* der Signalgraph Eigenschaften.

Registerkarte *Fehlerbehandlung*

Um sicherzustellen, dass auch bei einem Problemfall die durch einen Signalgraphen gesteuerte Anlage nicht stehen bleibt, kann ICONNECT angewiesen werden bei Fehlerfällen einen Neustart der Applikation durchzuführen. Dies kann über die Registerkarte *Fehlerbehandlung* (Bild 3.13) eingestellt werden. Normalerweise wird man hier für alle Fehler einen Neustart von ICONNECT einstellen, damit die Anlage nicht einfach stehen bleibt.

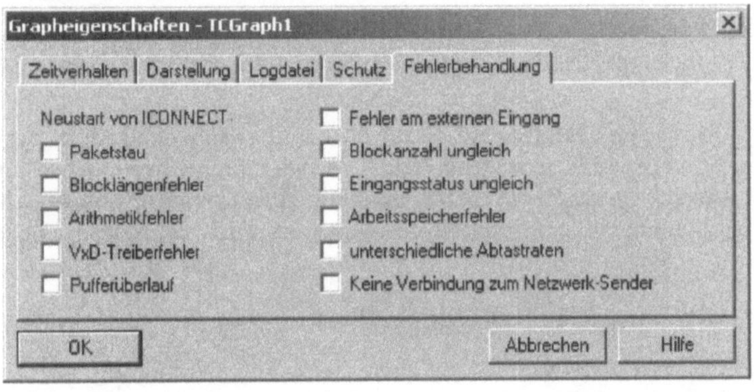

Bild 3.13 Die Registerkarte *Fehlerbehandlung* der Signalgraph Eigenschaften.

3.1.5   Das Hilfefenster

Das Hilfefenster von **ICONNECT** (siehe Bild 3.14) kann jederzeit über den Dialogpunkt `Hilfe` geöffnet werden. Es zeigt die zum jeweiligen Dialog gehörende Hilfe in einem in das Fenster eingebetteten Internet Explorer dar. Das Fenster ist frei beweglich, d.h., es kann auch dann verschoben werden, wenn ein Einstellungsdialog geöffnet ist. Zusätzlich besitzt es einen Eintrag in der Taskleiste von Windows, d.h., es kann auch über die Taskleiste geöffnet und geschlossen werden.

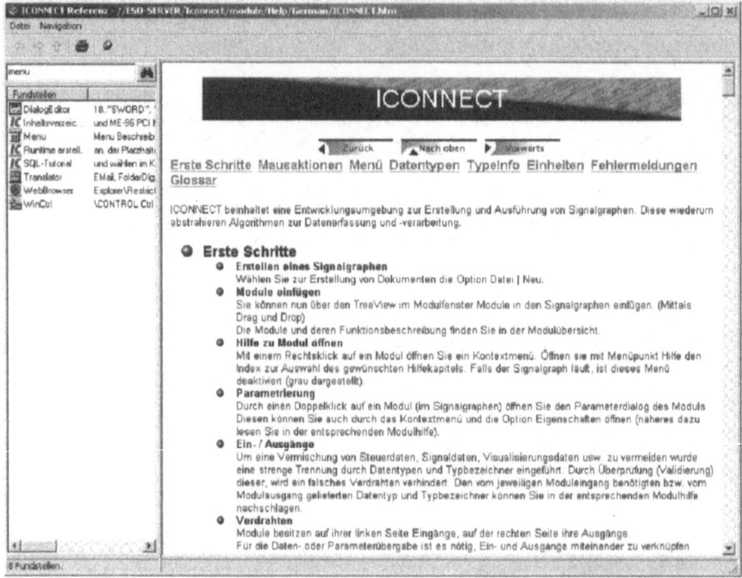

Bild 3.14   Das Hilfefenster von **ICONNECT**

Die Suche ist ähnlich aufgebaut wie die Suche in der Modulbibliothek (siehe Abschnitt 3.1.2). Nach Eingeben des Suchbegriffs und Drücken auf den nebenliegenden Schaltfläche werden diesmal jedoch alle Hilfedateien nach dem Suchbegriff durchsucht. Während der Suche in allen Hilfedateien bleibt **ICONNECT** normal bedienbar. Die Suche kann durch nochmaliges Drücken des Schaltfläche auch jederzeit abgebrochen werden.

Die Fundstellen werden alphabetisch in der Ergebnisliste unterhalb des Suchbegriffs dargestellt. Ein Doppelklick auf die gewünschte Fundstelle stellt die Hilfeseite im Fenster dar.

Tipp: Über Navigation|Immer im Vordergrund kann eingestellt werden, ob das Hilfefenster nicht mehr verdeckt werden kann. Vor allem bei Hilfe zu Einstellungsdialogen ist dies sehr hilfreich. Dennoch ist dieser Punkt nicht automatisch eingestellt, da es den normalen Arbeitsablauf mit anderen Windowsprogrammen behindern würde.

3.1.6   Die Bedienung der Symbolleisten

Seit der Version 5 stellt **ICONNECT** drei Symbolleisten zur Verfügung, die mit den Begriffen *Standard, Spezial* und *Run/Debug* überschrieben und mit entsprechenden Befehlen der Menüleiste vorbelegt sind.

Ein Benutzer mit Benutzerrecht *Editieren* kann diese Vorbelegung der Symbolleisten über das Kontextmenü einer Symbolleiste verändern. Er kann dann alle in der Menüleiste mit einem Icon versehenen Menübefehle frei auf die drei Symbolleisten anordnen. Damit ist es u.a. möglich die aus der Version 4 bekannte Symbolleiste zu erzeugen, die anderen beiden Symbolleisten können abgeschaltet werden. Sichtbar und unsichtbar schalten lassen sich die Symbolleisten entweder über das Kontextmenü der Symbolleiste selbst, oder über den Menüpunkt ANSICHT|SYMBOLLEISTEN|*Symbolleiste*.

Daneben können die Symbolleisten frei auf dem Bildschirm angeordnet werden, oder aber am Rahmen von ICONNECT angedockt werden. Auch hierzu wird das Benutzerrecht *Editieren* benötigt. Falls beim Verschieben einer Symbolleiste das automatische Andocken am Rahmen von ICONNECT nicht gewünscht wird, so ist zusätzlich die Taste STRG zu drücken.

Hinweis: Falls die Option ANSICHT|DISPLAYS FIXIEREN eingestellt ist, so können neben den Anzeigeelementen auch die Symbolleisten nicht mehr verschoben werden, um das Aussehen der Oberfläche einer Applikation nicht verändern zu können.

3.2   Weitergehende Bedienung von ICONNECT

Nachdem die grundlegende Bedienung von ICONNECT vorgestellt ist, werden im folgenden Kapitel weitere Möglichkeiten und Arbeitsweisen mit ICONNECT vorgestellt.

3.2.1   Makros

Solange die Anzahl der verwendeten Module klein ist, bleibt der zugehörige Signalgraph übersichtlich und ist einfach zu verstehen. Wird die Anwendung jedoch umfangreicher, dann wird auch der zugehörige Signalgraph groß und damit meist unübersichtlich, d.h., es stellt sich das Problem den Signalgraphen auch weiterhin überblicken und pflegen zu können. Textuell orientierte Programmiersprachen bieten hierzu verschiedene Abstraktionsmethoden zur Verfügung: Funktionen, Module, Objekte etc.

ICONNECT stellt zur Strukturierung von Signalgraphen das *Makro* als Abstraktionsmechanismus zur Verfügung (siehe Bild 3.15). Ein Makro ist ein Signalgraph, der in einen anderen eingebettet werden kann. Hinter einem speziellen Modul, dem *Makromodul*, wird ein gesamter Signalgraph „versteckt" bzw. „weggeklappt". Durch die gezielte und geschickte Verwendung von Makros wird der dargestellte Signalgraph kleiner und kann leichter überblickt und damit auch gepflegt werden. Gleichzeitig können in Makros immer wiederkehrende Aufgaben zusammengefasst und zentral gepflegt werden.

Ein Makro bezeichnet einen ganzen Signalgraphen, ein Makromodul hingegen ist das Modul, hinter dem sich dieser Signalgraph „versteckt".

Einfügen eines Makromoduls

Jeder Signalgraph kann als Makro verwendet werden, es ist keine spezielle Auszeichnung eines Signalgraphen als Makro notwendig. Um einen Signalgraphen in einem anderen Signalgraphen als Makro verwenden zu können, wird in ICONNECT der Menübefehl MAKROS|MAKRO EINFÜGEN verwendet. Der Benutzer wird nach dem Dateinamen des Signalgraphen gefragt, der das zugehörige Makro enthält. Danach wird ein Makromodul erzeugt, das den vorher gewählten Signalgraphen beinhaltet.

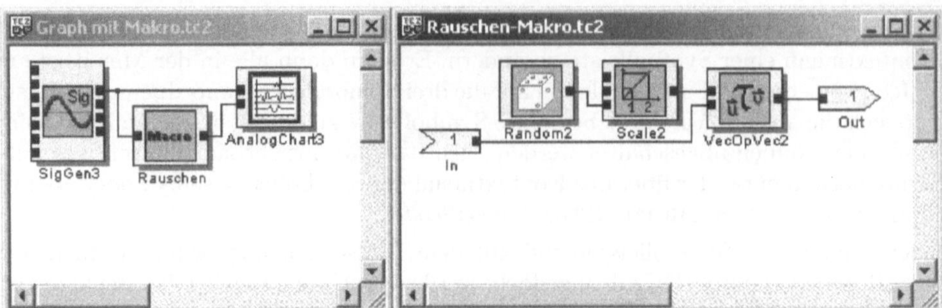

Bild 3.15 Der aus Bild 3.8 um ein Rauschen erweiterte Signalgraph. Das Rauschen wurde im Makro (rechts) implementiert und als Makromodul in den Hauptgraphen (links) eingefügt

Seit der ICONNECT Version 5 können Makros auch mehrfach verwendet werden, d.h., verschiedene Makromodule können auf den gleichen Signalgraphen verweisen, der den Signalgraph des Makros implementiert.

Ein Doppelklick auf das Icon des Makromoduls öffnet, wie in ICONNECT gewohnt, den Eigenschaftendialog des Makromoduls. Bei Makros jedoch werden die Eigenschaften durch den zugehörigen Signalgraphen selbst eingestellt. Deshalb wird bei Doppelklick auf das Makromodul der zum Makromodul gehörenden Signalgraph geöffnet und angezeigt. Um vom Signalgraphen wieder zurück zum Makromodul zu finden, kann der Menüpunkt MAKROS|MAKROMODUL ANZEIGEN oder die Taste $\boxed{\text{STRG-M}}$ verwendet werden. Bei mehrfacher Verwendung des Signalgraphen jedoch wird nur einer der möglichen Signalgraphen geöffnet, die das zugehörige Makromodul enthalten. Der zusätzliche Eintrag im über das Kontextmenü erreichbaren Dialog Prioritäten wird in 3.5 besprochen.

Erzeugen eines Makros

Um Daten zwischen Makro und Makromodul austauschen zu können werden im Makro spezielle Anschlüsse verwendet: *Makroeingangsport* und *Makroausgangsport*. Sie können im aktuellen Signalgraphen über die Menüpunkte MAKROS|MAKROEINGANG HINZUFÜGEN bzw. MAKROS|MAKROAUSGANG HINZUFÜGEN eingefügt werden und können wie normale Module verbunden werden. Im Makro werden sie als Module ohne spezielles Icon dargestellt (siehe Bild 3.15). Wie alle anderen Module können sie mit anderen Modulen im Makro verbunden werden.

Eine wichtige Spezialität von Makroports soll dabei nicht unerwähnt bleiben: bevor ein Makroport mit einem anderen Modul verbunden wird, besitzt der Makroport keinen eindeutigen Typ, d.h., er ist polymorph und kann deshalb zunächst mit jedem anderen Modul, das nicht selbst polymorph ist, verbunden werden. Bei der ersten Verbindung übernimmt ein Makroport den Typ seines Nachbarmoduls, der erst mit dem Löschen der letzten Verbindung wieder gelöscht wird. Besonderheiten hierbei werden in Abschnitt 10.10 behandelt.

Was passiert beim Start eines Signalgraphen?

Beim Start eines Signalgraphen, der Makros verwendet, werden diese vor dem Start zu einem einzigen großen Signalgraphen expandiert. Das Vorgehen hierbei entspricht in etwa der Arbeit eines Präprozessors wie z.B. in C oder C++. Verbindungen, die über Makroports laufen, werden direkt zwischen den mit dem Makroport verbundenen Modulen geführt, d.h., im expandierten Signalgraphen gibt es keine Makroports mehr, sie benötigen damit auch keine Ausführungszeit.

Dieser expandierte Signalgraph (Bild 3.16) wird dann zur Ausführung gebracht.

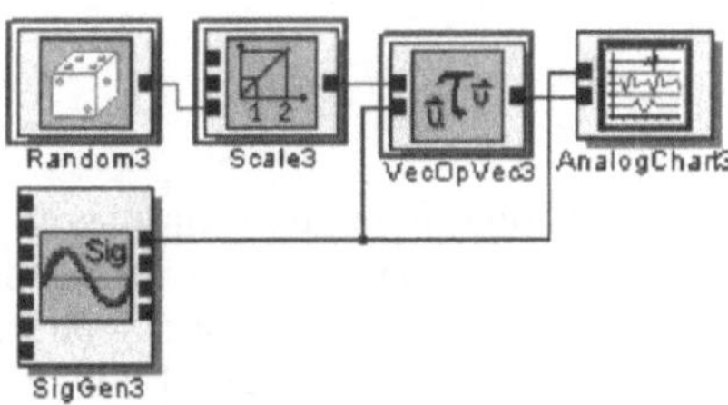

Bild 3.16 Der expandierte Signalgraph aus Bild 3.15. Die markierten Elemente stammen aus dem Makro.

Somit stellen Makros ein ideales Hilfsmittel dar, um große und aufwendige Signalgraphen durch kleine Bausteine zusammen zu stellen. Mehrere Makros werden mit der Zeit zu einer Art Bibliothek, die dann oft benötigte Funktionen zur Verfügung stellt. Da ein Makro in diversen Applikationen verwendet werden kann, die Verbesserungen jedoch zentral im Makro durchgeführt werden, wirken sich diese Verbesserungen sofort auch auf alle Applikationen aus. Beim Expandieren eines Makros werden alle Einstellungen der Module aus dem Makrographen in den Hauptsignalgraphen übernommen. Ein Sonderfall kann, je nach Einstellung des Makromoduls, die Priorität der Module innerhalb des Makros betreffen, wie Abschnitt 3.5 zeigt.

Restriktionen von Makros

Makros werden so weit wie möglich „unsichtbar" behandelt. Dennoch gibt es folgende Einschränkungen bei der Verwendung von Makros:

- Makroports und Module ohne Typ
  Makroports können nicht mit Modulports, die keinen Typ besitzen, verbunden werden. Erst wenn diese Modulports über eine weitere Verbindung einen Typ erhalten haben, können sie mit einem Makroport verbunden werden. Nachdem der Makroport einen Typ erhalten hat, kann er auch mit einem Modulport ohne Typ verbunden werden. Es ist egal, ob der Makroport den Typ im Makrosignalgraphen, oder über das Makromodul erhalten hat (siehe Abschnitt 10.10).

- Anzeige- und Eingabeelemente
  Anzeigeelemente und Eingabeelemente werden meist über den **EXT** Aus- bzw. Eingang in einem **DisplayManager** bzw. **InputManager** angeordnet. Diese Verbindung zwischen Anzeige- bzw. Eingabeelement und **EXT** Aus- bzw. Eingang kann nicht über einen Makroport geführt werden, da zwischen den beiden Modulen eine 1-1 Beziehung bestehen muss. Ein **EXT** Aus- bzw. Eingang kann höchstens mit einem anderen Modul verbunden werden. Diese Beziehung kann bei Verbindungen über Makroports nicht mehr sichergestellt werden.

- Anzeige- und Eingabeelemente in mehrfach verwendeten Makros
  Bei mehrfach verwendeten Makros wird der Signalgraph mehrfach identisch in den
  zu startenden Signalgraphen eingebracht. „Identisch" bedeutet hierbei, dass auch
  die Positionen der verschiedenen Anzeigeelemente identisch ist, d.h., die im Makro
  verwendeten Anzeigeelemente kommen am Bildschirm des Anwenders übereinander
  zu liegen.

Auflösen von Makromodulen

Falls nun ein Signalgraph mit Makromodulen innerhalb von ICONNECT zum Ablauf
gebracht wird, werden u.a. alle Makromodule durch ihre zugehörigen Makros ersetzt, die
Makromodule werden *aufgelöst* und dieser aufgelöste Signalgraph (Bild 3.16) wird an
die Ablaufsteuerung von ICONNECT übergeben (Abschnitt 2.1.7). Dies alles geschieht
vollkommen unsichtbar für den Anwender, d.h., er behält weiter die Sicht auf die einzelnen
Makros und seinen Hauptgraphen. Selbst beim Debugging eines Signalgraphen werden
die Informationen entsprechend umgesetzt, so dass der Anwender immer die Sicht auf
die ihm bekannten Dateien behält.

Das Auflösen von Makromodulen kann auch manuell über das Kontextmenü eines Makromoduls und den Eintrag MAKRO AUFLÖSEN durchgeführt werden. Bei diesem Auflösen
der Makromodule bleiben alle Eigenschaften der im Makro verwendeten Module wie z.B.
Priorität, Datentypen etc. erhalten.

Abstrahieren mittels Makros

Makros müssen nicht immer von Anfang an geplant werden. Mit der Zeit wird der Signalgraph immer größer und ein Teil des Signalgraphen soll vielleicht als Makro definiert
werden. Auch hierfür stellt ICONNECT eine Funktion zur Verfügung.

Zunächst werden die entsprechenden Module mit der Maus selektiert. Verbindungen zwischen selektierten Modulen werden automatisch ebenfalls selektiert. Sobald dann der
Menüpunkt MAKROS|MAKRO DEFINIEREN ausgewählt wird, wird die so selektierte Teil-
menge des Signalgraphen in ein Makro „weggeklappt". Es wird ein neuer Signalgraph erzeugt, in den die selektierten Module verschoben werden. Für alle Verbindungen zwischen
selektierten und nicht selektierten Modulen werden entsprechende Makroports erzeugt.
Der Anwender wird nach einem Dateinamen gefragt, unter dem das neu erzeugte Makro
abzulegen ist (Bild 3.17). Sobald das geschehen ist, wird ein entsprechendes Makromodul
im aktuellen Signalgraphen erzeugt und der selektierte Teilgraph ist durch ein Makro ersetzt worden. Das automatisch erzeugte Makro kann wie ein normales Makro eingesetzt
werden, d.h., es kann auch mehrfach verwendet werden.

In gewisser Weise sind die Operationen MAKROS|MAKRO DEFINIEREN und MAKRO AUF-
LÖSEN komplementär zueinander: Ein Makro kann über MAKRO AUFLÖSEN in den Si-
gnalgraphen einkopiert werden und mittels MAKROS|MAKRO DEFINIEREN wieder „weg-
geklappt" werden. Dieser Vorgang hat jedoch seine Grenzen bei nicht verbundenen Makroports. Diese verschwinden bei MAKRO AUFLÖSEN aus dem Signalgraphen und können
deshalb durch die Operation MAKROS|MAKRO DEFINIEREN auch nicht wieder erzeugt
werden.

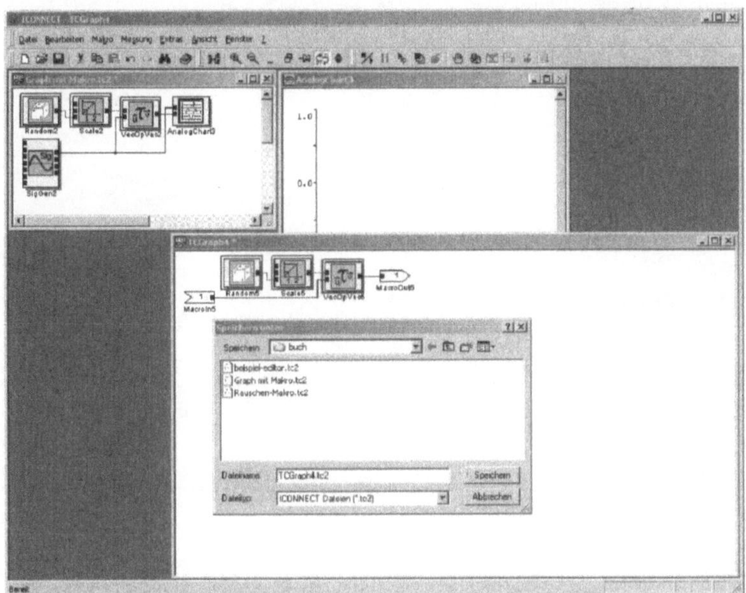

Bild 3.17 Ausgewählten Teilgraphen zu einem Makro definieren. Im Hintergrund des Dateidialogs ist das erzeugte Makro zu sehen.

3.2.2 Der Debugger von ICONNECT

Die wenigsten Programme sind auf Anhieb fehlerfrei; trotz sorgfältiger Prüfung können sich (leider) immer Programmier- oder Denkfehler einschleichen. Auch bei der visuellen Programmierung lassen sich solche Fehler nie ganz ausschliessen. Falls sich doch ein Fehler eingeschlichen hat, so greift man in der normalen Programmierung zum Debugger. Auch ICONNECT stellt einen Debugger zur Verfügung, der vollkommen in die Anwendung eingebunden ist. Um den Debugger aktivieren zu können benötigt der angemeldete Benutzer das Recht *Editieren*. Der Debugger von ICONNECT kann dann über zwei Möglichkeiten aufgerufen werden:

- Haltepunkt
  Vor dem Start des Signalgraphen können beliebige Module über das Kontextmenü HALTEPUNKT SETZEN/LÖSCHEN des Moduls mit einem Haltepunkt versehen werden.

- Unterbrechen, Taste STRG-B
  Damit kann ein laufender Signalgraph jederzeit unterbrochen und der Debugger aufgerufen werden.

Sobald ein laufender Signalgraph entweder über die Taste STRG-B oder durch ein Modul mit Haltepunkt unterbrochen wird, wird der Signalgraph im Debugger angezeigt (siehe Bild 3.18). Das aktuell zur Ausführung anstehende Modul wird in grüner Umrahmung dargestellt, im Projektfenster wird der zugehörige Signalgraph hervorgehoben. Falls der Signalgraph, zu dem das zur Ausführung anstehende Modul gehört, unsichtbar war, so wird es in den Vordergrund gebracht. Der Signalgraph selbst kann, während der Debugger aktiv ist, nicht verändert werden.

Ein Doppelklick auf eine Verbindung öffnet ein Variablenfenster für diese Verbindung.

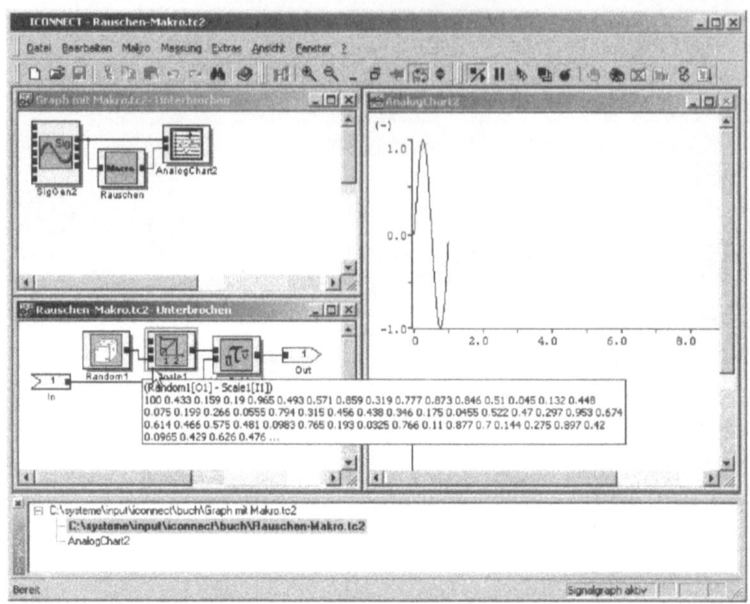

Bild 3.18 Der Signalgraph aus Bild 3.15 im Debugger. Das nächste auszuführende Modul ist
Scale1 und dementsprechend markiert, die Daten auf der Verbindung Random2 zu Scale1
werden in einem Tooltipfenster angezeigt.

An folgenden Merkmalen ist erkennbar, ob der Debugger aktiv ist oder ICONNECT im
Editiermodus ist:

- Dem Titel des Signalgraphen wird ein - Unterbrochen hinzugefügt.
- Die Statuszeile enthält den Text Signalgraph aktiv.
- Editieroperationen in den Signalgraphenfenstern sind nicht möglich.
- Die Schaltfläche zum Starten eines Signalgraphen in der Symbolleiste ist gedrückt.

Sobald der Signalgraph unterbrochen ist, können Informationen über den momentanen
Zustand der Applikation gewonnen werden. Interessant ist ob und wenn ja, welche Daten
momentan auf den verschiedenen Verbindungen anliegen. Ein Stillhalten der Maus über
einer Verbindung zeigt die auf der Verbindung anliegenden Daten in einem Tooltipfenster
an. Zusätzlich kann über das Kontextmenü der Verbindung ein Variablenfenster geöffnet
werden, das dann die aktuell auf der Verbindung liegenden Daten anzeigt.

Ein unterbrochener Signalgraph kann auf zwei Arten weiter ausgeführt werden:

- MESSUNG|EINZELSCHRITT, Taste $\boxed{\text{STRG-E}}$
  Damit wird das aktuell markierte Modul zur Ausführung gebracht und der Signal-
  graph danach sofort wieder angehalten.
- MESSUNG|BEARBEITUNG FORTFAHREN, Taste $\boxed{\text{STRG-W}}$
  Der Signalgraph wird normal weiter abgearbeitet. Erst falls dabei erneut ein Modul
  mit einem Haltepunkt aufgefunden wird, wird die Bearbeitung erneut abgebrochen
  und wiederum der Debugger aufgerufen.
- Falls eine weitere Bearbeitung des Signalgraphen nicht mehr gewünscht wird,
  kann der Signalgraph mit Hilfe von MESSUNG|START/STOPP oder MESSUNG|ALLE
  STOPPEN sofort beendet werden.

Weitere Debugginghilfen von ICONNECT werden in Abschnitt 10.11 besprochen.

3.2.3 Rechte innerhalb von ICONNECT

Zusätzlich zu der vom Betriebssystem schon zur Verfügung gestellten Benutzerverwaltung enthält ICONNECT eine eigene Benutzerverwaltung (siehe Bild 3.19). Diese ist speziell auf die Bedürfnisse von ICONNECT angepasst. Die Rechtevergabe ist über den Menüpunkt EXTRAS|BENUTZERVERWALTUNG... erreichbar. Aber schon für den Aufruf der Benutzerverwaltung muss der angemeldete Benutzer mindestens eines der Administrationsrechte besitzen. Die Benutzerverwaltung ist in der Demoversion nicht möglich.

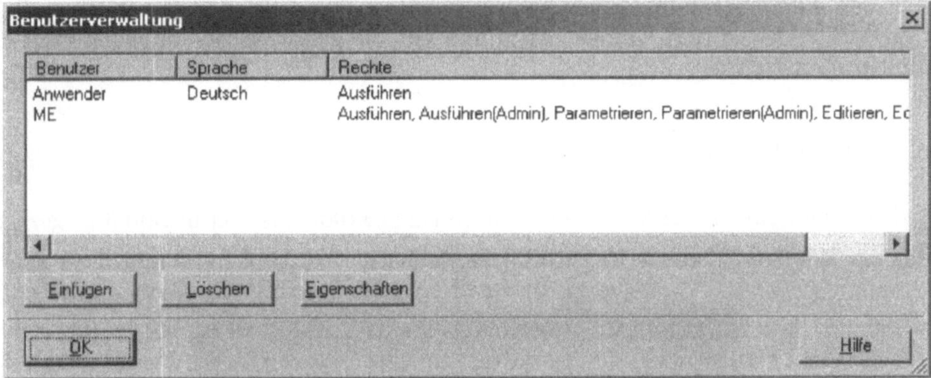

Bild 3.19 Die Benutzerverwaltung von ICONNECT

Es werden drei grundsätzliche Rechte unterschieden:

- *Ausführen*
  Dieses Recht erlaubt es dem angemeldeten Benutzer einen Signalgraphen zu laden, starten und auch stoppen zu können.

  Normalerweise wird Anwendern dieses Recht zuerkannt. Diese können den Signalgraphen innerhalb von ICONNECT anwenden, ihn jedoch nicht verändern.

- *Parametrieren*
  Mit diesem Recht kann der angemeldete Benutzer die Einstellungsdialoge der Module öffnen und dort Werte verändern. Benutzer mit dem Recht *Parametrieren* können die Parameter des Signalgraphen verändern, den Signalgraphen selbst jedoch nicht editieren.

- *Editieren*
  Dieses Recht ermöglicht dem angemeldeten Benutzer Module in den Signalgraphen einzufügen und zu löschen. Gleiches gilt für die Verbindungen zwischen den Modulen.

  Dieses Recht benötigen Entwickler von Signalgraphen. Da nur diese Module einfügen können wird die Modulbibliothek auch nur dann angezeigt, falls der angemeldete Benutzer das Recht *Editieren* besitzt.

Wie schon leicht angeklungen ist, sind diese drei Rechte unabhängig voneinander. Das bedeutet, dass das Recht *Editieren* nicht automatisch das Starten und Stoppen eines Signalgraphen beinhaltet. Vereinfacht könnte man sagen, dass ein Entwickler alle drei Rechte benötigt, ein Anwender jedoch nur das Recht *Ausführen* besitzen sollte. Damit kann ein Anwender zwar den Signalgraphen zur Ausführung bringen, der Graph ist jedoch gegen zufällige oder absichtliche Veränderungen geschützt. Soll ein Anwender zusätzlich noch die Möglichkeit besitzen bestimmte Parametereinstellungen im Signalgraphen treffen zu können, so gibt es hierfür zwei Wege: entweder wird die entsprechende Funktionalität über Module zur Verfügung gestellt, oder der Anwender bekommt das Recht *Parametrieren*. Da sich das Recht *Parametrieren* auf alle Module im Signalgraphen bezieht, ist die erste Lösung vorzuziehen.

Neben den angeführten drei Rechten kennt ICONNECT zugehörige Administrationsrechte. Mit den Administrationsrechten können Benutzer mit den jeweiligen Rechten angelegt, gelöscht oder editiert werden. Auch hier gilt die gegenseitige Unabhängigkeit der Administrationsrechte.

3.2.4 Eigenschaften von ICONNECT

Über den Menüpunkt EXTRAS|STANDARDEINSTELLUNGEN... ist der in Bild 3.20 gezeigte Dialog zur Konfiguration von ICONNECT erreichbar.

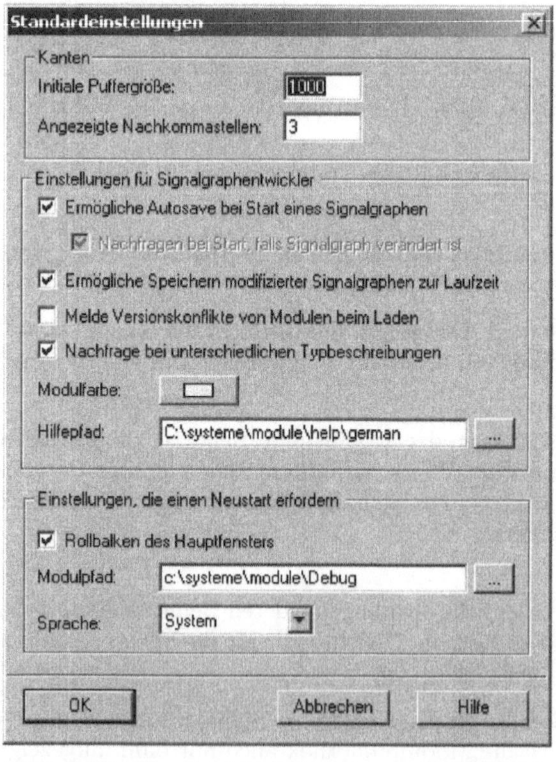

Bild 3.20 Standardeinstellungen von ICONNECT

Über diesen Dialog werden Einstellungen getroffen, die sich auf die Bedienung und Anwendung von ICONNECT auswirken, oder aber Standardwerte für bestimmte Signalgrapheigenschaften treffen.

Die ersten beiden Einstellungen stellen Standardgrößen für Verbindungen ein. Sie können jederzeit über das Kontextmenü einer Verbindung verändert werden.

- *Initiale Puffergröße* (Standard: 1000)
  Die Puffergröße für eine Verbindung. Sofern die Verbindung keinen Typ besitzt, wird die hier eingestellte Größe verwendet. Sobald die Verbindung einen Typ besitzt, wird die zum Typ gehörende Größe als Puffergröße eingestellt.

- *Angezeigte Nachkommastellen* (Standard: 3)
  Diese Einstellung betrifft die Anzeige, nicht die interne Speicherung der Verbindungsinformation.

Die nächsten Einstellungen betreffen Einstellungen rund um das automatische Abspeichern von Signalgraphen:

- *Ermögliche Autosave bei Start eines Signalgraphen* (Standard: ein)
  ICONNECT testet vor jedem Start eines Signalgraphen, ob dieser oder einer seiner verwendeten Makros modifiziert ist. Falls einer der Signalgraphen modifiziert ist, so wird der Benutzer darüber über den Windows Speichern Dialog informiert.

  Mit dieser Option wird ICONNECT angewiesen, modifizierte Signalgraphen beim Start des Signalgraphen automatisch ohne eine Nachfrage abzuspeichern.

- *Nachfrage bei Start, falls Signalgraph verändert* (Standard: ein)
  Diese Option ist nur dann anwählbar, wenn die Option *Ermögliche Autosave bei Start eines Signalgraphen* nicht eingeschaltet ist. Dann kann mit dieser Option die Nachfrage zum Speichern von modifizierten Signalgraphen abgeschaltet werden.

  Vorsicht: Nach Abwählen dieser Einstellung fragt ICONNECT auch beim Starten von modifizierten Signalgraphen nicht mehr nach. Das bedeutet unter Umständen, dass bei einem Absturz die Arbeit verloren sein kann.

- *Ermögliche Speichern modifizierter Signalgraphen zur Laufzeit* (Standard: ein)
  Um Benutzereinstellungen (von Eingabeelementen) über das Ende von ICONNECT hinweg sichern zu können, wird das **Stop** Modul mit entsprechender Einstellung verwendet (siehe Abschnitt 10.1).

  Um nun ungewolltes Speichern bzw. Überschreiben des Ursprungsgraphen verhindern zu können, kann diese Option abgeschaltet werden. Der Start eines Signalgraphen mit einem auf Speichern geschalteten **Stop** Modul wird unterbunden.

- *Melde Versionskonflikte von Modulen beim Laden* (Standard: aus)
  Diese Einstellung betrifft den Umgang mit Hinweismeldungen bezüglich der Versionsinformationen. Mit der Einstellung *Melde Versionskonflikte von Modulen beim Laden* kann eine Warnmeldung auch dann angefordert werden, sofern der zu ladende Signalgraph mit älteren Versionsständen der Module abgespeichert wurde, als die aktuell laufende ICONNECT Version zur Verfügung stellt. Für eine genauere Diskussion siehe Abschnitt 3.2.5.

Für ein Produktionssystem sollten die Einstellungen so getroffen werden, wie sie als Standard definiert sind. Für den Entwickler von Signalgraphen jedoch kann es von Vorteil sein, die Einstellungen entsprechend umzustellen.

- *Modulfarbe* (Standard: 0x00e0e0e0)
  Die hier eingestellte Farbe definiert den Hintergrund für die Modulicons. Der Standardwert ist ein helles grau.

- *Hilfepfad* (Standard: Installationsverzeichnis/Help)
  In diesem Verzeichnis befinden sich die zu ICONNECT gehörenden Hilfedateien, die im Hilfefenster angezeigt werden. Alle Dateien mit Endung `htm` in diesem Verzeichnis werden von der Suchfunktion im Hilfefenster auf den eingegebenen Suchstring durchsucht.

Die letzten Einstellungen im Dialog benötigen einen Neustart von ICONNECT, um entsprechende Wirkung zeigen können.

- *Rollbalken des Hauptfenster* (Standard: ein)
  Mit dieser Einstellung können die Bildlaufleisten im Haupfenster von ICONNECT ein- oder ausgeschaltet werden. Diese Einstellung kann über das Menu überschrieben werden.

- *Modulpfad* (Standard: Installationsverzeichnis/Module)
  In diesem Pfad werden die DLL's gesucht, die die Module definieren. Da die Module nur am Start von ICONNECT geladen werden, wirkt sich eine Änderung des Modulpfads auch erst bei einem Neustart aus. Wie schon in Abschnitt 3.1.2 erwähnt ergibt die Ordnung der DLL's die Ordnung der Module in der Baumdarstellung der Modulbibliothek.

- *Sprache* (Standard: System)
  Dieser Eintrag stellt die von ICONNECT verwendete Sprache ein, d.h., ICONNECT kann unabhängig von der Spracheinstellung in der Windows Systemsteuerung von Deutsch auf Englisch oder umgekehrt eingestellt werden. Der Eintrag *System* stellt ICONNECT auf die in der Systemsteuerung eingestellte Sprache ein. Diese Einstellung wirkt sich auf (beinahe) das gesamte ICONNECT aus, d.h., auch auf alle Einstellungsdialoge der Module. Ausnahme bilden Windows Standarddialoge, wie z.B. Datei laden und speichern, die in der jeweiligen Windows Systemsprache angezeigt werden.

3.2.5   Dateien und Versionsinformationen

Seit der Version 5 kann ICONNECT nicht nur Signalgraphen laden, die mit einer älteren Version abgespeichert wurden (abwärtskompatibel), sondern das Dateiformat von ICONNECT ist darauf ausgelegt, dass eine Version 5 auch Signalgraphen laden kann, die mit einer zukünftigen ICONNECT Version erstellt wurden (aufwärtskompatibel).

Diese Aufwärtskompatibilität kann jedoch nur in gewissen Grenzen gewährleistet werden. In jedem Falle kann der Signalgraph einer neueren Version geladen werden. Es ist jedoch verständlich, dass eine ältere ICONNECT Version nicht alle Möglichkeiten zur Verfügung stellen kann, die eine neuere Version beinhaltet. Das bedeutet, dass ein Signalgraph zwar gestartet werden kann, die Applikation sich jedoch unerwartet verhalten kann. Aus diesem Grunde warnt ICONNECT generell, sobald beim Laden eines Signalgraphen festgestellt wird, dass dieser Module beinhaltet, deren Versionsstände größer als die der geladenen Module sind, d.h., sobald die Aufwärtskompatibilität benötigt wird.

Umgekehrt kann über die Einstellung *Melde Versionskonflikte von Modulen beim Laden* in den Standardeinstellungen (Abschnitt 3.2.4) dafür gesorgt werden, dass eine entsprechende Warnung auch dann ausgegeben wird, wenn die Versionsstände einiger Module in der Signalgraphendatei kleiner als die der geladenen Module sind.

Die Informationen über den Versionsstand eines Moduls wird nicht in ICONNECT gepflegt, sondern im Modul selbst. Im Windows Explorer kann die Versionsinformation über das Kontextmenü der Modul-DLL unter der Registerkarte *Version* abgerufen werden. Der Eintrag *Kommentare* deckt sich dabei mit dem Eintrag im Kontextmenü des Moduls in der Modulbibliothek. Unter *Besondere Beschreibung* kann herausgefunden werden, wer und wann die Modul-DLL erstellt wurde.

Alle Module sind voneinander unabhängig, auch ICONNECT ist von den Modulen unabhängig. Das bedeutet, dass in einer ICONNECT Instanz Module mit unterschiedlichen Versionständen ablauffähig sind, d.h., Module der ICONNECT Version 4 können mit Modulen der ICONNECT Version 5 gemischt werden. Auch dies wird sich in der Signalgraphendatei wiederspiegeln.

3.3   Durchlaufzeiten und Prioritäten von Signalgraphen

In diesem Abschnitt wird beschrieben, wie ICONNECT den Prozessor (CPU) nutzen soll, um je nach gestellter Aufgabe eine optimale Lösung zu finden. Das geht von Offline Verarbeitung großer Datenmengen bis zu Echtzeitregelungen.

Dabei gibt es jedoch die Einschränkung, dass alle Windows 9x (Win95, Win98, Windows ME) keinen echtzeitfähigen Kern haben (anders als Windows NT, 2000 und XP). Deshalb lassen sich mit Windows 9x keine Regelungen mit garantierten Antwortzeiten unter 50 ms realisieren. In Betriebssystemen mit NT-Kern kann ICONNECT bis zu 1 ms Reaktionszeit garantieren.

3.3.1   Zeitverhalten eines Signalgraphen

Es gibt viele Möglichkeiten, das Verhalten von Signalgraphen untereinander, sowie im Bezug auf das Betriebssystem oder andere Anwendungen zu steuern. Um einen Signalgraphen bezüglich des Laufzeitverhaltens zu optimieren, müssen die Art der Datenverarbeitung und die Einstellungsmöglichkeiten bekannt sein.

Wie in Abschnitt 2.1.7 beschrieben, besteht ein Signalgraph aus Quellenmodulen, Verarbeitungsmodulen und Senken. Die Bearbeitung eines Signalgraphen erfolgt zyklisch. Die Daten werden von den Quellenmodulen geliefert und durch die Nachfolger verarbeitet, bis keine Module mehr rechenbereit sind. Damit ist der Zyklus zu Ende und ein neuer beginnt.

Die minimale Durchlaufzeit eines Zyklus ist die Summe der Rechenzeiten der Module. Um nach einem Durchlauf anderen Anwendungen noch Rechenzeit zu lassen, kann eine *Wartezeit nach Durchlauf (ms)* eingestellt werden. Diese Wartezeit – in Millisekunden – addiert sich somit zur Rechenzeit der Module eines Durchlaufs. Wenn ein Zyklus jedoch sehr lange dauert (mehr als 100 ms), kann die Reaktion des Computers auf Benutzereingaben beeinträchtigt werden. Damit dies nicht geschieht, kann auch während eines Durchlaufs Zeit an das Betriebssystem abgegeben werden. Mit dem Parameter *Wartezeit nach Modulbearbeitung* wird eine Zeit in ms angegeben, die nach der Bearbeitung einer gewissen Anzahl von Modulen gewartet wird (z.B. alle 20 Module 5 ms warten). Bild 3.21 zeigt den Einstellungsdialog für das Zeitverhalten von Signalgraphen.

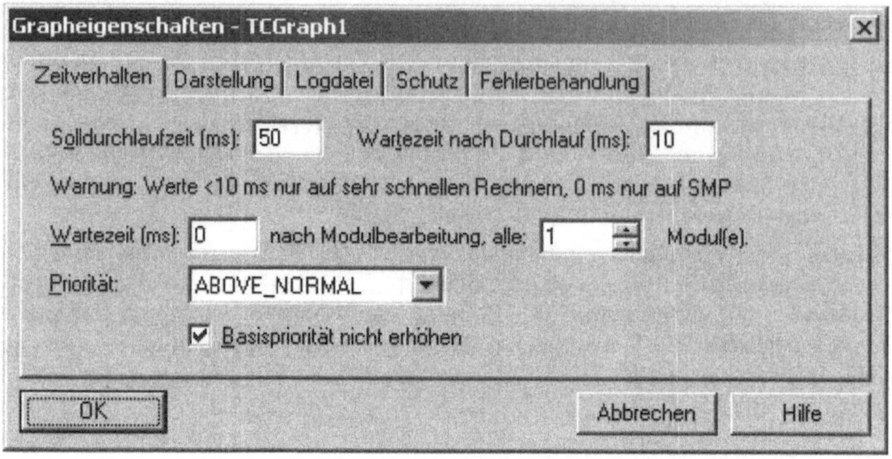

Bild 3.21   Timing-Parameter eines Signalgraphen

Nachfolgend sind die Parameter dieses Dialogs im Detail erklärt:

- Solldurchlaufzeit
  Die Zeit, die ein kompletter Durchlauf dauern soll (inklusive allen anderen Wartezeiten). Ist ein Durchlauf schneller, wird die Zeitdifferenz an das Betriebssystem abgegeben, ist ein Durchlauf langsamer, passiert nichts (keine garantierte Antwortzeit).

- Wartezeit nach Durchlauf
  Die Zeit, die nach jedem Durchlauf auf jeden Fall durch die Ablaufsteuerung nicht genutzt wird (Sleep). Dadurch kann auch bei hoher Priorität des Signalgraphen garantiert werden, dass das Betriebssystem noch Rechenzeit bekommt.

- Wartezeit nach Modulbearbeitung
  Die Zeit, die alle N (zweiter Parameter) Module gewartet wird. Wenn ein Durchlauf sehr lange dauert und die Priorität sehr hoch ist, kann dadurch das Reaktionsverhalten des Betriebssystems (z.B. auch der Maus) verbessert werden.

- Priorität
  Priorität gegenüber anderen Signalgraphen bzw. Applikationen. Je höher die Priorität, desto mehr Rechenzeit bekommt der Signalgraph. Er kann dann andere Signalgraphen bzw. Anwendungen unterbrechen. Das erhöht das Reaktionsverhalten (Echtzeitfähigkeit).

- Basispriorität
  Priorität der gesamten Anwendung gegenüber anderen laufenden Prozessen. Wenn ein Signalgraph die Basispriorität erhöht, gilt das für alle Signalgraphen.

Um eine äquidistante Durchlaufzeit zu gewährleisten (z.B. bei einer Regelung), kann eine Solldurchlaufzeit angegeben werden. Ist die komplette Durchlaufzeit (minimale Durchlaufzeit plus alle Wartezeiten zwischen Modulen und am Ende eines Zyklus) kleiner als die Solldurchlaufzeit, so wird noch so lange gewartet, bis die Solldurchlaufzeit erreicht ist. Auch diese Zeit steht anderen Anwendungen zur Verfügung.

3.3.2 Prioritäten von Signalgraphen

Da in Windows alle aktiven Prozesse (Programme) sowie deren Threads (Handlungsfäden innerhalb einer Anwendung) um den Prozessor konkurrieren, gibt es die Möglichkeit, Prioritäten zu vergeben, um echtzeitkritische Anwendungen bevorzugt zu behandeln. In ICONNECT gibt es die Möglichkeit, jedem Signalgraphen eine eigene Priorität zu geben, da der Scheduler (Ablaufsteuerung) jedes Signalgraphen in einem eigenen Thread läuft. Die Prioritäten gehen von *IDLE* (niedrigste) über *LOWEST*, *BELOW_NORMAL*, *NORMAL*, *ABOVE_NORMAL*, *HIGHEST* bis *TIME_CRITICAL* (höchste). Ein Bildschirmschoner sollte z.B. mit Priorität *IDLE* laufen, da er keine sinnvolle Arbeit erledigt. Eine Echtzeitregelung für eine Fräsmaschine dagegen sollte in *TIME_CRITICAL* laufen, da ansonsten die Regelung von anderen Anwendungen unterbrochen werden könnte und dadurch im schlimmsten Fall das Werkzeug und Werkstück zerstört werden könnte.

Bei extrem zeitkritischen Anwendungen darf sogar das Betriebssystem den Ablauf nicht mehr unterbrechen. Dafür gibt es in ICONNECT den Parameter *Basispriorität* erhöhen. Damit wird die Priorität der gesamten Anwendung (inkl. aller Signalgraphen) von *NORMAL_PRIORITY_CLASS* auf *REALTIME_PRIORITY_CLASS* gesetzt. Das erhöht die Priorität der Signalgraphen gegenüber anderen Anwendungen und dem Betriebssystem so weit, dass sie auf keinen Fall mehr unterbrochen werden können.

Achtung! Es ist darauf zu achten, dass das Betriebssystem genügend Prozessorzeit zur Verfügung hat. Andernfalls werden keine Benutzereingaben mehr verarbeitet und der Rechner wird damit nicht mehr bedienbar.

Die Tabelle 3.2 stellt die möglichen Prioritäten der Signalgraphen in ICONNECT dar.

Prioritätsnr.	Basispriorität	Signalgraph Priorität
1	Normal	THREAD_PRIORITY_IDLE
5	Normal (HG)	THREAD_PRIORITY_LOWEST
6	Normal (HG)	THREAD_PRIORITY_BELOW_NORMAL
7	Normal (HG)	THREAD_PRIORITY_NORMAL
7	Normal (VG)	THREAD_PRIORITY_LOWEST
8	Normal (HG)	THREAD_PRIORITY_ABOVE_NORMAL
8	Normal (VG)	THREAD_PRIORITY_BELOW_NORMAL
9	Normal (HG)	THREAD_PRIORITY_HIGHEST
9	Normal (VG)	THREAD_PRIORITY_NORMAL
10	Normal (VG)	THREAD_PRIORITY_ABOVE_NORMAL
11	Normal (VG)	THREAD_PRIORITY_HIGHEST
15	Normal	THREAD_PRIORITY_TIME_CRITICAL
16	Hoch	THREAD_PRIORITY_IDLE
22	Hoch	THREAD_PRIORITY_LOWEST
23	Hoch	THREAD_PRIORITY_BELOW_NORMAL
24	Hoch	THREAD_PRIORITY_NORMAL
25	Hoch	THREAD_PRIORITY_ABOVE_NORMAL
26	Hoch	THREAD_PRIORITY_HIGHEST
31	Hoch	THREAD_PRIORITY_TIME_CRITICAL

Tabelle 3.2 Einstellbare Prioritäten in Windows

Bei normaler Basispriorität ist nicht nur die Priorität des Signalgraphen für die tatsächliche Prioritätsnummer verantwortlich, sondern auch, ob die Anwendung im Vordergrund (Eingabefokus) oder im Hintergrund läuft. In der Tabelle wird dies durch VG (Vordergrund) und HG (Hintergrund) abgekürzt.

Die Basispriorität ist der wichtigere Teil. Wenn diese erhöht ist, laufen sogar Signalgraphen mit *IDLE* Priorität höher ab als Threads mit *TIME_ CRITICAL* und normaler Basispriorität anderer Applikationen.

3.3.3 Messen der Durchlaufzeiten und Modulrechenzeiten

Damit ein Signalgraph optimal läuft, d.h. den Prozessor so gut wie möglich nutzt und dabei die Benutzbarkeit des Rechners nicht beeinträchtigt, ist es notwendig, das Zeitverhalten des Signalgraphen zu kennen. ICONNECT stellt dazu ein leistungsfähiges Tool zur Verfügung, den Profiler.

Damit lassen sich von der Gesamtlaufzeit des Signalgraphen bis zur Laufzeit eines einzelnen Moduls alle benötigten Zeiten messen. Der Profiler läuft innerhalb des Schedulers mit und wird in den Standardeigenschaften des Signalgraphen aktiviert. Dazu wird im Reiter *Logdatei* der Name der Ausgabedatei angegeben und das Kontrollkästchen *Zusätzliche Profiler Information hinzufügen* aktiviert. Wenn jetzt der Signalgraph läuft, werden alle relevanten Zeiten gemessen und nach dem Stoppen in die Logdatei geschrieben.

Die Ausgabe des Profilers hat folgendes Format:

```
Init: Smooth.tc2 Sat Sep 21 15:50:06 2002
Done: Smooth.tc2 Sat Sep 21 15:50:17 2002


Profiling results for Smooth.tc2 in milli seconds
Execution time: 12343.770,   Sleep time: 14.877,   Break time: 0.000,   Pause time: 0.000
Loop time (incl. sleep times)   Count: 305,   Avg: 38.215,   Max: 95.960,   Stdev: 12.445

Module  EXEC: Count  Avg     Max    Stdev  FETCH: Count  Avg    Max    Stdev  INIT:  DONE:
Smooth4        304    1.281  20.211 2.168         304    0.008  0.018  0.001  0.008  0.008
SaveTable5     304   14.131  31.567 6.693         304    0.009  0.036  0.002  0.018  0.121
LoadBin2       304    0.653   2.098 0.095         305    0.017  0.401  0.022  0.009  0.044
Plot2          304   11.084  57.612 7.925         304    0.009  0.023  0.001  0.432  0.009
Plot3          304   10.600  41.616 6.840         304    0.009  0.048  0.002  0.325  0.013
DispMgr1         0    0.000   0.000 0.000         608    0.011  0.483  0.019  0.023 681.422
Complete time of all modules: 12181.188
```

In der ersten Zeile wird die Initialisierung protokolliert. Das ist im einzelnen der Name des Signalgraphs, sowie Startzeit und Datum. In der nächsten Zeile wird das Beenden mit denselben Parametern aufgezeichnet. Treten beim Ablauf des Signalgraphen irgendwelche Fehler auf, die zum Stopp führen, werden auch diese zwischen *init* und *done* protokolliert.

Ist der Profiler aktiviert, folgt in den nächsten Zeilen dessen Ausgabe. Am Anfang steht wieder eine Überschrift, in welcher der Name des Signalgraphen angegeben wird, sowie die Information, dass alle nachfolgenden Zeiten in Millisekunden angegeben sind.

Der Eintrag *Execution time* beschreibt die Zeit, die der Signalgraph insgesamt gelaufen ist (alle Module inklusive `Fetch` und `Execute`, alle Wartezeiten, die Rechenzeit des Schedulers, sowie die Zeiten für `Init` und `Done` der Module).

Die *Sleep time* ist die Summe aus den Zeiten, die sich aus Wartezeit nach Durchlauf, Solldurchlaufzeit und Wartezeit nach Modulbearbeitung ergibt.

Wenn ein Signalgraph in der Entwicklung ist, wird er möglicherweise unterbrochen oder im Einzelschrittmodus durchlaufen. Die *Break time* ist die Zeit, die der Signalgraph unterbrochen war und die *Pause time* ist die Zeit, wie lange der Signalgraph angehalten wurde (durch die Taste Pause in der Symbolleiste oder im Menü).

In der nächsten Zeile werden die Daten der Durchläufe ausgegeben. Das sind die Anzahl der Durchläufe, die durchschnittliche Durchlaufzeit, die maximale Durchlaufzeit und die Standardabweichung. Die Formel für die empirische Standardabweichung lautet:

$$s = \sqrt{\frac{\sum_{i=1}^{n}\left(x_i - \bar{x}\right)^2}{n-1}} \tag{3.1}$$

Dabei ist s die Standardabweichung, n ist die Anzahl und x_i ist die Zeit jedes einzelnen Durchlaufs. $\bar{x}$ ist der Mittelwert (Durchschnitt) von x_i.

Dieser Wert wird dazu verwendet, um festzustellen, wie äquidistant der Signalgraph läuft, d.h., wie konstant die Durchlaufzeiten sind. Je kleiner die Standardabweichung ist, desto gleichmäßiger sind die Laufzeiten. Für Regelungen ist es besonders wichtig, dass die Durchläufe alle gleich schnell sind.

Die durchschnittliche Laufzeit ist dabei sehr wichtig, da sie zur Optimierung von Signalgraphen verwendet wird.

Es folgt eine detaillierte Aufzählung aller Modulzeiten. Dabei wird pro Zeile der Name, die Zeiten in **Init**, **Fetch**, **Execute** sowie **Done** pro Modul ausgegeben. Da Fetch und Execute üblicherweise öfter als einmal aufgerufen werden, wird die Anzahl sowie die durchschnittliche und maximale Durchlaufzeit berechnet. Auch die Standardabweichung der Durchlaufzeit wird berechnet.

In der letzten Zeile der Logdatei wird noch die reine Rechenzeit der Module ausgegeben (**Init**, **Fetch**, **Execute** und **Done**). Um die Zeit zu berechnen, die der Scheduler benötigt, ist die Rechenzeit der Module von der Execution Zeit abzuziehen. In diesem Beispiel benötigt der Scheduler 162 ms, was ca. 1.3% der Gesamtlaufzeit entspricht.

Das ist ein durchschnittlicher Wert, der jedoch je nach Anwendung stark variieren kann. Je mehr Arbeit die Module in jedem Zyklus zu erledigen haben, desto kleiner wird der Anteil des Schedulers. Deshalb ist es besser, bei nicht zeitkritischen Anwendungen mit möglichst großen Datenmengen zu arbeiten.

Um möglichst wenig Rechenzeit zu verschwenden, sollte darauf geachtet werden, dass kein Modul zu oft oder umsonst aufgerufen wird. Der Signalgraph `Priority.tc2` (Bild 3.22) soll als Beispiel dienen.

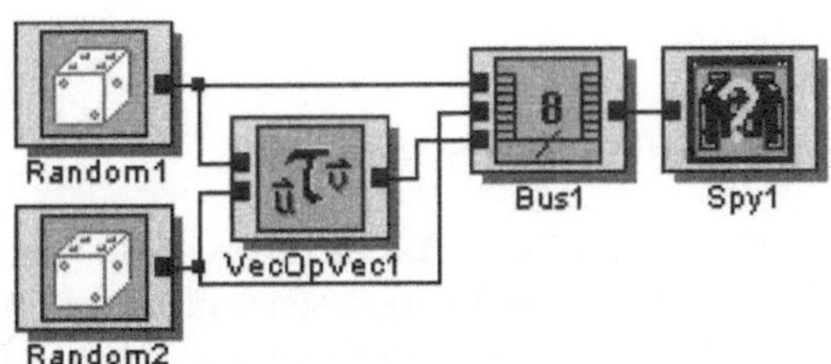

Bild 3.22 Beispiel zum Optimieren von Signalgraphen

Dabei werden zwei Datenströme aus den beiden Modulen Random erzeugt und deren Summe berechnet. Diese drei Datenblöcke werden anschließend durch ein Modul Bus zusammengefasst und weitergegeben.

Die Ausgabe des Profilers sieht so aus:

```
Module  EXEC: Count  Avg     Max   Stdev  FETCH: Count  Avg     Max   Stdev   INIT:    DONE:
Random1       18    0.055  0.068  0.004         381   0.008  0.012  0.001   0.074    0.013
Spy1          36    0.019  0.029  0.007          36   0.014  0.181  0.028  17.216    3.167
Bus1          36    0.083  0.118  0.028          54   0.009  0.017  0.003   0.008    0.008
Random2       18    0.024  0.028  0.001         381   0.005  0.007  0.000   0.122    0.011
VecOpVec1     18    0.045  0.059  0.004          36   0.007  0.008  0.001   0.007    0.007
Complete time of all modules: 32.939
```

Dabei ist deutlich zu sehen, dass die Module Bus und Spy doppelt so oft gearbeitet haben, als die anderen Module. Der Grund dafür ist, dass die Module VecOpConst und Bus beide direkt hinter den Zufallsgeneratoren sind. Bei gleicher Priorität der Module (siehe Abschnitt 2.1.7) ist nicht definiert, welches der beiden Module zuerst bearbeitet wird. Durch die Ausgabe im Profiler kann dieses Verhalten festgestellt werden und durch Erhöhen der Priorität des Moduls VecOpVec vermieden werden.

Noch eine weitere Möglichkeit zur Optimierung wird in diesem Beispiel deutlich. Die Anzahl der *Fetch*-Aufrufe ist ca. 20 Mal höher als die *Execute*-Aufrufe. Das ist deshalb so, weil die Module Random im Beispiel mit 16 Werten pro Sekunde und einer Blockgröße von 16 arbeiten. Deshalb kann alle 1000 ms ein Datenblock erzeugt werden. Der Signalgraph hat eine Solldurchlaufzeit von 50 ms, d.h., es werden 20 Durchläufe pro Sekunde gemacht. Deshalb werden die Module Random 20 mal auf Rechenbereitschaft geprüft, bevor sie einmal Daten liefern können. Um unnötige Aufrufe zu reduzieren, kann die Solldurchlaufzeit auf einen größeren Wert gesetzt werden, z.B. 200 ms.

Nicht sinnvoll ist es, den Wert auf 1000 ms zu setzen. In diesem Fall kann es nämlich passieren, dass ein Random bei einer Anfrage durch die Funktion *Fetch* gerade noch nicht bereit ist, Daten zu liefern. Dann wird es aber erst wieder 1000 ms später aufgerufen, was zu einer Verzögerung von bis zu 1000 ms führen kann. Diese Verzögerung des Gesamtablaufs kann, vor allem bei Hardwaremodulen, zu einem Pufferüberlauf und somit zum Stopp des Signalgraphen führen.

3.3.4 Optimierung von Signalgraphlaufzeiten für verschiedene Anwendungen

Durch seine flexiblen Einstellungsmöglichkeiten ist ICONNECT ein universelles Werkzeug für fast alle Arten der Datenerfassung, Steuerung und Regelung. Hier werden die wichtigsten Aufgabenstellungen sowie die dazu optimalen Einstellungen in ICONNECT beschrieben:

Offline Verarbeitung mit großen Datenmengen

In diesem Fall liegen die Daten auf einem Datenträger (z.B. Festplatte) und sollen in ICONNECT mit maximaler Geschwindigkeit eingelesen und verarbeitet werden. Die Daten werden in Blöcken geladen und verarbeitet, um einen möglichst hohen Wirkungsgrad zu erreichen. Echtzeit spielt keine Rolle, jedoch sollen andere Anwendungen und das Betriebssystem noch uneingeschränkt laufen.

Für diese Anwendung wird die Basispriorität nicht erhöht und die Signalgraphpriorität bleibt auf *NORMAL* oder wird sogar darunter gesetzt. Das garantiert, dass alle Applikationen gleichberechtigt laufen und sich die Rechenzeit gerecht teilen. Die *Solldurchlaufzeit des Signalgraphen* wird sehr kurz eingestellt. Im Idealfall ist die Solldurchlaufzeit ungefähr so groß wie die Verarbeitung eines Datenblocks tatsächlich benötigt. Die *Wartezeit nach Durchlauf* wird auf Null gesetzt. Damit wird keine zusätzliche Rechenzeit abgegeben. Wenn andere Programme Zeit benötigen, wird der Signalgraph kurzzeitig unterbrochen. Das gleiche gilt für die *Wartezeit nach Modulbearbeitung*. Auch sie wird auf 0 ms gesetzt.

Das Beispiel `Smooth.tc2` auf der ICONNECT-CD soll diesen Modus verdeutlichen. Es wurden Daten von einem oder mehreren Sensoren aufgenommen und zur späteren Auswertung in einer Datei gespeichert. Die Daten sind aus technischen Gründen verrauscht (Störsignal) und müssen deshalb erst aufbereitet (gefiltert) werden.

Der Signalgraph dazu besteht aus einem Lademodul (z.B. LoadBin), das die Daten blockweise (z.B. 1000 Werte) lädt und an einen Filter (z.B. Smooth) zur Glättung weitergibt. Am Ende wird das Signal wieder in eine Datei gespeichert, z.B. mit dem Modul SaveTable.

In diesem Beispiel beträgt die tatsächliche Rechenzeit pro Zyklus 215 ms (wie diese Zeit zu messen ist, wurde im Abschnitt 3.3.3 bei der Beschreibung des Profilers erklärt). Deshalb wird die Solldurchlaufzeit auf 200 ms gesetzt. Das hat den Vorteil, dass ein Zyklus nie kürzer als 200 ms werden kann (die Blöcke werden damit in äquidistanten Abständen verarbeitet). Die Priorität des Signalgraphen wird auf *BELOW_NORMAL* gesetzt, damit die Benutzereingaben (Maus, Tastatur) flüssig verarbeitet werden und die Visualisierung immer die aktuellsten Daten darstellt.

Im `Taskmanager` (Windows NT, 2000, XP) bzw. im `Systemmonitor` (Win9x) ist festzustellen, dass der Prozessor zu 100% ausgelastet ist. Das garantiert eine maximale Verarbeitungsgeschwindigkeit und trotzdem reagieren Maus, Tastatur sowie andere Anwendungen mit gewohntem Tempo.

Offline Verarbeitung in Echtzeit

Auch in diesem Fall sind die Daten schon komplett vorhanden (z.B. in einer Datei) und können mit ausreichender Geschwindigkeit geladen werden. *Echtzeit* heißt hier, dass der Rechner die Verarbeitung schneller durchführen könnte, als gewünscht ist.

Bei größeren Datenmengen in kurzer Zeit ist auch hier eine Blockverarbeitung notwendig, bei nur kleinen Datenmengen kann auch eine Einzelwertverarbeitung gewählt werden. Es muss jedoch sichergestellt sein, dass alle Komponenten die Daten genügend schnell verarbeiten können. Um nicht durch andere Anwendungen beeinträchtigt zu werden, empfiehlt es sich, die Priorität des Signalgraphen zu erhöhen. Die Basispriorität sollte jedoch nicht verändert werden, damit das Betriebssystem die Daten vom Datenträger laden kann.

Die Abtastrate (zu verarbeitende Werte pro Sekunde) ist bei Echtzeitverarbeitung immer vorgegeben. Um die Solldurchlaufzeit zu berechnen, wird die Blockgröße durch die Abtastrate dividiert:

$$\text{Solldurchlaufzeit [ms]} = \frac{\text{Blockgröße}}{\text{Abtastrate}} * 1000 \tag{3.2}$$

Der Faktor 1000 ergibt sich, da in **ICONNECT** die Abtastrate in Werten pro Sekunde, die Solldurchlaufzeit jedoch in ms angegeben wird.

Die Wartezeit nach Modulbearbeitung, sowie die Wartezeit nach Durchlauf sollte Null sein, um eine minimale Durchlaufzeit zu gewährleisten.

Ein weiteres einfaches Beispiel ist `Sound.tc2` (Bild 3.23). Es ist auch auf der CD enthalten und zeigt einen Signalgraphen, der offline Verarbeitung von Daten in Echtzeit durchführt.

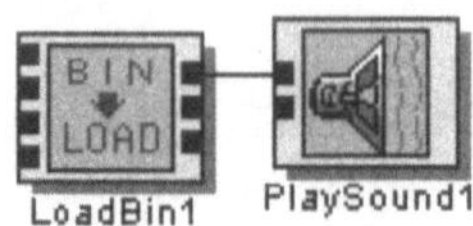

Bild 3.23   Beispiel zur Offline Verarbeitung in Echtzeit

Es sollen Daten von Datei geladen und mit der Soundkarte des Rechners ausgegeben werden. Werden die Daten zu langsam an das Modul **PlaySound** geschickt, so entstehen Lücken. Werden die Daten zu schnell geschickt, dann werden die Blöcke nur teilweise ausgegeben, d.h., die Ausgabe ist zu schnell.

Die Daten sollen mit 11 kHz (11025 Hz) und in einer Blockgröße von 1024 ausgegeben werden. Daraus ergibt sich eine Durchlaufzeit von 92.8 ms. Im Signalgraph können nur ganzzahlige Werte eingegeben werden, darum wird 92 ms eingestellt. Die Priorität ist *TIME_CRITICAL*, die Basispriorität bleibt normal.

Hier ist die Ausgabe des Profilers:

```
Profiling results for Sound.tc2 in milli seconds
Execution time: 29627.272, Sleep time: 29032.108, Break time: 0.000, Pause time: 0.000
Loop time (incl. sleep times)  Count: 326,  Avg: 90.852,  Max: 92.015,  Stdev: 0.392

Module  EXEC: Count  Avg     Max   Stdev  FETCH: Count  Avg     Max   Stdev   INIT:   DONE:
PlaySound1    325    1.172  1.964  0.049         325   0.007  0.011  0.001   3.232   0.222
LoadBin1      325    0.505  1.068  0.038         326   0.015  0.022  0.001   0.008   0.035
Complete time of all modules: 555.890
```

Es ist gut zu sehen, dass ein Durchlauf ca. 1.6 bis 1.7 ms benötigt, die restliche Zeit wird gewartet. Die durchschnittliche Durchlaufzeit liegt mit 90.9 ms ca. 1.1 ms unter der gewünschten. Das liegt daran, dass die Messungen in Windows 98 gemacht wurden und der Scheduler von **ICONNECT** deshalb die Zeiten nicht exakt einhalten kann. Die maximale Durchlaufzeit liegt mit 92.0 ms jedoch knapp unter der gewünschten und somit treten keine Lücken im Signal auf.

Online Verarbeitung in Echtzeit

Im Gegensatz zur Offline Verarbeitung werden hier die Daten gleichzeitig erfasst und ausgewertet. Die Auswertung muss schneller erfolgen, als die Daten anfallen, andernfalls gehen Daten verloren. In den meisten Fällen ist das nicht erwünscht, (z.B. Überwachung einer Produktionslinie) und führt manchmal sogar zu einem Abbruch der Verarbeitung. In einigen Fällen aber ist es vorgesehen, falls die Datenmenge zu groß bzw. die Rechenkapazität zu klein ist (Übertragung und Wiedergeben von Streaming-Daten, wie z.B. Audio- oder Videodaten).

Auch in diesem Fall ist die Abtastrate meist vorgegebenen. Zusätzlich ist die Blockgröße oft auch von außen bestimmt, bei einem Bildverarbeitungssystem ein Bild, bei einer Stückgutüberwachung auf einem Förderband alle Werte, die zu dem jeweiligen Teil gehören.

Damit ist auch die Durchlaufzeit fest. Kann diese aufgrund zeitaufwändiger Berechnungen nicht eingehalten werden, muss ein leistungsfähigerer Rechner eingesetzt oder der Algorithmus verbessert werden.

Ist die normale Durchlaufzeit kleiner als die Solldurchlaufzeit, ist der Rechner schnell genug. Es ist jedoch darauf zu achten, dass der Signalgraph nicht durch andere Threads aufgehalten wird, darum sollte die Priorität erhöht werden.

Diese Art der Verarbeitung von Daten lässt sich gut durch das Beispiel der Regelung eines inversen Pendels (Bild 3.24) zeigen.

Bild 3.24 Inverses Pendel

Das inverse Pendel besteht aus einer Pendelstange und einer Masse an deren Ende. Die Pendelstange ist mittels einem Gelenk frei drehbar auf einem Schlitten befestigt. Der Schlitten kann mit einem Motor auf einer Führung hin und her bewegt werden. Die Position des Schlittens wird mit einem Potentiometer an der Linearführung gemessen. Der Winkel der Pendelstange wird ebenfalls durch ein Potentiometer im Drehgelenk ermittelt.

Beide Werte werden über einen A/D-Wandler in ICONNECT eingelesen. Ziel ist es, die Pendelstange in eine senkrechte Lage zu bringen und dort stabil zu halten. Um dem Umfallen entgegenzuwirken, wird der Schlitten mittels eines Motors so angetrieben, dass das Pendel immer in senkrechter Lage balanciert wird. Der Motor wird über einen D/A-Wandler durch ICONNECT gesteuert.

Die Applikationssoftware ist in diesem Regelkreis eingebunden. Daten werden als Istwert aufgenommen, mit den Sollwerten verglichen und der Stellwert wieder ausgegeben. Dabei handelt es sich um eine Einzelwertverarbeitung (Blockgröße ist 1). Auf jeden einzelnen

Messwert ist sofort ein Spannungswert für den Motor notwendig, um das Pendel senkrecht zu halten.

Bei diesem Signalgraphen war es nicht möglich, die Solldurchlaufzeit zu berechnen. Sie wurde deshalb empirisch bestimmt. Der Wert wurde so lange angepasst, bis die Regelung das Pendel am stabilsten senkrecht gehalten hatte. Dabei wurde als optimale Solldurchlaufzeit 7 ms bestimmt.

Die Priorität des Signalgraphen ist *TIME_ CRITICAL* und die *Basispriorität* ist hoch gesetzt. Keine Anwendung (nicht einmal das Betriebssystem) darf die Regelung unterbrechen, da sonst die Pendelstange umfallen würde. Die Solldurchlaufzeit wird dabei auf 1 ms genau eingehalten, unabhängig davon, welche Programme sonst noch laufen. Ausnahmen sind Prozesse mit derselben Priorität *TIME_ CRITICAL*.

3.4   Gründe für Paketstaus und deren Vermeidung

In ICONNECT werden Datenblöcke datenflussorientiert verarbeitet. Das bedeutet, sie werden von Quellenmodulen eingelesen und über Kanten zu Nachfolgemodulen transportiert. Dort werden sie bearbeitet und wieder weitergeleitet. Das läuft so lange, bis keine weiteren Verarbeitungsmodule mehr da sind. Dann beginnt der nächste Durchlauf wieder bei den Quellen (siehe Abschnitt 2.1.7).

Ein Datenblock ist die kleinste Einheit, die auf eine Verbindung geschrieben werden kann. Er besteht aus Werten (einer oder mehrere) sowie aus Typinformationen (siehe Abschnitt 2.1.5). Ein Paket ist eine logische Einheit von einem oder mehreren Blöcken. Die Typinformation, die zusammen mit jedem Datenblock übertragen wird, bezieht sich immer auf das komplette Paket.

Es ist in ICONNECT nicht erlaubt, dass mehr als ein Paket zu einem Zeitpunkt auf einer Datenverbindung ist. Sobald ein Modul ein zweites Paket schreiben will, gibt dieses Modul den Fehler Paketstau aus und der Ablauf des Signalgraphen wird von der Ablaufsteuerung gestoppt.

Da es unendlich viele Möglichkeiten gibt, wie ein Signalgraph aufgebaut ist (und dabei auch Rückkopplungen von Datenverbindungen möglich sind), kann es zu Situationen kommen, bei denen Datenstaus auf den Verbindungen auftreten. Das heißt, neue Daten sollen von einem Modul geschrieben werden, bevor das nachfolgende Modul die alten Daten gelesen hat.

Dieses Verhalten ist in ICONNECT erlaubt (manchmal sogar erwünscht), solange alle Daten auf einer Verbindung zu einem Datenpaket gehören.

Ein Paketstau wird in ICONNECT zur Laufzeit erkannt und durch eine Fehlermeldung signalisiert. Bild 3.25 zeigt so einen Fall. Die Fehlermeldung kommt von dem Modul, dass den Paketstau erkennt (das Modul, das Daten schreiben will). Anschließend wird der Ablauf des Signalgraphen gestoppt. Die Verbindung, die für den Paketstau verantwortlich war, wird rot markiert.

Es gibt im wesentlichen drei Möglichkeiten, wie Paketstaus entstehen:

3.4.1   Hintereinanderschaltung zweier Quellen

Zwei Quellenmodule sind direkt miteinander verbunden, wobei das zweite Modul Parameter oder Daten von dem ersten Modul bekommt.

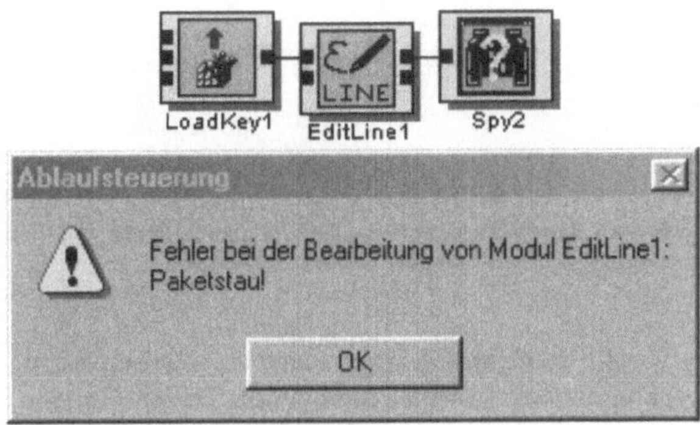

Bild 3.25 Fehlermeldung bei einem Paketstau

Bild 3.26 Paketstau durch Hintereinanderschaltung zweier Quellen

In diesem Beispiel (Bild 3.26) soll ein Modul **Edit** mit einer Vorbelegung gefüllt werden und die aktuelle Einstellung sofort ausgeben. Wenn alle drei Module gleiche Priorität haben, kann es folgende Abläufe geben:

- Erst wird vom Modul **LoadKey** die Vorbelegung aus der Registry geladen und an das Modul **EditLine** übergeben. Dieses gibt anschließend seinen Inhalt an das Modul **Spy** weiter.

- Erst gibt das Modul **EditLine** seinen Inhalt aus, dann wird vom Modul **LoadKey** die Vorbelegung aus der Registry geladen und an **EditLine** weitergegeben. Dieses übernimmt den neuen Wert und will ihn wieder am Ausgang ausgeben. Da das Modul **Spy** noch nicht an der Reihe war, befindet sich das alte Paket noch auf der Verbindung, d.h. es kommt zu einem Paketstau.

Um den Paketstau zu vermeiden, gibt es in diesem Fall eine einfache Lösung. Das Modul **LoadKey** muss immer vor dem Modul **EditLine** arbeiten, falls es neue Daten hat. Das kann mittels der Vergabe eindeutiger Modulprioritäten festgelegt werden. In diesem Fall bekommt das Modul **LoadKey** eine höhere Priorität als das Modul **EditLine**.

Es können auch zwei Quellenmodule mit einem Verarbeitungsmodul dazwischen verbunden sein, wie in Bild 3.27 zu sehen ist.

In diesem Fall nützt es nichts, die Priorität von **EditLine** einfach zu erhöhen. Da erst die Quellen abgearbeitet werden, kommt erst das Modul **EditLine**, dann das Modul **LoadBin**, dann **ParamConv** und anschließend wieder **LoadBin**. Somit tritt wieder ein Paketstau auf. Es gibt in diesem Fall zwei Möglichkeiten, einen Paketstau zu vermeiden. Die eine ist, bei allen nachfolgenden Modulen von **LoadBin** die Priorität höher zu setzen bzw. die Priorität von **LoadBin** zu verringern.

Das ist in diesem Beispiel die weniger effektive Variante. **LoadBin** sollte erst dann Daten

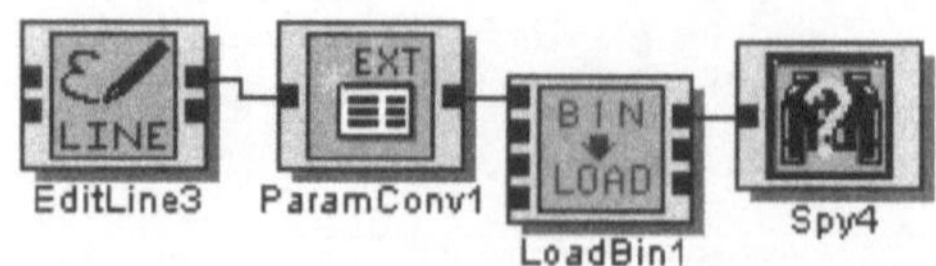

Bild 3.27 Paketstau durch zwei hintereinander geschaltete Quellen und einem
Verarbeitungsmodul dazwischen

liefern, wenn über das Modul EditLine ein Dateiname eingegeben wurde. Die zweite Möglichkeit und bessere Lösung ist, am Modul LoadBin den Triggereingang zu verbinden, mit
dem die Datenausgabe gestartet wird, wie in Bild 3.28 zu sehen ist.

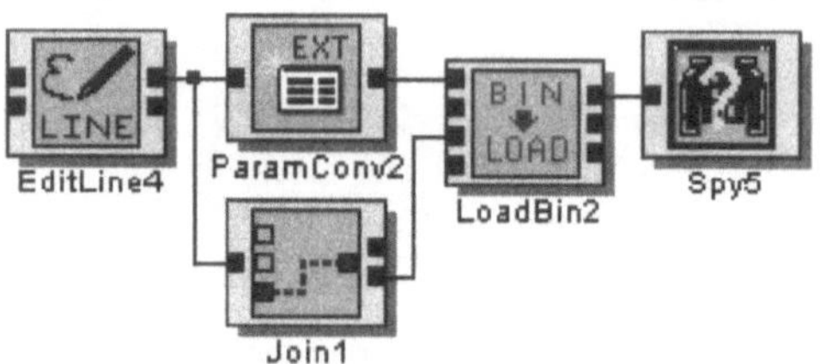

Bild 3.28 Auflösung des Paketstaus

Das Triggersignal wird durch das Modul Join erzeugt, das bei jedem Eingangssignal
am Ausgang eine „1" ausgibt. Es ist jedoch darauf zu achten, dass das Modul LoadBin
eine niedrigere Priorität bekommt als die beiden Vorgänger, damit an beiden Eingängen
die benötigten Daten anliegen. LoadBin beginnt erst nach dem Triggersignal mit der
Datenausgabe, dann wurde auch der Dateiname schon übergeben.

3.4.2 Zusammenführen mehrerer Datenströme auf ein Modul

Wenn ein Modul Daten an zwei verschiedenen Eingängen bekommt und asynchron verarbeitet, kann das auf der Ausgangsseite des Moduls zu einem Paketstau führen (Bild 3.29).

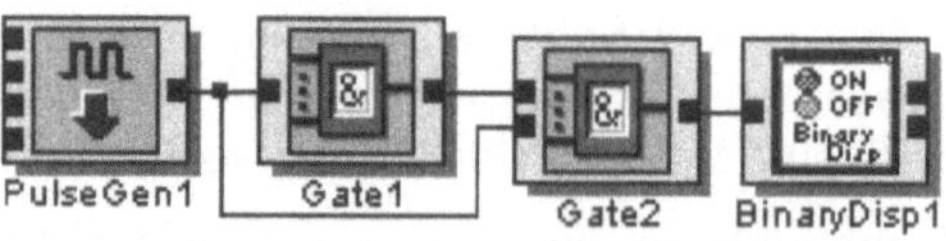

Bild 3.29 Paketstau durch zwei Datenströme

In diesem Beispiel liefert das Modul PulseGen Binärsignale, die von den Modulen Gate1
und Gate2 verarbeitet werden und mit dem Modul BinaryDisp angezeigt werden sollen.
Bei gleicher Priorität aller Module ist auch hier die Reihenfolge der Bearbeitung der
Module nicht festgelegt. Es gibt folgende Möglichkeiten:

- Die Quelle liefert ein Signal, das von Gate1 bearbeitet wird. Anschließend nimmt
  Gate2 die beiden Signale, verarbeitet sie und gibt sie an das BinaryDisp aus.

- Die Quelle liefert ein Signal, das erst von Gate2 bearbeitet wird. Anschließend kommt Gate1 an die Reihe, verarbeitet das Signal und gibt es an Gate2 weiter. Dieses wird erneut rechenbereit und will das Ergebnis wieder ausgeben. Da jedoch das BinaryDisp die vorherigen Daten noch nicht gelesen hat, kommt es zu einem Paketstau.

Auch hier gibt es wieder mehrere Möglichkeiten, den Paketstau zu vermeiden:

Es können die Prioritäten aller Module nach dem Modul, an dem die Datenströme zusammenlaufen, erhöht werden. In diesem Fall laufen die Datenströme beim Modul Gate2 zusammen. Es muss somit die Priorität von BinaryDisp höher sein, als die von Gate2. Damit werden alle Daten, die Gate2 ausgibt, sofort weiterverarbeitet, bevor der nächste Datenstrom von Gate2 gelesen wird.

Diese Lösung ist jedoch in diesem Fall nicht optimal. BinaryDisp soll erst dann etwas anzeigen, wenn das Endergebnis der Bearbeitung feststeht, d.h. wenn Gate2 alle Datenströme bearbeitet hat. Dazu darf das Modul Gate2 erst arbeiten, wenn an beiden Eingängen die Daten zur Verfügung stehen. Das ist zu erreichen, indem die Priorität von Gate2 niedriger gesetzt wird als die Prioritäten aller Vorgänger.

Bei einigen Verarbeitungsmodulen gibt es noch eine andere Möglichkeit. Sie können so parametriert werden, dass sie erst dann rechenbereit werden, wenn an allen Eingängen Daten anliegen. Dieses Verhalten ist auch bei dem Modul Gate möglich. Dazu muss im Eigenschaftsdialog der Arbeitsmodus von *Steuersignal* auf *Datenvektor* gestellt werden.

3.4.3 Rückkopplungen von Datenverbindungen

Die häufigsten Ursachen von Paketstaus in ICONNECT sind Rückkopplungen von Daten und Steuersignalen. Eine Rückkopplung wird benötigt, wenn noch im gleichen Durchlauf durch einen Signalgraphen Daten an einen Vorgänger zurückgegeben werden müssen und der wiederum ein Ergebnis an den Nachfolger ausgibt.

Eine Rückkopplung kann sich auch über mehrere Module erstrecken, im Extremfall auch über Makrogrenzen hinweg. Sie ist jedoch immer daran zu erkennen, dass ein Ausgang eines Moduls mit dem Eingang eines Vorgängermoduls verbunden ist, d.h. eine Verbindung im Graphen zurück führt.

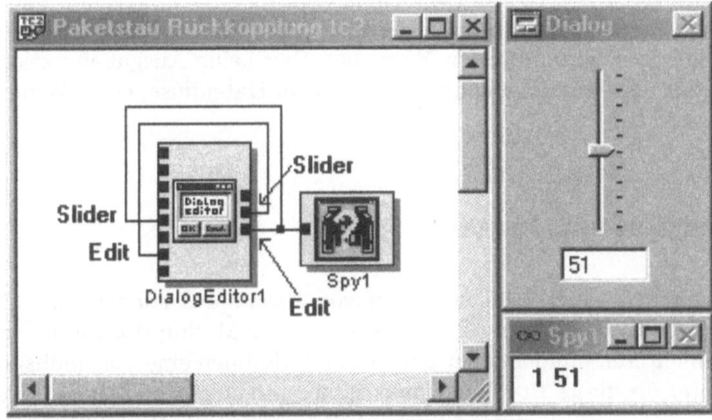

Bild 3.30 Paketstau durch Rückkopplung

Das Beispiel (Bild 3.30) zeigt einen einfachen Eingabedialog, in dem ein Wert mittels eines Schiebereglers (Slider) sowie über ein Eingabefeld (Edit) eingegeben werden kann. Diese Art der Eingabe wird häufig verwendet, um einen Parameter schnell mit dem Schieberegler in die gewünschte Position zu bringen, dann aber mit dem Eingabefeld den genauen Wert einstellen zu können.

Um diese Art der Eingabe in ICONNECT zu realisieren, müssen die Ausgänge der beiden Eingabeelemente jeweils auf den Dateneingang des anderen Elements rückgekoppelt werden, damit diese die jeweilige Änderung des anderen Elements erkennen und ihren eigenen Inhalt aktualisieren.

Da die Elemente jedoch den übernommenen Wert sofort wieder ausgeben, kommt es zu einer Rückkopplung der Daten. Weil eine endlose Rückkopplung keinen Sinn macht – die nachfolgende Bearbeitung wird nicht mehr ausgeführt und keine andere Quelle kann Daten liefern – geben die Elemente nur Daten aus, wenn sich diese ändern. Außerdem darf nur eines der beiden Elemente den vom Dateneingang übernommenen Wert wieder ausgeben. Das sollte das Element sein, das die Daten für die weitere Verarbeitung ausgibt. Die nachfolgende Verarbeitung muss eine höhere Priorität haben, als der Eingabedialog. In allen anderen Fällen, die nicht diese Einstellungen haben, kommt es zu einer endlosen Schleife oder einem Paketstau.

Der Ablauf des Signalgraphen ist im Idealfall also folgender:

Am Anfang geben beide Elemente ihren Inhalt aus. Dieser wird jeweils an das andere Element rückgekoppelt. Unterscheiden sich die beiden Werte am Anfang, so gibt eines der beiden Elemente (in diesem Fall das Eingabefeld) den neu übernommen Wert wieder aus. Wäre die nachfolgende Verarbeitung nicht höher priorisiert, würde jetzt ein Paketstau eintreten.

Die Ausgabe des Eingabefelds wird auch wieder auf den Schieberegler rückgekoppelt. Dieser übernimmt den Wert, gibt ihn jedoch nicht mehr aus. Jetzt gibt es keinen weiteren Datenfluss, bis der Benutzer eine Eingabe macht. Wenn er den Schieberegler bewegt, gibt dieser den aktuellen Wert aus. Er wird auf das Eingabefeld rückgekoppelt, welches den Wert anzeigt und wieder ausgibt. Dann werden die Nachfolger abgearbeitet und anschließend der Wert wieder auf den Regler rückgekoppelt, der ihn übernimmt, aber nicht mehr ausgibt.

Änderungen im Eingabefeld führen zur Ausgabe des Wertes an die Nachfolger des Moduls Edit. Der Regler übernimmt den Wert, hat aber keine Ausgabefunktion mehr. Das Beispiel 3.30 zeigt also einen Ablauf mit minimalem Datenfluss, es ist keine weitere Optimierung erforderlich.

3.5 Prioritäten von Makros

Alle im Abschnitt 3.4 beschriebenen Arten von Paketstaus können auch über Makrogrenzen hinweg auftreten. Dann ist das Ändern von Modulprioritäten, vor allem bei Projekten mit mehreren hundert oder gar tausend Modulen eine sehr mühsame Aufgabe. ICONNECT bietet für dieses Problem eine elegante und einfache Lösung. Es können Prioritäten für Makros vergeben werden (siehe Abschnitt 2.1.7). Bild 3.31 zeigt den Dialog zur Einstellung von Prioritäten für Makros.

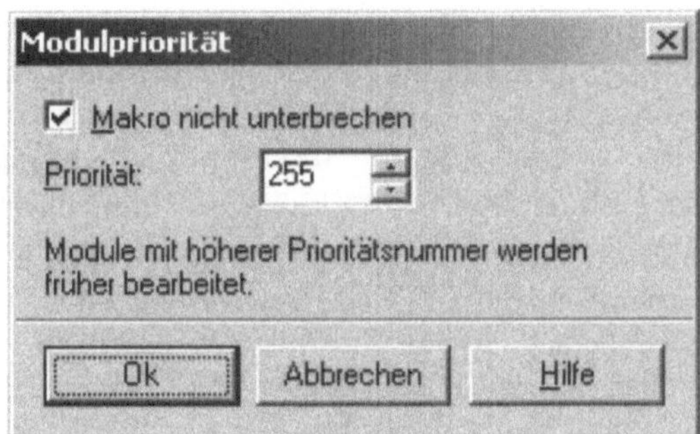

Bild 3.31 Dialog für Makroprioritäten

Die Abarbeitung von Makros kann in **ICONNECT** auf zwei Arten geschehen:

Im ersten Fall werden die Module eines Makros gleichberechtigt zu den Modulen im übergeordneten Signalgraphen behandelt. Je nach Rechenbereitschaft der Module und deren Priorität kann die Ablaufsteuerung abwechseld Module im Makro oder im übergeordneten Graphen bearbeiten. Dieses Verhalten wird erreicht, wenn im Prioritätsdialog des Makros das Kontrollkästchen *Makro nicht unterbrechen* ausgeschaltet wird.

Im zweiten Fall wird Makros eine übergeordnete Priorität vergeben. Wenn zwei Module innerhalb des Makros rechenbereit sind, wird das mit der höheren Priorität zuerst bearbeitet. Genauso ist es mit zwei Modulen außerhalb des Makros. Wenn jedoch ein Modul innerhalb und das andere Modul außerhalb des Makros ist, wird die Priorität des Moduls außerhalb mit der Makropriorität, anstatt mit der Priorität des Moduls innerhalb verglichen. Dadurch sind die Prioritäten der Module innerhalb des Makros von denen der Module außerhalb des Makros unabhängig. Der Signalgraphentwickler braucht also nur noch die Prioritäten für jedes Makro als eigenständige Einheit zu vergeben.

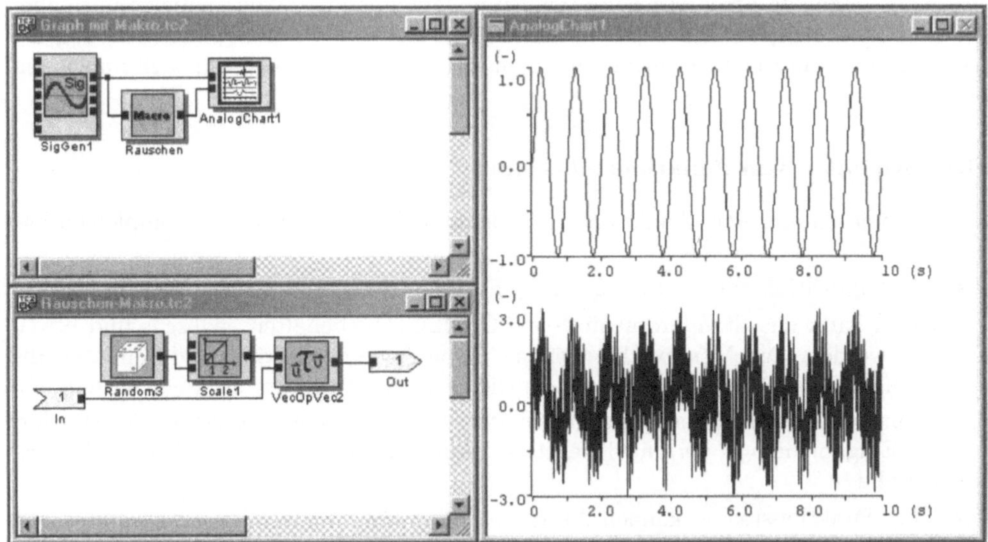

Bild 3.32 Graph mit Makro

In diesem Beispiel (Bild 3.32) ist ein Makro **Rauschen** enthalten. Makros sind in einem Signalgraphen anhand der blauen Umrandung zu erkennen (Module haben einen schwarzen Rahmen). Wenn im Prioritätsdialog des Makromoduls das Kontrollkästchen *Makro nicht unterbrechen* eingeschaltet ist, entscheidet die Makropriorität gegenüber den Prioritäten der Module außerhalb des Makros die Bearbeitungsreihenfolge der Module.

Ist die Priorität des Makros kleiner als die des Displays **AnalogChart**, so wird nach dem Modul **SigGen** (Signalgenerator zum Erzeugen von Daten) erst das Display aufgerufen, das die Daten des ersten Kanals visualisiert (auch wenn die Prioritäten der Module innerhalb des Makros höher sind als die von **AnalogChart**). Anschließend wird das Makro abgearbeitet. Am Schluss wird die Visualisierung erneut ausgerufen, um auch noch den zweiten Kanal darzustellen. Dieser Ablauf ist nicht ideal, da das Modul **AnalogChart** zu oft ausgerufen wird und seine Anzeige innerhalb eines Durchlaufs zweimal aktualisieren muss.

Wird nun die Priorität des Makros über die der Visualisierung erhöht, wird nach dem Signalgenerator erst das komplette Makro abgearbeitet (auch wenn im Makro Module mit niedrigerer Priorität vorkommen). Erst am Schluss wird die Visualisierung aufgerufen, um beide Kanäle gleichzeitig einzulesen und darzustellen.

3.6 Die Modulbibliothek

In den ersten Abschnitten dieses Abschnitts wurde die grundlegende Bedienung von **ICONNECT** erläutert. Zum Bau einer Applikation ist neben den Kenntnissen zum Umgang mit der Entwicklungsumgabung ein umfassendes Wissen über den Funktionsumfang der Modulbibliothek notwendig. Dazu wird die Modulbibliothek von **ICONNECT** anhand einer kleinen Applikation, die wiederum aus einzelnen Funktionsblöcken besteht, beschrieben. Diese Funktionsblöcke stellen typische Aufgaben einer Signalverarbeitungsapplikation (z.B. Importieren von Daten, Skalierung, Umrechnung, Filtern, Regressionsanalyse, Protokoll, ...) dar und werden aus Gründen der Übersichtlichkeit jeweils als eigenständige Signalgraphen programmiert. Zum Datenaustausch kommunizieren sie über Sende- und Empängermodule mit einer Hauptapplikation, die die Speicherhaltung der Messdaten und die Benutzerführung in Form eines Menüs mit Folgedialogen implementiert.

3.6.1 Aufrufen von Funktionsblöcken

Das Aufrufen der einzelnen Funktionsblöcke kann auf verschiedene Arten implementiert werden:

- Die Applikation wird mit einem eigenen Menü (siehe Bild 3.33) ausgestattet.

  Dabei kann das Standardmenü von **ICONNECT** beibehalten, gelöscht und erweitert werden. Die Menüpunkte können gesperrt oder aktiviert und somit an die jeweilige Situation angepasst werden. Die Benutzung des Moduls **Menu** wird in Abschnitt 10.5 beschrieben. Über das benutzerdefinierte Menü werden windowskonforme Eingabedialoge, verschiedene Messabläufe, Auswertungen und Protokolle ausgewählt.

- Über Funktionstasten können Aktionen aufgerufen werden. Die Programmierung der Funktionstasten wird mit dem Modul **FnKey** realisiert. Das Arbeiten mit Funktionstasten wird ebenfalls in Abschnitt 10.5 beschrieben.

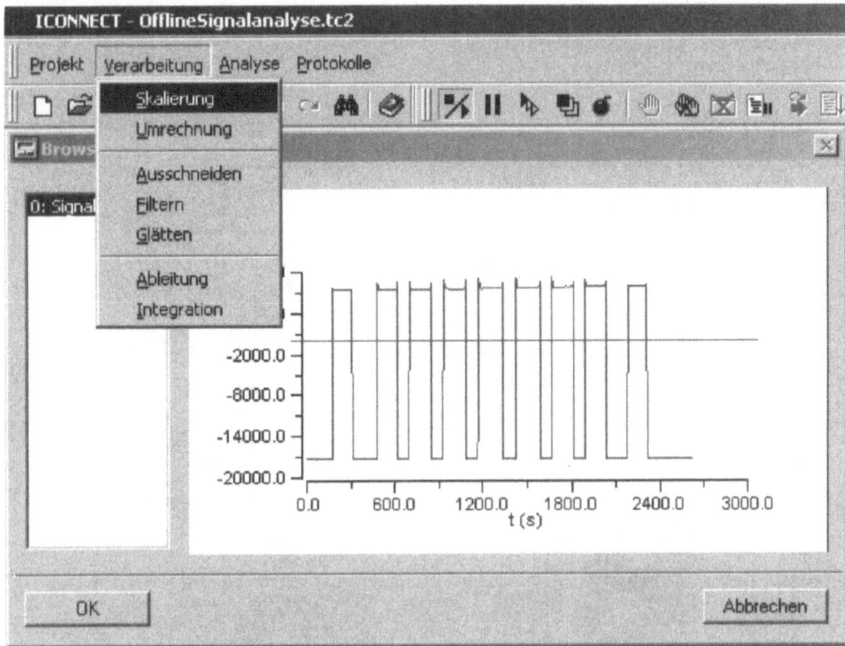

Bild 3.33 Menü zur Auswahl einzelner Auswertefunktionen

- Innerhalb eines Dialoges eignet sich bespielsweise eine Auswahlbox zum Selektieren von Funktionseinheiten.

Bild 3.34 zeigt den Hauptsignalgraphen der Beispiel-Applikation. Über das Menü werden die einzelnen Funktionen ausgewählt und gestartet. Die Datenhaltung erfolgt im Modul Perl. Nach der Auswahl einer Funktion werden die entsprechenden Daten an den gestarteten Signalgraphen geschickt und sobald die Funktion ausgeführt ist, werden die Ergebnisdaten von der Hauptanwendung empfangen und zwischengespeichert.

3.6.2 Datenquellen zum Einlesen oder Erzeugen von Parametern und Messdaten

Die Beispielapplikation besteht aus Quellen, Verarbeitungsmodulen und Datensenken. Als Datenquellen werden die Module bezeichnet, die in jedem Zyklus des Signalgraphen zuerst aufgerufen werden. Die Quellen liefern Daten und Parameter an die Verarbeitungsmodule:

- Die Gruppe der Bedienelemente dient zum Erstellen von individuellen Eingabedialogen. Die Bedienelemente können einzeln in eigenen Fenstern, zusammengefasst in einem Fenster (Modul InputManager) oder mit dem Modul DialogEditor verwendet werden. Die Verwendung von Dialogelementen ermöglicht die Eingabe von Parametern zur Laufzeit. Dazu werden die Module, die von Eingabeelementen Daten übernehmen sollen, auf externe Parametrierung eingestellt. An den EXT-Eingang wird das Modul ParamConv verbunden. Dabei übernimmt der Dialog des Moduls ParamConv die extern parametrierbaren Elemente des Nachfolgemoduls. Für jedes

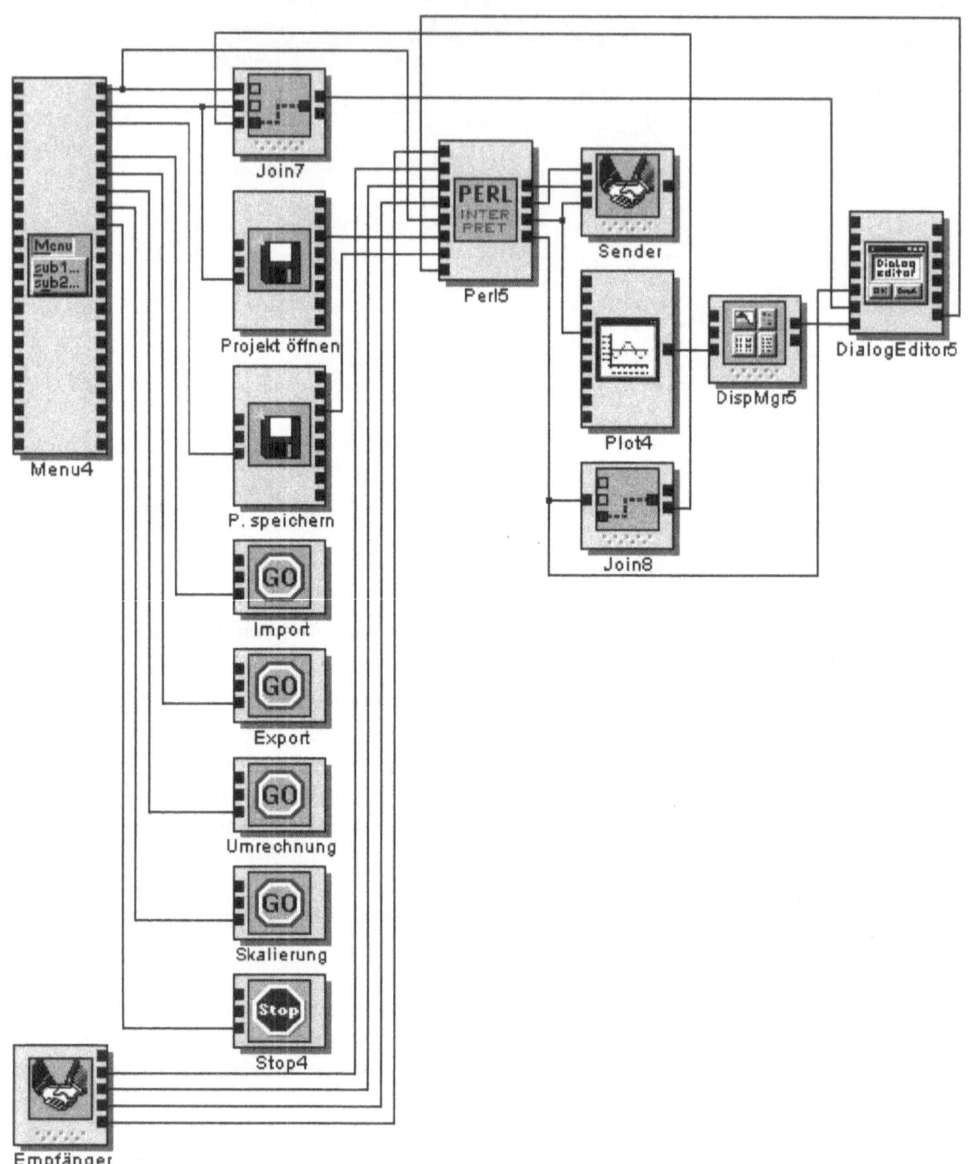

Bild 3.34 Hauptsignalgraph für die Offline-Signalanalyse

Element wird eine Voreinstellung verlangt. Zusätzlich kann ein Eingangsport festgelegt werden. Jeder Eingang wird mit einem entsprechenden Bedienelement oder einem Ausgang des Moduls DialogEditor verdrahtet. Die Verwendung von Eingabeelementen und die Erstellung von Eingabedialogen wird später ausführlich beschrieben.

- Weitere Quellenmodule stellen die simulativen Signalquellen dar. Diese liefern Daten entweder einmalig beim Starten des Signalgraphen (z.B. einen konstanten Wert (Modul Const), ein Fraktal (Modul Fract), usw.) oder zyklisch. Der Zufallszahlengenerator (Modul Random) generiert Zufallszahlen mit einer einstellbaren Abtastrate von 1 Hz bis 100 Hz und einer Blocklänge zwischen 1 und 16384. Es können sowohl Blöcke als auch Pakete (bestehend aus einem Block) erzeugt werden. Das Modul PulseGen erzeugt ein binäres Impulssignal mit einstellbaren High- und Low-Zeiten. Das Modul Ramp erzeugt eine Folge von Daten die zwischen einem Start- und einem Stoppwert mit einstellbarer Schrittezahl liegen. Die Anzahl der Stützstellen entspricht der gewählten Blockgröße. Der Signalgenerator (Modul SigGen) kann die Standardsignale Sinus, Rechteck und Dreieck generieren und modulieren, uniform- und normalverteiltes Rauschen erzeugen oder einen beliebigen, vorgegebenen Signalverlauf ausgeben. Der Verlauf eines selbsterstellten Signals kann von Bedingungen an den Moduleingängen abhängig gemacht werden (siehe Kapitel 6).

- Hardwarequellen sind Module, die mit Einsteckkarten (z.B. A/D-, D/A-Wandler, Digital I/O, Zähler) im Rechner oder über Schnittstellen (seriell, parallel) und Bussysteme (IEEE488, CAN, Profibus, Ethernet) mit Geräten kommunizieren und mit diesen Daten austauschen. Die Anbindung von Einsteckkarten, die praktische Anwendung von Bussystemen und die Anbindung von Geräten mit OPC-Servern (Open Process Control) wird in Kapitel 5 ausführlich beschrieben. Die Kommunikation mit Geräten über Bussysteme und deren Befehlssätze wird im Kapitel 4 gezeigt. Im Multimedia-Bereich wird das Aufnehmen und Abspielen von Audiosignalen und Audio-Wavedateien über die Soundkarte und das Aufnehmen von Live-Bildern von einer WinTV-Karte bzw. einer USB-Kamera unterstützt.

- Gespeicherte Signale können später in einem Signalgraphen zur Auswertung von Messdaten wieder geladen werden. Dabei eignen sich die Module LoadBin und SaveBin zum Laden/Speichern von Ganzzahlarrays, Fließkommaarrays und Zeichenketten als Binär- und ASCII-Dateien. Mit verschiedenen Modulen werden ASCII-Daten (Fließkommaarrays (Y oder X/Y), Matrizen, Tabellen), Excel-Tabellen (siehe Kapitel 4), Audio-Wavedateien, Windows Bitmaps (*.bmp Datei), Enhanced Meta Files (*.emf) und Windows Meta Files (*.wmf), usw. aus einer Datei geladen oder dort abgespeichert. Bei Messwerten die per Hardware erfasst werden (Fließkommaarrays) ist es sinnvoll, Zusatzinformationen, aus denen sich Zeit- und Einheiteninformationen rückgewinnen lassen, mit dem Signal zu speichern bzw. zu laden.

- Der lesende und schreibende Zugriff auf die Registrierungsdatenbank (Registry) von Windows erfolgt über die Module LoadKey und SaveKey (siehe Abschnitt 10.1).

- Der Zugriff auf Datenbanken ermöglicht das Laden und Speichern von Parametern und Daten. Das Modul SQLEntry ermöglicht es, per SQL-Abfragesprache über die ODBC-Schnittstelle (Open Database Control) auf Datenbanken zuzugreifen. Die Verwendung des Moduls SQLEntry wird im Kapitel 4 erläutert.

3.6.3   Laden von Messwerten aus einer Datei

Zum Laden und Speichern von Datenreihen werden im Beispiel die Signalgraphen
`Import.tc2` und `Export.tc2` verwendet. Diese können von der Hauptanwendung per
Menü aufgerufen werden. In diesem Abschnitt wird das Laden von Daten erklärt (das
Beispiel für den Datenexport befindet sich auf beiliegender CD). Nachdem der Signal-
graph `Import.tc2` gestartet wurde, wird ein Dialog (siehe Bild 3.35) zum Eingeben des
Dateinamens, der Kanalnummer, des Signalnamens und des Projekt-Index geöffnet. Die
Kanalnummer gibt den Kanal bzw. die Spalte mit den zu ladenden Daten an. Der Signalname dient zur Identifikation der geladenen Daten und der Projekt-Index gibt die
Position des Speicherplatzes der Datenreihen in der Projektverwaltung an. In diesem Beispiel beginnt der Index bei Null. Mit der Schaltfläche IMPORT werden die Daten geladen
und mit dem Signalnamen und dem Index an die Hauptanwendung geschickt und dort
gespeichert.

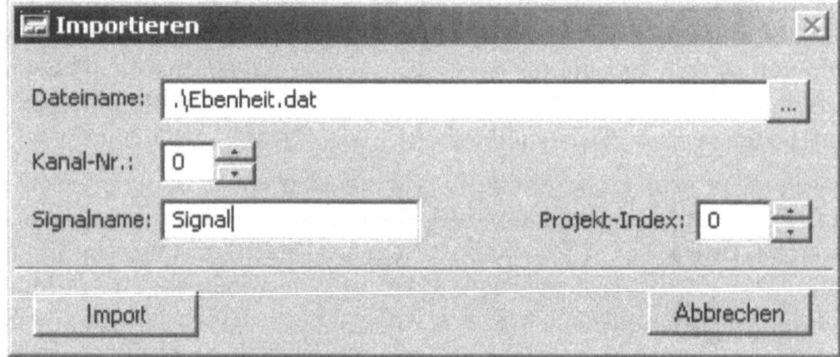

Bild 3.35   Dialog zur Auswahl einer Binärdatei

Bild 3.36 zeigt den Signalgraphen zum Importieren von Messreihen, die in einer Tabelle
abgespeichert sind. Mit dem Modul **LoadTable** können Tabellen (ASCII, Excel, etc.) mit
maximal 32 Spalten eingelesen werden. Im Dialog wird die Kanalnummer der zu ladenden Daten angegeben. Im Beispiel stehen vier der maximal 32 möglichen Kanäle mit den
Nummern 0 bis 3 zur Auswahl. Mittels eines Multiplexers (Modul **PolyMUX**) werden die
Daten des gewählten Kanals an die Hauptanwendung geschickt. Der Dateiname für die zu
ladenden Daten wird per Dialog eingegeben oder über den Standard-Dateiauswahldialog
gesucht und über das Modul **ParamConv** an den externen Eingang geschickt. Sobald die
Schaltfläche IMPORT betätigt wird, liest das Modul **LoadTable** eine Spalte der Tabelle
und liefert die ausgewählte Messreihe an das Modul **MultiComm**. Dieses wird als Sender verwendet und schickt die Daten an den entsprechenden Empfänger-Kanal des in
der Hauptanwendung eingesetzten Moduls **MultiComm**. Nach Beendigung des Lesevor-
gangs oder nachdem die Schaltfläche ABBRECHEN gedrückt wurde, wird der Signalgraph
gestoppt (Modul **Stop**) und der Dialog automatisch geschlossen.

Module zum Umgang mit Dateien

Die Suche nach Dateien wird in **ICONNECT** durch folgende Module unterstützt:

- Das Modul **DynFileDlg** stellt einen allgemeinen Datei-Auswahldialog und einen
  Pfad-Auswahldialog zur Verfügung.

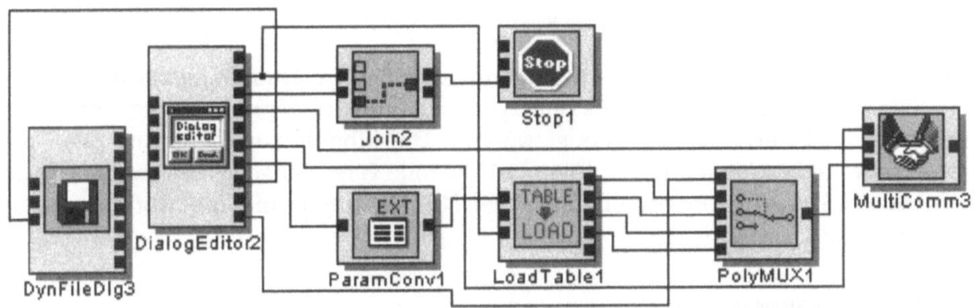

Bild 3.36 Signalgraph zum Laden von Messwerten

- Innerhalb von Verzeichnissen erfolgt die Suche nach Dateien durch die Direkt-angabe des Dateinamens oder über die Platzhaltersuche (Module Browse und BrowseWildcard).

Dateien können im angegebenen oder im aktuellen Verzeichnis gelöscht (Modul DelFile) oder auf Änderungen geprüft (Modul FileChange) werden. Informationen über die ange-gebene Datei (wie z.B. das Datum der letzten Änderung) ermittelt das Modul FileInfo und Dateiattribute können mit dem Modul FileStatus modifiziert werden.

3.6.4 Übertragung von Daten zwischen Anwendungen

Daten und Informationen werden über verschiedene Methoden zwischen Windows-Anwendungen ausgetauscht:

- Das Modul MultiComm kann als Sender oder als Empfänger betrieben werden. Es eignet sich zur Datenübertragung zwischen Signalgraphen einer ICONNECT-Anwendung oder innerhalb eines Signalgraphen, um eine unsichtbare Datenleitung zu erstellen (siehe Abschnitt 10.2).

- Über die Zwischenablage (Modul Clipboard) werden Texte kopiert.

- Externe Applikationen (z.B. Word) übermitteln Kommandos an ICONNECT-Anwendungen unter Verwendung des Moduls ExtTrigger.

- Ereignisse (Fehler, Warnung, Information, ...) können mit dem Modul LogEvent in die Windows NT Ereignisanzeige eingetragen werden.

- Mit dem Modul WinCtrl kann nach Fenstern gesucht werden. Anschließend können an das Fenster beliebige Tastatur- und Mauskommandos gesendet werden.

3.6.5 Datenaustausch über Internet und Netzwerk

ICONNECT stellt Module zur Kommunikation über Internet (z.B. EMail, TCP-Client, TCP-Server, TFTP-Server, UDP, XHTTP, Web-Server, HTTP-Server, DFÜ-Verbindun-gen oder Kommandozeilenzugriff) bereit. Eine detaillierte Beschreibung folgt in Ab-schnitt 9.2. Der HTML-Browser von ICONNECT basiert auf Microsoft Internet Explorer und wird in Abschnitt 9.5 erläutert. Auf die Kommunikation über Netzwerke (LAN, WAN, Internet mittels TCP/IP) wird in Abschnitt 10.2 eingegangen.

3.6.6   Steuerung des Datenflusses

Einige der Module zur Steuerung des Datenflusses sind im Hauptsignalgraphen für die Offline-Signalanalyse `Offlinesignalanalyse.tc2` und im Signalgraphen `Import.tc2` (siehe Bilder 3.34 und 3.36) verwendet worden. Die Module zur Steuerung des Datenflusses werden unterschieden in Module zur Kontrolle verschiedener Programme, Module zur Datenfluss-Steuerung innerhalb einer ICONNECT-Anwendung und Module zum Synchronisieren von Daten.

Starten und Stoppen von Programmen

Mit den Modulen Start und Stop werden externe Programme oder ICONNECT-Signalgraphen gestartet und gestoppt und wahlweise gespeichert und geschlossen (siehe Abschnitt 10.3). In der Beispielanwendung dieses Kapitels werden einzelne Funktionsgruppen (z.B. Importieren oder Exportieren von Daten, Ausführen von Verarbeitungsalgorithmen) als eigenständige Signalgraphen ausgeführt. Diese werden von der Hauptanwendung per Menüauswahl gestartet und nach Abarbeitung des Programms automatisch angehalten und geschlossen.

Datenfluss-Steuerung innerhalb von Anwendungen

Damit unterschiedliche Signale denselben Programmablauf steuern können, ist es erforderlich, die entsprechenden Signale ähnlich einer ODER-Verknüpfung zu verbinden. Der Signalgraph in Bild 3.36 verwendet das Modul Join (siehe Abschnitt 10.3) und wird gestoppt, sobald im Eingabedialog die Schaltfläche [ABBRECHEN] betätigt oder die mit der Schaltfläche [IMPORT] ausgelöste Aktion fertiggestellt wurde. Sobald an mehreren Eingängen parallel Daten anliegen eignet sich das Modul PolySerial zum Zusammenfassen bzw. zum Zerlegen von Datenströmen. Das Modul PolySerial ist ein polymorphes Modul, d.h., es stellt sich automatisch auf den zuerst verbundenen Datentypen ein.

Zum Weiterschalten verschiedener Datenkanäle eignen sich die Module PolyMUX und PolyDEMUX (siehe Abschnitt 10). Sie sind polymorph, d.h. unabhängig vom Datentyp und können mehrkanalig verwendet werden. Jedem Ausgang eines Multiplexers ist eine einstellbare Anzahl von Eingängen und jedem Eingang des Demultiplexers ist eine wählbare Anzahl von Ausgängen zugeordnet. Dabei ist die Gesamtanzahl von Ein- und Ausgängen auf 64 Ports begrenzt. Die Datenweiterleitung erfolgt blockweise, während eine Kanalumschaltung auf Datenpakete reagiert (synchronisiert).

Das Modul Bus kann als Sender oder als Empfänger verwendet werden. Es agiert als Datenbus und fasst als Sender mehrere Datenleitungen zu einer Leitung mit mehreren Kanälen zusammen. Der Empfänger zerlegt eine Datenleitung in ihre Kanäle. Die Verwendung des Moduls Bus eignet sich zum Datenaustausch über Makrogrenzen.

Synchronisation von Daten

Durch das Einwirken auf die Daten und deren Blockinformation wird der Datenfluss bei der Abarbeitung von Signalgraphen gesteuert. Mit dem Modul Buffer (siehe Abschnitt 10.2) werden solange Datenblöcke gesammelt (zwischengespeichert) bis die Ausgabebedingung (feste Blockanzahl oder bei Paketende die aktuelle Blockanzahl, komplettes Datenpaket, alle aktuell anliegenden Blöcke) erfüllt ist. Die Daten werden im gewählten Format (Block, Paket oder Paket bestehend aus n Blöcken) ausgegeben.

Im Kapitel 6 werden Module zum Ausschneiden von Daten aus einem Datenarray (Modul **Edges**) und zum Erzeugen einzelner Datenpakete (Modul **Packet**) beschrieben. Mit dem Modul **Relais** werden abhängig vom Wert am Schalteingang die Daten an den maximal 64 Kanälen an die Ausgänge geschickt oder entsprechend der gewählten Schaltfunktion verworfen bzw. durch einen vorgegebenen Wert ersetzt.

Das Modul **Sync** erzeugt ein Datenarray, dessen Länge der Grösse des am Synchronisationseingang anliegenden Arrays entspricht. Abhängig von dem im Dialog ausgewählten Algorithmus werden die Werte des Dateneingangs übernommen oder ein Zeitsignal erzeugt. Werden die Eingangswerte übernommen, so werden diese mit Nullen aufgefüllt bzw. abgeschnitten oder wiederholt an den Ausgang geschickt bis die vorgegebene Länge erreicht ist. Ein Zeitsignal wird blockweise aus der Abtastrate, startend mit Zeitpunkt Null erzeugt. Eine Zeitspur ist ein Zeitsignal, das über mehrere Blöcke hinweg fortlaufend erzeugt wird.

3.6.7 Zeitfunktionen

Zu den Zeitfunktionen gehören das Einlesen des aktuellen Zeitpunkts, das Umrechnen von Zeitstempeln in Uhrzeit und Datum und des Setzen von Weckern.

- Das Modul **Timer** liefert zu einem absoluten Zeitpunkt oder nach einer eingestellten Zeit einmal oder zyklisch ein Signal.

- Ein Betriebsstundenzähler mit eingebauter Wartungsintervallüberwachung wird mit dem Modul **HourMeter** verwirklicht.

- Das Modul **TimeConvert** dient zur Umrechnung von Zeitsignalen.

3.6.8 Logische Verknüpfungen

Zur Steuerung von Abläufen eignen sich auch Module, die Eingangssignale nach logischen Bedingungen auswerten. Zur Ausführung logischer Verknüpfungen stehen verschiedene Algorithmen und frei programmierbare Module zur Verfügung.

- Die aus der Elektrotechnik bekannten MonoFlop-, RSFlipFlop- und TFlipFlop-Schaltungen werden durch die gleichnamigen Module simuliert.

- Das Modul **Counter** simuliert das Verhalten eines Aufwärts-/Abwärts-Zählers mit Preset- und Reset-Eingang.

- Die Umrechnung binärer Daten in Dezimalzahlen und umgekehrt erfolgt mit den Modulen **BinaryCoder** und **BinaryDeCoder**.

- Zum Zählen von Datenpaketen oder Datenblöcken eignet sich das Modul **Count**.

- Ein universelles Gatter wird mit dem Modul **Gate** realisiert. Dabei können bis zu 64 binäre Eingangssignale oder binäre Vektoren logisch (UND, ODER, XOR, Negation) verknüpft werden.

- Das Modul **GAL** (Gate Array Logic) ermöglicht die freie Programmierung logischer Verknüpfungen von Binärsignalen. Als Skripting-Modul wird das Modul **GAL** in Abschnitt 4.5 ausführlich beschrieben.

- In **ICONNECT** steht mit dem Modul **Automaton** ein sequentieller Automat zur Verfügung. Dieser wird mit dem Werkzeug `StateCharter` grafisch erstellt und bearbeitet. Der `StateCharter` und das Modul **Automaton** werden in Kapitel 4 detailliert beschrieben.

3.6.9   Verarbeitung der Daten

Nachdem die Daten gemessen bzw. von Datei geladen wurden, erfolgt die Verarbeitung und Auswertung der Messwerte.

Im Beispielsignalgraphen werden exemplarisch verschiedene Verarbeitungsschritte implementiert. Dabei werden die einzelnen Signalverarbeitungsalgorithmen aus der Hauptanwendung per Menü ausgewählt und automatisch gestartet. Innerhalb eines Auswertesignalgraphen selektiert der Anwender den zu verarbeitenden Datensatz und gibt die Indexposition und den Namen für die Ergebnisdaten an, so dass diese in einem weiteren Verarbeitungsschritt erneut verwendet werden können.

3.6.10   Skalierung von Messwerten

Für die lineare 2-Punkt-Skalierung wird das Modul Scale verwendet. Dabei wird der Wertebereich der Originaldaten aus deren Zusatzinformation genommen und die Daten werden auf den im Eingabedialog angegebenen Bereich skaliert. Bild 3.37 zeigt den Eingabedialog. Dieser besteht aus den Eingabefeldern für den Index der Originaldaten und den Index der Ergebnisdaten und dem Feld zur Eingabe des Signalnamens für die Ergebnisdaten. Das Modul Scale wird extern parametriert und erhält die Werte für das Minimum und das Maximum aus dem Eingabedialog zur Laufzeit.

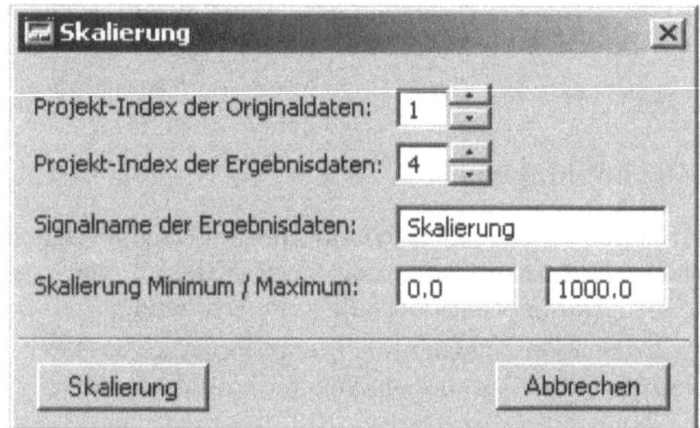

Bild 3.37   Auswählen der Datensätze und des Skalierbereichs

Bild 3.38 zeigt den Verarbeitungssignalgraphen zum Skalieren von Daten. Das Modul Scale liest über den externen Eingang die zur Laufzeit einstellbaren Werte für das Minimum und das Maximum des Skalierbereichs ein. Im Eingabedialog werden die zu skalierenden Originaldaten ausgewählt. Diese schickt die Hauptanwendung über das als Empfänger geschaltete Modul MultiComm an den Dateneingang des Skalierers. Dort werden die Werte skaliert und über das Sende-Modul MultiComm wieder an die Hauptanwendung zurück geschickt. Anschließend wird der Signalgraph `Skalierung.tc2` automatisch beendet und geschlossen.

Neben der einfachen 2-Punkt-Skalierung werden komplexere Skalierungsalgorithmen unterstützt. Die Module Interpolate und Interpol2D stellen Algorithmen zur ein- oder zweidimensionalen stückweisen linearen oder Spline-Interpolation bereit, so dass die Linearisierung von Sensorkennlinien aufgrund einer Stützstellentabelle mit Linearisierungsdaten möglich wird. Bei der zweidimensionalen linearen Interpolation werden Datenpaare, die

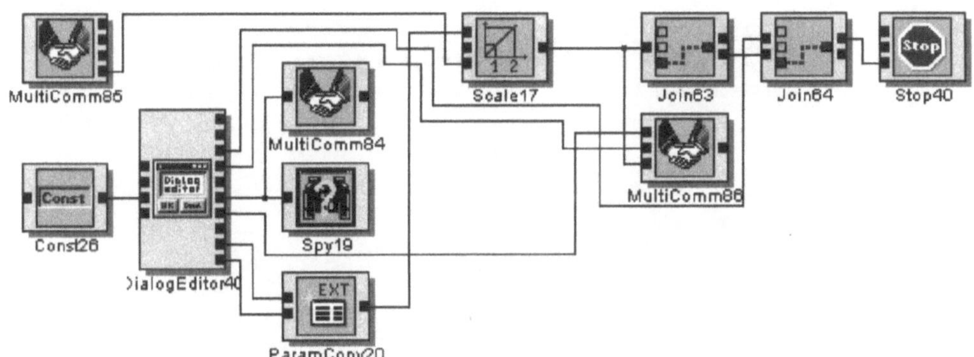

Bild 3.38 2-Punkt-Skalierung von Messwerten

sich zwischen den Stützstellen befinden, durch bilineare Interpolation erzeugt. Für die Spline-Interpolation werden kubische Splines verwendet, d.h., zwischen den Stützstellen wird mit Splines 3. Grades interpoliert.

3.6.11 Mathematische Berechnungen und Skripting

Für einfache mathematische Verknüpfungen wie die Addition, Subtraktion, Multiplikation, Division, Negation etc. von Einzelwerten (Skalare) oder Datenfeldern (Vektoren) mit weiteren Einzelwerten, Konstanten oder Datenfeldern stehen in ICONNECT jeweils passende Module zur Verfügung (ScalOpScal, VecOpScal, VecOpVec, VecOpConst). Frei definierbare mathematische Formeln werden im Formeleditor angegeben.

Bild 3.39 zeigt einen Verarbeitungssignalgraphen zum Umrechnen von Daten nach einer mathematischen Formel. Das Modul Formula liest den im Eingabedialog ausgewählten Originaldatensatz ein. Dieser wird von der Hauptanwendung über das als Empfänger geschaltete Modul MultiComm gesendet. Die Ergebnisdaten werden berechnet und über das Sende-Modul MultiComm wieder an die Hauptanwendung zurückgeschickt. Anschliessend wird der Umrechnungssignalgraph automatisch beendet und geschlossen.

Der Formeleditor und die Skripting-Module werden immer dann verwendet, wenn eine benutzerdefinierte Algorithmik benötigt wird. Folgende Skripting Module ermöglichen mathematische Operationen und werden in Kapitel 4 näher erklärt:

- Das Modul Formula ist ein mathematischer Formeleditor.
- Das Modul Interpret dient als Interpreter für C-Syntax ähnliche Programme.
- Das Modul Perl bildet eine Schnittstelle zur Skriptsprache ActivePerl von ASPN.
- Das Modul VBA ermöglicht die Einbindung von VBA-Programmen (Visual Basic for Applications) in ICONNECT.

Matrixoperationen

Einige der folgenden Matrixoperationen werden in Kapitel 6 in praktischen Anwendungen ausführlich beschrieben.

- Matrizen werden durch die Aneinanderreihung von Vektoren (Modul Vec2Mat) oder durch zeilen- oder spaltenweises Zusammensetzen (Modul ComposeMat) erzeugt.

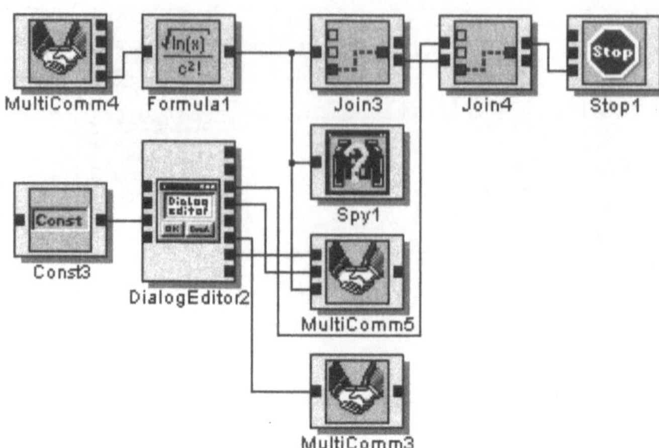

Bild 3.39 Anwendung einer mathematischen Formel

- Matrizen können im Text-Format (ASCII-Tabelle) ausgegeben (Modul Mat2Txt)
  oder in eine farbkodierte Bitmap-Darstellung umgerechnet (Modul MAT2BMP)
  werden.

- Operationen auf Matrizen (Matrixmultiplikation ($X = AB$), Matrixaddition ($X =
  A + B$), Matrixsubtraktion ($X = A - B$) und Matrixdivision ($X = AB^{-1}$)) wer-
  den mit dem Modul MatOpMat ausgeführt. Das Modul MatOpVec eignet sich für
  Operationen von Vektoren mit Matrizen.

- Aus einer Matrix kann ein bestimmter Zeilen- oder Spaltenvektor extrahiert (Modul
  Mat2Vec) werden. Die Eigenwerte und Eigenvektoren symmetrischer Matrizen (Modul Eigen), die Spur einer Matrix und deren Transponierte (Modul Transpose) und
  die Determinante und die Inverse einer Matrix (Modul Inverse) können berechnet
  werden. Mit dem Modul PseudoInverse wird eine nicht singuläre Rechteck-Matrix A
  invertiert. Die Matrix A kann dabei überbestimmt sein (Zeilenzahl > Spaltenzahl).

- Matrizen können nach verschiedenen Algorithmen zerlegt werden. Das Modul
  CholDecomp liefert die Cholesky-Dekomposition Q einer symmetrischen, positiv
  definiten Matrix A mit der Eigenschaft $A = QQ^T$. Q wird deshalb als Wurzel einer
  Matrix bezeichnet. Der triviale Zerlegungsalgorithmus (ohne Pivotisierung (Zeilen-
  tausch)) und die Zerlegung mit partieller Pivotisierung (Pivotisierung durch Zei-
  lentausch (Row-Perm)) wird durch das Modul LUDecomp unterstützt. Das Modul
  QRDecomp zerlegt eine symmetrische, positiv definite Matrix A in eine Orthogonal-
  matrix (Q) und eine obere Dreiecksmatrix (R) mit der Eigenschaft $A = QR$. Mit
  dem Modul SVDecomp (Single Value Decomposition) wird eine symmetrische, positiv definite Matrix A in drei Matrizen U, W, V mit der Eigenschaft $A = UWV^T$
  zerlegt. Die Matrix W hat in den Diagonalelementen die Eigenwerte von A. U und
  V sind orthogonal, d.h. $U^T U = 1$, $V^T V = 1$.

Optimierungsalgorithmen

In ICONNECT werden Algorithmen für die lineare und nichtlineare Optimierung angeboten. Die nichtlineare Optimierung (Modul NonlinOpt) erfolgt wahlweise nach verschie-

denen Algorithmen für bis zu 20 Variablen (siehe Kapitel 6). Die lineare Optimierung (Modul LinSolve) löst ein lineares Gleichungssystem. Dieses wird als Matrix eingelesen und mit Hilfe einer Householder-Transformation gelöst (siehe Kapitel 6).

3.6.12 Algorithmen zur Signalverarbeitung

Im Bereich der Signalverarbeitung werden vielfältige Algorithmen benötigt. Diese werden in folgendem Überblick kurz vorgestellt und im Kapitel 6 ausführlich beschrieben.

Konvertierungsmodule

Für die allgemeine Datentypkonvertierung von bis zu 64 Kanälen eignet sich das Modul TypeCast. Die Ausgabe von Vektoren im Text-Format übernimmt das Modul Vec2Txt. ICONNECT-Datentypen können in einen Datenstrom und zurück konvertiert werden (ByteStream und BinConvert). Die externe Parametrierung über das Modul ParamConv erlaubt die Modifikation von Dialogparametern zur Laufzeit. Zusatzinformationen (Type-Info) zu den Daten werden mit dem Modul TI gelesen oder geschrieben.

Berechnung elektrotechnischer Kenngrößen

Mit dem Modul Elec1 werden die Kenngrößen Spitzenwert, Effektivwert und Formfaktor eines Signals berechnet. Das Modul Elec2 ermittelt aus Spannung U und Strom I die Leistung und den Phasenwinkel. Zur Koordinatentransformation von der karthesischen in die Polarkoordinatendarstellung (Real- und Imaginärteil in Betrag und Phase) dient das Modul Elec3 (siehe Kapitel 6).

Regler

Der PID-Regler (Proportional-, Integral- und Differentialregler) kann sowohl zur Regelkreissimulation als auch zur Regelung externer Regelstrecken in Echtzeit verwendet werden. Duch Nullsetzen einzelner Reglerkoeffizienten lassen sich weitere Reglertypen (z.B. PI-, PD-Regler, ...) simulieren (siehe Kapitel 6). 2-Punkt oder 3-Punkt-Regler lassen sich mit dem Modul Limits realisieren.

Ausschneiden aus Datenreihen

Zur Begrenzung von Messreihen oder Ableitungen (Steigungen) auf einen vorgegebenen Wertebereich werden die Module Limits und GradLim verwendet. Mit den Modulen Limits und Trigger werden unter Verwendung von zwei Grenzwerten aus Datenreihen Bereiche, die für die Weiterverarbeitung interessant sind, ausgeschnitten. Das Modul Resampling dient zur Anpassung der Abtastrate eines Signals. Die Länge des Datenvektors wird durch Unterabtastung (jeder x-te Wert wird übernommen oder weggelassen), Mittelung über x Werte oder lineare Interpolation verändert. Zur Bereinigung eines Signals um einen Konstantanteil, einen linear steigenden oder fallenden Anteil oder einen polynomialen Anteil höheren Grades eignet sich das Modul Leveling. In Kombination mit dem Modul Regression kann ein Signal um den Anteil einer konstanten Schräglage bereinigt werden. Dazu wird die lineare Regression (Least Square Fit) ausgewählt. Die Koeffizienten des Polynoms (vom Grad eins) werden als Geradengleichung interpretiert. Die Anwendung dieser Module ist in Kapitel 6 beschrieben.

Zur Ausgabe eines Einzelwertes oder einer Teilmenge eines Datenarrays eignen sich die Module IndexPos, IndexArray und IndexRange. Abhängig von den eingelesenen Indexpositionen werden die entsprechenden Daten ausgeschnitten und ausgegeben. Das Modul IndexArray akzeptiert neben den Fließkommazahlen weitere Datentypen. Mit dem Modul IndexRange ist es möglich Daten, die sich außerhalb des Indexbereichs befinden, mit einem festen Wert zu belegen, so dass die Länge des Eingangsdatenfeldes nicht verändert wird.

Zum Sammeln und selektivem Visualisieren von Daten und Kursorpositionen wird Modul DataSel verwendet (siehe Kapitel 6). Die gesamte Datenreihe kann eingefroren, verschoben und gezoomt werden. Der jeweils selektierte Bereich und bis zu vier Kursoren werden im Modul Plot dargestellt.

Das Modul AutoZero dient als Nullsetzautomatik offsetbehafteter Messwerte.

Das Modul HashTable speichert Daten sortiert nach einem Index in einer Tabelle. Eine sehr schnelle Suchfunktion ermöglicht das Wiederauffinden von Einträgen.

Signaltransformationen und Filter

Die Module der Gruppe FFT (Fourier-Transformationen), JTFA (kombinierte Zeit-/Frequenzanalyse) und Filter werden ausführlich im Kapitel 6 beschrieben.

Funktionen zur Bearbeitung von Zeichenketten

Häufig benötigte Stringfunktionen (Ausschneiden, Leerzeichen entfernen, konvertieren in Klein-/Groß-Buchstaben, Suchen und Vergleichen, ...) sind im Modul StrOp implementiert. Zum Zerlegen einer Zeichenkette, die eine Reihe von Substrings enthält, die durch ein vorgegebenes Zeichen getrennt sind, eignet sich das Modul SplitStr. Zum Konvertieren und Einbinden (Schreiben) oder Extrahieren (Lesen) von Parametern in Zeichenketten (entsprechend der Funktionen `printf` und `scanf` der Programmiersprache C) wird das Modul FormatStr verwendet. Das Modul ParseINI dient zum Parsen einer Windows *.INI* Datei, die als String mit dem Modul LoadBin gelesen wurde.

Softcomputing

Die Verarbeitung von Signalen mit Fuzzysystemen (z.B. Fuzzy-Regelung oder Fuzzy-Klassifikation) und die Module zur Anwendung von Neuronalen Netzen z.B. zur Mustererkennung oder Regelung werden in Kapitel 8 vorgestellt.

Bildverarbeitung

ICONNECT stellt Module zur Lösung von Bildverarbeitungsaufgaben (z.B. Kamerakalibrierung, Laden/Speichern von Bildern, Bildsequenzen, Kamerakalibrierungsdaten, Operationen auf Bildern, Komprimierung und Dekomprimierung, Rotationen, Transformationen, ...) bereit. Eine detaillierte Beschreibung folgt in Kapitel 7.

3.6.13 Signalanalyse

Statistische Auswertungen

Zur Berechnung statistischer Analysen stehen für unterschiedliche Anforderungen verschiedene Statistikalgorithmen zur Verfügung (siehe auch Kapitel 6).

- Um die deskriptiven statistischen Kennwerte (Werteanzahl, Mittelwert, Standardabweichung, Skewness, Kurtosis, ...) zu berechnen eignet sich Modul **DStatistics**. Die statistischen Größen werden über die Einzelwerte eines Datenarrays ermittelt und an die Ausgänge geschickt.

- Zur elementweisen Berechnung der gleitenden Mittelwerte und Standardabweichungen über mehrere Vektoren wird das Modul **DStatVec** angewendet.

- Die *Messmittelfähigkeit* von Testvorrichtungen wird über die technischen Statistikkennwerte *cg* und *cgm* festgestellt. Das Modul **CStatistics** berechnet diese aus den Mittelwerten, den Standardabweichungen, dem Sollwert und den Abmaßen.

- Die Hohlform oder die Keilform eines Datenarrays wird mit dem Modul **Characs** festgestellt (Kapitel 6). Dazu werden die Ergebnisse aus der Regressionsanalyse verwendet.

- Das Modul **Regression** berechnet die Koeffizienten für polynomiale Regressionen 1. bis 20. Ordnung sowie die exponentielle und logarithmische Regression.

- Eine Histogrammberechnung von Datenarrays wird mit dem Modul **Hist** durchgeführt. Die Histogrammdaten können direkt mit dem Modul **Plot** visualisiert werden.

- Mit dem Modul **Sorter** werden Daten benutzerdefinierten Sortierbereichen (Sortierklassen) zugeordnet.

3.7 Visualisierungsmöglichkeiten

Die Visualisierung von Messwerten und Parametern wird in diesem Abschnitt in Form eines Überblicks und anhand praktischer Anwendungen beschrieben.

Das Modul **DisplayManager** ermöglicht die freie Gestaltung von Darstellungen auf dem Bildschirm. Diese können aus Texten, Linien, Rechtecken und verschiedenen Anzeigen kombiniert werden. Die Ansichten können in einem Fenster dargestellt werden und bei Bedarf automatisiert ausgedruckt oder exportiert werden. Bei Online-Messungen werden die Daten ohne Beeinträchtigung der Messwertaufnahme aktualisiert.

Folgender Überblick zeigt die verschiedenen Darstellungsmöglichkeiten auf.

3.7.1 Displays im Überblick

Als Ausgangsdaten für eine Visualisierung eignen sich Texte oder Zahlenwerte. Bei den Zahlenwerten wird unterschieden zwischen Binärsignalen und Fließkommazahlen. Beide werden sowohl als Einzelwerte (Skalare) als auch als Datenfelder (Arrays) verarbeitet.

- Zur Textanzeige eignet sich das Modul **TextDisp**. Mit dem Modul **WebBrowser** kann eine HTML-Seite dargestellt werden.

- Einzelwerte werden mit folgenden Modulen dargestellt:

- Die Anzeige von binären Daten durch Leuchtdioden erfolgt mit dem Modul BinaryDisp. Für die Zustände logisch Null und Eins bzw. inaktiv können Farben vergeben werden. Jede Leuchtanzeige kann mit einem separaten Text, abhängig vom Schaltzustand beschriftet werden.

- Für die Darstellung eines Wertes als Großanzeige wird das Modul DigitalDisp verwendet. Im Falle einer Arraylänge größer eins werden der letzte (zeitlich aktuellste) Wert des Feldes angezeigt.

- Die Simulation einer LCD-Anzeige (Liquid Cristal Display) für Gleitkommazahlen in beliebiger Größe und Farbe wird mit dem Modul LCDisp realisiert.

- Das Modul TableDisp stellt bis zu 64 beliebig kombinierbare Daten (Zahlen, Texte) als Einzelwerte, Datenfelder oder Matrizen in Form einer Tabelle dar.

- Balken werden mit den Modulen BarGraf und LinGauge dargestellt. Die Werte werden als horizontale oder vertikale Balken gezeigt. Das Modul LinGauge eignet sich zur Darstellung von bis zu acht horizontalen oder vertikalen Bändern.

- Das Modul Meter dient zur Darstellung von bis zu acht runden Anzeigeinstrumenten ähnlich dem Tachometer im Auto.

- Y/t- und X/Y-Diagramme

  - Zur Darstellung von Signalen über der Zeit werden die Module DigitalChart und AnalogChart verwendet.

  - Die Module Plot, PlotData und PlotAxis werden miteinander kombiniert und ermöglichen die Anzeige aufwändiger Grafiken. Als Kurven werden Y-Daten abhängig von X-Daten oder von der Zeit aufgetragen. Wahlweise werden in das Diagramm die Null-Linie, die Warn- und Alarmgrenzen (Kurvenabschnitte sind mit Warn- bzw. Alarmfarben ausgefüllt), eine Statistikkurve mit einer beliebigen Farbe und Kursoren eingezeichnet. Die Überlagerung weiterer Datenkurven erfolgt jeweils mit einem Modul PlotData. Dieses hat einen transparenten Hintergrund. Zum Eintragen zusätzlicher X- oder Y-Achsen wird das Modul PlotAxis verwendet.

- Zur Anzeige von dreidimensionalen Daten eignen sich die Module Plot3D, Surface und TableDisp. Sie zeigen einen 3D-Plot bzw. eine Fläche als 3D-Modell (unter Verwendung von OpenGL) oder eine Matrix als Tabelle.

- Bilder werden mit folgenden Modulen dargestellt:

  - Die abwechselnde Anzeige von zwei Windows-Bitmaps in Abhängigkeit von einem binären Eingangssignal wird mit Modul StateDisp ermöglicht.

  - Zur Anzeige von Windows-Bitmaps (z.B. Firmenlogos) eignet sich das Modul BMPDisp.

  - Die Darstellung von Bildern und die interaktive Erzeugung von geometrischen Objekten z.B. zur Definition von Suchbereichen erfolgt mit dem Modul VideoDisp (siehe Kapitel 7).

  - Das Modul WMFDisp dient der Visualisierung von Windows-Metafiles (wmf) und Enhanced Metafiles (emf).

- Zu Debug-Zwecken ist die Ausgabe von Daten in Textform in ein Fenster (Modul Spy) geeignet. Die Typ-Informationen von Modulausgängen werden mit dem Modul TIDisp visualisiert.

Das Modul **Translator** ermöglicht die Umschaltung der Darstellung von Oberflächen in verschiedene Landessprachen. Eine detaillierte Beschreibung folgt in Abschnitt 10.9.

3.7.2 Beispiele

Die Darstellung von Messwerten, statistischen Auswertungen und die Visualisierung der Ergebnisse aus Verarbeitungs- und Analyseschritten erfolgt meist in Abnahme- oder Prüfprotokollen. Dabei können die Messwerte zur Laufzeit oder nach der Messung gezeigt werden.

3.7.3 Design eines Protokolls

Für das Design eines Protokolls steht in **ICONNECT** das Modul **DispMgr** zur Verfügung. Mit dem DisplayManager können innerhalb eines Fensters bis zu 128 Anzeigen dargestellt werden. Im Editiermodus (erreichbar über das Rechtsklickmenü) werden die Größe und die Position der einzelnen Displays beliebig angepasst. Die Darstellungsreihenfolge wird durch die Reihenfolge der Verbindungen an den Eingängen des Moduls festgelegt. Deshalb sollten Hintergrundbilder auf einen der oberen Eingänge verdrahtet werden.

Für die einzelnen DisplayManager-Fenster sind folgende Funktionen verfügbar:

- Abhängig von der gewählten Aufgabe, werden unterschiedliche Ansichten am Bildschirm angezeigt. Mit dem Signal *Null* oder *Eins* am Eingang **Sz** wird ein Fenster für den Benutzer sichtbar oder unsichtbar.

- Das Ausdrucken von Protokollen wird im Signalgraphen über den Modul-Eingang **PRN** oder per Menü (DATEI|DRUCKEN) gestartet.

- Ansichten können als Bilder im Enhanced Meta-File Format (EMF) exportiert werden. Sobald am Eingang **PRN** der Signalwert *Zwei* eingelesen wird, wird das Protokoll als Bild an den Ausgang **WMF** geschickt.

- Zur Verwendung in anderen Programmen werden Protokolle in Dateien abgespeichert oder in die Zwischenablage kopiert.

3.7.4 Einfügen von Anzeigen in den DisplayManager

Die Anzahl der Anzeigemodule, die in ein Protokoll eingebaut werden sollen, wird im Modul **DispMgr** festgelegt. Die Displays werden zu Testzwecken im eigenen Fenster und zur gesammelten Darstellung im DisplayManager dargestellt. Die Darstellungsart wird im jeweiligen Moduldialog festgelegt. Bei der Verbindung des *EXT*-Ausgangs eines Display-Moduls mit einem Eingangsport des DisplayManagers erfolgt die Umschaltung auf die Darstellung im DisplayManager automatisch.

3.7.5 Erstellen eines Linearitätsprotokolls

In folgender Programmoberfläche (siehe Bild 3.40) werden vom Benutzer Sensordaten eingegeben und in einem Y/t-Diagramm dargestellt. Die Abweichungen der eingegebenen Daten von der linearen Regressionsgeraden werden in einer zweiten Kurve mit einer entsprechend angepassten Y-Achse dargestellt (rechts).

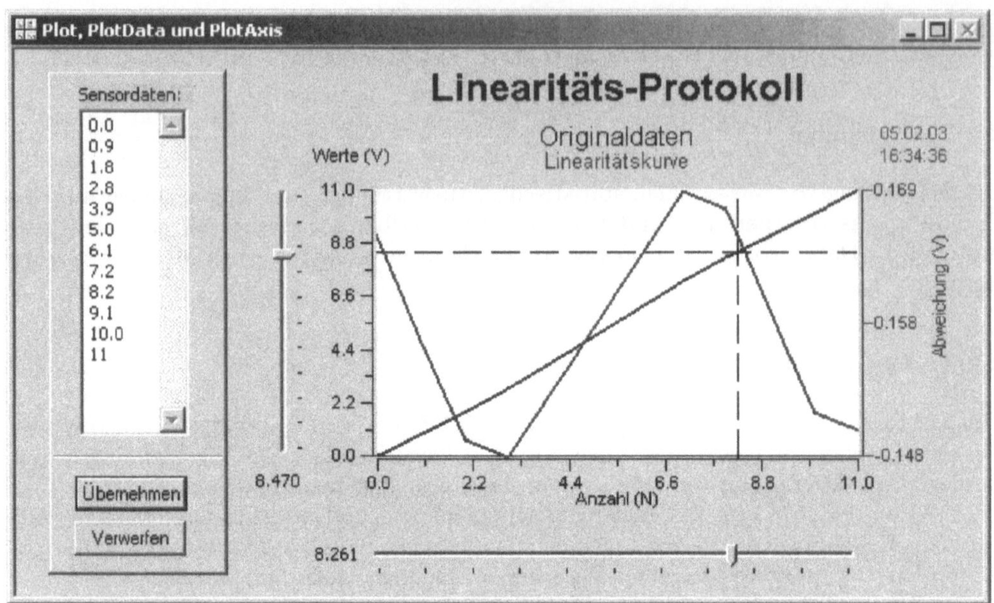

Bild 3.40   Linearitaetsprotokoll

Die auszuwertenden Sensorsignale werden in diesem Beispiel im **DialogEditor** (linke Seite
des Protokoll-Fensters) eingegeben. Dieses Modul wird im nächsten Abschnitt ausführlich
erläutert. Für die vorgegebenen Daten wird die Regressionsgerade ermittelt. Anschließend werden die Abweichungen der Originaldaten zur Regressionsgeraden berechnet und
im Diagramm dargestellt. Bild 3.41 zeigt den Signalgraphen für die Darstellung der Originaldaten und der Linearitätsabweichung mit den Anzeigemodulen **DispMgr**, **DialogEditor**,
Plot, **PlotData** und **PlotAxis**.

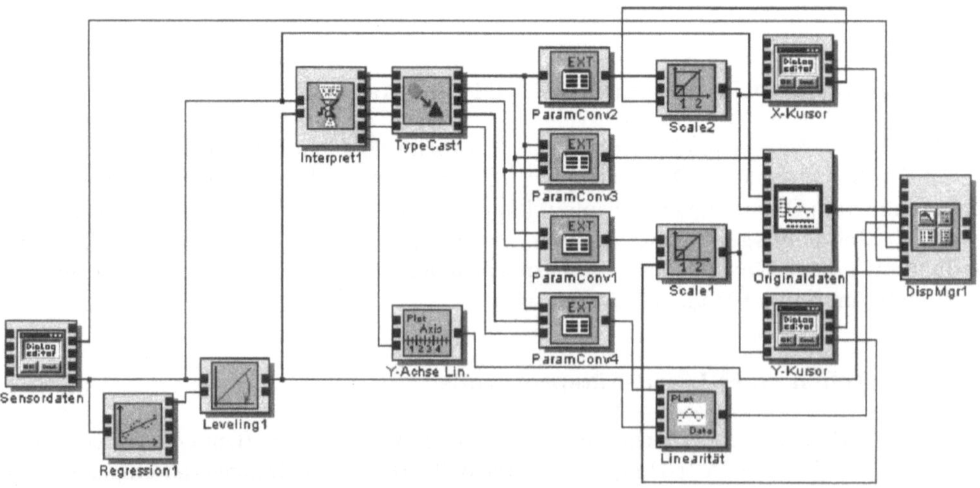

Bild 3.41   Signalgraph zum Erstellen eines Linearitaetsprotokolls

Die Fenster der drei Plot-Module haben gleiche Größe und werden übereinander gezeichnet. Die Fenster der Module PlotData und PlotAxis sind transparent und dem des Moduls Plot überlagert. Innerhalb eines Fensters werden die Position und die Größe des Diagramms (Module Plot und PlotData) oder der Achse (Modul PlotAxis) durch die Festlegung der *Ränder* im Dialog der Module bestimmt.

Darstellung der Sensordaten und der Kursoren

Für die Anzeige der Sensorsignale und des X- und Y-Kursors wird das Modul Plot verwendet. Die Daten an Port Y werden in einem Y/t- oder in einem X/Y-Diagramm (falls zusätzlich Eingang X verwendet wird) dargestellt. Wenn der Eingang X nicht benutzt wird, werden aus dem Zeitstempel und der Abtastrate der Daten am Eingang Y die Zeitdaten für die Anzeige eines Y/t-Diagramms berechnet. Die Zeitdaten beziehen sich jeweils auf den Startzeitpunkt eines Datenpaketes. Die Anzeige des Bereiches auf der Zeitachse ist abhängig davon, ob alle Daten innerhalb eines Datenpaketes in einer Ansicht nacheinander angezeigt werden oder ob nur der jeweils aktuelle Datenblock dargestellt wird. Die Auswahl erfolgt im Dialogelement *Blöcke* über die Werte *Setzen* oder *Anfügen*. Die Darstellung von Datum und Uhrzeit und der X- und Y-Achse ist optional.

Die Wertebereiche für die beiden Achsen werden im Dialog angegeben:

- Feste Achsenbereiche werden durch das Minimum und das Maximum angegeben.

- Die X-Achse kann wie bei einem Y/t-Schreiber (Endlospapier) gerollt werden. Der sichtbare Bereich hat immer eine feste Breite.

- Die Achsenbereiche werden aus den Typinformationen der Vorgängermodule übernommen (Dialogeinstellungen: Typ=fest, Min. und Max. sind leere Felder).

- Aus den eingelesenen Datenfeldern werden die Bereiche automatisch bestimmt (mit Rundung).

- Die automatisch berechnete Y-Achse wird abhängig von der Historie verzögert dargestellt (Typ: plausibel).

Informationen zur Achsenbeschriftung (Signal und Einheit) werden im Dialog angegeben oder aus der Typinformation des Signals genommen. Die Genauigkeit der Darstellung, Exponenten-Darstellung, Schriftarten und Farben werden ebenfalls im Dialog eingestellt. Die Achsen können im logarithmischen Maßstab verwendet werden. Die Datenreihen werden in einer wählbaren Farbe als Linie, Punkte, Balken verschiedener Breite oder als Polygon dargestellt. Optional können der Mittelwert oder die lineare Regression berechnet und als Gerade in das Diagramm eingezeichnet werden. Eine Null-Linie und Warn- und Alarmgrenzen werden bedarfsweise in den gewünschen Farben dargestellt.

Eintragen der Linearitätskurve in das Y/t-Diagramm

Die berechneten Abweichungen der Originaldaten von der Regressionsgeraden werden mit dem Modul PlotData dargestellt. Die Art der Darstellung (X/Y- oder Y/t-Diagramm), die Berechnung der Zeitdaten, der Wertebereiche für die Achsen und die Darstellung der Kurven (Linie oder Punkte) erfolgt analog zum Modul Plot.

Einzeichnen einer zusätzlichen Y-Achse für die Linearitätskurve

Die Linearitätskurve wird in einem zu den Sensordaten vergrößertem Maßstab in das Diagramm eingetragen. Die Bereichs-Darstellung auf der Y-Achse gilt für die Originaldaten. Eine zusätzliche Y-Achse an der rechten Seite des Diagramms wird mit dem Modul **PlotAxis** eingezeichnet. Die Datenreihen für die Beschriftung der Achse werden als Gleitkommazahlen oder als Zeichenketten an den Eingang **Data** des Moduls **PlotAxis** geschickt. Im Dialog wird die Position der Achse (X, Y) und deren Zeichenbereich (Rand) festgelegt. Außerdem werden die Anzahl der Ticks, die Darstellungs-Genauigkeit, die Richtung (0, 90, 180 oder 270 Grad), die Schriftart und die Position für die Achsenbeschriftung festgelegt.

3.7.6 Anzeigeinstrumente

Zur Darstellung von Balken (z.B. Thermometer, Füllstand) oder analogen Anzeigen (z.B. Tachometer) eignen sich die Module **Bargraf**, **LinGauge** und **Meter**.

In den Modulen **LinGauge** und **Meter** können jeweils bis zu acht Bänder (farbige Balken oder Kreissegmente) mit eigener Skala und eigenem Zeiger kombiniert und positioniert werden. Der Hintergrund der gesamten Anzeigefläche ist transparent, farbig oder ein Bitmap-Bild. Die einzelnen Balken werden farbig oder als Bild gezeichnet. Kreissegmente werden in einer beliebigen Farbe dargestellt. Falls mehrere Bänder in Position und Größe gleich sind, so können die zu überlagernden Bänder transparent dargestellt werden. Damit können mehrere Skalen oder Zeiger einem Band zugeordnet werden. Pointer (Zeiger zur Darstellung des aktuellen Wertes) sind im Falle einer Balkenanzeige (Modul **LinGauge**) Rechtecke (farbig oder als Bild), farbige Dreiecke, farbige Zeiger oder Balken (farbig oder Bild). Balken beginnen mit einem Startwert, dem Minimum oder dem Maximum (Minimum und Maximum werden im Dialog eingegeben oder aus der Typinformation des Vorgängermoduls bestimmt) und reichen zum aktuellen Wert.

Die Zeiger des Moduls **Meter** werden als Linie, Nadel, Pfeil, Zeiger, Raute (Uhrzeiger) oder Dreieck in angegebener Größe und Position (ausgehend vom Mittelpunkt) gezeichnet. Zeiger, dargestellt als Band, sind Kreissegmente beginnend mit einem Startwert, dem Minimum oder dem Maximum (Eingabe oder Typinformation des Vorgängermoduls) und reichen zum aktuellen Wert.

Wetterstation

Eine Wetterstation (siehe Bild 3.42) besteht beispielsweise aus den drei Anzeigen Barometer, Thermometer und Hygrometer.

Für die Darstellung des Thermometers eignet sich die vertikale Balkendarstellung des Moduls **LinGauge**. Das Barometer und die Luftfeuchteanzeige werden mit dem Modul **Meter** realisiert.

Bild 3.43 zeigt den Signalgraphen für die Darstellung der Wetterstation mit den Anzeigemodulen **LinGauge** und **Meter**. Die Daten für die Temperatur, den Luftdruck und die Luftfeuchtigkeit werden über Eingaben in Dialogelementen des Moduls **DialogEditor** simuliert. Das Temperaturminimum und das Maximum werden vom Modul **DStatistics** berechnet.

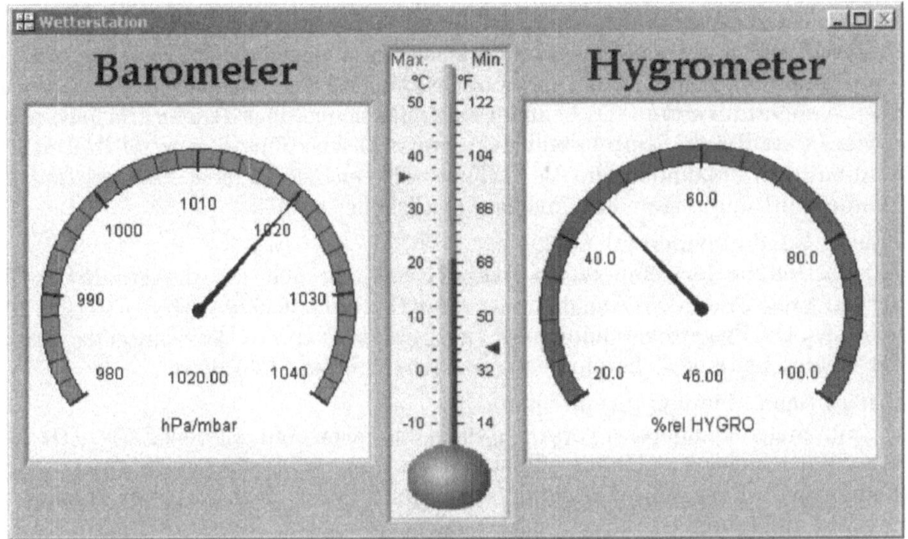

Bild 3.42 Wetterstation

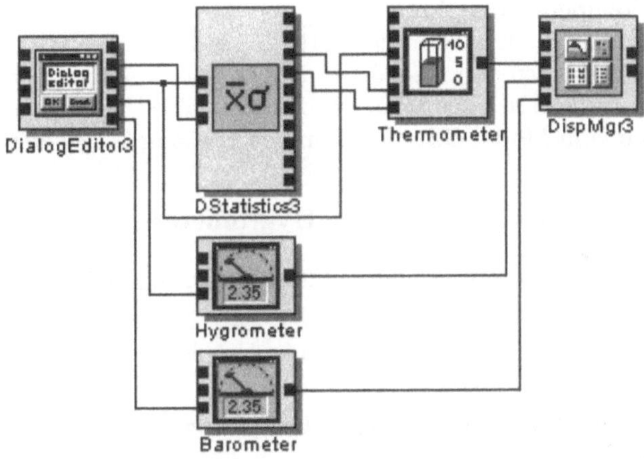

Bild 3.43 Signalgraph zum Zeichnen einer Wetterstation

Darstellung des Thermometers

Das Thermometer besteht aus vier Bändern und wird in folgenden Schritten aufgebaut:

- Hintergrund
  Der Hintergrund dient als Zeichenbereich für die einzelnen Bänder. Er kann transparent, farbig oder ein Bild sein. Im Beispiel ist als Hintergrund ein Bild ausgewählt, welches das Thermometer zeigt.

- Erstes Band: Temperatur (°C)
  Ein *Band* gibt einen Zeichenbereich innerhalb des gesamten Anzeigeelements an. Dieser ist für die Darstellung des Balkens, der Skalierung und des Zeigers gültig. Das Band des Thermometers ist nicht sichtbar (transparent) und legt den Bereich

für den Temperaturbalken fest. Im Reiter *Skalierung* werden der Skalierbereich (fester Bereich oder automatische Bereichsübernahme aus dem Vorgängermodul) und dessen Darstellung (Ticks, Subticks, Beschriftung) festgelegt. Die Skala mit den Temperaturwerten (°C) befindet sich links neben dem Temperaturbalken. Ein Zeiger (siehe Reiter *Zeiger*) stellt die jeweils aktuelle Temperatur als Balken startend mit dem Maximum dar. Als Füllung wird ein Bitmap mit dem Ausschnitt der Temperatursäule verwendet, die kein Quecksilber enthält.

- Zweites Band: Temperatur (°F)
  Zur Darstellung der Temperaturwerte in Grad Fahrenheit wird die Anzahl der Bänder auf zwei erhöht. Die Angaben von *Band1* werden automatisch für *Band2* übernommen. Die Zeigerdarstellung kann ausgeschaltet werden. Die Skalierung wird auf der rechten Seite des Thermometers platziert und auf °F skaliert.

- Drittes Band: Temperaturminimum
  Die minimalen Temperaturwerte werden in der Farbe blau mit dem Zeiger (Dreieck) von *Band3* angezeigt. Um die Einstellungen von *Band1* in *Band3* als Grundeinstellungen zu kopieren, wird *Band1* eingestellt, bevor die Anzahl der Bänder von zwei auf drei erhöht wird. Als Zeiger von *Band3* wird ein blauer Zeiger ausgewählt. Die Minimumwerte werden im Modul **DStatistics** berechnet und liegen am Eingang I3 von Modul **LinGauge** an.

- Viertes Band: Temperaturmaximum
  Das Temperaturmaximum wird in der Farbe rot mit dem Zeiger von *Band4* eingetragen. Die Einstellungen von *Band3* werden bei der Erhöhung der Bandanzahl in *Band4* übernommen. Als Zeigerfarbe wird rot gewählt. Die maximalen Temperaturwerte werden vom Modul **DStatistics** an den Eingang I4 geliefert.

3.7.7   Darstellung des Barometers oder Hygrometers

Zum Zeichnen eines Barometers und einer Luftfeuchteanzeige (siehe Bild 3.42) eignet sich das Modul **Meter.**

Beide Anzeigen sind gleich aufgebaut und bestehen jeweils aus einem Band:

- Hintergrund
  Das Hygrometer wird auf einem farbigen Hintergrund gezeichnet.

- Erstes Band: Kreissegment
  Band1 wird durch ein Kreissegment bestimmt und ist mit der ausgewählten Farbe gefüllt. Die jeweils aktuellen Werte für den Luftdruck oder die Luftfeuchtigkeit werden mit dem Zeiger von *Band1* angezeigt. Dieser übernimmt den Wertebereich aus der Typinformation und stellt den aktuellen Wert als Dreieck startend im Mittelpunkt dar. Die Skala wird radial auf dem Band aufgetragen.

3.8   DialogEditor

Das Modul **DialogEditor**, zu finden in der Modulgruppe *User Input*, ermöglicht die Interaktion zwischen dem Anwender von ICONNECT-Applikationen und dem ICONNECT-Signalgraphen. Jedes **DialogEditor**-Modul erzeugt ein Fenster, welches durch entsprechende Konfigurationen als Dialog bzw. Eingabemaske, Nachrichtenfenster, Eigenschaftsseite, Toolbar oder Anzeige Verwendung finden kann. Dieses frei definierbare Fenster wird hier zur besseren Unterscheidbarkeit *Anwendungsdialog* genannt. Die grafischen Anzeigen und Bedienelemente, die zur Erstellung eines *Anwendungsdialogs* Verwendung finden, werden anhand eines Beispiels in Abschnitt 3.8.2 erläutert. Der Datenaustausch mit einem ICONNECT-Signalgraphen erfolgt über Ein- und Ausgangsports, welche in den einzelnen Bedienelementen separat definiert bzw. automatisch erzeugt werden können.

Eingabemasken dienen nicht nur zur Steuerung und Parametrierung von Programmabläufen, sondern sind oft auch Teil der grafischen Bedienoberfläche, weshalb Größe und Aussehen der *Anwendungsdialoge* von zentraler Bedeutung sind. Da außerdem die Übersichtlichkeit und Konfigurationsvielfalt miteinander konkurrieren und das Aussehen von Benutzeroberflächen vom Geschmack des jeweiligen Designers bzw. Applikationsentwicklers abhängt, ist die Erstellung von Dialogen bzw. Eingabemasken ein oft unterschätztes Unterfangen.

3.8.1 Erstellen grafischer Benutzeroberflächen

Das Modul DialogEditor kann zusammen mit dem Modulen DisplayManager, Menu und FnKey verwendet werden, um komplett interaktive Benutzeroberflächen zu erstellen.

- Das Modul DialogEditor unterstützt u.a. die Erstellung von Anwendungsdialogen und erlaubt vielfältige Benutzereingaben. Es können beliebig viele sichtbare und unsichtbare Anwendungsdialoge in einer Applikation verwendet werden. Diese können nach Bedarf aufgerufen werden und somit den Benutzer eventuell auch schrittweise durch die Bedienung der Applikation führen.

- Das Modul DisplayManager erzeugt ein Ausgabefenster mit Layout-Fähigkeiten. Um mehrere Ausgabefenster im gleichen Stil zu erstellen, kann das Layout kopiert und in anderen Ausgabefenstern wiederverwendet werden. Eine Anwendung kann mehrere DisplayManager enthalten und somit verschiedene Ansichten bereitstellen. Die Ausgabe kann bei Bedarf auf den Drucker umgeleitet werden.

- Das Modul Menu unterstützt die Generierung einer applikationsbezogenen Menüleiste. Die gleichzeitige Verwendung mehrerer Menüleisten ist nicht möglich.

- Das Modul FnKey registriert Funktionstasten-Kombinationen. Auch diese ermöglichen die Steuerung einer Applikation.

Erläuterungen zum Modul DialogEditor

Durch einen Doppelklick auf das Icon im Signalgraphen, welches eine Instanz des Moduls DialogEditor repräsentiert, wird dessen Eigenschaftsdialog (Bild 3.44) geöffnet und dessen *Anwendungsdialog* wechselt in den Editier-Modus (Bild 3.45).

Solange sich der *Anwendungsdialog* im Editier-Modus befindet können Objekte hinzugefügt, verändert und gelöscht werden. Der Editier-Modus ist durch die Beschriftung - *Edit Mode* - in der Titelleiste gekennzeichnet, außerdem sind alle Bedienelemente im *Anwendungsdialog* deaktiviert. Der Eigenschaftsdialog kann auch über einen Doppelklick auf dessen Anwendungsdialog geöffnet werden sofern dieser sichtbar ist.

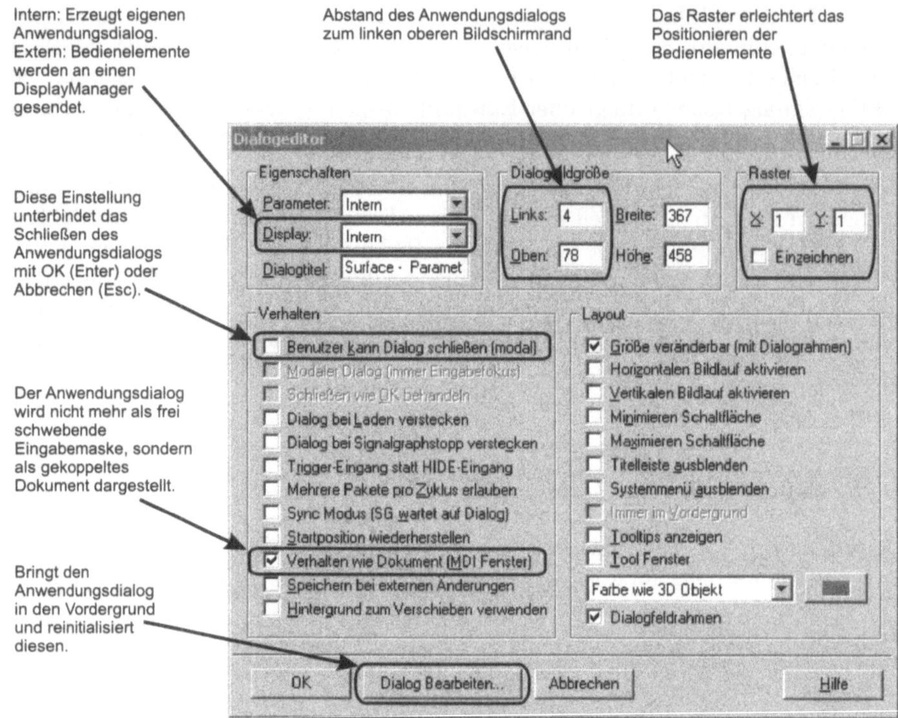

Bild 3.44 Eigenschaftsdialog des DialogEditors

3.8.2 Bedienung des Moduls DialogEditor

Anhand des nachfolgenden Beispiels wird eine Vorgehensweise zum Erstellen von Eingabemasken aufgezeigt. Die verwendete Beispielapplikation (Bild 3.46) visualisiert ein mittels des Moduls **Fract** künstlich generiertes dreidimensionales Profil. Die Eingabemaske dient zur Steuerung der Ansicht des Profils.

Die in den Abbildungen 3.47 bis 3.51 gezeigten Einstellungen werden benötigt, damit die Beispielanwendung in Bild 3.54 folgende intuitive Bedienung erhält:

- Die Stellung des Schiebereglers wird im zugehörigen Eingabefeld angezeigt.

- Das Drehfeld ändert den Wert des angedockten Eingabefelds.

- Bei Verlassen des Eingabefelds wird der Schieberegler entsprechend gesetzt.

- Der Anwendungsdialog steuert die Ansicht des 3-D Profils.

- Die Schaltfläche OK übernimmt den aktuellen Stand.

- Die Schaltfläche Abbrechen verwirft alle Änderungen seit dem letzten OK.

Im Eigenschaftsdialog des Moduls DialogEditor (Bild 3.44) können dessen Parameter verändert werden. Einige dieser Parameter haben Auswirkungen auf das Verhalten des Moduls im Signalgraphen, andere verändern das Aussehen und die Bedienung des Anwendungsdialogs. Folgende Attribute, die in der Beispielapplikation verändert wurden, beeinflussen das Verhalten des Anwendungsdialogs:

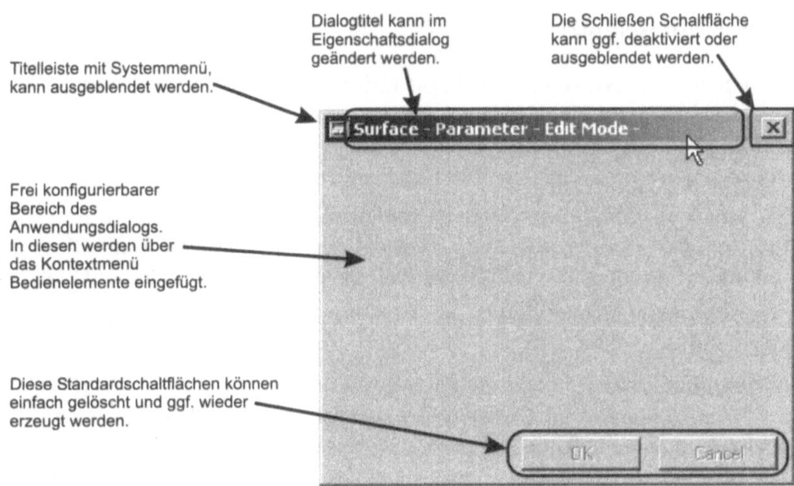

Bild 3.45   Bedienelemente in Anwendungsdialog einfügen

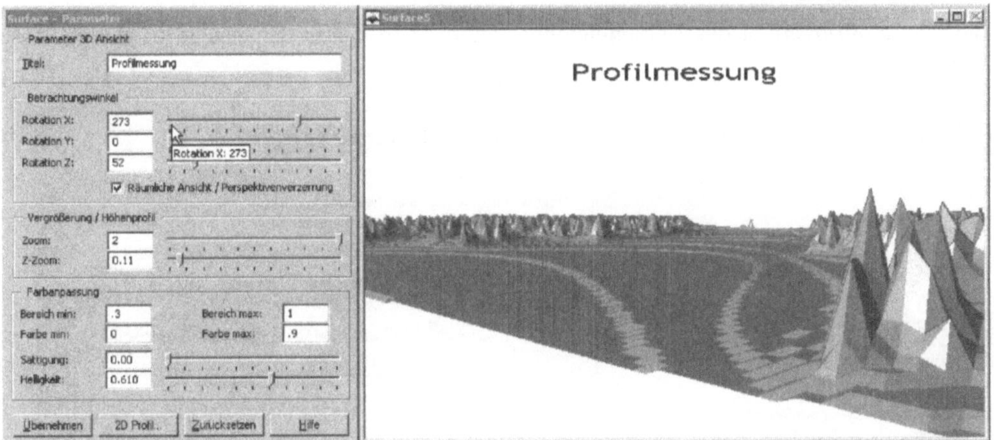

Bild 3.46   Applikation mit parametrierbarer 3-D Profilansicht

- Das Attribut *Benutzer kann Dialog schliessen (modal)* ist deaktiviert, damit der Anwendungsdialog immer sichtbar bleibt. Dies ist nur für einen nicht-modalen Dialog möglich, wie er in der Beispielapplikation verwendet wird. In Gegensatz zu modalen Dialogen, blockiert dieser das Benutzerinterface seiner Applikation nicht und kann deshalb ständig geöffnet bleiben.

- Ist das Attribut *Verhalten wie Dokument (MDI-Fenster)* aktiviert, verhält sich der Anwendungsdialog wie ein normales MDI-Fenster, beispielsweise ein **Surface** Anzeigefenster. Zu diesem MDI-Fensterverhalten gehört: Der Dialog behält seine relative Position zu den andern MDI-Fenstern, auch wenn die Applikation verschoben wird. Außerdem ist er nicht zwangsläufig im Vordergrund, sondern kann verdeckt und falls nicht vollständig sichtbar auch gerollt werden.

Einfügen von Bedienelementen

Elemente können in den Anwendungsdialog (Bild 3.45) eingefügt werden, wenn dieser sichtbar ist und sich im Editier-Modus befindet. Falls der Anwendungsdialog vom Eigenschaftsdialog des Moduls **DialogEditor** verdeckt ist, kann dieser durch Betätigen der Schaltfläche `Dialog bearbeiten...` in den Vordergrund gesetzt werden.

Das Einfügen und Parametrieren von Bedienelementen wird im Folgenden anhand des Elements *Eingabefeld* demonstriert, da dieses die umfangreichsten Einstellungsmöglichkeiten bietet und außerdem das am häufigsten verwendete Bedienelement darstellt.

- Hinweis: Kontextmenüs werden immer über einen Rechtsklick auf das entsprechende Objekt geöffnet.

Im *Anwendungsdialog* kann über den Menüpunkt OBJEKT EINFÜGEN|EINGABEFELD (EDIT) des Kontextmenüs ein Eingabefeld generiert werden. Hierbei ist zu beachten, dass das Element an der Position eingefügt wird an der das Kontextmenü aufgerufen wurde; d.h., die Rechtsklick-Position stimmt mit der Position der linken oberen Ecke des Elements überein. Ist der Menüpunkt OBJEKT EINFÜGEN deaktiviert, befindet sich der Anwendungsdialog nicht im Editier-Modus. In diesen kann, wie bereits zuvor beschrieben gewechselt werden.

Über das *Kontextmenü* des Bedienelements öffnet man dessen Eigenschaftsdialog (Bild 3.47).

Bedienelement konfigurieren: Registerkarte Eigenschaften

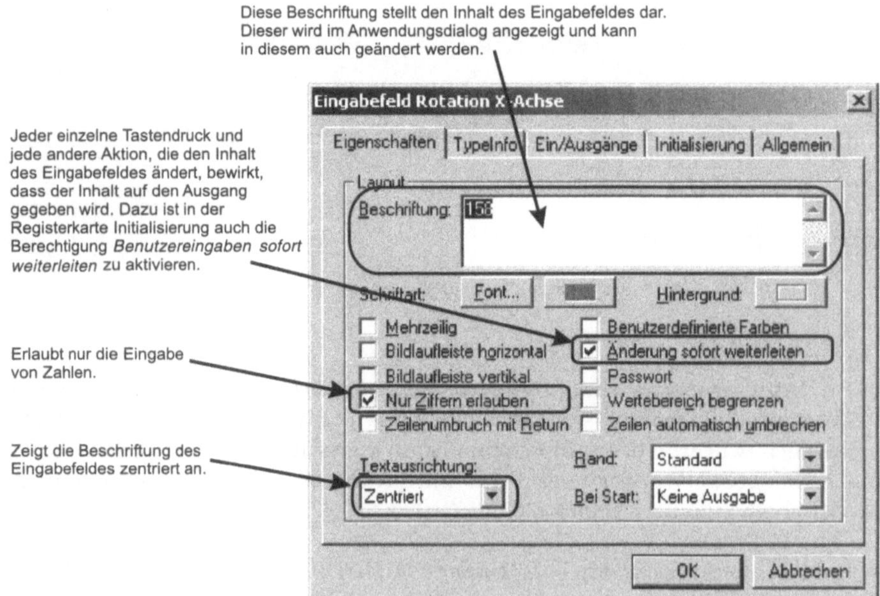

Bild 3.47 Eingabefeld Registerkarte: Eigenschaften

Der Eigenschaftsdialog (Bild 3.47) eines Eingabefelds besteht aus mehreren Registerkarten. In der Registerkarte *Eigenschaften* können die für den jeweiligen Bedienelementtyp spezifischen Parameter eingestellt werden. Alle anderen Registerkarten sind typunabhängig und haben somit für alle Elemente das gleiche Aussehen.

Der Eintrag im Feld *Beschriftung* wird im fertigen Anwendungsdialog angezeigt. Diese Beschriftung kann beispielsweise als Parameter dienen, der vom Anwender verändert und an den ICONNECT-Signalgraphen übermittelt werden kann. Mit der Schaltfläche FONT... kann die Schriftart geändert werden. Damit die Schrift- und Hintergrundfarbe abweichend zu den Windows-Desktopeinstellungen gesetzt werden kann, ist zuvor die Option *Benutzerdefinierte Farben* zu aktivieren. Dadurch werden die beiden Farbschaltflächen aktiviert, mit denen jeweils ein Farbauswahldialog aufgerufen werden kann. Um jeden Tastendruck oder die Änderungen, die von einem gekoppeltem Drehfeld verursacht werden, sofort auszugeben, ist die Option *Änderungen sofort weiterleiten* zu aktivieren. Dies funktioniert aber nur, wenn der Benutzer die entsprechende Berechtigung dazu hat. Diese wird in der Registerkarte *Initialisierung* mit der Option *Benutzerdaten sofort weiterleiten* erteilt. Damit das Eingabefeld seinen Inhalt im Anwendungsdialog unleserlich darstellt (Zeichen werden als Sternchen dargestellt), ist das Attribut Passwort zu setzen. Im Parameterdialog und am Ausgang erscheint der Inhalt jedoch in lesbarer Form.

Bedienelement konfigurieren: Registerkarte *TypeInfo*

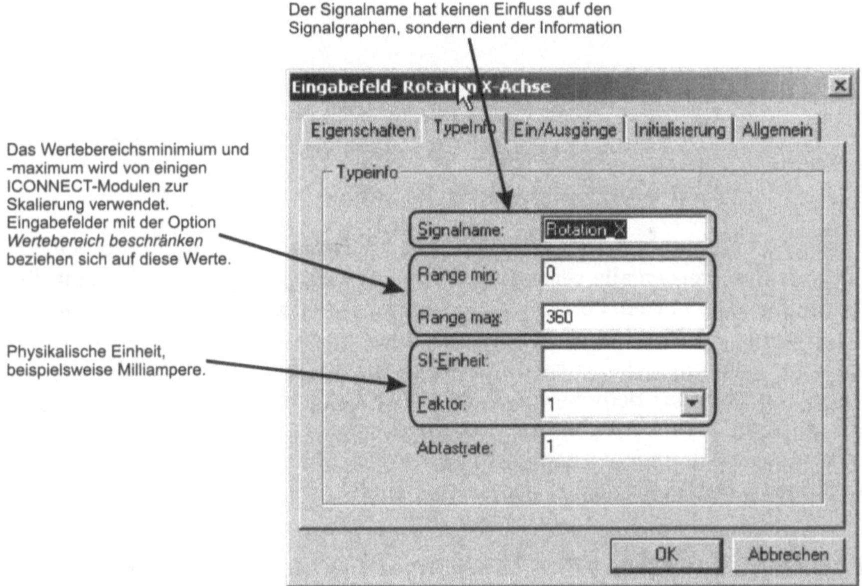

Bild 3.48 Bedienelement Registerkarte: TypeInfo

Für Bedienelemente spielen die Typinformationen nur eine untergeordnete Rolle. Lediglich das Wertebereichsminimum (siehe Bild 3.48) (*Range min.*) und das Maximum (*Range max.*) sind von Interesse, da diese u.a. vom Modul Scale benötigt werden. Dieser Wertebereich wird auch vom Bedienelement *Eingabefeld* verwendet, um eingegebene oder durchgeschleifte Werte zu beschränken (gilt für die Datentypen: SWORD und DOUBLE). Zeichenketten (Datentyp UBYTE[]) werden auf den im Maximum (*Range max.*) eingetragene Anzahl von Zeichen gekürzt. Die Beschränkung der Werte wird nur durchgeführt,

wenn die entsprechende Option im Bedienelement (siehe Bild 3.47) auch eingeschaltet
ist.

Bedienelement konfigurieren: Registerkarte Ein-/Ausgänge

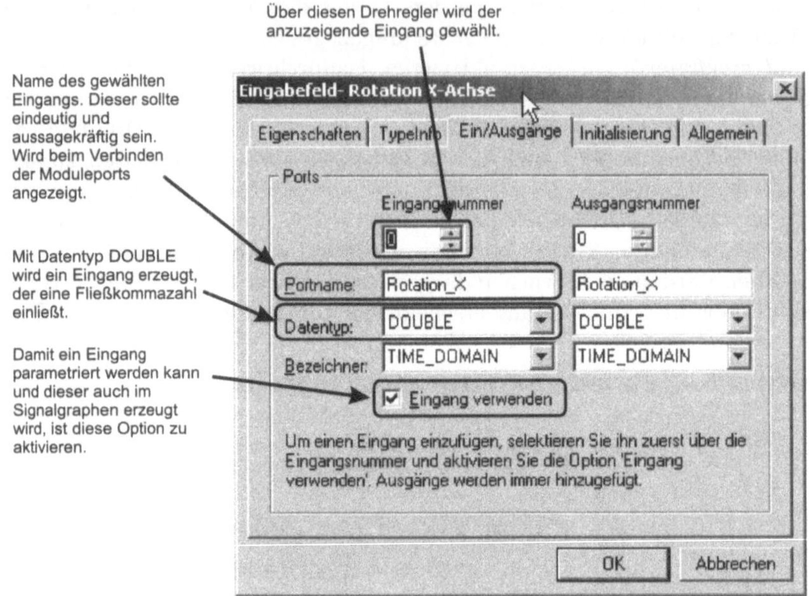

Bild 3.49   Bedienelement Registerkarte: Ein-/Ausgänge

Bedienelemente werden über ihre Eingänge vom **ICONNECT**-Signalgraph befüllt und gesteuert. Selten aber werden alle verfügbaren Eingänge benötigt, deshalb besteht die Möglichkeit jeden Eingang einzeln zu aktivieren. Dadurch wird vor allem die Übersichtlichkeit
des Signalgraphen erhöht. Eingabefelder besitzen bis zu zwei Eingänge: Einen Daten-
Eingang für programmatische Änderung des Feldinhalts und einen Disable-Eingang. Der
Disable-Eingang kann das Bedienelement für Anwender sperren bzw. aktivieren, dadurch
wird der Zugriff auf Elemente abhängig von Berechtigungen gesteuert. Die Ausgänge der
Bedienelemente sind immer vorhanden. Die Ausgabe über diese geschieht nach den in
der Registerkarte *Initialisierung* eingestellten Regeln.

Konfigurieren der Ports (Ein-/Ausgänge) für die Beispielapplikation

Der Daten-Eingang ist an der Endung -DAT im Portnamen zu erkennen. Dieser besitzt
die Eingangsnummer Null. Der Disable Eingang hat die Endung -DIS und die Eingangsnummer Eins. Im Beispiel wird nur der Dateneingang benötigt. Dazu wird über das Drehfeld *Eingangsnummer* dessen Nummer (0) angewählt. Danach kann dieser Port mit der
Option *Eingang verwenden* aktiviert werden. Für Ein- und Ausgänge sollten unbedingt
eindeutige und aussagekräftige Portnamen vergeben werden, damit später die Verbindung
zwischen dem Port im **ICONNECT**-Signalgraphen und deren Funktion für das Bedienelement ersichtlich wird. Nur dadurch wird gewährleistet, dass die Verbindung des Moduls
im Signalgraphen ordnungsgemäß durchgeführt und später nachvollzogen und gewartet

werden kann. Durch späteres Löschen und Hinzufügen von Bedienelementen werden Ports evtl. so verschoben, dass der Zusammenhang zwischen Port und Element nur noch durch den Portnamen ersichtlich ist. Im Beispiel wird für *Portname:* Rotation-X, für *Datentyp:* DOUBLE und für *Bezeichner:* TIME_DOMAIN angegeben (Bild 3.49).

Bedienelement konfigurieren: Registerkarte Initialisierung

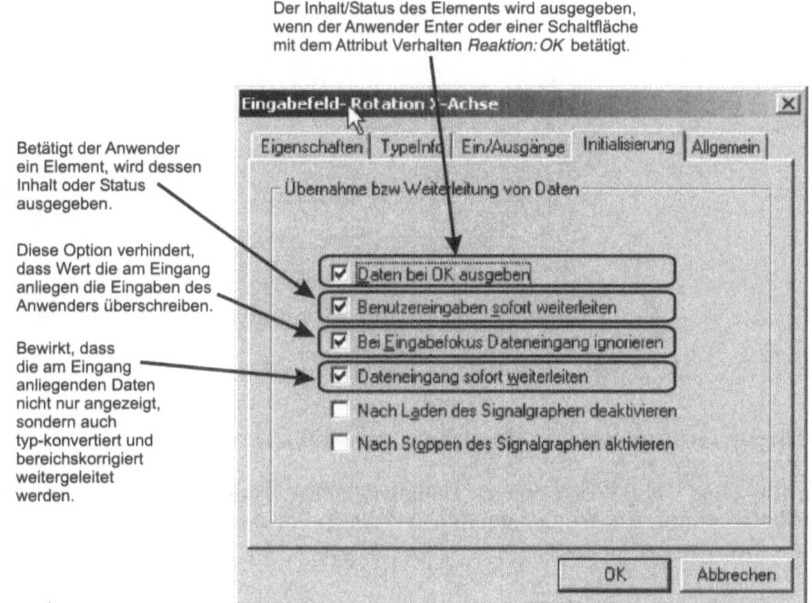

Bild 3.50 · Bedienelement Registerkarte: Initialisierung

Die Bedingungen in dieser Registerkarte (Bild 3.50) legen u.a. fest, welche Aktionen das Bedienelement veranlassen, Daten auszugeben.

- *Daten bei OK ausgeben* wird benötigt, wenn der Dialog seine Daten beim Schließen des Dialoges ausgeben soll.

- *Benutzereingaben sofort weiterleiten* gibt vom Anwender vorgenommene Änderungen sofort aus.

- *Dateneingang sofort weiterleiten* zeigt eingelesene Daten nicht nur an, sondern überprüft evtl. deren Wertebereich, konvertiert diese und gibt sie anschließend wieder aus.

- Die Option *Bei Eingabefokus Dateneingang ignorieren* verhindert, dass Benutzereingaben programmatisch überschrieben werden und vereinfacht das Erstellen von Rückkopplungen.

Für die Beispielapplikation sind die Regeln, wie in Bild 3.50 gezeigt einzustellen, damit eine Rückkopplung der eingegebenen Daten möglich wird (siehe Bild 3.54).

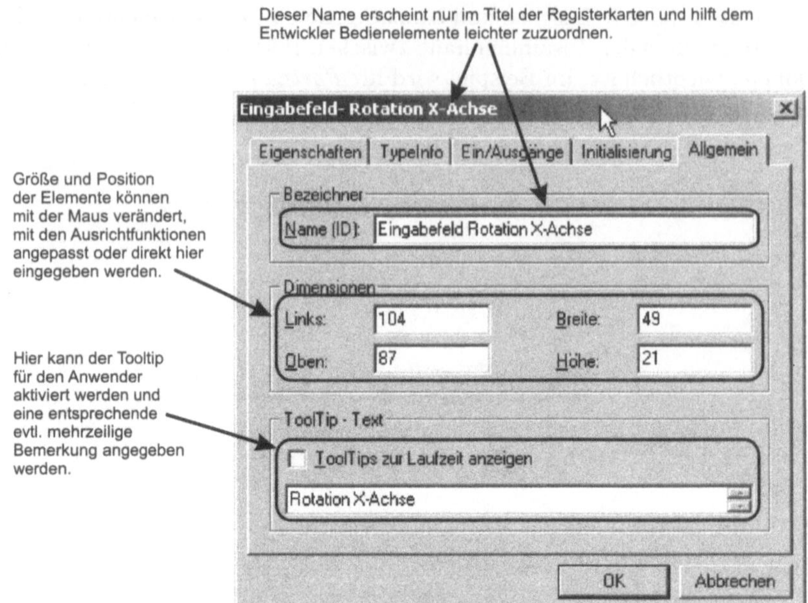

Bild 3.51 Bedienelement Registerkarte: Allgemein

Bedienelement konfigurieren: Registerkarte Allgemein

Hier kann die Größe und Position des Bedienelements direkt eingegeben werden (Bild
3.51). Alle Werte sind in Pixel angegeben. Der Tooltip für dieses Element kann angegeben
und aktiviert werden.

Zum Erstellen der Beispielapplikation

Der nächste Schritt besteht darin, einen Schieberegler einzufügen, mit dem ein Winkel von 0 bis 360 Grad eingestellt werden kann. Das Einfügen erfolgt, wie bereits erwähnt, über das Kontextmenü des Anwendungsdialogs, Menüpunkt OBJEKT EINFÜ-
GEN|REGLER|REGLER HORIZONTAL (SLIDER). Danach wird zum Parametrieren des
Schiebereglers dessen Eigenschaftsdialog geöffnet, um folgende Einstellungen vorzunehmen (siehe Bild 3.52):

- Um einen Wertebereich von 0 bis 360 zu erhalten, werden folgende Parameter
  gesetzt: Maximum = 360, Minimum = 0.

- Dadurch ergeben sich 361 ganzzahlige Werte, also: Anzahl Positionen = 361.

- Nachkommastellen sind bei ganzen Zahlen irrelevant: ToolTip-Präzision = 0.

- Als Anzahl der Markierungsstriche eignet sich am besten eine Zahl, mit der (*Anzahl
  Positionen-1*) ganzzahlig geteilt werden kann, dadurch erhalten die Markierungen
  gleichmäßige Abstände. Beispiel: Tickanzahl = 12.

Damit die Eigenschaften des Dateneingangs geändert werden können, ist die Eingangsnummer auf Null zu setzen. Die Bezeichner für den Datenein- und Ausgang können
danach verändert werden. Für das Beispiel werden diese mit Slider-Rotation-X belegt.
Für den Datentyp wird DOUBLE, für den Bezeichner TIME_DOMAIN angegeben.

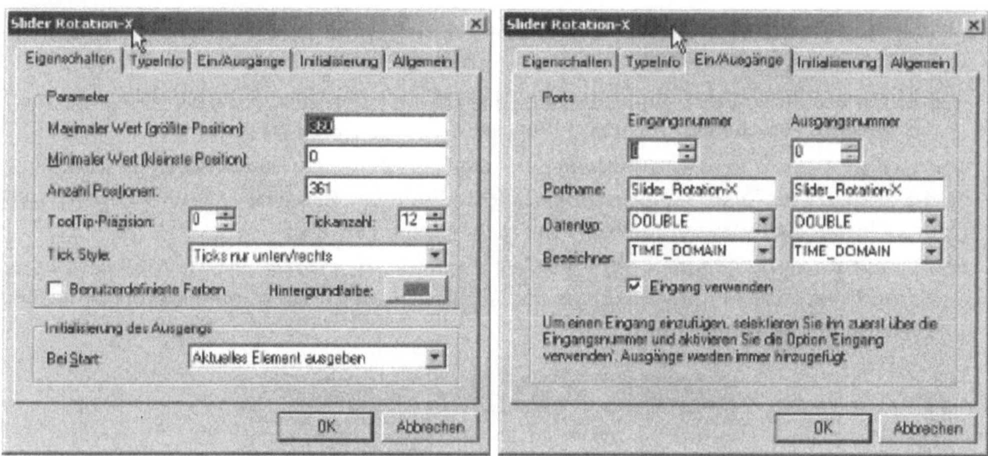

Bild 3.52 Regler-Einstellungen

Beschriften des Anwendungsdialogs

Zum Beschriften der Bedienelemente wird ein Textfeld eingefügt. Dies ist für den Anwender notwendig, damit z.B. der Zweck der eingestellten Parameter ersichtlich wird. Dazu wird aus dem Kontextmenü des Anwendungsdialogs die Option OBJEKT EINFÜGEN|ANZEIGEN|STATISCHER TEXT ausgewählt. In der Registerkarte Eigenschaften des Textfeldes gibt man Rotation-&X: ein. Die Zeichenfolge &X ermöglicht dem Anwender mit der Taste ALT+X den Eingabefokus auf das nachfolgende Element zu setzten. Nachfolgend bedeutet hier das Bedienelement mit der nächst höheren Tabulator-Nummer.

Anordnen der Elemente

Um die Benutzerfreundlichkeit eines Dialogs zu verbessern gibt es verschiedene Möglichkeiten: Einerseits kann eine prägnante Beschriftung der Elemente deren Bedienung erleichtern und beschleunigen, dies wird u.a. durch so genannte *statische Texte* erreicht. Andererseits verdeutlicht eine schematische Anordnung und entsprechende Gliederung die funktionelle Zusammengehörigkeit der Bedienelemente. Für diesen Zweck eigenen sich Rahmen, zu finden in: OBJEKT EINFÜGEN|ANZEIGEN|STATISCHER RAHMEN.

Weitere Richtlinien, um die Übersichtlichkeit zu erhöhen und das Erscheinungsbild zu verbessern sind:

- Gruppieren zusammengehöriger Elemente durch Rahmen.

- Aussagekräftige Bezeichner für jede Elementgruppe und jedes Eingabefeld.

- Standard Schaltflächen Hilfe, OK und Abbrechen abgesetzt anordnen.

- Gleicher Abstand in jeder Richtung zwischen den Bedienelementen.

- Gekoppelte Drehfelder bündig rechts neben das zugehörige Eingabefeld positionieren.

Der Editor des Anwendungsdialogs besitzt verschiedene Möglichkeiten Bedienelemente, zu positionieren und anzuordnen.

- Die Position eines einzelnen Elements kann über dessen Eigenschaftsseite *Allgemein* direkt eingegeben werden.

- Für eine schnelle Positionierung kann das Raster angepasst werden. Elemente werden beim Verschieben mit der Maus am Raster ausgerichtet.

- Genaues Positionieren der Elemente ist mit den Cursor-Tasten möglich, hierbei ist die Schrittweite vom eingestellten Raster abhängig. Schnelles Verschieben ist mit den Cursortasten zusammen mit der Taste SHIFT möglich.

- Elementgruppen können über das Kontextmenü angeordnet werden. Es beinhaltet Funktionen zum bündigen Anordnen, Anpassen der Dimensionen und Ausgleichen der Elementzwischenräume.

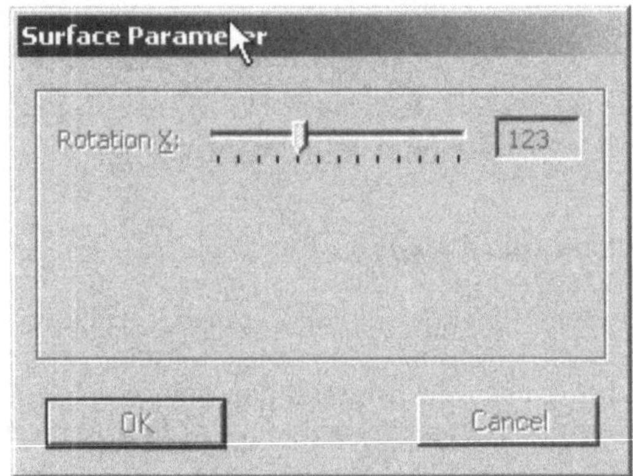

Bild 3.53 Beispiel-Applikation (Erster Schritt)

In der Beispielapplikation sollen das Textfeld, den Regler und das Eingabefeld unten bündig angeordnet werden. Dazu sind diese Elemente zu markieren und das Kontextmenü des Eingabefelds zu öffnen. Wird nun im Kontextmenü der Befehl OBJEKTE AUSRICHTEN|UNTEN AUSRICHTEN ausgewählt, werden die Unterkanten der Markierungsrechtecke auf die gleiche Höhe gebracht. Als Referenzhöhe wird hierbei die Unterkante des angeklickten Eingabefelds verwendet, da über dessen Kontextmenü das Kommando zum Ausrichten erteilt wurde. Um die horizontalen Abstände zwischen den Elementen auszugleichen, wird die Option OBJEKTE AUSRICHTEN|HORIZONTAL ANORDNEN gewählt. Nun sollte der Anwendungsdialog ähnlich wie in Bild 3.53 aussehen. Es fehlt noch die Beschriftung *Betrachtungswinkel*. Dazu kann ein bestehendes Textfeld mit der Tastenkombination STRG-C kopiert werden. Danach wird der Mauszeiger an die gewünschte Einfügestelle positioniert und die Tastenkombination STRG-V betätigt. Im Eigenschaftsdialog des Textfeldes ist nur noch die Beschriftung auf *Betrachtungswinkel* zu ändern. Schließlich wird das Element mit der Maus auf die gewünschte Größe gezogen, oder die Breite (hier ca. 104 Pixel) direkt in der Registerkarte *Allgemein* eingegeben.

Verbinden und Testen

Um die Funktionalität bzw. die korrekte Verknüpfung von Modulen und Teilgraphen bereits während der Entwicklung zu überprüfen, besitzt ICONNECT verschiedene Möglichkeiten. Für die Überwachung der Datenausgabe beliebiger Modulports eignet sich u.a. das Modul Spy.

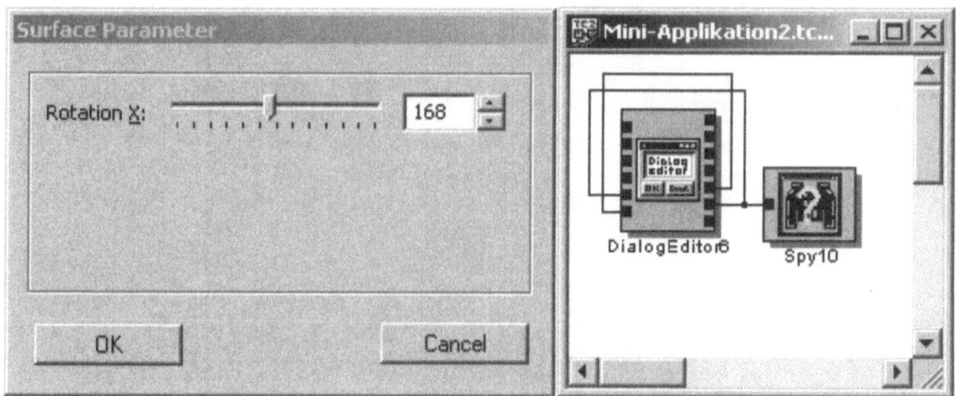

Bild 3.54 Rückkopplung von Datenleitung zur Anzeige

Um die Funktionsweise des in der Beispielapplikation erstellten Anwendungsdialogs zu überprüfen, wird zuerst eine Instanz des Moduls **Spy** in den Signalgraphen eingefügt. Das Modul **Spy** ist im Modulbaum unter *Display/Debug* zu finden. Nun wird der Eingang des Spy Moduls mit dem Ausgang des Eingabefeldes *Rotation-X-Achse* verdrahtet. Außerdem wird dieser Ausgang mit dem Eingang des Schieberegler (Sliders) *Slider_Rotation-X-Achse* verbunden. Schließlich wird noch der Ausgang des Sliders *Slider_Rotation-X-Achse* mit dem Eingang des Eingabefeldes *Rotation-X-Achse* verbunden. Nach Durchführung der *rechtwinkligen Verdrahtung* (zu finden im Menü BEARBEITEN) sollte der Signalgraph aussehen wie Bild 3.54. Durch diese Rückkopplung von Eingabefeld und Schieberegler werden Änderungen am Schieberegler im Eingabefeld sofort angezeigt. Umgekehrt bewirken Einträge in das Eingabefeld das Verschieben des Reglers an die entsprechende Position.

Testlauf

Falls das automatische Speichern ausgeschaltet ist, sollte man spätestens hier den Signalgraphen sichern. Über den Menüpunkt MESSUNG|START/STOPP wird der Signalgraph gestartet. Dies ist nur möglich, wenn alle Eigenschaftsdialoge geschlossen sind. Nach dem Start der Beispiel-Applikation werden Änderungen am Schieberegler im Eingabefeld angezeigt und auf den Ausgang geschrieben. Hat man im Spy-Ausgabefenster den Anfüge-Modus aktiviert, werden diese Werte mitprotokolliert. Wird in das Eingabefeld ein Wert eingetragen und mit der Tabulator-Taste $\boxed{\rightarrow|}$ bestätigt, erfolgt automatisch die Positionierung des Schiebereglers. Falls dieses Verhalten nicht erreicht wird, sollte man die Verbindung des Signalgraphen und die Parameter der Bedienelemente überprüfen.

Tabulatorreihenfolge

Die Tabulator-Taste $\boxed{\rightarrow|}$ setzt den Eingabefokus auf das Element mit der nächst höheren Tabulatornummer, die Tastenkombination $\boxed{\text{SHIFT}}$ + $\boxed{\rightarrow|}$ auf die nächst kleinere. Diese

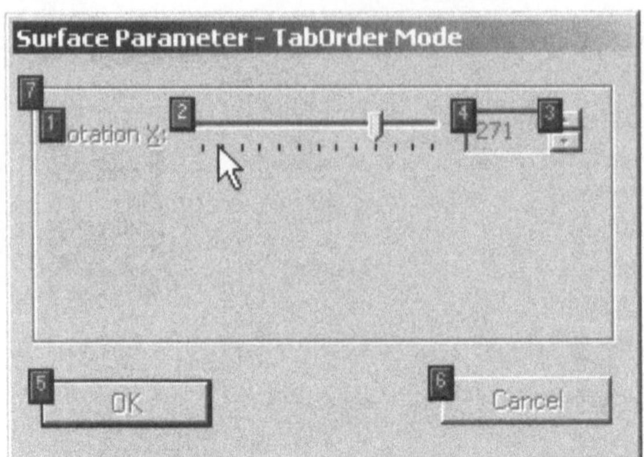

Bild 3.55 Festlegen der Tabulatorreihenfolge

Tabulatorreihenfolge bestimmt aber mehr als nur die Abfolge, mit der die Tabulator-
Taste [→|] den Eingabefokus setzt. Anhand der Reihenfolge bestimmen auch Optionsfel-
der (Radio-Buttons) ihre Zusammengehörigkeit, Drehfelder verknüpfen sich mit dem vorhergehenden Bedienelement und statische Texte setzen den Eingabefokus auf das nachfolgende Element. Schließlich wird auch noch die Zeichenreihenfolge davon bestimmt. Um
dem Anwender die Eingabe zu erleichtern ist es hilfreich, Elemente von links nach rechts
und von oben nach unten zu sortieren, solange keine der zuvor genannten Einschränkungen vorliegen.

Zeichenreihenfolge

Bedienelemente werden entsprechend der Tabulatorreihenfolge gezeichnet, deshalb verdecken Elemente mit höherer Nummer in der Regel die mit kleineren Nummern. Ausnahmen bilden hier: Rahmen, Bitmap- und die WMF-Anzeige. Diese werden zwar nach
allen anderen Elementen gezeichnet, verdecken diese aber nicht. Damit der Mechanismus funktioniert, ist die Vergabe der Tabulatorreihenfolge eingeschränkt. Die Elemente
können zwar untereinander vertauscht werden, besitzen aber immer eine höhere Tabula-
tornummer als die übrigen Elemente.

Um die Auswirkungen der Tabulatorreihenfolge zu demonstrieren, wird in den Anwendungsdialog ein Drehfeld eingefügt. Dazu wird zuerst in den Editor-Modus gewechselt.
Mit Kontextmenü OBJEKT EINFÜGEN|REGLER|DREHFELD VERTIKAL (SPIN) wird ein
Drehfeld rechts neben dem Eingabefeld erzeugt. Nun wechselt man mit TABULATOR-
REIHENFOLGE FESTLEGEN in den Tabulator-Modus. Die Zahlen geben die Tabulatorreihenfolge an. Diese können durch Anklicken der Elemente oder Zahlen verändert werden.
Die Nummer des Rahmens kann hier nicht verändert werden, aber die anderen Elemente
werden durch Anklicken in eine sinnvolle Reihenfolge gebracht (siehe Bild 3.55). Um eine
bereits vorsortierte Tabulatorreihenfolge zu vervollständigen, klickt man mit der linken
Maustaste und gedrückter [STRG]-Taste auf das Element, ab dem die Sortierung fortgesetzt
werden soll. Wird die [STRG]-Taste losgelassen, kann durch weiteres Anklicken der Elemente die Tabulatorreihenfolge fortgesetzt werden. Beendet wird der Tabulator-Modus
durch Klicken auf den Dialoghintergrund oder mit der Taste [Esc].

Wurden in den Elementen alle Parameter eingetragen, die Tabulatorreihenfolge einge-stellt, der Editor beendet, die Leitungen verdrahtet, der Signalgraph gestartet, getestet und für gut befunden, so kann man diesen bereits erstellten Teil der Eingabemaske wie-derverwenden.

In der Beispielapplikation können also Textfeld, Schieberegler, Eingabefeld und Dreh-regler markiert und mit der Taste $\boxed{\text{STRG}+\text{C}}$ kopiert werden. Da die Einfügeposition der Elemente vom Mauszeiger bestimmt wird, positioniert man diesen links unter dem Text-feld. Mit der Taste $\boxed{\text{STRG}+\text{V}}$ werden die Elemente eingefügt. Mit den Cursor-Tasten kann nun die Position der Elemente genauer festgelegt werden. Empfohlen wird hierbei ein Ab-stand von 7 Pixel vertikal. Außerdem sollten die Eingabefelder linksbündig abschließen.

Der Kopiervorgang erstellt aber keine exakten Kopien der Elemente. Da die Bedienele-mente eindeutig bleiben müssen, werden die Beschriftungen und die Bezeichner der Ein- und Ausgänge durchnummeriert.

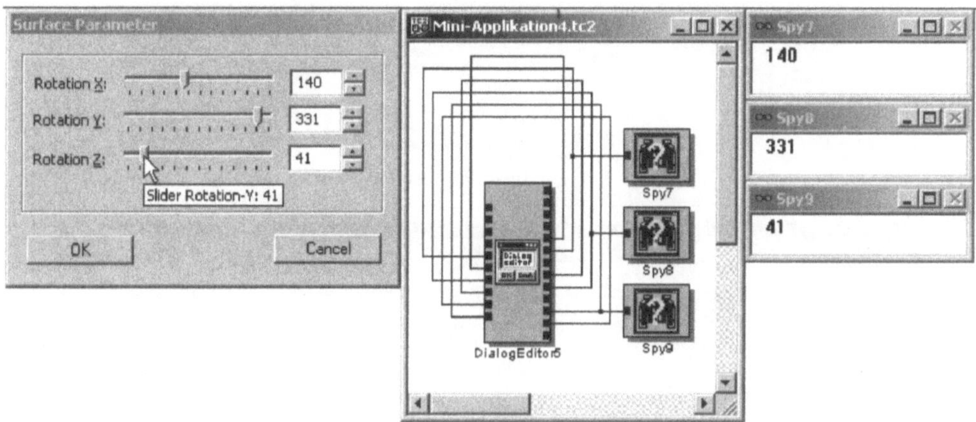

Bild 3.56 Dialog für Bedienung von Surface Betrachtungswinkel

In der Beispielapplikation sollten deshalb folgende Änderungen an den kopierten Elemen-te vorgenommen werden:

- Textfeld: Die Beschriftung von Rotation-X1 auf Rotation-Y ändern.
- Schieberegler: Die Bezeichner der Eingänge von Slider_Rotation-X-Achse1 auf Slider_Rotation-Y-Achse ändern.
- Eingabefeld: die Bezeichner der Eingänge von Rotation-X1 auf Rotation-Y ändern.

Vervielfältigung von Elementen

Anschließend wird der Editor beendet, die Elemente verbunden und der Dialog getes-tet. Nach erfolgreichem Test können nun Bedienelemente für die Steuerung der Z-Achse hinzugefügt werden. Die Beispielapplikation sollte danach aussehen wie Bild 3.56.

Um das Beispiel zu vervollständigen wird aus der Modulgruppe *Display/Array* das Modul Surface hinzugefügt. Im zugehörigen Eigenschaftsdialog wird das Kombinationsfeld *Pa-rameter* auf *Extern* geschaltet (siehe Bild 3.57), damit dieses Modul extern parametriert werden kann. Veränderungen der Modulparameter zur Laufzeit erfolgen über das Modul ParamConv.

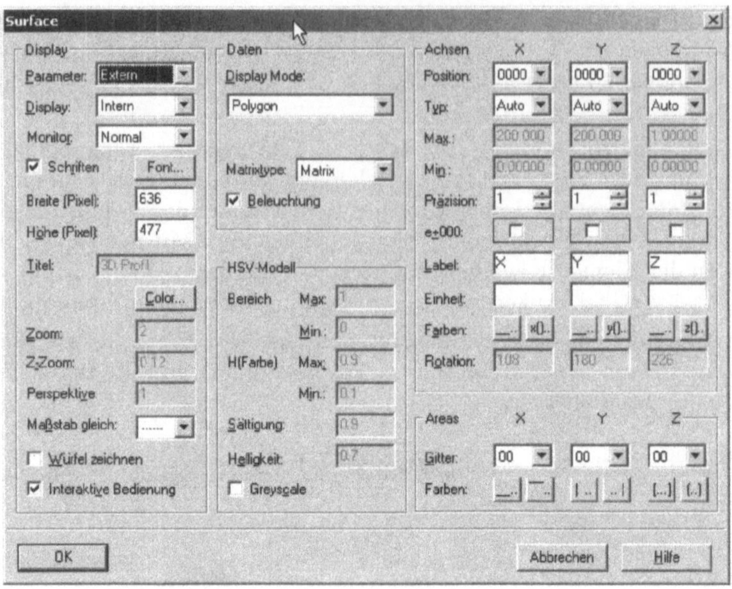

Bild 3.57 Surface Eigenschaftsdialog

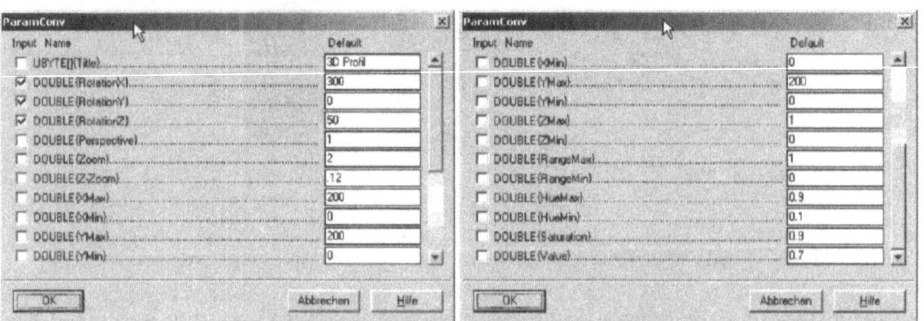

Bild 3.58 ParamConv Eigenschaftsdialog

Dieses ist in der Modulgruppe *Signal Processing/Convert* zu finden. Der Ausgang des Moduls **ParamConv** wird mit dem Ext-Eingang des Moduls **Surface** verbunden, dadurch erhält der **ParamConv** die Möglichkeit, den Parametersatz des Moduls **Surface** auszulesen. Öffnet man nun den Eigenschaftsdialog des **ParamConv**, so werden alle Parameter des verbundenen Moduls **Surface** angezeigt, die extern geändert werden können. Für das Beispiel sind die Parameter so wie in Bild 3.58 dargestellt einzustellen. Durch Aktivieren der drei Kontrollkästchen (Checkboxen) für die Felder Rotation-X bis Rotation-Z werden vom Modul **ParamConv** entsprechende Eingänge erzeugt. Damit diese über den Anwendungsdialog des **DialogEditor** gesteuert werden können, werden sie mit den korrespondierenden Slider-Ausgängen des **DialogEditors** verbunden (siehe Bild 3.60). Schließlich wird noch eine Datenquelle eingefügt. Das Modul **Fract** ist in der Modulgruppe *Data Source* zu finden. Es erzeugt eine synthetische Matrix, die mit dem Modul **Surface** als 3-D Profil dargestellt werden kann. Dazu wird der Ausgang des Moduls **Fract** an den Data Eingang des Moduls **Surface** verdrahtet. Damit das Modul **Fract** eine Matrix liefert, wie sie Bild

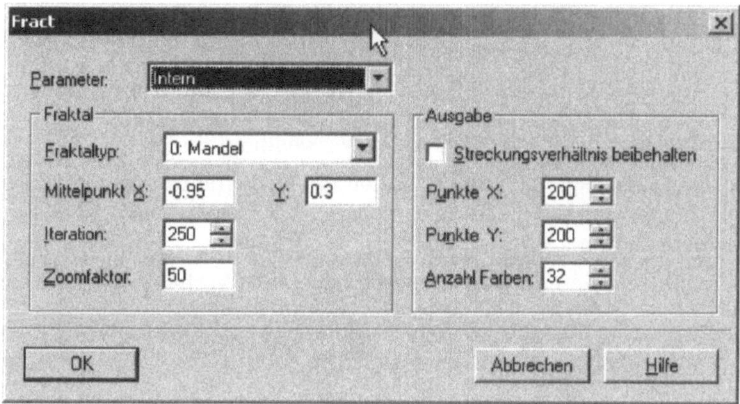

Bild 3.59 Fract Eigenschaftsdialog

3.60 darstellt, sind in dessen Eigenschaftsdialog die Parameter wie in Bild 3.59 dargestellt einzustellen.

Das fertige Beispiel sollte nach dem Starten aussehen wie Bild 3.60.

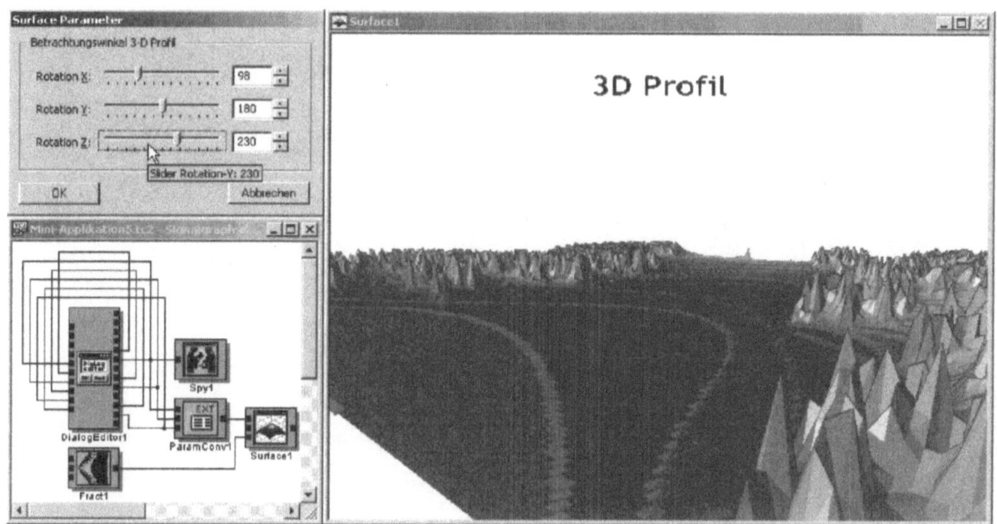

Bild 3.60 Komplette Beispielapplikation

Das hier demonstrierte Beispiel zeigt nur den Einsatz des Moduls **DialogEditor** Ausgabefensters als nicht-modalen Dialog. Das Modul **DialogEditor** kann aber für eine Vielzahl von Aufgaben eingesetzt werden:

- Property sheet: Mit Registerkarten lassen sich umfangreiche aber trotzdem übersichtliche Eingabemasken und Eigenschaftseiten erstellen.

- Messagebox: Ein modaler (blockierender) Dialog mit einer Anzeige (Hinweis-, Warnsymbol,...) und Beschriftung kann als Nachrichtenfenster verwendet werden.

- Toolbar: Durch Anpassen des Layouts und dem Einsatz von Bitmap-Schaltflächen und kann eine eigene Werkzeugleiste erstellt werden.

- Eigene Anzeige: Durch Befüllen von Anzeigeelementen zur Laufzeit, kann das DialogEditor-Ausgabefenster als Display Verwendung finden.

- Untergeordnete Anzeige: Durch Verbinden des **DialogEditor** Moduls mit einem Modul **DisplayManager** können Eingaben direkt im DisplayManager-Ausgabefenster vorgenommen werden.

Durch Anpassen der Parameter können außerdem folgende Verhaltensweisen erreicht werden:

- Pausieren des Signalgraphs: Durch Blockieren der Ablaufsteuerung kann der Dialog den Signalgraphen vorübergehend anhalten.

- Exklusive Eingabe: Der Eingabefokus bleibt auf dem Dialog bis dieser geschlossen wird.

- Immer im Vordergrund: Der Dialog kann nur noch vom Task-Manager und anderen Fenstern verdeckt werden, die ebenfalls immer im Vordergrund sind.

4 Weitergehende Programmiermöglichkeiten

A. Bauhofer, M. Heininger, R. Mandl, H. Meyerhofer und J. Schwarzmüller

Das Datenflussmodell eignet sich optimal für Anwendungen, in denen Datenquellen Messwerte oder Schaltsignale liefern, die verarbeitet und visualisiert werden sollen. Durch das Ablaufsteuerungskonzept von ICONNECT benötigen derartige Anwendungen für den kontinuierlichen Ablauf keine Kontrollflussstrukturen wie Schleifen, Bedingungen und Zeitsteuerungen (Timing Funktionen). Anwendungen, die sehr flexibel auf Benutzer Interaktionen oder externe Ereignisse reagieren sollen, können in Datenflussmodellen zu sehr vielen Verzweigungen führen, die die Signalgraph Struktur unübersichtlich machen. Zur Darstellung überwiegend kontrollflussbasierter Abläufe eignen sich textuelle Beschreibungen (Skripting) oder Zustandsübergangsdiagramme (Statecharts) meist besser.

Durch die Verwendung von Skripten ergeben sich folgende Vorteile:

- Kundenspezifische Algorithmik, die eventuell bereits fertig vorliegt, kann oft mit nur geringen Änderungen integriert werden.

- Bisher nicht in ICONNECT implementierte Formeln, Algorithmen oder logische Funktionen können hinzugefügt werden, ohne neue Module zu erstellen.

- Vorhandene Bibliotheken (DLL´s) können über Skripting eingebunden werden.

- Komplexere Hardware-Schnittstellenprotokolle, z.B. die Kommunikation über den IEEE-Bus mit einem Voltmeter oder eine serielle Kommunikation mit einem Sensor sind einfach realisierbar.

- Die Anbindung eigener Hardware wird erleichtert, d.h., das Schreiben spezieller Device-Treiber kann meist entfallen.

- ActiveX Controls anderer Hersteller lassen sich leicht einbinden.

- Die Automatisierung von Office-Anwendungen kann über OLE erfolgen. Damit ist eine Fernsteuerung von z.B. Microsoft Excel möglich. Messergebnisse können damit an Excel übergeben und dort visualisiert oder ausgedruckt werden.

- Ein Bau intelligenter Dialoge mit Abhängigkeiten der Dialogelemente untereinander ist realisierbar.

- Rezepturen können aus Datenbanken gelesen, Versuchsergebnisse in einer Datenbank archiviert werden. Die SQL-Abfragesprache ist leicht erlernbar und universell einsetzbar.

- Mit Skripting sind komplexe Stringverarbeitungsfunktionen einfach zu verwenden.

- Das Lesen und Schreiben von Dateien mit besonderen Formaten ist einfach realisierbar.

- Die Steuerung von Versuchen mit komplexen Abläufen (z.B. ein Prüfplatz für elektronische Baugruppen) wird vereinfacht.

In den folgenden Abschnitten wird auf die Skripting-Techniken und deren anwendungsspezifische Vor- und Nachteile ausführlich eingegangen.

Einen Überblick über die wesentlichen Vorteile und Eigenschaften der Skript-Module gibt Tabelle 4.1.

Modul	Vorteile, Einsatzbereich
Formula	Mathematischer Formeleditor für einfache Berechnungen auf skalaren Werten oder Feldern (Arrayvariablen) ohne Kontrollstrukturen
Interpret	Einfache Programmierung benutzerdefinierter Algorithmen mit Kontrollstrukturen, Hardware- und Schnittstellenzugriffen. Schnelle Programmausführung
Perl	Universelle objektorientierte Programmiersprache, Stringverarbeitung mit regulären Ausdrücken, umfangreiche Dateiverarbeitungsfunktionen und viele fertige Pakete aus dem Internet. Modifikation des Programms zur Laufzeit möglich
VBA	Visual Basic für Applikationen für einfache Dialogerstellung, OLE Automatisierung, Einbindung von ActiveX Controls, integrierter Skriptdebugger u.v.m.
GAL	Logische Verknüpfungen binärer Signale und interner Zustandsvariablen
Automaton	Modellierung endlicher Automaten mit Statecharts. Grafischer Editor mit Semantikanalyse und integrierter Debugger
SQL	Universelle Anbindung beliebiger ODBC-Datenbanken mittels SQL-Abfragesprache

Tabelle 4.1 Anwendungsmöglichkeiten der Skripting Module

4.1 Formeleditor

Diverse Anwendungen erfordern die Verrechnung von Werten nach unterschiedlich kombinierten mathematischen Formeln.

Das Modul **Formula** eignet sich zur Implementierung einfacher mathematischer Formeln und logischer Verknüpfungen, für deren Berechnung keine Kontrollstrukturen erforderlich sind. Die Formeln werden im Rahmen der syntaktischen Regeln unter Verwendung der implementierten Funktionen, Operatoren und Konstanten frei erstellt und in einem Sytax-Check auf Korrektheit geprüft. Die Syntax einer Formel lautet dabei:

$$Ausgangsbezeichner = Formelrumpf; \qquad (4.1)$$

Für jede Formel wird ein Ausgangsbezeichner erzeugt. Der Formelrumpf ist eine mathematische Formel, die aus vorgegebenen Funktionen, Operatoren, Konstanten sowie Eingangsbezeichnern aufgebaut ist.

Mathematische Funktionen

- Allgemeine Funktionen:
  `exp` Exponentialfunktion, `log` natürlicher Logarithmus, `log10` Logarithmus mit Basis 10, `pow` Potenzieren, `sqrt` Quadratwurzel, `abs` Betrag, `equiv` Äquivalenz

- Trigonometrische Funktionen:
  `sin` Sinus, `cos` Cosinus, `tan` Tangens, `asin` Arcussinus, `acos` Arcuscosinus, `atan` Arcustangens, `sinh` Sinus Hyperbolicus, `cosh` Cosinus Hyperbolicus, `tanh` Tangens Hyperbolicus

- Rundungsfunktionen:
  `round` Runden auf einen Ganzzahlwert, `floor`, `ceil` Ab- bzw. Aufrunden auf die nächste ganze Zahl, `fix` Rundung auf eine feste Anzahl gültige Ziffern

- Logische Funktionen:
  `not` Logisch Invertieren, `and` UND, `or` ODER, `xor` EXCLUSIV-ODER, `nand` NAND, `nor` NOR

Operatoren

Bei den Operatoren werden die üblichen Prioritäten berücksichtigt (nach fallender Priorität geordnet):

- Klammern ()

- Unäre Operatoren:
  - Negation und ~ Logisches Invertieren

- Arithmetische Operatoren:
  * Multiplikation, / Division, % Modulo (Divisionsrest), + Addition und - Subtraktion

- Vergleichsoperatoren:
  < Kleiner als, <= kleiner oder gleich, > größer als, >= größer oder gleich, == Test auf Gleichheit, != Test auf Ungleichheit

- Logische Operatoren:
  && Logisches UND und || logisches ODER

Konstanten

- Logische Konstanten:
  1 TRUE oder true, 0 FALSE oder false

- Numerische Konstanten:
  `PI` Kreiszahl (PI=3.1415926535) und `E` Eulerzahl (E=2.718281828)

Eingangs- und Ausgangsbezeichner

Ein *Bezeichner* besteht aus einer Folge von alphanumerischen Zeichen, die mit einem Buchstaben beginnt, jedoch weder Konstante noch Funktion ist. Jeder Bezeichner, der auf der linken Seite einer Formel steht, referenziert einen Ausgang. Eingangsbezeichner stehen rechts des Gleichheitszeichens und werden den automatisch erzeugten Moduleingängen zugeordnet. Dabei werden die an den Eingängen anliegenden Daten durch

Formeln verknüpft und die Ergebnisse an den entsprechenden Modulausgängen bereitgestellt. Die Mehrfachverwendung eines Ausgangs ist nicht sinnvoll, da durch das Angeben einer zweiten Formel für einen Ausgang die erste Berechnung überschrieben wird. Damit der Formeleditor Werte unterschiedlicher Datentypen erkennen und skalare Daten von Arrays unterscheiden kann, werden zusätzlich zu den Ein-/Ausgangsbezeichnern deren Datentypen angegeben.

Datentypen

Die Deklaration von Datentypen erfolgt optional. Wird kein Datentyp angegeben, so wird für die entsprechende Variable ein Feld (im Text auch Array genannt) von Fließkommazahlen erwartet. Die explizite Angabe von Ein- und Ausgangsdatentypen wird im Formeltext in eckigen Klammern vorgenommen:

$$Bezeichner[Datentyp]. \qquad (4.2)$$

Die Kodierung für Datentypen setzt sich dabei aus folgenden Informationen zusammen:

- Datentyp
    - d Ganze Zahl (Array), z.B.

      `Summe[d] = ...;`
    - f Gleitkommazahl (Array)
- Anzahl der Werte
    - %d, %f Einzelwert als Parameter, z.B.

      `Summe[%d] = ...;`
    - #d, #f Skalarwert (Array mit Länge 1), z.B.

      `Summe[#d] = ...;`
    - d, f Datenarray beliebiger Länge, z.B.

      `Summe[d] = ...;`
- Triggereingang
    - &d, &f Einzelwert als Parameter, z.B.

      `Summe[&d] = ...;`
    - d, f Datenarray beliebiger Länge

Formula stellt ein Verarbeitungsmodul dar und benötigt deshalb mindestens einen Triggereingang. Eingänge sind automatisch Triggereingänge, wenn es sich um Arrays beliebiger Länge handelt. Bei Parametern entscheidet die Kodierung, ob es sich um einen Trigger- (&) oder einen Nichttrigger-Eingang (%) handelt. Sind mehrere Eingänge als Triggereingänge definiert, so werden diese *UND* verknüpft.

Die Festlegung von Triggereingängen erfolgt durch den Programmierer und dient zur Regelung des Programmablaufs:

- Liegen Daten an Nichttrigger-Eingängen an, werden diese eingelesen und zwischengespeichert.
- Liegen an *allen* Triggereingängen Daten an, so wird eine Bearbeitung des Skriptes auf den aktuellen Daten ausgelöst. Anschließend werden die Ergebnisse an die Ausgänge geschickt.

Neben den Datentypen können Zusatzinformationen (TypeInfo) zum Signal angegeben werden.

Typinformationen

Zur weiteren Verarbeitung eines Ausgangssignals ist es vorteilhaft oder sogar notwendig, das Signal mit zusätzlichen Informationen (Signalname, Bereich, Skalierungsfaktor, Einheit) auszustatten. Die Angabe der Typinformationen erfolgt im Skript:

$$Bezeichner[Datentyp,TypeInfo]. \qquad (4.3)$$

Die Typinformationen können in beliebiger Reihenfolge durch Komma getrennt angegeben werden.

Addition zweier ganzer Zahlen

Die Verwendung des Formeleditors wird anhand eines Addierers, der zwei Zahlen mit folgender Formel zusammenzählt, gezeigt:

$$Summe = Zahl1 + Zahl2; \qquad (4.4)$$

Bild 4.1 zeigt einen Signalgraphen zum Addieren von zwei Zahlen. Dabei werden zwei ganzzahlige Einzelwerte als Parameter an das Modul **Formula** geschickt. Dieses führt die Addition aus und schickt das Ergebnis als Array der Länge eins an das Anzeigeelement.

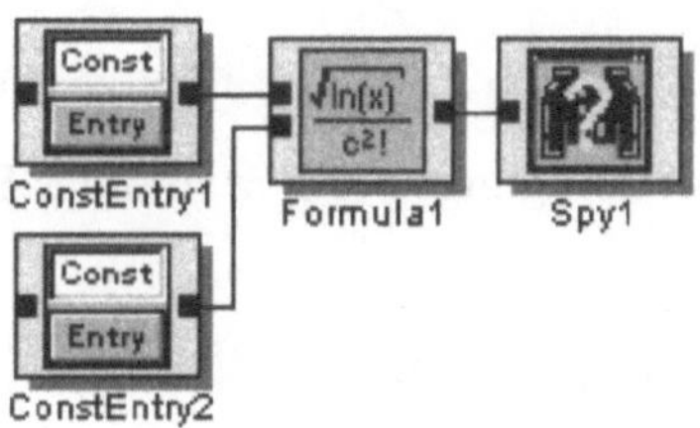

Bild 4.1 Addition von zwei ganzen Zahlen

Bild 4.2 zeigt die beiden Eingabeelemente und die Ergebnisanzeige.

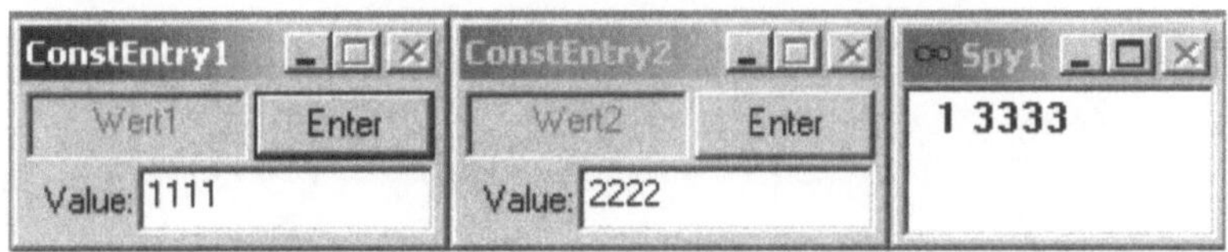

Bild 4.2 Ergebnis der Addition

Die Formel im Eigenschaftsdialog des Moduls **Formula** hat folgende Syntax:

```
Summe[#d] = Wert1[&d] + Wert2[%d];
```

In diesem Beispiel sind Wert1 und Wert2 als ganze Zahlen deklariert. Der Eingang für Wert1 ist ein Triggereingang. Deshalb wird die Summe der beiden Werte immer dann neu berechnet und ausgegeben, wenn an diesem Eingang neue Daten anliegen.

Addition zweier Fließkommaarrays

Zwei Arrays mit jeweils N Elementen werden elementweise nach folgender Formel addiert:

$$Summe[i] = Zahl1[i] + Zahl2[i]; \quad i = 1...N \tag{4.5}$$

Bild 4.3 zeigt den Signalgraphen, in dem zwei Sinusgeneratoren in einem festen Zeittakt Fließkommaarrays vorgegebener Länge N an den Addierer liefern. Der Addierer summiert die beiden Arrays elementweise und liefert das Ergebnis als Array der Länge N an das nachfolgende Anzeigeelement.

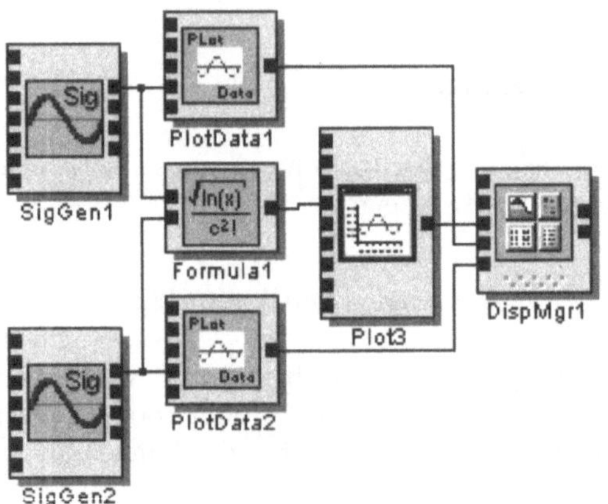

Bild 4.3 Addition von zwei Fließkommaarrays

Bild 4.4 zeigt die beiden Sinusschwingungen (dünn) und das Ergebnis der Addition (dick) als Y-t Plot.

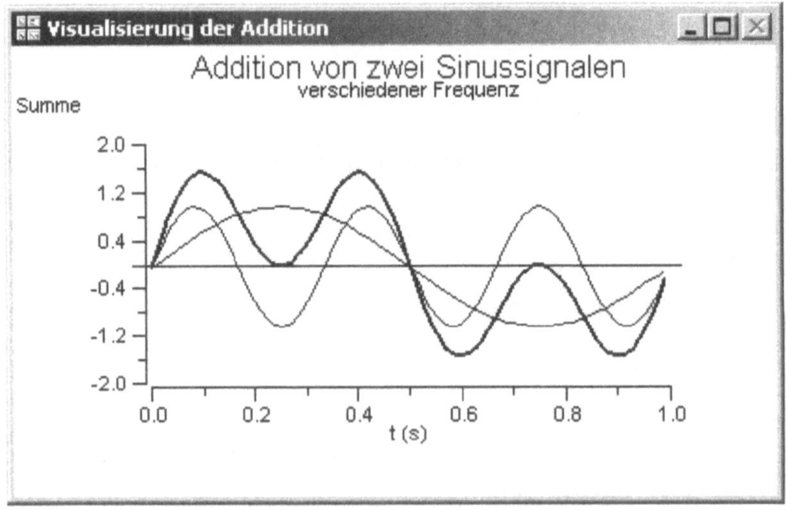

Bild 4.4 Ergebnis der Sinus Addition

Die Formel im Eigenschaftsdialog des Moduls **Formula** hat folgende Syntax:

```
Summe[f,name="Summe",min=-2,max=2] = Sinus1 + Sinus2;
```

In diesem Beispiel sind die Variablen *Sinus1* und *Sinus2* Fließkommaarrays. Beide Eingänge sind Triggereingänge. Deshalb wird die Summe der beiden Sinussignale immer dann neu berechnet und ausgegeben, wenn an beiden Eingängen neue Daten anliegen. Der Ausgang hat den Bezeichner *Summe* und bekommt als Zusatzinformation den Signalnamen und den Wertebereich.

In diesen Beispielen wurden elementare Formeln verwendet. Sobald Kontrollstrukturen benötigt werden, ist es sinnvoll das Modul Interpret zu verwenden.

4.2 C-Interpreter

Oft werden spezielle Algorithmen benötigt, die in einer Modulbibliothek nicht vorhanden sind. Mit dem Modul Interpret steht ein Interpreter zur Verfügung, der die Eingabe einer benutzerspezifischen Algorithmik bestehend aus Formeln wie im Formeleditor und zusätzlichen Kontrollstrukturen ermöglicht. In einem Texteingabefeld wird das anwendungsspezifische Programm mittels einer einfachen Skriptsprache unter Beachtung der syntaktischen Regeln frei erstellt. Dabei stehen die implementierten Funktionen, Operatoren und Konstanten zur Verfügung. Diese werden in diesem Abschnitt beschrieben. Die Syntax orientiert sich an der gängigen Programmiersprache *C*. Ein- und Ausgänge werden im Quelltext deklariert und erscheinen als Modulports. Mit dem Syntax-Check wird das Programm auf Korrektheit überprüft. Ein auf diese Weise erstelltes Modul kann wie jedes vorgefertigte ICONNECT Modul aus der Bibliothek verwendet werden. Das Programm wird übersetzt (compiliert) und zur Laufzeit mit maximal möglicher Geschwindigkeit ausgeführt.

Bild 4.5 zeigt den Dialog des Moduls Interpret mit einem einfachen Programmbeispiel, das aus dem Deklarationsteil (Eingangs-, Ausgangs- und Variablendefinitionen), einer Funktion und allen vordefinierten Sektionen (*init, execute* und *done*) besteht.

Das eingegebene Programm kann als ASCII-Text (name.txt) gespeichert und wieder geladen werden. Die Funktionen *Suchen*, *Weitersuchen* und *Suchen und Ersetzen* erlauben eine komfortable Nutzung des Eingabefelds. Die Größe des ASCII-Textfeldes (bzw. des Dialogs) kann mit der Maus verändert werden.

Schnittstellen zu ICONNECT

Die Ein- und Ausgänge bilden die Schnittstellen zu ICONNECT. Sie werden zu Beginn des Programms deklariert. Eingänge werden bezüglich ihrer Triggerbedingung unterschieden. Sind keine Triggereingänge deklariert, verhält sich das Modul Interpret wie eine Quelle, d.h. der Algorithmus wird zyklisch aufgerufen. Ist mindestens ein Eingang als Triggereingang festgelegt, so arbeitet das Modul Interpret wie ein Verarbeitungsmodul, d.h. sobald Daten an einem Triggereingang anliegen, wird der Algorithmus abgearbeitet. Sind mehrere Triggereingänge deklariert, werden sie ODER-verknüpft. Ist eine UND-Verknüpfung der Triggereingänge erwünscht, kann dies im Programm angegeben werden. Sind Trigger- und Nichttriggereingänge vorhanden, werden in jedem Ablaufsteuerungszyklus die Daten an den Nichttriggereingängen eingelesen. Vorhandene Daten werden dabei von neuen Daten überschrieben. Die Deklaration der Eingänge unterscheidet sich im Attribut *trigger* und darin, ob die Eingangsdaten Zusatzinformationen mitgeliefert bekommen. Datenarrays werden sinnvollerweise von Zusatzinformationen wie Signalname, Bereich,

```
: Interpret

input trigger TInl ( "TYPEINFO", "TypeInfo", "DOUBLE[]", "TIME_DOMAIN" );
output Outl ( "TYPEINFO", "TypeInfo", "DOUBLE[]", "TIME_DOMAIN" );
int status;

SetStatus()
 {
 status = ti_getstatus( TInl );
 ti_setstatus( status, Outl );
 }

init
 {
 ;
 }
execute
 {
 SetStatus();
 Outl << TInl;
 }
done
 {
 ;
 }
```

Bild 4.5 Dialog des Moduls Interpret

Abtastrate, Zeitstempel, etc. begleitet. Folgende Deklarationen entsprechen der gültigen Syntax:

```
input Name( Datentyp, Bezeichner);
input Name( "TYPEINFO", "TypeInfo", Datentyp, Bezeichner );
input trigger Name( Datentyp, Bezeichner);
input trigger Name( "TYPEINFO", "TypeInfo", Datentyp, Bezeichner );
TRIGGER = T_AND;
TRIGGER = T_OR;
```

Bei der Deklaration der Ausgänge entscheidet der Programmierer, ob an den Ausgängen Zusatzinformationen sinnvoll sind. Die Ausgänge werden analog zu den Eingängen definiert:

```
output Name( Datentyp, Bezeichner );
output Name( "TYPEINFO", "TypeInfo", Datentyp, Bezeichner );
```

Nach jedem Programmdurchlauf werden die entsprechenden Ergebnisse auf Ausgänge geschickt. Vektoren variabler Länge (siehe Tabelle 4.2) haben im Initialzustand die Länge Null. Die Speicherreservierung erfolgt, sobald Daten zugewiesen werden. Solange die Arraylänge Null ist, erfolgen an den entsprechenden Ausgängen keine Ausgaben. Parameter oder Datenfelder fester Länge werden nach jedem Modulaufruf an die Ausgänge geschickt. Solange keine explizite Wertzuweisung erfolgt ist, werden undefinierte Werte an die Ausgänge geschickt.

Deklaration von Variablen

Im Deklarationsteil des Interpreter Programms werden neben der Definition von Ein- und Ausgängen die für den Algorithmus notwendigen Variablen deklariert. Tabelle 4.2 listet die Ein- und Ausgangsdatentypen und die dazu kompatiblen Datentypen in Modul Interpret auf.

Datentyp	Ein-/Ausgang	Variable
Ganze Zahl	SWORD	int
Ganzzahlenarray fester Länge n	SWORD[n]	int[n]
Ganzzahlenarray variabler Länge	SWORD[]	int[n]
Fließkommazahl	DOUBLE	double
Fließkommaarray fester Länge n	DOUBLE[n]	double[n]
Fließkommaarray variabler Länge	DOUBLE[]	double[n]
Zeichen	UBYTE[]	char
Zeichenkette	UBYTE[]	char[n]

Tabelle 4.2 Datentypen

Mit der Funktion *setsize(Anzahl)* kann die Größe von Arrays angepasst werden. Definierte Variablen werden im Deklarationsabschnitt initialisiert:

```
int i; i=5;  // int i=5 ist nicht erlaubt!
double d[10]; d[0]=0.0; d[1]=1.1;
char c; c='?'; char Text[10]; Text="Test";
```

Im Programm folgen dem Deklarationsabschnitt Funktionen und Programmsektionen. Aus den Sektionen heraus können Funktionen aufgerufen werden.

Funktionsdeklarationen im Interpreter

Der Interpreter erlaubt die Deklaration einfacher parameterloser Funktionen ohne Rückgabewerte:

```
FunktionsName()
{
; // Anweisung
}
```

Initialisierungsphase

Die Sektion *init* ist optional und wird nur einmal beim Starten des Signalgraphen aufgerufen. Sie dient zum Initialisieren von Variablen und Hardwarekomponenten. Daten von Eingängen stehen in der Initialisierungsphase noch nicht zur Verfügung. Leere Sektionen haben keine Funktion und sind nicht erlaubt. Syntaktisch korrekte Sektionen enthalten mindestens eine Anweisung. Folgender Code zeigt einen Initialisierungsabschnitt mit einer leeren Anweisung.

```
init
{
;
}
```

Ausführungsphase

Ist das Modul Interpret eine Quelle, so wird es in jedem Ablaufsteuerungszyklus aufgerufen. Ist es ein Verarbeitungsmodul, wird es aufgerufen, wenn an den Triggereingängen Daten anliegen. Die Sektion *execute* ist ebenfalls optional. Ist sie deklariert, so wird sie bei jedem Modulaufruf durchlaufen. Die Syntax einer *execute* Sektion mit leerer Anweisung lautet wie folgt:

```
execute
{
;
}
```

Beendigungsphase

Die Sektion *done* ist ebenfalls optional und wird nur einmal beim Stoppen des Signalgraphen aufgerufen. Sie dient beispielsweise zum Schließen von Hardwarekomponenten.
Die *done* Sektion hat folgende Syntax:

```
done
{
;
}
```

Innerhalb der Sektionen und Funktionen können die im Modul Interpret vordefinierten
Funktionen aufgerufen werden.

Funktionsumfang des Interpreters

- Die mathematischen Funktionen entsprechen denen im Formeleditor.

- Mit den Aggregatfunktionen werden Minimum, Maximum, Mittelwert oder Summe
  eines Datenarrays berechnet.

- Die Hardwarefunktionen dienen zum Zugriff auf Schnittstellen (Öffnen, Schließen,
  Lesen und Schreiben von Daten). Diese Funktionen werden im nächsten Abschnitt
  anhand eines Beispiels ausführlich erklärt.

- Die *Konvertierungsfunktionen* ermöglichen Umwandlungen von Zeichen in Zahlen,
  von ganzen Zahlen in Fließkommazahlen und von Fließkommazahlen in Binärstrings
  und umgekehrt. Folgendes Beispiel zeigt einfache Konvertierungen:

```
i = atoi( "123" );   // Die ganze Zahl i=123
itoa( s, 123, 10 );  // Die Zeichenkette s="123"
d = itof( 77 );      // Die Fließkommazahl d=77.0
i = ftoi( 99.99 );   // Die ganze Zahl i=99
```

- Die Funktionen für *Zeichenketten* beinhalten das Kopieren, Anfügen und Vergleichen von Strings, die Suche nach einzelnen Zeichen oder Zeichenketten innerhalb
  eines Strings, das Ausschneiden eines Teilstrings, das Entfernen von Leerzeichen,
  die Konvertierung aller Zeichen in Klein- bzw. Großbuchstaben, etc. In folgendem
  Beispiel wird eine Zeichenkette kopiert, deren Länge ermittelt und nach dem Vorkommen eines bestimmten Zeichens in der Zeichenkette gesucht:

```
strcpy( d, "Test" );   // Die Zeichenkette "Test" wird nach d kopiert
l = strlen( d );       // Die ganze Zahl l liefert die Länge von d
p = strchr( d, 's' );  // Die ganze Zahl p liefert die Position von 's' in d
```

- Zu den allgemeinen Funktionen zählen das Ausgeben von Informationen in Mel-
  dungsfenstern, Zeitfunktionen, das Setzen und Einlesen von Arraygrößen, etc. In
  folgendem Beispiel wird abgefragt, ob an Eingang E neue Daten anliegen und gegebenenfalls wird die Variable für Ausgang A auf die Größe von Array E gesetzt:

```
input  E( "TYPEINFO", "TypeInfo", "DOUBLE[]", "TIME_DOMAIN" );
output A( "TYPEINFO", "TypeInfo", "DOUBLE[]", "TIME_DOMAIN" );
execute
 {
 if (newdata(E))
  {
  setsize(A,size(E));
  }
 }
```

- Die Zusatzinformationen (Signalname, Minimum und Maximum des Bereiches, Zeitstempel, Abtastrate, Einheit, Skalierung) und der Status der Daten (START Paketstart, BUSY Mitte, STOP Ende oder START_STOP komplettes Paket) werden mittels entsprechender Funktionen einzeln von Eingängen eingelesen und an Ausgängen gesetzt. Die Kopierfunktion erlaubt es, die gesamte Typinformation (nicht den Status) eines Eingangs an einen Ausgang zu kopieren. In folgendem Beispiel werden die Typinformationen und der Status von Eingang E an Ausgang A kopiert. Anschließend wird die Abtastrate neu gesetzt:

```
input  E( "TYPEINFO", "TypeInfo", "DOUBLE[]", "TIME_DOMAIN" );
output A( "TYPEINFO", "TypeInfo", "DOUBLE[]", "TIME_DOMAIN" );
execute
 {
 ti_copy( A, E );
 ti_setstatus( ti_getstatus( E ), A );
 ti_setsamplerate( 512.0, A );
 }
```

Operatoren

Bei den Operatoren werden die üblichen Prioritäten berücksichtigt (nach fallender Priorität geordnet):

- Klammern ()
- Unäre Operatoren sind ~ bitweises Komplement, ! logische Negation, - Minus, ++ Inkrementierung, -- Dekrementierung
- Arithmetische Operatoren:
  * Multiplikation, / Division, % Divisionsrest, + Addition, - Subtraktion
- Shiftoperatoren für binäres Rechts-/Linksschieben einer Zahl oder eines Zeichens
- Vergleichsoperatoren (<, <=, >, >=, ==, !=)
- Bitweises AND, XOR, OR (&, ^, |)
- Logisches AND, OR (&&, ||)
- einfache Zuweisung (=)

Konstanten

- Logische Konstanten (TRUE, true, FALSE, false)
- Numerische Konstanten (PI Kreiszahl, E Eulerzahl)
- Konstanten zum Setzen der Status Information (START Paketanfang, BUSY Paketmitte, STOP Paketende, START_STOP komplettes Paket)

Kontrollflussanweisungen

Mittels der Kontrollflussanweisungen ist es möglich, mit dem Interpreter Verzweigungen und Schleifen im Programmablauf zu realisieren.

- Abfragen:

```
// einfache if-Abfrage
if (expression)
 block;


// if/else-Abfrage
if (expression)
 block1;
else
 block2;
```

  In folgendem Beispiel wird die ganzzahlige Variable *ok* auf den Wert 1 geprüft:

```
// Kommentarzeile
if ( ok==1 )
 print( "gleich 1" );
else
 print( "ungleich 1" );
```

- Schleifen:

```
while (expression)
 block;


for ([init-expr]; [cond-expr]; [loop-expr])
 block;


break; // break beendet die innerste Schleife
```

  In folgendem Beispiel wird eine Schleife solange durchlaufen, bis eine Abbruchbedingung erfüllt ist:

```
for (i=0; i<5; i++)
 {
 if (i>3)
  break;
 }
```

Ausgabe auf Datenstreams

Während der Abarbeitung der *execute* Sektion werden Daten an Ausgänge geschickt (<<) bzw. zugewiesen (=). Die angesammelten Daten stehen nach Ausführung des Programms an den Ausgängen zur Verfügung. Stream-I/O dient zum Anhängen von Einzelwerten oder Vektoren des Ausgangsdatentyps an die zum Ausgangs-Stream gehörende Variable. Es können auch Daten an einen Eingang angefügt und anschließend am Ausgang ausgegeben werden. Das folgende Beispiel zeigt die verschiedenen Möglichkeiten.

```
input  E( "TYPEINFO", "TypeInfo", "DOUBLE[]", "TIME_DOMAIN" );
output A( "TYPEINFO", "TypeInfo", "DOUBLE[]", "TIME_DOMAIN" );
double d[8]; int j[8];
execute
 {
 for ( i=0; i<4; i++)
  d[i]=i*1.1;
```

```
A << E;     // Inhalt von E (6.6, 7.7, 8.8) wird an A geschickt
            // A = 6.6, 7.7, 8.8
A << d;     // Vektor d (0.0, 1.1, 2.2, 3.3) wird an A angehängt
            // A = 6.6, 7.7, 8.8, 0.0, 1.1, 2.2, 3.3
E << d;     // Vektor d wird an E angefügt
            // E = 6.6, 7.7, 8.8, 0.0, 1.1, 2.2, 3.3
A << E;     // Inhalt von E wird an A angefügt
            // A = 6.6, 7.7, 8.8, 0.0, 1.1, 2.2, 3.3 6.6, 7.7, 8.8, 0.0, usw.
A[3]=9.9;   // Wert auf Index 3 wird neu zugewiesen
            // A = 6.6, 7.7, 9.9, 0.0, 1.1, 2.2, 3.3 6.6, 7.7, 8.8, 0.0, usw.
}
```

Geschwindigkeitsoptimierung beim Schreiben von Daten an Ausgänge

Die schnellste Methode der Datenausgabe besteht darin, die kompletten Eingangsdaten unverändert an einen Ausgang zu schicken.

```
A << E; // siehe obiges Beispiel
```

Im praktischen Fall ist es jedoch immer erforderlich, die Daten vor der Ausgabe zu bearbeiten.

```
for (i=0; i<size(E); i++)
 A << E[i]*0.5; // Eingangsdaten werden einzeln an Ausgang angefügt
```

Das Anfügen von Einzelwerten ist langsam, denn die Speichergröße der Ausgangsvariablen wird für jeden Wert reallokiert. Um die wiederholte Speicheranforderung zu umgehen, eignet sich die Funktion *setsize()* zum Allokieren einer vorgegebenen Speichergröße. In folgendem Beispiel wird die Speichergröße des Ausgangs gleich der des Eingangs gesetzt:

```
setsize( A, size(E) ); // Größe des Ausgabestreams allozieren
for (i=0; i<size(E); i++)
 A[i] = E[i]*0.5; // Eingangsdaten werden einzeln an Ausgang zugewiesen
```

Mit dieser Methode wird die Ausgabegeschwindigkeit maximiert, denn die Speicherreservierung erfolgt nur einmal. Die Werte werden elementweise an den Ausgang zugewiesen. Damit kein Speicher verschwendet wird, kann die Speichergröße auf die tatsächlich benötigte Größe reduziert werden:

```
setsize( A, size(E) ); // Größe des Ausgabestreams allozieren
laenge = 0;
for (i=0; i<size(E); i++)
 if (...)
  A[laenge++] = E[i]*0.5; // Einzelne Zuweisungen an Ausgang
setsize( A, laenge ); // Größe des Ausgabestreams korrigieren
```

In folgendem Beispiel wird der Addierer mit dem Interpreter anstelle des Formeleditors realisiert.

Addition zweier ganzer Zahlen mit dem Interpreter

Bild 4.6 zeigt einen Signalgraphen, in dem zwei ganzzahlige Einzelwerte als Parameter an das Modul Interpret geschickt werden. Die beiden Werte werden addiert und das Ergebnis wird als Array der Länge Eins ausgegeben.

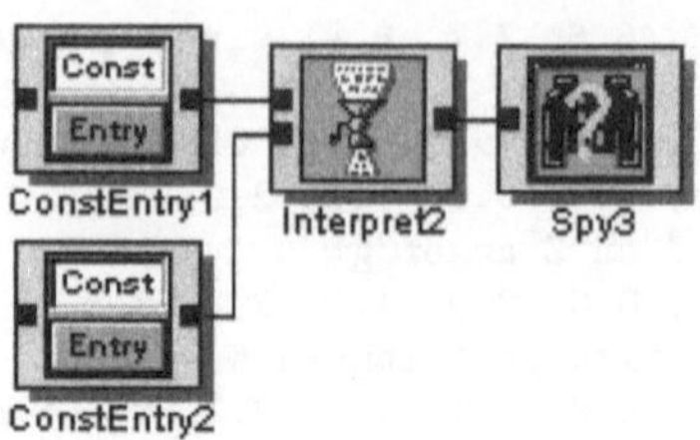

Bild 4.6 Addition von zwei ganzen Zahlen

Das entsprechende Programm dazu lautet:

```
input trigger Wert1( "TYPEINFO", "TypeInfo", "SWORD", "TIME_DOMAIN" );
input         Wert2( "TYPEINFO", "TypeInfo", "SWORD", "TIME_DOMAIN" );
output        Summe( "TYPEINFO", "TypeInfo", "SWORD[1]", "TIME_DOMAIN" );

execute
{
Summe[0] = Wert1 + Wert2;
}
```

Im Interpreter werden die Ein- und Ausgänge vom Programmierer zu Beginn des Programms festgelegt. In der *execute* Phase wird die Berechnung der Summe durchgeführt und das Ergebnis dem Ausgang zugewiesen.

Addition zweier Fließkommaarrays

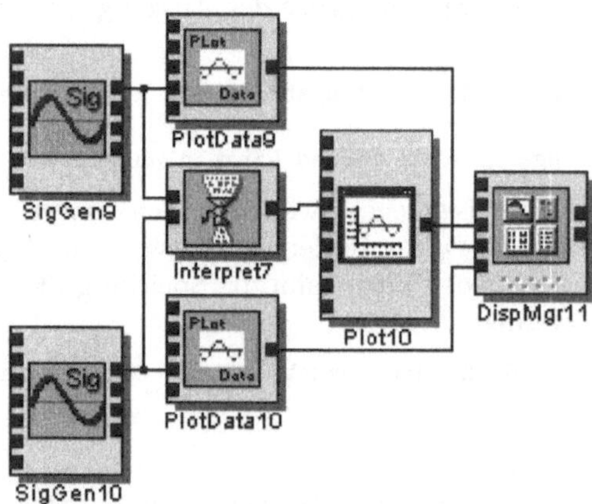

Bild 4.7 Addition von zwei Fließkommaarrays

Zwei Arrays mit jeweils N Elementen werden elementweise addiert. Bild 4.7 zeigt einen Signalgraphen, in dem zwei Sinusgeneratoren in einem festen Zeittakt Fließkommaarrays vorgegebener Länge N an den mit dem Modul Interpret realisierten Addierer liefern. Der Addierer summiert die beiden Arrays und liefert das Ergebnis wiederum als Array der Länge N an das nachfolgende Anzeigeelement (Plot).

Die beiden Sinusschwingungen und das Ergebnis der Addition entsprechen dem Y-t Plot im Abschnitt *Formeleditor* in Bild 4.4.

Folgendes Interpreterprogramm realisiert den Addierer:

```
input trigger Sinus1( "TYPEINFO", "TypeInfo", "DOUBLE[]", "TIME_DOMAIN" );
input trigger Sinus2( "TYPEINFO", "TypeInfo", "DOUBLE[]", "TIME_DOMAIN" );
output       Summe ( "TYPEINFO", "TypeInfo", "DOUBLE[]", "TIME_DOMAIN" );
TRIGGER = T_AND;
int i;

SetTypeInfo()
 {
 ti_copy( Summe, Sinus1 );
 ti_setname( "Summe", Summe );
 ti_setrangemin  ( -2.0, Summe );
 ti_setrangemax  (  2.0, Summe );
 ti_setstatus( ti_getstatus( Sinus1 ), Summe );
 }

execute
 {
 SetTypeInfo();
 setsize( Summe, size( Sinus1 ) );
 for ( i=0; i<size( Sinus1 ); i++ )
  Summe[i] = Sinus1[i] + Sinus2[i];
 }
```

In diesem Beispiel liefern die beiden Signalgeneratoren Sinussignale unterschiedlicher Frequenz als Fließkommaarrays an die Eingänge Sinus1 und Sinus2 von Modul Interpret. Beide Eingänge sind Triggereingänge. Deshalb wird die Summe der beiden Sinussignale immer dann neu berechnet und ausgegeben, wenn an beiden Eingängen neue Daten anliegen. Der Ausgang hat den Bezeichner Summe und bekommt in einer benutzerdefinierten Funktion die Zusatzinformation und den Status von Sinus1 kopiert. Anschließend werden der Signalname und der Wertebereich neu festgelegt. Um eine optimale Abarbeitungsgeschwindigkeit zu erreichen, wird der Speicher für die Summe mit der Funktion *setsize()* belegt. Die beiden Sinuswerte werden elementweise addiert und an den Ausgang Summe zugewiesen.

Farbige Ausgabe von Texten und Werten

In folgendem Beispiel wird mit dem Interpreter in Kombination mit dem Modul TextDisp eine farbige Textausgabe realisiert.

Bild 4.8 zeigt einen Signalgraphen, der von einem Dialogeditor (siehe Bild 4.9) drei Werte in Modul Interpret übernimmt. Dort werden die Werte in eine ansprechende Tabellenform gebracht und mit Steuerkommandos für eine farbige Textausgabe an die Visualisierungselemente geschickt (siehe Bild 4.10).

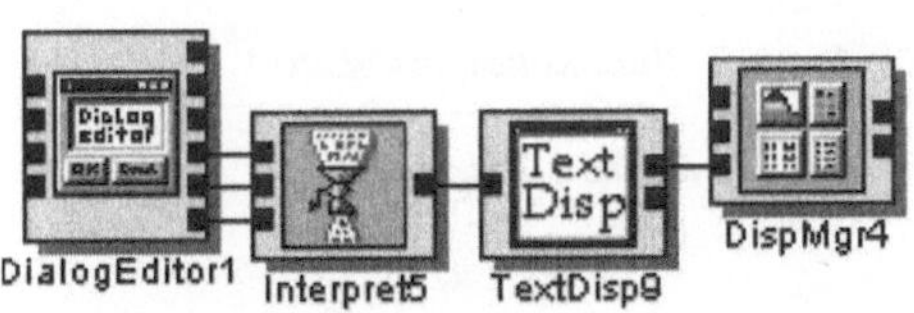

Bild 4.8 Farbige Textausgabe

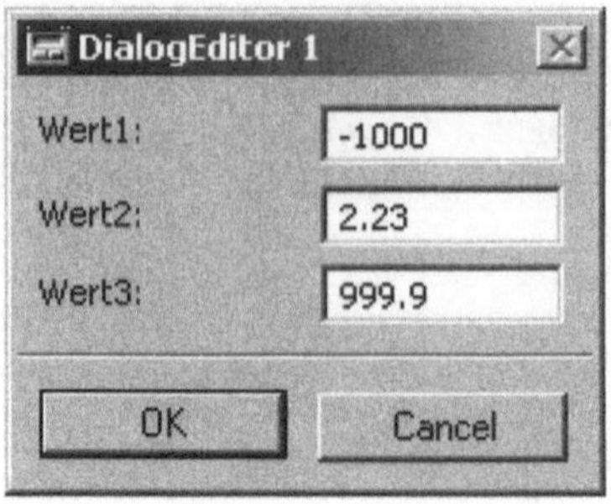

Bild 4.9 Dialogeditor zur Eingabe der drei Werte

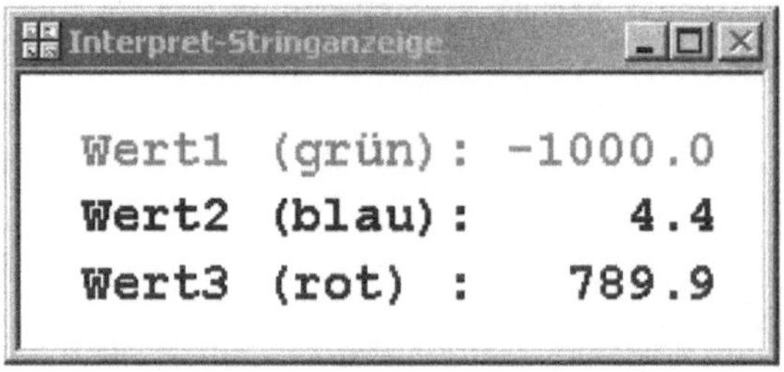

Bild 4.10 Textausgabe der drei Werte

Folgendes Interpreterprogramm realisiert die Textformatierung. Sobald an einem der drei Triggereingänge ein Wert anliegt, wird die Anzeige aktualisiert. Die Werte werden so formatiert (siehe Funktion *Convert()*), dass sie in Tabellenform untereinander stehen. Die einzelnen Zeilen bestehen aus dem Steuerzeichen, das eine Farbe ankündigt (0x11), gefolgt von dem Farbwert und weiteren Texten. Die Zeilen werden mit Zeilenvorschub beendet und aneinander gehängt. Der komplette Text wird an den Ausgang Text geschickt.

```
input trigger Wert1( "TYPEINFO", "TypeInfo", "DOUBLE", "SCALAR" );
input trigger Wert2( "TYPEINFO", "TypeInfo", "DOUBLE", "SCALAR" );
input trigger Wert3( "TYPEINFO", "TypeInfo", "DOUBLE", "SCALAR" );
output Text( "TYPEINFO", "TypeInfo", "UBYTE[]", "Text" );

char C[2]; C[0]=itoc(0x11); C[1]=itoc(0); // Steuerzeichen: Farbe folgt
char buf[64]; char tmp[64]; char cText[256];
int  iZeile; int i; int iLen;
double val;

Convert()
 {
 buf= "";
 ftoa( tmp, val, 1 ); // Anzahl Nachkommastellen=1
 iLen = strlen( tmp );
 for ( i=0; i<7-iLen; i++ ) // Anzahl Digits=7
  strcat( buf, " " );
 strcat( buf, tmp );
 }

execute
```

```c
{
iZeile = 0;
cText  = "";

// Aufbau des Farbwertes: 0x00bbggrr mit bb=blau, gg=grün, rr=rot

if ( newdata( Wert1 ) )
 {
 val = Wert1;
 Convert();
 strcat( cText, C ); strcat (cText, "0x0000ff00 " ); // Steuerzeichen + Farbe
 strcat( cText, "Wert1 (grün): "); strcat( cText, buf); strcat( cText, "\r\n" );
 }
else
 iZeile++;

if ( newdata( Wert2 ) )
 {
 val = Wert2;
 Convert();
 strcat( cText, C ); strcat (cText, "0x00800000 " ); // Steuerzeichen + Farbe
 strcat( cText, "Wert2 (blau): "); strcat( cText, buf); strcat( cText, "\r\n" );
 }
else
 iZeile++;

if ( newdata( Wert3 ) )
 {
 val = Wert3;
 Convert();
 strcat( cText, C ); strcat (cText, "0x000000ff" ); // Steuerzeichen + Farbe
 strcat( cText, "Wert3 (rot) : "); strcat( cText, buf); strcat( cText, "\r\n" );
 }
else
 iZeile++;

Text << cText;
}
```

Zugriff auf Hardwarekomponenten

Mittels der Funktionen zum Zugriff auf I/O-Ports im Adressraum des Prozessors kann
mit Modul Interpret direkt auf Portadressen des Rechners zugegriffen werden. Die Kommunikation mit Einsteckkarten oder Messgeräten über Feldbusse ist bei unterschiedlicher
Anwendung individuell zu programmieren. Mit Modulen, die die volle Funktionalität von
Modul Interpret beinhalten, jedoch um hardwarespezifische Funktionen erweitert sind, ist
dies möglich:

- Modul RS232 stellt Funktionen zum Zugriff auf die serielle Schnittstelle bereit.

- Die Module IEEE488 und NI488 ermöglichen über die IEEE488-Schnittstelle den
  Zugriff auf entsprechende Messgeräte.

- Modul CAN stellt die CAN-Bus Anbindung zur Verfügung.

- Modul **SoftnetDP** ermöglicht z.B. die Kommunikation mit einer SPS über den Profibus DP.

Der jeweilige Treiber des Bussystems wird als DLL eingebunden, so dass auf dessen Funktionssammlung direkt aus den Interpreter Modulen zugegriffen werden kann. Im nächsten Kapitel wird der Zugriff auf Hardware mittels des Interpreters anhand von einigen Anwendungen ausführlich beschrieben.

4.2.1   Port IO und Memory Mapped IO

Für Hardwarekarten (ISA oder PCI), für die keine Treiber vorhanden sind, gibt es die Möglichkeit, sie über Port IO oder Memory mapped IO anzusprechen. Bei Windows 9x (Win95, 98, ME) ist das direkt aus einer Anwendung möglich. In den Betriebssystemen mit NT-Kern (WinNT, 2000, XP) ist das nur im Ring 0 (Kernel-Modus) möglich. Das heißt, es muss ein Treiber zu der Hardwarekarte geschrieben werden.

Da das den meisten Anwendern nicht zuzumuten ist, gibt es in **ICONNECT** eine andere Möglichkeit, auf diese Karten zuzugreifen. Es werden dazu eigene Treiber für Windows 9x und NT zur Verfügung gestellt, die über das Modul **Interpret** und den Modulen aus der Gruppe **Hardware IO\Interpret** angesprochen werden können. Damit kann jeder Anwender seine Hardware ansprechen. In diesem Kapitel werden die neuen Funktionen für Port IO und Memory mapped IO beschrieben. Diese Befehle verwenden den Treiber `PortMemIO.sys` und sind in Windows NT, 2000 und XP verfügbar. Es gibt auch einen älteren Treiber, bei Windows NT ist das `PortIO.sys`, für Windows 9x `PortIO.vxd`. Da die Befehle fast identisch sind, diese Treiber jedoch den Modus Memory mapped IO nicht unterstützen, wird hier nicht näher darauf eingegangen.

Achtung! Da mit diesen Befehlen direkt auf die Hardware zugegriffen wird, kann es bei falscher Programmierung zu Störungen bis hin zum kompletten Absturz des Rechners kommen. Diese Befehle sollten also nur von erfahrenen Entwicklern benutzt werden.

Jede Hardwarekarte hat einen Adressbereich, über den sie angesprochen werden kann. Dieser Bereich wird entweder über Jumper direkt auf der Karte festgelegt (bei den meisten ISA-Karten), oder vom BIOS oder Betriebssystem vergeben (bei allen PCI-Karten). Auch die Standardgeräte, die bei allen Rechnern immer dabei sind, haben einen Adressbereich. Dazu gehören u.a. serielle und parallele Schnittstellen, Tastatur, Bildschirm sowie Disketten- und Festplattencontroller.

Die Kommunikation mit der Hardware erfolgt über Register. Ein Register ist eine Speicherzelle auf der Hardware, auf die vom Prozessor aus zugegriffen werden kann. Dazu hat jedes Register eine eigene Adresse, über die es angesprochen wird. Da sich die Adressen von Hardwarekarten von Rechner zu Rechner unterscheiden können (durch Jumper-Settings oder automatische Adressenvergabe), werden die Adressen der Register üblicherweise relativ zur Startadresse der Karte angegeben. Es gibt also eine Basisadresse und einen Offset. Die Adresse wird in Byte angegeben, der Offset je nach Befehl in Byte, Word oder DWord.

Jedes Register hat außerdem eine Breite. Das ist die Anzahl der Bits (pro Bit zwei Zustände), die gleichzeitig geschrieben oder gelesen werden können. Es gibt bei den herkömmlichen Hardwarekarten Register mit 8, 16 oder 32 Bits. Entsprechend dieser Typen gibt es auch die Befehle, um diese Register zu bearbeiten. Diese enden auf Byte (8 Bit), Word (16 Bit) oder DWord (32 Bit).

Auch der Zugriff auf die Register kann verschieden sein. Sie können Schreib-/Lesezugriff haben, nur Schreibzugriff oder nur Lesezugriff. Die Befehle, die in ein Register schreiben, beginnen mit *Out*, die Befehle, die von einem Register lesen, mit *In*.

Wegen all diesen Varianten gibt es auch eine Vielzahl von Befehlen, um über Port IO und Memory mapped IO auf HW-Karten zuzugreifen. Die Tabelle 4.3 zeigt sie im Überblick.

Richtung	Art	Breite	Parameter	Beschreibung
In	Port	Byte	Base, Offset	Liest ein Byte (8 Bit)
In	Port	Word	Base, Offset	Liest ein Word (16 Bit)
In	Port	DWord	Base, Offset	Liest ein DWord (32 Bit)
Out	Port	Byte	Base, Offset, Val	Schreibt ein Byte (8 Bit)
Out	Port	Word	Base, Offset, Val	Schreibt ein Word (16 Bit)
Out	Port	DWord	Base, Offset, Val	Schreibt ein DWord (32 Bit)
In	Mem	Byte	Base, Offset	Liest ein Byte (8 Bit)
In	Mem	Word	Base, Offset	Liest ein Word (16 Bit)
In	Mem	DWord	Base, Offset	Liest ein DWord (32 Bit)
Out	Mem	Byte	Base, Offset, Val	Schreibt ein Byte (8 Bit)
Out	Mem	Word	Base, Offset, Val	Schreibt ein Word (16 Bit)
Out	Mem	DWord	Base, Offset, Val	Schreibt ein DWord (32 Bit)

Tabelle 4.3 Port IO und Memory mapped IO Befehle in Interpret

Alle diese Funktionen liefern einen Integer-Wert oder bekommen einen Integer-Wert als Parameter `Val`. Ein Integer in ICONNECT besteht aus 4 Bytes (32 Bit). Bei den Kommandos mit geringerer Bitbreite werden nur die unteren Bereiche (Low-Byte bzw. Low-Word) genutzt. Die oberen Bereiche werden ignoriert (beim Schreiben) bzw. auf Null gesetzt (beim Lesen).

Oft ist es so, dass nur einzelne Bits eines Registers verwendet werden. Die anderen Bits müssen ausgeblendet (maskiert) werden. Dazu gibt es verschiedene Tricks durch binäre Logik für das Lesen und Schreiben.

Beim Lesen von Registern können unerwünschte Bits ausmaskiert werden, indem eine UND-Verknüpfung mit einem Wert gleicher Breite gemacht wird, bei dem die erwünschten Bits auf eins „1", die unerwünschten Bits auf Null „0" gesetzt sind. Angenommen, es soll von einem DWord-Register gelesen werden, aber nur Bit 0-3 sind erwünscht. Dann ist die Zahl für die UND-Verknüpfung $2^0 + 2^1 + 2^2 + 2^3 = 15 = 0xf$ (hex).

```
erg= InPortDWord (Address, Offset) & 0x00000f;
```

Werden die höherwertigen Bits eines Registers für Rechen- oder Vergleichsoperationen benötigt, können diese an die richtige Stelle geschoben werden. Die Befehle dazu lauten iSHR, iSHL, cSHR, cSHR. Damit schiebt man die Bits eines Integer (4 Bytes) bzw. eines Character (1 Byte) um eine bestimmte Anzahl von Stellen nach links bzw. rechts. Im folgenden Beispiel sollen die beiden höchstwertigen Bits eines Word-Registers mit den beiden untersten Bits eines anderen verglichen werden:

```
val1= InPortWord (Address, Offset1) & 0xc000;
val2= InPortWord (Address, Offset2) & 0x0003;
if (iSHR (val1, 6) == val2) // Um 6 Bits nach rechts schieben
   ...
```

Sollen nur bestimmte Bits eines Registers geschrieben werden, alle anderen aber unverändert bleiben, so ist es notwendig, erst den Inhalt des Registers zu lesen, die entsprechenden Bits zu verändern und anschließend wieder zurück zu schreiben. In folgendem Beispiel sollen die Bits 0 und 3 auf eins und die Bits 1 und 2 auf Null gesetzt werden.

```
val= InPortByte (Address, Offset);
val= val | 0x09; // Bit 0 (= 1) und Bit 3 (= 8) setzen
val= val & 0x06; // Bit 1 (= 2) und Bit 2 (= 4) löschen
OutPortByte (Address, Offset, val);
```

Um die Befehle zum Lesen und Schreiben von Registern zu verwenden, muss vorher der Treiber geöffnet werden. Das geschieht durch die Funktion OpenIO(). Sie hat keine Parameter und liefert als Ergebnis eine eins „1" zurück, wenn der Treiber geöffnet werden konnte, ansonsten eine Null „0". Wenn diese Funktion fehlschlägt, kann das folgende Ursachen haben. Der Treiber ist nicht vorhanden oder nicht installiert, oder der Treiber ist nicht gestartet. In allen diesen Fällen empfiehlt es sich, ICONNECT neu zu installieren. Der Treiber wird meist beim Start des Signalgraphen geöffnet, also in der Funktion init() von Interpret. Wird der Treiber vor dem Verwenden der IO-Kommandos nicht geöffnet, so wird er automatisch geöffnet. In diesem Fall kann aber nicht überprüft werden, ob der Aufruf erfolgreich war.

Bei Stopp des Signalgraphen sollte der Treiber auch wieder geschlossen werden. Das geschieht mittels CloseIO(). Diese Funktion hat keine Parameter und keinen Rückgabewert. Wird der Treiber nicht geschlossen, so wird er automatisch beim Stoppen des Signalgraphen geschlossen.

Es ist in ICONNECT auch möglich, den Treiber aus verschiedenen Modulen Interpret gleichzeitig zu verwenden. Jedoch ist der Treiber nicht reentrant, d.h. es wird jeder Aufruf vorher komplett abgearbeitet, bevor der nächste Aufruf ausgeführt wird. Dadurch wird verhindert, dass es zu Inkonsistenzen im Treiber kommt.

Verwenden eines A/D-Wandlers mit Port IO

Ein etwas komplexeres Beispiel soll die Verwendung von Port IO in Interpret demonstrieren. Dazu wird der A/D-Wandler DataGate 10.6 von Micro-Epsilon verwendet, um Messwerte über die serielle Schnittstelle in ICONNECT einzulesen. Im Abschnitt 5.2 wird der Zugriff auf das DataGate 10.6 mit einem fertigen Treiber und Modul beschrieben.

Das DataGate 10.6 hat sechs Kanäle mit jeweils zehn Bit Auflösung. Das bedeutet, jeder Kanal hat über seinen gesamten Messbereich zehn Bit (1024 Zustände) zur Verfügung. Die sechs Kanäle sind jeweils paarweise zu den Messbereichen -5 bis 5 V, 0 bis 10 V und -10 bis 10 V fest verschaltet.

Die Kommunikation erfolgt über die serielle Schnittstelle, wobei fünf Leitungen benötigt werden. Auf der Sendeleitung (RTS – request to send) wird seriell die Adresse des nächsten zu lesenden Kanals geschickt (Adressleitung), auf der Leseleitung (CTS – clear to send) wird gleichzeitig dazu der Wert des aktuellen Kanals eingelesen (Datenleitung). Zur Synchronisation wird auf der Clock-Leitung (DTR – data terminal ready) ein wechselndes Signal geschickt (0, 1, 0, . . .). Bei jeder Eins „1" übernimmt das DataGate 10.6 den Wert der Adressleitung und schreibt den aktuellen Messwert auf die Datenleitung. Solange das Clock-Signal eins „1" ist, kann der Wert gelesen werden. Anschließend wird die Clock-Leitung wieder auf Null „0" gesetzt.

Die Adresse ist vier Bit breit und wird bitweise beginnend mit dem obersten Bit (MSB) bis zum untersten Bit (LSB) an das DataGate 10.6 geschickt. Die Daten sind zehn Bit lang und werden parallel übertragen. Deshalb werden nach den vier Adressbits alle folgenden Bits ignoriert. Die Datenwerte (zehn Bit) werden auch seriell übertragen und beginnen auch mit dem obersten Bit (MSB). Nach zehn Clock-Signalen wird automatisch der nächste Kanal gewandelt.

Die Spannungsversorgung erfolgt über die Break-Leitung. Diese Leitung wird jedoch von Windows genutzt. Wenn diese Leitung also mittels eines Port-IO Befehls auf 5 V gesetzt wird, setzt Windows diese sofort wieder auf 0 V zurück. Deshalb wird die serielle Schnittstelle geöffnet und diese Leitung mit dem Befehl `SetCommBreak()` auf 5 V gesetzt.

Die Tabelle 4.4 zeigt eine Übersicht der verwendeten Leitungen sowie der Register und Bits, über die diese angesprochen werden.

Beschreibung	Leitung	Register	Bit
Adressleitung	RTS	Basisadresse + 4	Bit 1
Datenleitung	CTS	Basisadresse + 4	Bit 0
Clock-Leitung	DTR	Basisadresse + 6	Bit 4

Tabelle 4.4 DataGate-Leitungen und Register der seriellen Schnittstelle

Im folgenden werden jetzt die Befehle zum Senden, Empfangen, Umschalten der Clock-Leitung und eine komplette Messung als einzelne Funktionen implementiert und beschrieben:

- Adressleitung

```
RTS() // Ausgabe eines Adressbits, das Bit steht in der Variable com
{
if (com)
 OutportByte (handle, base+4, InportByte (handle, base+4)|2);
else
 OutportByte (handle, base+4, InportByte (handle, base+4)&0xfd);
}
```

- Clock-Leitung

```
DTR() // Ausgabe von Clock, Zustand steht in der Variable com
{
if (com)
 OutportByte (handle, base+4, InportByte (handle, base+4)|1);
else
 OutportByte (handle, base+4, InportByte (handle, base+4)&0xfe);
}
```

- Datenleitung

```
CTS() // Eingabe eines Wertbits, gespeichert in com
{
com= iSHR (InportByte (handle, base+6)&0x10, 4);
}
```

- Funktion zum Einlesen eines Kanals und gleichzeitigem Schreiben der Adresse des nächsten Kanals

```
Messung() // Der Wert wird in val gespeichert, der Kanal steht in ch
 {
val= 0;
ch= ch*16;
for (i=0 ; i<BIT ; i++)
 {
 com= iSHR (ch&0x80, 7); RTS();
 com= 1; DTR();
 CTS();
 val= val*2+com;
 com= 0; DTR();
 ch= ch*2;
 }
 }
```

Die Funktion init ist für das Öffnen des Treibers, der seriellen Schnittstelle und das
Einschalten der Spannung verantwortlich. In der Funktion execute wird die Messung
für jeden gewünschten Kanal durchgeführt. Anschließend wird das Ergebnis auf die tatsächliche Spannung skaliert. In der Funktion done wird die Versorgungsspannung wieder
ausgeschaltet und die serielle Schnittstelle und der Treiber werden geschlossen. Die letzte
Funktion in diesem Interpret heißt SetTI() und ist für das Setzen der Typinformation
auf den Ausgängen verantwortlich. Der komplette Signalgraph ist auf der ICONNECT-CD
mit dem Namen DataGate.tc2 zu finden.

Viele neuere PCI-Karten bieten inzwischen eine neue Art der Kommunikation an. Statt
Port IO wird Memory mapped IO zum Datenaustausch genutzt. Das wurde notwendig,
da bei Port IO nur ein Bereich von 64 kB (65535 Byte) als Adressraum zur Verfügung
steht. Viele dieser Adressen werden aber von den Standardkomponenten verwendet. Die
meisten ISA-Karten haben außerdem nur einen bestimmten einstellbaren Adressbereich.
Darum kommt es bei vielen Rechnern immer wieder zu Konflikten und Überschneidungen,
was die sinnvolle Nutzung der Hardware unmöglich macht.

Bei Memory mapped IO ist der Adressraum 4 GB groß und wird vom Betriebssystem
verwaltet. Damit werden die Probleme von Port IO gelöst. Allerdings ist bei dieser Methode der Zugriff etwas komplizierter. Es kann nicht direkt auf die Hardware zugegriffen
werden. Bevor eine Schreib- oder Lesefunktion aufgerufen werden kann, muss erst ein
Speicherbereich reserviert werden, mit dem gearbeitet wird. Dieser Bereich ist mit dem
Bereich auf der Hardwarekarte verknüpft (gemapped) und wird damit synchronisiert.
Das kann sofort geschehen, kann aber aus Performance-Gründen auch verzögert geschehen (Caching). In ICONNECT wird kein Caching verwendet. Damit wird sichergestellt,
dass immer die aktuellsten Daten gelesen und geschrieben werden.

Nach dem Zugriff über Memory mapped IO muss der reservierte Bereich wieder freigegeben werden. In ICONNECT wird dieses Verfahren für den Benutzer stark vereinfacht.
Bei jedem Zugriff wird ein Bereich mit der notwendigen Länge (1 Byte bei Byte-, 2 Byte
bei Word- oder 4 Byte bei DWord-Aufrufen) reserviert und nach dem Zugriff sofort wieder freigegeben. Das beeinträchtigt zwar etwas die maximale Geschwindigkeit, verhindert
aber, dass nicht mehr freigegebene Ressourcen den Rechner zum Absturz bringen.

Eine Analyse der Laufzeiten hat gezeigt, dass alle Befehle nahezu dieselbe Zeit benötigen.
Auf einem Pentium III mit 800 MHz wurde eine Dauer von ca. 10 μs (Mikrosekunden)
pro Befehl gemessen. Das entspricht in etwa 100000 Befehle pro Sekunde.

4.2.2 PCI-Karten Ansteuerung

Wie am Beispiel DataGate 10.6 zu sehen war, muss die Adresse bekannt sein um Zugriff auf die Hardware zu haben. Diese lässt sich bei Standard-Hardware und bei ISA-Karten (bei denen die Adresse per Jumper eingestellt wird) relativ einfach ermitteln. Bei PCI-Karten ist es jedoch schwieriger, da die Adresse bei Start des Rechners vom BIOS zugewiesen wird und je nach BIOS-Einstellung (Plug&Play OS) vom Betriebssystem verändert werden darf.

Für einfache Tests genügt es meistens, im Gerätemanager die Adresse auszulesen und per Hand im Modul Interpret einzutragen. Wenn sich jedoch die Konfiguration des Rechners ändert, wird meist auch die Adresse der PCI-Karten neu vergeben. Auch wenn der Signalgraph auch auf anderen Rechnern laufen soll, kann keine feste Adresse eingestellt werden.

In diesen Fällen ist es notwendig, erst zur Laufzeit im Interpret die Adresse der PCI-Karte zu ermitteln. Dafür gibt es im Interpret die Funktion `PCIGetBaseAddress (...)`. Sie benötigt jedoch einige Parameter, um die Karte eindeutig identifizieren zu können. Es stellen sich dabei mehrere Fragen:

- Wie soll festgestellt werden, welche PCI-Karte der Benutzer ansprechen will?
- Welche Karte soll verwendet werden, wenn mehrere identische PCI-Karten im Rechner stecken?

Dafür haben sich die Entwickler des PCI-Bus eine elegante Lösung einfallen lassen. Jedes PCI-Gerät bekommt eine eindeutige Nummer, über die es ansprechbar ist. Diese Nummern sind einmal die Device-ID und die Vendor-ID. Sie werden zentral verwaltet und jeder Hersteller von PCI-Geräten muss sie beantragen. Da viele Hersteller mehrere PCI-Karten im Angebot haben, gibt es noch weitere Unternummern, nämlich die Subsystem-ID und die SubsystemVendor-ID. Damit kann jeder Hersteller seine eigenen Geräte eindeutig benennen. Manche Hersteller von PCI-Chips geben diese Nummern auch weiter an ihre Kunden, die solche PCI-Chips verwenden.

Zur Unterscheidung verschiedener Versionen von PCI-Karten, gibt es schließlich noch eine weitere Nummer, die Revision ID. Damit lässt sich eine PCI-Karte eindeutig identifizieren.

Eine weitere Spezifikation des PCI-Bus ist, dass jede Karte bis zu sechs Adressbereiche (Basisadressen) haben kann. Das kann z.B. sinnvoll sein, wenn ein Bereich über Port IO, ein anderer über Memory mapped IO angesprochen werden soll.

Ein letzter wichtiger Parameter bei der Auswahl einer Karte ist die Instanznummer bei mehreren identischen Karten. Oft kommt es vor, das mehrere gleiche Karten im Rechner verwendet werden, z.B. bei mehrkanaligen Messungen von mehreren A/D-Wandlern. Die einzige Unterscheidungsmöglichkeit die Instanznummer. Die erste Karte bekommt die Nummer Null, alle anderen werden aufsteigend nummeriert. Karten eines anderen Typs werden jedoch wieder von Null ab nummeriert. Der Funktionsaufruf, um die Adresse einer PCI-Karte zu suchen, sieht also folgendermaßen aus:

```
int PCIGetBaseAddress (int DeviceID, int VendorID, int RevisionID,
     int SubsystemVendorID, int SubsystemID, int CardID, int AddressID);
```

Als Rückgabewert liefert die Funktion schließlich die gewünschte Adresse. Wird die Karte nicht gefunden oder tritt ein anderer Fehler auf, so wird „-1" zurückgegeben. In manchen Fällen kann es vorkommen, dass ein Parameter ignoriert werden soll. Wenn z.B. verschiedene Versionen einer PCI-Karte gleich zu bedienen sind, kann der Parameter Revision-ID

vernachlässigt werden. Um das der Funktion mitzuteilen, muss dieser Parameter auf „-1"
gesetzt werden. Diese Möglichkeit gibt es bei den ersten fünf Parametern.

Um diese Funktion verwenden zu können, müssen einige Parameter der Karte bekannt
sein. Sind diese nicht bekannt, so gibt es keine Möglichkeit die Hardware zu verwenden. Damit auch Karten eingebunden werden können, über die keine weiteren Angaben
vorliegen, hat Micro-Epsilon ein Programm entwickelt, das den PCI-Bus des Rechners
untersucht und alle vorhandenen Geräte anzeigt. Dieses Programm heißt `PCIEnum` und
verwendet auch den Treiber `PortMemIO.sys`. Es ist somit auch in Windows NT, 2000
und XP lauffähig.

Bild 4.11 zeigt die PCI-Konfiguration eines Rechners und die Detailinformationen zur
der Datenerfassungskarte IF2004 von Micro-Epsilon.

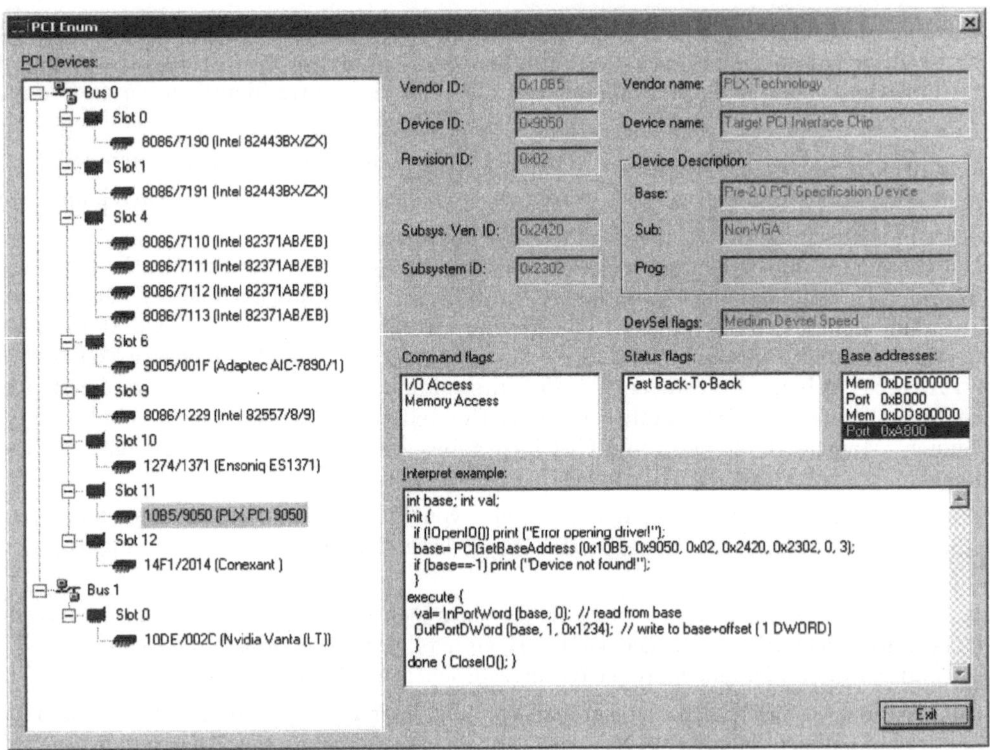

Bild 4.11 PCIEnum zum Anzeigen der PCI-Konfiguration

Neben den schon erwähnten Angaben werden noch mehr Informationen angezeigt, als für
die Funktion `PCIGetBaseAddress` benötigt werden. Die Bedeutung dieser Informationen
kann in Beschreibungen über den PCI-Bus nachgelesen werden.

Wie in Bild 4.11 auch noch zu sehen ist, wird für diese PCI-Karte auch gleich ein Bei-
spielprogramm erzeugt, das direkt in das Modul **Interpret** übernommen werden kann. Das
Programm verändert sich je nach ausgewählter Basisadresse. Damit lässt sich gleich das
passende Gerüst für eine eigene Hardwareansteuerung einer PCI-Karte entnehmen.

4.2.3 Kommunikation über die serielle Schnittstelle RS232c

Häufig sollen Daten zwischen Geräten mit serieller Schnittstelle ausgetauscht werden. Dabei wird ein COM-Port geöffnet und mit den entsprechenden Übertragungsparametern (Baudrate, Parität, etc.) initialisiert. Anschließend werden wiederholt Daten gesendet oder empfangen. Nach Beendigung des Datentransfers wird die serielle Schnittstelle wieder geschlossen. Viele Anwendungen erfordern, abhängig von den eingelesenen Daten, unterschiedliche Reaktionen wie Auslösen von Grenzwertüberschreitungen usw. Das Modul **RS232** enthält die volle Funktionalität von Modul **Interpret**, erweitert um Funktionen zum Ansprechen der seriellen Schnittstelle. Das Senden oder Empfangen von Daten über die serielle Schnittstelle wird mit wenigen Funktionen programmiert:

- Die Initialisierung der seriellen Schnittstelle erfolgt beim Start des Signalgraphen und wird einmal aufgerufen.

- Die Daten werden über die serielle Schnittstelle wiederholt eingelesen oder ausgegeben, wenn neue Daten vorhanden sind.

- Beim Stoppen des Signalgraphen wird die serielle Schnittstelle geschlossen.

In folgendem Beispiel werden ASCII-Daten über die seriellen Schnittstellen eines oder zweier Computer per Nullmodem Kabel (siehe Bild 4.12) übertragen.

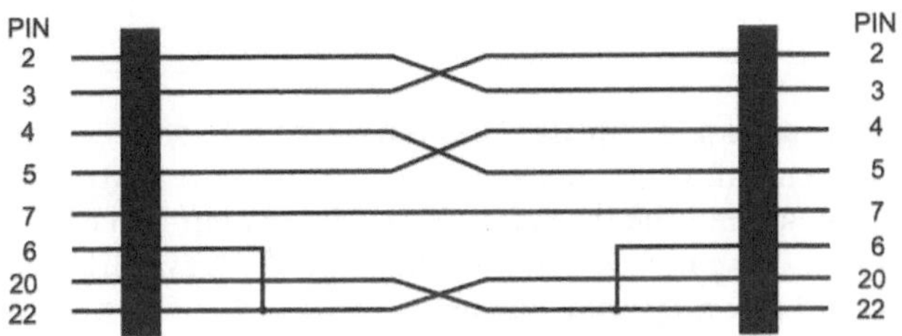

Bild 4.12 Nullmodemkabel

Dabei werden über einen Port Daten gesendet und über einen weiteren Port Daten empfangen. Die Programmierung des Moduls **RS232** als Sender und als Empfänger wird in den folgenden Abschnitten erklärt. Die entsprechenden Befehle zum Ansprechen der seriellen Schnittstelle werden im Anschluß an die beiden Beispiele gezeigt.

Sender

Bild 4.13 zeigt den Signalgraphen, der als Sender arbeitet. Von einem Eingabeelement werden Zeichenketten an das Modul **RS232** geliefert und dort an die serielle Schnittstelle geschickt.

Bild 4.13 Sender

In der Initialisierungsphase (bei Start des Signalgraphen) wird die serielle Schnittstelle *COM1* geöffnet und parametrisiert. Dabei werden die Baudrate (Übertragungsrate), die Parität, die Anzahl der Datenbits und die Anzahl der Stoppbits festgelegt. In der Ausführungsphase werden die am Triggereingang ankommenden Daten mit dem Befehl *WriteRS232* direkt an *COM1* geschrieben. Beim Anhalten der Messung (Signalgraph-Stopp) wird die serielle Schnittstelle geschlossen. Das Programm für den Sender lautet wie folgt:

```
input trigger TIn( "TYPEINFO", "TypeInfo", "UBYTE[]", "Text" );

init
 {
 InitRS232( "COM1", 9600, "n", 8, 1 );
 }

execute
 {
 WriteRS232( TIn, size( TIn ), "COM1" );
 }

done
 {
 CloseRS232( "COM1" );
 }
```

Empfänger

Bild 4.14 zeigt den Signalgraphen für den Empfänger. Der Empfänger arbeitet als Quelle. Er prüft in jedem Durchlauf, ob an der seriellen Schnittstelle Daten vorhanden sind. In diesem Beispiel ist die Anzahl der zu erwartenden Daten ein Zeichen. Die empfangenen Zeichen werden an den Ausgang *Out* des Moduls zur Weiterverarbeitung geschickt und können mit dem Modul Spy angezeigt werden.

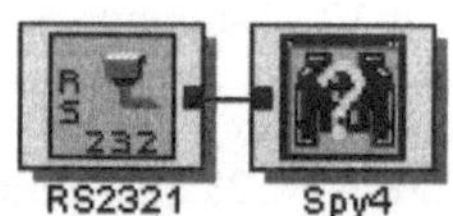

Bild 4.14 Empfänger

Analog zum Sender erfolgt auch beim Empfänger zuerst die Initialisierung der Schnittstelle. Falls der Sender keine Daten schickt, soll der Empfänger nach einer definierten Zeit das Warten auf Daten beenden. Deshalb werden in der Initialisierungssektion *TimeOut*-Zeiten (Zeitüberlauf) festgelegt. In der Ausführungsphase werden mit dem Befehl *ReadRS232* zyklisch Zeichen von der seriellen Schnittstelle eingelesen. Falls ein Zeichen gesendet wurde, wird dieses formatiert (abschließende 0) und an den Modulausgang geschickt. Das Programm für den Empfänger lautet damit:

```
output Out( "TYPEINFO", "TypeInfo", "UBYTE[]", "Text" );

char Puffer[10];
int i; int TimeOuts[5];

init
 {
 InitRS232( "COM2", 9600, "n", 8, 1 );
```

```
TimeOuts[0] = 0; TimeOuts[1] = 5; TimeOuts[2] = 10;
TimeOuts[3] = 0; TimeOuts[4] = 0;
SetTimeOuts( TimeOuts, "COM2" );
}


execute
{
i = ReadRS232( Puffer, 1, "COM2" );
Puffer[1] = itoc(0);
if (i)
 Out << Puffer;
}


done
{
CloseRS232( "COM2" );
}
```

Im nächsten Abschnitt werden die Funktionen zum Zugriff auf die serielle Schnittstelle beschrieben. Dabei entspricht die Variable *Port* einer der seriellen Schnittstellen ("COM1", "COM2", ..., "COM16"). Als allgemeine Rückgabewerte gelten 0 für erfolgreiche Ausführung und -8 für Fehler. Zusätzliche Rückgabewerte sind bei den jeweiligen Funktionsaufrufen beschrieben.

Initialisierung der seriellen Schnittstelle

Die serielle Schnittstelle wird wie eine Datei angesprochen. Beim Öffnen des Datenkanals lassen sich die zur Benutzung der seriellen Schnittstelle nötigen Parameter wie Baudrate, Parität, Anzahl Datenbits und Anzahl Stoppbits definieren. Nach der Zuweisung der portspezifischen Parameter erfolgt die Initialisierung der Schnittstelle. Anschließend werden die Puffergrößen für Eingabe und Ausgabe des spezifizierten Ports initialisiert.
Für die Initialisierung der seriellen Schnittstelle gibt es zwei Möglichkeiten:

- Automatische Initialisierung mit Standardeinstellungen:

```
int InitRS232( char[] Port, int Baudrate, char[] Parity,
               int DataBits, int StopBits );
```

- Benutzerdefinierte Initialisierung (falls Stopbits=1.5 oder Puffergrößen ungleich 1024 Bytes):

```
int CreateFile  ( char[] Port );
int BuildCommDCB( char[] Port, int Baudrate, char[] Parity,
                  int DataBits, double StopBits );
int SetCommState( char[] Port );
int SetupComm    ( char[] Port, int InQueue, int OutQueue );
```

Variable	Beschreibung
Baudrate	110, 300, 600, 1200, 2400, 4800, 9600, 14400, 19200, 38400, 56000, 57600, 115200, 128000, 256000 Bauds
Parity	n(no), o(odd), e(even), m(mark), s(space)
Databits	5-8
Stopbits	1 oder 2 (InitRS232) bzw. 1.0, 1.5, 2.0 (BuildCommDCB)

Beispiel:

```
InitRS232( "COM1", 9600, "n", 8, 1 );
```

entspricht

```
CreateFile  ( "COM1" );
BuildCommDCB( "COM1", 9600, "n", 8, 1.0 );
SetCommState( "COM1" );
SetupComm   ( "COM1", 1024, 1024 );
```

Setzen von Timeout Zeiten für Schreib- und Leseoperationen

```
int SetTimeOuts( int[] TimeOut, char[] Port );
```

Variable	Beschreibung
TimeOut[0]	Maximales Zeitintervall zwischen zwei zu lesenden Zeichen. 0 bedeutet kein Timeout.
TimeOut[1]	Read-Multiplikator für absolute TimeOut-Zeit.
TimeOut[2]	Read-Konstante wird zu Zeichenanzahl*Read-Multiplikator addiert. Multiplikator=0 und Konstante=0 bedeutet kein Timeout.
TimeOut[3]	Write-Multiplikator
TimeOut[4]	Write-Konstante

Leseintervall = Zeichenanzahl * Multiplikator (ms).
TimeOut[3] und *TimeOut[4]* sind momentan irrelevant, da kein Handshake verwendet wird und somit keine Schreib-Timeouts auftreten können.

Beispiel:

```
int TimeOut[5];
TimeOut[0] = 0;
TimeOut[1] = 5; TimeOut[2] = 10;
TimeOut[3] = 0; TimeOut[4] =  0;
SetTimeOuts( TimeOut, "COM2" );
```

Bei einer Puffergröße von 100 Werten ergibt sich ein Leseintervall (Wartezeit) von 500 ms. Wird die gesamte Wartezeit = 510 ms = Leseintervall + Read-Konstante überschritten, so kehrt die Funktion *ReadRS232()* mit einem leeren Puffer und dem Rückgabewert 0 zurück.

Lesen und Schreiben von Daten über die serielle Schnittstelle

```
int ReadRS232 ( char[] Buffer, int BufferSize, char[] Port );
int WriteRS232( char[] Buffer, int BufferSize, char[] Port );
```

Variable	Beschreibung
Buffer	Datenpuffer
BufferSize	Anzahl der zu lesenden/schreibenden Zeichen
Rückgabewert	Anzahl der gelesenen/gesendeten Zeichen, -8=Fehler

Schließen der seriellen Schnittstelle

```
int CloseRS232( char[] Port );
```

Weitere Funktionen für die Datenübertragung

Die Datenübertragung wird unterbrochen mit

```
int SetCommBreak( char[] Port );
```

Nach einer Unterbrechung der Datenübertragung durch SetCommBreak oder Escape-CommFunction wird diese mit ClearCommBreak wieder hergestellt:

```
int ClearCommBreak( char[] Port );
```

Zum Setzen und Rücksetzen einzelner Leitungen eignet sich die Funktion:

```
int EscapeCommFunction( char[] Port, int Funktion );
```

Variable	Beschreibung
Funktion	1=Simulation: XOFF erhalten,
	2=Simulation: XON erhalten,
	3=Setzen von RTS auf Eins,
	4=Setzen von RTS auf Null,
	5=Setzen von DTR auf Eins,
	6=Setzen von DTR auf Null,
	7=Gerät rücksetzen, falls möglich,
	8=Leitung zum Unterbrechen des Geräts setzen,
	9=Leitung zum Unterbrechen des Geräts löschen.

Der Modem-Status liefert die Modem Control-Register Werte

```
int GetCommModemStatus( char[] Port );
```

Variable	Beschreibung
Rückgabewert	Bit 4 (0x10)=CTS (clear-to-send) Signal is an,
	Bit 5 (0x20)=DSR (data-set-ready) Signal is an.
	Bit 6 (0x40)=The ring indicator Signal is an.
	Bit 7 (0x80)=RLSD (receive-line-signal-detect) Signal is an
	binär ODER-verknüpft
	-8=Fehler

Entfernen von Pufferinhalten und/oder Abbrechen laufender Lese-/Schreiboperationen

```
int PurgeComm( char[] Port, int Flag );
```

Variable	Beschreibung
Flag	1=Abbrechen laufender Schreiboperationen
	2=Abbrechen laufender Leseoperationen
	4=Ausgabepuffer löschen, falls vorhanden
	8=Einlesepuffer löschen, falls vorhanden

4.2.4 Kommunikation über die IEC-Bus Schnittstelle

GPIB (auch als IEEE-488.2 oder IEC-Bus bekannt) ist ein paralleler Übertragungsstandard und seit seiner Einführung in den 70er-Jahren in der Test- und Messtechnik allgemein bekannt. Über dieses Laborbussystem adressiert eine Kontrollerkarte bis zu 15 Geräte mit jeweils eindeutiger Adresse. Die simultane Datenübertragung erfolgt von einer Quelle (Talker) zu mehreren Empfängern (Listeners). Dabei wird eine maximale Datenübertragungsrate von bis zu acht Megabyte/Sekunde (acht Daten- und acht Steuerleitungen) erreicht, was für die meisten Test- und Messanwendungen in Forschung, Entwicklung, Produktion sowie Reparatur und Kalibrierung völlig ausreichend ist. Die Leistung eines Testsystems reduziert sich auf das langsamste Gerät am Bus, weil der Gesamtdurchsatz von Datentransferzeiten, Messzeiten und Verarbeitungszeiten abhängig ist. Ein optimaler Betrieb des Systems ist dann gewährleistet, wenn eindeutige Steuerbefehle zu jedem Instrument am GPIB-Bus zum richtigen Zeitpunkt übertragen werden. Lassen sich entsprechende Daten in einem Zwischenspeicher des Instruments ablegen, erhöht dies den Durchsatz. Mit einer derartigen Funktion werden mit einem einzigen Befehl Messungen initiiert, Daten schnell zum Instrument übertragen und Messwerte im Speicher abgelegt. Sobald die Messaufgabe abgeschlossen ist, gehen die Ergebnisse über den GPIB-Bus komplett zum PC.

Kontrollerkarten

In **ICONNECT** werden folgende Kontrollerkarten unterstützt:

- Die Interfacekarte *KPC-488.2* der Firma Keithley wird über das Modul **IEEE488** angesprochen.

- Die *PCI-GPIB* Karte von National Instruments mit NI-488.2 Treiber ist über das Modul **NI488** programmierbar.

Nach erfolgreicher Installation einer Kontrollerkarte mit der vom Kartenlieferanten zur Verfügung gestellten Treibersoftware erscheint beim Aufruf von **ICONNECT** das Modul **IEEE488** oder das Modul **NI488** im Verzeichnis `Hardware IO\Interpret`. Diese Module stellen neben der gesamten Interpretfunktionalität den vollen Funktionsumfang (IEEE488.2) der entsprechenden Treibersoftware zur Kommunikation mit Messgeräten über den IEC-Bus bereit.

In diesem Abschnitt wird zuerst Modul **IEEE488** anhand eines Beispiels und der Beschreibung der Funktionen erklärt. Anschließend folgt das Modul **NI488** mit einem Beispiel und der Erklärung der verwendeten Funktionen. Der komplette Funktionsumfang für beide Module ist ausführlich in der jeweiligen Modulhilfe erläutert.

Einlesen von Messwerten über Modul **IEEE488**

Der Messaufbau in Bild 4.15 zeigt ein mit einer IEEE488-Schnittstelle ausgestattetes Digitalmultimeter und ein Oszilloskop. Das Netzteil liefert Spannungen als Messdaten an das Multimeter. Von dort werden die Messwerte per IEEE488-Schnittstelle an die Kontrollerkarte im Rechner geschickt.

Der Signalgraph in Bild 4.16 spricht immer, wenn der Schalter von null auf eins geschaltet wird, das Messgerät an und gibt den gemessenen Wert an die LCD-Anzeige (siehe Bild 4.17) weiter.

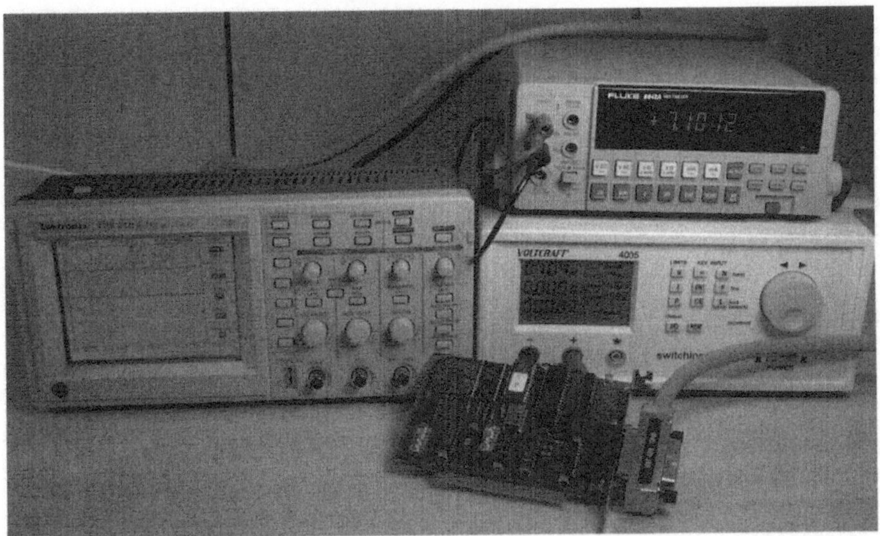

Bild 4.15 IEEE-Bus Messgeräte

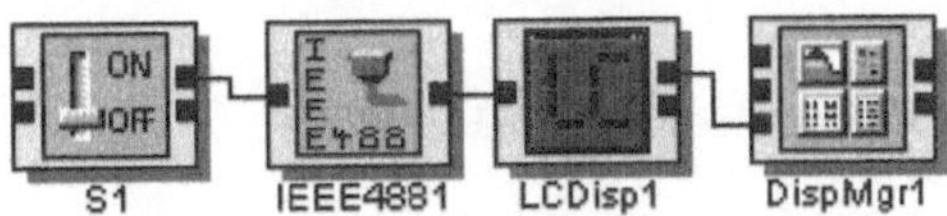

Bild 4.16 Signalgraph zur Messwerterfassung über den IEEE-Bus

Bild 4.17 LCD-Anzeige

In der Initialisierungsphase wird - einmal beim Start des Signalgraphen - die IEEE488-Interfacekarte mit Adresse 21 als System-Kontroller aufgerufen. In jedem Modulaufruf wird die Geräteeinstellung (F2=Gleichspannung, R0=automatische Messbereichseinstellung) an das Multimeter geschickt. Anschließend werden Ergebnisse vom Messgerät eingelesen und am Ausgang *OutText* als Fließkommazahl ausgegeben. Die LCD-Anzeige stellt sich automatisch ein, abhängig vom angegebenen Messbereich. In diesem Beispiel ist ein Bereich von 0.0 bis 30.0 V ausgewählt (siehe Funktion *SetTypeinfo()*).

```
input trigger i1( "TYPEINFO", "TypeInfo", "SWORD[1]", "BIN" );
output WertOut( "TYPEINFO", "TypeInfo", "DOUBLE[]", "TIME_DOMAIN" );

int iAdr; int iStatus; int l; double wert; char recv[30];

SetTypeinfo()
 {
 ti_setname( "Messwert", WertOut );
```

```
 ti_setrangemin(  0.0, WertOut );
 ti_setrangemax( 30.0, WertOut );
 ti_setstatus( 3, WertOut );
 }

init
 {
 iAdr = 19;
 initialize( 21, 0 );
 }

execute
 {
 if ( i1[0] == 1 )
  {
  send ( iAdr, "F1R0", iStatus );
  enter( recv, 30, 1, iAdr, iStatus );
  wert = atof( recv );
  WertOut << wert;
  SetTypeinfo();
  }
 }
```

Im Modul IEEE488 *implementierte Funktionen*

Alle folgenden Funktionen benutzen für den Parameter Adresse eine Geräteadresse zwischen 0 und 30.

Als Status wird null für erfolgreich ausgeführt und acht für Zeitüberlauf zurückgegeben. Zusätzliche Rückgabewerte sind bei den jeweiligen Funktionsaufrufen beschrieben.

Initialisierung der IEEE488-Schnittstelle

```
void initialize( int Adresse, int Level );
```

Variable	Beschreibung
Adresse	GPIB-Adresse der KPC-488.2 Karte (0, ..., 30)
Level	0 = System Kontroller, 2 = KPC-488.2 ist Gerät

Senden von Informationen an ein Gerät

```
int send( int Adresse, char[] Info, int &Status );
```

Variable	Beschreibung
Info	Datenstring, der an das Gerät übertragen wird

Empfangen von Daten von einem Gerät

```
int enter( char[] Info, int MaxLen, int &Len, int Adresse, int &Status );
```

Variable	Beschreibung
Info	Stringvariable für die zu empfangenden Daten
MaxLen	Maximale Anzahl zu empfangender Zeichen
Len	Tatsächliche Anzahl empfangener Zeichen

Weitere Funktionen für die Datenübertragung

Ist die *PCI-488*-Karte kein Kontroller, oder akzeptiert das Gerät weder EOI (End-or-Identify) noch Zeilenvorschub, werden die Funktionen *transmit* und *receive* zur Datenübertragung benutzt.

- Der *transmit* Befehl erlaubt es, jede Steuersequenz auf einer tieferen Programmierebene zu realisieren als es der Befehl *send* erlaubt:

```
int transmit( char[] Kommando, int &Status );
```

Variable	Beschreibung
Kommando	LISTEN definiert einen oder mehrere Listener TALK definiert einen Talker SEC definiert eine Sekundäradresse UNT Untalk schaltet aktuellen Talker aus UNL Unlisten schaltet alle aktuellen Listeners aus MTA My Talk Address, PC488 wird Talker MLA My Listen Address, PC488 wird Listener DATA Datenstring (") oder Zahlen folgen END Zeilenvorschub mit EOI
	Zusätzliche Datenübertragungsbefehle: REN Remote Enable Leitung aktivieren oder GTL Go To Local Frontplattenbedienung EOI End-or-Identify für letztes Daten-Byte
	Serial Poll, Parallel Poll festlegen: SPE, SPD Serial Poll Enable/Disable PPC(onfigure), PPD(isable), PPU(nconfigure)
	Weitere Universal-Befehle (Multiline-Befehle): DCL Device Clear, LLO Local Lockout, CMD Command
	Andere adressierte Befehle: GET Group Execute Trigger SDC Selected Device Clear TCT Take Control IFC Interface Clear
Status	1 = ungültige Syntax 2 = PC488 ist kein Talker 4 = String oder *END* Kommando in *LISTEN* oder *TALK* Liste gefunden 16 = unbekannter Befehl

Beispiel: Mit *Unlisten* und *Untalk* (UNL UNT) werden alle Listeners und alle Talker ausgeschaltet. Gerät 16 wird Listener, der Rechner wird Talker (MTA). Der String

'FOR2X' wird an Gerät 16 übertragen. Zum Schluss erfolgt ein Zeilenvorschub mit EOI (END).

```
int i; int Status;
i = transmit( "UNL UNT LISTEN 16 MTA DATA 'FOR2X' END", Status );
```

- Der *receive* Befehl wird benutzt, um Daten von einem Gerät zu lesen. Er ist ähnlich dem Befehl *enter*, legt jedoch keinen Listener und keinen Talker fest und wird zusammen mit dem *transmit* Befehl benutzt:

```
int receive( char[] Daten, int MaxLen, int &Len, int &Status );
```

Variable	Beschreibung
Daten	Stringvariable für die zu empfangenden Daten
MaxLen	Maximale Anzahl zu empfangender Zeichen
Len	Tatsächliche Anzahl empfangener Zeichen
Status	2 = PC ist kein Listener

Einige Geräte senden oder empfangen Daten im Binärformat. Die Befehle *tarray* und *rarray* eignen sich dazu, binäre Daten schnell zu übertragen.

- Senden von bis zu 64k Bytes Binärdaten:

```
int tarray( char[] Info, int Count, int Eoi, int &Status)
```

Variable	Beschreibung
Info	Datenstring der an das Gerät übertragen wird
Count	Anzahl der zu übertragenden Bytes
Eoi	1 = EOI mit dem letzten Datenbyte senden
Status	2 = PC ist kein Talker

Beispiel:

```
int i; int Status;
transmit( "MTA LISTEN 2", Status ); // Drucker
i = tarray( "Info", 5, 1, Status );
```

- Empfangen von maximal 64k Bytes Binärdaten:

```
int rarray( char[] Info, int Count, int &Len, int &Status)
```

Variable	Beschreibung
Info	Stringvariable für die zu empfangenden Daten
Count	Anzahl der zu übertragenden Bytes
Len	Tatsächliche Anzahl empfangener Bytes
Status	2 = PC ist kein Listener 32 = erfolgreicher Transfer, mit EOI beendet

Beispiel:

```
char Info[2000]; int i; int Status; int Len;
transmit( "MLA TALK 16", Status );
i = rarray( Info, 100, Len, Status );
```

Die Verwendung von DMA (direktem Speicherzugriff) erlaubt es, Daten mit maximaler Geschwindigkeit zu übertragen. DMA wird zusammen mit *tarray* und *rarray* verwendet.

- DMA über die Kanäle 1 oder 3:

```
void dmachannel( int Channel )
```

Variable	Beschreibung
Channel	DMA-Kanal, -1 = Ausschalten

Die KPC-488.2AT-Karte erlaubt eine Hochgeschwindigkeits Datenübertragung mit Datentransferraten bis 5 MB/s.

- 488SD Übertragung:

```
void enable_488sd( int Enable, int Timing )
```

Variable	Beschreibung
Enable	0 = aus, 1 = ein
Timing	Wert abhängig von Kabellänge 1m: mindestens 100, 20m mindestens 500

Prüfen des Geräte-Status: Service Request

GPIB Geräte können Status-Informationen auf zwei verschiedene Arten vermitteln: *Serial Polling* oder *Parallel Polling*. Ein *Serial Poll* liest den Status eines einzelnen Gerätes. Mit einem *Service Request (SRQ)* Signal fordern die Geräte Bedienung an.

- Prüfen auf Service Request (SRQ):

```
int srq();
```

Variable	Beschreibung
Rückgabewert	1, falls ein angeschlossenes Gerät Bedienung anfordert

- Ein Serial Poll liest den Status eines einzelnen Gerätes:

```
int spoll( int Adresse, int &Poll, int &Status );
```

Variable	Beschreibung
Poll	Resultierendes Statusbyte (40h=warten auf SRQ)

- Ein Parallel Poll liest den Status aller Geräte:

```
int ppoll( int &Poll );
```

Variable	Beschreibung
Poll	Jedes Bit (0..255) kann ein Gerät anzeigen, dass Service benötigt

Konfigurieren der Interface Parameter

Falls nichtstandardisierte Hardware- oder Interface-Einstellungen verlangt werden, können diese mit den im folgenden Abschnitt beschriebenen Funktionen eingestellt werden.

- Prüfen, ob die Interfacekarte im Rechner vorhanden ist:

```
int board_present()
```

Variable	Beschreibung
Rückgabewert	0 = nicht gefunden 1 = KPC-488.2 2 = KPS-488.2 3 = KPC-488.2AT

- Setzen des KPC-488.2 auf eine andere Adresse (2B8h):

```
void setport( int Board, int Port )
```

- Falls mehrere KPC-488.2 gleichzeitig im Rechner sind:

```
void boardselect( int Board )
```

- Timeout Zeit (ms) festlegen:

```
void settimeout( int Time )
```

- Setzen von Terminatoren:

```
void setoutputeos( int Eos1, int Eos2 )
void setinputeos ( int Eos )
```

Beispiel:

```
int i;
i = board_present();
setport       ( 2, 0x2A8 );
boardselect ( 2 );
settimeout  ( 3000 );   // 3 s
setoutputeos( 13, 10 ); // cr, lf
setinputeos ( 13 );     // cr
```

Einlesen von Messwerten über das Modul NI488

Bild 4.18 zeigt einen Signalgraphen, der zwei unterschiedliche Aufgaben erfüllt:

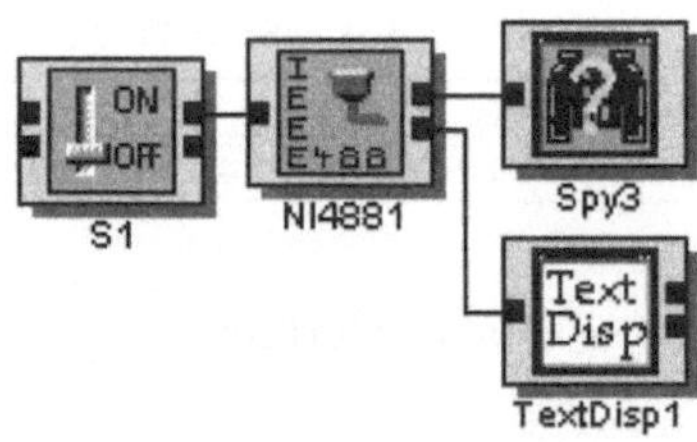

Bild 4.18   Listener-Geräte finden und mit einem DMM kommunizieren

- Finden aller an der IEEE488-Schnittstelle angeschlossenen Listener-Geräte. Bild
  4.19 zeigt die Adressen der gefundenen Listener (Zuhörer). Von 31 möglichen Geräten wurden zwei Geräte mit den Adressen 7 und 19 gefunden.

Bild 4.19   Array mit zwei Adressen der Listeners

- Kommunikation mit einem Digitalmultimeter 8842A der Firma Fluke. Das Gerät erhält vom Kontroller die Vorgaben für die Einstellung (F1=Gleichspannung, R0=automatische Bereichsauswahl). Anschließend wird ein Messwert eingelesen. In Bild 4.20 wird der vom Messgerät aktuell eingelesene Messwert angezeigt.

Bild 4.20 Messwert

In der Initialisierungsphase des Interpreter Programms wird die Adressenliste mit den möglichen Adressen 1 bis 30 vorbelegt. Die Vorbelegung erfolgt in *addresslist* (Indizes: 0 bis 29). Die Listen mit den Adressen werden immer mit dem Wert -1 abgeschlossen. In jedem Programmaufruf (Execute-Phase) wird folgende Befehlsfolge abgearbeitet. Mit dem Befehl *SendIFC(0)* werden alle Komponenten am Kontroller mit Adresse 0 zurückgesetzt. Dann wird geprüft, an welcher der vorgegebenen Adressen Listener-Geräte angeschlossen sind. Die gefundene Anzahl der Zuhörer und die entsprechenden Adressen werden an den Ausgang geschickt. Mit dem Befehl *DevClearList()* werden die gefundenen Listener-Geräte zurückgesetzt. Das Messgerät 8842A der Firma Fluke ist einer der beiden gefundenen Zuhörer. Es bekommt vom Kontroller Einstellungen mitgeteilt, d.h., es ist Listener. Anschließend wird es als Talker aufgerufen und sendet das Messergebnis. Dieses wird am Modulausgang **Messwert** zur Weiterverarbeitung bereitgestellt.

```
input trigger TIn1( "TYPEINFO", "TypeInfo", "SWORD[1]", "TIME_DOMAIN" );
output Listener( "TYPEINFO", "TypeInfo", "SWORD[]", "TIME_DOMAIN" );
output Messwert( "TYPEINFO", "TypeInfo", "UBYTE[]", "TEXT" );
int Listeners; int i; int addresslist[32]; int resultlist[31];
char data[50];

init
{
// Adressenliste initialisieren
for ( i=0; i<30; i++ )
 addresslist[i] = i+1;
addresslist[30] = -1;
}

execute
{
SendIFC( 0 );
FindLstn( 0, addresslist, resultlist, 31 ); // Listeners available
Listeners = GetCount(); // Number of listeners
resultlist[Listeners] = -1; // End of list
for ( i=0; i<Listeners; i++ )
 Listener << resultlist[i]; // gefundene Listeneradressen ausgeben
DevClearList( 0, resultlist );

i = Send( 0, 1, "F1R0", 4, 1 );
if ( i == -1 )
 {
 print("Error"); printInt( GetError() );
 }
```

```
print("Status"); printInt( GetState() );
print("Count");  printInt( GetCount() );

Receive( 0, 19, data, 50, 256 );
Messwert << data;
}
```

Funktionen von Modul NI488

Alle folgenden Funktionen benutzen für den Parameter *board* die Geräteadresse "0".

Rücksetzen aller Einstellungen

```
int SendIFC( int board );
```

Mit dem Befehl werden alle am Kontroller befindlichen Komponenten auf Defaulteinstellung zurückgesetzt.

Suchen aller Listener-Geräte

```
int FindLstn( int board, int addresslist[], int resultlist[], int limit );
```

Variable	Beschreibung
addresslist	Liste der Geräteadressen, die abgefragt werden sollen
resultlist	Liste der Adressen aller gefundener Listener-Geräte
limit	Maximale Anzahl der zu findenden Adressen

Das Beispiel prüft, ob an den Adressen 6 und 7 Listener-Geräte vorhanden sind. Es wird ein Listener an Adresse 7 gefunden:

```
int iErr; int addresslist[3]; int resultlist[4];
addresslist[0] = 6; addresslist[1] = 7; addresslist[2] = -1;
iErr = FindLstn( 0, addresslist, resultlist, 4 );
// resultlist[0]=7, resultlist[1]=-1, ...
```

Die Funktion *GetCount()* liefert die Anzahl der Listener-Geräte.

Rücksetzen ausgewählter Geräte

```
int DevClearList( int board, int addresslist[] )
```

Variable	Beschreibung
addresslist	Liste der Geräteadressen, die zurückgesetzt werden sollen

Im Beispiel werden die Geräte mit den Adressen 6 und 7 auf ihre Defaulteinstellungen zurückgesetzt:

```
int iErr; int addresslist[3];
addresslist[0] = 6; addresslist[1] = 7; addresslist[2] = -1;
iErr = DevClearList( 0, addresslist ); // iErr=0
```

Senden von Daten an ein GPIB-Gerät

```
int Send( int board, int address, char data[], int count, int eotmode )
```

Variable	Beschreibung
address	Adresse des Gerätes, das die Daten empfangen soll
data	Information, die an die Geräte gesendet werden soll
count	Anzahl von Datenbytes
eotmode	Markierung, die das Ende von Daten signalisiert: 1 = Sende nach dem letzten Datenbyte Zeilenvorschub mit EOI 2 = Sende mit dem letzten Datenbyte in der Zeichenfolge EOI 0 = Ende des Transfers nicht markieren

Im Beispiel sendet das GPIB board 0 eine Kennungsabfrage an das GPIB-Gerät mit Adresse 3. Die Information wird mit EOI (End-Or-Identify) abgeschlossen:

```
int iResult;
iResult = Send( 0, 3, "*IDN?", 4, 2 );
```

Einlesen von Daten von einem GPIB-Gerät

```
int Receive( int board, int address, char data, int count, int termination );
```

Variable	Beschreibung
address	Adresse des Geräts, von dem gelesen werden soll
data	Zeichenkette, die die Daten aufnimmt
count	Maximale Anzahl von Datenbytes, die gelesen werden sollen
termination	Markierung, um das Ende von Daten zu signalisieren. Wenn der Abschlusswert einem Wert zwischen 0 und 255 gleicht, ist das entsprechende ASCII Zeichen das Abschlusszeichen. Wird dieses Zeichen gefunden, stoppt der Lesevorgang. Wenn der Abschlusswert 256 ist, wird der Lesevorgang gestoppt, sobald EOI anliegt.

Im Beispiel schickt der Talker mit Addresse 7 an den Kontroller 50 Datenbytes. EOI signalisiert das Ende der Nachricht:

```
int iCount; char data[50];
iCount = Receive( 0, 7, data, 50, 256 );
```

4.2.5 Kommunikation über den CAN-Bus

Der CAN-Bus (Controller Area Network) ist ein serielles Bussystem, das sich durch eine Multimaster-Funktion und Echtzeit-Fähigkeit auszeichnet. Sein Einsatzbereich liegt ursprünglich in der Automobilindustrie. Sensoren mit CAN-Anbindung werden zunehmend auch in der Automatisierung eingesetzt. Die Datenübertragungsraten liegen zwischen 10 kBit/s und 1 MBit/s (siehe Tabelle 4.5) abhängig von den maximalen Leitungslängen.

In ICONNECT ist als CAN-Schnittstelle das Modul CAN_EMS integriert. Es enthält die volle Funktionalität von Modul Interpret, erweitert um die Funktionen zum Ansprechen der CAN-Schnittstelle. Damit können über den CAN-Bus eingelesene Messwerte analysiert und entsprechende Reaktionen ausgelöst werden.

Unterstützte Hardwarekomponenten

Folgende Interfaces der Firma EMS werden mit dem Modul **CAN_EMS** angebunden:

- CAN-PC Interface CPC-PCI Einsteckkarte
  CPC-PCI ist eine passive CAN-Interfacekarte für PCI-Steckplätze. Sie wurde für
  den industriellen Serieneinsatz konzipiert und ist daher kostengünstig ausgeführt.
  CPC-PCI unterstützt wahlweise ein oder zwei CAN-Busse, die unabhängig von-
  einander mit unterschiedlichen Datenraten betrieben werden können. Als CAN-
  Kontroller kommt der Philips-Baustein *SJA1000* zum Einsatz, der sich durch gute
  Diagnoseeigenschaften auszeichnet. *CPC-PCI* ist optional mit galvanischer Tren-
  nung vom PC zum CAN-Bus erhältlich. Ebenfalls optional ist eine galvanische
  Trennung der CAN-Kanäle untereinander über getrennte DC/DC-Wandler mög-
  lich.

- Aktives Parallelport-Interface CPC-PP
  CPC-PP ist ein aktives CAN-Interface für den Anschluß an die PC-Drucker-
  Schnittstelle.

- Passives Parallelport-Interface CPC-PP/ECO
  CPC-PP/ECO ist ein passives CAN-Interface für den Anschluß an die PC-Drucker-
  Schnittstelle. Durch Handlichkeit und Aufbau eignen sich *CPC-PP* und *CPC-
  PP/ECO* insbesondere für die Parametrierung und Inbetriebnahme von Einzel-
  geräten.

Software

Im Lieferumfang ist die Installationssoftware enthalten. Nach erfolgreicher Installation
des CAN-Interfaces steht das Modul **CAN_EMS** zur Verfügung.

Einlesen von Sensordaten über CAN-Bus

Folgender Signalgraph (Bild 4.21) liest zyklisch – gesteuert durch den Pulsgenerator –
Sensordaten ein und liefert diese zur Weiterverarbeitung an den Modulausgang.

Bild 4.21   Datenerfassung mit CAN-Bus

Die Initialisierungsphase wird einmal beim Start des Signalgraphen aufgerufen und initia-
lisiert die CPC-PCI-Interfacekarte mit Kanal 0 (*CHAN00*). Die Informationen bezüglich
Interface-Typ (CPC-PCI, CPC-PP/ECO), Bus-Nummer, Slotnummer, Kanalnummer
bzw. Printerportnummer befinden sich im Gerätemanager bzw. in der Datei *cpcconf.ini*.
Die done-Sektion wird beim Anhalten des Signalgraphen aufgerufen und schließt die
CAN-Schnittstelle. In jedem Modulaufruf werden Daten von einem VIP-Sensor der Firma Micro-Epsilon Messtechnik eingelesen. Zur Weiterverarbeitung der Messwerte (z.B.
Anzeige in Displays) werden diese im Fließkommaformat und mit den geeigneten Typin-
formationen an den Modulausgang geschickt.

```
input trigger TIn( "TYPEINFO", "TypeInfo", "SWORD[1]", "BIN" );
output OutDbl( "TYPEINFO", "TypeInfo", "DOUBLE[]", "TIME_DOMAIN" );

int iHandle; int i; int Typ; int Data[4]; int Wert; int ID; ID=1568;

init
 {
 iHandle = OpenChannel( "CHAN00" ); // PC-Karte, Kanal 0
 SetCANParams( iHandle, 0, 0x01 );  // Datenrate
 SetCANParams( iHandle, 1, 0x1c );  // Datenrate
 SetCANParams( iHandle, 2, 0xda );  // Kontroller aktivieren
 CANInit( iHandle );                // Kontroller initialisieren
 }

execute
 {
 SendRTR( iHandle, ID, 2 ); // VIP-Sensor von Micro-Epsilon

 i = Handle( iHandle, Typ, Data );
 if ( i==0 ) // Handle-Aufruf O.K.
  {
  if ( Typ==1 && Data[0]==ID ) // Typ und Sende-ID
   {
   Wert = BYTEtoDWORD( Data[2], Data[3] );
   OutDbl << Wert*1.0; // Konvertierung auf Double
   ti_setrangemin( -1000.0, OutDbl );
   ti_setrangemax(  1000.0, OutDbl );
   ti_setsamplerate( 100.0, OutDbl );
   ti_settimestamp( time(), OutDbl );
   ti_setstatus    (      3, OutDbl );
   }
  }
 }

done
 {
 CloseChannel( iHandle );
 }
```

Im nächsten Abschnitt werden die Funktionen zum Zugriff auf die CAN-Schnittstelle beschrieben. Dabei entspricht die Variable *iHandle* dem durch den Aufruf von *OpenChannel* gelieferten Handle. Als allgemeine Rückgabewerte gelten 0 für erfolgreich ausgeführt und < 0 für Fehler oder ungültiges Handle. Zusätzliche Rückgabewerte sind bei den jeweiligen Funktionsaufrufen beschrieben.

Initialisierung der CAN-Schnittstelle

Bei der Initialisierung wird zuerst der CAN-Kanal geöffnet. Existiert der gewählte Kanal, wird die Datenrate gesetzt und die Ausgangsstufe aktiviert. Anschließend erfolgt die Initialisierung des spezifizierten Kanals. In der Sektion *init* des CAN-Moduls können weitere Funktionen aufgerufen werden, beispielsweise das Einlesen der aktuellen Library Version, Typ und Version des Treibers, Seriennummer und Hardware Version.

Öffnen eines CAN-Kanals

```
int OpenChannel( char[] Channel );
```

Variable	Beschreibung
Channel	CHAN00: CPC-PCI Karte, Bus 0, Slot 10, Kanal 0 CHAN01: CPC-PCI Karte, Bus 0, Slot 11, Kanal 1 CHAN02: CPC-PP/ECO, Printer-Port 1 CHAN03: CPC-PP/ECO, Printer-Port 2
Rückgabewert	Handle ($>=0$) oder Fehlernummer

Datenrate setzen und Ausgangsstufe aktivieren

```
int SetCANParams( int iHandle, int Typ, int Wert );
```

Variable	Beschreibung
Typ	0, 1: BTR0, BTR1 Datenrate siehe Tabelle 4.5 2: CAN-Kontroller Ausgangsstufe aktivieren Muss auf 0xda gesetzt werden !
Rückgabewert	0: O.K. <0: Ungültiges Handle -96: Typ außer Bereich (0,1,2) -98: Parameter konnten nicht gesetzt werden

Bitrate	BTR0	BTR1
1 MBit/s	0x00	0x14
800 kBit/s	0x00	0x16
500 kBit/s	0x00	0x1c
250 kBit/s	0x01	0x1c
125 kBit/s	0x03	0x1c
50 kBit/s	0x09	0x1c
20 kBit/s	0x18	0x1c
10 kBit/s	0x31	0x1c

Tabelle 4.5 Datenraten

CAN-Kontroller des spezifizierten Kanals intialisieren

```
int CANInit( int iHandle );
```

Funktionen für die Datenübertragung

Übertragen eines CAN-Daten-Frames (Standard bzw. erweitert)

```
int SendMsg ( int iHandle, int ID, int Len, char[] Daten );
int XSendMsg( int iHandle, int ID, int Len, char[] Daten );
```

Variable	Beschreibung
ID	Identifikation des Sende-Teilnehmers
Len	Länge der Nachricht, max. acht Bytes
Daten	Nachricht

Übertragen eines Remote CAN-Frames (Standard bzw. Erweitert)

```
int SendRTR ( int iHandle, int ID, int Len );
int XSendRTR( int iHandle, int ID, int Len );
```

Variable	Beschreibung
ID	Identifikation des Sende-Teilnehmers
Len	Länge der Nachricht, max. acht Bytes

Einlesen des CAN-Nachrichtentyps und der CAN-Nachricht vom spezifizierten Kanal

```
int Handle( int iHandle, int Typ, int[] Daten );
```

Variable	Beschreibung
Typ 1	CAN Standard: Sender-ID, Länge und Nachricht
Typ 16	CAN Erweitert: Sender-ID, Länge und Nachricht
Typ 8	RTR Standard: Sender-ID und Länge
Typ 17	RTR Erweitert: Sender-ID und Länge
Typ 14	CAN-Status

Umformen zweier Bytes

```
int BYTEtoDWORD( int Byte0, int Byte1 );
```

Beispiel:

```
int Typ; int Daten[4]; int ID; int Len; int Wert;
Handle( iHandle, Typ, Daten );
if ( Typ==1 )
 {
ID   = Daten[0];
Len  = Daten[1];
// Umwandeln zweier Bytes in ein DWORD
Wert = BYTEtoDWORD( Daten[2], Daten[3] );
 }
```

Kanalspezifisches Löschen des Message Puffers

```
int BufferClear( int iHandle );
```

Variable	Beschreibung
Rückgabewert	52224 : O.K., <0 : Fehler oder ungültiges Handle

Kanalspezifisches Einlesen der Anzahl der Meldungen, die aktuell im Message Puffer gespeichert sind

```
int GetBufferCnt( int iHandle );
```

Variable	Beschreibung
Rückgabewert	>=0 : Anzahl Meldungen <0 : Fehler oder ungültiges Handle

Schließen eines CAN-Kanals

```
int CloseChannel( int iHandle );
```

Zusatzinformationen zur CAN-Schnittstelle

Es können die aktuelle Library Version, der Typ und die Version des Treibers, die Interface Seriennummer, die Hardware Version und eine Fehlerbeschreibung festgestellt werden:

```
char[] GetLibVersion();
char[] GetDriverInfo( int iHandle );
char[] GetSerialNo( int iHandle );
char[] GetHWVersion( int iHandle );
char[] GetErrorText( int ErrorNr );
```

4.2.6   Kommunikation über die Profibus Schnittstelle

Der Profibus gilt als Standardfeldbus für viele industrielle Anwendungen. Die Bezeichnung Profibus DP steht für Dezentrale Peripherie. Die Profibus Schnittstelle beschreibt den Datenverkehr zwischen der Steuerung und dem Feldgerät (Slave). Das Engineering erfolgt mit Hilfe der Geräte-Stamm-Datei (GSD), in der die Busparameter eingestellt und die Diagnose spezifiziert wird. PROFIBUS legt die technischen und funktionellen Merkmale eines seriellen Feldbussystems fest, mit dem verteilte digitale Automatisierungsgeräte von der Feldebene bis zur Zellebene miteinander vernetzt werden können. Es wird unterschieden zwischen Master- und Slave-Geräten. Master-Geräte bestimmen den Datenverkehr auf dem Bus. Slave-Geräte sind Peripheriegeräte (Ein-/Ausgangsgeräte). Sie dürfen nur empfangene Nachrichten quittieren oder auf Anfrage eines Masters Nachrichten an diesen übermitteln.

Profibuskarten

Die SIMATIC NET PROFIBUS Baugruppe *CP 5611* der Firma Siemens ist mit einer PROFIBUS-Schnittstelle bis 12 MBaud ausgestattet. Sie ist für den Betrieb in PGs und PCs mit PCI-Busschnittstelle vorgesehen. Mit der *CP 5611-Baugruppe* können per MPI/DP-Netz bis zu 32 Geräte (PC, PG, S7-xxx oder ET 200) zu einem Netzsegment gekoppelt werden.

Software

Mit dem Softwarepaket **SoftnetDP** wird der Zugriff auf den Profibus möglich. Nach erfolgreicher Installation der Profibus DP Schnittstelle kann **ICONNECT** aufgerufen werden. Das Modul **SoftnetDP** befindet sich im Verzeichnis `Hardware IO\Interpret`. Dieses Modul stellt Funktionen zur Kommunikation mit dem Profibus bereit.

Bild 4.22 Kommunikation mit S7-200 über Profibus

Kommunikation mit einer SPS über Profibus

Der Messaufbau in Bild 4.22 zeigt die SIMATIC S7-200 und deren Netzteil. Die CPU-215 ist über das Kabel *PROFIBUSCONNECTOR* (Typ: 6ES7 972-0BB10-0XA0) mit der PC-Einsteckkarte SIMATIC NET PROFIBUS Baugruppe CP5611 verbunden. Über diese Karte werden Daten per Profibus an die SPS gesendet oder von dieser empfangen.

Im Eingabedialog (siehe Bild 4.23) werden zur Laufzeit beliebige Datenbytes ausgewählt und an die SPS geschickt.

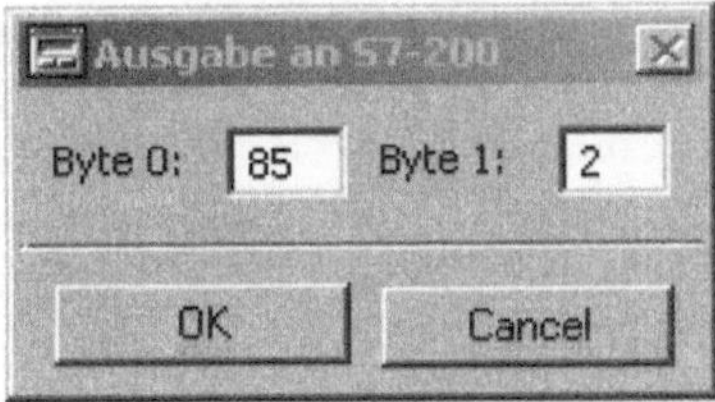

Bild 4.23 Dialog zum Vorgeben der Ausgabebytes

Der Signalgraph in Bild 4.24 demonstriert die Programmierung des Profibusses mit dem Modul **SoftnetDP**.

In einer graphischen Darstellung (siehe Bild 4.25) sind die aktuellen Einstellungen der SPS nachgebildet.

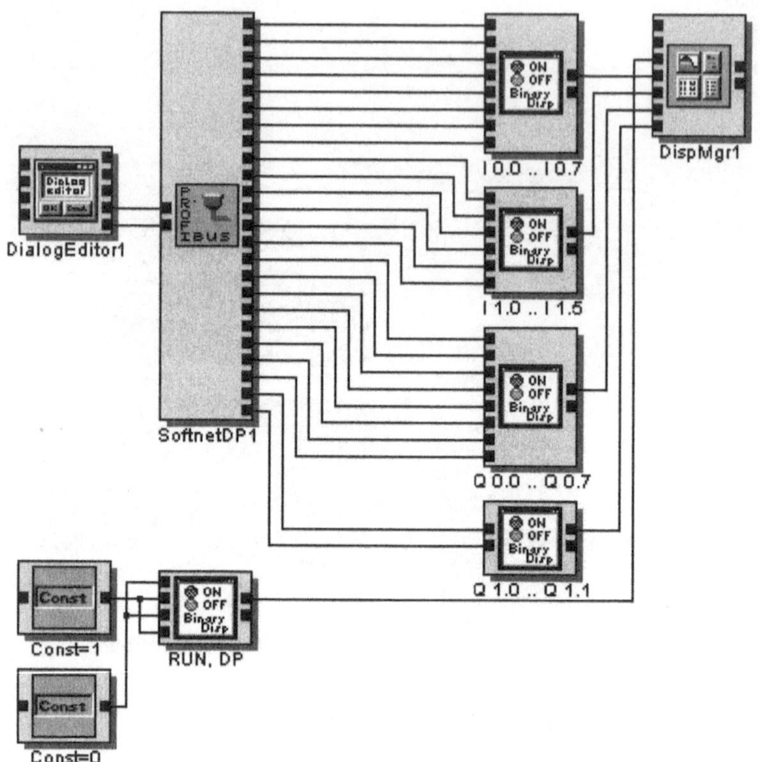

Bild 4.24 Signalgraph zur Kommunikation über den Profibus

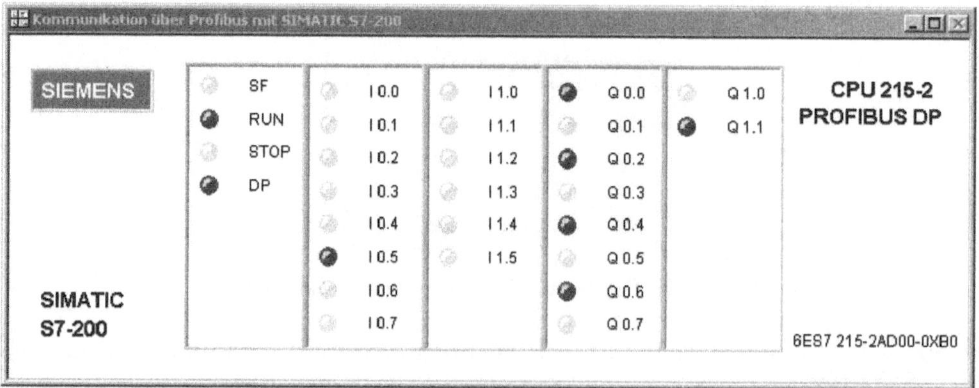

Bild 4.25 Anzeige der SIMATIC S7-200 Einstellung

Das Programm für diese Anwendung besteht aus den Deklarationen und den drei Sektionen *init, execute* und *done*. Im Deklarationsteil werden die Eingänge für die beiden Vorgabebytes und die Ausgänge für die bitweise Ausgabe der Einstellungen an die vier Leuchtdiodenanzeige-Module BinaryDisp festgelegt. Der PC arbeitet als Master mit der Adresse 1 und die SPS SIMATIC S7-200 hat die Funktion eines Slaves mit Adresse 100. Die auszugebenden und die einzulesenden Daten werden als Zeichenketten übertragen.

```
input trigger I0( "TYPEINFO", "TypeInfo", "SWORD[1]", "BIN" );
input trigger I1( "TYPEINFO", "TypeInfo", "SWORD[1]", "BIN" );

output I00( "TYPEINFO", "TypeInfo", "SWORD[]", "BIN" );
output I01( "TYPEINFO", "TypeInfo", "SWORD[]", "BIN" );
output I02( "TYPEINFO", "TypeInfo", "SWORD[]", "BIN" );
output I03( "TYPEINFO", "TypeInfo", "SWORD[]", "BIN" );
output I04( "TYPEINFO", "TypeInfo", "SWORD[]", "BIN" );
output I05( "TYPEINFO", "TypeInfo", "SWORD[]", "BIN" );
output I06( "TYPEINFO", "TypeInfo", "SWORD[]", "BIN" );
output I07( "TYPEINFO", "TypeInfo", "SWORD[]", "BIN" );
output I10( "TYPEINFO", "TypeInfo", "SWORD[]", "BIN" );
output I11( "TYPEINFO", "TypeInfo", "SWORD[]", "BIN" );
output I12( "TYPEINFO", "TypeInfo", "SWORD[]", "BIN" );
output I13( "TYPEINFO", "TypeInfo", "SWORD[]", "BIN" );
output I14( "TYPEINFO", "TypeInfo", "SWORD[]", "BIN" );
output I15( "TYPEINFO", "TypeInfo", "SWORD[]", "BIN" );

output Q00( "TYPEINFO", "TypeInfo", "SWORD[]", "BIN" );
output Q01( "TYPEINFO", "TypeInfo", "SWORD[]", "BIN" );
output Q02( "TYPEINFO", "TypeInfo", "SWORD[]", "BIN" );
output Q03( "TYPEINFO", "TypeInfo", "SWORD[]", "BIN" );
output Q04( "TYPEINFO", "TypeInfo", "SWORD[]", "BIN" );
output Q05( "TYPEINFO", "TypeInfo", "SWORD[]", "BIN" );
output Q06( "TYPEINFO", "TypeInfo", "SWORD[]", "BIN" );
output Q07( "TYPEINFO", "TypeInfo", "SWORD[]", "BIN" );
output Q10( "TYPEINFO", "TypeInfo", "SWORD[]", "BIN" );
output Q11( "TYPEINFO", "TypeInfo", "SWORD[]", "BIN" );

int i; int iSlave; iSlave=100; int v;
char a[112]; char f[112]; // Puffer zur SPS

init
 {
 i = SoftnetDPSetAccess(0); // DPN_ROLE_CENTRAL | DPN_SYS_CENTRAL
 i = SoftnetDPSetMaster(1);
 i = SoftnetDPSetSlave(iSlave);
 Sleep(2000);
 i = SoftnetDPGetSlaveState();
 if ( i!=3 ) // 3=DPN_SLV_STAT_READ_DIAG
  {
  print( "GetSlaveState" );
  printInt(i);
  }
 i = SoftnetDPInit(); // Initialisierung der Profibuskarte
 }

execute
```

```
{
if ( i==0 ) // OK
 {
 a[0]=itoc(I0[0]);
 a[1]=itoc(I1[0]);
 i = SoftnetDPOutput( iSlave, 2, 0, a );
 Sleep(500);
 i = SoftnetDPReadSlv( iSlave, 2, 0, f );
 v = uctoi(f[0]);
 Q00 << (v&1);
 Q01 << (v&2);
 Q02 << (v&4);
 Q03 << (v&8);
 Q04 << (v&16);
 Q05 << (v&32);
 Q06 << (v&64);
 Q07 << (v&128);
 v = uctoi(f[1]);
 Q10 << (v&1);
 Q11 << (v&2);

 i = SoftnetDPInput( iSlave, 2, 0, f );
 v = uctoi(f[0]);
 I00 << (v&1);
 I01 << (v&2);
 I02 << (v&4);
 I03 << (v&8);
 I04 << (v&16);
 I05 << (v&32);
 I06 << (v&64);
 I07 << (v&128);
 v = uctoi(f[1]);
 I10 << (v&1);
 I11 << (v&2);
 I12 << (v&4);
 I13 << (v&8);
 I14 << (v&16);
 I15 << (v&32);
 }
}

done
 {
 i = SoftnetDPExit();
 }
```

Die Profibusschnittstelle wird in der Sektion *init* beim Start des Signalgraphen initialisiert. Zuerst werden die Zugriffsart, die Masteradresse und die Slaveadresse gesetzt. Dann wird die Schnittstelle initialisiert. Nach erfolgreicher Initialisierung befindet sich die SPS im RUN- und DP-Modus (siehe LED's auf der S7-200). Die Done-Sektion wird beim Anhalten des Signalgraphen aufgerufen und schließt die Profibus-Schnittstelle. In jedem Modulaufruf werden die eingelesenen Bytes an die SPS geschickt und von dort werden die aktuellen Einstellungen eingelesen. Diese stehen bitweise an den Ausgängen des Moduls **SoftnetDP** zur Darstellung in der Anzeige bereit.

Funktionsaufrufe für die Kommunikation über den Profibus

Alle folgenden Funktionen benutzen als Rückgabewert für erfolgreich ausgeführte Aktionen den Wert Null. Andere Rückgabewerte sind bei den jeweiligen Funktionsaufrufen und in einer Tabelle in der Hilfe zum Modul SoftnetDP beschrieben.

Funktionen zur Initialisierung der Profibus-Schnittstelle

Die Funktionen zur Kommunikation über die Profibus-Schnittstelle sind in der Hilfe zum Modul SoftnetDP detailliert beschrieben. In der folgenden Auflistung werden die in obiger Anwendung benutzten Befehle erläutert.

Sollen von den Defaulteinstellungen abweichende Werte für die Zugriffsart, die Adresse des *Masters* oder die Adressen der *Slaves* verwendet werden, sind diese vor dem Aufruf des Initialisierungsbefehls festzulegen.

Für die Art des Zugriffs auf den *DP-Master* gibt es folgende Einstellungsmöglichkeiten.

```
int SoftnetDPSetAccess( int Access );
```

Wert	Beschreibung
0	DPN_OLE_CENTRAL | DPN_SYS_CENTRAL (Standardeinstellung)
1	DPN_ROLE_NOT_CENTRAL | DPN_SYS_CENTRAL
2	DPN_ROLE_NOT_CENTRAL | DPN_SYS_NOT_CENTRAL

Das Setzen der Masteradresse und der Adressen der Slaves erfolgt mit den Befehlen:

```
int SoftnetDPSetMaster( int Master );
```

Variable	Beschreibung
Master	1, ..., 4: CP5611 Siemens PCI Interface-Adresse

```
int SoftnetDPSetSlave( int Slave );
```

Variable	Beschreibung
Slave	0, ..., 125: Slaveadresse

Beispiel:

```
SoftnetDPSetAccess(   0 );
SoftnetDPSetMaster(   1 );
SoftnetDPSetSlave ( 100 ); // Adresse z.B. einer SPS Steuerung
```

Nach den Vorbelegungen wird die Profibus-Schnittstelle initialisiert:

```
int SoftnetDPInit();
```

Einlesen von Daten vom Profibus

```
int SoftnetDPInput( int Slave, int Len, int Offset, char[] Buffer );
```

Variable	Beschreibung
Slave	0, ..., 125: Slaveadresse
Len	Anzahl zu empfangender Zeichen
Offset	Startposition
Buffer	Empfangene Zeichen

Beispiel:

```
char acBuffer[30];
SoftnetDPInput( 100, 2, 0, acBuffer );
```

Senden von Daten über den Profibus

```
int SoftnetDPOutput( int Slave, int Len, int Offset, char[] Buffer );
```

Variable	Beschreibung
Slave	0, ..., 125: Slaveadresse
Len	Anzahl der zu sendenden Zeichen
Offset	Startposition
Buffer	zu sendende Zeichen

Beispiel:

```
iResult = SoftnetDPOutput( 100, 2, 0, "ÿÿ" );
```

Zum Auslesen der aktuellen Ausgabedaten der DP-Applikation eignet sich der Befehl:

```
int SoftnetDPReadSlv( int Slave, int Len, int Offset, char[] Buffer );
```

Freigeben der Profibus-Schnittstelle

Die Einstellungen werden zurückgesetzt und die Schnittstelle wird freigegeben:

```
int SoftnetDPExit();
```

Zusatzinformationen zur Profibus-Schnittstelle

- Einlesen des aktuellen Zustands eines *Slaves*:

  ```
  int SoftnetDPGetSlaveState();
  ```

Variable	Beschreibung
State = 0	Slave ist offline
State = 1	Slave ist nicht aktiv
State = 2	Slave ist bereit
State = 3	Slave ist bereit für die Abfrage der Diagnosedaten
State = 4	Slave ist nicht bereit
State = 5	Slave ist nicht bereit für die Abfrage der Diagnosedaten

- Informationen zu den Diagnosedaten sind dem Handbuch der verwendeten SPS zu entnehmen. Die Diagnosedaten werden mit folgendem Befehl abgefragt:

  ```
  int SoftnetDPSlvDiag( int Slave, int Len, char[] Buffer );
  ```

- Die Betriebsart (OFFLINE, STOP, CLEAR, OPERATE) des DP-Masters wird in der Initialisierung automatisch in der Reihenfolge *STOP*, *CLEAR* und *OPERATE* eingestellt. Mit den folgenden Funktionen kann sie ermittelt oder gesetzt werden:

  ```
  int SoftnetDPGetMode();
  int SoftnetDPSetMode( int Mode );
  ```

- Einen Überblick über die in der Datenbasis eingetragenen Slaves (mit Anzeige, ob

Diagnosedaten vorhanden sind) liefert der Befehl:

```
int SoftnetDPReadSysInfo( char[] Buffer );
```

- Zum Senden von Steuerkommandos an Slaves steht folgende Funktion zur Verfügung:

```
int SoftnetDPSetGlobalCtrl( int Slave, int Freeze, int Sync,
  int GroupSelector );
```

- Die Gesamtkonfiguration der DP-Datenbasis liefert der Befehl:

```
int SoftnetDPReadCfg( char[] Buffer );
```

Installation und Test der Profibuskonfiguration der Firma Siemens

Zum Testen der Profibus-Schnittstelle stellt die Firma Siemens ein Programm mit dem Namen `DPNTDEMO.exe` zur Verfügung. Auf die Konfiguration der Profibus-Schnittstelle wird in Kapitel 5 eingegangen.

4.3 Perl

Perl ist eine freie und leistungsfähige Interpreter-Programmiersprache, die sich seit 1987 weit verbreitet hat. Perl bietet neben elementaren und komplexen Datenstrukturen, Operatoren und Pattern-Matching Funktionen alles, was eine prozedurale Programmiersprache braucht. Objektorientierte Erweiterungen, Unicode-Unterstützung, Object Linking and Embedding (OLE), Multithreading etc. sind in neueren Perl-Versionen Standard.

Die ICONNECT-Schnittstelle zu Perl setzt auf der aktuellen ActiveState Perl Version 5.6 oder höher auf und unterstützt mehrere Instanzen, Multithreading und dynamisches Nachladen von Perl-Packages.

4.3.1 Der Funktionsumfang von Perl

Kontrollstrukturen

Perl ist in seiner Syntax ähnlich zu C/C++/Java, was die Verwendung von Kontrollstrukturen wie *if*, *while* oder *for* Statements angeht. Tabelle 4.6 vergleicht die Kontrollstrukturen von C und Perl. In Perl werden die Werte 0, "0", und "" (Leerstring) als logisch FALSE gewertet; alle anderen Werte sind bei einer Auswertung von Bedingungen TRUE. Die weiterhin verwendete Abkürzung *N/A* bedeutet, dass die Eigenschaft oder Methode in einer der Programmiersprachen nicht verfügbar ist.

In Perl werden die geschweiften Klammern um Blöcke immer benötigt, auch dann, wenn ein Block nur aus einem Statement besteht. **Else if** wird in Perl zu **elsif** zusammengefasst. Innerhalb eines **do{...}** **while(...)** Blocks sind **last** und **next** nicht erlaubt.

Variablen

Es gibt vier Datentypen in Perl: Skalare, Datenfelder bzw. Listen (Arrays), Hash-Variablen und Referenzen (Zeiger, Pointer).

($) Ein Skalar stellt einen numerischen Wert oder einen String dar.

C-Syntax	Perl (Klammern obligatorisch)	gleich
`if () { ... }`	`if () { ... }`	ja
`else if () { ... }`	`{ ... } elsif () { ... }`	nein
`while () { ... }`	`while () { ... }`	ja
`do while ();`	`do while ();` (s. unten)	nein
`for (i=0; i<x; i++) { ... }`	`for ($i=0; $i<$x; $i++) { ... }`	ja
N/A	`foreach $var (@array) { ... }`	nein
`break`	`last`	nein
`continue`	`next`	nein

Tabelle 4.6 Syntaxvergleich der Kontrollstrukturen

(@) Eine Feld ist ein eindimensionaler Vektor mehrerer Skalare. Felder/Listen werden mit [ ] indiziert; der Startindex eines Feldes ist, wie in C, Null (`$arr[0]` liefert erstes Feldelement).

(%) Eine Hash-Variable ist eine Liste von Paaren (Schlüssel, Wert), in der ein Schlüssel effektiv gesucht werden kann.

(\\) Eine Referenz bezieht sich (indirekt über die Adresse der Variablen) auf einen Wert, wie ein Pointer in C oder C++.

Skalare

Ein Skalar beinhaltet einen einzigen Wert; ein Array oder eine Liste Null bis mehrere Werte. Im Gegensatz zu C ist ein Skalar in Perl entweder eine Gleitkommazahl (Double), eine Zeichenkette (String), oder eine Referenz (Zeiger).

Das #-Zeichen beginnt einen Kommentar in Perl, der durch den Zeilenumbruch beendet wird.

```
$numx = 3.14159;          # Numerische Var.
$strx = "The constant pi"; # String
$refx = \$numx;           # Referenz
```

Ein String ist in einfache oder doppelte Anführungszeichen eingeschlossen. Innerhalb von doppelten Anführungszeichen werden Variablenreferenzen ausgewertet, innerhalb von einfachen nicht.

```
$i = 123;
print('i = $i\n');        # Ausgabe: i = $i\n
print("i = $i\n");        # Ausgabe: i = 123
print("i = $i+4\n");      # Ausgabe: i = 123+4
```

Hinweis: Der Befehl *print* gibt auf das Gerät *stdout* aus. Dieses Gerät existiert in ICONNECT nicht. Stattdessen kann eine Ausgabe auf einen Ausgang des Typs String (`UBYTE[]{Text}`) oder in eine Datei erfolgen (siehe Abschnitt 4.3.4).

Strings oder Zahlen

Perl konvertiert automatisch zwischen Strings und numerischen Werten, abhängig von der ausgeführten Operation. Strings werden mit . zusammengehängt. Strings, die keine konvertierbare Zahl darstellen, werden zu Null konvertiert.

```
$pi = "3.14";
$two_pi = 2 * $pi;            # $two_pi = 6.28
$pi_pi = $pi . $pi;           # $pi_pi = "3.143.14"
```

Leerstrings im Vergleich zu undefinierten Werten

Eine skalare Variable, der ein gültiger Wert oder ein String zugewiesen wurde, ist definiert. Vor dem erstmaligen Verwenden ist die Variable undefiniert (hat den Wert *undef*). Mit der Funktion defined() kann der Zustand der Variablen getestet werden. Ebenso haben leere Arrays den Wert *undef*. Das Schlüsselwort *my* deklariert lokale Variablen.

```
my $emptystr = "";
my(@nonemptylist) = ( undef );
if ( defined($emptystr) && defined(@nonemptylist) ) # TRUE
  {
  # ...
  }
my $invalid;
my(@empylist) = ();
if ( defined($invalid) || defined(@emptylist))        #FALSE
  {
  # ...
  }
@emptylist = (1, 2);
@emptylist = ();
if ( defined(@emptylist))                             # TRUE
  {
  # emptylist ist leer, aber definiert
  }
```

Beim Lesen einer undefinierten (*undef*) Variable wird der Wert in Null (0, 0.0 bzw. "") konvertiert. Eine *undef*-Variable wird bei if-Abfragen als FALSE angenommen. Variablen mit dem Zustand *undef* werden nach einem Durchlauf des Perl Skriptes in ICONNECT *nicht* ausgegeben. Durch diese Eigenschaft kann die Ausgabe von Daten durch das Modul Perl gezielt gesteuert werden.

Operatoren

Die meisten Perl Operatoren, wie + oder < oder . arbeiten jeweils mit Zahlen oder Strings, nicht jedoch mit beiden (siehe Tabelle 4.7).

Beschreibung	String Op	Numerischer Op
Gleichheit	eq	==
Ungleichheit	ne	!=
Ternärer Vergleich	cmp	<=>
Anhängen	. (Punkt)	N/A
Arithmetisch	N/A	+, -, *, /
Relational	lt, le, gt, ge	<, <=, >, >=

Tabelle 4.7 Syntax der Operatoren

ASCII Strings werden gemäß den ASCII Werten Zeichen für Zeichen sortiert. Bei rein alphabetischen Strings führt dies zu der erwarteten Reihenfolge. Die ternären Vergleichsoperatoren vergleichen xx cmp yy oder xx <=> yy, und haben als Rückgabewert -1, 0,

oder 1, falls xx kleiner als, gleich oder größer als yy ist. Die Operatoren werden meist für
Sortiervorgänge genutzt.

Listen und Felder (Arrays)

In Perl wird eine Liste durch Skalare in runden Klammern initialisiert. Arrays werden
beginnend mit 0 indiziert.

```perl
@fib = (0, 1, 1, 2, 3, 5);
@mixed = ("quiet", +4, 3.14, "hot dog");
@empty = ();
@emptyAlso = ( (), (), () );
$five = pop @fib;                # get $five
$three = $fib[4];
```

Die Länge eines Arrays kann auf eine der folgenden Weisen ermittelt werden:

```perl
$len = @array            ## Skalarer Kontext.  Anzahl der Array Elemente.
$last_index = $#array    ## Index des letzten Arrayelements.
```

Ein Array @arr kann auf mehrere Arten durchlaufen werden. In diesem Beispiel wird jedes
Element einfach ausgegeben. Um auf jedes Element zuzugreifen, ist `foreach` geeignet;
falls auch der Index benötigt wird, ist eine der folgenden Methoden geeigneter.

```perl
my $item;
foreach $item (@arr)          # übersichtlich, jedoch ohne Index
  {
  print $item;
  }


my $i;
for ($i=0; $i<@arr; $i++)    # wie in C
  {
  print $arr[$i];
  }


for (my $i=0; $i<@arr; $i++)
  { # Seit Perl V5.004 ist 'my' auch innerhalb von Schleifen erlaubt
  print $arr[$i];
  }


my $j;
for ($j=0; $j<=$#arr; $j++) # alternative Abbruchbedingung
  {   ## wie oben
  print $arr[$j];
  }
```

Der nächste Abschnitt zeigt einige Operationen auf Arrays. *Push* und *pop* fügen Elemente
hinzu oder entfernen Elemente am Ende des Arrays.

```perl
@list = ("one1");
push(@list, "two2");
$list[2] = "three3";
$nelements = @list;       # liefert 3, da 3 Elemente in @list sind
$list[$nelements] = "four" . "4";
```

Perl kümmert sich dabei um die dynamische Speicherverwaltung der Arrays. Wenn die
Arraygröße vorab bekannt ist, kann bereits Speicher mit `$#arr = size` angelegt werden.

```perl
$#largeArr = 987654;      # 987 KB Speicher vorreservieren
```

Hash-Variablen

Eine Hash-Variable speichert ein Array von Paaren (Schlüssel, Wert). Typischerweise stehen Schlüssel und Werte in Beziehung (engl. map), sind aber unterschiedlich, z.B. eine Person und eine Telefonnummer. Ein Hash ist so implementiert, dass ein effizienter Zugriff auf den Schlüssel möglich ist, insbesondere wenn die Anzahl der Schlüssel groß ist.

Ein Beispiel für die Anwendung eines Hashes ist die Zuordnung von Orten und Telefonvorwahlen, wie München und 089. Dazu definiert und initialisiert das Beispiel eine Hash-Variable %abbrevTable wie folgt:

```perl
my(%abbrevTable) =
    (           # Syntax für Vorbelegungen von Hash-Variablen
    "Muenchen" => "089",        # key = Muenchen, value = 089
    "Passau" => "0851",
    );
sub printAbbrev($)
  {
  my($city) = @_;
  if (exists $abbrevTable{$city})
    {
    print "Phone prefix for $city = $abbrevTable{$city} \n";
    }
   else
    {
    print "No known phone number prefix for $city\n";
    }
  }
sub hashdemo ()
  {
  printAbbrev("Vilshofen");                # Kein Schlüssel Vilshofen
  $abbrevTable{"Vilshofen"} = "08541"; # Schlüssel (key, value) eintragen
  printAbbrev("Vilshofen");                # Suche erfolgreich
  }
```

Ein Aufruf der Funktion hashdemo() liefert

```
No known phone number prefix for Vilshofen
Phone prefix for Vilshofen = 08541
```

Zum Test, ob ein Schlüssel in der Hash-Variable vorhanden ist, wird der Ausdruck `exists $hash{$key}` verwendet. Eine Suche nach einem Wert mit dem Ergebnis des Schlüssels ist jedoch nicht möglich.

Aufruf von Funktionen

Perl-Funktionen erwarten eine Liste als Parameter. Damit kann auch eine Reihe skalarer Werte übergeben werden. Parameter sind durch ein Komma voneinander getrennt, wie dies auch Elemente einer Liste sind.

```perl
$two = sqrt 4.00;               # Wurzel von 4
open FILEHANDLE, "input.txt";   # Datei input.txt zum Lesen öffnen
$i = index "abcdefg", "cde";    # Index des Teilstring cde in abcdefg
if (defined $somevar) { ... }   # Test, ob $somevar definiert ist
```

Optional können Klammern um die Argumente verwendet werden, was der Syntax gängiger Programmiersprachen entspricht.

```
$two = sqrt(4.00);              # Wurzel von 4
open (FILEHANDLE, "input.txt"); # Datei input.txt zum Lesen öffnen
$i = index("abcdefg", "cde");   # Index des Teilstring cde in abcdefg
if (defined($somevar)) { ... }  # Test, ob $somevar definiert ist
```

Werden Klammern verwendet, so sollte beachtet werden, dass das äußere Klammernpaar
die Parameter komplett einschließt:

```
$ten = sqrt (1+3)*5;            # Entspricht $ten = (sqrt(4)) * 5;
$ten = 5 * sqrt (1+3);          # Ergebnis wie oben.
$n = sqrt ((1+3)*5);            # Entspricht $n = sqrt (20);
```

Funktionsdeklarationen

Eine Funktionsdefinition sieht in Perl wie folgt aus: Alle Parameter der Funktion werden
in der Liste @_ übergeben. Die etwas kryptische Variable @_ ist an dieser Stelle leider
nicht zu vermeiden, kann aber sofort umbenannt werden:

```
sub do_line ($$$)
  {
  my($line, $lineno, $filename) = @_;
  ...
  }
```

Seit Perl V5.002 können Funktionsprototypen erzeugt werden. In der Deklaration
do_line ($$$) stellt jedes $ einen skalaren Parameter der Übergabe dar. Ein @ in der
Parameterliste markiert eine Liste.

Rückgabewerte

Eine Perl Funktion kann Rückgabewerte beliebigen Typs haben. Der Typ kann im Funk-
tionsprototypen jedoch nicht angegeben werden.

Funktionen können in Abhängigkeit des erwarteten Rückgabewertes sogar verschiedene
Datentypen als Rückgabewert definieren, wie das Beispiel zeigt:

```
sub scalarOrList ()
  {
  return wantarray ? ("red", "green", "blue") : 88;
  }
  ...
$i = scalarOrList();        # Skalarer Kontext, liefert 88
@color = scalarOrList();    # Listen Kontext, liefert ("red","green","blue")
```

4.3.2   Reguläre Ausdrücke

Symbole und Syntax

In regulären Ausdrücken versteht Perl die in Tabelle 4.8 angegebenen Symbole als Muster
für ein einzelnes Zeichen. Für eine beliebige Anzahl von Leerzeichen lässt sich als Such-
muster \s+ angeben. Die Symbole können auch kombiniert werden. [a-fA-F\d] sucht
z.B. nach einer hexadezimalen Zahl.

Symbol	Äquivalent	Beschreibung
\w	[a-zA-Z0-9_]	Ein Bezeichner (alphanumerisch plus "_")
\W	[^a-zA-Z0-9_]	Kein Bezeichner
\s	[\t\n\f\r]	Ein Leerraum
\S	[^\s]	Kein Leerraum
\d	[0-9]	Eine Ziffer
\D	[^0-9]	Keine Ziffer

Tabelle 4.8 Syntax regulärer Ausdrücke

Perl benutzt die standardisierten Abkürzungen für reguläre Ausdrücke r:

```
r*   Kein oder mehrere Vorkommen von r (Greedy Matching).
r+   Ein oder mehrere Vorkommen von r  (Greedy Match).
r?   Kein oder ein Vorkommen von r (Greedy Match).
r*?  Kein oder mehrere Vorkommen von r (Minimaler Match).
r+?  Ein oder mehrere Vorkommen von r (Minimaler Match).
r??  Kein oder ein Vorkommen von r (Minimaler Match).
```

Falls mehrere Möglichkeiten existieren, wie Text zu den regulären Ausdrücken zugeordnet werden kann, versucht der *Greedy Match*, so viele Zeichen wie möglich zuzuordnen, der *minimale Match* versucht das Gegenteil.

Suchen und Ersetzen

Die Hauptanwendungsgebiete regulärer Ausdrücke sind Suchen und Ersetzen von Teilstrings in Strings. Beide Operationen verwenden den Match-Operator =~ für reguläre Ausdrücke.

Suchen: Um festzustellen, ob der String $line Jahreszahlen wie 1998 oder 1989 enthält, wird der Suchoperator =~ /.../ benutzt. Die Schrägstriche '/' begrenzen Anfang und Ende des regulären Ausdrucks.

```
if ($line =~ /19[89]\d/)
  {
  # Jahreszahl wurde in $line gefunden
  }
```

Falls der reguläre Ausdruck selbst das Zeichen '/' enthält, muss die Form mXreX benutzt werden, bei der ein X ein beliebiges anderes Begrenzungszeichen darstellt, das selbst nicht im Suchausdruck re vorkommt.

In mX...X steht m für Match.

```
if ($var =~ /re/) { ... }
if ($var =~ m:re:) { ... }        # ':' kann durch andere
                                  # Zeichen ersetzt werden
while ($var =~ m/re/) { ... }     # '/' ebenfalls
```

Ersetzen: Um in $var den regulären Ausdruck *old* gegen *new* zu ersetzen, kann folgende Form benutzt werden:

```
$var =~ s/old/new/;              # ersetzt 'old' mit 'new'
if ($var =~ s:old:new:) { ... } # ':' kann durch andere
                                 # Zeichen ersetzt werden
```

Optionen: Zur Steuerung des Suchvorgangs können Optionen der Suche oder des Ersetzens ausgewählt werden. In ($var =~ / <title> /i) gibt das i z.B. an, dass eine Suche ohne Beachtung von Groß- oder Kleinschreibung durchgeführt werden soll. m// wird zur Suche, s/// zum Suchen und Ersetzen verwendet. Weitere Optionen zeigt Tabelle 4.9.

Option	Erlaubt bei	Beschreibung
i	m//, s///	Groß-/Kleinschreibung ignorieren
m	m//, s///	$var mehrzeilig
g	s///	wiederholte Anwendung
g	m///	wiederholte Anwendung, erst an Fundstelle fortsetzen
s	m//, s///	$var einzeilig behandeln, auch bei '\n' Zeichen
x	m//, s///	Leerzeichen in regulärem Ausdruck ignorieren

Tabelle 4.9 Optionen bei Suchen und Ersetzen

Referenzen

Eine Referenz in Perl (siehe Tabelle 4.10) ist äquivalent zu einem Zeiger in C. Jede skalare Variable in Perl kann eine Referenz darstellen. Der Adressoperator in Perl ist der \ (Backslash); zum Dereferenzieren wird das Zeichen $ (Dollar) verwendet.

Die folgenden Zeilen sind in Perl und C äquivalent. In beiden Fällen wird der Wert von str von "hi" auf "bye" verändert.

Perl	C/C++
`$str = "hi";`	`char* str = "hi";`
`$ptr = \$str;`	`char** sptr = &str;`
`$$ptr = "bye";`	`*sptr = "bye";`
`$num = 4;`	`int num = 4;`
`$ptr = \$num;`	`int* iptr = #`
`$$ptr += 5;`	`(*iptr) += 5;`

Tabelle 4.10 Pointer/Referenzen in C und Perl

Das doppelte Dollar Zeichen $$ptr in der letzten Zeile ist nicht besonders schön; deshalb kann in Perl für Arrays oder Hashes auch der -> Operator verwendet werden.

```
$arrRef->[...]
  oder
$$arrRef[...]
```

Analog dazu zeigt Tabelle 4.11 die Zugriffsmöglichkeiten auf Arrays bzw. Hashes.

Ansatz	Variable	Array	k-tes Element	Addresse
Normal	`@arr`	`@arr`	`$arr[k]`	`\@arr`
Referenz	`$aref = \arr`	`@$aref`	`$aref->[k]` oder `$$aref[k]`	`$aref`

Ansatz	Variable	Hash	k-ter Schlüssel	Addresse
Normal	`%hash`	`%hash`	`$hash{k}`	`\%hash`
Referenz	`$href = \hash`	`%$href`	`$href->{key}` oder `$$href{key}`	`$href`

Tabelle 4.11 Dereferenzierung in Perl

Übergabe von Referenzen an Funktionen

Arrays und Hashes sollten an Funktionen als Referenz übergeben werden, da diese Methode schneller ist und es erlaubt, die Variablen in der Funktion zu ändern. Dazu wird formal so vorgegangen, als wenn Skalare übergeben würden; anstelle der Array- oder Hash-Variablen wird jedoch deren Adresse übergeben.

```
# Aufruf über:
#    toBeCalled (array-reference, hash-reference);
#
sub toBeCalled ($$)
  { # Parameter werden als Skalare deklariert
  my($ref2arr, $ref2hash) = @_;
  ...
  $ref2arr->[idx] = ...
  ...
  $ref2hash->{key} = ...
  ...
  foreach item in ( @$ref2arr )
    {
    ...
    }
  }
sub caller ()
  {
  my(@arr)  = ( ... );
  my(%hash) = ( ... );
  ...
  toBeCalled(\@arr, \%hash);
  }
```

4.3.3 Vordefinierte Ein-/Ausgabeports

Im Eigenschaftsfenster für die Ein-/Ausgabeports wird der Variablentyp in ICONNECT und Perl festgelegt. Der Name des Ports entspricht dem Variablenbezeichner in Perl. Es werden die Datentypen für den Datenaustausch zwischen ICONNECT und Perl unterstützt (siehe Tabelle 4.12). Bild 4.26 zeigt den Dialog zur Festlegung der Ein- und Ausgabeports des Moduls. Durch Doppelklick auf einen Eintrag in der Liste öffnet sich ein Folgedialog zur Vergabe des Variablennamens und des Datentyps (Bild 4.27).

ICONNECT-Typ	Perl-Variable
DOUBLE{Scalar}	$var
DOUBLE[]{TIME_DOMAIN}	@var
POINTER{DOUBLE[][]}	@var
SWORD{BIN}	$var
SWORD[]{BIN}	@var
POINTER{SWORD[][]}	@var
UBYTE[]{Text}	$var
BYTE[][]{Text}	@var

Tabelle 4.12 Datentypen für den Datenaustausch

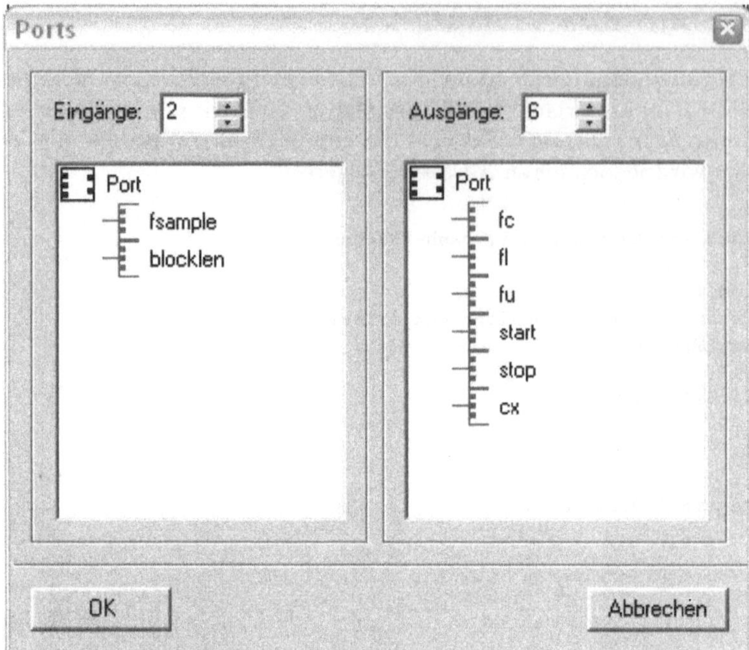

Bild 4.26   Festlegung der Ein- und Ausgabeports im Modul Perl

4.3.4   Der Datenaustausch mit ICONNECT

Daten von Eingangsports des Moduls Perl stehen direkt in Perl-Variablen des entsprechenden Namens zur Verfügung. Zum Schreiben von Daten an Ausgangsports sind diese in Variablen mit dem Namen des Ausgangsports zu kopieren. Dabei ist zu beachten, dass entsprechend dem gewählten Datentyp der Variable, vor dem Namen eines des Zeichen $ (für skalare Variablen), @ (für Array-Variablen) oder % (für Hashes, in ICONNECT als Datentyp für Typ-Information verwendet) zu stellen ist.

Durch die Verwendung eines Variablenbezeichners in einer Portdeklaration ist auch die Variable dieses Typs deklariert (Groß-/Kleinschreibung beachten). Zu jeder skalaren oder Array-Variablen wird automatisch auch eine Hash-Variable mit den entsprechenden Einträgen der ICONNECT-Typinformation angelegt, auf die im Skript lesend oder schreibend zugegriffen werden kann.

Beispiel:
Als Eingangsport wird eine Variable Data vom Typ DOUBLE[]{TIME_DOMAIN} angelegt (Bild 4.27).

Damit steht im Perl-Skript die Array-Variable @Data mit den Elementen $Data[0] ... $Data[n] zur Verfügung.

Der Index des letzten Elements von Data kann mit $#Data ermittelt werden. Die Zählung der Indexvariable beginnt in Perl bei Null.

Außerdem wird ein Hash %Data angelegt, das als Elemente die Typ-Information des Signals Data, also z.B. $Data{"signalname"} enthält.

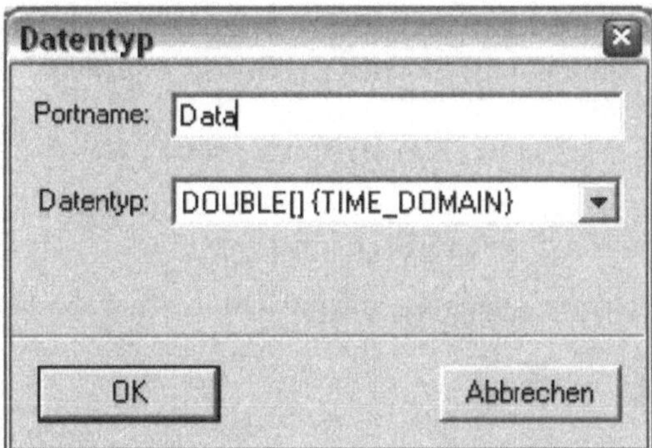

Bild 4.27   Festlegung des Datentyps eines Ports im Modul Perl

Lesen und Schreiben skalarer Variablen

Die Anweisung

```
$out=$in;
```

liest die Daten des Eingangsports in und schreibt sie an den Ausgangsport out. Der Datentyp des Ports kann DOUBLE, SWORD oder UBYTE[] sein, da die Perl-Variable entsprechende Typen aufnehmen kann. Die Wandlung des Datentyps erfolgt in Perl automatisch. Bild 4.28 zeigt ein Perl-Skript, das Daten und Typinformationen von Eingang in zum Ausgang out kopiert.

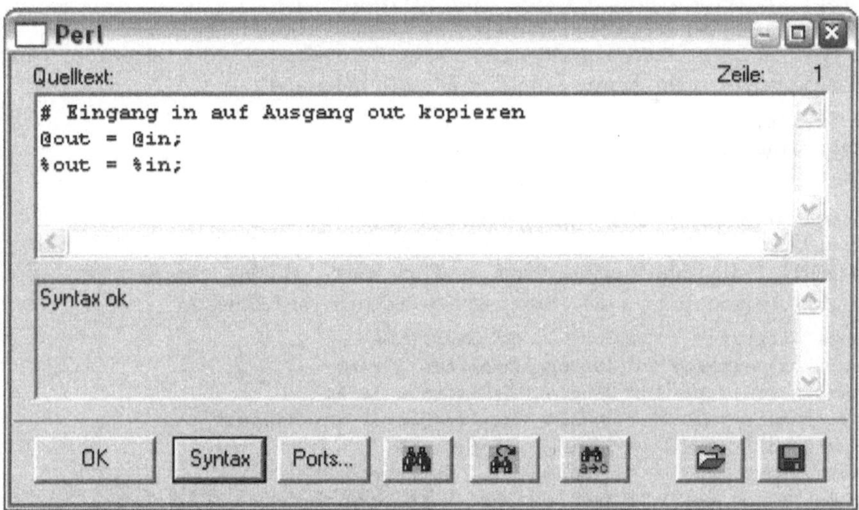

Bild 4.28   Skripteditor des Moduls Perl

Lesen und Schreiben von Arrayvariablen

Entsprechend werden mit

```
@out=@in;
```

Arrays von einem Eingang gelesen und an den Ausgang geschrieben. Um die Arrayelemente zu modifizieren, kann eine for Schleife verwendet werden.

```
  my $i;
  for($i=0; $i<@in; $i++) # oder: for($i=0; $i<=$#in; $i++)
    {
    $out[$i] = $in[$i] * 2.0;
    }
```

Die Anzahl der gelesenen Arrayelemente ergibt sich durch `$len=@in`.

Der Matrix-Datentyp

Der Zugriff auf zweidimensionale Arrays unterscheidet sich nur durch die Angabe eines weiteren Index.

```
my $i, $j;
for($i=0; $i<= $#in; $i++)
  {
  for($j=0; $j<=$#{$in[0]}; $j++)
    {
    $out[$i][$j] = $in[$i][$j] * 2.0;
    }
  }
```

Die Größe der Matrix (Zeilen- und Spaltenzahl) ist mit dem Operator `$#` zu ermitteln. Dieser gibt den Index des letzten zugreifbaren Elementes an.

Lesen und Schreiben von Strings und Stringarrays

Das Lesen und Schreiben von Strings erfolgt äquivalent zu den skalaren Variablen. Stringarrays werden wie Arrays vom Typ Double behandelt:

```
$outstr=$instr;
@outstrarr=@instrarr;
```

Lesen und Schreiben von Typinformationen

Die ICONNECT-Typinformation wird in Perl durch Hashes repräsentiert. Folgende Hashes sind für jeden Ein- oder Ausgang des Moduls vordefiniert:

```
$portname{"status"}      # Int:    Streamstatus
$portname{"signalname"}  # String: Name des Signals
$portname{"samplerate"}  # Double: Abtastrate in Hz
$portname{"unit_scale"}  # Double: Skalierfaktor zur Einheit
$portname{"unit_name"}   # String: SI-Einheit
$portname{"range_min"}   # Double: Min. Wertebereich
$portname{"range_max"}   # Double: Max. Wertebereich
$portname{"newdata"}     # Bool:   Prüfung auf neue Eingangsdaten
$portname{"timestamp"}   # Double: Zeitstempel in ms
```

Die Typinformation kann mit einer Zuweisung komplett von einem Eingang zu einem Ausgang kopiert werden:

```
%outportname=%inportname;
```

Alle Hashes können mit einer Zuweisung (=) gelesen oder geschrieben werden. Damit wird die komplette Typ-Information mit einer Zuweisung kopiert.

Die Verwendung von undef

Soll die Ausgabe von Daten an einem Port des Moduls Perl aus gewissen Gründen verhindert werden, so sind die mit dem Ausgangsport verknüpften Ausgangsvariablen auf einen undefinierten Wert zu setzen. Dies erfolgt mit der Anweisung `undef($Var)` für skalare Variablen und mit `undef(@Var)` für Arrayvariablen, Matrizen und Stringarrays.

4.3.5 Modifikation von Perl-Skripten zur Laufzeit

Um z.B. zur Laufzeit eines Perl-Skriptes eine Formel auszuwerten, die für den Benutzer editierbar sein sollte, müsste das Skript zur Laufzeit veränderbar sein. In Perl ist dies möglich! Die Anweisung

```
$z = eval("$instr");
```

berechnet für einen String `$instr` mit dem Inhalt `$x*$x` den Wert $z = x^2$ für beliebiges x. Wenn `$instr` von einem Eingangsport gelesen wird, kann der Benutzer ein beliebiges Perl-Skript an den Moduleingang von Perl schicken, das zur Laufzeit ausgewertet wird. Wenn das Skript syntaktisch korrekt ist, erfolgt die Auswertung durch den eval() Befehl, ansonsten passiert nichts. Eine Auswertung der Funktion `cos(x)*cos(y)` in zwei Veränderlichen zeigt Bild 4.29.

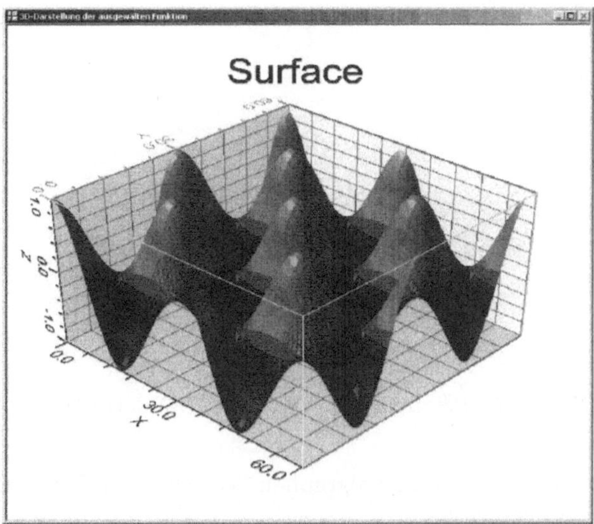

Bild 4.29 Funktionsauswertung zur Laufzeit

Zur Auswertung der Formel in zwei Veränderlichen wird eine geschachtelte for-Schleife verwendet. Dazu wird der Bereich $\pm 2\pi$ für beide Koordinaten in 60 Schritten durchlaufen. Das Ergebnis der Funktionsberechnung mit `eval("$instr")` wird der Variablen `outdblmat` zugewiesen. Die am Eingang `instr` eingelesene Variable ist vom Typ String (`UBYTE[]{Text}`) und wird für jeden Schleifendurchlauf ausgewertet.

```
for($i = 0; $i < 60; $i++)
  {
  $x = ($i-30.0) * 2 * 3.141592 / 30;
  for($j = 0; $j < 60; $j++)
```

```
   {
   $y = ($j-30.0) * 2 * 3.141592 / 30;
   $z = eval("$instr");
   $outdblmat[$i][$j] = $z;
   }
 }
$outdblmat{"range_min"} = -10;
$outdblmat{"range_max"} = 10;
$outdblmat{"status"} = 3;
```

Um bei einer Eingabe der Formel das von Perl benötigte $-Zeichen vor der Variablen zu vermeiden, kann der String vor der Übergabe an Perl bearbeitet werden. Das Modul **StrReplace** kann z.B. alle Vorkommen der Veränderlichen x und y durch $x und $y ersetzen (Bild 4.30).

Bild 4.30 Ersetzung der Variablen (x,y) durch ($x,$y)

Bild 4.31 zeigt den erforderlichen Signalgraphen. Verschiedene Formeln werden in einer Listbox zur Auswahl angeboten.

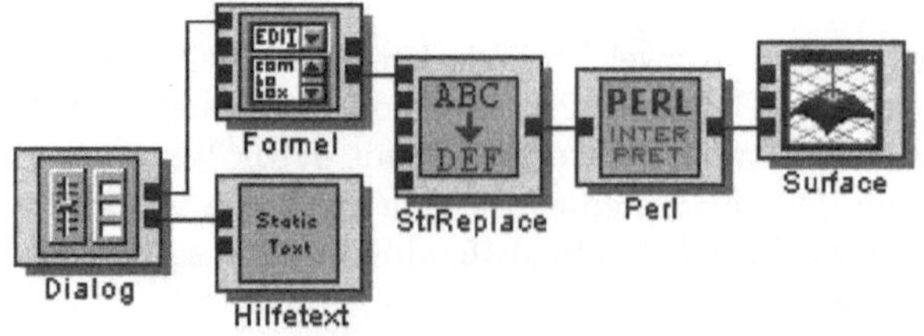

Bild 4.31 Signalgraph zur Formelauswertung

4.3.6 Lesen und Schreiben von Dateien

Der einfache Zugriff auf Dateien ist eine der Stärken von Perl. Im folgenden Beispiel soll eine Volltextsuche (ähnlich dem Unix-Tool *grep*) eines regulären Ausdrucks in allen HTML-Dateien eines Verzeichnisses realisiert werden. Der reguläre Ausdruck und das Verzeichnis, in dem die Suche erfolgen soll, können an den jeweiligen Anwendungsfall angepasst werden.

Das Ergebnis der Suche soll als Link-Sammlung in einer HTML-Datei ausgegeben werden, die anschließend im Internet-Explorer dargestellt wird.

```perl
if($regexp{'newdata'} && $pattern{'newdata'})
  { # nur wenn eine neue Anfrage vorliegt
  @file = ();
  if(opendir(DIR, $pattern))
    {
    @files = readdir(DIR);
    closedir(DIR);
    }
  foreach $file (@files)
    {
    if($file =~ /\.htm$/)
      {
      $file = "$pattern\\$file";
      if(open(INFILE, "<$file"))
        {
        while(!eof(INFILE))
          {
          $line = <INFILE>;
          if($line =~ /$regexp/i)
            {
            push(@resfiles, $file);
            last;
            }
          }
        close(INFILE);
        }
      }
    }
  }
```

Im ersten Teil des Beispiels werden alle Eingabefiles mit der Extension *.htm* im Suchverzeichnis *pattern* auf ein Vorkommen des Strings *regexp* untersucht. Wenn die Suche erfolgreich war, wird der Filename an das Array *resfile* angehängt. Dieses bildet die Grundlage für die Ausgabe der Ergebnisse im zweiten Teil des Beispiels:

```perl
$resfile = 'c:\tmperg.htm';
if(open(OUTFILE, ">$resfile"))
  {
  print(OUTFILE
    "<html>\n" .
    "<head>\n" .
    "<title>Search Results</title>\n" .
    "</head>\n" .
    "<body>\n" .
    "<UL>\n");
  foreach $file (@resfiles)
```

```perl
      {
      print(OUTFILE "  <LI><A HREF=\"file:$file\"> $file\n");
      }
   print(OUTFILE
      "</UL>\n" .
      "</body>\n" .
      "</html>\n");
   close(OUTFILE);
   }
system ("start $resfile");
$text = join("\r\n", @resfiles);
```

In das File *resfile* wird der Kopf einer HTML-Datei geschrieben, gefolgt von je einem Link auf ein Suchergebnis. Mit dem Befehl *system()* wird der Browser mit dem Ergebnisfile geöffnet. Eine Liste der Suchergebnisse wird zur Kontrolle auch am Modulausgang *text* ausgegeben.

Das Beispiel zeigt eindrucksvoll, wie elegant eine relativ komplexe Programmieraufgabe in Perl gelöst werden kann.

4.3.7   OLE/ActiveX

Mit Hilfe des OLE-Browsers aus dem Startmenü von ActiveState Perl ist es möglich, beliebige, auf dem Rechner installierte ActiveX-Controls oder Anwendungen mit einer COM-Schnittstelle anzusprechen. Öffnet man die *Microsoft Excel 9 Object Library* im Browser und selektiert den Eintrag *Application*, so erscheinen alle Methoden und Properties von `Excel`, z.B. das Property *Visible* oder die Methode *Workbooks->Add()*.

Die große Anzahl von Objekten und Properties erschwert die Einarbeitung in die OLE-Automatisierung von Anwendungen. Das folgende Beispiel deckt aber die für den Transfer von Messdaten in ein Excel-Sheet notwendigen Schritte ab und kann als Ausgangsbasis für weitere Erkundungen in die Klassenhierarchie von `Excel` dienen:

```perl
use Win32::OLE;
use Win32::OLE::Const 'Microsoft Excel';

if($trigger{'newdata'}) # falls am Eingang trigger neue Daten anliegen
 {
 if($trigger==1)         # und eine '1' anliegt -> Excel starten
  {
  my $Excel = Win32::OLE->new("Excel.Application");
  $Excel->{Visible} = 1;
  my $Book = $Excel->Workbooks->Add;
  my $Sheet = $Book->Worksheets(1);
  for($i=0; $i<=$#data; $i++)
   {
   $Sheet->Cells($i+1,1)->{Value} = $i+1;
   $Sheet->Cells($i+1,2)->{Value} = $data[$i];
   $Sheet->Cells($i+1,1)->{Font}->{Color} = 255; # 1. Spalte rot
   }
  }
 }
undef $Book;
undef $Excel;
```

Zunächst wird eine sichtbare Instanz von `Excel` erzeugt und ein Arbeitsblatt angelegt. In der `for`-Schleife werden Zellen des Arbeitsblattes mit einem laufenden Index des Messwerts und dem Wert selbst gefüllt. Die Nummern der Indexspalte werden rot eingefärbt. Bild 4.32 zeigt die erzeugte Excel-Tabelle.

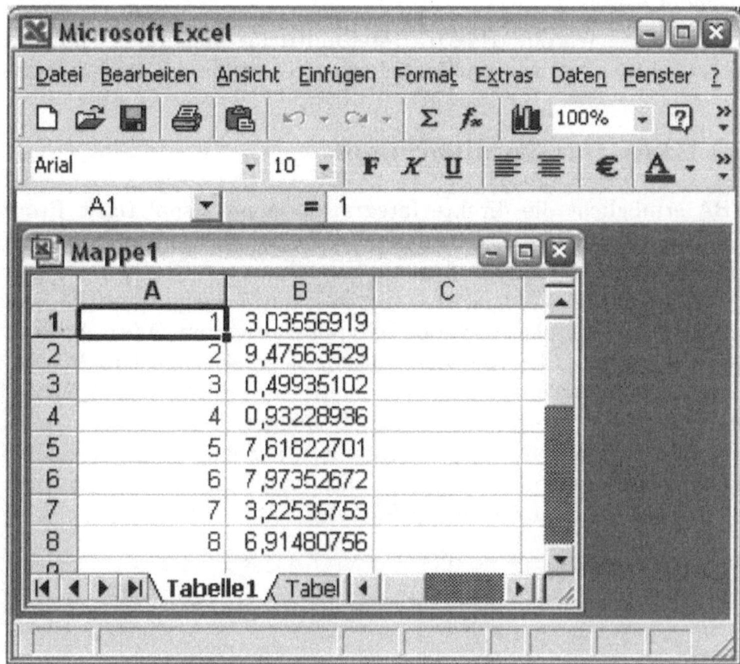

Bild 4.32 OLE-Kommunikation mit `Microsoft Excel`

Weitere Details zur OLE Automatisierung befinden sich im Abschnitt über Visual Basic (VBA). Die Vorgehensweise ist bei Perl und VBA identisch. Die Bedeutung von `use Win32::OLE` wird im nächsten Abschnitt erklärt.

4.3.8 PPM, der Perl Package Manager

Die in **ICONNECT** integrierte Perl-Distribution verfügt über eine Menge vorinstallierter Packages, die mit `use` in ein Perl-Skript eingebunden werden, z.B.:

```
use Win32;
$text = $in;
Win32::MsgBox($text);
```

Durch die Verwendung von Packages zur Kapselung von Perl-Modulen wird der Namensraum von Perl-Variablen und Funktionen erweitert. Vor Variablen eines Paketes wird der Paketname, gefolgt von zwei Doppelpunkten und der Name der Funktion oder Variablen gestellt. Das Beispiel liest einen String vom Eingangsport *in* und gibt diesen in einer MessageBox aus. `MsgBox` ist eine Funktion des Pakets `Win32`.

Neben den bereits vorinstallierten Paketen existieren im Internet eine immense Anzahl von weiteren nützlichen Paketen, die CPAN (Comprehensive Perl Archive Network) verwaltet (`http://www.perl.com/CPAN/CPAN.html` oder `http://www.cpan.org`).

Zur Installation von Packages aus dem Internet wird in einer DOS-Box das Kommando

```
ppm install PackageName.ppd
```

eingegeben. Anschließend kann das Package nach dem Einbinden durch

```
use PackageName;
```

im Skript verwendet werden.

Zu jedem Package wird auch eine HTML-Datei mit dem Namen des Packages entpackt. Dort finden sich Hinweise zu den implementierten Kommandos und Funktionen.

4.4 Visual Basic für Applikationen

Das Modul **VBA** ermöglicht die direkte Integration eines Visual Basic Programmes in einen **ICONNECT**-Signalgraphen. Es ist in der Modulgruppe **Math** zu finden. *Visual Basic für Applikationen* eignet sich insbesondere zur Erstellung von Dialogen (in Basic als *User Forms* bezeichnet) und zum Einbinden von grafischen Anzeigen und Bedienelementen, so genannten *Active-X* Controls. Auch der Datenaustausch mit Office-Anwendungen wie **Excel** oder **Word** kann mit Hilfe von **VBA** automatisiert werden. Das Modul **VBA** kann als Quelle oder als Verarbeitungsmodul parametriert werden. Visual Basic für Applikationen unterstützt einen integrierten Skript Debugger. Das VBA-Programm und die Ressourcen (Forms) werden vom Benutzer erstellt. Die Schnittstelle zu **ICONNECT** wird durch die Ein- und Ausgangsports festgelegt. Die expliziten Portdeklarationen und die Triggerbedingung werden in einem Dialog festgelegt (Bild 4.33).

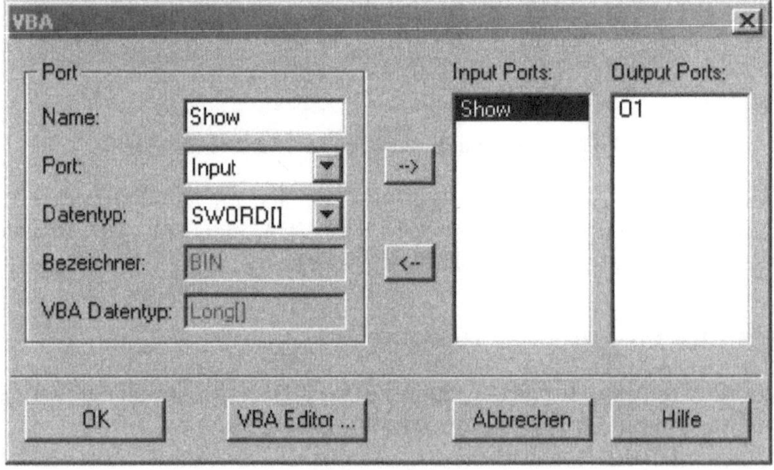

Bild 4.33 Portdefinitionsdialog des Moduls VBA

Für die Kommunikation zwischen **ICONNECT** und **VBA** werden die Datentypen SWORD (Basic Integer), DOUBLE (Basic double) und UBYTE (Basic String) unterstützt. Außer beim Datentyp UBYTE lassen sich auch ein- oder zweidimensionale Arrays übergeben. In Basic stehen für die Kommunikation vordefinierte Funktionen zur Verfügung (siehe Tabelle 4.13).

Zum Schreiben von Daten in Basic wird in den Funktionen *get* durch *set* ersetzt, z.B. gibt `Me.setPortValue "OutPort", val` den Double-Wert *val* an den Modul-Port *OutPort* aus.

`Double Me.getPortValue(String InP)`	Liest einen Double Wert von Eingang InP
`Long Me.getPortValue(String InP)`	Liest einen Long Wert von Eingang InP
`String Me.getStringPortValue(String InP)`	Liest einen String von Eingang InP
`Double () Me.getArrayPortValue(String InP)`	Liest ein Double-Array von Eingang InP
`Long () Me.getArrayPortValue(String InP)`	Liest ein Long-Array von Eingang InP

Tabelle 4.13 Lesefunktionen in VBA

Der Zugriff auf die ICONNECT Typinformationen erfolgt mit den Befehlen aus Tabelle 4.14. Ebenso wie bei den Funktionen zum Datenaustausch wird auch bei den Zugriffsfunktionen auf die Typinformation beim schreibenden Zugriff *get* durch *set* ersetzt.

`Double Me.getParam "InP", "MinRange"`	Liest den Type-Info Wert *MinRange* von Eingang InP
`Double Me.getParam "InP", "MaxRange"`	dito
`String Me.getParam "InP", "Samplerate"`	dito
`Double Me.getParam "InP", "Status"`	dito
`Double Me.getParam "InP", "Timestamp"`	dito
`Double Me.getParam "InP", "Scale"`	dito
`Double Me.getParam "InP", "NewData"`	dito
`String Me.getStringParam "InP", "SignalName"`	dito
`String Me.getStringParam "InP", "Unit"`	dito

Tabelle 4.14 Zugriff auf die Typ-Informationen von ICONNECT aus VBA

4.4.1 Erstellen von VBA Skripten

Um ein VBA Skript zu erstellen, wird zunächst ein Modul **VBA** per Drag & Drop in den Editor von ICONNECT gezogen. Nach einem Doppelclick auf das Icon des Moduls erscheint der Parameterdialog aus Bild 4.33. Dort werden entsprechend der zwischen ICONNECT und **VBA** auszutauschenden Daten Ein- und Ausgangsports definiert. Die Eigenschaft *Trigger Input* der Eingangsports bedeutet, dass beim Anliegen von Daten an diesem Port die Execute Phase des **VBA** Moduls, also der dort festgelegte Algorithmus ausgeführt wird. Eingänge ohne das *Trigger* Attribut werden eingelesen, der **VBA** Algorithmus wird aber erst aufgerufen, wenn wieder an einem Trigger Eingang Daten anliegen. Werden in der Zwischenzeit weitere Daten an einen Nicht-Trigger Eingang geschickt, so werden die alten Daten überschrieben. Dieses Verhalten entspricht dem anderer Skripting Module in ICONNECT. Werden ausschließlich Nicht-Trigger Eingänge deklariert, so wird das Modul **VBA** zur Datenquelle. Es wird damit in jedem Zyklus der Ablaufsteuerung erneut aufgerufen. Dieses Verhalten kann benutzt werden, um mit **VBA** z.B. einen Signalgenerator zu programmieren.

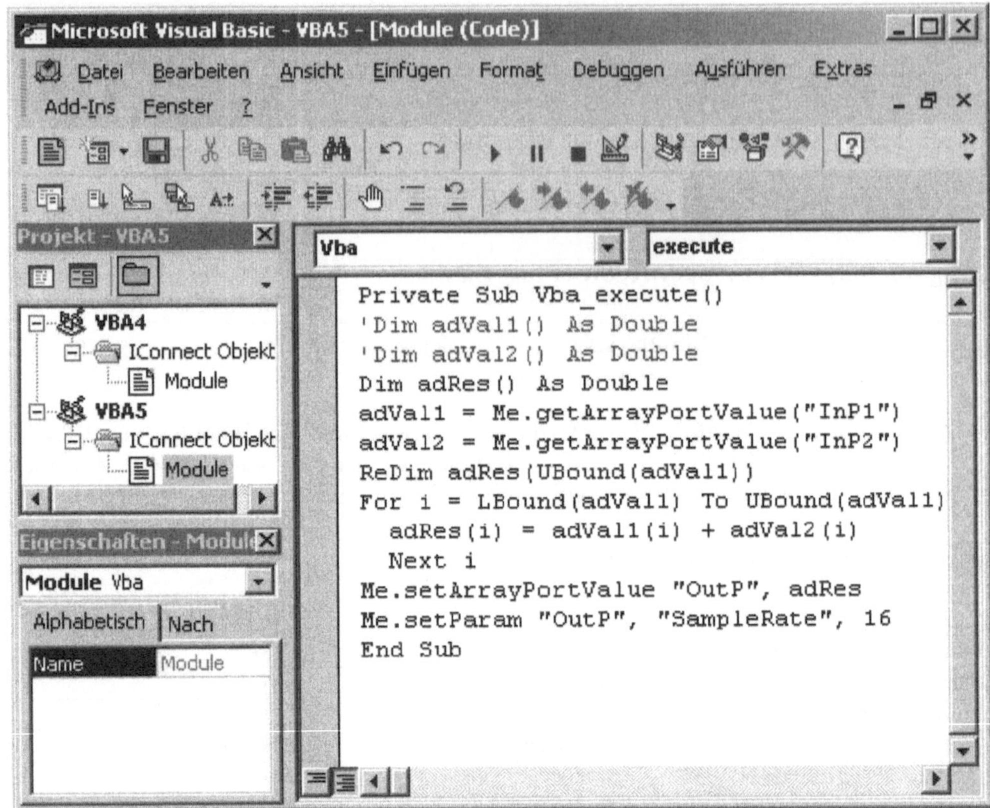

Bild 4.34 Die Entwicklungsumgebung von VBA

Öffnen der VBA Entwicklungsumgebung

Die Schaltfläche VBA Editor... im Parameterdialog öffnet die **VBA** Entwicklungsumgebung
mit ihrer Fülle von Bedien- und Konfigurationsmöglichkeiten. Um mit der Eingabe des
VBA Skriptes beginnen zu können, ist im Projekt-Explorer der Eintrag *IConnect-Objekte*,
Module zu öffnen. Der Doppelclick auf den Eintrag *Module* öffnet ein Editor-Fenster
mit dem Titel *VBAx - Module (Code)* für das Skript, wobei x die Instanznummer des
zugehörigen Moduls **VBA** angibt (Bild 4.34).

Verarbeitung verschiedener Datentypen im Skript

Nun kann mit der Eingabe des Skriptes begonnen werden. In jeder Ausführungsphase
(Execute Phase) von **ICONNECT**, also immer wenn Daten an Trigger Eingängen anliegen,
wird ein VBA Unterprogramm mit der Bezeichnung `Sub Vba_execute()` aufgerufen.
Beim Starten und Stoppen des Signalgraphen werden entsprechende Unterprogramme
mit den Namen `Sub Vba_init()` und `Sub Vba_done()` aufgerufen.

Für einfache Anwendungen reicht es also, das Unterprogramm `Vba_execute()` mit Code
zu füllen, z.B.:

```
Private Sub Vba_execute()
 d = Me.getPortValue("InP");
 Me.setPortValue "OutP", d * 2
End Sub
```

Die Datentypen der Ein- und Ausgangsports sind jeweils DOUBLE. InP hat die Eigenschaft *Trigger Input*. Liegt am Moduleingang an InP eine Gleitkommazahl an, so wird diese mit 2.0 multipliziert und an OutP ausgegeben. Ebenso einfach ist es, weitere Ein- und Ausgangsports zu definieren und über diese in VBA zu kommunizieren. Das folgende Beispiel addiert zwei skalare Eingangswerte und gibt die Summe aus:

```
' Addition zweier skalarer Variablen:
Private Sub Vba_execute()
 d1 = Me.getPortValue("InP1");
 d2 = Me.getPortValue("InP2");
 Me.setPortValue "OutP", d1 + d2
End Sub
```

Um zwei Arrays (Felder) vom Typ *Double* elementweise zu addieren, sind folgende Ergänzungen notwendig:

```
' Kommentarzeile in VBA
' Addition zweier Arrayvariablen:
Private Sub Vba_execute()
 Dim adRes () As Double
 adVal1 = Me.getArrayPortValue("InP1");
 adVal2 = Me.getArrayPortValue("InP2");
 ReDim adRes(UBound(adVal1))
 For i=LBound(adVal1) To UBound(adVal1)
  adRes(i) = adVal1(i) + adVal2(i)
 Next i
 Me.setArrayPortValue "OutP", adRes
 Me.setParam "OutP", "Samplerate", 1000
End Sub
```

Im Vergleich zu den Beispielen zur Manipulation skalarer Werte ist die Verwendung von Array-Variablen in VBA etwas komplizierter. Diese müssen, sofern sie nicht von einem Eingangsport eingelesen werden, deklariert werden. Da die konkrete Länge des Arrays vorab nicht unbedingt bekannt ist, erfolgt die Deklaration mit einer unbekannten Länge. Nachdem die zu erwartende Länge des Ergebnisarrays der Addition bekannt ist, kann mit *ReDim* die wirkliche Arraylänge gesetzt werden. Der obere und untere Arrayindex kann mit *UBound* bzw. *LBound* zur Laufzeit bestimmt werden. Die Addition der Arrays erfolgt elementweise in einer For-Next Schleife. Das Setzen der Variable *Samplerate* der Typinformation ist für die spätere grafische Visualisierung in einem Plot-Modul notwendig, da dieser Wert zur Skalierung der Zeitachse verwendet wird. Hier wird von einer fiktiven Abtastrate von 1000 Hz ausgegangen. Meist kann der konkrete Wert von einem Eingangsport kopiert werden. Den Signalgraphen zum Beispiel zeigt Bild 4.35.

Neben eindimensionalen Arrays wird auch der Matrix Datentyp (zweidimensionale Arrays) unterstützt. Zur Bestimmung der Elementeanzahl in der zweiten Dimension des Arrays wird der Basic Befehl *UBound(Matrix, 2)* verwendet. Der elementweise Zugriff kann in einer geschachtelten For-Next Schleife erfolgen.

```
' Verarbeitung des Datentyps Matrix:
' Matrix einlesen
Matrix = Me.getArrayPortValue("InPortMatrix")
' und direkt wieder ausgeben
```

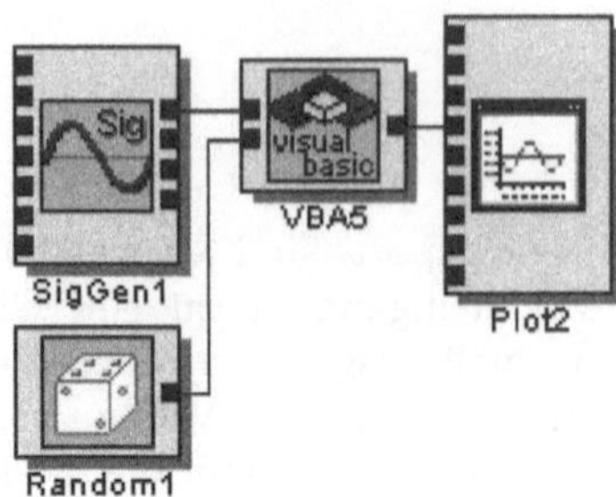

Bild 4.35 Addition zweier Double Arrays mit VBA

```
Me.setArrayPortValue "OutPortMatrix", Matrix
' oder Zugriff auf die Elemente der Matrix
For x = LBound(Matrix) To UBound(Matrix)
 For y = LBound(Matrix, 2) To UBound(Matrix, 2)
  Matrix(x, y) = Matrix(x, y) * 2   ' Beliebige Operation
 Next y
Next x
Me.setArrayPortValue "OutPortMatrix", Matrix
```

Die Verarbeitung von Strings (ICONNECT-Datentyp UBYTE[]) wird im folgenden Quelltextfragment gezeigt:

```
'Verarbeitung von Strings:
str = Me.getStringPortValue("InPortString")
str2 = str.Left(2) ' Kürze den String auf zwei Zeichen
Me.setStringPortValue "OutPortString", str2
```

Test der Moduleingänge auf neue Daten

Bei VBA Modulen mit mehreren Eingängen führen Daten an wenigstens einem Triggereingang zur Ausführung der Subroutine VBA_execute(). Innerhalb des VBA Codes kann mit der Anweisung

```
CheckIfNew = Me.getParam("InP", "newdata")
```

festgestellt werden, ob im aktuellen Ablaufsteuerungszyklus am Eingang InP neue Daten anliegen. In diesem Fall wird die Variable *CheckIfNew* auf TRUE gesetzt. Die Abfrage des Eingangsports mit getParam(PortName,"newdata") setzt das interne Flag zurück, weshalb nur ein Aufruf innerhalb der Routine *VBA_execute* erfolgen sollte.

Variablendeklarationen

Visual Basic verlangt in der Grundeinstellung keine Deklaration der verwendeten Variablen. Durch Angabe der Option Explicit am Anfang des Quelltextes eines Moduls verlangt Basic die explizite Deklaration aller verwendeten Variablen. Diese Option sollte gerade bei größeren Projekten gewählt werden, da damit das Risiko einer zufälligen Verwendung der Variablen mit dem selben Namen an anderen Stellen vermieden wird. Fehler, die durch versehentliches Überschreiben von Variableninhalten herrühren, sind in der Regel schwer aufzufinden.

Test des Skriptes

Um die korrekte Funktion eines Basic Skriptes im Signalfluss von ICONNECT zu testen, wird die Entwicklungsumgebung von VBA geschlossen. Das Speichern der Eingaben erfolgt automatisch, da das Basic Skript Bestandteil des ICONNECT-Dokumentes wird. Der Portkonfigurationsdialog, aus dem die Entwicklungsumgebung aufgerufen wurde, kann nun ebenfalls mit $\boxed{\text{OK}}$ geschlossen werden. Ein Start des Signalgraphen zeigt, ob das Skript die gewünschte Funktionalität zeigt. Treten Laufzeitfehler in Basic auf, so öffnet sich die VBA Umgebung automatisch und zeigt die betroffene Zeile sowie eine Fehlermeldung an. Der Fehler kann korrigiert werden und nach Schließen der Entwicklungsumgebung wird der Ablauf des Signalgraphen fortgesetzt.

Bei schnellen zyklischen Aufrufen des VBA Moduls kann es zu Situationen kommen, bei denen es nicht mehr möglich ist, den Ablauf des Signalgraphen zu stoppen, bevor bereits die nächste Fehlermeldung in VBA generiert wird. Hier hilft folgender Trick: Während VBA einen Fehler an einer Code Zeile anzeigt, wird auf das ICONNECT-Fenster gewechselt und das Symbol zum Stoppen des Signalgraphen angeklickt. Dann wechselt man wieder in das VBA Fenster und stoppt den Debugmodus mit Hilfe des Menübefehls AUSFÜHREN|ZURÜCKSETZEN. ICONNECT wird den Signalgraphen daraufhin sofort beenden.

Der Quelltextdebugger

Durch Mausklick auf den schmalen grauen Bereich am linken Rand des Quelltextfensters wird ein Haltepunkt gesetzt. Erreicht die Ausführung des VBA Quelltextes diese Zeile, so wird automatisch die Entwicklungsumgebung geöffnet und der Programmablauf vorübergehend angehalten. Durch Positionieren des Mauszeigers über Variablennamen wird deren momentaner Wert als Tooltip angezeigt. Der Menüpunkt DEBUGGEN bietet weitere praktische Einträge an, die teilweise den Funktionstasten zugeordnet sind. $\boxed{\text{F5}}$ setzt die Ausführung nach einem Haltepunkt fort, $\boxed{\text{F8}}$ führt den Quellcode bis zur nächsten Zeile aus (Einzelschritt). Weitere Debugging Techniken können der Online-Hilfe von VBA unter dem Suchbegriff *Debuggen* entnommen werden.

Editieren mehrerer Modulinstanzen

Alle Instanzen von VBA Modulen in ICONNECT werden in einer gemeinsamen VBA Entwicklungsumgebung verwaltet. Im Projektfenster von VBA erscheinen die verschiedenen Instanzen mit ihren Quellcodefenstern und User Forms in einer Baumstruktur (siehe Bild 4.34, links). Durch Doppelclick auf den Eintrag VBAx|ICONNECT OBJEKTE|MODULE wird der Quelltext der Instanz x zur Bearbeitung geöffnet. Da ein versehentliches Ändern der Quellen einer anderen Modulinstanz nicht auszuschließen ist, wird die Instanznummer auch im Fenstertitel des Quelltextfensters angezeigt. Wenn alle Subroutinen und Funktionen mit dem Attribut *Private* deklariert sind, beeinflussen sich verschiedene Instanzen nicht gegenseitig. Durch den Einsatz globaler (public) Variablen ist jedoch auch eine Kommunikation verschiedener VBA Instanzen untereinander denkbar.

Der Funktionsumfang von VBA

Einen schnellen Überblick über den Funktionsumfang von VBA bietet der Objektkatalog, der mit $\boxed{\text{F2}}$ geöffnet wird. In der Rubrik VBA sind alle Funktionen nach Klassen geordnet aufgelistet (siehe Bild 4.36). Ausführliche Hilfe zu den Funktionen liefert ein Klick auf das Fragezeichen.

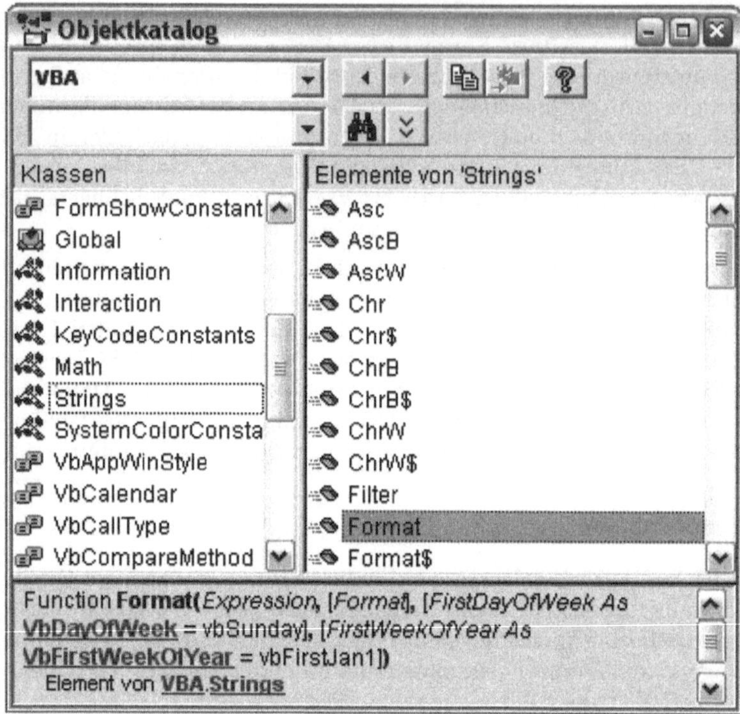

Bild 4.36 Der Objektkatalog mit Klassen und Funktionen von VBA

4.4.2 User Forms

Dialoge werden in Basic als *User Forms* bezeichnet. Durch Markieren der **VBA** Instanz im Projektfenster und Auswahl des Menüpunktes EINFÜGEN|USERFORM wird ein leeres Dialogfeld erzeugt. ANSICHT|WERKZEUGSAMMLUNG öffnet eine Toolbar, die Dialogelemente wie Editfelder oder Listboxen enthält. Diese können mit der Maus auf das Dialogfeld gezogen werden. Das Eigenschaftenfenster aus dem Menüpunkt Ansicht zeigt die Einstellungen und Modifikationsmöglichkeiten der aktuell markierten Dialogelemente. Eine der Eigenschaften des UserForms ist *ShowModal*. Die Vorbelegung der Variablen bei einem neu erzeugten UserForm ist TRUE.

Modale Dialoge

Die Eigenschaft *modaler Dialog* bedeutet, dass die Ausführung der Applikation solange angehalten wird, bis die Benutzereingaben mit OK oder Abbrechen abgeschlossen werden. Damit wird auch der Ablauf eines **ICONNECT**-Signalgraphen solange blockiert, bis die Benutzereingabe abgeschlossen ist. Dieser Effekt kann durchaus erwünscht sein, in der Regel sollte eine Anwendung durch einen Dialog jedoch nicht blockiert werden. Um dies zu erreichen, erzeugt die Einstellung *ShowModal=FALSE* einen nicht blockierenden Dialog.

Die programmtechnische Behandlung nichtmodaler Dialoge ist etwas komplizierter und wird im nächsten Abschnitt im Detail behandelt.

Reaktion auf Ereignisse (Events)

Dialogelemente erzeugen in Abhängigkeit von Benutzerinteraktionen so genannte Events, also Benachrichtigungen über Mausklicks auf das Element oder Tastatureingaben in ein Edit-Feld. Um auf eine Nachricht zu reagieren, muss ein Event-Handler in Form einer Funktion zur Verfügung gestellt werden, der dann von **VBA** aufgerufen wird. Solche Funktionen werden als Callback-Funktionen bezeichnet und haben in Basic eine spezielle Namensgebung: An den Namen des Dialogelementes wird ein Unterstrich und die Aktion, also z.B. *Click* oder *DblClick* für Mausklicks oder *KeyPress* für Tastaturangaben angehängt. Der Eventhandler für einen Mausklick auf die Schaltfläche *Font* wird also mit `Private Sub Font_Click()` bezeichnet.

Bei modalen Dialogen ist es möglich, als direkte Reaktion auf ein Event einen Aufruf von **ICONNECT**-Kommunikationsfunktionen zu machen. Nichtmodale Dialoge dagegen sind von der Ablaufsteuerung von **ICONNECT** entkoppelt und Funktionen zum Datenaustausch dürfen innerhalb eines Eventhandlers nicht aufgerufen werden.

Das Beispiel aus Bild 4.37 zeigt einen Signalgraphen zum Test eines modalen Dialogs und den Dialog (Bild 4.38) mit einem Eingabefeld und einer Schaltfläche $\boxed{\text{OK}}$.

Bild 4.37   Signalgraph zum Test eines modalen Dialogs

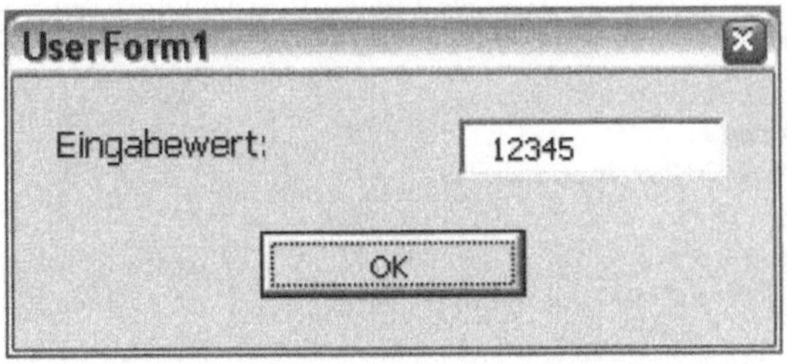

Bild 4.38   Modaler Eingabedialog

Beim Starten des Signalgraphen erscheint der Dialog. Nun kann der Wert des Eingabefeldes modifiziert werden. Erst nach Betätigen der Schaltfläche $\boxed{\text{OK}}$ erscheint der eingegebene Wert im Fenster des Moduls **Spy**. Das *VBA Code Module* zur Kommunikation mit **ICONNECT** liest den Vorbelegungswert für das Eingabefeld von Eingang I1 und schreibt den Wert in das Eingabefeld *TextBox1* von *UserForm1*. Daraufhin wird der Dialog mit `UserForm1.Show(1)` angezeigt.

```
' Dialog befüllen und anzeigen
Private Sub Vba_execute()
 a = Me.getPortValue("I1")
 UserForm1.TextBox1.Text = a
 UserForm1.Show (1)
 ' Wert aus Dialog übernehmen und ausgeben
 a = UserForm1.TextBox1.Text
 Me.setPortValue "O1", a
End Sub
```

Show unterbricht die weitere Signalgraphausführung, bis der Dialog beendet wird. Dann wird der Wert der TextBox an den Ausgangsport O1 geschrieben.

Der Eventhandler für die Schaltfläche OK schließt den Dialog wieder:

```
' OK Button beendet den modalen Dialog
Private Sub CommandButton1_Click()
Me.Hide
End Sub
```

Der Quelltext Editor für den Eventhandler wird durch Doppelklick mit der Maus auf eines der Dialogelemente geöffnet.

Erzeugen nichtmodaler Dialoge

Nichtmodale Dialoge werden dann benötigt, wenn die Ausführung des Signalgraphen durch Öffnen des Dialogs nicht blockiert werden soll. Dazu ist, wie bereits erwähnt, die Eigenschaft des UserForms auf *ShowModal=FALSE* zu setzen. Da der Zeitpunkt des Dialogaufrufes aus ICONNECT mit dem Zeitpunkt der Benutzereingabe bzw. dem Schließen des Dialogs nicht synchronisiert ist, muss sich auch das Verhalten des Moduls VBA ändern. Nur ein Modul mit der Eigenschaft *Quellmodul* wird zu einem Zeitpunkt aufgerufen, an dem an den Moduleingängen keine Daten anliegen. Das Modul VBA wird automatisch dann zum Quellmodul, wenn kein Triggereingang vorhanden ist. Dieses Verhalten ist für nichtmodale Dialoge Voraussetzung.

Die Quellmodul Eigenschaft hat weiterhin zur Konsequenz, dass Eingänge zyklisch auf neue Daten geprüft werden müssen, da die *VBA_execute* Sektion nun in jedem Zyklus der Ablaufsteuerung aufgerufen wird. Dazu wird das Beispiel das modalen Dialogs um den Test auf neue Daten am Eingang *I1* erweitert:

```
' Kommunikationsschnittstelle
Private Sub Vba_execute()
 newdata = Me.getParam("I1", "newdata")
 If (newdata) Then
  a = Me.getPortValue("I1")
  UserForm1.TextBox1.Text = a
  UserForm1.Show (1)
 End If
 If (okPressed) Then
  Me.setPortValue "O1", Value
  okPressed = False
 End If
End Sub
```

Die Ausgabe des Wertes der TextBox erfolgt nur, wenn der OK-Button des Dialogs gedrückt wurde. In diesem Fall wird die globale Variable *okPressed* auf TRUE gesetzt. Der Wert der TextBox wird ebenfalls in einer globalen Variable *Value* zwischengespeichert.

```
' Eventhandler für OK-Button
Private Sub CommandButton1_Click()
 Me.Hide
 okPressed = True
End Sub

' Eventhandler für TextBox
Private Sub TextBox1_Change()
 Value = UserForm1.TextBox1.Text
End Sub
```

Der Datenaustausch mit nichtmodalen Dialogen

Zum Datenaustausch mit einem nichtmodalen Dialog werden globale (public) Variablen benötigt. Globale Variablen müssen in einem unabhängigen Code-Segment von **VBA** deklariert werden. Dazu wird ein weiteres *Code-Modul* mit dem Menüpunkt EINFÜGEN|MODUL erzeugt:

```
' Globale Kommunikationsvariablen in unabhängigem Modul
Public Value As Double
Public okPressed As Boolean
```

Die Variablen *Value* und *okPressed* sind als *Public* zu deklarieren. Damit ist der Zugriff sowohl aus der Kommunikationsschnittstelle als auch aus den Eventhandlern möglich. Da sich der Geltungsbereich globaler Variablen auch auf weitere Modulinstanzen erstreckt, sollten diese mit Bedacht verwendet werden.

4.4.3 ActiveX Controls

VBA stellt nur eine kleine Auswahl an Dialogelementen zur Verfügung. Durch externe Steuerelemente, so genannte *ActiveX Controls* lässt sich die Palette der Dialogelemente jedoch beliebig erweitern. Einen interessanten Aspekt stellen Controls dar, die den Dialog um Visualisierungselemente erweitern. Prinzipiell lässt sich damit die komplette Bedienoberfläche des Programmes als nichtmodaler **VBA** Dialog aufbauen. Ein Beispiel für die Einbindung eines *ActiveX Controls* zeigt Bild 4.39.

Die Vorgehensweise bei der Verwendung spezieller *ActiveX Controls* von Fremdanbietern unterscheidet sich prinzipiell nicht von der Verwendung von Dialogelemente der Werkzeugsammlung von **VBA**, da auch diese *ActiveX Controls* aus der Sammlung *Microsoft Forms 2.0* sind. Zusätzliche Steuerelemente werden ganz einfach durch RECHTSKLICK|ZUSÄTZLICHE STEUERELEMENTE in die Werkzeugsammlung aus dem Menü ANSICHT von **VBA** eingebunden.

Das Beispiel verwendet ein Steuerelement mit dem Namen *System Monitor Control*. Es sollte in den meisten Windows Installationen unter `Windows\System32\sysmon.ocx` bzw. `WinNT\System32\sysmon.ocx` zu finden sein. Bei der Erstellung des Dialoges wird wie bei einem modalen Dialog vorgegangen:

```
' Dialog öffnen
Private Sub Vba_execute()
UserForm1.Show
End Sub
```

Der OK Button wird mit dem Eventhandler

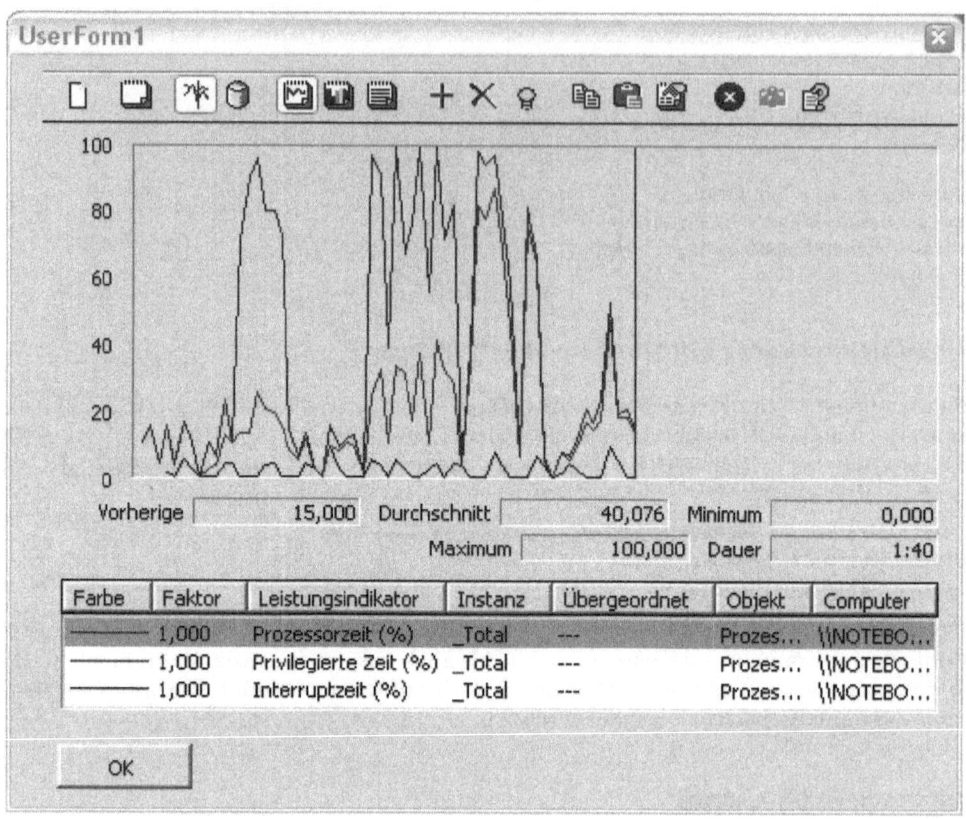

Bild 4.39 Ein Systemmonitor als ActiveX Control in VBA

```
' Reaktion auf OK Button
Private Sub CommandButton1_Click()
UserForm1.Hide
End Sub
```

ausgerüstet. Zusätzlich wird in den Dialog das Steuerelement *SystemMonitor1* eingefügt, das keinen weiteren Eventhandler benötigt. Nach dem Öffnen des Dialogs erscheint ein vollwertiger Systemmonitor mit einer Fülle von Überwachungsfunktionen.

Verweise auf ActiveX Controls

Wird ein ICONNECT-Signalgraph mit einem *ActiveX Control* auf einem anderen Rechner ausgeführt, so ist nicht sichergestellt, dass sich dort ein identisches *ActiveX Control* am selben Speicherort befindet. Dies wird beim Starten des Signalgraphen zu einem Laufzeitfehler in VBA führen. Das fehlende *ActiveX Control* (früher Bezeichnung OCX) kann einfach auf den Zielrechner kopiert werden. Danach ist eine Registrierung in VBA notwendig.

Um das Control zu registrieren, reicht es, einen Verweis auf das Control in VBA zu erstellen. Dies geschieht über den Menüeintrag EXTRAS|VERWEISE, in dem das nicht registrierte Control angezeigt wird. Mit Durchsuchen... kann der Speicherort des kopierten

Controls auf dem Zielrechner angegeben werden (siehe Bild 4.40). Danach sollte VBA und der zugehörige Signalgraph ohne zu speichern geschlossen und neu geöffnet werden. Jetzt ist das Control auf dem Zielrechner in der Regel einsatzbereit. Probleme bereiten Controls wie `MSWinSck.ocx` oder `MSChart20.ocx`, die eine Lizensierung erfordern. Ein Einsatz dieser Controls auf anderen Rechnern ist nur möglich, wenn auf dem Zielrechner ebenfalls ein Microsoft Compiler (z.B. `Microsoft Visual C++`) installiert ist, der die Lizensierung durchführt. Zur Registrierung von Controls kann auch das Tool `RegSvr32` mit der undokumentierten Funktion $/c$ verwendet werden.

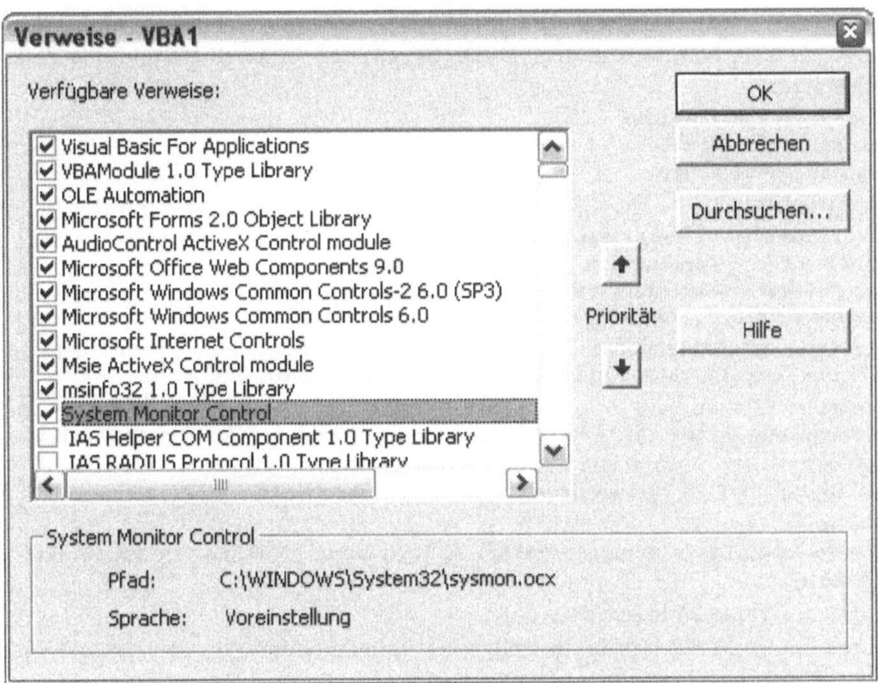

Bild 4.40   Verweis auf ein verwendetes ActiveX Control

4.4.4   Kommunikation mit ActiveX

Die Kommunikation mit externen Applikationen wird durch eine Technik ermöglicht, die früher als OLE (Object Linking and Embedding) bezeichnet wurde und die auf Microsoft COM (Component Object Model) basiert. Die neuere Terminologie fasst verschiedene Techniken unter dem einheitlichen Begriff ActiveX zusammen. Der tiefere Sinn dieser Technik ist die Schaffung einer Schnittstellenkonvention, die in verschiedenen Programmiersprachen implementiert werden kann und die den Austausch von Softwarekomponenten über die Grenzen einer Programmiersprache ermöglicht. Ein Nebeneffekt von Programmpaketen in COM Technik ist, dass diese untereinander kommunizieren können. Da dies auf den jeweiligen PC begrenzt ist, stellt COM+ eine plattformübergreifende Lösung über eine Netzwerkverbindung dar.

Für die Messtechnik sind COM+ und darauf aufbauende Schnittstellen wie OPC (OLE for Process Control) eine wichtige Grundlage. Erstmals ist es möglich, Daten universell zwischen verschiedenen Applikationen auszutauschen. OPC geht noch einen Schritt weiter und stellt z.B. Messwerte von Sensoren im gesamten Intranet einer Firma zur Verfügung. Die Prozessautomation steht damit vor einer neuen Ära.

Datenaustausch mit Microsoft Excel

Microsoft Excel wird oft zur grafischen Aufbereitung von Messdaten oder statistischen Versuchsauswertungen eingesetzt. Mit **VBA** ist eine Kommunikationsschnittstelle zwischen **ICONNECT** und **Excel** einfach realisierbar.

Zuerst werden Variablen für die Applikation **Excel**, das Arbeitsblatt und den Zellenbereich deklariert:

```
Dim X As Excel.Application
Dim Book As Excel.Workbook
Dim Range As Excel.Range
```

Mit den Anweisungen

```
Set X = CreateObject("excel.application")
X.Visible = True ' Applikation sichtbar starten
Set Book = X.Workbooks.Add(xlWorksheet)
X.ActiveSheet.Name = "Table"
```

wird in **Excel** ein Arbeitsblatt *Table* angelegt, in das Messdaten geschrieben werden können. Eine Zeilenbeschriftung in der ersten Spalte (A2:A6) ergibt

```
For ValNr = 1 To 5
  X.ActiveSheet.Range("A" + Format(ValNr + 1)).Value = "Row " + Str(ValNr)
Next ValNr
```

und die Spalten B1:B25 werden durch

```
For ValNr = 1 To 25
  X.ActiveSheet.Range(Chr(65 + ValNr) + "1").Value = "Value " + Str(ValNr)
Next ValNr
```

mit Value 1,..., Value 25 beschriftet.

Das Schreiben der Messdaten in die Zellen der Tabelle erfolgt ebenso einfach: Der Wert der Zelle B2 wird z.B. mit

```
X.ActiveSheet.Range("B2").Value = valB2
```

eingetragen. Eine geschachtelte For-Next Schleife füllt die Tabelle entsprechend den Werten einer Matrix in **ICONNECT**.

Das Ergebnis der ActiveX Automatisierung von **Excel** zeigt Bild 4.41.

Selbst das automatisierte Erstellen eines Charts aus den übergebenen Messdaten bereitet keine Schwierigkeiten:

```
'Diagramm mit den Zellen B2:U6 erstellen
 Set Range = X.ActiveSheet.Range("B2:U6")
 X.ActiveSheet.Name = "VBA Chart"
 Dim ChartType
 'Diagrammtypen: xlArea, xlLine, xlColumn, xl3DArea, xl3DLine, xl3DColumn
 ChartType = xl3DLine
 Book.Charts.Add.ChartWizard Range,ChartType,,xlRows,,,,"Iconnect Charts"
```

Bild 4.42 zeigt die Chart-Darstellung der Messdaten in **Excel**.

Die Darstellung von **VBA** kann nur einen kurzen Abriss der Vielzahl von Einsatzmöglichkeiten von Basic Skripten in **ICONNECT** darstellen und soll zu weiteren, eigenen Experimenten anregen.

	A	B	C	D	E	F
1		Value 1	Value 2	Value 3	Value 4	Value
2	Series 1	2,62632394	2,78702474	2,72069001	1,06477094	1,74
3	Series 2	2,90554857	1,66188669	1,93485689	4,09311152	3,57
4	Series 3	4,352458	5,20664406	4,06737614	4,45589447	5,85
5	Series 4	5,88635898	5,93462539	5,99767756	6,47683856	5,21
6	Series 5	6,40873671	7,05621958	6,98185492	7,52524233	6,76

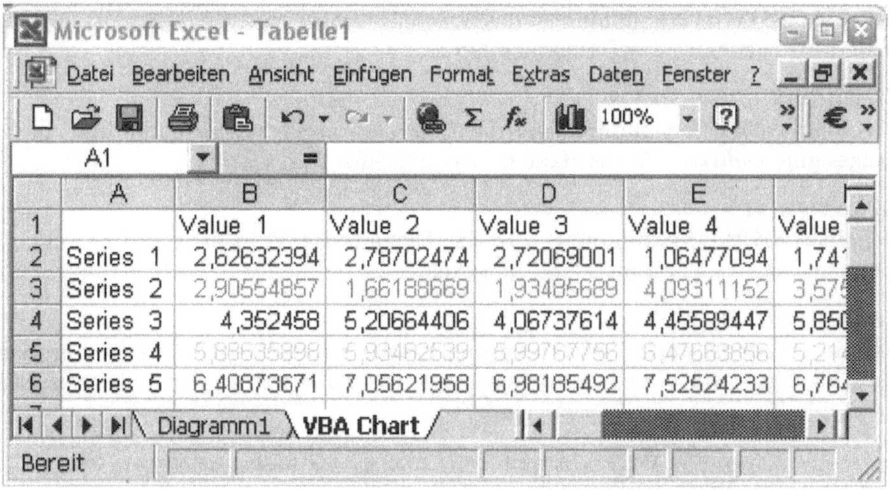

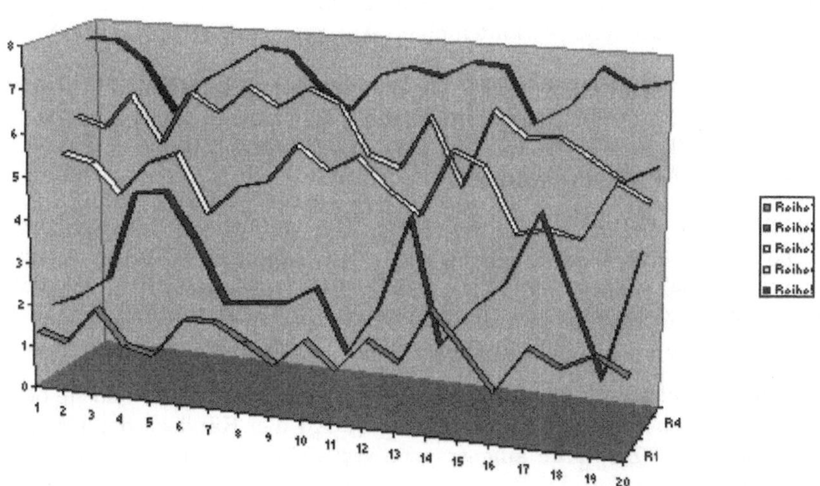

Bild 4.41 Übergabe von Messdaten an Microsoft Excel

Bild 4.42 Automatisierter Aufruf der Chart-Funktion von **`Microsoft Excel`**

4.5 GAL

Eines der einfacheren Skripting-Module ist GAL. Der Name leitet sich von Gate Array Logic ab. Es dient dazu, logische Schaltungen zu implementieren.

Logische Schaltungen sind, im Gegensatz zu analogen Schaltungen, rein binär. Es kommen nur zwei Zustände vor, Null (0, falsch, false) und Eins (1, wahr, true). Signale mit diesen Zuständen können durch logische Operatoren verknüpft werden. Es gibt vier verschiedene logische Operatoren in GAL:

- UND (AND)

Bei einer UND-Verknüpfung ist das Ergebnis *wahr*, wenn alle Eingangssignale *wahr* sind. Andernfalls ist das Ergebnis *falsch*.

- ODER (OR)
  Bei einer ODER-Verknüpfung ist das Ergebnis *wahr*, wenn mindestens ein Eingangssignal *wahr* ist. Andernfalls ist das Ergebnis *falsch*.

- NICHT (NOT)
  Bei einer NICHT-Verknüpfung wird das Eingangssignal invertiert, d.h. wenn eine 0 anliegt, ist das Ergebnis 1 und umgekehrt.

- Exklusiv ODER (XOR)
  Bei einer Exklusiv ODER-Verknüpfung ist das Ergebnis *wahr*, wenn mindestens ein Eingangssignal *wahr* ist. Im Gegensatz zu ODER ist das Ergebnis aber *falsch*, wenn alle Eingangssignale *wahr* sind.

Die binären Operatoren AND, OR und XOR verknüpfen üblicherweise zwei Signale und haben ein Ergebnis. NOT ist ein unärer Operator, d.h. er hat nur ein Eingangssignal und ein Ergebnis.

Logische Schaltungen werden verwendet, um variable Eingangszustände zu verknüpfen und ein Ergebnis zu bekommen. Im folgenden Beispiel wird eine logische Schaltung verwendet, die aus vier Eingangszuständen einen Ausgangszustand zu ermittelt:

Ein Wasserbehälter soll mittels vier gleichen Pumpen aus verschiedenen kleineren Behältern gefüllt werden. Es dürfen jedoch immer nur zwei Pumpen laufen, um die maximale Stromaufnahme zu begrenzen. Es wird also eine Schaltung benötigt, die die Anzahl gleichzeitig laufender Pumpen begrenzt.

Die Pumpen werden mit *x1* bis *x4* bezeichnet. Um eine geeignete logische Schaltung zu entwickeln, gibt es mehrere Möglichkeiten. Z.B. kann eine Wahrheitstafel mit fünf ($x1 \ldots x4$ + Ergebnis) Spalten und 16 ($= +2^4$) Zeilen verwendet werden. Damit könnten die einzelnen Zeilen zu Termen und diese zu einem Ausdruck zusammengefasst werden. Der Ausdruck lässt sich anschließend anhand einer Prädikatenlogik wieder vereinfachen.

In diesem Beispiel soll jedoch eine Karnaugh-Tafel verwendet werden, da sie bei vier Eingangsvariablen schneller zu einem Ergebnis führt. An den Rändern der Karnaugh-Tafel werden alle möglichen Zustände aufgetragen. Von Zeile zu Zeile bzw. Spalte zu Spalte darf sich immer nur eine Variable ändern (Gray-Code). Bei vier Variablen ergeben sich 16 Zustände. In jedes der 16 Felder wird anschließend eingetragen, ob dieser Zustand eine Null „0" (weitere Pumpen können eingeschaltet werden) oder eine Eins „1" (Einschalten blockiert) zur Folge hat. Die Tabelle 4.15 zeigt das Karnaugh-Diagramm für dieses Beispiel.

	$\bar{x}_3\bar{x}_4$	$\bar{x}_3 x_4$	$x_3 x_4$	$x_3\bar{x}_4$
$\bar{x}_1\bar{x}_2$	0	0	1	0
$\bar{x}_1 x_2$	0	1	1	1
$x_1 x_2$	1	1	1	1
$x_1\bar{x}_2$	0	1	1	1

Tabelle 4.15 Karnaugh-Tafel für 4-Pumpen Problem

Jetzt werden alle möglichen Viererblöcke zusammengefasst und als einzelne Terme ausgegeben. Dies ist die Reihenfolge und Position der Blöcke:

3. Spalte $(x_3 x_4)$,
3. Zeile $(x_1 x_2)$,
Mittlere zwei Zeilen und Spalten $(x_2 x_4)$,
Mittlere Spalten und Untere Zeilen $(x_1 x_4)$,
Rechte Spalten und Mittlere Zeilen $(x_2 x_3)$,
Rechte Spalten und Untere Zeilen $(x_1 x_3)$

$$
\begin{aligned}
y &= x_3 x_4 + x_1 x_2 + x_2 x_4 + x_1 x_4 + x_2 x_3 + x_1 x_3 \\
&= x_3 \left(x_1 + x_2 + x_4 \right) + x_2 \left(x_1 + x_4 \right) + x_1 x_3
\end{aligned}
\tag{4.6}
$$

Diese Formel kann jetzt in das Modul **GAL** übernommen werden. Dabei ist jedoch folgendes zu beachten. Eingangssignale müssen immer mit $>$ beginnen. Dadurch erkennt das Modul, dass für diese Variablen Eingänge benötigt werden. Ausgänge müssen mit $<$ beginnen. Werden interne Variablen verwendet (zur Speicherung von Zwischenergebnissen), müssen sie mit $\#$ beginnen. Variablen (auch interne) behalten ihren Zustand auch über mehrere Durchläufe, bis sie überschrieben werden.

Eine AND-Verknüpfung wird mit einem Stern „*" dargestellt, eine OR-Verknüpfung mit einem Plus „+", ein NOT ist ein Schräger „/". Ein XOR wird durch ein „^" dargestellt. Klammern „(" und „)" sind erlaubt. Am Ende jeder Anweisung wird ein Semikolon „;" erwartet. Damit sieht die Formel im **GAL** so aus:

```
<y= >x3 * (>x1 + >x2 + >x4) +
    >x2 * (>x1 + >x4) +
    >x1 *  >x4;
```

In der Praxis sind die Formeln meist etwas komplizierter. Deshalb ist es sinnvoll, das Modul mit allen möglichen Kombinationen zu testen. Um den Funktionstest zu vereinfachen, wird ein Signalgraph vorgestellt, der alle Möglichkeiten automatisch testet und eine Ausgabe von allen Eingangssignale und Ergebnissen erzeugt. Dieser Graph ist in Bild 4.43 zu sehen.

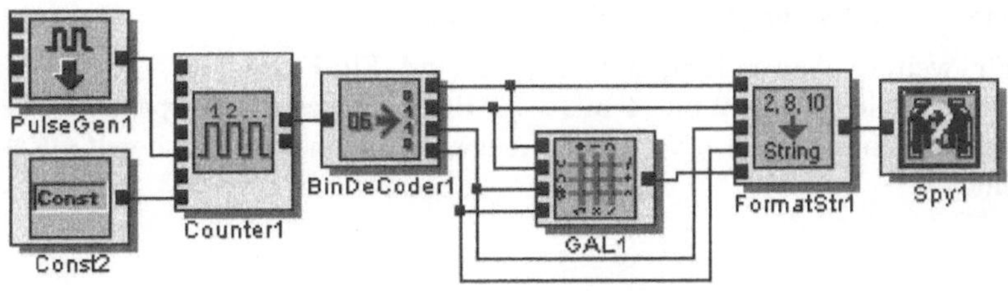

Bild 4.43 Beispiel zum Testen von GAL

Zum Erzeugen aller möglichen Eingangssignale wird das Modul **PulseGen** und ein Zähler verwendet. Damit der Zähler nach dem ersten Puls mit Null „0" beginnt, wird er vorher mit einer Konstante „-1" vorbelegt. Das dezimale Zählsignal wird mit einem Binärdekoder in Binärsignale aufgespalten. Diese dienen als Eingangssignale für das Modul **GAL**.

Anschließend werden die Binärsignale und das Ergebnis von GAL in einen String gewandelt und mit dem Modul Spy auf dem Bildschirm angezeigt. Die Ausgabe kann jetzt auf Korrektheit überprüft werden. Das Beispiel für die 4-Pumpen-Steuerung liefert folgendes Ergebnis:

```
0 0 0 0 = 0          0 0 0 1 = 0
1 0 0 0 = 0          1 0 0 1 = 1
0 1 0 0 = 0          0 1 0 1 = 1
1 1 0 0 = 1          1 1 0 1 = 1
0 0 1 0 = 0          0 0 1 1 = 1
1 0 1 0 = 1          1 0 1 1 = 1
0 1 1 0 = 1          0 1 1 1 = 1
1 1 1 0 = 1          1 1 1 1 = 1
```

Bei dieser Art der Ausgabe ist die Prüfung relativ einfach. Immer wenn mindestens zwei Signale 1 sind, ist auch das Ergebnis 1. Es wird also immer, wenn mindestens zwei Pumpen laufen, das Einschalten weiterer Pumpen blockiert. Damit ist die Formel korrekt und kann in einem Signalgraph verwendet werden.

Die Eingangssignale für GAL können entweder von außen über digitale Schnittstellen kommen, oder sie können auch interne Zustände von ICONNECT darstellen. Ein Beispiel, das noch eine weitere Anwendung von GAL zeigen soll, verwendet interne Zustände von ICONNECT. Es handelt sich dabei um eine Maschinensteuerung.

In diesem Beispiel sollen Menüpunkte von ICONNECT abhängig von den Benutzerrechten, dem Zustand der Messung (aktiv oder gestoppt) und Maschine ein/aus beeinflusst werden. Die Menüpunkte START, STOPP, EINRICHTEN und BEENDEN müssen, abhängig von den Eingangszuständen, aktiviert bzw. deaktiviert werden.

START darf nur aktiv sein, wenn die Maschine eingeschaltet ist, die Messung jedoch nicht läuft. STOPP ist nur aktiv, wenn die Messung läuft. EINRICHTEN ist nur aktiv, wenn die Messung nicht läuft und ausreichende Benutzerrechte vorhanden sind. BEENDEN lassen darf sich die Anwendung nur dann, wenn die Messung nicht läuft und die Maschine aus ist. Daraus lässt sich die Formel für das GAL ableiten:

```
<Start=       />MessungAn  *   >MaschineAn;
<Stopp=        >MessungAn;
<Einrichten= />MessungAn  *   >BenutzerRechte;
<Beenden=     />MessungAn  * />MaschineAn;
```

Beispiele für weitere Anwendungen von GAL sind FlipFlops (RS, Toggle, JK, Master/Slave, ...), Zähler (1-bit, 2-bit, 4-bit, ...), Register (seriell oder parallel lesen, seriell oder parallel schreiben, n-bit) u.v.m. Eine Auswahl davon wird auf der ICONNECT-CD bereitgestellt.

4.6 Statechart-Editor und Automatenmodul

Neben den textuellen Spezifikationsstechniken wie Skripting können zur Realisierung von kontrollflussbasierten Systemen auch Zustandsübergangsdiagramme verwendet werden.

Zur Entwicklung von solchen kontrollflussorientierten Systemen werden *Statecharts* eingesetzt, die Zustandsübergangsdiagramme mit bestimmten Strukturmechanismen erweitern.

Für ICONNECT wurde daher ein Editor (`Statecharter`) entwickelt, mit dem sich Spezifikationen mit Statecharts entwerfen lassen, und ein Automatenmodul (Modul **Automaton**), mit dem diese ausgeführt bzw. deren Verhalten simuliert werden kann. Der Editor ist ein eigenständiges Programm, das vom Modul aus gestartet wird.

Zusätzlich wurde ein so genannter *Analyzer* entworfen, der vom Editor aus aufrufbar ist und eine vom Benutzer graphisch eingegebene Spezifikation auf semantische Fehler überprüft und einen Code generiert, den das Automatenmodul abarbeiten kann.

Der Editor kann weiterhin auch als Debugger genutzt werden, indem das Automatenmodul dem Editor fortlaufend via Interprozesskommunikation mitteilt, in welchem Zustand sich der simulierte Automat gerade befindet. Der Editor visualisiert diese Information und der Benutzer hat die Möglichkeit, das Verhalten der Spezifikation zu verfolgen.

Dieser Abschnitt ist wie folgt organisiert: Zunächst erfolgt eine grundlegende Einführung in Statecharts. Anschließend wird der Editor und die Verwendung des Analyzers beschrieben. Schließlich wird das Automatenmodul vorgestellt und ein einfaches Beispiel diskutiert.

4.6.1 Statecharts

Statecharts wurden erstmals von Harel in [Har87] formal definiert und werden seit vielen Jahren in der Industrie eingesetzt, um reaktive Systeme zu entwickeln. Es handelt sich dabei um eine einfach zu erlernende visuelle Programmiersprache, die im Gegensatz zu textuellen Spezifikationstechniken intuitiver und praxisnäher erscheint.

Statecharts bestehen im wesentlichen aus *sequentiellen Automaten*, welche aus Zuständen und Zustandsübergängen bestehen. Der Gesamtzustand eines komplexen reaktiven Systems zu einem bestimmten Zeitpunkt ergibt sich aus den Zuständen, in denen sich die beteiligten sequentiellen Automaten befinden. Die Zustandsübergänge verbinden jene Zustände, welche aufeinanderfolgende Systemzustände beschreiben. Ein Zustandsübergang trägt dabei eine Beschriftung der Art **Bedingung/Aktion**, wobei die Bedingung erfüllt sein muss, um den Übergang auszuführen. Ist dies der Fall, wird die nach dem Schrägstrich notierte Aktion ausgeführt und der Folgezustand eingenommen.

Um komplexere Systeme beschreiben zu können, ist es möglich, diese sequentiellen Automaten zu größeren Spezifikationen mittels zweier prinzipieller Strukturmechanismen, nämlich *Parallelkomposition* und *hierarchische Dekomposition* zusammenzufassen.

Werden zwei sequentielle Automaten parallel komponiert, so nimmt man grundsätzlich an, dass diese von einem gemeinsamen Takt gesteuert gleichzeitig Zustandsübergänge ausführen. Weiterhin ist es möglich, dass diese Komponenten, die auch als *Teilautomaten* bezeichnet werden, untereinander Nachrichten austauschen, um sich zu beeinflussen.

Einzelne Zustände von sequentiellen Automaten können selbst wieder ein Statechart repräsentieren. Dies beschreibt das Konzept der hierarchischen Dekomposition. Beim Betreten eines solchen hierarchischen Zustandes wird dabei das Programm ausgeführt, welches durch das eingefügte Statechart beschrieben wird.

Es gibt in der Praxis mehrere Varianten von Statechartdialekten (etwa zwanzig) mit unterschiedlichen formalen Semantiken, wie ein Vergleich in [Bee94] zeigt. Das Automatenmodul und der Statechart-Editor richten sich dabei nach der so genannten *ARGOS-Semantik* ([Mar92]) und der Semantik der μ-*charts* ([Sch98b]), die auf bestimmte Weise kombiniert werden.

Theoretische Hintergründe dazu können in [Hei02] nachgelesen werden. In den folgenden Ausführungen sollen nur die für den praktischen Einsatz relevanten Eigenschaften des verwendeten Statechartdialekts erläutert werden.

Nach dieser kurzen Übersicht werden die sequentiellen Automaten, die hierarchische Dekomposition und die Parallelkomposition im Detail beschrieben.

Sequentielle Automaten

Die sequentiellen Automaten haben in *ARGOS* wie gewöhnliche *Mealy-Automaten* [Bro97] eine endliche Menge von Kontrollzuständen, einen oder mehrere Anfangszustände, eine Eingangs- und Ausgangsschnittstelle (Alphabet) und eine Menge von Zustandsübergängen, die auch als *Transitionen* bezeichnet werden.

Die sequentiellen Automaten zeigen analog zu den μ-*charts* ein zyklisches Verhalten. In jedem Zyklus werden die Eingänge des Automaten gelesen, Ausgangsdaten werden gesendet und es erfolgt ein Zustandsübergang. Eine Besonderheit ist das Eingabe- und Ausgabealphabet eines sequentiellen Automaten, der mit seiner Umgebung über so genannte *Signale* kommuniziert. Ein sequentieller Automat oder seine Umgebung kann in jedem Zyklus ein Signal genau einmal *erzeugen*. Ein Signal, das in einem Zyklus erzeugt wurde, wird als im Zyklus *präsent* bezeichnet. Ein präsentes Signal wird für die Dauer des Zyklus, in dem es erzeugt wurde, mit dem Booleschen Wert TRUE assoziiert. Soll ein Signal über einen Zyklus hinaus präsent sein, so muss es jedes mal erneut erzeugt werden. Eine Menge von präsenten Signalen in einem Zyklus wird als *Ereignis* bezeichnet. Der Begriff des Signals stammt hier von Betriebssystemen wie UNIX, bei denen Ereignisse zur Kommunikation zwischen Prozessen eingesetzt werden.

Die Belegung der Ein-/Ausgänge eines sequentiellen Automaten in einem Zyklus wird nun als Menge von Signalen betrachtet, die von der Umgebung oder dem Automaten erzeugt werden. Das Eingabe- bzw. Ausgabealphabet eines sequentiellen Automaten ist damit die Potenzmenge über die Mengen der Eingangs- bzw. Ausgangssignale.

Die Zeit zwischen zwei Zyklen ist endlich (nicht Null!). Alle Signale, die von einem sequentiellen Automaten zwischen zwei Zyklen empfangen bzw. gesendet/erzeugt werden, werden zu einem Ereignis zusammengefasst, welches den Eingangswert/Ausgangswert des Systems in diesem Zyklus beschreibt.

Da die Signale binärwertig sind, sind die Beschriftungen an den Übergängen nicht einfach Signalpaare der Art a/b, sondern als Bedingung können Boolesche Ausdrücke angegeben werden. Die Übergangsbedingung wird auch als *Trigger* bezeichnet. Die Aktion wird durch eine einfache imperative Sprache beschrieben. Ein Zustandsübergang bzw. eine Transition, deren Zielzustand wieder der Ausgangszustand ist, wird als *Warteschleife* bezeichnet.

Weiterhin können im Gegensatz zu *ARGOS* aber in Anlehnung an die μ-*charts* in diesem Dialekt in den sequentiellen Automaten lokale Variablen eingesetzt werden, die z.B. als Zähler verwendet werden können. Ein wichtiger Punkt ist, dass diese streng lokal und nicht anderen Komponenten zugänglich sind.

Der entscheidende Unterschied zwischen Eingangs- bzw. Ausgangssignal und lokaler Variable ist, dass eine lokale Variable den Datenzustand des sequentiellen Automaten darstellt und ihre Belegung auch über einen Automatenzyklus hinaus Gültigkeit besitzt. Die Signale dienen hingegen zur taktgesteuerten Kommunikation mit der Umgebung.

Ein Boolescher Ausdruck b, der als Bedingung für einen Zustandsübergang verwendet wird, und ein Kommando c, das dabei ausgeführt wird, können in BNF-Notation wie folgt angegeben werden:

$$b ::= \text{TRUE} \mid \text{FALSE} \mid s_i \mid b_1 \& b_2 \mid b_1 | b_2 \mid !b \mid (b) \mid [a \sim n]$$
$$c ::= \text{skip} \mid s_o \mid a := n \mid a += n \mid a -= n \mid ++a \mid --a \mid c_1; c_2 \ .$$

Dabei sind

- s_i ein Eingangssignal und s_o ein Ausgangssignal
- b_1 und b_2 boolesche Ausdrücke
- a eine Festkomma- bzw. Boolesche Variable
- $\sim$ eine der Relationen $==$, $<$, $>$, $<=$, $>=$
- n eine Festkomma-Konstante bzw. TRUE oder FALSE
- c_1 und c_2 Kommandos
- skip die leere Aktion.

Die Zeichen &, | und ! bedeuten logisch UND, ODER und die Negation.

Es soll besonders darauf hingewiesen werden, dass im Gegensatz zu den μ-*charts* bei den Bedingungsausdrücken nur Vergleiche mit Konstanten erlaubt sind ($a \sim n$, n ist eine Konstante) und nicht mit anderen lokalen Variablen. Außerdem können lokale Festkomma-Variablen mittels den Operatoren $+=$, $-=$, $++$ und $--$ nur mit Konstanten modifiziert (dekrementiert oder inkrementiert) werden. Bei lokalen binären Variablen kann als Aktion nur die Zuweisung $a :=$ TRUE bzw. $a :=$ FALSE und als Bedingung nur der Test auf Gleichheit $[a ==$ TRUE $]$ (abkürzend $[a]$) bzw. $[a ==$ FALSE $]$ erfolgen.

Mit dem Statechart-Editor lassen sich diese sequentiellen Automaten graphisch spezifizieren. Zustände, die hierarchisch nicht dekomponiert sind ($=$ *finale Zustände*) werden dabei stets als Kreise gezeichnet, hierarchisch dekomponierte Zustände als Rechtecke.

Zustandsübergänge bzw. Transitionen werden als beschriftete Pfeile gezeichnet, die die Richtung des Übergangs und Bedingung/Aktion angeben. In der graphischen Notation werden Bedingung und Aktion (Kommando) für eine Kante durch einen Schrägstrich / getrennt, eine Transition trägt also eine Beschriftung der Form b/c.

Anfangszustände werden durch einen doppelten Rand gekennzeichnet und sind mit einer eingehenden Transition ohne Quelle versehen, an der alle lokalen Variablen des sequentiellen Automaten initialisiert werden. Hier wird auch der Datentyp der Variablen festgelegt.

Eine weitere Besonderheit bei den Zuständen ist, dass diese wie bei den so genannten *Moore-Automaten* auch mit Aktionen bzw. Kommandos in der oben angegebenen Grammatik versehen werden können. Die Semantik hiervon ist, dass diese Aktionen beim Verlassen des Zustandes ausgeführt werden. Man kann hier also Schreibarbeit sparen, da diese Aktionen nicht an allen wegführenden Transitionen notiert werden müssen. Es gibt einige theoretische Gründe, warum diese Aktionen erst in dem Taktschritt, in dem der Zustand verlassen wird, und nicht bei dessen Betreten ausgeführt werden. Ausführliche Hintergründe dazu finden sich in [Hei02].

Bild 4.44 zeigt ein einfaches Beispiel für einen sequentiellen Automaten.

Das Verhalten des kontrollorientierten reaktiven Systems, das durch diesen Automaten spezifiziert wird, kann wie folgt beschrieben werden:

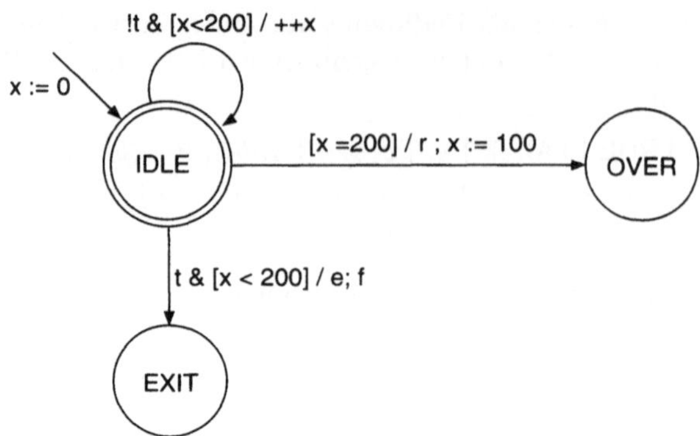

Bild 4.44 Einfacher sequentieller Automat mit drei Zuständen

- Beim Systemstart wird die lokale Variable x initialisiert (mit 0 belegt). Der Automat befindet sich dann im Zustand *IDLE*. Von diesem Zustand führen drei Transitionen weg, über die der sequentielle Automat in einem Zyklus je nach Auswertung der Booleschen Bedingungen einen Zustandsübergang durchführt.

- Falls das Signal t nun nicht präsent ist, d.h. von der Umgebung nicht erzeugt wird, bleibt der Beispielautomat im Zustand *IDLE*, wie an der Warteschleife $!t\&[x < 200]/++x$ abzulesen ist, und zwar so lange der Wert der lokalen Variable x kleiner als 200 ist.

- Wird das Signal t während dieser 200 Zyklen generiert, so nimmt der Automat über die Transition $t\&[x < 200]/e; f$ einen Zustandsübergang in den Zustand *EXIT* vor und generiert im selben Schritt die Signale e und f, die an die Umgebung weitergegeben werden (und somit in diesem Zyklus präsent sind).

- Wird jedoch das Signal t nicht generiert, so lange die Variable x noch nicht den Wert 200 erreicht hat, so geht das System über die Transition $[x = 200]/r; x := 100$ in den Zustand *OVER* über, erzeugt im selben Takt das Signal r und setzt die Variable x auf den Wert 100.

Eine wichtige semantische Grundlage der sequentiellen Automaten ist, dass man, wie schon erwähnt, von einem Zyklus von Bearbeitungsschritten ausgeht, mit denen ein sequentieller Automat eine Transition durchführt. Dies hat zur Folge, dass die Reaktion auf ein Eingangssignal keine Zeit verbraucht, d.h. eine Transition der Form a/b bedeutet, dass das Signal a und das Signal b im selben Zyklus präsent sind, ohne Verzögerung.

Dies muss vor allem in Zusammenhang mit dem ;-Operator kritisch betrachtet werden, der das Ausführen von mehreren Kommandos in einem Zyklus ermöglicht. Wenn mehrere Kommandos dieselbe lokale Variable in einem Schritt ändern, treten so genannte *race conditions* auf, vgl. [Sch98b], z.B. ein Kommando der Art ... / x:=1; x:=2. Dieser Effekt tritt jedoch nur bei lokalen Variablen auf, da Signale nur erzeugt und dann nicht mehr zurückgenommen werden. Der Editor erkennt solche *race conditions* und teilt dies dem Benutzer mit.

Timeout und Schedule

Es gibt noch eine Reihe weiterer Konstrukte bei den sequentiellen Automaten, welche das Einplanen von zeitversetzten Ereignissen unterstützen.

So ist anstatt eines Booleschen Ausdrucks an einem Übergang auch die Notation timeout(t) möglich, mit $t \in \mathbb{N}$. Dies bedeutet, dass der Quellzustand der Transition spätestens t Zyklen, nachdem er erreicht wurde, über diesen Übergang verlassen wird (wenn dies nicht schon vorher über eine der *regulären* Transitionen geschieht).

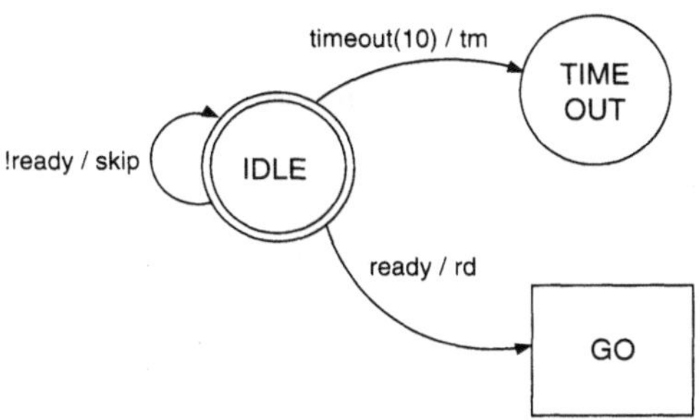

Bild 4.45 Verwendung eines Timeouts

Das Verhalten des in Bild 4.45 abgebildeten Statecharts lässt sich wie folgt beschreiben: Beim Systemstart befindet sich dieses zunächst im Zustand *IDLE*. Wird nun innerhalb von 10 Zyklen von der Umgebung das Signal *ready* erzeugt, so wird der Zustand *IDLE* verlassen, das Signal *rd* generiert und der hierarchische Zustand *GO* aktiviert.

Tritt das *ready*-Signal in dieser Zeit nicht auf, so wird ein Timeout erzeugt und der Zustand *IDLE* wird über die Kante *timeout*(10)/*tm* verlassen, d.h. es wird das Signal *tm* genieriert und der Zustand *TIMEOUT* aktiviert.

Weiterhin gibt es noch ein zusätzliches Kommando, nämlich schedule(s,t). Dies hat zur Folge, dass t Zyklen nach Ausführen dieser besonderen Aktion der sequentielle Automat das Signal s erzeugt.

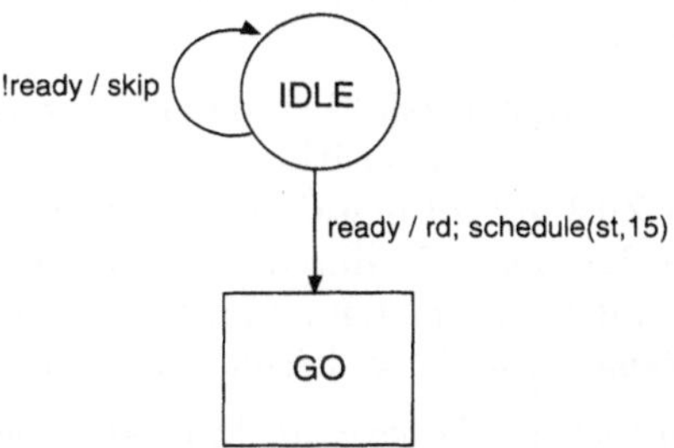

Bild 4.46 Verwendung der Schedule-Anweisung

Der in Bild 4.46 abgebildete Automat verweilt so lange im Zustand *IDLE*, bis von der Umgebung das Signal *ready* erzeugt wird. Beim Übergang auf den hierarchisch dekomponierten Zustand *GO* wird nun zunächst sofort das Signal *rd* generiert und zusätzlich als Folge der Schedule-Aktion eine Uhr gestartet, die nach 15 Zyklen das Signal *st* generiert und an die Umgebung weitergibt.

Lokaler Nichtdeterminismus und Reaktivität

Zwei wichtige Begriffe im Zusammenhang mit sequentiellen Automaten sind der *lokale Nichtdeterminismus* und die *Reaktivität*.

Lokaler Nichtdeterminismus tritt bei einem sequentiellen Automaten auf, wenn von einem Zustand ausgehend bei Empfangen eines bestimmten Ereignisses unter einer bestimmten Belegung der lokalen Variablen mehrere Transitionen gleichzeitig beschritten werden könnten.

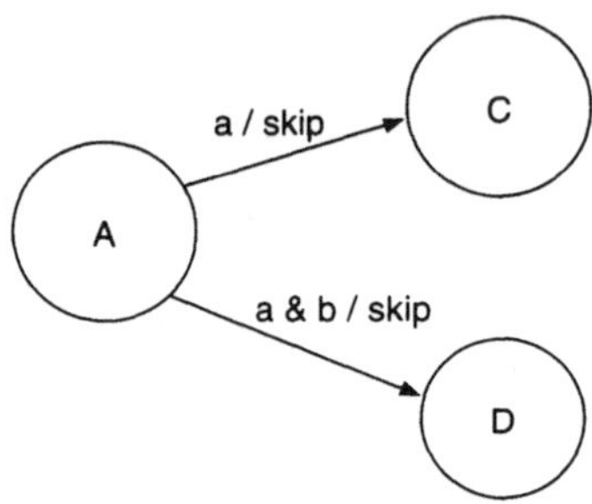

Bild 4.47 Lokaler Nichtdeterminismus

Bild 4.47 zeigt einen Ausschnitt eines sequentiellen Automaten. Von Zustand A führen zwei Transitionen weg. Wird von der Umgebung das Signal a erzeugt und b nicht, so kann die Transition mit der Beschriftung $a/skip$ eindeutig aktiviert werden und ein Übergang in den Zustand C erfolgen. Die Bedingung $a\&b$ der zweiten Transition ist nämlich dann nicht TRUE.

Werden jedoch von der Umgebung die beiden Signale a und b generiert, so könnte der sequentielle Automat entweder in den Zustand C oder D übergehen; das Verhalten ist also nichtdeterministisch.

Auch im Zusammenhang mit den lokalen Zählvariablen kann lokaler Nichtdeterminismus entstehen; wenn z.B. eine lokale Variable x verwendet wird und eine Transition die Bedingung $[x < 5]$ und die andere die Bedingung $[x > 3]$ trägt. Für den Fall $x = 4$ könnten beide Transitionen aktiviert werden.

Der Statechart-Editor ist in der Lage, lokale Nichtdeterminismen zu erkennen. Tritt nach dem Einfügen bzw. Modifizieren einer Transition an einem Zustand lokaler Nichtdeterminismus auf, so wird dieser Zustand rot markiert. Der Benutzer muss dies dann auf geeignete Weise korrigieren; in Bild 4.47 z.B. durch Verändern der Transitionsbeschriftung $a/skip$ zu $a\&!b/skip$, so dass das Automatenmodul bei der Simulation das gewünschte Verhalten zeigt, wenn die Signale a und b gleichzeitig auftreten.

Ein weiterer wichtiger Begriff ist die *Reaktivität*. Ein sequentieller Automat ist reaktiv, wenn von jedem Zustand ausgehend bei jedem beliebigen Eingangsereignis unter jeder möglichen Belegung der lokalen Variablen mindestens eine Transition aktiviert werden kann.

Bild 4.48 zeigt einen Zustand A, von dem zwei Transitionen ausgehen. Für den Fall, dass nur eines der beiden Signale a oder b präsent ist, ist das Verhalten des Automaten definiert. Für den Fall jedoch, dass sowohl a als auch b oder keines von beiden Signalen präsent ist, ist das Verhalten des Systems unbestimmt.

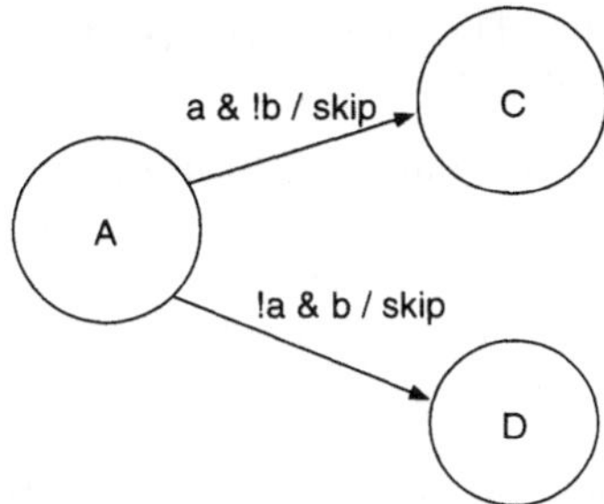

Bild 4.48 Nicht-reaktiver Zustand

Der Editor ist in der Lage, auf Wunsch des Benutzers eine Warteschleife an einem Zustand zu erzeugen, der als Bedingung die Möglichkeiten berücksichtigt, die von den anderen Transitionen noch nicht abgedeckt werden. Falls dann eine dieser nicht berücksichtigen Möglichkeiten auftritt, wird einfach der Zustand beibehalten. Im Falle des Beispiels wäre dies die Bedingung $(a\&b)|(!a\&!b)$. Die Bedingung dieser Warteschleife ist die Negation der booleschen ODER-Verknüpfung der Bedingungen der anderen Transitionen des Zustandes.

Hierarchische Dekomposition

Wie schon erwähnt wurde, können Zustände eines sequentiellen Automaten wiederum ein Statechart darstellen; dies wird durch das Konzept der hierarchischen Dekomposition ermöglicht.

Die hierarchische Dekomposition eines Zustandes wird in diesem Statechartdialekt sehr einfach gehalten, im Sinne von modularen Spezifikationen ist es wie auch bei *ARGOS* und den *μ-charts* nicht möglich, Transitionen zwischen verschiedenen Hierarchieebenen zu ziehen (so genannte *Inter-Level-Transitionen*).

Weiterhin wird beim Verlassen einer Hierarchieebene bzw. eines hierarchischen Zustandes deren/dessen Konfiguration wie bei *ARGOS* auf den Startzustand zurückgesetzt. Man sagt, die Dekomposition erfolgt ohne *History*.

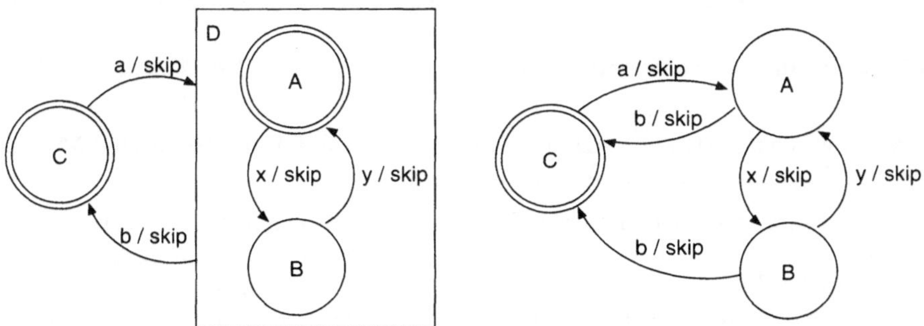

Bild 4.49 Hierarchische Dekomposition und Verhalten

Bild 4.49 zeigt die Verwendung der hierarchischen Dekomposition. Der Zustand D stellt einen hierarchischen Zustand dar. Das rechte Bild zeigt das Verhalten anhand dem semantisch äquivalenten sequentiellen Automaten.

Beim Betreten des Zustandes D wird dabei der Startzustand A des Statecharts aktiviert, durch das der hierarchische Zustand D dekomponiert wird. Da der Zustand D über die Transition mit der Beschriftung b / skip verlassen werden kann, führt im rechten Bild von jedem Zustand des Statecharts in D diese Transition weg.

Hierarchische Zustände werden gegenüber finalen Zuständen als Rechtecke gezeichnet.

Die hierarchische Dekomposition ist maßgeblich für die strukturierte Entwicklung von großen Statechartprogrammen verantwortlich und stellt somit eine wichtige Erweiterung gegenüber einfachen sequentiellen Automaten dar.

Die hierarchische Dekomposition vereinfacht die graphische Darstellung, da die Anzahl von Transitionen verringert werden. Ein hierarchischer Zustand wird in Anlehung an [Sch98b] als *Master* bezeichnet und das Statechart innerhalb des Rechtecks wird als *Slave* bezeichnet.

Die hierarchische Dekomposition wirft natürlich einige semantische Fragen auf, z.B. wie das korrekte Verhalten des Systems sein sollte wenn der Slave das Signal zum Beenden des Unterprogramms (im Beispiel das Signal b) selbst erzeugt (*self termination*), oder ob ein Übergang im Unterprogramm in dem Taktschritt, in dem das Unterprogramm beendet wird, noch ausgeführt werden soll (*weak preemption*) oder nicht (*strong preemption*).

Diese Begriffe sollen nun an einigen Beispielen erläutert werden:

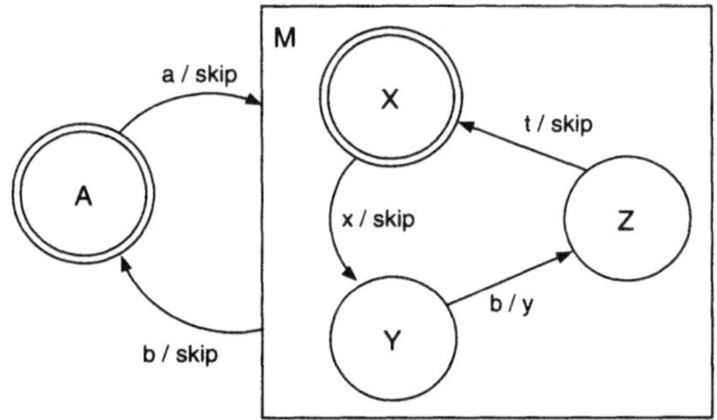

Bild 4.50 Hierarchische Dekomposition und Interrupts

Bild 4.50 zeigt ein Statechart mit zwei Zuständen A und M; Der Zustand M ist eine Hierarchie.

Die Frage ist, was passiert, wenn sich das System in Zustand Y der Hierarchie M befindet und von der Umgebung das Signal b erzeugt wird.

Es ist zunächst klar, dass der hierarchische Zustand M in jedem Fall verlassen wird und der Zustand A eingenommen wird; generiert das System jedoch noch das Signal y, d.h. wird der mögliche Zustandsübergang im Chart M von Zustand Y nach Z (im gleichen Zyklus) noch ausgeführt, so spricht man beim *Beendigungsverhalten* der Hierarchie von *weak preemption* bzw. von einem *nicht-preemptiven Interrupt*. Der hierarchische Automat darf also im Taktschritt seiner Beendigung noch einen Übergang ausführen.

Andernfalls spricht man von *strong preemption* bzw. von einem *preemptiven Interrupt*.

Die hierarchische Dekomposition wird vom Statechart-Editor und vom Automatenmodul sowohl mit *strong preemption* als auch mit *weak preemption* unterstützt; der Benutzer kann festlegen, mit welcher Semantik die Hierarchien entpackt werden sollen, wenn der Analyzer den Code für das Automatenmodul erzeugt.

Es soll noch ein weiteres Beispiel für eine Besonderheit der hierarchischen Dekomposition betrachtet werden:

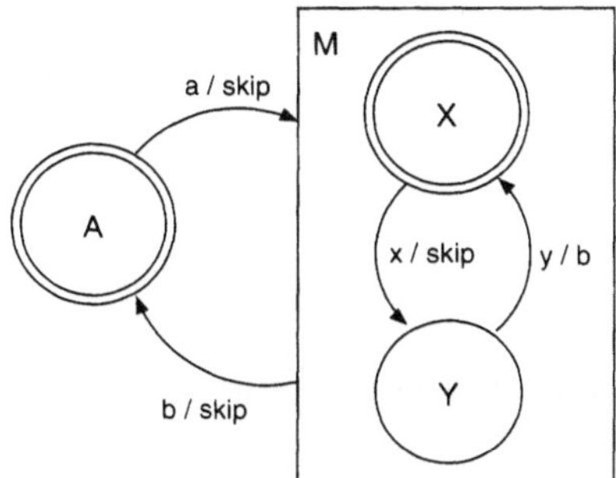

Bild 4.51 Hierarchische Dekomposition und *self termination*

In Bild 4.51 erzeugt die Hierarchie M das Signal b, über welches sie verlassen wird, selbst, und zwar wenn sich das System im Zustand Y befindet und von der Umgebung das Signal y erzeugt wird. Diesen Vorgang bezeichnet man auch als *self termination*.

Parallelkomposition

In vielen reaktiven Systemen ist es notwendig, mehrere nebenläufige Prozesse zu starten. Bei Statecharts wird dies durch die so genannte *Parallelkomposition* unterstützt.

Das Verhalten von parallel komponierten sequentiellen Automaten zeichnet sich durch eine gemeinsame Taktung aus, d.h. alle Teilautomaten führen zeitgleich Zustandsübergänge aus. Das zyklische Verhalten der einzelnen Komponenten (Eingabe lesen, Übergang ausführen, Ausgabe schreiben) fällt so zu einem Gesamtzyklus zusammen.

Die Menge der erzeugten Ausgangssignale des Gesamtsystems ergibt sich aus der Vereinigung der Ausgabemengen der Teilautomaten.

Da die Übergänge keine Zeit verbrauchen, befindet sich das Gesamtsystem stets in einem definierten Gesamtzustand. Die Menge der Zustände des Gesamtsystems ergibt sich damit als das Kreuzprodukt über die Zustandsmengen der Teilautomaten.

Bild 4.52 zeigt zwei parallel geschaltete sequentielle Automaten und das Verhalten anhand dem semantisch äquivalenten sequentiellen Automaten (rechts). Dieser entsteht durch die Bildung der Produktmenge der einzelnen Zustandsmengen und durch die logische UND-Verknüpfung der Übergangsbedingungen und der Vereinigung der Aktionen an allen möglichen Kombinationen von Zustandsübergängen. Aus Platzgründen wurde die leere Aktion *skip* nicht notiert.

Das Beispiel soll zeigen, dass die Verwendung der Parallelkomposition sehr zur Übersichtlichkeit beiträgt und damit aufwändige parallele Systeme einfach beschrieben werden können.

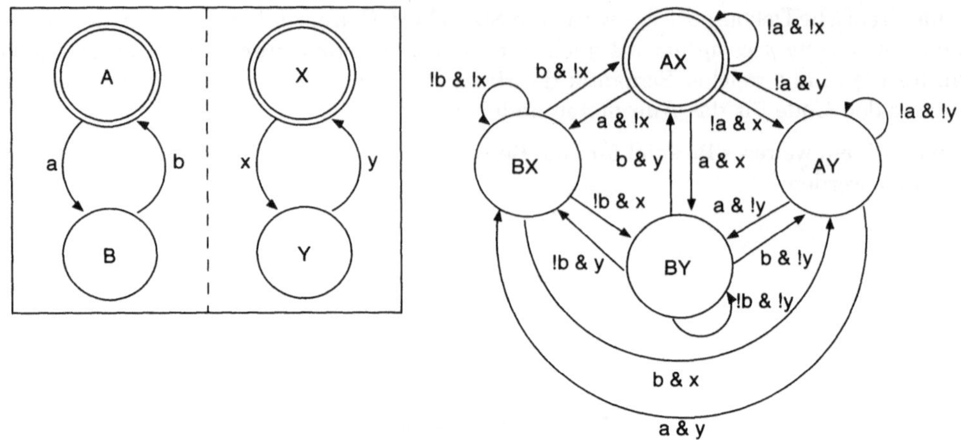

Bild 4.52   Parallelkomposition und Verhalten

Parallel komponierte sequentielle Automaten werden graphisch durch eine gestrichelte (im Editor graue) Linie voneinander getrennt und werden auch als *Teilautomaten* bezeichnet. Es lassen sich beliebig viele Teilautomaten parallel komponieren.

Es gibt nun bei der Parallelkomposition auch die Möglichkeit, dass die parallel komponierten Teilautomaten durch das Versenden und Empfangen von Signalen miteinander kommunzieren. Dazu exisitiert der so genannte *Feedback-* oder *Lokalisierungsoperator*, mit dem deklariert werden muss, welche Signale zur Kommunikation verwendet werden dürfen.

Dieser Operator wird deshalb auch als Lokalisierungsoperator bezeichnet, weil die Kommunikationssignale durch den Operator nach außen *verschattet* werden, d.h. von der Umgebung nicht einsehbar oder beeinflussbar sind. Daher werden sie als *lokal* bezeichnet, wobei sie nicht mit den lokalen Variablen in den sequentiellen Automaten verwechselt werden dürfen, welche grundsätzlich nur in den sequentiellen Automaten zugänglich sind, in denen sie definiert wurden.

Wichtig: Der Lokalisierungsoperator kann also nur auf Signale angewendet werden, nicht auf lokale Variablen.

Der Lokalisierungsoperator wird graphisch durch ein Kästchen unter parallel komponierten Teilautomaten dargestellt, in dem die lokalen Signale notiert sind.

Bild 4.53 zeigt drei parallel geschaltete sequentielle Automaten S_1, S_2 und S_3, die über die lokalen Signale s_1 und s_2 miteinander kommunizieren. Das Verhalten entspricht einem 3-Bit Zähler, getaktet vom Eingangssignal t. Ein Überlauf der ersten oder zweiten Zelle wird der nächsten Zelle durch ein lokales Signal mitgeteilt, die im selben Zyklus ebenfalls einen Schritt ausführt; beim höchstwertigsten Bit wird ein Überlaufsignal c nach außen gesendet. Für die Umgebung sind nur die Signale t und c sichtbar.

Die Semantik der Parallelkomposition wird in diesem Dialekt im wesentlichen von *AR-GOS* übernommen. *ARGOS* ist eine synchrone Programmiersprache, deren Grundsatz wie auch z.B. in der Sprache *Esterel* die so genannte *perfekte Synchronie* [BG92] ist. Die perfekte Synchronie fasst mehrere Konzepte zusammen, u.a. folgende:

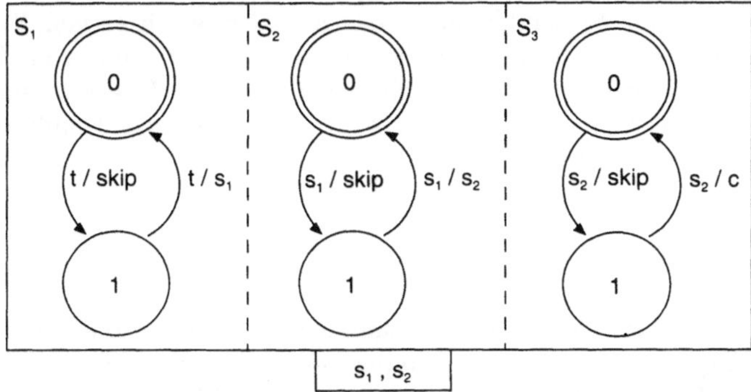

Bild 4.53 Parallelkomposition mit Kommunikation: 3-Bit Zähler

- *Taktsynchronie*: Parallel geschaltete sequentiellen Automaten arbeiten mit einem gemeinsamen Takt, also *taktsynchron*. Dies bedeutet, dass die Zyklen aller beteiligten Automaten zu einem einzelen Zyklus zusammenfallen.

- *E/A-Synchronie*: Ein sequentieller Automat arbeitet *Eingabe/Ausgabe-synchron* (E/A-synchron), d.h. das Zeitintervall zwischen dem Empfangen eines Signals und der zugehörigen Reaktion hat stets die Länge Null. Das Empfangen und Versenden eines Ereignisses geschieht somit in einem Taktzyklus.

Für jede Menge von präsenten Eingangssignalen führt also bei der Parallelkomposition jeder Teilautomat sozusagen zeitgleich einen Übergang aus und erzeugt entsprechende Ausgangssignale. Die Ausgabe der Komposition ist die Vereinigung von allen Einzelausgaben.

Das Konzept der perfekten Synchronie schlägt sich auch in der Semantik der Kommunikation zwischen parallelen Komponenten nieder, die sowohl bei *ARGOS* als auch bei den µ-*charts* als *instantaneous feedback* bezeichnet wird. Dies bedeutet, dass die Reaktionen auf bestimmte Eingangsstimuli von Automaten, die gegenseitig in Kommunikation stehen, in einem einzigen Taktschritt stattfinden.

Da sich durch die Kommunikation nebenläufige Prozesse beeinflussen, können natürlich hierbei Probleme wie Deadlocks auftreten; Bild 4.54 zeigt ein einfaches Beispiel dazu.

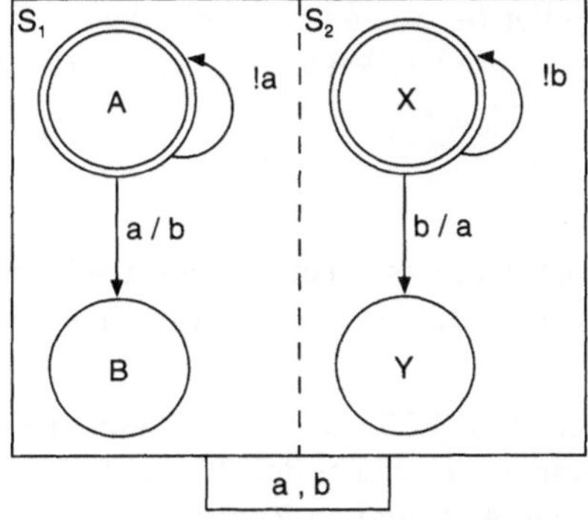

Bild 4.54 Deadlock bzw. *globaler Nichtdeterminismus*

Der sequentielle Automat S_1 sendet an S_2 das Signal b, wenn er von S_2 das Signal a empfängt. Umgekehrt wartet S_2 auf das Signal b und sendet dann a an S_1. Es kommt also zu einem Deadlock. Ein solches Fehlverhalten wird in der Literatur auch als *globaler Nichtdeterminismus* bezeichnet. Der Analyzer erkennt derartige Konflikte und meldet diese dem Benutzer als Fehler.

4.6.2 Statechart-Editor

Der Statechart-Editor *Statecharter* wird zusammen mit dem Automatenmodul ausgeliefert und kann im Eigenschaftsdialog des Moduls gestartet werden. Er dient zum Erstellen und Editieren von Statecharts auf graphischer Ebene. Bild 4.55 zeigt einen typischen Screenshot des Editors.

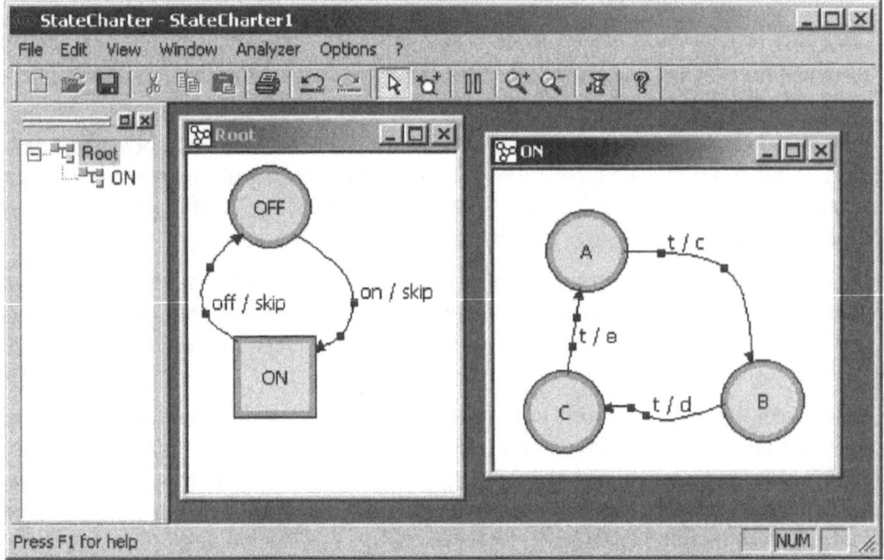

Bild 4.55 Screenshot des Statechart-Editors

Der Editor besteht im wesentlichen aus einer Arbeitsfläche, in der das Statechart dargestellt wird, aus einem Menüleiste, aus einer Symbolleiste und dem Hierarchiebrowser (linkes Fenster). Diese Komponenten sollen nun genauer erklärt werden.

Arbeitsfläche

Die eigentliche Arbeitsfläche ist in mehrere Fenster unterteilt, und zwar wird aus Gründen der Übersichtlichkeit jede Hierarchie der Spezifikation in einem eigenen Fenster dargestellt.

So besteht das Statechart in Bild 4.55 aus einem sequentiellen Automaten *Root* mit den beiden Zuständen *ON* und *OFF*, wobei der Zustand *ON* hierarchisch ist und somit rechteckig dargestellt wird. Der Automat in Zustand *ON* wird in Bild 4.55 im rechten Fenster dargestellt.

Erzeugen von Zuständen und Transitionen

Zum Erzeugen von Zuständen in der Arbeitsfläche muss in der Symbolleiste durch Aktivieren des in Bild 4.56 abgebildeten rechten Werkzeugs der Zeichenmodus entsprechend eingestellt werden. Es gibt zwei Zeichenmodi, nämlich die Objektauswahl und der Modus zum Erstellen von Zuständen.

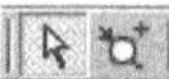

Bild 4.56 Ausschnitt aus der Symbolleiste: Werkzeuge *Objektauswahl* (links) und *Zustand erzeugen*

Zustände werden dann einfach durch einen Linksklick auf eine freie Stelle des Arbeitsbereiches erzeugt. Das Werkzeug zum Erzeugen eines Zustandes erscheint klein neben dem Mauszeiger, wenn an der Mauszeigerposition ein Zustand erzeugt werden kann.

Transitionen (also Zustandsübergänge) können in jedem Zeichenmodus erstellt werden, und zwar in zwei Schritten; zunächst muss durch einen Linksklick auf den Rand des Zustandes, von dem die Transition ausgehen soll, das Erstellen der Transition initiiert werden. Befindet sich der Mauszeiger auf dem Rand eines Zustandes, so ändert er seine Form zu einem Stift, um anzuzeigen, dass eine Transition gezeichnet werden kann. Im zweiten Schritt kann nun einfach der Zielzustand durch Linksklick ausgewählt werden. Das Zeichnen einer Transition kann hierbei durch Linksklick in die freie Zeichenfläche abgebrochen werden.

Hierarchien erzeugen

Hierarchien werden durch Ändern der Zustandseigenschaften erzeugt; siehe Seite 225.

Parallelkomposition

Durch den in Bild 4.57 abgebildeten Knopf der Symbolleiste kann im aktiven Fenster der Arbeitsfläche ein Parallelautomat erzeugt bzw. zu einem bestehenden Parallelautomaten ein zusätzlicher leerer sequentieller Automat parallel hinzukomponiert werden.

Bild 4.57 Ausschnitt aus der Symbolleiste: Werkzeug *Parallelkomposition*

Die parallel komponierten sequentiellen Automaten werden durch eine graue Linie voneinander getrennt. Es ist nicht möglich, zwischen Zuständen von verschiedenen sequentiellen Automaten über eine dieser Trennlinien Transitionen zu ziehen. Bild 4.58 zeigt ein Beispiel für ein Statechart mit drei parallel komponierten sequentiellen Automaten.

In dem kleinen Kästchen unter den parallel komponierten Automaten stehen die lokalen Kommunikationssignale. Diese können durch einen Doppelklick auf das Kästchen modifiziert werden; es erscheint darauf eine einfache Dialogbox, in die die Kommunikationssignale durch Kommata getrennt eingegeben werden.

Die einzelnen sequentiellen Automaten können wie üblich editiert werden, die grauen Trennlinien und das Rechteck, das den Parallelautomaten umgibt, ändern dynamisch ihre Größe wenn in den sequentiellen Automaten Zustände bzw. Transitionen hinzugefügt, gelöscht oder verschoben werden.

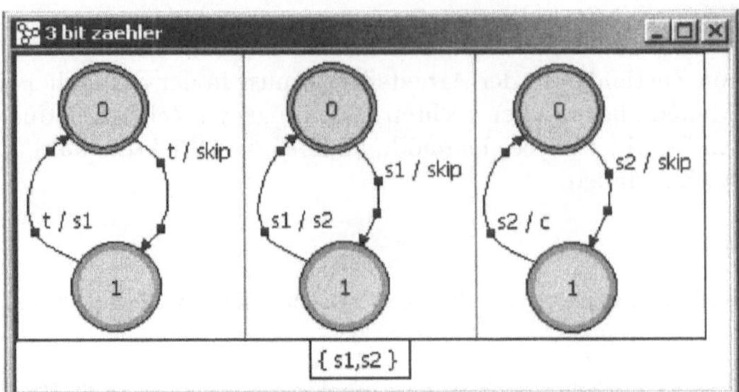

Bild 4.58   Parallelkomposition von drei sequentiellen Automaten

Objektauswahl

Zum Editieren (Kopieren, Löschen, Verschieben) von mehreren Zuständen und Transitionen gleichzeitig gibt es wie bei üblichen Windows-Programmen die Mehrfachselektion.

Einzelne Zustände können dabei durch Linksklick ausgewählt werden; ihre Farbe ändert sich dementsprechend in blau.

Einzelne Transitionen können durch Linksklick auf die Transitionsbeschriftung oder auf einen der Stützpunkte (Rechtecke auf der Splinekurve) ausgewählt werden.

Wird während der Auswahl die SHIFT-Taste gedrückt gehalten, so können mehrere Objekte gleichzeitig ausgewählt werden.

Wird während der Auswahl die STRG-Taste gedrückt, so wird die Auswahl umgekehrt.

Durch einen Linksklick in die freie Zeichenfläche wird wie bei dem Editor von ICONNECT bei gedrückter Maustaste ein Gummiband aktiviert, das auch eine Mehrfachselektion ermöglicht.

Editieren von Zuständen und Transitionen

Durch Rechtsklick in die freie Zeichenfläche öffnet sich ein Kontextmenü. Ausgewählte Zustände und Transitionen können dabei durch den Befehl LÖSCHEN gelöscht oder durch KOPIEREN in die Zwischenablage abgelegt werden. Die Anweisung AUSSCHNEIDEN löscht die Auswahl und legt sie vorher in der Zwischenablage ab.

Befinden sich Daten in der Zwischenablage, so können diese durch EINFÜGEN wieder in der Zeichenfläche an der gewünschten Position durch einen Linksklick abgelegt werden.

Die Befehle RÜCKGÄNGIG und WIEDERHERSTELLEN machen die letzte Editierfunktion rückgängig oder stellen eine rückgängig gemachte Aktion wieder her.

Die beschriebenen Editierfunktionen können auch wie bei Windows-Programmen üblich über die Symbolleiste erreicht werden.

Einzelne Zustände bzw. die Auswahl können auch durch Anklicken und gedrückt gehaltener linker Maustaste verschoben werden. Dabei ändert sich die Form von denjenigen Transitionen, deren Start- oder Zielzustand nicht mitverschoben wird.

Die Form der Transitionen kann auch durch Verschieben ihrer Beschriftung oder ihrer Stützpunkte, welche durch Kästchen auf der Transitionslinie dargestellt werden, flexibel angepasst werden. Damit ist es möglich, die für Statecharts typischen kurvenförmigen Transitionen, zu erzeugen. Dies wird über so genannte Splines bzw. Splinekurven erreicht.

Eigenschaften von Zuständen und Transitionen

Im Kontextmenü, das durch einen Rechtklick auf einen Zustand oder eine Transitionsbeschriftung aufgerufen wird, befindet sich ein Eintrag EIGENSCHAFTEN, mit dem ein Eigenschaftsdialog geöffnet werden kann. Bild 4.59 zeigt den Eigenschaftsdialog für einen Zustand, den man ohne den Umweg über das Kontextmenü auch durch einen Doppelklick auf einen Zustand erhält.

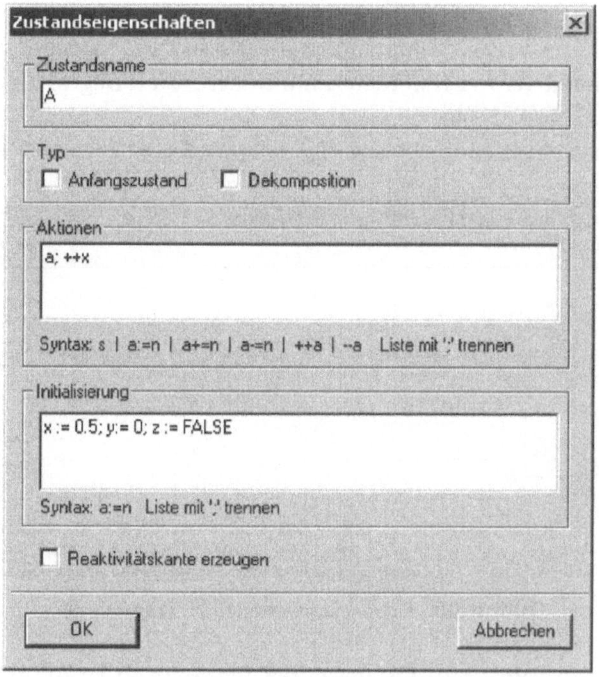

Bild 4.59 Eigenschaftsdialog für Zustände

Hier kann zunächst der Name des Zustandes editiert werden. Es muss dabei beachtet werden, dass es in einem sequentiellen Automaten nicht mehrere Zustände mit gleichen Namen geben darf; der Editor weist bei einem Fehler den Benutzer darauf hin.

Unter dem Feld *Typ* kann eingestellt werden, ob es sich bei dem Zustand um einen Anfangszustand handelt. Die Checkbox *Dekomposition* legt fest, ob der Zustand eine Hierarchie darstellt oder nicht. Hiermit lässt sich also aus einem normalen Zustand eine Hierarchie erzeugen. Der Zustand wird nach Schließen des Dialogfensters dann als Rechteck dargestellt. Durch Doppelklick auf den hierarchischen Zustand und gleichzeitig gedrückt gehaltener linker SHIFT-Taste wird das Fenster geöffnet, welches das Statechart zeigt, durch das der Zustand genauer spezifiziert wird.

Im Feld *Aktionen* können alle Anweisungen angegeben werden, die gemäß der so genannten Moore-Schreibweise im Zustandsrumpf notiert werden. Die Syntax entspricht dabei der eines Kommandos, wie sie in der Einführung auf Seite 213 vorgestellt wurde. Im Beispieldialog wird das Signal a erzeugt und die Variable x inkrementiert.

Im Falle eines Anfangszustandes müssen alle lokalen Variablen an diesem Zustand initialisiert werden. Dies kann im Feld *Initialisierung* erfolgen. Lokalen Zählvariablen muss dabei eine Festkommazahl und lokalen binären Variablen einer der Werte TRUE oder FALSE zugewiesen werden; also z.B. x := 0.5; y:= 0; z := FALSE. Der Datentyp der Variablen (Festkomma oder binär) wird hierbei je nach Initialisierung festgelegt und muss nicht explizit angegeben werden (also x und y sind Festkommavariablen und z eine binäre Variable).

Wird die Checkbox *Reaktivitätskante erzeugen* vor Schließen des Dialogs aktiviert, so erzeugt der Editor am Zustand eine Warteschleife mit der Bedingung, die von den anderen Transitionen noch nicht abgedeckt wird. Diese Warteschleife kann nun nachträglich modifiziert und z.B. mit einem Kommando versehen werden, das ausgeführt werden soll, wenn der Zustand nicht verlassen werden kann. Näheres zum Begriff der Reaktivität kann auf Seite 216 nachgelesen werden.

Auch bei den Transitionen gibt es einen Eigenschaftsdialog, vgl. dazu Bild 4.60.

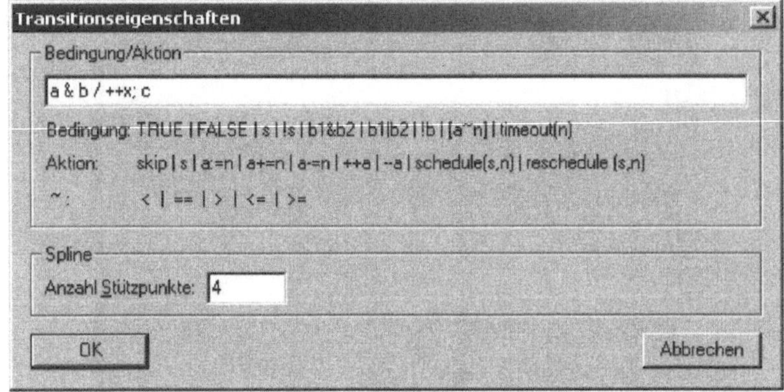

Bild 4.60   Eigenschaftsdialog für Transitionen

Die Transitionsbeschriftung wird hierbei in der auf Seite 213 vorgestellten Grammatik eingegeben. Zusätzlich kann hier die Anzahl der Stützpunkte verändert werden, um Transitionen noch flexibler zeichnen zu können.

Hierarchiebrowser

Der Hierarchiebrowser liefert eine Übersicht über alle Hierarchien der Spezifikation. Bild 4.61 zeigt ein Beispiel.

Es gibt zwei Typen von Einträgen im Hierarchiebrowser, nämlich sequentielle Automaten und Parallelautomaten, die durch entsprechende Icons gekennzeichnet sind.

So besteht die Spezifikation, deren hierarchische Struktur in Bild 4.61 abgebildet ist, aus einem sequentiellen Automaten mit Namen *ROOT*, bei dem der Zustand *ON* hierarchisch ist. Das Statechart, das den Zustand *ON* darstellt, wird in der Browserliste unter

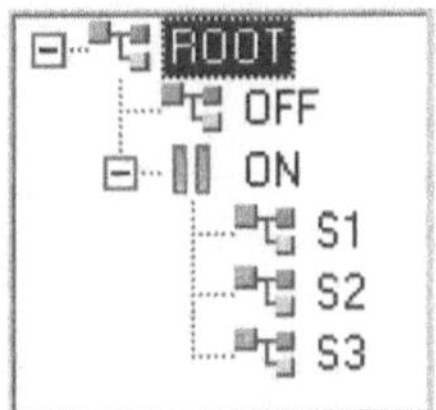

Bild 4.61 Hierarchische Darstellung einer Spezifikation im Hierarchiebrowser

dem sequentiellen Automaten *ROOT* eingeordnet und ebenfalls mit dem Namen *ON* bezeichnet. Wie an dem Icon von *ON* zu erkennen ist, handelt es sich hierbei um einen Parallelautomaten, bei dem die drei sequentiellen Automaten *S1*, *S2* und *S3* parallel komponiert sind.

Auch bei *OFF* handelt es sich um einen hierarchischen Zustand des sequentiellen Automaten *ROOT*; das Statechart, das ihn darstellt, ist ein einfacher sequentieller Automat, wie aus der Liste abzulesen ist.

Im Hierarchiebrowser lässt sich auf einfache Weise auch die Struktur der Spezifikation verändern. Bei Rechtsklick auf einen Eintrag öffnet sich ein Kontextmenü mit den Einträgen TEILAUTOMATEN AUSSCHNEIDEN, TEILAUTOMATEN KOPIEREN, TEILAUTOMATEN EINFÜGEN, TEILAUTOMATEN LÖSCHEN und TEILAUTOMATEN UMBENENNEN.

Die Aktion TEILAUTOMATEN AUSSCHNEIDEN löscht hierbei den sequentiellen Automaten mit all seinen Unterhierarchien aus der Spezifikation und überträgt ihn vorher in die Zwischenablage.

Der Befehl TEILAUTOMATEN KOPIEREN überträgt den entsprechenden sequentiellen Automaten mit all seinen Unterhierarchien in die Zwischenablage.

Die Anweisung TEILAUTOMATEN EINFÜGEN hat eine besondere Bedeutung; hier wird zu einem sequentiellen Automaten oder einem Parallelautomaten ein neuer, leerer sequentieller Automat *parallel hinzukomponiert*.

Mit TEILAUTOMATEN LÖSCHEN wird der sequentielle Automat gelöscht und mit TEILAUTOMATEN UMBENENNEN kann der Name des sequentiellen Automaten geändert werden.

Menüleiste

In der Menüleiste des Editors befinden sich die Untermenüs DATEI, BEARBEITEN, ANSICHT, FENSTER, ANALYZER, OPTIONEN und das HILFE-Menü.

Menü Datei

Im Menü DATEI befinden sich die bei Windows-Programmen üblichen Funktionen zum Laden und Sichern einer Spezifikation. Es ist zu beachten, dass mit dem Editor nicht mehrere Spezifikationen gleichzeitig bearbeitet werden können. Es stehen daher, wenn eine Spezifikation geöffnet ist, nur die Befehle zum Sichern zur Verfügung. Soll eine andere Spezifikation geladen werden, so muss die gegenwärtige zuerst geschlossen werden.

Menü Bearbeiten

Dieses Untermenü stellt alle Editierbefehle zur Verfügung, die auch in der Arbeitsfläche über das Kontextmenü erreicht werden können. Zusätzlich gibt es hier über den Befehl SUCHEN die Möglichkeit, bestimmte Zustände oder Transitionen in der Spezifikation aufzufinden. Bild 4.62 zeigt den Suchdialog.

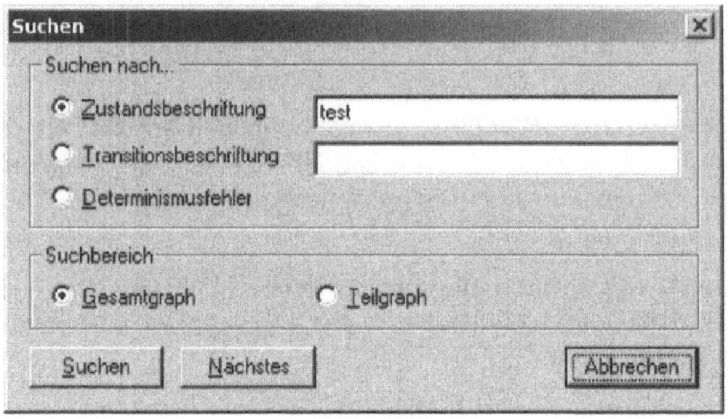

Bild 4.62 Suchdialog

Im Dialogfeld *Suchen nach...* kann eingestellt werden, ob nach einem bestimmten Zustand, einer Transition oder einem Zustand, der wegen einem Determinusmusfehler rot markiert ist, gesucht werden soll. Näheres zu Determinismusfehlern kann auf Seite 216 nachgelesen werden. Zustände und Transitionen werden nach ihrer Beschriftung durchsucht.

Im Dialogfeld *Suchbereich* kann schließlich eingestellt werden, ob in der gesamten Spezifikation oder nur im momentan aktiven Fenster gesucht werden soll.

Wird ein Objekt gefunden, so wird die momentane Auswahl deselektiert und das gefundene Objekt selektiert (= blau markiert) und das entsprechende Fenster nach vorne gebracht bzw. aktiviert.

Mit den Schaltflächen ⎡Suchen⎤ und ⎡Nächstes⎤ kann die Suche entweder in der Hierarchie ganz von oben oder vom zuletzt gefundenen Objekt aus gestartet werden.

Menü Ansicht

Im Menü ANSICHT kann eingestellt werden, welche Teile des Editors gezeigt werden sollen. Dies sind die Symbolleiste, die Statusleiste, der Hierarchiebrowser und die Signalliste.

Die Symbolleiste ermöglicht einen schnellen Zugriff auf bestimmte Editierfunktionen.

Die Statusleiste befindet sich standardmäßig auf der unteren Seite des Editor-Hauptfensters und liefert eine Kurzbeschreibung des Icons in der Symbolleiste oder dem Menüeintrag, über dem sich der Mauszeiger gerade befindet.

Der Hierarchiebrowser bietet eine Übersicht über alle sequentiellen Automaten der Spezifikation (s. Seite 226).

Die Signalliste zeigt alle Ein- und Ausgangssignale des Statecharts, das sich im momentan aktiven Fenster befindet. In der Spalte *Typ* wird angegeben, ob es sich um ein Eingangssignal (SIG IN), ein Ausgangssignal (SIG OUT) oder um eine lokale Zähl- oder binäre Variable (VAR CNT bzw. VAR BIN) handelt. Ist bei den Signalen der Typ mit eckigen Klammern versehen, so bedeutet dies, dass das entsprechende Signal lokal und daher nach außen verschattet ist.

Mit den Befehlen ZOOM IN und ZOOM OUT kann die Ansicht des momentan aktiven Fensters vergrößert bzw. verkleinert werden. Diese Befehle sind auch über die beiden Lupensymbole in der Symbolleiste erreichbar.

Menü Fenster

In diesem Menü kann eine Anordnung der Fenster des Arbeitsbereiches (nebeneinander oder überlappend) vorgenommen werden.

Menü Analyzer

In diesem Menü kann neben dem Starten des Analyzers im Unterpunkt EINSTELLUNGEN festgelegt werden, ob dieser beim Erzeugen des Codes für das Automatenmodul die hierarchische Dekomposition mit *Weak Preemption* oder *Strong Preemption* behandeln soll. Näheres zur Bedeutung dieser Begriffe kann auf Seite 217 nachgelesen werden.

Während syntaktische Fehler und lokale Nichtdeterminismen schon während der Designphase erkannt werden, hat der Analyzer die Aufgabe, fertige Spezifikationen auf semantische Fehler zu überprüfen und einen Code zu erzeugen, den das Automatenmodul abarbeiten kann.

Es werden dabei folgende Schritte durchlaufen:

 (1) Übersetzung von Moore- in Mealy-Darstellung

 (2) Auflösung der Schedule- und Timeout-Anweisungen

 (3) Berechnung der Input- und Output-Mengen

 (4) Semantikcheck

 (5) Hierarchieauflösung entsprechend Weak oder Strong Preemption

 (6) Umbenennung von Variablen

 (7) Umwandlung der Trigger in BDD-Darstellung

 (8) Kausalitätsanalyse

 (9) Berechnung der Modulstruktur

 (10) Zyklensuche

 (11) Codeerzeugung

Der Analyzer wird im Menü durch den Befehl START oder durch das in Bild 4.63 abgebildete Werkzeug in der Symbolleiste gestartet.

Bild 4.63 Ausschnitt aus der Symbolleiste: *Analyzer starten*

Welche Algorithmen und Verfahren in diesen Schritten im Einzelnen eingesetzt werden, kann mit allen theoretischen Hintergründen in [Hei02] S. 72-130 nachgelesen werden. Deckt der Analyzer einen Fehler in der Spezifikation auf, so teilt er dies dem Benutzer in Form einer Fehlermeldung mit. Folgende Fehlermeldungen sind möglich:

- *Rückkopplung von Signalen in sequentiellem Automat ist nicht erlaubt*
  Ein sequentieller Automat darf ein Signal nicht gleichzeitig als Ein- und als Ausgang verwenden. Bild 4.64 zeigt ein Beispiel dazu.

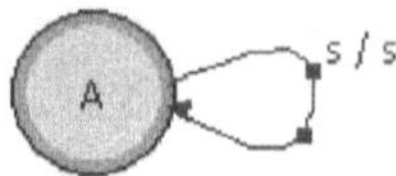

Bild 4.64 Signal s als Ein- und Ausgang

- *Menge von Variablen und Menge von Signalen ist nicht disjunkt*
  Es dürfen nicht gleiche Bezeichner für lokale Variablen und Signale in einem sequentiellen Automaten verwendet werden; siehe Bild 4.65.

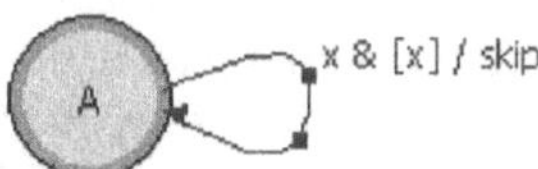

Bild 4.65 Gleiche Bezeichner für lokale Variable x und Signal x

- *Menge von Zählvariablen und binären Variablen ist nicht disjunkt*
  Eine lokale Variable darf nicht gleichzeitig als binäre oder als Zählvariable verwendet werden (vgl. dazu Bild 4.66).

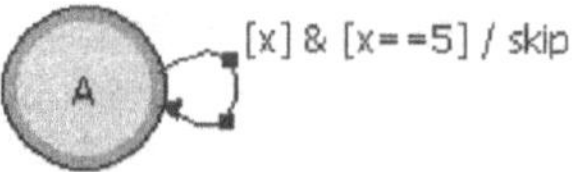

Bild 4.66 Gleiche Bezeichner für binäre Variable x und Zählvariable x

- *Neudeklaration von lokalen Signalen verdeckt Parameter*
  Diese Fehlermeldung erklärt man am einfachsten an einem Beispiel, wie es in Bild 4.67 gezeigt ist.

  Das Signal s wird im Beispiel im sequentiellen Automaten *Root* von der Umgebung empfangen. Da es aber eine Hierarchiestufe darunter (im hierarchischen Zustand *C*) mittels dem Feedbackoperator als lokal deklariert wird, kann es dort von der Umgebung nicht empfangen werden. Dies entspricht in einer imperativen Programmiersprache der Neudeklaration einer globalen Variable in einem Unterprogramm als lokale Variable; die globale Variable wird *verdeckt*.

- *"Race condition": Gleiche Bezeichner auf linker Seite eines Kommandos*
  Dieser Fehler tritt auf, wenn eine lokale Variable an einer Transition hintereinander auf verschiedene Werte gesetzt wird. Dies ist nicht möglich, da alle Aktionen an einer Transition gleichzeitig ausgeführt werden und somit ein Konflikt entstehen würde. Bild 4.68 zeigt ein einfaches Beispiel dazu.

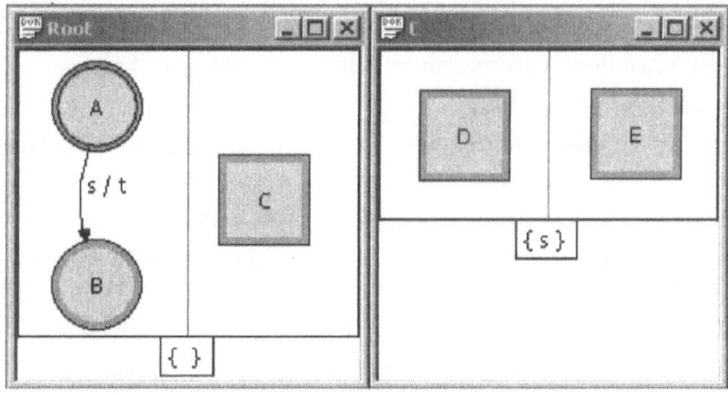

Bild 4.67 *Verdeckung des lokalen Signals s*

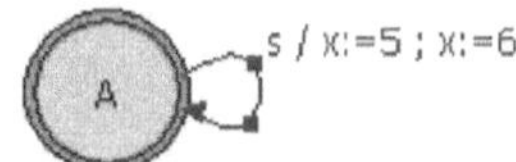

Bild 4.68 *Race Condition*

- *Ungültiges Kommando bei Initialisierung der Zählvariablen bzw. binären Variablen*
  Syntaktischer Fehler bei der Initialisierung der Zählvariablen an einem Anfangszustand.

- *Zählvariable wurde im Startzustand nicht initialisiert*

- *Binäre Variable wurde im Startzustand nicht initialisiert*

- *Hauptprogramm darf kein Signal-Feedback vornehmen*
  Dieser Fehler tritt auf wenn ein Signal, das bei mehreren parallel komponierten sequentiellen Automaten sowohl für einen Automaten als Eingang als auch für einen anderen Automaten als Ausgang dient nicht als lokal (also als Kommunikationssignal) mittels dem Feedbackoperator definiert wurde. Bild 4.69 zeigt ein Beispiel; das Signal s müsste als Korrektur dieses Fehlers zu den lokalen Signalen hinzugefügt werden.

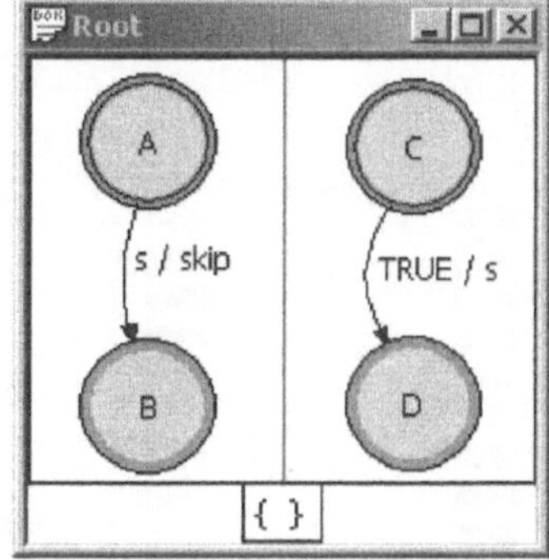

Bild 4.69 Signal s muss rückgekoppelt werden

- *Mehrfache Anfangszustände können nicht implementiert werden*
  In einem sequentiellen Automaten wurden mehr als ein Anfangszustand definiert.

- *Kein Anfangszustand definiert*
  Die Ursache dieses Fehlers ist, dass in einem sequentiellen Automaten kein Anfangszustand definiert wurde.

- *Flüchtiger Zustand verhindert Betreten der Hierarchie*
  Dies ist kein Fehler, sondern eine Warnung. Diese tritt auf, wenn ein hierarchischer Zustand über eine Transition mit der Bedingung TRUE verlassen wird. Das Statechart, das sich im hierarchischen Zustand befindet wird dann nie abgearbeitet.

- *Globaler Nichtdeterminismus bei Parallelkomposition aufgetreten*
  Diesen Fehler meldet der Analyzer, wenn er in der Spezifikation einen globalen Nichtdeterminismus aufgedeckt hat. Vergleiche dazu auch die Ausführungen und das Beispiel auf Seite 221.

Menü Optionen

In Untermenü Optionen können einige allgemeine Parameter für das Editieren eingestellt werden. Es ist möglich, hier die Schriftarten zur Darstellung der Transitions- und der Zustandsbeschriftungen auszuwählen.

An den Rändern von Zuständen existiert ein Fangbereich für die Aktivierung des Zeichenmodus für Transitionen, dessen Breite sich hier einstellen lässt.

Weiterhin kann ab einer im Optionsdialog einstellbaren Breite der Kantenbeschriftungen ein automatischer Zeilenumbruch aktiviert werden.

Bei nicht selektierten Transitionen werden Stützstellen der Splinekurven als kleine Rechtecke markiert. Dieses Verhalten ist hier abschaltbar, so dass nur markierte Transitionen Stützstellen zum Editieren anzeigen.

4.6.3   Automatenmodul

Das Automatenmodul hat im wesentlichen die Aufgabe, das Verhalten der vom Analyzer vorverarbeiteten Spezifikationen gemäß der in der Einführung in Statecharts vorgestellten Semantik zu simulieren.

Bild 4.70 zeigt, wie der Anwender von ICONNECT das Automatenmodul als Knoten des Datenflussgraphen sieht.

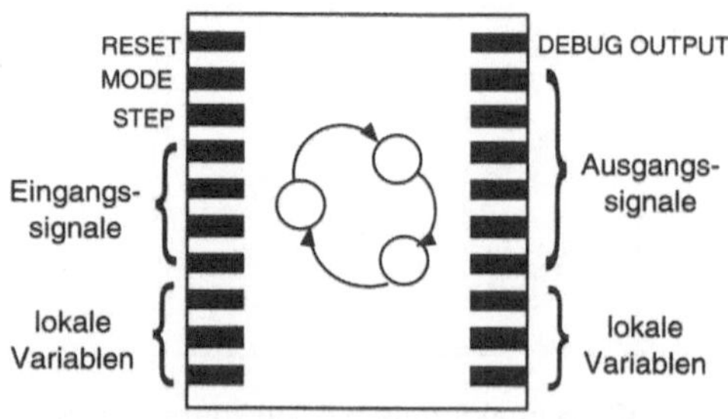

Bild 4.70   Automatenmodul

Die schwarzen Kästchen auf der linken Seite symbolisieren die Eingänge des Moduls, die auf der rechten Seite die Ausgänge. Das Modul verfügt über die Standardeingänge RESET, MODE und STEP sowie über einen Standardausgang DEBUG OUTPUT, die noch erläutert werden. Die übrigen Ein- und Ausgänge entsprechen, wie man der Abbildung entnehmen kann, den Ein- und Ausgangssignalen des Statecharts, welches durch das Modul dargestellt wird. Zusätzlich läßt sich die Belegung der lokalen Variablen des Statecharts am Modul an den entsprechenden Ausgängen ablesen bzw. an den entsprechenden Eingängen modifizieren. Die Anzahl dieser Ein-/Ausgänge hängt natürlich von dem Statechart ab.

Ein Automatenmodul konsumiert und produziert an seinen Signalein-/ausgängen Token des Datentyps BOOL. Das Modul ist stets rechenbereit, d.h. wenn an einem Eingang kein Token verfügbar ist, so bedeutet dies, dass das entsprechende Signal in diesem Zyklus von der Umgebung - die ja durch die anderen Module des ICONNECT- Datenflussgraphen dargestellt wird - nicht erzeugt wurde.

Ein Automatenmodul führt in jedem Zyklus, in dem ICONNECT den Datenflussgraphen abarbeitet, in allen sequentiellen Automaten des Statecharts genau einen Zustandsübergang durch. Das Eingangsereignis ist dabei genau die Menge von Signalen, an deren korrespondierenden Eingängen ein Token mit dem Wert TRUE anliegt. Werden in einem Zyklus Signale erzeugt und an die Umgebung abgegeben, so wird an den entsprechenden Ausgängen ein Token mit dem Wert TRUE produziert.

Mit dem Standardeingang RESET können alle sequentiellen Automaten in ihren Startzustand zurückgesetzt werden. Hierbei wird auch die Initialisierung der lokalen Variablen erneut vorgenommen. Der Reseteingang nimmt ebenfalls Token des Datentyps BOOL entgegen und wird mit einem Token des Werts TRUE aktiviert.

Mit den Eingängen MODE und STEP ist es möglich, den Zeitpunkt des Übergangs in den sequentiellen Automaten manuell zu steuern. Während im Normalbetrieb das Automatenmodul in jedem Zyklus des Datenflussgraphen reagiert, kann dies im manuellen Mode durch den STEP-Eingang getriggert werden. Die manuelle Betriebsart kann durch den MODE-Eingang aktiviert werden.

Der Datentyp der Ein- und Ausgänge, an denen die Belegung der lokalen Zählvariablen abgefragt und modifiziert werden kann, hängt vom Datentyp der jeweiligen lokalen Variable (BOOL, DOUBLE) ab.

4.6.4 Beispiel

Im letzten Kapitel wurde das ICONNECT-Pendel vorgestellt (vgl. auch Bild 3.24), welches verdeutlicht, dass auch zeitkritische industrielle Abläufe mit ICONNECT gesteuert werden können. Die Steuerung für dieses Pendel lässt sich auch mit einem Automatengraphen einfach realisieren. Bild 4.71 zeigt das entsprechende Statechart, das nur aus einem sequentiellen Automaten besteht.

Der Automat besteht aus dem Anfangzustand *Init*, aus den Zuständen *Kalibrieren*, *Ausschwingen*, *Aufschwingen* sowie dem Zustand *Regeln*. Die Zählvariable State ist als Ausgang des Automatenmoduls ablesbar und gibt den momentanen Zustand des Automaten wieder. Als Eingang des Automatenmoduls werden die Signale Start, Restart, AusReady, AufReady und CalReady verwendet.

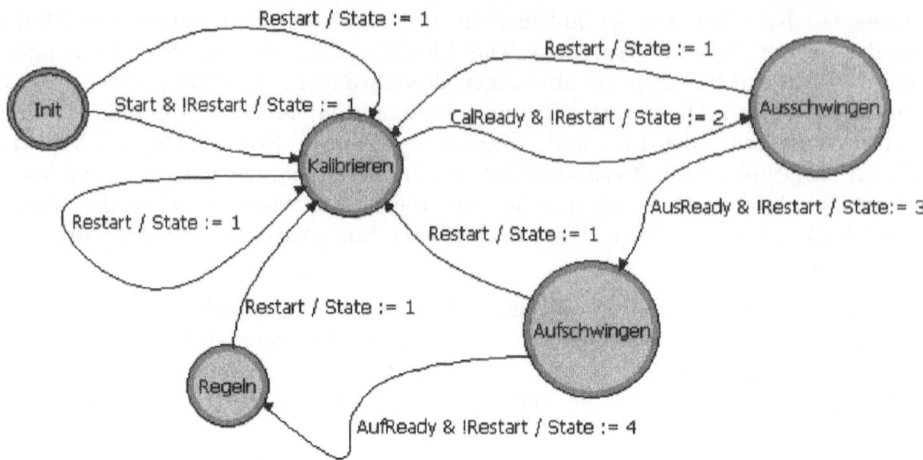

Bild 4.71 Sequentieller Automat für das ICONNECT-Pendel

Nach dem Start des Systems befindet sich der Automat zunächst in seinem Anfangszustand *Init*. Über eine positive Signalflanke an den Eingängen **Start** oder **Restart** kann dann der Zustand *Kalibrieren* aktiviert werden, in dem das Pendel zunächst kalibiert wird.

Wenn dieser Vorgang beendet ist, wird der Automat über das Signal **CalReady** in den Zustand *Ausschwingen* gebracht, anschließend über das Signal **AusReady** in den Zustand *Aufschwingen* und schließlich wird nach dem Ende des Aufschwingvorgangs über das Signal **AufReady** der Zustand *Regeln* aktiviert.

Von allen Zuständen aus kann über das Signal **Restart** von außen ein erneutes Kalibrieren erzwungen werden.

Das Beispiel macht deutlich, dass Steuerungsaufgaben sehr leicht mit Statecharts gelöst werden können. In Kapitel 10 findet sich ein weiteres, etwas umfangreicheres Beispiel für die Verwendung des Automatenmoduls.

4.7   Programmierung eigener Module in C++/OOP

Trotz aller in diesem Kapitel beschriebenen Programmiermöglichkeiten gibt es immer noch Anforderungen, die sich damit nur schwierig realisieren lassen. Um auch Lösungen für ganz spezielle Probleme bieten zu können, gibt es in **ICONNECT** die Möglichkeit, eigene Module zu entwickeln. Folgende Aufzählung bietet einen Überblick, wann die Entwicklung eines eigenen Moduls von Vorteil sein kann:

- Verwendung externer Bibliotheken oder Treiber
- Besonders zeitintensive oder komplizierte Algorithmen
- Verteilen von Aufgaben auf mehrere Threads
- Benutzereingabe- und Visualisierungsmodule
- Schutz von besonders sensiblen Daten und Algorithmen

4.7.1 Voraussetzungen

Die Module von ICONNECT sind in der Sprache C++ implementiert. Die Erstellung eigener Module erfordert Kenntnisse in C und C++, was auch objektorientierte Programmierung (OOP) mit einschließt. Außerdem wird die MFC (Microsoft Foundation Class) verwendet. Deshalb sollten sich Modulentwickler neben normaler Windows-Programmierung auch damit zurechtfinden.

Zum Übersetzen der Module wird Visual C++ Version 6.0 verwendet. Es ist auch möglich die Version 7 (in der *.net*-Entwicklungsumgebung enthalten) zu verwenden, jedoch müssen einige Änderungen am Quellcode vorgenommen werden und diese Module benötigen einige zusätzliche Systemdateien.

Um die Entwicklung der Module zu vereinfachen, wird von Micro-Epsilon ein Modulgerüst und ein Entwicklerhandbuch zur Verfügung gestellt. In dem Modulgerüst sind auch alle benötigten Headerdateien und Bibliotheken enthalten. Jedes Modul benötigt außerdem eine eindeutige Nummer (Modul-ID) und einen zugehörigen Schlüssel. Auch diese sind von Micro-Epsilon zu beziehen.

4.7.2 Grundlagen

Um die Modulbibliothek möglichst flexibel zu machen, ist jedes Modul in einer eigenen DLL übersetzt. ICONNECT sucht beim Starten in allen DLL's im Modulverzeichnis und überprüft, ob es sich um ICONNECT-Module handelt. Ist das der Fall und werden einige weitere Anforderungen erfüllt, wird das Modul geladen.

Um in den Modulen definierte Schnittstellen zur Außenwelt zu schaffen, wurde ein Mechanismus von OOP verwendet: Vererbung und virtuelle Funktionen. Alle Module sind von einem Basismodul abgeleitet, das alle Interface-Funktionen festlegt. Diese müssen in den abgeleiteten Modulen überschrieben und mit eigenem Code gefüllt werden.

4.7.3 DLL-Schnittstellen

Ein Modul ist von der Oberfläche möglichst unabhängig und komplett für sich selbst verantwortlich. Ausschließlich über feste Schnittstellen kann das Modul mit ICONNECT bzw. mit anderen Modulen kommunizieren. Nachdem ein Modul geladen wurde, benötigt ICONNECT einige Informationen, um es im Modulbaum darzustellen.

Dazu exportiert die DLL Funktionen, die diese Informationen liefern. Im Normalfall brauchen diese schon im Template vorhandenen Funktionen kaum noch verändert werden. Lediglich die Inhalte der Ressourcen müssen angepasst werden.

- int GetBitmapID();
  Liefert die eindeutige Nummer des Moduls. Sie ist gleichzeitig auch die Nummer, die das Bild für den Modulbaum in der DLL-Ressource referenziert.

- int GetBitmapStringResource();
  Liefert die Nummer der String-Ressource, die das Modul beschreibt. In diesem String sind der Modulname, die Modulversion, der Name des Entwicklers (Kürzel) und die Artikelnummer des Moduls enthalten.

- const char *GetCID();
  Liefert den Freischaltcode für das Modul, damit **ICONNECT** es laden kann. Wird
  dieser Schlüssel nicht angegeben, muss das Modul explizit im Dongle freigeschaltet
  werden.

- BOOL IsDebug();
  Gibt zurück, ob das Modul in der Debug- oder Release-Version übersetzt wurde.
  ICONNECT lädt nur Module, die mit der gleichen Option kompiliert wurden. Das
  heißt, wenn die Debug-Version von **ICONNECT** gestartet wird, werden auch nur
  Debug-Module geladen.

- BOOL InitDLL();
  Wenn diese Funktion vorhanden ist, wird sie automatisch beim Laden des Moduls aufgerufen. Das Modul kann darin Initialisierungen vornehmen. Wenn *FALSE*
  zurückgegeben wird, entlädt **ICONNECT** das Modul wieder.

- TCBaseModule *GetModuleInstance();
  Diese Funktion erzeugt eine neue Instanz des Moduls und gibt einen Zeiger darauf
  zurück.

- DeleteModuleInstance(TCBaseModule *);
  Diese Funktion löscht die Instanz des Moduls wieder.

4.7.4   Objekt-Schnittstellen

Nach dem Erzeugen hat **ICONNECT** einen Zeiger auf die Modulinstanz, die vom Basismodul abgeleitet ist. Damit kann **ICONNECT** alle Funktionen des Moduls nutzen. Statische
Funktionen werden für Modulinstanzen normalerweise nicht verwendet.

Die Schnittstellen jeder Modulinstanz lassen sich in folgende Gruppen zusammenfassen.
Diese Funktionen sind alle im Template vorhanden und müssen ggf. noch angepasst
werden.

Schnittstellen zur Oberfläche (Darstellung des Moduls im Editor)

Neben dem Icon, das im Modul gezeichnet wird, ist der Name das wichtigste Merkmal
eines Moduls. Das Icon ist in der DLL vorhanden. Über die Funktion

```
UINT GetIconID();
```

hat **ICONNECT** Zugriff darauf. Die Funktion

```
LPCTSTR GetModuleName();
```

liefert den Namen des Moduls.

Außerdem benötigt **ICONNECT** zum Zeichnen des Moduls die Anzahl der Ein- und Ausgänge, sowie die Namen dieser Ports (z.B. für Tooltips). Dazu dienen die Funktionen

```
int GetNoInput();
int GetNoOutput();
char *GetInputName (int InputNo);
char *GetOutputName (int InputNo);
```

Parametrisierung

Die meisten Module besitzen Parameter, die vom Benutzer einstellbar sind. Das geschieht mittels der Funktion

```
PORTTYPE OnLeftDblClk (UINT nFlags, int rights, RET_PORT &ret);
```

In dieser Funktion können Module einen Parameterdialog anzeigen. Der Benutzer kann – abhängig von seinen Rechten – die Parameter des Moduls einstellen. Ändern sich dabei die Ein- bzw. Ausgänge des Moduls, wird dies ICONNECT mittels der Struktur *RET_PORT* mitgeteilt. Dort kann eingetragen werden, ob Eingänge gelöscht wurden, hinzugekommen sind, oder ob sich nur der Datentyp verändert hat.

Im Normalfall ist der Parameterdialog ein Mitglied der Modulklasse, denn damit kann das Modul jederzeit auf die Parameter zugreifen.

Schnittstellen zum Serialisieren

Zum Laden und Speichern von Signalgraphen wird ein Mechanismus der MFC verwendet, die Klasse **CArchive**. ICONNECT ruft dazu die Funktion

```
void Serialize (CArchive &ar);
```

der Module auf. Diese können Ihre Parameter entweder in das Archiv speichern, oder diese aus dem Archiv laden.

Da sich viele Module im Laufe der Zeit weiterentwickeln (neue Parameter kommen hinzu), aber das Format in der Datei kompatibel bleiben muss, verwenden alle Module eine Hilfsklasse, die das Serialisieren der Parameter übernimmt und eine Versionsverwaltung beinhaltet. Jedes Modul hat eine Instanz dieser Klasse **CArchiveParser** als Membervariable. In der Funktion Serialize wird diese Klasse verwendet, um beim Laden alle Parameter aus der Datei zu laden und (über eine Nummer referenziert) an das Modul weiterzugeben. Beim Speichern bekommt diese Klasse die Parameter vom Modul und speichert sie mit einigen Zusatzinformationen in der Datei ab.

Verbinden von Modulen bei der Signalgrapherstellung

Die Module sind komplett selbst für die Kommunikation untereinander verantwortlich. ICONNECT stellt lediglich einige Funktionen zur Vereinfachung der Kommunikation der Module zur Verfügung.

Beim ziehen einer Verbindung zwischen zwei Modulports geschieht folgendes. ICONNECT ruft die Funktion

```
void GetPortType (PORTTYPE type, int portNo, void **content,
                  int &len);
```

des ersten Moduls auf. Über Porttyp und Nummer wird festgelegt, um welchen Ein- bzw. Ausgang es sich handelt. Das Modul gibt daraufhin seinen Datentyp für diesen Port in den Variablen **content** und **len** zurück. Diese Information gibt ICONNECT schließlich an das Modul gegenüber weiter, indem es die Funktion

```
BOOL ValidatePortType (PORTTYPE type, int portNo, void *content,
                       int len);
```

aufruft. Auch hier wird der Porttyp und die Nummer übergeben. Außerdem wird `content` und `len` vom anderen Modul übergeben. Jetzt kann das Zielmodul seinen eigenen Datentyp mit dem Gegenüber vergleichen und die Verbindung annehmen oder verweigern.

Dasselbe wird jetzt in die andere Richtung durchgeführt. Jetzt kann das andere Modul prüfen, ob es die Verbindung annimmt oder verweigert. Nur wenn beide Module der Verbindung zustimmen, lässt sich die Linie ziehen. Andernfalls wird von den Modulen ein Fehler erzeugt und von ICONNECT ausgegeben.

Um die Validierung zu vereinheitlichen und zu vereinfachen gibt es auch hier eine Hilfsklasse `TCValidateActualPortType`. Davon sollte jedes Modul pro Ein- und Ausgang eine Instanz besitzen, die für den jeweiligen Port zuständig ist. Im Konstruktor wird dieser Klasse der eigene Datentyp zugewiesen. Beim Verbinden von Modulen bietet diese Klasse diverse Funktionen, die den eigenen Datentyp zurückgeben, bzw. einen fremden Datentyp mit dem eigenen auf Kompatibilität prüfen.

Erzeugen und Löschen von Verbindungen bei Signalgraph-Start bzw. Stopp

Damit die Module möglichst flexibel sind, darf ICONNECT auch beim Erzeugen der Kommunikationskanäle von Modulen untereinander keinen Einfluss nehmen. Deshalb gibt es auch hier nur zwei Funktionen, welche die Kommunikation erleichtern. ICONNECT weiß, welche Module wie untereinander verbunden sind. Beim Start des Signalgraphen wird jetzt für jede dieser Verbindung folgender Algorithmus abgearbeitet:

Erst wird bei dem Zielmodul (in das die Verbindung hineinführt) die Funktion

```
void *SetInputStream (int portNo, int bufSize, int precision);
```

aufgerufen. Als Parameter werden die Nummer des Eingangs, die gewünschte Initialpuffergröße (in Bytes) und die gewünschte Anzahl von Nachkommastellen (z.B. für Displays) übergeben. Das Modul muss jetzt einen geeigneten Kommunikationskanal erzeugen und als Rückgabewert zurückgeben. ICONNECT ruft anschließend die Funktion

```
void AddOutputStream (int portNo, void *stream);
```

des anderen Moduls auf. Auch hier wird die Nummer des Ausgangs und der Zeiger auf den Kommunikationskanal des anderen Moduls übergeben. Anschließend können die Module über diesen Kanal kommunizieren. Die Kompatibilität wurde bereits beim Verbinden festgestellt.

Jedes Modul in ICONNECT darf nur eine Verbindung pro Eingang besitzen, deshalb wird `SetInputStream` definitiv nur einmal aufgerufen. Aber fast jedes Modul kann mehrere Ausgangsverbindungen pro Ausgang haben. Deshalb ist es zwingend notwendig, dass in der Funktion `AddOutputStream` ein dynamisches Array verwaltet wird. Es ist deshalb sinnvoll, ein statisches Array für die Eingänge und ein statisches Array von dynamischen Arrays für die Ausgänge im Modul zu definieren. Im Modultemplate wird dazu die MFC-Klasse `CArray` verwendet.

Da ICONNECT nichts über die Art der Kommunikation weiß, kann diese von den Modulen selbst festgelegt werden. Bestehende Module verwenden bisher drei Arten von Kommunikationskanälen. Zum einen eine von `iostream` abgeleitete Klasse `TCIOStream`, die Ganzzahlen, Gleitpunktzahlen und Strings in schneller Weise (binär) überträgt. Zum anderen eine Klasse für das Importieren von Displays in den `DisplayManager`, sowie eine Klasse zum Importieren von Inputelementen in den `InputManager`. Einige speicherintensive Datenformate (z.B. Matrizen oder Bilder) werden auf eine dritte Art übertragen.

Es wird ein `TCIOStream` angelegt, auf den die Dimensionen und ein Zeiger auf einen Speicherbereich geschrieben werden. Im Hauptspeicher (Heap) befinden sich die tatsächlichen Daten. Dieses Verfahren eignet sich besonders, wenn die Daten nicht verändert (und damit auch nicht kopiert) werden müssen, sondern nur von Modul zu Modul durchgereicht werden (z.B. Bestimmung von Merkmalen eines Bildes).

Schnittstellen zur Ablaufsteuerung

Nachdem ein Signalgraph gestartet wurde, benötigt die Ablaufsteuerung Zugriff auf die Module. Zum Erstellen des Ablaufplans werden die Funktionen

```
int GetTypeOfModule();
int Priority();
```

verwendet. Die erste Funktion liefert der Ablaufsteuerung zurück, ob es sich um Quellen, Verarbeitungsmodule oder Senken handelt. Quellen werden immer zu Beginn jedes Durchlaufs aufgerufen, der Rest nur, wenn ein unmittelbarer Vorgänger gearbeitet hat. Die zweite Funktion liefert die Priorität des Moduls zurück. Sind mehrere Module gleichzeitig rechenbereit, so wird das mit der höchsten Priorität zuerst bearbeitet.

Zum Bearbeiten der Module existieren vier Funktionen. Die Funktion

```
int Init();
```

wird beim Start des Signalgraphen (aber nach dem Erzeugen der Kommunikationskanäle) aufgerufen. Dort wird die notwendige Initialisierung gemacht. Schlägt diese fehl, so wird eine Fehlernummer zurückgegeben. Am Ende wird die Funktion

```
int Done();
```

aufgerufen. Sie ist für das Freigeben verwendeter Ressourcen verantwortlich.

Zwischen diesen beiden Funktionen werden zyklisch die Funktionen

```
int Fetch();
int Execute();
```

aufgerufen. Die erste Funktion dient zum Feststellen der Rechenbereitschaft und sollte nur kurze Zeit in Anspruch nehmen. Ist das Modul rechenbereit, wird die Funktion `Execute` aufgerufen. Diese beinhaltet den kompletten Algorithmus des Moduls und darf somit auch mehr Zeit benötigen. Bei Quellen wird normalerweise in der Funktion `Fetch` geprüft, ob sich ein Zustand so verändert hat, dass Daten am Ausgang ausgegeben werden können (der Benutzer hat z.B. auf einen Button gedrückt, oder ein A/D-Wandler hat einen Datenblock zur Ausgabe bereit). Bei Verarbeitungsmodulen wird nur bei den Eingängen des Moduls überprüft, ob Daten zur Weiterverarbeitung anliegen. In der Funktion `Execute` werden die Daten eingelesen und verarbeitet, Ergebnisse anschließend an die Ausgänge ausgegeben.

Schnittstellen zu anderen Modulen

Über die Datenkanäle, die in der Funktion `SetInputStream` erzeugt wurden, übertragen die Module Daten nach einem im Porttyp festgelegten Format. Es gibt drei Grunddatentypen, die am häufigsten verwendet werden. Das sind Ganzzahlen (Integer) mit 4 Byte Länge und einem Wertebereich von -2147483648 bis 2147483647, Gleitpunktzahlen (Double) mit acht Byte Länge und einem Wertebereich von $\pm 1.8 * 10^{308}$ und Strings mit vorangestellter Längeninformation. Strings können auch binäre Zeichen wie „0" enthalten. Um Strings der *MFC* auf einfache Weise über Datenstreams übertragen zu können, wurde `CString` nochmals in der Klasse `TC_String` gekapselt, die automatisch die Längeninformation anfügt. Werden ganze Vektoren (Arrays) auf den Stream geschrieben, so wird auch dort die Anzahl vorangestellt.

Weitere häufige Datentypen sind Matrizen und Bilder. Bei Matrizen wird die Anzahl der Spalten und Zeilen und ein Zeiger auf einen linearen Speicherbereich auf den Datenstrom geschrieben. Die Elemente des Speichers sind Integer oder Double, je nach gewähltem Datentyp. Bei Bildern wird erst die Anzahl der folgenden Bilder und anschließend die Zeiger auf die Bilddaten geschrieben.

Da über die Verbindungen nicht nur Daten übertragen werden, sondern auch Parameter, die sich zur Laufzeit ändern, werden Streams auch zur Parameterübertragung verwendet. Dazu stellen Module, die externe Parameter benötigen, je einen Eingang `EXT` und `DB` zur Verfügung. Damit können Parameter entweder über externe Module oder von einer Datenbank an das Modul gegeben werden. Über die Validierung wird festgelegt, welche Parameter das Modul erwartet. Diese können sich im Datentyp unterscheiden, jedoch muss die Übertragung über die Klasse `TCIOStream` erfolgen. Das Modul `ParamConv` ist ein Hilfsmodul, das aus mehreren Dateneingängen Parameter zusammensetzt und an den Eingang `EXT` weiterschickt.

4.7.5 Tipps und Tricks

Dieses Buch soll nicht das Handbuch zur Modulprogrammierung ersetzen. Deshalb wird nicht weiter auf Schnittstellen und Funktionsbeschreibungen eingegangen. Stattdessen werden Tipps zur effizienten Erstellung von Modulen gegeben.

Kapselung von Algorithmen

Um den eigentlichen Algorithmus des Moduls von den organisatorischen Aufgaben zu trennen, ist es sinnvoll, diesen in einer eigenen Datei als Funktionen oder als Klasse zu implementieren. Die Schnittstellen sollten klar und übersichtlich sein, die Implementierung keine plattformspezifischen Konstrukte (z.B. MFC-Klassen) enthalten. Damit wird eine eventuelle Portierung auf andere Systeme vereinfacht.

Größere Probleme sollten von der Implementierung in kleinere Aufgaben zerlegt werden, die dann entweder auf verschiedene Funktionen oder auf verschiedene ICONNECT-Module verteilt werden können. Das vereinfacht die Entwicklung und vor allem die anschließende Fehlersuche und Funktionsprüfung.

Module möglichst allgemein gültig machen

In den meisten Fällen wird aus einer bestimmten Aufgabenstellung heraus eine Modulentwicklung gestartet. Es sollte hierbei aber beachtet werden, dass nicht nur ein Spezialfall mit dem Modul abgedeckt wird. Durch vorherige Überlegung und Abstraktion des Problems kann meist ein allgemeineres Modul entwickelt werden. Das hat den Vorteil, dass nicht viele einzelne Module mit ähnlichen Algorithmen entwickelt werden müssen.

Polymorphie und einstellbare Datentypen

Viele Module haben Funktionen, die nicht nur für einen Datentypen funktionieren. Ein Beispiel ist das Modul Buffer, das Daten vom Eingang aufsammelt und bei bestimmten Bedingungen am Ausgang wieder ausgibt. Bei der Entwicklung des Moduls gibt es drei Möglichkeiten.

Die erste ist, für jeden Datentyp ein eigenes Modul zu schreiben. Das widerspricht aber dem vorherigen Grundsatz nach Allgemeingültigkeit. Oder der Datentyp wird über den Parameterdialog einstellbar gemacht. Das wurde bei diesem Modul realisiert. Je nach eingestelltem Datentyp ändert sich der Typ in der Funktion `GetPortType`. Als dritte Möglichkeit gibt es noch polymorphe Ein- und Ausgänge. Bei diesem Typ sind die Datentypen nicht festgelegt, sondern werden erst beim Verbinden von dem Modul gegenüber übernommen. Es muss natürlich überprüft werden, dass der übernommene Datentyp im Modul verarbeitet werden kann. Diese Art der Programmierung bietet für den Signalgraphentwickler den größten Komfort, da er keine Datentypen einzustellen braucht. Es ist jedoch zu beachten, dass keine zwei polymorphen Module miteinander verbunden werden können, solange nicht mindestens bei einem der Datentyp festgelegt ist. Denn andernfalls können die Module nicht überprüfen, welcher Datentyp verarbeitet werden soll und ob er mit diesem Modul kompatibel ist.

Soll eine Kette von polymorphen Modulen verbunden werden, muss mit einem Trick gearbeitet werden. Das äußerste Modul muss zuerst mit einem nicht polymorphen Modul verbunden werden. Dadurch übernimmt es dessen Datentyp. Jetzt kann dieses Modul mit dem nächsten verbunden werden usw.

Mehrkanaligkeit

Zur weiteren Verallgemeinerung von Modulen kann das Konzept der Mehrkanaligkeit von Modulen beitragen. In vielen Signalgraphen werden mehrere Signale mit demselben Algorithmus verarbeitet. Es spart eine Menge Arbeit bei der Entwicklung und steigert auch die Performance des Signalgraphen, wenn nicht für alle Signale alle Module n-fach verwendet werden müssen, sondern mehrere Signale gleichzeitig verarbeitet werden können. Dazu ist im Parameterdialog nur ein Feld für die Anzahl der Kanäle einzufügen und die Verarbeitung mittels einer Schleife für alle Eingänge auszuführen. Hierbei ist jedoch darauf zu achten, ob die Signale synchron oder asynchron verarbeitet werden sollen. Im Zweifelsfall ist diese Entscheidung dem Signalgraphentwickler zu überlassen, indem ein weiterer Parameter in den Dialog eingefügt wird.

Externe Parameter

Ein Vorteil von ICONNECT ist, dass Modulparameter nicht nur vom Benutzer, sondern auch vom Programm selbst über externe Parameter eingestellt werden können. Dadurch wird es möglich, komplexe Anwendungen zu entwickeln, die trotzdem betriebssicher sind, da direkte Eingriffe in das Programm vermieden werden. Außerdem können Eingabeparameter vor dem Setzen auf Korrektheit überprüft und gegebenenfalls automatisch angepasst werden.

Daher sollte jedes Modul, das einstellbare Parameter hat, auch die externe Parametrierung zur Verfügung stellen. Dabei dürfen keine Parameter extern einstellbar sein, welche die Schnittstelle des Moduls zu anderen Modulen verändern. Das betrifft insbesondere

die Anzahl und die Typen der Ein- und Ausgänge. Es ist leicht verständlich, dass diese
Parameter zur Laufzeit nicht verändert werden dürfen.

Zum Erzeugen von Parametersätzen für die externe Parametrierung kann das Modul
ParamConv verwendet werden. Nach dem Anschließen an den **EXT**-Eingang des Moduls
übernimmt es dessen Parameter und bietet die Möglichkeit, für jeden Parameter einen
Eingang anzulegen.

Baumstruktur bei vielkanaligen Daten

Da ein Modul mehrere Kanäle mit unterschiedlichen Parametern haben kann, ist zu
empfehlen, diese Daten in einer Baumstruktur im Parameterdialog darzustellen. Dazu bietet Windows das Eingabeelement *TreeControl* an, das auch im Verzeichnisbaum
des Windows-Explorer verwendet wird. Dieses Element eignet sich für eine Vielzahl von
mehrkanaligen Daten mit einstellbaren Parametern.

Um die Parameter effizient und einfach im Signalgraphen zu serialisieren, bietet die Klasse **ArchiveParser** ebenfalls eine Baumstruktur an. Dazu gibt es im ArchiveParser die
Funktion

```
ArchiveParser *GetSubSection (short id, char *desc, bool deleteUnsed);
```

die einen neuen Ast im Archivbaum für die Nummer `id` erzeugt. `desc` dient zur Beschreibung des Asts für die textuelle Speicherung des Signalgraphen. Mit `deleteUnsed` wird
festgelegt, ob nicht mehr benutzte Einträge aus dem Baum gelöscht werden sollen. Das
ist der Fall, wenn z.B. die Anzahl der Kanäle verringert wird. Die nicht mehr benutzten
Kanäle können damit aus dem Archiv entfernt werden.

Innerhalb dieses Teilbaums können jetzt wieder beliebige Daten serialisiert werden. Dabei
kann die `id` frei gewählt werden. Besteht eine variable Liste von Kanälen jeweils nur aus
einem Parameter, so kann dieser direkt als fortlaufende Nummer gespeichert werden.
Hat jeder Kanal mehrere Parameter, kann als fortlaufende Nummerierung jeweils ein
neuer Teilbaum erzeugt werden, der die einzelnen Parameter serialisiert. Dabei sollten
sich jedoch die einzelnen Unteräste nicht in den Parametern unterscheiden, da es sonst
beim Laden des Signalgraphen zu Inkompatibilitäten kommen kann.

Im Folgenden wird ein einfacher und ein etwas komplexerer Baum zur Verdeutlichung
dargestellt:

```
// einfaches Beispiel mit einer Unterebene

ArchiveParser *sub= m_ArchiveParser.SubSection (10, "Kanäle", true);
for (int i=0 ; i<count ; i++)
 sub->Serialize (i, "Value", m_Value[i]);

m_ArchiveParser
 |
 |--sub-
 |       |--m_Value[0]
 |       |--m_Value[1]
 |       |    ...

  // komplexeres Beispiel mit weiteren Unterebenen

ArchiveParser *chan, *sub= m_ArchiveParser.SubSection (10, "Kanäle", true);
for (int i=0 ; i<count ; i++)
```

```
{
chan= sub->SubSection (i, "Channel"); // hier kein deleteUnused,
                // da unbenutzte Parameter erhalten bleiben sollen
chan->Serialize (1, "Parameter 1", m_Channel[i].m_Param1);
chan->Serialize (2, "Parameter 2", m_Channel[i].m_Param3);
chan->Serialize (3, "Parameter 3", m_Channel[i].m_Param3);
}


m_ArchiveParser
  |
  |--sub-
  |       |--m_Channel[0]-
  |       |               |--m_Param1
  |       |               |--m_Param2
  |       |               |--m_Param3
  |       |--m_Channel[1]-
  |       |               |--m_Param1
  |       |               |--m_Param2
  |       |               |--m_Param3
  |       |    ...
```

Multithreading (Synchronisation, Deadlocks)

In ICONNECT können Module eigene Threads erzeugen. Es gibt mehrere Modultypen, bei denen das sinnvoll bzw. sogar notwendig ist. Ein Grund ist, dass ein Modul den Ablauf eines Signalgraphen nicht beliebig lang blockieren darf. Während z.B. ein Eingabemodul auf eine Benutzereingabe wartet, darf es dazu nicht in der Funktion Fetch oder Execute verweilen. Statt dessen muss ein eigener Thread erzeugt werden, der bis zur Benutzereingabe blockiert wird (z.B. durch `WaitForSingleObject`) und erst dann die eingegebenen Daten im Modul speichert. In dem nächsten Fetch-Aufruf meldet sich das Modul rechenbereit und kann die Daten im Execute ausgeben. Zum anderen gibt es Module, die sehr zeitaufwändige Algorithmen haben. Auch in diesem Fall kann es von Vorteil sein, die Algorithmen in einem eigenen entkoppelten Thread ablaufen zu lassen und nur zu bestimmten Zeiten ein Zwischenergebnis für die Ausgabe zu generieren.

Die größte Schwierigkeit bei der Entwicklung von Multithreading-Modulen stellt die Kommunikation der Threads untereinander dar. Ein Thread darf Daten nicht verändern, solange ein anderer Thread diese Daten gerade liest, da sonst die Daten inkonsistent und somit unbrauchbar werden. Deshalb muss der Zugriff auf gemeinsame Daten synchronisiert werden. Bei Windows bietet sich die Verwendung einer *CRITICAL_SECTION* an. Das ist ein Objekt, welches den gemeinsamen Zugang in Code-Bereiche regelt. Nach der Initialisierung der *CRITICAL_SECTION* kann ein Thread seinen kritischen Code-Bereich betreten, indem er die Funktion `EnterCriticalSection` verwendet. Damit ist die *CRITICAL_SECTION* gesperrt, d.h. wenn aus einem anderen Thread diese ebenfalls betreten werden soll, kehrt `EnterCriticalSection` solange nicht mehr zurück, bis die *CRITICAL_SECTION* wieder freigegeben wird. Erst dann kann der andere Thread in seinen kritischen Bereich eintreten. Die Freigabe erfolgt durch die Funktion `LeaveCriticalSection`.

Dieser Mechanismus eignet sich ideal für Multithreading. Es gibt aber auch einige Fallen, in die der Anfänger tappen kann. Werden mehrere *CRITICAL_SECTION* verwendet, um verschiedene Daten abzusichern, kann es zu Deadlocks kommen. Das ist z.B. der Fall, wenn ein Thread (T_1) in eine *CRITICAL_SECTION* (CS_1) eintritt und ein weiterer Thread (T_2) sich in einer anderen *CRITICAL_SECTION* (CS_2) befindet. Will T_2 jetzt auch in CS_1 eintreten, wird er blockiert, da sich T_1 noch darin befindet. Will T_1 seinerseits jetzt noch in CS_2 eintreten, wird auch dieser blockiert, da sich T_2 darin befindet. Damit blockieren sich die beiden Threads gegenseitig und es hilft in diesem Fall nur noch das Beenden des Prozesses mit dem **Taskmanager**. Das gleiche Verhalten kann eintreten, wenn ein Thread mittels einer Schleife auf einen anderen Thread wartet und dieser wiederum auf ein Ergebnis des ersten.

Neben Deadlocks gibt es noch eine andere Falle mit *CRITICAL_SECTION*. Multithreading wird, wie oben schon erwähnt, hauptsächlich dazu verwendet, um das Blockieren der Ablaufsteuerung zu verhindern. Befindet sich der Thread gerade in einer *CRITICAL_SECTION*, wird die Ablaufsteuerung beim Eintreten in diese trotzdem blockiert. Das dauert, je nach Arbeitsaufwand im Thread, unterschiedlich lange. Deshalb sollte eine *CRITICAL_SECTION* im Thread immer sehr kurz gehalten werden. Am besten ist es, dort nur eine Kopie der benötigten Daten anzulegen und anschließend die *CRITICAL_SECTION* sofort wieder zu verlassen. Damit wird das Blockieren der Ablaufsteuerung auf ein Minimum reduziert.

Alle diese Tipps betreffen nicht nur die Modulentwicklung sondern unterstützen auch die Erstellung eigener Programme. Weitere Vorgehensweisen , z.B. Inplementierung von Display- oder Eingabemodulen können dem Modulprogrammierhandbuch entnommen werden.

4.8   SQL

Das Modul **SQLEntry** unterstützt den Datenaustausch zwischen ICONNECT-Signalgraphen und Datenbanken und ermöglicht die Erstellung datenbankbasierter Anwendungen. Es ist in der Modulgruppe *Data IO/Database* zu finden. Alle Datenbanken, die über eine ODBC Schnittstelle verfügen (**ACCESS**, **SQL-Server**, ...) können angesprochen werden. Abhängig von der Art der Datenbank können mehrere **SQLEntry** Module gleichzeitig auf die Datenbank zugreifen, um Daten zu lesen, zu ändern oder anzufügen. Es ist aber auch möglich andere Datenquellen als Datenspeicher zu verwenden. Beispielsweise können normale **Excel** Tabellen und Text Dateien (*.txt) zum Ablegen und Lesen von Datensätzen verwendet werden. Die dazu notwendigen ODBC-Treiber sind im Betriebssystem enthalten, der ICONNECT-CD beigefügt oder können von der Microsoft Homepage heruntergeladen werden. Die Interaktion mit der Datenbank erfolgt mittels einer leicht veränderten Version von SQL (Structured Query Language).

4.8.1   Erstellen einer Datenbank

Die Intention von ICONNECT ist es, den Zugriff auf bereits bestehende Datenbanksysteme zu gewährleisten. Zwar ist es möglich, allein mit dem Modul **SQLEntry** und Datendefinitionsbefehlen, wie z.B. *CREATE TABLE* eine Datenbank zu erstellen. Davon wird aber dringend abgeraten, da sich dies umständlich gestaltet und nur von erfahrenen Datenbank-Anwender durchgeführt werden sollte. Es wird vielmehr empfohlen die Datenbank mit Hilfe eines geeigneten Datenbankassistenten oder einer Entwicklungsumgebung zu erstellen, beispielsweise **Oracle** oder **Access**. Datenbankneulingen wird außerdem die

Lektüre eines entsprechenden Lehrbuchs nahegelegt, da die Erstellung größerer Datenbanksysteme eine Wissenschaft für sich ist.

4.8.2 Anbinden einer Datenbank

Das Modul **SQLEntry** ermöglicht nur den Zugriff auf eingetragene ODBC-Datenbanken. Das Registrieren von Datenbanken geschieht mit Hilfe eines ODBC-Datenquellen-Administrators. Dieser befindet sich unter SYSTEMSTEUERUNG|VERWALTUNG|DATENQUELLEN(ODBC) (siehe Bild 4.72).

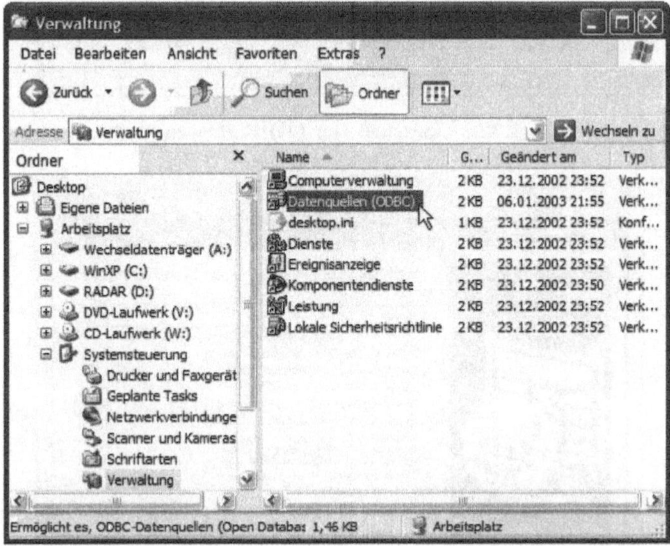

Bild 4.72 Starten des ODBC-Datenquellen Administrators

Auf den Seiten Benutzer-DSN, System-DSN und Datei-DSN sind die bereits registrierten Datenquellen eingetragen. DSN steht hierbei für Data Source Name (siehe Bild 4.73). Durch Betätigen der Schaltfläche HINZUFÜGEN... auf der Seite *Benutzer-DSN* kann eine neue Datenbank als Datenquelle registriert werden. Im nachfolgenden Dialog *neue Datenquelle erstellen* wird der für die Datenquelle passende Treiber festgelegt. Für Microsoft Access Datenbanken kann sowohl der Treiber *Microsoft Access Treiber (*.mdb)* als auch *Microsoft Access Driver (*.mdb)* ausgewählt werden. Diese beiden Treiber unterscheiden sich nur hinsichtlich der Sprache der Rückmeldungen (siehe Bild 4.74). Nach Betätigen der Schaltfläche FERTIG STELLEN sollte man als Datenquellenname einen eindeutigen Bezeichner angeben. Dieser steht später im Eigenschaftsdialog des Moduls **SQLEntry** zur Auswahl. Schließlich wird noch die Datenquelle angegeben. Dies geschieht mittels der Schaltfläche AUSWÄHLEN und den nachfolgenden Dateiauswahldialog. Damit ist die gewählte Datenbank als ODBC Datenbank eingetragen und kann von **ICONNECT** verwendet werden (siehe Bild 4.75).

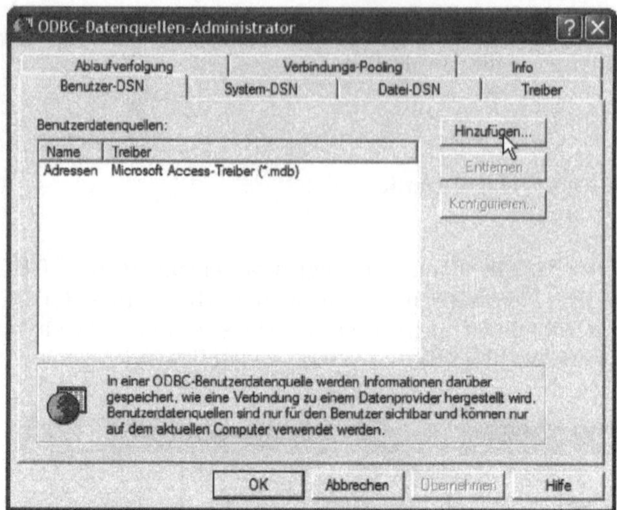

Bild 4.73 Übersicht der ODBC-Datenquellen

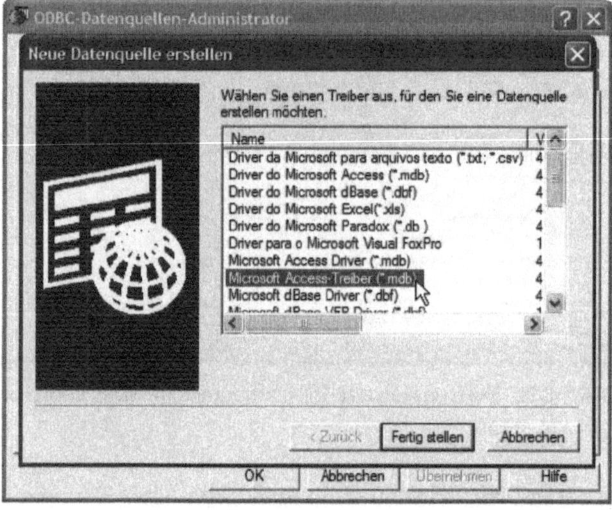

Bild 4.74 Auswahl des passenden Treibers für die ODBC-Datenquelle

4.8.3 Allgemeines zu Datenbanken

Dies ist kein Versuch die Funktionsweise oder den Funktionsumfang von Datenbanken
aufzuzeigen, sondern soll Anfängern den groben Aufbau offen legen, damit die Vorgehensweise von Datenbankabfragen klar wird. Datenbanken bestehen aus mindestens einer Tabelle, in der die Daten zeilenweise abgelegt werden. Diese Tabellen sind in Spalten
unterteilt. In relationalen Datenbanken sind die Datensätze nicht geordnet abgelegt, sondern werden in der nächsten freien Zeile abgelegt. Damit Datensätze trotzdem eindeutig
identifiziert werden können, sollte jede Tabelle eine Spalte mit einem Primärindex enthalten. Dieser Primärindex besteht aus einer Spalte mit einem eindeutigen Bezeichner,

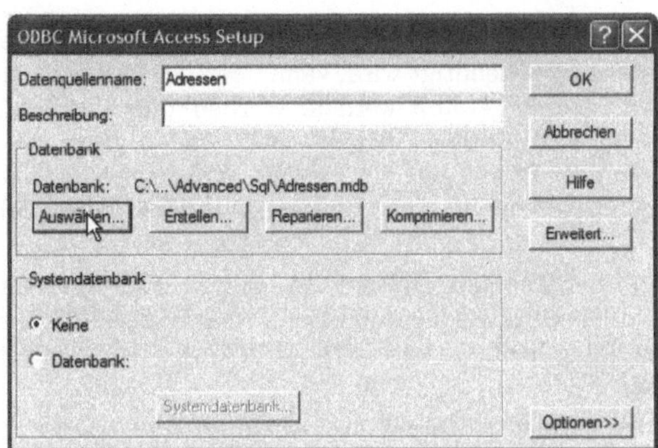

Bild 4.75 Datenbank auswählen und Datenquelle konfigurieren

der das gezielte Auslesen, Ändern und Löschen der Einträge vereinfacht.

4.8.4 Erstellen einer Datenbankabfrage

Aus der Modulgruppe DATA IO|DATABASE wird das Modul **SQLEntry** in den Signalgraphen eingefügt und mit einem Doppelklick dessen Eigenschaftsdialog geöffnet. Im Feld Datenquelle kann die gewünschte Datenbank ausgewählt werden. Steht diese nicht zur Auswahl, so kann diese wie in Abschnitt *Anbinden einer Datenbank* beschrieben eingetragen werden. Dadurch werden die zur Datenbank gehörenden Tabellen, Abfragen und Views im Feld Tabelle angezeigt. Im Feld Spalten werden die Namen der in der Tabelle vorhandenen Spalten gezeigt.

Datensätze lesen

Wurde die dem Buch beiliegende Datenbank *Adressen.mdb* in den ODBC-Administrator eingetragen, so können folgende Beispiele am Rechner nachvollzogen werden.

Im Feld Datenquelle wird die Datenbank *Adressen* ausgewählt, und folgende Abfrage in das Feld *SQL-Anweisung* eingegeben.

```
SELECT * FROM Adressen
```

Diese Abfrage liefert als Ergebnis alle Zeilen und alle Spalten der Tabelle *TABELLE*.

Achtung! Groß- / Kleinschreibung wird von SQL nicht beachtet.

Mit der Schaltfläche Testlauf... wird das eingegebene Kommando ausgeführt und die Rückgabewerte werden angezeigt.

Die Ergebnisse einer Datenbankabfrage werden zur Laufzeit auf die Ausgänge des Moduls **SQLEntry** gegeben. Für jede Spalte, die mit dem SQL-Kommando ausgelesen wird, erzeugt das Modul **SQLEntry** einen Ausgang, der den Namen der Spalte trägt.

Folgende Anweisung ruft den Inhalt der Spalte *Code* ab, außerdem erzeugt das Modul **SQLEntry** einen Ausgang Code auf dem dieser ausgegeben wird.

```
SELECT Code FROM Adressen
```

Da diese Abfrage alle Einträge der Spalte *Code* als Ergebnis liefert, aber normalerweise nur eine Zelle des Datensatzes benötigt wird, kann über den Eingang `Index` ein bestimmter Eintrag aus dem Ergebnis gewählt werden. Werden andererseits alle Ergebniszeilen gleichzeitig benötigt, so wird an den Eingang `Index` eine -1 geschickt. Dadurch werden alle Ergebniszeilen in einem Block, getrennt durch \r\n ausgegeben. Auf diese Weise zusammengesetzte Ergebnisse können u.a. vom Modul Listbox, DialogEditor oder Interpret verwendet werden.

Da die Spalte *Code* in der Tabelle Adressen den Primärindex darstellt, kann damit ein Listenfeld gefüllt werden, mit dem ein Anwender Datensätze wählt. Durch diese Auswahl kann eine weitere Datenbankabfrage gestartet werden, welche die zugehörigen Attribute des Datensatzes ausliest.

Die Abfrage zum Auslesen der Attribute des gewählten Datensatzes kann wie folgt aussehen:

```
SELECT  Vorname, Nachname, Telefon, Adresse, Postleitzahl, Ort, Code
FROM Adressen
```

Dadurch werden die Ausgänge *Vorname, Nachname, Telefon, Adresse, Postleitzahl, Ort* und *Code* erzeugt, die wiederum mit der Eingabemaske verbunden werden (siehe Bild 4.76).

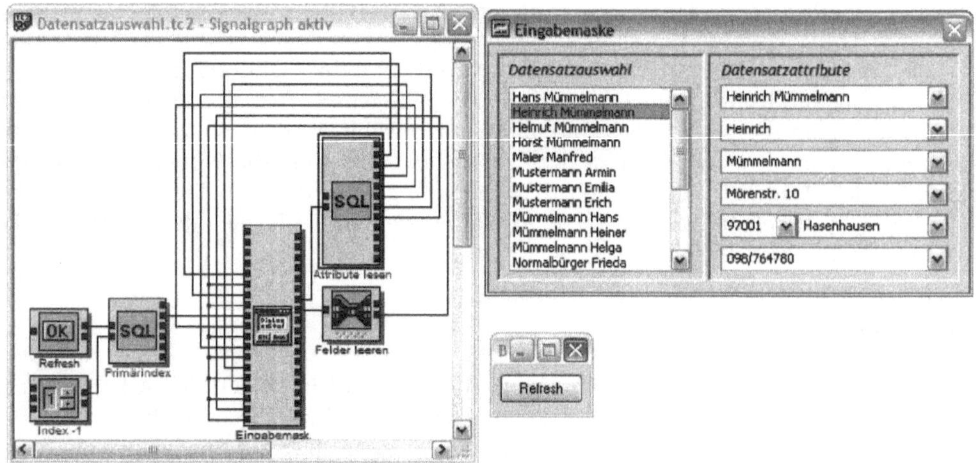

Bild 4.76   Beispiel: Datensatz auswählen, um Attribute anzuzeigen

Datensätze ändern/hinzufügen

Um Datensätze zu ändern, wird ein Modul SQLEntry mit einer UPDATE-Anweisung benötigt. Falls die Tabelle einen Primärschlüssel besitzt, wird diese UPDATE-Anweisung automatisch erstellt. Für das Hinzufügen von Datensätzen wird eine INSERT-Anweisung verwendet. Auch diese wird automatisch erzeugt, falls ein Primärschlüssel definiert ist. Es ist somit möglich mit einem einzigen Modul SQLEntry, das eine SELECT-Anweisung enthält, Datensätze nicht nur zu betrachten, sondern auch zu ändern und einzufügen. Dazu wird lediglich im Eigenschaftsdialog die Option *keine Dateneingänge erzeugen* deaktiviert. Das Modul SQLEntry erstellt daraufhin automatisch die entsprechend benötigten Dateneingänge. Werden diese Eingänge mit einer Eingabemaske verdrahtet und eine

Schaltfläche $\boxed{\text{Speichern}}$ hinzugefügt, so erhält man eine Anwendung wie in Bild 4.77.

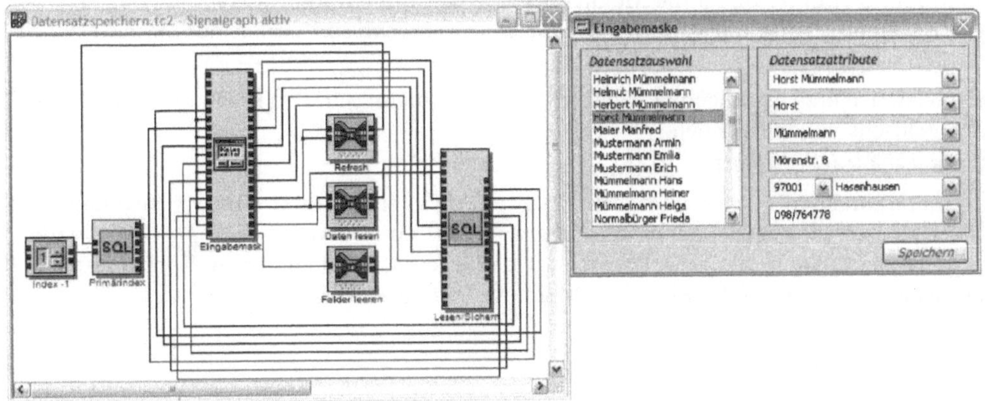

Bild 4.77 Beispiel: Datensatz ändern und hinzufügen

Datensätze löschen

Falls die Tabelle einen Primärindex besitzt, kann die Anweisung

```
DELETE * FROM Adressen
```

verwendet werden um Datensätze zu löschen. Um sicher zu stellen, dass nur der jeweils gewählte Datensatz gelöscht wird, ist die Option *Primärindex verwenden* zu aktivieren. Diese Option erzeugt automatisch eine geeignete WHERE-Klausel um den gewünschten Datensatz auszuwählen. Da SQL-Anweisungen ausgeführt werden, sobald mindestens ein Eingang Daten erhält wird empfohlen den Eingang `CODE(Primary-Key)` des Moduls `SQLEntry` mit einem Modul `Parambuf (Löschen)` zu verbinden. Auf diese Weise kann das Löschen eines Datensatzes auf Knopfdruck ausgelöst werden (siehe Bild 4.78).

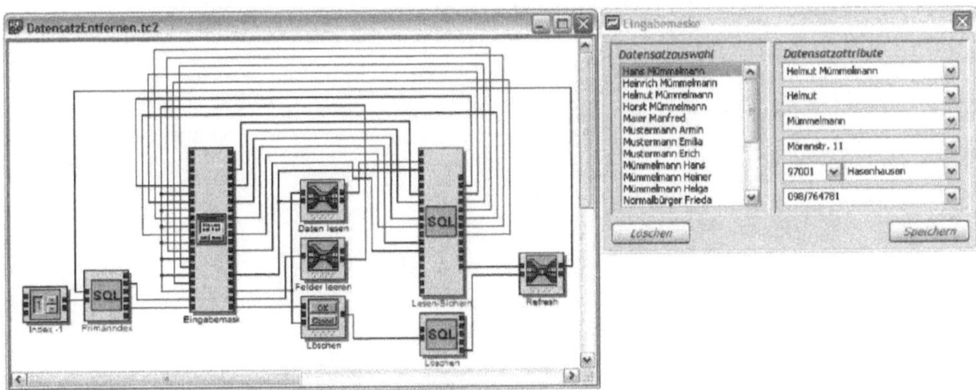

Bild 4.78 Beispiel: Datensatz löschen

Deklarieren von Parametereingängen

Das Modul SQLEntry bietet die Möglichkeit eigene Parametereingänge zu erzeugen. Über diese Parameter kann auch in Tabellen ohne Primärschlüssel gezielt auf Datensätze zugegriffen werden.

Beispielsweise erzeugt folgende Anweisung einen Eingang Entfern-ID, über den Datensätze gelöscht werden können.

```
DELETE FROM Adressen WHERE Code = #Entfern-ID=''
```

Parametereingänge werden über Zeichenketten definiert, die mit einem # beginnen und mit einem Leerzeichen enden. Mit einem = kann ein Defaultwert angegeben werden. Um den Defaultwert als Zeichenkette zu deklarieren, wird dieser in Hochkommas '' eingeschlossen, andernfalls wird der Parameter als Zahl erkannt.

Anmerkung zum Modul SQLEntry

Das Modul SQLEntry verwendet eine vereinfachte Version von SQL. Somit sollte es für jeden Entwickler möglich sein, an beliebige Datenbank Management Systeme anzuknüpfen, sofern ein passender ODBC-Treiber existiert. Erfahrene SQL-Programmierer werden mit dem Modul SQLEntry ein leichtes Spiel haben, für alle anderen gibt es umfassende Literatur (z.B. [Sch00]), um sich mit Datenbanken und SQL vertraut zu machen. Weiterführende Beispiele und Erklärungen sind in der Online Hilfe zum Modul SQLEntry enthalten.

5 Einbettung in technische Prozesse

A. Bauhofer, R. Mandl und H. Meyerhofer

In diesem Kapitel werden wichtige Begriffe der Umsetzung von Signalen aus der analogen Welt in ihre digitale Darstellung erläutert und die technische Realisierung von Wandlern mit den damit verbundenen Fehlerquellen gezeigt. Anschließend werden praktische Beispiele von Signalerfassungskarten für die Mess-, Regel- und Antriebstechnik vorgestellt und auf deren Besonderheiten eingegangen. Weitere Abschnitte befassen sich mit Hard- und Software Schnittstellen und den in der Mess- und Automatisierungstechnik gebräuchlichen Bussystemen. Dabei werden typische Ein-/Ausgabeschnittstellen von Messsystemen auf PC-Basis vorgestellt. Mit den vorgestellten Techniken ist eine problemlose Systemintegration in eine moderne, vernetzte Automatisierungswelt möglich. Es stehen weniger die prinzipiellen Eigenschaften von Bussystemen im Vordergrund als vielmehr deren praktischer Einsatz und Programmierung in einer einfach erlernbaren Skriptsprache.

5.1 Grundlagen der digitalen Verarbeitung analoger Signale

Die Beachtung und Einhaltung gewisser Randbedingungen bei der Erfassung analoger Signale minimiert die Mess- und Wandlungsfehler und sichert damit eine korrekte Arbeitsweise von Mess- und Regelsystemen. Zunächst werden die wesentlichen Komponenten eines Signalerfassungs- und Verarbeitungssystems erläutert. Die Summe aller Komponenten trägt mit ihren Eigenschaften zur Qualität eines Mess- oder Regelsystems bei.

Sensor (Transducer)

Ein Sensor wandelt ein physikalisches Signal in ein analoges elektrisches Signal. Dazu werden verschiedenste physikalische Phänomene genutzt, um z.B. Temperaturen oder Drehzahlen möglichst fehlerfrei zu wandeln. Manche physikalischen Größen lassen sich auch direkt digital erfassen (z.B. Drehwinkel), so dass auf eine nachgeschaltete Analog-/Digitalumsetzung verzichtet werden kann. Wesentliche Faktoren für die Qualität eines Sensors sind die (dynamische) Signalauflösung und die Messgenauigkeit.

A/D-Umsetzer (ADC)

Ein Analog-/Digitalwandler, auch Encoder genannt, ist eine Schaltung zur Konvertierung analoger in digitale, numerisch codierte Signale. Ein solcher Konverter wird als Interface zwischen den Sensorsignalen und deren digitaler Weiterverarbeitung benötigt. Ein so genannter Sample- and Hold-Baustein ist oft ein integraler Bestandteil üblicher

Wandlerbausteine. Die Konvertierung eines analogen Signals in ein korrespondierendes digitales Signal (binäre Darstellung) ist eine Approximation, da das analoge Signal prinzipiell unendliche Auflösung besitzt, während die binäre Darstellung auf eine endliche Anzahl darstellbarer Zustände beschränkt ist. Diese Näherung wird als Quantisierung bezeichnet und führt zu Fehlern (so genannten Quantisierungsfehlern), die später genauer untersucht werden.

D/A-Umsetzer (DAC)

Ein Digital-/Analogumsetzer, auch Decoder genannt, ist eine Vorrichtung, die ein numerisch codiertes Signal in ein analoges Signal wandelt. Dieses Interface wird ebenfalls zur Kopplung digitaler und analoger Signalverarbeitungskomponenten benötigt. Wichtigster Qualitätsfaktor des D/A-Umsetzers ist neben der Umsetzungsgeschwindigkeit dessen Auflösung (angegeben in Bit).

Aktor

Aktoren (z.B. Stellglieder, Ventile, Piezokristalle) setzen eine elektrische Information in eine physikalisch erfassbare Wirkung um. Sie stellen damit die Schnittstelle eines digitalen Regelkreises zur Außenwelt dar. Die Qualität eines Aktors wird durch seine Genauigkeit und Geschwindigkeit bestimmt.

Regelkreis

Der Regelkreis ist integraler Bestandteil eines überwachten Prozesses oder einer Anlage. Er beinhaltet in der Regel alle oben genannten Bestandteile (Sensor, A/D-, D/A-Umsetzer, Aktor) sowie einen digitalen Regler. Die schwierigste Aufgabe beim Entwurf einer Regelstrategie ist die exakte Modellierung des physikalischen Prozesses oder der Anlage. Das Design eines digitalen Reglers baut deshalb oft auf einer mehr oder weniger genauen Approximation des physikalischen Modells auf.

5.1.1   Analog-/Digitalumsetzung

Die Funktionen eines A/D-Umsetzers bestehen im wesentlichen aus einer Signalabtastung, der Amplitudenquantisierung und der Codierung. Der Prozess der Darstellung eines analogen Signals durch eine endliche Anzahl erlaubter diskreter Zustände wird dabei als Quantisierug bezeichnet. Der augenblickliche Zustand eines quantisierten Signals wird durch einen numerischen Wert dargestellt (binär codiert). Die Wahl der Abtastperiode und der Quantisierungsintervalle beeinflusst die Leistungsfähigkeit eines digitalen Regel- oder Datenerfassungssystems und sollte deshalb sorgfältig ausgewählt werden.

Quantisierung, Auflösung

Als Zahlensystem in der digitalen Signalverarbeitung wird das Binärsystem verwendet. Die Genauigkeit einer Zahlendarstellung in diesem System ist von der so genannten Wortlänge (Zahl der verwendeten Bits) abhängig. Da ein Bit die Werte 0 oder 1 annehmen kann, lassen sich mit n Bits die Zahlen 0 bis $2^n - 1$ darstellen. Die Bitbreite eines Analog-/Digitalumsetzers bestimmt also dessen Amplitudenauflösung und damit den Dynamikbereich (Verhältnis von größten zu kleinsten darstellbaren Signaländerungen in Dezibel) der Wandlung. Der Fehler der Quantisierung liegt folglich zwischen 0 und $\pm\frac{1}{2}Q$ mit Q als der kleinsten darstellbaren Spannungsdifferenz, die oft als LSB (least significant bit) bezeichnet wird. Das LSB lässt sich aus dem FSR (full scale range), also aus dem maximalen Eingangsspannungsbereich des A/D Umsetzers berechnen:

$$LSB = \frac{FSR}{2^n}. \tag{5.1}$$

Der Dynamikbereich (dynamic range, DR) eines A/D Umsetzers wird in einer logarithmischen Skala (in Dezibel) angegeben:

$$DR = 20 \, \log \, 2^n \, \text{dB} = 20 \, n \, \log \, 2 \, \text{dB} \approx 6.02 \, n \, \text{dB}. \tag{5.2}$$

Ein 12-Bit A/D Umsetzer hat also einen Dynamikbereich von ca. 72 dB und reicht oft für die Erfassung analoger Sensorsignale aus. Im Digital-Audio Bereich werden üblicherweise Umsetzer mit 16- oder 24-Bit verwendet.

Sample and Hold, S/H

Sample- and Hold ist ein oft verwendeter Begriff für die genauere Bezeichnung Sample-and Hold-Amplifier, also Abtasthalteverstärker. Er beschreibt eine Schaltung, die analoge Eingangssignale innerhalb der Abtast- oder Aperturzeit empfängt und diese für eine gewisse Zeit (Wandlungsdauer) konstant hält. Diese Zeit benötigt der A/D-Umsetzer, um das Signal fehlerfrei zu quantisieren. Damit hat der Sample- and Hold-Baustein entscheidenden Einfluss auf die erreichbare Messgenauigkeit dynamischer Signale. Während der Hold-Zeit muss das Abtastsignal exakt konstant gehalten werden, um den Wandlungsvorgang nicht zu stören. Die für die Sample-Phase verwendete Zeit (Aperturzeit) sollte sehr kurz sein, so dass diese in der Lage ist, einen infinitesimal kurzen Abtastvorgang zu modellieren. Das ist in der Praxis natürlich nicht zu erreichen, so dass sich das Signal auch innerhalb der Aperturzeit t_a ändern wird. Die resultierende Amplitudenunsicherheit der Abtastung ist damit proportional zur Ableitung des Signals $dV(t)/dt$ zum Abtastzeitpunkt:

$$\Delta V = t_a \frac{dV(t)}{dt}. \tag{5.3}$$

Die Aperturzeit t_a bei der Wandlung eines sinusförmigen Signals bei der Frequenz f bei einer geforderten Auflösung von n Bits muss also

$$t_a \leq \frac{1}{2^{n+1}\pi f} \tag{5.4}$$

sein. Für das Beispiel eines 12-Bit Wandlers mit einem Sinussignal von 1 kHz bedeutet das $t_a \leq 39$ ns.

Typen von A/D-Umsetzern

Abhängig von der jeweiligen Applikation, der Umsetzgeschwindigkeit, der Genauigkeit und der vertretbaren Kosten werden verschiedene Verfahren zur Analog-/Digitalumsetzung verwendet, u.a.:

- Sukzessive Approximation
- Integrierende Wandler
- Zählende Wandler
- Parallele Wandler

Bei gängigen PC-Karten zur A/D-Umsetzung werden meist Wandler mit sukzessiver Approximation eingesetzt. Diese stellen einen guten Kompromiss zwischen Auflösung und Geschwindigkeit dar. Zur Wandlung von Videosignalen eignen sich parallele Wandler geringerer Auflösung. Integrierende oder zählende Wandler werden in der Regel nur für langsame, hochauflösende Messungen in Voltmetern, zur Temperaturerfassung oder in Wägevorrichtungen eingesetzt.

Abtastung (Sampling)

Die Wahl der geeigneten Abtastrate eines Signals hängt von der Geschwindigkeit der zu erwartenden Signaländerungen ab. Um Aliasingeffekte bei Unterabtastung zu vermeiden, sollte die Abtastfrequenz f_s mindestens doppelt so hoch wie die maximal vorkommende Signalfrequenz f_c gewählt werden, also:

$$f_s \geq 2\,f_c. \tag{5.5}$$

Bei Verletzung dieser als *Shannon'sches Abtasttheorem* oder *Nyquist-Kriterium* bekannten Beziehung erscheinen bei der Signalrekonstruktion niederfrequente Signalanteile, die im Originalsignal nicht vorhanden sind. Dieser Effekt wird Aliasing genannt.

Analoge Multiplexer, MUX

Um mehrkanalige Messungen mit nur einem A/D-Umsetzer durchführen zu können, werden vor den Umsetzer oft Multiplexer geschaltet, die mit der Signalabtastung synchronisiert werden. Dabei ist zu beachten, dass die maximale Abtastrate eines A/D-Umsetzers sich dann durch die Anzahl der gemultiplexten Kanäle dividiert. Deshalb wird bei mehrkanaligen Wandlern von einer Summenabtastrate gesprochen. Die effektive Abtastrate eines Kanals errechnet sich dann aus der Summenabtastrate geteilt durch die Kanalanzahl.

Blockweise Verarbeitung, FIFO

Aus Gründen des Datendurchsatzes wird in Datenerfassungssystemen nicht jeder einzeln gewandelte Abtastwerte direkt weiterverarbeitet. Eine durch die Hard- oder Firmware der Wandlerkarte vorgegebene Anzahl von Abtastwerten wird zwischengespeichert (gepuffert) und dann blockweise weiterverarbeitet. Dies senkt die erforderliche Interrupt- oder Pollingrate. Die Pufferung erfolgt in einem so genannten FIFO-Speicher (first in, first out), der in Hardware realisiert ist. Da die Speicheradressierung binär erfolgt, ist die verwendete Puffergrösse P (in Abtastwerten) fast immer eine 2-er Potenz (z.B. 512 oder 1024 Byte). Die bei blockweiser Verarbeitung zu gewährleistende Pollingrate t_p berechnet sich zu

$$t_p \leq t_a \, P. \tag{5.6}$$

Bei entsprechender Wahl der Pollingrate lassen sich Datenverluste sicher vermeiden.

5.1.2 Fehlerquellen der A/D- und D/A-Wandlung

Beim Einsatz eines A/D-Umsetzers sind einige Fehlerquellen leicht kontrollierbar bzw. vermeidbar. Dies betrifft insbesondere den Signalweg bis zum A/D-Umsetzer.

Massebezogene (single ended) oder differentielle Eingänge

Eine massebezogene Signalverarbeitung bietet sich an, wenn die Energieversorgung der Sensorik von der A/D-Wandlerkarte aus erfolgen kann. Dann sind Masseschleifen nicht zu befürchten. Kann dies nicht gewährleistet werden, sollte eine differentielle Eingangsbeschaltung vorgezogen werden. Bei Spannungsdifferenzen zwischen Signalquelle und den Eingängen des A/D-Umsetzers, die größer als der Aussteuerbereich der Eingangsstufe der Messkarte sind, ist eine optische oder kapazitive Isolierung der Eingangsstufe mit einem Trennverstärker unbedingt erforderlich.

Signalverstärkung und Eingangsspannungsbereich

Viele oft unerkannte Probleme der Signalerfassung resultieren aus einer falschen Anpassung des Eingangsspannungsbereiches. Eine zu niedrige Aussteuerung führt zu geringer Dynamik und schlechtem Signal-/Rauschabstand. Eine Übersteuerung des Eingangs verursacht Verzerrungen (hoher Klirrfaktor). Beide Effekte können durch eine Histogrammdarstellung des gewandelten Signals leicht erkannt und vermieden werden.

Anti-Aliasing-Filter

Ein weiteres Problem stellt das Aliasing dar. Frequenzen im Originalsignal jenseits der halben Abtastfrequenz führen zu so genannten Spiegelfrequenzen bei der Signalrekonstruktion. Diese lassen sich nur durch entsprechend angepasste analoge Filter (z.B. mit einem Switched-Capacitor-Filter) in der Eingangsstufe vor dem A/D-Umsetzer vermeiden. Bei einer Änderung der Abtastrate des Wandlers muss auch die Filtereckfrequenz neu eingestellt werden.

Digital-/Analogumsetzung und Signalrekonstruktion

Die Wandlung eines digitalen in ein analoges Signal erfolgt durch einen D/A-Wandlerbaustein. Zur Rekonstruktion der zeitkontinuierlichen Signalform aus der zeitdiskreten Darstellung ist ein Tiefpassfilter am Ausgang notwendig. Die Eckfrequenz des Tiefpassfilters ist entsprechend des Abtasttheorems an die D/A-Wandlungsrate anzupassen, um störende hochfrequente Signalanteile durch den D/A-Wandler zu unterdrücken.

5.1.3 Digital-I/O, synchron oder asynchron

Ist eine zeitsynchrone Erfassung digitaler Signale (mit CMOS- oder TTL-Pegel) notwendig, so bietet es sich an, einen Kanal des A/D-Umsetzers zu verwenden. In diesem Fall erfolgt die Zuordnung des logischen Zustands durch einen (softwaretechnischen) Komparator. Meist genügt es jedoch, digitale Schaltsignale asynchron zu den Analogsignalen zu erfassen. Dafür stehen so genannte PIO-Bausteine zur Verfügung, die sich in der Richtung (Ein- oder Ausgabe) programmieren lassen. Die Wahl einer negativen Logik invertiert das Verhalten von Ein- oder Ausgängen.

Nach der Betrachtung üblicher Fehlerquellen bei der Kopplung von Sensorik an ein digitales Prozessdatenverarbeitungssystem werden in den nächsten Abschnitten Interfacekarten und Bussysteme vorgestellt, die diese Kopplung ermöglichen.

5.2 DataGate

Das DataGate 10.6 (siehe Bild 5.1) ist ein relativ einfacher A/D-Wandler zum Einlesen von analogen Spannungssignalen in den PC.

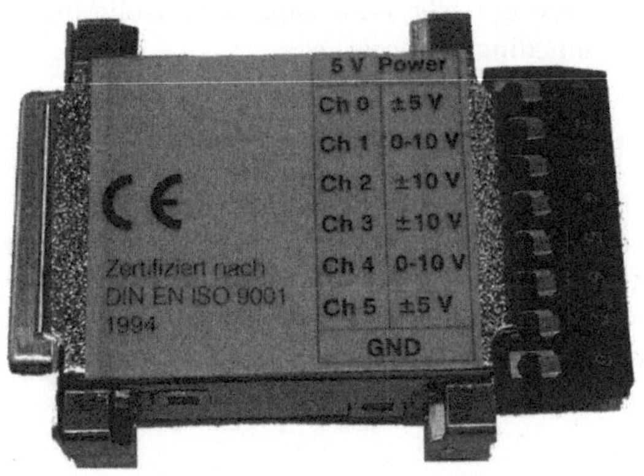

Bild 5.1 A/D-Wandler DataGate 10.6 von Micro-Epsilon

Der A/D-Wandler hat sechs Kanäle mit jeweils zehn Bit Auflösung. Das bedeutet, jeder Kanal hat über seinem gesamten Messbereich zehn Bit (1024 Zustände) zur Verfügung. Die sechs Kanäle sind jeweils paarweise zu den Messbereichen -5 bis 5 V (Kanal 0 und 5), 0 bis 10 V (Kanal 1 und 4) und -10 bis 10 V (Kanal 2 und 3) fest verschaltet. Die Eingänge sind Single-Ended, d.h. es wird immer gegen Masse gemessen.

Das DataGate 10.6 braucht nicht in den Rechner eingebaut werden, sondern wird über die serielle Schnittstelle angesteuert. Da der Zugriff auf einzelne Leitungen der seriellen Schnittstelle zur Kommunikation mit dem DataGate 10.6 relativ langsam ist, hat Micro-Epsilon einen eigenen Treiber für das DataGate 10.6 entwickelt. Das Erfassen von Messwerten erfolgt mittels des Multimedia Timers von Windows. Damit ist die maximale Abtastrate auf 1000 Hz festgelegt.

Die Stromversorgung bezieht der A/D-Wandler über die serielle Schnittstelle. Er benötigt mindestens 5 V. Manche Rechner, vor allem Laptops weichen von der Spezifikation der seriellen Schnittstelle ab und liefern weniger Spannung. In diesem Fall verschlechtert sich das gemessene Signal, bis teilweise nur noch Rauschen zu sehen ist.

Wegen seines günstigen Preises und der großen Flexibilität eignet sich das DataGate 10.6 vor allem für den Einsatz im Labor. Die Auflösung von zehn Bit reicht in vielen Fällen aus und die Abtastrate von 1 kHz ist meist schnell genug. Wegen der drei verschiedenen Messbereiche lassen sich eine Vielzahl von Sensoren anschließen.

Es können mit **ICONNECT** bis zu vier DataGates betrieben werden. Im Modul muss die entsprechende Schnittstelle (COM-1 bis COM-4) eingestellt werden, an dem der A/D-Wandler angeschlossen ist. Es ist dabei darauf zu achten, dass die angegebene Adresse für die Schnittstelle richtig ist. Tabelle 5.1 zeigt die standardmäßige Zuordnung zwischen der Schnittstelle und der Hardwareadresse.

Schnittstelle	Hardwareadresse
COM-1	3f8
COM-2	2f8
COM-3	3e8
COM-4	2e8

Tabelle 5.1 Zuordnung der Schnittstelle zur Hardwareadresse

Die Richtigkeit dieser Zuordnung kann im Gerätemanager im Eintrag Schnittstellen kontrolliert werden. Ist die Adresse falsch, so ist sie im Parameterdialog von **DataGate** zu korrigieren.

Die maximale Abtastrate liegt bei 1000 Hz. Weitere Abtastraten sind 500, 200, 100, bis zu 0.1 Hz. Die Blockgrößen lassen sich in Zweierpotenzen von eins bis 4096 einstellen. Bild 5.2 zeigt den Einstellungsdialog des **ICONNECT**-Moduls **DataGate**.

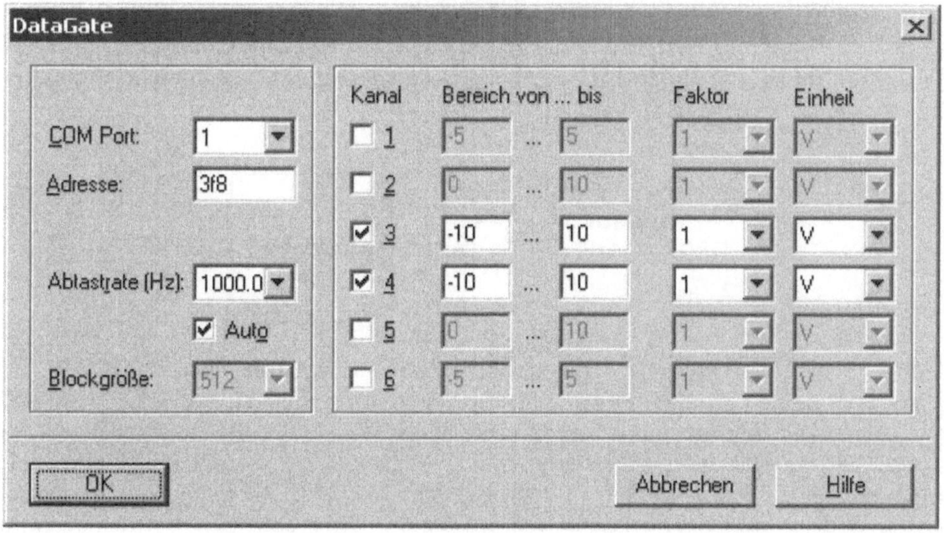

Bild 5.2 Einstellungsdialog des Moduls DataGate

Die Blockgröße wird normalerweise automatisch an die Abtastrate angepasst. Das Modul bestimmt die Blockgröße so, dass ca. alle 0.5 Sekunden ein Datenblock ausgegeben wird. Wenn die Blockgröße manuell eingestellt wird, ist darauf zu achten, dass sie nicht zu klein ist. Wenn das Modul **DataGate** schneller ausgeben soll, als die Durchlaufzeit durch den Signalgraphen ist (siehe Abschnitt 3.3), kommt es zu einem Pufferüberlauf und der Signalgraph wird gestoppt.

Nachdem die allgemeinen Parameter festgelegt sind, können die Kanäle ausgewählt werden, die gemessen werden sollen. Für jeden Kanal ist die Skalierung auf das tatsächliche Messsignal eingestellt. Sie kann jedoch beliebig verändert werden. Das hat den Vorteil, dass nicht nur die anliegenden Spannungen ausgegeben werden können, sondern auch Signale von Sensoren mit deren eigenen Messbereichen.

Am Beispiel eines Wegsensors soll das verdeutlicht werden. Der Sensor hat einen Messbereich von 400 mm. Als Spannung liefert er 0 V bis 10 V. Als Messkanal eignet sich Kanal 1 oder 4. Im Dialog wird jetzt statt 0 bis 10 der Messbereich 0 bis 400 eingetragen und die Einheit wird von „V" auf „m" geändert. Jetzt muss nur noch der Faktor auf *Milli* eingestellt werden und das Ausgangssignal gibt genau den Wert des Weges an.

Bisher wurden mit dem DataGate 10.6 nur Spannungen gemessen. Dazu ist der Sensor (Spannungsquelle) immer zwischen dem Messkanal und der Masse anzuschließen. Die Masse am DataGate 10.6 ist mit *GND* beschriftet. Es lassen sich mit dem DataGate 10.6 aber auch Strom und Widerstand messen.

Achtung! Es sollten nur Personen mit Erfahrung in Elektrotechnik Verdrahtungen am DataGate 10.6 vornehmen, da es bei fehlerhafter Schaltung zu Überspannungen am DataGate 10.6 und an der seriellen Schnittstelle kommen kann. Das kann zu einem Defekt am A/D-Wandler und auch am Rechner führen.

Für die Messung von Widerständen liefert das Modul **DataGate** eine eigene Spannungsquelle. Dazu ist der Sensor (z.B. ein Potentiometer) zwischen dem Spannungsausgang (beschriftet mit 5V) und einem Messkanal anzuschließen. Je nach Messkanal und Widerstand wird die Skalierung entsprechend eingestellt.

Um mit dem DataGate 10.6 Strom zu messen, ist etwas mehr elektrotechnisches Knowhow und ein Widerstandssortiment notwendig. Bild 5.3 zeigt einen entsprechenden Schaltplan.

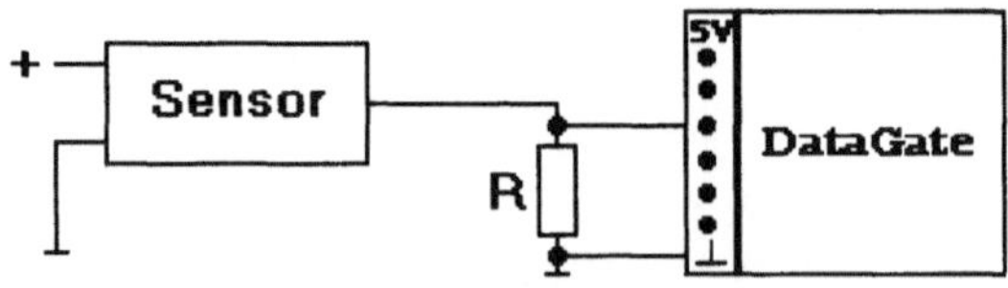

Bild 5.3 Messen von Strömen mit DataGate

Je nach Messkanal und maximale Stromstärke ist der Widerstand R so zu dimensionieren, dass eine passende Spannung gemessen wird. Wenn z.B. der Sensor einen maximalen Ausgangsstrom von 20 mA liefert und der Messkanal 1 (0 - 10 V) verwendet werden soll, muss der Widerstand nach dem ohmschen Gesetz $U = R * I$ bzw. $R = \frac{U}{I}$ einen Wert von 500 Ω haben.

Im nächsten Beispiel wird ein Wegsensor mit einem Bereich von -5 mm bis +5 mm und einem Ausgangsstrom von 20 mA betrachtet. Der Widerstand wurde mit 500 Ω bestimmt. Damit gibt sich eine maximale Ausgangsspannung von 10 V. Das entspricht +5 mm. Die minimale Ausgangsspannung beträgt 2 V (aus technischen Gründen). Sie wird bei -5 mm erreicht. Also wird der Messbereich von 10 mm auf einen Spannungsbereich von 8 V abgebildet. Das DataGate 10.6 hat jedoch einen Eingangsbereich von 10 V. Das Signal muss also mittels einer Zwei-Punkt Skalierung umgerechnet werden. Aus den gegebenen Daten lässt sich ein Dreisatz ableiten:

$$\frac{8\ V}{10\ V} = \frac{10\ mm}{x\ mm}$$

$$x = 12.5\ mm$$

$$(5.7)$$

Mit dieser Formel wurde berechnet, dass der tatsächliche Messbereich des Sensors (10 mm) einem Messbereich von 12.5 mm am DataGate 10.6 entspricht. Damit wird der unterschiedliche Spannungsbereich kompensiert. Da auch bekannt ist, dass der obere Spannungswert von 10 V (+5 mm) auch mit der maximalen Eingangsspannung des DataGate 10.6 übereinstimmt, ist der obere Punkt der Skalierung bereits bestimmt. Der untere Punkt liegt 12.5 mm tiefer, ist also -7.5 mm.

Damit ergibt sich folgende Einstellung im **DataGate**-Modul. Kanal 1 wird aktiviert und der Messbereich von -7.5 bis +5 mm angegeben. Als Faktor wird *Milli* und als Einheit *Meter* angegeben.

5.3 PC-Messkarten für A/D-Umsetzung

In **ICONNECT** wird eine große Anzahl von verschiedensten Messkarten unterstützt. Dabei handelt es sich um Karten von BMC-Messsyteme, Data Translation, National Instruments, Meilhaus Electronics, AdLink, Computer Boards und einige mehr. Es können herkömmliche ISA-Karten, PCI-Karten und Compact PCI-Karten wie auch neuere PCMCIA-Karten oder USB-Geräte verwendet werden. Ebenso lassen sich Karten für die serielle und parallele Schnittstelle einbinden.

A/D-Wandler sind Messwerterfassungskarten, die analoge Spannungen in digitale Werte konvertieren. Über Treiber und Softwaremodule lassen sich die Messdaten in **ICONNECT** darstellen und weiterverarbeiten.

Die Hardware-Module von **ICONNECT** sind nach den Kartenhersteller benannt. Nach dem Einfügen eines Moduls in einen Signalgraphen kann im Eigenschaftsdialog die Karte ausgewählt werden. Wenn eine Karte mehrere verschiedene Funktionen bietet, kann auch die gewünschte Funktion als *I/O-Typ* angegeben werden. Die Messkarten für A/D-Wandlung werden am häufigsten verwendet. Sollen mehrere Funktionen einer Messkarte genutzt werden, so ist für jede Funktion ein neues Modul zu erzeugen. Werden zwei oder mehrere gleiche Messkarten verwendet, so werden diese durch eine Nummer, die Konfigurations-ID unterschieden. Es wird somit pro Messkarte ein Modul verwendet.

Kartenkonfiguration

Alle A/D-Wandler haben eine einstellbare Abtastrate und Blockgröße. Diese lassen sich in der Karten-Konfiguration der einzelnen Moduldialoge einstellen. Die Abtastrate ist die Frequenz, mit welcher der A/D-Wandler die Daten einliest. Die Blockgröße ist die Größe des Puffers, in den die Daten geschrieben werden. Ist der Puffer voll, wird er an das Modul zur Weiterverarbeitung übergeben. Ist die weitere Verarbeitung relativ langsam, kann es passieren, dass der Puffer schon wieder voll ist, bevor das Modul erneut an der Reihe ist. Dafür gibt es einen einstellbaren Treiberpuffer. Er ist in den Hardwaretreibern implementiert und kann ein vielfaches der Blockgröße sein. Wird jedoch der Treiberpuffer ebenfalls voll, kommt es zu einem Überlauf. Je mehr Daten im Treiberpuffer zwischengespeichert werden, desto stärker verzögert sich die Verarbeitung des Signals.

Bei den meisten Messkarten lässt sich in der Karten-Konfiguration auch die Polarität einstellen. Ist sie unipolar, geht der Messbereich der Kanäle immer von Null bis Messbereich-Maximum. Ist sie bipolar, so ist der Messbereich immer von $-\frac{Messbereich}{2}$ bis $+\frac{Messbereich}{2}$. Der Messbereich ist für jeden Kanal einstellbar. Er ist jedoch nicht frei definierbar, sondern hängt von den Möglichkeiten des A/D-Wandlers ab. Je nach Polarität bieten die Karten verschiedene Bereiche.

Ein normaler Messaufbau ist so geschaltet, dass die A/D-Wandler eine Spannung zwischen einem Punkt und Masse erfassen (Single-Ended). Da bei großen Anlagen im industriellen Umfeld die Massen verschiedener Geräte ein unterschiedliches Potential aufweisen können, funktioniert dieses Messprinzip in diesem Fall nicht. Die besseren und teureren A/D-Wandler haben einen weiteren Modus, mit dem sie die Potentialdifferenz zwischen zwei Punkten bestimmen können (Differential). Dieses Messverfahren benötigt jedoch einen zweiten Eingangspin am Stecker, weshalb sich die Anzahl der Kanäle halbiert. Die Auswahl des Verfahrens wird mit dem Parameter *IO-Typ* festgelegt.

Kanalkonfiguration

Als nächstes werden die gewünschten Kanäle aktiviert. Dazu wird der Messkanal angeklickt und mit dem Button Eigenschaften geöffnet. Um den Kanal einzuschalten, muss *Kanal nutzen* gewählt werden. Jetzt kann der gewünschte Messbereich ausgewählt werden. Die Einstellungsmöglichkeiten hängen von der Messkarte, dem Kanal und der Polarität ab.

Um die Weiterverarbeitung der Daten zu vereinfachen, bieten die Module in ICONNECT die Möglichkeit, die Signale zu skalieren. Dabei stehen schon eine Vielzahl von Sensoren der Firma Micro-Epsilon Messtechnik zur Auswahl bereit. Ist der gewünschte Sensor nicht in der Liste, gibt es die Möglichkeit, eine freie Skalierung zu wählen. Dazu wird in den Kanaleinstellungen als Sensor-Typ *Anpassung* gewählt. Über den Button Eigenschaften kann die Skalierung eingestellt werden. In der Spalte Zuordnung sind dazu die tatsächlichen Messwerte (untere und obere Grenze) und die gewünschten Sollwerte anzugeben. Zusätzlich kann noch eine Einheit und ein Faktor angegeben werden.

Viele Signale können nur relativ gemessen werden. In diesem Fall wird oft ein automatisches Null setzen gewünscht. In der Spalte *Nullwertdarstellung* gibt es die Möglichkeit, einen Nullwert anzugeben. Dieser Wert wird von jedem Messwert abgezogen (es gibt auch eine weitere Möglichkeit zum Null setzen zur Laufzeit mit dem Modul AutoZero). Ist jetzt ein Messkanal komplett eingestellt und werden noch mehrere weitere Kanäle mit nahezu derselben Einstellung benötigt, so kann die Einstellung dieses Kanals in alle folgenden Kanäle kopiert werden. Dazu ist der Quellkanal zu markieren und anschließend die Schaltfläche [Kopieren in ...] zu drücken. Jetzt kann ausgewählt werden, in welche Kanäle der Quellkanal kopiert wird, oder ob alle Kanäle rückgesetzt werden sollen.

Es ist auch möglich, für eine Messkarte entsprechendes Zubehör mit anzugeben. Das sind im Allgemeinen Messboxen, die das Verbinden der Sensoren mit den Messkarten vereinfachen. Einige Parameter können zur Laufzeit verändert werden. Wenn das Auswahlfeld *Parameter* auf *Extern* umgestellt wird, können diese Parameter von außen über den Eingang EXT geschickt werden. Dazu muss an diesem Eingang das Modul ParamConv angeschlossen werden.

Trigger und Gate

Bei einigen Anwendungen kommt es vor, dass kein äquidistantes (zeitlich synchrones) Signal gewünscht wird, sondern dass sich die Datenaufnahme auf ein externes Ereignis synchronisiert. Als Beispiel lässt sich hier *Equivalent Time Sampling (ETS)* nennen. Dazu bieten einige Karten die Möglichkeit, die Datenaufnahme an einen externen Puls zu koppeln. Dabei wird mit jedem Puls ein Messwert aufgenommen. Bei den Hardware-Modulen lässt sich diese Eigenschaft in der Kartenkonfiguration im Dialogfeld *Messtakt* einstellen. Wird dort *Intern* gewählt, so wird kein externes Signal, sondern der interne Taktgenerator verwendet. Andernfalls kann hier die Leitung, mit der die Erfassung synchronisiert werden soll, bestimmt werden. Der Taktgenerator wird in diesem Fall nicht verwendet.

Eine große Erleichterung beim gezielten Aufnehmen bestimmter Sequenzen bietet der Trigger, denn damit kann die Datenaufnahme abhängig von einem Eingangssignal gestartet und gestoppt werden. Es kann auch ein interner Trigger verwendet werden, der sich über einen Eingang am Modul ein- bzw. ausschalten lässt. Um Trigger zu verwenden, ist der Dialog Trigger-Konfiguration (siehe Bild 5.4) innerhalb der Karten-Konfiguration zu öffnen.

Bild 5.4 Trigger-Konfiguration in Hardware-Modulen

Der Parameter *Typ* gibt an, ob ein Software-Trigger verwendet wird. Folgende Einstellungen sind möglich:

- *Nicht verwendet*
  Das Modul besitzt keinen zusätzlichen Triggereingang.

- *Software Gate*
  Das Modul erhält einen zusätzlichen Triggereingang. Bei einem Flankenwechsel von Null nach Eins am Triggereingang wird die Messkarte eingeschaltet, die Datenaufnahme beginnt. Bei einem Flankenwechsel von Eins auf Null am Triggereingang wird die Erfassung wieder abgeschaltet.

  Achtung! Je nach Messkarte können zu schnelle Flankenwechsel dazu führen, dass die Karte nicht mehr eingeschaltet werden kann und somit keine Datenaufnahme stattfindet. Eine übliche Einschaltzeit nach Flankenwechsel von Null nach Eins beträgt beispielsweise eine Sekunde.

- *X*Blockgröße aufnehmen*
  Das Modul erhält einen zusätzlichen Triggereingang. Tritt am Triggereingang ein Flankenwechsel von Null nach Eins auf, wird die Messkarte eingeschaltet und die in der Kartenkonfiguration eingestellte Blockgröße X-mal aufgenommen (Eingabe von X im freigeschalteten Eingabefeld). Danach wird die Messkarte ausgeschaltet. Die erneute Datenaufnahme beginnt mit dem erneuten Auftreten eines $0 \rightarrow 1$ Flankenwechsels am Triggereingang.

  Achtung! Während der Datenaufnahme der Samples=X*Blockgröße auftretende $1 \rightarrow 0$ bzw. $0 \rightarrow 1$ Flankenwechsel am Triggereingang werden nicht berücksichtigt. Eine Retriggerung (erneutes Triggern) während der Datenaufnahme ist nicht möglich. Eine Datenaufnahme findet ebenfalls statt, wenn gleich nach Start der Messung ein „1"-Signal am Triggereingang anliegt („0"-Zustand wird vor Start der Messung angenommen).

Wird der Software-Trigger nicht verwendet, können Hardware-Trigger angegeben werden. Sie lassen sich getrennt für Start- und Stoppbedingung setzen. Wird ein Analogeingang als Triggereingang verwendet, gibt es mehrere Möglichkeiten auf eine Signaländerung zu reagieren. Als erste wird die Signalquelle eingestellt. Das ist der Eingang, der als Trigger verwendet werden soll. Anschließend werden der Triggermodus und die Schwellwerte festgelegt (die Schwellwerte sind in % bzgl. des Messbereichs anzugeben). Folgende Modi sind möglich:

- *Trigger unterhalb unterem Schwellwert*
  Immer wenn das Triggersignal unter dem unteren Schwellwert ist, ist die Datenaufnahme aktiv. Die obere Schwelle wird nicht benutzt (siehe dazu Bild 5.5).

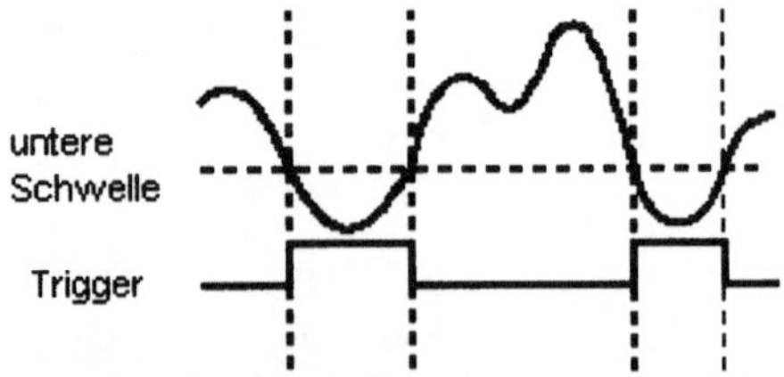

Bild 5.5 Trigger unterhalb unterem Schwellwert

- *Trigger oberhalb oberem Schwellwert*
  Immer wenn das Triggersignal über dem oberen Schwellwert ist, ist die Datenaufnahme aktiv, wie in Bild 5.6 zu sehen ist. Die untere Schwelle bleibt dabei
  unbenutzt.

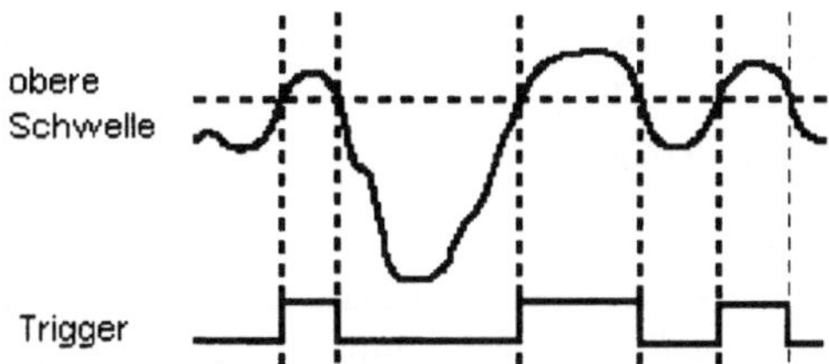

Bild 5.6   Trigger oberhalb oberem Schwellwert

- *Trigger innerhalb der Schwellwerte*
  Immer wenn das Triggersignal zwischen dem unteren und dem oberen Schwellwert
  ist, ist die Datenaufnahme aktiv. Bild 5.7 zeigt diesen Fall.

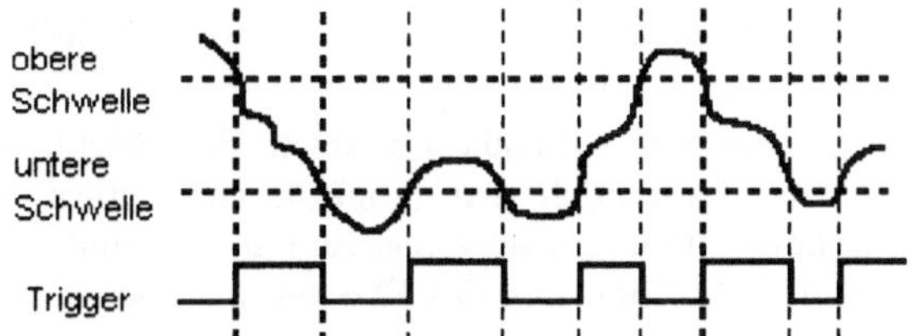

Bild 5.7   Trigger innerhalb der Schwellwerte

- *Trigger mit Hysterese von oben nach unten*
  Immer wenn das Triggersignal über den oberen Schwellwert steigt, wird die Datenaufnahme eingeschaltet. Erst wenn das Signal unter den unteren Schwellwert fällt,
  wird die Erfassung wieder ausgeschaltet. In Bild 5.8 ist dieser etwas kompliziertere
  Fall zu sehen.

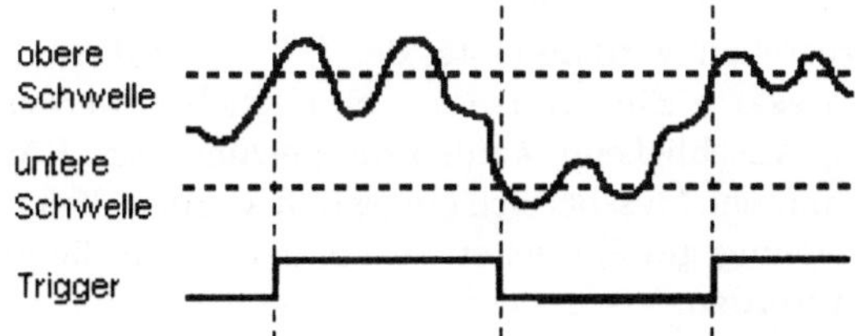

Bild 5.8   Trigger mit Hysterese von oben nach unten

- *Trigger mit Hysterese von unten nach oben*
  Immer wenn das Triggersignal unter den unteren Schwellwert fällt, wird die Datenaufnahme eingeschaltet. Erst wenn das Signal über den oberen Schwellwert steigt,
  wird die Erfassung wieder ausgeschaltet. Bild 5.9 zeigt diesen letzten Fall.

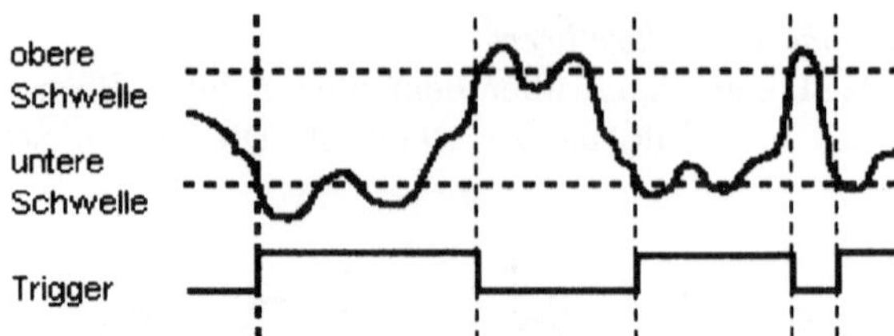

Bild 5.9 Trigger mit Hysterese von unten nach oben

Auch diese Trigger können (so wie der Software-Trigger) kontinuierlich aktiv sein, solange die Triggerbedingung erfüllt ist, oder nur eine gewisse Anzahl von Datenblöcken aufnehmen. Der Parameter *Nach-Triggerwerte* legt dieses Verhalten fest. Außerdem gibt es mit dem Parameter *Verhalten* die Möglichkeit, ob ein Trigger die Datenerfassung nur einmal aktivieren bzw. deaktivieren soll, oder ob die Überwachung ständig mitlaufen soll.

Neben den analogen Triggern gibt es auch digitale Trigger. Diese sind wesentlich einfacher, da keine Schwellwerte überwacht werden. Es werden nur Flankenwechsel (Signal wechselt von Low nach High oder umgekehrt) erfasst. Als Parameter muss dem Trigger mitgeteilt werden, auf welches Signal und ob er auf positive oder negative Flanke reagieren soll. Auch hier gibt es wieder die Möglichkeit der Nach-Triggerung, sowie der ständigen Überwachung.

Einige Messkarten haben noch eine ähnliche Funktion, die fälschlicherweise oft mit der Triggerung verwechselt wird. Es handelt sich dabei um eine externe Gate-Funktion. Damit wird die Datenaufnahme über ein externes Signal ein- und wieder ausgeschaltet. Auch hier ist das Signal und die Richtung des Flankenwechsels anzugeben.

5.4   PC-Messkarten für D/A-Umsetzung

Nach der Wandlung von Analog nach Digital zur Messung von Signalen ist ein weiteres Anwendungsgebiet die Wandlung von Digital nach Analog zur Steuerung und Regelung mit einem PC. Jedoch unterscheidet sich die analoge Ausgabe von der Erfassung durch ein sehr wichtiges Detail. Die günstigeren Hardwarekarten besitzen für die Ausgabe in der Regel keinen internen Speicher. Deshalb kann pro Durchlauf im Signalgraphen nur ein Spannungswert ausgegeben werden.

Um die Parameter einzustellen, wird als erstes der *I/O-Typ* auf Analog-Ausgänge gestellt. (Soll mit einer Hardwarekarte Ein- und Ausgabe betrieben werden, so sind dafür zwei Module zu verwenden.) Anschließend werden die gewünschten Kanäle aktiviert. In der Kanal-Konfiguration kann der Messbereich eingestellt werden. Um ein definiertes Verhalten nach Stopp der Messung gewährleisten zu können, kann die gewünschte Spannung nach Stopp eingegeben werden.

Im Normalfall erfolgt die Ausgabe der Werte auf der Karte sofort nach deren Eintreffen. Wenn jedoch mehrere Kanäle absolut simultan ausgegeben werden sollen, kann im Dialog *Kanal-Setup* der Update-Modus auf *Simultan* gesetzt werden. Damit werden zuerst alle Kanäle in der Karte gesetzt und mit einem Befehl gleichzeitig aktiviert. Es ist auch möglich, die Ausgabe an ein externes Signal zu koppeln. Wird der Update-Modus auf *EXTUPDATE-Pin* gesetzt, erfolgt die Ausgabe der Spannungen, sobald am entsprechenden Eingang ein Flankenwechsel von High nach Low detektiert wird.

Auch bei der analogen Ausgabe ist es möglich, Trigger zu verwenden. Jedoch wird hierfür nur das Software-Gate zur Verfügung gestellt. Damit kann die Ausgabe aktiviert oder deaktiviert werden.

5.5   PC-Messkarten für Digital-I/O und Counter

Die einfachste Art, Daten in den Rechner zu bekommen ist, diese digital einzulesen. Dazu wird die entsprechende Hardwarekarte ausgewählt und der Typ auf Digital-Eingänge eingestellt. Es gibt keine Abtastrate und keine Blockgröße einzustellen, da die Werte bei der Abarbeitung des Moduls aufgenommen und sofort weitergegeben werden. Pro Kanal wird immer nur ein Wert gelesen. Für jeden Kanal ist die Logik einzustellen. Damit wird festgelegt, ob High (5 V) am Eingang eine eins (positive Logik) oder eine Null (negative Logik) erzeugt. Auch beim digitalen Lesen von Daten kann ein Software-Trigger verwendet werden.

Analog zum Einlesen digitaler Signale können diese auch ausgegeben werden. Auch hier können nur Einzelwerte verarbeitet werden. Die Logik muss ebenfalls eingestellt werden und es besteht die Möglichkeit, einen Software-Trigger zu verwenden. Außerdem kann bei Stopp der Messung ein bestimmter Wert ausgegeben werden, wenn das Kontrollkästchen *Ausgabe aktivieren* im Abschnitt *Verhalten bei Stopp der Messung* aktiviert ist. Ist das Kontrollkästchen *High-Wert* aktiviert, wird ein High-Signal ausgegeben, andernfalls ein Low-Signal.

Die digitalen Ausgänge werden mit Signalen von den Eingängen des Moduls betrieben. Einige Hardwarekarten haben jedoch auch Signalgeneratoren integriert, die auf den digitalen Ausgängen ausgegeben werden können. Damit lassen sich wesentlich höhere Frequenzen erzeugen als mit Hilfe des Signalgraphen (der üblicherweise mit maximal 1 kHz läuft). Die Karte PCI-MIO-16E-4 von National Instruments hat beispielsweise einen 100 kHz und einen 20 MHz Generator integriert. Statt diesen beiden Frequenzgeneratoren können auch alle digitalen Eingänge der Karte als Quelle benutzt werden. Es gibt bei dieser Karte vier verschiedene Modi, mit denen die Signale erzeugt werden können:

- *Pulse Train Generation*
  Bei *Pulse Train Generation* wird ein endloses Rechtecksignal erzeugt. Dabei wird die Quelle als Referenz verwendet. Mit den beiden Parametern *Low* und *High* kann jedoch die Dauer der Low- oder High-Pegel beeinflusst werden. Als Beispiel soll ein Signal erzeugt werden, das 150 ns Low und 200 ns High ist. Das 20 MHz Signal wird als Quelle verwendet, also ist jeder Puls 50 ns lang. Wird der Parameter Low auf den Wert „3" gesetzt, wird das Ausgangssignal 3 Takte lang auf Low gehalten (150 ns). Der Wert „4" in High hält das Signal anschließend 4 Takte lang auf High (200 ns). Bild 5.10 skizziert dieses Verhalten.

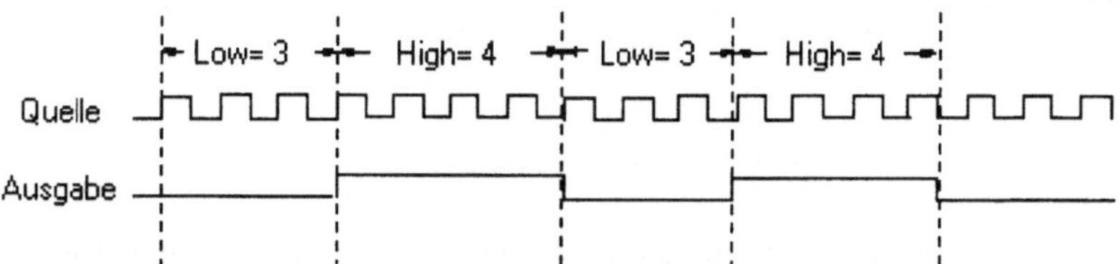

Bild 5.10 Pulse Train Generation

- *Single Pulse*
  Dieser Modus verhält sich ganz ähnlich zur *Pulse Train Generation*. Es wird jedoch keine endlose Folge von Pulsen erzeugt, sondern nur ein einziger Puls. Er beginnt mit Low (mit der in *Low* festgelegten Zeit) und geht dann auf High (für die in *High* festgelegte Zeit). Das Bild 5.11 verdeutlicht dieses Verhalten. Der Parameter *Armed* wird nicht verwendet.

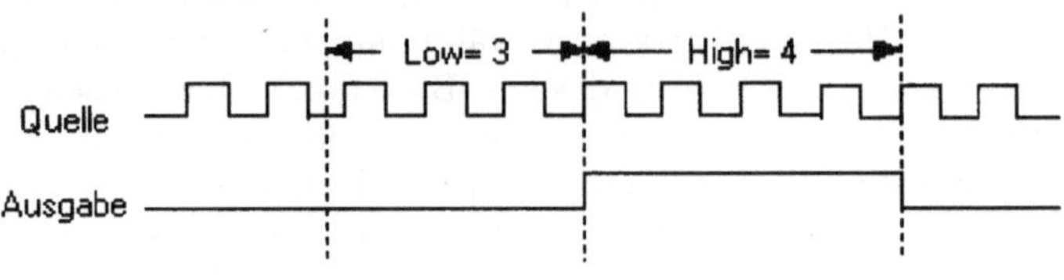

Bild 5.11 Single Pulse

- *Single triggered Pulse*
  Bei diesem Modus wird ebenfalls nur ein Puls erzeugt, jedoch nicht sofort bei Start des Signalgraphen, sondern erst bei einem Triggersignal am Eingang Gate der Hardwarekarte, wie in Bild 5.12 zu sehen ist. Nach einmaliger Aktivierung wird der Eingang Gate ignoriert.

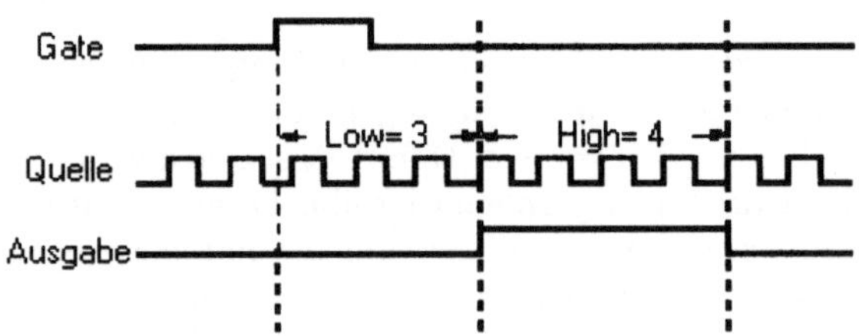

Bild 5.12 Single triggered Pulse

- *Retriggerable single Pulse*
  Bei diesem Modus wird auch auf einen Puls am Eingang Gate gewartet. Damit wird ein Puls ausgegeben. Im Gegensatz zum *Single triggered Pulse* wird bei einem neuen Puls am Gate wieder ein Puls ausgegeben, wie in Bild 5.13 zu sehen ist.

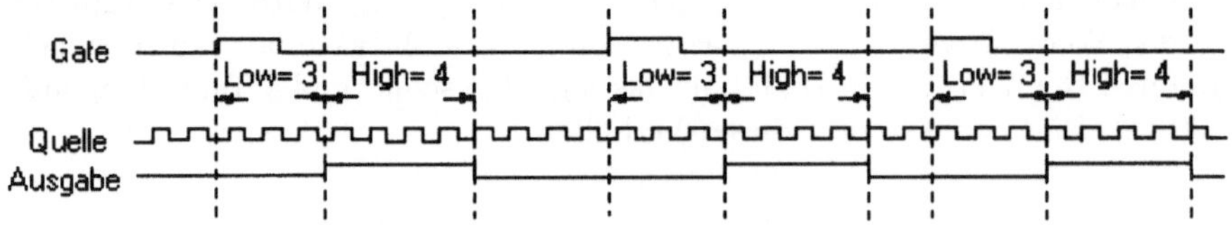

Bild 5.13 Retriggerable single Pulse

Ebenfalls digital eingelesen werden Counter. Das sind Zähler auf der Hardwarekarte, die Pulse zählen und an das Modul weitergeben. Es gibt verschiedene Modi, die Pulse auszugeben:

- *Einzelwerte*
  Bei einem aktivierten Kanal wird immer die Differenz der gezählten Impulse zum vorhergehenden Auslesen ausgegeben, d.h. die Anzahl der gezählten Impulse seit dem letzten Auslesen. Wenn z.B. dieser Zähler mit einer Abtastrate von 1 Hz ausgelesen wird, entsprechen die ausgegebenen Werte direkt der Signalfrequenz in Hz.

- *Hochlaufend*
  Die Werte werden wie bei der Einzelmessung erfasst und in einem internen Softwarezähler aufsummiert. Bei jeder Messung wird der aktuelle Zählerwert ausgegeben. Das Summieren beginnt mit Start der Messung und endet erst bei Stopp der Messung. Der Wertebereich des Zählerwertes geht bis 10^{38}, die Anzeigegenauigkeit umfasst ca. 6-7 Stellen.

- *Frequenzmessung*
  Die Werte werden wie bei der Einzelmessung erfasst und entsprechend der Abtastrate direkt in die Frequenz in Hz umgerechnet und ausgegeben. Dabei steht die Auflösung des Frequenzwertes in direktem Zusammenhang mit der Abtastfrequenz. Je schneller abgetastet oder gemessen wird, desto ungenauer wird dieser Frequenzwert.

Außerdem kann bei vielen Zählern die Quelle angegeben werden. Das ist normalerweise ein Eingang auf der Hardwarekarte. Es kann jedoch auch ein interner Taktgeber mit verschiedenen Frequenzen sein. Damit kann der Zähler als hochgenaue Referenz für eine Messung genutzt werden.

5.6 PCI-Karte IF2004 für OptoNCDT-Sensoren und Inkrementalgeber

Micro-Epsilon stellt eine Hardwarekarte zur digitalen Auswertung der laseroptischen Triangulationssensoren her. Es werden die Sensoren ILD1800, ILD2000 sowie der ILD2200 aus der OptoNCDT-Serie unterstützt. Auch die Neuentwicklung ODC2500 kann angeschlossen werden. Diese Sensoren benötigen dafür eine RS-422 Schnittstelle. Die Karte IF2004 besitzt ebenfalls vier solche Schnittstellen, die auf zwei Steckern herausgeführt sind.

Die Karte verfügt über einen FIFO-Speicher, der 4096 Messwerte zwischenspeichern kann. FIFO ist die Abkürzung für „First In, First Out" und bedeutet, dass die Daten, die zuerst in den Speicher geschrieben werden, auch zuerst wieder gelesen werden. Ist der FIFO zur Hälfte gefüllt, werden die Daten vom Treiber ausgelesen. Der Treiber verfügt über einen Wechselpuffer, der die Daten immer, wenn ein Puffer voll ist, an das Modul IF2004 weitergibt.

Es gibt die Möglichkeit, den Encoder (für den Inkrementalgeber) synchron zu einem Sensor oder asynchron zu betreiben. Wird er synchron betrieben, muss die Nummer des Sensors angegeben werden, mit dessen Takt er Daten liefern soll. Immer wenn von diesem Sensor ein Wert aufgenommen wird, wird auch der Encoder ausgelesen und der aktuelle Zählerstand in den FIFO geschrieben. Somit kann der Inkrementalgeber wie ein normaler Sensor am vierten Kanal betrieben werden. Soll der Encoder asynchron betrieben werden, wird der FIFO nicht verwendet. In diesem Fall wird nur ein Wert am Ausgang `AsyncEncVal` ausgegeben, wenn er über einen Triggereingang angefordert wird.

Wie in Bild 5.14 zu sehen ist, lassen sich die Parameter zur Karte, den Sensoren und zum Encoder im Modul IF2004 einstellen.

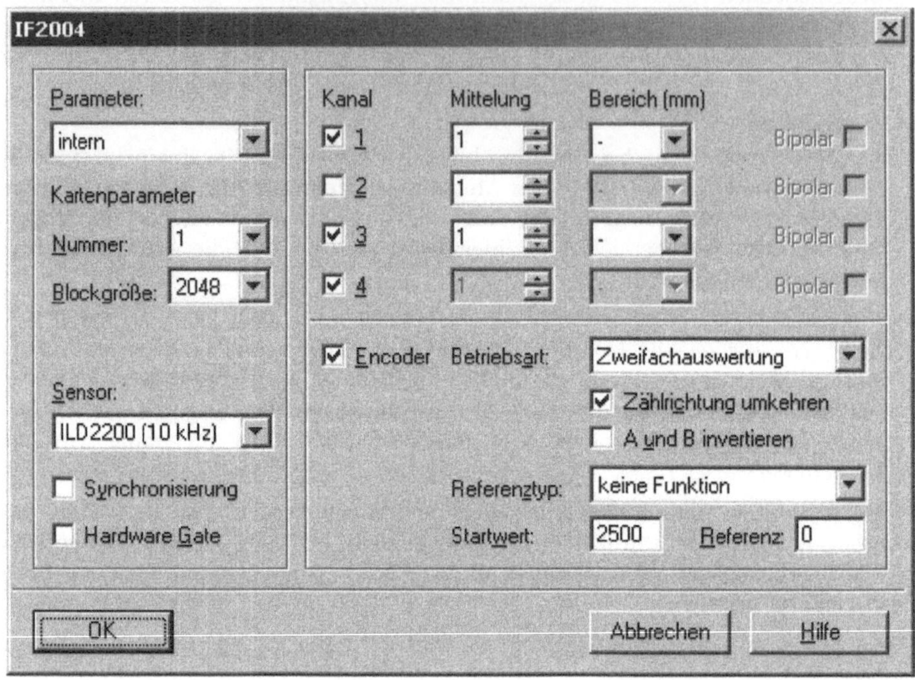

Bild 5.14   Parameter der Karte IF2004

ICONNECT unterstützt bis zu vier parallele IF2004 Karten. Es können also bis zu 16 Sensoren und vier Inkrementalgeber gleichzeitig verwendet werden. Die Unterscheidung der Karten erfolgt über die Kartennummer. Diese ist von eins bis vier einstellbar. Der Parameter Blockgröße gibt an, wie groß der Wechselpuffer im Treiber pro Kanal sein soll. An den Ausgängen des Moduls werden im Betrieb dann pro Sensor Daten dieser Blockgröße ausgegeben. Der wohl wichtigste Parameter ist die Wahl des Sensors. Es können pro Karte immer nur Sensoren des gleichen Typs betrieben werden. Die Abtastrate wird durch die Wahl des Sensors festgelegt. Der Sensor ILD 1800 hat eine Abtastrate von 5 kHz, die Sensoren ILD 2000 und ILD 2200 haben 10 kHz. Der Abschattungssensor ODC 2500 liefert 2300 Werte pro Sekunde.

Das Kontrollkästchen *Synchronisieren* dient zum gleichzeitigen (synchronen) Start der Messung bei mehreren Sensoren und Karten. Soll bei Start synchronisiert werden, muss dies bei allen Karten angegeben sein. Es wird in diesem Fall bei der Initialisierung jeder einzelnen Karte immer der FIFO aller Karten geleert, was einen synchronen Start der Messung gewährleistet.

Über einen externen TTL-Eingang (0 - 5 V) kann die Datenaufnahme der Karte ein- bzw. ausgeschaltet werden. Ist der Parameter *Hardware Gate* aktiviert, wird der Pin Gate am 9-poligen Stecker der Karte verwendet, andernfalls wird er ignoriert. Außerdem besitzt das Modul einen Software-Trigger. Ist der Eingang Trigger verbunden, wird die Messung erst gestartet, wenn an diesem Eingang eine „1" anliegt. Wird anschließend wieder eine „0" geschickt, so wird die Messung gestoppt.

Nach der Einstellung der Kartenparameter können die Kanäle für die Sensoren parametriert werden. Nachdem ein Kanal aktiviert wurde, kann der Messbereich des Sensors angegeben werden. Wird kein Messbereich eingestellt, werden die Rohwerte des Sensors ausgegeben. Andernfalls kann ausgewählt werden, ob die Daten von Null bis Messbereichsende oder von $-\frac{Messbereich}{2}$ bis $+\frac{Messbereich}{2}$ (Parameter *Bipolar*) skaliert werden sollen.

Der Parameter *Mittelung* dient dazu, die interne Mittelung der Sensoren zu verwenden. Die Mittelungszahl ist die Anzahl der Werte, über die der Sensor eine gleitende Mittelwertbildung ausführt.

Encoder im synchronen Modus

Wenn der Encoder im synchronen Modus betrieben werden soll, muss der Kanal vier und anschließend der Encoder aktiviert werden. Bild 5.15 zeigt die schematische Funktionsweise eines Encoders. Der Encoder kann mit verschiedenen Betriebsarten verwendet werden:

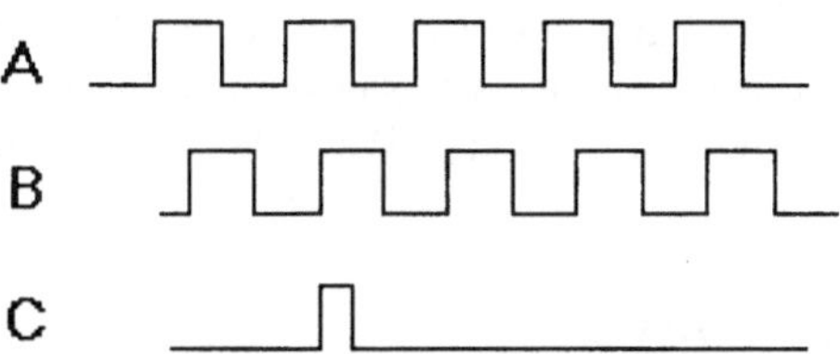

Bild 5.15   Funktionsweise eines Encoders

- *Normaler Zähler*
  Es wird kein Phasendiskriminator verwendet. Die Spur A gibt die Zählrichtung und die Spur B die Zähltakte vor. C ist das Referenzsignal.

- *Einfachauswertung*
  In diesem und den folgenden Fällen werden immer die Leitungen A und B verwendet. Durch die Phasenverschiebung von A zu B um 90° kann die Richtung des Signals bestimmt werden. Bei der Einfachauswertung wird aufwärts gezählt, wenn die Leitung A high ist und die Leitung B von low auf high wechselt (positive Flanke). Ist die Leitung A high und tritt eine negative Flanke auf Leitung B auf, wird der Zähler dekrementiert.

- *Zweifachauswertung*
  In diesem Fall wird bei High und Low auf der Leitung A gezählt. Es wird nicht nur die positive, sondern auch die negative Flanke von B mitgezählt. Das hat zur Folge, dass der Zählerstand sich doppelt so schnell ändert als bei der Einfachauswertung.

- *Vierfachauswertung*
  Hier werden, im Gegensatz zu den beiden vorigen Auswertungen, nicht nur die Flanken der Leitung B gezählt, sondern auch die Flanken der Leitung A. Es wird dabei auf keinen Pegel (Low oder High) irgendeiner Leitung geachtet. Durch die häufigen Pulse wächst der Zählerstand vier mal schneller als bei der Einfachauswertung. Damit erhöht sich die Auflösung des Zählers um den Faktor vier. Jedoch wird dadurch der Messbereich verringert, wie im folgenden Absatz erläutert wird.

Die IF2004-Karte verwendet ein 16-Bit Datenwort für den Zählerstand. Damit lassen sich Zählerstände von Null bis 65535 darstellen. Über- oder unterschreitet der Encoder diesen Bereich, läuft der Zähler über und beginnt wieder von vorne. Es kann also bei recht großen Messbereichen sinnvoll sein, eine Einfachauswertung des Encoders zu verwenden. Eine andere Möglichkeit ist, den Überlauf durch Module im Signalgraph zu detektieren und dort einen Zähler mit größerem Bereich parallel zu betreiben. Normalerweise beginnt der Zähler bei Start des Signalgraphen mit Null zu zählen. Es kann aber auch ein Initialwert in dem Feld Startwert vorgegeben werden.

Im Eigenschaftsdialog kann die Zählrichtung umgekehrt werden. Bei steigendem Inkrementalgeber wird dann abwärts gezählt (und umgekehrt). Außerdem lassen sich die Signale A und B invertieren. Damit wird ein Low-Signal als High und ein High-Signal als Low interpretiert.

Die meisten Inkrementalgeber haben noch eine dritte Leitung, C oder Referenz genannt. Auf dieser Leitung wird zu bestimmten Zeitpunkten ein Puls erzeugt (z.B. nach einer vollen Umdrehung eines Drehwinkelgebers) und von der Karte erfasst. Per Software kann das Verhalten des Encoders bei Erreichen dieser Referenz gesteuert werden. Wird *keine Funktion* ausgewählt, wird die Referenz komplett ignoriert. *Zähler erstes Mal setzen* bedeutet, dass beim ersten Überfahren der Referenz der Zähler auf den Wert gesetzt wird, der in dem Feld Referenz angegeben ist. Alle weiteren Referenzsignale werden ignoriert. *Zähler jedes Mal setzen* bedeutet, dass der Wert der Referenz bei jedem Überfahren gesetzt wird.

Encoder im asynchronen Modus

Das Modul besitzt einen Eingang `async. Encoderfkt`. Dieser kann im synchronen oder asynchronen Encoderbetrieb verwendet werden. An diesem Eingang können Einzelwerte zwischen Eins und Vier geschickt werden. Sie haben folgende Bedeutung:

- **1:** Der aktuelle Zählerstand wird gelöscht und beginnt wieder bei Null.
- **2:** Der Zähler wird auf den Wert im Feld Referenz gesetzt.
- **3:** Der aktuelle Zählerstand wird am Ausgang `AsyncEncVal` ausgegeben. Damit kann der Encoder asynchron betrieben werden.
- **4:** Der Referenzmarkenzähler wird zurückgesetzt. Ist die Funktion *Zähler erstes Mal setzen* aktiviert, ist diese Funktion wieder aktiv, auch wenn früher schon eine Referenz überfahren wurde.

In einem praktischem Beispiel soll die Verwendung der Referenz-Leitung gezeigt werden. An einer Maschine befindet sich ein Linearantrieb, der einen Schlitten immer vor und zurück bewegt. Über einen Seilzug-Sensor mit Encoderausgang soll die exakte Position des Schlittens bestimmt werden. Der Seilzug-Sensor ist auf einem Drehwinkelgeber montiert, der alle 360° einen Referenzimpuls erzeugt. Durch das andauernde Wechseln der Richtung und starke elektromagnetische Felder kann das Ergebnis des Seilzugs mit der Zeit verfälscht werden. Der Referenzimpuls ermöglicht es, trotzdem immer wieder die exakte Position zu bestimmen.

Ein Inkrementalgeber kann immer nur relative Positionsbestimmungen durchführen. Um jedoch einen absoluten Bezugspunkt zu haben, befindet sich an einer Seite des Messbereichs eine Lichtschranke. Diese ist jedoch viel zu ungenau für eine exakte Positionsbestimmung. Mit einem weiteren digitalen Eingang und einem Trick lässt sich mit dieser Sensorik jedoch ganz genau bestimmen, wo sich der Schlitten gerade befindet.

Dazu wird das Modul IF2004 mit der Encoderfunktion *Zähler erstes Mal setzen* betrieben. Das Signal der Lichtschranke wird über die digitale Schnittstelle eingelesen. Wenn der Schlitten die Lichtschranke überfährt, wird an den Eingang `async. Encoderfkt` des Moduls IF2004 eine „4" geschickt. Damit wird beim nächsten Überfahren einer Referenz der Zählerstand auf einen definierten Startwert gesetzt. Alle weiteren Referenzsignale werden ignoriert (über die gesamte Länge des Linearantriebs kann der Seilzug mehrere Umdrehungen machen). Wenn der Schlitten das nächste Mal in die Startposition kommt und damit die Referenz überfährt, beginnt das Null setzen bei der nächsten Referenz erneut.

Dadurch kann sich kein Fehler bei der Umkehr der Richtung aufsummieren und die ungenaue Lichtschranke wird nicht zur Positionsbestimmung, sondern nur zum Rücksetzen des Referenzmarkenzählers verwendet. Die exakte Position kann ab der ersten Referenz nach der Lichtschranke bestimmt werden. Durch geschicktes Montieren des Seilzugs und der Lichtschranke können diese zwei Positionen sehr nahe zusammengelegt werden.

5.7 Steuerungen für Servo- und Schrittmotoren sowie Linearantriebe

Es gibt eine Vielzahl von Servo- und Schrittmotoren mit einer ebenso großen Anzahl von verschiedenen Steuerungen. ICONNECT unterstützt einige davon, wie z.B. den SB191 von A.C.S Electronics oder den C860 bzw. C842 von Physik-Instrumente. Die Steuerungen sind sehr vielfältig. Der SB191 ist eine externe Steuerung, die über die serielle Schnittstelle an den PC angeschlossen wird. Der C842 ist auf einer ISA-Einsteckkarte, die über Port-I/O Zugriffe angesteuert wird. Der C860 wird ebenfalls über die serielle Schnittstelle angesteuert.

Deshalb ist die Auswahl der Schnittstelle bei jedem Modul unterschiedlich. Manchmal muss nur die serielle Schnittstelle und die Schnittstellenparameter ausgewählt werden, bei anderen Modulen wird die Basisadresse und der Kanal ausgewählt.

Alle Steuerungen haben aber eine ähnliche Funktionsweise. Es wird immer ein Wert an die Steuerung geschickt, der den Motor einen gewissen Weg fahren lässt. Die Einheit dieses Werts ist für jede Steuerung verschieden. Deshalb rechnen die Module in ICONNECT in Mikrometer (μm) und haben einen einstellbaren Umrechnungsfaktor in den internen Wert.

Die Funktionsweise des Motors ist so, dass über Eingänge an das Modul Befehle geschickt werden, die von dem Motor ausgeführt werden. Parallel dazu oder nach Abschluss der Aktion kommt eine Antwort auf einem Ausgang des Moduls. Es gibt Befehle, welche die Beschleunigung und die Geschwindigkeit des Motors festlegen, die den Motor relativ zur aktuellen Position vor oder zurück fahren lassen, Befehle zum Setzen der Nullposition oder auch Befehle zum Bewegen in eine absolute Position. Auch die aktuelle Position, sowie einige Statuszustände können abgefragt werden. Manche Linearantriebe haben Endschalter, die auch auf Ausgänge des Moduls geschaltet sind.

Die meisten Parameter, wie Geschwindigkeit oder Beschleunigung lassen sich im Dialog einstellen. Das hat den Vorteil, dass nicht alle Eingänge des Moduls verwendet werden müssen, sondern konstante Werte voreingestellt werden können.

Der Antrieb SB191 hat noch eine weitere Sonderfunktion. Er kann im Automatikbetrieb (Steuerung über das Modul) und im Handbetrieb (Steuerung über einen eigenen Joystick) verwendet werden. Die Umschaltung erfolgt im Modul.

Linearantriebe werden häufig zur Kalibrierung bzw. Qualitätskontrolle von Messgeräten und Sensoren verwendet. Dazu wird ein weiterer Sensor benötigt, der die genaue Position bestimmt (z.B. ein Inkrementalgeber) sowie ein Messgerät, das den Messwert des Sensors aufnimmt. In ICONNECT kann damit eine komplette Kalibrieranlage aufgebaut werden, welche die Werte aufnimmt, verrechnet und die Ergebnisse visualisiert und archiviert.

5.8   Ethernet

Im Vergleich zu den bisher besprochenen Bussystemen hat Ethernet die größte Bandbreite (d.h. den größten Durchsatz) und ist die am weitesten verbreitete Schnittstelle in Standard-PCs. Sie ist aus mehreren Schichten (Layern) aufgebaut, wie in Bild 5.16 zu sehen ist. Jede Schicht hat eine spezielle Aufgabe und eine klare Schnittstelle zuden weiteren Schichten. Deshalb ist es auch möglich, einzelne Schichten durch andere zu ersetzen. Alle Schichten zusammen werden Protokollstack genannt.

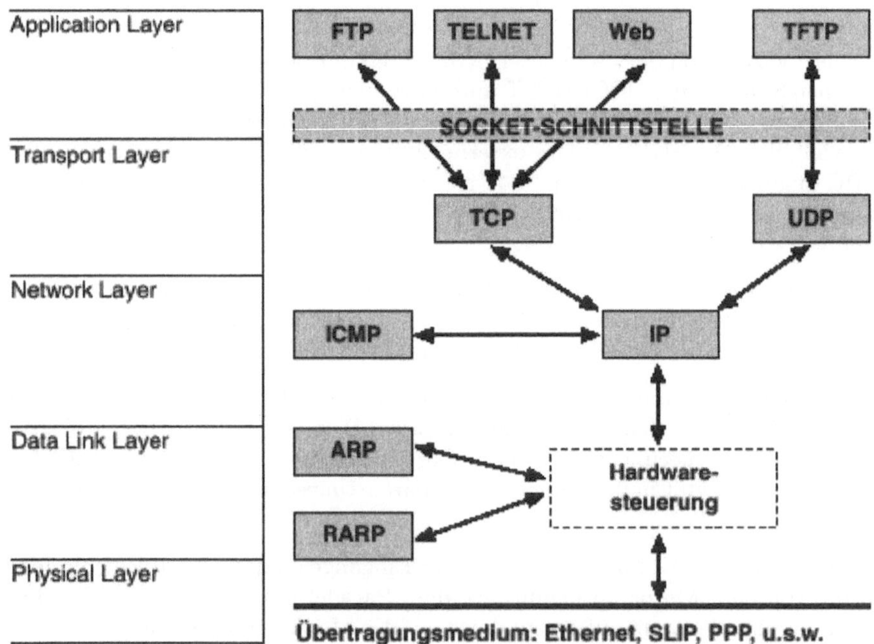

Bild 5.16   TCP/IP Protokollstack

Folgende Schichten kommen bei Ethernet und TCP/IP vor:

- *Physical Layer*
  Die unterste Schicht ist das physikalische Übertragungsmedium, also das Kabel sowie die physikalische Art der Übertragung (z.B. Ethernet, SLIP, PPP). Häufig verwendet werden 10BaseT, 100BaseT und Glasfaser (Fiber-Optic), relativ veraltet

sind Token Ring oder Twisted Pair. Da bei diesen Medien immer nur einer Senden darf, es aber keinen Master oder gemeinsamen Takt gibt, kommt es immer wieder zu Kollisionen. Deshalb wurde in diesem Layer die *Collision Detection* implementiert. Wenn ein Gerät senden will, wartet es, bis die Leitung frei ist, dann beginnt es den Sendevorgang. Wenn zur gleichen Zeit auch noch ein anderes Gerät beginnt, brechen beide das Senden ab und warten eine zufällig gewählte Zeit. Damit beginnt ein Gerät früher mit dem erneuten Senden, das andere muss warten, bis die Leitung erneut frei ist.

- *Data Link Layer*
  Diese Schicht übernimmt die Hardwaresteuerung. Hier ist unter anderem auch die Adressauflösung der einzelnen Geräte im Netzwerk implementiert (ARP – Address Resolution Protokoll).

- *Network Layer*
  In diesem Layer ist das eigentliche Netzwerkprotokoll IP (Internet Protocol) implementiert. Es ist unabhängig von den darunter liegenden Ebenen und verbindet auch verschiedene Netzwerke untereinander. Es ist jedoch verbindungslos und gewährleistet keine fehlerfreie Übertragung.

- *Transport Layer*
  Für verbindungsorientiertes Übertragen und Fehlerüberprüfung sowie -korrektur sind die Protokolle dieser Schicht verantwortlich. Das Protokoll TCP beinhaltet diese Mechanismen und ist deshalb relativ kompliziert und langsam. UDP arbeitet verbindungslos und ist entsprechend schneller.

- *Application Layer*
  Diese Schicht ist nicht mehr in der eigentlichen Implementation der Betriebssysteme enthalten, sondern wird vom Applikationshersteller je nach Anforderung implementiert. Die Schnittstelle vom Anwendungsprogramm zur Netzwerkprotokoll-Stack wird als Socket-Schnittstelle bezeichnet. Es gibt viele Standardprotokolle in diesem Layer, z.B. FTP, Telnet, HTTP (WWW) oder SMTP (Email).

Netzwerktypen

Um eine Verbindung zwischen zwei Rechnern (weltweit) zu ermöglichen, müssen diese durch eine eindeutige Adresse gekennzeichnet sein. Diese Adresse wird IP-Adresse genannt. Es handelt sich dabei um vier Zahlen zwischen 0 und 255, die durch Punkte getrennt sind. Der vordere Teil dieser Nummer gibt dabei das Netzwerk an, indem sich der Rechner befindet, der hintere Teil die Adresse des Rechners in diesem Netzwerk.

Es gibt verschiedene Netzwerkklassen, die durch die obersten Bits in der Netzwerkadresse spezifiziert werden. Adressen von 0.1.0.0 bis 126.0.0.0 werden als Class-A Netze oder auch Arpanet bezeichnet. Nur die erste Nummer ist die Netzwerkadresse, die restlichen drei Stellen bezeichnen den Rechner. Es können also über 16 Millionen Adressen in diesem Netz vergeben sein.

Von 128.0.0.0 bis 191.255.0.0 sind die Class-B Netzwerke. Diese Netze werden oft für größere Firmen vergeben. Das für den normalen Anwender am gebräuchlichste Netz ist das Class-C Netz. Es hat einen Bereich von 192.0.1.0 bis 223.255.255.0. Nur die letzte Stelle ist für die Rechneradresse vorgesehen. Es gibt also maximal 255 Adressen in diesen Netzen. Mit den beiden anderen Netze (Class-D für Multicast-Netze und Class-E für spätere Verwendung) kommt ein normaler Anwender nicht in Kontakt.

Da es (vor allen bei den Class-A und B Netzen) durch die sehr große Anzahl von Rechnern zu Schwierigkeiten bei der Verwaltung kommen kann, wurde noch eine weitere Nummer zur Unterteilung in kleinere Einheiten eingeführt. Die Subnet-Mask besteht aus vier Zahlen durch Punkte getrennt. Sie wird binär interpretiert und hat an jeder Bit-Stelle, die zur Netzwerkadresse gehört, eine eins und an jeder Stelle, die zur Rechneradresse gehört, eine Null.

Bei einem einfachen Class-C Netzwerk ist die Subnet-Mask also 255.255.255.0. Sollen kleinere Bereiche vergeben werden (z.B. durch einen Internet-Provider an einen Kunden), kann sich diese Nummer ändern. In einem Beispiel soll das Netz von 192.210.10.0 bis 192.210.10.7 gehen. Also sind nur die untersten drei Bit für die Rechneradresse. Die Subnet-Mask ist also 255.255.255.248.

Es gibt auch einige reservierte Adressen. So ist die Rechneradresse Null „0" nicht erlaubt, sondern sie bezeichnet die Netzadresse. Die Host-Adresse „255" ist ebenso nicht erlaubt. Sie bezeichnet alle Rechner im Subnetz (Broadcast-Adresse).

Gateways

Wenn jetzt ein Rechner eine Verbindung zu einem Rechner in einem anderen Subnetz aufbauen will, kann er das nicht direkt machen. Verschiedene Netze sind durch Gateways (so genannter Router) miteinander verbunden. Jeder Rechner, der in ein anderes Netz senden will, muss die Adresse eines Routers eingetragen haben. Diese Gateways besitzen zwei IP-Adressen, je eine pro Subnetz. Wenn Sie ein Paket von der einen Seite bekommen, leiten sie es an die andere Seite weiter, sofern dies der richtige Weg zum Empfänger ist.

Befindet sich der Empfänger direkt auf der anderen Seite, kann der Router das Paket direkt dorthin weiterleiten. Dazu muss er erst die Ethernet-Adresse des Zielrechners ermitteln. Diese wird auch MAC-Adresse genannt. Sie sollte weltweit für jede Netzwerkkarte eindeutig sein (sie muss es auf jeden Fall für das Subnetz sein). Der Router schickt eine ARP-Anfrage (Adress Resolution Protokoll) an alle Rechner im Subnetz. Der Rechner mit der Zieladresse antwortet darauf und schickt seine MAC-Adresse zurück. Dahin leitet der Router das Paket schließlich weiter.

DNS – Domain Name Service

Aufgrund des Internets und der vielen Millionen Rechner, die daran teilnehmen, ist es für den Anwender nicht möglich, sich die Nummer eines jeden Servers zu merken. Es ist wesentlich einfacher, sich einen Namen zu merken. Deshalb können für Netze (im Folgenden Domänen genannt) und deren Rechner eindeutige Namen vergeben werden, die durch Punkte voneinander getrennt sind. Ein Beispiel ist `www.micro-epsilon.de`. Dieser Name wird von rechts nach links aufgelöst. Der Rechner befindet sich in der Domäne `de`, was für Deutschland steht. Innerhalb davon existiert einen Unterdomäne (Subdomain) `micro-epsilon`. In dieser Subdomain befindet sich schließlich ein Rechner mit dem Namen `www` (Dabei handelt es sich um den Webserver von Micro-Epsilon).

Wenn jetzt eine Verbindung zu diesem Rechner aufgebaut werden soll, muss dem Namen erst eine Adresse zugeordnet werden. Dazu dient das Protokoll DNS (Domain Name Service). Es gibt ein weltweites Netz von DNS-Servern, das hierarchisch aufgebaut ist. Jeder Rechner, der dieses Protokoll verwenden will, besitzt mindestens einen Eintrag für einen DNS-Server. Folgendes Beispiel soll die Auflösung des Namens `www.micro-epsilon.de` zeigen:

Ein Internetsurfer in den USA will auf die Homepage von Micro-Epsilon. Sein Rechner ist mit seinem Internet-Provider (z.B. `worldnet.com`) verbunden und kennt die Adresse des DNS-Servers des Providers (wird beim Verbindungsaufbau automatisch übertragen). Dieser Nameserver wird also nach der Adresse gefragt. Da dieser die Adresse nicht kennt, fragt er die nächsthöhere Instanz. Diese gibt zur Antwort, dass es die Adresse auch nicht kennt, aber die Adresse des Nameservers für `de` kennt. Also fragt der Nameserver von `worldnet` jetzt den de-Nameserver. Der gibt ihm die Adresse des Nameservers von Micro-Epsilon zurück (da er alle untergeordneten Nameserver kennt). Dieser kennt die Adresse des Webservers und gibt sie an den Nameserver von `worldnet` zurück. Der leitet sie an den Rechner des Surfers weiter, der daraufhin eine Verbindung zum Webserver aufbauen kann.

Dieses Verfahren ist zwar relativ umständlich, hat aber den großen Vorteil, dass es dezentral ist. Jeder Nameserver ist mehrfach (redundant) vorhanden und kennt nur seinen direkt übergeordneten Nameserver sowie seine untergeordneten Domains. Wenn eine neue Domain hinzukommt, braucht also nicht jeder Nameserver weltweit, sondern nur der für diese Domain verantwortliche aktualisiert werden.

Ports

Auf jedem Rechner können gleichzeitig mehrere Netzwerkanwendungen laufen, wie z.B. Email, Internet Browser, FTP usw. Um diese gleichzeitigen Verbindungen unterscheiden zu können, wurde ein weiteres Adressierungsmerkmal eingeführt. Jede Verbindung läuft über einen so genannten Port. Dieser ist auch wieder eine Nummer. Die Ports für die Standardprotokolle (Well known ports) liegen zwischen 1 und 6000. Benutzerdefinierte Ports liegen darüber bis 65535. Bekannte Ports sind HTTP (80), SMTP (25) oder Telnet (23).

Ports gibt es bei den Protokollen TCP und UDP. Die Portnummern sind jedoch voneinander unabhängig. Ein in TCP verwendeter Port kann in UDP für ein völlig anderes Protokoll genutzt werden.

TCP – Transport Control Protocol

Da das Protokoll TCP verbindungsorientiert ist, muss es immer jemanden geben, der auf eine Verbindungsanforderung wartet (Server) und jemanden, der die Verbindung aufbaut (Client). Der Server wird dabei mit der Portnummer konfiguriert, auf der er Anforderungen annimmt. Der Client benötigt außerdem noch die Adresse des Servers. Jeder Server kann theoretisch beliebig viele Verbindungen gleichzeitig bedienen. Jedoch wird das durch die Leistungsfähigkeit des Servers und des Netzwerks eingeschränkt. Jeder Client kann zu einem Zeitpunkt nur eine Verbindung zu einem Server besitzen, jedoch können auf einem Rechner mehrere Clients gleichzeitig aktiv sein. Dabei ist jedoch zu beachten, dass jeder Client einen eigenen Client-Port haben muss. Ansonsten könnte die Netzwerkschicht nicht unterscheiden, welches gelesene Paket für welchen Client bestimmt ist.

Solange eine Verbindung besteht, können beide Seiten Daten senden und empfangen (bidirektional). Durch TCP wird sichergestellt, dass die Pakete fehlerlos und in der richtigen Reihenfolge auf der anderen Seite wieder ankommen. Das wird durch Fehlererkennungs- und -korrekturverfahren sichergestellt. Jedoch kann es vorkommen, dass große Pakete in mehrere kleinere geteilt werden, da die maximale Paketgröße bei TCP ca. 1600 Bytes ist.

Außerdem werden kleine Pakete, die in sehr kurzen Abständen aufeinander folgen, vom Sender zu einem großen Paket zusammengefasst. Dieser Vorgang wird *Nagling* genannt und verringert den Overhead. Somit erhöht es den Durchsatz auf dem Netzwerk.

UDP – User Datagram Protocol

Bei dem Protokoll UDP wird keine Verbindung zwischen Client und Server aufgebaut. Es gibt jedoch auch hier wieder jemanden, der auf ein Datenpaket auf einem bestimmten Port wartet. Außerdem muss auf der anderen Seite jemand ein Datenpaket abschicken. Bei UDP wird keine Fehlererkennung oder -korrektur durchgeführt. Da es sich um ein verbindungsloses Protokoll handelt, wird auch kein Acknowledge (Empfangsbestätigung) zurückgeschickt. Es kann auch vorkommen, dass ein später gesendetes Paket früher ankommt als ein früher gesendetes. Da all die Kontrollmechanismen fehlen, ist dieses Protokoll wesentlich schneller als TCP. Außerdem können hier keine Pakete zerstückelt oder zusammengefasst werden. Ein Paket kommt also genauso an, wie es abgeschickt wurde.

Soll über UDP eine gesicherte Datenübertragung gewährleistet werden, so ist ein weiteres Protokoll eine Schicht darüber zu implementieren, das die fehlenden Funktionen beinhaltet.

Die Anwendung der Protokolle TCP/IP und UDP erfolgt mit den Modulen TCPServer und UDP im Abschnitt 9.2.

5.9 RS232

Die RS232 (auch serielle Schnittstelle genannt) ist eine sehr universelle und nahezu überall verfügbare PC-Schnittstelle. Sie ist meist schon auf der Hauptplatine des PC vorhanden, kann aber auch über eine Multi-IO Karte nachgerüstet werden. Als Stecker wird immer der 9 oder 25-polige Sub-D Stecker verwendet. Es gibt Adapter von 9 auf 25-polig und umgekehrt.

Bei der Verbindung handelt es sich um eine Punkt zu Punkt Verbingung. Ein Endpunkt ist der PC, das andere ist das Endgerät. Sollen zwei PCs miteinander verbunden werden, so sind die Leitungen Rx und Tx zwischen den beiden Geräten zu vertauschen. Das geschieht üblicherweise durch ein so genanntes Null-Modem-Kabel. Um den Datenfluss der Geräte miteinander zu synchronisieren, gibt es zwei Möglichkeiten. Zum einen können spezielle Leitungen verwendet werden, die angeben, ob Daten geschickt werden sollen (RTS, DTR). Das wird als Hardwarehandshake bezeichnet. Zum anderen kann Xon und Xoff verwendet werden. Damit werden die Flussinformationen als Datenbytes übertragen. Es kann aber auch komplett auf ein Handshake verzichtet werden.

Um mit einem anderen Gerät zu kommunizieren, müssen die Parameter der beiden Schnittstellen übereinstimmen. Folgende Parameter können verändert werden (fett geschriebene Werte sind meist die Standardeinstellungen):

- *Baudrate*
  Das ist die Geschwindigkeit, mit der die Daten über die serielle Schnittstelle übertragen werden. Sie wird in Bits pro Sekunde angegeben. Um den Durchsatz in Bytes abzuschätzen, wird die Baudrate durch 10 geteilt. Das stimmt jedoch nur bedingt und hängt auch von der Anzahl der Daten- und Stoppbits ab. Übliche Geschwindigkeiten für die serielle Schnittstelle sind 110, 300, 1200, 2400, 4800, **9600**, 14400, 19200, 38400, 57600 und 115200 Baud.

- *Anzahl Datenbits*
  Damit wird festgelegt, aus wie vielen Bits ein Byte besteht. Es sind 4 bis 8 Bits
  möglich. Da in der PC-Welt ein Byte immer aus 8 Bit besteht, wird auch hier
  immer **8 Bit** gewählt.

- *Anzahl Stoppbits*
  Nach jedem Datenbyte werden als Abschluss die Stoppbits übertragen. Sie dienen
  zum Synchronisieren der Kommunikation. Es sind 1, 1.5 und 2 Stoppbits möglich.

- *Parität*
  Um Fehler bei der Übertragung zu erkennen, kann nach jedem Datenbyte ein Pa-
  ritätsbit berechnet und mitgeschickt werden. Es kann zwischen gerader, ungerader
  oder **keiner** Parität gewählt werden. Wird eine Parität verwendet, werden alle
  Datenbits addiert und berechnet, ob das Ergebnis gerad- oder ungeradzahlig ist.
  Dieser Wert (oder sein Komplement) wird bei gerader bzw. ungerader Parität nach
  den Datenbits geschickt. Wird keine Parität verwendet, wird dieses Bit nicht mitgeschickt.

Um die serielle Schnittstelle in ICONNECT zu nutzen, wird sie im Modul RS232 geöffnet.
Es ist jedoch zu beachten, dass die Schnittstelle exklusiv ist, d.h., sie darf zu einem Zeitpunkt nur von einer Anwendung verwendet werden. Da alle seriellen Schnittstellen über
einen internen Sende- und Empfangspuffer verfügen, ist es nicht notwendig, diese in Echtzeit abzufragen. Jedoch ist es sinnvoll, Timeouts festzulegen, wenn nach einer gewissen
Zeit die Daten noch nicht angekommen bzw. verschickt sind. Werden die in der Funktion
`SetTimeOuts` gesetzten Werte überschritten, bricht die Lese- bzw. Schreibfunktion mit
einem Fehler ab. Folgende fünf Werte müssen gesetzt werden:

- *ReadIntervalTimeout*
  Legt die maximale Zeit in Millisekunden fest, die zwischen dem Eintreffen zweier
  Zeichen an der Schnittstelle vergehen darf. Während einer Lesefunktion beginnt die
  Zeit mit dem Eintreffen des ersten Zeichens. Wird diese Zeit überschritten, kehrt
  die Funktion ReadRS232 mit der Anzahl der bisher gelesenen Zeichen zurück. Null
  bedeutet, dass dieser Timeout nicht verwendet wird.

  Ein Wert von MAXDWORD (entspricht 0xffffffff oder 4294967295 dezimal), kombiniert mit Null für ReadTotalTimeoutConstant und ReadTotalTimeoutMultiplier,
  sagt aus, dass die Leseoperation sofort mit dem im Puffer befindlichen Zeichen
  zurückkehren soll, auch wenn noch keine Zeichen empfangen wurden.

- *ReadTotalTimeoutMultiplier*
  Gibt den Faktor in Millisekunden an, der für die Berechnung der kompletten
  Timeout-Zeit für Leseoperationen verwendet wird. Bei jeder Leseoperation wird
  dieser Wert mit der Anzahl der angeforderten Bytes multipliziert.

- *ReadTotalTimeoutConstant*
  Gibt die Konstante in Millisekunden an, die für die Berechnung der kompletten
  Timeout-Zeit für Leseoperationen verwendet wird. Bei jeder Leseoperation wird
  dieser Wert zu dem Produkt aus ReadTotalTimeoutMultiplier und Anzahl der zu
  lesenden Bytes addiert.

  Wenn ReadTotalTimeoutMultiplier und ReadTotalTimeoutConstant Null sind,
  wird dieser Timeout nicht verwendet.

- *WriteTotalTimeoutMultiplier*
  Gibt den Faktor in Millisekunden an, der für die Berechnung der kompletten

Timeout-Zeit für Schreiboperationen verwendet wird. Bei jeder Schreiboperation wird dieser Wert mit der Anzahl der zu sendenden Bytes multipliziert.

- *WriteTotalTimeoutConstant*
  Gibt die Konstante in Millisekunden an, die für die Berechnung der kompletten Timeout-Zeit für Schreiboperationen verwendet wird. Bei jeder Schreiboperation wird dieser Wert zu dem Produkt aus WriteTotalTimeoutMultiplier und Anzahl der zu schreibenden Bytes addiert.

  Wenn WriteTotalTimeoutMultiplier und WriteTotalTimeoutConstant Null sind, wird dieser Timeout nicht verwendet.

Die einfachste Art der Kommunikation ist das unidirektionale Schreiben von Daten. Dazu wird nur der Datenpuffer und die Länge angegeben. Etwas komplizierter ist das Lesen von Daten. Bei kontinuierlichen Daten mit immer gleichem Format muss ein Empfangspuffer und die Anzahl der zu lesenden Zeichen angegeben werden. Es braucht kein Timeout verwendet werden, da sichergestellt ist, dass immer Daten ankommen. Um jedoch einen Hardwaredefekt oder einen Absturz im gegenüber liegenden Gerät festzustellen, empfiehlt sich der Einsatz von Timeouts.

Sollen Daten gelesen werden, deren Länge variieren kann, gibt es zwei Möglichkeiten. Bei der ersten werden die Daten Byte für Byte gelesen, bis ein Endezeichen erreicht wird. Dieses muss auf beiden Seiten definiert sein und vom Sender nach den Nutzdaten geschickt werden. Oft wird dafür ein Wagenrücklauf (CR), Zeilenvorschub (LF) oder beides verwendet. Bei der zweiten Möglichkeit wird ein Puffer mit ausreichender Größe angelegt und eine größere Zahl von Bytes gelesen als erwartet wird. Damit kommt die Lesefunktion auf jeden Fall in einen Timeout und kehrt mit der Anzahl der gelesenen Zeichen zurück. Es ist jedoch zu beachten, dass der Sender die Daten am Stück (ohne Unterbrechung) schicken muss, um einen ungewollten Timeout zu verhindern.

Die komplexeste Art der Kommunikation ist das Senden und Empfangen auf beiden Seiten (bidirektional). Diese wird oft verwendet, wenn sich auf beiden Seiten „intelligente" Geräte befinden. Der Master schickt dabei einen Befehl an den Slave, dieser schickt eine Antwort zurück an den Master. Dabei können die Befehle sowie auch die Antworten in der Länge variieren. Es kann auch vorkommen, dass binäre Daten übertragen werden sollen. Das schließt die Verwendung eines Endezeichen aus. In diesem Fall wird normalerweise eine Längeninformation vorausgeschickt. Das Gerät gegenüber liest erst diese Länge, interpretiert diese, fordert ausreichend Platz an und liest die Daten in den Puffer.

Manche Befehle können auch vom Kontext abhängen, d.h., sie beziehen sich auf einen früheren Befehl. In diesem Fall ist es sinnvoll, einen einfachen Zustandsautomaten in das Modul **RS232** zu integrieren.

Im folgenden Beispiel wird eine Wetterstation angesteuert, die Temperatur, Luftdruck und Luftfeuchtigkeit an **ICONNECT** zurückliefert. Die Übertragung erfolgt in ASCII-Text und jeder Befehl sowie die Antwort wird mit einem Zeilenvorschub abgeschlossen.

```
input trigger iTrg ("TYPEINFO", "TypeInfo", "SWORD[1]", "BIN");
output oTemp ("TYPEINFO", "TypeInfo", "DOUBLE[]", "TIME_DOMAIN");
output oDruck ("TYPEINFO", "TypeInfo", "DOUBLE[]", "TIME_DOMAIN");
output oFeuchte ("TYPEINFO", "TypeInfo", "DOUBLE[]", "TIME_DOMAIN");

char COM[4]; COM= "COM2";
char LF; LF= '\n';
char NL; NL= itoc (0);
char val[64]; char buf[1];
```

```
int cnt; int len;
int TimeOuts[5];

ReadErg()
 {
 Sleep (100);   // etwas warten, bis die Wetterstation
                // den Befehl verarbeitet hat
 cnt= 0;
 buf[0]= NL;
 while (cnt!=-1)
  {
  len= ReadRS232 (buf, 1, COM);
  val[cnt]= buf[0];
  if (val[cnt]==LF && len>0)
   {
   val[cnt]= NL;
   cnt= cnt+1;
   }
  else
   cnt= -1;
  }
 }

GetTemp()
 {
 val[0]= 'T'; // Lese Temperatur
 val[1]= LF;   val[2]= NL;
 WriteRS232 (val, strlen (val), COM);
 ReadErg();
 if (cnt==-1) // Kein Ergebnis von der Wetterstation
  strcpy (val, "18.6");
 }

GetDruck()
 {
 val[0]= 'D'; // Lese Druck
 val[1]= LF;   val[2]= NL;
 WriteRS232 (val, strlen (val), COM);
 ReadErg();
 if (cnt==-1) // Kein Ergebnis von der Wetterstation
  strcpy (val, "1021");
 }

GetFeuchte()
 {
 val[0]= 'F'; // Lese Feuchte
 val[1]= LF;   val[2]= NL;
 WriteRS232 (val, strlen (val), COM);
 ReadErg();
 if (cnt==-1) // Kein Ergebnis von der Wetterstation
  strcpy (val, "63");
 }

 init
  {
```

```
    InitRS232 (COM, 9600, "n", 8, 1);
    TimeOuts[0]= 0; TimeOuts[1]= 5; TimeOuts[2]= 10;
    TimeOuts[3]= 0; TimeOuts[4]= 0;
    SetTimeOuts (TimeOuts, COM);
    }

  execute
   {
   if (iTrg[0])
    {
    GetTemp();
    oTemp << atof (val);
    GetDruck();
    oDruck << atof (val);
    GetFeuchte();
    oFeuchte << atof (val);
    }
   }

  done
   {
   CloseRS232 (COM);
   }
```

5.10 IEEE488-Bus

In Kapitel 4 wurden der IEC-Bus (auch als IEEE488-Schnittstelle oder GPIB-Bus bekannt) und die Funktionen zum Zugriff auf die IEEE488-Kontrollerkarten der Firma Keithley und der Firma National Instruments mittels der Module IEEE488 und NI488 anhand von einfachen Beispielen beschrieben.

Einsatzfelder für die IEEE488-Schnittstelle finden sich in der Messtechnik und Qualitätskontrolle beispielsweise in der Erfassung von Sensor-Linearitätskurven in Abhängigkeit von der Temperatur, beim Abnahmetest zur Erstellung von Prüfprotokollen, zur Erfassung der Langzeitstabilität von Sensorsignalen und für Labormessungen und -auswertungen. Die Messergebnisse können statistisch ausgewertet werden und liefern wichtige fertigungstechnische Aussagen über Genauigkeiten und Fehlerhäufigkeiten. Abhängig von der Messaufgabe werden unterschiedliche Daten (Sensorsignale als Gleichspannung, Ströme, Widerstände, ...) unter verschiedenen Bedingungen (Messabstand, Temperatur) erfasst. Eine geeignete Hardware hierzu ist ein Digitalmultimeter mit integriertem Scanner (z.B. Digitalmultimeter Modell 2000 von der Firma Keithley) und eine IEEE488-Kontrollerkarte (z.B. *KPC-488.2* der Firma Keithley). Die einzelnen Signale werden an die verschiedenen Scannerkanäle angeschlossen und nacheinander über das Messgerät in den Rechner eingelesen.

Bild 5.17 zeigt einen typischen Messplatz. Hier werden mit verschiedenen IEEE-Bus Geräten bis zu 30 verschiedene Signale in vorgegebenen Zeitabständen aufgenommen. Die Steuerung des Klimaschranks erfolgt über eine serielle Schnittstelle.

Bild 5.17 Messplatz mit IEEE488-Geräten und Klimaschrank

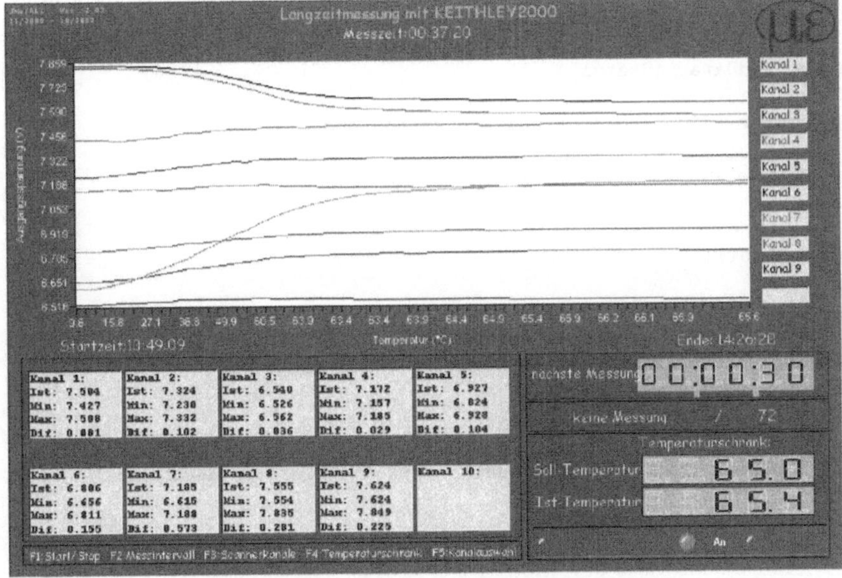

Bild 5.18 Ergebnisse der Langzeitmessung

Mehrkanaliges Einlesen von Signalen

Bild 5.18 zeigt die Ergebnisse einer Langzeitdriftmessung von neun Sensoren. Die grafische Oberfläche ist in **ICONNECT** erstellt.

Die Erfassung verschiedener Messsignale erfolgt mit dem Modul **IEEE488**. Das folgende Interpreter-Programm nimmt abhängig von den Eingangsinformationen Signale auf und stellt diese gesammelt am Ausgang bereit.

```
input   trigger EingangMessen( "TYPEINFO", "TypeInfo", "SWORD[1]", "BIN" );
input   EingangParameter( "TYPEINFO", "TypeInfo", "SWORD[]",  "BIN" );
output  AusgangMesswerte( "TYPEINFO", "TypeInfo", "DOUBLE[]", "TIME_DOMAIN" );

char ReadData[200]; char SendData[600];
int i; int kanal; int Adr; int iStatus; int Laenge; int kanalanzahl;
double dVar; double TempTime;

DMMEinstellung()
 { // Messfunktion
 Sleep (250); // Scannerkanäle langsam durchschalten
 strcpy( SendData, ":FUNC 'VOLT:DC'" ); // Gleichspannung
 if ( EingangParameter[kanal] == 1 ) // Wechselspannung, Bereich 100 V
  strcpy( SendData, ":FUNC 'VOLT:AC';VOLT:AC:RANGE 100" );
 else if ( EingangParameter[kanal] == 2 ) // Widerstand
  strcpy( SendData, ":FUNC 'RES';RES:RANGE:AUTO 1" );
 else if ( EingangParameter[kanal] == 3 ) // Frequenz
  strcpy( SendData, ":FUNC 'FREQ';FREQ:THR:VOLT:RANG 1" );
 else if ( EingangParameter[kanal] == 4 ) // Gleichstrom
  strcpy( SendData, ":FUNC 'CURR:DC';CURR:DC:RANGE:AUTO 1" );
 else if ( EingangParameter[kanal] == 5 ) // Gleichspannung
  strcpy( SendData, ":FUNC 'CURR:AC';CURR:AC:RANGE:AUTO 1" );

 strcat( SendData, ";:SENS:DATA:FRES?" );

 send( Adr, SendData, iStatus );
 if ( iStatus == -8 )
  print ("Fehler beim 'send' Befehl (Funktion SendString)");
 }

ReadString()
 {
 TempTime = time();
 while(1)
  {
  enter( ReadData, 80, Laenge, adr, iStatus ); //Ergebniss der Geräteabfrage
  if ( Laenge > 0 ) // Messwert erst gültig wenn Länge > 0
   break;
  if ( time() - TempTime > 10000.0 )
   { // TimeOut... (10sec.)
   print ("Fehler beim 'enter' Befehl - TimeOut (Funktion ReadString)" );
   break;
   }
  }
 }

init
```

```
{
initialize( 21, 0);
Adr = 16;
}

execute
{
if ( newdata( EingangMessen ) )
 {
 kanalanzahl = size( EingangParameter );
 for ( kanal=0; kanal<kanalanzahl; kanal++ )
  {
  strcpy( SendData, ":ROUT:CLOS (@" );   // Scannerkanal einschalten
  strcat( SendData, itoa( kanal+1 ) );
  strcat( SendData, ")" );
  send( Adr, SendData, iStatus );
  if ( iStatus == -8 )
   print( "Fehler beim 'send' Befehl" );
  DMMEinstellung();
  ReadString();

  dVar = atof( ReadData );

  AusgangMesswerte << dVar;
  }
 }
}
```

Damit die Messung extern getriggert werden kann, benötigt das Modul **IEEE488** mindestens einen Triggereingang. Sobald an **EingangMessen** ein Signal anliegt, wird die Messreihe gestartet (Execute-Sektion). Über **EingangParameter** werden die Geräteeinstellungen kanalweise vorgegeben. Dabei sind die Multimetereinstellungen festen Kodierungen zugeordnet. Die Funktion *DMMEinstellung()* listet die im Beispiel verwendeten Digitalmultimeter-Einstellungen (Gleichspannung, Wechselspannung, Widerstand, Frequenz, Gleichstrom, Wechselstrom mit unterschiedlichen Messbereichen) auf. Die Anzahl der Kanäle ergibt sich aus der Länge des Arrays an **EingangParameter**. Beim Start der Messung wird in der Initialisierungsphase die Kontrollerkarte mit Adresse 21 initialisiert. In jeder Ausführungsphase (Execute) werden nacheinander (for-Schleife) alle Kanäle aufgerufen. Dabei wird zuerst der aktuelle Scannerkanal mit dem Messgerät verbunden, dann werden die gewünschten Einstellungen am Digitalmultimeter vorgenommen und schließlich wird der Messwert als Zeichenkette eingelesen. Für das Erfassen der Messwerte wird eine Timeout-Zeit (Zeitüberlauf) von zehn Sekunden vorgegeben. Innerhalb dieser Zeit wird die Messung im Fehlerfall wiederholt. Die Messwerte werden in ein Fließkommaformat konvertiert und nacheinander an **AusgangMesswerte** geschickt, so dass dort ein Array mit den aktuellen Signalen zur Weiterverarbeitung bereit steht.

5.11 OPC

Die Universalschnittstelle *OPC* (OLE for Process Control) stellt den Kommunikationsstandard für Automatisierungskomponenten dar. OPC basiert auf dem Komponentenmodell *COM* (Component Object Model) der Firma Microsoft, welches Bestandteil der

Windows-Betriebssysteme ist (ab Windows 98 und ab Windows NT). Das Komponentenmodell COM stellt die Umgebung zur Zusammenarbeit von Softwarekomponenten bereit. Die OPC-Schnittstelle definiert einen bestimmten Komponententyp und legt fest, welche Leistungen die Komponente *OPC-Server* erbringen muss. Typische OPC-Server realisieren die Anbindung an die bestehenden Kommunikationssysteme. Hersteller von Baugruppen, die Prozessdaten liefern, stellen zur Baugruppe einen OPC-Server zur Verfügung (z.B. OPC.SimaticNET). Ein Nutzer der Dienste des OPC-Servers ist der *OPC-Client*. OPC-Clients sind Anwender von Prozessdaten. Der Anwender kann eigene OPC-Clients schreiben, fertige Bausteine (z.B. ActiveX-Controls) verwenden oder bestehende Standardsoftware wie Messwerterfassungs- und -verarbeitungs-Software, die die OPC-Spezifikation erfüllt, kaufen. Die Dienste der OPC-Server werden durch Eigenschaften und Methoden repräsentiert. Jeder OPC-Server bietet denselben Satz von Eigenschaften und Methoden an, so dass die Zusammenarbeit von Komponenten verschiedener Hersteller möglich ist. Die Spezifikationen für den Datenaustausch (Data Access) und für die Behandlung von Alarmen und Ereignissen (Alarm & Events) sind abgeschlossen. Das OPC Data Access (DA) Client-/Server-Modell verbindet Echtzeitdaten von Servern, die in Automatisierungsgeräten, -netzwerken und -systemen integriert sind, mit Client-Applikationen. Die OPC-Schnittstelle zur Datenerfassung (Data Access) bietet Anwendungsschnittstellen für den Zugriff auf Daten von Mess- und Steuerungseinrichtungen, für die Identifizierung von OPC-Servern und für die Abfrage des Server-Namensbereichs.

Die OPC-Spezifikation für Data Access (Version 2.0) teilt die Schnittstellen in drei hierarchische Klassen ein:

- Der *OPC-Server* hat einen eindeutigen Namen und besteht aus mehreren OPC-Gruppen.

- Eine *OPC-Group* strukturiert die Prozessvariablen (*Items*).

- Ein *OPC-Item* repräsentiert eine Verbindung zu einer Prozessvariablen. Eine Prozessvariable ist ein Element des Adressraums des OPC-Servers und wird durch seine innerhalb des Adressraums des Servers eindeutige Item-ID identifiziert. Jedes OPC-Item hat die Eigenschaften *Wert, Qualität* und *Zeitstempel.*

OPC-Client-Applikationen erkennen OPC-Server auf demselben Rechner oder über DCOM (Distributed COM) im Netz und durchsuchen diese nach Daten. Der Rechner, auf dem der Client ausgeführt wird, wird durch Windows-Systemprogramme so administriert, dass Objekte, die der Client benutzen will, nicht lokal, sondern auf einem anderen Rechner gestartet werden.

Mit dem OPC-Interface lassen sich Hardware und Feldbussysteme unterschiedlicher Hersteller über dieselbe Schnittstelle ansprechen. Auf Prozessdaten der Prozessebene mit diversen Feldbussystemen, speicherprogrammierbaren Steuerungen und digitalen I/O-Karten wird standardisiert zugegriffen, so dass herstellerunabhängige, flexible und dezentral aufgebaute Automatisierungslösungen ermöglicht werden.

In der Automation werden häufig SPS-Steuerungen eingesetzt.

Bild 5.19 zeigt eine netzwerkfähige SPS-Steuerung. Diese besteht aus folgenden Komponenten:

- Netzteil PS307 der Firma Siemens,
- SIMATIC S7-300 CPU 315-2 DP der Firma Siemens,
- SIMATIC NET Kommunikationsprozessor CP 343-1 der Firma Siemens,

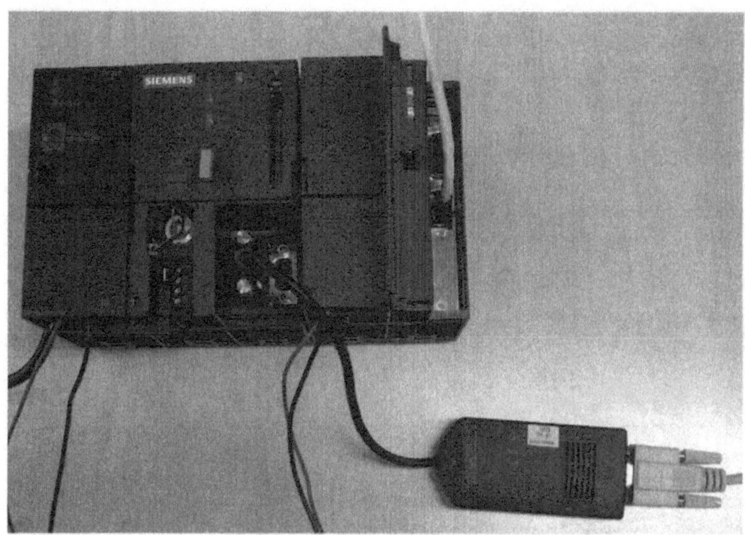

Bild 5.19 Simatic S7-300

- Netzwerkkabel zum Anschluss des Kommunikationsprozessors an das Netzwerk.

In den folgenden Abschnitten wird die Anbindung der SIMATIC S7 über Netzwerk unter Verwendung der OPC-Schnittstelle an ein Automatisierungssystem durchgeführt.

- Projektierung der OPC-Schnittstelle
  (Diese ist Voraussetzung für die Verwendung der OPC-Schnittstelle. Sie erfolgt mit Software Komponenten der Firma Siemens und wird im nächsten Abschnitt ausführlich beschrieben),

- Siemens OPC-Server,

- Programmierung des OPC-Scouts (Test-Client und Konfigurationstool),

- OPC-Anbindung in ICONNECT,

- DCOM-Konfigurationseinstellungen.

5.11.1   Der Siemens SIMATIC NET OPC-Server

Der OPC-Server für SIMATIC NET (Firma Siemens) bietet einen hersteller- und protokollunabhängigen Zugang zu den industriellen Kommunikationssystemen von SIMATIC NET. Als 32-Bit-Anwendung läuft er ab den Betriebssystemen Microsoft Windows NT 4.0 Service-Paket 5. Der OPC-Server für das Protokoll S7 ermöglicht einen Zugriff auf Variablen von S7-Automatisierungsgeräten über Profibus oder Industrial Ethernet. Der Zugang ist sowohl über die S7 Kommunikationsbaugruppen als auch über die interne Schnittstelle (MPI) möglich. In der Beispielanwendung befindet sich der OPC-Server auf dem lokalen Rechner oder auf einem im Netzwerk vorhandenen Rechner.

5.11.2 Programmierung des OPC-Scout

Das Beispielprogramm OPC-Scout (START|SIMATIC|SIMATIC NET|INDUSTRIAL ETHER-
NET|SOFTNET INDUSTRIAL ETHERNET|OPC SCOUT) dient als Hilfsmittel zur Inbetrieb-
nahme von Kommunikationssystemen. Der OPC-Scout dient als Client und ermöglicht die
Konfiguration der OPC-Anwendung. Er listet alle lokalen oder im Netzwerk gefundenen
Server auf (siehe Bild 5.20). Nachdem ein OPC-Server ausgewählt wurde, kann dieser verbunden werden, so dass die zugehörigen Items verfügbar werden. Dazu wird eine Gruppe
definiert.

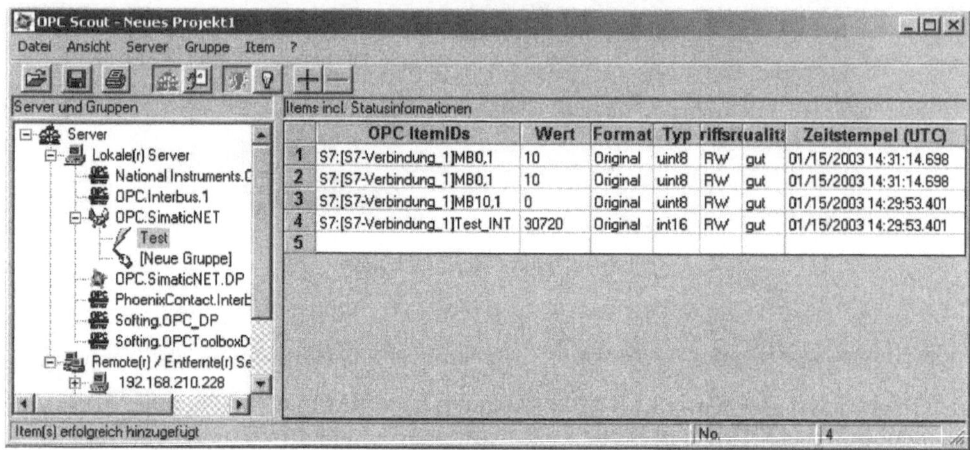

Bild 5.20 OPCScout Parametrierung

Ein Doppelclick auf die Gruppe öffnet den OPC-Navigator. Die gewünschten Items werden nacheinander ausgewählt und zur Testgruppe hinzugefügt (siehe Bild 5.21).

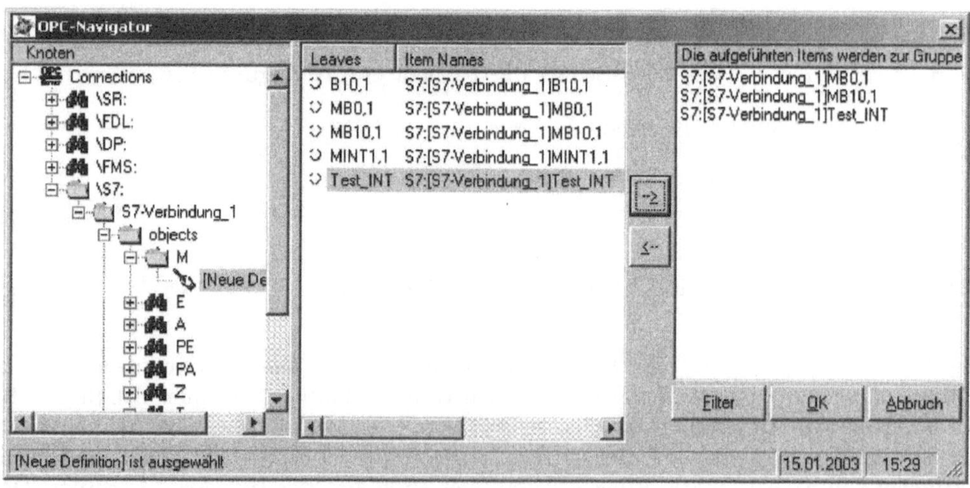

Bild 5.21 OPCScout Navigator

Durch Klick auf *Neue Definition* können neue Items angelegt werden (siehe Bild 5.22).

Nach der Konfiguration kann auf die Ansicht mit den aktuellen Werten umgeschaltet werden.

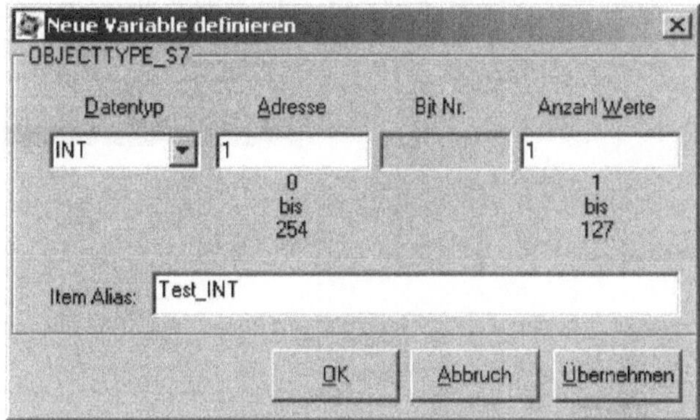

Bild 5.22 Neue Variable definieren

Die mit dem OPC-Scout vorgenommenen Konfigurationen werden in der Konfigurationsdatei (z.B. SCoreS7.txt) abgespeichert. Diese hat beispielsweise folgenden Inhalt:

```
;------------------------------------------------------------------
;Configuration Database for SIMATIC NET OPC Server - Protocol S7
;------------------------------------------------------------------
;Copyright (c) SIEMENS AG 2001
;
;Use text editor in order to modify database, but refer to manual!
;Warning: Wrong database entries may cause unexpected program behavior!
;------------------------------------------------------------------

[PROTOCOL]
UseDemoConn=0
TimeoutFirstCallbackBad=0

[S7-Verbindung_1(Aliases)]
MB0,1=MB0,1
MINT1,1=MINT1,1
Test_INT=MINT1,1
MB10,1=MB10,1
B10,1=MB10,1
```

5.11.3 OPC-Anbindung in ICONNECT

Das Modul OPCClient ermöglicht die Anbindung von Feldbuskomponenten und Mess- und Automatisierungsgeräten mit einer OPC-Schnittstelle in die Standardsoftware ICONNECT. Unterstützt wird die Data Access Spezifikation (ab Version 2.0). Bild 5.23 zeigt den Eingabedialog des OPCClient-Moduls.

Zuerst wird entweder der lokale Rechner oder ein im Netz gefundener Rechner ausgewählt. Die auf dem ausgewählten Rechner (lokal oder im Netzwerk) verfügbaren Server werden automatisch gefunden und angezeigt. Für den selektierten Server wird ein *OPCGroup*-Objekt angelegt und dessen Abtastrate festgelegt. Der Datenaustausch erfolgt asynchron. Der Namensraum des ausgewählten Servers wird durchsucht und die gefundenen

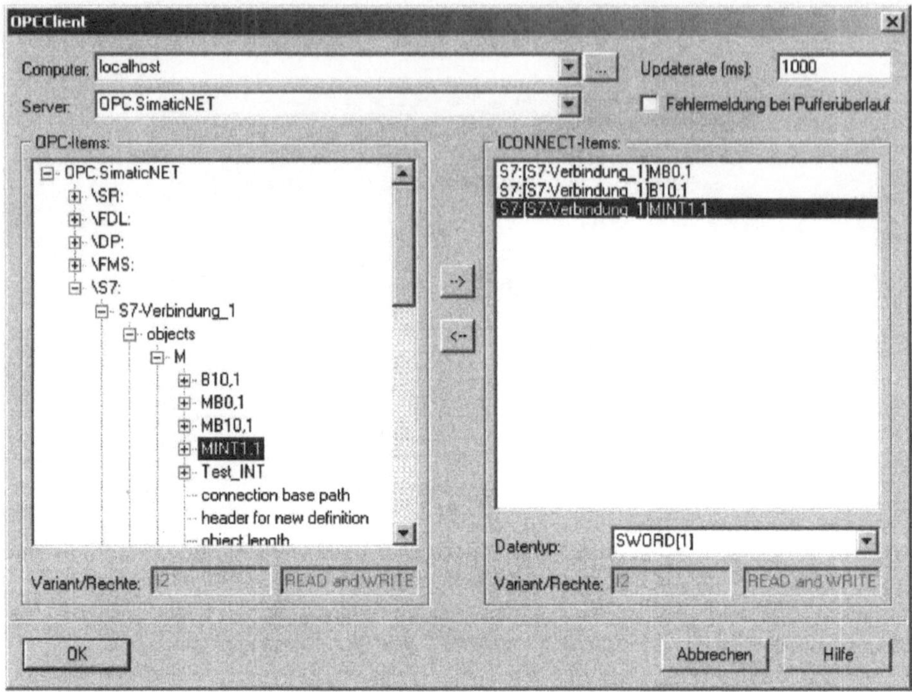

Bild 5.23 OPCClient Parametrierung

Items werden gezeigt. Durch Auswahl und Doppelklick werden nacheinander die benötigten Items aus dem Namensraum ausgewählt und im OPCGroup-Objekt als OPCItem-Objekte angelegt. Dabei werden der Varianttyp und die Schreib-/Lesezugiffsrechte des jeweils markierten Items angezeigt. Für die in das OPCGroup-Objekt aufgenommenen Items wird ein zum Varianttyp kompatibler ICONNECT Datentyp vorgeschlagen. Dieser kann bedarfsweise vom Benutzer geändert werden. Für die ausgewählten Items werden abhängig von den Zugriffsrechten Moduleingänge (WRITE) und/oder Modulausgänge (READ) angelegt. Neben den Dateneingängen, die für die Items angelegt werden, verfügt das Modul OPCClient über einen Triggereingang. Über diesen Eingang kann die Kommunikation mit dem OPC-Server zur Laufzeit aktiviert und deaktiviert werden. Der Fehlerausgang ermöglicht es, OPC-Fehler in einem Visualisierungsmodul anzuzeigen. Ist keine Anzeige angeschlossen, wird im Fehlerfalle eine Meldung ausgegeben. Die Meldung von Pufferüberlauffehlern kann wahlweise durch eine entsprechende Parametrierung im Dialog ignoriert werden.

Nachdem eine OPC-Applikation in ICONNECT erstellt wurde, kann diese abgespeichert und gestartet werden. Wird eine bestehende OPC-Anwendung geladen ist darauf zu achten, dass der bereits ausgewählte Netzwerkrechner vorhanden und eingeschaltet ist, und dass dieser den selektierten OPC-Server starten kann. Beim Starten des Signalgraphen oder während des Editierens (Dialog) werden eventuelle Probleme festgestellt und gemeldet. Wird im laufenden Betrieb die Netzwerkverbindung unterbrochen, bekommt das Modul OPCClient solange keine neuen Daten vom OPC-Server, bis dieser wieder verfügbar ist. Erfolgt auf dem Rechner, auf dem der OPC-Server aktiv ist, eine Neu-Anmeldung, so werden alle laufenden Anwendungen und damit auch der OPC-Server geschlossen. Die

Datenerfassung kann erst nach einem Signalgraph-Neustart wieder aufgenommen werden.

Die vom OPC-Server in die Applikation eingelesenen Daten der jeweiligen Items (Einzelwerte bzw. Arrays) werden an den Ausgängen des Moduls OPCClient als Datenpakete zur Weiterverarbeitung bereit gestellt. Die Daten werden von folgenden Zusatzinformationen (TypeInfo) begleitet:

- Signalname = Itemname,
- Bereich: Minimum = 0.0, Maximum = 1.0,
- Abtastrate = 1 Hz,
- Zeitstempel ist der aktuelle Zeitpunkt (ms seit 01.01.1970).

Mit den Modulen Scale, Formula und Interpret können die Werte skaliert und die Typinformationen angepasst werden.

5.11.4 COM/DCOM-Konfiguration

DCOM (Distributed Component Object Model) ermöglicht den Zugriff auf OPC-Server über das Netzwerk.

Zum Starten der DCOM-Konfiguration (START|AUSFÜHREN|DCOMCNFG.EXE) auf dem Server-Rechner ist die Anmeldung als lokaler Administrator erforderlich. Außerdem müssen sich der Server und der Client in derselben Domäne befinden und der Client darf nicht mit NAT (*Network Adress Translation*) am Netz angeschlossen sein.

Die Konfiguration von COM/DCOM ist für die Betriebssysteme Win95B, Win98SE, WinME ursprünglich nicht vorgesehen und kann nachgerüstet werden. Unter Win95B wird zuerst das Programm dcom95.exe und nach einem Neustart des Rechners das Programm dcm95cfg.exe installiert. Die Betriebssysteme Win98SE und WinME benötigen die Installation des Programms dcm95cfg.exe.

Für die COM/DCOM-Konfiguration sind auf dem Server- und dem Clientsystem die Standardeigenschaften wie in Bild 5.24 einzustellen.

Der Rechner auf dem der Server läuft benötigt entweder in der Kartei *Standardsicherheit* (siehe Bild 5.25) für alle Anwendungen oder in der Kartei *Anwendungen* für eine einzelne Anwendung (z.B. OPC.SimaticNET) mit benutzerdefinierten Berechtigungen folgende Freigaben:

- Zugriffsberechtigungen: Zugriff erlauben,
- Startberechtigungen: Starten zulassen,
- Konfigurationsberechtigungen: uneingeschränkter Zugriff.

Nach Abschluss der Konfiguration ist ein Neustart des Rechners erforderlich.

5.12 Installation von Komponenten der Firma Siemens

Die Profibus-Anbindung (siehe Kapitel 4) und die Kommunikation über die *OPC-Schnittstelle* in ICONNECT (siehe voriger Abschnitt dieses Kapitels) erfordern eine entsprechende Installation der zu verwendenden Komponenten. Die Beschreibung basiert auf der SIMATIC NET PC-Software ab Version 6.0 Service Pack 4 (ab CD 07/2001). Installiert wurden folgende Produkte:

- AutorsW V2.42,

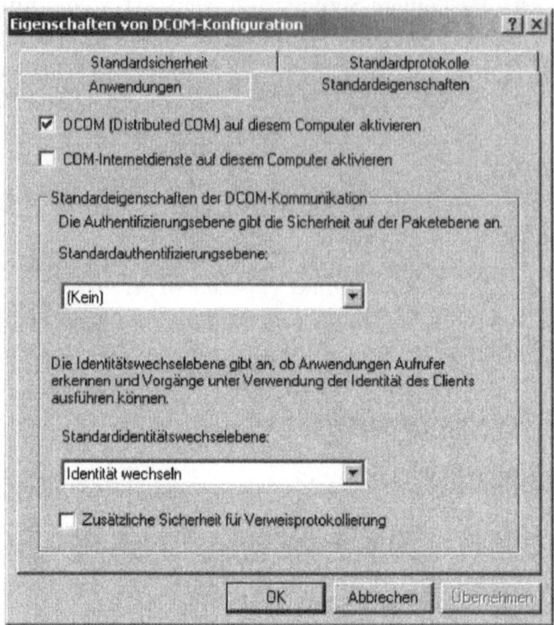

Bild 5.24 DCOM Standardeigenschaften bei Windows 2000

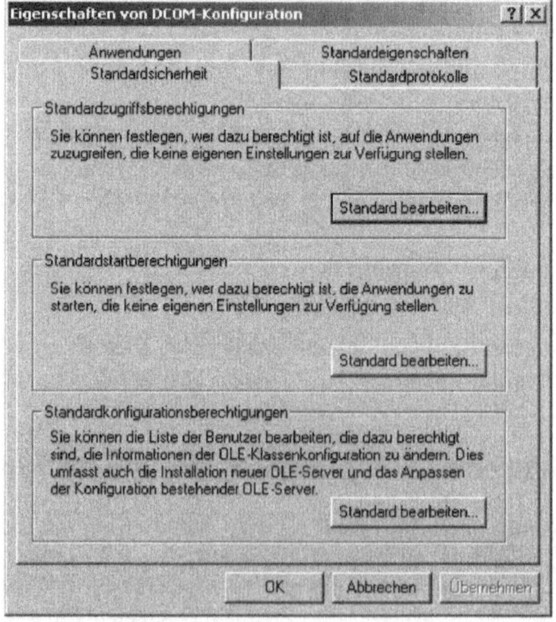

Bild 5.25 DCOM Standardsicherheit bei Windows 2000

- SIMATIC NET PC-Software V6.0 SP4,
- SIMATIC NCM PC/S7 V5.1 SP3.

In diesem Abschnitt wird beschrieben, wie der Profibus und die OPC-Schnittstelle in ein Siemens Projekt eingebunden werden. Dabei werden folgende Programme verwendet:

- Konfigurations-Konsole *PC-Station einstellen*
  (START|SIMATIC|SIMATIC NET|EINSTELLUNGEN|PC-STATION EINSTELLEN)
  Mit diesem Programm werden bisherige Einstellungen gelöscht, so dass eine neue Urtaufe erfolgen kann. Falls keine Einstellungen vorhanden sind, wird der Inbetriebnahmeassistent gestartet.

- Inbetriebnahmeassistent
  (START|SIMATIC|SIMATIC NET|EINSTELLUNGEN|INBETRIEBNAHMEASSISTENT)
  Der Inbetriebnahmeassistent besteht, abhängig von den vorhandenen Einstellungen aus maximal acht Programm-Seiten. Der Inbetriebnahmeassistent erfasst Baugruppen und speichert Einstellungen für die Baugruppen ab. Aus dem Inbetriebnahmeassistenten kann mit der Schaltfläche PROJEKTIERUNGSASSISTENT der Projektierungsassistent gestartet werden. Die Inbetriebnahme wird nach der Fertigstellung der Projektierung beendet.

- Projektierungsassistent
  Nach der Auswahl der Projektierungsparameter startet der Projektierungsassistent eines der beiden folgenden Programme:

- SIMATIC NCM PC Konfig - PCStation
  Die Step7-Konfigurations Software eignet sich zur Konfiguration der Hardware.

- NetPro dient zum Bearbeiten der Netz- und Verbindungsprojektierung.

- Komponenten Konfigurator - [ONLINE]

- PC/PC-Schnittstelle einstellen

5.12.1 Einstellen der PC-Station

Das Programm *PC-Station einstellen* dient zur Konfiguration, Inbetriebnahme und Diagnose des Kommunikationssystems einer SIMATIC PC-Station. Die Eigenschaften enthalten Informationen über Applikationen (als Applikation erscheint der OPC-Server), Baugruppen und Zugangspunkte. Nach dem Aufruf des Programms erscheint die Maske zur Navigation durch die Komponenten.

Bild 5.26 zeigt die Einstellung der Baugruppe CP5611.

Die Konfiguration der Baugruppe Intel(R) PRO/100+ Mana...(2) ist in Bild 5.27 zu sehen.

Folgende Baugruppeneigenschaften können ausgewählt werden:

- Der Typ der Baugruppe gibt an, für welchen Netztyp - PROFIBUS oder Ethernet - die Baugruppe vorgesehen ist.

- Als Betriebsart ist im Initialisierungszustand *noch nicht festgelegt* auszuwählen. Möglich sind folgende Einstellungen:

  - Projektierter Betrieb: Alle Parameter der Baugruppe werden in der Projektierung der Automatisierungsanlage festgelegt und auf die Baugruppe übertragen. In dieser Betriebsart können mit der Baugruppe alle von SIMATIC NET angebotenen Protokolle genutzt und der OPC-Server verwendet werden.

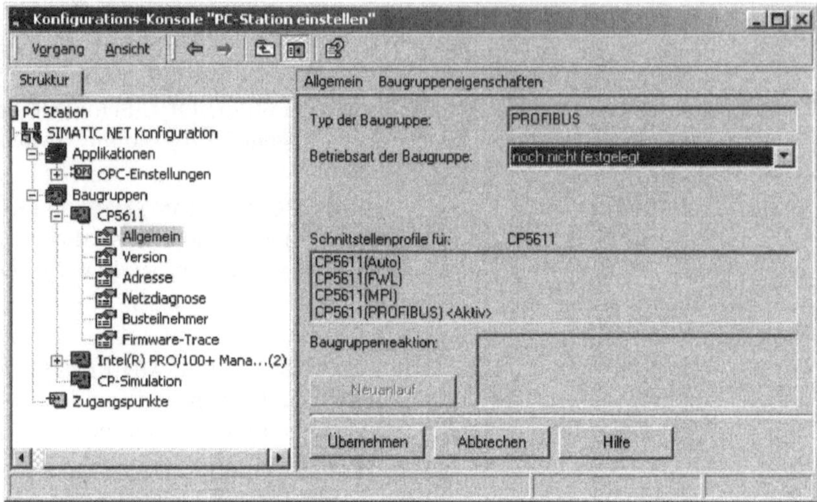

Bild 5.26 Die Baugruppe CP5611 als Bestandteil der PC-Station

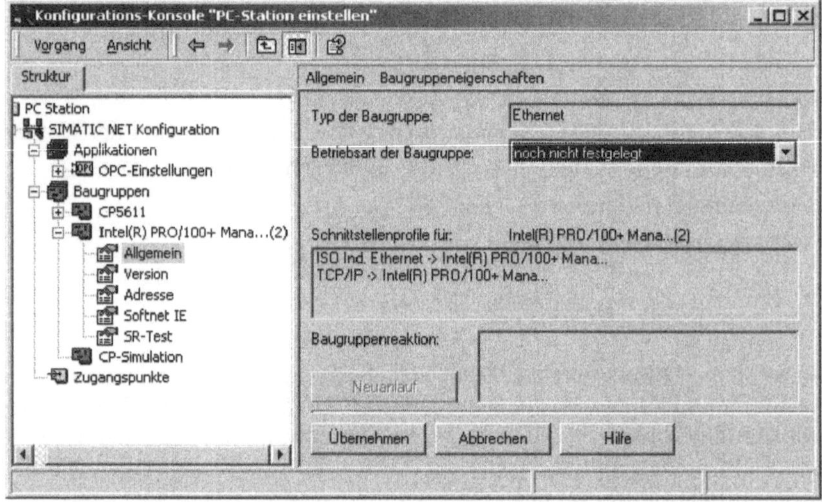

Bild 5.27 Intel(R) PRO/100+ Manag... als Bestandteil der PC-Station

– PG-Betrieb: Die netzbezogenen Parameter der Baugruppe wie Stationsadresse
  und Übertragungsgeschwindigkeit werden durch das Konfigurationsprogramm
  PG/PC-Schnittstelle einstellen gesetzt. Die Konfiguration ist nur lokal auf
  dem Rechner selbst möglich. Mit dieser Betriebsart können mit der Baugruppe
  PG-Funktionen (z.B. SIMATIC STEP 7) genutzt werden. Kommunikations-
  funktionen, die eine Projektierung benötigen, oder OPC-Betrieb sind damit
  nicht möglich.

– Noch nicht festgelegt: Die Betriebsart wird als *Nicht festgelegt* gekennzeichnet.
  Dies ist die ursprüngliche Einstellung nach dem Einbau der Baugruppe. Beim
  nächsten Start des Inbetriebnahmeassistenten wird die Baugruppe wie eine

neu gefundene Baugruppe behandelt, eine erneute Urtaufe der Baugruppe ist damit möglich.

- In der Betriebsart *Projektierter Betrieb* dient der *Index* als eindeutige Kennnummer für jede Baugruppe zur Kommunikation der Komponenten innerhalb der PC-Station untereinander und zum Empfang von Projektierungsdaten. Analog zum Steckplatz einer Baugruppe in einer S7-400 Steuerung entspricht der Index einem virtuellen Steckplatz in einer PC-Station. Innerhalb einer PC-Station muss der Index eindeutig sein.

  Das Ändern der *Betriebsart* oder des *Index* stößt PC-interne Verwaltungsmechanismen an, die unter Umständen einige Zeit andauern. Nach der Änderung der Betriebsart ist ein Neuanlauf der Baugruppe notwendig!

- Das Feld *Schnittstellenprofile für* zeigt die der ausgewählten Baugruppe zugeordneten Schnittstellenprofile an. Falls die Baugruppe nur ein aktives Schnittstellenprofil gleichzeitig zulässt (z.B. CP 5613), ist dies durch den Zusatz <aktiv> gekennzeichnet.

- Mit der Taste $\boxed{\text{ÜBERNEHMEN}}$ werden die Einstellungen aktualisiert.

Die Zugangspunkte werden in Bild 5.28 gezeigt. Mit einem Doppelklick auf einen Zugangspunkt wird ein Dialog geöffnet, in dem die Konfiguration geändert werden kann.

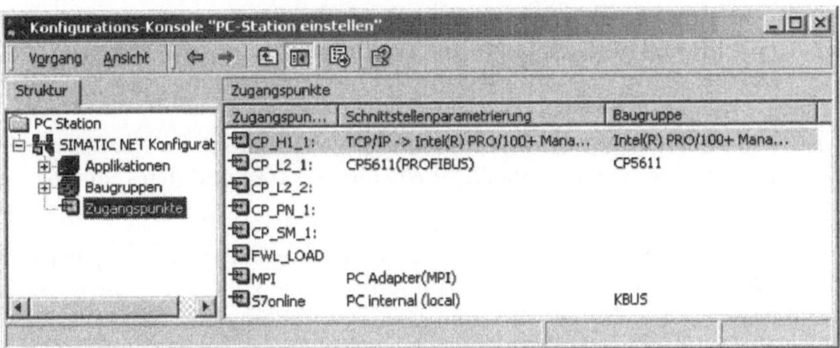

Bild 5.28 Zugangspunkte der PC-Station

5.12.2   Erstellen eines Projektes mit dem Inbetriebnahmeassistenten

Der *Inbetriebnahmeassistent* unterstützt die Erstkonfiguration der SIMATIC NET Kommunikationsbaugruppen. Er führt durch die Inbetriebnahme der Baugruppen und durch die weiteren Schritte zur Inbetriebnahme einer PC-Station mit projektierter Kommunikation:

- Bei der Erstkonfiguration der Baugruppen werden alle noch nicht erfassten Baugruppen durchlaufen. Für jede Baugruppe werden die Einstellungen, die Betriebsart und bei Auswahl der Betriebsart *projektierter Betrieb* die netzbezogenen Parameter für die Erstkonfiguration eingestellt.

  Die CP5611-Baugruppe wird *in projektierter PC-Station für Produktivbetrieb* verwendet. Sie hat den Namen CP5611 und den Index 4. Die Stationsadresse ist 1 und die Übertragungsgeschwindigkeit liegt bei 19.2 KBit/s (siehe Bild 5.29).

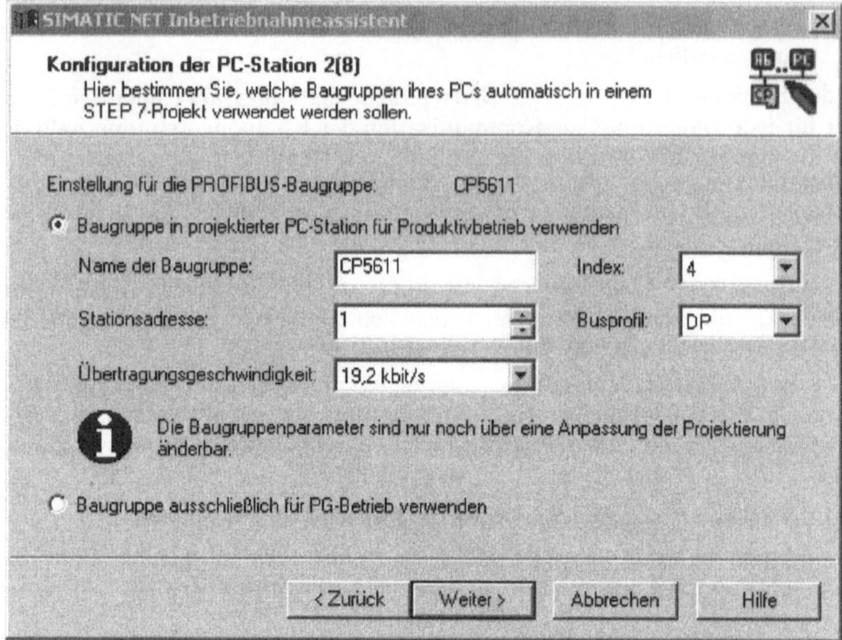

Bild 5.29   Einstellung für die PROFIBUS-Baugruppe: CP5611

Die Ethernet-Baugruppe wird *in projektierter PC-Station für Produktivbetrieb* verwendet. Sie hat den Namen *Intel(R) PRO/100+ ...(2)* und den Index *5* (siehe Bild 5.30).

Durch das Betätigen der Schaltfläche $\boxed{\text{NETZWERKEIGENSCHAFTEN...}}$ wird das Programm *Network and Dial-up Connections* (siehe Bild 5.31) geöffnet. Es zeigt Informationen über Netzwerk- und DFÜ-Verbindungen. Netzwerk- und DFÜ-Verbindungen sind Verbindungen zwischen dem Computer und dem Internet, einem Netzwerk oder einem anderen Computer.

Im nächsten Schritt der Inbetriebnahme wird bestimmt, ob eine OPC-Kommunikation betrieben werden soll (siehe Bild 5.32).

- Nachdem der Inbetriebnahmeassistent alle noch nicht erfassten Baugruppen durchlaufen hat, werden die zuvor gesetzten Einstellungen für die Baugruppen abgespeichert. Bei Änderungen der Komponentenkonfiguration oder von Komponenteneigenschaften wird die gesamte PC-Station rekonfiguriert.

- Sofern auf der PC-Station eine Projektierung der Kommunikation durchzuführen ist, kann jetzt der Projektierungsassistent durch Betätigen der Schaltfläche $\boxed{\text{PROJEKTIERUNGSASSISTENT...}}$ gestartet werden. Der Projektierungsassistent wird im nächsten Abschnitt beschrieben. Der Projektierungsassistent hilft bei der Erstellung einer Projektierung für diese PC-Station und bei der Übertragung auf den Rechner. Nach Abschluss der Projektierung wird die Arbeit mit dem Inbetriebnahmeassistenten fortgesetzt.

- Im nächsten Schritt kann eine Symboldatei angelegt werden.

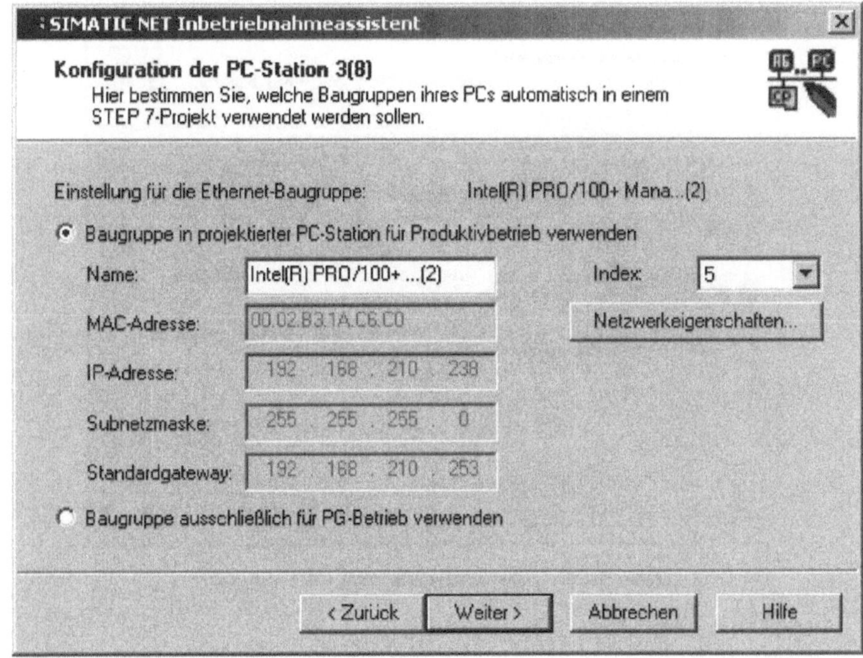

Bild 5.30 Einstellung der Ethernet-Baugruppe

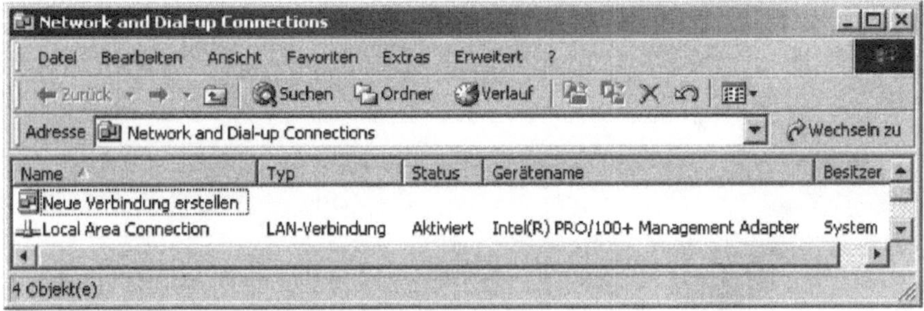

Bild 5.31 Netzwerkverbindungen

- Danach wird die Konfiguration endgültig übernommen (Taste FERTIG STELLEN) und die Konfigurations-Konsole *PC-Station einstellen* wird gestartet.

5.12.3 Der Projektierungsassistent

Der Projektierungsassistent unterstützt das Anlegen von Projekten in *SIMATIC NCM PC / STEP 7*. Er ermöglicht die automatische Übernahme von Konfigurationsdaten der PC-Station in ein STEP 7 Projekt. Damit bietet er höhere Sicherheit im Hinblick auf konsistente Projektierdaten und Komponenten-Konfigurationsdaten. In den Projektierdaten werden den Baugruppen und Applikationen der PC-Stationen Kommunikationseigenschaften und Kommunikationsverbindungen zugewiesen. Diese Projektierdaten

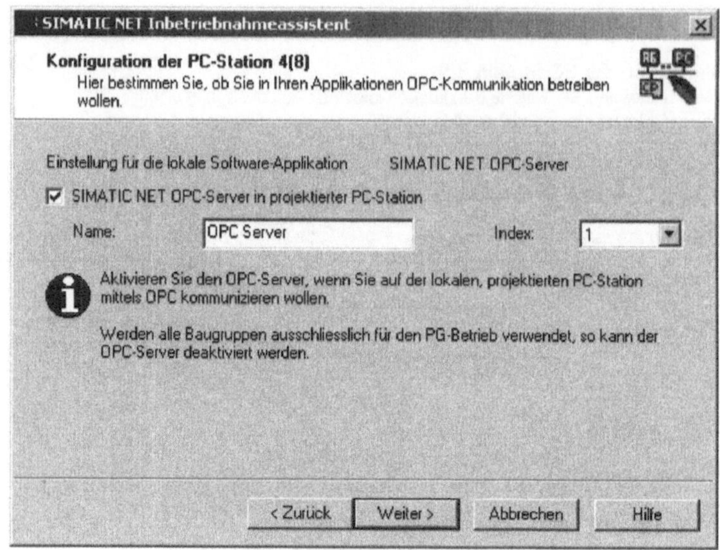

Bild 5.32 Einstellung für den OPC-Server

müssen in die PC-Station geladen werden. Der Stationsmanager prüft hierbei die Übereinstimmung mit der Komponenten-Konfiguration. Nur bei Übereinstimmung der projektierten Stationskonfiguration mit der im Stationsmanager verwalteten tatsächlichen Komponenten-Konfiguration ist eine einwandfreie Kommunikation möglich.

- Zum Erstellen eines Projekts wird der Auswahlknopf *Neue Projektierung erstellen* betätigt (siehe Bild 5.33).

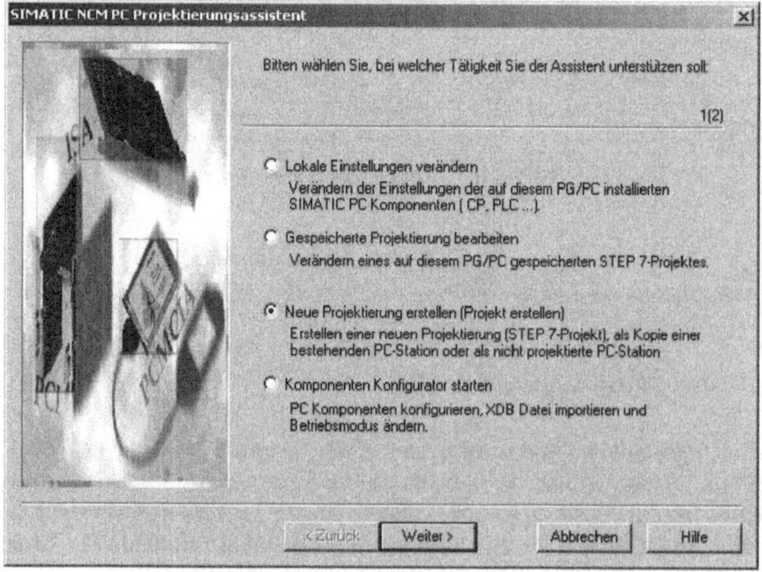

Bild 5.33 Auswahl der Projektierung

Im Dialog *Neues Projekt anlegen* (siehe Bild 5.34) wird ein frei wählbarer Projektname für das STEP 7-Projekt angegeben und die Option *Kopie der lokalen Station anlegen* ausgewählt.

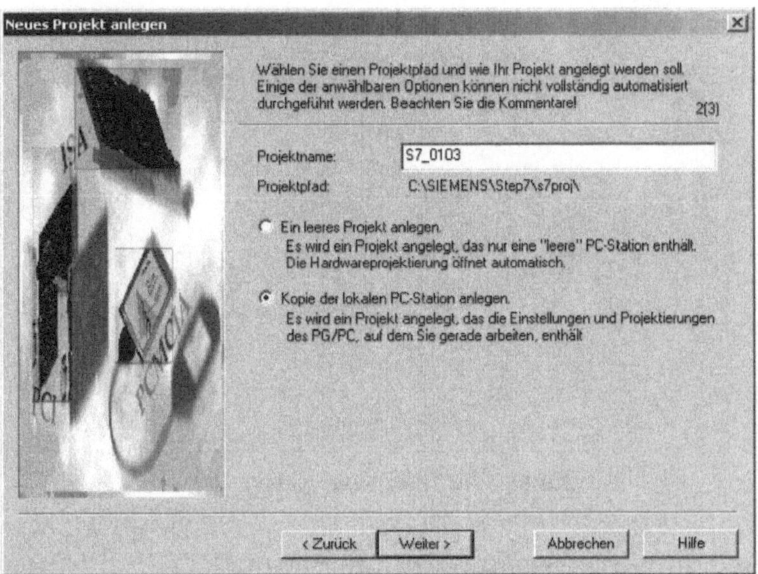

Bild 5.34 Neues Projekt anlegen

Das neue Projekt enthält bereits die bekannten Baugruppen in der vorkonfigurierten PC-Station. Voraussetzung für diese Funktion ist, dass der Stationsmanager (Komponenten-Konfigurator) auf dem PC installiert und eine Komponenten-Konfiguration angelegt ist.

- Wenn die Projektierung bereits erstellt wurde, kann diese mit der Auswahl *Gespeicherte Projektierung bearbeiten* erweitert werden.

  Der Dialog *Projekt auswählen* fordert zur Auswahl des Projektnamens und der gewünschten Optionen (z.B. *"lokale PC-Konfiguration in das ausgewählte Projekt einfügen/abgleichen"*) auf.

- Im Dialog *Einstellungen verändern* (siehe Bild 5.35) wird ausgewählt, welche Konfigurationen

  - *Hardwarekonfiguration ändern*

  - *Netz- und Verbindungsprojektierung bearbeiten*

  geändert werden sollen. Der Name der PC-Station (beispielsweise PCStation) wird aus einer Liste selektiert.

- Mit der Schaltfläche FERTIG STELLEN wird die Projektierung abgeschlossen und entsprechend obiger Auswahl das Programm zum

  - Konfigurieren der Hardware (SIMATIC NCM PC Konfig - PCStation)

  - Konfigurieren des Netzes (NetPro)

  gestartet.

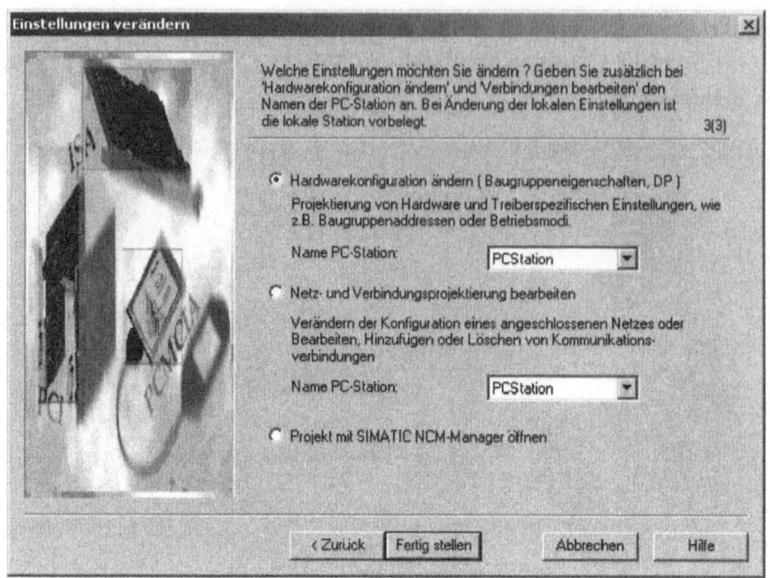

Bild 5.35   Einstellungen verändern

5.12.4   Step7 Hardwarekonfiguration mit SIMATIC NCM PC Konfig

Die Software *STEP 7* unterstützt den Einsatz von SIMATIC-Automatisierungssystemen und konfiguriert den Aufbau von Anlagen. Die Eigenschaften und Adressen der Baugruppen sind voreingestellt. Um das Automatisierungssystem zu optimieren, können die Voreinstellungen geändert werden. Bild 5.36 zeigt die Hardwarekonfiguration mit den Komponenten OPCServer, Applikation, CP5611 und Inter(R) PRO/100+...(2).

Über das Menü EINFÜGEN|HARDWAREKOMPONENTEN wird der Hardware Katalog (siehe Bild 5.37) geöffnet. Im Hardware Katalog ausgewählte Komponenten (OPCServer, Applikation, CP5611, ...) werden per Doppelklick (oder per Drag-and-Drop) in die *PCStation* eingefügt.

Eigenschaften der Komponente CP5611

Ein Doppelklick auf eine Komponente öffnet den Eigenschaftsdialog. Bild 5.38 zeigt die *Allgemeine*n Einstellungen für die Baugruppe CP5611.

Die Schaltfläche EIGENSCHAFTEN... öffnet den Dialog zum Parametrieren der PROFIBUS-Adresse (*1*) und zum Auswählen des PROFIBUS-Subnetzes (*PROFIBUS(1) 19.2 kbit/s*). Die eingestellte Übertragungsgeschwindigkeit (*19.2 kbit/s*) und die *Höchste Adresse (126)* werden zur Information angezeigt (über Schaltfläche EIGENSCHAFTEN änderbar).

Bild 5.39 zeigt die Betriebsart für die Baugruppe CP5611.

Die PC-Station über den hier projektierten CP kann als DP-Master oder als DP-Slave genutzt werden. Dem DP-Master wird eine zuvor angelegte Applikation der PC-Station zugeordnet. Sobald der Dialog mit OK bestätigt wird, wird das DP-Mastersystem in der HWKonfig-Ansicht angelegt (siehe Bild 5.40).

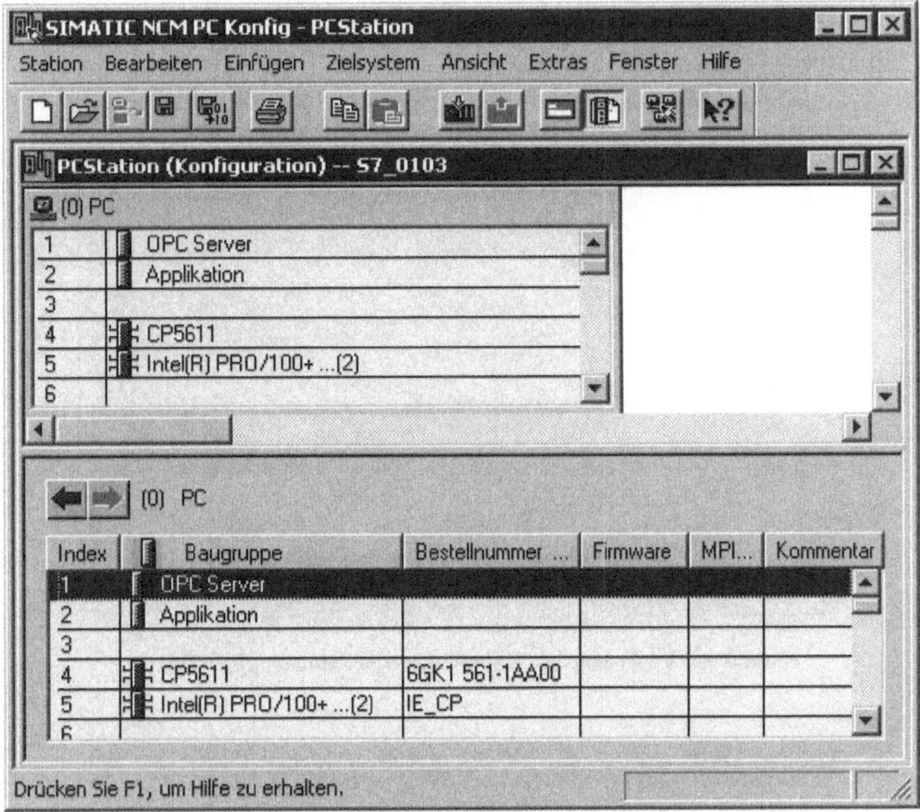

Bild 5.36 SIMATIC NCM PC Konfig

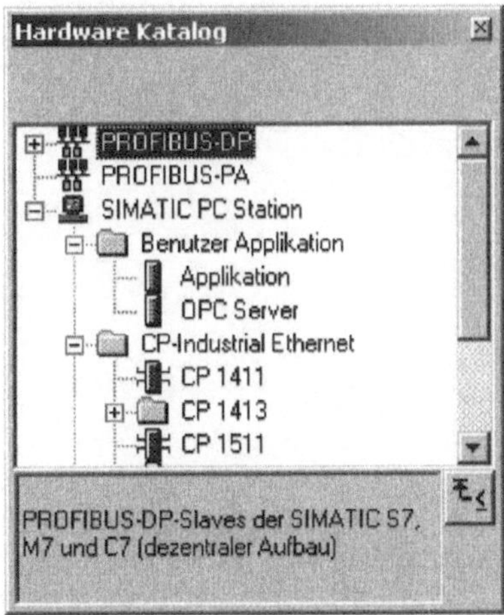

Bild 5.37 Hardware Katalog

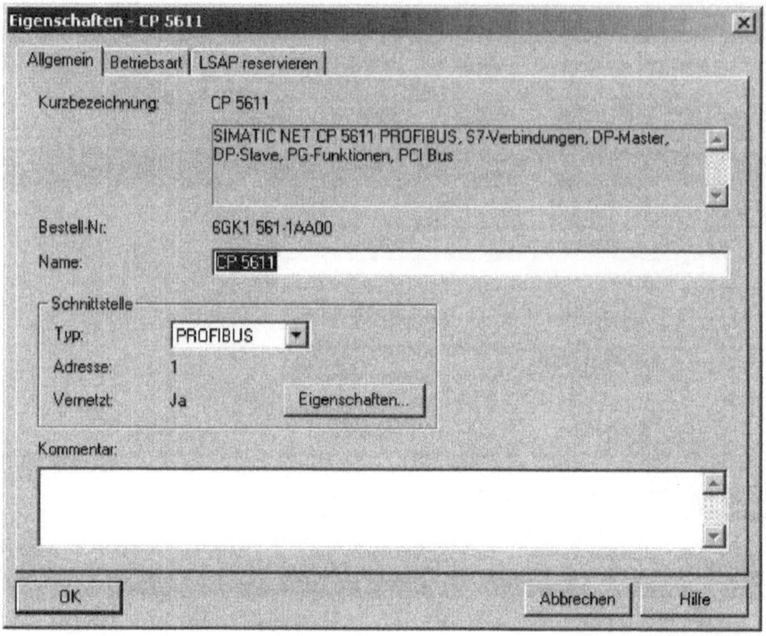

Bild 5.38 Allgemeine Einstellungen der Baugruppe CP5611

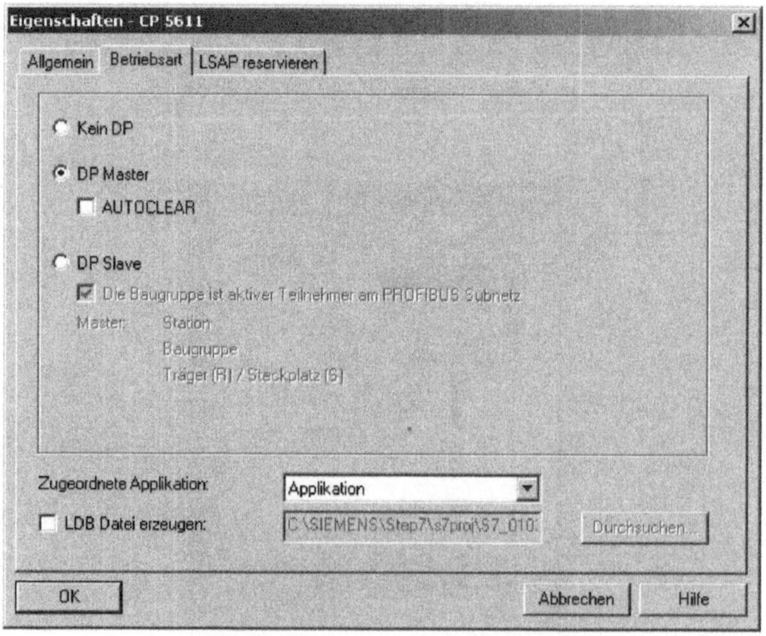

Bild 5.39 Betriebsart der Baugruppe CP5611

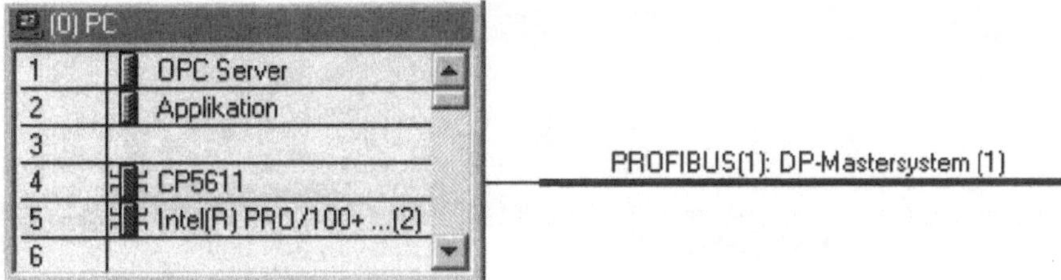

Bild 5.40   Anlegen des PROFIBUS(1): DP-Mastersystem(1)

Anschließend können die DP-Slaves zugeordnet werden. Die Option *AUTOCLEAR* versetzt den DP-Master automatisch in den CLEAR-Zustand, sobald einzelne DP-Slaves nicht ansprechbar sind. Der DP-Master sendet dann in Ausgaberichtung Daten mit dem Wert 0 oder Leertelegramme an die DP-Slaves.

Zuordnen der DP-Slaves

Im Fenster *Hardware Katalog* (Menü EINFÜGEN|HARDWAREKOMPONENTEN) wird die gewünschte Komponente (PROFIBUS-DP|SIMATIC|S7-200 CPU 215-2DP) markiert und per Drag-and-Drop an den Strang des *PROFIBUS(1): DP-Mastersystem(1)* angeflanscht. Dabei öffnet sich der Dialog zum Parametrieren der Adresse (*100*) und des Subnetzes (*PROFIBUS(1) 19.2 kbit/s*). Bild 5.41 zeigt die Konfiguration.

Dem Gerät *(100) CPU 215-2 DP* wird ein Modul zugeordnet. Hierfür wird die Zeile *Steckplatz 0* markiert und ein *Universalmodul* aus dem Fenster *Hardware Katalog* (PROFIBUS-DP|SIMATIC|S7-200 CPU 215-2DP|UNIVERSALMODUL) per Doppelklick eingefügt.

Ein Doppelklick auf das Universalmodul (Zeile Steckplatz 0) öffnet den Dialog zum Einstellen der DP-Slave Eigenschaften (siehe Bild 5.42).

Ein Doppelklick auf das Symbol *(100)CPU 215-2 DP* öffnet den Dialog zum Einstellen der *Diagnoseadresse* (siehe Bild 5.43). Über die Diagnoseadresse wird dem Master der Ausfall bzw. die Wiederkehr eines DP-Slaves mitgeteilt. Die CPU startet daraufhin den OB 86 *Baugruppenträger-/DP-Slaveausfall*.

Eigenschaften der Ethernet Schnittstelle

Ein Doppelklick auf die Komponente *Intel(R) PRO/100+..(2)* öffnet den Eigenschaftendialog (siehe Bild 5.44) für die *Allgemeine*n Einstellungen für die Baugruppe IE Allgemein.

Mit der Schaltfläche [EIGENSCHAFTEN...] wird der Dialog für die Einstellungen der Baugruppe IE Allgemein (sieh Bild 5.45) gezeigt.

Speichern der Einstellungen und Laden ins Zielsystem

Mit dem Eintrag STATION|SPEICHERN UND ÜBERSETZEN im Menü wird die Konfiguration gespeichert und übersetzt und in die Baugruppe geladen (ZIELSYSTEM|LADEN IN BAUGRUPPE..).

Das Programm NetPro wird über das Menü (EXTRAS|NETZ KONFIGURIEREN) gestartet.

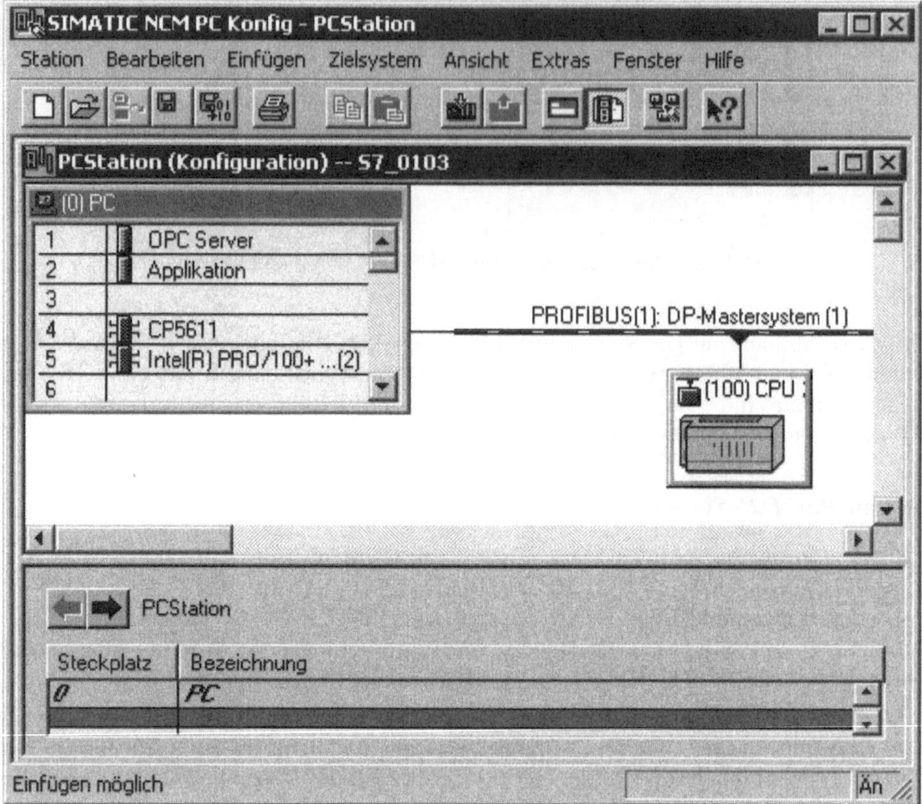

Bild 5.41   PROFIBUS mit Slave

5.12.5   Netzkonfiguration mit NetPro

Die Netzkonfiguration für die Anlage (siehe Bild 5.46) wird mit NetPro besonders einfach und übersichtlich projektiert und parametriert.

Mit NetPro:

- wird eine grafische Ansicht des Netzes (bestehend aus einem oder mehreren Subnetzen) erstellt.

- werden die Subnetz-Eigenschaften/Parameter festgelegt.

- werden für jede vernetzte Baugruppe die Teilnehmereigenschaften festgelegt.

- wird die Netzkonfiguration dokumentiert.

Der Kommunikationsprozessor stellt das Bindeglied zwischen der S7-Steuerung und dem Netzwerk dar. Die Projektierung eines Kommunikationsprozessors (CP) dient der Festlegung der Kommunikationsbeziehungen (Verbindungen). Damit eine neue Verbindung eingefügt werden kann, wird das Symbol *OPC Server* markiert. Über das Menü EINFÜGEN|NEUE VERBINDUNG... wird der Dialog zum Einfügen einer neuen Verbindung geöffnet (siehe Bild 5.47).

Mit der Schaltfläche ÜBERNEHMEN wird der Eigenschaften-Dialog für die S7-Verbindung

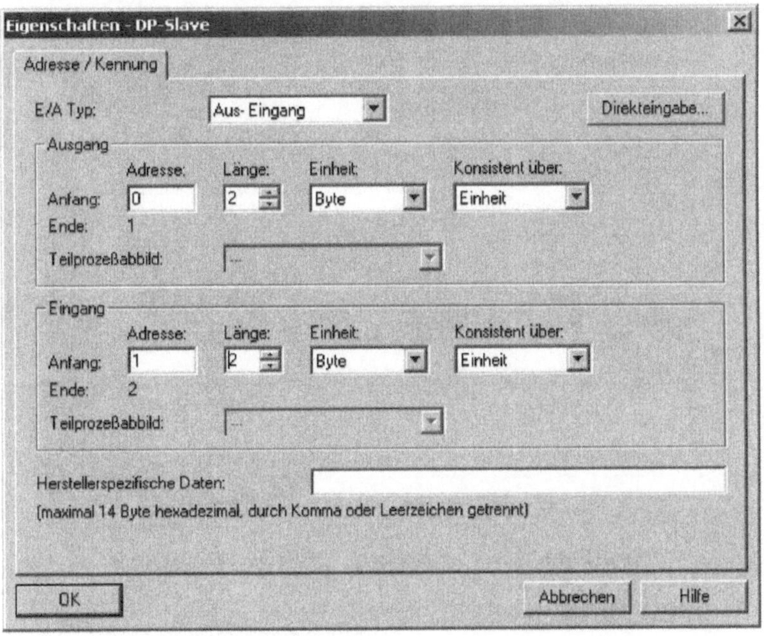

Bild 5.42 Eigenschaften des DP-Slaves

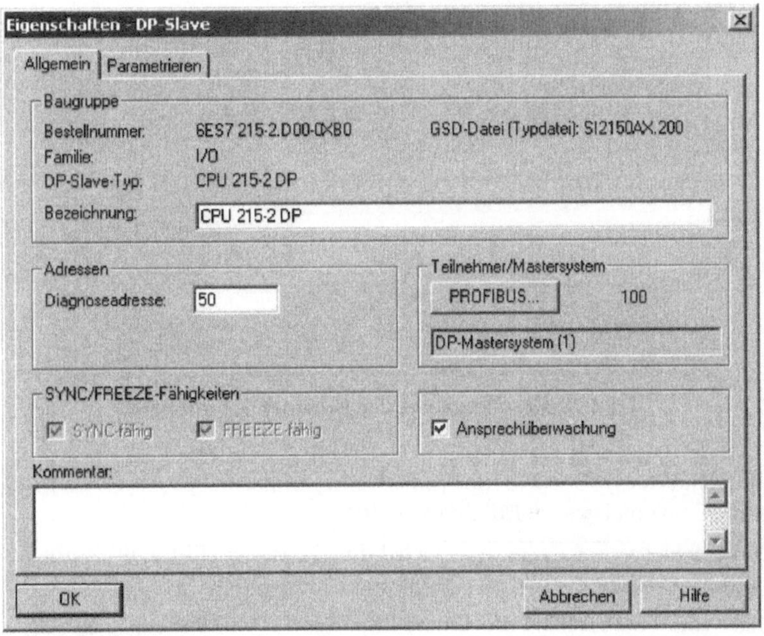

Bild 5.43 Eigenschaften des DP-Slaves, Diagnoseadresse

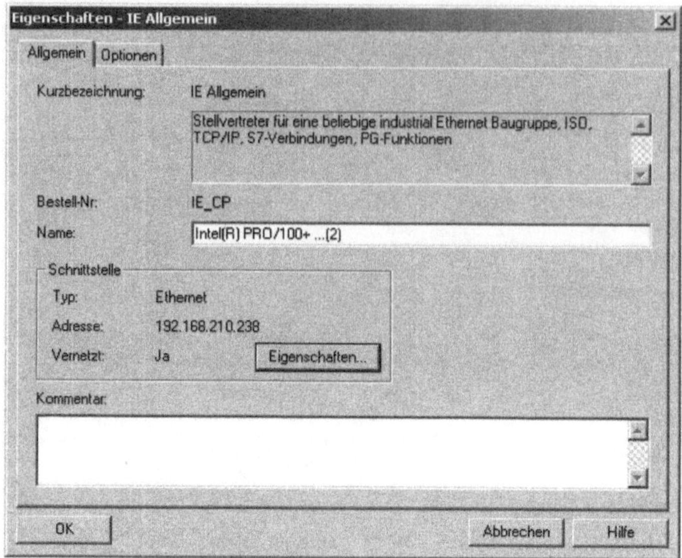

Bild 5.44   Eigenschaften der Ethernet Schnittstelle

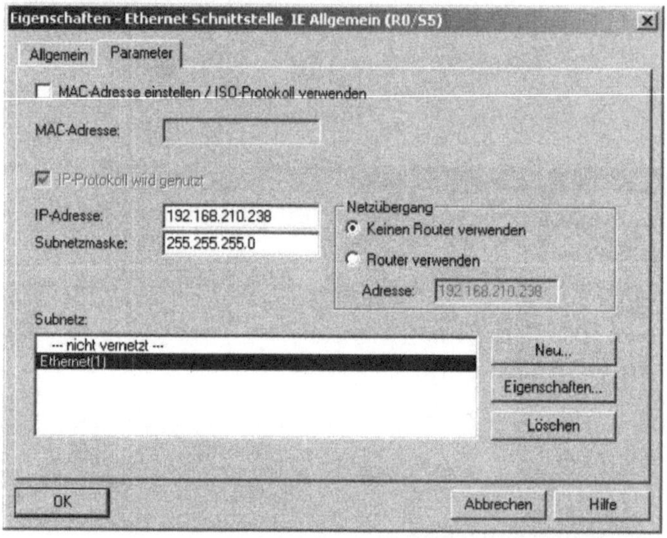

Bild 5.45   Parameter der Ethernet Schnittstelle

geöffnet (siehe Bild 5.48). Der Partner (z.B. Kommunikationsprozessor) ist *unspezifiziert*, seine Adresse ist beispielsweise *192.168.210.101*.

Mit der Schaltfläche ADRESSENDETAILS... wird der Dialog in Bild 5.49 geöffnet. Der Steckplatz *2* wird ausgewählt.

In der Ansicht von NetPro wird die Einstellung der S7-Verbindung angezeigt (siehe Bild 5.50).

Die ausgewählte S7-Verbindung wird repräsentiert durch ihren symbolischen Namen.

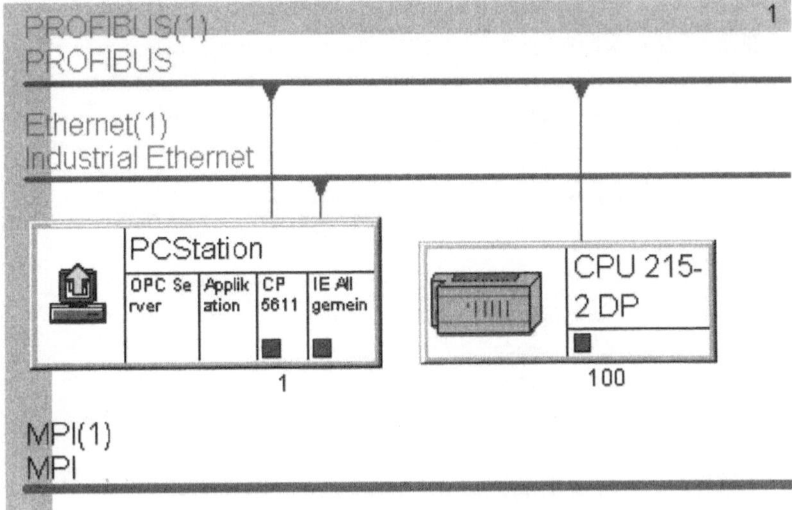

Bild 5.46 Netzkonfiguration mit NetPro

Bild 5.47 Neue Verbindung einfuegen für OPC Server

Unter dem VFD-Namen (Virtual Field Device Name) werden die S7-Verbindungen zugeordnet. Die Remote Adresse ist abhängig vom eingestellten Netztyp (Profibus, Ethernet, TCP/IP) und entspricht der Stationsadresse der Partnerstation. Die SIMATIC-Anbindung soll über TCP/IP erfolgen, deshalb ist hier als Remote Adresse die Internetadresse des Kommunikationsprozessors angegeben. Der lokale TSAP (Transport Service Access Point) hat die empfohlene Einstellung *01.00*. Der Remoter TSAP gilt für die Partnerstation und enthält die Gerätekennung, für die in der SIMATIC-S7 Ressourcen reserviert sind (03=Sonstiges) und die Adressierung der SIMATIC-Komponenten (02=Steckplatz).

Speichern der Einstellungen und Laden ins Zielsystem

Bevor die einzelnen Partner der Verbindungen bzw. Stationen geladen werden können (Laden in Zielsystem), müssen die betreffenden Stationskonfigurationen und Verbindungstabellen im Projekt gespeichert und übersetzt werden.

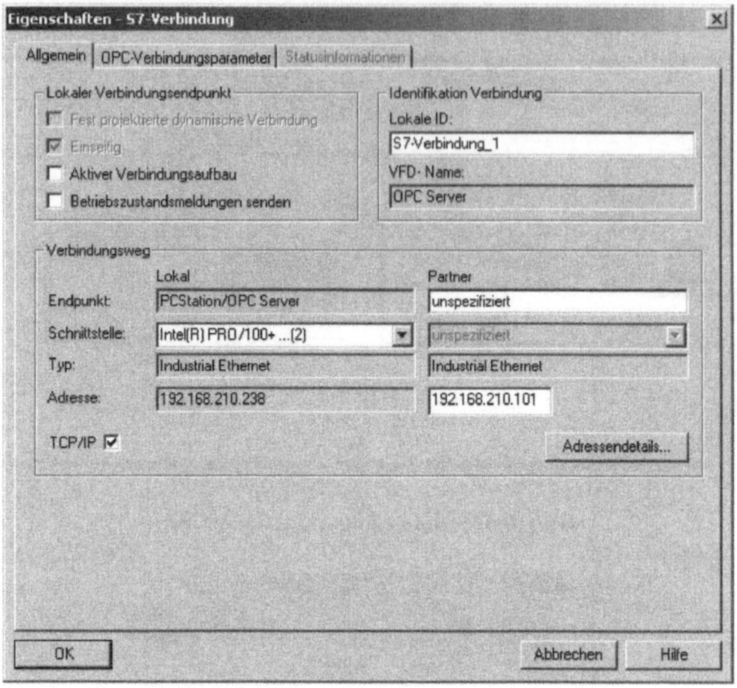

Bild 5.48 Eigenschaften der S7-Verbindung

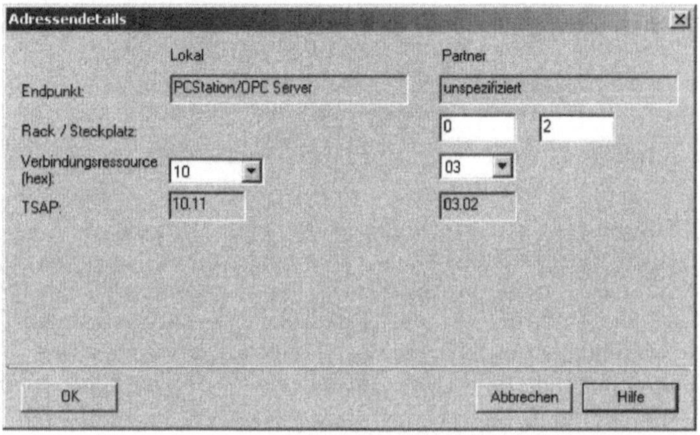

Bild 5.49 Adressendetails der S7-Verbindung

Bild 5.50 S7-Verbindung

Über das Menü NETZ|SPEICHERN UND ÜBERSETZEN wird der Dialog *Speichern und übersetzen* geöffnet. Mit der Option *Alles übersetzen und prüfen* werden Änderungen in der Netzkonfiguration übernommen und geprüft. Damit alle Konfigurationsdaten der aktuellen Station in das Zielsystem bzw. in die Zielsysteme geladen werden können (vorhandene Konfigurationsdaten werden gelöscht), wird das Symbol *PCStation* markiert. Über das Menü ZIELSYSTEM|LADEN|MARKIERTE STATIONEN wird der Ladevorgang gestartet.

5.12.6 Der Komponenten Konfigurator

Der Komponenten Konfigurator (siehe Symbol in der Task-Leiste) dient als Kontroll- und Diagnosewerkzeug. Komponenten werden neu angelegt oder angezeigt. Die einzelnen Komponenten werden durch Anklicken eines freien Index und Rechtsklick-Menü HINZU-FÜGEN eingefügt. Der Komponenten-Konfigurator erlaubt den Zugriff auf einen Diagnosepuffer, in dem der Stationsmanager Ereignisinformationen einträgt. Der Diagnosepuffer befindet sich im Stationsmanager der PC-Station.

5.12.7 Die PG/PC-Schnittstelle

Im PG-Betrieb müssen die entsprechenden Komponenten installiert sein, bevor die Kommunikation aufgebaut werden kann. Das Konfigurations-Tool *PG/PC-Schnittstelle einstellen* (siehe START|EINSTELLUNGEN|SYSTEMSTEUERUNG oder START|SIMATIC|SIMATIC NET|EINSTELLUNGEN|PG-PC-SCHNITTSTELLE EINSTELLEN) dient zum Hinzufügen und Entfernen von Programmiergeräte- oder PC-Schnittstellen.

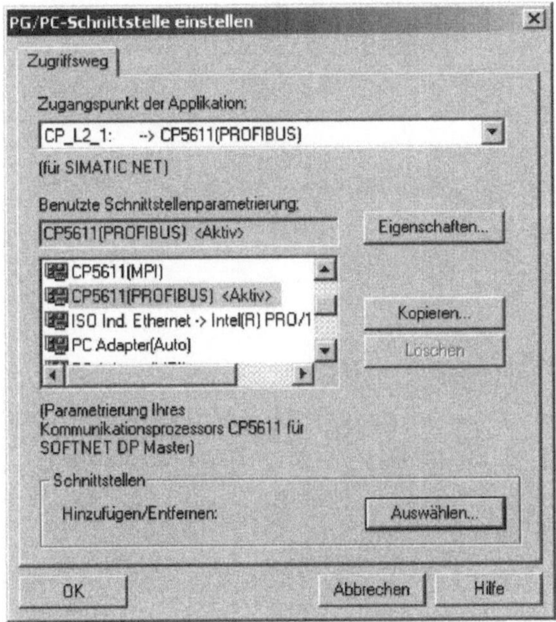

Bild 5.51 PG/PC-Schnittstelle einstellen

Sobald der Kommunikationsprozessor *CP5611* für *SoftnetDP Master* programmiert ist oder das Protokoll *ISO Ind. Ethernet* oder das Protokoll *TCP/IP* vorhanden ist, kann die benutzte Schnittstellenparametrierung – wie in Bild 5.51 gezeigt – ausgewählt werden. Nachdem die Schnittstelle (*CP5611(PROFIBUS)* oder *TCP/IP -> Intel(R) PRO/100+ Mana...*) ausgewählt wurde, wird der Zugangspunkt der Applikation (*CP_L2_1: ->CP5611(PROFIBUS)* oder *CP_H1_1: ->TCP/IP -> Intel(R) PRO/100+ Mana...*) festgelegt.

6 Signalverarbeitung und Regelung

R. Mandl und H. Meyerhofer

Ein (messtechnisches) Signal ist im mathematischen Sinne eine Funktion einer oder mehrerer unabhängiger Variablen, z.B. der Zeit oder des Ortes. Dieses Kapitel beschreibt eine auf das Eindimensionale reduzierte Signaltheorie und beinhaltet Information über das Verhalten bestimmter Erscheinungen, die periodisch, stochastisch oder transient sein können. Im Kapitel 7 (Bildverarbeitung) werden Signale behandelt, die von zwei Ortskoordinaten oder von zwei Ortskoordinaten und der Zeit (Bildfolgen) abhängen.

Die messtechnische Erfassung eines Signals beschäftigt sich mit der Zuordnung eines Wertes einer bestimmten physikalischen Größe x zu einem Messzeitpunkt t. Numerisches Messen ist also an einzelne (diskrete) Zeitpunkte gebunden. Die Aufgabe eines Analog-/Digital-Umsetzers ist es, zeitkontinuierliche Signale in eine geeignete, zeitdiskrete, rechnerinterne Darstellung umzusetzen. Für die Weiterverarbeitung zeitdiskreter Signale im Rechner gibt es viele nützliche Algorithmen, die in diesem Kapitel anhand praktischer Beispiele dargestellt werden. Auf die zugrunde liegende Theorie wird nur eingegangen, wenn diese zum Verständnis der Effekte oder zur korrekten Anwendung der Verfahren notwendig erscheint.

Auch wenn die Theorie der Signalverarbeitung mathematisch teilweise extrem anspruchsvoll ist, sollte sich ein Leser, der sich die notwendigen Vorkenntnisse noch nicht angeeignet hat, nicht abschrecken lassen. In jedem Teilabschnitt wird auch die praktische Wirkungsweise der Signalverarbeitungsalgorithmen vorgestellt. Fertige Signalgraphen zum Nachvollziehen aller Experimente und zur experimentellen Erprobung der Wirkung von Parameteränderungen an der Algorithmik befinden sich auf der beiliegenden CD.

6.1 Signaldarstellung im Zeitbereich

Die mathematische Darstellung von *Signalen* erfolgt natürlicherweise meist als kontinuierliche Funktion $x(t)$ der Zeit t. Ein Beispiel eines Zeitsignals stellt ein Sprachsignal dar, das aus Schallschwingungen durch die Anregung des Vokaltrakts entsteht, die sich zeitlich ändern und damit Information in Form von Sprache übertragen können. Reale Schallsignale bestehen meist aus einer additiven Mischung periodischer, sinusförmiger (deterministischer) und aperiodischer oder rauschförmiger (stochastischer) Anteile. *Periodische Signale* lassen sich in der Form

$$x(t) = A \cdot \sin(\omega_0 t + \Phi) \tag{6.1}$$

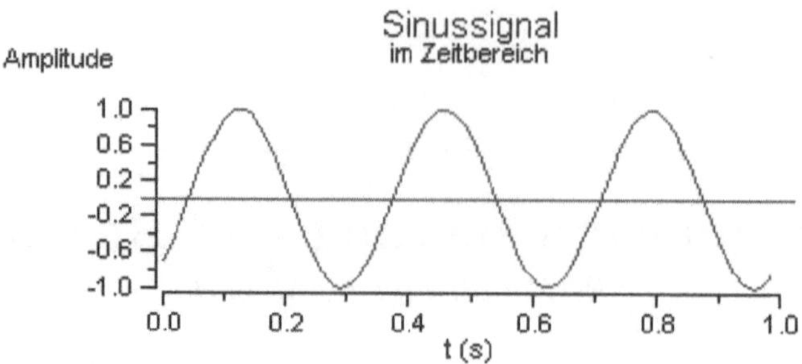

Bild 6.1 Sinussignal mit $A = 1$, $\omega_0 = 6\pi$ und $\Phi = -\frac{\pi}{4}$

darstellen. Anstelle der Sinusfunktion kann auch die Cosinusfunktion verwendet werden. Dabei ist lediglich Φ um $\pi/2$ zu korrigieren ($sin(\Phi) = cos(\Phi - \pi/2)$). Zur Darstellung zeitkontinuierlicher Signale wird als unabhängige Variable meist t verwendet. Die Parameter A, ω_0 und Φ sind Konstanten einer speziellen Signalform. A wird als *Amplitude* des Signals, ω_0 als *Kreisfrequenz* und Φ als *Phasenverschiebung* des Signals bezeichnet. Bild 6.1 zeigt ein Signal nach Gleichung 6.1.

6.1.1 Periodische Signale

Ein sinusförmiges Signal ist periodisch mit der Periodendauer $T_0 = \frac{2\pi}{\omega_0}$. Anstelle der Kreisfrequenz ω_0 wird oft auch die Frequenz f_0 mit $\omega_0 = 2\pi f_0$ angegeben. Damit ergibt sich die *Periodendauer* zu $T_0 = 1/f_0$.

f_0 gibt also die Anzahl der Schwingungsperioden je Sekunde mit der Einheit Hertz (Hz) an. ω_0 wird in Radiant pro Sekunde (rad/s) angegeben.

Konstante Signale (z.B. Gleichspannungssignale) lassen sich ebenfalls in Form der Gleichung 6.1 angeben. Hier ist die Frequenz $f_0 = 0$.

Der Parameter Φ bestimmt in Zusammenhang mit der Frequenz eines sinus- oder cosinusförmigen Signals die Positionen der Minima und Maxima bzw. der Nulldurchgänge des Signals. Wenn $\Phi = 0$ ist, so ist die Position des Maximums bei cosinusförmigen Signalen an der Stelle $t = 0$. Durch die Phasenverschiebung eines Signals ändern sich die Positionen der Minima, Maxima und Nulldurchgänge auf der Zeitachse.

Um die Fallunterscheidung für sinus- und cosinusförmige Signale zu vermeiden und dabei eine Rechenvereinfachung zu erreichen, werden periodische Zeitsignale meist in komplexer Exponentialform dargestellt. Um diese Form mathematischer Darstellung zu verstehen, ist eine kurze Einführung in die Welt der komplexen Zahlen und den damit verbundenen Rechenregeln hilfreich.

6.1.2 Einführung in die Mathematik der komplexen Zahlen

Die *komplexen Zahlen* $\mathbb{C} = \mathbb{R} \times \mathbb{R}$ sind geordnete Paare von reellen Zahlen, die zusammen mit den Operationen **add** und **mult** einen Körper ergeben. **add** : $\mathbb{C} \to \mathbb{C}$ und **mult** : $\mathbb{C} \to \mathbb{C}$ sind definiert durch

$$\mathbf{add} : \begin{pmatrix} z_1^{(\Re)} \\ z_1^{(\Im)} \end{pmatrix} + \begin{pmatrix} z_2^{(\Re)} \\ z_2^{(\Im)} \end{pmatrix} \mapsto \begin{pmatrix} z_1^{(\Re)} + z_2^{(\Re)} \\ z_1^{(\Im)} + z_2^{(\Im)} \end{pmatrix}, \tag{6.2}$$

$$\mathbf{mult} : \begin{pmatrix} z_1^{(\Re)} \\ z_1^{(\Im)} \end{pmatrix} \cdot \begin{pmatrix} z_2^{(\Re)} \\ z_2^{(\Im)} \end{pmatrix} \mapsto \begin{pmatrix} z_1^{(\Re)} \cdot z_2^{(\Re)} - z_1^{(\Im)} \cdot z_2^{(\Im)} \\ z_1^{(\Re)} \cdot z_2^{(\Im)} + z_1^{(\Im)} \cdot z_2^{(\Re)} \end{pmatrix}. \tag{6.3}$$

Definiert man die Konstante $j := (0,1)$ und identifiziert man den Vektor $(1,0)$ mit der reellen Zahl 1, dann lassen sich alle komplexe Zahlen $z \in \mathbb{C}$ in der Form

$$z = \begin{pmatrix} z^{(\Re)} \\ z^{(\Im)} \end{pmatrix} = z^{(\Re)} + j \cdot z^{(\Im)} \tag{6.4}$$

schreiben. $\Re e\,(z) := z^{(\Re)}$ wird der *Realteil der komplexen Zahl z* genannt, $\Im m\,(z) := z^{(\Im)}$ heißt der *Imaginärteil von z*. Die komplexe Zahl mit dem negativen Vorzeichen des Imaginärteils $\bar{z} = \Re e\,(z) - \Im m\,(z)$ heißt die *konjugiert komplexe Zahl zu z*.

Es gilt auf Grund der Definition von **mult** die Beziehung:

$$j^2 := j \cdot j = \begin{pmatrix} 0 \\ 1 \end{pmatrix} \cdot \begin{pmatrix} 0 \\ 1 \end{pmatrix} = \begin{pmatrix} -1 \\ 0 \end{pmatrix} = -1. \tag{6.5}$$

Da die Einschränkung von **add** und **mult** auf die reelle Achse $\Re := \mathbb{R} \times (1,0) \subset \mathbb{C}$ mit der Addition und der Multiplikation auf den reellen Zahlen übereinstimmen, erweitern die komplexen Zahlen die reelle Mathematik, so dass die quadratische Gleichung $z^2 = -1$ zwei Lösungen hat ($j^2 = -1$ und $(-j)^2 = -1$). Tatsächlich lässt sich nachweisen, dass alle Polynome vom Grad k in den komplexen Zahlen auch k Lösungen (mit Vielfachheiten gezählt) besitzen (*Fundamentalsatz der Algebra*).

Die Interpretation komplexer Zahlen als Vektoren in der komplexen Zahlenebene führt zu einer alternativen Notation, der *Polarkoordinatenform*. Eine komplexe Zahl wird geschrieben als das Zahlenpaar aus ihrem *Betrag*, das ist ihr Abstand vom Nullpunkt, und ihrem *Argument*, das ist der Winkel des zugehörigen Zahlenvektors gegen die reelle Achse im Bereich $]-\pi,\pi]$.

Zur Berechnung des Betrages $|\cdot| : \mathbb{C} \to \mathbb{R}_0^+$ einer komplexen Zahl wird der Lehrsatz des Pythagoras herangezogen:

$$|z| := \sqrt{\Re e\,(z)^2 + \Im m\,(z)^2}. \tag{6.6}$$

Unter Benutzung der konjugiert komplexen Zahl, kann diese Formel verkürzt geschrieben werden als

$$|z| = \sqrt{z \cdot \bar{z}}, \tag{6.7}$$

da gilt:

$$\begin{aligned} z \cdot \bar{z} &= (\Re e\,(z) + j \cdot \Im m\,(z)) \cdot (\Re e\,(z) - j \cdot \Im m\,(z)) \\ &= \Re e\,(z)^2 - j^2 \cdot \Im m\,(z)^2 \\ &= \Re e\,(z)^2 + \Im m\,(z)^2. \end{aligned} \tag{6.8}$$

Der Winkel gegen die reelle Achse $\mathbf{arg} : \mathbb{C} \to]-\pi,\pi]$ berechnet sich durch

$$\arg\,(z) := \begin{cases} \mathrm{sgn}(\Im m\,(z)) \cdot \frac{\pi}{2}, & \Re e\,(z) = 0 \\[2mm] \arctan \dfrac{\Im m\,(z)}{\Re e\,(z)}, & \Re e\,(z) \neq 0. \end{cases} \tag{6.9}$$

Die Darstellung der Polarkoordinatenform als Zahlenpaar ist für weitergehende Untersuchungen unhandlich. Die *Eulersche Formel*, mit der die Exponentialfunktion auf die komplexen Zahlen erweitert wird, liefert eine für die Signalverarbeitung algebraisch günstige Schreibweise:

$$e^{j \cdot \varphi} = \cos \varphi + j \cdot \sin \varphi. \tag{6.10}$$

Das bedeutet, dass sich alle Zahlen auf dem komplexen Einheitskreis, d.h. alle $z \in \mathbb{C}$ mit $|z| = 1$, durch Berechnung ihres Arguments $\varphi = \arg(z)$ in der Form $e^{j \cdot \varphi}$ darstellen lassen. Jede beliebige komplexe Zahl $z \in \mathbb{C}$ kann durch beidseitige Multiplikation mit ihrem Betrag in der Euler Formel erfasst werden:

$$\begin{aligned}
z &= |z| \cdot \left[\cos \left(\arg(z) \right) + j \cdot \sin \left(\arg(z) \right) \right] \\
&= |z| \cdot e^{j \cdot \arg(z)}. \tag{6.11}
\end{aligned}$$

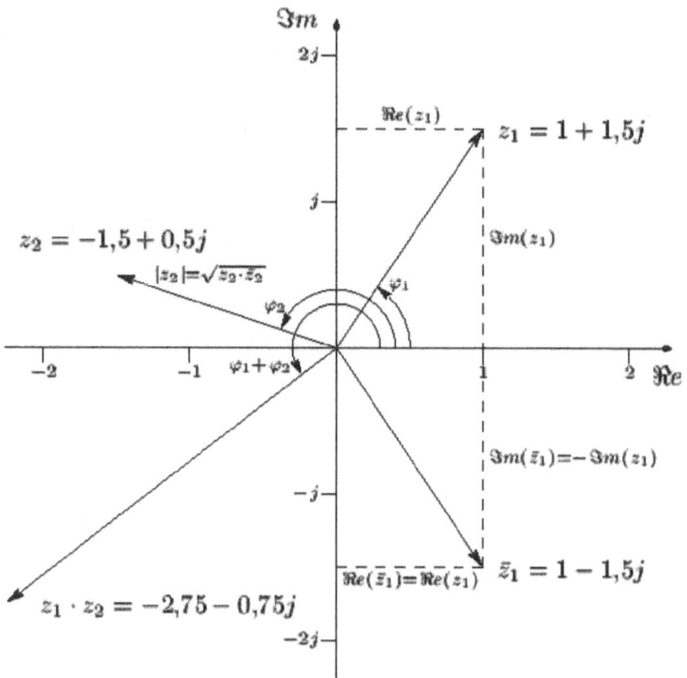

Bild 6.2 Wirkung der komplexen Multiplikation

Daraus ergibt sich die geometrische Wirkung der komplexen Multiplikation (Bild 6.2). Während sich die Beträge der Faktoren multiplizieren, addieren sich die Argumente:

$$\begin{aligned}
z_1 \cdot z_2 &= |z_1| \cdot e^{j \cdot \arg(z_1)} \cdot |z_2| \cdot e^{j \cdot \arg(z_2)} \\
&= |z_1| \cdot |z_2| \cdot e^{j \cdot [\arg(z_1) + \arg(z_2)]}. \tag{6.12}
\end{aligned}$$

Mit Hilfe der Darstellung eines periodischen Signals in der Eulerform

$$x(t) = A \cdot e^{j(\omega_0 t + \Phi)} \tag{6.13}$$

lassen sich vereinfachte Rechenregeln für die Addition und Multiplikation von Signalen angeben. Eine Umwandlung in ein kartesisches Koordinatensystem ist einfach möglich:

$$x(t) = A \cdot \cos(\omega_0 t + \Phi) + j \cdot A \cdot \sin(\omega_0 t + \Phi). \tag{6.14}$$

Dabei stellt der Cosinusanteil den Realteil, der Sinusanteil den Imaginärteil der Schwingung dar.

6.1.3 Das Sinussignal als Abwicklung eines rotierenden Zeigers

Eine komplexe Schwingung lässt sich als die Abwicklung eines Zeigers interpretieren, der entlang des Einheitskreises der komplexen Ebene im Gegenuhrzeigersinn kreist. Der Realteil der Abwicklung stellt eine Cosiusfunktion dar. Eine Abwicklung des Imaginärteils führt zu einer Sinusschwingung. Anstelle des Einheitskreises kann auch ein Kreis mit der Amplitude A verwendet werden. Dies entspricht der Interpretation der Gleichung 6.14. Die Darstellung als komplexe Exponentialfunktion in Gleichung 6.13 erlangt bei der Fourier-Transformation im Abschnitt *Frequenzbereich* eine bedeutende Rolle.

Die Signalerzeugung in Bild 6.3 veranschaulicht, dass sich eine sinus- oder cosinusförmige Funktion auch durch ein so genanntes „Complex Exponential" schreiben lässt. D.h., ein Sinus stellt den Imaginärteil eines sich auf einer Kreisbahn bewegenden Zeigers (*Rotating Phasor*) dar. Die Winkelgeschwindigkeit des Zeigers, und damit auch die Frequenz des Sinus, lassen sich durch einen Schieberegler einstellen (Bild 6.3).

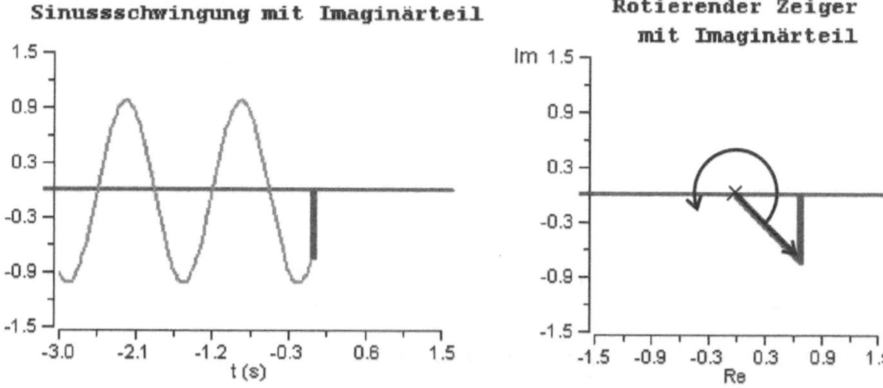

Bild 6.3 Erzeugung einer Sinusschwingung durch Auftragen des Imaginärteils eines rotierenden Zeigers und gleichzeitiger Bewegung des Punktes x

Weit komplexere Signalformen lassen sich durch Überlagerung von sinusförmigen Schwingungen unterschiedlicher Amplitude und Phase erzeugen. Es lässt sich sogar zeigen, dass rechteck- oder dreieckförmige Schwingungsformen durch Addition prinzipiell unendlich vieler Sinussignale generiert werden können. Mit dieser Thematik beschäftigt sich Abschnitt 6.7 ausführlicher.

Neben periodischen Signalen existiert eine weitere Gattung von Signalen, die im wesentlichen durch zufällige Prozesse erzeugt werden. In diese Kategorie fallen z.B. Zischlaute eines Sprachsignals wie ein gesprochenes „s" oder „ch".

6.1.4 Nichtperiodische Signale

Nichtperiodische Signale lassen sich in zwei Kategorien einteilen. Signale mit sich ändernden Periodendauern, wie z.B. $f(t) = cos(t^2$ und Signale, die durch Zufallsprozesse erzeugt werden. Diese lassen sich durch so genannte Pseudo-Random Generatoren erzeugen. Zur Berechnung von Pseudo-Zufallszahlen existieren unterschiedliche Algorithmen. Da Zufallszahlenfolgen nicht einem formelmäßigen Zusammenhang mit der Variable Zeit unterliegen, ist eine Beschreibung der Signalform wie im vorigen Abschnitt nicht möglich. Um sie dennoch zu charakterisieren, sind statistische Merkmale, z.B. der Mittelwert, die Varianz oder die Form einer Wahrscheinlichkeitsdichte des Rauschsignals notwendig.

Die charakterisierenden Merkmale einer Häufigkeitsverteilung werden als Kenngrößen bezeichnet. Sie werden durch die Bildung von Stichproben ermittelt.

Der *lineare Mittelwert* oder Erwartungswert $\overline{x}$ einer Stichprobe der Zufallsvariablen x_n errechnet sich mit Hilfe der Dichtefunktion $f(x)$ der Verteilung zu

$$\overline{x} = \sum_{x=0}^{N} x f(x). \tag{6.15}$$

Der *Median* oder *Zentralwert* x_{50} ist der mittlere (zentrale) Wert einer geordneten Folge von Messwerten. Bei einer geraden Anzahl von Messwerten ist x_{50} als das arithmetische Mittel der beiden in der Mitte liegenden Werte definiert. Der Median aus dem Datensatz 3,4,5,6,6,7, ist also $(5+6)/2$.

Der *Modalwert* einer Dichtefunktion bezeichnet das Maximum der Dichtefunktion, also den wahrscheinlichsten Wert x_w.

Der *geometrische Mittelwert* x_g aus N Messwerten ist die N-te Wurzel aus dem Produkt der Messwerte:

$$x_g = \sqrt[N]{x_1 \cdot x_2 \cdot \ldots \cdot x_N}. \tag{6.16}$$

Die *Varianz* s^2 einer diskreten Verteilung $f(x)$ ergibt sich mit Hilfe des Erwartungswertes $\overline{x}$ zu

$$\sigma^2 = \sum_{x=0}^{N} (x - \overline{x})^2 f(x). \tag{6.17}$$

Die positive Quadratwurzel s wird als **Standardabweichung** bezeichnet.

Der *Variationskoeffizient* v ist die durch den linearen Mittelwert dividierte Standardabweichung:

$$v = \frac{s}{\overline{x}}. \tag{6.18}$$

Die *Spannweite* R ist die Differenz zwischen kleinstem und größtem Messwert:

$$R = x_{max} - x_{min}. \tag{6.19}$$

Anhand der Kennwerte lassen sich statistische Auftrittswahrscheinlichkeiten eines Messwerts zu einem Zeitpunkt t angeben. Eine Aussage über den wahren Wert des Signals zum Zeitpunkt t – wie bei periodischen Signalen – ist jedoch nicht möglich.

Die Wahrscheinlichkeit des Auftretens kann in Form eines Histogramms dargestellt werden. Dazu wird der Wertebereich eines Zufallssignals in eine vorgegebene Anzahl Klassen aufgeteilt, die in der Regel äquidistant verteilt sind. Für eine große Anzahl von Zufallswerten wird nun deren Zugehörigkeit zu einer Klasse gezählt. Die Form des Histogramms entspricht dann näherungsweise der Wahrscheinlichkeitsdichtefunktion der Zufallsverteilung. Bei einer annähernd gleichverteilten Auftrittswahrscheinlichkeit der Zufallszahlen sollte ein Histogramm wie in Bild 6.4 entstehen.

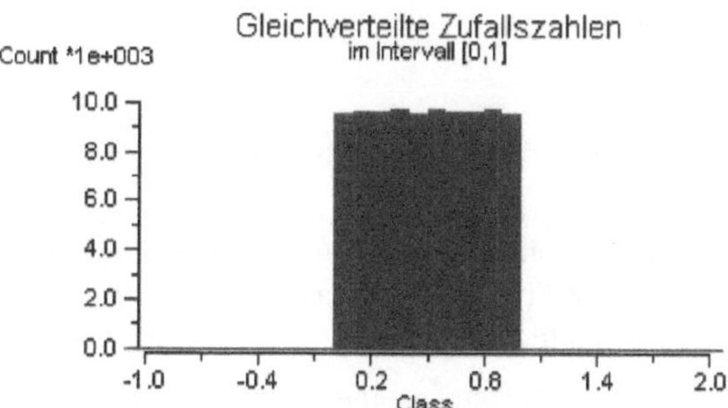

Bild 6.4 Histogramm gleichverteilter Zufallszahlen

6.2 Signalerzeugung

Ein Design digitaler Signalverarbeitungsalgorithmen wird nur selten direkt an realen Signalen vollzogen. Vielmehr eignen sich künstlich erzeugte, mit bestimmten, reproduzierbaren Eigenschaften versehene Signale wesentlich besser, um deren Verhalten in bestimmten Situationen zu beobachten. Deshalb befasst sich dieser Abschnitt mit dem Erzeugen geeigneter Stimuli-Signale. Diese werden im Anschluss anhand ihrer statistischen Kennwerte beschrieben werden können.

6.2.1 Erzeugen von Zufallszahlen

Zufallszahlen werden benötigt, wenn probabilistische Prozesse der realen Welt simuliert werden sollten. Die Simulation kann oft schneller Daten liefern als dies eine direkte Beobachtung könnte. Die Zufallszahlen sollten dabei einem definierten Verteilungstyp genügen.

Für eine Gleichverteilung hat die Dichtefunktion

$$f(x) = \frac{1}{b - a} \tag{6.20}$$

in den Intervallgrenzen]a,b[den Mittelwert

$$\overline{x} = \frac{b + a}{2} \tag{6.21}$$

und die Varianz

$$\sigma^2 = \frac{(b - a)^2}{12}. \tag{6.22}$$

Gleichverteilte Zufallszahlen im Intervall $]0{,}1[$ haben demnach den Mittelwert $\bar{x} = 0.5$ und die Standardabweichung $\sigma = \frac{1}{\sqrt{12}} \approx 0.2887$.

Erzeugen gleichverteilter Zufallszahlen

Ein Verfahren zum Erzeugen gleichverteilter Zufallszahlen ist das der linearen Kongruenz (Restgleichheit). Ausgehend von einem frei wählbaren Startwert x_n (seed) berechnet sich die nächste Zahl nach der Vorschrift

$$x_{n+1} = a \cdot x_n - b \cdot \text{INT}\left(\frac{a x_n}{b}\right). \tag{6.23}$$

Die natürlichen Zahlen a und b sollen keinen gemeinsamen Teiler enthalten (z.B. $b = 2^{23}$ und $a \approx \sqrt{b}$). Die Funktion $\text{INT}()$ liefert die auf die nächste ganze Zahl abgerundete Darstellung einer Gleitkommazahl.

Die ermittelten Zufallszahlen x_i liegen in einem Intervall $0 < x_i < b$ und werden mit einer Division durch b in das Intervall $0 < x_i < 1$ transformiert.

Erzeugen normalverteilter Zufallszahlen

Wird aus N gleichverteilten Zufallszahlen x_n mit dem Mittelwert $\bar{x}$ und der Standardabweichung σ_x die Summe y_1 gebildet mit $y_1 = \sum_{n=1}^{N} x_n$, so haben bei mehrmaliger Summenbildung die Zahlen y_k den Erwartungswert $\bar{y} = N\bar{x}$ und die Standardabweichung $\sigma_y = \sqrt{N}\sigma_x$.

Die Zahlen y_k werden nun jeweils als Summen von $N = 12$ im Bereich $(0{,}1)$ gleichverteilten Zahlen x_n gebildet. Sie haben damit den Mittelwert $\bar{y} = 6$ und die Standardabweichung $\sigma_y = 1$.

Wird jetzt von den Zahlen y_k ihr Mittelwert $\bar{y} = 6$ abgezogen, so hat die entstehende normalverteilte Zahlenfolge den Mittelwert $\bar{y} = 0$ und die Standardabweichung $\sigma_y = 1$.

Mit Hilfe der Transformation von BOX und MULLER [BM58] kann eine zweidimensionale Gleichverteilung in eine bivariate Normalverteilung (Gauss-Verteilung) umgewandelt werden. Falls x_1 und x_2 im Intervall $]0{,}1[$ gleichverteilt sind, werden die Variablen z_1 und z_2 durch folgende Transformation normalverteilt mit Mittelwert $\bar{x}_{1,2} = 0$ und Varianz $\sigma_{1,2}^2 = 1$:

$$z_1 = \sqrt{-2 \ln x_1} \, \cos(2\pi x_2), \tag{6.24}$$

$$z_2 = \sqrt{-2 \ln x_1} \, \sin(2\pi x_2). \tag{6.25}$$

Das Verfahren ist schneller, wenn die Berechnung gleichverteilter Zufallszahlen aufwändiger ist als die Berechnung des Logarithmus bzw. der Sinus- oder Cosinusfunktion. Bild 6.5 zeigt eine Verteilungsfunktion von Zufallszahlen, die mit dem Box-Muller Algorithmus erzeugt wurden.

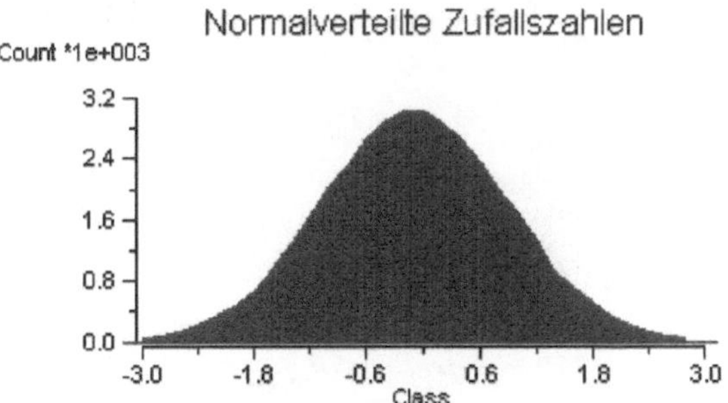

Bild 6.5 Histogramm normalverteilter Zufallszahlen

Exponentiell verteilte Zufallszahlen

Auch bei der Erzeugung exponentiell verteilter Zufallszahlen wird von gleichverteilten Variablen x im Bereich (0,1) ausgegangen. Über die Rechenvorschrift

$$y(x) = -\ln(x) \tag{6.26}$$

wird x auf y abgebildet mit $\infty > y > 0$. Die Werte y sind exponentiell verteilt. Bei einer Exponentialverteilung mit dem Parameter λ berechnet sich y zu

$$y(x) = -\frac{1}{\lambda}\ln(x). \tag{6.27}$$

Zufallszahlen werden in **ICONNECT** mit den Modulen **Random** oder **SigGen** erzeugt. Neben der Verteilungsform (Uniform/Gauss) können hier auch die Werte einer Zweipunktskalierung (Multiplikator und Offset) angegeben werden.

Eine exponentielle Verteilung kann mit Hilfe des Moduls **Formula** erreicht werden. Dazu ist die Gleichung 6.26 in der Form

```
out = - log(in);
```

im Modul **Formula** einzugeben. Das Modul **Hist** stellt in Kombination mit einem x-y-Plot (siehe Bild 6.6) die Verteilungsform grafisch dar (Bild 6.7).

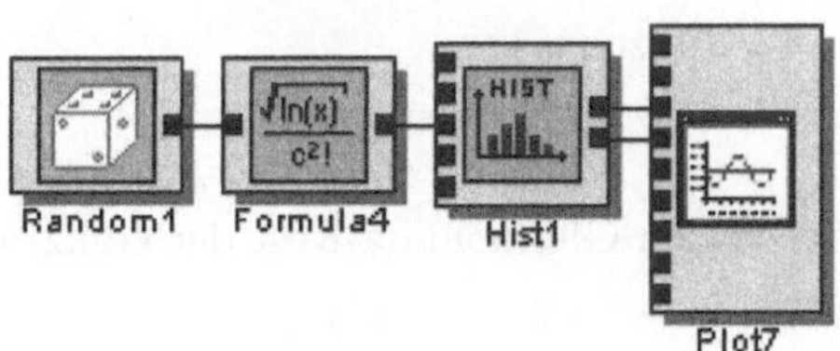

Bild 6.6 Signalgraph zum Erzeugen exponentiell verteilter Zufallszahlen

Je mehr Zufallszahlen bei der Histogrammdarstellung berücksichtigt werden, desto besser passt sich die Verteilung an den exponentiellen Verlauf an (Gesetz der großen Zahlen).

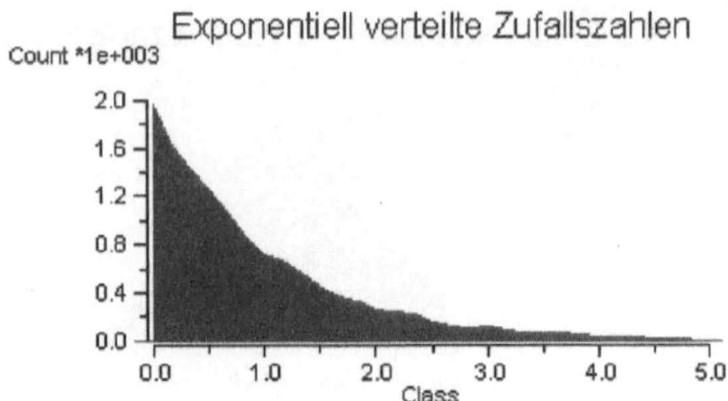

Bild 6.7   Histogramm exponentiell verteilter Zufallszahlen

6.2.2   Erzeugen periodischer Signale

Zur Erzeugung periodischer Signale wird der formelmäßige Zusammenhang mit der Variablen t für ein Intervall $0 < t < T$ benutzt. Sinus- oder cosinusförmige Signalformen werden durch Auswertung der trigonometrischen Funktionen erzeugt; für dreieck- oder rechteckfömige Kurvenverläufe sind Fallunterscheidungen auf Teilintervallen von T durchzuführen.

Sinussignal

Sinussignale mit einstellbarer *Phase* Φ, *Amplitude* A und *Offset* O werden in ICONNECT gemäß der Formel

$$x(t) = O + A \cdot \sin(2\pi f\, t + \Phi + w_F) \cdot (1 + w_A) \tag{6.28}$$

erzeugt. Die Koeffizienten w_F und w_A werden zur Frequenz und Amplitudenmodulation benutzt.

Rechtecksignal

Für Rechtecksignale kann ein *Tastverhältnis* tv in Prozent mit $q = 2\pi\frac{tv}{100}$ angegeben werden. Damit ergibt sich das Rechtecksignal zu

$$\varphi(t) \;=\; \begin{cases} +1, \text{fmod}(2\pi f\, t + \Phi + w_F,\, 2\pi) < q) \\ -1, \text{sonst} \end{cases} \tag{6.29}$$

$$x(t) \;=\; O + A \cdot \varphi(t) \cdot (1 + w_A). \tag{6.30}$$

Die Funktion $fmod(x,y)$ liefert den Gleitkomma-Rest der Ganzzahldivision von x/y.

Dreiecksignal

Ein Dreiecksignal mit dem Tastverhältnis tv in Prozent wird mit den folgenden Gleichungen erzeugt:

$$q = \pi \frac{tv}{100} \tag{6.31}$$

$$r = 2\pi f\, t + \Phi + w_F \tag{6.32}$$

$$ix = \text{fmod}(r, 2\pi) \tag{6.33}$$

$$k = \begin{cases} \frac{ix}{q}, & ix < q \\ -1 + \frac{ix - 2\pi + q}{q}, & \text{sonst} \end{cases} \tag{6.34}$$

$$l = 1 - \frac{ix - q}{\pi - q} \tag{6.35}$$

$$x(t) = \begin{cases} O + A(1 + w_A)\, l, & |ix - \pi| < (\pi - q) \\ O + A(1 + w_A)\, k, & \text{sonst} \end{cases} \tag{6.36}$$

Ein symmetrisches Dreieck entsteht bei $tv = 0.5$ (50%).

Tastverhältnis

Das Tastverhältnis dreieck- oder rechteckförmiger Kurvenformen gibt an, in welchem Verhältnis die Zeitanteile der Zustände +1 und -1 beim Rechtecksignal bzw. der steigenden und fallenden Flanken beim Dreiecksignal stehen. Ein Rechtecksignal mit einem 50:50-Tastverhältnis (Angabe in %) hat also die gleiche Zeitdauer für die Zustände +1 und -1 und ist damit symmetrisch. Bild 6.8 zeigt ein Rechtecksignal mit 10% Dauer für den Zustand +1. Ein Dreiecksignal unter gleichen Bedingungen zeigt Bild 6.9.

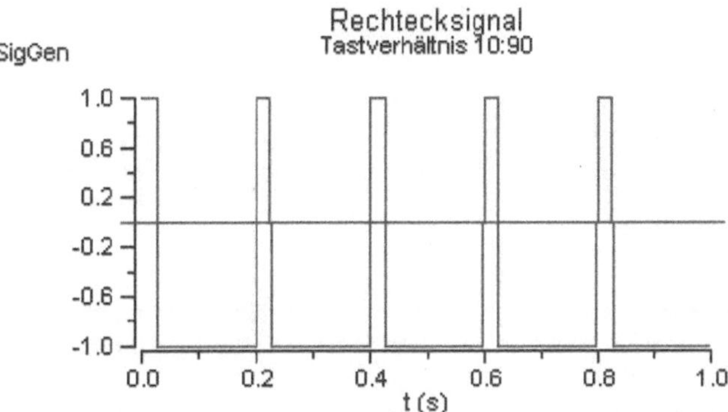

Bild 6.8 Rechtecksignal mit Tastverhältnis 10:90 (10%)

6.2.3 Modulation periodischer Signale

Unter Modulation versteht man das Beaufschlagen eines periodischen Signals (Trägersignal) einer bestimmten Frequenz f mit zusätzlicher Information in Form einer Signaländerung. Je nach Modulationsart und Art des Trägersignals wird die Amplitude, die Frequenz, die Phasenlage oder das Tastverhältnis eines Signals verändert. Die Technik der Modulation bzw. Demodulation wird zur Informationsübertragung in der Kommunikationstechnik genutzt. So kann z.B. bei manchen Radios mit der AM/FM-Umschaltung zwischen Amplituden- und Frequenzdemodulation gewechselt werden.

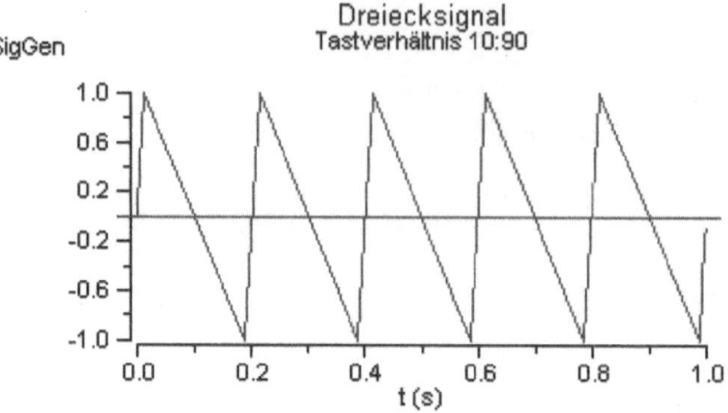

Bild 6.9 Dreiecksignal mit Tastverhältnis 10:90 (10%)

Amplitudenmodulation

Die Amplitudenmodulation (AM) eines Signals bewirkt eine vom Modulationssignal abhängige Änderung der Schwingungsamplitude des Trägersignals, also eine Änderung der „Lautstärke" des Trägers. Das Modulationssignal stellt also die Hüllkurve des Trägersignals dar. Bild 6.10 zeigt ein amplitudenmoduliertes Sinussignal mit eingezeichneter Hüllkurve.

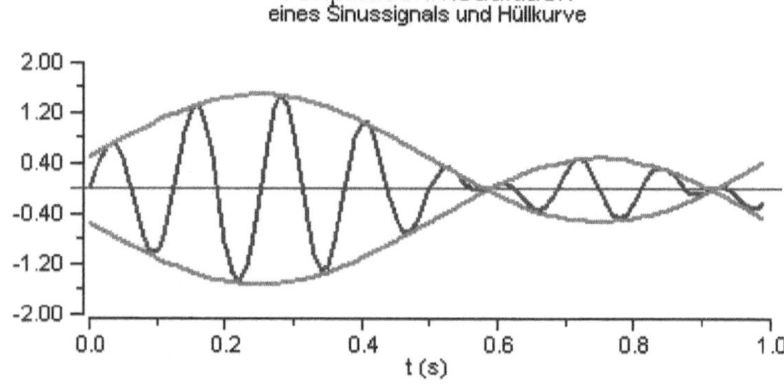

Bild 6.10 Amplitudenmoduliertes Sinussignal mit Hüllkurve

Bei der Amplitudenmodulation bestimmt die Funktion $w_A(t)$ die Amplitude der Sinusschwingung zum Zeitpunkt t gemäß der Formel

$$x(t) = O + A \cdot \sin(2\pi f\, t + \Phi) \cdot (1 + w_A(t)). \tag{6.37}$$

Frequenzmodulation

Bei der Frequenzmodulation (FM) bleibt die Amplitude des Trägersignals konstant. Stattdessen ändert sich in Abhängigkeit des Modulationssignals die Frequenz der Schwingung. Bild 6.11 zeigt das Signal aus Bild 6.10 in Frequenzmodulation.

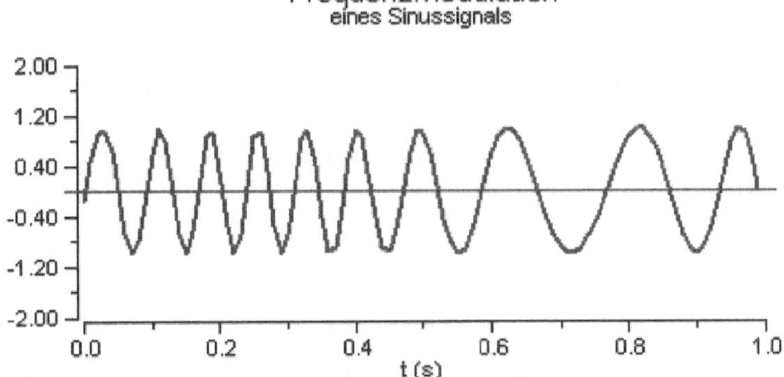

Bild 6.11 Frequenzmoduliertes Sinussignal

Bei der Frequenzmodulation ist die augenblickliche Frequenz des Signals durch die Funktion $w_F(t)$ bestimmt:

$$x(t) = O + A \cdot \sin(2\pi f\, t + \Phi + w_F(t)). \tag{6.38}$$

Phasenmodulation

Bei der Modulationsart Phase Shift Keying (PSK) erfolgt beim Nulldurchgang des Modulationssignals eine Phasenverschiebung des Trägers um 180 Grad (Vorzeichenwechsel). Es handelt sich also um eine digitale Modulationsart. Bild 6.12 zeigt den Phasensprung des Trägersignals im Nulldurchgang des Modulationssignals.

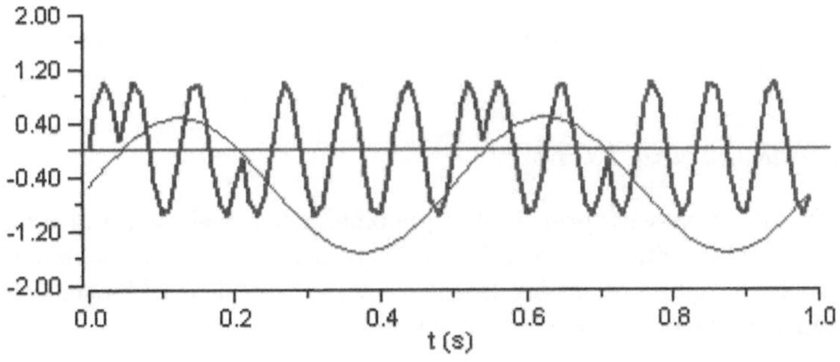

Bild 6.12 Phase Shift Keying (PSK)

Die Phasenmodulation ändert entsprechend dem Vorzeichen der Modulationsfunktion (ermittelt über die Signumsfunktion sgn) die Phase des Signals um $\pm 90°$. Der Signalverlauf wird also bestimmt durch

$$x(t) = O + A \cdot \sin(2\pi f\, t + \Phi + \mathrm{sgn}(w_P(t))\pi). \tag{6.39}$$

Pulsweitenmodulation

Bei der Pulsweitenmodulation (PWM) ändert sich das Tastverhältnis eines Rechtecksignals. Bild 6.13 zeigt die Wirkung der PWM.

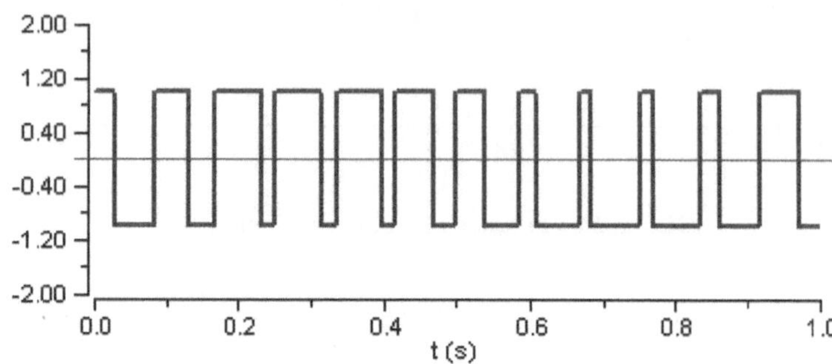

Bild 6.13 Pulsweitenmodulation eines Rechtecksignals

Die Signalform im Falle der Pulsweitenmodulation ergibt sich durch Auswertung von

$$x(t) = O + A \cdot \begin{cases} +1, & \text{fmod}(2\pi f\, t + \Phi, 2\pi) < q \\ -1, & \text{fmod}(2\pi f\, t + \Phi, 2\pi) >= q \end{cases} \tag{6.40}$$

mit einem zeitabhängigen Tastverhältnis $tv(t)$ und $q = 2\pi \frac{tv(t)}{100}$.

Die Pulsweitenmodulation wird oft eingesetzt, um mit einfachen Microcontrollern einen preisgünstigen Analogausgang zu realisieren. Durch die Änderung des Tastverhältnisses verschiebt sich der Gleichspannungsanteil des tiefpassgefilterten PWM-Signals. Bei genügend hoher Rechteckfrequenz kann ein quasi analoges Signal erzeugt werden, das z.B. zur Steuerung von Servomotoren geeignet ist. Auch 1-Bit D/A-Umsetzer in CD-Spielern nutzen oft diese Technik.

Lautstärke, Tonhöhe und Klang

Meist werden Modulationsverfahren in Frequenzbereichen weit jenseits unseres Hörbereichs eingesetzt, so dass eine konkrete Vorstellung der Wirkung verschiedener Modulationsarten meist fehlt. Ohne es in der Regel zu wissen, wird der Mensch jedoch täglich z.B. beim Hören von Musik mit diesen Verfahren konfrontiert.

Dabei wird die *Amplitude* eines akustischen Signals als dessen *Lautstärke* empfunden. Der Zusammenhang ist näherungsweise logarithmisch, so dass z.B. eine zwanzig mal höhere Amplitude als Verdopplung der Lautstärke interpretiert wird. In logarithmischer Skala entspricht dies ca. $\log_{10}(2) = 6$ dB.

Die *Frequenz* eines Signals wird als *Tonhöhe* interpretiert. Der Hörbereich junger Menschen liegt zwischen 20 Hz und 20 kHz. Der Kammerton A, nach dem musikalische Instrumente (mittels einer Stimmgabel) gestimmt werden, liegt bei 440 Hz. Halbtonschritte einer wohltemperiert gestimmten Tonleiter unterscheiden sich in ihrer Frequenz um den Faktor $\sqrt[12]{2}$. Eine Oktave (12 Halbtonschritte) entspricht damit der Verdopplung der Frequenz.

Durch die Addition von Schwingungen mit Frequenzen in bestimmten Verhältnissen entstehen *Klänge*. Ihre Periodizität unterscheidet sie von *Geräuschen*, die aus mehr oder weniger zufälligen Signalen entstehen.

Bild 6.14 zeigt einen Signalgraphen zur Simulation eines Keyboards mit allen Tasten einer C-Dur Tonleiter. Durch Betätigung der Tasten werden die Töne der Tonleiter für ein festes Zeitintervall ausgegeben. Das Beispiel verdeutlicht den Zusammenhang zwischen Frequenz und Tonhöhe. Mit dem Schieberegler kann die Amplitude (Lautstärke) der Signale verändert werden.

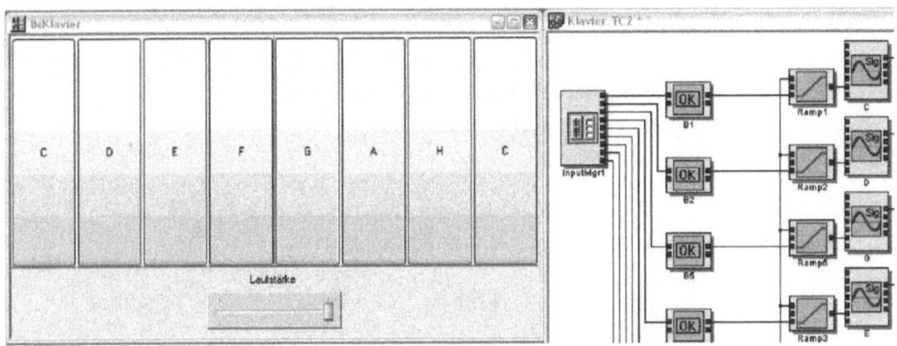

Bild 6.14 Signalerzeugung (Tonleiter) mit Signalgraphausschnitt

6.2.4 Das Abtasttheorem von SHANNON

Sowohl bei einer synthetischen Signalerzeugung als auch bei einer Analog-/Digitalumsetzung externer Signale wird für die digitale Darstellung eine zeitdiskrete, mit einer festen Frequenz abgetastete Folge von Messwerten erzeugt. Es ist leicht vorstellbar, dass durch eine langsame Abtastung schneller Vorgänge wertvolle Information über den wahren Verlauf des schnellen Vorgangs verloren geht. Es muss also ein Zusammenhang zwischen der Abtastfrequenz und der höchsten fehlerfrei rekonstruierbaren Frequenz eines abgetasteten Signals existieren. Dieser Zusammenhang wurde von SHANNON erstmals formuliert und ist als Shannonsches Abtasttheorem (Nyquist-Kriterium) bekannt.

Anhand der Bilder 6.15 bis 6.17 wird der Effekt einer Abtastung eines Signals von 100 Hz Signals mit unterschiedlichen Abtastraten verdeutlicht. Die Kreuze in den Graphen stellen die Abtastzeitpunkte des Originalsignals dar.

Neben dem Originalsignal mit 100 Hz ist auch die Rekonstruktion eines möglichen Signalverlaufs aus den Messwerten an den Abtastzeitpunkten eingezeichnet. Im Falle einer Abtastung mit der doppelten Abtastfrequenz im Vergleich zur höchsten im Originalsignal vorkommenden Frequenz kann das Originalsignal korrekt rekonstruiert werden. Liegt die Abtastfrequenz unter diesem Wert, so wird die Frequenz des Originalsignals falsch interpretiert. Der Fehler wird auch als Aliasing- oder Folding-Effekt bezeichnet.

Definition 6.1 (Abtasttheorem von SHANNON)

Das Abtasttheorem von SHANNON besagt, dass ein kontinuierliches Signal mit Frequenzanteilen kleiner f_{max} nur dann aus seinen Abtastwerten $x[n] = x(nT_s)$ rekonstruiert werden

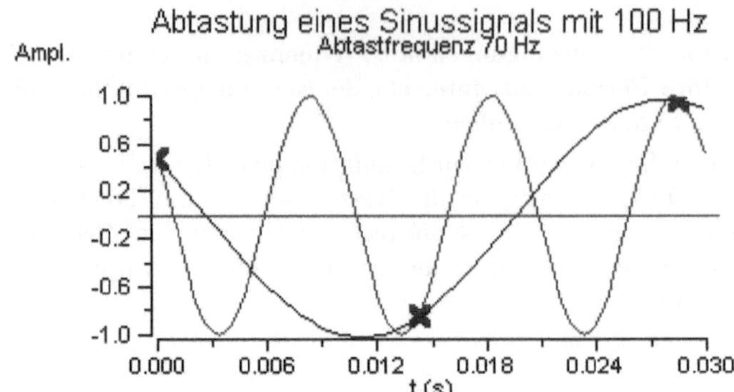

Bild 6.15 Signalunterabtastung mit 70 Hz

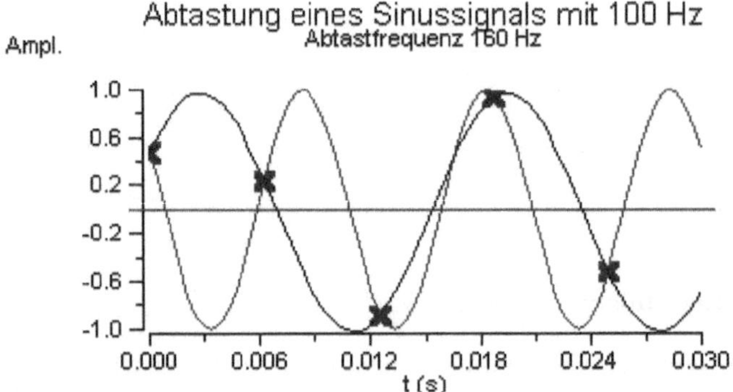

Bild 6.16 Signalunterabtastung mit 160 Hz

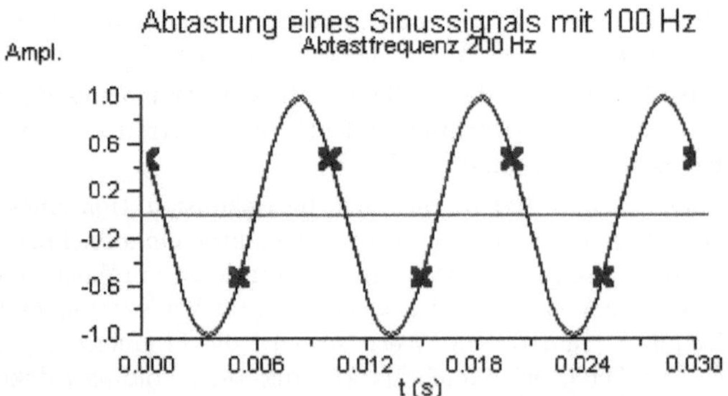

Bild 6.17 Signalabtastung mit der doppelten Signalfrequenz (200 Hz)

kann, wenn die Abtastwerte mindestens mit einer Rate $f_s = \frac{1}{T_s}$ erfasst werden, die größer als $2f_{max}$ ist.

Um Fehler durch eine Unterabtastung bei einem A/D-Umsetzer zu vermeiden, ist eine Abtastfrequenz einzustellen, die höher als die doppelte maximal im Messsignal vorkommende Frequenz ist. Da diese für reale Signale a priori meist unbekannt ist, wird am Eingang des A/D-Umsetzers ein Tiefpassfilter verwendet, dessen Filtereckfrequenz die Einhaltung der Abtastbedingung garantiert. Solche Tiefpassfilter werden als *Anti-Aliasing-Filter* bezeichnet.

6.2.5 Der Signalgenerator von ICONNECT

Mit Hilfe des Signalgenerators von ICONNECT (Modul SigGen) kann eine Vielfalt von Kurvenformen und aperiodischen Signalen erzeugt werden. Die Kenntnis der Theorie der Signalerzeugung aus dem vorigen Abschnitt erleichtert die Bedienung des etwas komplexeren Moduls.

Der Signalgenerator stellt die Kurvenformen

- Sinussignal,
- Rechtecksignal,
- Dreiecksignal,
- Arbitrary,
- gleichverteiltes Rauschen und
- normalverteiltes Rauschen.

zur Verfügung. Im Modus *Arbitrary* kann der Benutzer die Form des erzeugten Signals in einem grafischen Editor frei definieren. Dabei können mehrere Signalformen festgelegt werden, die in einer bestimmten programmierbaren Reihenfolge abgearbeitet werden. Der Ablauf kann zusätzlich durch externe Ereignisse beeinflusst werden.

Die Grundformen der fest vorgegebenen Signale können hinsichtlich der Parameter

- Skalierung (Amplitude A, Offset O),
- Frequenz f,
- Phasenlage Φ,
- Tastverhältnis tv,
- Anzahl generierter Signalperioden (single shot, periodisch),
- Modulationsart (AM/FM/PSK/PWM),
- Abtastrate (in Hz),
- Blockgröße (Anzahl generierter Werte je Datenblock) und
- Typinformation (Einheit, Skalierfaktor, Signalname).

modifiziert werden. Einige der Parameter sind auch auf Signale des Typs Arbitrary anwendbar.

Bild 6.18 zeigt den Eigenschaftsdialog des Signalgenerators.

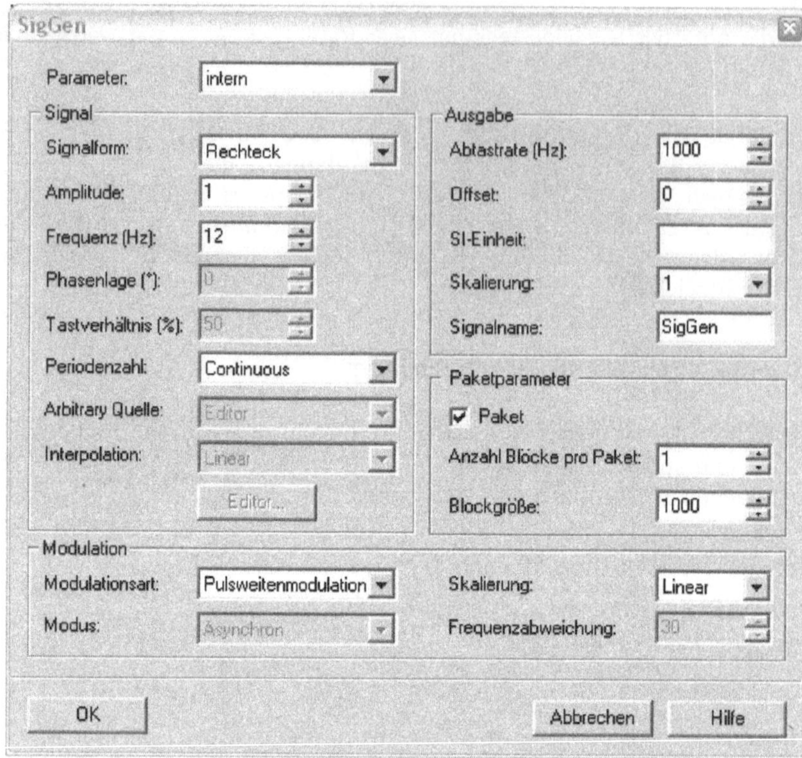

Bild 6.18   Eigenschaftsdialog des Signalgenerators

Modulationsarten des Signalgenerators

Die Modulation eines Signals kann auf zwei Arten erfolgen: asynchron oder synchron.
Im asynchronen Modus werden interaktive Benutzereingaben aus Dialogelementen als
skalare Werte eingelesen. Damit kann z.B. ein *Slider* die Pulsweite des Rechtecksignals
steuern. Im synchronen Modus muss für jeden Datenpunkt des erzeugten Signals ein
Datenpunkt des Modulationssignals existieren. Die Blocklängen der generierten Signale
(Modulations- und Trägersignal), deren Paketstati und die Abtastraten müssen also identisch gewählt werden. Die Modulationsfrequenz sollte im Normalfall wesentlich niedriger
als die Trägerfrequenz eingestellt werden. Entsprechend elektrotechnischer Terminologie
wird das Modulationssignal oft auch als *Wobblesignal* (engl. wobble) bezeichnet.

Die Bilder 6.19 und 6.20 zeigen die asynchrone und synchrone Betriebsart des Signalgenerators. Als Modulationsart ist im Dialog die Amplituden-, Frequenz- oder Phasenmodulation (PSK) auszuwählen. Der Steuereingang des Moduls ist mit `Wobble` bezeichnet.

Arbiträrer Modus

Bei der Einstellung Signalform *Arbitrary* kann mittels der Schaltfläche `Editor...` ein Folgedialog geöffnet werden, der in Bild 6.21 dargestellt ist. In einer Baumansicht kann eine
Signalabfolge benutzerdefinierter Signale angegeben werden, die von oben nach unten
abgearbeitet wird.

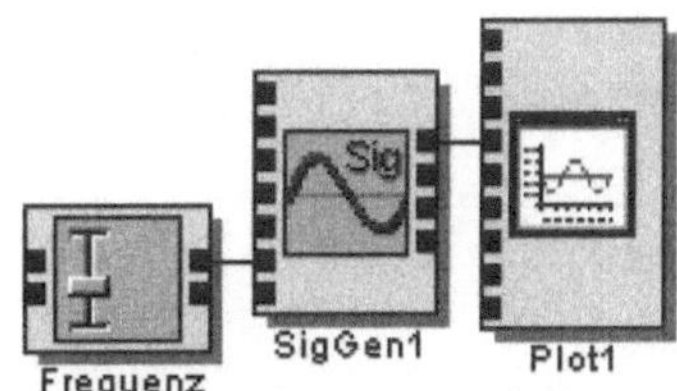

Bild 6.19 Asynchrone Frequenzmodulation des Signalgenerators

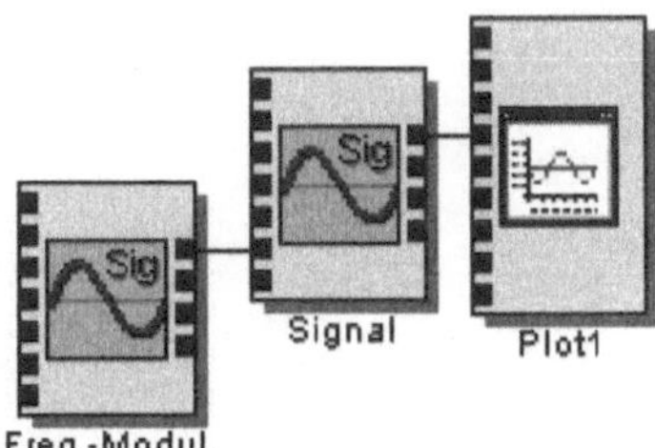

Bild 6.20 Synchrone Frequenzmodulation des Signalgenerators

Im Beispiel wird eine Schleifenkonstruktion (*LOOP*) verwendet. Durch diese wird die *IF-THEN-ELSE* Anweisung zyklisch ausgewertet. Als Zahl der Wiederholungen ist unendlich (∞) angegeben.

Die Signalform (bezeichnet mit *SIGNAL x*) kann in einem Editor grafisch erstellt werden. Dieser wird durch Doppelklick auf die gewünschte Signalnummer geöffnet. Bild 6.22 zeigt den Verlauf einer Kurvenform in Splinedarstellung. Dieser kann mit der Maus modifiziert werden. Durch Linksklick wird ein neuer Kontrollpunkt des Signals eingefügt. Dieser kann mit der Maus in seiner Position verschoben werden. Ein Rechtsklick auf einen Kontrollpunkt löscht diesen.

Die Form des Kurvenverlaufs kann durch die Einstellung *Gerade* oder *Kurve* zwischen einer stückweise linear interpolierenden und einer Splinedarstellung verändert werden. Außerdem lässt sich die maximale Amplitude und die Zeitdauer des angezeigten Signals variieren. Die gezeichneten Signalverläufe können für eine spätere Wiederverwendung gespeichert werden.

Benutzerdefinierte Signalabfolge

Anstelle eines zyklisch wiederholten Signalverlaufs wie im vorigen Beispiel können auch beliebige Abfolgen unterschiedlicher Signalformen programmiert werden.

Dazu werden die Konstrukte LOOP, ON EVENT und IF THEN ELSE des Signalabfolgedialogs (Bild 6.21) verwendet.

Signale, die Teil einer Schleifen sind (wie im Beispiel dargestellt), werden entsprechend der Anzahl der Durchläufe wiederholt ausgegeben. Anschließend wird die nächste Anweisung bearbeitet.

Anweisungen des Typs *IF event 1* erzeugen einen Moduleingang `Condition 1`. Abhängig vom logischen Zustand des Eingangs wird der *THEN*- oder der *ELSE*-Zweig der Baumdarstellung abgearbeitet.

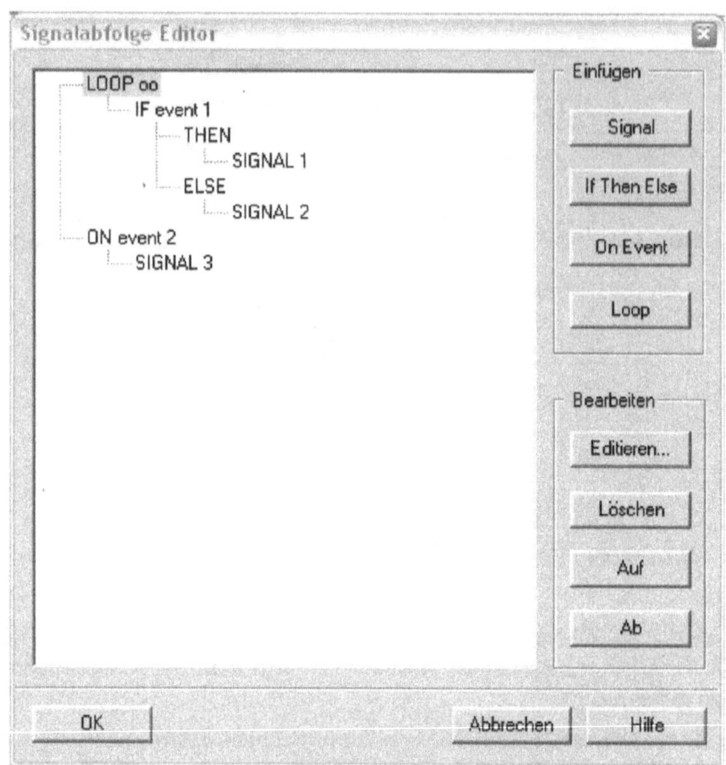

Bild 6.21   Steuerung der Signalabfolge im arbiträren Modus

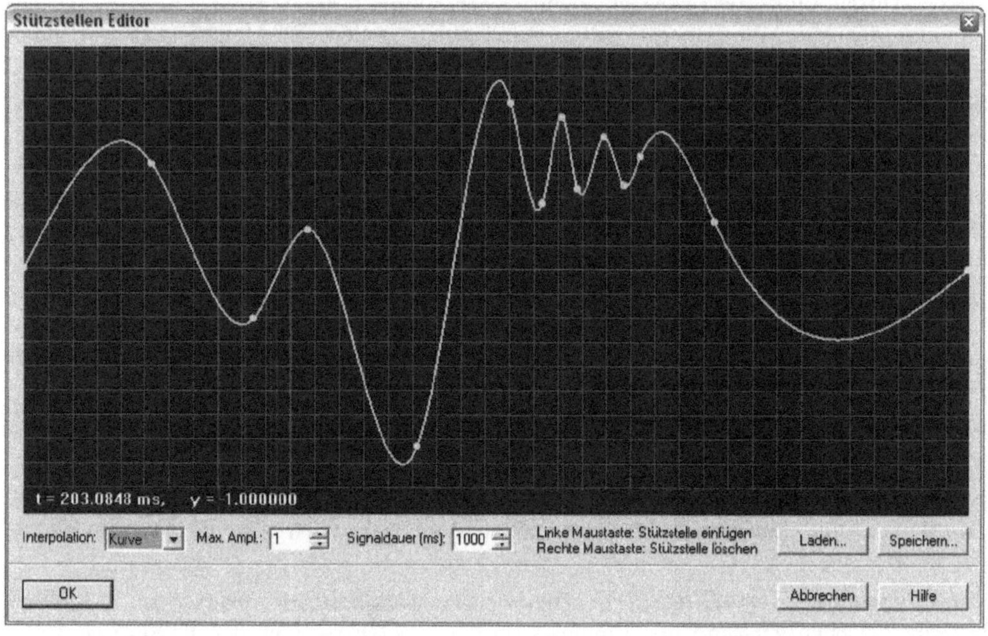

Bild 6.22   Signalgenerator: Kurvenformeditor im arbiträren Modus

Eine Anweisung des Typs *ON event 2*, die in der Baumdarstellung zu sehen ist, wird bei einer logischen Eins am Eingang `Condition 2` des Moduls direkt angesprungen. Bei einem Event wird das momentan ausgegebene Signal sofort unterbrochen und mit der Ausführung der Event-Anweisung fortgefahren.

Konstrukte wie *LOOP* und *ON EVENT* lassen sich beliebig ineinander verschachteln. Um die Position einer Anweisung innerhalb des Baums zu ändern, werden die Schaltflächen $\boxed{\text{Auf}}$ und $\boxed{\text{Ab}}$ benutzt.

6.3 Filterung von Signalen

Für eine Filterung von Signalen gibt eine Reihe von technischen Gründen, die sich in verschiedene Kategorien einteilen lassen. Beispiele hierfür sind:

- *Rauschunterdrückung*
  Ändert sich eine von einem Sensor erfasste Messgröße nur langsam im Verhältnis zur Signalbandbreite des Sensors und ist das Rauschen über die komplette Signalbandbreite gleichverteilt, so kann ein Tiefpassfilter das Messrauschen erheblich mindern.

- *Verstärkung relevanter Signalanteile*
  In der Sprachsignalverarbeitung steigt die Erkennungsrate von Spracherkennungssystemen durch eine Hochpassfilterung des Eingangssignals.

- *Frequenzgangkorrektur*
  Bei Konzerten werden Einfüsse der Raumakustik durch Filterbänke (Equalizer) korrigiert. Allpassfilter werden verwendet, um Phasenunterschiede zwischen Signalen zu korrigieren, um z.B. Laufzeitunterschiede des Schalls durch die räumliche Positionierung der Lautsprecher zu korrigieren.

Neben der Anwendung von Filtern befasst sich ein großer Teil der Filtertheorie mit dem Entwurf analoger und digitaler Filter und deren vielfältigen Eigenschaften. Hierzu sind fundierte Kenntnisse in den Bereichen der z-Transformation (diskrete Form der Laplace-Transformation), der Polynomapproximation, in der Bilineartransformation und in der Laplace- und Fourier-Transformation notwendig, die in weiterführender Literatur (z.B. in [Hof98] oder [Ste84]) vermittelt werden.

Die Beschreibung der Wirkung eines Filters erfordert vergleichsweise wenig Theorie. Der nächste Abschnitt befasst sich daher mit der Darstellung der Wirkung im Zeit- und Frequenzbereich.

6.3.1 Filterung im Zeitbereich

Ein diskretes Filter modifiziert eine Eingangsfolge $x[n]$ von Abtastwerten eines kontinuierlichen Signals $x(t)$ und erzeugt eine diskrete Ausgangsfolge $y[n] = \Psi\{x[n]\}$. Bei den meisten Digitalfilterarten ist $\Psi\{x[n]\}$ eine lineare Abbildung.

Die Abbildung der Form

$$y[n] = \frac{1}{3}(x[n] + x[n+1] + x[n+2]) \tag{6.41}$$

stellt z.B. ein digitales Filter mit folgenden Eigenschaften dar:

- Über jeweils drei Abtastwerte des Eingangssignals wird (gleitend) gemittelt.

- Gleichung 6.41 wird Differenzengleichung des Filters genannt. Sie beschreibt eindeutig das Verhalten des Filters im Zeitbereich.

- Bei dem Filter handelt es sich um ein so genanntes Finite-Impulse-Response-Filter (FIR), d.h., die Filterantwort auf ein zeitlich begrenztes Eingangssignal ist ebenfalls zeitlich begrenzt.

- Der Index n stellt den augenblicklichen Zeitpunkt dar. Je nach Wahl der Indizierung werden für die Berechnung von y also vergangene (kausales Filter) oder zukünftige (nichtkausales Filter) Werte von x einbezogen.

Bei Echtzeitverarbeitung können nur kausale Filter verwendet werden. Die Indizierung des gleitenden Mittelwertfilters wird dazu verändert:

$$z[n] = \frac{1}{3}(x[n] + x[n-1] + x[n-2]) \tag{6.42}$$

Kausale Filter verursachen immer eine Phasenverschiebung zwischen Ein- und Ausgangssignal. Dies entspricht dem Verhalten analoger Filtern. Erfolgt die Verarbeitung von Signalen nicht in Echtzeit, so können nichtkausale Filter verwendet werden, die eine Phasenverschiebung vermeiden.

Tabelle 6.1 zeigt die Filterantwort eines kausalen und eines nichtkausalen FIR-Filters aus Gleichung 6.42 bzw. 6.41 auf ein dreieckförmiges Eingangssignal.

n	$n<-2$	-2	-1	0	1	2	3	4	5	6	$n>6$
$x[n]$	0	0	0	2	4	6	4	2	0	0	0
$y[n]$	0	2/3	2	4	14/3	4	2	2/3	0	0	0
$z[n]$	0	0	0	2/3	2	4	14/3	4	2	2/3	0

Tabelle 6.1   Filterantworten der beiden FIR-Filter

Die Differenzengleichung eines FIR-Filters lässt sich allgemein angeben als:

$$y[n] = \sum_{k=0}^{M} b_k x[n-k]. \tag{6.43}$$

Für das kausale Filter aus Gleichung 6.42 ist $M = 2$ und $b_k = \frac{1}{3}$ für $k = 0,1,2$ zu setzen. Sind die Koeffizienten b_k nicht alle gleich, so kann Gleichung 6.43 als gewichteter gleitender Mittelwertfilter interpretiert werden.

6.3.2   Der Einheitspuls

Die Bestimmung einer Filterantwort wird erleichtert, wenn zur Anregung des Filters eine möglichst einfache Eingangsfolge $x[n]$ benutzt wird. Diese besteht aus einem einzigen Abtastwert mit dem Wert $x[n] = 1$ zum Zeitpunkt $n = 0$. Alle anderen Abtastwerte für $n \neq 0$ seien Null. Eine solche Folge $\delta[n]$ wird als *Einheitspuls* oder auch *Einsimpuls* zum Zeitpunkt $n = 0$ bezeichnet und ist in Tabelle 6.2 dargestellt. Der Einheitspuls wird üblicherweise mit dem Kronecker Delta Symbol $\delta[n]$ bezeichnet (*Dirac-Funktion*). Im kontinuierlichen Fall wird der Einheitspuls durch einen theoretisch unendlich kurzen und unendlich hohen Impuls mit der Impulsfläche Eins modelliert.

n	n<-2	-2	-1	0	1	2	3	4	5	6	n>6
$\delta[n]$	0	0	0	1	0	0	0	0	0	0	0
$z[n]$	0	0	0	1/3	1/3	1/3	0	0	0	0	0

Tabelle 6.2 Einheitspuls und Impulsantwort des kausalen FIR-Filters

Die dritte Zeile der Tabelle 6.2 enthält die Filterantwort $z[n]$ aus Gleichung 6.42 bei Anregung mit dem Einheitspuls, also $x[n] = \delta[n]$. Diese wird als *Impulsantwort* des Filters bezeichnet.

Wird ein Filter mit einem Einheitspuls $\delta[n]$ angeregt, so besteht die Impulsantwort $z[n]$ aus den Filterkoeffizienten b_k des Filters.

Die Impulsantwort eines Filters wird üblicherweise mit $h[n]$ angegeben. Damit folgt

$$z[n] = h[n] = \sum_{k=0}^{M} b_k \delta[n - k]. \tag{6.44}$$

Der Einheitspuls $\delta[n]$ (Dirac-Funktion) lässt sich in ICONNECT durch ein einfaches Perl-Skript erzeugen. Die Signallänge wird über die Vorbelegung der Variablen $len gesteuert. Die Position des Dirac-Impulses liegt bei $len/2.

Algorithmus 6.2 (Erzeugen eines Dirac-Impulses)
```
# Perl-Skript zur Erzeugung eines Einheitspulses #
$len=1024;
for($i=0;$i<$len;$i++)
 {
 $dirac[$i]=0;
 }
$dirac[$len/2]=1;
$dirac{"samplerate"}=$len;
$dirac{"range_min"}=0;
$dirac{"range_max"}=1;
```

6.3.3 Die Einheitsverzögerung

Ein einfaches FIR-Filter stellt die Signalverzögerung um n_0 Zeiteinheiten der Form

$$y[n] = x[n - n_0], \tag{6.45}$$
$$h[n] = \delta[n - n_0] \tag{6.46}$$

dar. Ist $n_0 = 1$, so wird eine Verzögerung um ein Abtastintervall erreicht. Diese Einheitsverzögerung erlangt beim Filterdesign mit Hilfe der z-Transformation entscheidende Bedeutung.

6.3.4 z-Transformation

Für diskrete Zeitsignale stellt die z-Transformation eine Funktionaltransformation dar, die der Fourier-Transformation bei zeitkontinuierlichen Signalen entspricht.

Definition 6.3

Die z-Transformation ordnet einem diskreten Zeitsignal $x(nT_a)$ nach der Beziehung

$$\widehat{X}(z) = \sum_{n=-\infty}^{+\infty} x_n z^{-n} \tag{6.47}$$

die Funktion $\widehat{X}(z)$ der komplexen Variablen $z \in \mathbb{C}$ zu, mit

$$z = e^{j\omega T_a}. \tag{6.48}$$

Die z-Transformierte hat u.a. folgende Eigenschaften:

- $\widehat{X}(z)$ it ein Polynom von z.
- Eine Einheitsverzögerung entspricht einer Multiplikation mit z^{-1}.
- Die z-Transformierte von x_n ist ungleich der Fourier-Transformierten $X(j\omega)$: $\widehat{X}(z) \neq X_d(j\omega)$

6.3.5   Struktur eines FIR-Filters

Die Beschreibung eines digitalen Filters in Form der Differenzengleichung 6.43 kann direkt in eine Darstellung als Blockschaltbild (Bild 6.23) umgesetzt werden. Einheitsverzögerungen werden als Blöcke mit dem Eintrag z^{-1} dargestellt. Die Koeffizienten b_k des Filters werden als Verstärkerknoten (Dreiecke) und die Summenbildung durch Summationspunkte im Schaltbild dargestellt. Die *Ordnung* des Filters ergibt sich aus der Anzahl der eingesetzten Verzögerungen.

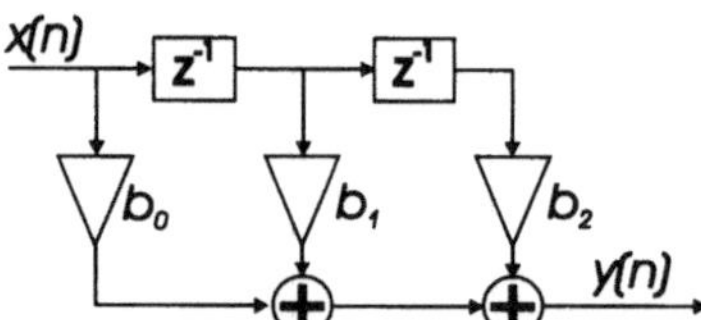

Bild 6.23   Struktur eines FIR-Filters zweiter Ordnung

6.3.6   Die diskrete Faltung

Formuliert man Gleichung 6.43 mit Hilfe der Impulsantwort $h[n]$ eines FIR-Filters als

$$y[n] = \sum_{k=0}^{M} h[k]x[n-k] = x[n] * h[n], \tag{6.49}$$

so wird $y[n]$ als endliche Faltungssumme von $x[n]$ mit $h[n]$ bezeichnet. Das Zeichen „*" wird Faltungsoperator genannt.

Die Filterantwort $y[n]$ eines FIR-Filters auf ein Eingangssignal $x[n]$ wird also durch die Faltung des Eingangssignals mit der Impulsantwort $h[n]$ des Filters festgelegt. Dieser Zusammenhang gilt für lineare, zeitinvariante Systeme (so genannte LTI-Systeme). Die Herleitung der Beziehung ist z.B. in [VG02] angegeben.

Die Berechnung der Faltungsoperation für die Impulsantwort $h[n]$ ist in Tabelle 6.3 beispielhaft erläutert. Dabei wird vereinfachend davon ausgegangen, dass die Signale $x[n]$ und $h[n]$ für nicht angegebene Tabelleneinträge den Wert Null haben.

n	0	1	2	3	4	5	6	7	8
$x[n]$	2	4	6	4	2				
$h[n]$	3	-1	2	1					
$h[0]x[n-0]$	6	12	18	12	6				
$h[1]x[n-1]$		-2	-4	-6	-4	-2			
$h[2]x[n-2]$			4	8	12	8	4		
$h[3]x[n-3]$				2	4	6	4	2	
$y[n]$	6	10	18	16	18	12	8	2	

Tabelle 6.3 Berechnung der Filterantwort $y[n]$ durch Faltung mit der Impulsantwort $h[n]$

Im allgemeinen Fall werden die Grenzen der Summenbildung nicht auf das Intervall begrenzt, in dem $x[n]$ oder $h[n]$ ungleich Null sind. Damit lautet die Formel der diskreten Faltung:

$$y[n] = \sum_{k=-\infty}^{\infty} h[k]x[n-k] = x[n] * h[n]. \tag{6.50}$$

Die Schreibweise der Faltungsoperation als Operator ist nützlich, da einige Eigenschaften des Faltungsoperators Ähnlichkeiten zum Multiplikationsoperator (z.B. Kommutativität und Assoziativität) haben. Im Frequenzbereich entspricht die Faltungsoperation einer Multiplikation. Die Faltungsoperation im Frequenzbereich entspricht umgekehrt einer Signalmultiplikation im Zeitbereich.

Für die Faltung mit einem Dirac-Impuls $\delta[n]$ gilt weiterhin:

$$x[n] * \delta[n-n_0] = x[n-n_0]. \tag{6.51}$$

Dies bedeutet anschaulich, dass eine Faltung mit einem Einheitspuls an der Stelle $n = n_0$ eine Verschiebung des Originalsignals $x[n]$ von der Stelle n an die Stelle n_0 bewirkt.

6.3.7 Realisierung von FIR-Filtern

Das Verhalten eines digitalen FIR-Filters ist durch die Impulsantwort $h[n]$ des Filters eindeutig festgelegt. Eine beliebige Eingangsfolge $x[n]$ wird durch die Faltungsoperation $x[n] * h[n]$ mit der festgelegten Filtercharakteristik gefiltert. Damit steht ein universeller Mechanismus für beliebige kausale Filter mit endlicher Impulsantwort zur Verfügung.

Zur konkreten Realisierung in ICONNECT wird eine Filterstruktur in Form der Impulsantwort (als Feld von Koeffizienten) und ein Eingangssignal benötigt. Bild 6.24 zeigt den Signalgraphen dazu.

Der Koeffizientensatz wird durch das Modul Sync für jeden Eingangswerteblock des Signals $x[n]$ wiederholt (Einstellung *DAT-Eingang übernehmen*). Das Modul Faltung (Convol für engl. Convolution) arbeitet in der Einstellung *Faltung im Zeitbereich*.

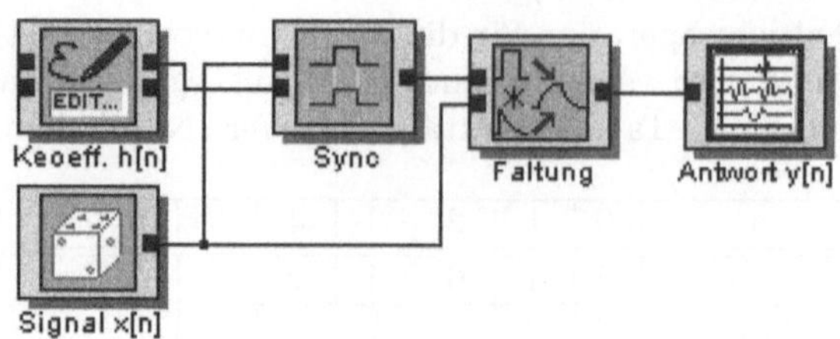

Bild 6.24 Filterung durch Faltung mit Impulsantwort

Die Klasse der FIR-Filter zeichnet sich dadurch aus, dass zur Berechnung der Filterantwort nur Werte der Eingangsfolge verwendet werden. Es findet keine Rückkopplung der (verzögerten) Filterantwort statt. FIR-Filter sind also nichtrekursiv.

IIR-Filter (infinite impulse response) koppeln einen Teil des verzögerten Ausgangssignals auf den Eingang zurück. Die entstehende Impulsantwort wird dadurch theoretisch unendlich lang. Die Differenzengleichung für das IIR-Filter stellt den allgemeineren, jedoch auch komplizierteren Fall von Digitalfiltern dar:

$$y[n] = \sum_{l=1}^{N} a_l y[n-l] + \sum_{k=0}^{M} b_k x[n-k]. \tag{6.52}$$

Die Koeffizienten a_l stellen Koeffizienten im Rückkopplungszweig des Filters dar. Die rechte Summe ist identisch mit der Differenzengleichung der FIR-Filter.

Das Modul **Filter** in **ICONNECT** stellt ein IIR-Filter dar. Die Berechnung der Filterkoeffizienten a_l und b_k ist für verschiedene Filtertypen bereits im Modul **Filter** realisiert.

6.3.8 Filtertypen

Das Beispiel in Bild 6.25 zeigt die Wirkung eines in seinen Parametern veränderlichen IIR-Filters im Frequenzbereich (Frequenzgang eines Filters).

Dazu wird als Eingangssignal ein Einheitspulssignal verwendet, das im Frequenzbereich ein gleichmäßiges Spektrum von tiefen bis zu hohen Frequenzen aufweist. Die verschiedenen Filterparameter und Typen lassen sich durch Schieberegler einstellen. So lassen sich die typischen Merkmale der verschiedenen Filtertypen erkennen:

- *Tiefpassfilter*
  Bis zu einer einstellbaren Filtereckfrequenz bleiben Signale durch das Filter nahezu unverändert. Darüber wird deren Amplitude stark bedämpft.

- *Hochpassfilter*
  Bis zu einer einstellbaren Eckfrequenz werden Signale stark bedämpft. Darüber passieren diese das Filter nahezu ohne Dämpfung (genau umgekehrt zum Tiefpassfilter).

- *Bandpassfilter*
  Signale innerhalb eines bestimmten Durchlassbereiches werden durch das Filter kaum verändert. Darüber und darunter dämpft das Filter.

- *Bandsperre*
  Ein bestimmter Frequenzbereich des Signals wird stark bedämpft, der Rest wird kaum beeinflusst. Dieses Filter kann z.B. Einstreuungen der Netzfrequenz (Netzbrummen mit 50 Hz) aus einem Sensorsignal ausfiltern.

Dabei hängt es vom Filterdesign ab, wie gleichmäßig die Durchlass- und Sperrbereiche eines Filters in ihren Dämpfungseigenschaften ausfallen. Die Butterworth-Filtercharakteristik weist eine flache Dämpfung über dem Durchlassbereich auf, dämpft aber im Sperrbereich schlechter als z.B. ein Tschebyscheff-Filter, dessen Frequenzgang in Bild 6.25 zu sehen ist. Höhere Filterordnungen führen i.a. zu günstigeren Filtercharakteristiken. Der Übergang vom Durchlass- in den Sperrbereich des Filters erfolgt hier steiler als bei Filtern niedriger Ordnung. Bei Bandpass- oder Bandsperre-Filtern hängt die Breite des Durchlass- oder Sperrbereiches von der *Güte* des Filters ab.

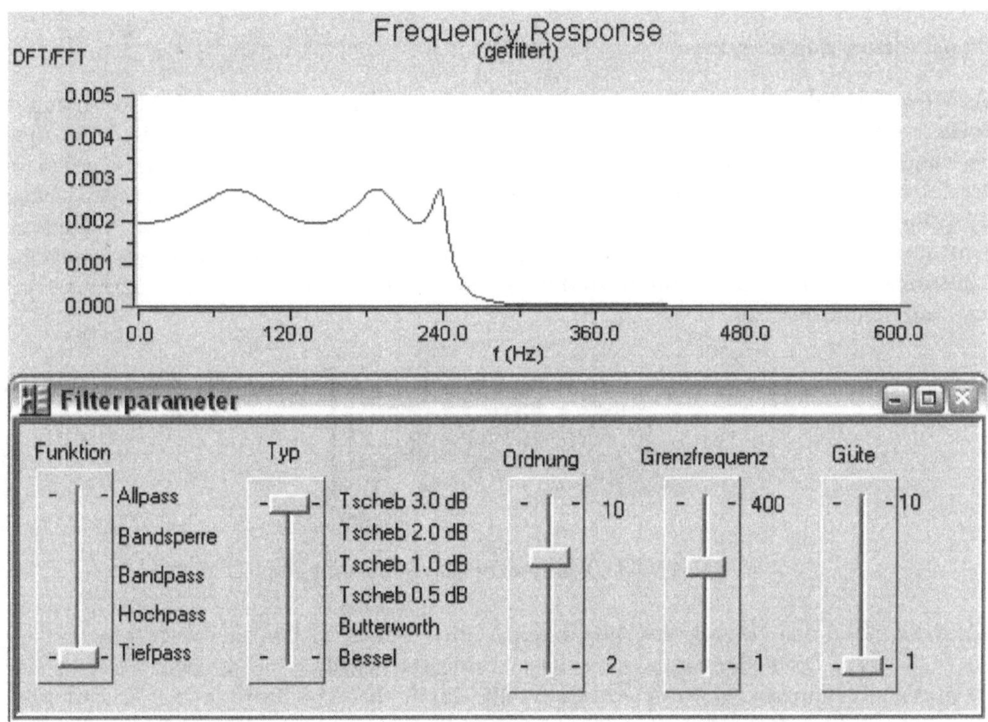

Bild 6.25 Frequenzgang eines Tiefpassfilters

Beispiel Sprachfilter

In diesem Beispiel wird, ganz ähnlich zum vorangehenden Beispiel, das Modul Filter demonstriert. Anders als bei der Darstellung des Filterfrequenzgangs dient als Eingangssignal nicht ein Einheitspuls, sondern eine aufgezeichnete Wave-Datei. Die Wirkung des Filters wird deshalb auch über die Lautsprecher des PC hörbar.

6.4 Vorverarbeitung von Messdaten

Im folgenden Abschnitt wird gezeigt, wie Daten interaktiv bearbeitet werden. Die grafische Darstellung der Messkurve erfolgt in einer Ansicht, in der geblättert und vergrößert werden kann. Damit können markante Ausschnitte des Signals genau betrachtet und analysiert werden.

Das Ziel der Online-Signalverarbeitung besteht jedoch darin, diese Aktionen zu automatisieren. Gültige Signale sind Daten, die festgelegte Bedingungen erfüllen. Diese werden automatisch erkannt, extrahiert oder angepasst und zur Weiterverarbeitung bereitgestellt.

Die Beschreibung der einzelnen Schritte der Signalverarbeitung wird von einem praktischen Beispiel begleitet, bei dem die Planarität eines Messobjektes berechnet werden soll.

Profil eines Lochbleches

Als Messobjekt dient ein Lochblech, dessen Oberfläche (Blechabschnitte und Durchgangslöcher) vermessen und als Tabelle in einer Datei abgespeichert wurde. Im Beispiel werden die abgespeicherten Rohdaten des A/D-Wandlers (16-Bit Auflösung entsprechen einem Bereich von 0..65535) geladen. Diese Werte werden mittels einer Zweipunktskalierung in Millimeter umgerechnet. Um Aussagen über das gemessene Signal treffen zu können, wird das Signal visuell analysiert. Danach wird eine automatische Online-Verarbeitung implementiert. Der Signalgraph in Bild 6.26 liest die gespeicherten Daten, skaliert sie auf mm und visualisiert sie.

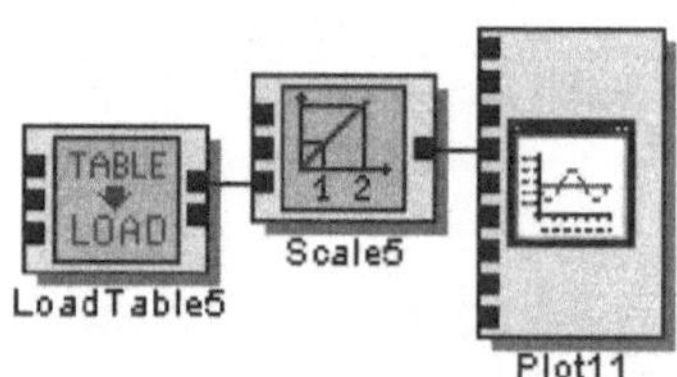

Bild 6.26 Visualisierung des Messsignales

Bild 6.27 zeigt den Verlauf des Messsignales über der Zeit. Da die Oberfläche mit einem optischen Laser-Triangulationssensor vermessen wurde, sind an den Rändern der Stanzungen Fehlmessungen zu erkennen, die durch die Abschattung des Laserstrahls bei tiefen Löchern mit scharfen Kanten verursacht werden. Diese physikalisch bedingten Messfehler sollen bei der Ebenheitsberechnung der Daten ausgeblendet werden. Mit der Visualisierung werden erste Aussagen zum Signal getroffen. Um eine detaillierte visuelle Untersuchung durchführen zu können, werden zusammengehörige Daten gesammelt. In diesen kann anschließend geblättert und gezoomt werden. Interessante Signalabschnitte können markiert und ausgeschnitten werden.

6.4.1 Interaktive Bearbeitung der Messdaten

Um aus dem Signalverlauf interaktiv Bereiche zu vergrößern und auszuschneiden, werden die Daten im Modul **DataSel** zwischengespeichert. In Kombination mit Bedienelementen

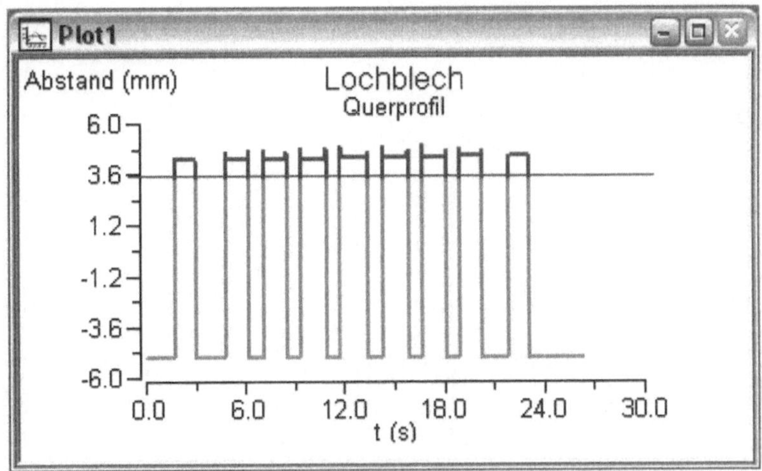

Bild 6.27   Querprofil des Lochbleches

für das seitenweise Blättern im Datensatz, das Setzen von Kursoren, zum Zoomen von markierten Bereichen usw. dient dieses Modul zur interaktiven Analyse von Signalverläufen. Es speichert zur Laufzeit bis zu einer Million zusammengehörige Werte blockweise in einem Ringpuffer. Dadurch entkoppelt es die Visualisierung von der Datenaufnahme. In der Betriebsart *Continue* werden die aktuellen Daten blockweise zur Weiterverarbeitung bereitgestellt. Sobald frühere Daten visualisiert oder bestimmte Bereiche ausgeschnitten und vergrößert werden, schaltet DataSel automatisch in die Betriebsart *Freeze* um. Neue Daten werden weiterhin Online aufgenommen und zwischengespeichert. Die zur Ansicht bereitgestellten Daten werden vorübergehend eingefroren. Innerhalb des eingefrorenen Bereichs kann geblättert und gezoomt werden. Das Blättern wird über entsprechende Moduleingänge gesteuert und erfolgt datenpunkt- oder seitenweise oder direkt zum Anfang oder Ende des Datenpakets. Die X- und Y-Bereiche können – ebenfalls über Moduleingänge gesteuert – beliebig vergrößert oder verkleinert werden. DataSel liefert die darzustellenden Wertepaare (X/Y) zum Zeichnen entsprechender Kurvenausschnitte an das Modul Plot.

Ausschnitt aus dem Profil eines Lochbleches

Im Beispiel der Oberflächen-Vermessung eines Lochbleches sollen die physikalisch bedingten Messfehler genauer betrachtet werden. Mit der entsprechenden Vergrößerung in X- und Y-Richtung werden detaillierte Informationen zu Zeitdauer und Größe der Messfehler sichtbar. Bild 6.28 zeigt einen vergrößerten Ausschnitt des Querprofiles. Der Signalgraph im Bild 6.29 wurde hierzu um die Module DataSel, zwei DialogEditoren für die Steuerung der X- und Y-Bereiche (Blättern, Zoomen) und das Modul DispMgr zum Darstellen des Ausschnitts erweitert.

In den folgenden Abschnitten wird gezeigt, wie die Planarität des Lochblechs automatisch ermittelt werden kann.

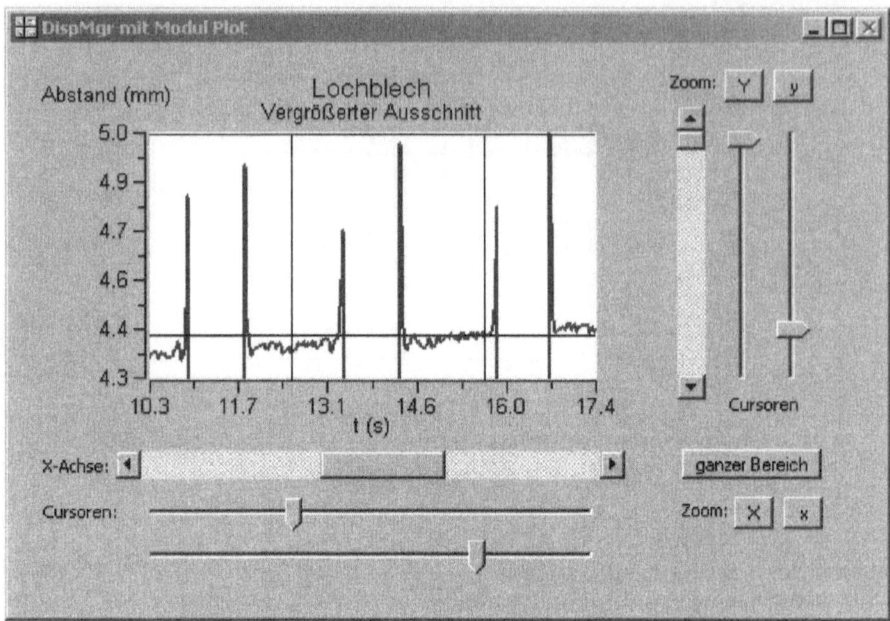

Bild 6.28 Interaktive Bearbeitung von Signalen

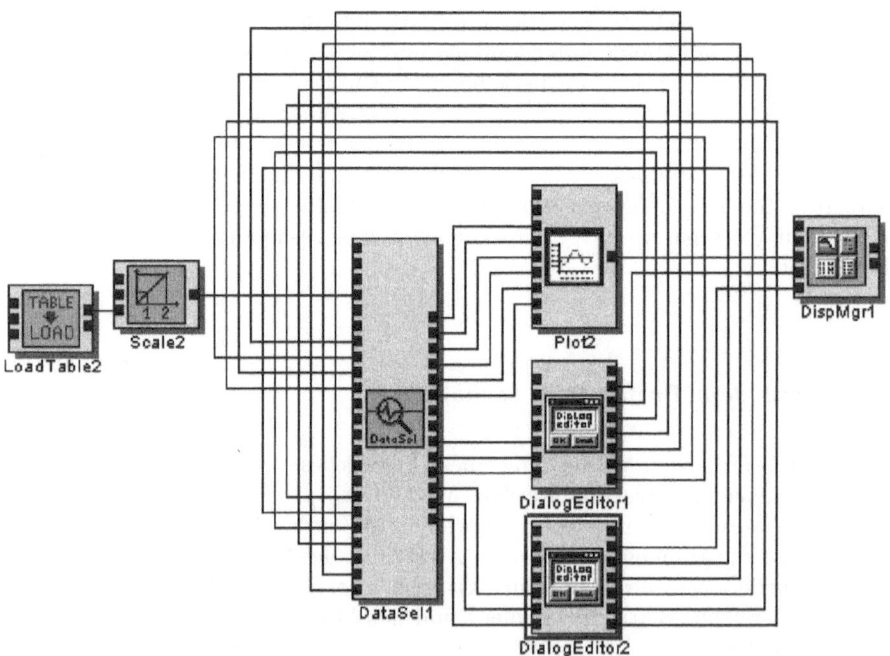

Bild 6.29 Signalgraph zur interaktiven Bearbeitung von Signalen

6.4.2 Signaltriggerung

Um die korrekten Signale oder Signalausschnitte von den durch Messfehler verfälschten Teilen zu trennen, wird ein Schnittmuster verwendet, das aus einer Folge von Einsen für gültige Bereiche und Nullen für ungültige Werte besteht. Zum Erzeugen eines solchen Binärarrays eignen sich die Module **Limits** und **Trigger**. Diese erzeugen abhängig von den eingestellten Schwellwerten und Bedingungen eine Folge von Nullen und Einsen.

Detektion von Grenzwertüberschreitungen

Die Parameter des Moduls **Limits** sind die Grenzwerte *Minimum* und *Maximum*. Abhängig von den beiden Parametern werden aus den aktuellen Messwerten drei Binärarrays erzeugt und an die entsprechenden Ausgänge geschickt:

- Ein Array mit Einsen an den Positionen der Messwerte oberhalb des Maximums,

- ein Array mit Einsen an den Positionen der Messwerte innerhalb der Grenzen und

- ein Array mit Einsen an den Positionen der Messwerte unterhalb des Minimums.

Liegt mindestens ein Messwert außerhalb der angegebenen Grenzen, wird ein binäres Alarmsignal an einem weiteren Modulausgang ausgegeben. **Limits** erzeugt zusätzlich eine Kopie der Originaldaten, in der die Grenzwertüberschreitungen auf Minimum bzw. Maximum limitiert sind.

Komplexe Triggerbedingungen

Falls die Detektion von Grenzwertüberschreitungen als Kriterium zur Bildung eines Schnittmusters nicht ausreichend ist, bietet das Modul **Trigger** eine Auswahl komplexerer Triggerstart- (Übergang $0 \rightarrow 1$) und Triggerstoppbedingungen (Übergang $1 \rightarrow 0$):

- Wert kleiner bzw. größer als Schwellwert,

- Signalableitung kleiner bzw. größer als Schwellwert,

- Triggerbedingung abhängig vom Paketstatus,

- Triggerbedingung abhängig von Start bzw. Stopp der Messung.

Zusätzlich zu den Start-/Stoppbedingungen wird angegeben, wieviele aufeinanderfolgende Werte die Triggerbedingung erfüllen sollen, bevor der Trigger reagiert:

- Pretrigger: Anzahl der Werte (kleiner Blocklänge), die im Binärarray auf Eins gesetzt werden, bevor die Triggerbedingung erfüllt ist,

- Posttrigger: Anzahl der Werte, die im Binärarray auf Eins gesetzt werden, nachdem der Triggerstopp erfüllt ist,

- Totwerte: Anzahl der Werte zwischen Triggerstopp und Triggerstart, die nicht auf die Erfüllung der Triggerbedingung geprüft werden.

Zusätzlich gibt der Parameter *TriggerOK* die Anzahl der Werte an, für die die Triggerbedingung erfüllt sein muss, bis ein Trigger wirklich erkannt wird. Dies dient zur Vermeidung von Fehltriggerungen bei verrauschten Signalen.

Erzeugen eines Schnittmusters für das Lochblechprofil

Für die Berechnung der Ebenheit des Lochbleches werden die Messwerte der Durchgangslöcher eliminiert. Wie aus dem Querprofil des Lochbleches ersichtlich ist, gehören Messwerte, die unterhalb des Grenzwertes von 3.5 mm liegen, zu Durchgangslöchern. Diese
sollen ausgeschnitten werden (siehe Bild 6.30). Das Schnittmuster für das Lochblech wird
mit dem Modul **Trigger** erzeugt. Folgende Parameter eignen sich als Triggerbedingungen:

- Startbedingung: *Wert > 3.5*,

- Stoppbedingung: *Wert < 3.5*.

Der Signalgraph aus Bild 6.31 liefert das Muster zum Ausschneiden der gültigen Werte
aus dem Messwertearray. Die Darstellung der Messdaten und des binären Arrays erfolgt in
den Modulen **Plot** und **DigitalChart**. Beide Ansichten werden im DisplayManager (Modul
DispMgr) angeordnet gezeigt.

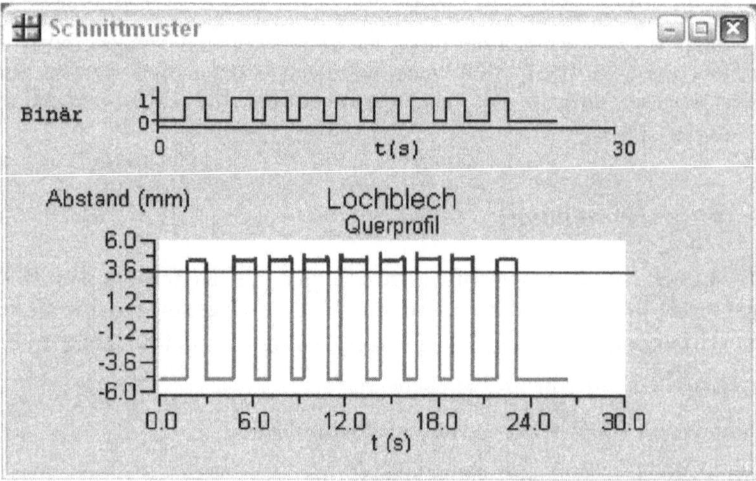

Bild 6.30　Erzeugen eines Binärarrays zum Ausschneiden der gültigen Messwerte

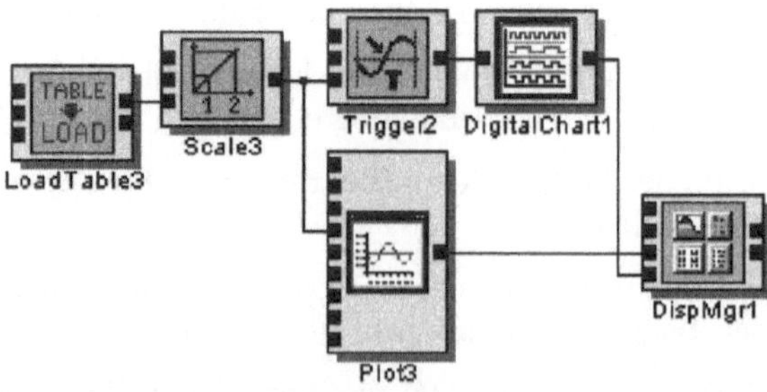

Bild 6.31　Signalgraph zum Erzeugen des Binärarrays

6.4.3 Ausschneiden von Daten

Um die ungültigen Werte aus dem Messwertearray zu entfernen, werden die originalen Messdaten mit dem Schnittmuster verglichen. Dabei werden in das reduzierte Datenarray nur die Werte übernommen, denen im Binärarray eine Eins zugeordnet ist. Zum Ausschneiden von Messdaten nach der Vorlage eines Binärarrays eignen sich die Module **Edges** und **Packet**. Diese erzeugen abhängig von einem Binärarray ein Datenarray welches eine Teilmenge der ursprünglichen Datenmenge enthält.

Extrahieren von einzelnen Signalen oder Signalabschnitten

Im Modul **Edges** können verschiedene Ausschneideverfahren ausgewählt werden. Dabei werden aus dem Datenarray abhängig vom dazugehörigen Binärarray folgende Werte übernommen:

- Von der ersten bis zur letzten Eins des Binärarrays werden alle Werte lückenlos übernommen. Werte, die einer Folge von Nullen am Anfang oder Ende des Binärarrays entsprechen, werden weggelassen. Der selektierte Bereich kann weiter eingegrenzt werden, indem am Anfang und/oder am Ende des ausgeschnittenen Bereiches eine zusätzliche prozentuale Eingrenzung erfolgt.

- Alle Werte die einer beliebigen Gruppe aufeinanderfolgender Einsen im Binärarray entsprechen, werden übernommen. Die laufende Nummer dieser Eins-Folge wird als Parameter angegeben. Vorherige und nachfolgende Eins-Gruppen werden weggelassen. Der selektierte Datenblock kann am Anfang und/oder am Ende weiter reduziert werden, indem ein prozentualer Bereich des selektierten Datenarrays ausgeschnitten wird.

- Alle Daten, die einer Eins im Binärarrays zugeordnet sind, werden übernommen. Bei diesem Verfahren ist eine weitere prozentuale Eingrenzung des Datenarrays nicht vorgesehen.

Bisher wurde das Ausschneiden von Daten beschrieben, die im Binärarray einer Eins entsprechen. Wahlweise kann das Übernehmen von Daten auch negiert erfolgen.

Verpacken von Eins-Folgen in Pakete

Mit dem beschriebenen Verfahren werden alle gültigen Daten nacheinander in ein Datenpaket gepackt. Einzelne Datenblöcke, die jeweils einer Gruppe aufeinander folgender Einsen im Binärarray entsprechen, können auch als Pakete verpackt werden. Hierfür eignet sich das Modul **Packet**. Es erzeugt einzelne Datenpakete. Anhand eines Binärarrays werden die zu einer Eins-Folge gehörigen Daten jeweils als Datenpaket ausgegeben. Folgende Parameter können eingestellt werden:

- Blocklänge (16, 32, .., 8192),

- Maximale Pufferlänge (32, 64, .., 16384) und

- Negierung für die Ausgabe von zu Null-Folgen gehörende Daten.

Sobald an den beiden Eingängen des Moduls die gleiche Anzahl von Datenblöcken (mindestens ein Block pro Eingang) anliegt, werden die Daten eingelesen. Alle zu einer Eins-Folge gehörigen Daten werden in einem Ringpuffer mit ausgewählter Länge zwischengespeichert und paketweise mit der dazugehörigen Zeitinformation an den Ausgang geschickt. Besteht ein Paket aus mehr Daten als der ausgewählten Blocklänge, wird das Paket in Blöcke unterteilt.

Entfernen der Bohrungen aus den Messdaten des Lochblechprofils

Basierend auf den erzeugten Binärdaten und den Originaldaten werden mit dem Modul **Packet** die jeweils zu einer aufeinanderfolgenden Eins-Gruppe gehörenden Messwerte als Datenpaket ausgegeben. Der Signalgraph aus Bild 6.32 ist erweitert um das Modul **Packet**. Bild 6.33 zeigt die Messdaten über der Zeit ohne die Bohrungen. Die Darstellung des Abstands erfolgt im Vergleich zu den Originaldaten im Bereich 4.1 bis 5.1 mm. Nachdem die Durchgangslöcher mit diesem Verfahren automatisch eleminiert werden, wird der Bereich auf der x-Achse entsprechend gespreizt dargestellt.

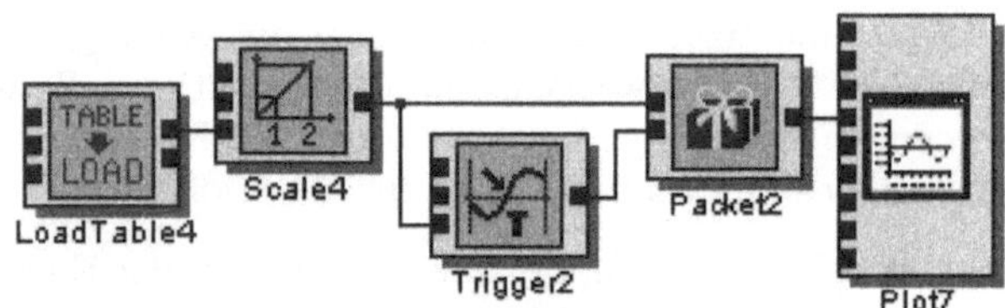

Bild 6.32 Signalgraph zum Ausschneiden der Lochblechdaten

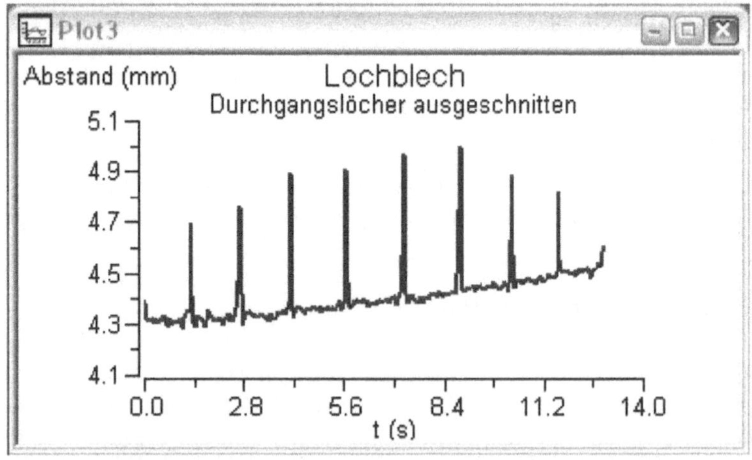

Bild 6.33 Lochblechprofil ohne Durchgangslöcher

Ausblenden der physikalisch bedingten Messfehler

Durch die Sensorik verursachte Messfehler verfälschen das Messergebnis und müssen vor der Berechnung der Ebenheit des Lochbleches ausgeblendet werden. Hierfür eignet sich das Modul **Edges**. Das Modul **Packet** liefert an den Dateneingang von **Edges** die Messdaten zwischen zwei Bohrungen des Lochbleches jeweils als Datenpaket. Das Modul **Edges** erfordert zusätzlich zu den Messwerten ein geeignetes Binärarray. Nachdem der einzuschränkende Bereich aus allen ankommenden Messdaten eines Paketes bestehen soll, wird ein Binärarray benötigt, welches aus einer Folge von Einsen besteht, und dessen Länge gleich der Länge des Datenpaketes ist. Diese Eins-Folge wird von Modul **Limits** erzeugt. Mit der Einstellung *Block aus 1-Signalen* und *Block-Nr. 1* werden alle Daten übernommen. Anschließend wird der zu einer Folge von Einsen gehörende Datenbereich von links und rechts eingeschränkt. Bei einer Einstellung von 8% bis 92% des Bereichs werden die Messfehler ausgeblendet. Der Signalgraph aus Bild 6.34 ist erweitert um die Module **Limits** und **Edges**. Bild 6.35 zeigt die Messdaten ohne die Messfehler über der Zeit. Der Bereich für die Darstellung des Abstands liegt bei 4.2 mm bis 4.6 mm. Die Änderung im Zeitbereich durch den Wegfall der Messfehler ist minimal.

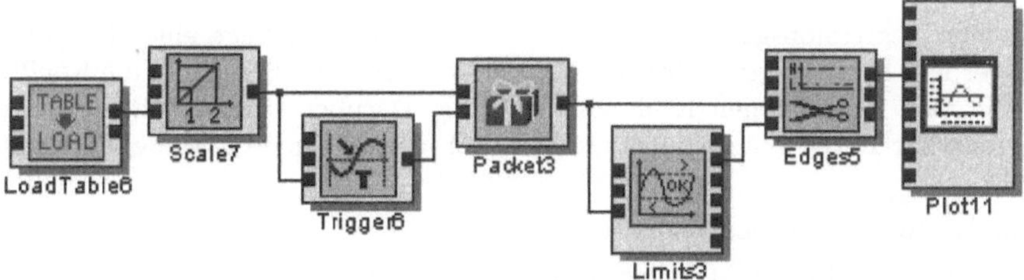

Bild 6.34 Signalgraph zum Ausschneiden der Messfehler

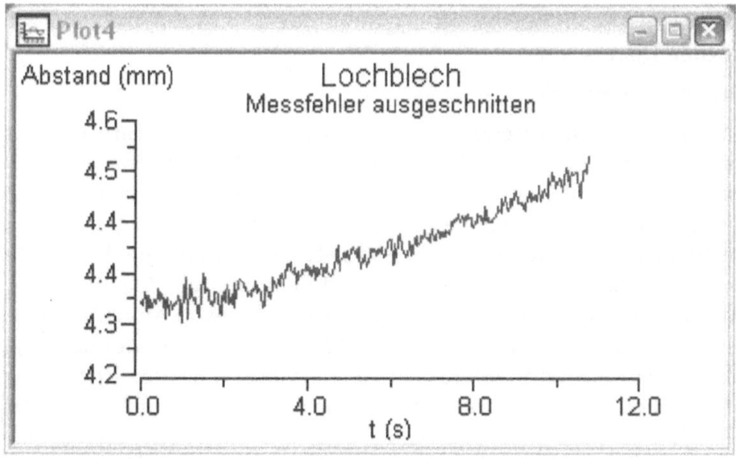

Bild 6.35 Lochblechprofil ohne Messfehler

Kompensation der Schieflage des Bleches bei der Messung

Nachdem alle ungültigen Daten aus dem Messsignal entfernt sind, könnte die Ebenheit des Lochblechs idealisiert aus der Differenz zwischen maximalem und minimalem Messwert berechnet werden. Aus Bild 6.35 ist jedoch eine Schieflage des Lochblechs bei der Messung ersichtlich. Damit die tatsächliche Ebenheit des Blechs berechnet werden kann, ist es erforderlich, diese Schieflage zu korrigieren. Hierzu wird eine Regressionsanalyse benötigt, die fertig implementiert in der Modulgruppe **Statistics** als Modul **Regression** zu finden ist.

6.5 Statistische Methoden

Zu den verschiedenen statistischen Methoden der Signalanalyse gehören neben der Regressionsanalyse die Berechnung deskriptiver statistischer Kennwerte wie Mittelwert, Standardabweichung, Schiefe (Skewness) und Kurtosis und die Histogrammanalyse. Zur Veranschaulichung wird das Beispiel aus dem letzten Abschnitt fortgesetzt.

6.5.1 Lineare Regression zur Bestimmung der Schieflage

Mittels einer Regressionsgeraden $y = a + bx$ kann die Schieflage einer Datenfolge berechnet werden. Hierfür eignet sich das Modul **Regression**. Es berechnet die Koeffizienten für polynomiale Regressionen 1. bis 20. Ordnung. Darüber hinaus stehen noch weitere Algorithmen zur Berechnung von Regressionskurven mit anderen Modellfunktionen zur Auswahl:

- Lineare Regression (least squares fit),
- lineare Regression (least maximal deviation),
- quadratische Regression,
- Regression 3. bis 20. Ordnung,
- Anpassung einer Potenzfunktion,
- exponentiale Regression,
- logarithmische Regression.

Zur Berechnung der einzelnen Regressionskurven werden Wertepaare x, y benötigt. Falls Eingang X nicht verdrahtet ist, werden die entsprechenden x-Werte innerhalb eines Datenpaketes beginnend mit 0.0 abhängig von der Abtastrate des Signales y berechnet. Die einzelnen Datenblöcke werden eingelesen und zwischengespeichert. Nach Paketende erfolgt die Berechnung und Ausgabe der Polynom-Koeffizienten. Die Anzahl der Polynom-Koeffizienten an Ausgang P ist abhängig vom Polynomgrad. Am Ausgang A0 und A1 werden direkt die ersten beiden Koeffizienten des Polynoms in Monomdarstellung ausgegeben. Am Ausgang A2 werden abhängig vom Algorithmus entweder der Regressionsfaktor, die maximale Abweichung (euklidisches Fehlermaß) oder der Regressionskoeffizient A2 ausgegeben. Tabelle 6.4 listet die Regressionsalgorithmen mit den Ausgangsgrößen auf.

Berechnen der Regressionsgeraden

Nachdem die Durchgangslöcher und Messfehler aus dem Messwerte-Array entfernt wurden, soll zu den für die Ebenheitsbestimmung verbleibenden Werten die Regressionsgerade (Least Squares Fit) berechnet werden. Hierfür ist es erforderlich, die einzelnen Datenpakete in ein einziges Paket, welches alle zusammengehörigen Daten enthält, zu verpacken. Im folgenden Beispiel werden zwei Module des Typs **Buffer** verwendet. Der erste **Buffer** wandelt die einzelnen Pakete in Blöcke. Der zweite **Buffer** sammelt alle Blöcke

Regressionsalgorithmus	Polynom-grad	Ausgangsgrößen
Least Squares Fit (**LSF**)	1	Polynomkoeffizienten, Y-Abschnitt, Steigung, Regressionskoeffizient, DeltaX
Least Maximal Deviation (**LMD**)	1	Polynomkoeffizienten, Y-Abschnitt, Steigung, maximale Abweichung, DeltaX
Potenzfunktion $y = ax^b$	-	Koeffizienten, Regressionskoeffizient, DeltaX
Exponentialfunktion $y = ae^{bx}$	-	Koeffizienten, Regressionskoeffizient, DeltaX
Logarithmische Funktion $y = ab\ln(x)$	-	Koeffizienten, Regressionskoeffizient, DeltaX
Polynom-Regression	2-20	Polynomkoeffizienten, Y-Abschnitt, Steigung, Multiplikator, DeltaX

Tabelle 6.4 Ergebnisse der Regressionsfunktionen

zu einem Paket. Das Datenpaket enthält die für die Berechnung der Regression interessanten Messwerte. Im Modul **Regression** ist als Algorithmus *Lineare Regression* ausgewählt. Damit werden der Y-Abschnitt und die Steigung der Geraden berechnet und ausgegeben. Bild 6.36 zeigt den Signalgraphen, der die Regressionsgerade berechnet. Er besteht u.a. aus einem Makro, welches die für die Berechnung der Regressionsgeraden verwendeten Messdaten bereitstellt. Das Makro entspricht dem Signalgraphen aus Bild 6.34 und ist im Bild 6.37 gezeigt. Die Regressionsergebnisse Y-Abschnitt, Steigung, Regressionskoeffizient und Delta X werden in Bild 6.38 dargestellt.

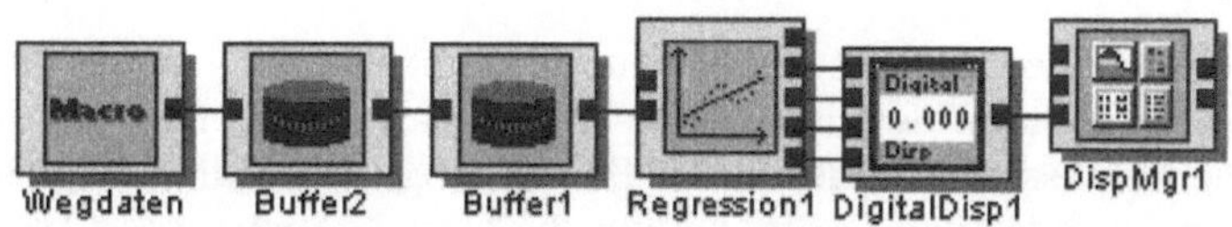

Bild 6.36 Berechnung der Regressionsgeraden

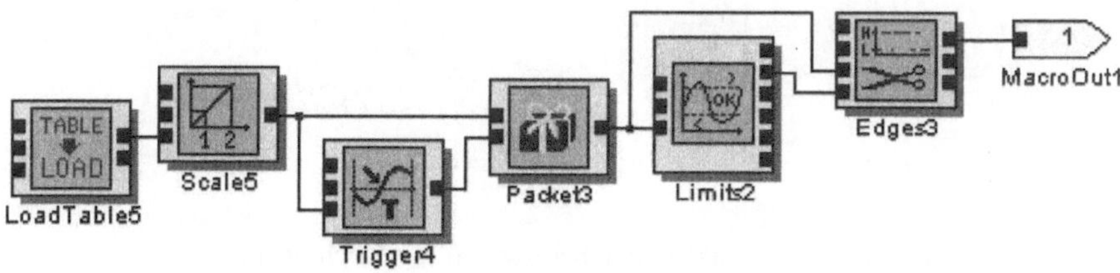

Bild 6.37 Makro zur Berechnung der extrahierten Messdaten

Die Regressionsgerade wird nun verwendet, um die Schräglage auszugleichen.

Regressionsergebnisse	
Y-Abschnitt	4.287
Steigung	0.020
Regressionskoeffizient	0.950
Delta X	10.810

Bild 6.38 Regressionsgerade

Korrektur der Schräglage des Lochbleches

Damit die Schräglage kompensiert werden kann, ist die gefundene Regressionsgerade von den unkorrigierten Messdaten zu subtrahieren. Dies kann mittels eines Skripting Moduls – beispielsweise mit dem Modul Interpret – oder direkt unter Verwendung des Moduls Leveling erfolgen.

Subtraktion der Regressionsgeraden von den Daten

Das Modul Leveling eignet sich zur Bereinigung eines Signals um einen konstanten Anteil, einen linear ansteigenden oder abfallenden Anteil oder einen polynomiellen Anteil höheren Grades. Die Koeffizienten des Polynoms (vom Grad Eins) werden als Geradengleichung interpretiert. Leveling besitzt zwei Moduleingänge: Einen Dateneingang und einen Eingang zum Einlesen der Polynomkoeffizienten in Monomdarstellung. Am Datenausgang wird das korrigierte Signal, welches aus der Differenz aus dem Eingangssignal und dem ausgewerteten Polynom besteht, ausgegeben. Das Polynom wird anhand der Blockgröße und Abtastrate des Signals ausgewertet und an einem weiteren Ausgang ausgegeben.

Nivellieren der Ebenheitsdaten

Um die Ebenheit des Lochbleches berechnen zu können, wird aus den Messdaten und den Regressionskoeffizienten der linearen Regression im Modul Leveling die Schräglage kompensiert. Die Regressionsgerade aus der Berechnung der linearen Regression wird auf die Messwerte angewendet und ergibt die um die Gerade korrigierten Werte. Bild 6.39 zeigt den Signalgraphen, erweitert um das Modul Leveling.

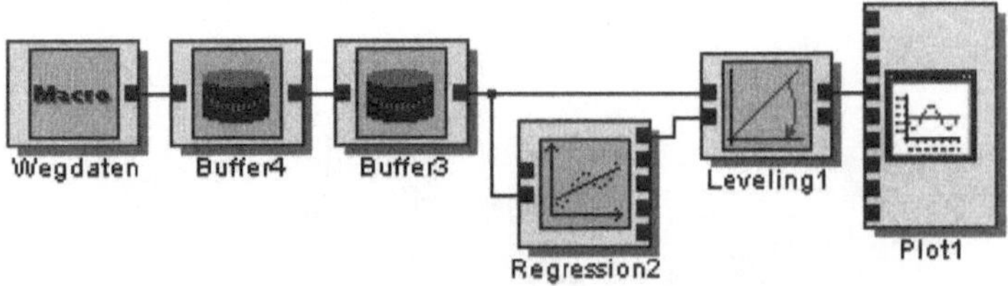

Bild 6.39 Korrektur der Schräglage des Lochbleches

Bild 6.40 zeigt die Grafik mit dem Messsignal über der Zeit. Aus der y-Achse des Diagramms ist ersichtlich, dass die maximale Abweichung von der idealen Ebene im Bereich zwischen -0.04 mm und 0.05 mm liegt.

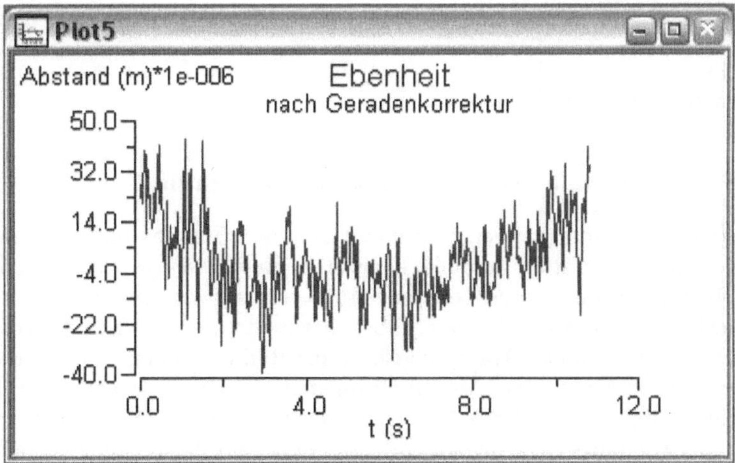

Bild 6.40 Nivellierte Ebenheitsdaten

6.5.2 Berechnen der Ebenheit

Nachdem die Schräglage ausgeglichen ist, können unter Verwendung von statistischen Methoden weitere Auswertungen wie die Berechnung von Minimum und Maximum erfolgen. Schließlich kann die Ebenheit aus der Differenz von Maximum und Minimum berechnet werden.

Berechnung von Minimum und Maximum

Das Modul **DStatistics** eignet sich zur Berechnung folgender deskriptiver statistischer Kennwerte (bei Annahme einer Normalverteilung):

- Anzahl der Werte N, auf denen die statistische Berechnung basiert,

- empirischer Mittelwert: $\bar{X} = \dfrac{1}{N} \sum\limits_{j=1}^{N} X_j$,

- Minimum als kleinster Wert des Datenarrays,

- Maximum als größter Wert des Datenarrays,

- empirische Standardabweichung (wegen $N - 1$):

$$\sigma = \sqrt{\frac{\sum\limits_{j=1}^{N}(X_j)^2 - \dfrac{1}{N}\sum\limits_{j=1}^{N} X_j^2}{N-1}},$$

- Schiefe-Koeffizient: $Skewness = \dfrac{1}{N} \sum\limits_{j=1}^{N} \left(\dfrac{X_j - \bar{X}}{\sigma} \right)^3$,

- Exzess-Koeffizient: $Kurtosis = \dfrac{1}{N} \sum\limits_{j=1}^{N} \left(\dfrac{X_j - \bar{X}}{\sigma} \right)^4 - 3$,

- Effektivwert: $U_{\mathit{eff}} = \sqrt{\dfrac{\sum\limits_{j=1}^{N}(X_j)^2}{N}}$.

Berechnung der Ebenheit aus Minimum und Maximum

Bild 6.41 zeigt einen Signalgraphen bestehend aus zwei Makros und den neu hinzugekommenen Modulen DStatistics, Formula, DigitalDisp und DispMgr. Das Makro *Wegdaten* aus Bild 6.37 beinhaltet den ersten Teil der Signalverarbeitung und extrahiert die für die Ebenheitsberechnung relevanten Signale, d.h. die Messdaten nach dem Ausschneiden der Bohrungen und der Messfehler. Makro nivelliert aus Bild 6.42 liefert die um die Regressionsgerade korrigierten Messdaten. Modul DStatistics berechnet deskriptive Statistikwerte und liefert das Minimum und das Maximum des nivellierten Messdatenarrays. Modul Formula ist ein mathematischer Formeleditor, der sich zum Ausrechnen der Ebenheit aus dem Maximum und dem Minimum eignet. Die Formel für die Berechnung der Ebenheit lautet: *ebenheit = maximum − minimum.*

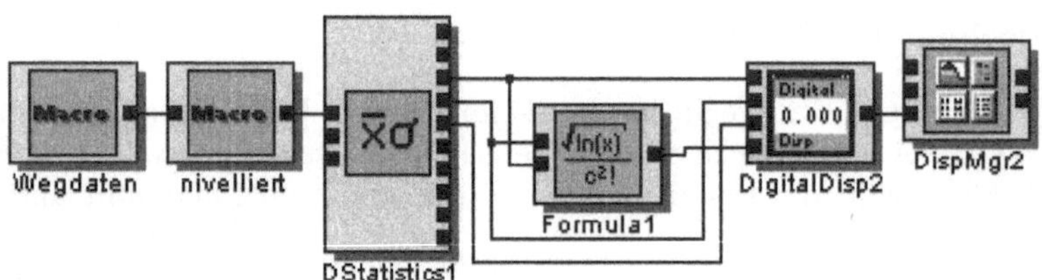

Bild 6.41   Berechnung der Ebenheit

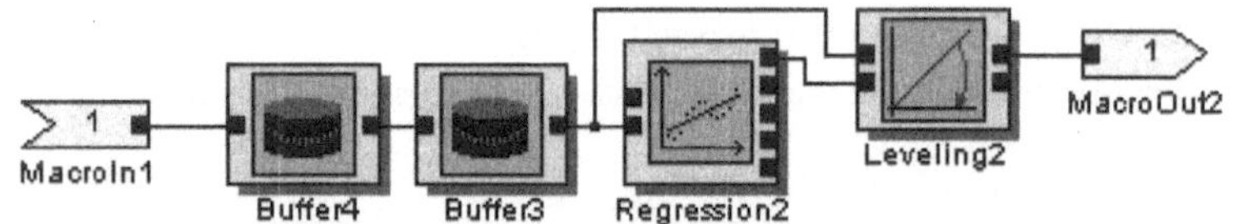

Bild 6.42   Makro nivelliert: die Schräglage wird ausgeglichen

Bild 6.43 zeigt die Ergebnisse aus der Statistik und den Wert der Ebenheit an.

Ebenheit	
Min (m)*1e-003	-0.039
Max (m)*1e-003	0.044
Stdev (m)*1e-003	0.014
Ebenheit (µm)	0.083

Bild 6.43   Ebenheit

Durch die Betrachtung der Extremwerte des Signales wird das Messergebnis der Ebenheit stark durch das Rauschen des Sensors oder durch kleine Partikel auf der Oberfläche des Lochbleches beeinflusst. Eine Passung der Oberfläche mit einem Polynom zweiten

Grades liefert stabilere Ergebnisse, da in diesem Falle der Quadratmittel-Abstand der Oberflächenform zu einer Parabel minimiert wird. Einzelne Ausreißer beeinflussen das Messergebnis nur noch gering.

6.5.3 Polynomiale Passung der Hohlform

Das Modul **Characs** berechnet mit Hilfe der Polynomkoeffizienten des Regressionspolynoms und des X-Achsenabschnittes die Hohl- bzw. Keilform eines Werkstückes.

Die Keilform bzw. Schräglage berechnet sich aus dem Passpolynom ersten Grades ($y = p_0 + p_1 x$) und dem X-Achsenabschnitt dX:

$$Keilform = p_1 \cdot dX. \tag{6.53}$$

Die Hohlform berechnet sich aus dem Passpolynom zweiten Grades ($y = p_0 + p_1 x + p_2 x^2$) und dem X-Achsenabschnitt dX:

$$Hohlform = -p_2 \frac{dX^2}{4}. \tag{6.54}$$

Berechnung der Ebenheit aus Minimum und Maximum

Bild 6.44 zeigt einen Signalgraphenausschnitt. Dieser entspricht dem Signalgraphen aus Bild 6.39, erweitert um die für die Berechnung und Darstellung der Hohlform notwendigen Module. Das Modul **Characs** berechnet unter Verwendung der Koeffizienten des Polynoms zweiten Grades und des X-Achsenabschnittes des neu hinzugekommenen Modules **Regression** die Hohlform. Damit das Polynom in die Grafik im Bild 6.45 eingezeichnet werden kann, erzeugt ein weiteres Modul **Leveling** die zur Anzeige notwendigen Stützstellen des Polynoms.

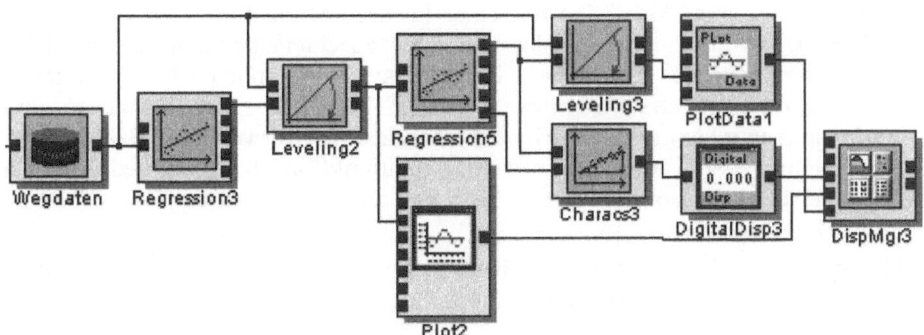

Bild 6.44 Berechnung der Hohlform

6.6 Funktionsapproximation

In diesem Abschnitt werden Verfahren zur linearen und nichtlinearen Optimierung und deren Anwendung beschreiben. Die lineare Ausgleichsrechnung lässt sich zur Funktionsapproximation oder zur Berechnung von Approximationsfiltern (statistische Filter)

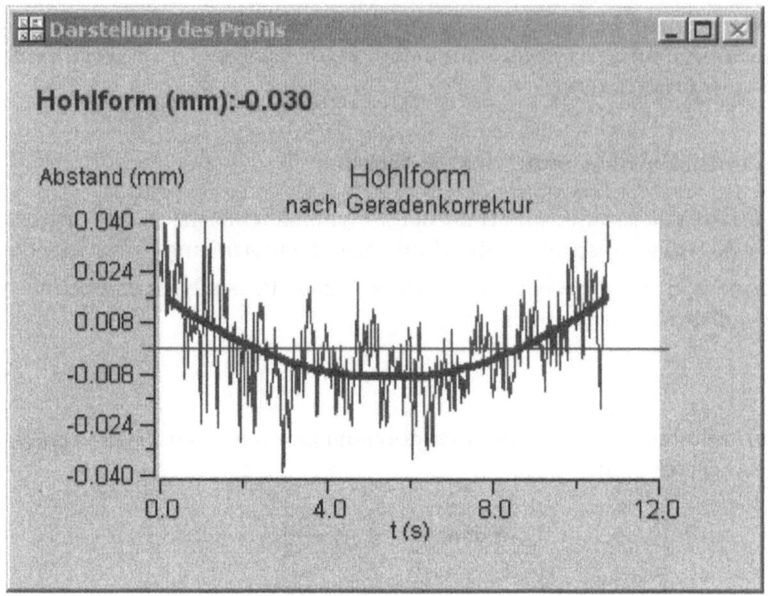

Bild 6.45 Hohlform

nutzen (Least-Squares-Fit). Die nichtlineare Optimierung stellt ein universelles Werkzeug z.B. zur Modellierung von Sensorkennlinienfeldern (Funktionspassung nichtlinearer Funktionen) dar.

6.6.1 Lineare Ausgleichsrechnung

Die Approximation einer Messreihe mit einer linearen Modellfunktion stellt ein so genanntes lineares Ausgleichsproblem dar und führt zu einem linearen, überbestimmten Gleichungssystem. Zur Lösung solcher Gleichungssysteme können z.B. Methoden nach HOUSEHOLDER oder GIVENS eingesetzt werden [PTVF92]. Die Approximationsgüte einer Funktionspassung hängt wesentlich vom Charakter der verwendeten Basisfunktionen und der Verteilung der Abtastpunkte der Originalfunktion ab. Die prinzipielle Vorgehensweise einer Funktionsapproximation lässt sich am einfachsten am Beispiel einer Polynomapproximation zeigen:

Eine Abbildung $f : \mathbb{R} \to \mathbb{R}$ soll mit einem Polynom p vom Grad N im Sinne eines minimalen Quadratmittelfehlers approximiert werden:

$$\min \sum_{j=1}^{n} \left(f(x_j) - \sum_{i=0}^{N} a_i \cdot x_j^i \right)^2 . \tag{6.55}$$

Sind $n \gg N$ Wertepaare $(x_j, f(x_j))$ der zu approximierenden Funktion bekannt, so kann ein Gleichungssystem aufgestellt werden, das als Lösung die gesuchten Polynomkoeffizienten a_0 bis a_N liefert.

Der Ansatz führt dabei zu einem überbestimmten Gleichungssystem folgender Form:

$$\min \left\| \begin{bmatrix} 1 & x_1 & x_1^2 & \cdots & x_1^N \\ 1 & x_2 & x_2^2 & \cdots & x_2^N \\ \vdots & & & \ddots & \\ 1 & x_n & x_n^2 & \cdots & x_n^N \end{bmatrix} \begin{bmatrix} a_0 \\ a_1 \\ \vdots \\ a_N \end{bmatrix} - \begin{bmatrix} f(x_1) \\ f(x_2) \\ \vdots \\ f(x_n) \end{bmatrix} \right\| \qquad (6.56)$$

wobei $\|\cdot\|$ die Euklidische Norm bezeichnet.

Die beschriebene Vorgehensweise führt bei der Wahl des Lösungsweges über die Normalengleichung des Polynoms (in so genannter Monomdarstellung) oft zu numerisch unbrauchbaren Lösungen, wenn die Konditionierung der Systemmatrix unzureichend ist. Eine numerisch stabile Approximationstechnik mit orthogonalen Basispolynomen zeigt [Fuc99].

Interpolation

Der Fall $n = N$, bei dem das Gleichungssystem nicht überbestimmt ist, wird als Interpolationsfall bezeichnet (dabei wird weiterhin angenommen, dass alle x_j verschieden sind). Für das Beispiel eines Passpolynoms wird die interpolierende Kurve genau durch alle vorhandenen Stützstellen (Abtaststellen) des Originalsignals gelegt. Der Verlauf zwischen den Stützstellen kann stark vom erwarteten Ergebnis abweichen. Bild 6.46 zeigt eine Approximation eines abgetasteten sinusförmigen Signals (dünne Linie) mit einem Polynom dritten Grades (dicke Linie). Das Polynom wurde zur Darstellung nur an den Stützstellen der Originalfunktion abgetastet.

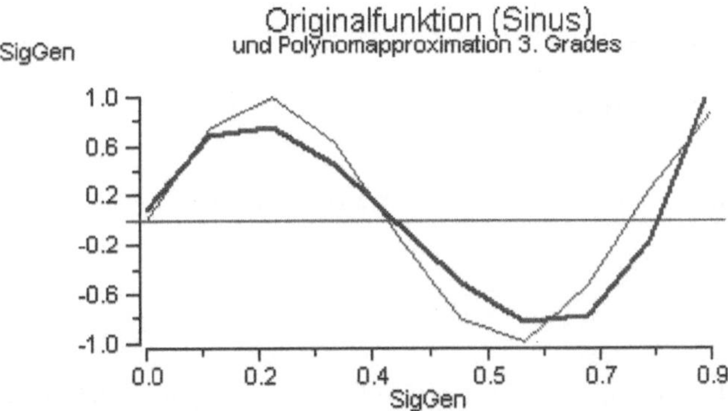

Bild 6.46 Approximation einer Sinusschwingung mit einem Polynom vom Grad 3

Eine genauere Anpassung an die Sinusschwingung ergibt sich durch eine Erhöhung des Polynomgrades. Bild 6.47 zeigt die Approximation des sinusförmigen Signals mit einem Polynom fünften Grades. Eine weitere Erhöhung des Polynomgrades führt zu keiner wesentlichen Verbesserung des Approximationsverhaltens.

Bild 6.48 zeigt den erforderlichen Signalgraphen zur linearen Ausgleichsrechnung in **ICONNECT**.

Algorithmus 6.4 (Aufstellung der Systemmatrix zum linearen Ausgleich)
Die Systemmatrix A wird durch ein Perl-Skript erzeugt, das den Polynomgrad N und die Funktionswerte $f(x_i)$ an den Stützstellen x_i einliest. Die letzte Spalte der erweiterten Koeffizientenmatrix A wird um die Funktionswerte an den Stützstellen ergänzt.

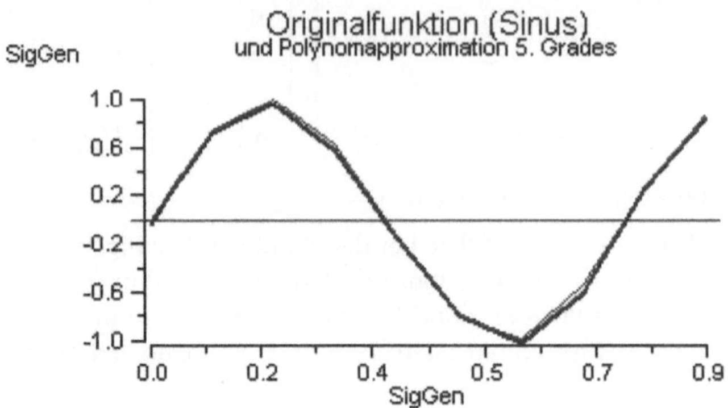

Bild 6.47 Approximation einer Sinusschwingung mit Polynom 5. Grades

```
# Perl-Skript zur Aufstellung der Systemmatrix #
if($N{"newdata"})
 {
 $Grad = $N[0];
 undef @A;
 }
if($x{"newdata"})
 {
 $num = $#x;
 for($v=0; $v<=$num; $v++) # Matrix A
  {
  for($u=0; $u<$Grad; $u++)
   {
   $A[$v][$u] = $x[$v] ** $u;
   }
  }
 for($v=0; $v<=$num; $v++) # Spalte der Funktionswerte
  {
  $A[$v][$N[0]] = $y[$v];
  }
 }
```

Das Modul LinSolve löst das überbestimmte Gleichungssystem nach dem Verfahren von HOUSEHOLDER.

Das Polynom, das durch die Koeffizienten $\mathbf{a} = (a_0,...,a_N)^T$ eindeutig festgelegt ist, wird an den Stellen $0..n-1$ ausgewertet und visualisiert (Modul Leveling). Da zu einem mit dem Signalgenerator erzeugten Signal keine Zeitinformationen existieren, werden diese durch das Modul mit dem symbolischen Namen x-Werte (Modul Sync) erzeugt (Einstellung im Dialog: *Zeitsignal erzeugen*).

6.6.2 Resampling

Eine Funktionsapproximation kann auf die im vorigen Abschnitt beschriebene Weise genutzt werden, um Funktionswerte zwischen den Abtastzeitpunkten des Originalsignals zu schätzen. Damit kann ein approximiertes oder interpoliertes Signal zu beliebigen Abtastzeitpunkten ausgewertet werden. Diese Technik wird benutzt, um synthetische Signale

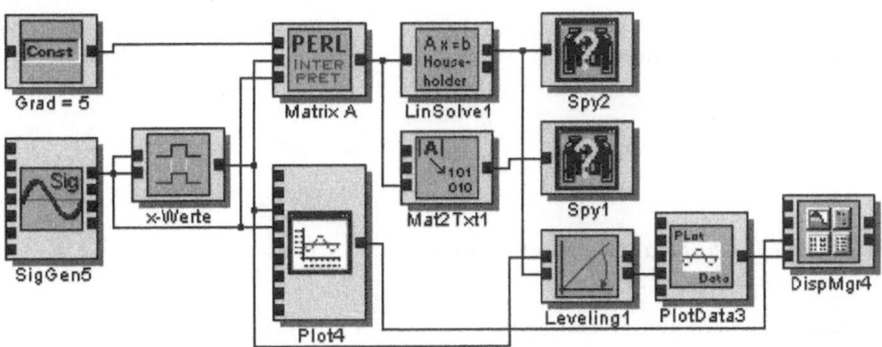

Bild 6.48 Signalgraph zur linearen Ausgleichsrechnung

mit abweichenden Abtastraten zu gewinnen (*Resampling*).

Zur Implementierung des Verfahrens kann der Signalgraph in Bild 6.48 dahingehend modifiziert werden, dass dem Modul **Leveling** vom Originalsignal abweichende Stützstellen (x-Werte) zugeführt werden.

In **ICONNECT** bieten die Module **Resampling** und **Interpolate** jedoch einfachere Möglichkeiten des Resamplings von Zeitsignalen. Je nach Veränderung der effektiven Abtastrate des Zielsignals wird dabei von *Up-* oder *Downsampling* gesprochen. Das Modul **Resampling** bietet auch einen Modus, der die Anpassung verschieden langer Signalblöcke ermöglicht. Dabei wird die gewünschte Blocklänge angegeben und das Signal entsprechend angepasst. Dies ist z.B. dann notwendig, wenn mehrere Spuren einer Planitätsmessung der Oberflächenstruktur eines Messobjekts in einem 3-D-Plot dargestellt werden sollen. Durch Up- oder Downsampling können geringe Unterschiede in der Länge der aufgenommenen Spuren ausgeglichen werden. So kann das Ergebnis der Messung in eine rechteckige Matrixstruktur gewandelt werden.

6.6.3 Nichtlineare Optimierung

Im vorigen Abschnitt wurden lineare Ausgleichsprobleme zur Lösung von Interpolations- und Approximationsaufgaben gezeigt. Werden bei einer Modellierung nichtlineare Zusammenhänge zugrundegelegt, so sind die bisher gezeigten Verfahren ungeeignet. Zur Lösung nichtlinearer Regressionen werden nichtlineare Optimierungsprobleme benötigt, die eine Fehlerfunktion (meist den Quadratmittelfehler) zwischen dem gewählten, parametrisierten Modell und dem realen Funktionsverlauf minimieren. Es wird also min $f(\mathbf{x})$ unter der Nebenbedingung $\mathbf{x} \in X$, mit $X \subseteq \mathbb{R}^n$ und $f : X \to \mathbb{R}$ gesucht. Ist $X = \mathbb{R}^n$, so heißt die Minimierungsaufgabe unrestringiert, andernfalls restringiert. Dieser einfach formulierbare Ansatz erhält seine Bedeutung daraus, dass er einen Lösungsweg für viele Probleme der Ingenieurwissenschaften oder der Ökonomie aufzeigt. Der Vektor $\mathbf{x}$ stellt die freien Parameter des Modells dar, die durch die Modellbildung noch nicht festgelegt sind. Diese Parameter sollen nun bezüglich einer vorher festgelegten Zielfunktion $f(\mathbf{x})$ optimal gewählt werden. Die Festlegung der Zielfunktion stellt meist die größte Herausforderung bei der Lösung einer Optimierungsaufgabe dar. Mit Hilfe geeigneter Verfahren aus dem Bereich der unrestringierten Optimierung lassen sich die meisten nichtlinearen Regressionsaufgaben bzw. nichtlinearen Gleichungssysteme lösen. Als Zielfunktion $f(\mathbf{x})$

wird oft die Abweichung $F(\mathbf{x}) = f_{Mod}(\mathbf{x}) - f_{Orig}(\mathbf{x})$ zwischen Modell und gemessener Funktion verwendet und minimiert:

$$\min f(\mathbf{x}) = \sum_{i=1}^{n} (F_i(\mathbf{x}))^2, \ \mathbf{x} \in \mathbb{R}^n. \tag{6.57}$$

Definition 6.5 (Lokale und globale Optima)
Ein Punkt $\mathbf{x}^* \in X$ heißt

- globales Minimum von f, wenn gilt: $f(\mathbf{x}^*) \leq f(x)$, für alle $\mathbf{x} \in X$,

- lokales Minimum von f, wenn eine Umgebung U von x^* existiert, so dass $f(\mathbf{x}^*) \leq f(\mathbf{x})$, für alle $\mathbf{x} \in X \cap U$.

Natürlich ist ein globales Minimum von f auch ein lokales Minimum. Oft konvergiert ein Optimierungsverfahren jedoch gegen ein lokales Minimum von f, das kein globales Minimum darstellt. Dieses Verhalten kann durch die geschickte Wahl eines Startpunktes $\mathbf{x}^0$ nahe am globalen Minimum der Fehlerfunktion $F(\mathbf{x}^*)$ vermieden werden, was nicht immer einfach ist. Geeignete Startwerte der Optimierung lassen sich oft durch eine Linearisierung des Optimierungsproblems und einer Lösung des linearisierten Ansatzes finden. Eine allgemein gültige Anleitung zur Auswahl geeigneter Startwerte kann nicht gegeben werden.

Gradientenabstiegsverfahren

Ist $f(\mathbf{x})$ eine stetig differenzierbare Funktion, so kann ein einfaches Verfahren zur Lösung des Minimierungsproblems angegeben werden. Ist man an einem Punkt $\mathbf{x} \in \mathbb{R}^n$ der Fehlerfunktion angelangt, so sucht man eine Abstiegsrichtung $\mathbf{d} \in \mathbb{R}^n$. Entlang dieser Richtung geht man so lange, bis sich der Funktionswert von f hinreichend verkleinert hat.

Der Algorithmus besteht also aus folgenden Schritten:

Algorithmus 6.6 (Unrestringierte nichtlineare Optimierung)
- (S.0) Wähle $\mathbf{x}^{(0)} \in \mathfrak{R}^n$, und setze $k = 0$.

- (S.1) Genügt $\mathbf{x}^{(k)}$ einem geeigneten Abbruchkriterium: Stopp.

- (S.2) Bestimme eine Abstiegsrichtung $\mathbf{d}^{(k)}$ von f in $\mathbf{x}^{(k)}$.

- (S.3) Bestimme eine Schrittweite $t_k > 0$ mit $f(\mathbf{x}^{(k)} + t_{(k)}\mathbf{d}^{(k)}) < f(\mathbf{x}^{(k)})$.

- (S.4) Setze $\mathbf{x}^{(k+1)} := \mathbf{x}^{(k)} + t_k\mathbf{d}^{(k)}$, $k = k + 1$ und setze die Optimierung mit (S.1) fort.

Der gezeigte Algorithmus lässt Freiheiten in der konkreten Wahl der Abstiegsrichtung und der Schrittweite in Abstiegsrichtung. Eine Beschreibung üblicher Verfahren zur Schrittweitensteuerung und zur Festlegung von Abstiegsrichtungen (Gradientenverfahren, Konjugierte Gradienten- und Quasi-Newton-Verfahren) findet sich in [GK99].

Modellbildung und Definition der Fehlerfunktion

Das nichtlineare Modell kann in ICONNECT mit einem Skript-Modul (Interpret, Perl oder VBA) aus der Modulgruppe Math definiert werden (siehe Kapitel 4).

Das folgende Beispiel zeigt die Modellierung eines geglätteten Fourier-Spektrums eines Sprachsignals durch eine Modellfunktion vom Typ $y_i = f(x) = a \cdot x \exp(bx)$. Mit Hilfe des Moduls NonlinOpt (siehe Bild 6.49) soll eine Optimierung der freien Modellparameter a und b durchgeführt werden, so dass die Modellfunktion $y_i(a,b,x_i)$ optimal an die gemessenen Werte $y(x_i)$ der Spektralfunktion gepasst wird. Als Startwerte der Iteration werden $a = 0.1$ und $b = -0.5$ verwendet.

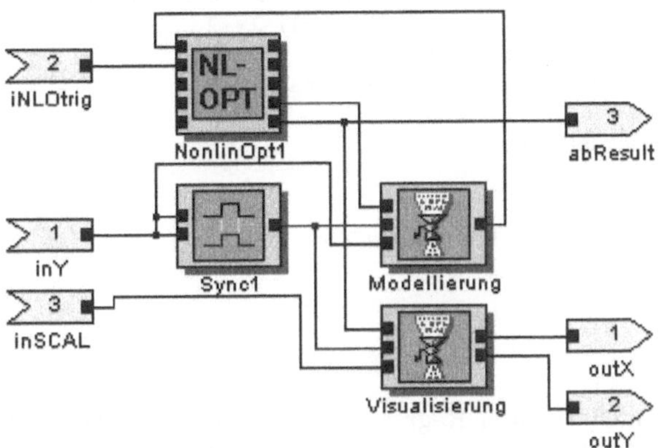

Bild 6.49 Makro für nichtlineare Regression

Algorithmus 6.7 (Definition der Modellfunktion und Fehlerfunktion)

```
// Interpret-Skript ///////////////////////////////////////////////////////////
// Mit Hilfe des Moduls NonlinOpt zur nichtlinearen Optimierung soll hier
// ein BEST-FIT der Parameter a, b gemacht werden und zwar so,
// dass eine Modellfunktion y(a,b,x) optimal an vorgegebene Messwerte
// y(xi) bzw.  y(x(i)) angepasst wird.
// Die Modellfunktion enthält hier 2 Parameter, a und b
// (genauer:  ab[0] und ab[1]),  die im Verlauf der NLO iteriert werden.
//
// im vorgegebenen Beispiel lautet die Modellfunktion:  y = a*x*exp(bx).

input   trigger ab("TYPEINFO","TypeInfo","DOUBLE[]","TIME_DOMAIN");
input     x("TYPEINFO","TypeInfo","DOUBLE[]","TIME_DOMAIN");
input     y("TYPEINFO","TypeInfo","DOUBLE[]","TIME_DOMAIN");
// Ausgabe der Fehlerfunktion
output phi("TYPEINFO","TypeInfo","DOUBLE[]","TIME_DOMAIN");

double yi[1];
double xi;
double sum;
double res;
int maxindY;
int maxindX;
int indx;
```

```
execute
{
maxindX = size(x);
setsize(yi, maxindX);
// Berechne zunächst die Werte y(a,b,x(i)) anhand der Testfunktion
// an den FFT-PEAK-MESSWERTEN mit den Startwerten: ab[0] und ab[1]:
for (indx=0;indx<maxindX;indx++)
 {
 xi =  x[indx];
 yi[indx] =  ab[0]*xi*exp(ab[1]*xi);   // Modellfunktion
 };
// Gesucht ist nun das Minimum der Quadratsumme aus den Abweichungen
//       Q(a,b)   :=  SUM [y(xi) - yi(a,b,xi) ]**2
//   mit den Startwerten ab[0] und ab[1].
//   Bilde also die Summe der Residuenquadrate
sum = 0.0;
for (indx=0;indx<maxindX;indx++)
 {
 res = yi[indx] - y[indx];
 sum =   sum + res*res;   // Fehlerfunktion
 }
if(size(ab)>0)
 phi << sum;
}
```

Das Ergebnis einer nichtlinearen Regression des geglätteten Amplitudenspektrums mit
der exponentiellen Modellfunktion zeigt Bild 6.50. Obwohl das Ergebnis im Sinne des
Quadratmittelfehlers optimal ist, zeigt sich, dass die einfache Modellfunktion die Form
des Spektrums nur unzureichend modellieren kann. Neben der Minimierung des Appro-
ximationsfehlers ist meist auch eine gute Auswahl der Modellierungsfunktion notwendig.
Diese kann idealerweise aus der Kenntnis physikalischer Zusammenhänge resultieren oder
– falls diese unbekannt sind – empirisch erfolgen.

6.6.4   Approximationsfilter

Approximationsfilter werden zum numerischen Glätten von Signalen verwendet. Im Gegensatz zu Tiefpassfiltern im Zeitbereich führen die hier gezeigten Glättungsfilter nicht
zu einer Phasenverschiebung zwischen Ein- und Ausgangssignal (nichtkausale Filter).

Besondere Bedeutung haben numerische Glättungsfilter bei der Differentiation von Signalen. Durch die Bildung der Ableitung eines Signals wird ein eventuell überlagertes
Signalrauschen erheblich verstärkt. Deshalb ist fast immer ein Verfahren zur Bildung der
Ableitung notwendig, das das Ausgangssignal numerisch glättet. Dazu eignen sich die auf
gleitenden Betrachtungsfenstern arbeitenden Polynomapproximationsverfahren wie z.B.
das SAVITZKY-GOLAY Filter.

Gleitende Polynomapproximation

Ein sehr einfaches Verfahren zur Berechnung eines Ausgleichspolynoms 3. Ordnung durch
fünf Stützstellen des Signalverlaufs stellt Gleichung 6.58 dar, deren Herleitung in [Sch90]
nachgelesen werden kann:

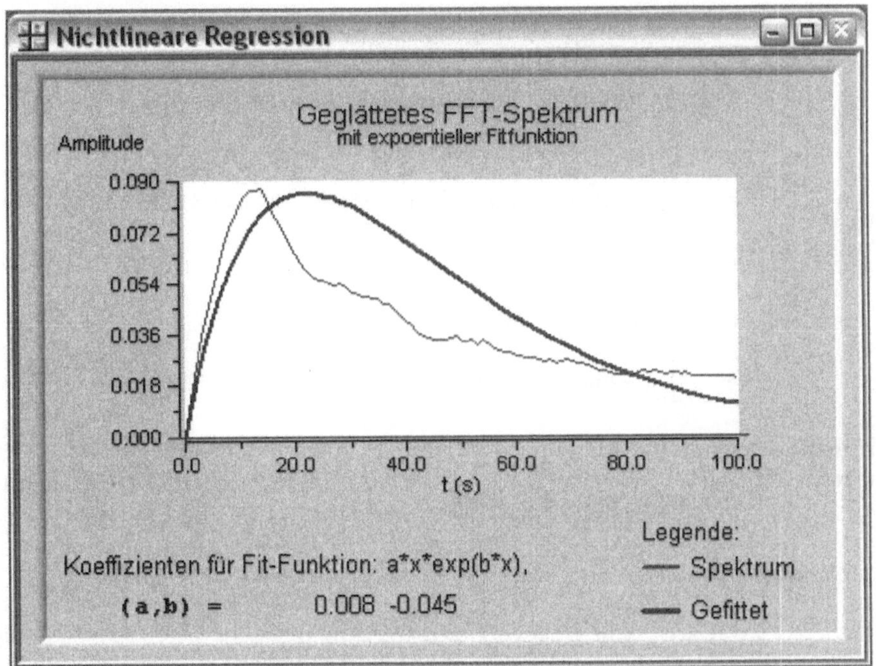

Bild 6.50 Nichtlineare Regression

$$\overline{y}_n = \frac{1}{35}(-3y_{n-2} + 12y_{n-1} + 17y_n + 12y_{n+1} - 3y_{n+2}). \tag{6.58}$$

Mit Gleichung 6.58 lassen sich die ersten und letzten beiden Punkte einer Messreihe nicht glätten. Kann auf diese Werte nicht verzichtet werden, sind asymmetrische Ausgleichsformeln zur Berechnung der restlichen Werte notwendig:

$$\overline{y}_{n-2} = \frac{1}{70}(69y_{n-2} + 4y_{n-1} - 6y_n + 4y_{n+1} - y_{n+2}), \tag{6.59}$$

$$\overline{y}_{n-1} = \frac{2}{70}(2y_{n-2} + 27y_{n-1} + 12y_n - 8y_{n+1} + 2y_{n+2}), \tag{6.60}$$

$$\overline{y}_{n+1} = \frac{2}{70}(2y_{n-2} - 8y_{n-1} + 12y_n + 27y_{n+1} + 2y_{n+2}), \tag{6.61}$$

$$\overline{y}_{n+2} = \frac{1}{70}(-y_{n-2} + 4y_{n-1} - 6y_n + 4y_{n+1} + 69y_{n+2}). \tag{6.62}$$

Im **ICONNECT**-Modul **Smooth** ist das Verfahren als *Polynomial Interpolation (3rd Order)* implementiert.

Durch Modifikation der Gleichung 6.58 ist das Verfahren auch direkt zur Berechnung der geglätteten Ableitung $\overline{y}'$ (Steigung) des durch fünf Punkte gelegten Ausgleichspolynoms geeignet. Der zeitliche Abstand der äquidistant erfassten Messpunkte wird in Gleichung 6.63 mit h bezeichnet:

$$\overline{y}'_n = \frac{1}{12h}(y_{n-2} - 8y_{n-1} + 8y_{n+1} - y_{n+2}). \tag{6.63}$$

Für die asymmetrischen Fälle am Anfang und Ende der Messreihe ergeben sich die Gleichungen

$$\overline{y}'_{n-2} = \frac{1}{84h}(-125y_{n-2} + 136y_{n-1} + 48y_n - 88y_{n+1} + 29y_{n+2}), \tag{6.64}$$

$$\overline{y}'_{n-1} = \frac{1}{84h}(-38y_{n-2} - 2y_{n-1} + 24y_n + 26y_{n+1} - 10y_{n+2}), \tag{6.65}$$

$$\overline{y}'_{n+1} = \frac{1}{84h}(10y_{n-2} - 26y_{n-1} - 24y_n + 2y_{n+1} + 38y_{n+2}), \tag{6.66}$$

$$\overline{y}'_{n+2} = \frac{1}{84h}(-29y_{n-2} + 88y_{n-1} - 48y_n - 136y_{n+1} + 125y_{n+2}). \tag{6.67}$$

Die Berechnung der zweiten Ableitung kann durch Hintereinanderschalten zweier erster Ableitungen erfolgen. Im Modul **Smooth** ist die Berechnung der geglätteten Ableitung mit *Deriv. of Interpol. Polynomial* bezeichnet.

Savitzky-Golay-Filter

Das Savitzky-Golay-Filter stellt eine Verallgemeinerung des oben beschriebenen Approximationsverfahrens dar. Bei der Berechnung des Filterverhaltens können sowohl der Polynomgrad als auch die Anzahl der Punkte links bzw. rechts vom Zentrum der Filteroperation eingestellt werden. Das Ergebnis ist ein Koeffizientensatz, der durch eine Linearkombination (Skalarprodukt) mit dem Originalsignal die gewünschte glättende Filterwirkung bewerkstelligt. Dazu wird ein äquidistant abgetastetes Messsignal f_i mit $i = \ldots -2, -1, 0, 1, 2, \ldots$ punktweise durch die Linearkombination

$$g_i = \sum_{n=-n_L}^{n_R} c_n f_{i+n} \tag{6.68}$$

mit einem geeigneten Koeffizientensatz c_n ersetzt. n_L ist die Anzahl der zur Glättung verwendeten Punkte links des Datenpunkts i, n_R die Anzahl der Punkte rechts von i. Ist $n_R = 0$, wird das Filter als kausal bezeichnet, da es nur von Werten der Vergangenheit und vom aktuellen Funktionswert abhängt. Werden auch zukünftige Werte der Funktion zur Berechnung des aktuellen Funktionswerts verwendet, spricht man von einem nichtkausalen Filter. Nach [PTVF92] können die Filterkoeffizienten c_n unabhängig vom Verlauf der Originalfunktion vorab bestimmt werden. Dazu wird eine Systemmatrix A mit

$$A_{ij} = i^j \quad i = -n_L, \ldots, n_R, \quad j = 0, \ldots, M \tag{6.69}$$

und dem Polynomgrad M der Approximation berechnet. Die Koeffizienten ergeben sich zu

$$\mathbf{c}_n = \left[(A^T \cdot A)^{-1} \cdot (A^T \cdot \mathbf{e}_n) \right]_0 \tag{6.70}$$

mit dem Einheitsvektor **e**. Zur Aufstellung der Systemmatrix A kann folgendes Perl-Skript verwendet werden:

Algorithmus 6.8 (Berechnung der Systemmatrix für Savitzky-Golay-Filter)

```perl
# Perl-Skript zur Berechnung der Systemmatrix A #
  $m=$M[0];
  $l=$nl[0];
  $r=$nr[0];
  undef @A;
  for($y=0;$y<$l+$r+1;$y++)
    {
    for($x=0;$x<=$m;$x++)
      {
      $A[$y][$x]=($y-$l)**($m-$x);
      }
    }
```

Die Berechnung von Gleichung 6.70 erfolgt im Signalgraphen in Bild 6.51. Dazu werden Module der Gruppe **Matrix** zum Transponieren, Multiplizieren und Invertieren von Matrizen verwendet. Der Zugriff auf die Zeile M der Matrix erfolgt durch das Modul mit dem symbolischen Namen letzteZeile (Modul Mat2Vec), das die Variable M als externen Parameter erhält.

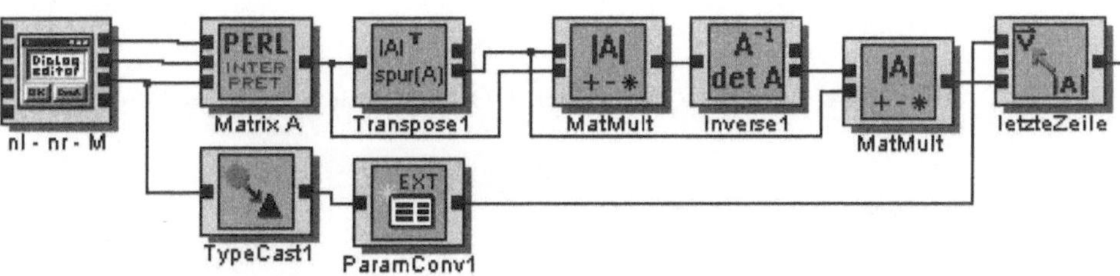

Bild 6.51 Signalgraphausschnitt zur Berechnung der Savitzky-Golay Filterkoeffizienten

Die Faltung des Originalsignals mit den berechneten Filterkoeffizienten zeigt führt der Signalgraph in Bild 6.52 durch.

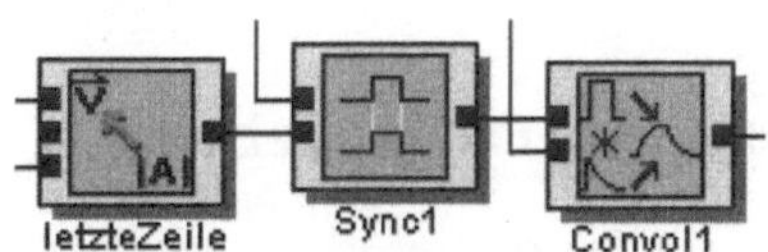

Bild 6.52 Signalgraph zur Faltung des Originalsignals mit den Filterkoeffizienten

Bild 6.53 zeigt ein frequenzmoduliertes Signal, zu dem ein gaussverteiltes Rauschen addiert wurde. Wird als Filter eine polynomiale Passung niedriger Ordnung verwendet, so werden höherfrequente Signalanteile in der Amplitude bedämpft (Bild 6.54). Durch die Verwendung von Polynomen höheren Grades wird dieser Effekt vermieden (Bild 6.55). Savitzky-Golay-Filter höheren Grades eignen sich deshalb hervorragend zur Glättung verrauschter Spektren bei der Nachbearbeitung von Frequenztransformationen, da die Amplituden der Spektralkomponenten trotz Glättung im Vergleich zu Mittelwertfiltern nur wenig verändert werden.

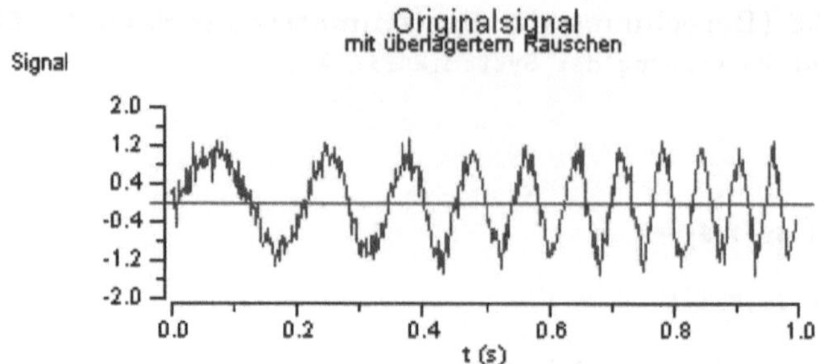

Bild 6.53 Frequenzmoduliertes Signal mit überlagertem Rauschen zum Test des Savitzky-Golay Filters

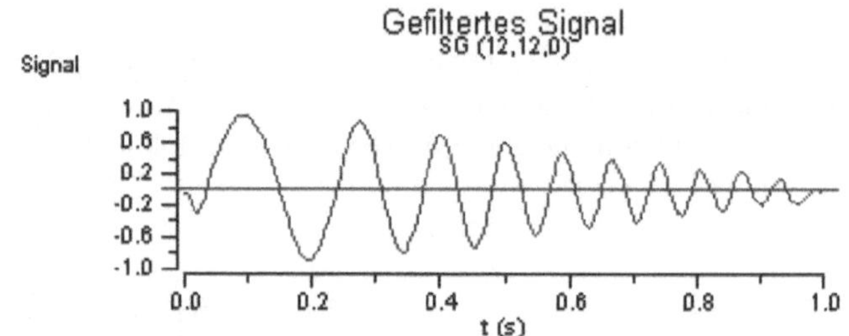

Bild 6.54 Savitzky-Golay Filter 0. Ordnung mit $n_L = n_R = 12$

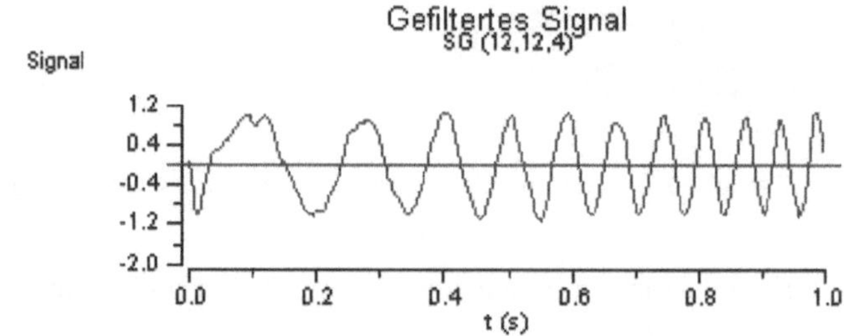

Bild 6.55 Savitzky-Golay Filter 4. Ordnung mit $n_L = n_R = 12$

6.7 Signalverarbeitung im Frequenzbereich

In den vorigen Abschnitten wurden Signale im Zeitbereich dargestellt. Anhand eines einfachen Experimentes lässt sich zeigen, dass die Interpretation eines relativ einfach erzeugten Zeitsignals, z.B. durch Addition dreier Sinusschwingungen (Bild 6.56), bereits zu erheblichen Schwierigkeiten führt. Dem Betrachter des Ergebnisses dieser Addition von Sinusschwingungen unterschiedlicher Frequenz und Amplitude wird es kaum gelingen, die Erzeugung der Kurvenform nachzuvollziehen. Eine Signalanalyse im Zeitbereich gestaltet sich je nach Anwendungsfall also schwierig oder gar unmöglich.

Durch den Übergang auf eine andere Darstellung (Transformation) des gemessenen Zeitverlaufs ist die Entstehung des Signals leicht nachvollziehbar (Bild 6.57). Bei der Darstellung im unteren Graphen wird die Signalamplitude über der Signalfrequenz aufgetragen. Deutlich ist sichtbar, dass im Zeitsignal die drei Frequenzen 60 Hz, 120 Hz und 180 Hz

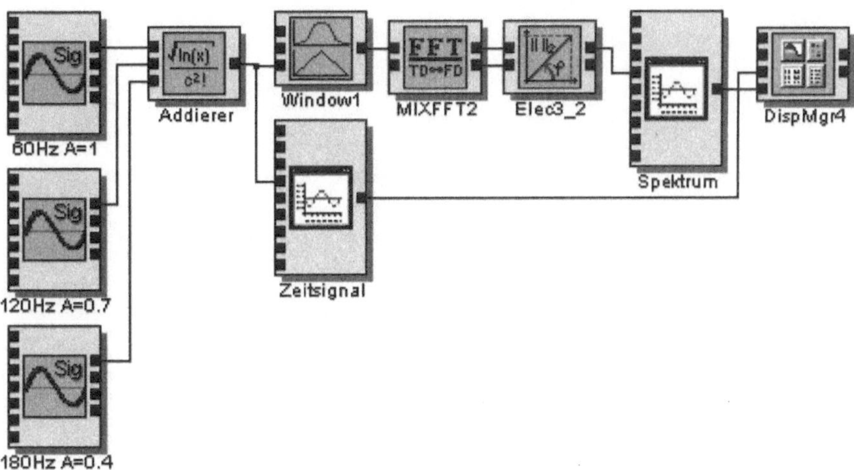

Bild 6.56 Addition dreier Sinusschwingungen unterschiedlicher Amplitude

mit den Amplituden 1.0, 0.7 und 0.4 enthalten sind. Die Darstellung eines Zeitsignals im Frequenzbereich wird als Spektrum, die Transformation dazu als Spektraltransformation bezeichnet. Die Grundlagen zu dieser als Fourier-Analyse bezeichneten Transformation legte bereits 1822 der Mathematiker J. B. FOURIER.

6.7.1 Die Fourier-Transformation

Die *Fourier-Transformation* (FT) ermöglicht es, die in einem Zeitsignal enthaltenen Frequenzen zu ermitteln. Messungen im Frequenzbereich werden meist bei Signalen mit periodischen Komponenten durchgeführt. Hier empfiehlt es sich, eine so genannte *Harmonische Analyse* oder *Spektralanalyse* durchzuführen und das Spektrum der Signale auszuwerten. Dazu wird das Zeitsignal für eine gewisse Zeit (Blocklänge) beobachtet und abgetastet. Der Abtastwertesatz wird zwischengespeichert und aus dem Datenblock wird das Spektrum mittels einer Spektraltransformation berechnet. Bei der kontinuierlichen Fourier-Transformation handelt es sich um eine verlustfreie Transformation, aus der das Originalsignal wieder vollständig rekonstruiert werden kann.

6.7.2 Fourier-Transformation eines zeitkontinuierlichen Signals

Bevor auf die Anwendung der Fourier-Transformation für zeitdiskrete Signale eingegangen wird, sei an das Fourier-Transformationspaar für zeitkontinuierliche Signale erinnert:

$$\mathcal{F}(j\omega) = \int_{-\infty}^{+\infty} f(t)e^{-j\omega t}dt, \tag{6.71}$$

$$f(t) = \frac{1}{2\pi} \int_{-\infty}^{+\infty} \mathcal{F}(j\omega)e^{j\omega t}d\omega. \tag{6.72}$$

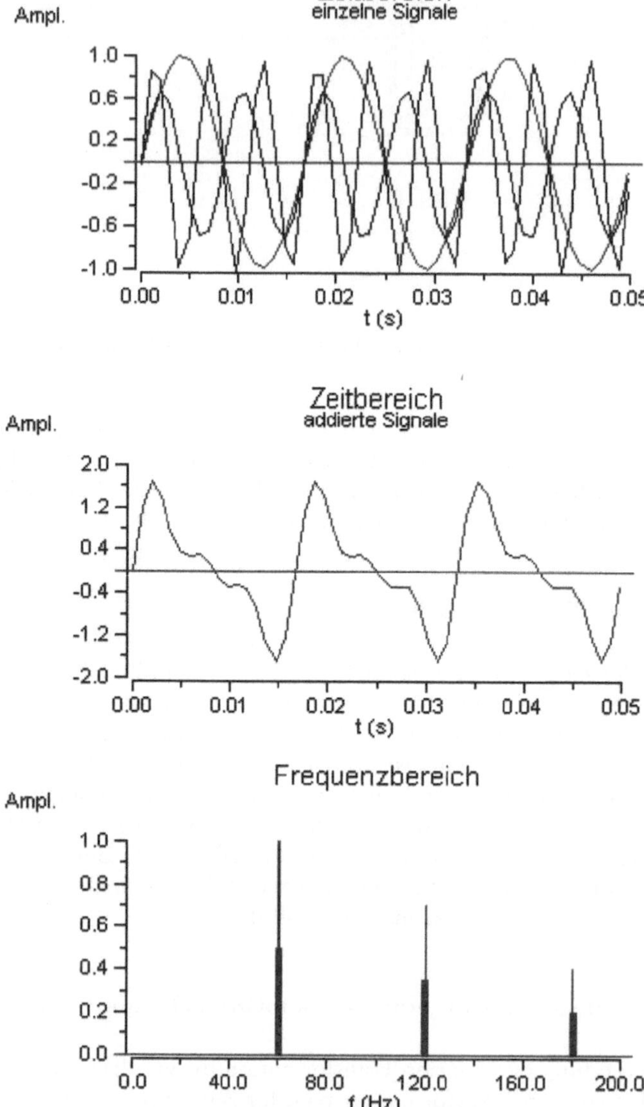

Bild 6.57 Darstellung der summierten Sinusschwingungen im Zeitbereich und als Amplituden-/Frequenzdiagramm

Die Spektralfunktion $F(j\omega)$ ist eine komplexe Funktion mit Real- und Imaginärteil bzw. Betrag und Phase. Oft wird nur der Betrag $\|F(j\omega)\|$ in Abhängigkeit von ω oder f berechnet und als Amplitudenspektrum dargestellt. Stellt die Zeitfunktion $f(t)$ z.B. den Verlauf einer Spannung mit der Einheit V dar, so hat die Spektralfunktion wegen der Integration über die Zeit die Einheit Vs = V/Hz. Die Korrespondenz der Zeit- und Spektralfunktionen wird oft durch das Symbol $\circ\!\!-\!\!\bullet$ dargestellt, wobei der ausgefüllte Kreis die Seite der Darstellung als Spektralfunktion wiedergibt:

$$\mathcal{F}(j\omega)\bullet\!\!-\!\!\circ f(t), \tag{6.73}$$

$$f(t)\circ\!\!-\!\!\bullet\mathcal{F}(j\omega). \tag{6.74}$$

6.7.3 Die diskrete Fourier-Transformation

Nach diesem Rückblick auf die Grundlagen der kontinuierlichen Fourier-Transformation wird der Unterschied zur Anwendung der *diskreten* Fourier-Transformation auf zeitbegrenzte Signale deutlich. Das Zeitsignal wird zu den Zeitpunkten $t_n = nT_a$ abgetastet, wobei $n = 0,...,N - 1$. T_a bezeichnet das Abtastintervall bei äquidistanter Abtastung. Die gesamte Messzeit ist $T = NT_a$. Die abgetasteten Werte der Funktion $f(t)$ sind nur an den diskreten Zeitpunkten nT_a bekannt. Aus der kontinuierlichen Variablen t wird die diskrete Variable nT_a.

Die diskrete Fourier-Transformation (DFT) berechnet aus den Werten $f(nT_a)$ die Transformierte $F_d(j\omega)$. Durch den Index d wird die DFT von der kontinuierlichen Fourier-Transformation unterschieden. Um eine Rechenvorschrift für die DFT zu erhalten, sind die kontinuierlichen Variablen der FT durch diskrete Variablen zu ersetzen:

$$t \rightarrow nT_a, \tag{6.75}$$

$$f(t) \rightarrow f(nT_a), \tag{6.76}$$

$$e^{-j\omega t} \rightarrow e^{-j\omega nT_a}. \tag{6.77}$$

Weiterhin ist das Integral entsprechend durch eine Summe von Rechtecken mit der Höhe $f(nT_a)$ und der Breite T_a zu approximieren. Die Multiplikation mit dem Abtastintervall wird nicht in die Definition der DFT aufgenommen:

$$\mathcal{F}_d(j\omega) = \sum_{n=0}^{N-1} f(nT_a)e^{-j\omega nT_a}. \tag{6.78}$$

Aus dieser Darstellung der DFT lassen sich wichtige Eigenschaften ableiten:

- Ist die Zeitfunktion gerade, also $f_n = f_{-n}$, so ist auch die Spektralfunktion gerade und reell.

- Ist die Zeitfunktion ungerade, also $f_n = -f_{-n}$, so ist auch die Spektralfunktion ungerade und imaginär.

- Ist die Zeitfunktion reellwertig, so ist die Spektralfunktion komplex.

- $\mathcal{F}(j\omega)$ und $\mathcal{F}(-j\omega)$ sind konjugiert komplex.

Die DFT zeigt einige weitere Besonderheiten:

- Die DFT ist über ω periodisch mit der Periode $2\pi/T_a$.

- Die DFT ist erst nach einer Multiplikation mit dem Abtastintervall T_a in Größe und Einheit äquivalent zur FT.

- Die DFT ist nur für diskrete Werte von ω_k zu berechnen (wegen der Begrenzung auf ein Beobachtungsfenster, siehe auch [Bri82]).

Aus der ersten Besonderheit der DFT zeigt sich eine Periodizität des Spektrums mit $\omega = z2\pi/T_a$, wobei z eine beliebige ganze Zahl $z = 1,2,...$ bedeutet. Während eine periodische Zeitfunktion ein diskretes Spektrum zeigt, ist das Spektrum einer diskreten Zeitfunktion periodisch.

Aus dieser Periodizität der DFT lässt sich die Forderung an die Abtastfrequenz f_a ableiten. Die sich wiederholenden Spektren der DFT dürfen sich nicht überlappen, um sich nicht zu verfälschen. Dies ist dann der Fall, wenn die höchste Signalfrequenz f_{max} kleiner als die Hälfte der Abtastfrequenz f_a ist,

$$f_{max} \leq \frac{1}{2}f_a, \quad \omega_{max} \leq \frac{1}{2}\frac{2\pi}{T_a}. \tag{6.79}$$

Das Abtasttheorem im Frequenzbereich

Die Ungleichung wird als (Shannonsches) Abtasttheorem bezeichnet. Die Abtastfrequenz muss höher als die doppelte der höchsten im Signal enthaltenen Frequenz sein.

Jeder transformierte Fourier-Koeffizient der DFT besteht aus einem Real- und Imaginärteil. Aus N reellen Abtastwerten können so Amplituden und Phasen für $N/2$ diskrete Frequenzen bestimmt werden. Diese liegen im Bereich von $f = 0$ und $f = f_a/2$. Die entsprechenden Koeffizienten wiederholen sich im Bereich von $f_a/2$ und f_a. Im Bereich zwischen $f = 0$ und $f = f_a$ lassen sich so N Linien zeichnen für die Frequenzen

$$\omega_k = \frac{2\pi}{NT_a}k, \text{ mit } k = 0,1,...,N-1. \tag{6.80}$$

Wird in der Gleichung für die DFT ω durch ω_k ersetzt, ergibt sich die übliche Schreibweise für die DFT:

$$\mathcal{F}_d(j\omega_k) = \sum_{n=0}^{N-1} f(nT_a)e^{-j2\pi kn/N}, \text{ mit } k = 0,1,...,N-1. \tag{6.81}$$

Die diskreten Frequenzen liegen im Abstand $\Delta\omega = \frac{2\pi}{NT_a}$. Die Trennschärfe, also die spektrale Auflösung der DFT, ist umgekehrt proportional zur Messzeit NT_a.

Die inverse Transformation unterscheidet sich nur in einem Vorzeichen:

$$f(nT_a) = \sum_{n=0}^{N-1} \mathcal{F}(j\omega_k)e^{+j2\pi kn/N}, \text{ mit } k = 0,1,...,N-1. \tag{6.82}$$

Wird das Abtasttheorem eingehalten, so wird die Spektralfunktion nicht durch Überlagerungen (Aliasing) verfälscht. Das Abtasttheorem gibt keine Aussage darüber, wie gut einzelne Spektralanteile voneinander getrennt werden können. Für eine hohe spektrale Auflösung ist eine lange Messzeit erforderlich. Diesen Nachteil versucht man durch so genannte kombinierte Zeit-Frequenz Analysen (*Joint Time Frequency Analysis*; JTFA) zu umgehen, die in Abschnitt 6.8 beschrieben werden.

Anwendungen der DFT

Die Rechenmethode der DFT ist in der Nachrichtentechnik entstanden und dient zur Signal-, Sprach- und Bildanalyse. In der Messtechnik wird sie zur Überwachung, Schadensfrüherkennung und Diagnose von Maschinen mit rotierenden Teilen, z.B. bei Turbinen oder Pumpen eingesetzt. Weiterhin bildet die DFT die Grundlage der Korrelationsmesstechnik, die in den Abschnitten über Autokorrelation (6.7.12) und Kreuzkorrelation (6.7.13) näher beschrieben wird. Eine besondere Bedeutung für den praktischen Einsatz der DFT hat ein schnelles numerisches Berechnungsverfahren erlangt, das als FFT (*Fast-Fourier-Transform*) bezeichnet wird.

6.7.4 Die schnelle Fourier-Transformation

Die DFT ist ein numerisch günstiges Verfahren, weil sie sowohl im Zeit- als auch im Frequenzbereich mit jeweils N diskreten Werten operiert. Dabei ist N beliebig ganzzahlig. Bei der Berechnung der Transformationsgleichungen sind allerdings Werte trigonometrischer Funktionen zu berechnen und zur Berechnung der Koeffizienten sind N^2 Multiplikationen und $N(N-1)$ komplexe Additionen notwendig. Für größere Transformationsintervalle ist der Rechenaufwand dazu enorm, weshalb an einer numerischen Optimierung der Berechnungsverfahren intensiv gearbeitet wurde. Eine schnelle Fourier-Transformation stellt keine neue Transformationsart dar. Vielmehr ist sie ein Algorithmus, um die angegebene diskrete Fouriertransformation auf effektive Weise zu berechnen. Am bedeutendsten ist der von COOLEY und TUKEY 1965 veröffentlichte Algorithmus, der für den Spezialfall optimiert ist, dass N eine Zweierpotenz darstellt. Der Algorithmus wird als „Schnelle Fourier-Transformation" (Fast-Fourier-Transform, FFT) bezeichnet und benötigt zur Berechnung nur noch $N \log_2 N$ komplexe Operationen. Bei steigender Anzahl von Abtastwerten zeigt sich ein enormer Unterschied im Vergleich zur DFT und es wird deutlich, dass die Erfindung der FFT die entscheidende Voraussetzung für eine breite Anwendung der Spektralanalyse in Echtzeit war.

Für die Anwendung der FFT ist lediglich ein Verständnis der Funktionsweise der DFT Voraussetzung. Auf die Herleitung der Algorithmik verschiedener FFT-Arten soll an dieser Stelle nicht näher eingegangen werden. Die Theorie dazu findet sich z.B. in [Bri82]. Für die Anwendungsfälle, bei denen N keine Zweierpotenz darstellt, gibt es in der Zwischenzeit spezialisierte Transformationsmethoden, so genannte Mixed-Radix-Verfahren, die ebenfalls eine effiziente Berechnung für beliebiges N zulassen. Im Ergebnis unterscheiden sich all diese Verfahren theoretisch jedoch nicht von einer DFT.

6.7.5 Die praktische Durchführung einer FFT

Bild 6.58 zeigt einen typischen Signalgraphen zur Durchführung einer Mixed-Radix-FFT für beliebige Blocklängen.

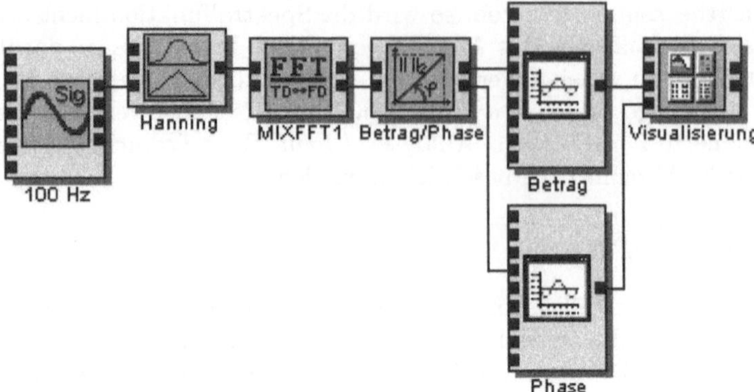

Bild 6.58   Typischer Aufbau zur Durchführung einer FFT

Ein Sinussignal mit einer Frequenz von 100 Hz wird mit einer Abtastrate von 1 kHz digitalisiert (aktuelle Einstellungen in Modul **SigGen**). Das Signal wird mit einem Hanning-Fenster (vgl. Abschnitt 6.7.7) multipliziert und transformiert. Der Real- und Imaginärteil des Fourierspektrums wird in eine Betrags- und Phasendarstellung gewandelt und visualisiert. Bild 6.59 zeigt das Amplitudenspektrum der Sinusschwingung. Das Modul **MIXFFT** gibt je nach Einstellung im Parameterdialog entweder alle (komplexen) Koeffizienten der Transformation oder nur die physikalisch sinnvollen Koeffizienten für positive Frequenzen (bei Einstellung *Halbe Frequenzbreite*) aus. Für Aufgaben, bei denen eine Rücktransformation des Spektrums in den Zeitbereich erforderlich ist, müssen alle Spektralkoeffizienten in die Berechnung einbezogen werden.

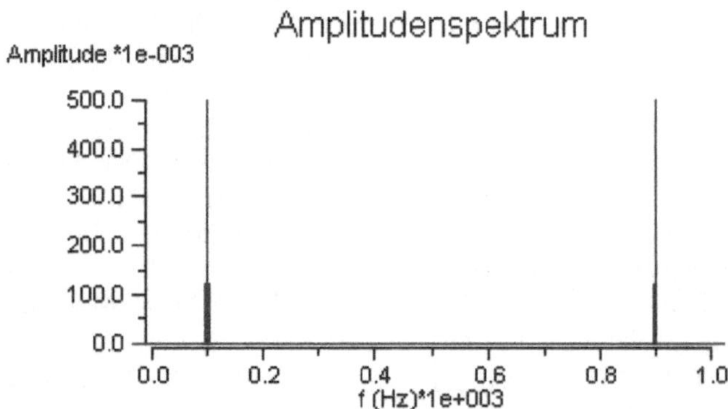

Bild 6.59   FFT einer Sinusschwingung mit $f = 100Hz$, $f_a = 1kHz$ (Amplitude)

6.7.6 Der Leckeffekt

Eine Verbreiterung der Spektren (weitere Spektrallinien in der grafischen Darstellung des Spektrums neben der erwarteten Hauptspektrallinie) bei der blockweisen DFT oder FFT eines Signals tritt auf, wenn das Signal im betrachteten Zeitintervall (Fenster) nicht periodisch fortgesetzt werden kann. Ist die Messzeit, also die Breite des Fensters, nicht ein ganzzahliges Vielfaches einer Periode der Grundschwingung, so treten Spektrallinien an

Stellen auf, an denen keine erwartet würden. Der Fehler, der als *Leckeffekt* (engl. *leakage*) bezeichnet wird, wird durch die Interpretation eines im betrachteten Zeitfenster nicht-periodischen Signals als periodisches verursacht. Eine periodische Fortsetzung bedeutet eine Faltung des Spektrums X(f) mit dem Spektrum der (Rechteck-) Fensterfunktion W(f):

$$X_w(f) = X(f) * W(f).$$ (6.83)

Durch die Faltungsoperation wird das Spektrum X(f) mit dem Spektrum der Fensterfunktion W(F) „verschmiert". Um dies zu vermeiden, müsste das Spektrum der Fensterfunktion Dirac-förmig (Einheitspuls) sein. Das hätte zur Folge, dass die inverse Fouriertransformierte eine DC-Funktion (Gleichspannungssignal) darstellt, also ein theoretisch unendlich breites Rechteckfenster. Weil dies praktisch nicht realisierbar ist, wurden eine Reihe spezieller Fensterfunktionen entwickelt, die für die meisten Aufgabenstellungen ausreichend sind.

6.7.7 Fensterfunktionen und deren Eigenschaften

Bei einer rechteckigen (*rectangular*) Fensterfunktion hat das Spektrum des Fensters die Form der Funktion des Typs $sin(x)/x$. Durch die Wahl besser geeigneter Funktionen als Fensterfunktion der DFT oder FFT können Randeffekte an den Intervallgrenzen des Messfensters unterdrückt werden. Bild 6.60 zeigt das oft verwendete Hamming-Fenster.

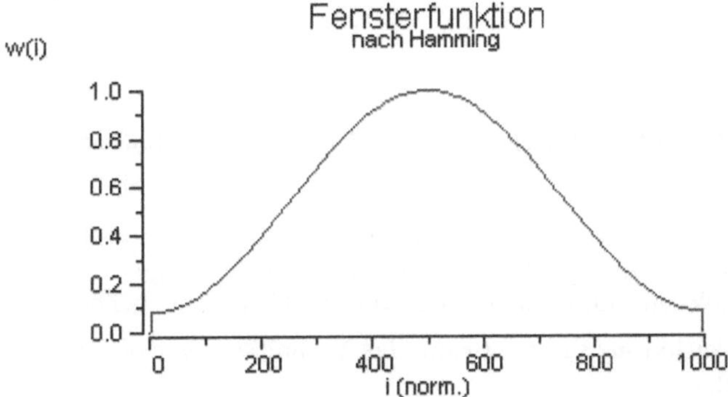

Bild 6.60 Fensterfunktion nach Hamming

Transformiert man die Fensterfunktion mit Hilfe einer DFT, so zeigt sich ihre Wirkungsweise im Spektrum (siehe Bild 6.61).

Im Vergleich zum Spektrum des Rechteckfensters in Bild 6.62 zeigt sich eine deutlich bessere Dämpfung im Bereich der Nebenlappen (unerwünschte Spektralanteile neben der gewünschten Spektrallinie) im Vergleich zur Hauptspektrallinie bei $f = 0$ mit der Amplitude $A = 1.0 \cdot 10^3$. Während bei der Verwendung eines Rechteckfensters Randeffekte um einen Faktor von ca. 0.224 (≈ -13 dB) bedämpft werden, liegt dieser Wert bei Verwendung des Hamming-Fensters bei etwa 0.007 (≈ -43 dB), bei einem Blackman-Fenster bei etwa 0.001 (≈ -58 dB). Die spektrale Auflösung der DFT im Vergleich zur

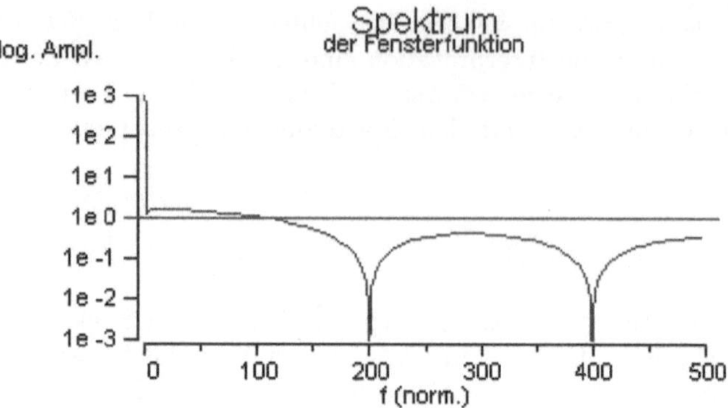

Bild 6.61 Das Spektrum der Fensterfunktion nach Hamming

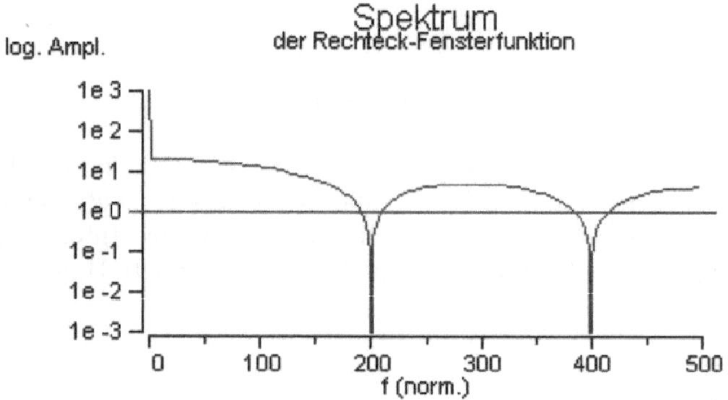

Bild 6.62 Das Spektrum der Rechteck-Fensterfunktion

Verwendung des Rechteckfensters leidet jedoch durch die Anwendung der Fernsterfunktion. Je nach Aufgabenstellung ist ein Kompromiss zwischen guter Unterdrückung der Nebenlappen im Spektrum und hoher spektraler Auflösung zu suchen.

Mit Hilfe der Applikation in Bild 6.63 kann das Verhalten verschiedener Fensterfunktionen verglichen werden.

6.7.8 Häufig verwendete Fensterfunktionen

Die als Vorverarbeitung zur DFT oder FFT eingesetzen Fensterfunktionen $w(i)$ unterscheiden sich in ihren Eigenschaften teils erheblich. Einige der üblichen Fensterfunktionen lassen sich zudem über einen Formparameter α in der Form steuern. Je nach Gestalt einer Fensterfunktion wird eine Sinusschwingung konstanter Amplitude nach der Fensterung und Fourier-Transformation eine Amplitude aufweisen, die einer Multiplikation mit der Fläche der Fensterfunktion im Verhältnis zur Fläche der vergleichbaren Rechteckfunktion entspricht (aus Gründen der Energieerhaltung). Diese scheinbare Dämpfung oder Verstärkung kann durch eine Normierung des Signals mit einem von der Fensterform und Fensterlänge n abhängigen Faktor k korrigiert werden, so dass die Leistung des Signals im

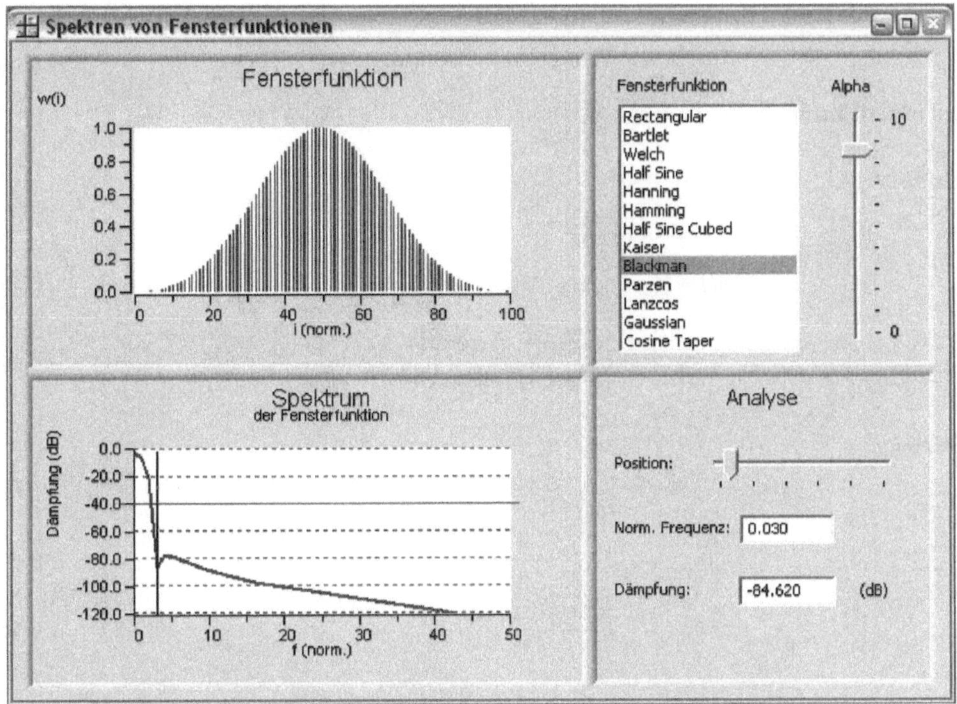

Bild 6.63 Analyse der Eigenschaften verschiedener Fensterfunktionen

Betrachtungszeitraum durch die Fensterbildung nicht verändert wird. Die beschriebenen Fensterfunktionen können mit dem Modul **Window** realisiert werden.

Rectangular (Rechteckfenster)

Alle mit den jeweiligen Abtastzeitpunkten k des Signales $f[k]$ zu multiplizierenden Fensterkoeffizienten $w[i]$ werden über den Index $0 \leq i \leq n - 1$ für eine Fensterlänge n berechnet. Das Signal $f[k]$ wird dazu mit der Fensterfunktion $w[i]$ elementweise multipliziert.

Das Rechteckfenster ist über die Beziehungen

$$w(i) \;=\; 1, \; 0 \leq i \leq n - 1, \tag{6.84}$$

$$k \;=\; 1.0 \tag{6.85}$$

definiert. Mit diesem Filter wird keine Wirkung erzielt. Es dient lediglich zu Vergleichszwecken. Eine FFT mit einer Rechteckfensterfunktion sollte durchgeführt werden, wenn transiente Signale zu untersuchen sind, die kürzer als die Fensterlänge sind. Weiterhin sollte zur Bestimmung der Übertragungsfunktion, zur Ordnungsanalyse und zur Zweitonseparation mit eng benachbarten Frequenzen keine Fensterbildung erfolgen. Für Analyse längerer Transienten kann auch eine exponentiell abklingende Gewichtung des Signals der in Form

$$w(i) = \frac{i}{n-1} \ln(e) \tag{6.86}$$

mit einem Endwert $e > 0$ erfolgen.

Bartlet

$$w(i) \;=\; w(n-1-i) = \frac{2i}{n-1}, \; 0 \le i \le \frac{n}{2}, \tag{6.87}$$

$$k \;=\; \begin{cases} \frac{n(n-2)}{2(n-1)}, & \text{n gerade} \\ \frac{n-1}{2}, & \text{n ungerade} \end{cases}. \tag{6.88}$$

Welch

$$w(i) \;=\; 1 - \left(\frac{2i - n + 1}{n-1}\right)^2, \; 0 \le i \le n-1, \tag{6.89}$$

$$k \;=\; \frac{2n(n-2)}{3(n-1)}. \tag{6.90}$$

Half Sine

$$w(i) \;=\; \sin\left(\frac{i\pi}{n-1}\right), \; 0 \le i \le n-1, \tag{6.91}$$

$$k \;=\; \frac{1}{\tan\left[\frac{\pi}{2(n-1)}\right]}. \tag{6.92}$$

Hanning (von Hann Fenster)

$$w(i) \;=\; 0.5\left(1.0 - \cos\left(\frac{2i\pi}{n-1}\right)\right), \; 0 \le i \le n-1, \tag{6.93}$$

$$k \;=\; \frac{n-1}{2}. \tag{6.94}$$

Das Hanning Fenster stellt einen universalen Fenstertyp zur Systemanalyse und zur Analyse von Transienten dar, die länger als die Fensterlänge dauern.

Hamming

$$w(i) \;=\; 0.54 - 0.46 \cos\left(\frac{2i\pi}{n-1}\right), \; 0 \le i \le n-1, \tag{6.95}$$

$$k \;=\; 0.54n - 0.46. \tag{6.96}$$

Half Sine Cubed

$$w(i) \;=\; \sin\left(\frac{i\pi}{n-1}\right)^3, \; 0 \leq i \leq n-1, \tag{6.97}$$

$$k \;=\; \frac{1}{\tan\left[\frac{3\pi}{4(n-1)}\right]} \tag{6.98}$$

Kaiser

$$w(i) = \frac{I_0\left(\alpha\sqrt{1-\left(\frac{2i-n+1}{n-1}\right)^2}\right)}{I_0(\alpha)}, \; 0 \leq i \leq n-1. \tag{6.99}$$

Der Formparameter α ist beliebig wählbar. I_0 ist als Besselfunktion bekannt. Das Kaiser-Fenster eignet sich gut zur Zweitonseparation bei Signalen mit eng benachbarten Frequenzen und ähnlicher Amplitude.

Blackman

$$w(i) \;=\; 0.42 - 0.5\cos\left(\frac{2i\pi}{n-1}\right) + 0.8\cos\left(\frac{4i\pi}{n-1}\right), \; 0 \leq i \leq n-1, \tag{6.100}$$

$$k \;=\; 0.42(n-1). \tag{6.101}$$

Parzen (Dreieckfenster, Triangular Window)

$$w(i) \;=\; 1 - \left(\frac{2i-n+1}{n+1}\right), \; 0 \leq i \leq n-1, \tag{6.102}$$

$$k \;=\; \begin{cases} \frac{n+1}{2}, & \text{n ungerade} \\ \frac{n(n+2)}{2(n+1)}, & \text{n gerade} \end{cases} \tag{6.103}$$

Lanzcos

$$w(i) = \frac{\sin\left(\frac{\pi}{2}\left(\frac{1-n+2i}{n-1}\right)\right)}{\frac{\pi}{2}\left(\frac{1-n+2i}{n-1}\right)} \; 0 \leq i \leq n-1. \tag{6.104}$$

Gaussian

$$w(i) = \exp\left[-\alpha\left(\frac{2i-n+1}{n-1}^2\right)\right], \; 0 \leq i \leq n-1. \tag{6.105}$$

Der Formparameter α ist beliebig wählbar.

Cosine Taper

$$
w(i) \;=\; \begin{cases} \frac{1}{2}\left[1 - \cos\left(\frac{\pi(2i-\alpha(n-1)))}{\alpha(n-1)}\right)\right], & 0 \le i \le \frac{\alpha n}{2} \\[2mm] 1.0, & \frac{\alpha n}{2} \le i \le \frac{\alpha n}{2} \\[2mm] \frac{1}{2}\left[1 - \cos\left(\frac{\pi(2i-\alpha(n-1))}{\alpha(n-1)}\right)\right], & n - \frac{\alpha n}{2} \le i \le n - 1, \end{cases}
\tag{6.106}
$$

$$
k \;=\; \frac{\alpha(n-1)}{2} + (1-\alpha)n
\tag{6.107}
$$

Für den Formparameter α gilt $0 \le \alpha \le 1$. Für den Fall $\alpha = 0$ nimmt das Fenster die Form eines Rechteckfensters, für den Fall $\alpha = 1$ die Form des Hanning Fensters an.

Die Form der Fensterfunktion im Zeitbereich und die Dämpfungseigenschaften im Frequenzbereich können mit Hilfe der Applikation in Bild 6.63 ermittelt werden.

Tabelle 6.5 gibt eine Übersicht über die wesentlichen Eigenschaften der Fensterfunktionen.

Fenster	Side-Lobe Level (dB)	RollOff (dB/Octave)	-3dB BW
Rect	-13	-6	0.89
Bartlet	-27	-12	1.28
Hanning	-32	-18	1.44
Hamming	-43	-6	1.30
Blackman	-58	-18	1.68
Gauss a=2.5	-42	-6	1.33
Gauss a=3.5	-69	-6	1.79
Kaiser a=2.5	-57	-6	1.57
Kaiser a=3.5	-82	-6	0.89

Tabelle 6.5 Eigenschaften der Fensterfunktionen

Dabei bedeuten die Abkürzungen

- **Sidelobe Level** (dB)
  Im Falle der Konzentration einer Spektrallinie auf einen Fourierkoeffizienten ist dieser Wert die maximal auftretende Amplitude neben der Hauptspektrallinie (Nebenlappen). Im Falle zweier benachbarter Frequenzen gibt dieser Wert die Schwelle an, bei der ein schwächeres Signal noch erkannt werden kann.

- **Rolloff** (dB/Octave)
  Der Wert gibt die Dämpfung in dB pro Oktave (doppelte Frequenz) der Hauptspektrallinie an. Ein geringerer Wert deutet auf eine schlechtere Lokalisation des Hauptpeaks hin.

- **-3dB BW** (Bandwidth)
  Dieser Wert gibt an, wie viele Spektrallinien entfernt eine Dämpfung von 3dB (Faktor 0.71) erreicht wird.

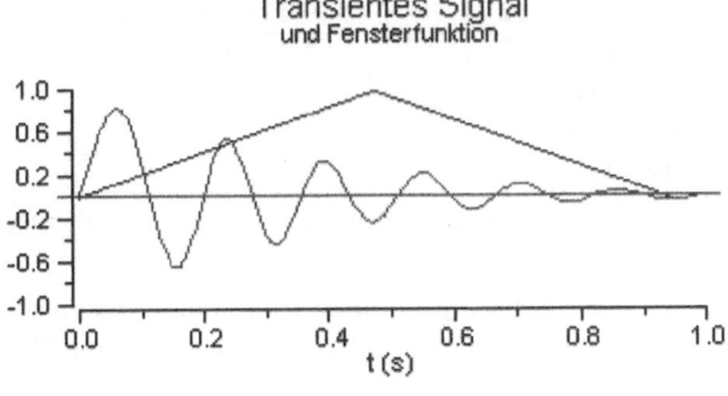

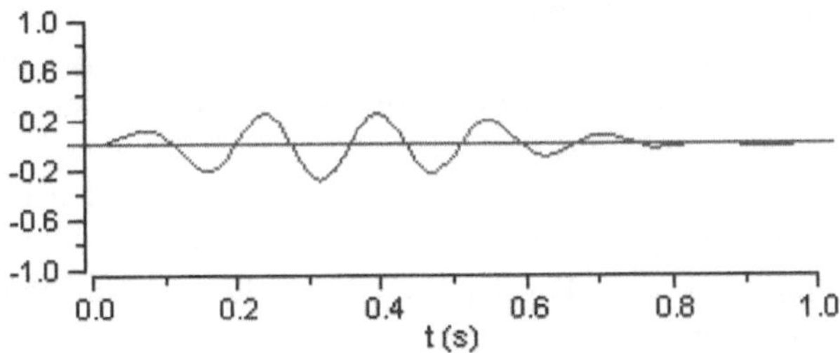

Bild 6.64 Anwendung einer Fensterfunktion auf ein transientes Signal

Fensterung transienter Signale

Bei transienten Signalen sollten Fensterfunktionen sehr vorsichtig angewendet werden, da diese unter Umständen die Kurvenform stark verändern und damit das Spektrum verfälschen. Bild 6.64 zeigt eine abklingende Schwingung, die mit einem Dreieckfenster multipliziert wurde. Die entstehende Kurve hat mit dem Original nur noch wenig Ähnlichkeit. Deshalb sollten transiente Signale nur mit einem Rechteckfenster multipliziert werden, das idealerweise an die Periodendauer des Signals angepasst wird.

6.7.9 Der Goertzel-Algorithmus

Der Algorithmus von Goertzel ist eine effektive Variante der DFT zur Berechnung einzelner Spektrallinien. Die Wirkungsweise und die Vorteile des Goertzel-Algorithmus im Vergleich zu einer DFT oder FFT können am Beispiel einer Signaldecodierung verdeutlicht werden:

Das DTMF Verfahren (*Dual Tone Multi Frequency*) ist in unserem Telefonsystem auch als MFV (*Mehr Frequenz Verfahren*) bekannt und es ersetzt das veraltete Impulswahlverfahren. Anstatt Impulse über die Leitung zu schicken, verwendet das DTMF-Verfahren ein Gemisch aus zwei Sinusschwingungen, deren Frequenzen genormt sind. In Tabelle 6.6 sind die Tasten und deren Zuordnung zu den verwendeten Frequenzen angegeben. Wird z.B. die Taste 5 gedrückt, so erzeugt das Verfahren eine Mischung der Frequenzen 770 Hz und 1336 Hz. Dieses Frequenzgemisch muss länger als 40 ms vorliegen, um als gültiges DTMF-Signal erkannt zu werden.

Taste	1209 Hz	1336 Hz	1477 Hz
697 Hz	1	2	3
770 Hz	4	5	6
852 Hz	7	8	9
941 Hz	*	0	#

Tabelle 6.6 Frequenzzuordnung bei der DTMF Codierung

Die Telefonzentrale muss zum Verbindungsaufbau das Frequenzgemisch zerlegen und die Kombination der beiden Frequenzen wieder als Ziffer interpretieren. Dieser Vorgang wird als Decodierung bezeichnet.

Decodierung des DTMF-Signals

Nach der Digitalisierung eines DTMF-Signals mit einem A/D-Umsetzer oder einem CODEC-Baustein (Coder-Decoder, d.h. integrierter A/D- und D/A-Umsetzer) kann dieses auf verschiedene Arten mit Hilfe eines digitalen Signalprozessors decodiert werden. Es gibt dazu folgende Möglichkeiten:

- Schnelle Fourier-Transformation des Gesamtspektrums und Analyse bestimmter, durch das Verfahren vorgegebener Fourierkoeffizienten,
- Anwendung einer Diskreten Fourier-Transformation nur zur Berechnung der gesuchten Spektrallinien.
- Einsatz des Goertzel-Algorithmus.

Alle drei Verfahren haben gewisse Vor- und Nachteile, die nun verglichen werden sollen.

Dekodierversuch mit der FFT

Zur Berechnung eines Signalspektrums mit einer FFT werden alle Werte als Block vor der Durchführung der Transformation gebraucht. Abhängig von der Blocklänge N werden zahlreiche Spektrallinien berechnet, die für die Decodierung nicht benötigt werden. Dadurch ist der Speicherbedarf und der Rechenaufwand höher als notwendig. Man wünscht sich deshalb ein Verfahren, das wenig Speicherplatz benötigt, nur relevante Spektrallinien berechnet und quasi-kontinuierlich, also ohne Blockbildung arbeitet.

Decodierversuch mit der DFT

Eine Möglichkeit zur Berechnung relevanter Spektrallinien ist die diskrete Fourier-Transformation. Bei weniger als $\log_2 N$ Spektrallinien ist der Rechenaufwand bei der DFT geringer als bei einer FFT. Der Nachteil einer blockweisen Verarbeitung besteht allerdings auch hier.

Decodierversuch mit dem Goertzel-Algorithmus

Der Goertzel-Algorithmus hat den Vorteil eines sehr geringen Rechenaufwandes im Falle der Berechnung nur weniger Spektralkoeffizienten. Er stellt eine spezielle Form einer DFT dar, die keine blockweise Verarbeitung der Eingangsdaten voraussetzt. Zum Verständnis der Arbeitsweise des Goertzel Algorihmus ist die Kenntnis des mathematischen Zusammenhangs mit der DFT nützlich.

Durchführung des Goertzel-Algorithmus

Der Algorithmus von Goertzel stellt eine anwendungsspezifische Vereinfachung der allgemeineren DFT dar. Die aufwändige Berechnung aller Fourierkoeffizienten mit Hilfe der Fourier-Transformation wird dadurch vereinfacht, dass die Berechnung einzelner Koeffizienten näherungsweise auch mittels eines rekursiven Digitalfilters möglich ist, dessen einfache Struktur Bild 6.65 zeigt (s. auch [VG02]).

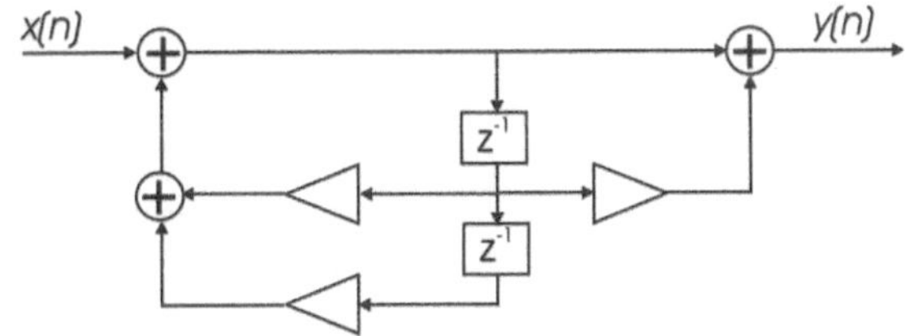

Bild 6.65 Strukturgraph des IIR-Filters zum Goertzel-Algorithmus

Mit Hilfe der Berechnung der DFT einzelner Spektrallinien durch rekursive Digitalfilter verringert sich die Anzahl der benötigten Rechenoperationen auf $2N+4$ Multiplikationen und $4N+4$ Additionen. Durch die Digitalfilterstruktur können einzelne digitalisierte Werte des DTMF-Signals direkt weiterverarbeitet werden. Eine Blockbildung wie bei der DFT oder FFT ist nicht notwendig.

Praktische Anwendung des Goertzel-Algorithmus

Um den Goertzel-Algorithmus im praktischen Einsatz zu testen, werden zunächst die Sinussignale mit den benötigten Frequenzen mit Signalgeneratoren synthetisiert. Dies erfolgt zweckmäßigerweise mit einer Abtastfrequenz, die mit der Soundkarte des PC wiedergegeben werden kann, z.B. 11025 Hz. Eine gedrückte Taste löst jeweils zwei der synthetisierten Frequenzen aus. Der Encoder dazu ist in Bild 6.66 dargestellt.

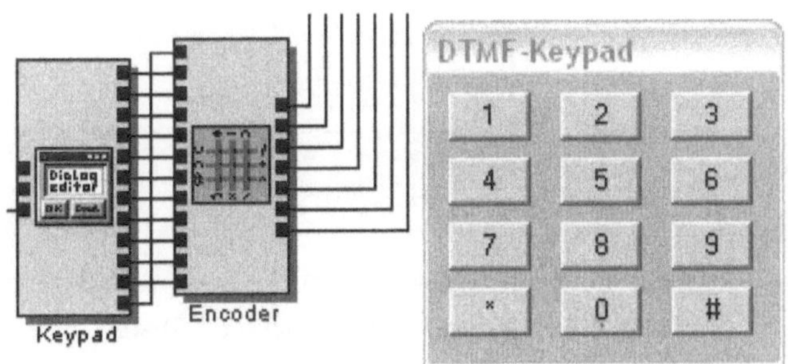

Bild 6.66 DTMF-Eingabefeld und Encoder-Logik

Die binäre Logik zur Auswahl der Frequenzen in Abhängigkeit von der gedrückten Taste kann im Modul GAL (siehe Bild 6.67) angegeben werden. Zur Veranschaulichung der Wirkungsweise der Addition der beiden Sinusschwingungen ist in Bild 6.68 das Spektrum bei Drücken der Taste * angegeben. Bild 6.69 gibt einen Ausschnitt des Signalgraphen zur Durchführung der Addition der synthetisierten Sinussignale und deren Spektraltransformation mit Hilfe des Moduls **MIXFFT** wieder.

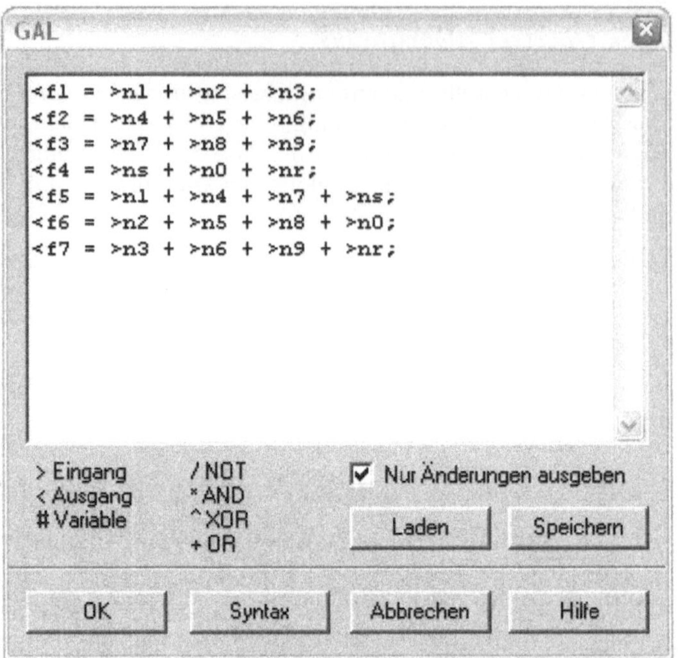

Bild 6.67 Logik zur Frequenzauswahl

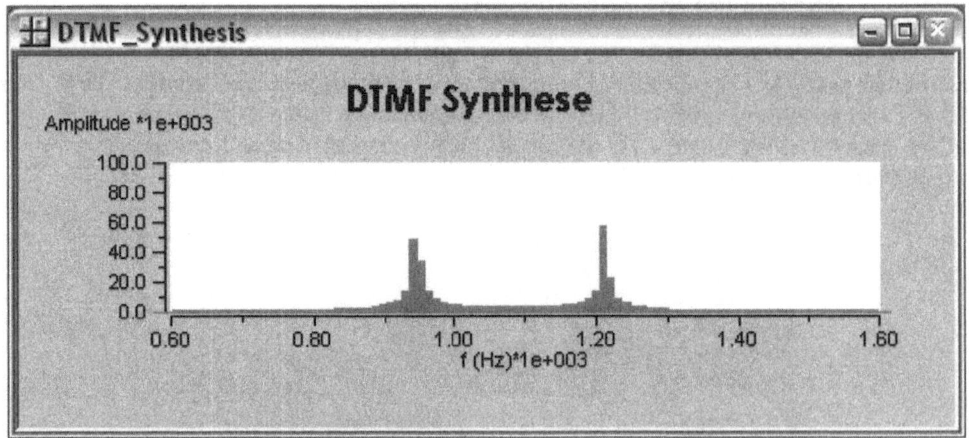

Bild 6.68 Spektrum bei gedrückter * Taste

Decodierung des DTMF-Signals

Wie bereits erwähnt, ist der Goertzel-Algorithmus als rekursives Digitalfilter implementiert. Die Angabe der gesuchten Spektrallinie f_d erfolgt über eine so genannte normierte Frequenz Ω_d, die auf die Abtastrate f_{abtast} der Digitalisierung bezogen ist:

$$\Omega_d = f_d/f_{abtast}, \quad \Omega_d < 1. \tag{6.108}$$

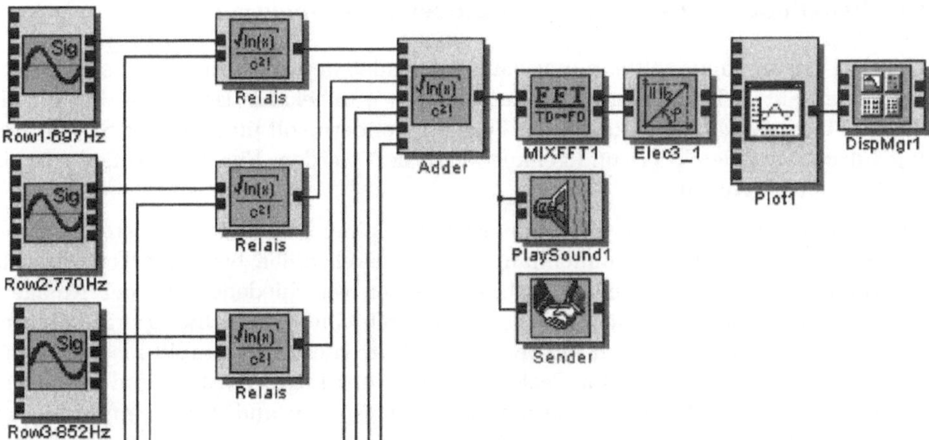

Bild 6.69 Ausschnitt aus dem DTMF-Encoder: Addition der Sinusschwingungen und Spektralanalyse

Die normierten Frequenzen werden vom Modul **Edit** in Bild 6.70 erzeugt. Die normierten Frequenzen sind entsprechend der gewählten Abtastfrequenz von 11025 Hz auf 0.063 (= 697/11025), 0.070, 0.077, ..., 0.134 eingestellt. Mit Hilfe des Moduls mit dem symbolischen Modulnamen **Spektrum** (Modul **Goertzel**) werden die Spektralkoeffizienten der gewählten Frequenzen bestimmt und deren detektierte Amplitude mit dem Modul mit dem symbolischen Namen **Suche** (Modul **Trigger**) auf einen fest vorgegebenen Schwellwert geprüft. Das Modul **Split** (Modul **PolySerial**) gibt die gefundenen Frequenzen separiert auf verschiedene Ausgänge als Schaltsignale aus. Diese werden mit dem **Decoder** (**GAL**) wieder in einzelne Tasteninformationen zerlegt.

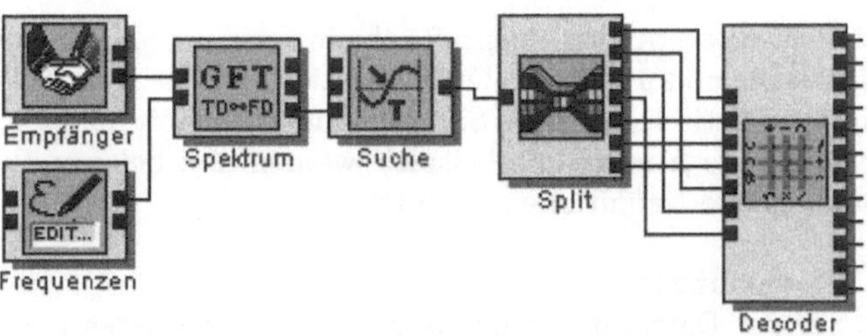

Bild 6.70 Decodierung der gedrückten Taste

Zusammenfassung

Der Goertzel-Algorithmus ist ein spektraler Schätzer, der als LTI-System implementiert ist. Wie bei allen anderen Digitalfiltern auch, ist zur Berechnung keine Blockbildung der Daten notwendig, wie dies bei einer FFT. Ein Vorteil bei einer Berechnung nur weniger Fourierkoeffizienten ist das sehr effektive Berechnungsverfahren. Damit ist auch ein Einsatz in Echtzeitsystemen problemlos möglich.

6.7.10 Peakfinder – die Suche nach Extrema im Spektrum

Der Goertzel-Algorithmus sollte immer dann verwendet werden, wenn die Position (bzw. Frequenz) markanter Extrema im Spektrum bereits vorab bekannt ist. Oft ist die gesuchte dominante Frequenz vorher jedoch nicht bekannt, sondern soll im Zuge der Signalverarbeitung automatisch detektiert und genauer analysiert werden. Für diese Aufgabe ist das Modul **PeakFinder** gedacht.

Ein Anwendungsbeispiel ist die Schwingungsanalyse einer Maschine. Hier stehen die erzeugten Schwingungen im Zusammenhang mit den Drehzahlen bewegter Teile der Maschine. Abhängig von der aktuellen Drehzahl geraten verschiedene Teile der Anlage in Resonanz. Solche Resonanzstellen zeichnen sich durch eine hohe Schwingungsamplitude aus, die sich im Spektrum durch ein markantes Extremum des Amplitudenspektrums zeigt. Der Algorithmus des Modul **Peakfinder** ist in der Lage, Position und Amplitude dieser Extremstellen im Spektrum automatisch aufzuspüren und deren Amplitude und Frequenz auszugeben.

Dazu werden markante Peakamplituden und deren Index paarweise ausgegeben. Anhand des Index i, der Abtastrate f_s und der Blocklänge der Fourier-Transformation N ist eine Umrechnung in die Frequenz f_p der Extremstelle möglich:

$$f_p = \frac{i \cdot f_s}{N}. \qquad (6.109)$$

6.7.11 Korrelationsmesstechnik

Die Korrelationsmesstechnik beschäftigt sich mit deterministischen und stochastischen Signalen und fällt deshalb in die Kategorie der statistischen Signalanalyseverfahren. Da deren effektive Berechnung jedoch über den Umweg einer Spektraltransformation erfolgt, wird sie erst in diesem Abschnitt behandelt.

Bei der Korrelationsmesstechnik wird geprüft, ob ein Zusammenhang (Korrelation) zwischen zwei Messgrößen x und y besteht. Oft lassen sich mit der Korrelationsmesstechnik Informationen aus stochastisch gestörten Signalen finden, die mit anderen Messmethoden unentdeckt bleiben. Einige Anwendungsbeispiele werden dies belegen. Zunächst werden jedoch einige grundlegende Definitionen benötigt.

Definition 6.9 (Kovarianz)
Die *Kovarianz* σ_{xy} zweier Datensätze x und y mit ihren Mittelwerten $\overline{x}$ und $\overline{y}$ ist definiert durch:

$$\sigma_{xy} = \frac{1}{N} \sum_{n=1}^{N} (x_n - \overline{x})(y_n - \overline{y}). \qquad (6.110)$$

Definition 6.10 (Korrelationskoeffizient)
Der *Korrelationskoeffizient* r ist die normierte Kovarianz mit $-1 \leq r \leq 1$. Die Normierung wird durchgeführt, indem die Kovarianz durch das Produkt aus den Standardabweichungen σ_x und σ_y der beiden Datensätze dividiert wird:

$$r = \frac{\sigma_{xy}}{\sigma_x \sigma_y}. \qquad (6.111)$$

Korrelationsfunktion

Die Datensätze x_n und y_n können als Abtastwerte der diskretisierten Zeitfunktionen $x(nT_a)$ und $y(nT_a)$ entstanden sein. Eine Bestimmung des Korrelationskoeffizienten zeigt, wie beide Signale miteinander korreliert sind. Analog dazu lässt sich auch prüfen, ob der Wert eines gegenwärtigen Signals eventuell mit dem eines früheren zusammenhängt. Zu diesem Zweck wird die Kovarianz aus der aktuellen Zeitreihe und einer um $(n - k)T_a$ zurückliegenden Zeitreihe des anderen Signals berechnet. Für jede Verzögerung der beiden Signale zueinander ergibt sich ein neuer Wert der Kovarianz. Diese wird damit zu einer Funktion, die *Kreuzkorrelationsfunktion* (KKF) genannt wird. Wird die zeitliche Verschiebung und Berechnung der Kovarianz nur auf demselben Eingangssignal angewendet, so spricht man von einer *Autokorrelationsfunktion* (AKF).

Definition 6.11 (Auto- und Kreuzkorrelation)
Auto- und Kreuzkorrelationsfunktionen haben folgende Definitionen:

$$\Phi_{xx}(\tau) = \lim_{T \to \infty} \frac{1}{2T} \int_{-T}^{T} x(t)x(t - \tau)dt, \tag{6.112}$$

$$\Phi_{yy}(\tau) = \lim_{T \to \infty} \frac{1}{2T} \int_{-T}^{T} y(t)y(t - \tau)dt, \tag{6.113}$$

$$\Phi_{xy}(\tau) = \lim_{T \to \infty} \frac{1}{2T} \int_{-T}^{T} x(t)y(t - \tau)dt. \tag{6.114}$$

In der praktischen Anwendung kann die Mittelwertbildung nur über ein begrenztes Zeitintervall $2T$ erfolgen. Es wird trotzdem mit den obigen Formeln gerechnet, ohne dass die Grenzwertbildung ausgeführt wird. Diese Vereinfachung ist dann erlaubt, wenn zeitlich weit auseinanderliegende Signale nicht korreliert sind. Bei der Anwendung ist zu prüfen, wie groß die Mittelungszeit mindestens zu wählen ist.

6.7.12 Autokorrelationsfunktion

Die Autokorrelationsfunktion (AKF) dient zur Prüfung der Frage, ob ein Signal periodisch ist und welche Periodendauer geschätzt werden kann. Das Ergebnis der AKF eines Rechtecksignals zeigt Bild 6.71.

Dabei ist die AKF eines periodischen Signals selbst periodisch mit derselben Periode wie die Testfunktion. Unabhängig von der Phasenlage des Testsignals ist die AKF stets eine erade Funktion. An der Stelle $\tau = 0$ hat die AKF ein Maximum. Bei periodischen Signalen wiederholt sich dieses Maximum, bei stochastischen Testfunktionen verschwindet die AKF für größer werdendes τ.

Berechnung der Autokorrelationsfunktion

Die Korrelationsfunktionen sind zeitabhängige Funktionen Sie lassen sich mit der Fourier-Transformation in den Frequenzbereich transformieren. Dadurch entstehen die Auto- und Kreuzleistungsdichtespektren (ALDS und KLDS).

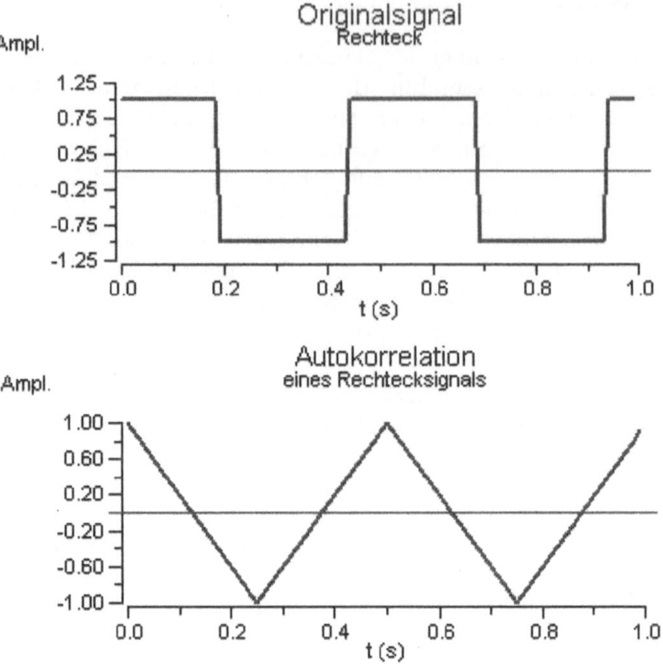

Bild 6.71   Autokorrelationsfunktion eines Rechtecksignals

Theorem von Wiener-Chintschin

Zwischen den Korrelationsfunktionen und den Leistungsdichtespektren gelten dabei folgende Korrespondenzen zwischen den Darstellungen im Zeit- und Frequenzbereich:

AKF ∘—● ALDS (Autoleitungsdichtespektrum),

KKF ∘—● KLDS (Kreuzleistungsdichtespektrum).

Die Korrespondenzen liefern die Grundlage für eine effiziente Berechnung der Korrelationsfunktionen über den Frequenzbereich.

Parsevalsche Gleichung

Das Parsevalsche Theorem zeigt, dass das Autoleistungsdichtespektrum S_{xx} gleich dem quadrierten Amplitudenspektrum $|X(j\omega)|^2 = X(j\omega)X^*(j\omega)$ dividiert durch die Beobachtungszeit $2T$ ist. $X^*(j\omega)$ ist das konjugiert komplexe Spektrum.

Das Kreuzleistungsspektrum S_{xy} berechnet sich entsprechend aus $X(j\omega)Y^*(j\omega)/2T$:

$$S_{xy} = \lim_{T \to \infty} \frac{1}{2T} X(j\omega)Y^*(j\omega). \tag{6.115}$$

Wird die Formel auf zeitbegrenzte Vorgänge angewandt, so ergibt sich bei großen Mittelungszeiten für dir Korrelationsfunktionen der Wert Null. Um dies zu vermeiden, wird auf die Division durch $2T$ bei zeitbegrenzten Signalen verzichtet.

Algorithmus 6.12 (Berechnung der AKF im Spektrum)
Für die Berechnung der Autokorrelationsfunktion im Spektrum ist also das Betragsquadrat
der Transformierten zu bilden. Aufgeteilt in Real- und Imaginärteil ergibt sich folgende Formel, die direkt in das Modul Formula übernommen werden kann:

```
RA = RE * RE + IE * IE;
IA = IE * 0.0;
```

Bild 6.72 zeigt den Signalgraphausschnitt zur Berechnung der Autokorrelationsfunktion.

Bild 6.72 Signalgraph zur Berechnung der Autokorrelationsfunktion

6.7.13 Kreuzkorrelation

Die Kreuzkorrelationsfunktion (KKF) $\Phi_{xy}(t)$ ist ebenfalls effizient über den Umweg der
Fourier-Transformation zu bestimmen. Sie vergleicht zwei Zeitfunktionen und liefert ein
Maximum an der Stelle bester Übereinstimmung der Funktionen.

Algorithmus 6.13 (Berechnung der KKF im Spektrum)
Die Berechnung der Kreuzkorrelationsfunktion im Spektrum erfolgt analog zur Berechnung
der Autokorrelationsfunktion. Hier wird das Spektrum X jedoch nicht mit sich selbst, sondern
mit dem konjugiert komplexen Spektrum Y^* des zweiten Signals multipliziert und rücktrans-
formiert:

$$S_{xy} = \lim_{T \to \infty} \frac{1}{2T} X(j\omega) Y^*(j\omega). \tag{6.116}$$

Die Multiplikation der Spektren kann wiederum am einfachsten mit dem Modul Formula
durchgeführt werden, wobei RE den jeweiligen Realteil und IE den Imaginärteil des Eingangssignals des Spektrums darstellen:

```
RA = RE1 * RE2 + IE1 * IE2;
IA = IE1 * RE2 - RE1 * IE2;
```

6.7.14 Anwendungen der Korrelationsmesstechnik

Eine kleine Auswahl der vielfältigen Anwendungsmöglichkeiten der Korrelationsmesstechnik soll im Folgenden vorgestellt werden. Für die Erzeugung synthetisierter Signale
zum Test der Verfahren werden wieder die Module SigGen und Random eingesetzt.

Bestimmung von Effektivwert und Wirkleistung

Die AKF Φ_{xx} an der Stelle $\tau = 0$ stellt nach dem Parsevalschen Theorem das Quadrat des Effektivwertes $x^2_{eff} = \sqrt{\frac{1}{N} \sum_{i=1}^{N} x_i^2}$ des Signals dar. Die Wirkleistung (Betrag und Phase) kann aus der Kreuzkorrelation von Spannungs- und Stromsignal zum Zeitpunkt Null berechnet werden.

Trennung stochastischer und periodischer Signale

Wird ein sinusförmiges Signal auf zwei unabhängigen Wegen übertragen, auf denen das hinzugefügte Rauschen unkorreliert ist, so kann das Originalsignal nahezu rauschfrei mit Hilfe der Kreuzkorrelation rekonstruiert werden. Dabei geht jedoch die Phaseninformation des Signals verloren. Das Ergebnis einer Rauschfilterung mit Hilfe der KKF zeigt Bild 6.73, in dem eines der beiden verrauschten Eingangssignale und das gefilterte Ausgangssignal zu sehen ist.

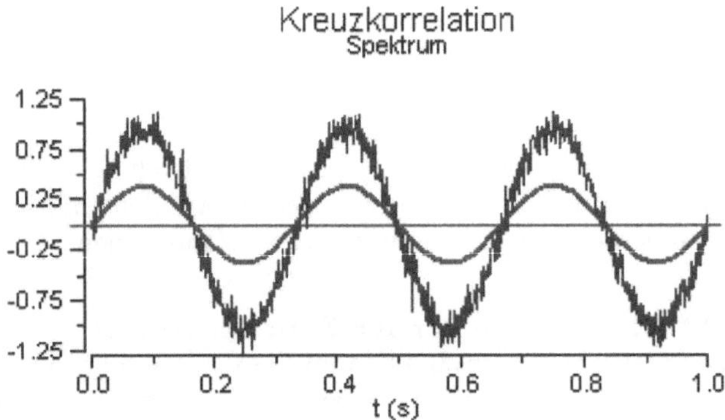

Bild 6.73 Rauschfilterung mit Kreuzkorrelation

Laufzeitmessung

Zur Simulation einer Laufzeit- oder Geschwindigkeitsmessung mittels einer Kreuzkorrelation wird ein Signal benötigt, das im Vergleich zum ursprünglichen Signal eine variable Verzögerung aufweist. Eine einstellbare Verzögerung eines Signals um t Takte kann mit dem Modul Interpret realisiert werden.

Algorithmus 6.14 (Realisierung einer variablen Signalverzögerung)

```
// Interpret-Skript //////////////////////////////////////////////
input trigger TIn1 ( "TYPEINFO", "TypeInfo", "DOUBLE[]", "TIME_DOMAIN" );
input trigger del( "TYPEINFO", "TypeInfo", "SWORD[]", "BIN" );
output Out1 ( "TYPEINFO", "TypeInfo", "DOUBLE[]", "TIME_DOMAIN" );

int status; status = 3;
int delay; delay = 1;
int i; int s; int j; int first;
double mem[1];
double old[1];
```

```
SetTypeinfo()
 {
 ti_copy( Out1, TIn1 );
 status = ti_getstatus( TIn1 );
 ti_setstatus( status, Out1 );
 }

init { first = 1; }

execute
 {
 if(newdata(del)) delay = del[0]; // neuen Wert für Delay einlesen
 if(newdata(TIn1))
  {
  SetTypeinfo();
  Out1 << TIn1;
  s = size(TIn1);
  setsize(mem, delay);
  setsize(old, delay);
  j=0;
  for(i=s-delay; i<s; i++)
   {
   old[j] = mem[j];
   mem[j++] = Out1[i];
   }
  for(i=s-delay-1; i>=0; i--)  Out1[i+delay] = Out1[i];
  if(first)
   {
   first = 0;
   for(i=0; i<delay; i++)   Out1[i] = 0.0;
   }
  else
   for(i=0; i<delay; i++)   Out1[i] = old[i];
  }
 }
```

Die Kreuzkorrelation wird mit einer Anordnung aus zwei FFT-Hin- und einer FFT-Rücktransformation realisiert. Dazwischen findet die komplexe Multiplikation der Spektren im Modul **Formula** statt. Einen Ausschnitt des Signalgraphen zeigt Bild 6.74.

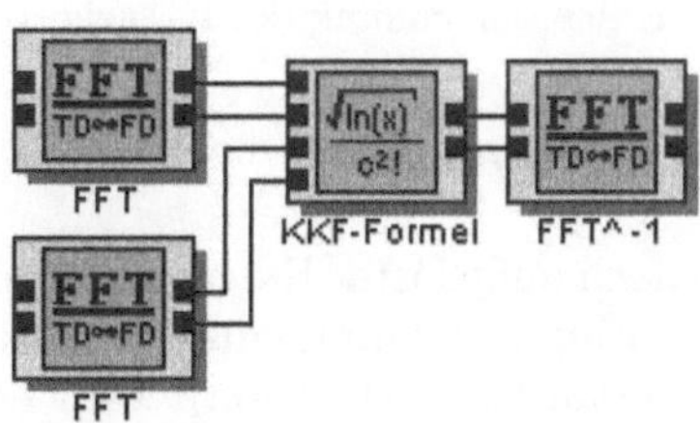

Bild 6.74 Signalgraph zur Berechnung der Kreuzkorrelationsfunktion

Das Ergebnis der Operation zeigt Bild 6.75. Im Bild als vertikale Linie eingezeichnet ist die ermittelte Zeitdifferenz (Delay) der beiden Eingangssignale, die das Maximum der Kreuzkorrelationsfunktion darstellt.

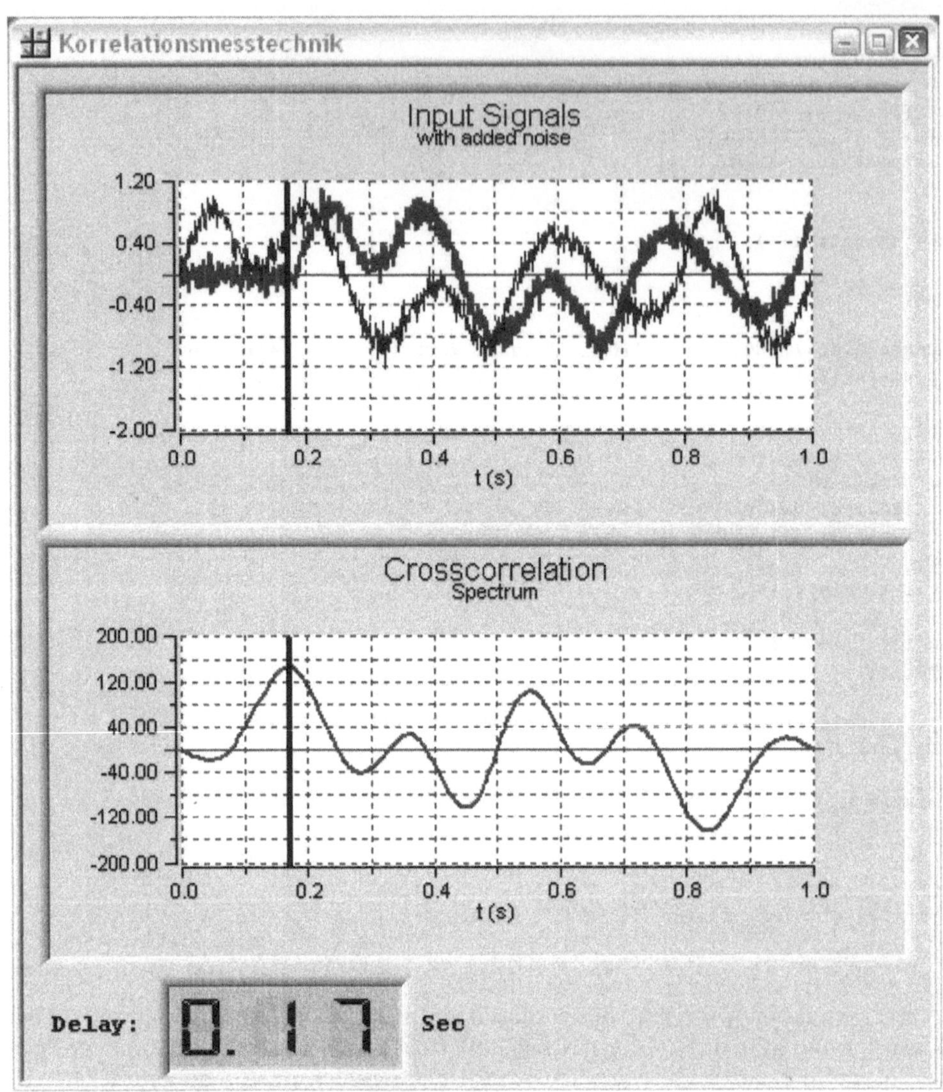

Bild 6.75   Ergebnis der Berechnung der Kreuzkorrelationsfunktion

Kreuzkorrelation der Vorzeichenfunktion

Anstelle der Kreuzkorrelation hoch aufgelöster Eingangssignale können auch nur die Vorzeichen (Signumsfunktion) der Eingangssignale ausgewertet werden, um eine Verschiebung der Signale zu messen (Polaritätskorrelation). Dies entspricht einer 1-Bit A/D-Umsetzug und hat den Vorteil, dass ein Sensorsignal hochpassgefiltert und über einen Komparator digitalisiert werden kann. Dadurch wird die Auswertung unanfällig gegen Rauschen und Drift. Bild 6.76 zeigt das Ergebnis der Kreuzkorrelation für die Signumsfunktion der beiden Eingangssignale aus Bild 6.75.

Obwohl nur das Vorzeichen der beiden Eingangssignale bewertet wird, weicht das Er-

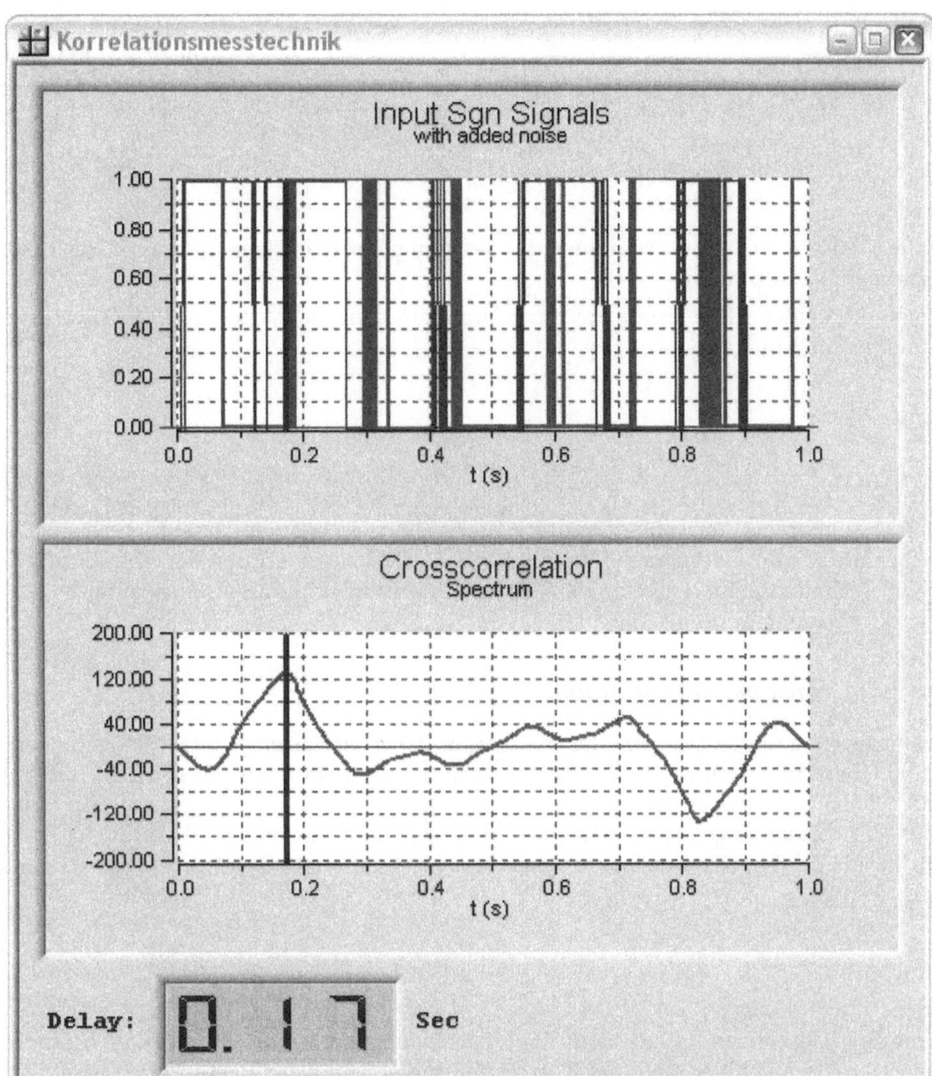

Bild 6.76 Kreuzkorrelationsfunktion der Signumsfunktion

gebnis der Polaritätskorrelation von dem der Kreuzkorrelation kaum ab. Dies betrifft insbesondere auch die Position des Maximums, die der zeitlichen Verschiebung der beiden Signale entspricht.

Geschwindigkeitsmessung

Wenn die beiden Eingangssignale der Kreuzkorrelation aus der Messung eines sich bewegenden Mediums mit zwei voneinander um den Abstand d entfernten Sensoren stammen, kann die Position des Kreuzkorrelationsmaximums als die Zeit Δt betrachtet werden, bis zu der sich das Medium um den Abstand d bewegt hat. Die Geschwindigkeit des Mediums entspricht in diesem Fall also $v = d/\Delta t$.

Dieses Verfahren wird z.B. zur schlupffreien Messung der Geschwindigkeit von Fahrzeugen eingesetzt. Das Fahrzeug erhält im einfachsten Fall zwei in einem festen Abstand montierte Optiken mit Photodetektoren. Diese betrachten den Straßenbelag. Die Signale werden kreuzkorreliert. Aus der KKF ergibt sich die Laufzeit und aus dieser über den Abstand die Geschwindigkeit des Fahrzeugs über Grund, unabhängig von einem Schlupf der Räder.

Optische Mäuse von Computern nutzen das Verfahren der Kreuzkorrelation zur Positions- bzw. Bewegungsbestimmung.

Stammen die beiden Messsignale aus einer Drehbewegung, so ist mit der KKF auch eine Drehzahlmessung möglich.

Ortung

Mit Hilfe der Kreuzkorrelation lassen sich in Rohrleitungen an schlecht zugänglichen Stellen Lecks orten. Dazu wird an zwei zugänglichen Stellen jeweils ein Körperschallaufnehmer so angebracht, dass die vermutete Leckstelle zwischen den Detektoren liegt. Das ausströmende Medium verursacht stochastische Geräusche, die durch die Rohrleitung zu den Körperschallaufnehmern gelangt. Aus dem Unterschied der Laufzeiten kann die Lage des Lecks bestimmt werden.

Ermittlung von Systemfunktionen

Zur Identifikation des statischen oder dynamischen Verhaltens eines technischen Systems dient die Übertragungsfunktion. Diese lässt sich dadurch gewinnen, dass die zu untersuchende Schaltungskomponente mit dem Spektrum eines sinusförmigen Signals stimuliert und das Antwortsignal gemessen wird. Die Übertragungsfunktion $G(j\omega)$ ergibt sich dabei als Verhältnis der Fouriertransformierten von Ausgangssignal $Y(j\omega)$ und Eingangssignal $X(j\omega)$:

$$G(j\omega) = \frac{Y(j\omega)}{X(j\omega)}. \tag{6.117}$$

Sind die Signale verrauscht, so kann die Übertragungsfunktion nur ungenau bestimmt werden. Dann empfiehlt es sich, die Korrelationsmesstechnik zur Bestimmung zu nutzen:

$$G(j\omega) = \frac{Y(j\omega)X^*(j\omega)}{X(j\omega)X^*(j\omega)} = \frac{S_{xy}(j\omega)}{S_{xx}(j\omega)}. \tag{6.118}$$

Übertragungsfunktion

Die Übertragungsfunktion ergibt sich als Quotient von Kreuzleistungsdichtespektrum (KLDS) und Autoleistungsdichtespektrum (ALDS). Da das KLDS nur Signalanteile enthält, die miteinander korreliert sind, ist sichergestellt, dass weder die Störanteile des zu identifizierenden Systems noch der Messaufbau das Ergebnis verfälschen. Wird zur Anregung des Systems weißes Rauschen verwendet, in dem alle Frequenzanteile gleichmäßig enthalten sind, so ist die ALDS eine Konstante K und die KLDS proportional der Übertragungsfunktion des untersuchten Systems:

$$G(j\omega) = \frac{S_{xy}(j\omega)}{K}.\tag{6.119}$$

6.7.15 Die Hilbert-Transformation

Die Hilbert-Transformation eines kontinuierlichen Zeitbereichssignals ist durch die Integralgleichung

$$x_H(t) = \frac{1}{\pi} \int_{-\infty}^{\infty} \frac{x(\tau)}{t - \tau} d\tau \tag{6.120}$$

festgelegt. Die Hilbert-Transformierte $x_H(t)$ ergänzt ein reelles Signal $x(t)$ durch Bildung eines Imaginärteils zu einem analytischen Signal $\underline{x}$. Als analytisches Signal wird ein komplexwertiges Signal bezeichnet, dessen Spektrum auf der negativen Frequenzachse Null ist. Das bedeutet praktisch, dass zu jedem sinusförmigen Signal eine (cosinusförmige) Quadraturkomponente gleicher Amplitude berechnet werden kann. Mit Hilfe der Quadraturkomponente ist eine einfache Demodulation eines Signals möglich. Der formelmäßige Zusammenhang lässt sich aus den Cauchyschen Integralformeln herleiten (siehe [Hof98]). Eine effiziente Berechnung der Hilberttransformation kann ähnlich der Autokorrelation über die Darstellung im Frequenzbereich erfolgen. Dazu kann Gleichung 6.120 als Faltung

$$x_H(t) = x(t) * \frac{1}{\pi t} \tag{6.121}$$

aufgefasst werden. Die Fouriertransformierte $\mathcal{F}$ von $\frac{1}{\pi t}$ ergibt sich zu

$$\mathcal{F}\left(\frac{1}{\pi t}\right) = -j \operatorname{sgn} f \tag{6.122}$$

mit der Vorzeichenfunktion sgn, die für $\operatorname{sgn}(f > 0) = +1$ und für $\operatorname{sgn}(f < 0) = -1$ liefert.

Eine Berechnung der Signumsfunktion sgn kann nicht im Modul **Formula** erfolgen, da eine Fallunterscheidung für positives bzw. negatives f notwendig ist. Die Berechnung ist jedoch leicht mit Hilfe des Moduls **Interpret** durchführbar. Der Quelltext zur Berechnung von Gleichung 6.122 sieht wie folgt aus:

Algorithmus 6.15 (Berechnung von $-j \operatorname{sgn} f$)

```
// Interpret-Skript ///////////////////////////////////////////////////
input trigger REi ( "TYPEINFO", "TypeInfo", "DOUBLE[]", "TIME_DOMAIN" );
input trigger IMi ( "TYPEINFO", "TypeInfo", "DOUBLE[]", "TIME_DOMAIN" );
output REo ( "TYPEINFO", "TypeInfo", "DOUBLE[]", "TIME_DOMAIN" );
output IMo ( "TYPEINFO", "TypeInfo", "DOUBLE[]", "TIME_DOMAIN" );
int status;
int i;
SetTypeinfo()
 {
 ti_copy( REo, REi );
 status = ti_getstatus( REi );
 ti_setstatus( status, REo );
 ti_copy( IMo, IMi );
```

```
status = ti_getstatus( IMi );
ti_setstatus( status, IMo );
}

execute
{
SetTypeinfo();
for(i=0;i<size(REi)/2;i++)
 {
 REo << IMi[i];
 IMo << -REi[i];
 }
for(i=size(REi)/2;i<size(REi);i++)
 {
 REo << -IMi[i];
 IMo << REi[i];
 }
}
```

In Bild 6.77 ist ein Signalgraphausschnitt zur Berechnung der Hilberttransformation mit Hilfe der Signumsfunktion dargestellt. Alternativ dazu kann natürlich auch das Modul Hilbert aus der Modulgruppe Filter benutzt werden.

Bild 6.77 Signalgraph zur Berechnung der Hilbert-Transformation

Berechnung der Hüllkurve mit Hilfe der Hilberttransformation

Die Berechnung der Hüllkurve aus einem Quadratursignal ist mit der Beziehung

$$h(t) = \sqrt{x^2(t) + x_H^2(t)} \tag{6.123}$$

einfach möglich. Das Ergebnis einer Hüllkurvenberechnung eines amplitudenmodulierten Sinussignals zeigt Bild 6.78. Hier ist eine modulierte Sinusschwingung und das über die Hilbert-Transformation erzeugte phasenverschobene Hilfssignal dargestellt, mit dessen Hilfe die Demodulation (dicke Linie) nach Gleichung 6.123 erfolgt.

Verglichen mit der Kurvenform der üblicherweise zur Demodulation verwendeten Gleichrichtung und Tiefpassfilterung, fällt die erheblich glattere Gestalt der Hüllkurve auf. Auch in ansteigenden Signalabschnitten bleibt die Hüllkurve glatt, was daran liegt, dass durch die Hilberttransformation eine vorausschauende Betrachtung des Signalverlaufs möglich wird.

6.8   Kombinierte Verfahren

Frequenzanalysen arbeiten auf Signalausschnitten mit Transformationslängen (Blocklängen), die meist Zweierpotenzen entsprechen. Die Frequenzauflösung, also die minimale

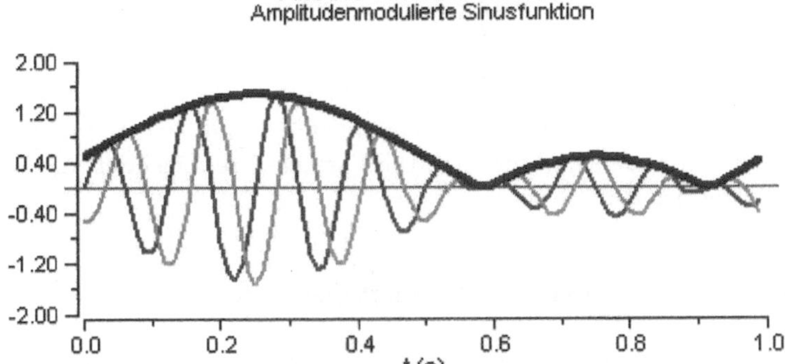

Bild 6.78 Hilbert-Transformation zur Berechnung der Hüllkurve

Frequenzdifferenz, die durch die Verfahren unterschieden werden können, ist der Blockgröße N direkt proportional. Die Wahl einer möglichst großen Transformationslänge verursacht neben einem erhöhten Rechenaufwand jedoch auch eine schlechtere Zeitauflösung, wenn neben der reinen Frequenzanalyse zu einem bestimmten Zeitpunkt auch der zeitliche Verlauf der Entwicklung von Spektren interessiert. Das Fourierspektrum einer DFT mittelt also die spektrale Zusammensetzung eines Signals über die gewählte Transformationslänge und ist damit für die Lösung zeitinvarianter Aufgabenstellungen geeignet. Zur Analyse transienter Vorgänge ist die völlige Delokalisation der Basisfunktionen der DFT ein Nachteil. Daher ist stets ein Kompromiss zwischen Zeit- und Frequenzauflösung einer DFT zu suchen.

6.8.1 Gleitende Fensterbildung

Ein Verfahren zur Steigerung der Zeitauflösung bei konstanter Transformationslänge N ist die Bildung überlappender Transformationsintervalle. Das Verfahren wird als *gleitende Fensterung* oder *Kurzzeitspektralanalyse* (*short time fourier transform*, STFT) bezeichnet. Dabei sind aufeinanderfolgende Transformationsintervalle der Länge N nicht um die Intervalllänge selbst, sondern nur um ein kleineres Intervall $B < N$ versetzt. Ein überlagertes Fenster (z.B. Hanning-Fenster) konzentriert den Schwerpunkt der spektralen Auflösung auf die Mitte des transformierten Blocks, so dass der Kompromiss aus Zeit- und Frequenzauflösung etwas günstiger als bei Fenstern ohne Überlappung ausfällt. Das Verfahren wurde von GABOR in der 40-er Jahren erfunden. Die STFT wird für niedrige Signalfrequenzen immer unempfindlicher, weil diese in ein schmales Analysefenster nicht mehr hineinpassen. Wählt man eine größere Fensterlänge, lässt sich der Zeitpunkt des Auftretens entsprechend ungenau bestimmen. Dieses komplementäre Verhalten ist als *Heisenbergsche Unschärferelation* bekannt und besagt, dass eine simultane Lokalisation bezüglich Zeit und Frequenz nur in den Grenzen

$$\Delta t \Delta \nu \geq \frac{1}{4\pi} \tag{6.124}$$

möglich ist. Das Produkt der Zeitunsicherheit Δt und der Frequenzunsicherheit $\Delta \nu$ erzeugt eine Fläche im Zeit- Frequenzraum, die für Gaußsche Fensterfunktionen minimal wird. Die GABOR-Transformation

$$Gf(\nu,b) = \int_{-\infty}^{\infty} f(t)g(t-b)e^{-j2\pi\nu t}dt \qquad (6.125)$$

berücksichtigt diesen Umstand in Form einer gaußförmigen Fensterfunktion $g(t)$ und erreicht damit den optimalen Kompromiss. Die Variable b repräsentiert die Verschiebung des Fensters entlang der Zeitachse.

6.8.2 Wasserfalldarstellung von Kurzzeitspektren

Die grafische Repräsentation des kompletten Kurzzeitspektrums ist problematisch, weil zwei Funktionsverläufe (Betrag und Phase oder Real- und Imaginärteil) über zwei Veränderlichen (Zeit und Frequenz) dargestellt werden müssen. Deshalb beschränkt man sich meist auf die Darstellung des Betrags der Spektren als 3D-Grafik in einer so genannten Wasserfalldarstellung. Bild 6.79 zeigt eine zeitliche Entwicklung der spektralen Zusammensetzung des gesprochenen Wortes „Signalverarbeitung".

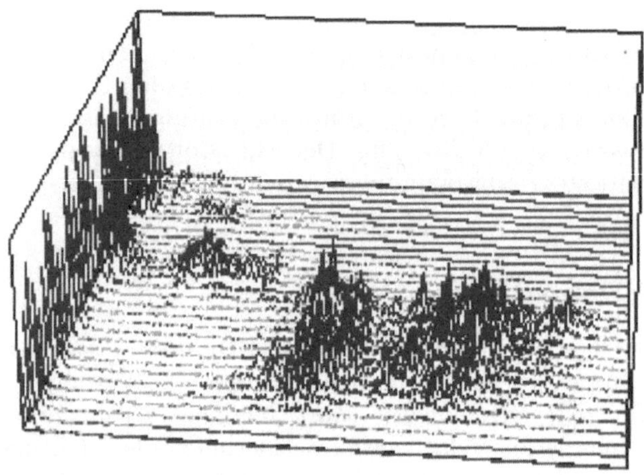

Bild 6.79 Wasserfalldarstellung des gesprochen Wortes „Signalverarbeitung"

Alternativ dazu kann eine Darstellung in der Zeit-Frequenz-Ebene, in der der Betrag farblich oder durch unterschidliche Helligkeit codiert ist, erfolgen. Eine solche Darstellung heisst Spektrogramm (Bild 6.80).

Die Aufbaufunktionen der STFT haben unabhängig von der aktuellen Position in der $(\omega - t)$-Ebene eine konstante zeitliche Ausdehnung *und* eine konstante spektrale Auflösung. In der Praxis ist diese Konstanz des Rasters einer STFT häufig hinderlich, insbesondere wenn Signale zu analysieren sind, die sich aus Anteilen niedriger Frequenz und kurzen transienten Anteilen zusammensetzen. Bei niederfrequenten Anteilen ist eine hohe Frequenzauflösung gefordert, während die transienten Anteile zeitlich genau lokalisiert werden sollten. Als Lösungen bieten sich die Anwendung von Parallelanordnungen von Filtern unterschiedlicher Bandbreite und damit unterschiedlicher zeitlicher Auflösung oder die Anwendung alternativer Transformationen des Signals in der Zeit-Frequenz-Ebene an.

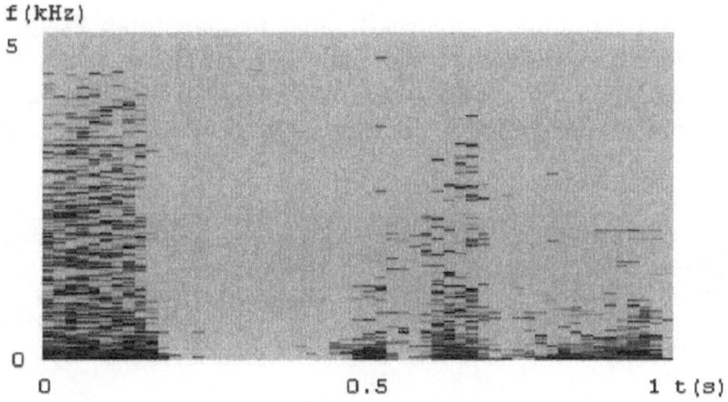

Bild 6.80 Spektrogramm eines Sprachsignals in Farbcodierung

6.8.3 Filterbasierte Spektralanalyse

Meist wird das Ergebnis einer FFT oder STFT in einer linearen Frequenzaufteilung darge-stellt. Diese entspricht jedoch nicht dem menschlichen Hörvermögen. Eine logarithmische Aufteilung der Frequenzachse und eine Mittelung über unterschiedlich breite Spektralan-teile wird durch die filterbasierte Spektralanalyse erreicht. Diese ist dem Hörempfinden des Menschen angepasst und bezieht subjektive Kenngrößen der Lautheitsempfindung eines Schallsignals in die Betrachtung ein.

Die Verfahren zur Berechnung von Bandfiltern für Oktaven bzw. Bruchteile von Oktaven (z.B. Terzen) sind in der Europäischen Norm EN 61260 festgelegt. Tabelle 6.7 zeigt die in der Norm festgelegten Bandmittenfrequenzen für Terz und Oktavfilterbänke. Als Refe-renzfrequenz f_r wird üblicherweise 1 kHz verwendet. Die exakten Bandmittenfrequenzen f_m berechnen sich für gerades b entsprechend

$$f_m = 2^{x/b} f_r, \tag{6.126}$$

mit der Bandbreitenkennzahl b zur Kennzeichnung des Bruchteils eines Oktavbands, also $b = 1$ für Oktavband- und $b = 3$ für Terzbandanalysen. Der Index x gibt die Mittenfrequenz laut Tabelle 6.7 an. Für ungerades b lautet die Formel zur Berechnung der Mittenfrequenzen

$$f_m = 2^{(2x+1)/(2b)} f_r. \tag{6.127}$$

Die Bandeckfrequenzen f_1 und f_2 ergeben sich jeweils aus der Bandmittenfrequenz f_m über die Beziehungen

$$f_1 = 2^{(-1)/(2b)} f_m \approx 0.891 f_m, \tag{6.128}$$

und

$$f_2 = 2^{(+1)/(2b)} f_m \approx 1.122 f_m. \tag{6.129}$$

Die Berechnung der Spektralanteile innerhalb eines beobachteten Frequenzbandes kann durch die Integration des Leistungsspektrums mit den Bandgrenzen als Integrationsgrenzen erfolgen. Den zur Berechnung einer Terzfilterbank erforderlichen Quelltext in Form eines Perl-Skripts zeigt Algorithmus 6.16. Ein Signalgraph zur Terzanalyse ist in Bild 6.81 dargestellt.

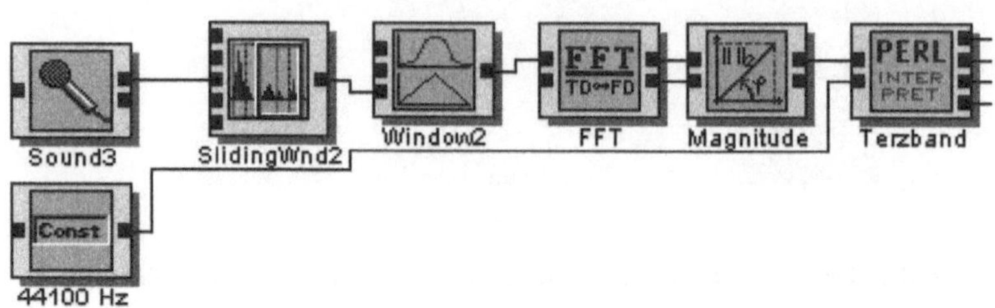

Bild 6.81   Signalgraphausschnitt zur Terzanalyse

Als Audioquelle wird die Soundkarte des PC benutzt. Vor der Berechnung der FFT können ein gleitendes Fenster (Modul SlidingWnd) und eine Fensterfunktion (Modul Window) eingefügt werden. Das Modul mit dem symbolischen Namen Magnitude (Modul Elec3) berechnet das Amplitudenspektrum der FFT. Zur Integration wird jedoch das Leistungsspektrum benötigt, das aus dem Amplitudenspektrum durch Quadrieren der Koeffizienten gewonnen werden kann. Das Leistungsspektrum könnte natürlich auch direkt im Modul Terzband (Perl) berechnet werden. Zur Berechnung der Indizes für die Bandfiltereckfrequenzen ist neben der Transformationsblocklänge auch die Abtastrate des Signals notwendig. Diese wird extern vorgegeben und beträgt im Beispiel $f_a = 44.1$ kHz. Als Blocklänge N für die FFT sollte $N = 8192$ gewählt werden, was einer Frequenzauflösung Δf der FFT von etwa $\Delta f = f_a/N \approx 5.4$ Hz entspricht.

Um kurzfristige Schwankungen im Spektrum ausgleichen, kann der Vektor der Spektralkomponenten mit Hilfe des Moduls DStatistics über einen längeren Zeitraum arithmetisch gemittelt werden.

Algorithmus 6.16 (Berechnung einer Terzfilterbank aus dem Spektrum)

```
#######################################################################
# Perl-Skript                                                         #
# Berechnung einer Terzfilterbank aus der FFT eines Audiosignals      #
#######################################################################
# 1.Schritt: Mittenfrequenz und Filtereckfrequenzen berechnen
$frequencies = 32; # Anzahl der Filter festlegen
for($i=0; $i<$frequencies; $i++)
 {
 # 3. Wurzel x = exp(1/3 * log x);  # Perl kann keine 3. Wurzel(x)
 # pow(2,x)    = exp(x*log 2);      # Perl kann kein pow(2,x)
 $fc[$i] = 15.6250 * exp(1/3*log(exp($i*log(2))));
 $fl[$i] = 0.891 * $fc[$i];
 $fu[$i] = 1.121 * $fc[$i];
 # 2.Schritt: Indizes der Filtereckfrequenzen berechnen
 # $fsample[0] ist die Abtastrate des Signals
 # $#spec ist die Blocklänge der FFT bei halber Frequenzbreite
 $max = $fsample[0] / 2;
 $c = $#spec * $fc[$i] / $max;
 $center[$i] = int($c + 0.5);        # akt. Mittenfrequenz
```

```
$start[$i]  = int(0.891 * $c + 0.5); # untere Filtereckfrequenz
$stop[$i]   = int(1.121 * $c + 0.5); # obere  Filtereckfrequenz
}
$stop[$frequencies-1] = $#spec; # Maximaler Index
# 3.Schritt: Leistungsspektrum innerhalb der Frequenzbänder integrieren
for($i=0; $i<$frequencies; $i++)
{
$coeff[$i] = 0;
for($j=$start[$i]; $j<=$stop[$i]; $j++)
 {
 $coeff[$i] += $spec[$j]*$spec[$j]; # Leistungsspektrum integrieren
 }
$coeff[$i]=sqrt($coeff[$i]);          # Amplitudenspektrum berechnen
}
# Ende ###############################################################
```

Index	f_c (Hz)	f_n (Hz)	Terz	Oktav
-16	24,803	25	•	○
-15	31,250	31,5	•	•
-14	39,373	40	•	○
-13	49,606	50	•	○
-12	62,500	63	•	•
-11	78,745	80	•	○
-10	99,213	100	•	○
-9	125,000	125	•	•
-8	157,490	160	•	○
-7	198,430	200	•	○
-6	250,000	250	•	•
-5	314,980	315	•	○
-4	396,850	400	•	○
-3	500,000	500	•	•
-2	629,960	630	•	○
-1	793,700	800	•	○
0	1000,000	1000	•	•
1	1259,900	1250	•	○
2	1587,400	1600	•	○
3	2000,000	2000	•	•
4	2519,800	2500	•	○
5	3174,800	3150	•	○
6	4000,000	4000	•	•
7	5039,700	5000	•	○
8	6349,600	6300	•	○
9	8000,000	8000	•	•
10	10079,000	10000	•	○
11	12699,000	12500	•	○
12	16000,000	16000	•	•
13	20159,000	20000	•	○

Tabelle 6.7 Bandmittenfrequenzen für Oktav- und Terzfilter im Hörbereich

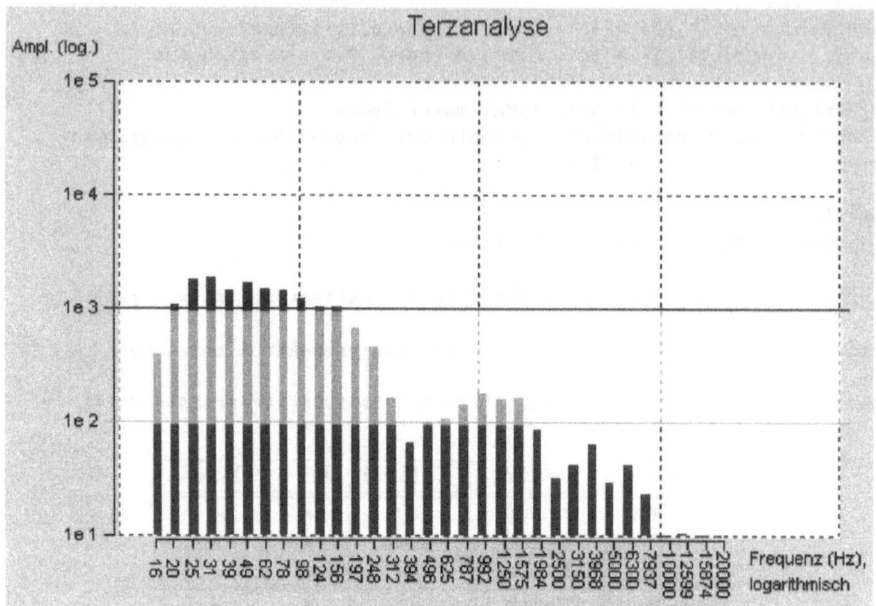

Bild 6.82 Visualisierung der Terzanalyse als Balkendarstellung im Modul Plot

6.8.4 Ordnungsanalyse

Die Berechnung von Ordnungen dient zur Analyse z.B. drehzahlbedingter Schwingungen. Ist beispielsweise eine rotierende Welle nicht ausgewuchtet, dann treten Kräfte in verschiedenen Richtungen auf, die abhängig von der Drehzahl der Welle sind. Die Ordnung der Schwingung gibt dabei das Vielfache der Umdrehungszahl an. Betrachtet man das Spektrum eines drehzahlabhängigen Messsignals, so zeigt sich, dass die dominierenden Schwingungen auf so genannten Ordnungslinien liegen. Wird das Signal durch umdrehungsabhängiges (synchrones) Abtasten auf den Drehwinkel transformiert, so liegen die Ordnungslinien parallel zur Drehzahlachse der Darstellung. Mit Hilfe der Ordnungsanalyse lassen sich kritische Drehzahlen, die durch die Erregung rotierender Teile hervorgerufen werden, detektieren. Anhand der Ordnung lassen sich biegekritische (1. Ordnung) und torsionskritische Drehzahlen (höherer Ordnung) unterscheiden.

6.8.5 Joint Time Frequency Analysis (JTFA)

Spezielle Algorithmen zur so genannten kombinierten Zeit-/Frequenzanalyse (JTFA) ermöglichen eine variable Anpassung des Kompromisses zwischen der erreichbaren Zeit- und Frequenzauflösung. Einer der gravierenden Nachteile der Kurzzeitspektralanalyse wird dadurch vermieden. Anwendungsgebiete einer JTFA stellen z.B. Schwingungsanalysen an Maschinen im zeitlichen Verlauf oder die Sprachsignalverarbeitung dar. Bild 6.83 stellt die Wirkungsweise einer JTFA mit einem Testsignal dar. Das als Chirp-Signal bezeichnete Eingangssignal ist ein frequenz- und amplitudenmoduliertes Signal, das zur Beurteilung der Leistungsfähigkeit von Kurzzeitspektralanalysen häufig verwendet wird. Der für die Ausgabe von Bild 6.83 verantwortliche Signalgraph ist in Bild 6.84 dargestellt. Eine Beschreibung der verwendeten Algorithmik würde den Rahmen dieses Buches sprengen. Es sei dazu auf weiterführende Literatur wie z.B. [Fla99] verwiesen.

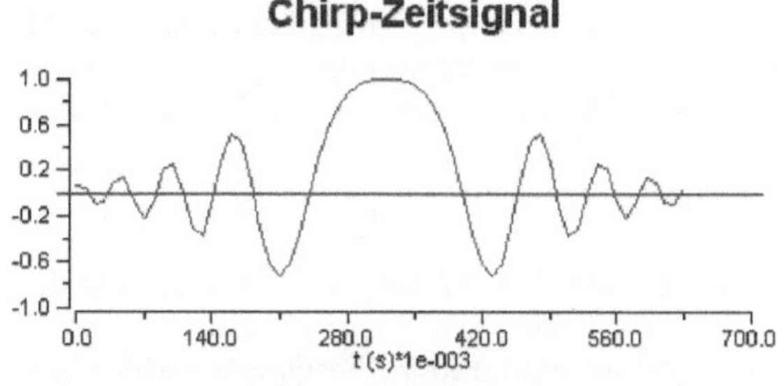

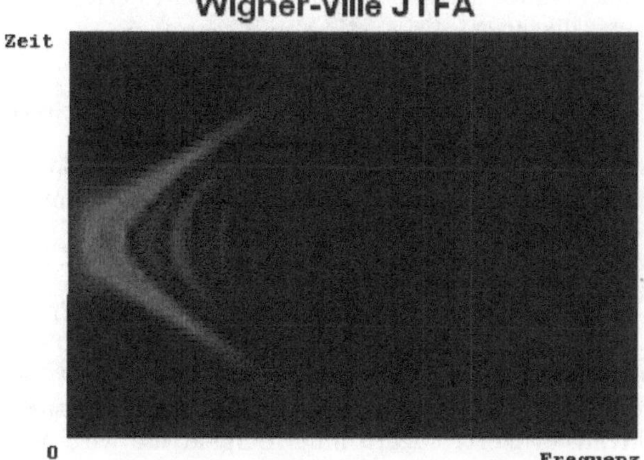

Bild 6.83 JTFA eines Chirp-Signals

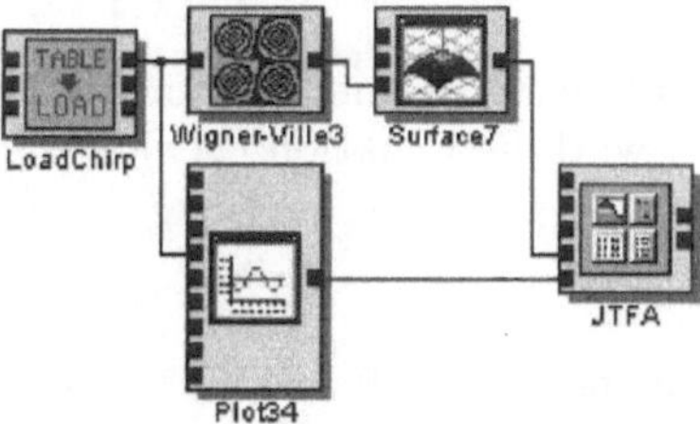

Bild 6.84 Signalgraph zur JTFA

6.9 Cepstralbereich

Die Trennung von Signalen ist eine wichtige Aufgabe der Signalanalyse. Wie schwierig sich diese gestaltet, hängt von der Art der Verknüpfung der zu trennenden Signale ab. Liegt eine additive Verknüpfung vor, nutzt man die Linearität der Fourier-Transformation, die dazu führt, dass auch die Spektren der Teilsignale additiv verknüpft sind. Liegen die transformieren Signale in unterschiedlichen Frequenzbereichen, so ist eine Trennung mit Filtern einfach möglich.

Soll z.B. die Lärmabstrahlung einer Maschine bei Anregung durch Motoren unterschiedlicher Drehzahlen analysiert werden, so sind die Signale, die voneinander getrennt werden sollen, meist nicht einfach additiv verknüpft. Anregungssignal x und Impulsantwort g sind dann z.B. in Form einer Faltung verknüpft und die Separierung der beiden Komponenten läuft auf eine Umkehrung der Faltungsoperation (Rückfaltung) hinaus:

$$\mathcal{F}\left\{x(t) * g(t)\right\} = \mathcal{F}\left\{x(t)\right\} \cdot \mathcal{F}\left\{g(t)\right\} = \underline{X}(\omega) \cdot \underline{G}(\omega) = \underline{Y}(\omega). \tag{6.130}$$

Durch die Darstellung im Frequenzbereich wird die Verknüpfung durch die Faltungsoperation zu einer Multiplikation. Bildet man den Logarithmus von $\underline{Y}(\omega)$, so stehen nach der Fourier-Rücktransformation zwei additiv überlagerte Größen im Zeitbereich zur Verfügung, die leicht voneinander getrennt werden können, sofern sie an unterschiedlichen Orten auf der Zeitachse liegen.

$$\mathcal{F}^{-1}\left\{\log \underline{Y}(\omega)\right\} = \mathcal{F}^{-1}\left\{\log \underline{X}(\omega)\right\} + \mathcal{F}^{-1}\left\{\log \underline{G}(\omega)\right\}. \tag{6.131}$$

Unterdrückt man die vom Anregungssignal herrührende Komponente $\mathcal{F}^{-1}\left\{\log \underline{X}(\omega)\right\}$, so ergibt sich die gesuchte Impulsantwort des Übertragungssystems durch die Transformationen:

$$\mathcal{F}^{-1}\left\{\log \underline{G}(\omega)\right\} \xrightarrow{\mathcal{F}} \log \underline{G}(\omega) \xrightarrow{exp} \underline{G}(\omega) \xrightarrow{\mathcal{F}^{-1}} g(t). \tag{6.132}$$

Aus diesen Überlegungen ist erkennbar, dass mit Hilfe der Fourier-Rücktransformierten eines logarithmierten Spektrums eine Art Rückfaltung (Deconvolution) durchgeführt werden kann. Das rücktransformierte, logarithmierte Spektrum wird als *Cepstrum* bezeichnet.

6.9.1   Eigenschaften der Cepstral-Transformation

Als komplexes logarithmisches Cepstrum eines zeitkontinuierlichen Signals $x(t)$ mit der Fourier-Transformierten $X(\omega)$ wird die Funktion $c_x(\tau)$ bezeichnet:

$$c_x(\tau) = \mathcal{F}^{-1}\left\{\log \underline{X}(\omega)\right\}. \tag{6.133}$$

Da der Logarithmus einer dimensionsbehafteten Größe x nicht gebildet werden kann, muss die Normierung des Spektrums auf eine Bezugsgröße erfolgen. Weiterhin ist der komplexe Logarithmus bei der Berechnung zu verwenden. Für reelle Signale x ist auch die Fourier-Rücktransformierte c_x reellwertig (reelles Cepstrum). Die Variable τ im Cepstralbereich hat die Dimension einer Zeit, die aber aufgrund der im Frequenzbereich erfolgten Logarithmierung nicht mit der „echten" Zeit, über der das Signal definiert ist, übereinstimmt. Sie wird deshalb allgemein als *Quefrenz* bezeichnet.

Eine Cepstrallinie bei der Quefrenz $q \cdot \Delta t$ beschreibt einen mit $\omega_q = \frac{\omega_a}{q}$ periodischen Anteil des logarithmierten Spektrums. Quefrenz und Periodendauer sind also zueinander proportional.

Das reelle Cepstrum ist mit der AKF verwandt:

$$c_{xx}(\tau) = \mathcal{F}^{-1}\left\{ln|\underline{X}(\omega)|^2\right\}. \tag{6.134}$$

Es unterscheidet sich nur durch den komplexen Logarithmus von der Rücktransformationsgleichung der AKF.

Algorithmus 6.17 (Berechnung des Cepstrums)
Die praktische Realisierung einer Cepstralanalyse besteht aus den folgenden Schritten:

- Wichtung der N Abtastwerte mit einer Fensterfunktion,
- Ausführung einer FFT zur Berechnung von $\underline{x}(n)$,
- Bildung des Betragsquadrats des Spektrums und Logarithmierung,
- FFT-Rücktransformation zur Berechnung von $c_{xx}(q)$.

6.9.2 Realisierung in ICONNECT

Die Realisierung der Cepstraltransformation in ICONNECT entspricht den vier in Algorithmus 6.17 genannten Schritten und ist in Bild 6.85 in Form eines Signalgraphen wiedergegeben. Schritt eins und zwei erfolgen in den Modulen **Window** und **MIXFFT**. Die Berechnung des Betragsquadrats und die Logarithmierung des Spektrums erfolgen als Formula-Skript:

```
RA = log(sqrt(RE*RE+IE*IE)+const);
IA = IE * 0.0;
```

Um einen Überlauf bei einer eventuellen Berechnung von log(0) zu vermeiden, wird eine kleine Konstante *const* > 0 zum Betragsquadrat des Spektrums addiert.

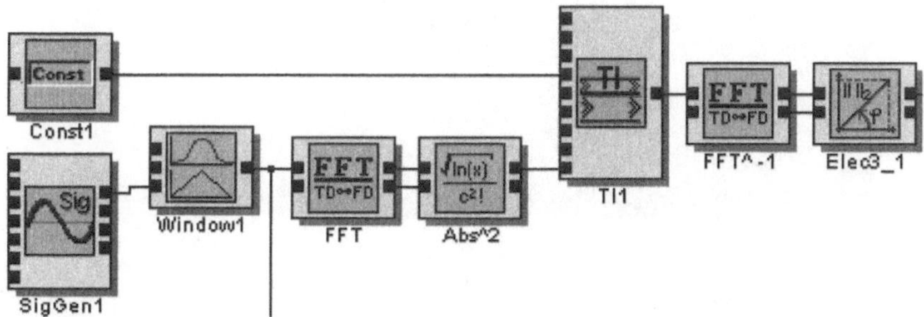

Bild 6.85 Signalgraph zur Cepstralanalyse

Vor der Rücktransformation wird die Abtastrate des diskretisierten Signals $x(n)$ korrigiert. Die Rücktransformation erfolgt im Modul **FFT^-1**. **Elec3** berechnet den Betrag des komplexen, rücktransformierten Spektrums und gibt das Cepstrum $c_{xx}(\tau)$ am Betragsausgang **Magnitude** aus. Das Ergebis der Berechnungsschritte zeigt Bild 6.86.

6.10 Regler

Die Computersimulation von Regelungsprozessen findet heute breite Anwendung beim Entwickeln von Geräten und Anlagen. Gegenüber herkömmlichen Entwicklungsmethoden ist sie erheblich kostengünstiger und schneller. Oft wird dazu nicht nur das Verhalten des Reglers, sondern auch das Verhalten der Regelstrecke simuliert, sofern genügend Kenntnisse über die zugrunde liegenden physikalischen Effekte der Regelstrecke vorhanden sind.

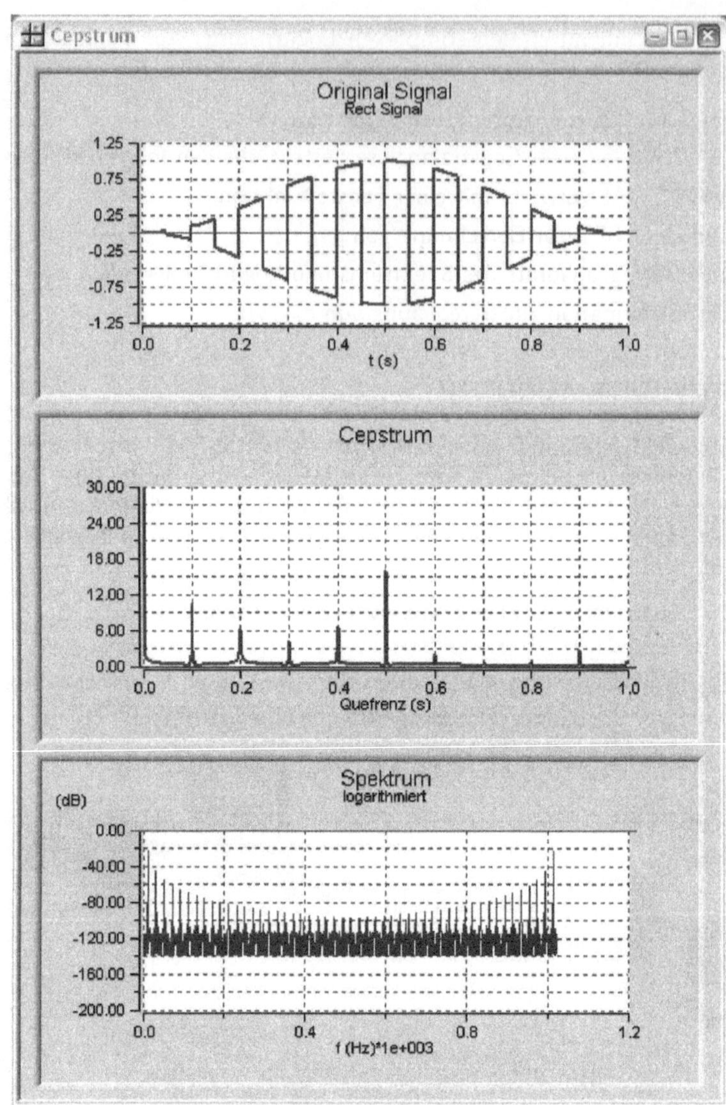

Bild 6.86 Cepstralanalyse

In anderen Fällen wird eine Simulation des Reglers mit der wirklichen Regelstrecke durchgeführt, was oft als *Hardware in the Loop* bezeichnet wird. Es gibt jedoch auch Fälle, in denen ein digitaler Regler direkt eine Anlage steuert bzw. regelt. Dann sind besondere Anforderungen an das Echtzeitverhalten des Software-Regelungssystems zu stellen, da Unsicherheiten in der Dauer des Abtastintervalles direkt in die Regelungsparameter, also die Integrations- oder Differrentiationszeiten eingehen. Bevor jedoch auf digitale Regler und deren Anwendung in ICONNECT eingegangen wird, sollten einige Grundbegriffe der Regelungstechnik erläutert werden.

6.10.1 Grundbegriffe der Regelungstechnik

Die Größe, die geregelt, also meist konstant gehalten wird, heißt *Regelgröße x*. Die Anlage, die geregelt wird, heißt *Regelstrecke*. Bei einer Temperaturregelung eines Raumes ist die Raumtemperatur Regelgröße und der Raum einschließlich des Heizkörpers und des am Heizkörper angebrachten Regelventils bilden die Regelstrecke. Das Temperaturmessgerät, der Temperaturregler und der Elektromotor, der das Regelventil verstellt, bilden die *Regeleinrichtung*. Das Glied, das zum Zweck des Regelns in den Massen- oder Energiefluss eingreift, wird *Stellglied* genannt. Bei der Raumtemperaturregelung hat das Regelventil die Aufgabe des Stellglieds, der Weg des Ventilkegels wird *Stellgröße u* genannt. Der Wert, den die Regelgröße haben soll (Raumtemperatur), wird *Führungsgröße w* genannt. Die *Regeldifferenz e* ist $e = w - x$. Eine von außen einwirkende Größe, die den Regelvorgang beeinträchtigt, wird *Störgröße z* genannt.

Definition 6.18 (Aufgabe einer Regelung)
Aufgabe des Reglers ist es, aus der gemessenen Regelgröße x unbeeinflusst von der Störgröße z eine Stellgröße u so zu erzeugen, dass sich die Regelgröße x möglichst schnell und möglichst genau an die Führungsgröße w angleicht.

Der Reglerentwurf ist ein Optimierungsprozess, der die Auswahl eines geeigneten Reglertyps (z.B. Zweipunkt, Dreipunkt, PID-Regler) und optimaler Reglerparameter umfasst. Um objektive Vergleichskriterien zur Beurteilung der Leistungsfähigkeit einer Regelung zu erhalten, werden verschiedene Gütemaße, wie z.B. die lineare oder quadratische Regelfläche verwendet. Wenn das verwendete Gütemaß hinreichend oft differenzierbar ist, kann auch eine automatisierte, selbstoptimierende nichtlineare Optimierung der Regelparameter erfolgen.

6.10.2 Zweipunktregler

Einen sehr einfachen nichtlinearen Reglertyp stellt der Zweipunktregler dar (Bild 6.87), der in **ICONNECT** mit Hilfe des Moduls **Limits** implementiert wird. Die Zweipunktregelung wird so benannt, weil bei ihr das Stellglied nur zwei Stellungen annehmen kann (im Falle eines Ventils *auf* oder *zu*). Zweipunktregler müssen naturgemäß dauernd zwischen den beiden Zuständen pendeln. Das Oszillieren lässt sich nur vermeiden, wenn ein Dreipunktregler in Verbindung mit einer integrierenden Regelstrecke verwendet wird. Bild 6.88 zeigt das Einschwing- und Regelverhalten eines Zweipunktreglers zur Temperaturregelung.

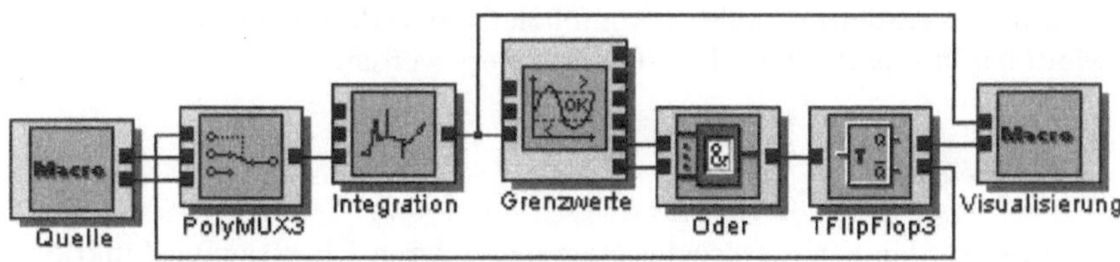

Bild 6.87 Zweipunktregler-Simulation

Dabei entsprechen die Module **Grenzwerte** (Limits), **Oder** (Gate) und **TFlipFlop** dem Regler, das Modul **PolyMUX** dem Stellglied und die **Integration** simuliert die Regelstrecke. Die

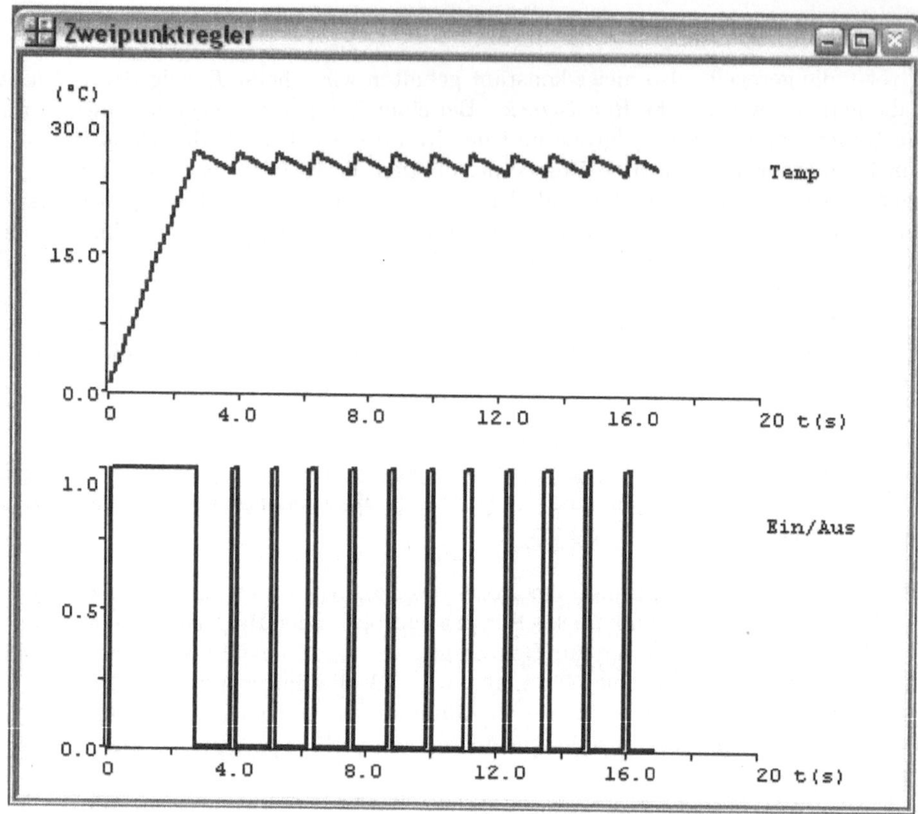

Bild 6.88 Regelungscharakteristik eines Zweipunktreglers

Quelle simuliert die Energiezufuhr bzw. Abkühlung des Raumes durch zwei Konstanten, die sich im Vorzeichen unterscheiden. Nach einer Aufheizzeit von etwa 2.5 s beginnt der zyklische Regelvorgang, der aus weiteren kurzen Aufheizphasen und längeren Abkühlphasen besteht.

Zwei- oder Dreipunktregler sind einfach mit dem Modul Limits zu simulieren. Die benötigten Schaltinformationen werden direkt an Modulausgängen zur Verfügung gestellt. Die Schalthysterese des Dreipunktreglers kann über die Wahl der Grenzwerte beeinflusst werden. Ein integrierendes oder differenzierendes Verhalten der Regelstrecke wird mit dem Modul Smooth (Integration) simuliert. Kompliziertere Verhalten der Regelstrecke können mit den Modulen Interpret, Perl oder VBA realisiert werden.

6.10.3 PID-Regler

In der Industrie werden Standardregler eingesetzt, deren Übertragungsfunktion proportionales (P), integrales (I) oder differenzierendes (D) Übertragungsverhalten hat, oder die eine Parallelschaltung von P-, I-, und D-Gliedern enthalten. Die einfachste Form dieses Standardreglers ist der PID-Regler mit der Übertragungsfunktion

$$G_R(s) = \frac{U_R(s)}{E(s)} = K_R + K_D s + \frac{K_I}{s}. \tag{6.135}$$

Der Regler bildet die Regeldifferenz $E(s) = W(s) - Y(s)$ und berechnet daraus entsprechend seiner Übertragungsfunktion $G_R(s)$ die Stellgröße $U_R(s)$. Durch Nullsetzen einzelner Koeffizienten lassen sich mit dem PID-Regler verschiedene Reglertypen, z.B. P-, I-, PI- und PD-Regler realisieren, die je nach Verhalten der Regelstrecke mehr oder weniger gut geeignet sind.

Anstelle des PID-Reglers wird in der Praxis ein $PIDT_1$−Regler mit der Übertragungsfunktion

$$G_R(s) = K_R + \frac{K_I}{s} + \frac{K_D s}{Ts + 1}. \tag{6.136}$$

eingesetzt. Dieser enthält anstelle des idealen D-Gliedes ein DT_1−Glied als D-Anteil.

ICONNECT stellt einen fertigen $PIDT_1$ Regelalgorithmus zur Verfügung. Bild 6.89 zeigt die Einstellparameter.

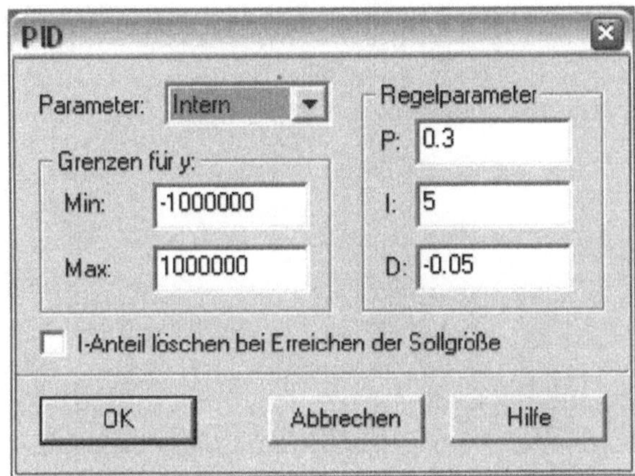

Bild 6.89 Parameterdialog des Moduls PID

Für praktische Anwendungen kann der Ausgangswertebereich begrenzt werden (z.B. auf den maximalen Aussteuerbereich eines D/A-Umsetzers). Eine Verbesserung des Regelverhaltens kann oft erzielt werden, wenn der I-Anteil des Reglers bei Erreichen der Sollgröße automatisch gelöscht wird. Bild 6.90 zeigt einen Signalgraphen zur Simulation des Regelverhaltens eines PID-Reglers mit periodisch schwankender Sollwertvorgabe und einer überlagerten Störgröße (Rechteck).

Der Istwert des Reglers zeigt bei den gewählten Einstellungen ein deutliches Überschwingen der Regelung an den Unstetigkeiten der Störgröße (Bild 6.91). Durch Verkleinern des D-Anteils kann die Schwingneigung deutlich verringert werden.

Hinweise zur Optimierung von Reglern und Regelparametern bei mathematisch modellierbaren Regelstrecken sind in [Fei99] oder [Ber01] zu finden. Für Regelungsaufgaben, deren Verhalten mathematisch nicht eindeutig modellierbar ist, werden neben den klassischen Methoden der Regelungstechnik zunehmend Methoden des Soft-Computing eingesetzt. Hier sind vor allem Algorithmen bedeutend, die auf der Basis Neuronaler Netze oder Fuzzy-Logik arbeiten. Regler dieser Art werden in Kapitel 8 beschrieben.

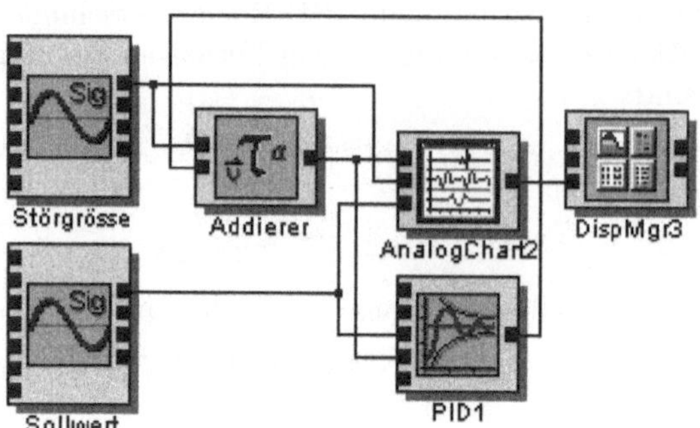

Bild 6.90   PID-Regler-Simulation

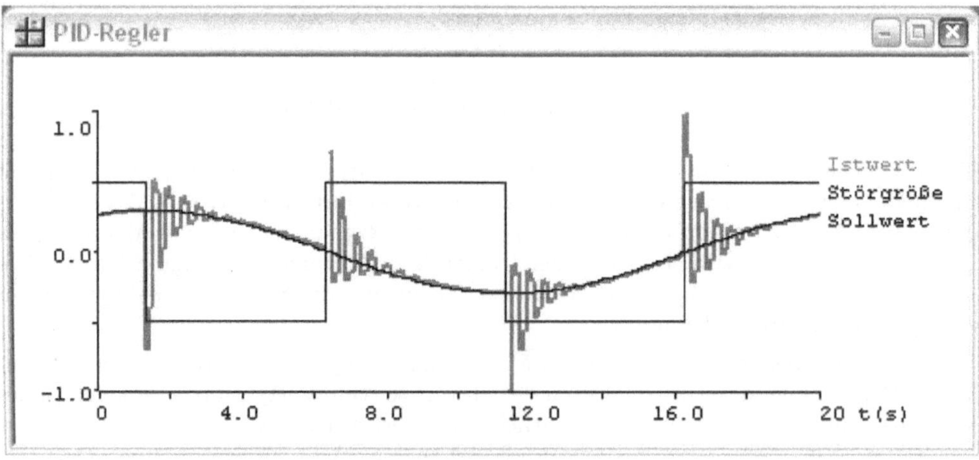

Bild 6.91   Regelungscharakteristik eines PID-Reglers

7 Bildverarbeitung

H. Farr und T. Hanning

7.1 Einleitung

Der Begriff der „Bildverarbeitung" wird von Laien oft mit dem Begriff der „Bildbearbeitung", also der rechnergestützten visuellen Veränderung von Bildern zu ästethischen Zwecken, verwechselt. Der englische Begriff „computer vision" trifft die Aufgabenstellung der Bildverarbeitung besser.

Unter Bildverarbeitung versteht man die maschinelle Verarbeitung von Bildern zum Zwecke einer bildgesteuerten Aktion. So kann zum Beispiel ein Werkstück vermessen oder ein fehlerhafter Fertigungsprozess unterbrochen werden. Die Aktion kann sich auf eine Ausgabe (Länge des Werkstücks) beschränken oder eine ganze Fertigungsstraße zum Stillstand bringen. Um die gewünschte Aktion bildabhängig auslösen zu können, ist es nötig, die zur Entscheidung über die Aktion nötige Information aus einem gegebenen Bild zu erhalten. Das Bild ist also zu interpretieren und in eine dem Entscheider (bzw. dem Entscheidungsalgorithmus) verständliche Form zu bringen. Dem Computer soll das Sehen „beigebracht" werden.

Dabei sollten die Erwartungen an das maschinelle Sehen nicht zu hoch gehängt werden: Die Zukunftsvisionen des maschinellen Sehens mancher „HighTech"-Thriller sind meist reine Fiktion. Auf der anderen Seite ist es auch nicht nötig, dass z.B. ein Computer eine Getränkeflasche als solche erkennt, wenn er nur prüfen soll, wie hoch die Flüssigkeit in ihr steht. Ihm reicht es, lediglich zu unterscheiden, wo sich im Bild ein Übergang von einer hellen Fläche (Luft) zu einer dunkleren Fläche (koffeinhaltige Limonade) befindet. Um diese vergleichsweise simple Frage beantworten zu können, muss man für das menschliche Sehen selbstverständliche Begriffe für das maschinelle Sehen definieren oder übersetzen: Was ist ein „Bild"? Was bedeuten „hell" und „dunkel" für einen Computer? Wie charakterisiert man einen Helligkeitswechsel?

7.1.1 Grundlegende Begriffe

Mathematisch gesehen ist ein Bild eine Abbildung $f : M \rightarrow V$ mit einem zweidimensonalen kompakten Definitionsbereich M und einem Wertebereich V. Dieser Wertebereich V kann dabei sowohl Grauwerte als auch Farben kodieren. Grundsätzlich ist die Farbe eines Objekts, die das menschliche Auge wahrnimmt, dadurch definiert, welche Wellenlängen des Lichtes von dem Objekt reflektiert und welche absorbiert werden.

Eine unbunte Farbe (schwarz, weiß und alle Graustufen) lässt sich durch einen Wert, ihre Helligkeit, beschreiben. Daher haben Grauwertbilder einen eindimensionalen Wertebereich.

Für die Beschreibung einer bunten Farbe sind jedoch drei Werte nötig. Eine Farbe lässt sich also als Vektor eines dreidimensionalen Vektorraums kodieren. Eine Möglichkeit dies zu tun, ist, alle Farben als Kombination der drei so genannten *Primärfarben* rot, grün und blau zu kodieren. Diese Primärfarben können nun addiert werden und ergeben die so genannten *Sekundärfarben*: magenta als Summe von rot und blau, cyan als Summe von grün und blau sowie gelb als Summe von rot und grün. Auf der Grundlage dieser Kodierungsmöglichkeit entstanden das RGB-Farbmodell und das CMY-Farbmodell (siehe unten). Alle anderen Farben ergeben sich dann als Linearkombinationen der Primärfarben (RGB-Modell) bzw. der Sekundärfarben (CMY-Modell). Eine andere Möglichkeit, Farben als dreidimensionale Vektoren zu kodieren, ist die Charakterisierung der Farben als Mischung aus Farbton (Hue), Sättigung (Saturation) und Helligkeit (Intensity). Dabei ist der Farbton die dominante Wellenlänge im Wellengemisch des Lichts, das der Beobachter aufnimmt. Die Sättigung ist ein Wert für den Anteil von weißem Licht, das mit dem Farbton gemischt die Farbe ergibt. Auf der Grundlage dieser Kodierungsmöglichkeit entstand das HSI-Farbmodell (siehe unten).

Farbmodelle

Der Sinn von Farbmodellen in der Bildverarbeitung ist es, standardisierte Methoden bereitzustellen, um mit Farbbildern umgehen zu können. Allen Farbmodellen ist gemeinsam, dass sie die einzelnen Farben als Punkte in einem dreidimensionalen Koordinatensystem darstellen. Als Hauptmodelle haben sich dabei in der Geschichte der Bildverarbeitung das RGB- und das HSI-Modell herauskristallisiert.

Das RGB-Farbmodell

Der Vorteil des RGB-Farbmodells ist, dass ihm ein kartesisches Koordinatensystem zugrunde liegt. Jede Farbe wird als Linearkombination der Intensitäten der drei Primärfarben rot, grün und blau dargestellt. Der Farbraum ist dann ein Würfel mit Ursprung schwarz und rot, grün und blau als Eckfarbwerte an den Achsen. Die restlichen Ecken des Würfels sind dann magenta (= rot + blau), cyan (= grün + blau), gelb (= rot + grün) und weiß (= rot + grün + blau). Die unbunten Farben, das heißt die Grautöne, liegen in diesem Farbmodell auf der Geraden durch die Punkte schwarz und weiß. Bild 7.1 veranschaulicht dieses Farbmodell. Zahlreiche in der Bildverarbeitung verwendete Farbmodelle lassen sich durch eine lineare Abbildung auf dieses Farbmodell zurückführen. Als Beispiele seien die Modelle CMY (Cyan, Magenta, Yellow) und YIQ. Das YIQ-Modell wird in der Fernsehtechnik verwendet und sorgt dort für die Abwärtskompatibilität von Farb- zu Schwarz-Weiss-Fernsehern. Die Y-Komponente gibt die Luminanz, d.h. die Leuchtdichte bzw. die Lichtintensität wieder. Ein Schwarz-Weiss-Fernseher zeigt nur diese Komponente an. Die Chrominanz, das ist die Farbigkeit, ist in den Komponenten I und Q kodiert. Es gilt (etwa)

$$Y = 0.3R + 0.59G + 0.11B$$
$$I = 0.6R - 0.28G - 0.32B$$
$$Q = 0.21R - 0.52G + 0.31B$$

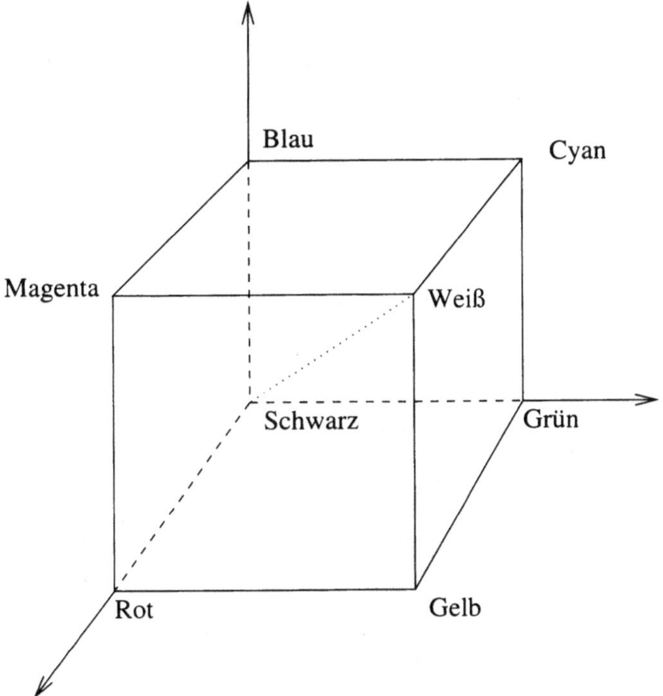

Bild 7.1 Skizze des RGB-Farbwürfels

Das HSI-Farbmodell

Das HSI-Farbmodell (Hue, Saturation, Intensity), oft auch HSV-Farbmodell genannt, wobei das V für „Value" steht, spaltet die Farbinformation in zwei Teile: einen unbunten (achromatischen) Anteil, nämlich Helligkeit oder Intensität, und einen bunten (chromatischen) Anteil, nämlich Sättigung und Farbton. Diese Aufteilung kommt dem menschlichen Farbsehen näher als die RGB-Darstellung. Farbton und Sättigung spannen ein Dreieck auf, wie es in Bild 7.2 skizziert wird.

Alle Farben, d.h Farbton und Sättigung, liegen in diesem Dreieck, das von den Primärfarben rot, grün und blau aufgespannt wird. Jede Farbe p in diesem Dreieck ist durch zwei Werte gegeben: dem Farbwinkel H, relativ zur Rotachse, und dem Abstand des Farbwerts zum Mittelpunkt des Farbdreiecks. Dieser Abstand wird relativ zur Größe des Dreiecks angegeben, da die Größe des Farbdreiecks abhängig ist von der Intensität (vgl. Bild 7.3). Dieser Abstand entspricht dann der Sättigung. Der Farbwinkel kodiert den Farbton. So entspricht ein Winkel von 0° rot, ein Winkel von 60° gelb und ein Winkel von 120° grün.

Quantisierungen

Führt man einen kontinuierlichen Wertebereich in eine Darstellung mit endlichem Fehler über, so spricht man von einer *Quantisierung*. Dabei entsteht natürlich ein Fehler, der so genannte *Quantisierungsfehler*. Eine Quantisierung des Wertebereichs [0,255] ist z.B. die Gaußklammer, d.h. die Funktion, die jeder reellen Zahl die nächstgelegene ganze Zahl

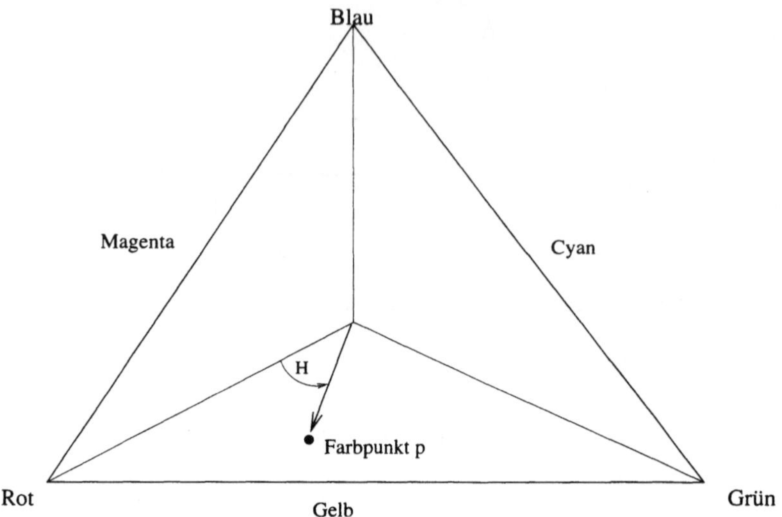

Bild 7.2 Skizze der Farbton- und Sättigungsebene

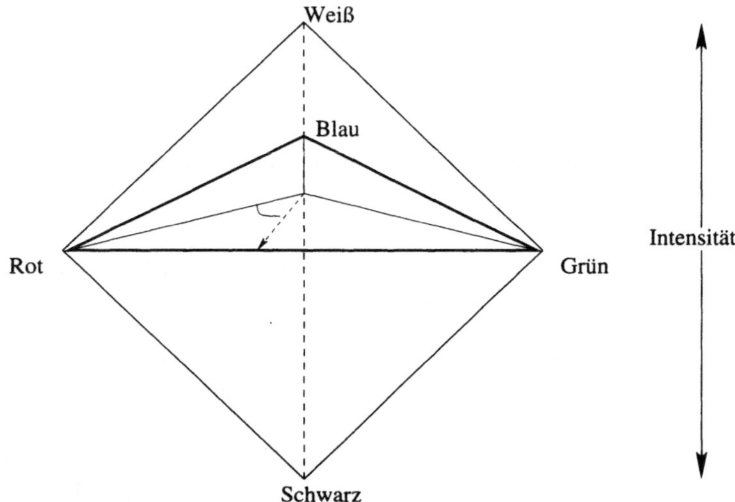

Bild 7.3 Skizze der Darstellung von Farben im HSI-Farbmodell

zuordnet. Dabei wird etwa dem Wert 0.5 die natürliche Zahl 1 zugeordnet. Man hat hier also einen Fehler von 0.5. In der Regel wird der Quantisierungsfehler jedoch über die relative Häufigkeit der Werte, also über den Erwartungsfehler gemessen. Zu einer genaueren Darstellung dieses komplexen Vorgangs, der in allen digitalen Verarbeitungstechniken stattfindet, vergleiche etwa [GG92].

Um ein Bild im Recher repräsentieren zu können, muss es eine endliche Darstellung haben. Dabei sind sowohl der Definitionsbereich als auch der Wertebereich zu quantisieren. Daher bedeutet ein Computerbild immer eine Diskretisierung eines kontinuierlichen Bildes durch eine physikalische Einheit, z.B. einen Framegrabber. Ein einfaches Modell dieser Digitalisierung ist die Integration über ein Pixel.

Pixel

Ein Pixel (engl. Abkürzung für *Pic*ture *E*lement) sei ein quadratischer Bereich mit Fläche 1 auf der Mattscheibe. Die Annahme eines quadratischen Bereichs ist zwar – wie in Abschnitt 7.4.2 noch zu sehen sein wird – eine idealisierte Annahme. Für theoretische Überlegungen ist diese Annahme jedoch machbar.

Seien $m_u, m_v \in \mathbb{N}$ und sei $M := [0, m_u] \times [0, m_v]$ der Definitionsbereich eines Bildes. Ein *Pixel* ist dann eine Region mit Kantenlänge 1, die durch ihre Koordinaten repräsentiert wird: Für natürliche Zahlen u, v mit $0 \leq u < m_u$ und $0 \leq v < m_v$ sei

$$[u,v] := [u - \frac{1}{2}, u + \frac{1}{2}[\times [v - \frac{1}{2}, v + \frac{1}{2}[$$

das Pixel mit den Koordinaten u, v. $\mathbb{P}(M)$ sei die Menge aller Pixel in M. In der Regel wird ein Pixel p durch seine Koordinaten (u, v) repräsentiert. Manchmal will man aber auch auf die Tatsache, das einem Pixel auch ein Fläche zugrundeliegt aufmerksam machen. In diesem Fall bietet sich die Notation $[u, v]$ an.

Wert eines Pixels p eines Bildes f mit den Koordinaten u, v werde mit $f(p)$ bezeichnet. Dieser Wert ist der durchschnittliche Grauwert über der Fläche des Pixels:

$$f(p) := \int_{u-\frac{1}{2}}^{u+\frac{1}{2}} \int_{v-\frac{1}{2}}^{v+\frac{1}{2}} f(x,y) \mathrm{d}x \mathrm{d}y$$

Der Wert dieses Integrals wird dann noch einer Quantisierung unterzogen, um ihn zu diskretisieren und somit eine endliche Darstellung eines Bildes zu erhalten. In der Regel ist der Wertebereichs eines Grauwertbildes pro Pixel durch ein Byte, d.h. durch $0, \ldots, 255$, der eines Farbwertbildes durch drei Byte gegeben. Es gibt jedoch auch in der Praxis Bilder mit einem größeren Wertebereich, z.B. Röntgen oder SAR-Bilder. Die Abkürzung SAR steht für „Synthetic Aperture Radar" (Radar mit synthetischer Apertur). SAR-Sensoren sind meist auf einem Flugzeug oder Satelliten installiert und können mit Hilfe aufwendiger rechnerischer Verarbeitung Bilder eines Geländes oder einer Planetenoberflächen gewinnen. Dabei ist die Auflösung der SAR-Szene unabhängig von der Entfernung. Im Gegensatz zur Fotografie mit sichtbarem Licht werden hier Mikrowellen verwendet.

7.1.2 Aufgaben der industriellen Bildverarbeitung

Der industriellen Bildverarbeitung kommt im Bereich der Qualitätssicherung und Qualitätsüberwachung eine immer größere Bedeutung zu. Ein großer Vorteil von Methoden der Bildverarbeitung bei der Qualitätsprüfung liegt in der Berührungslosigkeit, d.h., bei der Kontrolle muss das zu kontrollierende Objekt nicht angefasst werden, sondern die relevanten Merkmale des Objektes werden von einer Kamera visuell erfasst und das aufgenommene Bild wird im Computer verarbeitet. Je nach Inspektionsaufgabe können auch mehrere Bilder aufgenommen werden. Steigende Rechnergeschwindigkeiten erlauben es, mit Hilfe von Bildverarbeitungstechniken online eine 100%tige-Qualitätskontrolle durchzuführen. Dies ist bei gleichbleibend hoher Inspektionsgeschwindigkeit und wiederholbaren Inspektionsergebnissen möglich. Diese Eigenschaften der optischen Qualitätsprüfung werden in Zukunft dafür sorgen, dass menschliches Kontrollpersonal in zunehmendem Maße von eintönigen Inspektionsaufgaben befreit werden kann. Einige Einschränkungen von optischen Kontrollsystemen sorgen allerdings dafür, dass der Computer den Menschen nicht ganz ersetzen wird.

Im Folgenden soll erläutert werden, was mit industrieller Bildverarbeitung bereits möglich ist und was in Zukunft möglich sein kann.

Klassische Anwendung findet die Bildverarbeitung im Bereich der Erfassung und Erkennung von Zeichen. Als Beispiel seien hier das Erkennen von Bar-Codes oder die Schriftzeichenerkennung genannt. Mit ähnlichen Verfahren lassen sich auch Vollständigkeitskontrollen, etwa von mit elektronischen Bauteilen bestückten Platinen oder die Prüfung auf die korrekte Anzahl von Beinen an einem Halbleiterchip durchführen. Methoden dieser Art kann man grob mit dem Schlagwort *Low-Level-Bildverarbeitung* charakterisieren. Verfahren dazu finden sich im Abschnitt 7.4.1.

Ein weiterer Anwendungsbereich der industriellen Bildverarbeitung wird durch den Begriff *High-Level-Bildverarbeitung* beschrieben. Verfahren aus diesem Bereich werden verwendet, absolute Messungen im Submillimeterbereich durchzuführen, z.B. die Kontrolle des Durchmessers von Bohrlöchern. Dazu bauen diese Methoden auf den Verfahren des Mustervergleichs auf, sind aber zusätzlich auf die Hilfe eines abstrakten mathematischen Modells angewiesen, um die geforderten Genauigkeiten zu erreichen. Zugleich ist Nebenwissen über den zu inspizierenden Gegenstand, die verwendete Kamera und die eingesetzte Beleuchtung erforderlich. Abschnitt 7.4.2 stellt typische Verfahren aus diesem Bereich vor.

Nachdem nun einige der Möglichkeiten der industriellen Bildverarbeitung aufgeführt wurden, stellt sich die Frage nach den Nachteilen von optischen Inspektionssystemen. Es zeigt sich, dass nicht jeder Gegenstand mittels eines visuellen Verfahrens inspiziert werden kann. Probleme bereiten unter anderem zu hohe geforderte Genauigkeiten, die mit heutigen Systemen nur unter Einsatz immenser Kosten realisiert werden können (in Zukunft aber durchaus in den erschwinglichen Bereich gelangen werden). Auch sind Einschränkungen hinsichtlich der Verarbeitungsgeschwindigkeit zu machen. Ein Computer kann nicht beliebig viele Bilder pro Zeiteinheit verarbeiten. Der zu inspizierende Gegenstand selbst kann eine weitere Einschränkung liefern. Besonders bei stark spiegelnden Objekten kann es zu Problemen beim Einsatz optischer Inspektionssystem kommen. Merkmale, die von der Kamera nicht gesehen werden, können nicht kontrolliert werden! Die meisten bisher genannten Einschränkungen werden in der Zukunft durch die Entwicklung hochwertigerer Kameras, Computer, etc. beseitigt werden können.

Letztendlich bleibt als Problem der industriellen Bildverarbeitung nur das Verhalten des Auswerterechners an sich. Der Computer entscheidet nach festgelegten Größen, ob ein Objekt einen Fehler enthält oder nicht. Ihm fehlt die Erfahrung einer menschlichen Kontrollperson, die vielleicht einen Fleck auf einem metallischen Gegenstand als Fingerabdruck und nicht als Fremdkörper erkennt und dem Gegenstand deshalb den Status *in Ordnung* gibt und es nicht ausschleust, wie es das optische Inspektionssystem eventuell machen würde.

7.2 Aufbau eines Bildverarbeitungssystems

Bevor näher auf die einzelnen technischen Aspekte der industriellen Bildverarbeitung eingegangen wird, ist es notwendig zu definieren, aus welchen Komponenten ein Bildverarbeitungssystem besteht:

Ein System bestehend aus einer oder mehreren Bildaufnahmeeinheiten, einer oder mehreren Verarbeitungseinheiten und der Möglichkeit, die Bildaufnahmeeinheiten – unter eventueller Zuhilfenahme weiterer, dafür notwendiger Komponenten – mit den Verarbeitungseinheiten zu verbinden und die aufgenommenen Bilder in der Verarbeitungseinheit zu verarbeiten, wird ein *Bildverarbeitungssystem* genannt.

In der Regel wird ein solches System aus einer Kamera mit einem passenden Objektiv, einem Computer und einer Framegrabberkarte, die als Verbindungsglied zwischen Kamera und Computer dient, bestehen. Es ist zu beachten, dass zu einem Bildverarbeitungssystem, so wie es in obiger Definition eingeführt wurde, auch die Softwarekomponente gehört, die die Bildaufnahme und die Übertragung des aufgenommenen Bildes in den Computer steuert. Die Software, mit der die aufgenommenen Bilder im Computer verarbeitet werden, gehört dagegen nicht zu einem Bildverarbeitungssystem.

7.2.1 Die Bildaufnahmeeinheit

Um eine reale Szene in einem Computer verarbeiten zu können, muss diese Szene in eine computerverständliche Darstellung umgewandelt werden. Dazu gibt es verschiedene Möglichkeiten. Denkbar wäre zum Beispiel, dass – wie durch einen Maler – die reale Szene mit einem computergestützten Malprogramm „abgemalt" wird. Dieses für künstlerische Zwecke vielleicht geeignete Verfahren kann im Rahmen der industriellen Bildverarbeitung aus verständlichen Gründen nicht angewendet werden. In der industriellen Bildverarbeitung bedient man sich stattdessen einer Bildaufnahmeeinheit, die die reale Szene „automatisch" in ein rechnerverarbeitbares Bild überführt. Dazu werden in der Bildaufnahmeeinheit mit Hilfe eines Aufnahmesensors Photonen gesammelt und in eine elektrische Spannung konvertiert. Jedem Spannungswert wird anschließend ein Farbwert zugeordnet. In der modernen digitalen Bildverarbeitung kommen in der Bildaufnahmeeinheit zum überwiegenden Teil zwei Aufnahmesensoren zum Einsatz: *CCD*-Sensoren (*Charge Coupled Device*) und *CMOS*-Sensoren (*Complementary Metal Oxide Semiconductor*).

Sowohl CCD- als auch CMOS-Sensoren bestehen aus vielen kleinen, lichtempfindlichen Elementen, den so genannten Pixeln. Die Seitengröße eines solchen Pixels liegt bei heutigen Kameras je nach Auflösung bei etwa $5 - 7$ μm. Die Pixel sind auf dem Sensor entweder als Rechteck oder als Zeile angeordnet. Man spricht dann je nach Anordnung von einer Flächen- bzw. einer Zeilenkamera. Häufig findet man auch die englischen Begriffe Area-Scan- bzw. Line-Scan-Camera. Die Auflösung der Kamera wird durch die Anzahl der Pixel auf dem Sensor bestimmt. Übliche Auflösungen für Flächenkameras betragen 768×576 oder 1024×1024 Pixel. Bei Zeilenkameras liegen die typischen Zeilenlängen im Bereich von 1024 und 2048 Pixel. Es kommen aber durchaus auch Zeilenlängen von bis zu 8192 Pixel vor. Zusätzlich zur Auflösung wird bei einer Kamera auch die Größe des Aufnahmesensors angegeben. Es wird dabei die Länge der Diagonale in der Einheit Zoll genannt. Gebräuchliche Formate sind 1/2" und 2/3" für Kameras mit Standardauflösungen bzw. 1" und größer für hochauflösende Kameras. Als Trend für die Zukunft lässt sich feststellen, dass Auflösungen und Chipgrößen steigen werden. Im Jahr 2003 noch fast unerschwingliche Kameras mit Auflösungen von 4096×4096 Pixel werden bereits 2005 der Standard sein. Gleiches gilt für Zeilenkameras.

Jeder Sensor wandelt die einfallenden Photonen in eine elektrische Spannung um. Der Unterschied zwischen beiden Sensorarten besteht in der Art der Umwandlung: Bei einem CCD-Sensor werden die einfallenden Photonen über einen gewissen Zeitraum (der so genannten Belichtungs- oder Integrationszeit, engl. shutter time) in den Bildelementen gesammelt und anschließend in eine Spannung konvertiert. Je länger belichtet wird, um so mehr Photonen werden eingesammelt und um so heller wird das Pixel. Das Verhältnis zwischen der Anzahl der eingesammelten Photonen und der ausgegebenen Spannung ist nahezu linear. Im Gegensatz dazu werden die Photonen im CMOS-Sensor kontinuierlich in eine Ausgangsspannung umgewandelt. Das Verhältnis zwischen Ausgangsspannung und Lichtintensität ist nichtlinear. Der Vorteil ist, dass CMOS-Bildsensoren dadurch ein sehr hohes Dynamikverhalten an besitzen und in der Lage sind, auch eine Szene mit extremen Helligkeitsunterschieden gut wiederzugeben. Neben der hohen Dynamik besitzen CMOS-Sensoren noch den Vorteil, dass sie im Unterschied zu CCD-Bildsensoren jedes beliebige Pixel einzeln auslesen können. Man kann sich einen CMOS-Sensor daher auch wie einen RAM-Baustein (*Random Access Memory*) vorstellen, den man analog zu einem Speicherchip adressieren kann. Der Nachteil von CMOS-Sensoren liegt im (noch) relativ hohen Rauschverhalten und der im Gegensatz zu CCD-Sensoren geringeren Lichtempfindlichkeit. Bild 7.4 (aus [The02]) zeigt die schematischen Darstellungen eines CCD- beziehungsweise eines CMOS-Sensorbildelements:

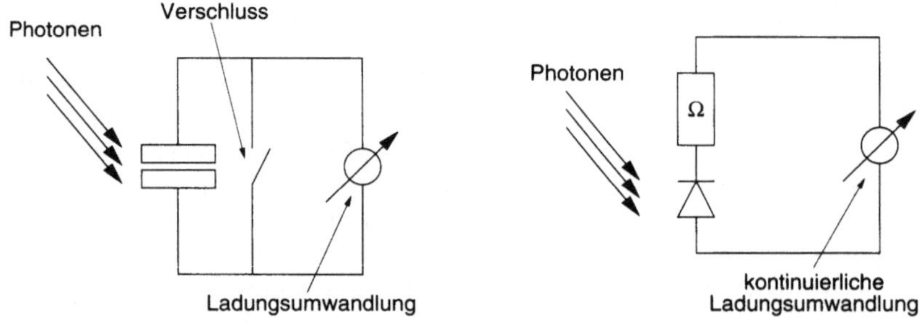

Bild 7.4 Schematische Darstellung eines CCD- bzw. CMOS-Sensorbildelements

Um die Ladungen, die von den einzelnen Bildelementen erzeugt werden, aus dem Chip auszulesen, in eine Spannung zu transformieren und für die Datenübertragung aufbereiten zu können, besteht der Sensorchip nicht nur aus lichtempfindlichen Elementen. Zwischen diesen Elementen liegen lichtunempfindliche Zellen, die einerseits als Sperrflächen dienen, um ein Überlaufen der Ladungsträger von einem lichtempfindlichen Element in ein anderes zu verhindern und andererseits für das Auslesen der Ladungen aus den Pixeln und den Abtransport der Ladungen aus dem Sensorchip verwendet werden. Das Verhältnis von lichtempfindlichen zu lichtunempfindlichen Elementen wird als Füllfaktor (engl. fill factor) bezeichnet. Ein Füllfaktor von 100% bedeutet dabei, dass die gesamte Sensorfläche mit lichtempfindlichen Elementen besetzt ist. In der Praxis ist der Füllfaktor aber immer geringer als 100%. Bild 7.5 zeigt die schematische Darstellung eines Sensorchips mit lichtempfindlichen und lichtunempfindlichen Bereichen (vgl. [Wüt02]).

Nach dem Belichten werden die in den einzelnen Pixeln erzeugten Ladungen ausgelesen. Dies geschieht, indem die Ladungen in die lichtunempfindlichen Bereiche des Sensorchips transportiert und von dort weiter zum „Ausgang geschoben" werden, wo sie in eine Spannung umgewandelt werden. Die Sensoren in Flächenkameras lassen sich in unterschiedliche Klassen einteilen, je nachdem welche Abtransportverfahren benutzt werden: *Interline-Transfer-Sensoren*, *Frame-Transfer-Sensoren* und *Full-Frame-Transfer-Sensoren*. Im folgenden werden diese Verfahren, sowie das Abtransportverfahren in einer Zeilenkamera kurz vorgestellt (siehe dazu auch [Wüt02]).

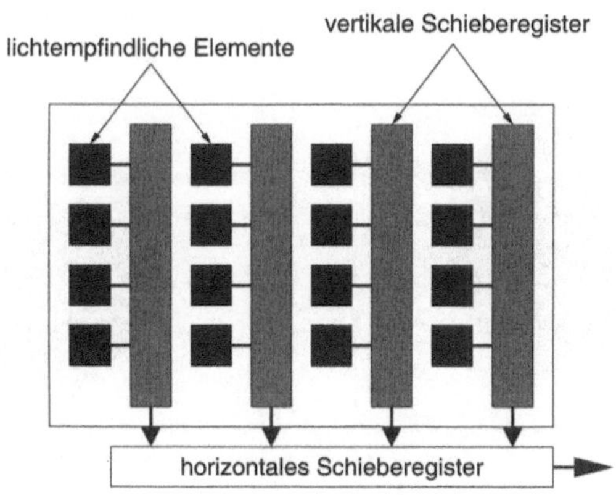

Bild 7.5 Schematische Darstellung eines Sensorchips

Interline-Transfer-Sensor

Dieser am weitesten verbreitete Sensortyp wird in den meisten kommerziellen Kameras für die industrielle Bildverarbeitung eingesetzt. Er lässt sich schematisch wie in Bild 7.5 gezeigt charakterisieren: Neben dem lichtempfindlichen Element liegt ein vertikales, licht-unempfindliches Schieberegister. Der Inhalt des Pixels wird in das nebenliegende Schieberegister transferiert und der Sensorinhalt anschließend zeilenweise ausgelesen. Dazu werden die einzelnen Ladungen in den Schieberegistern jeweils um eine Stufe nach unten bis zum horizontalen Schieberegister transportiert, von wo eine gesamte Sensorzeile ausgelesen werden kann.

Beim Interline-Transfer-Sensor gibt es mehrere Methoden, wie die Bilder ausgelesen werden. Man unterscheidet zwischen *Interlaced*-Verfahren und *Progressive-Scan*-Verfahren.

Bei einem Interlaced-Verfahren werden zwei Halbbilder zu einem Vollbild zusammengesetzt. Die zugrunde liegende Videonorm bestimmt die Geschwindigkeit, mit der dies geschieht. In Europa ist dies die so genannte CCIR-Videonorm (siehe [Int70]). Sie wurde vom Comité Consultatif International des Radiocommunications erarbeitet und besagt, dass 50 Halbbilder pro Sekunde zu 25 Vollbildern in einer Sekunde zusammengesetzt werden. Eine Bildzeile besteht dabei aus 768 Pixeln. Das Vollbild besteht aus 576 Zeilen. In den USA ist die so genannte EIA-Videonorm (siehe [Ele57]) gültig, bei der im Gegensatz zur CCIR-Videonorm 30 Vollbilder pro Sekunde aus 60 Halbbildern erzeugt werden. Hier besteht eine Bildzeile aus 640 Pixeln und das Vollbild besteht aus 480 Zeilen (siehe dazu auch Abschnitt 7.2.3). Es gibt verschiedene Möglichkeiten, wie die Halbbilder auf dem Sensor erzeugt werden.

Field-Integration-Mode

Im Field-Integration-Mode werden die Halbbilder jeweils zu komplett unterschiedlichen Zeiten aufgenommen: vom Zeitpunkt 0 bis 1 wird Halbbild 1 komplett aufgenommen, von Zeitpunkt 1 bis 2 Halbbild 2, von Zeitpunkt 2 bis 3 wieder Halbbild 1 usw. Diese Methode ist bei bewegten Objekten problematisch, da sich das Objekt bei der Aufnahme des zweiten Halbbildes schon weiterbewegt hat und ein so genannter Kammeffekt (engl. comb effect) beim Zusammensetzen des Vollbildes auftritt. Bild 7.6 zeigt ein Beispiel für den Kammeffekt.

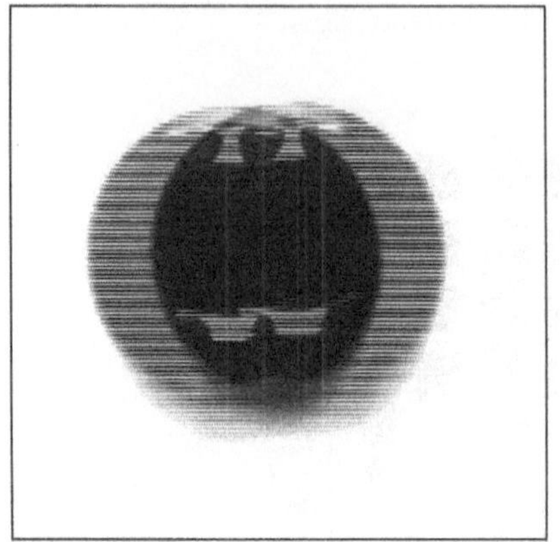

Bild 7.6 Kammeffekt bei einem bewegten Objekt und Aufnahme im Field-Integration-Mode, rechts dasselbe Objekt ohne Kammeffekt

Frame-Integration-Mode

Im Frame-Integration-Mode beginnt die Aufnahme der Halbbilder ebenfalls zu unterschiedlichen Zeitpunkten. Im Gegensatz zum Field-Integration-Mode gibt es jedoch einen Überlappungsbereich der beiden Belichtungszeiten: vom Zeitpunkt 0 bis 2 wird Halbbild 1 aufgenommen, von Zeitpunkt 1 bis 3 Halbbild 2, von Zeitpunkt 2 bis 4 wieder Halbbild 1 usw. Dies hat den Vorteil, dass wenn z.B. mittels eines Blitzes das aufzunehmende, sich bewegende Objekt genau zum Zeitpunkt der Überlappung der Integrationszeiten „sichtbar" gemacht wird, der Kammeffekt praktisch nicht auftritt und man ein stehendes Bild vom bewegten Objekt bekommt.

Wenn bei sich schnell bewegenden Objekten auch der Frame-Integration-Mode des Sensors nicht ausreicht, um ein Bild ohne Kammeffekt zu erzeugen, gibt es zwei Alternativen: Entweder man arbeitet nur auf Halbbildern und verliert dabei die Hälfte der horizontalen Sensorauflösung oder man verwendet eine Kamera, die den Progressive-Scan-Mode beherrscht:

Progressive-Scan-Mode

Im Gegensatz zum Frame- oder Field-Integration-Mode liefert ein Progressive-Scan-Sensor ein komplettes Vollbild, welches üblicherweise auch als ein Bild ausgegeben wird. Man spricht vom *Noninterlaced*-Format. Der Vorteil ist, dass man bei bewegten Objekten nicht mehr zum richtigen Zeitpunkt eine Aufnahme auslösen muss, da alle Pixel zur gleichen Zeit belichtet werden. Da dieses Verhalten aber nicht mehr der Videonorm (CCIR oder EIA) entspricht, lassen sich die Bilder einer Progressive-Scan-Kamera nicht mehr direkt über ein Fernseh- oder Videogerät anschauen. In der industriellen Bildverarbeitung, wo die Bilder in der Regel in einem Computer verarbeitet werden, spielt dieser Aspekt allerdings nur eine untergeordnete Rolle.

Frame-Transfer-Sensor

Im Gegensatz zum Interline-Transfer-Sensor besitzt der Frame-Transfer-Sensor keine getrennten, vertikalen Schieberegister. Die lichtempfindlichen Elemente selbst dienen als Schieberegister. Mit ihrer Hilfe werden die in den Pixeln erzeugten Ladungen in einen lichtunempfindlichen Bereich direkt unterhalb des lichtempfindlichen Bereichs transportiert. Von dort werden die Ladungen jeweils zeilenweise ausgelesen. Der Vorteil dieser Abtransportart ist, dass die Ladungen aus den einzelnen Pixeln nicht zuerst in ein Schieberegister transferiert werden müssen und daher der Transport in den lichtunempfindlichen Bereich sehr schnell geht. Nachteilig wirkt sich allerdings aus, dass sich die Ladungen während des Transports noch im lichtempfindlichen Teil des Sensors befinden, so dass ein mechanischer Verschluss verwendet werden muss, um zu verhindern, dass während des Ladungstransports noch Licht auf die lichtempfindlichen Elemente fällt.

Full-Frame-Transfer-Sensor

Der Full-Frame-Transfer-Sensor arbeitet wie ein Frame-Transfer-Sensor mit dem Unterschied, dass er keinen lichtunempfindlichen Bereich mehr enthält. Dies erhöht die Auslesegeschwindigkeit nochmals, bedeutet aber, dass bei diesem Sensortyp noch mehr – als beim Frame-Transfer-Sensor – darauf geachtet werden muss, dass während der Verschiebens kein Licht mehr auf die lichtempfindliche Sensorfläche fällt.

Zeilensensor

Ein Zeilensensor besteht – wie oben schon erwähnt – nur aus einer einzigen Zeile mit lichtempfindlichen Elementen. Unterhalb dieser Zeile liegt ein horizontales Schieberegister. Für den Abtransport werden die Ladungen von den Elementen der Zeile in das Schieberegister übertragen und von dort ausgelesen. Da Zeilenkameras mit sehr hohen Abtastraten (üblicherweise werden mehrere 1000 Zeilen pro Sekunde aufgenommen) arbeiten, kann das Auslesen der dadurch entstehenden Datenmenge über ein einziges Schieberegister Probleme bereiten. Abhilfe schafft der Einsatz von mehreren Registern, die z.B. die gesamte Zeile in mehrere kleinere Abschnitte unterteilen. Man spricht dann von so genannten Multitap-Zeilenkameras.

Auswahl des richtigen Sensors

Die Applikation entscheidet in der Regel, welcher Sensortyp zum Einsatz kommt. Die Entscheidung zwischen Flächen- und Zeilensensor lässt sich üblicherweise recht einfach treffen, da Zeilenkameras hauptsächlich dann zum Einsatz kommen, wenn sich das aufzunehmende Objekt gleichmäßig bewegt, z. B. bei der Papier-, Stahl- oder Textilherstellung. Bei einer Flächenkamera hängt die Auswahl des Sensors davon ab, ob das zu untersuchende Objekt sich bewegt oder stillsteht. Wegen der störenden Begleiteffekte, die beim Ladungstransport im Frame Transfer-Sensor oder Full-Frame-Transfer-Sensor auftreten können (siehe oben) sollte man bei der Aufnahme von sich bewegenden Objekten eine Kamera mit einem Interline-Transfer-Sensor einsetzen, die den Progressive-Scan-Mode beherrscht.

In den meisten Anwendungen der industriellen Bildverarbeitung ist es notwendig, dass die Kamera zu einem genau definierten Zeitpunkt (z.B. wenn das zu inspizierende Bauteil in einer bestimmten Position liegt) ein Bild aufnimmt. Dazu muss sie ein externes Signal – das so genannte Triggersignal – bekommen und verarbeiten können, welches den genauen Zeitpunkt der Aufnahme festlegt. Nachdem die Kamera das Triggersignal empfangen hat, beginnt die Aufnahme des Bildes. Je nach den Möglichkeiten der Kamera kann die Länge der Belichtungszeit fest vorgegeben sein (man spricht von einem *fixed shutter*) oder durch einen weiteren Triggerimpuls bestimmt werden (*variable shutter*). Die maximal mögliche Frequenz, mit der die Kamera getriggert werden kann, ist durch die Dauer der Belichtung und des Auslesens des Bildes beschränkt. In Verbindung mit einem externen Triggersignal für den Beginn der Bildaufnahme spricht man oft auch von einer *asynchronen* Aufnahme. Dieser etwas verwirrende Begriff – wird die Kamera doch synchron zu einem Triggersignal betrieben – kommt daher, dass eine Kamera ohne ein externes Triggersignal *synchron* zu einem eingebauten Taktgeber arbeitet.

7.2.2 Das Objektiv

Der Aufnahmesensor genügt im Allgemeinen nicht, um ein brauchbares Abbild der realen Szene zu erzeugen. Vielmehr ist ein System von optischen Linsen notwendig, damit die reale Szene auf den Aufnahmesensor abgebildet werden kann. Dieses Linsensystem wird als Objektiv bezeichnet. Die Auswahl des Objektivs hängt von der Größe des aufzunehmenden Gegenstandes (Objektgröße G), der Entfernung der Gegenstands zum Aufnahmesensor (Objektweite g), der Größe des verwendeten Aufnahmesensors (Bildgröße B) und der Entfernung des Aufnahmesensors von der Linse (Bildweite b) ab (siehe Bild 7.7). Es ergeben sich die folgenden Zusammenhänge für dünne Linsen (vgl. z.B. [DSAW98]):

$$\frac{B}{G} = \frac{b}{g} \quad \text{und} \frac{1}{b} + \frac{1}{g} = f.$$

Hierbei bezeichnet f die Brennweite des Objektivs.

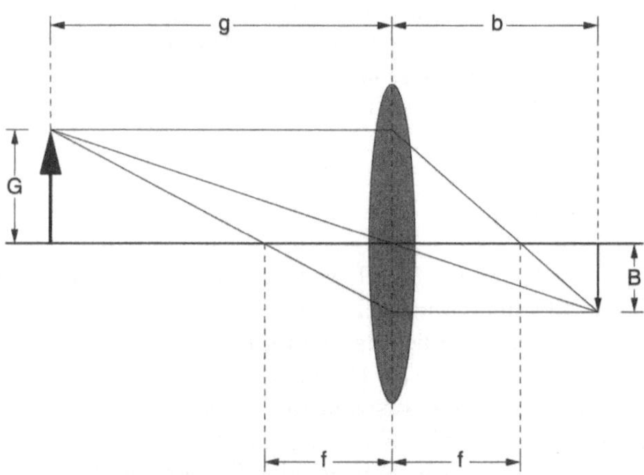

Bild 7.7 Schematische Darstellung der Beziehungen in der Strahlenoptik

Neben der Notwendigkeit für ein *scharfes* Abbild der realen Szene auf dem Bildsensor entstehen durch die Verwendung des Objektivs aber auch Bildfehler. Ein Linsensystem verzerrt die reale Szene bei der Abbildung auf den Aufnahmesensor. Allerdings können diese Bildverzerrungen – man spricht von tonnen- und kissenförmigen Verzerrungen – auf algorithmischem Wege aus dem Bild herausgerechnet werden.

Bei der Anschaffung eines Objektives reicht die Festlegung einer Brennweite allein nicht aus. Vielmehr muss auch die Kamera, die mit dem Objektiv verwendet werden soll, bekannt sein, damit ein passendes Objektiv ausgewählt werden kann. Ein wichtiger Faktor beim Objektivkauf ist das *Auflagemaß*. Es beschreibt den Abstand von der Objektivauflage bis zur Sensorebene und wird sowohl für die Kamera, als auch für das Objektiv angegeben. In Bezug auf das Objektiv gibt das Auflagemaß den maximalen Abstand zum Sensor an, damit ein unendlich ferner Gegenstand noch scharf auf den Sensor abgebildet werden kann. In der industriellen Bildverarbeitung haben sich Kameras mit zwei Auflagemaßen durchgesetzt:

- C-Mount   17.526 mm und
- CS-Mount   12.526 mm.

Zu beachten ist, dass ein C-Mount-Objektiv durchaus an einer CS-Mount-Kamera verwendet werden kann. Die fehlenden 5 mm Auflagemaß lassen sich mit einem entsprechenden Zwischenring leicht überbrücken. Dagegen kann an einer C-Mount-Kamera kein CS-Mount-Objektiv verwendet werden, da die vom Objektiv erlaubte, maximale Entfernung zum Sensor um 5 mm zu groß ist und an der Kamera auch nicht verändert werden kann.

Eine weitere Eigenschaft, die zwischen Kamera und Objektiv abgestimmt sein muss, ist die Sensorgröße. Da Objektive einen festen Lichtaustrittskreis besitzen, muss gewährleistet sein, dass der Sensor von diesem vollständig ausgeleuchtet wird. Man findet deshalb auch bei Objektiven (wie bei Sensorchips) eine Größenangabe. Zum Beispiel bedeutet 1"-Objektiv, dass das Objektiv einen Lichtaustrittskreis hat, der groß genug ist, um einen 1" großen Sensor auszuleuchten. Daraus folgt, dass man zwar Objektive für Sensorchips verwenden kann, die eine kleinere Größe besitzen, im umgekehrten Fall aber der Sensor nicht vollständig ausgeleuchtet wird und man einen schwarzen Rand auf dem Bild bekommt.

Die Frage, wie nun das mittels Objektiv und Aufnahmesensor entstandene, computerverständliche Abbild der realen Szene in den Computer überführt wird, wird im Folgenden Abschnitt behandelt.

7.2.3   Der Framegrabber

Der Framegrabber ist das Verbindungsglied im Bildverarbeitungssystem zwischen Bildaufnahmeeinheit und Bildverarbeitungscomputer. Seine Aufgabe besteht darin, die von der Bildaufnahmeeinheit gelieferten analogen oder digitalen Daten für die weitere Verarbeitung im Computer aufzubereiten. Es ist darauf zu achten, dass der Framegrabber mit der ausgewählten Bildaufnahmeeinheit zusammenpasst. Die meisten Kamerahersteller geben für ihre Kameras an, mit welchen Framegrabbern eine Kamera problemlos betrieben werden kann. Umgekehrt geben auch die Framegrabberhersteller eine Liste von Kameras an, die mit dem ausgewählten Framegrabber verwendet werden können. Die folgenden Abschnitte erläutern neben der Funktionsweise eines Framegrabbers die verschiedenen Datenübertragungstechniken sowie die wichtigsten Kabelverbindungen zwischen Framegrabber und Bildaufnahmeeinheit.

Funktionsweise eines Framegrabbers

Ein Framegrabber besteht im Prinzip aus vier Teilen: Einem Multiplexer, der die ankommenden Datenströme von u.U. mehreren Kameras serialisiert. Einer Verarbeitungseinheit, die neben den reinen Bilddaten noch vorhandene Daten des ankommenden Datenstromes abtrennt und analysiert. Man findet diese Verarbeitungseinheit auch unter dem Namen *Sync-Separator* oder *Sync-Stripper*. Einem Analog-Digital-Wandler, der die ankommenden, analogen Daten abtastet und in digitaler Form dem Rechner zur Verfügung stellt. Einem Bildspeicher, in dem die digitalisierten Daten bis zu ihrer Verarbeitung durch den Hauptprozessor des Computers zwischengespeichert werden. Bild 7.8 zeigt den schematischen Aufbau eines Framegrabbers.

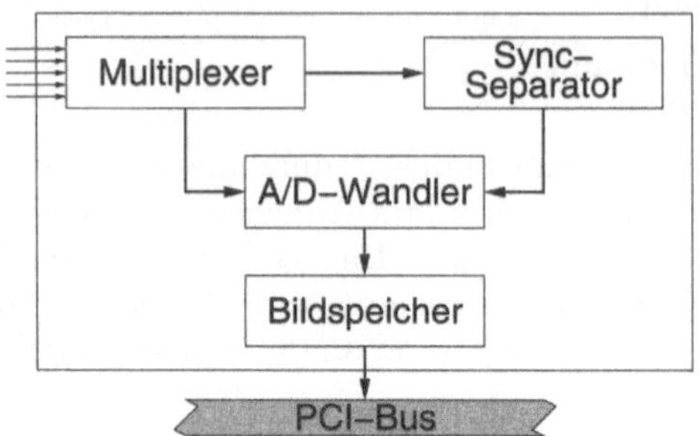

Bild 7.8 Schematischer Aufbau eines Framegrabbers

Der Multiplexer
In der Regel kann ein Framegrabber die Datenströme von mehreren, gleichzeitig angeschlossenen Kameras verarbeiten. Diese Verarbeitung geschieht bei einem einfachen Framegrabber sequentiell, d.h., die Daten der angeschlossenen Kameras werden nacheinander abgearbeitet. Es gibt spezielle Framegrabber, die auch eine parallele Verarbeitung der Daten mehrerer angeschlossener Kameras erlauben. Diese Framegrabber besitzen dann jeweils mehrere Verarbeitungseinheiten und werden z.B. in der Stereobildverarbeitung eingesetzt, wo es wichtig ist, Bilder von mehreren Kameras zu genau demselbem Zeitpunkt aufzunehmen. Der Multiplexer liest die von den Kameras kommenden Eingangssignale und fügt sie zu einem Datenstrom zusammen, der dann in den anderen Einheiten des Framegrabbers weiterverarbeitet wird.

Der Sync-Separator
Der von der Kamera ankommende Datenstrom enthält neben den reinen Bilddaten noch weitere Informationen. Die wichtigsten zwei sind das horizontale Synchronisationsignal *h-Sync* und vertikale Synchronisationssignal *v-Sync*. Sie zeigen den Beginn einer neuen Zeile (h-Sync) bzw. eines neuen (Halb-)Bildes (v-Sync) an. Der Sync-Separator trennt aus dem vom Multiplexer gelieferten Signalstrom die Synchronisationsimpulse ab und kann so die eigentlichen Bilddaten dem Analog-Digital-Wandler zur Digitalisierung weitergeben.

Der Analog-Digital-Wandler
Die vom Sync-Separator gelieferten Bilddaten liegen noch in analoger Form vor. Zur Verarbeitung im Computer müssen sie in eine digitale Form umgewandelt werden. Dazu wird der analoge Bilddatenstrom gemäß des vorliegenden Videostandards abgetastet, d.h., im Falle von CCIR werden pro Bildzeile 768 Pixel erzeugt (vgl. Abschnitt 7.2.1).

Der Bildspeicher
Die vom Analog-Digital-Wandler erzeugen digitalen Bilddaten werden im Bildspeicher zwischengespeichert. Wenn die Kapazität des Rechnerbusses nicht ausreicht, um den digitalisierten Videodatenstrom verlustfrei zur Verarbeitung in den Arbeitsspeicher des

Computers zu übertragen, ist es notwendig, dass im Bildspeicher mindestens ein komplettes Bild zwischengespeichert wird. Der in heutigen Rechnern verwendete PCI-Bus weist allerdings in der Regel genug Transferkapazität auf, damit die digitalen Bilddaten vom Framegrabber direkt in den Arbeitsspeicher übertragen werden können. Der Bildspeicher ist daher relativ klein (wenige KBytes) und dient nur dazu, mögliche Unregelmäßigkeiten bei der Datenübertragung auszugleichen.

Datenübertragungstechniken

Beim Kauf einer Kamera und eines Framegrabbers stellt sich unter anderem die Frage, ob eine analoge Kamera und ein analoger Framegrabber ausreichen, die gestellte Aufgabe zu lösen, oder ob stattdessen die digitalen Varianten benutzt werden müssen. Zur Beantwortung dieser Frage muss zuerst einmal der Signalgang in der Kamera und im Framegrabber näher betrachtet werden.

Die Bilddaten, die von den Sensorchips erzeugt werden, liegen bei jeder Kamera zuerst nur als analoges Signal vor. Während dieses Signal in einer analogen Kamera lediglich verstärkt und dann gemäß Übertragungsprotokoll analog zum Framegrabber übertragen wird, wird das Signal bei einer digitalen Kamera vor der Übertragung noch mit Hilfe eines Analog-Digital-Wandlers in ein digitales Signal umgewandelt und dann erst an den Framegrabber gesendet. Der Vorteil der digitalen Übertragung liegt in der geringeren Störanfälligkeit, die durch ein differentielles Übertragen (*LVDS: Low Voltage Differential Signalling*) der Daten erreicht wird. Hierbei wird zusätzlich auf einer zweiten Leitung ein zum eigentlichen Signal inverses Signal gesendet. Durch Differenzbildung der Spannungen auf beiden Leitungen kann dann entschieden werden, ob eine logische 1 oder eine logische 0 gesendet wurde. Mehr Informationen zu LVDS findet man in der online erhältlichen Übersicht [Nat00] oder im IEEE-Standard 1596.3 [Ins96]. Die differentielle Übertragungstechnik hat den Vorteil, dass Störungen leichter erkannt werden, da beide Signale sich durch Addition gegenseitig auslöschen müssen. Des Weiteren ist das Verfahren durch die Differenzbildung widerstandsfähig gegenüber kleinen Störungen in den Spannungswerten. Ein weiterer Vorteil liegt in der höheren Übertragungsrate und der Möglichkeit, das Kamerasignal über längere Strecken zu übertragen. Kommt das Signal schließlich beim Framegrabber an, so muss es für die Weiterverarbeitung im Computer aufbereitet werden. Im Falle eines analogen Signals besteht der wichtigste Verarbeitungsschritt im Framegrabber in der Analog-Digital-Wandlung. Erst danach kann das Kamerasignal als „Bild" zur Weiterverarbeitung genutzt werden. Bei einer digitalen Signalübertragung entfällt dieses Umwandlung. Das ankommende Signal steht praktisch sofort zur Weiterverarbeitung zur Verfügung.

Die obigen Überlegungen sprechen im ersten Moment eher dafür, beim Erwerb von Kamera und Framegrabber nur auf eine rein digitale Lösung zu setzen. Allerdings hat auch die analoge Technik ihre Berechtigung und ist für viele Anwendungen in der industriellen Bildverarbeitung mehr als ausreichend. Das in Abschnitt 11.4 vorgestellte Beispiel zur Qualitätssicherung einer flexiblen Kunststoffleitung verwendet zum Beispiel nur analoge Kameras und Framegrabber. Erst bei hochgenauen Messaufgaben, die in der Nähe starker Störungsquellen (z.B. Elektromotoren) stattfinden oder wo eine längere Distanz zwischen Kamera und Framegrabber zu überwinden ist, sollte man auf digitale Übertragungstechniken ausweichen. Daneben ist die Entscheidung zwischen analog und digital auch eine Preisfrage, da die analogen Komponenten preiswerter als ihre digitalen Pendants sind.

Kabelverbindungen

Neben der Entscheidung analog oder digital beeinflusst auch die Auswahl an unterschiedlichen Anschlussmöglichkeiten die Entscheidung für oder gegen eine bestimmte Kamera-Framegrabber-Kombination.

Analoge Übertragung

Ein analoger Ausgang einer Videokamera wird auch als *Composite*-Ausgang bezeichnet, da neben den Videodaten auch die Synchronisationssignale über ein und dasselbe Kabel gesendet werden. Dies hat den Vorteil, dass die zu verwendenden Kabel sehr einfach aufgebaut und dementsprechend preiswert zu fertigen sind. Der Nachteil einer analogen Verbindung ist – wie bereits beschrieben – die Störanfälligkeit und die beschränkte Datenübertragungsrate. Dennoch ist sie für viele Aufgabenstellungen im Bereich der industriellen Bildverarbeitung durchaus geeignet.

USB

Bei Personal Computern ist mittlerweile der USB-Standard (USB: Universal Serial Bus) weit verbreitet. Es handelt sich dabei um ein digitales, serielles, bidirektionales Bus-System, das den Anschluss verschiedenster Geräte an den Computer erlaubt. Es wird dabei ein standardisierter Anschlussstecker verwendet, über den auch die Stromversorgung des angeschlossenen Gerätes erfolgen kann. USB-Geräte können im laufenden Betrieb angeschlossen und entfernt werden. Der USB-Bus liegt bereits in der zweiten Version (USB-2.0) vor und besitzt eine theoretische Datenübertragungsrate von 480 MBit/s, was in etwa 135 8-Bit Grauwertbildern pro Sekunde in CCIR-Standardauflösung entspricht. In der früheren Version USB-1.1 konnten über den USB-Anschluss maximal 12 MBit/s transferiert werden, was etwa drei 8-Bit Grauwertbildern pro Sekunde entspricht. Weitere Informationen sind in der online erhältlichen USB-Spezifikation [Com00] zu finden.

Der USB-Anschluss wird oft im Rahmen von Multimedia-Anwendungen benutzt, zum Beispiel bei der Übertragung von Bildern aus einer digitalen Photokamera oder für den Anschluss einer Webcam. Dabei handelt es sich aber zum einen nicht um zeitkritische Aktionen und zum anderen sind die geforderten Datenraten nicht sehr hoch. Im Bereich der industriellen Bildverarbeitung findet der USB-Bus so gut wie keine Anwendung. Dies liegt unter anderem daran, dass der USB-2.0-Standard im Gegensatz zum FireWire-Standard (siehe unten) erst recht spät eingeführt wurde.

IEEE-1394 oder FireWire

Wie der USB-Standard beschreibt auch der IEEE-1394-Standard ein digitales, serielles, bidirektionales Bus-System. Auch mit FireWire lassen sich verschiedenste Peripheriegeräte mittels einer standardisierten Steckverbindung an den Computer anschließen. Im Unterschied zum USB-Standard arbeitet FireWire nicht mit einer zentralen Vermittlungsstelle (Master/Slave-Arrangement), sondern die angeschlossenen Geräte können direkt miteinander kommunizieren. Die Datenrate des (alten) IEEE-1394-Standards liegt bei 400 MBit/s. Mittlerweile gibt es den erweiterten Standard IEEE-1394b, der eine Datenrate von bis zu 800 MBit/s erlaubt (siehe [Ins95] oder [Bas01b] für einen kurzen Überblick).

Obwohl auch der FireWire-Anschluss ähnlich dem USB-Anschluss oft im Rahmen von Multimedia-Anwendungen benutzt wird, findet er im Gegensatz zu USB auch Anwendung in der industriellen Bildverarbeitung. Dies liegt unter anderem daran, dass die erste Version des Standards bereits 1995 eingeführt wurde. Weiter bietet er die Möglichkeit, mehrere Kameras an einen Computer anzuschließen oder umgekehrt mehrere Computer auf dieselbe Kamera zugreifen zu lassen. Allerdings gibt es auch bei den IEEE-1394-Schnittstellenkarten ähnlich wie bei Framegrabbern Unterschiede. Viele Karten sind standardmäßig auf den Multimediabetrieb ausgelegt, d.h., ihr Schwerpunkt liegt in der garantierten Bereitstellung der übermittelten Daten, wobei die Übertragungsdauer eine eher untergeordnete Rolle spielt (*asynchronous data transfer*). Diese Schnittstellenkarten können bei zeitkritischen Bildverarbeitungsanwendungen Probleme bereiten. Beim Erwerb eines IEEE-1394 Interfaces sollte man deshalb darauf achten, dass der *isochronous data transfer* unterstützt wird. Er garantiert mit Hilfe einer festen Bandbreite eine zeitgenaue Bereitstellung der übermittelten Daten.

Digitale Übertragung, RS-422, RS-644, LVDS

Wie im obigen Abschnitt beschrieben, wird der vom Sensor kommende, analoge Datenstrom bei einer digitalen Videokamera bereits in der Kamera selbst mit Hilfe eines Analog-Digital-Wandlers digitalisiert. Da die Daten im Gegensatz zur Übertragung des analogen Signals nicht über ein Kabel mit nur einer Leitung gesendet werden, sondern parallel über ein Kabel mit mehreren Leitungen, sind die Kabel für die Übertragung digitaler Signale aufwendiger herzustellen. Als Übertragungstechnik hat sich die im Abschnitt „Datenübertragungstechniken" vorgestellte LVDS-Technik durchgesetzt. LVDS findet sich auch unter der Bezeichnung RS-644.

Ein weiterer digitaler Übertragungsstandard, der zur Verbindung von Kamera und Framegrabber benutzt wird, ist RS-422. Der RS-422-Standard beschreibt ebenfalls ein differentielles Übertragungsprotokoll, arbeitet aber mit einer höheren Spannung als LVDS (RS-422 benutzt $\pm 5V$, LVDS arbeitet mit $\pm 450mV$). RS-422 wurde abgelöst von LVDS, welches zu RS-422 abwärtskompatibel ist.

CameraLink

Der CameraLink-Standard beschreibt kein neues Datenübertragungsprotokoll. Er wurde entwickelt, um eine einheitliche Verbindung mit einem standardisierten Stecker, einem standardisiertem Kabel und einem Standard-Übertragungsprotokoll zwischen verschiedenen Kameras und Framegrabbern zu ermöglichen. Des Weiteren stehen vier einheitliche Eingänge für die Kameraansteuerung zur Verfügung. Die Übertragung selbst erfolgt mit Hilfe eines speziellen, auf der Channel-Link-Technologie basierenden LVDS-Chips. Der Chip besteht aus einem Sender und einem Empfänger und überträgt die Daten digital. Der Vorteil dieser Technik gegenüber RS-644 besteht in einem einfacheren Kabelaufbau und einer höheren Datenrate. Zum Übertragen von 28 Bit werden nur vier Kabelpaare benötigt. Ein fünftes Kabelpaar dient zum Senden von Synchronisationsinformation. Im Vergleich dazu benötigt RS-644 für das Versenden von 28 Bit 28 Kabelpaare. Die Datenrate einer CameraLink-Verbindung beträgt etwa 255 MByte pro Sekunde. Standard LVDS überträgt dagegen maximal etwa 50 MByte in der Sekunde. Weitere Informationen zum CameraLink-Standard bekommt man in [Bas01a].

Abschließend werden die wichtigsten Eigenschaften der unterschiedlichen Verbindungsarten noch einmal in Tabelle 7.1 zusammengefasst. Aufgeführt und den entsprechenden Verbindungsarten zugeordnet sind außerdem die Module, mit denen sich in ICONNECT ein entsprechender Framegrabber ansprechen lässt. ICONNECT unterstützt sowohl analoge als auch digitale Framegrabber und ist deshalb für Anwendungen im Bereich der industriellen Bildverarbeitung geeignet. Anzumerken ist allerdings, dass die Module MILModule

für Framegrabber der Firma Matrox Electronic Systems GmbH, Unterhaching, Inspecta
für Framegrabber der Firma Mikrotron GmbH, Eching, und PicPort für Framegrabber
der Firma Leutron Vision GmbH, Konstanz, nicht zum Standardumfang von ICONNECT
gehören.

Verbindung	analog	IEEE-1394	USB-2.0
Architektur	Anschluss	Bus	Bus
Adapter	Framegrabber	PC	PC
Bandbreite in MByte/s	ca. 12	32	38
Kabellänge in m	bis 10	4,5	5
Anzahl Drähte	1	4	2
(Übertragung von acht Datenbits)			
ICONNECT-Modul	WinTV, IDSModule	LoadAnim	WinTV

Verbindung	RS-422	RS-644	CameraLink
Architektur	Anschluss	Anschluss	Anschluss
Adapter	Framegrabber	Framegrabber	Framegrabber
Bandbreite in MByte/s	2	20-40	255
Kabellänge in m	5	bis 20	10
Anzahl Drähte		22	10
(Übertragung von acht Datenbits)			
ICONNECT-Modul	MILModule, Inspecta, PicPort		

Tabelle 7.1 Eigenschaften verschiedener Kamera- Framegrabber-Verbindungen

Nicht-Standard-Framegrabber

Wie oben bereits beschrieben wurde, beschränkt die in Europa gebräuchliche Videonorm das Kamerabild auf eine Größe von 768 × 576 Pixel. Diese Auflösung ist für viele
Anwendungen nicht ausreichend. Aus diesem Grunde wurden sowohl Kameras als auch
Framegrabber entwickelt, deren Eigenschaften über die der Videostandards hinausgehen,
und die infolgedessen als *Nicht-Standard-Kameras* bzw. *Nicht-Standard-Framegrabber* bezeichnet werden. Sie zeichnen sich unter anderem durch eine größere Auflösung, eine höhere Bildwiederholrate oder zusätzliche Eigenschaften, wie Möglichkeiten zur asynchronen
Bildaufnahme, Progressive-Scan-Bildeinzug oder auch digitale Signalprozessoren (DSP)
zur Bildvorverarbeitung aus. Ein Beispiel für solche nicht-Standard-Produkte sind Zeilenkameras (siehe Abschnitt 7.2.1) und die dazu passenden Framegrabber. Auch die Da-
tenübertragungstechnik verändert sich, je weiter sich eine Kamera oder ein Framegrabber
vom Videostandard entfernen. Genügen für die Standardkameras und -framegrabber noch
analoge Übertragungstechniken, so kommen bei Nicht-Standard-Produkten aufgrund der
meist sehr hohen Datenrate vermehrt digitale Übertragungstechniken zum Einsatz.

7.3   Einführung in die Beleuchtungstechnik

Für den erfolgreichen Einsatz von Methoden der digitalen Bildverarbeitung im industriellen Umfeld ist die Wahl der richtigen Beleuchtung ein wichtiger Bestandteil. Die

richtige Auswahl und der richtige Aufbau von Beleuchtungskomponenten vereinfacht die nachfolgende Auswertealgorithmik erheblich. Aus diesem Grund sollte der erste Schritt einer Bildverarbeitungsaufgabe darin bestehen, mit Hilfe geeigneter Beleuchtungstechniken das bestmögliche Bild für die Inspektionsaufgabe zu erzeugen. Erst mit einem solchen, bestmöglich ausgeleuchteten Bild können die Auswertverfahren korrekte, stabile und wiederholbare Ergebnisse liefern. Bild 7.9 zeigt an einem Beispiel, wie sich verschiedene Beleuchtungstechniken bei ein und demselben Inspektionsgegenstand – hier Textilgewebe – auswirken können.

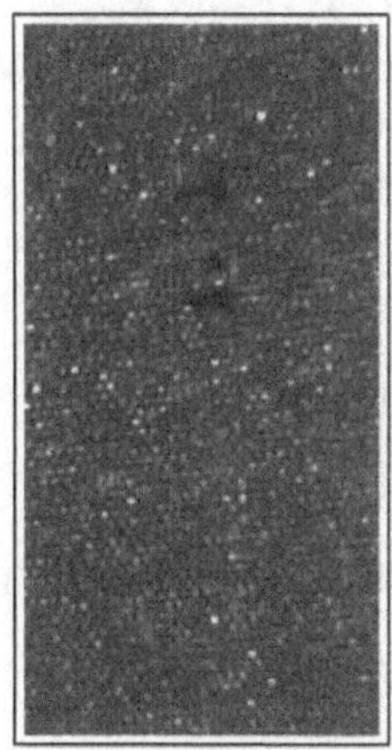 

Bild 7.9 Textilgewebe, unterschiedlich beleuchtet (links mit Durchlichtbeleuchtung, rechts mit Auflichtbeleuchtung)

Bevor etwas näher auf die unterschiedlichen Beleuchtungstechniken eingegangen wird, sollen ein paar beleuchtungstechnische Grundlagen erläutert werden.

7.3.1 Beleuchtungstechnische Grundlagen

Ein Lichtstrahl, der auf einen Gegenstand fällt, kann auf mehrere Arten mit dem Gegenstand reagieren: Er kann reflektiert, absorbiert, emittiert und transmittiert werden. Im Allgemeinen wird eine Kombination dieser vier Verhaltensweisen auftreten.

Reflexion:
> Der Lichtstrahl wird an der Oberfläche des Gegenstandes gespiegelt (siehe Bild 7.10). Es gilt dabei das physikalische Gesetz *Einfallswinkel = Ausfallswinkel*. Je nach Einfallswinkel und Kameraposition kann der reflektierte Lichtstrahl in die Kamera fallen oder an ihr vorbei strahlen.

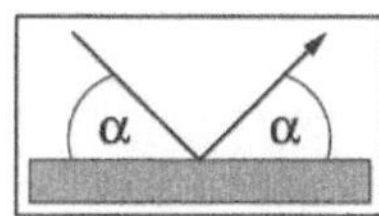

Bild 7.10 Schematische Darstellung der Reflexion

Absorption:
> Der Lichtstrahl wird vom Gegenstand vollständig aufgenommen und kann so mit einer Kamera nicht mehr wahrgenommen werden (siehe Bild 7.11).

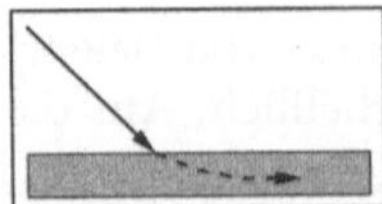

Bild 7.11 Schematische Darstellung der Absorption

Emission:

Der Lichtstrahl wird vom beleuchteten Gegenstand aufgenommen, verlässt ihn jedoch auf der Eintrittsseite wieder (siehe Bild 7.12). Der Austritt erfolgt nicht an der Eintrittsstelle und der Austrittswinkel ist im Allgemeinen ungleich dem Einfallswinkel.

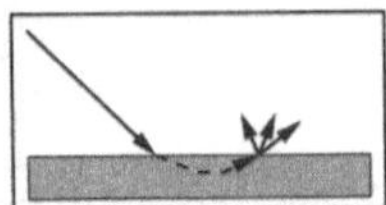

Bild 7.12 Schematische Darstellung der Emission

Transmission:

Der Lichtstrahl durchdringt den Gegenstand unter Einhaltung der Beugungsgesetze (siehe Bild 7.13).

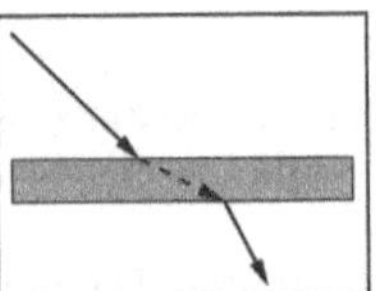

Bild 7.13 Schematische Darstellung der Transmission

Um ein Bild mit der Kamera aufnehmen zu können, ist es notwendig, dass Lichtstrahlen in die Kamera gelangen. Ein dunkler Punkt im Kamerabild bedeutet, dass der Lichtstrahl vom angestrahlten Gegenstand absorbiert wurde oder er aufgrund von Reflexion, Emission und Transmission nicht in die Kamera gelangte. Der Weg eines Lichtstrahls von der Lichtquelle über den aufzunehmenden Gegenstand in die Kamera lässt sich mit Hilfe von Ray-Tracing-Techniken nachvollziehen.

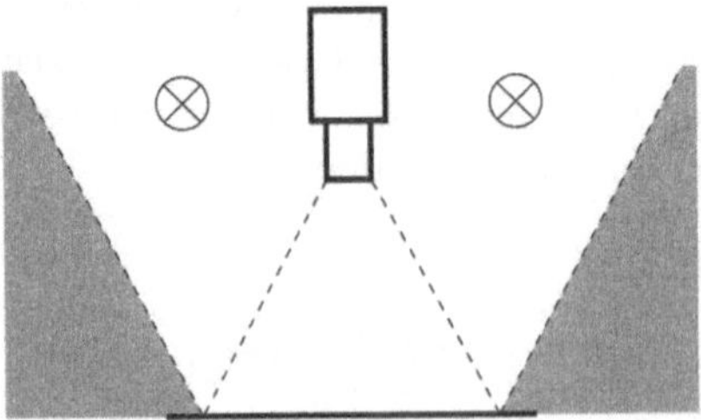

Bild 7.14 Das Licht von Lichtquellen, die sich im weissen Bereich befinden, kann mittels Reflexion in die Kamera gelangen.

Lichtstrahlen, die ihren Ursprung im in Bild 7.14 grau hinterlegten Bereich haben, können durch Reflexion nicht in die Kamera gelangen (ein ideal-spiegelnder, ebener Gegenstand vorausgesetzt). Man nennt diesen Bereich deshalb *Dunkelfeld*. Die so genannte Dunkelfeldbeleuchtung macht sich diesen Umstand zunutze, um Unebenheiten in der Oberfläche des Gegenstandes hervorzuheben. An der glatten, parallel zur Kamera ausgerichteten Oberfläche eines Gegenstandes werden die Lichtstrahlen so reflektiert, dass sie nicht in die Kamera gelangen. Sind allerdings Unebenheiten in der Oberfläche, so werden einige Lichtstrahlen in die Kamera reflektiert. Die Unebenheiten erscheinen als heller Fleck im Kamerabild und können mittels geeigneter Algorithmik erkannt werden. Bild 7.15 zeigt ein Beispiel mit einem Feststellring aus Metall als zu prüfendem Objekt.

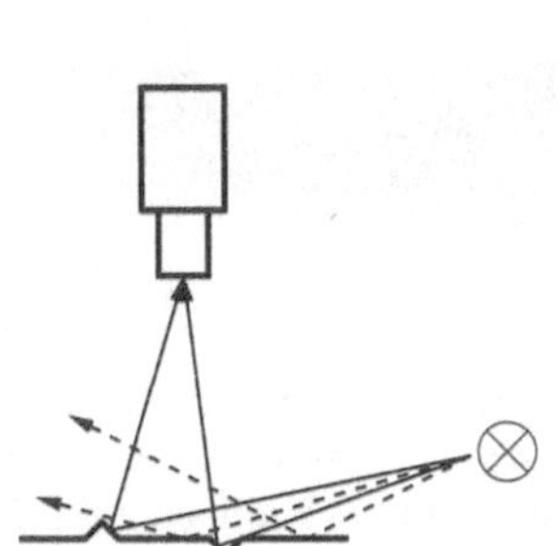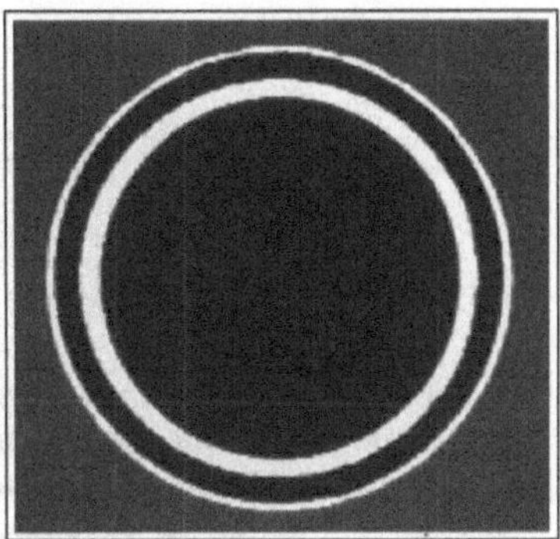

Bild 7.15 Schematische Darstellung der Dunkelfeldbeleuchtung samt Beispiel

Ein völlig anderes Bild bekommt man, wenn Lichtstrahlen direkt von oben auf die glatte Oberfläche fallen. Durch Reflexion erscheint die Oberfläche hell. An Oberflächenunebenheiten werden die Lichtstrahlen jedoch von der Kamera wegreflektiert, so dass die Unebenheiten dunkler erscheinen. Bild 7.16 zeigt ein Beispiel.

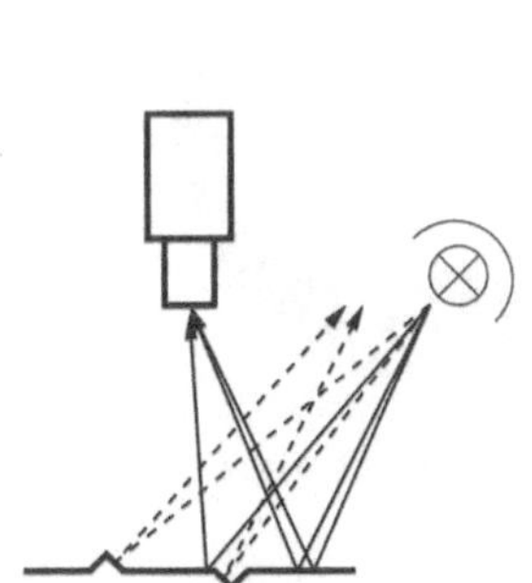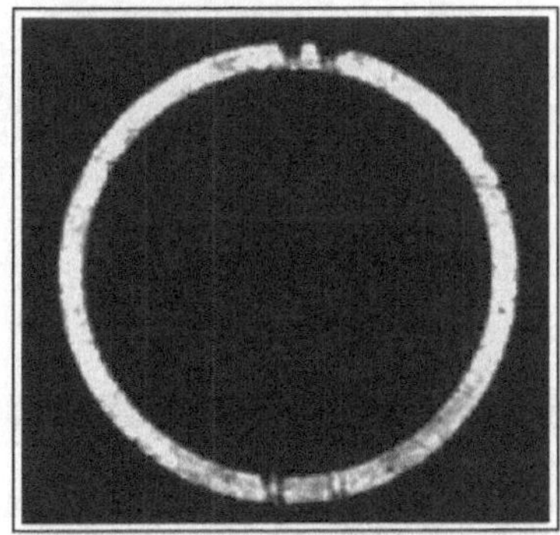

Bild 7.16 Schematische Darstellung der direkten Beleuchtung samt Beispiel

Eine andere Möglichkeit, einen Gegenstand direkt zu beleuchten, bieten Leuchten, bei denen die Kamera mit Hilfe eines halbdurchlässigen Spiegels parallel zu den Lichtstrahlen auf den Gegenstand schaut. Mittels geeigneter optischer Systeme sind solche Leuchten auch in der Lage, parallele Lichtstrahlen zu erzeugen.

Einen sehr gleichmäßig ausgeleuchteten Gegenstand bekommt man, wenn diffuses Licht eingesetzt wird. Die Lichtstrahlen fallen dabei aus vielen verschiedenen Richtungen und unter möglichst vielen Einstrahlwinkeln auf das Objekt, so dass auch Unebenheiten gleichmäßig ausgeleuchtet werden. Bild 7.17 zeigt ein Beispiel einer diffusen Beleuchtung. Es wurde der gleiche Feststellring verwendet wie in den Bildern 7.16 und 7.15.

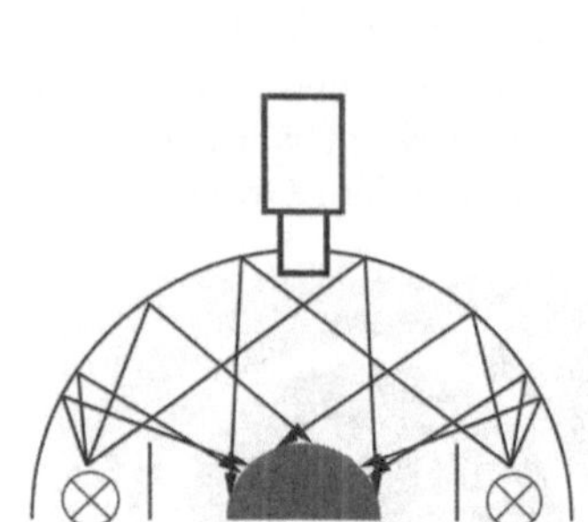
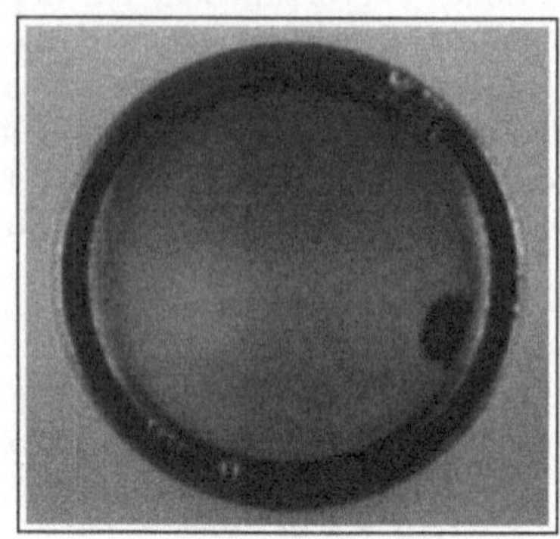

Bild 7.17 Schematische Darstellung einer diffusen Beleuchtung samt Beispiel

Bei allen bisher genannten Beleuchtungsarten waren Kamera und Lichtquelle auf der selben Seite angeordnet. Bei der *Durchlichtbeleuchtung* ist dies nicht der Fall. Der zu inspizierende Gegenstand befindet sich zwischen Lichtquelle und Kamera, was dazu führt, dass die Kamera nur den Schatten des Gegenstandes erkennt. Diese Art der Beleuchtung ist deshalb gut für Vermessungsaufgaben geeignet. Aber auch für Inspektionsaufgaben, bei denen der zu inspizierende Gegenstand durchleuchtet wird und Fehler meist als dunkle Stellen erscheinen, verwendet man Hintergrundbeleuchtung. Bild 7.18 zeigt ein Beispiel.

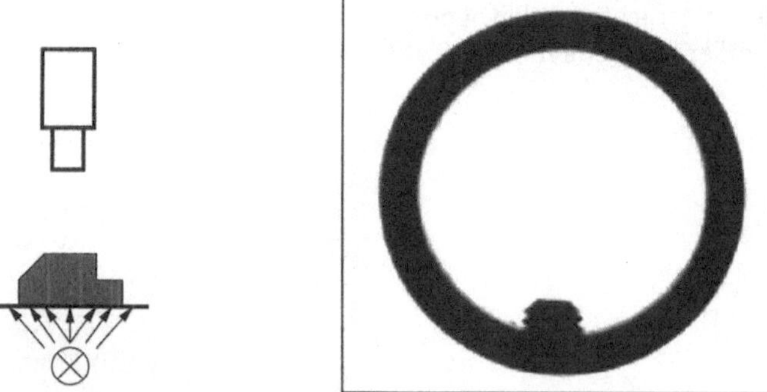

Bild 7.18 Schematische Darstellung einer Durchlichtbeleuchtung samt Beispiel

Tabelle 7.2 beschreibt nochmal kurz zusammengefasst die Eigenschaften der unterschiedlichen Beleuchtungstechniken.

7.3.2 Beleuchtungsarten

Nachdem im vorherigen Abschnitt die wichtigsten Beleuchtungstechniken erläutert worden sind, wird in diesem Abschnitt kurz auf die verschiedenen Arten von Leuchten eingegangen.

Einen hohen Verbreitungsgrad in der industriellen Bildverarbeitung besitzen Leuchten, die aus *Light-Emitting-Diodes* (*LED*) aufgebaut sind. Sie können sehr flexibel aufgebaut

Art der Beleuchtung	Eigenschaften
Dunkelfeldbeleuchtung	• Geeignet für spiegelnde Oberflächen, da Lichtstrahlen in flachem Winkel auf den Gegenstand fallen • Konturen und Unebenheiten werden hell hervorgehoben
direkte Beleuchtung	• Konturen und Unebenheiten erscheinen dunkel, die ebene Oberfläche hell
diffuse Beleuchtung	• Der Gegenstand wird gleichmäßig ausgeleuchtet • Konturen und Unebenheiten werden nicht hervorgehoben
Durchlichtbeleuchtung	• Kamera sieht nur den Schatten des Gegenstand • Außer dem Umriss sind Konturen und Unebenheiten nicht zu erkennen

Tabelle 7.2 Eigenschaften der verschiedenen Beleuchtungstechniken

werden. Aus diesem Grund findet man sowohl Dunkelfeldbeleuchtung, als auch direkte und diffuse LED-Leuchten. Man findet auch Leuchten, die aus farbigen LEDs aufgebaut sind. Sie können bestimmte Eigenschaften des zu beobachteten Gegenstands besonders hervorheben. Ein Beispiel, dafür welchen Einfluss die Lichtfarbe bei der Bildaufnahme hat, zeigt Bild 7.19.

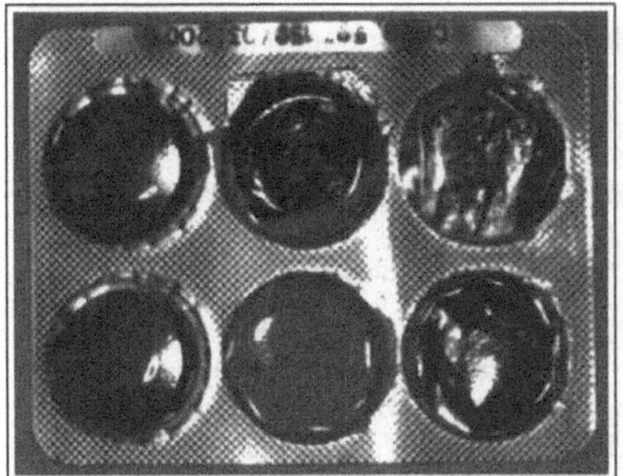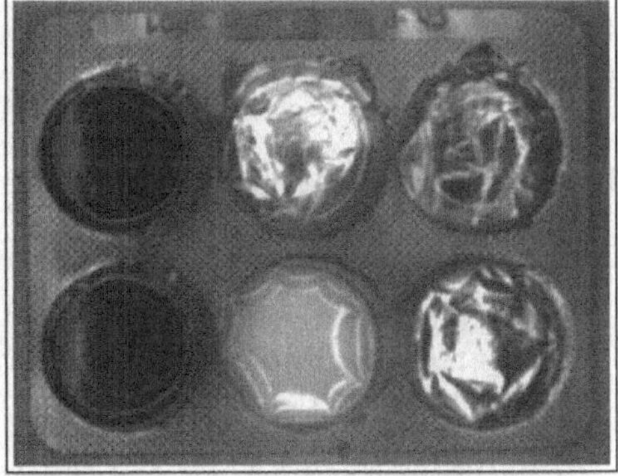

Bild 7.19 Derselbe Gegenstand mit unterschiedlichen Lichtfarben beleuchtet, links rote, rechts blaue LED-Beleuchtung

Ein weiterer Vorteil von LED-Beleuchtung ist die Möglichkeit, die Leuchten auch im Blitzbetrieb zu betreiben. Man hat damit zum Zeitpunkt der Bildaufnahme mehr Lichtenergie zur Verfügung als im kontinuierlichen Betrieb der Beleuchtung. Neben einer hohen Lebensdauer von ca. 50000 Stunden sind die heute erhältlichen LED-Leuchten sehr robust, so dass sie problemlos im industriellen Umfeld eingesetzt werden können.

Außer LED-Beleuchtung wird in der industriellen Bildverarbeitung auch sehr oft Halogenbeleuchtung eingesetzt. Halogenbeleuchtung ist günstig und liefert ein sehr helles Licht. Durch entsprechende Filter kann auch verschiedenfarbiges Licht erzeugt werden (siehe oben). Ein Nachteil der Halogenbeleuchtung ist die Abwärme, die beim Betrieb der Leuchte entsteht. Aus diesem Grund muss die Leuchte im Betrieb gekühlt werden, was bei beengten Platzverhältnissen oftmals nicht möglich ist. Als Alternative bieten sich so genannte Kaltlichtquellen an. Sie haben gegenüber der normalen Halogenbeleuchtung den Vorteil, dass Lampe und Lichtaustritt voneinander getrennt sind: Das Licht gelangt über Lichtleitfasern von der Lampe zur Lichtaustrittsstelle. Dadurch kann die Lampe an einem Ort aufgestellt werden, der ausreichend gekühlt werden kann. Daneben haben Kaltlichtquellen den Vorteil, dass auch aus den Lichtleitfasern – ähnlich wie bei LED-Leuchten – sehr verschiedene Beleuchtungsgeometrien realisiert werden können. Bei nicht voller Leistung liegt die Lebenszeit einer heute erhältlichen Kaltlichtquelle bei etwa 7000 Stunden.

Eine weitere Beleuchtungsart bilden die fluoreszierenden Lichtquellen („Leuchtstoffröhren"). Sie sind aber aus fertigungstechnischen Gründen bei weitem nicht so flexibel einsetzbar wie LED-Beleuchtung oder Kaltlichtquellen. Für ihren Einsatz wird außerdem ein elektronisches Vorschaltgerät (EVG) benötigt, da Leuchtstoffröhren ansonsten in der Frequenz von 50 Hz schwingen, was zu Problemen bei der Bildaufnahme führt. Dies äußert sich darin, dass bei einer kontinuierlichen Bildaufnahme die Bildhelligkeit in der gleichen Frequenz schwankt wie die Beleuchtung. Bei Verwendung eines elektronischen Vorschaltgerätes erhöht sich die Schwingungsfrequenz der Leuchte auf etwa 40 kHz, was im praktischen Einsatz zu keinen Einschränkungen mehr führt. Leuchtstoffröhren findet man – aufgrund ihrer Bauform – bevorzugt in Zeilenkameraanwendungen, wie z.B. der Inspektion von Textilgeweben, Kunststofffolien oder Metall auf einer Walzstraße. Die mittlere Lebensdauer einer Leuchtstoffröhre mit elektronischem Vorschaltgerät beträgt etwa 10000 Stunden, wenn sie – wie auch die Halogenbeleuchtung – nicht bei maximaler Leistung betrieben wird.

Tabelle 7.3 stellt kurz zusammengefasst noch einmal die Eigenschaften der verschiedenen Beleuchtungsarten dar.

7.4 Bildverarbeitungsalgorithmen

Bildverarbeitungsalgorithmen lassen sich in zwei Gruppen einteilen:

- Low-Level Algorithmen

  Low-Level Algorithmen werden oft auch als pixelbasierte Algorithmen bezeichnet. Sie arbeiten direkt auf dem Bild und sind durch Bildauswertungen gekennzeichnet. Typische Low-Level Algorithmen sind Filteralgorithmen, Kantendetektoren oder Binarisierungsfunktionen. Low-Level Algorithmen führen ein Bild in ein neues Bild über (Filter, Binasierungsfunktionen) oder berechnen abstraktere Objekte aus Bildern (etwa Kantenpixel).

- High-Level Algorithmen

  High-Level Algorithmen, in der Literatur auch unter dem Begriff symbolische Bildverarbeitung zusammengefasst, arbeiten nicht direkt auf dem Bild, sondern auf abstrakten Objekten, wie z.B. Kantenpixeln oder Prototypen. Typische High-Level Algorithmen sind z.B. Passalgorithmen (Geraden- oder Kreispassung) oder Abstandsmessungen von Geraden, Kreisen oder komplexeren Objekten.

7.4.1 Low-Level Bildverarbeitung

Die im Folgenden vorgestellten Algorithmen beziehen sich nur auf Grauwertbilder, d.h. $f : M \rightarrow \{0,\dots,255\}$ (vgl. Abschnitt 7.1.1), können aber leicht auch auf farbwertige

Leuchtenart	Vorteil	Nachteil
Glühbirne	• billig • überall erhältlich	• Wärmeentwicklung • Lebensdauer ca. 1000 Stunden
Halogenleuchte Kaltlichtquelle	• Lichtleistung • flexibel • Trennung von Lampe und Lichtaustritt • Lebensdauer ca. 7000 Stunden • unterschiedliche Lichtfarben realisierbar	• Wärmeentwicklung • Preis
Leuchtstoffröhre	• Lichtleistung • Lebensdauer ca. 10000 Stunden • Preis	• elektronisches Vorschaltgerät notwendig • unflexibel
LED	• Lichtleistung • flexibel • Lebensdauer ca. 50000 Stunden • unterschiedliche Lichtfarben realisierbar	• Preis

Tabelle 7.3 Eigenschaften unterschiedlicher Beleuchtungsarten

Bilder übertragen werden. Als weitergehende Literatur sei auf die Bücher von [DSAW98, Jäh93, Hab91] oder [GW92] verwiesen.

Die Low-Level Bildverarbeitung lässt sich in zwei Bereiche aufteilen:

Bildaufbereitungsfunktionen:
Unter diesen Punkt fallen alle Algorithmen, die Bilder in Bilder überführen. Eine Bildaufbereitungsfunktion wird angewendet, um bestimmte Eigenschaften des Eingabebildes besser hervorzuheben, die dann von den Verfahren der Bildsegmentierung benutzt werden, um abstrakte Objekte leichter aus dem Bild zu generieren.

Segmentierungsfunktionen:
Segmentierungsfunktionen sind die Schnittstelle der Low-Level-Algorithmen zu den High-Level-Algorithmen. Sie *entziehen* den Pixeln des gegebenen Bildes die Informationen, um abstraktere Objekte, d.h. Objekte mit einer Objektbedeutung (z.B. eine Kante) erzeugen zu können.

Bildaufbereitungsfunktionen

Die in diesem Abschnitt vorgestellten Verfahren lassen sich mit dem Begriff *Bildvorverarbeitungsalgorithmen* zusammenfassen. Ihnen ist gemein, dass sie aus einem Eingabebild, welches mit Hilfe der Framegrabber-Module idsModule, LoadAnim oder WinTV direkt von einer Kamera geliefert oder über das Modul LoadImage eingelesen wird, ein neues Bild erzeugen, das sich in bestimmten, für die Lösung der gestellten Aufgabe geeigneten

Eigenschaften vom Eingabebild unterscheidet. Eine grobe Klassifizierung der Bildvorverarbeitungsalgorithmen ergibt sich, indem man die Verfahren in *Punktoperationen* und *lokale Operationen* einteilt (vgl. [DSAW98]). Punktoperationen benutzen zur Bestimmung
des Grauwertes eines Pixels im Ergebnisbild nur den Grauwert des korrespondierenden
Pixels im Eingabebild. Im einzelnen werden die folgenden Punktoperationen vorgestellt:
Bildarithmetik und Grauwerttransformation. Lokale Operationen beziehen dagegen zur
Berechnung des Ergebnisgrauwertes eine Umgebung des aktuellen Pixels des Eingabe-
bildes mit ein. Die folgenden Algorithmen gehören zur Klasse der lokalen Operationen:
Morphologische Funktionen, Skelettierung, lineare Filter und Medianfilter.

Bildarithmetik

Unter Bildarithmetik versteht man die pixelweise Verknüpfung mehrerer Bilder miteinander. Dabei hängen die Grauwerte des Ergebnisbildes f_{res} von den Grauwerten aller
Eingabebilder $f_1, \ldots, f_n$ ab:

$$f_{res}(x,y) \;=\; h\left(f_1(x,y), \ldots, f_n(x,y)\right), \quad \forall (x,y) \in \mathbb{P}(M) \tag{7.1}$$

wobei $h : V^n \to V'$, mit $V \subseteq V'$ die punktweise Verrechnung und $f(x,y)$ den Grauwert
an der Stelle (x,y) bezeichnet.

Bildarithmetikfunktionen werden in ICONNECT durch das Modul BinaryOp durchgeführt.
Es erlaubt die Verknüpfung zweier Bilder und unterstützt die folgenden Funktionen:

Original	Das Bild am ersten Eingang wird unverändert wieder ausgegeben.
MIN	Ergebnisgrauwert ist Minimum der korrespondierenden Grauwerte.
MAX	Ergebnisgrauwert ist Maximum der korrespondierenden Grauwerte.
ADD	Die Grauwerte der Eingabebilder werden addiert.
SUB	Die Grauwerte der Eingabebilder werden subtrahiert.
XOR	Die Grauwerte der Eingabebilder werden durch EXKLUSIV-ODER verknüpft.
OR	Die Grauwerte der Eingabebilder werden durch ODER verknüpft.
AND	Die Grauwerte der Eingabebilder werden durch UND verknüpft.

Zu beachten ist, dass sich bei Bildarithmetikfunktionen unter Umständen der Wertebereich des Ergebnisbildes von dem der Eingabebilder unterscheidet. Als Beispiel dafür
sei hier nur kurz die Subtraktion zweier Grauwerte genannt, bei der durchaus auch ein
„negativer Grauwert" im Ergebnisbild auftreten kann. Um das Ergebnisbild dennoch als
Grauwertbild weiterverarbeiten zu können, gibt es unterschiedliche Möglichkeiten:

Clipping:
> Am einfachsten ist es, diejenigen Grauwerte aus dem Ergebnisbild zu entfernen, die
> außerhalb des zulässigen Wertebereichs von f_{res} liegen. Die geschieht, indem Grau-
> werte $f_{res}(x,y) > 255$ auf den maximal zulässigen Wert 255 gesetzt werden. Analog
> dazu werden Grauwerte $f_{res}(x,y) < 0$ auf den minimalen Grauwert 0 gesetzt.

Skalierung:
> Eine weitere Möglichkeit besteht darin, die Grauwerte des Ergebnisbildes auf den
> zulässigen Wertebereich abzubilden. Dazu werden zuerst die tatsächlich im Ergeb-
> nisbild auftretenden minimalen und maximalen Grauwerte bestimmt und dann auf
> den Wertebereich von $\{0, \ldots, 255\}$ skaliert. Dieses Verfahren wird auch als *Kon-
> trastnormierung* bezeichnet.

Mittelung:

Bei der Arithmetikfunktion *ADD* besteht die Möglichkeit, die Grauwerte des Ergebnisbildes durch die Anzahl der an der Addition beteiligten Bilder zu teilen. Dies führt zu einer Mittelung über die einzelnen Eingabebilder.

Absolutwert:

Die bei der Arithmetikfunktion *SUB* auftretenden negativen Grauwerte können auch durch die Bildung des Absolutbetrages wieder auf den zulässigen Wertebereich für ein Grauwertbild abgebildet werden. Voraussetzung dafür ist allerdings, dass an der Subtraktion maximal zwei Bilder beteiligt sind. Bei Beteiligung von mehreren Bildern muss nachträglich noch eine der anderen Methoden angewendet werden, um den zulässigen Wertebereich des Ergebnisbildes nicht zu verlassen.

Die oben aufgeführten Verfahren, den Wertebereich eines Bildes zu verändern, sind im ICONNECT-Modul ImageOp implementiert. Daneben gibt es mit ConvImage ein Modul, welches unterschiedliche Bildformate ineinander konvertieren und somit ebenfalls dazu benutzt werden kann, den Wertebereich des Ergebnisbildes in einen anzeigbaren Bereich zu überführen. ConvImage benutzt dabei für Grauwertbilder einen so genannten *cast*-Operator. Grauwerte, die größer als 255 sind, werden im Computer mit mehr als 8 Bit abgespeichert. Um nun einen solchen Eingabewert in einen Ausgabewert mit 8 Bit zu konvertieren, werden von ConvImage die letzten 8 Bit des Eingabewertes in die 8 Bit des Ausgabewertes übertragen.

Grauwerttransformationen

Eine Grauwerttransformation $t : V \rightarrow V'$ bildet alle Grauwerte des Eingabebildes $f : M \rightarrow V$ in gleicher Weise auf die Grauwerte des Ergebnisbildes $f_{res} : M \rightarrow V'$ ab. Es gilt:

$$f_{res}(x,y) \;=\; t(f(x,y)), \quad \forall(x,y) \in \mathbb{P}(M). \tag{7.2}$$

t ist dabei beliebig wählbar. Der Wertebereich V' des Ergebnisbildes hängt von der verwendeten Transformation ab. Häufig gilt $V \subseteq V'$, doch es gibt spezielle Grauwerttransformationen bei denen dies nicht der Fall ist und stattdessen die Umkehrung gilt oder der Wertebereich V' des Ergebnisbildes gänzlich anders ist. In einem solchen Fall ist es – wenn das Ergebnisbild dargestellt werden soll – notwendig, V' wieder in den Bereich $\{0,\dots,255\}$ zu überführen, wozu z.B. die im vorherigen Abschnitt aufgeführten Techniken oder das Modul ConvImage verwendet werden können.

In ICONNECT bietet das Modul ImageOp die Möglichkeit, die Grauwerte eines Bildes einer Grauwerttransformation zu unterziehen. Die einfachsten Transformationen sind so genannte Schwellwertoperationen. Hierbei hat die Funktion t folgendes Aussehen:

$$t : \begin{cases} V & \rightarrow \quad \{0, 255\} \\ f(x,y) & \mapsto \quad \begin{cases} 255, & \text{wenn } Compare(f(x,y), T) = 1, \quad T \in V \\ 0, & \text{sonst} \end{cases} \end{cases} \tag{7.3}$$

Dabei beschreibt die Funktion $Compare : V \times V \rightarrow \{0,1\}$ einen Vergleich des Grauwertes $f(x,y)$ mit dem Schwellwert T. Im ICONNECT-Modul ImageOp sind die Vergleichsoperationen *kleiner* ($<$) und *größer* ($>$) implementiert. Im ersten Fall werden alle Pixel mit einem Grauwert kleiner als der Schwellwert T markiert, im zweiten Fall alle Pixel mit einem Grauwert größer als der Schwellwert T. Dabei bedeutet „markieren", dass dem zu markierenden Pixel der maximale Grauwert 255 zugewiesen wird. Ein nicht markiertes

Pixel besitzt den Grauwert 0. Das Modul ImageOp bietet zudem noch die Möglichkeit des Intervallvergleichs und seiner Umkehrung, d.h., für zwei Schwellwerte $T_1, T_2 \in V$, $T_1 < T_2$ wird überprüft, ob $T_1 \leq f(x,y) \leq T_2$ vom aktuellen Grauwert $f(x,y)$ erfüllt wird bzw. ob $f(x,y)$ die Bedingungen $f(x,y) < T_1$ und $f(x,y) > T_2$ erfüllt. Bild 7.20 zeigt einige Beispiele für Schwellwerte.

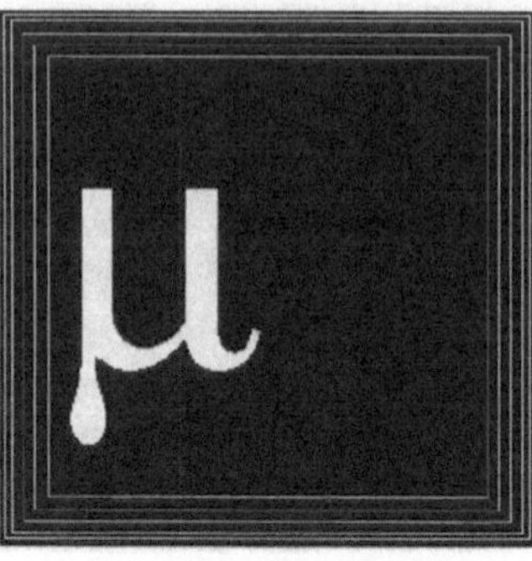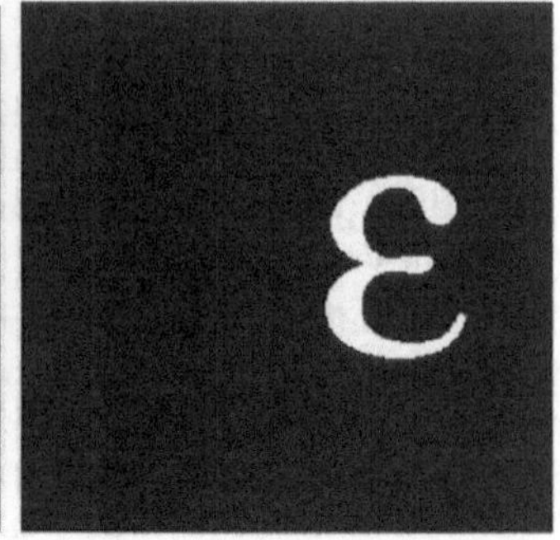

Bild 7.20 Beispiele für unterschiedliche Schwellwertverfahren (links das Eingabebild, in der Mitte sind alle Grauwerte < 64 weiß markiert, rechts alle Grauwerte > 192)

Daneben ist bereits eine Anzahl von festen Transformationen im Modul selbst implementiert:

- $t : f(x,y) \mapsto (f(x,y))^2$
  Mittels dieser Transformationsfunktion, die helle Bereiche aufhellt, dunkle dagegen noch weiter abdunkelt, erhält das Bild insgesamt mehr Kontrast.

- $t : f(x,y) \mapsto \sqrt{f(x,y)}$
  Diese Transformation hellt das Bild etwas auf, allerdings lässt der Kontrast nach, da die hellen Bildbereiche weniger stark angehoben werden, als die dunkleren Bereiche.

- $t : f(x,y) \mapsto |f(x,y)|$
  Diese Funktion eignet sich im Anschluss an die Subtraktion zweier Bilder, da hiermit auch negative Werte wieder in den zulässigen Wertebereich des Ergebnisbildes fallen.

- $t : f(x,y) \mapsto 255 - f(x,y)$
  Das Anwenden dieser Transformation liefert das zum Eingabebild inverse Bild (Negativ).

In Bild 7.21 sind einige Beispiele für Grauwerttransformationen dargestellt.

Des Weiteren bietet das Modul ImageOp auch die Möglichkeit, die Grauwerte des Eingabebildes linear zu transformieren. Die Transformationsfunktion t ist dabei von der Form

$$t : \begin{cases} V & \to & V' \\ f(x,y) & \mapsto & a \cdot f(x,y) + b, \quad a,b \in \mathbb{R} \end{cases} \tag{7.4}$$

wobei $f(x,y)$ wiederum den Grauwert des Eingabebildes an der Stelle (x,y) bezeichnet. Für den Wertebereich V' von t gilt das oben Gesagte. In [Hab91] wird die Bedeutung der Werte a und b etwas näher erläutert:

$$\begin{array}{lll} b & > 0 & \text{Bild wird heller.} \\ b & < 0 & \text{Bild wird dunkler.} \\ |a| & > 1 & \text{Bild wird kontrastreicher.} \\ |a| & < 1 & \text{Bild wird kontrastärmer.} \end{array}$$

Bild 7.21 Beispiele für Grauwerttransformationen (links das Eingabebild, in der Mitte die Transformation *Wurzel*, rechts *Quadrat*, Ergebnisbilder wurden mittels Kontrastnormierung auf den zulässigen Wertebereich skaliert)

Einige Beispiele dafür sind in Bild 7.22 gezeigt.

Bild 7.22 Beispiele für lineare Grauwerttransformationen (links Eingabebild, mitte $a = 1.5, b = -64$, rechts $a = 0.5, b = 64$, Ergebnisbilder mittels Clipping auf den zulässigen Wertebereich skaliert)

Eine spezielle, lineare Grauwerttransformation ist die *Skalierung* oder *Kontrastnormierung*. Durch eine geeignete Wahl der Koeffizienten a und b in Gleichung (7.4) lässt sich das Eingabebild so transformieren, dass der gesamte, zulässige Wertebereich $\{0,\dots,255\}$ im Ergebnisbild ausgeschöpft wird. Seien dazu g_{min} und g_{max} der minimale bzw. der maximale Grauwert im Eingabebild f mit $g_{min} \neq g_{max}$. Dann ergibt sich die Transformation t wie folgt:

$$t : \begin{cases} \{g_{min},\dots,g_{max}\}, & \to \quad \{0,\dots,255\} \\ f(x,y) & \mapsto \quad \frac{255}{g_{max}-g_{min}} \cdot (f(x,y) - g_{min}) . \end{cases} \tag{7.5}$$

Für den Koeffizienten a in Gleichung (7.4) gilt also $a = \frac{255}{g_{max}-g_{min}}$. Ist die Differenz $g_{max} - g_{min} < 255$, so gilt $|a| > 1$ und das Eingabebild erhält mehr Kontrast. Gleichzeitig wird durch den Faktor $b = -\frac{255}{g_{max}-g_{min}} \cdot g_{min}$ unter der Voraussetzung $g_{min} > 0$ das Bild abgedunkelt. Setzt man g_{min} und g_{max} in Gleichung (7.5) ein, so bekommt der minimale Grauwert den neuen Wert 0 und der maximale Grauwert den neuen Wert 255 zugewiesen. Diese Transformation ist auch in der Lage, negative Grauwerte in den darstellbaren Wertebereich zu überführen. In Bild 7.23 ist ein Beispiel für diese Transformation aufgeführt.

Wie schon bei den Bildarithmetikfunktionen kann es auch bei den Grauwerttransformationen vorkommen, dass der zulässige Wertebereich des Ergebnisbildes unter- oder überschritten wird. Es kommen dann ebenfalls die bereits beschriebenen Methoden zum

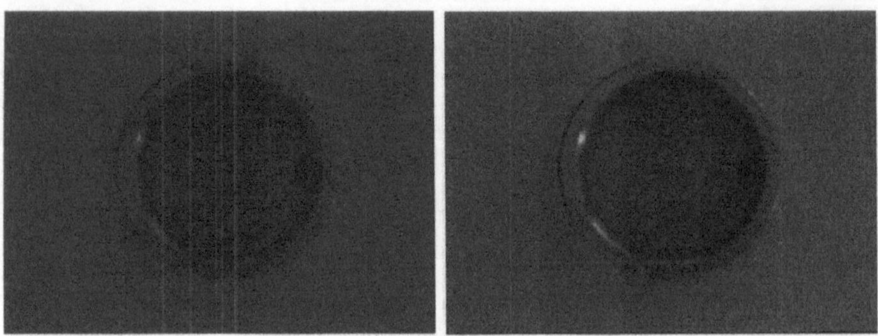

Bild 7.23 Beispiel für die Kontrastnormierung (links das Eingabebild, rechts das Ergebnis der Kontrastnormierung)

Einsatz, um die Grauwerte auf den korrekten Wertebereich einzuschränken. Einige dieser Verfahren lassen sich – wie oben erwähnt – direkt mit Hilfe der Module **ImageOp** und **ConvImage** realisieren.

Neben den Grauwerttransformationen und Bildarithmetikfunktionen kommen in der Bildvorverarbeitung auch Verfahren zum Einsatz, die eine Umgebung des aktuellen Bildpunktes mit in die Berechnung des korrespondierenden Pixels im Ergebnisbild einbeziehen. Einige dieser Methoden werden im Folgenden vorgestellt.

Morphologische Funktionen

Nachdem in den bisherigen Verfahren das Bild f immer als eine Funktion angesehen wurde, wird das Bild in der Morphologie als eine Menge betrachtet. Die zwei grundlegenden Operationen in der Morphologie sind die *Erosion* und die *Dilatation*. Sie werden im Rahmen der industriellen Bildverarbeitung dazu eingesetzt, relevante Bildstrukturen aus den Eingabebildern zu extrahieren. Das in **ICONNECT** im Modul **Morphology** eingesetzte Verfahren für Erosion und Dilatation von Binärbildern (d.h., der Wertebereich des Bildes besteht nur aus den zwei Grauwerten 0 und 1, des besseren Kontrastes wegen, wird allerdings bei der Ausgabe der Bilder oft anstelle des Grauwertes 1 der Grauwert 255 verwendet), basiert auf einer *Minkowski-Subtraktion* bzw. einer *Minkowski-Addition*:

Seien $f_1 : M_1 \to V$ und $f_2 : M_2 \to V$ zwei Bilder. Dann wird durch

$$f_1 \oplus f_2 \quad := \bigcup_{\{(x_0,y_0)\,:\,f_2(x_0,y_0)=1\}} f_1 + (x_0,y_0) \tag{7.6}$$

die Minkowski-Addition definiert. Der Ausdruck $f_1 + (x_0,y_0)$ beschreibt dabei die Verschiebung des Bildes f_1 um den Vektor (x_0,y_0). Analog definiert man die Minkowski-Subtraktion durch

$$f_1 \ominus f_2 \quad := \bigcap_{\{(x_0,y_0)\,:\,f_2(x_0,y_0)=1\}} f_1 + (x_0,y_0). \tag{7.7}$$

Vereinfacht ausgedrückt, beschreibt die Minkowski-Addition eines Bildes f_1 mit einem Bild f_2, dass f_1 um die Koordinaten eines jeden weißen Bildpunktes von f_2 verschoben wird und als Ergebnisbild die Vereinigungsmenge aller verschobenen Bilder von f_1 genommen wird. Bei der Minkowski-Subtraktion wird das Ergebnisbild stattdessen durch die Schnittmenge gebildet. Das Bild f_2 wird auch als *strukturierendes Element* bezeichnet und besteht im Allgemeinen nur aus wenigen Bildpunkten. Üblich sind Bilder mit einer Größe von 3×3- oder 5×5-Bildpunkten. Die Erosion ist dann als Minkowski-Subtraktion mit einem punktgespiegelten strukturierenden Element definiert. In gleicher Weise ist die Dilatation eine Minkowski-Addition mit einem punktgespiegelten strukturierenden Element. Man beachte, dass das Ergebnis von Erosion und Dilatation von der geometrischen Form des strukturierenden Elementes abhängt. Bild 7.24 veranschaulicht noch einmal die Erosion und Dilatation.

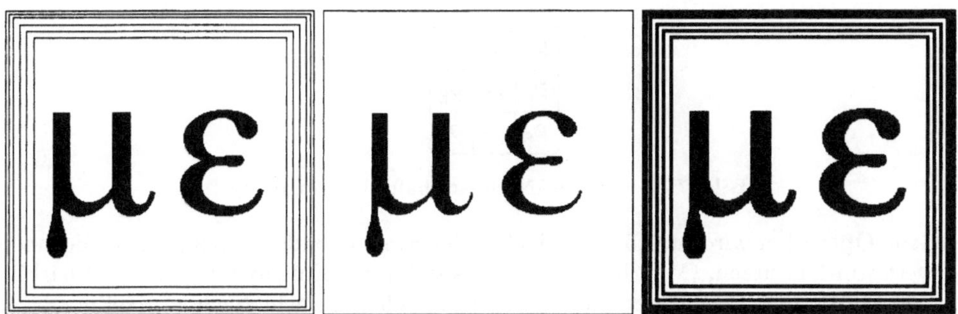

Bild 7.24 Beispiel für Dilatation und Erosion (rechts das Eingabebild, in der Mitte die Dilatation, rechts die Erosion), als strukturierendes Element wurde die 8er-Nachbarschaft eines Pixels gewählt

Zwei weitere, wichtige morphologische Operationen sind das *Öffnen* und *Schließen* einer Menge. Diese beiden Verfahren lassen sich durch eine Hintereinanderausführung von Erosion und Dilatation beschreiben. Unter dem Öffnen einer Menge versteht man Hintereinanderausführung von einer Erosion gefolgt von einer Dilatation. Durch die Erosion werden die schwarzen Bereiche des Binärbildes vergrößert; Lücken in diesen Bereichen werden geschlossen. Die anschließende Dilatation macht diese „Verdickung" der schwarzen Bereiche wieder rückgängig. Wurden durch die Erosion die Lücken vollständig geschlossenen, d.h., es blieb kein weißes Pixel übrig, so können sie durch die Dilatation nicht wieder geöffnet werden. Der Name Öffnen kommt daher, dass durch die Hintereinanderausführung von Erosion und Dilatation weiße Bildbereiche getrennt werden können. Dem gegenüber steht das Schließen einer Menge, welches als Hintereinanderausführung von einer Dilatation und einer Erosion definiert ist. Durch diese Operation werden weiße Bildbereiche aneinandergefügt. Weiterführende Informationen zu morphologischen Operationen findet man u.a. in [GW92, Hab91] und [Soi98].

Skelettierung

Eine lokale Operation, die die Struktur eines in einem Binärbild gezeigten Objektes als Ergebnisbild besitzt, ist die Skelettbildung. In der Literatur findet man auch häufig die Begriffe *Ausdünnung* und *Thinning*. Nach [VS91] ist das *Skelett* eines Objektes eine zusammenhängende Kurve, die folgende Bedingungen erfüllen muss:

- Die Kurve hat eine Breite von einem Bildpunkt.
- Die Topologie der Kurve entspricht der Topologie des Objektes.
- Die Kurve verläuft in der Mitte des Objektes.
- Die Kurve enthält möglichst wenig irrelevante Verzweigungen.

- Das Skelett einer Kurve ist mit der Kurve selbst identisch.

Anschaulich bedeutet dies, dass vom Objekt solange Bildpunkte *abgeschält* werden, bis ein 1 Pixel breiter Streifen übrig bleibt. Dabei ist darauf zu achten, dass die ursprüngliche Form des Objektes beibehalten wird. Für die Art und Weise, wie die zu entfernenden Randpunkte ausgewählt werden, gibt es – auch wegen des Fehlens einer *eindeutigen* Definition für den Begriff Skelett (obige Aufzählung macht dabei keine Ausnahme) – viele verschiedene Verfahren. In [Soi98] gibt es dazu einen guten Überblick. Das im Modul **Skeleton** angewendete Verfahren stammt aus [ZS84] und arbeitet wie folgt:

p_1	p_2	p_3
p_4	p_0	p_5
p_6	p_7	p_8

Bild 7.25 Die 8er-Nachbarschaft eines Pixels p_0

Die lokale Operation wird nur für die Pixel p_0 des Eingabebildes durchgeführt, die einen Grauwert von 1 besitzen. (Man beachte, dass es sich beim Eingabebild um ein Binärbild handelt.) Mit diesem Pixel gehen dann zusätzlich noch seine acht Nachbarpixel $p_1, \ldots, p_8$ mit in die Berechnung ein. Bild 7.25 zeigt die 8er-Nachbarschaft des Pixels p_0. Das Ausdünnungsverfahren basiert auf zwei Iterationsschritten, die solange wiederholt werden, bis ein stabiler Endzustand erreicht ist. Ein Pixel bekommt im ersten Iterationsschritt den Grauwert 0 genau dann zugewiesen, wenn alle folgenden vier Bedingungen erfüllt sind:

(1) $2 \leq p_1 + \ldots + p_8$,

(2) die Anzahl der $0 - 1$-Folgen in der geordneten Menge $\{p_1, \ldots, p_8\}$ beträgt 1,

(3) $p_1 \cdot p_3 \cdot p_5 = 0$,

(4) $p_3 \cdot p_5 \cdot p_7 = 0$.

Die Bedingungen (3) und (4) sorgen dafür, dass im ersten Iterationsschritt Pixel entfernt werden, die rechte oder untere Randpunkte darstellen oder einen Eckpunkt oben-links markieren. Im zweiten Iterationsschritt ändern sich diese beiden Bedingungen in:

(3') $p_1 \cdot p_3 \cdot p_7 = 0$,

(4') $p_1 \cdot p_5 \cdot p_7 = 0$.

Die Bedingungen (3') und (4') sorgen dafür, dass im zweiten Iterationsschritt Pixel entfernt werden, die linke oder obere Randpunkte darstellen oder einen Eckpunkt unten-rechts markieren. Die Bedingungen (1) und (2) sorgen in beiden Durchläufen dafür, dass einerseits keine Endpunkte der Skelettkurve entfernt werden und andererseits der Zusammenhang der Kurve bestehen bleibt.

Das Resultat des Skelettierungsalgorithmus angewendet auf ein Binärbild ist in Bild 7.26 zu sehen.

Skelette werden im Rahmen der Bildverarbeitung in vielen Formerkennungsverfahren, wie z.B. in der Schriftzeichenerkennung eingesetzt. Dabei kommt es dort vor allem darauf an, markante Punkte eines Skeletts zu extrahieren. Solche markanten Punkte können die Endpunkte der Kurve, Verzweigungsstellen oder Schleifen innerhalb der Skelettkurve sein. Mit Hilfe dieser Punkte kann dann ein aufgenommenes Zeichen mit einem im Computer hinterlegten verglichen und klassifiziert werden.

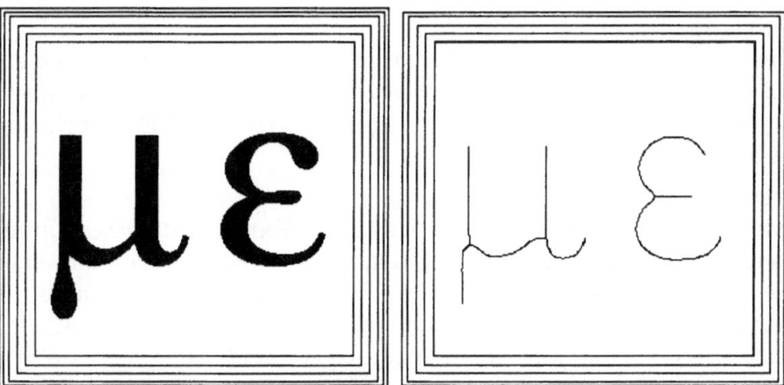

Bild 7.26 Beispiel für den Skelettierungsalgorithmus des Moduls Skeleton (links das Eingabebild, rechts das Ergebnisbild)

Lineare Filter

Lineare Filter gehören zu den am meisten angewendeten lokalen Operationen in der Bildvorverarbeitung. Wie oben erwähnt arbeitet eine lokale Operation derart, dass der Grauwert des Bildpunktes $f_{res}(x_0,y_0)$ im Ergebnisbild sich aus dem Grauwert des korrespondieren Bildpunktes $f(x_0,y_0)$ im Eingabebild und den Bildpunkten in einer Umgebung $U_{(x_0,y_0)}$ von (x_0,y_0) berechnet. Formal beschreibt man eine lokale Operation LO mit $f,f_{res} : M \rightarrow V$ wie folgt:

$$f_{res}(x_0,y_0) \quad := \quad LO\left(\left\{f(x,y) \: : \: \forall\,(x,y) \in U_{(x_0,y_0)}\right\}\right), \tag{7.8}$$

für eine lokale Operation $LO : V_{U_{(x_0,y_0)}} \rightarrow V$ mit $V_{U_{(x_0,y_0)}} := \left\{f(x,y) : \forall\,(x,y) \in U_{(x_0,y_0)}\right\}$ und $U_{(x_0,y_0)} \subset M$. Die Umgebung $U_{(x_0,y_0)}$ und die lokale Operation LO sind beliebig.

Soll das komplette Eingabebild mit der lokalen Operation bearbeitet werden, so wird die Umgebung punktweise über das Bild verschoben und so ein Punkt nach dem anderen für das Ergebnisbild berechnet. Dabei treten allerdings an den Rändern des Bildes Probleme auf: Einige, eigentlich zur Umgebung U gehörende Bildpunkte liegen außerhalb des Definitionsbereiches M des Eingabebildes. [DSAW98] beschreibt unterschiedliche Möglichkeiten, dieses Problem zu behandeln:

Verkleinern des Bildes:
Im Ergebnisbild wird auf alle Punkte verzichtet, für die keine korrekten Werte bei der lokalen Operation berechnet werden können. Dies hat zur Folge, dass sich der Definitionsbereich des Ergebnisbildes verringert. Dieses Verfahren macht Probleme, wenn mehrere Filter hintereinander angewendet werden sollen, da die Ergebnisbilder immer kleiner werden.

Randpunkte definieren:
Bei diesem Verfahren werden die Grauwerte der Bildpunkte, die außerhalb des Definitionsbereiches liegen, mit einem festen Grauwert belegt. Man verwendet meist den Wert 0. Der Vorteil dieser Methode besteht darin, dass die Bildgröße durch die lokale Operation nicht verändert wird und sich somit auch bei mehreren Hintereinanderausführungen nicht ändert. Nachteilig kann sich allerdings auswirken, dass durch die Festlegung des Grauwertes unter Umständen Kanten entstehen, die sich bei nachfolgenden Algorithmen störend auswirken.

Grauwerte extrapolieren:

Mit Hilfe der in der Umgebung verfügbaren Grauwerte kann auf die fehlenden Grauwert außerhalb des Definitionsbereiches geschlossen werden. Diese Methode liefert gute Ergebnisse, kann aber je nach Umgebungsgröße und Extrapolationsmethode recht aufwendig sein.

Grauwerte spiegeln:

Diese Methode ist eine Abwandlung des obigen Extrapolationsverfahrens. Anstelle die fehlenden Grauwerte zu extrapolieren, wird das Eingabebild an seinen Rändern gespiegelt. So ist sichergestellt, dass auch auf Grauwerte außerhalb des Definitionsbereiches zugegriffen werden kann und der Grauwertverlauf am Bildrand im Gegensatz zur Belegung mit einem festen Grauwert (siehe oben) stetig bleibt.

Errechnete Grauwerte wiederholen:

Hierbei werden die Grauwerte, die sich nicht vollständig berechnen lassen, durch den ersten Grauwert ersetzt, der sich bestimmen lässt. Dies hat den Vorteil, dass der Grauwertverlauf am Rand stetig fortgesetzt wird, allerdings wird nur für die Grauwerte im Inneren des Eingabebildes ein neuer Wert berechnet. Dieses Verfahren ist mit dem Verkleinern des Bildes vergleichbar, mit dem Unterschied, dass die ursprüngliche Bildgröße erhalten bleibt.

Ein Filter ist nun eine spezielle Wahl von Umgebung U und lokaler Operation LO. LO ist in diesem Fall eine gewichtete Aufsummierung der Grauwerte innerhalb von U. Aus Symmetriegründen wird dabei eine quadratische $n \times n$-Umgebung mit $n = 3,5,7,\ldots$ bevorzugt. Der Ergebnisbildpunkt (x_0,y_0) liegt in der Mitte dieser Umgebung. Der Grauwert $f_{res}(x_0,y_0)$ im Ergebnisbild ergibt sich dann als

$$f_{res}(x_0,y_0) \quad := \quad \frac{1}{S} \sum_{u=-k}^{k} \sum_{v=-k}^{k} F(u,v) \cdot f(x_0 - u, y_0 - v), \tag{7.9}$$

wobei $k = \frac{(n-1)}{2}$ ist. Der Term $F(u,v)$ bezeichnet den Gewichtungsfaktor, mit dem der zugehörige Grauwert $f(x_0 - u, y_0 - v)$ multipliziert wird. Eine Veränderung von F bewirkt auch eine verändertes Verhalten des Filters, wie unten gezeigt wird. Man beachte, dass der Definitionsbereich $V_{U_{(x_0,y_0)}}$ dieser lokalen Operation geordnet sein muss, damit jedes Element der Definitionsmenge mit dem richtigen Gewichtungsfaktor F multipliziert wird. S ist ein Normierungsfaktor. Um den mittleren Grauwert des Bildes zu erhalten, wird für S meist die Summe der Gewichtungsfaktoren verwendet. Obige Gleichung (7.9) wird oft auch als *diskrete Faltung mit Faltungskern F* bezeichnet. (In der Literatur wird auch oft der Ausdruck *Filtermaske* anstelle von Faltungskern benutzt.)

Im Folgenden werden einige wichtige Filter beschrieben, die unter anderem auch im ICONNECT-Modul FilterImage vorhanden sind.

Eine wichtige Filterart bilden die *Glättungsfilter*. Sie werden eingesetzt, um Bildrauschen und andere kleine Details zu unterdrücken. Man bezeichnet sie deshalb auch als Tiefpassfilter. Da sich Bildrauschen im allgemeinen als zufällige Grauwertänderung einiger Bildpunkte äußert, versuchen Glättungsfilter, den Grauwert dieser Bildpunkte an die der Umgebung anzupassen. Dazu wird der mittlere Grauwert aller Bildpunkte in der Umgebung bestimmt und dem verrauschten Pixel zugeordnet. Dies bedeutet zwar je nach Rauschen eine minimale Grauwertabsenkung bzw. Grauwerterhöhung im Ergebnisbild, der Grauwert des verrauschten Bildpunktes wird aber durch diese Methode deutlich verändert und seiner Umgebung angepasst. Der einfachste Glättungsfilter gewichtet alle

Bildpunkte in der Umgebung gleich und teilt anschließend die gewichtete Summe durch die Summe der Koeffizienten in der Filtermaske. Die Filtermaske hat für eine 3×3-Umgebung folgendes Aussehen:

$$F := \frac{1}{9} \begin{bmatrix} 1 & 1 & 1 \\ 1 & 1 & 1 \\ 1 & 1 & 1 \end{bmatrix}. \tag{7.10}$$

Hierbei entspricht der Wert 9 dem Skalierungsfaktor S in Gleichung (7.9). Bild 7.27 zeigt einige Beispiele für die Auswirkungen von Glättungsfiltern. Man erkennt gut, dass kleine Störungen abgemildert werden, dagegen ist aber gleichzeitig festzustellen, dass auch andere Konturen im Bild, wie z.B. Kanten durch den Filter beeinflusst werden. Auch gut in Bild 7.27 zu erkennen ist, dass ab einem bestimmten Abstand ursprünglich getrennte Linien miteinander verschmelzen.

Bild 7.27 Beispiele für die Auswirkungen eines Glättungsfilters (links das Eingabebild, in der Mitte 3×3-, rechts 5×5-Glättungsfilter)

Ein besseres Ergebnis liefert in einer solchen Situation ein anderer Glättungsfilter. Es hat sich gezeigt (siehe [DSAW98]), dass ein optimaler Glättungsfilter die Form einer Gaußschen Glockenkurve aufweisen muss. In einer diskreten Umgebung, wie sie bei einem digitalen Bild vorliegt, lässt sich diese Kurve nur ansatzweise mit ganzzahligen Koeffizienten annähern. Die Filtermaske in Gleichung (7.11) zeigt eine Annäherung an die Gaußsche Glockenkurve in einer 3×3-Umgebung.

$$F := \frac{1}{16} \begin{bmatrix} 1 & 2 & 1 \\ 2 & 4 & 2 \\ 1 & 2 & 1 \end{bmatrix}. \tag{7.11}$$

In Bild 7.28 lassen sich die Änderungen im Ergebnisbild im Vergleich mit Bild 7.27 gut erkennen.

Das Gegenteil von Glättungsfiltern bewirken so genannte *Kantenfilter*. Sie verhalten sich wie Hochpassfilter und reagieren auf große Grauwert-Veränderungen in einem kleinen, örtlich begrenzten Bereich. Kantenfilter gehören zu den so genannten Differenzfiltern. Der Name kommt daher, dass auch negative Werte für die Koeffizienten der Filtermatrix zugelassen sind und somit der Filter auch Differenzen von einzelnen Grauwerten betrachten kann. Wie bei den Bildarithmetikfunktionen aus Abschnitt 7.4.1 gibt es auch hier das Problem, dass das Ergebnisbild Werte enthalten kann, die nicht mehr im zulässigen Wertebereich für ein Grauwertbild liegen. In [DSAW98] werden mehrere mögliche Strategien, mit solchen Werten umzugehen, vorgestellt:

Bild 7.28   Beispiele für die Auswirkungen eines Gaußfilters (links das Eingabebild, in der Mitte 3 × 3-, rechts 5 × 5-Gaußfilter)

Absolutbetrag:

Von jeden Bildpunkt im Ergebnisbild wird der Absolutbetrag seines gefilterten Wertes gebildet. Anschließend werden diese Werte durch eine Kontrastnormierung (siehe oben) auf den zulässigen Grauwertbereich skaliert.

Positive Werte:

Für die Kontrastnormierung zur besseren Darstellung der Kanten im Ergebnisbild werden nur die positiven Werte benutzt. Die negativen Werte bekommen den minimalen Grauwert 0 zugewiesen. Eine solche Methode hat den Vorteil, dass man Informationen über den Grauwertverlauf des Eingabebildes erhält. Mit Kenntnis des Filteroperators lässt sich entscheiden, ob die Kanten an einem hell-dunkel-Übergang detektiert wurden oder an einem dunkel-hell-Übergang.

Negative Werte:

Dieses Verfahren liefert genau die Kanten, die bei Verwendung der positiven Werte ausgeblendet wurden. In diesem Fall werden alle positiven Werte im Ergebnisbild auf den Grauwert 0 gesetzt, von den negativen Werten wird der Absolutbetrag genommen und anschließend werden die Grauwerte wieder mittels Kontrastnormierung auf den zulässigen Wertebereich skaliert.

Relative Werte:

Bei dieser Methode werden die bei der Filterung erhaltenen Werte zunächst auf einen zum minimalen Grauwert symmetrischen Bereich skaliert. Im allgemeinen wird dies die Menge $\{-127,\ldots,0,\ldots,127\}$ sein. Anschließend werden die Werte dann additiv auf den zulässigen Grauwertbereich abgebildet. Der Vorteil dieses Vorgehens liegt darin, dass sowohl die hell-dunkel- als auch die dunkel-hell-Übergänge im Ergebnisbild zu erkennen sind. Je nach Filteroperator erscheinen die einen dunkel und die anderen als helle Kante im Ergebnisbild.

Der mathematische Hintergrund der Differenzfilter liegt in der ersten „Ableitung" des Bildes begründet. Eine Kante im Bild bedeutet immer eine große Veränderung der Grauwerte in einem sehr kleinen Bereich. Betrachtet man ein Bild f als eine kontinuierliche Funktion $f : M \rightarrow V$, so kann die erste Ableitung als ein Maß für die Veränderung des Grauwertverlaufs hergenommen werden. Ein Extremum in der ersten Ableitung lässt auf eine starke Grauwertschwankung im Eingabebild schließen, was wiederum auf eine Kante hindeutet. Ein Kantenfilter bestimmt die Extrempunkte der ersten Ableitung der Grauwertfunktion, um so starke Grauwertübergänge im Eingabebild zu detektieren. Da es sich beim Eingabebild im Allgemeinen um ein diskretes Bild handelt, ist es allerdings nötig, eine diskrete Version für die erste Ableitung zu definieren. Eine gute Approximation liefern die folgenden beiden Abschätzungen:

$$\frac{\delta f(x,y)}{\delta x} \approx f(x,y) - f(x-1,y) \tag{7.12}$$

$$\frac{\delta f(x,y)}{\delta y} \approx f(x,y) - f(x,y-1). \tag{7.13}$$

Da für die Erkennung einer horizontalen Kante der Gradient in y-Richtung betrachtet werden muss, ergibt sich als Filtermatrix:

$$F_h := \begin{bmatrix} -1 \\ 1 \end{bmatrix}. \tag{7.14}$$

Analog ergibt sich für die Erkennung einer vertikalen Kante die Filtermatrix

$$F_v := \begin{bmatrix} -1 & 1 \end{bmatrix}. \tag{7.15}$$

Bild 7.29 zeigt die Ergebnisse bei Anwendung der beiden Kantenfilter auf ein Testbild.

Bild 7.29 Horizontale und vertikale Kantenfilterung auf einem Testbild

Die beiden in den Gleichungen (7.14) und (7.15) vorgestellten Kantenfilter haben den Nachteil, dass sie sehr anfällig gegenüber Rauschen und sonstigen Bildstörungen sind. Bessere Ergebnisse liefern Filter, bei denen eine etwas größere Umgebung in das Ergebnis mit einfließt und die einzelnen Bildpunkte zusätzlich noch gewichtet werden. Ein solcher Kantenfilter ist z.B. der Sobel-Operator S. Für die Detektion vertikaler Kanten besitzt er folgendes Aussehen:

$$S_v := \begin{bmatrix} -1 & 0 & 1 \\ -2 & 0 & 2 \\ -1 & 0 & 1 \end{bmatrix}. \tag{7.16}$$

Für die Detektion horizontaler Kanten folgt analog:

$$S_h := \begin{bmatrix} -1 & -2 & -1 \\ 0 & 0 & 0 \\ 1 & 2 & 1 \end{bmatrix}. \tag{7.17}$$

Mathematisch ergibt sich der Sobel-Operator aus der Faltung des in den Gleichungen (7.14) bzw. (7.15) vorgestellten und auf eine 3×3-Umgebung erweiterten Kantenfilters mit einem Glättungsfilter, also beispielsweise für den vertikalen Sobel-Operator:

$$S_v := \begin{bmatrix} 0 & 0 & 0 \\ -1 & 0 & 1 \\ 0 & 0 & 0 \end{bmatrix} * \begin{bmatrix} 0 & 1 & 0 \\ 0 & 2 & 0 \\ 0 & 1 & 0 \end{bmatrix}. \tag{7.18}$$

Hierbei bezeichnet $*$ den Faltungsoperator. Bild 7.30 zeigt die Anwendung des horizontalen und vertikalen Sobel-Operators für das Beispielbild.

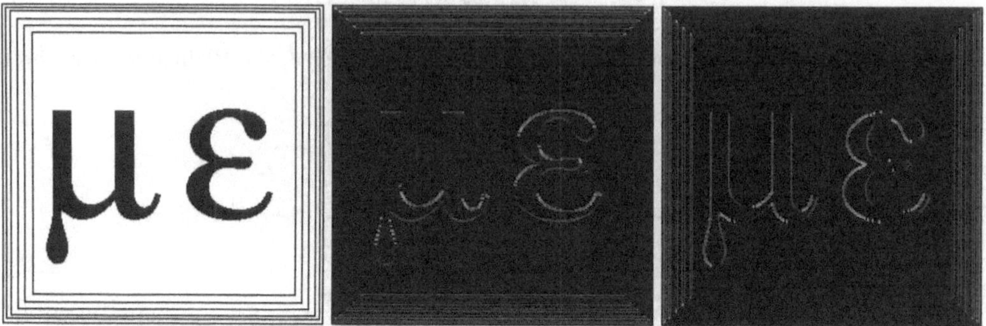

Bild 7.30 Sobeloperator angewendet auf ein Testbild (links das Eingabebild, in der Mitte der horizontale und rechts der vertikale Sobel-Operator)

Im Modul FilterImage gibt es weiterhin noch zwei Varianten des Sobel-Operators zur Detektion von diagonal verlaufenden Kanten.

Neben den hier vorgestellten Filtern finden sich im ICONNECT-Modul FilterImage noch weitere Kanten- und Glättungsfilter. In der zum Modul gehörigen Hilfe ist außerdem zu jedem Filter die Filtermatrix aufgeführt. Mit Hilfe des Moduls WeightedImage besteht zusätzlich die Möglichkeit, beliebige lineare Filter zu realisieren. Auch hier geben die zugehörige Hilfe-Seite sowie der in der ICONNECT-Demo-Version vorhandene Beispielgraph weitere Hinweise. Weiterführende Angaben zu Filtern findet man u.a. noch in [GW92, Hab91, Jäh93, VS91].

Medianfilter

Der Medianfilter ist kein linearer Filter. Anwendung findet er bei der Glättung von Bildern. Im Gegensatz zu den oben vorgestellten Glättungsfiltern ist der Medianfilter weitgehend unempfindlich gegenüber Grauwertausreißern im Eingabebild. Auch erhält er weitgehend die Schärfe der im Bild verlaufenden Kanten. Er eignet sich daher gut, um punktförmige Störungen im Eingabebild zu eliminieren. Leider werden auch sonstige 1 Pixel breite Strukturen durch den Medianfilter entfernt, wie man in Bild 7.31 erkennen kann.

Der Medianfilter gehört zur Klasse der Rangordnungsfilter. Ein Rangordnungsfilter lässt sich nach [VS91] wie folgt definieren: Die n Grauwerte der Umgebung $U_{(x_0,y_0)}$ eines Bildpunktes (x_0,y_0) des Eingabebildes werden ihrem Wert nach sortiert und in einer Reihe angeordnet. Es folgt also $g_1 \leq g_2 \leq \ldots \leq g_n$. Bei einem Rangordnungsfilter der Ordnung k, mit $1 \leq k \leq n$, bekommt das entsprechende Pixel im Ergebnisbild das k-te Element g_k aus der sortierten Reihe zugewiesen. Bei einem Medianfilter bekommt der Grauwert g_{res} im Ergebnisbild folgenden Wert zugewiesen:

$$g_{res} := \begin{cases} g_{\frac{n+1}{2}}, & \text{für } n \text{ ungerade.} \\[2ex] \dfrac{g_{\frac{n}{2}}+g_{\frac{n+1}{2}}}{2}, & \text{für } n \text{ gerade.} \end{cases} \tag{7.19}$$

Bild 7.31 zeigt die Wirkung eines 3×3-Medianfilters auf ein gestörtes Bild. Man sieht, dass die gestörten Pixel fast komplett verschwunden sind und sich die Kanten von μ und ε weiterhin scharf vom Bildhintergrund abheben. Zum Vergleich sei hierbei auch noch einmal auf Bild 7.27 verwiesen.

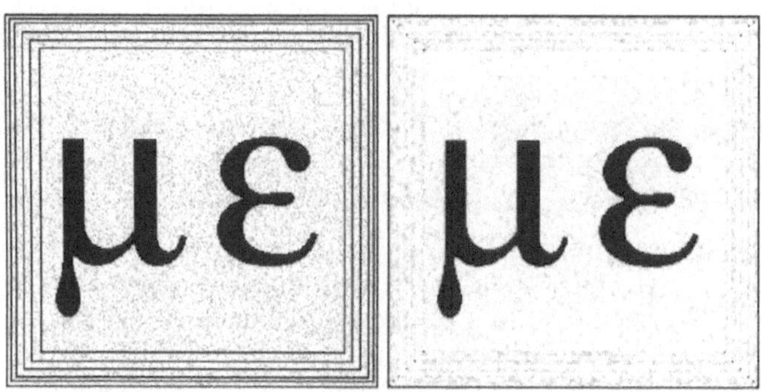

Bild 7.31 3×3-Medianfilterung auf dem Testbild

Zu Rangordnungsfiltern sei noch kurz angemerkt, dass sie auch eine Möglichkeit bieten, die morphologischen Operationen Erosion und Dilatation auf einem Grauwertbild zu definieren. Als Erosionsfilter wird der Rangordnungsfilter der Ordnung 1, als Dilatationsfilter der Rangordnungsfilter der Ordnung n verwendet.

Segmentierungsfunktionen

Nachdem im vorherigen Abschnitt einige Bildvorverarbeitungsverfahren näher erläutert wurden, widmet sich dieser Abschnitt den so genannten Segmentierungsfunktionen. Im Gegensatz zu den Vorverarbeitungsalgorithmen ist das Ergebnis einer Segmentierungsfunktion kein Bild, sondern ein abstraktes Objekt. Beispiele für abstrakte Objekte sind z.B. Punkte, Kanten oder Regionen. Diese abstrakten Objekte können anschließend mit den Methoden der High-Level-Bildverarbeitung (siehe Abschnitt 7.4.2) weiterverarbeitet werden, um z.B. in der optischen Messtechnik Längen, Abstände oder Durchmesser zu bestimmen. Die Genauigkeit mit der dabei gemessen werden kann, hängt entscheidend von der Erkennung dieser abstrakten Objekte ab. Liefert diese schon ungenaue Ergebnisse, so wird auch das gesamte Messverfahren keine befriedigende Resultate liefern.

ICONNECT stellt mehrere Segmentierungsfunktionen bereit. Die Kantenfilterung wurde bereits vorgestellt. Da die Filterung eigentlich zu den Bildvorverarbeitungsverfahren gehört und als Ergebnis ein Bild besitzt, müssen die zu einer Kante gehörenden Punkte mit einem nachfolgenden Algorithmus ermittelt werden. Eine hochgenaue Punkterkennung ist auch für die Kamerakalibrierroutinen sehr wichtig. Aus diesem Grund wird ein entsprechendes Verfahren zur Punktdetektion erst im Abschnitt 7.4.2 erläutert, wo auch die Kamerakalibrierung selbst beschrieben ist. Daneben gibt es in ICONNECT noch mehrere Algorithmen, mit denen sich Zusammenhangskomponenten bestimmen lassen, deren Ergebnisse dann z.B. als Liste von Pixeln den eigentlichen Messverfahren zur Verfügung gestellt werden kann.

Schwellwertverfahren

Bei einem Schwellwertverfahren werden zunächst algorithmisch Werte $\{t_2,\ldots,t_k\} \subset \{0,\ldots,G\}$, so genannte Schwellwerte, bestimmt. Mit diesen Schwellwerten wird dann die Segmentierung eines Bildes f berechnet, indem man alle Pixel, die zwischen zwei aufeinanderfolgenden Schwellwerten liegen, zusammenfasst. Definiert man $S_i := \{p \in \mathbb{P}(M) : t_i \leq g(p) < t_{i+1}\}$ für $i = 1,\ldots,k$, wobei $t_0 := 0$ und $t_{k+1} := G+1$ definiert sei, so bildet $S_1,\ldots,S_k$ eine Segmentierung des Bildes f, bei der alle Pixel eines Segments einen ähnlichen Grauwert haben. Ein Nachteil eines solches Vorgehens ist, dass man auf die Form der Segmente keinen Einfluss hat. Dafür ist es aber auf der anderen Seite ein sehr schnelles Verfahren, um eine erste Entscheidungsgrundlage in einer Bildverarbeitungsaufgabe zu bekommen.

Die zentrale Aufgabe bei Schwellwertverfahren ist es, ein geeignetes Verfahren für die automatische Bestimmung der Schwellwerte anzugeben. Das wichtigste Hilfsmittel dazu ist in den meisten Anwendungen das Histogramm des Bildes.

Ist f ein diskretes Grauwertbild mit Werten in $\{0,\ldots G\}$. Dann heißt die Funktion $h_f : \{0,\ldots,G\} \to \mathbb{N}$ mit $h_f(i) := |f^{-1}(i)|$ *das Histogramm des diskreten Grauwertbildes f.* Der Wert $h_f(i) = k$ bedeutet also, dass der Grauwert i im Bild f genau k-mal vorkommt. In **ICONNECT** bietet das Modul **Histogram** eine Möglichkeit das Histogramm eines Bildes zu berechnen. Bild 7.32 zeigt ein Histogramm eines Bildes einer Granitplatte.

Wenn sich zwei Objekte (meist ist eines davon der Hintergrund) im Bild klar anhand ihres Grauwertes unterscheiden, so werden diese Grauwerte im Histogramm des Bildes lokale Maxima sein. Genauer gesagt wird, da die Grauwerte in einem realen Bild immer auch innerhalb des Objektes ein wenig variieren, eine Art „Hügel" im Graphen des Histogramms rund um den mittleren Grauwert des Objektes zu sehen sein. Einige Autoren (vergleiche etwa [GW92]) gehen davon aus, dass dieser „Hügel" im Idealfall einer Gaußschen Glockenkurve entspricht.

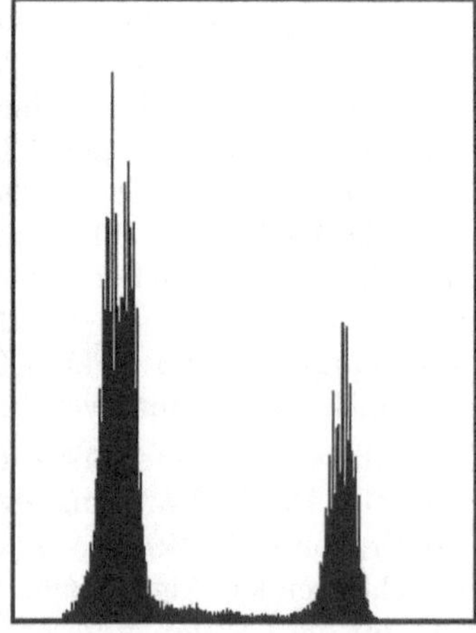

Bild 7.32 Beispiel eines Histogramms (rechts) eines Bildes (links) mit einem Definitionsbereich von 256 Grauwerten

Eine bekannte Methode einen Schwellwert zu finden, bietet die so genannte Varianzanalyse, die auf Otsu zurückgeht (vergleiche [Ots79]).

Sei $\{0, \ldots, G\}$ die Menge der Grauwerte eines diskreten Grauwertbildes f und h_f das Histogramm des Bildes. Dann kann man für ein beliebiges Pixel p des Bildes aus $h_f(i)$ die Wahrscheinlichkeit schätzen, dass $f(p)$ den Wert i hat. Diese Überlegung rechtfertigt das Vorgehen, das Histogramm h_f als Grundlage eines Wahrscheinlichkeitsmaßes zu sehen.

Sei $X : \Omega \to \{0, \ldots, G\}$ eine Zufallsvariable, deren Wahrscheinlichkeit durch das Histogramm h_f bestimmt ist. Definiert man $S := \sum_{i=0}^{G} h_f(i)$, so bezeichne $P[X = i]$ die Wahrscheinlichkeit, dass ein Pixel den Grauwert i trägt, $p_i := \frac{h_f(i)}{S}$. Es gilt dann $\sum_{i=0}^{G} p_i = 1$ und alle p_i sind größer oder gleich 0, wobei im Folgenden alle p_i mit $0 \leq i \leq G$ größer als 0 angenommen werden, um Fallunterscheidungen zu vermeiden.

Ziel ist es nun, einen Grauwert $k^* \in \{0, \ldots, G-1\}$ zu bestimmen, so dass sich für $k = k^*$ die beiden Klassen $C_0(k) := \{0, \ldots, k\}$ und $C_1(k) := \{k + 1, \ldots, G\}$ am besten trennen lassen. Zwei Klassen sind „gut" zu trennen, wenn die Varianz innerhalb der Klassen gering und die Varianz zwischen den Klassen hoch ist. Der Grauwert k^*, der diese beiden Bedingung am besten erfüllt, ist dann ein geeigneter Schwellwert, um die beiden Klassen mit Hilfe des Moduls ImageOp zu segmentieren. In der Regel liegt dieser Schwellwert k^* zwischen den zwei signifikantesten Hügeln im Histogramm des Bildes.

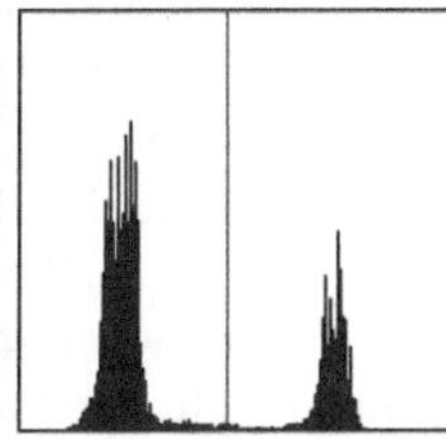

Bild 7.33 Beispiel der Schwellwertbestimmung nach dem Verfahren von Otsu (Originalbild, Histogramm mit eingetragenem Schwellwert, Ergebnis nach Anwendung des Schwellwertes)

Die Bilder 7.33, 7.34 und 7.35 zeigen Beispielergebnisse der Schwellwertbestimmung nach Otsu. In Bild 7.34 ist von links nach rechts das Originalbild, das Histogramm mit eingetragenem Schwellwert und das Ergebnis nach der Anwendung des Schwellwertes zur Segmentierung zu sehen. Das Originalbild ist die Abbildung einer Granittranche und ihres Schattens vor einem weißen Hintergrund. Der weiße Hintergrund hat die höchste Helligkeit, die ein Pixel bei dieser Aufnahme annehmen kann. Daher entsteht, aufgrund der großen Fläche des Hintergrunds, ein hoher Histogrammwert für G. Wie man sieht, wird der Schatten, der heller ist als das Objekt, noch zum Hintergrund gerechnet. Zieht man zwei Schwellwerte zur Segmentierung des Bildes heran, so wird der Schatten zu einem eigenen Segment (vergleiche Bild 7.35). Dieser Fall kommt dem optischen Eindruck des Bildes mit drei Klassen „Granit", „Schatten" und „Hintergrund" am nächsten.

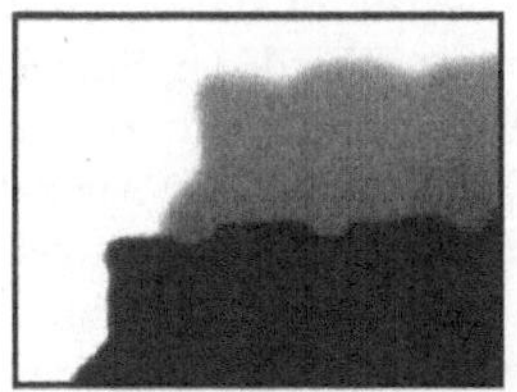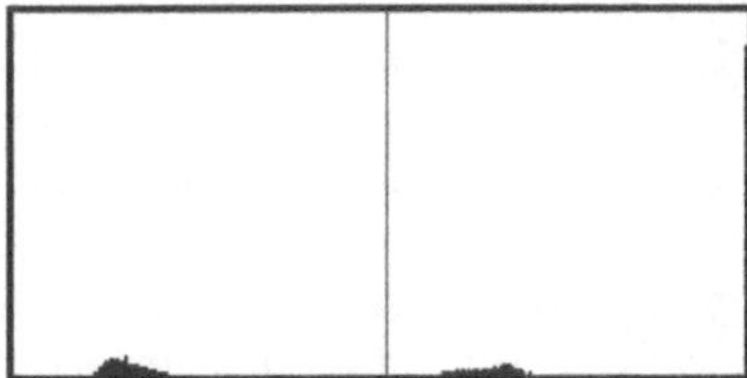

Bild 7.34 Beispiel der Schwellwertbestimmung nach dem Verfahren von Otsu

 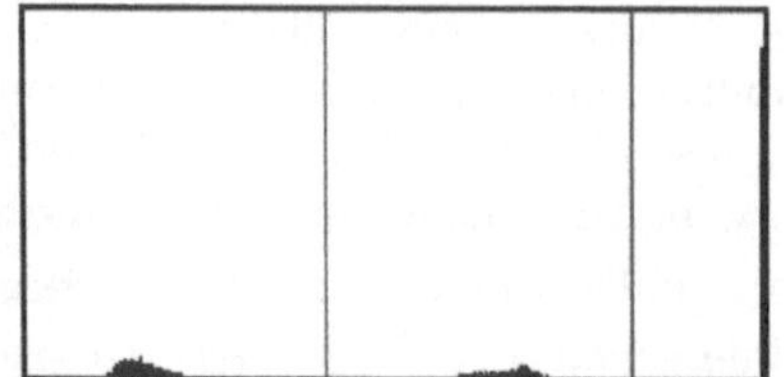 

Bild 7.35   Beispiel der Schwellwertbestimmung für zwei Schwellwerte

Blob-Analyse

Mit Hilfe des Moduls BlobAnalysis lassen sich in einem binären Eingabebild zusammen-hängende Regionen bestimmen. Der Ausdruck *Blob* steht dabei für *Binary Large OBject*. Bevor näher auf das Verfahren eingegangen wird, mit dem man Zusammenhangskompo-nenten ermitteln kann, muss zuerst einmal definiert werden, was eine zusammenhängende Pixelmenge ist:

- Zwei Pixel p_1 und p_2 heißen *benachbart*, falls sie eine gemeinsame Kante oder einen gemeinsamen Eckpunkt besitzen. Man findet diese Art der Nachbarschaftsbezie-hung auch unter dem Begriff der *8er-Nachbarschaft* (siehe Bild 7.25).

- Sei $\mathcal{P}$ eine Menge von Bildpunkten. Für zwei Pixel p_1, $p_2 \in \mathbb{P}$ gibt es genau dann einen *Weg* von p_1 nach p_2 in $\mathcal{P}$, wenn ein Pixel $q \in \mathcal{P}$ existiert, welches zu p_1 benachbart ist und ein Weg von q nach p_2 in $\mathcal{P}$ existiert.

- $\mathcal{P}$ heisst *zusammenhängend*, falls für je zwei Pixel p_1, $p_2 \in \mathcal{P}$ gilt, dass es einen Weg von p_1 zu p_2 gibt, der nur aus Pixeln der Menge $\mathcal{P}$ besteht.

Man beachte, dass der Begriff *benachbart* je nach Anwendung auch anders definiert wer-den kann. Eine engere Definition erreicht man z.B., wenn zwei Pixel nur dann als benach-bart gelten, wenn sie eine gemeinsame Kante besitzen. Zwei Pixel, die nur einen Eckpunkt gemeinsam hätten, wären nach dieser Definition nicht benachbart. In einem solchen Fall spricht man von einer *4er-Nachbarschaft*. Je nach Definition der Nachbarschaft kann auch die zusammenhängende Menge ihr Aussehen verändern. Ein Verfahren, um zusammen-hängende Mengen in einem Binärbild zu finden, lässt sich dann rekursiv über Tiefen- oder Breitensuche definieren: Sei p ein Pixel, das zur Zusammenhangskomponente gehört. Ge-mäß der Nachbarschaftsdefinition werden alle zu p benachbarten Pixel angeschaut. Hat ein Nachbarpixel den gleichen Grauwert wie p und wurde es noch keiner Zusammen-hangskomponente zugeordnet, so gehört es zur gleichen Zusammenhangskomponente wie p und wird in einem Zwischenspeicher gemerkt. Anschließend wird das nächste Element aus dem Zwischenspeicher betrachtet. Ist der Zwischenspeicher leer, so ist die Zusam-menhangskomponente vollständig erfasst worden. Das nächste Pixel p' im Bild, das noch keiner Zusammenhangskomponente zugeordnet wurde, gehört zu einer neuen Zusammen-hangskomponente. Die Implementierung des Zwischenspeichers bestimmt dabei, ob das Verfahren wie eine Tiefensuche oder eine Breitensuche funktioniert. Wird der Speicher als ein *First In First Out*-Speicher implementiert, so führt der Algorithmus eine Breiten-suche aus, bei einer *Last In First Out*-Implementierung eine Tiefensuche. Als Ausgabe hat das Verfahren eine Liste von Zusammenhangskomponenten mit all ihren dazugehö-renden Bildpunkten. Zu den gefundenen Zusammenhangskomponenten können dann wie im Modul BlobAnalysis noch weitere Informationen generiert werden, die bei späteren Algorithmen hilfreich sein können. Die Hilfeseite zum Modul gibt einen guten Überblick über die einzelnen Informationen, die zu den gefundenen Regionen generiert werden.

Bild 7.36 zeigt die Zusammenhangskomponenten und einen Ausschnitt aus den zugehörigen Informationen für ein Beispielbild.

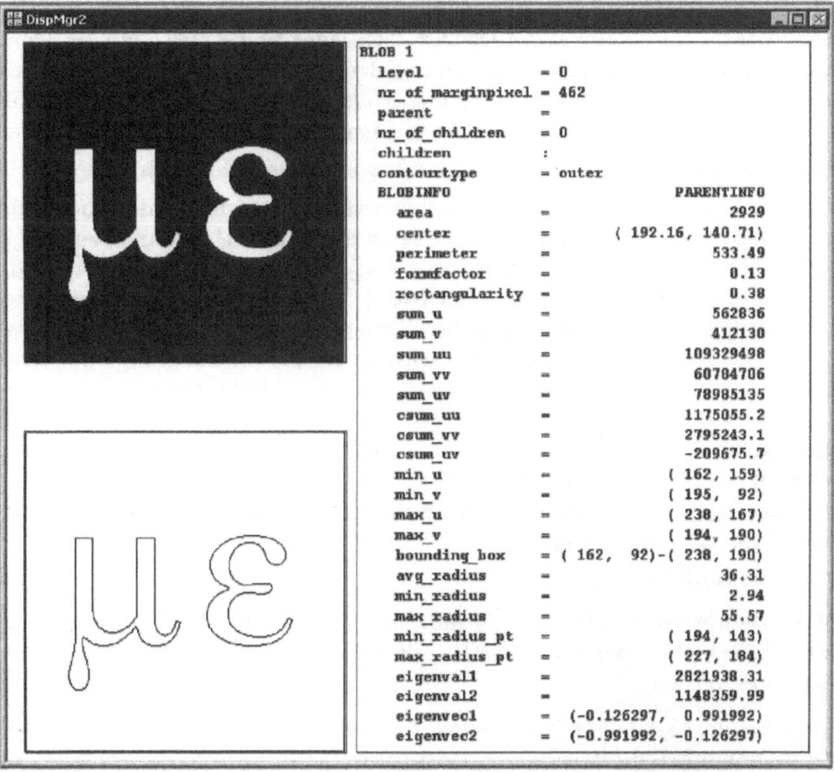

Bild 7.36 Zusammenhangskomponenten für ein Beipielbild (links oben), die Information über die einzelnen Regionen ist im Textfeld (rechts) dargestellt, das Bild unten links zeigt die Konturen der zwei gefundenen Zusammenhangskomponenten

Neben dem Modul **BlobAnalysis** gibt es in **ICONNECT** noch Module, die die von **BlobAnalysis** bereitgestellte Information für die einzelnen Zusammenhangskomponenten weiterverarbeiten. In Bild 7.36 wurde das Konturbild zum Beispiel mit dem Modul **BlobContur** erzeugt. Dieses Modul filtert aus den Informationen, die **BlobAnalysis** liefert, genau die Konturpixel der einzelnen Regionen heraus.

7.4.2 High-Level Bildverarbeitung

Die Algorithmen der High-Level Bildverarbeitung zeichnen sich dadurch aus, dass sie auf abstrakten Objekten arbeiten, die die Low-Level Bildverarbeitung zur Verfügung stellt. Abstrakte Objekte in der High-Level Bildverarbeitung sind etwa Geraden, Kreise oder Punktmengen. Eine große Rolle in High-Level Bildverarbeitung spielt auch die Kameramodellierung. Nur mit Hilfe der Kameraabbildung können metrische Messprobleme gelöst werden. Im Folgenden werden als Passalgorithmen für Geraden und Kreise sowie die Bestimmung der Kameraabbildung, der so genannten Kamerakalibrierung, als Beispiele für Algorithmen der High-Level Bildverarbeitung vorgestellt.

Passalgorithmen

Ein typischer Übergang von ikonischer (pixelbasierter) Bildverarbeitung zur symbolischen Bildverarbeitung sind Passalgorithmen auf extrahierten Pixel. Dabei wird ein geometrisches Objekt – im Falle von ICONNECT Geraden und Kreise – an eine Menge von Pixeln gepasst. Dabei können die Koordinaten der extrahierten Pixel mit Subpixelgenauigkeit vorliegen. Für eine Klasse von Objekten O (zum Beispiel der Menge aller Kreise) und eine Menge von Punkten P ist im Allgemeinen das folgende Problem zu lösen:

Bestimme $o \in O$, derart dass $\sum_{p \in P} \mathrm{dist}(p,o)^2$ minimal ist, unter allen Objekten in O.

Dabei ist die Metrik, also die Abstandsfunktion, die der Ausdruck „dist" beschreibt noch zu spezifizieren. Sicherlich wird man zumeist den Euklidischen Abstand bevorzugen, doch gerade beim Passen von Kreisen hat sich der so genannte algebraische Abstand (siehe unten) als sehr nützlich erwiesen. In ICONNECT umfasst das Modul **GeometricFitting** die Funktionalitäten „Geradenpassung" und „Kreispassung". Die Auswahl der jeweiligen Funktionalität erfolgt über die Wahl des Ausgangs bei der Verknüpfung mit nachfolgenden Modulen.

Geradenpassung

Für den Begriff „Gerade" (in einer Ebene) gibt es verschiedene Definitionen, die jeweils dieselbe Punktmenge im $\mathbb{R}^2$ beschreiben. Prinzipiell gibt es drei Möglichkeiten, ein und dieselbe Gerade g zu beschreiben:

- Punkt-Richtung-Form

  Eine Gerade wird durch einen Punkt $p_1 = (u_1,v_1)$ und eine Richtung $t = (t_u,t_v)$ beschrieben. Die Gerade g ist dann die Menge $\{(u,v) \in \mathbb{R}^2 \mid (u,v) = p_1 + \alpha t,\ \alpha \in \mathbb{R}\}$.

- Punkt-Punkt-Form

  Ist $p_2 = (u_2,v_2)$ ein weiterer Punkt, so bestimmen die Punkte p_1 und p_2 eine Gerade, nämlich die Menge $g' := \{(u,v) \in \mathbb{R}^2 \mid (u,v) = \alpha p_1 + (1 - \alpha)p_2,\ \alpha \in \mathbb{R}\}$. Existiert ein β mit $t = \beta(u_1 - u_2, v_1 - v_2)$ oder $p_2 = p_1 + \beta t$, so gilt $g = g'$.

- Hesse-Normal-Form

  Die Normalform nach Hesse beschreibt die Gerade durch einen Vektor, der senkrecht auf der Geraden steht, und den Abstand der Geraden vom Ursprung. Um eine eindeutige Darstellung der Gerade zu erhalten, ist der Vektor auf die Länge 1 normiert. Ist die Gerade g'' definiert durch $g'' := \{(u,v) \in \mathbb{R}^2 \mid au + bv - d = 0\}$, mit $a^2 + b^2 = 1$, so steht der Vektor (a,b) senkrecht auf der Geraden. Gilt $(a,b) = \beta(t_v, -t_v)$ für ein β, das heißt (a,b) steht senkrecht auf dem Vektor t, und ist $d = au_1 + bv_1$, so ist $g'' = g$.

  Die Hesse-Normal-Form hat den Vorteil, dass man den Euklidischen Abstand eines Punktes $p = (p_u,p_v)$ von der gegebenen Geraden durch Einsetzen erkennt: Es ist $\mathrm{dist}(p,g) = ap_u + bp_v - d$.

In ICONNECT wird das Geradenpassproblem in der Ebene bezüglich des Euklidischen Abstands gelöst. Für eine endliche Menge von Punkten $P = \{(u_1,v_1), \ldots, (u_n,v_n)\}$ aus $\mathbb{R}^2$ wird also diejenige Gerade g aus der Menge aller Geraden G für die der Abstand $\sum_{p \in P} \mathrm{dist}(p,g)^2$ minimal ist. Dabei kann man mit Hilfe der Darstellung der Geraden g in der Hesse-Normal-Form das Problem wie folgt umschreiben:

Bestimme $a_0,b_0,d_0 \in \mathbb{R}$ mit $a_0^2 + b_0^2 = 1$, derart dass $\sum_{(u_i,v_i) \in P} (a_0 u_i + b_0 v_i - d_0)^2$ minimal ist unter allen $a,b,d \in \mathbb{R}$ mit $a^2 + b^2 = 1$.

Dieses Minimierungsproblem mit der Nebenbedingung $a^2 + b^2 = 1$ läßt sich als Eigenwertproblem formulieren (vergleiche [Don91]). Im Modul GeometricFitting ist dieses Lösungsverfahren implementiert.

Kreispassung

Ein Kreis $K_r(m)$ mit Mittelpunkt $m = (m_u, m_v)$ und Radius r ist die Menge aller Punkte, die den Euklidischen Abstand r zum Mittelpunkt m haben, also die Menge $\{(u,v) \in \mathbb{R}^2 \mid (u - m_u)^2 + (v - m_v)^2 = r^2\}$. Das Kreispassproblem für eine endliche Menge von Punkten $P \subset \mathbb{R}^2$ bezüglich des Euklidischen Abstands ist daher durch folgende Aufgabenstellung charakterisiert:

Finde diejenigen Parameter $m_0 \in \mathbb{R}^2$ und $r_0 \in \mathbb{R}$, für die die Funktion

$$(m,r) \mapsto \sum_{p \in P} \text{dist}\,(p, K_r(m))^2$$

minimal wird.

Dabei ist für einen Punkt $p = (u,v)$ der Abstand $\text{dist}(p, K_r(m))$ im Falle des Euklidischen Abstands gegeben durch $\sqrt{(u - m_u)^2 + (v - m_v)^2} - r$. Die Ausformulierung des Kreispassproblems bezüglich des Euklidischen Abstands führt daher – man beachte die Wurzel in der Summe – zu einem sehr komplexen nichtlinearen Optimierungsproblem mit zahlreichen nicht-signifikanten lokalen Optima.

Wenn man einen anderen Abstandsbegriff als den Euklidischen benutzt, so läßt sich das Kreispassproblem stark vereinfachen. Ist $P = \{p_1, \ldots, p_n\}$ mit $p_i = (u_i, v_i)$ für $i = 1, \ldots, m$, so ist ein Kreis, der „möglichst gut" durch die gegebene Punktemenge P verläuft, gesucht. Definiert man $d := r^2 - m_u^2 - m_v^2$, so ergibt sich für jeden Punkt p eine lineare Gleichung in den Unbekannten m_u, m_v und d:

$$\begin{pmatrix} u_1 & v_1 & 1 \\ & \vdots & \\ u_n & v_n & 1 \end{pmatrix} \begin{pmatrix} 2m_u \\ 2m_v \\ d \end{pmatrix} = \begin{pmatrix} u_1^2 + v_1^2 \\ \ldots \\ u_n^2 + v_n^2 \end{pmatrix}$$

Im Fall von drei nicht kollinearen Punkten $\{p_1, p_2, p_3\}$ löst dieses Gleichungssystem das Kreispassproblem. Der Ergebnisvektor spezifiziert dann einen Kreis, der die drei Punkte enthält. Da im Allgemeinen jedoch mehr als drei Punkte vorliegen, sind mehr Gleichungen als Unbekannte vorhanden. Damit ist das Gleichungssystem in den seltensten Fällen lösbar.

Definiert man

$$A := \begin{pmatrix} u_1 & v_1 & 1 \\ & \vdots & \\ u_n & v_n & 1 \end{pmatrix} \text{ und } x := \begin{pmatrix} 2m_u \\ 2m_v \\ d \end{pmatrix} \text{ und } y := \begin{pmatrix} u_1^2 + v_1^2 \\ \ldots \\ u_n^2 + v_n^2 \end{pmatrix}$$

so wird bei der Distanzeinstellung `0:algebraisch` des Moduls GeometricFitting (vergleiche Bild 7.37) versucht, eine möglichst gute Lösung des Ausgleichsproblems $\|Ax - y\|$ zu bestimmen. Die Lösung dieses linearen Ausgleichsproblems ist wesentlich einfacher als die nichtlineare Optimierung im Falle des Euklidischen Abstands. Allerdings wird hier nur die Kreisgleichung gesucht, die „möglichst gut" auf die gegebene Punktmenge passt. Hinter dieser Optimierung verbirgt sich jedoch im kein Abstandsbegriff im eigentlichen

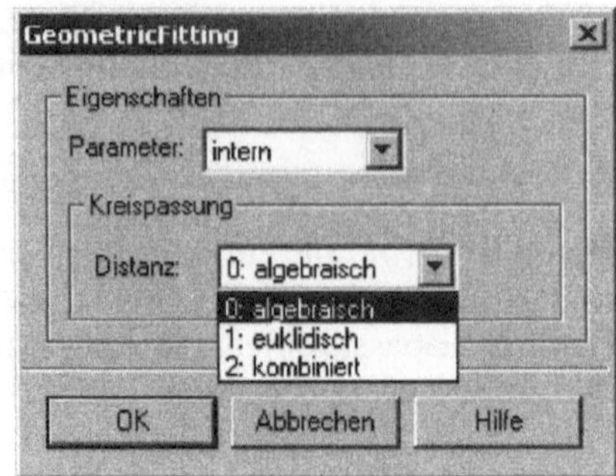

Bild 7.37 Die verschiedenen Abstandsmodi des Moduls GeometricFitting

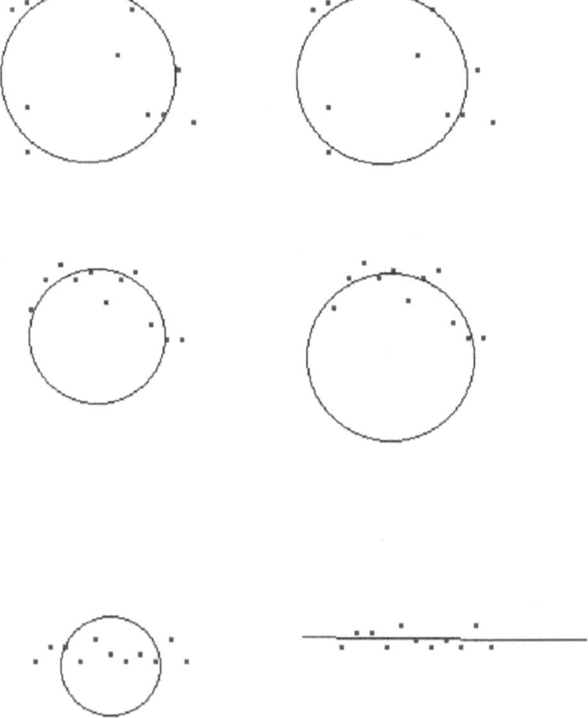

Bild 7.38 Kreispassungen mit algebraischem Abstand (links) und Euklidischem Abstand
(rechts) im Vergleich

Sinn: es wird *nicht* der Abstand der einzelnen Punkte zum Kreis gemessen, sondern es
werden unter Umständen einige Punkte in der Optimierung bevorzugt.

Bild 7.38 vergleicht die Kreispassungen bezüglich der beiden „Abstände". Vor allem beim
letzten Paar wird der Unterschied deutlich: Das Ergebnis einer Kreispassung bezüglich

des algebraischen Abstands ist immer ein Kreis. Das Ergebnis der nichtlinearen Optimierung im Falle einer Kreispassung bezüglich des Euklidischen Abstands kann jedoch auch eine Gerade sein! Dies ist der Fall, wenn der Radius r des Kreises unendlich ist. In diesem Fall terminiert der Optimierungsalgorithmus nicht, sondern er wird aufgrund einer Zeitüberschreitung abgebrochen.

Die Einstellung `2:kombiniert` als Abstand bei der Kreispassung im Modul GeomFitting löst zunächst das lineare Ausgleichsproblem (algebraischer Abstand) und nimmt das Ergebnis als Startwert der nichtlinearen Optimierung (Euklidischer Abstand). Bild 7.37 zeigt die verschiedenen Abstandsmodi des Moduls GeometricFitting.

Die Kameraabbildung

Der zentrale Sensor in der industriellen Bildverarbeitung ist die Kamera. Als Kamera wird im Folgenden das gesamte optische Aufnahmesystem, also Kamera (in der Regel eine CCD-Kamera) samt Objektiv und ihre Position im Raum, bezeichnet.

Bei einem von einer Kamera aufgenommenen Bild werden Dinge, die sich in einem 3D-Koordinatensystem befinden, auf eine Ebene, die Bildebene, projiziert. Bei dieser 3D-2D Projektion verliert man Information: Alle Objekte, die sich auf einem Sichtstrahl der Kamera befinden, werden auf dieselbe Koordinate der Bildebene abgebildet. Meist wird dabei davon ausgegangen, dass sich alle Sichtstrahlen in einem Punkt, dem *Brennpunkt*, schneiden. Das mathematische Modell einer Kamera, das diesen Brennpunkt umsetzt, heißt auch *Lochkameramodell* (vergleiche auch Bild 7.39). Die Gerade, die durch den Brennpunkt und die orthogonale Projektion des Brennpunkts auf die Bildebene bestimmt ist, heißt *optische Achse*. Die Projektion des Brennpunkts heißt *optisches Zentrum*.

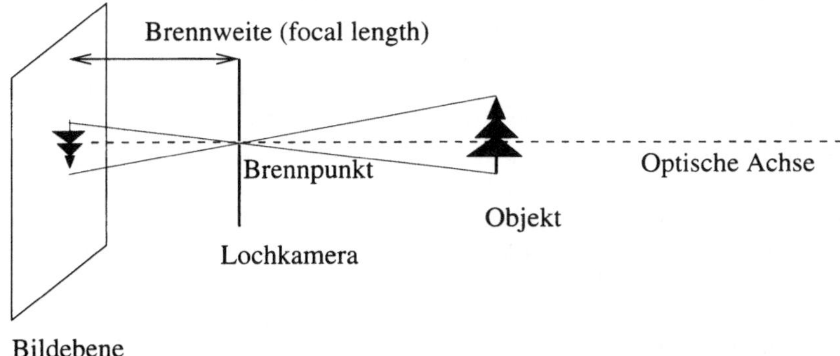

Bild 7.39 Schematische Darstellung des Lochkameramodells

Sei $\mathcal{K} : \mathbb{R}^3 \to \mathbb{R}^2$ diejenige Abbildung, die das Abbildungsverhalten einer Kamera K beschreibt. Dann besteht die Kameraabbildung $\mathcal{K}$ (vereinfacht dargestellt) aus einer Koordinatensystemtransformation T und einer Projektionsabbildung Π. Es ist also $\mathcal{K} = \Pi \circ T$.

Sei nun in einer sehr vereinfachten Darstellung das Koordinatensystem der Kamera gleich dem Koordinatensystem der betrachteten Szene (das heisst die Abbildung T ist die Identität). Dann wird bei einer Brennweite f der Punkt $(x,y,z) \in \mathbb{R}^3$ auf den Punkt $(\tilde{u},\tilde{v}) \in \mathbb{R}^2$ mit $\tilde{u} = \frac{fx}{z}$ und $\tilde{v} = \frac{fy}{z}$ abgebildet. Ist die Umrechnung des Koordinatensystems der Bildebene auf die Größe der Pixel bekannt, so kann die Pixelkoordinate des Raumpunkts ermittelt werden: Meist existieren Konstanten p_u und p_v für die Länge bzw. Höhe eines

Pixels, so dass die Gleichungen $u = p_u \tilde{u}$ und $v = p_v \tilde{v}$ die Umrechnung von Bildkoordinaten in Pixelkoordinaten wiedergeben. Insgesamt erhält man also die Gleichungen

$$u = \frac{p_u f x}{z} \quad \text{und} \quad v = \frac{p_v f x}{z}.$$

Parameter der Kameraabbildung

Aus der obigen Einführung in die Kameraabbildung lassen sich einige Parameter ableiten, die das Verhalten einer Kamera als Lochkamera modellieren. Alle diese Parameter lassen sich in zwei Klassen einteilen.

- Innere Kameraparameter

  Als innere Kameraparameter werden alle Parameter bezeichnet, die das Abbildungsverhalten der Kamera, unabhängig von der Position, charakterisieren. Wichtige Kenngrößen dabei sind zum Beispiel die Brennweite f oder die Größe der Pixel (p_u, p_v) auf dem CCD-Chip. Ebenso ist die Lage des optischen Zentrums (c_u, c_v), d.h. des Schnittpunktes der optischen Achse mit der Bildebene, ein wichtiger innerer Kameraparameter. Auch die optischen Verzeichnungen, die durch die Linse verursacht werden, müssen durch geeignete Abbildungen modelliert werden. Die Parameter, die diese Abbildungen und ihre Umkehrung, die Entzerrungsabbildungen, beschreiben, gehören ebenfalls zu den inneren Kameraparametern. Im wesentlichen entsprechen die inneren Kameraparameter dem Projektionsanteil Π der Kameraabbildung $\mathcal{K}$.

- Äußere Kameraparameter

  Um die Lage der Kamera bezüglich eines Weltkoordinatensystems zu beschreiben, werden die äußeren Kameraparameter benötigt. Ist ein festes Weltkoordinatensystem festgelegt, so reichen eine Rotationsmatrix und ein Translationsvektor aus, um die Position der Kamera zu beschreiben. Die äußeren Kameraparameter entprechen dem Transformationsanteil T der Kameraabbildung $\mathcal{K}$.

Natürlich kann ein Modell die Wirklichkeit immer nur approximativ wiedergeben. Bei der Modellierung eines Sachverhaltes ist immer eine Abwägung zwischen geeigneter Parametrisierbarkeit und Wirklichkeitsnähe zu treffen. Für die meisten Anwendungen in der optischen Meßtechnik erfüllt das Lochkameramodell mit geeigneten Entzerrungsabbildungen jedoch beide Anforderungen.

3D-Rekonstruktion von Punkten

Eine Kameraabbildung $\mathcal{K}$ ordnet Strahlen im Raum Pixel auf der Bildebene zu. Umgekehrt wird auch jedem Pixel in der Bildebene ein Strahl zugeordnet: Ist in der vereinfachten Darstellung der Kameraabbildung $(u,v) \in \mathbb{R}^2$ eine Pixelkoordinate, so werden – bei Brennweite 1 – alle Punkte der Geraden auf (u,v) abgebildet. Das heißt, dass dem Punkt $(u,v) \in \mathbb{R}^2$ in der Bildebene genau eine Gerade $\{\alpha(u,v,1) \mid \alpha \in \mathbb{R}\}$ als Objekt im $\mathbb{R}^3$ entspricht. Solche Geraden können auf zwei Arten dazu benutzt werden, um 3D-Koordinaten von Punkten zu erhalten.

- 3D-Punkte als Schnittpunkte von Geraden

  Bei einer Stereovermessung etwa erhält man 3D-Koordinaten von Punkten, indem man Geraden schneidet, die sich aus zwei Kamerabildern aus der Abbildung desselben Punktes ergeben haben.

- 3D-Punkte als Schnittpunkte von Geraden mit einer Ebene

  Ist bekannt, in welcher Ebene sich der zu berechnende 3D-Punkt befindet, so kann man die Gerade mit dieser Ebene schneiden, um die Koordinaten des Punktes zu ermitteln. Auf diese Art und Weise lassen sich Abstände in der Ebene mit Hilfe der Kamera messen. Dies spielt bei der Lösung von Messaufgaben eine große Rolle.

Wenn man von der Kameraabbildung spricht, so ist immer auch die „inverse" Kameraabbildung gemeint. Es sind dabei, bis auf die Verzerrung- und Entzerrungsabbildungen, dieselben Werte, die die „inverse" Abbildung definieren. Die Bestimmung dieser Werte ist ein nichtlineares Optimierungsproblem.

Bestimmung der Kameraabbildung

Die Aufgabe, die äußeren und inneren Parameter des Kameramodells so zu bestimmen, dass das parametrisierte Kameramodell das Abbildungsverhalten der gegebenen Kamera möglichst gut wiedergibt, heißt *Kamerakalibrierung*. Dieses Approximationsproblem lässt sich nur über eine komplexe nichtlineare Optimierung mit bis zu 20 freien Parametern lösen. Man beachte dabei, dass sowohl die Abbildung Strahl bzw. Raumpunkt → Bildpunkt als auch ihre „Inverse" Bildpunkt → Strahl bestimmt werden müssen. Da die Kameraabbildung 3D-Koordinaten auf 2D-Koordinaten abbildet, wird eine Liste von 2D-3D-Punkten benötigt. Dabei muss in dieser Liste jeder 3D-Punkt auf den entsprechenden 2D-Punkt abgebildet werden. Die Bestimmung der Lage der 3D-Punkte wird dem Benutzer dadurch erleichtert, das diese Lage nur relativ bekannt sein muss. Eine einfache Möglichkeit, diese zu bekommen, bieten regelmäßige Punktmuster auf einer Platte mit bekannten Abständen zwischen den Punkten. Eine solche Platte heißt auch *Kalibrierplatte*. Bild 7.40 zeigt eine Kalibrierplatte.

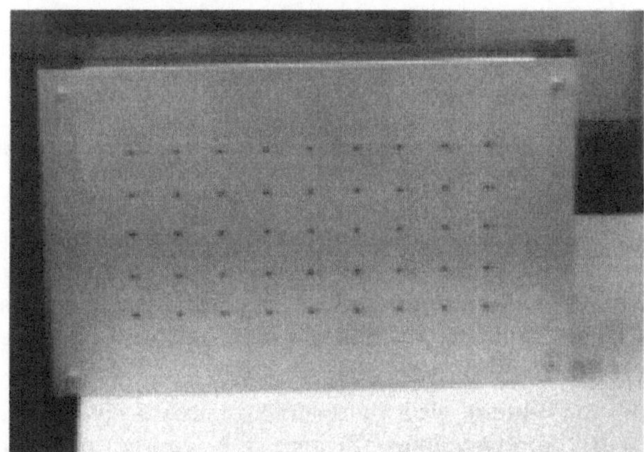

Bild 7.40   Kalibrierplatte zur Kamerakalibrierung in ICONNECT

Die Extraktion der einzelnen Punkte erfolgt mit *Subpixelgenauigkeit*. Das heißt, dass die Koordinaten der extrahierten Punkte mit höherer Genauigkeit angegeben werden, als sie das Pixelgitter bietet. Man zieht dabei die Definition des Grauwerts eines Pixels als Integral einer Funktion über einen quadratischen Bereich heran und versucht, die Originalfunktion, also die Funktion über die integriert wird, wieder zu rekonstruieren. Dabei geht man davon aus, dass sich die Originalfunktion auf einem 3×3-Gitter durch ein Polynom vom Grad 2 in zwei Veränderlichen beschreiben lässt.

Ist $P = \{(-1,-1),(-1,0),(-1,1),(0,-1),(0,0),(0,1),(1,-1),(1,0),(1,1)\}$ die 3×3-Umgebung des Punktes $(0,0)$, so sind diejenigen Koeffizienten $a_0,\ldots,a_5$ des Polynoms $p(x,y) = a_0 x^2 + a_1 y^2 + a_2 x + a_3 xy + a_4 y + a_5$ zu bestimmen, für die der Term

$$\sum_{u=-1}^{1} \sum_{v=-1}^{1} \|f(u,v) - p(u,v)\|^2$$

minimal wird. Bild 7.41 zeigt eine solche approximierende Funktion für eine 3×3-Pixelumgebung.

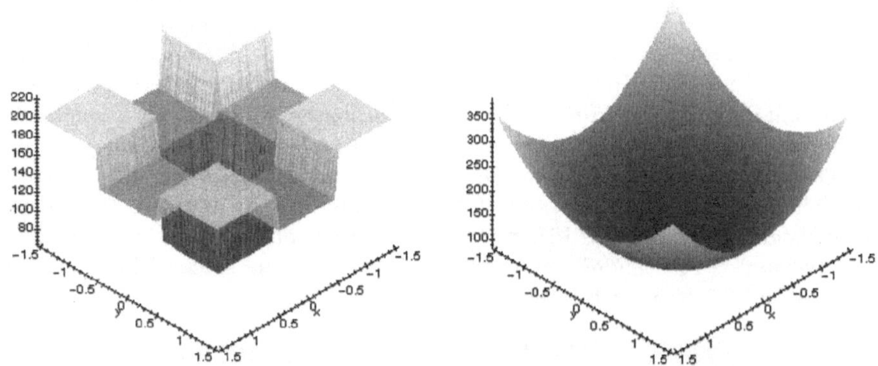

Bild 7.41   Grauwertverlauf eines diskreten Pixelbildes (links) und Approximation des Verlaufs mit einem quadratischen Polynom

Ist die approximierende Funktion bestimmt, so lässt sich im Fall eines dunklen Mittelpixels mit helleren Nachbarn die Minimalstelle des approximierenden Polynoms über die Nullstelle der Gradientenfunktion innerhalb des Definitionsbereichs, also des 3×3-Gitters, berechnen. Diese Nullstelle hat dann in den meisten Fällen reelle Koordinaten, liegt also mit Subpixelgenauigkeit vor.

Nach der Extraktion der Punkte wird überprüft, ob sie auf einem regelmäßigen Gitter angeordnet sind. Die Bilder regelmäßiger Gitter mit bekannten metrischen Dimensionen werden im Folgenden genutzt, um das Abbildungsverhalten von Kameras zu bestimmen.

Weil sich bei dieser Anordnung alle Punkte in einer Ebene befinden, entfällt die komplizierte Bestimmung eines Raumabstands. Alle Punkte haben eine relative z-Koordinate von 0. Allerdings sollten sich nicht alle 3D-Punkte, die zur Kamerakalibrierung herangezogen werden, in einer Ebene befinden, denn sonst liefert der nichtlineare Optimierungsalgorithmus mehrdeutige Lösungen. In der Praxis hat es sich als nützlich erwiesen, Punkte auf mindestens vier Ebenen im Raum bereitzustellen. Alle diese Punkte haben dann zwar die gleiche relative z-Koordinate, unterscheiden sich jedoch in ihrer Absolutposition, die im Verlauf einer Kamerakalibrierung aus der Bildposition der Platte geschätzt wird.

Intern wird die Kamerakalibrierung vom Modul Calibration übernommen, das nicht im Lieferumfang von ICONNECT enthalten ist. Vor der Verbindung des Moduls Calibration ist festzulegen, wieviele Ebenen mit bekannten relativen Raumkoordinaten von Punkten verwendet werden. Wählt man etwa vier Eingänge, so sind vier Listen von 2D-3D-Punkten zu generieren. Für jeden Eingang muss ein Gitter von 3D-Punkten und deren 2D-Entsprechungen unter der Kameraabbildung bestimmt werden. Wird eine Kalibrierplatte mit einem exakten Rechteckgitter von kleinen schwarzen Punkten vor die Kamera gehalten, so kann man mit Hilfe des Moduls ExtractPts, das ebenfalls nicht im Lieferumfang von ICONNECT enthalten ist, die benötigten Daten bereitstellen. Die Abstände der Punkte auf dem regelmäßigen Gitter muss der Benutzer vorgeben, die Verbindung zwischen 3D-Punkt und 2D-Punkt stellt das Modul dann selbst her, indem es das Punktegitter aus dem Bild extrahiert. Sind alle vier 2D-3D-Listen korrekt und befinden sich keine zwei Kalibrierplatten im Bild in einer Ebene, so kann die Kalibrierung erfolgen.

Bild 7.42 zeigt einen Kalibriergraphen mit vier Eingangsbildern, die mit dem Modul LoadImage geladen werden. Danach wird für jedes Bild das Modul ExtractPts aufgerufen und das Ergebnis der Gitterextraktion dem Modul Calibration, das für vier Eingänge von Gittern spezifiziert wurde, zur Verfügung gestellt. Das Ergebnis der Kalibrierung wird mit dem Modul SaveCalib gespeichert und kann anderen Graphen über das Modul LoadCalib bereitgestellt werden. Der Kalibriergraph aus Bild 7.42 ist innerhalb der öffentlichen Version von ICONNECT nicht realisierbar, weil die Module ExtractPts, Calibration und SaveCalib nur intern, d.h. innerhalb der Firma MICRO-EPSILON MESSTECHNIK GmbH & Co. KG zur Verfügung stehen. Dennoch sollte an dieser Stelle gezeigt werden, wie eine Kamerakalibrierung, die bei der optischen Vermessung von Objekten unerlässlich ist, funktioniert.

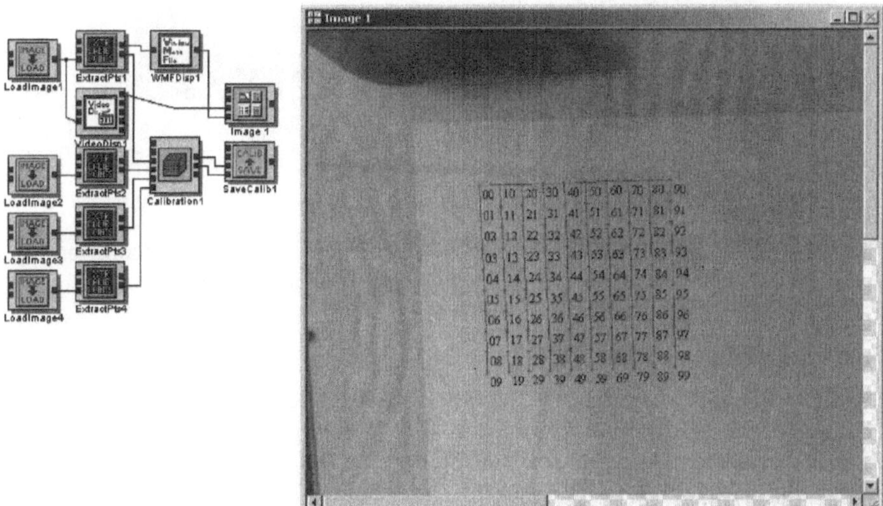

Bild 7.42 ICONNECT-Graph für eine Kalibrierung einer Kamera aus vier Aufnahmen einer Kalibrierplatte. (Das Ergebnis der ersten Punktextraktion ist mit dem Modul Image1 links dargestellt)

Anstelle einer Kalibrierplatte kann auch ein Kalibrierwürfel genutzt werden, um 2D-3D Punktlisten zu erhalten. Ein Kalibrierwürfel (wie er in Bild 7.43 zu sehen ist) bietet bis zu drei einsehbare Kalibrierebenen. Ein Würfel hat gegenüber einer Kalibrierplatte den Vorteil, dass er „echte" 3D-2D Punktkorrespondenzen liefern kann, die eben nicht alle in derselben Ebene liegen. Im Idealfall ist daher eine Kamerakalibrierung mit nur einem Bild eines Kalibrierwürfels möglich. Die 2D-3D Punktlisten werden auch beim Würfel mit dem Modul **ExtractPts** gewonnen.

Bild 7.43   Bild eines Kalibrierwürfels bei dem drei Seiten sichtbar sind

Mögliche Fehler

Wie jedes nichtlineare Optimierungsproblem bietet auch die Kamerakalibrierung Fehlerquellen, die schnell zu einem Fehlresultat führen können. In der Regel gibt es zwei Hauptursachen für eine fehlerhafte Kalibrierung:

- Falsch extrahierte Gitter

  Kleine, regelmäßig angeordnete schwarze Punkte vor einem weißen Hintergrund, können zu einer Extraktion eines falschen Gitters führen. Falsche Gitter sind dabei alle Gitter, deren Ausmaße nicht bekannt sind. Also in der Regel alle „Gitter", die außerhalb der Kalibrierplatte gefunden werden. Solche „Gitter" können sich etwa aus einem Text, dessen Schrift nur noch klein im Bild zu sehen ist ergeben.

- Schlecht aufgestellte Kalibrierplatten

  Liegen alle Kalibrierplatten mehr oder weniger in einer Ebene, so wird die nichtlineare Optimierung, die die inneren Kameraparameter bestimmt, schlecht konditioniert. In diesem Fall kann es bei der Kalibrierung zu Mehrdeutigkeiten und falschen lokalen Optima innerhalb des Optimierungsprozesses kommen.

Unterschiedliche Kameramodelle

Innerhalb von **ICONNECT** werden insgesamt fünf verschiedene Verfeinerungen des Lochkameramodells unterstützt. Diese fünf Modelle unterscheiden sich dabei lediglich in der Behandlung optischer Verzerrungen.

Im Folgenden sei (c_u,c_v) das Projektionszentrum in der Bildebene.

- Kameramodell 0

  Hat eine Linse kaum optische Verzerrungen, so kann ein zu großer Abbildungsraum von Entzerrungsabbildungen das Ergebnis verfälschen, indem optische Eigenschaften von Entzerrungsabbildungen übernommen werden. In diesem Fall wäre das Optimierungsproblem überparametrisiert. Daher bietet das Kameramodell 0 ein reines Lochkameramodell, um dieses Problem umgehen zu können.

- Kameramodell 1

  Das Kameramodell 1 modelliert zusätzlich noch Scherungen im Bild. Scherungen sind dabei lineare Verzerrung in einer Koordinate, die sich etwa als

  $$(u',v') = (u + \alpha v, v)$$

  beschreiben lassen. Bild 7.44 verdeutlicht diese Entzerrung.

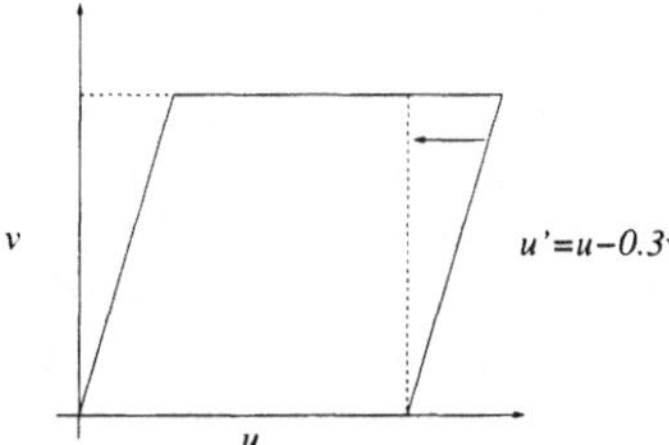

Bild 7.44　　Entzerrung einer Scherung

- Kameramodell 2

  Das Kameramodell 2 bietet zusätzlich zu den Scherungen noch eine radiale Entzerrungsfunktion 1. Ordnung. Mit $r := u^2 + v^2$ ist die radiale Entzerrungfunktion gegeben durch

  $$
  \begin{aligned}
  u' &= c_u + u\,(1 + \kappa r) \\
  v' &= c_v + v\,(1 + \kappa r)
  \end{aligned}
  $$

  für ein geeignetes κ, das bei Kamerakalibrierung mitbestimmt werden muss. Bild 7.45 skizziert typische radiale Verzerrungen.

- Kameramodell 3

  Das Kameramodell 3 bietet zusätzlich zu den Scherungen noch eine elliptische Entzerrungsfunktion 1. Ordnung. Mit $r := u^2 + v^2$ ist die elliptische Entzerrungfunktion dabei gegeben durch

  $$
  \begin{aligned}
  u' &= u\,(1 + \kappa_1 r) \\
  v' &= v\,(1 + \kappa_2 r)
  \end{aligned}
  $$

  für geeignete κ_1,κ_2, die bei Kamerakalibrierung mitbestimmt werden müssen.

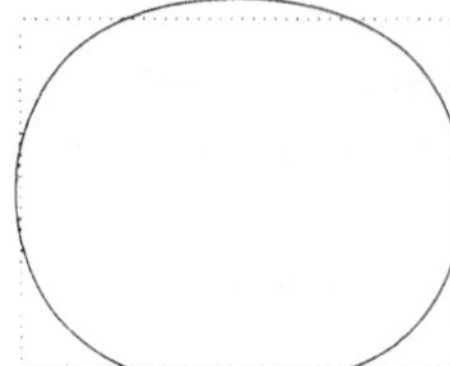 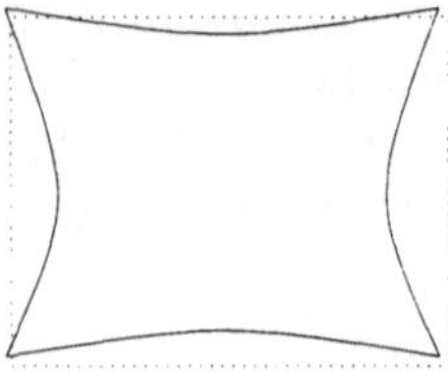

Bild 7.45 Typische radiale Verzerrungen: Links eine so genannte Kissenverzeichnung, rechts eine Tonnenverzerrung

- Kameramodell 4

  Das Kameramodell 4 bietet zusätzlich zu den Scherungen noch eine radiale Entzerrungsfunktion 2. Ordnung. Mit $r := u^2 + v^2$ ist dann

  $$
  \begin{aligned}
  u' &= c_u + u\left(1 + \kappa_1 r + \kappa_2 r^2\right), \\
  v' &= c_v + v\left(1 + \kappa_2 r + \kappa_3 r^2\right).
  \end{aligned}
  $$

Die Wahl des Kameramodells ist abhängig von der Qualität des optischen System (insbesondere von der Linse) und der Messentfernung.

Für die meisten Fälle, insbesondere für preiswerte Kameras (etwa Webcams) hat sich das Kameramodell 4 als geeignet erwiesen. Sollte jedoch die Messgenauigkeit mit einer nach diesem Modell kalibrierten Kamera nicht ausreichend sein, so bietet es sich an, ein anderes Kameramodell zu wählen. Denn bei einer guten Optik ist das Optimierungsproblem inklusive der Verzerrungen unter Umständen überbestimmt. Die Auswahl sollte über eine experimentell geführte Genauigkeitsanalyse erfolgen.

Bestimmung der äußeren Kameraparameter
In ICONNECT erfolgt die Bestimmung der Lage einer Kamera bezüglich einer Kalibrierplatte. Das Modul LoadCalib lädt die Position der letzten Kalibrierplatte, mit der die Kameraabbildung bestimmt wurde. Das heißt, das Weltkoordinatensystem hat seinen Ursprung in dieser Platte, wobei die erste Zeile von Punkten die x-Achse und die erste Spalte die y-Achse festlegt. Die z-Achse steht dann senkrecht auf diesen beiden Achsen, und zwar so, dass insgesamt ein rechtsorientiertes Koordinatensystem entsteht.

Messen von Abständen

Reale Messaufgaben, bei denen metrische Maße überprüft werden sollen, lassen sich nur mit einer kalibrierten Kamera realisieren. Dabei müssen mit Hilfe der Kameraabbildung Pixeldistanzen in reale Distanzen umgerechnet werden. In den meisten Fällen reicht es dabei nicht aus, eine Formel der Art „ein Pixel im Bild entspricht 1 cm in der Messebene" anzugeben. Denn die Messebene befindet sich in den seltensten Fällen parallel zur Bildebene. Wenn diese Voraussetzung jedoch nicht gegeben ist, so kann ein Pixel am rechten Rand eines Bildes der Messebene einen ganz anderen Abstand repräsentieren, als ein Pixel am linken Rand der Messebene. Daher muss die Messebene im Raum rekonstruiert werden, um über einen Ebenenschnitt mit Sichtstrahlen Abstände auf dieser Messebene – abhängig von der Bildposition – bestimmen zu können.

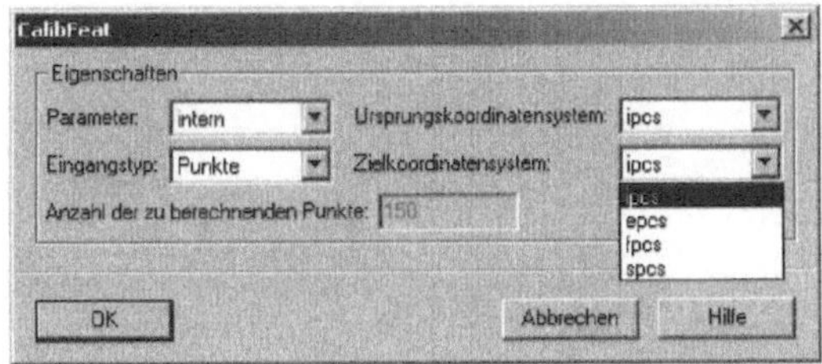

Bild 7.46 Auswahlmenü der Quell- und Zielkoordinatensysteme des Moduls CalibFeat

Mit Hilfe der internen und externen Kameraparameter erlaubt das Modul CalibFeat eine Umrechnung von Pixelkoordinaten in metrische Weltkoordinaten. Insgesamt liegen folgende Koordinatensysteme vor:

- ipcs (*image plane coordinate system*)

  Dies ist das Koordinatensystem des gegebenen Bildes, gemessen in Pixel.

- epcs (*equalized plane coordinate system*)

  Das epcs-Koordinatensystem ist das entzerrte Koordinatensystem in Pixel. Dieses Koordinatensystem ist wichtig, weil bei den meisten Kameras Geraden unter der Kameraabbildung krumm erscheinen. Sollen daher zum Beispiel Fehlertoleranzen von Geraden überprüft werden, so müssen diese im Bild entzerrt werden.

- fpcs (*focal plane coordinate system*)

  Das fpcs-Koordinatensystem ist das entzerrte Koordinatensystem in Metern.

- spcs (*scene plane coordinate system*)

  Das spcs-Koordinatensystem bezeichnet das Koordinatensystem einer Kalibrierplatte, deren Position bezüglich der Kamera dem Modul CalibFeat über den Eingang ExtCamParam mitgeteilt wird. Die Kalibrierplatte sollte dabei in der Messebene liegen.

Bild 7.47 skizziert die verschiedenen Koordinatensysteme bei der Messung eines Objektes in der Ebene.

Das Modul CalibFeat braucht sowohl innere als auch äußere Kameraparameter als Eingaben: Die inneren Parameter bestimmen zu jedem Punkt des Bildes einen Strahl im Raum, die äußeren die Lage der Kamera bezüglich der Messebene.

7.5 Ein Beispiel

Um die unterschiedlichen Techniken – sowohl in Bezug auf die Hardware als auch auf die Software – noch einmal anschaulich darzustellen, werden diese Techniken an einem Beispiel ausführlich behandelt. Die folgende Aufgabenstellung ist gegeben: Es sollen Granitstücke vermessen werden. Dazu werden die auf einer definierten Unterlage liegenden Granitstücke von oben mit einer Kamera aufgenommen. Ziel ist es, im Kamerabild die Kontur des Granitstückes zu extrahieren und danach mit dessen Hilfe die Größe des Stückes zu berechnen. Der Versuchsaufbau ist in Bild 7.48 gezeigt.

Im Rahmen dieses Beispiels werden die in den einzelnen Abschnitten angegebenen Techniken – sei es im Bereich Beleuchtung oder im Bereich Algorithmik – angewendet, so dass

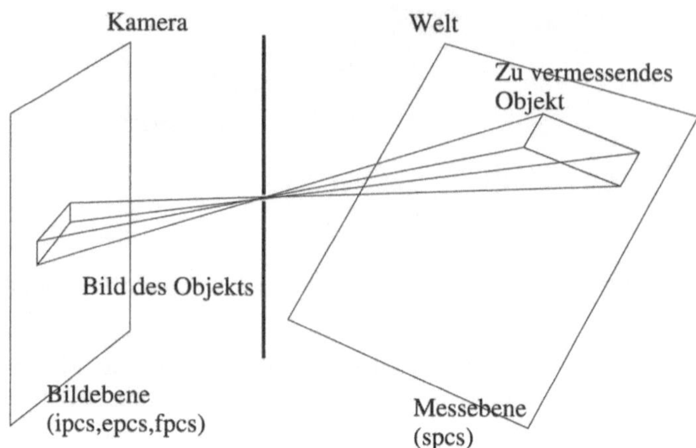

Bild 7.47 Skizzierung der verschiedenen Koordinatensysteme des Moduls CalibFeat

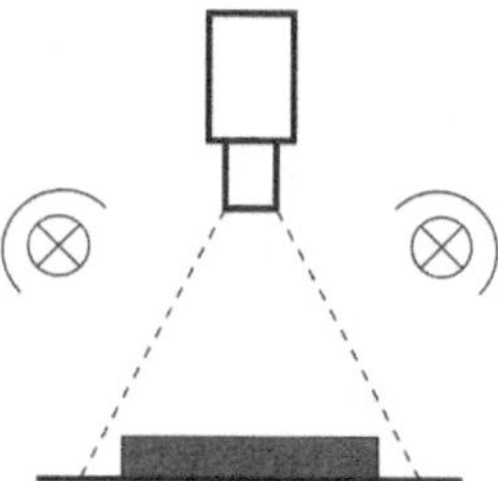

Bild 7.48 Schematische Darstellung des Versuchsaufbaus für das Beispiel Granitvermessung

Unterschiede bei den einzelnen Verfahren noch einmal „in der Praxis" verdeutlicht werden können. Da der ICONNECT-Graph für das gesamte Beispiel den Umfang der ICONNECT-Demoversion übersteigt, wurde das Beispiel in drei Teilen realisiert, die nacheinander auszuführen sind:

- *BSP_1von3_IconnectBuch_Bildvorverarbeitung.tc2* zeigt die Vorverarbeitung der Eingabebilder. Für jedes Eingabebild wird das Ergebnisbild der Bildvorverarbeitung mit Hilfe des Moduls SaveImage abgespeichert.

- In *BSP_2von3_IconnectBuch_Bildsegmentierung.tc2* wird in den vorverarbeiteten Eingabebildern die Kontur des Steines bestimmt und in obere, rechte, untere und linke Kante aufgeteilt. Für jedes Eingabebild werden die vier Kanten mit Hilfe der Module SaveFeat abgespeichert.

- In *BSP_3von3_IconnectBuch_Distanzberechnung.tc2* werden schließlich Länge und Breite des Granitstückes berechnet.

Anmerkung zum Ausführen der drei ICONNECT-Graphen: Da die drei ICONNECT-Graphen Bilder bzw. extrahierte Punkte zwischenspeichern müssen, können sie nicht direkt von der CD gestartet werden. Sie müssen zusammen mit den Eingabebildern in ein Verzeichnis kopiert werden, in dem Zwischenergebnisse abgespeichert werden dürfen.

7.5.1 Beleuchtung

Bild 7.49 zeigt mehrere typische Granitstücke, deren Ausmaße mittels eines optischen Verfahrens zu bestimmen sind. Granit kommt in sehr vielen verschiedenen Farben vor und seine Oberfläche kann auch auf unterschiedliche Art und Weise behandelt sein. Im Beispiel kommen raue bis hin zu polierten und daher stark spiegelnden Oberflächen vor. Da es sich bei den Granitstücken nicht um bewegte Objekte handelt, wurde für die Aufnahme eine Kamera, die im Halbbild-Verfahren mit der Field-Integration-Technik arbeitet, benutzt.

Bild 7.49 Beispiele von zu vermessenden Granitstücken

Das Problem auf den in Bild 7.49 gezeigten Bildern ist die ungleichmäßige Ausleuchtung und der Schattenwurf. Abgeschattet vom Umgebungslicht und mit der richtigen Beleuchtung ausgeleuchtet, lassen sich in Bild 7.50 die Verbesserungen zu Bild 7.49 deutlich erkennen. Als Beleuchtung wurde in diesem Fall zum einen eine LED-Auflichtbeleuchtung zusammen mit einer Seitenbeleuchtung, die den Schattenwurf eliminiert, gewählt. Auf den Steinen mit polierter Oberfläche kann man deutlich die verwendete Auflichtleuchte erkennen. Da nur die Kontur der Stücke interessiert, braucht dieser Spiegelungseffekt nicht weiter betrachtet zu werden. Müsste jedoch auch die Steinoberfläche auf Auffälligkeiten kontrolliert werden, so muss eine andere Art von Beleuchtung gewählt werden. Man könnte dann z.B. nur auf eine Seitbeleuchtung ausweichen oder die Auflichtbeleuchtung so positionieren, dass keine Spiegelungen auftreten (siehe Bild 7.14). Des Weiteren wurden die Granitstücke vor einem orange-farbenen Hintergrund aufgenommen. Diese Farbe unterscheidet sich deutlich von der Farbe der Granitsteine.

7.5.2 Bildvorverarbeitung

Um nun die Kontur der einzelnen Steine gut herauszuarbeiten, werden verschiedene Bildvorverarbeitungsalgorithmen angewendet. Den Beginn machen Bildarithmetikfunktionen. Zusätzlich zu den einzelnen Bildern mit den Granitstücken wurde ein Bild nur vom orange-farbenen Hintergrund gemacht. Dieses wird von allen „Stein-Bildern" mit Hilfe des Moduls **BinaryOp**, welches im **ICONNECT**-Graphen den symbolischen Namen **Sub** besitzt,

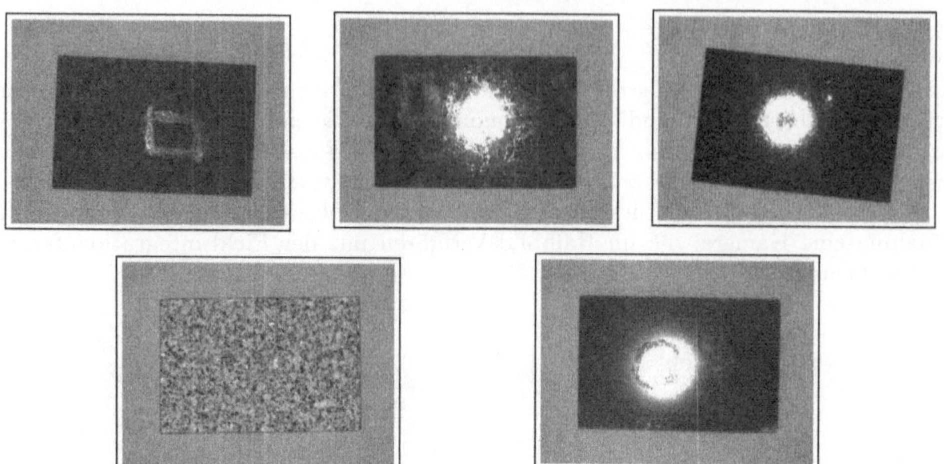

Bild 7.50 Die gut ausgeleuchteten Granitstücke vor definiertem Hintergrund

abgezogen. Bei idealen Verhältnissen sollte im Ergebnisbild der Hintergrund schwarz sein und der Stein selbst einen höheren Grauwert besitzen. Nachdem mit Absolutwertbildung und Skalierung die Grauwerte des bei der Subtraktion entstandenen Bildes wieder in den zulässigen Wertebereich transformiert worden sind, sehen die Granit-Bilder wie in Bild 7.51 aus. Man kann erkennen, dass die Bildsubtraktion das gewünschte Ergebnis gebracht

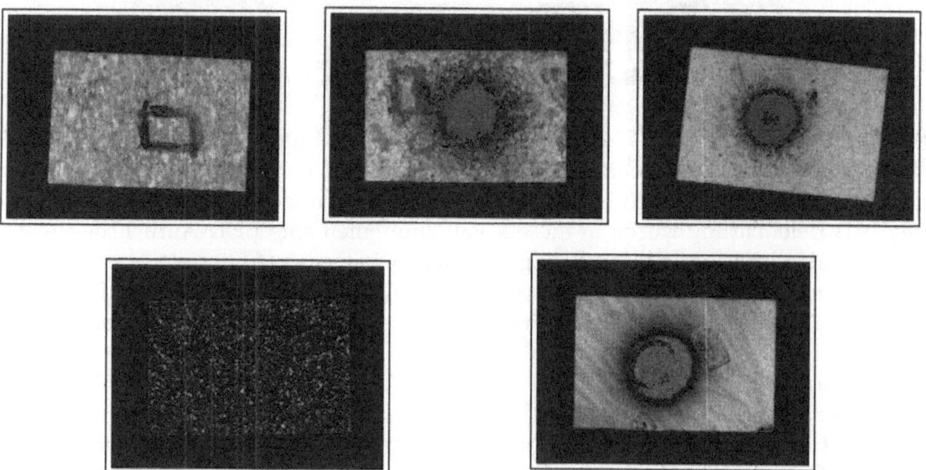

Bild 7.51 Die Bilder mit den Granitstücken nach Subtraktion mit dem
„Nur-Hintergrund-Bild"

hat. Mittels des Schwellwertverfahrens aus dem Modul **ImageOp** können die Bilder nun in Binärbilder umgewandelt werden. Dabei werden alle Bildpunkte, die zum Hintergrund gehören, auf den Grauwert 0 gesetzt, die restlichen Pixel bekommen den Grauwert 255 zugewiesen. Im **ICONNECT**-Graphen ist dies durch die drei mit **Absolutwert**, **Skalierung** und **Schwellwert** bezeichneten **ImageOp**-Module realisiert, wobei die ersten beiden Module dazu dienen, das Ergebnisbild der Bildsubtraktion wieder in den darstellbaren Bereich zu überführen. Als Ergebnis erhält man somit eine Vordergrund-Hintergrund-Trennung innerhalb der einzelnen Bilder. Bild 7.52 zeigt die Ergebnisse.

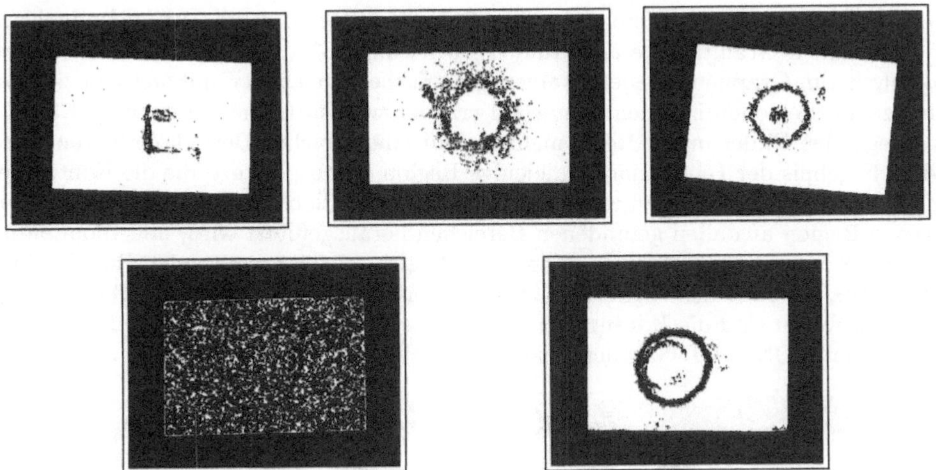

Bild 7.52 Die Bilder mit den Granitstücken nach der Schwellwertbildung

Auch nach der Überführung in Binärbilder eigenen sich die Granit-Bilder noch nicht dazu, die Kontur gut zu detektieren. Es gibt zum Teil Lücken in der umlaufenden Kontur des Granitstückes. Um diese Lücken zu schließen, wird eine Hintereinanderausführung von Dilatation und Erosion des Moduls Morphology benutzt (vgl. auch Abschnitt 7.4.1). Das Ergebnis ist in Bild 7.54 im Abschnitt 7.5.3 zu sehen. Bild 7.53 zeigt den ICONNECT-Graphen bis zu diesem Punkt.

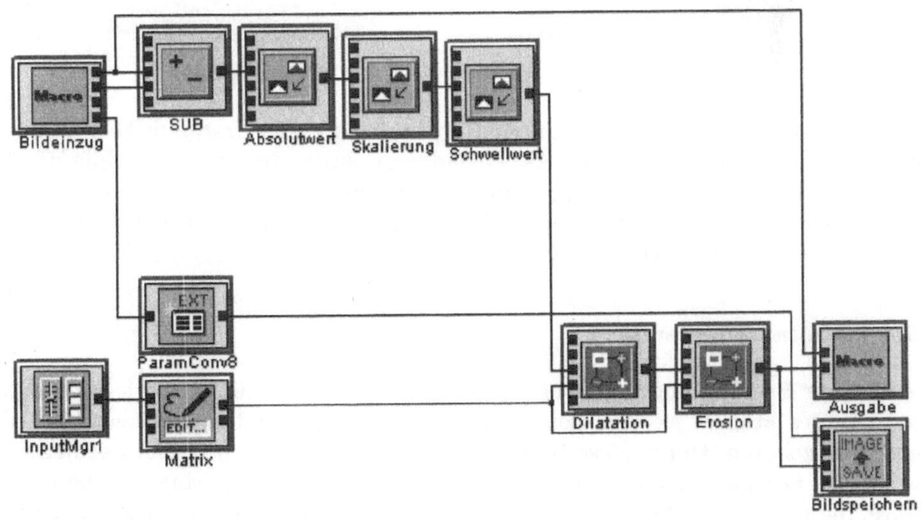

Bild 7.53 Der zur Bildvorverarbeitung gehörende ICONNECT-Graph

7.5.3 Bildsegmentierung

Die einzelnen Beispielbilder sind nun soweit vorbereitet, dass die umlaufende Kontur der einzelnen Granitstücke detektiert werden kann. Dies geschieht mit dem Modul **BlobAnalysis** (im Graphen mit dem Namen **Blob-Suche** bezeichnet), mit welchem zusammenhängende Regionen in einem Binärbild erkannt werden (siehe Abschnitt 7.4.1). Da die vorliegenden Bilder in der Regel mehr als nur einen solchen Bereich enthalten, wird aus dem Ergebnis der Blob-Analyse diejenige Region herausgefiltert, die die Kontur des Granitstückes beschreibt. Dazu werden die Module **SelectBlob**, mit dessen Hilfe die interessierende Region aus allen gefundenen Bereichen herausgefiltert wird, und **BlobContur**, welches die Konturpunkte des interessierenden Bereichs ausgibt, verwendet. Das Ergebnis der Blob-Analyse und nachträglichen Konturpixelerkennung zeigt Bild 7.54. Der besseren Darstellung wegen sind die Konturpunkte der einzelnen Granitstücke fett gedruckt. Bild 7.55 zeigt den **ICONNECT**-Graphen für den Bereich der Bildsegmentierung.

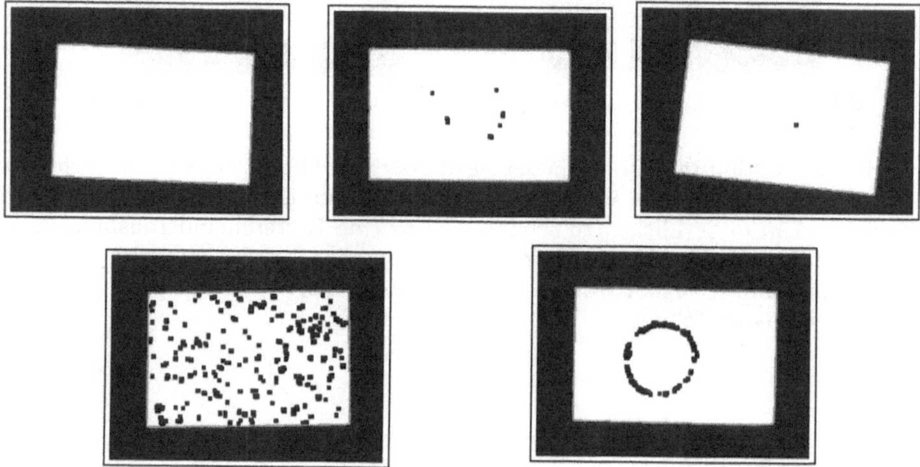

Bild 7.54 Die Ergebnisbilder nach der Blob-Analyse

Nachdem aus den Eingabebildern die Konturen der einzelnen Granitstücke ermittelt worden sind, ist die Aufgabe der Low-Level-Bildverarbeitung beendet. Mit Hilfe der detektierten Konturpunkte und der Algorithmen der High-Level-Bildverarbeitung können nun Länge und Breite der Granitstücke bestimmt werden. Was dazu alles notwendig ist, beschreiben die folgenden Abschnitte.

7.5.4 Abstandsmessung

Die Idee zur Bestimmung von Länge und Breite der Granitstücke ist wie folgt: Aus den Konturen des Stückes werden diejenigen Pixel extrahiert und zusammengefasst, die zu einer Seite gehören. Durch diese Bildpunkte wird dann mit dem Modul **GeometricFitting** jeweils eine Gerade gepasst. Man erhält damit vier Geraden: je eine, die die obere, die untere, die rechte und die linke Seite des Steines begrenzen. Mittels **Intersection** werden die vier Schnittpunkte – die gleichzeitig die Eckpunkte des Granitstückes darstellen – berechnet. Man beachte, dass die Eckpunkte wegen der Subpixelgenauigkeit der Geradenpassung nun nicht mehr notwendigerweise mit einem Konturpunkt übereinstimmen.

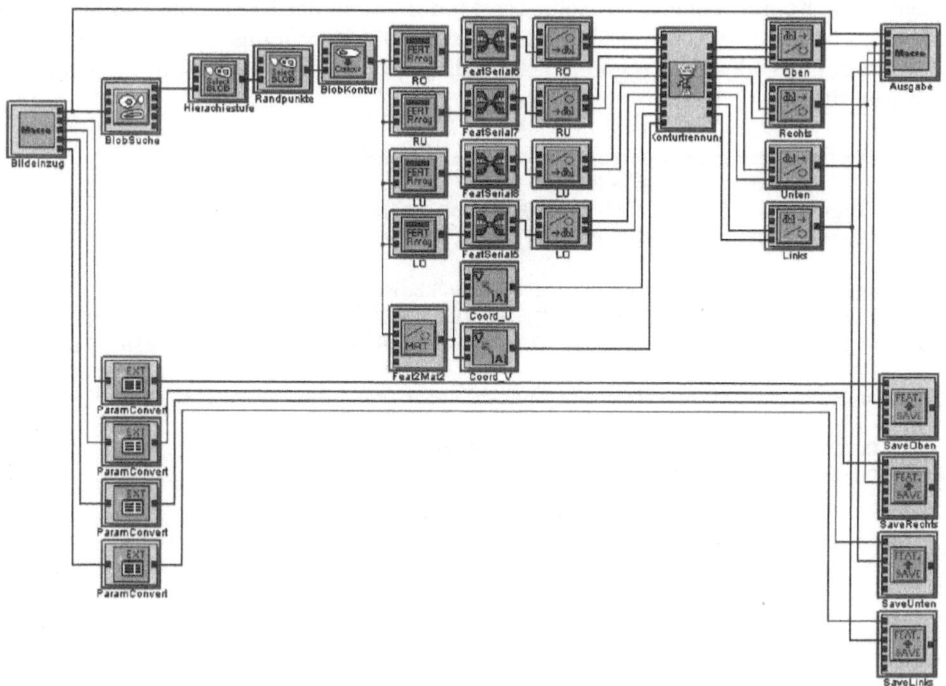

Bild 7.55 Der zur Bildsegmentierung gehörende ICONNECT-Graph

Im Beispielgraph leistet dann das Makro **DistanzBerechnung** (vergleiche auch Bild 7.57)
die Berechnung der metrischen Distanzen der linken oberen Ecke zur linken unteren Ecke,
der linken oberen Ecke zur rechten oberen Ecke, der rechten oberen Ecke zur rechten unteren Ecke und der linken unteren Ecke zur rechten unteren Ecke der Granitstücke. Es
werden also die jeweiligen Kantenlängen der Stücke vermessen.

Konturtrennung

Für die Extraktion derjenigen Pixel, die zur gleichen Seite gehören, werden im Beispiel
zuerst mittels des Moduls **FeatArray** die Eckpunkte rechts-oben RO, rechts-unten RU,
links-unten LU und links-oben LO des Konturzuges berechnet: Da die Granitstücke in
nahezu achsenparalleler Ausrichtung aufgenommen wurden, lässt sich ein Eckpunkt der
Kontur dadurch charakterisieren, dass er den geringsten Abstand zu einer Ecke des Bildes besitzt. Mittels **FeatArray** lassen sich diese ausgezeichneten Konturzugpunkte leicht
bestimmen. Wären die Granitstücke in beliebiger Lage aufgenommen worden, liefert ein
solches Verfahren in der Regel nicht die korrekten Ergebnisse. Als Alternative hätte man
zum Beispiel die am weitesten von Schwerpunkt der Konturzugpunkte entfernt liegenden
Punkte betrachten und aus diesen die vier Eckpunkte generieren können. Mit den Eck-
punkten des Konturzuges können nun alle zur selben Seite gehörenden Konturzugpunkte
extrahiert werden. Eine solche spezielle Anwendung liegt in ICONNECT nicht als eigenes Modul vor. Daher muss an dieser Stelle ein Interpret-Modul verwendet werden. In

diesem – mit **Konturtrennung** bezeichneten Modul – wird der Konturzug komplett durchlaufen und beim Auftreten eines Eckpunktes wird den Konturzugpunkten eine neue Seite zugewiesen. Folgendes Codesegment verdeutlicht das im **Interpret**-Modul implementierte Verfahren für den rechten-oberen Eckpunkt:

```
// Eingang: Koordinaten des rechten-oberen Eckpunktes
//          (u- und v-Koordinate)
input trigger TROU ( "TYPEINFO", "TypeInfo", "DOUBLE", "TIME_DOMAIN" );
input trigger TROV ( "TYPEINFO", "TypeInfo", "DOUBLE", "TIME_DOMAIN" );

// Eingang: alle Konturzugpunkte (u- und v-Koordinate)
input trigger TInU ( "TYPEINFO", "TypeInfo", "DOUBLE[]", "TIME_DOMAIN" );
input trigger TInV ( "TYPEINFO", "TypeInfo", "DOUBLE[]", "TIME_DOMAIN" );

// Ausgang: Koordinaten aller zur oberen Seite gehörenden Punkte
//          (u- und v-Koordinate)
output OutOU ( "TYPEINFO", "TypeInfo", "DOUBLE[]", "TIME_DOMAIN" );
output OutOV ( "TYPEINFO", "TypeInfo", "DOUBLE[]", "TIME_DOMAIN" );

[...]
execute
{
  [...]
  i = 0;      // Punktzähler
  found = 0; // Eckpunktzähler

  // Solange noch nicht alle vier Eckpunkte
  // im Konturzug gefunden wurden
  while(found < 5)
  {
    [...]
    u = ftoi(TInU[i]);
    v = ftoi(TInV[i]);

    if((u == ro[0]) && (v == ro[1]))
    {
        found++;       // Eckpunktzähler um eins erhöht
        foundro = 1;   // Eckpunkt rechts-oben gefunden
        foundru = 0;
        foundlu = 0;
        foundlo = 0;
    }

    // Wenn der Eckpunkt rechts-oben gefunden wurde, gehören alle
    // Punkte bis zum nächsten Eckpunkt zur oberen Seite
    if(foundro == 1)
    {
      OutOU << itof(u);
      OutOV << itof(v);
    }
    i++;
    [...]
  } // while((found))
  [...]
}
```

Bild 7.56 zeigt den Ausschnitt des ICONNECT-Graphen, der sich mit der Konturaufteilung befasst. Die zusätzlichen Module dienen dazu, die Daten so aufzubereiten, dass sie
im Interpret-Modul verarbeitet werden können und umgekehrt.

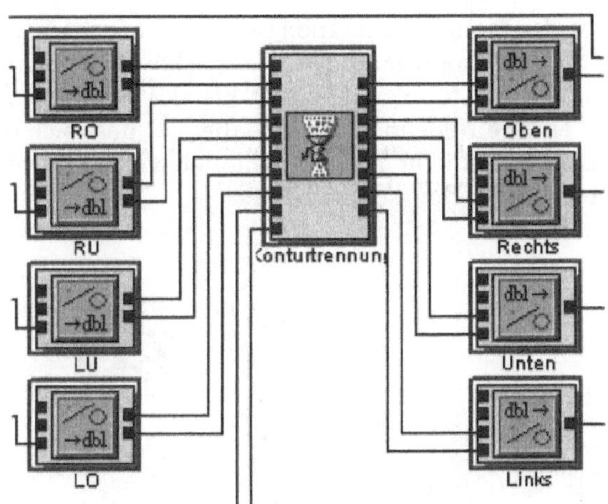

Bild 7.56 Der zur Konturaufteilung gehörende ICONNECT-Teilgraph

Natürlich hätten sich an dieser Stelle auch andere Methoden der Konturtrennung angeboten. Man hätte etwa bei der Konturextraktion Bereiche angegeben können, bei denen
man ganz sicher ist, dass sie nur zur einer bestimmten Kante gehören können (so genannte
„areas of interests") und nur die Randpixel, die in diesem Bereich liegen, als Kantenpixel
der festgelegten Kante klassifizieren können.

Geradenpassung und Geradenschnitt

Im Makro DistanzBerechnung (vergleiche auch Bild 7.57) werden vier Geraden gepasst:
eine durch die Menge der linken Randpixel, eine durch die der rechten Randpixel, eine
durch die der unteren Randpixel und eine durch die der oberen Randpixel. Die Geradenpassung auf einer Menge von Konturpixeln erfolgt mit dem Modul GeometricFitting im
Modus Geradenpassung. Im Beispielmakro tragen die entsprechenden Modulinstanzen
die symbolischen Namen Linie_L (= linke Kante), Linie_R (= rechte Kante), Linie_O
(= obere Kante) und Linie_U (= untere Kante).

Den Schnittpunkt zweier Geraden berechnet das Modul Intersection. Zu berechnen sind
dabei vier Schnittpunkte: Die linke obere Ecke ergibt sich als Schnittpunkt der Geraden
durch die oberen Kantenpixel mit der Geraden durch die linken Kantenpixel, die rechte
obere Ecke als Schnittpunkte der oberen Kantengerade mit der rechten Kantengerade und
so weiter. In Bild 7.57 tragen die Module, die die Schnittpukte berechnen die symbolischen
Namen LO (= linker oberer Eckpunkt), LU (= linker unterer Eckpunkt), RO (= rechter
oberer Eckpunkt), und RU (= rechter unterer Eckpunkt).

Abstandsbestimmung

Nun liegen die Schnittpunkte der Geraden in Pixelkoordinaten vor. Um sie in metrische Koordinaten umzurechnen, benötigt man die internen und externen Kameraparameter der Kamera, mit denen die Bilder der Granitstücke aufgenommen wurden. Liegen diese Parameter, die mit Hilfe des Moduls Calibration bestimmt werden können, vor, so rechnet das Modul CalibFeat die Pixelkoordinaten in metrische Koordinaten um. Das Modul LoadCalib lädt dabei die vom Modul Calibration bei der Kalibrierung abgespeicherten Kameraparameter. Die einzige Nebenbedingung dabei ist, dass sich die letzte Aufnahme der Kalibrierplatte, deren Punkte zur Bestimmung der Kameraparameter herangezogen wurden, in der Messebene der Granitstücke befand.

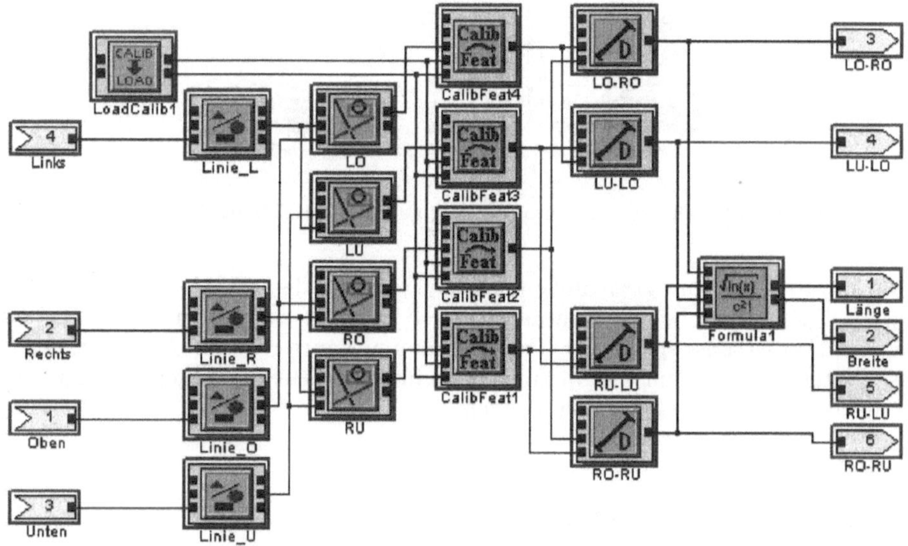

Bild 7.57 Makro DistanzBerechnung zur metrischen Distanzberechnung von Geradenschnittpunkten

Die Abstände werden dann mit dem Modul Distances gerechnet. Im Beispielmakro haben sie die symbolischen Namen LO-RO (Abstand der linken oberen Ecke zur rechten oberen Ecke), LU-LO (links unten zu links oben), RU-LU (rechts unten zu links unten) und RO-RU (rechts oben zu rechts unten).

Als Ergebnis erhält man nun die metrischen Abstände der Eckpunkte der Granitstücke und damit die Kantenlängen der einzelnen Kanten. Im gegebenen Beispielbild 7.58 sind dies für die obere Kante 131 mm, für die untere Kante ebenfalls 131 mm. Für die linke Kante ergeben sich 88 mm und für die rechte Kante 87 mm. Gemittelt mit dem Modul Formula ergibt sich eine Länge von 131 mm und eine Breite von 87 mm für das Granitstück in Bild 7.58.

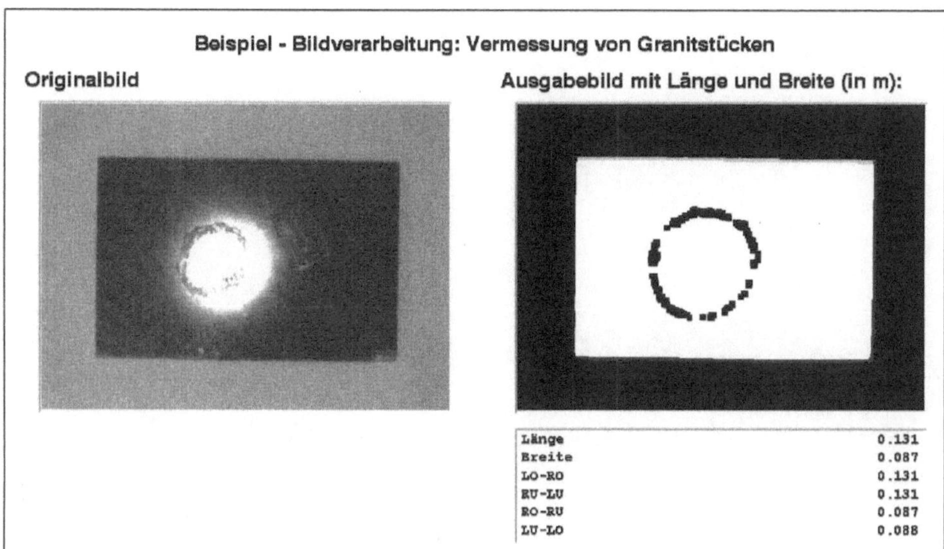

Bild 7.58 Ergebnis der metrischen Vermessung eines Granitstückes

7.5.5 Zusammenfassung

Das Beispiel der Vermessung der Kanten von Granitstücken zeigt das typische Zusammenspiel aller Komponenten eines Bildverarbeitungssystems: angefangen von der richtigen Beleuchtung, über die Low-Level-Bildverarbeitungsalgorithmen auf Pixelebene bis zur High-Level-Bildverarbeitung mit abstrakten Objekten, wie Geraden und einer Kamera. Es wird deutlich, dass sich mit den Modulen von ICONNECT optische Messaufgaben formulieren und lösen lassen. Spezielle Teilprobleme, für die sich kein Modul findet, können mit einem Interpretmodul bearbeitet werden, wie das obige Beispiel der Konturtrennung zeigt. Es sollte aber auch deutlich geworden sein, dass es für ein Problem nicht nur eine Patentlösung gibt: Während das grobe Vorgehen Konturextraktion - Konturtrennung - Geradenpassung - Eckpunktbestimmung mehr oder weniger festgelegt ist, lassen sich die Teilprobleme auch auf andere Art lösen.

8 Soft-Computing
B. Sick

Verfahren aus dem Bereich des *Soft-Computing* unterscheiden sich von konventionellen Verfahren aus dem Bereich des Hard-Computing dadurch, dass sie tolerant und robust bezüglich ungenauer, unsicherer und nur teilweise wahrer Information sind. Vorbilder für Verfahren des Soft-Computing sind im Aufbau und Funktionsweise des menschlichen Gehirns (Lernen und Anwenden von Gelerntem), in komplexeren menschlichen Wahrnehmungs- und Verhaltensweisen und in biologischen Evolutionsprinzipien zu finden. Ziel des Soft-Computing ist es, die Robustheit und Toleranz zu nutzen, um mit geringen Kosten „intelligente", leicht anwendbare und adaptierbare Systeme zu bauen. Der Begriff des Soft-Computing wurde in den 90er Jahren von ZADEH, bekannt auch als „Vater" der Fuzzy-Logik, geprägt (siehe beispielsweise [Zad97]).

Ein System kann dann als intelligent bezeichnet werden, wenn es dazu fähig ist, seine Leistung zu verbessern oder ein akzeptables Leistungsniveau unter Einfluss auftretender Ungewissheiten aufrecht zu erhalten. Der Begriff der Intelligenz ist hier also als Eigenschaft zu verstehen (adverbial), nicht als Fähigkeit (nominal). Soft-Computing stellt Methoden zur Erhöhung der Intelligenz technischer (oder nicht-technischer) Systeme bereit, d.h., Methoden, die den *MIQ* (Maschinen IQ) erhöhen.

Typische Anwendungsgebiete des Soft-Computing lassen sich in vielen technischen aber auch anderen Bereichen finden:

- Steuerungs- und Regelungssysteme,
- Entscheidungsfindungssysteme (z.B. Klassifikationssysteme),
- Prozessüberwachungssysteme (z.B. Systeme zur Qualitätskontrolle),
- Prozessoptimierungssysteme,
- Knowledge Discovery & Data Mining in Datenbanken,
- Bildbearbeitung und Bildverarbeitung,
- „intelligente" Suchmaschinen für das Internet oder
- Fehlersuche in Software.

Die wichtigsten Komponenten des Soft-Computing sind Neuronale Netze, Fuzzy-Logik und Evolutionäre Algorithmen. Dazu kommen beispielsweise noch Chaos-Theorie, Teile der Lerntheorie u.a. Wichtig ist es, zu betonen, dass diese Komponenten häufig und sehr erfolgreich kombiniert werden, also eher als komplementär zueinander gesehen werden sollten. Ebenso wichtig ist allerdings auch die Kombination mit konventionellen Methoden des Hard-Computing, also beispielsweise klassische lineare oder nichtlineare Optimierungsverfahren, Verfahren zur Lösung von Differentialgleichungen, klassische Zeitreihenmodelle (z.B. AR, MA oder ARMA), Entscheidungsbäume, Regressionsverfahren, klassische Mustererkennungsverfahren oder statistische Verfahren usw.

Auch wenn erste Überlegungen zur Modellierung von Neuronen im Gehirn bereits in die 40er Jahre zurückreichen, wurden Methoden des Soft-Computing erst in den 80er Jahren auch in industriellem Umfeld erfolgreich und fanden eine weite Verbreitung. Inzwischen finden sich bereits Hinweise auf Methoden des Soft-Computing in der Werbung für manche Produkte (z.B. Fuzzy-Bildstabilisatoren in Kameras oder Fuzzy-Regelung in Waschmaschinen). Andererseits ist auch die Forschung in diesem Bereich noch lange nicht abgeschlossen, wie die große Zahl an wissenschaftlichen Tagungen und Fachzeitschriften zeigt. Während man anfangs die Tendenz erkennen konnte, biologische Vorbilder mehr oder weniger genau nachzubilden, geht man heute neue, teilweise erfolgreichere Wege, für die keine biologischen Vorbilder mehr existieren.

Methoden des Soft-Computing kommen häufig dann zum Einsatz, wenn das Verhalten eines Systems oder eines Prozesses so komplex ist, dass ein exaktes Modell nicht angegeben werden kann, wenn exakte Modelle zwar bekannt sind, sie aber aus Zeitgründen nicht zum Einsatz kommen können (z.B. wenn in Echtzeitsystemen komplexe Differentialgleichungen zu lösen wären) oder wenn Möglichkeiten aus dem Bereich des Hard-Computing bereits ausgeschöpft wurden.

Zwei der wichtigsten Bereiche des Soft-Computing werden in diesem Kapitel angesprochen: Neuronale Netze (mit mehreren, unterschiedlichen Netzparadigmen, d.h. Netzmodellen) und Fuzzy-Logik. Die vorgestellten Modelle und Verfahren sind auch in **ICONNECT** realisiert. Erfolgreiche evolutionäre Verfahren basieren meist auf sehr problemangepassten Konzepten und Techniken, so dass sie kaum in einem komponentenbasierten System geeignet bereitgestellt werden können.

Die folgenden biologischen Konzepte und Prinzipien findet man auch in (künstlichen) Neuronalen Netzen:

- einfache Verarbeitungseinheiten (Neuronen), die Aktivierungen von Vorgängerneuronen summieren (integrieren), mit Hilfe einer Aktivierungsfunktion (Schwellwertfunktion) den eigenen Aktivitätsgrad bestimmen und an Nachfolgerneuronen weitergeben,

- massive Parallelität einer großen Zahl derartiger Verarbeitungseinheiten,

- gerichtete Verbindungen zwischen den Neuronen und hohe Konnektivität der Neuronen,

- Speicherung von Informationen in den Verbindungen zwischen Neuronen,

- erregende und hemmende Verbindungen,

- Modifikation der Effizienz von Verbindungen durch Lernen, z.B. in Abhängigkeit von der Intensität und der Häufigkeit einer Aktivierung,

- Gruppierung von Neuronen in Schichten oder in Feldern und

- Berücksichtigung des zeitlichen Verhaltens der Informationsübertragung in Dendriten, Axonen und Synapsen (d.h. in Verbindungen zwischen Neuronen).

Die folgenden biologischen Konzepte und Prinzipien findet man auch in Fuzzy-Systemen:

- (sensorische) Erfassung von vager, unpräziser oder unsicherer Information,

- Verknüpfung und Verarbeitung derartiger Information z.B. bei der Bewältigung von Klassifikations- oder Regelungsaufgaben und

- (aktuatorische) Ausgabe, d.h. beispielsweise die Steuerung von Muskeln auf der Basis solchermaßen verarbeiteter Information.

Die Abschnitte 8.1 bis 8.4 dieses Kapitels beschäftigen sich mit unterschiedlichen Arten Neuronaler Netze: Mehrlagige Perzeptren, Dynamische Neuronale Netze (mit *Time-Delay*-Netzen und NARX-Netzen), Selbstorganisierende Karten und Radiale-Basisfunktionen-Netze. Abschnitt 8.5 stellt dann Grundlagen der Fuzzy-Logik und ihre Anwendung in Fuzzy-Systemen vor. Verschiedene Beispiele veranschaulichen die Anwendung der vorgestellten Konzepte und Methoden. Diese Beispiele haben nicht alle einen technischen Hintergrund. Vergleichbare Fragestellungen finden sich jedoch immer auch in einer Vielzahl technischer Anwendungen.

8.1 Mehrlagige Perzeptren (MLP)

Mehrlagige Perzeptren (MLP) sind wohl die in der Praxis am häufigsten eingesetzten Neuronalen Netze. Sie orientieren sich stark an ihrem biologischen Vorbild: In einem Gehirn werden Aktivierungen von Neuronen über Synapsen an nachfolgende Neuronen weitergeleitet. Diese wiederum werden aktiviert, wenn die gewichtete Summe der eingehenden Aktivierungen einen Schwellwert überschreitet. Die Verbindungsgewichte stellen dabei den eigentlichen Informationsspeicher dar. Sie werden durch einen Trainingsvorgang (Lernen) eingestellt. Neuronen sind in Schichten angeordnet. Rückkopplungen wie im Gehirn gibt es bei Mehrlagigen Perzeptren allerdings nicht.

Backpropagation ist der am häufigsten verwendete Lernalgorithmus zum Einstellen der Gewichte in Mehrlagigen Perzeptren. Spätestens seit der Beschreibung dieses Lernverfahrens 1986 durch RUMELHART u.a. steigt die Bedeutung Neuronaler Netze in technischen Anwendungen ständig. Zwei typische Klassen von Anwendungen Mehrlagiger Perzeptren sind:

- Approximation nichtlinearer Funktionen (z.B. mit Anwendungen in der Regelungstechnik oder der Datenanalyse) und

- Klassifikation von Eingabedaten (z.B. mit Anwendungen bei der Mustererkennung).

Grundlegende Einführungen zu Mehrlagigen Perzeptren sind in [NKK96, Roj96, Zel94] zu finden; ergänzende bzw. detailliertere Darstellungen in [Bis95, Hay94, She97].

In diesem Abschnitt wird zunächst die Architektur Mehrlagiger Perzeptren ausführlich beschrieben. Dann wird der Algorithmus Backpropagation zum Training dieser Netze genauer vorgestellt. Anschließend werden einige praktische Hinweise zur Festlegung von Ein- und Ausgangsgrößen, zur Wahl von Struktur- und Lernparametern, zur Vermeidung einer Überanpassung der Netze an die Trainingsmuster der Lernaufgabe und zur Bewertung trainierter MLP gegeben. Dann werden einige konkrete, in ICONNECT realisierte Anwendungen vorgestellt. Zuletzt folgen noch einige abschließende Bemerkungen zur Anwendung von MLP.

8.1.1 Beschreibung der Architektur von MLP

In diesem Abschnitt wird zunächst die Struktur Mehrlagiger Perzeptren definiert und danach detailliert erläutert.

Definition 8.1
Ein *Mehrlagiges Perzeptron (MLP)* oder *Backpropagation-Netz* ist definiert durch:

(1) Neuronen des Netzes werden in verschiedenen Schichten $\mathcal{U}_1$, $\mathcal{U}_2$, ..., $\mathcal{U}_L$ angeordnet, die als *Eingabeschicht, Ausgabeschicht* bzw. *verdeckte Schicht* bezeichnet werden. Die entsprechenden Neuronen heißen *Eingabeneuronen, Ausgabeneuronen* bzw. *verdeckte Neuronen*

(2) Jedem Paar von Neuronen aus direkt aufeinanderfolgenden Schichten wird ein Wert $w_{(i,j)}^{(l)} \in \mathbb{R}$ (für $i \in \mathcal{U}_{l-1}$ und $j \in \mathcal{U}_l$) zugeordnet. Dieser Wert heißt *Gewicht* der *Verbindung* zwischen Neuron i und Neuron j. Durch die Neuronenschichten und die Verbindungen wird die *Netzstruktur* festgelegt.

(3) Jedes Neuron der Eingabeschicht leitet seine Eingabe (die *externe Eingabe* des Netzes) unverändert an alle Nachfolgeneuronen weiter. D.h., die *Aktivierung* eines Eingabeneurons $i \in \mathcal{U}_1$ ist

$$a_i^{(1)}(k) \overset{def}{=} x_i(k)$$

für einen externen Eingabevektor des Netzes $\mathbf{x}(k) \overset{def}{=} \left(x_1(k), x_2(k), \ldots, x_{|\mathcal{U}_1|}(k)\right)$. $\mathbf{x}(k)$ heißt auch *Eingabemuster*; $k \in \mathbb{N}$ ist eine Zählvariable, die die Nummer des aktuell vom Netz verarbeiteten Eingabemusters angibt.

(4) Die *Aktivierung* $a_j^{(l)}(k)$ jedes verdeckten Neurons $j \in \mathcal{U}_l$ berechnet sich mit Hilfe einer *sigmoiden Aktivierungsfunktion* σ aus der Netzeingabe $s_j^{(l)}(k)$ von j:

$$a_j^{(l)}(k) \overset{def}{=} \sigma(s_j^{(l)}(k)).$$

Die *Netzeingabe* besteht dabei aus der gewichteten Summe der Aktivierungen der Vorgängerneuronen und einem *Biasgewicht* (*Schwellwert*):

$$s_j^{(l)}(k) \overset{def}{=} \sum_{i \in \mathcal{U}_{l-1}} w_{(i,j)}^{(l)} \cdot a_i^{(l-1)}(k) + w_{(B,j)}^{(l)}.$$

(5) Die *Aktivierung* bzw. die *Netzeingabe* jedes Ausgabeneurons $m \in \mathcal{U}_L$ sind wie bei verdeckten Neuronen bestimmt. Der *externe Ausgabevektor* des Netzes $\mathbf{y}(k) \overset{def}{=} \left(y_1(k), y_2(k), \ldots, y_{|\mathcal{U}_L|}(k)\right)$ heißt auch *Ausgabemuster*. Er ist durch die Aktivierungen der Ausgabeneuronen definiert:

$$y_m(k) \overset{def}{=} a_m^{(L)}(k).$$

Netzstruktur:

Die Netzstruktur ist durch die Kommunikationsverbindungen zwischen den Neuronen beschrieben. Diese Verbindungen werden häufig auch als *Synapsen*, die Gewichte daher als *synaptische Gewichte* bezeichnet. Die Gewichte dienen als Bewertung für die auf den Verbindungen übertragenen Informationen. Ein Gewicht mit einem negativen Wert heißt *inhibitorisch* oder *hemmend*, bei einem Gewicht mit einem positiven Wert spricht man von einem *excitatorischen* oder *anregenden* Gewicht. Bild 8.1 zeigt den Aufbau eines dreischichtigen MLP. Die Schwellwerte sind hier als Gewichte von Verbindungen modelliert, deren Aktivierungswert konstant 1.0 ist. Die beiden Schwellwertneuronen ließen sich auch noch zu einem zusammenfassen.

Die Zahl der Schichten eines MLP ist fast immer $L \geq 3$. Nur auf den ersten Blick fordert die Definition ein *schichtweise vollständig verbundenes* Netz, d.h. Verbindungen

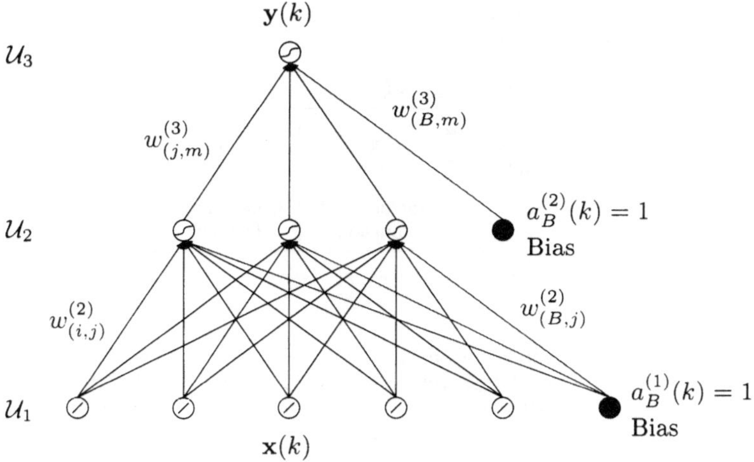

Bild 8.1 Struktur eines Mehrlagigen Perzeptron

zwischen *jedem* Paar von Neuronen in zwei aufeinanderfolgenden Schichten. Einer nicht-existierenden Verbindung entspricht das Setzen des Gewichts der Verbindung auf den Wert Null.

Neuronen:

Die Verarbeitungseinheiten oder Neuronen eines MLP berechnen aus ihrer Eingabe einen Aktivierungszustand, der an nachfolgende Neuronen weitergegeben wird. Neuronen arbeiten unabhängig voneinander und können ihre Eingaben (quasi-)parallel verarbeiten. Nur Eingabe- oder Ausgabeneuronen kommunizieren mit der Umgebung des Netzes. Bild 8.2 verdeutlicht die Arbeitsweise der verschiedenen Neuronen.

Propagierung:

Eine Netzeingabefunktion (oder *Propagierungsfunktion*) fasst die Aktivierungen der Vorgängerneuronen und den Schwellwert (Bias) zu einer Eingabe (Netzeingabe) für die Aktivierungsfunktion des Neurons zusammen.

Aktivierung:

Als Aktivierungsfunktionen für die Neuronen der verdeckten Schichten und der Ausgabeschicht werden so genannte sigmoide Aktivierungsfunktionen gewählt, die kontinuierliche Aktivierungszustände aufweisen, streng monoton steigend, beschränkt und stetig differenzierbar sind. Die Aktivierungsfunktion muss nicht prinzipiell für alle Neuronen gleich sein, dies ist allerdings üblich.

Tabelle 8.1 gibt die wichtigsten Aktivierungsfunktionen (siehe auch Bild 8.3) an: die *logistische Aktivierungsfunktion* [Hof93, Zel94], der *Tangens hyperbolicus* [Hof93, Zel94] und die *„schnelle" Aktivierungsfunktion* [Ell93]. Wichtig für ein effizientes Training eines MLP (siehe Abschnitt 8.1.2) ist, dass sich die Ableitung $\sigma'(x)$ einer Aktivierungsfunktion $\sigma(x)$ an einer bestimmten Stelle x mit möglichst geringem Rechenaufwand bestimmen lässt. Die angegebenen Aktivierungsfunktionen sind nichtlineare Funktionen; durch sie wird auch die Gesamtfunktion eines MLP nichtlinear.

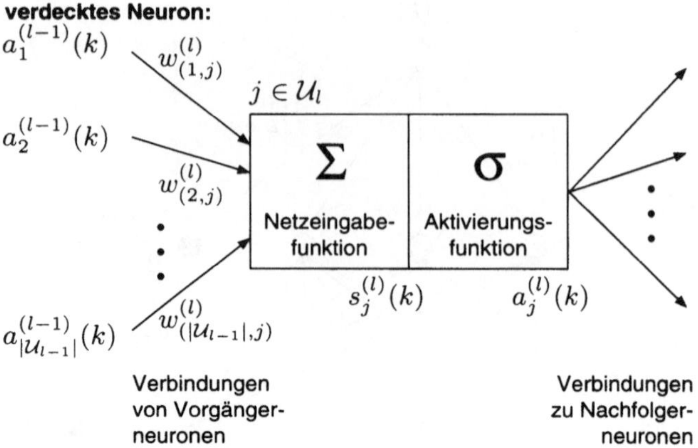

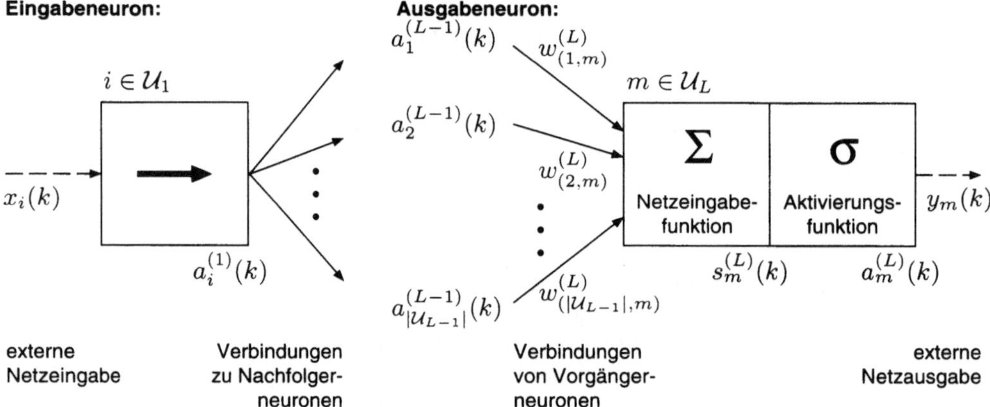

Bild 8.2 Funktionsweise von Neuronen (Eingabeneuron, Ausgabeneuron, verdecktes Neuron) in einem Mehrlagigen Perzeptron

Bezeichnung	Funktion σ	Wertebereich $]a,b[$	Ableitung σ'	Steigung für $x = 0$
logistische Aktivierungsfunktion $\sigma_{log}(x)$	$\dfrac{1}{1+e^{-x}}$	$]0,1[$	$\sigma_{log}(x)(1 - \sigma_{log}(x))$	0.25
Tangens hyperbolicus $\sigma_{tanh}(x)$	$\tanh(x)$	$]-1,1[$	$1 - \sigma_{tanh}^2(x)$	1.0
„schnelle" Aktivierungsfunktion $\sigma_{fast}(x)$	$\dfrac{x}{1+|x|}$	$]-1,1[$	$(1 - |\sigma_{fast}(x)|)^2$	1.0

Tabelle 8.1 Verschiedene sigmoide Aktivierungsfunktionen und ihre Ableitungen

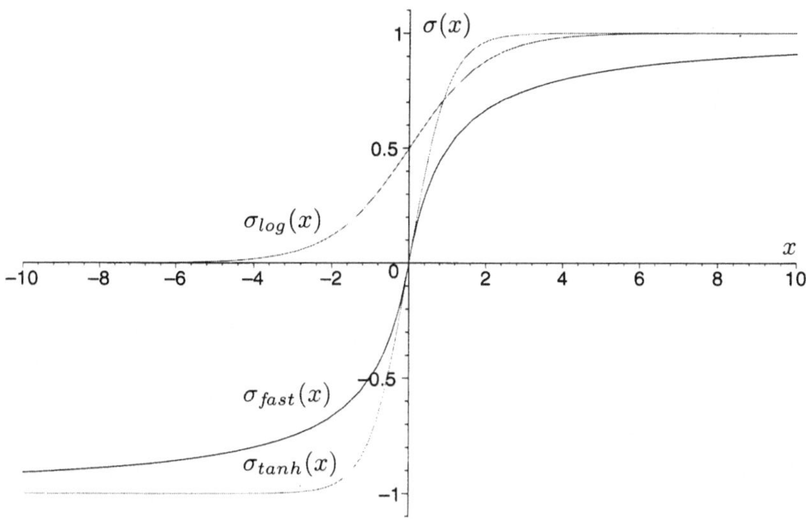

Bild 8.3 Graphen verschiedener Aktivierungsfunktionen

Externe Eingabe und externe Ausgabe:

Eingabeneuronen und Ausgabeneuronen stellen die Verbindung eines Netzes mit seiner Umgebung her. Die den einzelnen Eingabeneuronen zugeordnete Information (Dimension) des Eingaberaums wird auch als *Eingabemerkmal* bezeichnet.

Notation:

Für die Struktur eines schichtweise aufgebauten, vollständig verbundenen MLP wird folgende Notation verwendet: $|\mathcal{U}_1| \rightarrow |\mathcal{U}_2| \rightarrow \cdots \rightarrow |\mathcal{U}_L|$. D.h., $3 \rightarrow 12 \rightarrow 1$ beschreibt ein dreischichtiges Netz mit drei Eingabe-, zwölf verdeckten und einem Ausgabeneuron. Für das Netz in Bild 8.1 müsste demnach die Notation $5 \rightarrow 3 \rightarrow 1$ verwendet werden.

8.1.2 Training von MLP

Zur Modellbildung mit MLP werden Algorithmen benötigt, die eine Bestimmung geeigneter Werte für die Gewichte ermöglichen. Ziel dieses so genannten *Lernvorganges* (oder *Trainings*) ist es, die Gewichte so zu bestimmen, dass das Netz auf eine angelegte externe Eingabe mit einer gewünschten externen Ausgabe reagiert. *Lernphase* und *Anwendungsphase* sind üblicherweise zeitlich getrennt, nur in manchen Anwendungen wird das Training während der Anwendungsphase durchgeführt oder fortgesetzt. Man spricht dann auch von *offline-* bzw. *online-Training*.

In diesem Abschnitt werden zunächst einige Grundbegriffe des Lernens eingeführt, bevor ein zum Training von MLP geeignetes Lernverfahren vorgestellt wird (Backpropagation). Anschließend wird das Verhalten dieses Lernverfahrens näher erläutert und es werden einige Weiterentwicklungen von Backpropagation beschrieben.

Grundbegriffe des Lernens

Definition 8.2
Eine *feste Lernaufgabe* $\mathcal{L}$ eines MLP ist eine Menge von Eingabe- und Ausgabemusterpaaren $\mathcal{L} \stackrel{def}{=} \{(\mathbf{x}(k),\mathbf{t}(k))\}$. Das MLP soll für ein Eingabemuster $\mathbf{x}(k)$ mit einem Ausgabemuster $\mathbf{t}(k)$ reagieren (*gewünschte Ausgabe*). Das MLP *erfüllt* die Lernaufgabe, wenn bei einer *Eingabe* von $\mathbf{x}(k)$ die *tatsächliche Ausgabe* $\mathbf{y}(k)$ der *gewünschten Ausgabe* $\mathbf{t}(k)$ entspricht oder mit einer vorgegebenen maximalen Abweichung entspricht.

Andere Netzparadigmen lernen auch mit *freien Lernaufgaben*; dabei werden dem Netz nur Eingabemuster präsentiert. Das Netz erfüllt dann eine freie Lernaufgabe, wenn es zu jeder Eingabe eine Ausgabe so bestimmt, dass im Sinne eines geeigneten Abstandsmaßes ähnliche Eingaben auch ähnliche Ausgaben erzeugen (siehe beispielsweise Abschnitt 8.3.2).

Ein Netz kann nur dann bezüglich der Bewältigung einer festen Lernaufgabe bewertet werden, wenn ein geeignetes Fehlermaß verwendet wird. Dabei werden die tatsächlichen Ausgabemuster $\mathbf{y}(k) \stackrel{def}{=} \left(y_1(k),\ldots,y_{|\mathcal{U}_L|}(k)\right)$ mit den gewünschten Ausgabemustern $\mathbf{t}(k) \stackrel{def}{=} \left(t_1(k),\ldots,t_{|\mathcal{U}_L|}(k)\right)$ verglichen.

Definition 8.3
Sei $\mathcal{L}$ eine feste Lernaufgabe eines MLP. Der *Fehler* $\mathcal{E}(k)$ des Netzes für das Muster k der Lernaufgabe ist definiert durch die Differenz zwischen tatsächlicher und gewünschter Ausgabe:

$$\mathcal{E}(k) = \frac{1}{2} \cdot \sum_{i=1}^{|\mathcal{U}_L|} \left(t_i(k) - y_i(k)\right)^2 .$$

Der *gesamte quadrierte Fehler* (kurz: *Gesamtfehler*) für eine Lernaufgabe $\mathcal{L}$ (*least-squares-error, LSE*) ist dann bestimmt durch

$$\mathcal{E}_{LSE} \stackrel{def}{=} \sum_{k=1}^{|\mathcal{L}|} \mathcal{E}(k).$$

Sehr häufig wird auch der *mittlere quadratische Fehler* (*mean-squared-error, MSE*) verwendet, der folgendermaßen definiert ist:

$$\mathcal{E}_{MSE} \stackrel{def}{=} \frac{1}{|\mathcal{L}| \cdot |\mathcal{U}_L|} \cdot \sum_{k=1}^{|\mathcal{L}|} \mathcal{E}(k).$$

Die angegebenen Fehlermaße sind also über den Euklidischen Abstand von gewünschter und tatsächlicher Ausgabe definiert und „bestrafen" somit größere Abweichungen an einzelnen Neuronen stärker. Andere Fehlermaße könnten prinzipiell auch verwendet werden (siehe beispielsweise [Bis95, NKK96, She97]).

Mit einem geeigneten Fehlermaß kann der Fortschritt beim *Training* des Netzes (*Lernen*) mit Hilfe eines *Lernalgorithmus* bewertet werden.

Definition 8.4

Ein *überwachter Lernalgorithmus* ist ein Verfahren, das anhand einer festen Lernaufgabe die Gewichte eines Neuronalen Netzes verändert. Erfüllt das Netz diese Lernaufgabe nach Anwendung des Verfahrens, d.h., wird der Gesamtfehler Null oder wird eine vorher definierte Fehlerschranke unterschritten, so war die Anwendung des Lernalgorithmus *erfolgreich*, anderenfalls *erfolglos*.

Im Gegensatz zu überwachten Lernalgorithmen arbeiten *unüberwachte* oder *selbstorganisierende* Lernalgorithmen mit freien Lernaufgaben (siehe z.B. Abschnitt 8.3.2).

Bei überwachten Lernalgorithmen kann man weiter zwei prinzipielle Vorgehensweisen unterscheiden. Beim *musterweisen Lernen* werden die Gewichte des Netzes jeweils nach der Präsentation eines Eingangsmusters aus der Lernaufgabe verändert. Beim *epochenweisen Lernen* werden die Gewichte erst nach der Präsentation aller Muster einer Lernaufgabe modifiziert. Die Bearbeitung aller Muster einer Lernaufgabe nennt man auch *Epoche*.

Vorgehensweise beim Training

Aufgabe eines geeigneten Lernalgorithmus für MLP ist es, die Gewichte des Netzes so einzustellen, dass der Gesamtfehler $\mathcal{E}$ (üblicherweise $\mathcal{E}_{LSE}$) minimal wird. Die Funktion $\mathcal{E}$ wird jetzt allerdings nicht in Abhängigkeit von den Eingabemustern des Netzes betrachtet, sondern in Abhängigkeit von den Gewichten des Netzes. Diese Form der Darstellung wird im Folgenden auch als *Fehlerfläche* bezeichnet.

Aufgabe ist es also, ein globales Minmum der Fehlerfläche zu finden. Meist hat eine Fehlerfläche eines MLP jedoch sehr viele lokale Minima, so dass ein globales Minimum nicht einfach (d.h. z.B. in einem Schritt durch das Lösen eines linearen Ausgleichsproblems) zu finden ist. Typische nichtlineare Optimierungsverfahren – so wie sie hier benötigt werden – starten die Suche nach einem globalen Minimum an einem beliebig gewählten Punkt (*Startpunkt*) in der Fehlerfläche. Dann wird iterativ abwechselnd eine geeignete Richtung (*Suchrichtung*) ausgewählt und in dieser Suchrichtung eine neue Position in der Fehlerfläche bestimmt. Die Entfernung zu dieser neuen Position wird auch als *Schrittweite* bezeichnet. Zu beachten ist dabei, dass die Form der Fehlerfläche jeweils nur in einer kleinen Umgebung um die aktuelle Position in der Fehlerfläche bekannt ist. D.h., das Lernverfahren hat keine „globale Sicht" auf die Fehlerfläche.

Die gängigsten Lernalgorithmen für MLP nähern einen *Gradientenabstieg* in der Fehlerfläche an und versuchen, auf diese Weise den Gesamtfehler zu minimieren. Der Startpunkt in der Fehlerfläche wird dabei zufällig gewählt, d.h., er wird bestimmt durch zufällig initialisierte Werte der Gewichte zu Beginn des Lernvorgangs. Die Konvergenz derartiger nichtlinearer Optimierungsverfahren ist allerdings keineswegs garantiert, da die Fehlerfunktion – wie erwähnt – im Allgemeinen nicht konvex ist.

Algorithmus 8.5 (*Musterweises Training von MLP*)

(1) Initialisiere alle Gewichte $w_{(i,j)}^{(l)}$ des MLP mit zufällig gewählten, kleinen Werten.

(2) Initialisiere eine Variable zur akkumulativen Berechnung des Gesamtfehlers $\mathcal{E}$ durch $\mathcal{E} = 0$.

(3) Für alle Muster (d.h. $k = 1, \ldots, |\mathcal{L}|$) einer festen Lernaufgabe $\mathcal{L} = \{(\mathbf{x}(k), \mathbf{t}(k))\}$ führe die folgenden Schritte aus (der Zeitraum für die Ausführung dieser Schritte wird als *Epoche p* bezeichnet):

   (a) Lege $\mathbf{x}(k)$ als externe Eingabe an die Neuronen der Eingabeschicht an.

   (b) Propagiere diese Eingabe durch alle Schichten des Netzes bis zur Ausgabeschicht und bestimme die tatsächliche Ausgabe des Netzes $\mathbf{y}(k)$.

   (c) Berechne den Fehler $\mathcal{E}(k)$ und addiere $\mathcal{E}(k)$ zum Gesamtfehler $\mathcal{E}$.

   (d) Wenn $\mathcal{E}(k) > 0$ ist, so berechne für jedes Gewicht $w_{(i,j)}^{(l)}$ eine *Gewichtsänderung für das Muster k der Lernaufgabe* $\nabla_k w_{(i,j)}^{(l)}$ und ändere jedes Gewicht um diesen Wert (d.h., addiere die Gewichtsänderung auf den bisherigen Wert).

(4) Prüfe, ob $\mathcal{E} < \theta$ (wobei $\theta \in \mathbb{R}^+$ eine zuvor geeignet gewählte Fehlerschranke ist). Wenn dies der Fall ist, gilt die Lernaufgabe als erfüllt. Anderenfalls setze das Lernen bei Schritt (2) fort (nächste Epoche).

Die Gewichtsänderung für das Muster k der Lernaufgabe wird dabei so bestimmt, dass bei einer sofortigen erneuten Präsentation des Musters $\mathbf{x}(k)$ eine Verringerung des Fehlers für das Muster k zu erwarten wäre. Insbesondere der Schritt (3d) dieser bisher noch recht allgemeinen Beschreibung eines Lernalgorithmus wird später noch präzisiert; dasselbe gilt für den folgenden Algorithmus.

Algorithmus 8.6 (*Epochenweises Training von MLP*)

   (1) Initialisiere alle Gewichte $w_{(i,j)}^{(l)}$ des MLP mit zufällig gewählten, kleinen Werten.

   (2) Initialisiere eine Variable zur akkumulativen Berechnung des Gesamtfehlers $\mathcal{E}$ durch $\mathcal{E} = 0$.

   (3) Für alle Muster (d.h. $k = 1, \ldots, |\mathcal{L}|$) einer festen Lernaufgabe $\mathcal{L} = \{(\mathbf{x}(k), \mathbf{t}(k))\}$ führe die folgenden Schritte aus (der Zeitraum für die Ausführung dieser Schritte wird als *Epoche p* bezeichnet):

      (a) Lege $\mathbf{x}(k)$ als externe Eingabe an die Neuronen der Eingabeschicht.

      (b) Propagiere diese Eingabe durch alle Schichten des Netzes bis zur Ausgabeschicht und bestimme die tatsächliche Ausgabe des Netzes $\mathbf{y}(k)$.

      (c) Berechne den Fehler $\mathcal{E}(k)$ und addiere $\mathcal{E}(k)$ zum Gesamtfehler $\mathcal{E}$.

      (d) Wenn $\mathcal{E}(k) > 0$ ist, so berechne die Gewichtsänderungen für das Muster k der Lernaufgabe $\nabla_k w_{(i,j)}^{(l)}$ und akkumuliere diese Änderungen über den Zeitraum einer Epoche, ohne die Gewichte tatsächlich zu modifizieren.

   (4) Modifiziere jedes Gewicht um eine *Gewichtsänderung für die Epoche p* $\nabla^p w_{(i,j)}^{(l)}$ (d.h., addiere die Gewichtsänderung auf den bisherigen Wert). Der Wert dieser Gewichtsänderung entspricht dem in der aktuellen Epoche akkumulierten Wert der einzelnen Gewichtsänderungen $\nabla_k w_{(i,j)}^{(l)}$ direkt oder ist aus diesem abgeleitet.

   (5) Prüfe, ob $\mathcal{E} < \theta$ (wobei $\theta \in \mathbb{R}^+$ eine zuvor geeignet gewählte Fehlerschranke ist). Wenn dies der Fall ist, gilt die Lernaufgabe als erfüllt. Anderenfalls setze das Lernen bei Schritt (2) fort (nächste Epoche).

Die Wahl einer geeigneten Fehlerschranke θ hängt von der betrachteten Anwendung ab. Daher wird anstelle der Verwendung einer Fehlerschranke häufig eine zuvor festgelegte Zahl von Epochen trainiert. In anderen Anwendungen wird manchmal auch kein Endekriterium bestimmt und die Gewichte werden auch während der Anwendungsphase des Netzes adaptiert. Auf diese Weise kann man eine kontinuierliche Anpassung eines Neuronalen Netzes an eine sich laufend ändernde Umgebung erreichen.

Ist nun nach der erfolgreichen Erfüllung einer Lernaufgabe (d.h., eine Fehlerschranke wurde unterschritten) das trainierte Netz in einer konkreten Anwendung nutzbringend einsetzbar? Dies hängt u.a. von dem verfolgten Lernziel ab.

Definition 8.7

Beim *Lernziel* der *Approximation* soll die durch die Musterpaare der Lernaufgabe $\mathcal{L} = \{(\mathbf{x}(k),\mathbf{t}(k))\}$ beschriebene nichtlineare Funktion durch ein MLP so angenähert werden, dass nach dem Training des Netzes bei einer erneuten Eingabe eines Musters $\mathbf{x}(k)$ der Lernaufgabe die Differenz zwischen tatsächlicher Ausgabe $\mathbf{y}(k)$ und erwünschter Ausgabe $\mathbf{t}(k)$ möglichst klein wird.

Beim *Lernziel* der *Generalisierung* soll die durch die Musterpaare der Lernaufgabe $\mathcal{L} = \{(\mathbf{x}(k),\mathbf{t}(k))\}$ beschriebene nichtlineare Funktion durch ein MLP so angenähert werden, dass nach dem Training des Netzes für beliebige (andere) Musterpaare $(\mathbf{x}(k'),\mathbf{t}(x'))$ der nichtlinearen Funktion bei einer Eingabe des Musters $\mathbf{x}(k')$ die Differenz zwischen tatsächlicher Ausgabe $\mathbf{y}(k')$ und erwünschter Ausgabe $\mathbf{t}(k')$ möglichst klein wird.

Die zum Einstellen der Gewichte verwendeten Muster der Lernaufgabe werden als *Trainings-* oder *Lernmuster* (bzw. *Trainings-* oder *Lerndaten*), die zur Überprüfung der Generalisierungsleistung benutzten als *Testmuster* (bzw. *Testdaten*) bezeichnet. Trainings- und Testmustermengen sind üblicherweise disjunkt; man spricht daher auch von *unbekannten Testmustern* und *extrapolierenden Tests*.

Das Lernziel der Approximation ist im Allgemeinen erreicht, wenn eine Lernaufgabe erfüllt ist. Verwendet man ausreichend viele verdeckte Neuronen, so sind die hier definierten MLP mit nur einer Schicht verdeckter Neuronen in der Lage, Funktionen beliebig genau zu approximieren [HSW89]. Eine gute Generalisierungsfähigkeit zu erzielen, ist deutlich schwieriger.

In den meisten technischen Anwendungen von MLP wird das Lernziel der Generalisierung verfolgt. Dazu muss der Bereich prinzipiell möglicher Eingabe- und Ausgabemusterpaare möglichst gut durch Lernmuster abgedeckt sein. Durch den Lernvorgang soll erreicht werden, dass das MLP die Lernaufgabe verallgemeinert, d.h. generalisiert. Der Auswahl geeigneter Trainingsmuster kommt also besondere Bedeutung bei der Anwendung von MLP zu. Weitere Hinweise sind in Abschnitt 8.1.3 zu finden.

Lernalgorithmus Backpropagation

Wie wird nun eine Gewichtsänderung für das Muster k einer Lernaufgabe $\nabla_k w_{(i,j)}^{(l)}$ (Schritt (3d) in Algorithmus 8.5 und Algorithmus 8.6) bzw. eine Gewichtsänderung für die p-te Epoche $\nabla^p w_{(i,j)}^{(l)}$ (Schritt (4) in Algorithmus 8.6) bestimmt? Der bekannteste Lernalgorithmus für MLP ist *Backpropagation* (oder *verallgemeinerte Delta-Regel*; siehe z.B. [NKK96, Zel94]). Das Verfahren nähert einen Gradientenabstieg in der Fehlerfläche an. D.h., die Suchrichtung ist gegeben durch den negativen Gradienten der Fehlerfläche an der jeweiligen Position (Richtung des steilsten Abstiegs). Die Schrittweite ist proportional zum Betrag des Gradienten.

Im Folgenden werden alle Gewichte betrachtet, die keine Schwellwerte modellieren; Gewichte für Schwellwerte können auf analoge Weise adaptiert werden.

Ziel des Algorithmus ist die Minimierung des Fehlers $\mathcal{E}$ (hier $\mathcal{E}_{LSE}$) durch Veränderung des Gewichte des Netzes. Für die Änderungen eines Gewichts gilt für das Muster k einer Lernaufgabe

$$\nabla_k w_{(i,j)}^{(l)} \propto - \frac{\partial \mathcal{E}(k)}{\partial w_{(i,j)}^{(l)}}.$$

D.h., Gewichtsänderungen sind proportional zu den (negierten) partiellen Ableitungen des Fehlers nach den Gewichten. Die partielle Ableitung $\dfrac{\partial \mathcal{E}(k)}{\partial w_{(i,j)}^{(l)}}$ lässt sich auch interpretieren als „Sensitivität" des Fehlers $\mathcal{E}(k)$ gegenüber einer Änderung des Gewichts $w_{(i,j)}^{(l)}$. Beim epochenweisen Lernen werden die Gewichtsänderungen für die einzelnen Muster der Lernaufgabe $\nabla_k w_{(i,j)}^{(l)}$ über den Zeitraum einer Epoche akkumuliert und erst am Ende der Epoche wird tatsächlich eine Gewichtsänderung $\nabla^p w_{(i,j)}^{(l)}$ durchgeführt, die dem akkumulierten Wert entspricht oder aus diesem abgeleitet ist.

Für den Algorithmus Backpropagation können nun zwei Versionen angegeben werden, einmal für musterweises und einmal für epochenweises Lernen.

Algorithmus 8.8 (*Backpropagation für musterweises MLP-Training*)
Der Lernalgorithmus *Backpropagation* wird hier für musterweises Trainieren eines MLP mit Algorithmus 8.5 verwendet. Die Gewichtsänderungen für das Muster k der Lernaufgabe werden bestimmt durch

$$\nabla_k w_{(i,j)}^{(l)} \stackrel{def}{=} \eta \cdot \delta_j^{(l)}(k) \cdot a_i^{(l-1)}(k).$$

Dabei ist das *Fehlersignal* $\delta_j^{(l)}(k)$ wie folgt gegeben:

$$\delta_j^{(l)}(k) \stackrel{def}{=} \begin{cases} \sigma'\!\left(s_j^{(l)}(k)\right) \cdot \left(t_j(k) - a_j^{(l)}(k)\right) & \text{für } l = L \\[2mm] \sigma'\!\left(s_j^{(l)}(k)\right) \cdot \displaystyle\sum_{u \in \mathcal{U}_{l+1}} \left(w_{(j,u)}^{(l+1)} \cdot \delta_u^{(l+1)}(k)\right) & \text{für } l \in \{2,\ldots,L-1\} \end{cases}$$

und $\eta \in \mathbb{R}^+$ ist die *Lernrate*.

Der Wert der Lernrate kontrolliert die Schrittweite bei der Verfolgung des negativen Gradienten. Üblicherweise wird $\eta \in \,]0,1[$ gewählt.

Algorithmus 8.9 (*Backpropagation für epochenweises MLP-Training*)
Der Lernalgorithmus *Backpropagation* wird hier für epochenweises Trainieren eines MLP mit Algorithmus 8.6 verwendet. Die Gewichtsänderungen für das Muster k der Lernaufgabe werden bestimmt durch

$$\nabla_k w_{(i,j)}^{(l)} \stackrel{def}{=} \delta_j^{(l)}(k) \cdot a_i^{(l-1)}(k).$$

Dabei ist das *Fehlersignal* $\delta_j^{(l)}(k)$ wie folgt gegeben:

$$\delta_j^{(l)}(k) \stackrel{def}{=} \begin{cases} \sigma'\!\left(s_j^{(l)}(k)\right) \cdot \left(t_j(k) - a_j^{(l)}(k)\right) & \text{für } l = L \\[2mm] \sigma'\!\left(s_j^{(l)}(k)\right) \cdot \displaystyle\sum_{u \in \mathcal{U}_{l+1}} \left(w_{(j,u)}^{(l+1)} \cdot \delta_u^{(l+1)}(k)\right) & \text{für } l \in \{2,\ldots,L-1\} \end{cases} \cdot$$

Die Gewichtsänderung für die Epoche p ist dann für jede Verbindung

$$\nabla^p w_{(i,j)}^{(l)} \stackrel{def}{=} \eta \cdot \sum_{k=1}^{|\mathcal{L}|} \nabla_k w_{(i,j)}^{(l)};$$

dabei ist $\eta \in \mathbb{R}^+$ die *Lernrate*.

Nun wird auch der Name „Backpropagation" dieses Lernverfahrens deutlich. Nachdem in einem ersten Schritt zur Berechnung des Fehlers an den Ausgabeneuronen externe Eingaben bzw. Aktivierungen in Vorwärtsrichtung durch das MLP propagiert werden (Algorithmus 8.5 und Algorithmus 8.6), werden nun zur Bestimmung der notwendigen Gewichtsänderungen Differenzen zwischen tatsächlicher und gewünschter Ausgabe bzw. Fehlersignale rückwärts durch das Netz propagiert (Algorithmus 8.8 und Algorithmus 8.9). Diese Vorgehensweise wird in Bild 8.4 veranschaulicht.

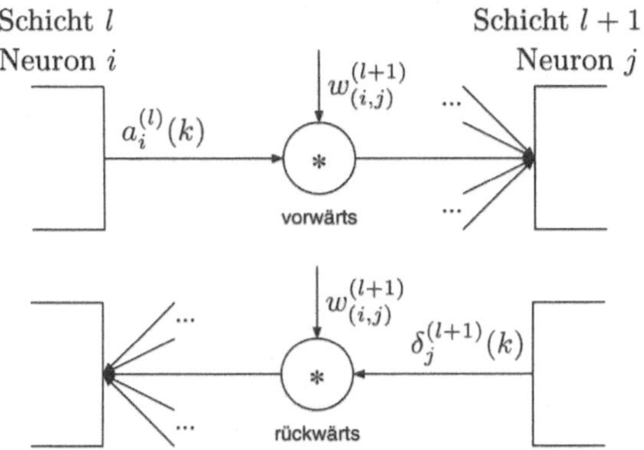

Bild 8.4 Synapsen im MLP bei der Vorwärtspropagierung der Aktivierungen und der Rückwärtspropagierung der Fehlersignale

Verhalten des Lernalgorithmus Backpropagation

In diesem Abschnitt soll das Verhalten des Lernalgorithmus Backpropagation näher untersucht werden. Dabei wird der Algorithmus 8.9 für epochenweises Trainieren betrachtet.

Bild 8.5 erläutert das Verhalten von Backpropagation anhand einer sehr einfachen, eindimensionalen Fehlerfunktion. Ausgehend vom Startpunkt links macht der Algorithmus nacheinander verschiedene Schritte, deren Weite jeweils vom Wert der Ableitung der Fehlerfunktion am aktuellen Punkt abhängt.

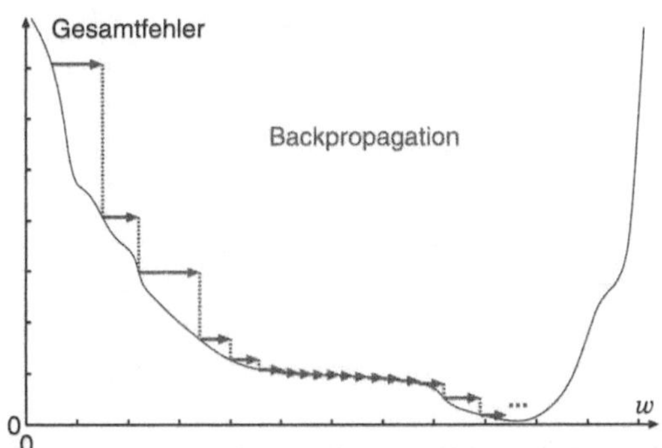

Bild 8.5 Verhalten des Lernalgorithmus Backpropagation

MLP ist wohl das in der Praxis am häufigsten eingesetzte Netzparadigma und Backpropagation der am häufigsten verwendete Lernalgorithmus für MLP. Gleichwohl weist

Backpropagation eine Reihe von Nachteilen auf (siehe z.B. [Rie93, Rie94, Zel94]). Auch in Bild 8.6 und den folgenden Bildern wird vereinfachend von einer eindimensionalen Fehlerfunktion ausgegangen.

(1) Backpropagation garantiert nicht, ein globales Minimum in der Fehlerfläche zu finden (siehe Bild 8.6). Für die meisten praktischen Anwendungen genügt es allerdings, ein hinreichend gutes lokales Minimum zu erreichen.

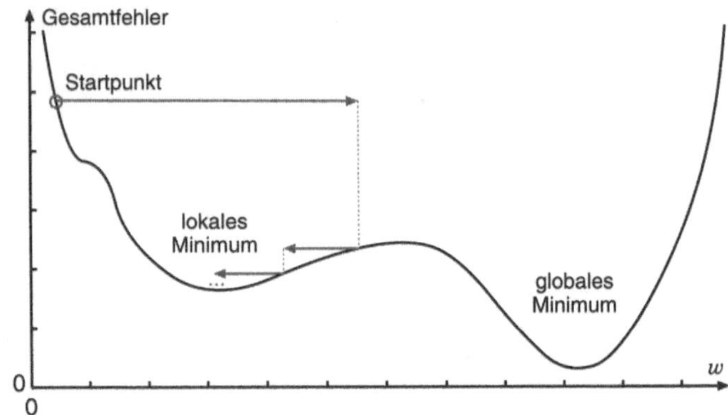

Bild 8.6 Konvergenz in lokalen Minima

(2) Manchmal konvergiert Backpropagation nicht oder auch nur für bestimmte Startpositionen (Gewichtsinitialisierungen). Ein entsprechendes Beispiel ist in Bild 8.7 zu sehen. In diesen, eher seltenen Fällen muss eine andere Lernrate gewählt werden; in praktischen Anwendungen ist manchmal eine Wiederholung mit einem anderen Startpunkt ausreichend.

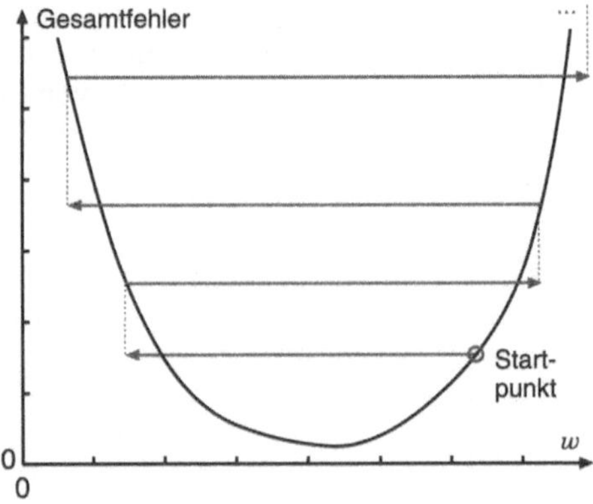

Bild 8.7 Konvergenz nicht möglich

(3) Die Wahl der optimalen Lernrate ist schwierig. Ein „optimaler" Wert der Lernrate lässt sich allgemein nicht angeben. Je nach Form der Fehlerfunktion an der aktuellen Position können eher große oder auch eher kleine Werte der Lernrate dazu führen, dass ein globales Minimum nicht gefunden werden kann. Bild 8.8 zeigt, dass bei gleicher Startposition und unterschiedlicher Wahl der Lernrate das Verfahren in

unterschiedlichen (lokalen) Minima konvergieren kann. Eine kleine Lernrate kann zu sehr langen Trainingszeiten führen, bei einer großen Lernrate kann manchmal ein Oszillieren beobachtet werden (s.u.).

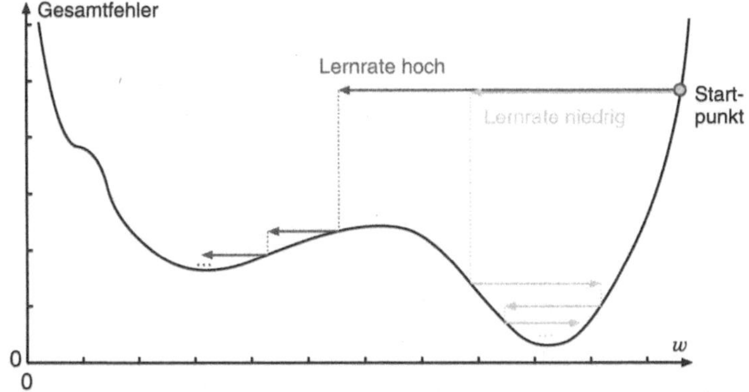

Bild 8.8 Konvergenz in verschiedenen Minima bei gleicher Startposition und unterschiedlicher Wahl der Lernrate

(4) Auch die Wahl des Startpunkts (Gewichtsinitialisierung) kann einen entscheidenden Einfluss auf das Konvergenzverhalten haben. Bild 8.9 zeigt, dass bei gleicher Startschrittweite (d.h. bei gleichem Wert des Gradienten und gleicher Lernrate), aber unterschiedlichen Startpunkten das Verfahren ebenfalls in unterschiedlichen (lokalen) Minima konvergieren kann.

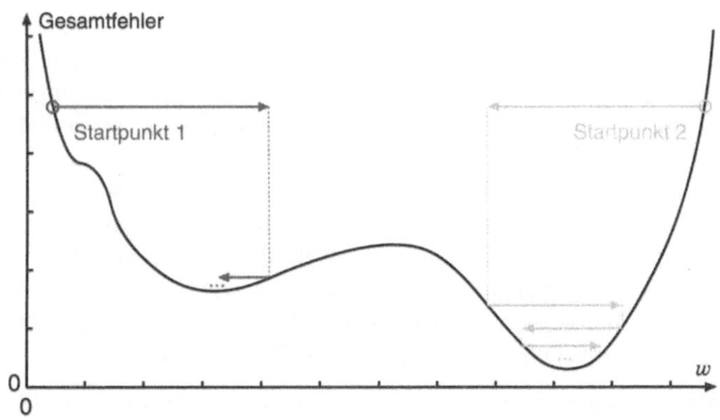

Bild 8.9 Konvergenz in verschiedenen Minima bei unterschiedlicher Startposition aber identischer Startschrittweite

(5) Die Abhängigkeit der Gewichtsänderungen von Werten der partiellen Ableitungen ist nicht unbedingt intuitiv verständlich: In langen, relativ flachen Plateaus der Fehlerfunktion (z.B. Sattelpunkte) sind die Schritte sehr klein; ein enges, steiles Tal kann andererseits leicht übersprungen werden oder es kann zum Oszillieren kommen (siehe Bild 8.10). Daher ist die Größe der partiellen Ableitung ein eher schlechtes Maß für die Gewichtsänderung, da sie nur unzureichende Information über die Topologie der zu minimierenden Funktion enthält.

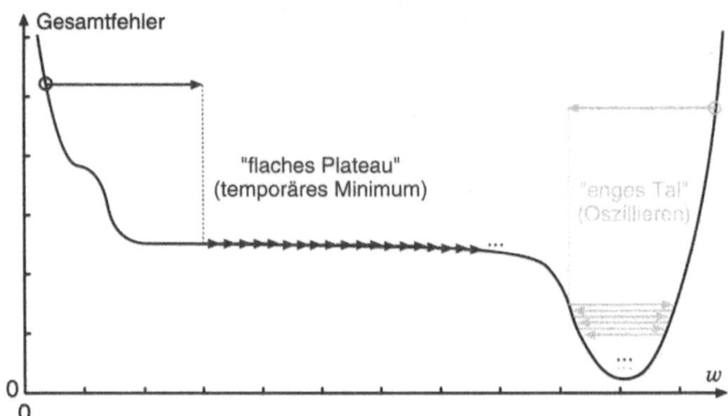

Bild 8.10 Lernfortschritt in „flachen Plateaus" und „steilen Tälern"

(6) Gewichte, die weit von der Ausgabeschicht entfernt sind, werden deutlich langsamer adaptiert als Gewichte, die näher an der Ausgabeschicht sind (Grund ist der begrenzte Einfluss der Steigung der Aktivierungsfunktion).

Für den praktischen Einsatz von MLP gibt es bessere Verfahren, eine Suchrichtung in der Fehlerfläche bzw. eine Schrittweite in die Suchrichtung zu bestimmen. Einige dieser Verfahren werden im Folgenden vorgestellt: Backpropagation mit Momentum, Quickpropagation, RPROP und QRPROP.

Weiterentwickelte Lernverfahren

Auf der Suche nach Lernalgorithmen mit einem besseren Konvergenzverhalten wurde von RUMELHART et al. die Verwendung eines zusätzlichen *Momentumterms* vorgeschlagen. Dabei wird die Gewichtsänderung in der Epoche $p - 1$ bei der Bestimmung der Gewichtsänderung in der Epoche p berücksichtigt. Ziel war die Vermeidung der wesentlichsten Probleme von Standard-Backpropagation: Das Training soll auf flachen Plateaus beschleunigt und in engen Tälern abgebremst werden. Dies geschieht bei *Backpropagation mit Momentum* dadurch, dass bei einer Gewichtsänderung die mit einem *Momentum* gewichtete vorhergehende Gewichtsänderung addiert wird. Durch das Filtern hochfrequenter Änderungen erhält das Verfahren eine gewisse Trägheit. Es wird robuster und gelangt im Allgemeinen schneller ans Ziel (siehe z.B. [NKK96, Roj96]).

Die folgenden Lernverfahren versuchen, in jeder Gewichtsrichtung (d.h. für jedes Gewicht individuell) eine geeignete Schrittweite zu finden. Durch alle einzelnen Schrittweiten für jedes Gewicht ergibt sich indirekt dann auch die Suchrichtung.

FAHLMANN entwickelte den Lernalgorithmus *Quickprop*, der auf der Idee basiert, dass eine Fehlerfläche in der Nähe eines Minimums durch eine nach oben geöffnete Parabel approximiert werden kann. Man kann nun unter Berücksichtigung der aktuellen und der vorausgehenden Position in der Fehlerfläche (d.h. zwei aufeinanderfolgende Werte des Gewichts während des Trainingsvorgangs) und der partiellen Ableitungen an diesen Positionen eine Parabel bestimmen, an deren Scheitelpunkt das Minimum der Fehlerfläche vermutet wird (siehe beispielsweise [Zel94]). Durch einen unmittelbaren Schritt an diese Position in der Fehlerfläche soll die Konvergenz beim Lernen beschleunigt werden.

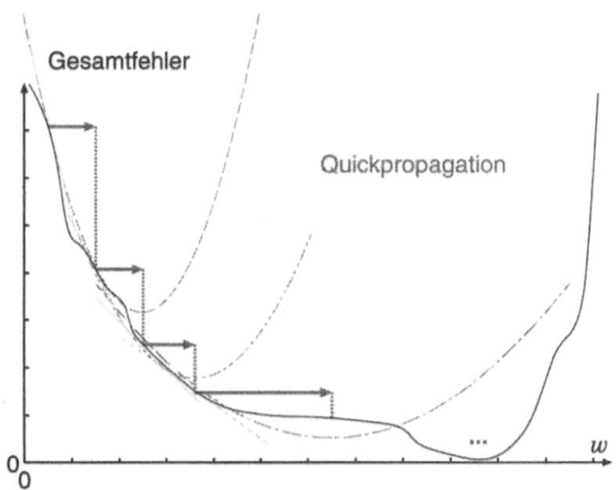

Bild 8.11 Verhalten des Lernalgorithmus Quickprop

Bild 8.11 erläutert das Verhalten von Quickprop anhand eines Beispiels. Fehlerfläche, Startpunkt und Weite des ersten Schritts sind wie in Bild 8.5 gewählt. In diesem Beispiel sind die folgenden Schritte in Richtung des Minimums tatsächlich größer. In manchen Situationen kann aber das Problem auftreten, dass der Algorithmus eine nach unten geöffnete Parabel berechnet und durch einen Sprung an deren Scheitelpunkt den Fehler vergrößert. Quickprop berücksichtigt diesen Fall in geeigneter Weise.

Der Lernalgorithmus *Resilient Propagation* (kurz: *RPROP*) von RIEDMILLER (siehe z.B. [RB93, Rie94]) berücksichtigt das Vorzeichen der partiellen Ableitung der Fehlerfunktion nach jedem Gewicht, um die Richtung der Gewichtsänderung vorzugeben. Die Höhe der Gewichtsänderung steigt oder fällt in Richtung von nicht vorhanden oder vorhandenen Vorzeichenwechseln der partiellen Ableitung. Die Schrittweite ist gewichtsspezifisch und passt sich somit der jeweils „lokal sichtbaren" Form der Fehlerfunktion an. Bild 8.12 erläutert das Verhalten anhand eines Beispiels. Fehlerfunktion, Startpunkt und Weite des ersten Schritts sind wie in den Bildern 8.5 und 8.11 gewählt. Solange sich das Vorzeichen der partiellen Ableitung nicht ändert, also kein Minimum übersprungen wird, wird jeder Schritt um einen festen Faktor größer als der vorausgehende. Die Schrittweite ist dabei unabhängig vom tatsächlichen Wert der partiellen Ableitung. Ändert sich das Vorzeichen, wurde also ein Minimum übersprungen, so erfolgt ein Schritt in die entgegengesetzte Richtung, wobei die Schrittweite um einen festen Faktor verringert wird. Auch dieser Faktor ist unabhängig vom Wert der partiellen Ableitung.

Eine Kombination der beiden zuletzt vorgestellten Verfahren ist ebenfalls leicht möglich. Der Lernalgorithmus *QRPROP* von PFISTER und ROJAS (siehe z.B. [Roj96]) arbeitet folgendermaßen: Bleibt das Vorzeichen der partiellen Ableitung in zwei aufeinanderfolgenden Schritten gleich, so wird die Strategie von RPROP verwendet, ansonsten die Strategie von Quickprop. Weitere Lernalgorithmen, beispielsweise *Second-Order-Verfahren*, die Information über die zweite Ableitung der Fehlerfläche zur Bestimmung einer Suchrichtung und Schrittweite verwenden, werden in [She97] beschrieben.

Keiner der Lernalgorithmen für MLP kann jedoch garantieren, ein globales Minimum der Fehlerfunktion zu finden. In vielen Anwendungen ist es jedoch ausreichend, ein einigermaßen gutes lokales Minimum zu erreichen. Das bedeutet, dass das trainierte Netz auch für neue Muster, die nicht zum Training verwendet wurden, „brauchbare" Ergebnisse liefert (Generalisierungsfähigkeit).

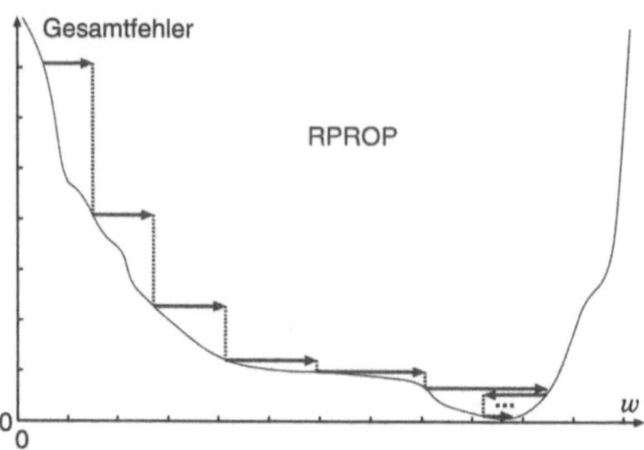

Bild 8.12 Verhalten des Lernalgorithmus Resilient Propagation

8.1.3 Allgemeine Hinweise zur Anwendung von MLP

Lernziel beim Einsatz von MLP in technischen Anwendungen ist üblicherweise eine gute Generalisierungsfähigkeit des trainierten Netzes. Häufig wird das Erreichen dieses Ziels dadurch erschwert, dass die zu verwendende Lernaufgabe Muster enthält, die verrauscht oder gestört sind. Werden beispielsweise in einem technischen Prozess verschiedene Signale gemessen (z.B. Kraft, Drehmoment, Vibration, Schall), um daraus Lernmuster zur Modellierung des Prozesses mit einem MLP bestimmen zu können, so sind typische Beispiele für störende Einflüsse Sensornichtlinearitäten, Übertragungsfehler (z.B. Übersprechen zwischen verschiedenen Sensorkanälen, elektromagnetische Einflüsse der Umgebung) oder Digitalisierungsfehler. Somit beschreiben die Muster der Lernaufgabe die durch das MLP zu realisierende Funktion oft nur ungenau. Eine um so größere Bedeutung kommt dann einer sorgfältigen Anwendung von MLP zu. D.h., für den erfolgreichen Einsatz von MLP (im Sinne des Lernziels einer Generalisierung) ist die geeignete Skalierung von Ein- und Ausgangsgrößen des MLP, die Wahl von Architekturparametern des Netzes und die Wahl von Lernparametern von Lernalgorithmen wie Backpropagation entscheidend.

Festlegung von Ein- und Ausgangsgrößen

Die einem MLP (oder einem anderen Neuronalen Netz) an einem Eingabeneuron zur Verfügung gestellte Information wird auch als *Merkmal* (oder Eingangsgröße) bezeichnet. Die vom Netz an einem der Ausgabeneuronen erzeugte Ausgabe wird dementsprechend auch als Ausgangsgröße bezeichnet. Wird beispielsweise ein MLP verwendet, um das Klima in einem Raum zu regeln, so könnte als Ausgangsgröße die Drehzahl eines angesteuerten Ventilators verwendet werden. Merkmale könnten beispielsweise die Temperatur in diesem Raum bzw. die Luftfeuchtigkeit sein.

Bisher wurde davon ausgegangen, dass ein MLP eine Abbildung aus dem Definitionsbereich $\mathbb{R}^{|\mathcal{U}_1|}$ in den Wertebereich $\mathbb{R}^{|\mathcal{U}_L|}$ realisiert. Allerdings müssen bei einem MLP nicht notwendigerweise reellwertige Ein- und Ausgangsmuster verwendet werden. Im genannten Beispiel könnten die Merkmale auch ganzzahlig sein, wenn beispielsweise entsprechende, analoge Sensorsignale von einem A/D-Wandler digitalisiert werden. Einzelne Ein- und Ausgangsgrößen können auch unterschiedliche Typen haben.

Wie sind nun Ein- und Ausgangsgrößen mit anderen als reellwertigen Typen zu behandeln? Weitere quantitative (metrische) Größen, beispielsweise ganzzahlige Merkmale, werden wie reellwertige Größen behandelt. Quantitative Ausgangsgrößen werden entsprechend dem Wertebereich $]a,b[$ der verwendeten sigmoiden Aktivierungsfunktion *jeweils* auf ein Intervall $]a + \varepsilon, b - \varepsilon[$ mit $\varepsilon > 0$ skaliert, wobei $2 \cdot \varepsilon \ll b - a$ ist [Sar96]. Beispielsweise könnte man $\varepsilon = 0.1$ verwenden. Die Skalierung ist meist linear, d.h., der kleinste in den Lernmustern enthaltene Wert der entsprechenden Ausgangsgröße wird auf $a + \varepsilon$, der größte auf $b - \varepsilon$ abgebildet. Quantitative Eingangsgrößen werden üblicherweise auch jeweils linear auf ein Intervall $] - c,c[$ skaliert, wobei c so gewählt wird, dass die Steigung der Aktivierungsfunktion σ an dieser Stelle deutlich größer als Null ist. Bei der logistischen Aktivierungsfunktion könnte man beispielsweise den Wert $c = 1$ verwenden. Manchmal werden Merkmale auch so skaliert, dass ihr empirischer Mittelwert (bezogen auf die Muster der Lernaufgabe) den Wert Null und ihre empirische Standardabweichung einen festen, vorgegebenen Wert (z.B. Eins) annimmt.

Qualitative Größen, wie z.B. ordinale oder nominale Merkmale, werden auf geeignete reelle Werte abgebildet und dann auch entsprechend skaliert. Ordinale Größen (Elemente einer geordneten, endlichen Menge der Kardinalität x) werden häufig wie reellwertige Größen behandelt. D.h., x verschiedene Elemente werden äquidistant auf ein reelles Intervall abgebildet. Manchmal verwendet man auch eine „1 aus x"-Kodierung. Nominale Größen (Elemente einer nicht-geordneten, endlichen Menge der Kardinalität x) werden üblicherweise mit x Neuronen und einer „1 aus x"-Kodierung repräsentiert. Für den Fall $x = 2$ genügt auch ein Neuron. In diesem Fall spricht man von einer dichotomen Größe (z.B. „ja" oder „nein").

In den meisten Aufgabenstellungen haben verschiedene Ausgangsgrößen eines MLP denselben Typ. Bei qualitativen Ausgangsgrößen spricht man im Allgemeinen von einer *Klassifikationsaufgabe* (oder *Musterklassifikation*); bei quantitativen Ausgangsgrößen von einer *kontinuierlichen Funktionsapproximation* (oder *kontinuierlichen Schätzung*).

Bei einer Klassifikationsaufgabe wird ein Entscheidungskriterium benötigt, um die reellwertigen Ausgaben des trainierten Netzes als Aussage über die Klassenzugehörigkeit zu interpretieren. Beispielsweise könnte man einen Schwellwert (z.B. 0.5) verwenden. Ausgaben unter bzw. über dem Schwellwert werden als nicht vorhandene bzw. vorhandene Klassenzugehörigkeit interpretiert. Problematisch kann diese Vorgehensweise werden, wenn mehr als zwei Klassen verwendet werden. Liefert das MLP beispielsweise an zwei oder mehr Ausgabeneuronen einen Wert über einem Schwellwert von 0.5, so ist eine eindeutige Aussage nicht möglich. In diesem Fall kann ein so genannter *winner-takes-all*-Ansatz verwendet werden, bei dem die Klassenzugehörigkeit durch das Ausgabeneuron mit dem höchsten Ausgabewert entschieden wird [Hay94, Pre94].

Üblicherweise ermittelt bzw. definiert der Anwender eines MLP auch die beim Training zu verwendende Lernaufgabe, beispielsweise durch Messung und Vorverarbeitung verschiedener Signale eines technischen Prozesses. D.h., der Anwender legt Art und Zahl der Ein- und Ausgangsgrößen des Netzes fest. Die Flexibilität bei der Wahl der Ausgangsgrößen ist im Allgemeinen gering. Sie sind im Allgemeinen durch die zu bewältigende Aufgabenstellung bestimmt. Bei den Eingangsgrößen dagegen kann häufig der Anwender bestimmen, wie z.B. Merkmale berechnet werden (*Merkmalsextraktion*) bzw. welche Merkmale dann aus einer Menge möglicher Merkmale verwendet werden (*Merkmalsselektion*). Die gewählten Merkmale müssen einerseits „aussagekräftig" im Hinblick auf die durch das Netz zu realisierende Funktion sein. Andererseits darf beim Lernziel der Generalisierung die Zahl der Merkmale nicht zu groß sein, da dies leicht zu einer so genannten *Überanpassung* der Netze an eine Lernaufgabe führen kann (s.u.). Allgemein kann man sagen, dass die

Merkmalsextraktion und -selektion zu den wichtigsten Teilaufgaben beim Einsatz Neuronaler Netze in technischen (und anderen) Anwendungen gehören. Eine Merkmalsselektion kann beispielsweise auf der Basis einer Analyse des Merkmalsraums erfolgen oder auf der Basis einer Analyse von Netzen, die mit den entsprechenden Merkmalen trainiert wurden. Nachteil der zweiten Möglichkeit ist der hohe Aufwand, Vorteil ist die Berücksichtigung der Architektur des Neuronalen Netzes. Algorithmen, welche die Merkmalsselektion mit der Strukturoptimierung des Netzes kombinieren, sind beispielsweise *Pruning*-Verfahren oder Verfahren zur Strukturoptimierung auf der Basis Evolutionärer Algorithmen.

Strukturoptimierung und Parameterwahl

Prinzipiell sind die hier definierten MLP mit nur einer Schicht verdeckter Neuronen in der Lage, stetige Funktionen beliebig genau zu approximieren (siehe beispielsweise [HSW89]). Leider hilft diese Aussage für praktische Anwendungen von MLP, in denen das Lernziel der Generalisierung verfolgt wird, wenig. Durch die Verwendung vieler verdeckter Neuronen können auch sehr komplexe Funktionen beliebig genau realisiert werden. In diesen Fällen dauert jedoch das Training meist sehr lange und in manchen Fällen konvergiert der Lernalgorithmus überhaupt nicht [NKK96]. Der größte Nachteil ist jedoch im Allgemeinen eine Überanpassung der Netze an die Lernaufgabe. D.h., die Netze „lernen die Muster der Lernaufgabe auswendig" und sind nicht zur Generalisierung fähig.

Zum Erreichen einer gewünschten Generalisierungsfähigkeit eines MLP muss einerseits die Zahl der verdeckten Neuronen und damit zwangsläufig auch die Zahl trainierbarer Gewichte hinreichend groß sein, um eine ausreichend genaue kontinuierliche Funktionsapproximation oder Musterklassifikation zu ermöglichen. Andererseits darf sie nicht zu groß sein, um eine Überanpassung zu vermeiden.

Allgemein lässt sich feststellen, dass in der Praxis hauptsächlich dreilagige MLP verwendet werden. MLP mit fünf oder mehr Schichten kommen kaum zum Einsatz.

Bezüglich der Festlegung der Zahl der verdeckten Neuronen finden sich eine Reihe von heuristischen Regeln in der Literatur. Leider konnten derartige Regeln nur in spezifischen Aufgabenstellungen erfolgreich angewandt werden. Meist startet man bei einer manuellen Suche nach einem optimalen Wert mit einer Anzahl verdeckter Neuronen in der Größenordnung von $|\mathcal{U}_1|$.

Die Zahl der Trainingsmuster, die Zahl der Merkmale und die Zahl der Freiheitsgrade des Netzes (trainierbare Gewichte) stehen in einem Zusammenhang. Häufig wird angenommen, dass bei einer höheren Zahl von Merkmalen (und damit Gewichten) nur entsprechend mehr Trainingsmuster bereitgestellt werden müssten (siehe z.B. [RD90]). Natürlich sollen die Trainingsmuster nicht interpoliert werden; andererseits sollten auch bei einer großen Zahl von Mustern die Netze möglichst klein bleiben. Als Faustregel gibt beispielsweise [Hay94] an, dass die Zahl der Trainingsmuster möglichst größer sein sollte als der Quotient aus Gesamtzahl der Freiheitsgrade des Netzes und gewünschtem Gesamtfehler (hier: mittlerer quadratischer Fehler).

Zusammenfassend kann man feststellen, dass allgemeine, von einer konkreten Aufgabenstellung unabhängige Regeln bezüglich der Zahl der verdeckten Schichten, der Zahl der verdeckten Neuronen und der Zahl der erforderlichen Trainingsmuster nicht angegeben werden können. Optimale Werte für die Strukturparameter eines MLP lassen sich nur im Kontext einer konkreten Aufgabenstellung finden.

Die Strukturoptimierung eines MLP hinsichtlich einer konkreten Aufgabenstellung mit bestimmten, vorgegebenen Kriterien (z.B. der Generalisierungsleistung oder der Konvergenzgeschwindigkeit in der Lernphase) ist – im Gegensatz zum Trainieren der Gewichte – eine diskrete Optimierungsaufgabe. Außer der Wahl einer geeigneten Zahl verdeckter Schichten und der Bestimmung einer optimalen Anzahl von Neuronen in den verdeckten Schichten umfasst sie häufig auch noch die Festlegung einer Verbindungsstruktur für Netze, die nicht schichtweise vollständig verbunden sind.

Die für eine automatische Strukturoptimierung bekannten Verfahren lassen sich in drei Klassen einteilen (siehe beispielsweise [Bis95, Moh94, MP96, Ree93, SH95, Sic01, Zel94]):

- *Destruktive Verfahren* gehen von sehr großen Netzstrukturen aus und versuchen, sukzessive verschiedene Elemente (Neuronen, Verbindungen usw.) zu löschen oder Gewichte an Verbindungen sehr klein zu halten, was einem Löschen nahekommt.

- *Konstruktive Verfahren* beginnen mit sehr kleinen Initialstrukturen und vergrößern diese allmählich durch Hinzunahme von Verbindungen und Neuronen.

- Sowohl rein destruktive als auch rein konstruktive Verfahren realisieren im Allgemeinen eine weitgehend lokale Suche nach einer optimalen Netzstruktur im Raum der prinzipiell vorhandenen Möglichkeiten von Netzstrukturen (Suchraum). Die meisten *hybriden Verfahren*, die destruktive und konstruktive Ansätze kombinieren, versuchen, diesen Nachteil zu vermeiden. Zu dieser Gruppe von Verfahren zählen beispielsweise Verfahren, die auf Evolutionären Algorithmen basieren.

Die Festlegung der Zahl verdeckter Schichten bzw. der Zahl verdeckter Neuronen erfolgt häufig auch nur durch Trainieren und Auswerten von MLP mit unterschiedlicher Zahl von Schichten bzw. Neuronen.

Außer der Netzstruktur muss als weiterer Parameter der Netzarchitektur eine sigmoide Aktivierungsfunktion für die verdeckten Schichten und die Ausgabeschicht gewählt werden. Hierzu finden sich kaum Hinweise in der Literatur. Lediglich [Hay94] merkt an, dass die Verwendung des Tangens hyperbolicus oft zu besseren Ergebnissen führt als die Verwendung der logistischen Aktivierungsfunktion.

Von den in Abschnitt 8.1.2 vorgestellten Lernalgorithmen Backpropagation, Backpropagation mit Momentum, Quickprop und RPROP wurden mit RPROP in der Praxis die besten Ergebnisse erzielt [Sic01]. Insbesondere ist dieser Lernalgorithmus recht robust bezüglich der Wahl seiner Parameter. Bei Backpropagation gibt es zur Wahl einer optimalen Lernrate keine konkreten Hinweise. Allerdings kann es oft hilfreich sein, mit einem großen Wert zu beginnen (z.B. 0.9) und diesen dann allmählich zu verringern (z.B. auf 0.1) [Zel94]. Die Dauer des Trainings wird durch eine vorgegebene Epochenzahl oder Fehlerschranke bestimmt (siehe Algorithmus 8.5 oder Algorithmus 8.6). Auch die optimale Wahl dieser Parameter hängt meist von einer konkreten Lernaufgabe ab. Eine zu hohe Epochenzahl oder eine zu kleine Fehlerschranke können dazu führen, dass keine gute Generalisierung erreicht werden kann. Auch bezüglich der Konvergenzgeschwindigkeit ist RPROP den anderen genannten Verfahren vorzuziehen.

Anwendung von MLP mit dem Lernziel Generalisierung

Zur Bewertung der *Generalisierungsfähigkeit* eines trainierten Netzes wird dieses Netz üblicherweise mit unbekannten Testmustern getestet. Dazu wird eine vorhandene Menge von Ein- und Ausgangsmusterpaaren aufgeteilt in eine Trainingsdatenmenge, die als Lernaufgabe zum Einstellen der Gewichte verwendet wird, und eine Testdatenmenge, die nach Abschluss des Trainings zum Prüfen der Generalisierungsfähigkeit genutzt wird. Dieses Verfahren wird auch als *hold-out*-Methode bezeichnet. Noch sicherer ist es allerdings, eine *k-fache Kreuzvalidierung* durchzuführen: Der Gesamtmustersatz wird dabei in k gleich große Teile aufgeteilt und jeder Teil wird als Testdatenmenge für ein Netz verwendet, das mit den jeweils anderen Daten trainiert wird. Aus den Bewertungsmaßen der k einzelnen Trainingsdurchgänge wird dann ein Durchschnittswert berechnet. Die Anwendung des Prinzips der Kreuzvalidierung ist insbesondere dann zu empfehlen, wenn insgesamt relativ wenige Muster zur Verfügung stehen. Häufig wird $k = 5$ oder $k = 10$ gewählt [Hay94]. Andere, ebenfalls in Frage kommende Verfahren sind beispielsweise *jackknife* oder *bootstrap* (siehe beispielsweise [Roj96]).

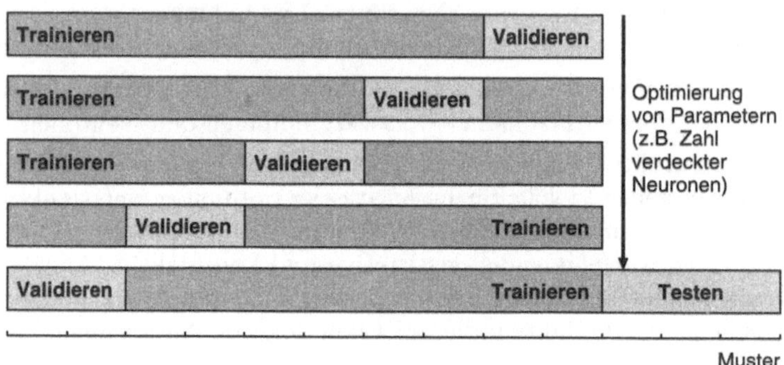

Bild 8.13   Kreuzvalidierung mit Trainings-, Validierungs- und Testdatenmenge(n)

Häufig erprobt man verschiedene Netzstrukturen oder Parametereinstellungen, um z.B. eine optimale Netzarchitektur zu finden. Allerdings dürfen Parameter nicht im Hinblick auf gute Ergebnisse für Testmuster gewählt werden. Stattdessen sollte das Prinzip der Kreuzvalidierung nur auf der Trainingsmustermenge angewandt werden. Dazu wird die Trainingsmustermenge wiederum aufgeteilt in eigentliche Trainingsmustermengen, die als Lernaufgabe verwendet werden, und Validierungsmustermengen zur Prüfung der Trainingsergebnisse. Die Testmuster werden erst abschließend zum Test des ausgewählten Netzes genutzt (siehe beispielsweise [Bis95, Hay94, Pre94] und Bild 8.13). Die Begriffe Test und Validierung werden manchmal in der Literatur auch in vertauschter Bedeutung verwendet; die jeweilige Bedeutung ergibt sich jedoch im Allgemeinen aus dem Zusammenhang.

Untersucht man die Entwicklung der Gesamtfehler für Trainings- und unbekannte Testmuster während der Anwendung eines Lernalgorithmus genauer, so kann der in Bild 8.14 gezeigte Effekt zu beobachten sein. Während der Gesamtfehler für Lernmuster kontinuierlich sinkt, steigt der Gesamtfehler für unbekannte Testmuster nach einer Reihe von Epochen wieder an. Dieser Effekt wird als *Überanpassung* des Neuronalen Netzes an die Trainingsdaten bezeichnet.

Die Vermeidung einer Überanpassung ist im Allgemeinen eine der wichtigsten Aufgaben bei der Anwendung von MLP oder anderen Netzparadigmen. Dies gilt insbesondere für technische Anwendungen mit verrauschten Ein- oder Ausgangsgrößen. Die bekanntesten Maßnahmen sind [Bis95, CU93, Hay94, Roj96, Sar96, SDB97, Zel94]:

- Regularisierungs-Verfahren,
- Bereitstellung ausreichend vieler Trainingsmuster,

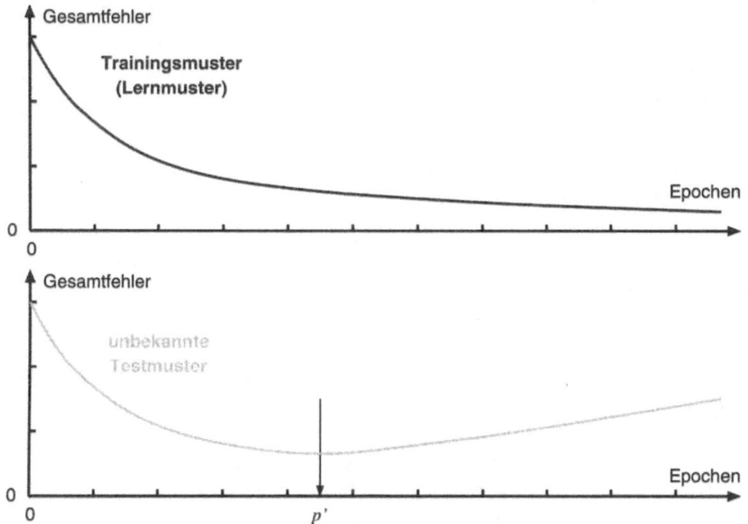

Bild 8.14 Überanpassung Neuronaler Netze an Trainingsdaten

- früher Abbruch des Trainings,

- Training mit verrauschten Daten,

- Reduktion der Dimension des Eingaberaums,

- Optimierung der Netzstruktur,

- Kombination mehrerer Netzausgaben oder

- Verwendung von Verbindungen mit identischen Gewichten.

Weitere Maßnahmen werden in [Bis95, SDB97] angesprochen; auf die spezielle Problematik bei Klassifikationsaufgaben wird in [Chi95] eingegangen.

Bewertungskriterien für trainierte Netze

Für einen erfolgreichen Einsatz Neuronaler Netze sind im Allgemeinen folgende Eigenschaften wünschenswert:

(1) Das Modell soll nicht nur für Trainings-, sondern vor allem auch für unbekannte Testdaten genaue Ergebnisse liefern (*Generalisierungsfähigkeit*).

(2) Bei einem erneuten Trainingsdurchgang mit wieder neu zufällig initialisierten Gewichten sollen ähnlich gute Ergebnisse erzielt werden können (*Reproduzierbarkeit*).

(3) Das Modell soll möglichst unabhängig von geringen Variationen der Architekturparameter (z.B. Zahl innerer Knoten) und der Lernparameter (z.B. Lernrate oder Epochenzahl) sein (*Robustheit*).

Eine Menge von mit einer identischen Netzarchitektur durchgeführten Trainingsdurchgängen wird im Folgenden als *Versuch* bezeichnet, ein einzelner Trainingsdurchgang als *Test* (oder *Versuchswiederholung*).

Beim Lernziel der Approximation werden Bewertungskriterien für Trainingsmuster bestimmt; beim Lernziel der Generalisierung zusätzlich auch (oder manchmal auch nur) für unbekannte Testmuster bzw. Validierungsmuster. Bewertungskriterien könnten prinzipiell auf der Basis des Gesamtfehlers definiert werden, der beim Training des Netzes optimiert wird. Leider ist dieses Euklidische Fehlermaß wenig anschaulich. Daher werden zur Bewertung eines Tests oft durchschnittliche und maximale Fehler verwendet. Zusätzlich können auch noch Kriterien wie Konfidenzintervalle, Spannweiten, Median usw. genutzt werden. Sind die Fehler allerdings systematischer Natur, beispielsweise wenn Muster aus bestimmten Bereichen des Eingaberaums zu ähnlichen Fehlern führen, so ist es sicher sinnvoll, speziellere Kriterien zu definieren.

Werden Neuronale Netze für Klassifikationsaufgaben eingesetzt, so können verschiedene Kriterien zur Bewertung herangezogen werden. Insbesondere interessiert hier im Allgemeinen der Anteil korrekt klassifizierter Muster. Allerdings ist es im Allgemeinen vorteilhaft, nicht die Prozentzahl korrekt klassifizierter Muster, sondern die Prozentzahl unkorrekt klassifizierter Muster anzugeben [Pre94]. Speziell bei technischen Anwendungen ist häufig eine Klasse in den zur Verfügung stehenden Mustern unterrepräsentiert. Demzufolge sollte bei der Angabe der Anteile korrekt bzw. unkorrekt klassifizierter Muster nach den verschiedenen Klassen unterschieden werden. Eine wichtige Zusatzinformation ist dabei die Anzahl der Muster pro Klasse.

Die für MLP üblicherweise verwendeten Lernalgorithmen können nicht garantieren, in einem globalen Minimum der Fehlerfläche zu konvergieren. Je „zerklüfteter" eine Fehlerfläche ist, desto leichter konvergiert der Lernalgorithmus in einem lokalen Minimum. Wiederholt man nun einen Trainingsdurchgang, so kann man Streuungen der Ergebnisse beobachten. D.h., bei einem Trainingsdurchgang können gute, bei einem erneuten Trainingsdurchgang auch schlechte Ergebnisse erzielt werden. Der Grund hierfür ist die Initialisierung der Gewichte mit zufälligen Startwerten bei Beginn des Trainings. Bei einem „guten" neuronalen Modell sollten die Streuungen der Ergebnisse gering sein (hohe *Reproduzierbarkeit*). Nur dann kann man mit hoher Wahrscheinlichkeit davon ausgehen, dass ein beliebig ausgewähltes Netz aus einem der Trainingsdurchgänge auch in einer späteren Anwendung, d.h. für weitere unbekannte Muster, genaue Ergebnisse liefert.

Um ein bestimmtes neuronales Modell zu bewerten, ist es also notwendig, im Rahmen eines Versuchs mehrere Trainingsdurchgänge (Tests) durchzuführen. Eine sinnvolle Anzahl von Wiederholungen hängt von der Höhe der Streuungen der Ergebnisse ab. Neben den Durchschnittswerten der Ergebnisse aller Tests sollten auch empirische Standardabweichungen, Konfidenzintervalle o.ä. für die untersuchten Bewertungskriterien (z.B. Schätzfehler oder Klassifikationsraten) angegeben werden.

Erst auf der Basis mehrerer Tests ist ein sinnvoller Vergleich zweier Netzarchitekturen in zwei Versuchen möglich. Eine bloße Betrachtung beispielsweise der Differenz zweier gemittelter Ergebnisse genügt allerdings nicht. Stattdessen muss eine Aussage darüber getroffen werden, inwieweit ein bestimmtes beobachtetes Verhalten (z.B. „Netzarchitektur A ist besser als Netzarchitektur B") im statistischen Sinne signifikant ist oder nicht. Ein geeigneter statistischer Test ermöglicht auch eine Aussage darüber, mit welcher Wahrscheinlichkeit beim Vergleich zweier Versuchsergebnisse eine Hypothese (z.B. „zwei Netzarchitekturen sind gleichwertig") fälschlicherweise abgelehnt wird oder auch fälschlicherweise akzeptiert wird. Eine Aussage ist dabei um so signifikanter, je höher die Zahl an Tests ist.

Um ein neuronales Modell zu optimieren, bieten sich verschiedene Ansatzpunkte, beispielsweise die Auswahl einer geeigneten Menge von Eingangsgrößen, die Optimierung der Netzstruktur (z.B. Zahl von Neuronen in verdeckten Schichten) und eine optimale Einstellung von Lernparametern. Geringfügige Modifikationen eines Parameterwertes, der die einem neuronalen Modell zu einem beliebigen Zeitpunkt zur Berechnung der Ausgabewerte zur Verfügung stehende Information bestimmt (also Merkmale), sollten geringfügige Änderungen der Ergebnisse für Lerndaten bzw. Testdaten bewirken. Auch für alle anderen Ansatzpunkte (z.B. Parameter von Lernalgorithmen) ist es wünschenswert, dass ein „gutes" neuronales Modell eine möglichst geringe Empfindlichkeit gegenüber kleineren Variationen von Parameterwerten besitzen sollte (*Robustheit*). Die geforderte Robustheit soll eine leichte Handhabbarkeit des neuronalen Modells ermöglichen.

Besondere Erwähnung verdient an dieser Stelle noch der Lernparameter „Epochenzahl". Der oben erwähnte Effekt der Überanpassung lässt sich beispielsweise vermeiden, wenn das Training nach einer relativ niedrigen Epochenzahl abgebrochen wird. Der Grund hierfür ist, dass Netze, bei denen mit fortschreitender Trainingsdauer allmählich eine Überanpassung auftritt, bei kürzeren Epochenzahlen häufig zwar schlechtere Ergebnisse für Trainingsdaten, aber bessere Ergebnisse für Testdaten zeigen. Erfolgt die Festlegung einer geeigneten Epochenzahl jedoch mit Blick auf die Resultate für diese Testdaten, so ist dieses Verfahren problematisch. Besser ist es, Architekturen zu wählen, bei denen nach einer gewissen „Mindestepochenzahl" eine Fortsetzung des Trainings nicht zu einer Verschlechterung der Ergebnisse für Testdaten führt. Eine schnelle Konvergenz (und damit kurze Trainingszeit) ist dabei für die meisten Anwendungen zweitrangig.

8.1.4 Anwendungen von MLP

Module für MLP-Anwendungen in ICONNECT

Für Training und Anwendung von MLP stehen in ICONNECT drei Module zur Verfügung: FeedNN, DYNN und PostNN. Typischerweise werden sie in einer Anordnung kombiniert, wie sie Bild 8.15 zeigt: FeedNN bereitet die z.B. aus einer Datei oder einer Datenbank kommenden Werte zu einer Lernaufgabe für das Neuronale Netz auf, DYNN realisiert ein Netzparadigma (Dynamische Neuronale Netze, siehe Abschnitt 8.2), das MLP als Spezialfall umfasst, und PostNN bearbeitet die Ausgaben des Netzes (z.B. Skalierung), um sie an nachfolgende Module weiterzugeben. FeedNN und PostNN können in gleicher Weise auch mit anderen Modulen kombiniert werden, die andere Neuronale Netze realisieren, z.B. Selbstorganisierende Karten (SOM, siehe Abschnitt 8.3) oder Radiale Basisfunktionennetze (RBF, siehe Abschnitt 8.4).

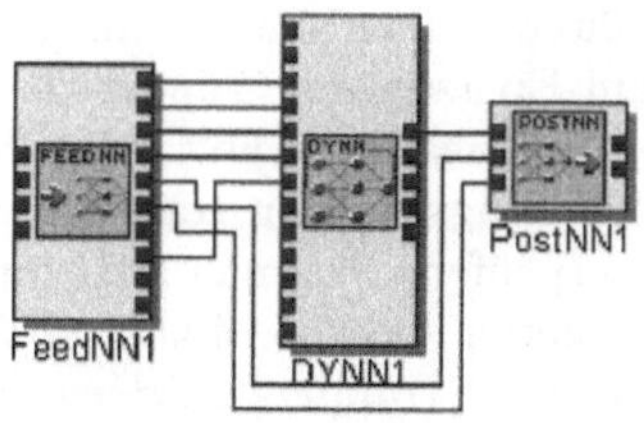

Bild 8.15 Typische Kombination der Module FeedNN, DYNN und PostNN

Das Modul FeedNN wird zur Bereitstellung der Lernaufgabe für ein Neuronales Netz und zur Steuerung der Simulation eines Neuronalen Netzes verwendet. Das Modul stellt Funktionen für die gängigsten Anwendungssituationen zur Verfügung: Trainieren, Anwenden, abwechselndes Trainieren und Testen. Bei der Ausführung des Signalgraphen liest das Modul je eine Matrix von den beiden Eingängen Net Input (externe Eingaben des Netzes, d.h. Merkmale) und Desired Output (externe Ausgabe des Netzes, d.h. Sollausgabe). Diese Matrizen bilden zusammen eine feste Lernaufgabe. Das Modul agiert als ein Quellmodul und gibt in jedem Durchlauf des Signalgraphen Daten an ein nachfolgendes Neuronales Netz aus (Ausgänge Net Input und Desired Output). Von den Eingängen liest es nur dann wieder Daten, wenn sich seine Einstellungen zur Laufzeit ändern. Dies ist nur bei Verwendung einer externen Parameterquelle möglich. Über weitere Ausgangsports teilt das Modul FeedNN einem nachfolgenden Neuronalen Netz oder einem anderen Modul mit

- in welchen Zeiträumen es lernen soll (Learning On/Off),
- welche Längen die Epochen haben (Epoch Length),
- wie die Sollausgaben der Netze skaliert wurden (Scale Factor und Scale Offset),
- welche minimalen bzw. maximalen Werte die einzelnen Merkmale haben (Net Input Min/Max) und
- wann die Verzögerungselemente in einem Neuronalen Netz initialisiert werden müssen (Initialize Delay Buffers).

Die zuletzt genannte Information wird bei statischen MLP eigentlich nicht benötigt, allerdings bei Dynamischen Neuronalen Netzen (DYNN), die in Abschnitt 8.2 vorgestellt werden. Außerdem kann das Modul die Werte verschiedener Merkmale und Sollausgaben des Netzes einzeln ausgeben, z.B. um sie zu visualisieren (Ausgänge Input Element x und Desired Output Element y).

Bild 8.16 zeigt den Parameterdialog des Moduls FeedNN. Oben kann die Parameterquelle des Moduls festgelegt werden (*Parameter*): *Intern*, *Extern* oder *Datenbank*. Im Feld Eingabe wird festgelegt, welche Merkmale über separate Ports (z.B. zu Visualisierungszwecken) ausgegeben werden sollen (*Schreibe Elemente*). Außerdem wird bestimmt, wie die Merkmale zu skalieren sind (*Skalierung*). Das Feld Ausgabe für die Sollausgaben des Netzes ist analog aufgebaut. Die zusätzliche Option *Zeitreihenvorhersage* wird nur für Dynamische Neuronale Netze benötigt.

Im Feld Ausführungsmodi wird das gewünschte Einsatzszenario des Neuronalen Netzes spezifiziert. Ist eine der beiden Optionen *Anwenden* oder *Lernen* gewählt, so wird das Neuronale Netz entweder ausgeführt oder trainiert. Ist die Option *Eine Epoche* aktiviert, so bestimmt die anliegenden Matrix implizit die Anzahl der Muster pro Epoche. Spezifiziert man alternativ die Epochenlänge selbst, so muss die Höhe der anliegenden Matrix ein ganzzahliges Vielfaches der eingestellten Epochenlänge sein. Beim Trainieren kann am Eingang Desired Output eine Matrix anliegen, welche dann dieselbe Höhe besitzen muss wie die Matrix am Eingang Net Input. Ist anstelle von *Anwenden* oder *Lernen* die Option *Trainieren/Verifizieren* gewählt, so wird das Netz abwechselnd mit einer bestimmten Anzahl von Trainingsmustern trainiert, um dann sein Verhalten mit unbekannten Testmustern zu überprüfen. Hat man z.B. 1000 Muster, so kann man z.B. von Muster 1 bis Muster 900 trainieren und von Muster 901 bis Muster 1000 testen. Dies wird durch Einstellen der Werte 900 (*Trainiere Pattern: 1 bis*) und 1000 (*Validierung Pattern: ... bis*) erreicht. Die Höhe der anliegenden Matrix muss wieder ein ganzzahliges Vielfaches der Musternummer sein, bis zu der getestet wird.

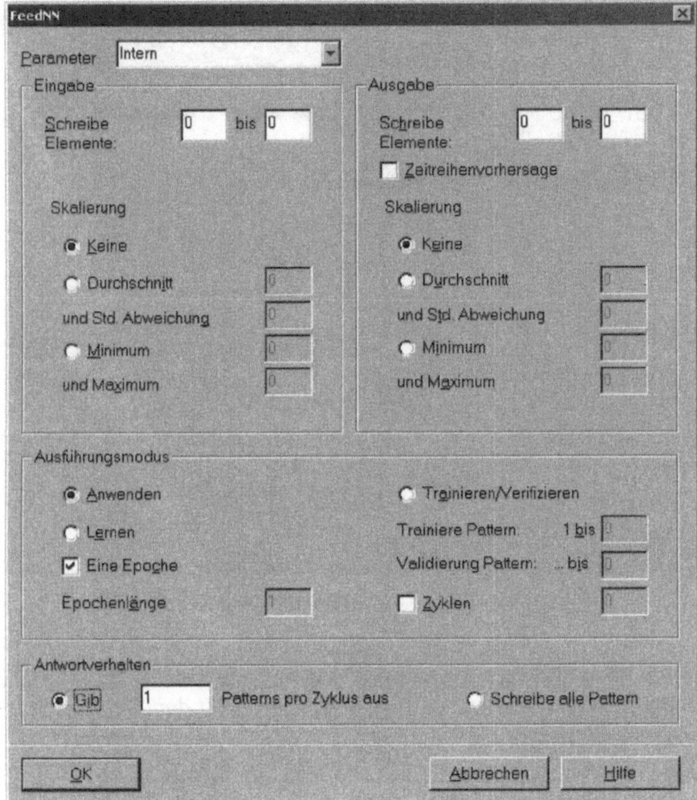

Bild 8.16 Parameterdialog des Moduls FeedNN

Über das Feld **Antwortverhalten** können die Reaktionsdauer des Netzes bzw. die Trainingsdauer beeinflusst werden. Üblicherweise werden alle Werte der anliegenden Matrix auf einmal an das Netz übergeben (Option *Schreibe alle Pattern*). Bei großen Matrizen kann es dann sehr lange dauern, bis das Netz alle Muster verarbeitet hat. Umgekehrt ist bei kleinen Matrizen die Verarbeitungsgeschwindigkeit im Wesentlichen durch den Overhead bei der Bearbeitung eines Signalgraphen bestimmt (Zyklendauer). Um eine optimale Geschwindigkeit zu erzielen, kann man die Anzahl der Muster einstellen, die gleichzeitig an das Netz weitergegeben werden sollen (Option *Gib x Patterns pro Zyklus aus*).

Mit dem Modul **FeedNN** können alle wichtigen Standard-Szenarien beim Training und beim Einsatz Neuronaler Netze realisiert werden. Zusätzliche Steuermöglichkeiten bietet das Modul **Perl**. Weitere Informationen sind in der Online-Hilfe zu finden.

Mit dem Modul **DYNN** werden Dynamische Neuronale Netze realisiert, die MLP als Spezialfall enthalten. Bild 8.17 zeigt den Parameterdialog des Moduls **DYNN**. Um ein MLP zu erhalten, müssen im Feld **Netzarchitektur** alle *Delays* auf den Wert 1 gesetzt sein (minimaler Wert) und die Option *Narx* muss abgeschaltet sein.

Das Modul **DYNN** liest Eingabegrößen und – falls erforderlich – Ausgabegrößen des Netzes über die Eingänge **Net Input** und **Desired Output**. Auch die weiteren Eingangs-

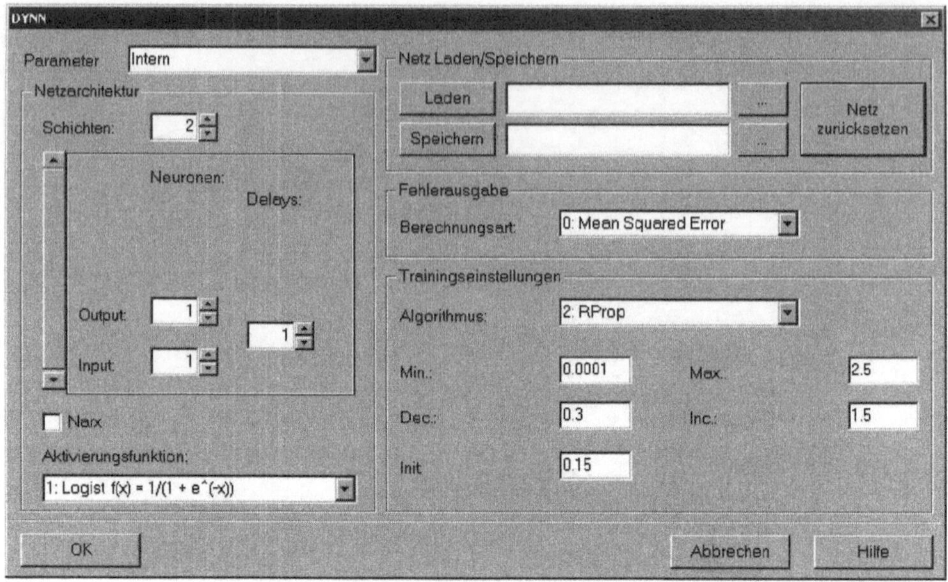

Bild 8.17 Parameterdialog des Moduls DYNN

ports `Learning On/Off`, `Epoch Length` und `Initialize Delay Buffers` können direkt mit entsprechenden Ausgängen des Moduls **FeedNN** verbunden werden. Außerdem ist es möglich, über weitere Eingänge

- die Gewichte des Netzes mit bestimmten Werten zu setzen (`Set Weights`),
- die Struktur des Netzes zu ändern (`Set Net Layout`),
- ein Netz zur Laufzeit zu speichern oder zu laden (`Save Net` und `Load Net`) bzw.
- die Gewichte des Netzes zurückzusetzen, d.h. mit zufälligen Werten zu initialisieren (`Reset Weights`).

Die tatsächliche Ausgabe eines Netzes wird über den Ausgangsport `Net Output` des Moduls **DYNN** an Nachfolgemodule weitergegeben. Je nach Anwendungssituation werden Fehler des Netzes bezogen auf Epochen über die Ausgangsports `Train Error` und `Validation Error` ausgegeben. Ebenfalls für jede Epoche werden die Gewichte des Netzes am Ende der Epoche über den Port `Weights` zur Verfügung gestellt. Die Ausgabe `In Epoch` zeigt an, ob mit dem letzten Muster im jeweiligen Zyklus des Signalgraphen eine Epoche beendet wurde oder nicht. Diese Information wird z.B. benötigt, wenn Parameter eines Netzes zur Laufzeit neu gesetzt werden sollen.

Die Arbeitsweise des Netzes hängt davon ab, welche Eingänge verbunden sind:

- Ist der Eingangsport `Desired Output` nicht verbunden, so kann nicht gelernt werden. Ist `Learning On/Off` nicht verbunden, so werden Eingabewerte durch das Neuronale Netz verarbeitet und Ausgabewerte ausgegeben. Fehler können allerdings nicht berechnet werden.

- Ist der Eingangsport `Desired Output` jedoch verbunden und der Eingangsport `Learning On/Off` nicht, so lernt das Netz. Soll bei anliegender Sollausgabe nicht gelernt werden, so muss dieses Verhalten explizit über den Eingangsport `Learning On/Off` spezifiziert werden.

- Falls `Epoch Length` nicht verbunden ist, so wird jeweils die gesamte anliegende Matrix als eine Epoche angesehen, d.h., die Länge der Epoche ist dann gleich der Höhe der Matrix.

- Ist `Epoch Length` verbunden und kommen Daten an, so wird durch sie die Länge der jeweils nächsten Epoche bestimmt. Die Länge der ersten Epoche ist gleich dem ersten anliegenden Wert. Danach wird am Beginn jeder Epoche ein neuer Wert für die nächste Epochenlänge eingelesen. Also muss in jedem Zyklus des Signalgraphen für jede in diesem Zyklus begonnene Epoche ein Wert anliegen. Ist nach einem Zyklus eine Epoche komplett beendet, so wird der Ausgangsport `In Epoch` auf 0 gesetzt. Nun kann beispielsweise das Modul über den Eingang `EXT` neu konfiguriert werden. Dies ist während einer Epoche nicht möglich.

- Auch an den Eingangsports `Learning On/Off` und `Initialize Delay Buffers` muss zu Beginn jeder Epoche ein Wert anliegen, falls diese Ports verbunden sind.

Im Parameterdialog des Moduls (siehe Bild 8.17) kann oben wieder die Parameterquelle des Moduls festgelegt werden. Im Feld **Netzarchitektur** wird das Netz (hier ein MLP) spezifiziert. Wie erwähnt, sind *Delays* auf den Wert 1 zu setzen und die Option *Narx* ist zu deaktivieren. Somit können noch die Zahl der Schichten (*Schichten*), die Zahl der Neuronen in den jeweiligen Schichten (*Neuronen*) sowie eine Aktivierungsfunktion (*Aktivierungsfunktion*) bestimmt werden.

Im Feld **Netz Laden/Speichern** kann ein trainiertes Netz aus einer Datei gelesen bzw. in einer Datei gespeichert werden. Außerdem ist es möglich, die Gewichte eines Netzes mit Zufallswerten zu initialisieren (Button Netz zurücksetzen). Im Feld **Fehlerausgabe** kann eine von zwei möglichen Berechnungsarten für den auszugebenden Fehler gewählt werden. Ein Lernalgorithmus und seine Parameter werden im Feld **Trainingseinstellungen** angegeben. Diese Parameter sind mit für MLP geeigneten Werten vorbelegt. Weitere Informationen zum Modul **DYNN** sind in der Online-Hilfe zu finden.

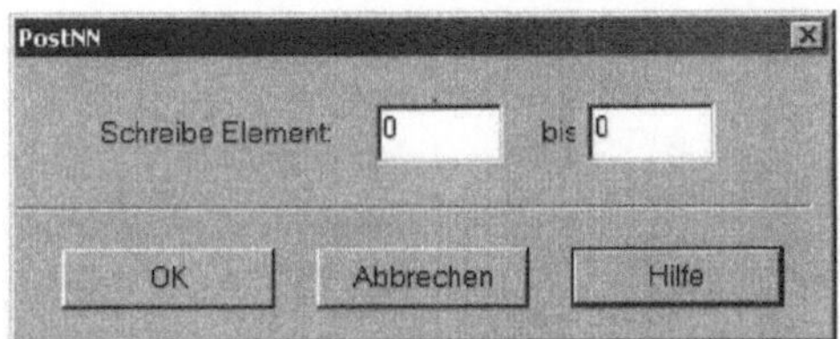

Bild 8.18 Parameterdialog des Moduls PostNN

Mit dem Modul **PostNN** können die Ausgaben eines Neuronalen Netzes zur weiteren Verarbeitung nachbearbeitet werden. Insbesondere werden die Ausgaben des Netzes zurückskaliert (z.B. entsprechend den im Modul **FeedNN** gewählten Skalierungsfaktoren). Außerdem ist es möglich, die Werte verschiedener Ausgabeneuronen getrennt voneinander auszugeben, z.B. um sie zu visualisieren.

Das Modul liest die Ausgaben des Netzes und die Skalierungsfaktoren über Eingänge ein (`Net Output`, `Scale Factor` und `Scale Offset`) und gibt die rückskalierte Ausgabe über `Rescaled Net Output` bzw. die Werte einzelner Ausgabeneuronen über `Element` x weiter. Im Parameterdialog des Moduls (siehe Bild 8.18) kann lediglich ausgewählt werden, für welche Ausgabeneuronen die Werte separat auszugeben sind. Weitere Informationen zum Modul **PostNN** sind in der Online-Hilfe zu finden.

XOR – Beispiel für Approximationseigenschaften

Als erstes Beispiel wird nun ein einfaches Problem betrachtet, bei dem es nicht auf die Generalisierungsfähigkeit eines MLP ankommt. Die durch die Lernaufgabe dargestellte Funktion ist vielmehr zu approximieren. Die Funktion ist durch die Muster der Lernaufgabe vollständig beschrieben. Es handelt sich um eine einfache boolesche Funktion, nämlich XOR (exklusives Oder, siehe Tabelle 8.2).

x_1	x_2	y
0	0	0
0	1	1
1	0	1
1	1	0

Tabelle 8.2 Wertetabelle der Funktion XOR

Hinter der Anwendung von MLP in Klassifikationsaufgaben steht die Idee, verschiedene Bereiche des Eingaberaums linear zu separieren. MLP trennen Bereiche des Eingaberaums mit Hilfe von Hyperebenen ab (globale Sicht). Da keine Sprungfunktionen als Aktivierungsfunktionen verwendet werden, sondern sigmoide Aktivierungsfunktionen, sind diese Hyperebenen allerdings „unscharf". Bei einem zweidimensionalen Eingaberaum wie im Fall des XOR sind die Hyperebenen Geraden.

Die boolesche Funktion XOR wird nun mit Hilfe eines MLP modelliert. Stellt man sich die vier Eingabemuster (x_1,x_2) an den Ecken eines Einheitsquadrats vor, so müssen je zwei gegenüberliegende Ecken derselben Klasse y zugeordnet werden. Dementsprechend hat das hier verwendete MLP zwei Eingabeneuronen, zwei verdeckte Neuronen, ein Bias-Neuron und ein Ausgabeneuron.

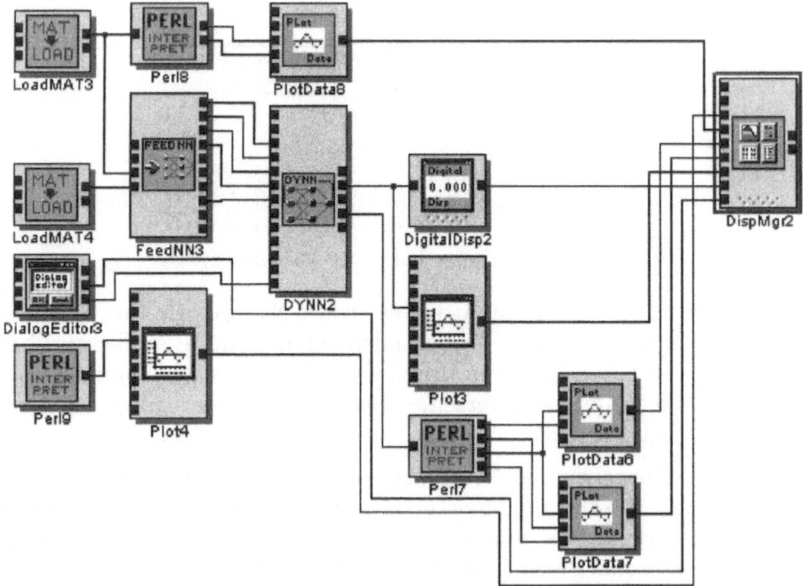

Bild 8.19 Signalgraph zum XOR-Problem

Bild 8.19 zeigt den Signalgraphen für das XOR-Problem. Im Benutzerdialog (Bild 8.20) ist außer dem Verlauf des Trainingsfehlers (rechts) in der linken Bildhälfte eine Darstellung mit den vier Eingabemustern an den Ecken des Einheitsquadrats zu sehen. Die beiden Geraden beschreiben die aktuelle Position der Aktivierungsfunktionen der verdeckten Schicht. Die beiden Geraden trennen die beiden Muster (0,0) und (1,1), denen die Ausgabe 0 zugeordnet wird von den beiden anderen Mustern (1,0) und (0,1), die zur Ausgabe 1 führen. Es wird deutlich, dass ein MLP mit nur einem verdeckten Neuron die Funktion nicht darstellen könnte. Man sagt, dass in diesem Fall die beiden Ausgabeklassen 0 und 1 nicht *linear separierbar* sind. Wie man sich leicht überlegen kann, gilt dieselbe Aussage auch für eine weitere boolesche Funktion mit zwei Eingaben, die Äquivalenz, doch nicht für andere Funktionen wie AND oder OR.

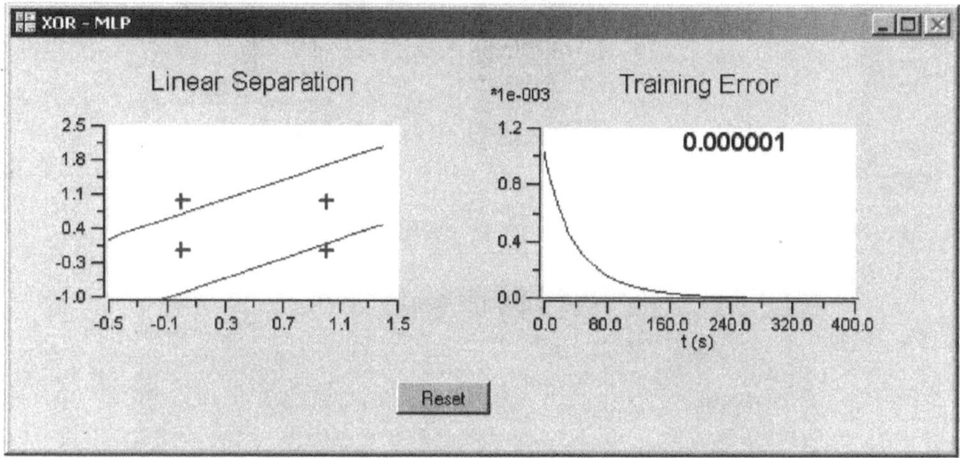

Bild 8.20 Benutzerdialog zum XOR-Problem

Während der Ausführung des Signalgraphen kann man sehr schön beobachten, wie die beiden Geraden allmählich in eine geeignete Position „wandern". Das Beispiel eignet sich sehr gut dazu, die Eigenschaften verschiedener Lernalgorithmen, Aktivierungsfunktionen usw. auszuprobieren. Wählt man ungünstige Werte der Parameter, so kann es auch vorkommen, dass der Trainingsvorgang nicht konvergiert. Während der Ausführung des Signalgraphen können die Gewichte des Netzes zurückgesetzt (neu initialisiert) werden, um so den Trainingsvorgang erneut zu starten.

Iris – Beispiel für Musterklassifikation

Die von FISHER bereits 1936 beschriebenen Irisdaten bilden wahrscheinlich einen der bekanntesten Benchmarkdatensätze im Bereich der Mustererkennung [Fis36]. Er enthält zu jeder der drei Irisarten *Iris Setosa*, *Iris Versicolor* und *Iris Virginica* 50 Muster, mit vier Merkmalen und einer Klassenzuordnung: die Länge und Breite der Kelchblätter (*sepal length / sepal width*) in cm, die Länge und Breite der Blütenblätter (*petal length / petal width*) in cm sowie die entsprechende Irisart. Der IRIS-Datensatz kann beispielsweise vom UCI Machine Learning Repository per `ftp` geladen werden [BM98].

Aufgabe ist es nun, mit 135 dieser Muster ein MLP so zu trainieren, dass die restlichen 15

Muster mit möglichst hoher Genauigkeit korrekt klassifiziert werden können. Die Lernaufgabe, die insgesamt aus 150 Mustern besteht, wurde dazu in 10 Mengen von je 15 Mustern aufgeteilt. Von diesen Mengen kann eine zum Testen (Validieren) ausgewählt werden. Die anderen werden dann zum Training verwendet.

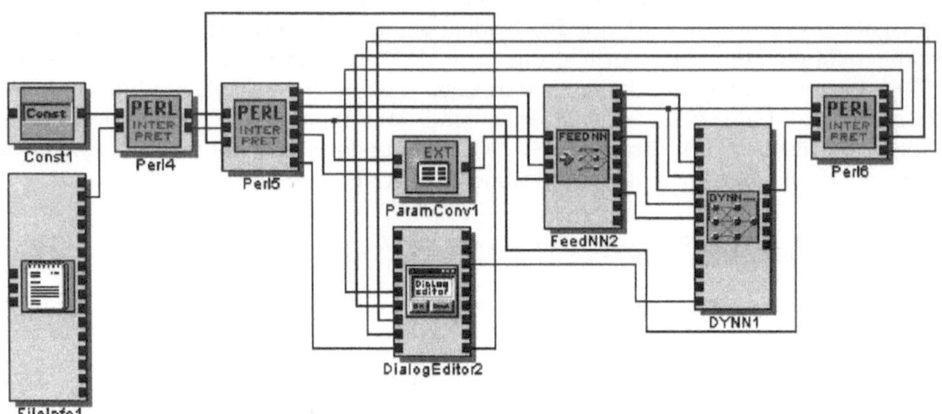

Bild 8.21   Signalgraph zur IRIS-Klassifikation

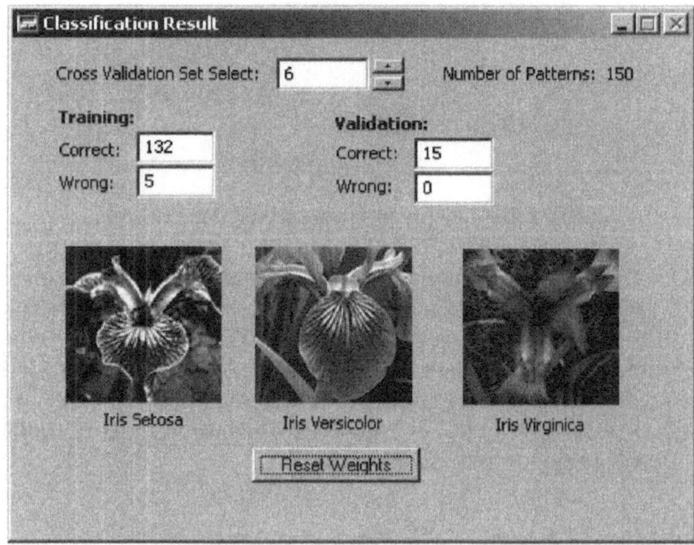

Bild 8.22   Benutzerdialog zur IRIS-Klassifikation

Bild 8.21 zeigt den Signalgraphen zu diesem Beispiel. Im Benutzerdialog (Bild 8.22) ist die Validierungsmenge wählbar. Außerdem können zur Laufzeit die Gewichte des Netzes zurückgesetzt werden, um so den Trainingsvorgang erneut zu starten. Sowohl für die Trainings- als auch für die Validierungsmuster wird jeweils die Anzahl korrekt bzw. falsch klassifizierter Muster ausgegeben.

Von den vier Eingabemerkmalen bietet besonders die Eigenschaft *petal width* sehr gute Separierungsmöglichkeiten für die drei Klassen. Allein mit diesem Merkmal kann die

Klasse *Iris Setosa* eindeutig von den andern Klassen unterschieden werden (lineare Separierbarkeit). Die beiden anderen Klassen (*Iris Virginica* und *Iris Versicolor*) sind dagegen deutlich schwieriger zu trennen.

HeartA – Beispiel für kontinuierliche Funktionsapproximation

Im letzten Beispiel zu MLP wird wie bei IRIS die Generalisierungsleistung der Netze untersucht. Beim Problem HeartA handelt es sich allerdings nicht um eine Klassifikationsaufgabe, sondern um eine Funktionsapproximation. HeartA beschäftigt sich mit Herzerkrankungen. Es ist zu bestimmen, wieviele von vier wichtigen Blutgefäßen im Durchmesser um mehr als 50% reduziert sind. Als Eingangsmerkmale stehen (geeignet numerisch kodiert) für 920 betrachtete Personen jeweils Informationen über Alter, Geschlecht, Rauchgewohnheiten, subjektive Beschreibungen von Beschwerden und Resultate medizinischer Untersuchungen (Blutdruckuntersuchungen, Elektrokardiogramm) usw. zur Verfügung. Tabelle 8.3 zeigt den jeweiligen Anteil der Personen mit 0 bis 4 im Durchmesser reduzierten Blutgefäßen.

Anzahl Blutgefäße	0	1	2	3	4
Anteil Personen	44.7%	28.8%	11.8%	11.6%	3.0%

Tabelle 8.3 Personen mit verstopften Blutgefäßen

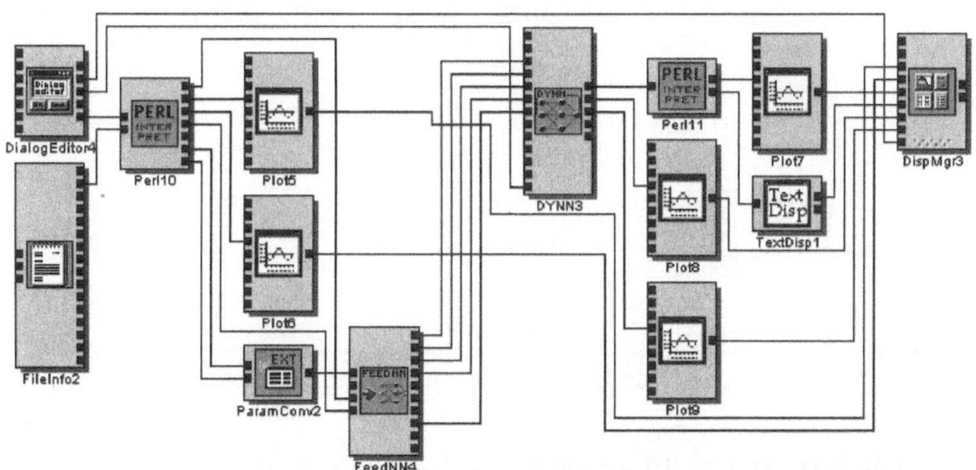

Bild 8.23 Signalgraph zum Beispiel HeartA

Bild 8.23 zeigt den Signalgraph für die Aufgabenstellung. Das verwendete MLP hat 35 Eingabeneuronen, 12 verdeckte Neuronen und 1 Ausgabeneuron.

Das Beispiel eignet sich sehr gut dazu, die Eigenschaften verschiedener Lernalgorithmen oder Netzarchitekturen (z.B. Anzahl verdeckter Neuronen) zu erproben. Bild 8.24 zeigt drei typische Verläufe des Trainingsfehlers (hier: MSE) bei drei verschiedenen Lernalgorithmen. Man sieht, dass der geringste Fehler mit RPROP erreicht werden kann. Bei Backpropagation und Quickprop sind die Fehler größer; zudem schwanken sie im Allgemeinen auch deutlich stärker.

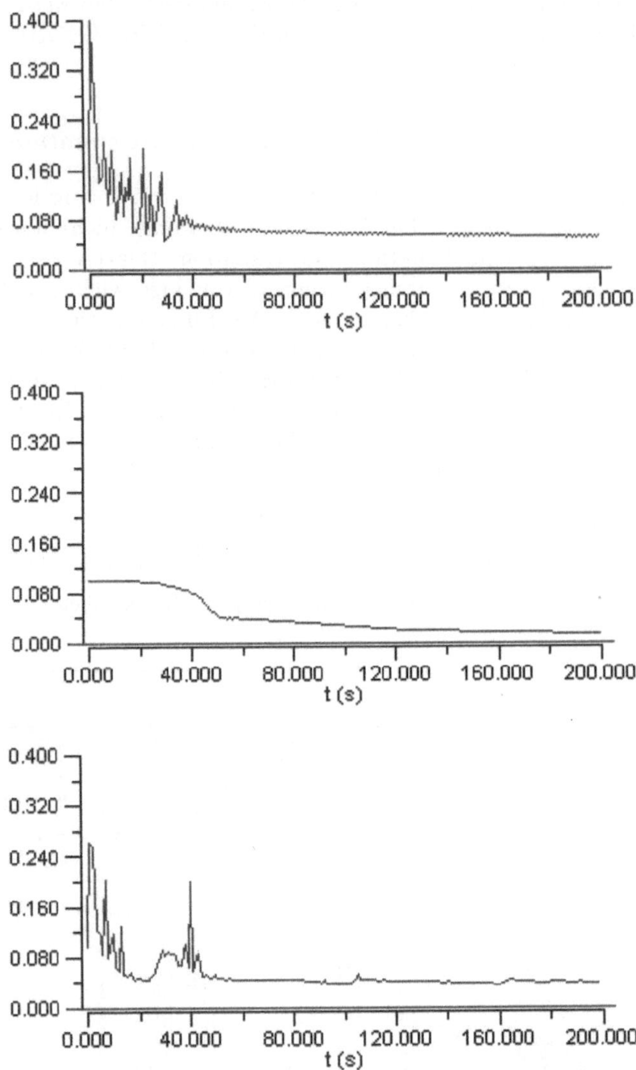

Bild 8.24 Typische Trainingsverläufe am Beispiel HeartA mit verschiedenen
Trainingsalgorithmen (oben: Backpropagation, Mitte: RPROP, unten: Quickprop; jeweils MSE)

Bild 8.25 zeigt den Benutzerdialog zum Beispiel HeartA. Außer den Fehlern für Trainings-
und Testdaten werden auch die Epochenzahl, die gewünschte und die tatsächliche Ausgabe des Netzes (für Trainings- und Testdaten zusammen in einem Fenster) sowie ein
frei wählbares Eingabemerkmal dargestellt. Die Gewichte des Netzes können zur Laufzeit
neu initialisiert werden.

Die verwendeten Daten wurden gesammelt und zur Verfügung gestellt von

(1) Ungarisches Institut für Kardiologie (Budapest, Ungarn): A. Janosi;

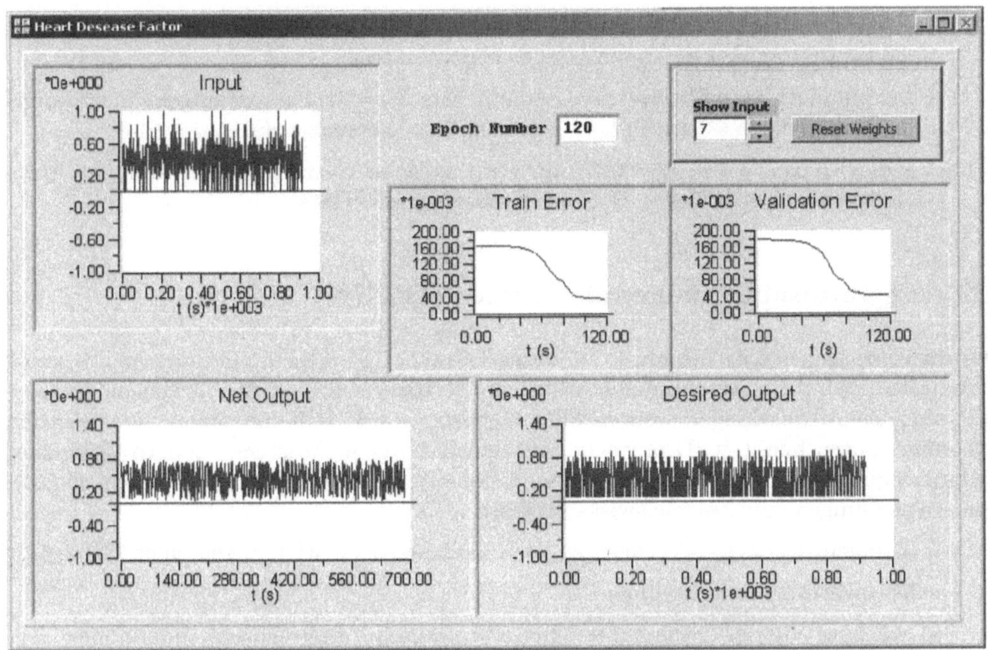

Bild 8.25 Benutzerdialog zum Beispiel HeartA

(2) Universitätskrankenhaus (Zürich, Schweiz): W. Steinbrunn;

(3) Universitätskrankenhaus (Basel, Schweiz): M. Pfisterer und

(4) V. A. Medical Center, Long Beach und Cleveland Clinic Foundation (USA): R. Detrano.

Eine genauere Beschreibung der Daten ist beispielsweise in [Pre94] zu finden.

8.1.5   Abschließende Bemerkungen zu MLP

In diesem Abschnitt wurde ein Netzparadigma vorgestellt, bei dem ein (üblicherweise mehrdimensionaler) Eingaberaum durch eine nichtlineare Funktion auf einen ein- oder mehrdimensionalen Ausgaberaum abgebildet wird. Das Systemverhalten eines MLP ist statisch, d.h., das Ausgabemuster eines Netzes hängt nur vom aktuellen Eingabemuster ab. Außerdem ist das MLP nichtlinear; diese Eigenschaft ist auf die Nichtlinearität der Aktivierungsfunktionen zurückzuführen.

Zur Anwendung von MLP mit dem Lernziel einer Generalisierung wurden verschiedenste Hinweise gegeben. Besonderer Wert wurde dabei auf die Beschreibung einiger (minimaler) Anforderungen an die Durchführung und Auswertung von Versuchen gelegt. Diese sollen hier nochmals kurz zusammengefasst werden (siehe auch [Fle96]):

(1) Evaluierung von trainierten Netzen mit unbekannten Testmustern (d.h. Verwendung unterschiedlicher Muster für Training und Test),

(2) Versuchswiederholungen zur Vermeidung oder Erkennung zufälliger Einflüsse (z.B. Gewichtsinitialisierung oder Musterreihenfolge bei musterweisem Training),

(3) Tests mit dritter, unabhängiger Datenmenge bei einer Parameteroptimierung (z.B. Strukturparameter des Netzes oder Lernparameter),

(4) Bestimmung von Mittelwerten, empirischen Standardabweichungen oder Konfidenzintervallen (o.ä.) bei der Auswertung von Versuchen und

(5) Vergleich von Versuchen (z.B. mit verschiedenen Netzstrukturen) auf der Basis eines statistischen Tests (z.B. auf der Basis eines t-Tests).

8.2 Dynamische Neuronale Netze (DYNN)

Die im vorausgehenden Abschnitt 8.1 vorgestellten MLP zeigen ein *statisches* Systemverhalten. D.h., die Ausgabe eines MLP hängt immer nur von der aktuellen Eingabe ab. In vielen Anwendungen werden aber nichtlineare Modelle mit einem *dynamischen* Systemverhalten benötigt. D.h., nicht nur einzelne Werte (Muster), sondern Zeitreihen (Mustersequenzen) müssen verarbeitet oder generiert werden. Einige typische Klassen von Anwendungen sind beispielsweise [Dor96]:

- Zeitreihenvorhersage (Vorhersage von zukünftigen Entwicklungen einer Zeitreihe),

- Klassifikation von Zeitreihen,

- Abbildung einer oder mehrerer Zeitreihen auf eine oder mehrere andere oder

- Modellierung von Zeitreihen.

Prinzipiell kann man mit einem statischen MLP durch eine geeignete Aufbereitung der Eingabegrößen auch ein dynamisches Verhalten eines Gesamtsystems erreichen. Es gibt jedoch auch eine Reihe von Netzparadigmen, die speziell für die Verarbeitung von Zeitreihen geeignet sind. Zwei Arten von Mechanismen ermöglichen eine Verarbeitung von Zeitreihen [UDC$^+$92]: *Speicherfähigkeit* und *Rekursion*.

Speicherfähigkeit meint im Allgemeinen die Eigenschaft eines Systems, Eingaben oder interne Zustände des Systems für einen beliebig langen Zeitraum festzuhalten und bei Bedarf wieder abzugeben und für die Berechnung der Systemausgabe zu nutzen. Hier wird mit diesem Begriff etwas spezieller das Speichern (und somit Verzögern) von Eingaben oder internen Zuständen in Systemen ohne Rückkopplungen bezeichnet.

Rekursion meint im Allgemeinen die Eigenschaft eines Systems, mit Hilfe von Rückkopplungen aktuelle Ausgabewerte oder interne Zustandswerte bei der Berechnung nachfolgender Ausgaben und Zustandswerte zu berücksichtigen. Bei den hier betrachteten diskreten Systemen ist eine Rückkopplung gleichzeitig immer mit einer Verzögerung (d.h. einem Speichern) um eine Zeiteinheit verbunden.

In diesem Abschnitt werden verschiedene Netzparadigmen vorgestellt, die einen oder beide Mechanismen zum Erzielen eines dynamischen Systemverhaltens verwenden. Die vorgestellten Paradigmen sind besonders für technische Anwendungen geeignet, in denen die gemessenen Ein- und Ausgabegrößen häufig von einem Rauschen überlagert sind. Außer der Beschreibung der bereits angesprochenen Erweiterung statischer MLP zu *MLP mit gleitendem Eingabefenster* (*sliding window*, *MLP-sw*) werden *Time-Delay-Netze* (*TDNN*), *NARX-Netze* (*nonlinear autoregressive models with exogenous inputs*) und *Dynamische Neuronale Netze* (*DYNN*) vorgestellt. Sowohl TDNN als auch NARX-Netze lassen sich wie MLP-sw als Erweiterungen von MLP verstehen. Umgekehrt kann man sie jedoch auch als Spezialfälle von DYNN ansehen (siehe Bild 8.26).

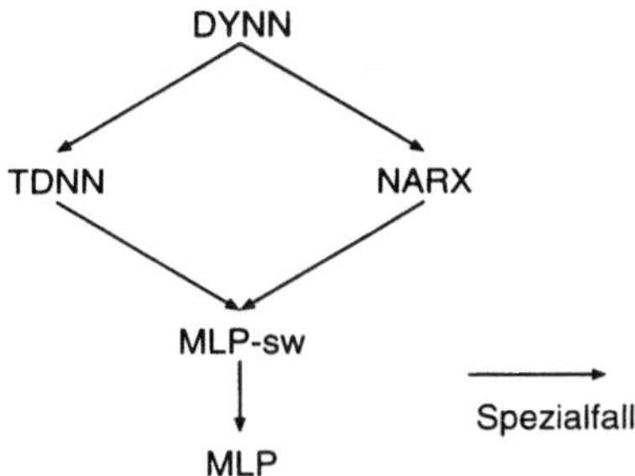

Bild 8.26 Beziehungen zwischen verschiedenen Netzparadigmen

Zunächst werden die verschiedenen Netzparadigmen schrittweise als Erweiterungen von MLP eingeführt. Dann wird auf das Training dieser Paradigmen und auf Hinweise für ihren Einsatz in praktischen Anwendungen näher eingegangen. Anschließend werden einige konkrete, in ICONNECT realisierte Anwendungen vorgestellt, bevor noch einige abschließende Bemerkungen zur Anwendung von DYNN folgen.

8.2.1 Beschreibung verschiedener Netzparadigmen mit dynamischem Verhalten

Zum Verständnis dynamischer Paradigmen ist wichtig, dass die externen Eingaben $\mathbf{x}(k)$ und die externen Ausgaben $\mathbf{y}(k)$ eines Netzes nun als Elemente von Zeitreihen verstanden werden. Gleiches gilt auch für einzelne Elemente dieser Vektoren. Die Variable k ist also hier eine *Zeitvariable*, die die Position des aktuell verarbeiteten Eingabemusters in einer Mustersequenz (Zeitreihe) angibt. Außerdem wird im Folgenden der Begriff des „rezeptiven Fensters" benötigt. Dabei handelt es sich um das Zeitintervall, aus dem einem Neuronalen Netz Informationen irgendeiner Form zur Berechnung der externen Ausgabe zur Verfügung stehen. Sinnvollerweise sollte das rezeptive Fenster eines Netzes deutlich kürzer als jede der verarbeiteten Zeitreihen sein.

Mehrlagige Perzeptren mit gleitendem Eingabefenster (MLP-sw)

Bei der ursprünglichen Definition von Mehrlagigen Perzeptren mit gleitendem Eingabefenster (MLP-sw) werden verzögerte externe Eingabemuster als Eingaben eines statischen MLP verwendet (siehe Bild 8.27). Der *Verzögerungsoperator* q^{-1} ist dabei durch $q^{-1}(x_i(k)) = x_i(k-1)$ definiert. Zu einem Zeitpunkt k erhält das MLP-sw nicht nur einen Wert $x_i(k)$ als Eingabe, sondern auch $d-1$ vorausgehende Werte derselben Zeitreihe. Die Größe d heißt die *Länge des gleitenden Eingabefensters*. Die Vereinbarung von N Eingabefenstern der jeweils gleichen Länge d bedeutet keine Einschränkung: Man wähle d als das Maximum der jeweils gewünschten Längen und setze die Gewichte entsprechender, von der Eingabeschicht des MLP ausgehender Verbindungen gleich Null.

Eine andere Beschreibungsform für MLP-sw, die zur ersten funktional äquivalent ist, verwendet *FIR-Filter* (*FIR: finite impulse response*), wie sie aus der Signalverarbeitung zum Filtern von Signalanteilen (z.B. Hochpass, Tiefpass) bekannt sind. Eigenschaften

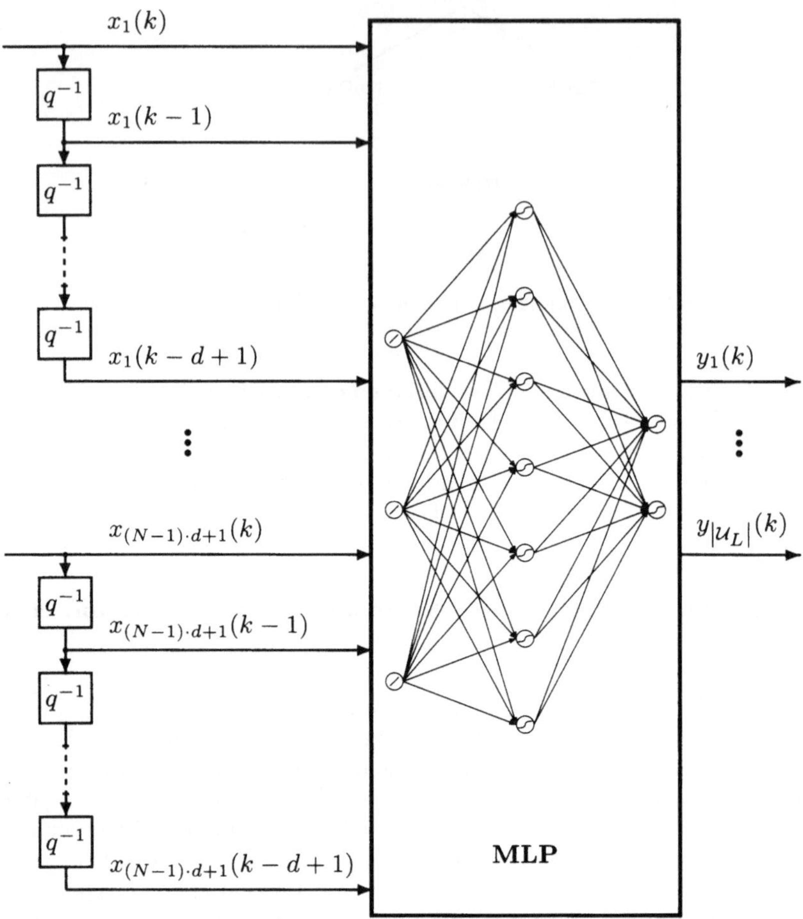

Bild 8.27 Ursprüngliche Beschreibung der Struktur eines MLP-sw

von FIR-Filtern sind beispielsweise in [Ham87] beschrieben. In einem MLP werden Verbindungen zwischen der Eingabeschicht und der ersten verdeckten Schicht durch Filterstrukturen ersetzt, wie sie in Bild 8.28 gezeigt sind. Die Funktionsweise der Verzögerungselemente ist analog zur Funktionsweise eines Schieberegisters zu verstehen. Jede solche Verbindung ist dann mit einem Gewichtsvektor annotiert, der die Koeffizienten des FIR-Filters angibt. Der gezeigte FIR-Filter hat die *Ordnung* $d^{(l)} - 1$. Die Ordnung aller FIR-Filter in einem MLP-sw ist üblicherweise identisch.

Die Berechnung der Filterausgabe erfolgt üblicherweise im Rahmen der Berechnung der Netzeingabe des Nachfolgeneurons. Die Netzeingabe $s_j^{(l)}(k)$ des Nachfolgeneurons $j \in \mathcal{U}_l$ ist definiert durch

$$s_j^{(l)}(k) \stackrel{def}{=} \sum_{i \in \mathcal{U}_{l-1}} \sum_{m=0}^{d^{(l)}-1} w_{(i,j)}^{(l)}(m) \cdot a_i^{(l-1)}(k-m) + w_{(B,j)}^{(l)}.$$

Schicht $l-1$ **Schicht l**

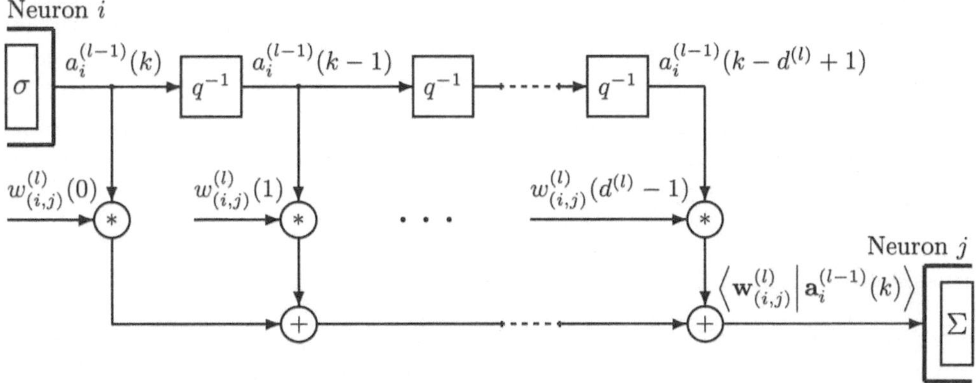

Bild 8.28 Synapse mit FIR-Filter bei der Vorwärtspropagierung von Aktivierungszuständen

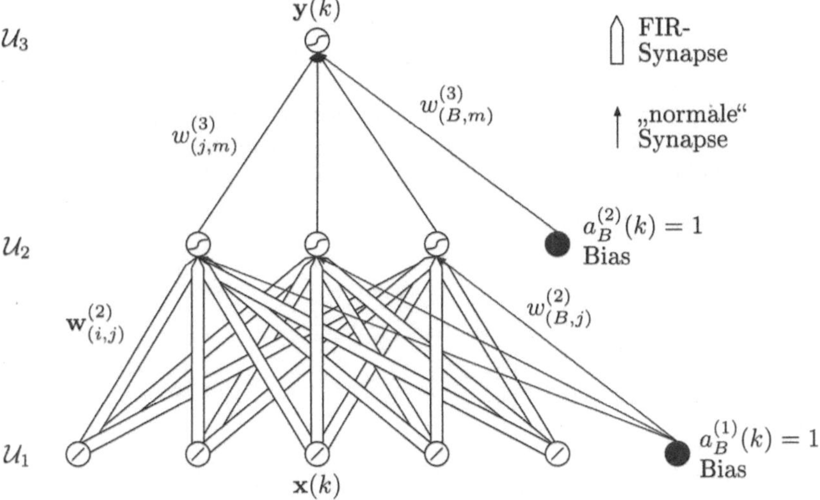

Bild 8.29 Struktur eines MLP mit gleitendem Eingabefenster (MLP-sw)

Mit dem *Aktivierungsvektor* $\mathbf{a}^{(l)}_i(k) \overset{def}{=} \left(a^{(l)}_i(k), a^{(l)}_i(k-1), \ldots, a^{(l)}_i(k - d^{(l+1)} + 1) \right)$, dem *Gewichtsvektor* $\mathbf{w}^{(l)}_{(i,j)} \overset{def}{=} \left(w^{(l)}_{(i,j)}(0), w^{(l)}_{(i,j)}(1), \ldots, w^{(l)}_{(i,j)}(d^{(l)} - 1) \right)$ und dem Standardskalarprodukt $\langle \cdot | \cdot \rangle$ für Vektoren aus $\mathbb{R}^{d^{(l)}}$ gilt dann

$$s^{(l)}_j(k) = \sum_{i \in \mathcal{U}_{l-1}} \left\langle \mathbf{w}^{(l)}_{(i,j)} \Big| \mathbf{a}^{(l-1)}_i(k) \right\rangle + w^{(l)}_{(B,j)}$$

(siehe auch Bild 8.28). Bei MLP-sw gilt $l = 2$ und $j \in \mathcal{U}_2$. Die Netzeingabe ist somit die gewichtete Summe von aktuellen und vergangenen Aktivierungen der Vorgängerneuronen. Aktivierungsfunktionen und Netzeingaben in anderen Schichten sind wie bei MLP definiert (siehe auch Bild 8.29).

Die beiden vorgestellten Definitionen für MLP-sw sind funktional äquivalent, da die Eingabeneuronen eines MLP die externen Eingaben unverändert an die Neuronen der (ersten) verdeckten Schicht weiterleiten. Unterschiede sind jedoch bei einer Implementierung erkennbar. Wie man leicht sieht, lässt sich bei der ersten Beschreibungsform der bereits bekannte Backpropagation-Algorithmus zum Training verwenden.

Im Gegensatz zu Netzen mit Rückkopplungen hat das rezeptive Fenster bei MLP-sw eine endliche, feste Länge, nämlich $d^{(2)}$ (bei MLP: 1). Die Struktur eines MLP-sw wird im Folgenden kurz mit $|\mathcal{U}_1| \overset{d^{(2)}}{\to} |\mathcal{U}_2| \to \cdots \to |\mathcal{U}_L|$ angegeben.

Time-Delay-Netze (TDNN)

Time-Delay-Netze (*TDNN*), manchmal auch als FIR-Netze bezeichnet, sind vorwärtsgerichtete Netze mit Verzögerungselementen, die erstmals 1989 durch WAIBEL et al. (siehe z.B. [WHH⁺89]) beschrieben wurden. TDNN wurden in den ersten Arbeiten zur Erkennung von Phonemen (Sprachverarbeitung) verwendet. Weitere wichtige Arbeiten über TDNN wurden von WAN publiziert (siehe z.B. [BWLT94, Wan93a, WB98]), der erstmals einen geeigneten Trainingsalgorithmus für dieses Netzparadigma vorstellte (*Temporal Backpropagation*). TDNN können zur translationsinvarianten Erkennung von (kürzeren) Mustersequenzen innerhalb von (längeren) Zeitreihen verwendet werden. Für technische Anwendungen interessant ist auch – im Gegensatz zu rekurrenten Netzen (Netzen mit Rückkopplungen) – ihre Fähigkeit zur Rauschunterdrückung [Hay94, LLD93]. Bei rekurrenten Netzen können manchmal Stabilitätsprobleme beobachtet werden.

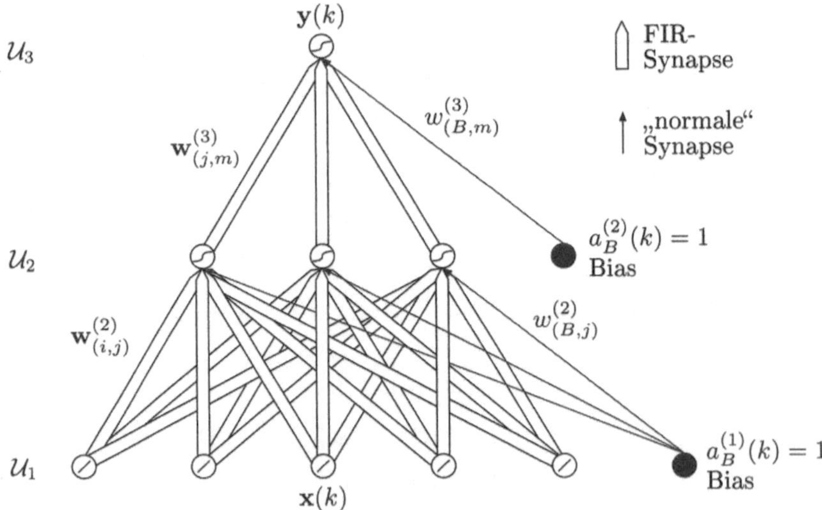

Bild 8.30 Struktur eines Time-Delay-Netzes (TDNN)

Wie Bild 8.30 zeigt, werden bei TDNN alle Verbindungen (außer den von Bias-Neuronen ausgehenden) durch FIR-Filter realisiert. Die Ordnung aller FIR-Filter zwischen zwei aufeinanderfolgenden Neuronenschichten ist jeweils gleich. Die Größe $d^{(l)} - 1$ bezeichnet dann die Ordnung der Filter (d.h. die *maximale Verzögerung*) zwischen den Neuronen in den Schichten $l - 1$ und l.

Nur auf den ersten Blick fordert die Definition die gleiche Filterordnung für alle Verbindungen zwischen zwei bestimmten Schichten. Wenn $d^{(l)} - 1$ die maximale Verzögerung zwischen zwei Schichten (d.h. die maximale Filterordnung) angibt, so sind nur entsprechende Gewichte auf Null zu setzen, um Filter mit niedrigerer Ordnung zu realisieren.

Für die Struktur eines schichtweise vollständig verbundenen TDNN wird folgende Notation verwendet: $|\mathcal{U}_1| \xrightarrow{d^{(2)}} |\mathcal{U}_2| \xrightarrow{d^{(3)}} \cdots \xrightarrow{d^{(L)}} |\mathcal{U}_L|$. Beispielsweise ist $3 \xrightarrow{2} 12 \xrightarrow{3} 1$ ein dreischichtiges Netz mit drei Eingabeneuronen, zwölf verdeckten Neuronen und einem Ausgabeneuron sowie Verzögerungen 0 und 1 zwischen Eingabe- und verdeckter Schicht und 0, 1 und 2 zwischen verdeckter und Ausgabeschicht. Die Länge des rezeptiven Fensters bei einem TDNN ist $\sum_{l=2}^{L} (d^{(l)} - 1) + 1$.

Obwohl für jedes TDNN ein MLP-sw mit gleichem rezeptiven Fenster angegeben werden kann, lassen sich durch ein TDNN komplexere zeitliche Zusammenhänge einfacher modellieren. Beiden Netzen steht dann zwar Information aus dem gleichen Zeitraum zur Berechnung der externen Ausgabe zur Verfügung, das TDNN ermöglicht aber eine kompaktere Repräsentation zeitlicher Information, da es auch komplexer strukturierte Zeitinformation erfassen kann [LDL94]. In der ersten verdeckten Schicht werden zeitliche Zusammenhänge zwischen Eingangsmustern (Merkmalen) beschrieben; die Ausgänge der Neuronen dieser Schicht könnte man auch als *Meta-Merkmale* bezeichnen. In den folgenden Schichten werden dann zeitliche Zusammenhänge zwischen solchen Meta-Merkmalen modelliert. Daher hat nicht nur die Länge des rezeptiven Fensters Einfluss auf das Trainingsergebnis; entscheidend ist auch, in welchen Schichten Aktivierungszustände verzögert werden. Eine experimentelle Untersuchung dieser Fragestellung ist beispielsweise in [CGHC97] zu finden.

NARX-Netze

In *NARX-Netzen* (*NARX: nonlinear autoregressive models with exogenous inputs*) werden die externen Netzausgaben auf die Eingabeschicht rückgekoppelt. Gleichzeitig werden sowohl die rückgekoppelten Werte als auch weitere externe Netzeingaben mit Hilfe von Speicherelementen verzögert. Dieses Netzparadigma kombiniert also die beiden genannten Mechanismen „Speicherfähigkeit" und „Rekursion". Eine erstmalige Verwendung des Netzparadigmas lässt sich nicht eindeutig datieren. Auf jeden Fall wurde der Begriff „NARX-Netz" entscheidend durch Arbeiten von GILES, HORNE, LIN et al. ab etwa 1995 geprägt (siehe beispielsweise [GLHK98, LGHK97, LHGK98, LHTG96, SHG95]).

Wie Bild 8.31 zeigt, existiert für jedes Ausgabeneuron genau ein weiteres Neuron in einer so genannten *rekurrenten Schicht* $\mathcal{U}_R$. Aktivierungen der Ausgabeneuronen werden um einen Zeitschritt verzögert als Netzeingabe rekurrenter Neuronen genutzt. Wie Eingabeneuronen leiten auch rekurrente Neuronen ihre Netzeingabe an alle Nachfolger unverändert weiter. Rekurrente Verbindungen (zwischen Ausgabeschicht und rekurrenter Schicht) sind implizit mit dem Wert 1 gewichtet. FIR-Filter werden nur zwischen Eingabeschicht bzw. rekurrenter Schicht und der ersten verdeckten Schicht verwendet. NARX-Netze sind somit keine Erweiterung von TDNN. Üblicherweise haben die FIR-Filter zwischen rekurrenter und verdeckter Schicht bzw. zwischen Eingabe- und verdeckter Schicht unterschiedliche maximale Verzögerungen ($d^{(R)}$ bzw. $d^{(2)}$).

In der ursprünglichen Definition von NARX-Netzen wird ein statisches MLP mit extern verzögerten Eingaben (vgl. MLP-sw) und extern auf die Eingabeschicht rückgekoppelten

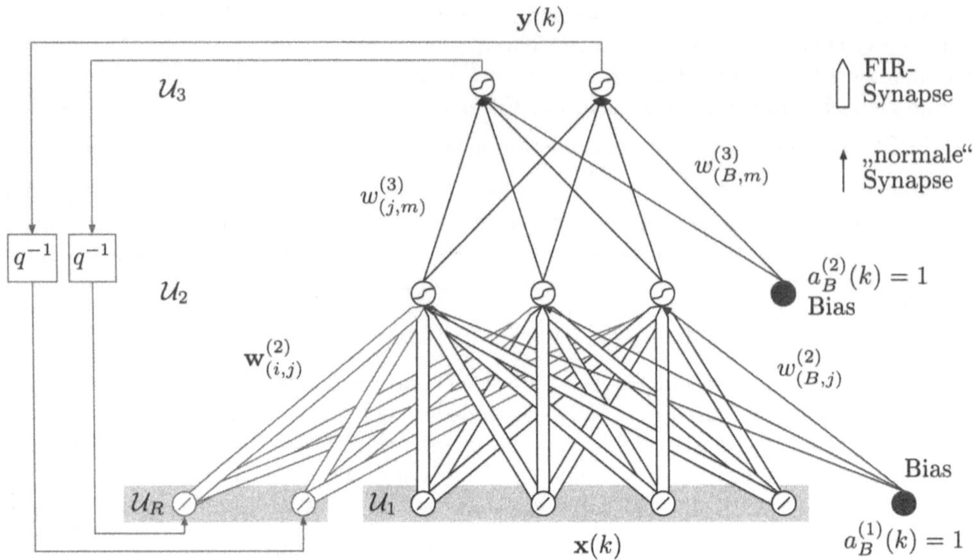

Bild 8.31   Struktur eines NARX-Netzes

und verzögerten Ausgaben beschrieben (siehe beispielsweise [LGHK97, LHTG96]). Wie man leicht sehen kann, sind beide Definitionen äquivalent.

Der Begriff „NARX" fasst mehrere Eigenschaften des Netzparadigmas zusammen:

- die Nichtlinearität (*nonlinear*) aufgrund der verwendeten sigmoiden Aktivierungsfunktionen,

- die Verwendung früherer Netzausgaben als Eingaben (*autoregressive*) durch Rückkopplungen und

- die Verwendung von zusätzlichen externen Eingaben (*exogenous inputs*).

Im Gegensatz zu rekurrenten Netzen ohne Verzögerungen in Vorwärtsrichtung sind NARX-Netze besonderers zur Modellierung von Abhängigkeiten geeignet, die sich über einen langen Zeitraum erstrecken [LHTG96]. Das rezeptive Fenster von NARX-Netzen hat aufgrund der Rückkopplungen keine endliche, feste Länge. Für die Struktur eines NARX-Netzes wird folgende Notation verwendet: $|\mathcal{U}_1| \overset{d^{(2)},\, d^{(R)}}{\longrightarrow} |\mathcal{U}_2| \rightarrow \cdots \rightarrow |\mathcal{U}_L|$.

Dynamische Neuronale Netze (DYNN)

Dynamische Neuronale Netze (DYNN) kombinieren die Ideen von TDNN und NARX-Netzen, um die Vorteile beider Netzparadigmen zu verbinden (Robustheit bzgl. verrauschter Eingaben durch FIR-Filter bzw. höhere Darstellungsmächtigkeit durch Rückkopplungen). DYNN wurden erstmals von SICK in [Sic01] beschrieben.

Bild 8.32 zeigt den Aufbau eines dreischichtigen DYNN. Auch bei DYNN hat das rezeptive Fenster keine feste, endliche Länge. Für die Struktur eines schichtweise vollständig verbundenen DYNN wird folgende Notation verwendet: $|\mathcal{U}_1| \overset{d^{(2)},\, d^{(R)}}{\longrightarrow} |\mathcal{U}_2| \overset{d^{(3)}}{\rightarrow} \cdots \overset{d^{(L)}}{\rightarrow} |\mathcal{U}_L|$. Beispielsweise ist $3 \overset{2,4}{\rightarrow} 12 \overset{3}{\rightarrow} 1$ ein dreischichtiges Netz mit drei Eingabeneuronen, zwölf

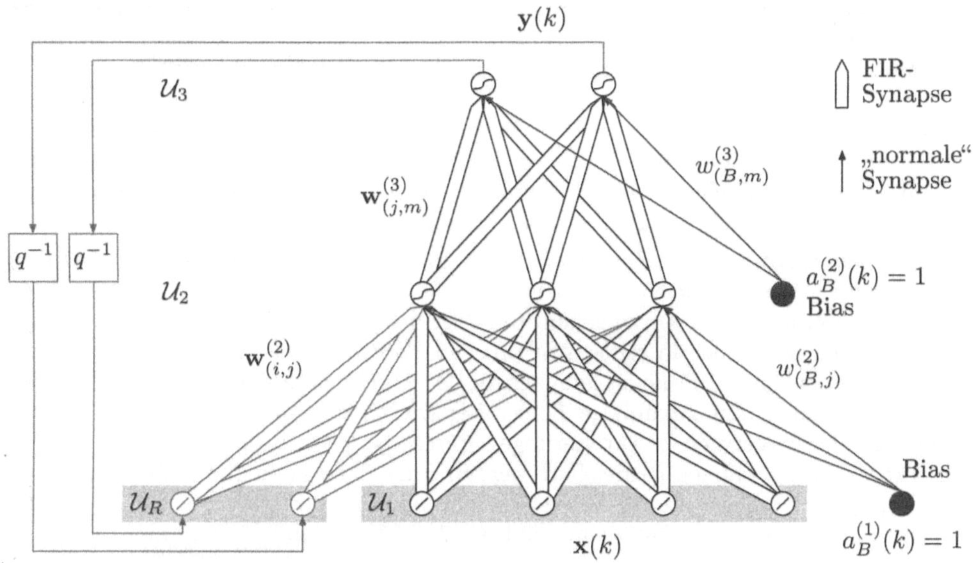

Bild 8.32 Struktur eines Dynamischen Neuronalen Netzes (DYNN)

verdeckten Neuronen und je einem Ausgabeneuron bzw. rekurrenten Neuron sowie Verzögerungen 0 und 1 zwischen Eingabe- und verdeckter Schicht, 0, 1 und 2 zwischen verdeckter und Ausgabeschicht, sowie 0, 1, 2 und 3 zwischen rekurrenter Schicht und verdeckter Schicht.

8.2.2 Training von DYNN

Zur Modellbildung mit DYNN und allen aus ihnen ableitbaren Paradigmen werden Algorithmen benötigt, die eine Bestimmung geeigneter Werte für die Gewichte ermöglichen. Die prinzipielle Vorgehensweise ist analog zu MLP. Allerdings müssen bei DYNN zeitliche Zusammenhänge zwischen Mustern erkannt und modelliert werden. Einige der in Abschnitt 8.1.2 eingeführten Definitionen müssen leicht geändert bzw. ergänzt werden. Dann kann ein zum Training von DYNN geeignetes Lernverfahren (analog zum epochenweisen Lernen) definiert werden, das als Erweiterung des Backpropagation-Algorithmus aus Abschnitt 8.1.2 angesehen werden kann. Hier wird allerdings nur auf die prinzipielle Arbeitsweise dieses Lernverfahrens, das als *Temporal Backpropagation Through Time* bezeichnet wird, eingegangen.

Bei MLP wurde eine feste Lernaufgabe auf der Basis einer ungeordneten Menge von Mustern definiert. Für DYNN muss nun eine Ordnung (zeitliche Reihenfolge) dieser Muster angenommen werden. Natürlich kann eine Lernaufgabe auch aus mehreren Mustersequenzen bestehen.

Definition 8.10

Eine *feste Lernaufgabe* $\mathcal{L}$ eines DYNN ist eine Sequenz von Eingabe- und Ausgabemusterpaaren $\mathcal{L} \stackrel{def}{=} (\mathbf{x}, \mathbf{t})$, wobei $\mathbf{x}$ nacheinander die Werte $\mathbf{x}(1), \ldots, \mathbf{x}(k), \ldots, \mathbf{x}(|\mathcal{L}|)$ und $\mathbf{t}$ die Werte $\mathbf{t}(1), \ldots, \mathbf{t}(k), \ldots, \mathbf{t}(|\mathcal{L}|)$ annimmt. Das TDNN soll auf eine Sequenz von Eingabemustern $\mathbf{x}$ mit einer Sequenz von Ausgabemustern $\mathbf{t}$ reagieren (*gewünschte Ausgabe*).

Das TDNN *erfüllt* die Lernaufgabe, wenn bei einer *Eingabe* von x die *tatsächliche Ausgabe* y, d.h. die Sequenz von Ausgabemustern $y(1), \ldots, y(k), \ldots, y(|\mathcal{L}|)$, der *gewünschten Ausgabe* t entspricht oder mit einer vorgegebenen maximalen Abweichung entspricht.

Ein DYNN kann nur bezüglich der Bewältigung einer festen Lernaufgabe bewertet werden, wenn ein geeignetes Fehlermaß verwendet wird. Wie bei MLP wird auch hier der gesamte quadrierte Fehler für eine Lernaufgabe $\mathcal{L}$ (kurz: Gesamtfehler) $\mathcal{E}_{LSE}$ verwendet. DYNN verwenden wie MLP überwachte Lernalgorithmen.

Sind wie bei DYNN zeitliche Zusammenhänge zu modellieren (wirkt sich also eine Eingabe nicht nur auf den aktuellen Fehler aus), so ist im Allgemeinen epochenweises Lernen dem musterweisen Lernen vorzuziehen. Ein Algorithmus für epochenweises Training von DYNN unterscheidet sich in seiner prinzipiellen Vorgehensweise nicht vom entsprechenden Algorithmus für MLP. Es ist lediglich zu beachten, dass aufgrund der Auswirkungen aktueller Eingaben auf zukünftige Fehler bei DYNN erst alle Muster der Lernaufgabe und die hervorgerufenen Aktivierungen durch das Netz propagiert werden müssen. Die Aktivierungen müssen gespeichert werden. Erst dann können alle Fehlersignale zurückpropagiert werden, um die Gewichtsänderungen zu berechnen. Auch die Lernziele Approximation und Generalisierung sind wie bei MLP definiert (nur hier bezogen auf Mustersequenzen).

Um die Arbeitsweise des Lernalgorithmus Temporal Backpropagation Through Time für DYNN zu verstehen, werden zunächst die beiden Netzparadigmen TDNN und NARX (in der urspünglichen Version mit gleitendem Eingabefenster) getrennt betrachtet.

Lernalgorithmus Temporal Backpropagation für TDNN

In einem TDNN wirkt sich die aktuelle externe Eingabe eines Netzes nicht nur auf die aktuelle Ausgabe (und somit den aktuellen Fehler) sondern auch auf zukünftige Ausgaben (und somit zukünftige Fehler) entsprechend der Länge des rezeptiven Fensters des Netzes aus. Dies muss bei der Bestimmung des Gradienten berücksichtigt werden und daher sollte bei TDNN auch kein musterweises Training durchgeführt werden. Ein geeigneter Lernalgorithmus mit dem Namen *Temporal Backpropagation* (siehe z.B. [Wan93a, Wan93b]) wurde einige Jahre nach den ersten Arbeiten über TDNN vorgestellt. Anfänglich wurden TDNN in ihr zeitlich entfaltetes Äquivalent überführt und mit Standard-Backpropagation trainiert (siehe z.B. [WHH+89]), was aber verschiedene Nachteile hat [Sic01].

Prinzipiell basiert Temporal Backpropagation auf der gleichen Idee wie Backpropagation: Die Suchrichtung in der Fehlerfläche ist durch den negativen Gradienten bestimmt; die Schrittweite hängt ab vom Betrag des Gradienten. Bei MLP werden Aktivierungen in Vorwärtsrichtung durch das Netz propagiert und Fehlersignale zurück (siehe Bild 8.4). Bei TDNN werden dagegen Aktivierungsvektoren vorwärtspropagiert (siehe Bild 8.28) und *Fehlervektoren* $\boldsymbol{\delta}_u^{(l)}(k) \overset{def}{=} \left(\delta_u^{(l)}(k), \delta_u^{(l)}(k+1), \ldots, \delta_u^{(l)}(k+d^{(l)}-1) \right)$ zurück (siehe Bild 8.33).

Lernalgorithmus Backpropagation Through Time für NARX

Auch bei einem NARX-Netz wirkt sich die aktuelle externe Eingabe eines Netzes nicht nur auf die aktuelle Ausgabe, sondern auch auf zukünftige Ausgaben aus. Aufgrund der Rekurrenz ist allerdings eine Auswirkung prinzipiell auf alle zukünftigen Ausgaben

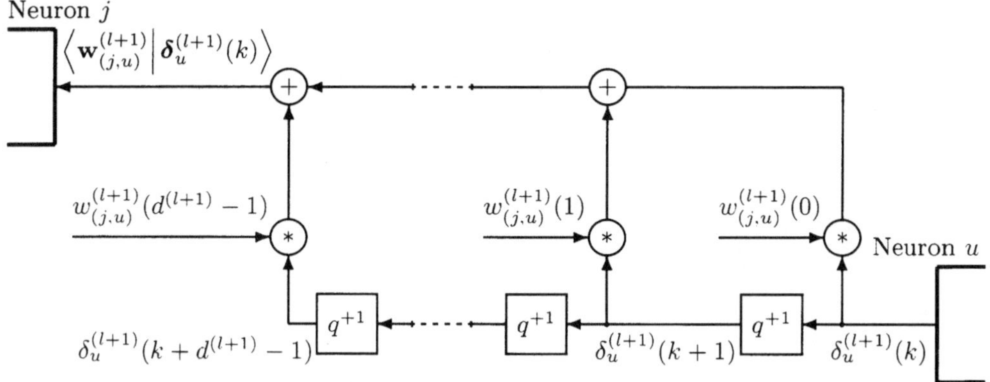

Bild 8.33 Synapse mit FIR-Filter bei der Rückwärtspropagierung von Fehlersignalen

und somit auf alle zukünftigen Fehler möglich. Für NARX wurde daher die Verwendung des Lernverfahrens *Backpropagation Through Time* vorgeschlagen [LGHK97, LHTG96], das ursprünglich allgemein für rekurrente Netze definiert wurde (siehe beispielsweise [Wer90, Zel94]).

Zum besseren Verständnis wird nun das in Bild 8.34 skizzierte einfache rekurrente Netz mit zwei Neuronen betrachtet (siehe auch [Zel94]). Verzögerungselemente sind hier zur Vereinfachung nicht eingezeichnet.

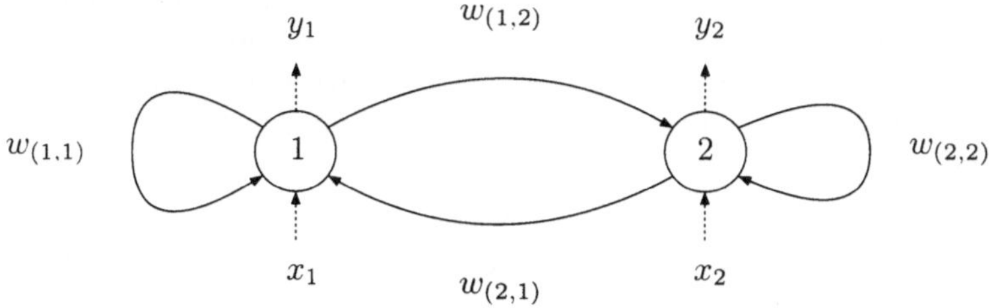

Bild 8.34 Beispiel für ein einfaches rekurrentes Netz

Durch eine so genannte *zeitliche Entfaltung* (*unfolding in time*) wird dieses Netz nun in ein funktional äquivalentes Netz transformiert, das nur Vorwärtsverbindungen enthält (siehe Skizze in Bild 8.35). Dazu werden alle Neuronen und Gewichte des rekurrenten Netzes für jeden Zeitschritt durch eigene Neuronen und eigene Gewichte ersetzt, wobei aber alle Gewichte $w_{(i,j)}$ zu jedem Zeitschritt den gleichen Wert haben. Der Wert t repräsentiert die maximale Anzahl der zu bearbeitenden Zeitschritte.

Das zeitlich entfaltete Netz kann nun mit dem bereits besprochenen Standard-Backpropagation (oder einem anderen der daraus abgeleiteten Algorithmen) trainiert werden. Da die Gewichte der Verbindungen zu den einzelnen Zeitpunkten identisch sein müssen, müssen zusammengehörige Gewichte um den gleichen Betrag geändert werden. Gewichtsänderungen werden also erst nach einem vollständigen Vorwärts- und Rückwärtspropagieren aller Muster vorgenommen. Das Fehlermaß berücksichtigt hier nicht

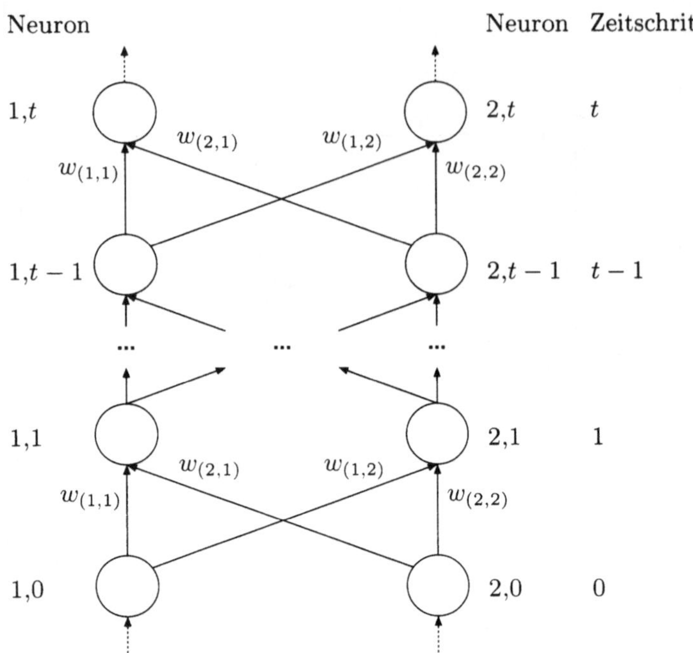

Bild 8.35 Beispiel für ein zeitlich entfaltetes rekurrentes Netz

nur die Differenz zwischen tatsächlicher und gewünschter Ausgabe, sondern zusätzlich die Summe der gewichteten Fehlersignale der Nachfolgeneuronen (falls vorhanden). In einer Implementierung dieses Konzeptes werden Neuronen und Gewichte natürlich nicht tatsächlich dupliziert. Lediglich Netzeingaben, Aktivierungen und Fehlersignale werden zwischengespeichert.

Lernalgorithmus Temporal Backpropagation Through Time für DYNN

Beim Lernalgorithmus Temporal Backpropagation Through Time werden die beiden für TDNN bzw. NARX-Netze vorgeschlagenen Lernverfahren Temporal Backpropagation und Backpropagation Through Time kombiniert. Temporal Backpropagation Through Time zeigt ein ähnliches Verhalten wie Backpropagation. Daher treten auch bei Temporal Backpropagation Through Time die in Abschnitt 8.1.2 beschriebenen Probleme auf:

- schwierige Wahl der Lernrate (Gefahr von Oszillationen oder langer Trainingsdauer),

- Problem der Startpunktwahl (Einfluss der Gewichtsinitialisierung auf das Trainingsergebnis),

- Probleme mit Plateaus (Sattelpunkten) und mit engen Tälern der Fehlerfunktion,

- langsame Adaption der Gewichte nahe an der Eingabeschicht und

- keine garantierte Konvergenz bzw. mögliche Konvergenz in lokalen Minima.

Die ebenfalls in Abschnitt 8.1.2 vorgestellten Lernalgorithmen (Erweiterungen von Backpropagation) lassen sich analog auf DYNN übertragen. Die genannten Probleme werden durch sie zumindest gemindert.

Von großer Bedeutung für das Trainingsergebnis ist auch die Initialisierung der internen Speicherelemente eines DYNN mit Anfangszuständen. Das DYNN sollte nach Möglichkeit mit Werten initialisiert werden, die auch durch eine zulässige Sequenz von Eingabemustern entstehen könnten [CGHC97]. Gleichzeitig möchte man natürlich die ersten Trainingsmuster einer Sequenz nicht für die Initialisierung, sondern bereits für das Training verwenden. Als Kompromiss kann man beispielsweise entsprechend der Länge r des rezeptiven Fensters des zu trainierenden Netzes (wobei Rückkopplungen vernachlässigt werden) das erste Muster einer Eingabesequenz r Mal wiederholen. Bei der letzten dieser Wiederholungen werden dann die ersten Gewichtsänderungen berechnet.

8.2.3 Allgemeine Hinweise für die Anwendung von DYNN

Prinzipiell gelten für DYNN auch die für MLP gegebenen Hinweise (siehe Abschnitt 8.1.3). Einige zusätzliche Anmerkungen sollen allerdings noch gemacht werden.

Festlegung von Ein- und Ausgangsgrößen

Zeitbezogene Informationen (oder kurz *Zeitinformationen*) werden aus Zeitreihen (Merkmalssequenzen) gewonnen. Mit einem dynamischen Netzparadigma wie z.B. DYNN kann zeitbezogene Information innerhalb eines Neuronalen Netzes repräsentiert werden. Im Gegensatz dazu kann auch ein statisches Netzparadigma zeitbezogene Information verarbeiten, z.B. ein MLP mit gleitendem Eingabefenster. Außer der Verwendung von Merkmalsvektoren mit extern verzögerten Eingaben gibt es jedoch noch viele Arten von Merkmalen, die zeitliche Information enthalten. Einige typische Beispiele sind [FS99]:

- Merkmale, die den Trend einer Zeitreihe in einem bestimmten Zeitintervall beschreiben (z.B. Durchschnitt, Anstieg, Krümmung, usw.),
- Koeffizienten statistischer Modelle, z.B. AR-, MA- oder ARMA-Modelle, die das Verhalten eines Signals in einem Zeitfenster beschreiben,
- Merkmale, die den Trend einer Zeitreihe seit ihrem Anfang (dem ersten Wert) beschreiben oder
- die Länge einer Zeitreihe bis zu einem bestimmten Zeitpunkt (üblicherweise dem aktuell betrachteten Zeitpunkt).

Je nachdem, wie Zeitinformation dargestellt wird, lassen sich demnach folgende *Repräsentationsformen* unterscheiden:

- Zeitinformationen, die den neuronalen Modellen als externe Eingangsgrößen zur Verfügung stehen, werden als *explizite* Zeitinformationen bezeichnet.
- Zeitinformationen, die intern in den neuronalen Modellen repräsentiert werden, werden als *implizite* Zeitinformationen bezeichnet.

Durch die simultane Verwendung von expliziter und impliziter Zeitinformation ist es möglich, gleichzeitig Information mit sehr unterschiedlich langen Bezugszeiträumen auf sehr effiziente Weise zu berücksichtigen. So können beispielsweise bei einer Zeitreihenvorhersage sowohl kurzfristige Trends im Bereich von einigen Sekunden als auch längerfristige Trends im Bereich einiger Minuten oder Stunden effizient erfasst und zur Prognose genutzt werden.

Parameterwahl und Strukturoptimierung

Während Rekursion bedeutet, dass Neuronen unter anderem Informationen über *eigene*, vergangene Aktivierungszustände erhalten, so stehen bei der Verwendung eines Speichermechanismus in nicht-rekurrenten Netzen einem Neuron nur Informationen über vergangene Aktivierungszustände *anderer* Neuronen (Vorgängerneuronen) zur Verfügung. Im ersten Fall hängt die aktuelle Ausgabe eines Netzes von allen früheren Eingaben ab, im zweiten Fall nur von Eingaben in einem endlichen Zeitfenster (entsprechend der Länge des rezeptiven Fensters des Netzes). Je nachdem, welcher *Bezugszeitraum* zugrundegelegt ist, lassen sich also Zeitinformationen folgendermaßen einteilen:

- Zeitinformationen, die auf das gesamte Zeitintervall von Beginn einer Zeitreihe bis zu einem aktuellen Zeitpunkt bezogen sind, werden als *globale* Zeitinformationen bezeichnet.

- Zeitinformationen, die auf ein bestimmtes Zeitfenster fester Länge (im Allgemeinen unmittelbar vor dem aktuellen Zeitpunkt) bezogen sind, werden als *lokale* Zeitinformationen bezeichnet.

Von den vier oben genannten Merkmalen sind die beiden ersten Träger lokaler Zeitinformation, die beiden letzten enthalten globale Zeitinformation. DYNN und NARX verwenden globale Zeitinformationen, TDNN und MLP-sw nutzen lokale Zeitinformationen.

Es ist abhängig von einer konkreten Aufgabenstellung, ob bei einer Anwendung, bei der ein dynamisches Netzparadigma benötigt wird, TDNN oder NARX-Netze (bzw. DYNN) zum Einsatz kommen sollten. In beiden Fällen sind die maximalen Verzögerungswerte zwischen je zwei aufeinanderfolgenden Neuronenschichten zusätzliche Strukturparameter, für die optimale Werte gefunden werden müssen.

Häufig werden zunächst große maximale Verzögerungen gewählt. Mit Hilfe geeigneter destruktiver Verfahren wird dann versucht, nicht benötigte verzögerte Aktivierungen mit ihren Gewichten zu streichen (Pruning). Die in einer FIR-Synapse jeweils berücksichtigten Zeitfenster sind anschließend in vielen Fällen nicht mehr zusammenhängend. Speziell für NARX-Netze wurde beispielsweise der Algorithmus *DDA* (*delay damage algorithm*) entwickelt, der sich in ähnlicher Form für DYNN anwenden lässt (siehe z.B. [GLHK98, LGHK97]).

Es gibt auch Verfahren zur Strukturevolution mit Evolutionären Algorithmen für dynamische Netzparadigmen (siehe beispielsweise [ASP94, HM94, MW94] für rekurrente Netzparadigmen oder [MW94] für Netzparadigmen mit gleitendem Eingangsfenster). Ein für TDNN geeignetes Verfahren zur Strukturoptimierung und Merkmalsselektion wird in [Sic00, Wei98] beschrieben.

Aufgrund der bei DYNN im Vergleich zu MLP üblicherweise deutlich höheren Zahl trainierbarer Gewichte wird die Lernrate bei Temporal Backpropagation Though Time häufig deutlich kleiner als bei Backpropagation für MLP gewählt. Entsprechende Aussagen gelten analog für RPROP, Quickprop und andere Algorithmen.

Anwendung von DYNN mit dem Lernziel einer Generalisierung

Wegen der jeweils individuell gewichteten verzögerten Aktivierungen in FIR-Synapsen enthält ein DYNN im Allgemeinen deutlich mehr Gewichte als ein entsprechendes MLP mit gleicher Neuronenzahl. Durch diese zusätzlichen Freiheitsgrade ist die Gefahr einer Überanpassung deutlich höher als bei MLP. Daher kommt den in Abschnitt 8.1.3 beschriebenen Verfahren zur Vermeidung einer Überanpassung eine besondere Bedeutung zu. [Sic00] stellt aufgrund empirischer Beobachtungen sogar fest, dass die Gefahr einer Überanpassung bei einem TDNN sogar höher ist als bei einem MLP mit gleicher Gewichtszahl. Als Begründung wird die durch die Verzögerung von Aktivierungen zusätzlich vorhandene zeitliche Information genannt, an die sich ein TDNN beim Lernen überanpassen kann. Diese Aussage kann sicherlich analog auf DYNN übertragen werden.

Bewertungskriterien für trainierte Netze

Auch für DYNN können die in Abschnitt 8.1.3 angegebenen Kriterien verwendet werden. Allerdings ist die Berechnung der Streuung (oder empirischen Standardabweichung) der Fehler bei einem Test bei DYNN im Allgemeinen wenig geeignet, da die einzelnen Muster einer Mustersequenz nicht voneinander unabhängig sind. Dadurch ist der Fehler eines DYNN beim Trainieren oder Testen eher systematisch. D.h., es können ähnliche Fehler für Muster beobachtet werden, die zeitlich benachbart sind.

8.2.4 Anwendungen von DYNN

Modul für DYNN-Anwendungen in *ICONNECT*

In Abschnitt 8.1.4 wurde bereits erwähnt, dass sich das Modul DYNN nicht nur zur Realisierung von MLP einsetzen lässt. Durch geeignete Parametrisierung können außer DYNN und MLP auch MLP-sw, TDNN und NARX verwendet werden. Dazu sind im Parameterdialog des Moduls (siehe Bild 8.17) lediglich die Filterordnungen (*Delays* bzw. *Narx-Delay*) verschiedener Schichten auf geeignete Werte zu setzen. Für NARX ist dazu zunächst die Option *Narx* im Feld **Netzarchitektur** zu aktivieren, um Rückkopplungen einzuführen. Die Lernalgorithmen entsprechen dann den im Abschnitt 8.2.2 beschriebenen Versionen. Mit dem Eingang `Initialize Delay Buffers` wird festgelegt, wann die internen Speicher in FIR-Filtern initialisiert werden.

Möchte man ein DYNN einsetzen, um zukünftige Werte einer Zeitreihe vorherzusagen, so ist die Option *Zeitreihenvorhersage* im Modul **FeedNN** zu aktivieren. Sie bewirkt, dass eine eventuelle Eingabe am Port `Desired Output` ignoriert wird. Stattdessen wird angenommen, dass das Netz bei Eingabe eines Musters $\mathbf{x}(k)$ auf eine Ausgabe $\mathbf{x}(k+1)$ trainiert werden soll. Die entsprechende Sollausgabe für das Netz wird automatisch erzeugt. Hat die Matrix am Port `Net Input` die Höhe N, so haben die Matrizen an den Ausgabeports `Net Input` und `Desired Output` die Höhe $N-1$. Dies muss z.B. bei den Einstellungen für abwechselndes Trainieren und Verifizieren berücksichtigt werden.

Weitere Informationen zu den Modulen sind in der Online-Hilfe zu finden.

Laser – Beispiel für eine autoprojektive Zeitreihenvorhersage

Unter dem Begriff *Zeitreihenvorhersage* wird häufig die Vorhersage künftiger Werte einer Zeitreihe auf der Basis von vergangenen Werten derselben Zeitreihe verstanden. In diesem Fall spricht man von einem *autoprojektiven* Verfahren, d.h., zum Zeitpunkt k werden auf der Basis einer vorliegenden Zeitreihe $x(0), x(1), \ldots x(k)$ zukünftige Werte $x(k+1), x(k+2), \ldots$ prognostiziert. Für diese Aufgabe der Zeitreihenvorhersage wird ein dynamisches Netz mit je einem Eingabe- und Ausgabeneuron benötigt (siehe Bild 8.36). Die Ausgabe des Netzes $y_1(k)$ soll ein Schätzwert des Eingabesignals an einem zukünftigen (üblicherweise dem folgenden) Zeitpunkt sein, also z.B. von $x_1(k+1)$. Das Netz wird also mit einer festen Lernaufgabe trainiert, bei der die Eingabesequenz der gewünschten Ausgabesequenz entspricht, beide aber um entsprechend viele Zeiteinheiten gegeneinander verschoben sind (hier also $t_1(k) = x_1(k+1)$).

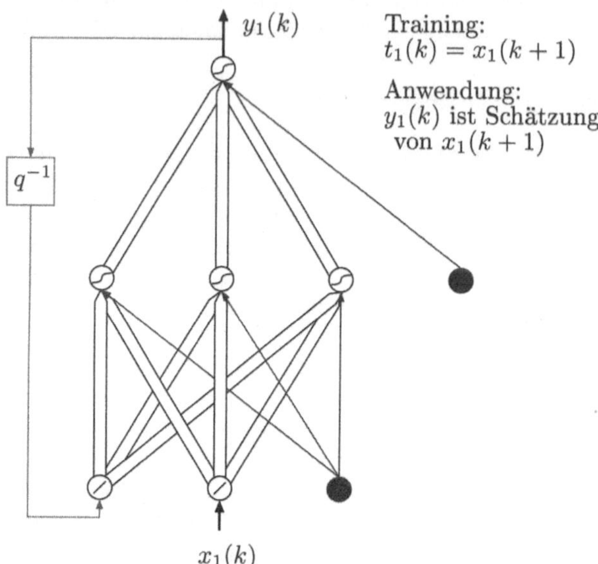

Bild 8.36   Verwendung eines DYNN zur Zeitreihenvorhersage

Bei der hier betrachteten Aufgabenstellung geht es um die Vorhersage der Intensität eines pulsierenden Laserstrahls für den jeweils nächsten Zeitpunkt. Die verwendeten Messdaten entstammen dem Wettbewerb *Santa Fe Competition*. Es handelt sich um reale Daten, die in einem Labor gemessen wurden [WG93].

Bild 8.37 zeigt die Laserintensität für die Muster 1 – 1 000. Von diesen Mustern werden die Muster 1 – 900 zum Training eines Netzes, die restlichen zum Testen verwendet. Als Netz kommt ein TDNN mit der Struktur $1 \xrightarrow{23} 5 \xrightarrow{5} 5 \xrightarrow{5} 1$ zum Einsatz. Mit dieser Netzarchitektur muss ab dem Muster mit der Nummer 901 die Schätzung zukünftiger Werte teilweise oder ganz auf der Basis bereits geschätzter Werte erfolgen. Fehler können sich hierdurch „aufschaukeln".

Bild 8.38 zeigt den Benutzerdialog zum Beispiel Laser. Außer Trainings- und Testfehlern (Validierungsfehler) in numerischer und graphischer Form werden auch die gewünschte und die tatsächliche Ausgabe des Netzes gezeigt (Trainings- und Testmuster zusammen).

Bild 8.39 zeigt den Signalgraphen zum Beispiel Laser. Das TDNN trainiert und testet abwechselnd; die Option *Zeitreihenvorhersage* im Modul **FeedNN2** ist ausgewählt. Mit RPROP und der angegebenen Netzstruktur lassen sich für dieses Beispiel die besten Ergebnisse erzielen. Eine Modifikation der voreingestellten Werte kann sehr schnell zu einer deutlichen Verschlechterung der Ergebnisse führen. Mit den voreingestellten Werten kann man bei sehr langer Trainingsdauer eine leichte Überanpassung des Netzes an die Trainingsdaten beobachten.

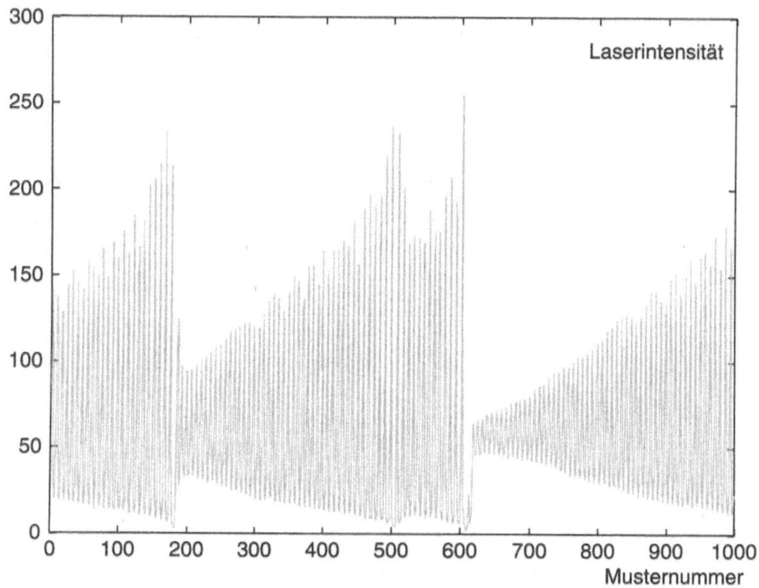

Bild 8.37 Intensität eines Laserlichts

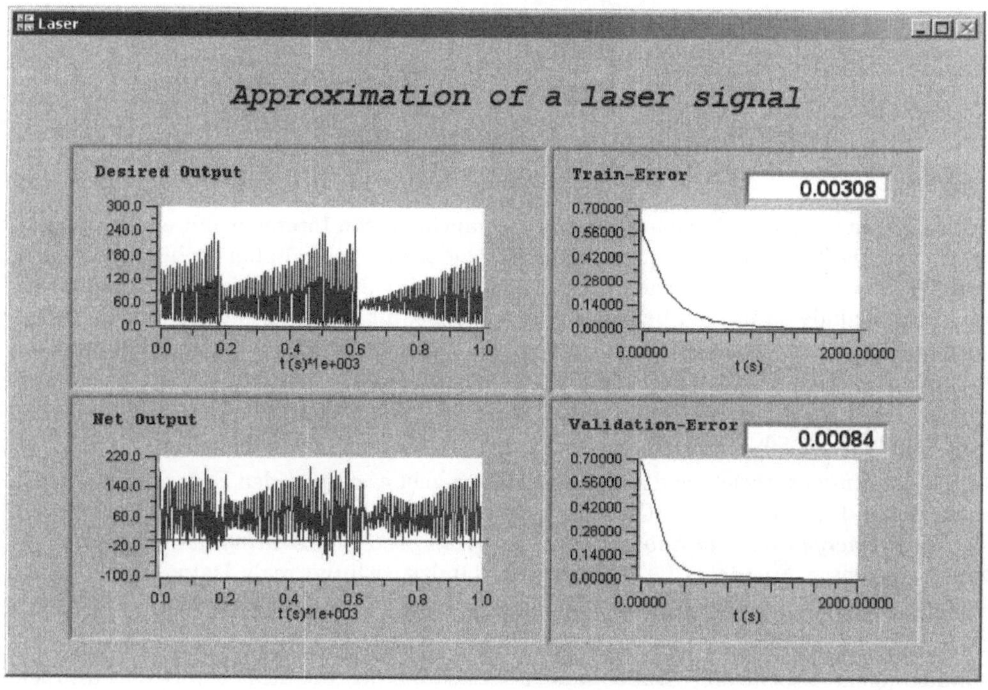

Bild 8.38 Benutzerdialog zum Beispiel Laser

Building – Beispiel für eine Abbildung von Zeitreihen auf andere Zeitreihen

Unter dem Begriff *Zeitreihenvorhersage* wird manchmal auch die Abbildung von Zeitreihen auf andere Zeitreihen verstanden, wobei allerdings nicht notwendigerweise zukünftige

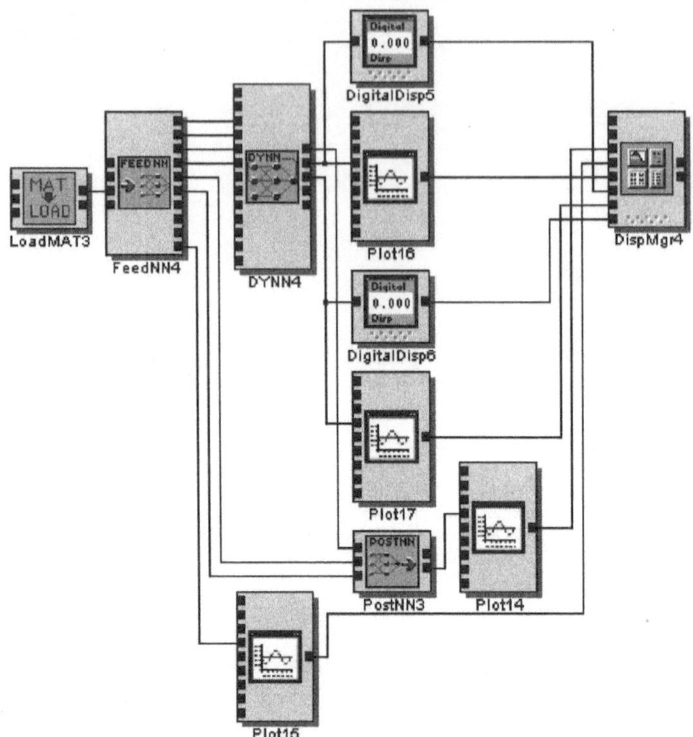

Bild 8.39 Signalgraph zum Beispiel Laser

Werte geschätzt werden. Beispielsweise ist es manchmal von Interesse, mit einem dynamischen Netz Werte einer Zeitreihe zu schätzen, die zwar „unter Laborbedingungen" (z.B. auch zur Gewinnung einer Lernaufgabe), nicht aber im „Normalbetrieb" beobachtet werden kann. Gründe dafür sind beispielsweise spezielle, für Messungen erforderliche Umgebungsbedingungen oder auch hohe Kosten. Bei einer derartigen Aufgabenstellung kann ebenfalls ein DYNN mit einer festen Lernaufgabe trainiert werden, bei der Eingabesequenzen und Ausgabesequenz(en), falls erforderlich, um entsprechend viele Zeiteinheiten gegeneinander verschoben sind.

Bei der hier kurz beschriebenen Aufgabenstellung geht es darum, den Energieverbrauch in einem Gebäude zu bestimmen. Die verwendeten Messdaten entstammen dem Wettbewerb *The Great Energy Predictor Shootout* der *American Society of Heating, Refrigerating, and Air-Conditioning Engineers* (*ASHRAE*). Es handelt sich um reale Daten, die in einem Gebäude der Texas A&M University gemessen wurden (siehe auch [Pre94]).

Geschätzt werden sollten drei Parameter, die den Energieverbrauch des Gebäudes bestimmen (siehe Tabelle 8.4). Dabei handelt es sich um den tatsächlichen Bedarf an Elektrizität, Kühlwasser und Heizwasser. Für diese Schätzung stehen verschiedene Eingangsinformationen zur Verfügung: Temperatur, Luftfeuchtigkeit, Sonnenintensität, Windgeschwindigkeit und ein Zeitstempel. Aufgrund einer speziellen Kodierung der Merkmale (Details siehe [Pre94]) erhält man insgesamt 14 Eingabegrößen und 3 Ausgabegrößen. Hier soll von den drei ursprünglich zu schätzenden Ausgabegrößen nur der Stromver-

Eingangsdaten		Ausgangsdaten	
Nr.	**Beschreibung**	**Nr.**	**Beschreibung**
1	Temperatur	1	Stromverbrauch
2	Luftfeuchtigkeit	2	Verbrauch an Kühlwasser
3	Sonnenintensität	3	Verbrauch an Heizwasser
4	Windgeschwindigkeit		
5	Zeitstempel (Jahr/Monat/Tag/Stunde)		

Tabelle 8.4 Messdaten bei der Bestimmung des Energieverbrauchs

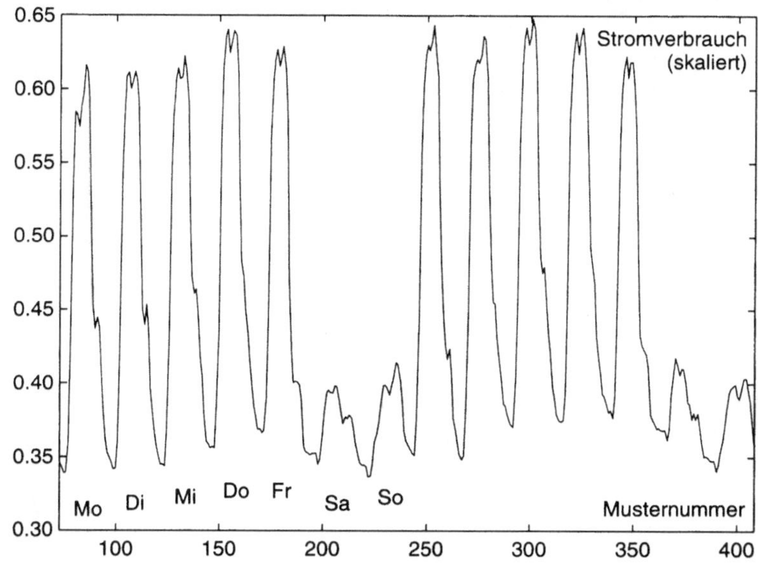

Bild 8.40 Stromverbrauch in einem Gebäude – Zeitraum von zwei Wochen

brauch betrachtet werden.

Zwischen September 1989 und Februar 1990 wurden durch stündliche Messungen insgesamt 4 208 Muster ermittelt. Bild 8.40 zeigt den Stromverbrauch (hier bereits skaliert) für den Zeitraum von zwei Wochen (Muster 73 – 408). Eine mehr oder weniger gleichmäßige Schwankung abhängig von der Uhrzeit ist ebenso erkennbar wie der geringere Verbrauch an den Wochenenden. Bild 8.41 zeigt den Stromverbrauch (ebenfalls skaliert) für den Zeitraum September 1989 bis Anfang Januar 1990 (Muster 1 – 3 156, d.h. alle Trainingsmuster). Deutlich erkennbar sind außer den täglichen und wöchentlichen Schwankungen ein geringer Stromverbrauch in den *Thanksgiving*-Ferien (23. Nov. – 26. Nov.) und den Weihnachtsferien (21. Dez. – 1. Jan.). Auch die Tage kurz vor und nach Ferien weisen einen geringeren Stromverbrauch auf. Ein leichter Anstieg des Stromverbrauchs zwischen Herbst und Winter ist ebenfalls feststellbar. Die Schätzung des Stromverbrauchs für den anschließenden Zeitraum bis Februar 1990 (Muster 3 157 – 4 208, hier nicht gezeigt) wird dadurch erschwert, dass ab Januar der mittlere Stromverbrauch sinkt. Grund hierfür ist der Umzug zweier Institute (mit Rechnerpool) in ein anderes Gebäude. Diese systematische Störung ist auf der Basis der Trainingsdaten nicht vorhersagbar. Ebenso ist die Schätzung an einem weiteren Feiertag, dem so genannten *Presidents Day* (20. Feb.), ungenau.

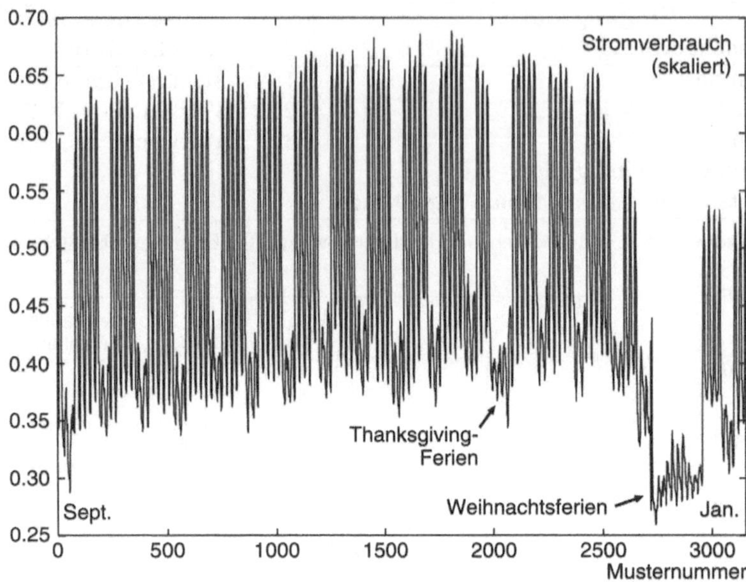

Bild 8.41   Stromverbrauch in einem Gebäude - gesamter Beobachtungszeitraum

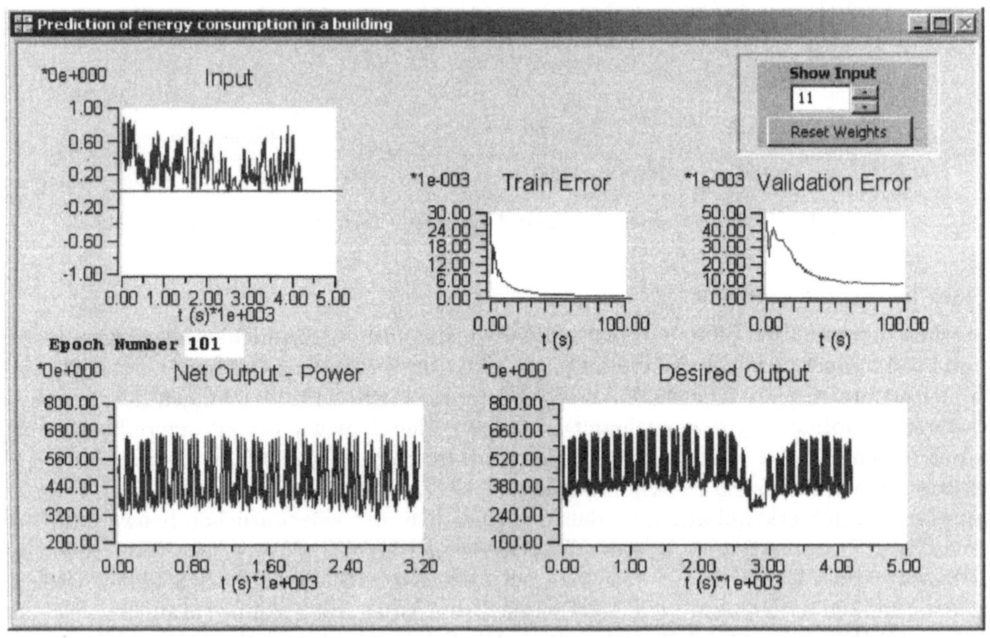

Bild 8.42   Benutzerdialog zum Beispiel Building

Bild 8.42 zeigt den Benutzerdialog zum Beispiel Building; der entsprechende Signalgraph ist in Bild 8.43 zu sehen. Im Dialog können die Gewichte des Netzes (hier ein TDNN mit $14 \xrightarrow{10} 10 \xrightarrow{10} 3$) zur Laufzeit neu initialisiert werden. Bei einer Erweiterung des

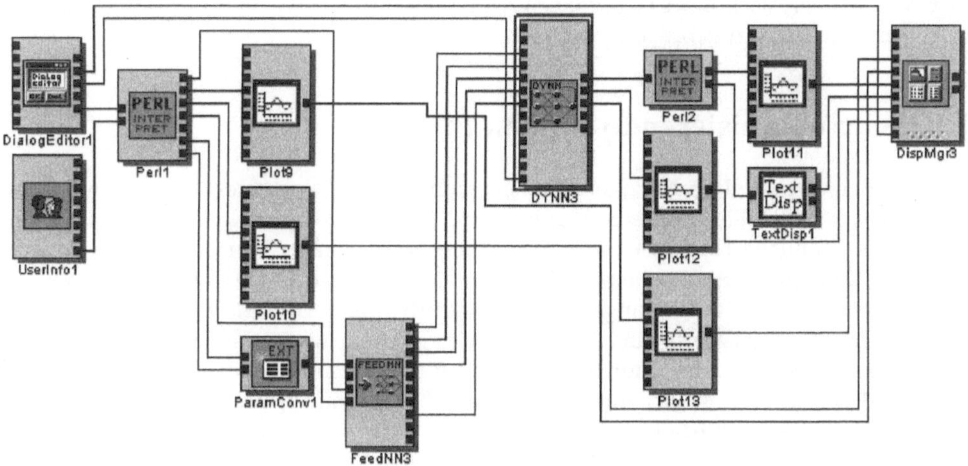

Bild 8.43 Signalgraph zum Beispiel Building

TDNN auf ein DYNN durch Einführung rückgekoppelter Verbindungen kann häufig eine Verbesserung der Ergebnisse beobachtet werden.

8.2.5 Abschließende Bemerkungen zu DYNN

In diesem Abschnitt wurde eine Klasse von Netzparadigmen vorgestellt, bei denen ein üblicherweise mehrdimensionaler Eingaberaum durch eine nichtlineare Funktion auf einen ein- oder mehrdimensionalen Ausgaberaum abgebildet wird. Das Systemverhalten ist dynamisch, d.h., die aktuelle Ausgabe dieser Netze hängt von aktuellen und von früheren Eingaben ab. Verwendet ein dynamisches Netz nur Verzögerungselemente (Speicherelemente) in Vorwärtsrichtung, so ist die Länge des rezeptiven Fensters des Netzes endlich. Werden Rückkopplungen verwendet, so kann sich ein Eingabemuster auch auf alle zukünftigen Ausgabemuster auswirken. Im ersten Fall spricht man auch von einem System mit endlicher Impulsantwort, im zweiten Fall von einem System mit unendlicher Impulsantwort.

In diesem Abschnitt wurden Hinweise zum Einsatz von DYNN in verschiedenen Klassen von Anwendungen gegeben. Abschließend soll an dieser Stelle nochmals auf die Problematik der Verwendung von lokaler bzw. globaler zeitlicher Information eingegangen werden.

Prinzipiell hängt es von einer konkreten Aufgabenstellung ab, ob lokale oder globale zeitliche Information benötigt wird. Wie bereits erwähnt wurde, kann es bei rein rekurrenten Netzen zu Stabilitätsproblemen kommen. Daher wurden hier Netze mit zusätzlichen FIR-Synapsen in Vorwärtsrichtung definiert, welche zur Rauschunterdrückung geeignet sind [Hay94].

In vielen technischen Anwendungen sind allerdings die Eingabegrößen eines Netzes (und eventuell auch die zum Training mit einer festen Lernaufgabe verwendeten Ausgabegrößen) so gestört (verrauscht), dass der Einfluss weit zurückliegender Muster auf eine aktuelle Netzausgabe kaum mehr erkennbar ist. Daher führt häufig der Einsatz eines dynamischen, aber nicht-rekurrenten Paradigmas (lokale Zeitinformation) auch dann zum

Erfolg, wenn theoretisch der Einsatz eines rekurrenten (oder hybriden) Paradigmas (globale Zeitinformation) angebracht erscheint.

8.3 Selbstorganisierende Karten (SOM)

Bei den bisher vorgestellten Netzparadigmen spielte die Position eines Neurons innerhalb einer Schicht keine Rolle. In diesem Kapitel wird nun ein Netzparadigma vorgestellt, bei dem einander ähnliche Eingaben zur Aktivierung benachbarter Neuronen in der Ausgabeschicht führen. Signalähnlichkeit wird in Lagenachbarschaft umgesetzt, d.h., es werden *topographische Karten* der Eingangssignale erstellt [RMS91]. Biologische Vorbilder finden sich auch hier: Beispielsweise sind in der Hirnrinde benachbarte Felder (z.B. im sensomotorischen Kortex oder im auditiven Kortex) für ähnliche Aufgaben zuständig. D.h., visuelle und sensorische Wahrnehmung läuft im Gehirn mit Hilfe topologieerhaltender Repräsentationen ab [NKK96].

Das Netzparadigma mit der Bezeichnung *Selbstorganisierende Karte* (*self-organizing map, SOM*) wurde von KOHONEN 1982 beschrieben. In diesem Netzparadigma wird ein im Allgemeinen hochdimensionaler Eingaberaum topologieerhaltend auf einen im Allgemeinen niedrigdimensionalen Ausgaberaum (genannt *Karte*) abgebildet. Bei dieser Abstraktionsleistung werden unwesentliche Einzelheiten unterdrückt und die wichtigsten Eigenschaften des Eingaberaums werden entlang der Dimensionen der Karte abgebildet. Umgekehrt gibt der Ort einer Aktivierungszone in der Karte Aufschluss über den Anteil wichtiger Merkmale im angelegten Eingabemuster [RMS91]. Die Karte wird als *selbstorganisierend* bezeichnet, da sie mit Hilfe einer *freien Lernaufgabe* erstellt wird (im Gegensatz zu festen Lernaufgaben, wie sie z.B. für MLP verwendet werden).

Zum besseren Verständnis des Begriffs „Topologieerhaltung" wird das folgende Beispiel betrachtet.

Beispiel 8.11
Bild 8.44 zeigt auf der linken Seite drei Cluster in einem zweidimensionalen Raum. Eine geeignete Repräsentation der Cluster durch drei *Prototypen* kann erfolgen, wie auf der rechten Seite dargestellt. Das Finden dieser Prototypen ist ein nicht-triviales Optimierungsproblem. Um brauchbare Prototypen (nicht notwendigerweise die „besten") zu erhalten, kann man wie folgt vorgehen: Man startet mit drei zufällig gewählten Prototypen. Dann wird irgendein Muster eines Clusters gewählt und es wird der nächste (ähnlichste) Prototyp bezüglich eines Euklidischen Abstandsmaßes bestimmt („Sieger"). Dieser Sieger wird dem Muster „ähnlicher gemacht". D.h., der Prototyp wird auf der Geraden, die Sieger und Muster verbindet, um einen gewissen Wert (z.B. halber Abstand) auf das Muster hin verschoben. Dann wählt man ein neues Muster, bestimmt wieder einen Sieger usw. Nachdem alle Muster einmal gewählt waren, beginnt man von vorne. Um das Verfahren zur Konvergenz zu zwingen, senkt man den Anteil des Abstands, um den der Sieger verschoben wird, allmählich auf Null.

Nun können die Prototypen auch in einem Zusammenhang (Nachbarschaft) stehen. Im Beispiel sind die drei Prototypen entsprechend ihrer Nummer linear angeordnet (1 – 2 – 3). Wendet man das oben beschriebene Verfahren an, so kann abhängig von zufällig gewählten Initialisierungen der Prototypen eine topologieerhaltende Repräsentation entstehen (Bild 8.45, linke Seite) oder nicht (Bild 8.45, rechte Seite). Topologieerhaltung bedeutet hier nicht nur, dass Muster desselben Clusters durch denselben Prototypen repräsentiert werden, sondern auch, dass Muster benachbarter Cluster durch benachbarte Prototypen repräsentiert werden.

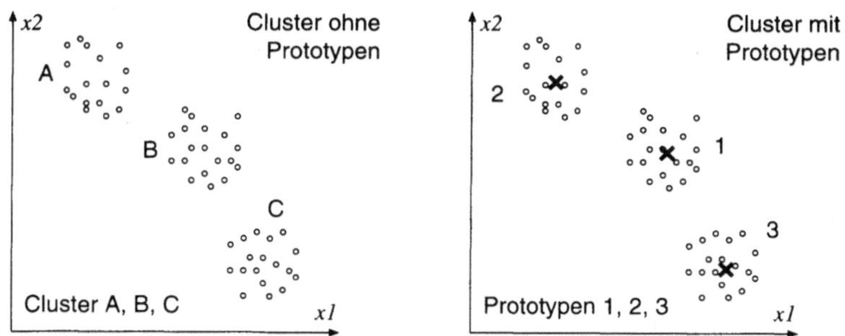

Bild 8.44 Beispiel für die Beschreibung von Clustern durch Prototypen

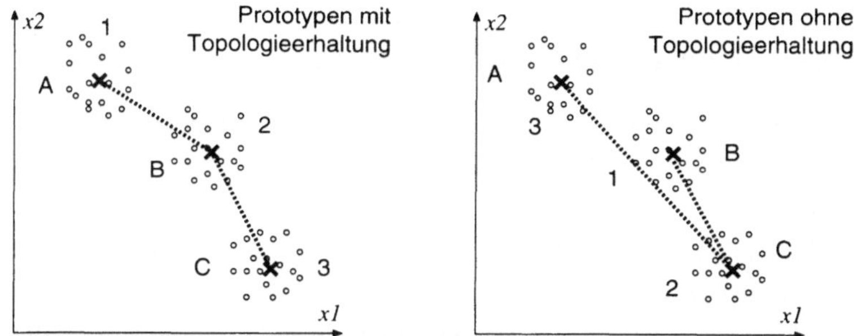

Bild 8.45 Beispiel für eine Repräsentation mit bzw. ohne Topologieerhaltung

Im Beispiel wäre außer der gezeigten Zuordnung (A-1, B-2, C-3) auch die Zuordnung (A-3, B-2, C-1) von Clustern zu Prototypen topologieerhaltend. Um mit dem oben beschriebenen Verfahren relativ sicher eine Topologieerhaltung zu bekommen, muss es leicht modifiziert werden: Nach Bestimmung des Siegers wird nicht nur dieser dem Muster ähnlicher gemacht, sondern auch seine Nachbarn bzgl. der Anordnung der Prototypen, diese allerdings weniger stark. Ist hier also beispielsweise 1 der Sieger und wird um 50% der Strecke zum Muster hin verschoben, so wird beispielsweise auch 2 verschoben, aber nur um 25%. Prototyp 3 wird beispielsweise nicht mehr adaptiert; er „liegt nicht in der Nachbarschaft des Siegers". Um das Verfahren zur Konvergenz zu zwingen, muss auch die Nachbarschaftsgröße im Verlauf des Verfahrens auf Null gesenkt werden. Bei geeignet gewählten Parametern führt diese Vorgehensweise dann zur gewünschten topologieerhaltenden Repräsentation.

In einer SOM, die nur zwei Neuronenschichten hat, sind die Prototypen in den Gewichten der Verbindungen zwischen den beiden Schichten gespeichert. Die Ähnlichkeit zwischen angelegtem Eingabemuster und allen Prototypen wird dann in den Neuronen der zweiten Schicht festgestellt.

Einige typische Klassen von Anwendungen Selbstorganisierender Karten sind:

- eine Dimensionsreduktion bei komplexen Daten (z.B. in einem Vorverarbeitungsschritt) [NKK96, Koh01],

- das Auffinden und Visualisieren von Ähnlichkeitsbeziehungen in einem hochdimensionalen Eingaberaum [Koh01, Zel94],

- die Erkennung von Clustern in Eingabedaten und die Zuordnung neuer, unbekannter Eingabedaten zu einem der erkannten Cluster [Koh01],

- die Funktionsmodellierung (z.B. mit Anwendungen in der Robotik) [RMS91, Roj96] oder

- die Erklärung der Organisationsweise verschiedener Gehirnstrukturen mit Hilfe eines theoretischen Modells [Koh01].

Grundlegende Einführungen zu SOM sind in [NKK96, Roj96, Zel94] zu finden, detailliertere Darstellungen in [RMS91, Koh01].

In diesem Abschnitt wird nach einer Beschreibung der Architektur Selbstorganisierender Karten ein geeigneter Algorithmus zum Training vorgestellt und untersucht. Anschließend werden einige Hinweise zur Anwendung von SOM gegeben. Dann wird genauer auf einige in ICONNECT realisierte Anwendungen von SOM eingegangen. Abschließend werden zwei mögliche Erweiterungen von SOM vorgestellt.

8.3.1 Beschreibung der Architektur von SOM

In diesem Abschnitt wird zunächst die Architektur Selbstorganisierender Karten formal definiert. Anschließend folgt eine detaillierte Erläuterung dieser Definition.

Definition 8.12 (*Selbstorganisierende Karte*)
Eine *Selbstorganisierende Karte* (*self-organizing map, SOM*) oder *Kohonen-Karte* (*Kohonen feature map, KFM*) der Dimension D ($D \in \{1,2,3\}$) ist definiert durch:

(1) Neuronen des Netzes werden in zwei Schichten $\mathcal{U}_I$ und $\mathcal{U}_O$ angeordnet, die als *Eingabeschicht* und *Ausgabeschicht* oder *Wettbewerbsschicht* (manchmal auch nur *Karte*) bezeichnet werden. Die entsprechenden Neuronen heißen *Eingabeneuronen* und *Ausgabeneuronen* oder *Wettbewerbsneuronen* bzw. *Kartenneuronen*.

(2) Jedem Neuron der Wettbewerbsschicht wird ein D-dimensionaler *Koordinatenvektor* $\mathbf{h}_j \in \mathbb{R}^D$ zugeordnet, der die Position des Neurons j in diesem D-dimensionalen Raum beschreibt.

(3) Jedem Paar von Neuronen wird ein Wert $w_{(i,j)}^{(O)} \in \mathbb{R}$ (für $i \in \mathcal{U}_I$ und $j \in \mathcal{U}_O$) zugeteilt. Dieser Wert heißt *Gewicht* der *Verbindung* zwischen Neuron i und Neuron j. Durch die Neuronen und ihre Verbindungen wird die *Netzstruktur* festgelegt. Mit jedem Wettbewerbsneuron kann eindeutig ein Vektor $\mathbf{w}_j^{(O)} \stackrel{def}{=} \left(w_{(1,j)}^{(O)}, w_{(2,j)}^{(O)}, \ldots, w_{(|\mathcal{U}_I|,j)}^{(O)} \right)$ identifiziert werden, der als *Gewichtsvektor* bezeichnet wird.

(4) Jedes Neuron der Eingabeschicht leitet seine Eingabe (die *externe Eingabe* des Netzes) unverändert an alle Nachfolgeneuronen weiter. D.h., die *Aktivierung* eines Eingabeneurons $i \in \mathcal{U}_I$ ist

$$a_i^{(I)}(k) \stackrel{def}{=} x_i(k)$$

für einen externen Eingabevektor des Netzes $\mathbf{x}(k) \stackrel{def}{=} \left(x_1(k), x_2(k), \ldots, x_{|\mathcal{U}_I|}(k) \right)$. $\mathbf{x}(k)$ heißt auch *Eingabemuster*; $k \in \mathbb{N}$ ist eine Zählvariable, die die Nummer des aktuell vom Netz verarbeiteten Eingabemusters angibt.

(5) Die Aktivierung $a_j^{(O)}(k)$ eines Wettbewerbsneurons ist üblicherweise gleich seiner Netzeingabe:

$$a_j^{(O)}(k) \stackrel{def}{=} s_j^{(O)}(k).$$

Die *Netzeingabe* der Wettbewerbsneuronen wird dabei wie folgt berechnet:

$$s_j^{(O)}(k) \stackrel{def}{=} \sqrt{\sum_{i \in \mathcal{U}_I} \left(a_i^{(I)}(k) - w_{(i,j)}^{(O)}\right)^2}.$$

Mit der Notation $\|\cdot\|$ für den *Betrag* (*Norm*) eines Vektors definiert durch $\|x\| \stackrel{def}{=} \sqrt{\langle x|x \rangle}$ und $\mathbf{a}^{(I)}(k) \stackrel{def}{=} \left(a_1^{(I)}(k), a_2^{(I)}(k), \ldots, a_{|\mathcal{U}_I|}^{(I)}(k)\right)$ gilt

$$s_j^{(O)}(k) = \left\| \mathbf{a}^{(I)}(k) - \mathbf{w}_j^{(O)} \right\|.$$

$\langle \cdot | \cdot \rangle$ ist das Standardskalarprodukt für reellwertige Vektoren.

Der *externe Ausgabevektor* des Netzes $\mathbf{y}(k) \stackrel{def}{=} \left(y_1(k), y_2(k), \ldots, y_{|\mathcal{U}_O|}(k)\right)$ heißt auch *Ausgabemuster*. Er ist durch die Aktivierungen der Ausgabeneuronen definiert:

$$y_j(k) \stackrel{def}{=} a_j^{(O)}(k).$$

Beim Training und häufig auch bei der Anwendung einer Selbstorganisierenden Karte spielt das *Siegerneuron* für ein bestimmtes Eingabemuster eine ebenfalls wichtige Rolle.

Definition 8.13 (*Siegerneuron*)
Sei eine Selbstorganisierende Karte wie in Definition 8.12 gegeben. Dann heißt das Neuron $j \in \mathcal{U}_O$ der Wettbewerbsschicht für das gilt

$$s_j^{(O)}(k) = \min_{l \in \mathcal{U}_O} \{s_l^{(O)}(k)\}$$

Siegerneuron für das Eingabemuster k. Gibt es mehrere Wettbewerbsneuronen mit dieser Eigenschaft, so wird eines zufällig als Sieger ausgewählt.

Neuronen:

Eingabeneuronen leiten die externe Eingabe des Netzes unverändert an die Neuronen der Wettbewerbsschicht weiter. Diese bewerten mit Hilfe einer Propagierungsfunktion die „Ähnlichkeit" zwischen dem Aktivierungsvektor der Eingabeneuronen (ist gleich dem angelegten Eingabemuster des Netzes) und dem ihnen zugeordneten Gewichtsvektor. Ein entsprechender Wert wird dann an die Umgebung des Netzes weitergegeben.

Koordinatenvektor:

Der Koordinatenvektor beschreibt die Position der Neuronen der Ausgabeschicht in einem D-dimensionalen Raum. Die Beschränkung $D \leq 3$ ist nicht prinzipiell notwendig, im Allgemeinen werden jedoch keine höherdimensionalen Karten verwendet. Am häufigsten findet man den Wert $D = 2$.

Die Koordinatenvektoren der Kohonen-Neuronen werden üblicherweise so gewählt, dass man sich die Neuronen auf einem ein-, zwei- oder dreidimensionalen Gitter angeordnet vorstellen kann. Die Gitterart ist in den meisten Fällen quadratisch. Bild 8.46 zeigt ein entsprechendes Beispiel für $D = 2$. Die Größe einer Karte wird dann über die Länge und die Breite des Gitters angegeben. Die Karte muss nicht notwendigerweise eine rechteckige Form besitzen, auch andere Formen wären denkbar [NKK96].

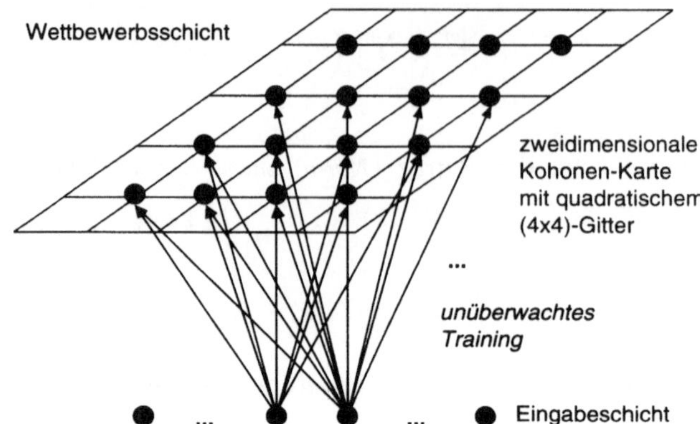

Bild 8.46 Struktur einer zweidimensionalen, rechteckigen SOM mit quadratischem Gitter

Netzstruktur:

Die Netzstruktur beschreibt die Kommunikationsverbindungen zwischen den Neuronen der Eingabeschicht und den Neuronen der Wettbewerbsschicht (siehe Bild 8.46). Die beiden Schichten sind üblicherweise vollständig miteinander verbunden, d.h., zwischen jedem Paar von Neuronen (eines aus der Eingabeschicht, eines aus der Wettbewerbs- schicht) existiert eine gewichtete Verbindung.

Die Gewichtsvektoren der Neuronen der Wettbewerbsschicht werden manchmal auch als *Referenzvektoren* oder *Codebookvektoren* bezeichnet [Zel94]. [Koh01] nennt einen Ge- wichtsvektor auch *Modell.*

Propagierung:

Die Netzeingabefunktion der Eingabeschicht (in der Definition nicht explizit angegeben) ist bei einer SOM wie bei vielen anderen Netzparadigmen (z.B. MLP oder DYNN) die Identität. Bei den Neuronen der Wettbewerbsschicht wird sie jedoch anders berechnet, nämlich durch den Euklidischen Abstand zwischen dem Gewichtsvektor des betrachteten Ausgabeneurons und der Aktivierung der Eingabeneuronen, d.h. dem aktuellen Eingabe- muster des Netzes. Dadurch wird die *Ähnlichkeit* zwischen dem Gewichtsvektor und dem Eingabemuster festgestellt. Siegerneuron ist das Neuron mit der größten Ähnlichkeit, d.h. das Neuron mit dem kleinsten Wert der Netzeingabe.

Externe Eingabe und externe Ausgabe:

Die externe Eingabe und die externe Ausgabe stellen die Verbindung des Netzes mit seiner Umgebung her.

Aktivierung:

Manchmal wird die Aktivierung eines Wettbewerbsneurons auch nach dem Prinzip des *Winner-Takes-All* berechnet. Es gilt dann:

$$a_j^{(O)}(k) = \begin{cases} 1 & \text{falls } j \text{ das Siegerneuron für das Muster } k \text{ ist} \\ 0 & \text{sonst} \end{cases} .$$

Siegerneuron:

Interessant ist, dass es immer genau ein Siegerneuron gibt. Haben mehrere Neuronen der Wettbewerbsschicht den gleichen Wert der Netzeingabe, so wird eines davon zufällig als Siegerneuron ausgewählt. In einer konkreten Implementierung einer SOM kann es sich beispielsweise immer um das erste gefundene Neuron mit minimaler Netzeingabe handeln.

8.3.2 Training von SOM

Bei der Definition der Architektur von SOM wird nicht deutlich, warum diese Netze einen Eingaberaum topologieerhaltend auf die Karte abbilden können. Diese Eigenschaft erhält eine Selbstorganisierende Karte erst mit Hilfe eines Lernverfahrens. Hierfür geeignete Verfahren unterscheiden sich grundlegend von den bisher beschriebenen Lernverfahren, bei denen beim Training für jedes Eingabemuster ein gewünschtes Ausgabemuster (Sollausgabe) zur Verfügung steht (überwachte Lernverfahren).

Grundbegriffe des Lernens

In diesem Abschnitt werden die Begriffe *freie Lernaufgabe* und *unüberwachter Lernalgorithmus* definiert. Die Lernziele *Approximation* und *Generalisierung* sind analog zu Definition 8.7 zu sehen.

Definition 8.14 (*Freie Lernaufgabe einer SOM*)
Eine *freie Lernaufgabe* $\mathcal{L}$ einer SOM ist eine Menge von Eingabemustern $\mathcal{L} \stackrel{def}{=} \{\mathbf{x}(k)\}$. Das Netz erfüllt dann eine freie Lernaufgabe, wenn es zu jeder Eingabe eine *tatsächliche Ausgabe* $\mathbf{y}(k)$ so bestimmt, dass im Sinne eines geeigneten Abstandsmaßes ähnliche Eingaben auch ähnliche Ausgaben erzeugen.

Mit welchem Abstandsmaß werden die Eingaben bei einer Selbstorganisierenden Karte bewertet? Das Abstandsmaß ist üblicherweise Euklidisch und durch die Definition der Netzeingabe der Neuronen der Wettbewerbsschicht implizit vorgegeben.

Definition 8.15 (*Unüberwachter Lernalgorithmus*)
Ein *unüberwachter* oder *selbstorganisierender Lernalgorithmus* ist ein Verfahren, das anhand einer freien Lernaufgabe die Gewichte eines Neuronalen Netzes verändert. Erfüllt das Netz diese Lernaufgabe nach Anwendung des Verfahrens, d.h., wird z.B. eine vorher definierte Fehlerschranke unterschritten, so war die Anwendung des Algorithmus *erfolgreich*, sonst *erfolglos*.

Im Gegensatz zu unüberwachten Lernalgorithmen arbeiten *überwachte* Lernalgorithmen mit festen Lernaufgaben. Auch bei unüberwachten Lernalgorithmen kann man weiter zwei prinzipielle Vorgehensweisen unterscheiden. Beim *musterweisen Lernen* (*online*-Lernen) werden die Gewichte des Netzes jeweils nach der Präsentation eines Eingangsmusters aus der Lernaufgabe verändert. Beim *epochenweisen Lernen* (*offline*-Lernen) werden die Gewichte erst nach der Präsentation aller Muster einer Lernaufgabe modifiziert. SOM werden meist musterweise trainiert.

Beschreibung der Topologie der Wettbewerbsschicht beim Training

Zur Beschreibung der Topologie einer Wettbewerbsschicht beim Training werden *Radius-funktionen* basierend auf geeigneten Normen, *Distanzfunktionen* und *Nachbarschaftsfunktionen* basierend auf diesen Radius- und Distanzfunktionen benötigt. Diese beschreiben zusammen die (abnehmende) Größe und die Form einer Nachbarschaft eines Siegerneurons (vgl. Beispiel am Anfang des Abschnitts).

Definition 8.16 (*Radiusfunktion einer SOM*)
Eine *Radiusfunktion* r einer SOM ist eine Funktion $\mathbb{R}^D \to \mathbb{R}^+$ mit $D \in \{1,2,3\}$, die den Abstand eines beliebigen Punktes im $\mathbb{R}^D$ vom Ursprung des Koordinatensystems mit Hilfe einer geeigneten Norm beschreibt.

Für ein Wettbewerbsneuron j mit einem Koordinatenvektor $\mathbf{h}_j = (h_j^{(1)}, \ldots, h_j^{(D)})$ gilt beispielsweise unter Verwendung der *Eins-Norm*:

$$r_{eins,D}(\mathbf{h}_j) \stackrel{def}{=} \sum_{m=1}^{D} \left| h_j^{(m)} \right|.$$

Mit der *Euklidischen Norm* gilt:

$$r_{eukl,D}(\mathbf{h}_j) \stackrel{def}{=} \sqrt{\sum_{m=1}^{D} (h_j^{(m)})^2}.$$

Daneben wird auch noch die *Maximumsnorm* (∞-Norm)

$$r_{max,D}(\mathbf{h}_j) \stackrel{def}{=} \max\left\{ \left| h_j^{(1)} \right|, \ldots, \left| h_j^{(D)} \right| \right\}$$

verwendet. Für eindimensionale Karten sind die drei Radiusfunktionen identisch.

Radiusfunktionen werden verwendet, um den Abstand eines Neurons $j \in \mathcal{U}_O$ vom Siegerneuron $j' \in \mathcal{U}_O$ zu bestimmen. D.h., es wird der Wert einer Radiusfunktion an der Stelle $\mathbf{h}_j - \mathbf{h}_{j'}$ bestimmt. Der Abstand des Siegerneurons von sich selbst ist somit Null.

Als nächstes wird eine Distanzfunktion für die Beschreibung der Größe der so genannten Nachbarschaft des Siegerneurons benötigt.

Definition 8.17 (*Distanzfunktion einer SOM*)
Eine *Distanzfunktion* d einer SOM ist eine monoton fallende Funktion $\mathbb{R}^+ \to \mathbb{R}^+$ mit $\lim_{t \to \infty} d(t) = 0$, die verwendet wird, um die mit fortschreitender Zeit abnehmende Größe der Nachbarschaft von Siegerneuronen zu beschreiben.

Folgende Distanzfunktionen können verwendet werden (siehe z.B. [NKK96]):

- *lineare Distanzfunktion*:

$$d_{lin}(t) \stackrel{def}{=} \begin{cases} c \cdot \left(1 - \frac{t}{t_{end}}\right) & \text{falls } t \leq t_{end} \\ 0 & \text{sonst} \end{cases}$$

mit $t_{end} \in \mathbb{R}^+$ und $c \in \mathbb{R}^+$.

- *exponentielle Distanzfunktion*:

$$d_{exp}(t) \stackrel{def}{=} c_1 \cdot e^{-t \cdot c_2}$$

mit $c_1, c_2 \in \mathbb{R}^+$.

- *Wurzel-Distanzfunktion*:

$$d_{sqrt}(t) \stackrel{def}{=} c_1 \cdot \sqrt{\left(\frac{1}{t}\right)^{c_2}}$$

mit $c_1, c_2 \in \mathbb{R}^+$.

Die Wurzel-Distanzfunktion ist für $t = 0$ nicht definiert, was allerdings in der Praxis kein Problem ist, da Distanzfunktionen üblicherweise nur an Stellen $t \in \mathbb{N}^+$ mit $\mathbb{N}^+ = \{1,2,3,\ldots\}$ ausgewertet werden.

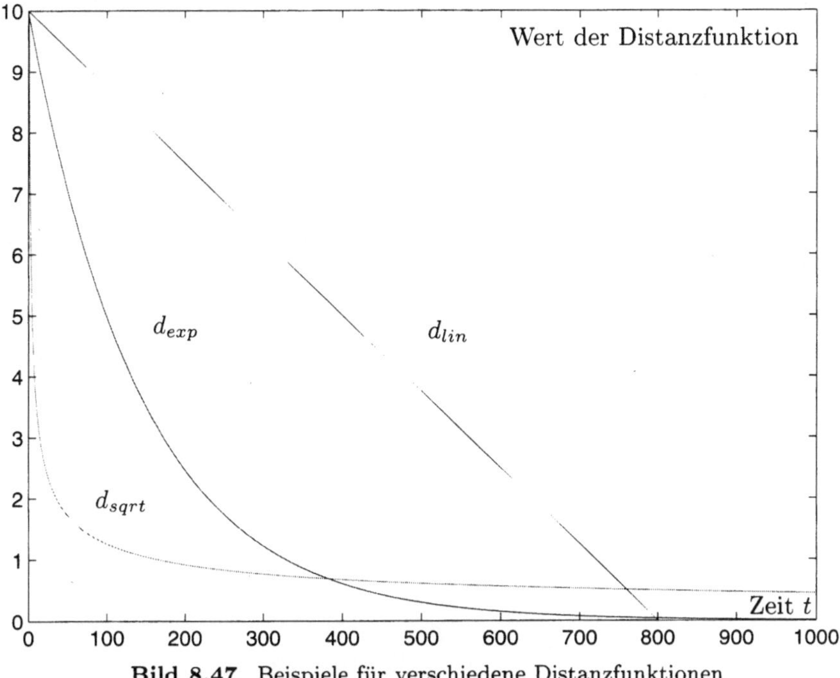

Bild 8.47 Beispiele für verschiedene Distanzfunktionen

Für ein bestimmtes $t \in \mathbb{R}$ wird der Wert $d(t)$ auch als *Distanzparameter* oder *Steifheitsparameter* (*stiffness parameter*) bezeichnet [Zel94]. Bild 8.47 zeigt Beispiele für verschiedene Distanzfunktionen.

Um den *Grad der Nachbarschaft* jedes Neurons der Wettbewerbsschicht bezüglich des Siegerneurons zu bestimmen, wird nun noch eine Nachbarschaftsfunktion benötigt.

Definition 8.18 (*Nachbarschaftsfunktion einer SOM*)
Eine *Nachbarschaftsfunktion* f einer SOM ist eine Funktion $\mathbb{R}^+ \times \mathbb{R}^+ \to \mathbb{R}$. Eine Nachbarschaftsfunktion, die als Eingabe einen Radius r (siehe Definition 8.16) und eine Distanz d (siehe Definition 8.17) erhält, wird verwendet, um den mit fortschreitender Zeit abnehmenden Grad der Nachbarschaft jedes Neurons bezüglich des Siegerneurons zu beschreiben. Für alle

Werte $r > 0$ gilt $f(r,d) \leq f(0,d)$ und außerdem ist $\lim\limits_{r \to \infty} f(r,d) = 0$ für einen endlichen Wert von d.

Nachbarschaftsfunktionen haben einen maximalen Wert (mindestens) an der Stelle $r = 0$ (meist ist $f(0,d) = 1$). Sie werden beim Training so angewandt, dass für das Siegerneuron der Wert $r = 0$ angenommen wird. Anschaulich bedeutet dies, dass das Neuron mit dem höchsten Nachbarschaftsgrad zum Siegerneuron zumindest das Siegerneuron selbst ist. Es kann allerdings weitere Neuronen mit dem selben Nachbarschaftsgrad geben, da nicht gefordert wird, dass eine Nachbarschaftsfunktion streng monoton fallend sein muss. Es wird sogar nicht einmal verlangt, dass eine Nachbarschaftsfunktion monoton fallend sein muss. Die meisten in der Praxis gebräuchlichen Nachbarschaftsfunktionen sind allerdings zumindest monoton fallend mit $\mathbb{R}^+ \times \mathbb{R}^+ \to [0,1]$.

Die im Folgenden gezeigten Bilder geben die Nachbarschaftsgrade von Neuronen zweidimensionaler Karten an, wobei $d(t) = 1$ und $r = 0$ für das Siegerneuron angenommen wird.

Die Nachbarschaftsfunktion

$$f_{bubble}(r,d) \stackrel{def}{=} \begin{cases} 1 & \text{falls } r < d \\ 0 & \text{sonst} \end{cases}$$

(siehe beispielsweise [Koh01, NKK96, Zel94]) nimmt für $D = 2$ und die Euklidische Norm eine zylinderförmige Gestalt an (siehe Bild 8.48). In Abhängigkeit von der Dimension der Karte und der verwendeten Norm können auch andere geometrische Objekte „entstehen" (z.B. Kugel, Würfel, Oktaeder usw.).

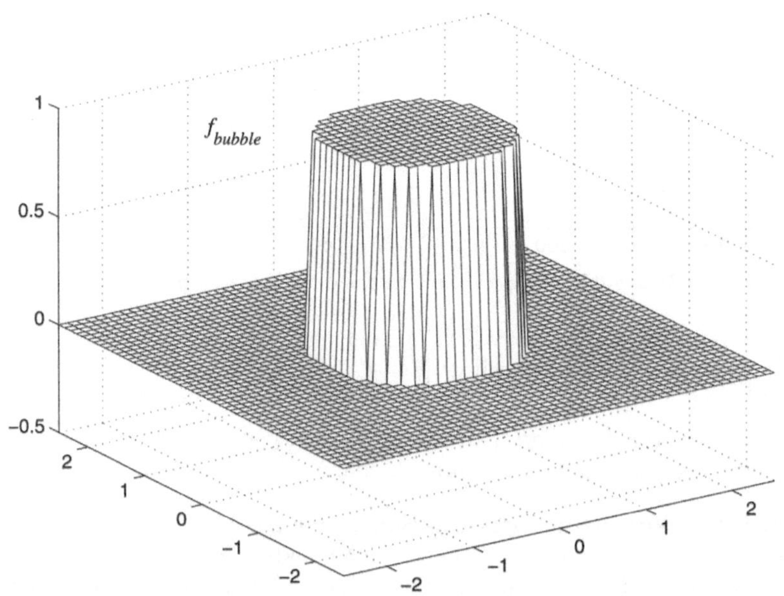

Bild 8.48   Zylinderfunktion (Eukl. Norm, $D = 2$, $d(t) = 1$)

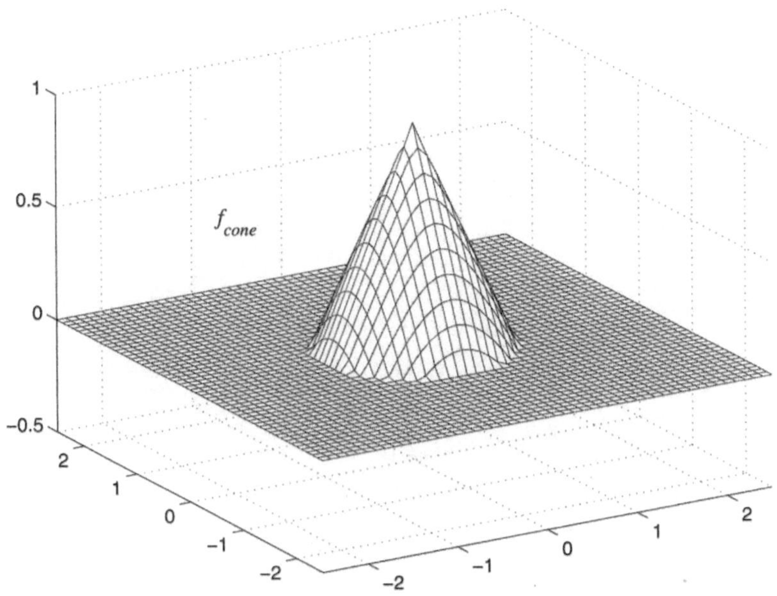

Bild 8.49 Kegelfunktion (Eukl. Norm, $D = 2$, $d(t) = 1$)

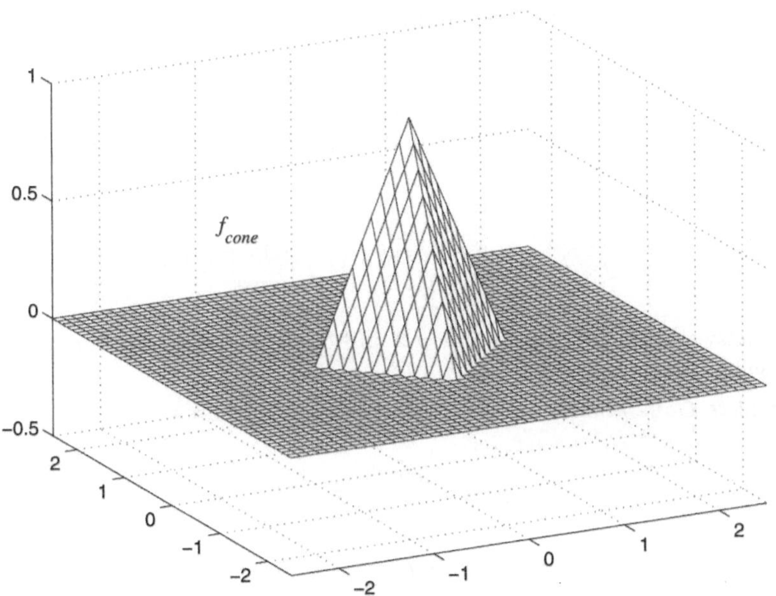

Bild 8.50 Pyramidenfunktion (Eins-Norm, $D = 2$, $d(t) = 1$)

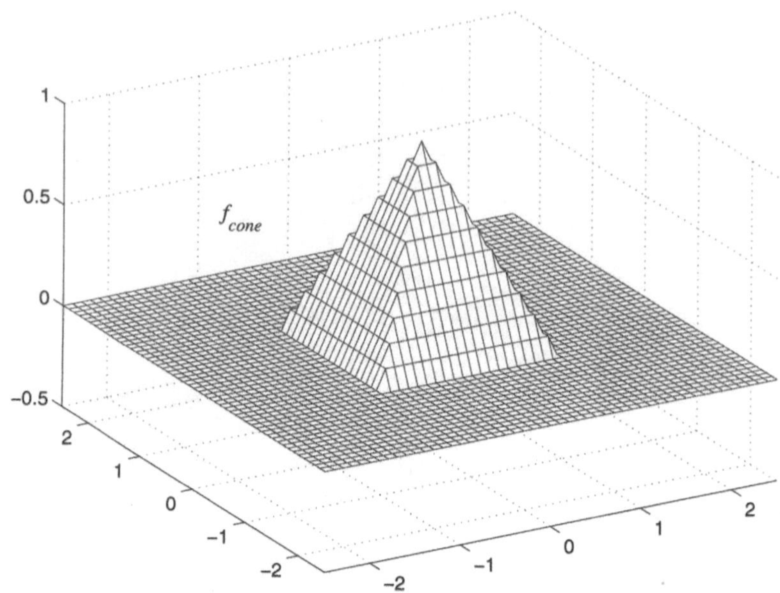

Bild 8.51 Pyramidenfunktion (Maximumsnorm, $D = 2$, $d(t) = 1$)

Die folgende Funktion hat für $D = 2$ ein kegelförmiges (Euklidische Norm) oder ein pyramidenförmiges (Eins-Norm oder Maximumsnorm) Aussehen (siehe Bild 8.49, Bild 8.50 und Bild 8.51):

$$f_{cone}(r,d) \overset{def}{=} \begin{cases} 1 - \frac{r}{d} & \text{falls } r < d \\ 0 & \text{sonst} \end{cases}$$

(siehe beispielsweise [Zel94]).

Die *modifizierte Cosinusfunktion*

$$f_{cos}(r,d) \overset{def}{=} \begin{cases} cos\left(\frac{r}{d} \cdot \frac{\pi}{2}\right) & \text{falls } r < d \\ 0 & \text{sonst} \end{cases}$$

(siehe beispielsweise [Zel94]) hat für $D = 2$ und die Euklidische Norm ein zuckerhutförmiges Aussehen (siehe Bild 8.52).

Die *modifizierte Gaussfunktion* gibt es in den beiden Varianten

$$f_{gauss1}(r,d) \overset{def}{=} e^{-\left(\frac{r}{d}\right)^2}$$

und

$$f_{gauss2}(r,d) \overset{def}{=} \left(1 - \left(\frac{r}{d}\right)^2\right) e^{-\left(\frac{r}{d}\right)^2}$$

(siehe beispielsweise [Koh01, Zel94]). Die zweite Variante hat einen teilweise negativen Wertebereich. Die Auswirkungen dieser Besonderheit werden in Abschnitt 8.3.2 noch etwas näher erläutert.

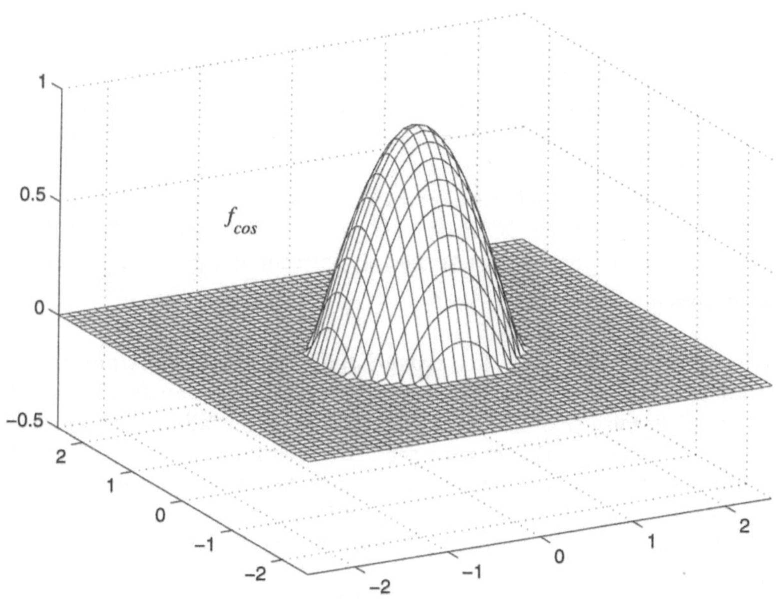

Bild 8.52 Modifizierter Cosinus (Eukl. Norm, $D = 2$, $d(t) = 1$)

Die Nachbarschaftsfunktion

$$f_{hat}(r,d,c_1,c_2) \stackrel{def}{=} \left(c_1 \cdot e^{-\frac{c_2 \cdot r^2}{d}} - (c_1 - 1) \cdot e^{-\frac{r^2}{c_2 \cdot d}} \right).$$

mit $c_1, c_2 \in \mathbb{R}^+$ ähnelt für manche Belegungen der Konstanten mehr oder weniger einem Sombrero, weswegen sie auch als *Mexican Hat* bezeichnet wird (siehe beispielsweise [Hof93, Zel94]). Die Konstante c_2 sollte größer als Eins gewählt werden. Durch eine ungünstige Wahl der Parameter kann man bei dieser Funktion allerdings leicht für das Training „schlecht" geeignete Nachbarschaftswerte erhalten.

Bei einer Implementierung der *modifizierten Sinusfunktion*

$$f_{sin}(r,d) \stackrel{def}{=} \frac{sin\left((d \cdot r) + eps\right)}{(d \cdot r) + eps}$$

ist *eps* die jeweils kleinste darstellbare Zahl, um eine Division durch Null zu vermeiden. Auch diese Funktion besitzt einen teilweise negativen Wertebereich.

Zur Vervollständigung und zum Vergleich mit anderen Nachbarschaftsfunktionen wird hier noch die Nachbarschaftsfunktion *Winner-Takes-All* angegeben:

$$f_{wta}(r) \stackrel{def}{=} \begin{cases} 1 & \text{falls } r = 0 \\ 0 & \text{sonst} \end{cases}.$$

Nur für diese Nachbarschaftsfunktion wird keine Distanzfunktion benötigt.

Weitere, einfache Nachbarschaftsfunktionen sind z.B. in [Hof93, Zel94] zu finden.

Lernalgorithmus

Nachdem nun für jedes Neuron der Wettbewerbsschicht der Grad der Nachbarschaft zum Siegerneuron bestimmt werden kann, kann nun ein geeigneter Lernalgorithmus zum Training von SOM angegeben werden. Dazu wird aber noch eine geeignete *Lernratenfunktion* benötigt. Diese beschreibt die mit fortschreitender Trainingsdauer abnehmende Adaption des Siegerneurons und seiner Nachbarn (vgl. Beispiel am Anfang des Abschnitts).

Definition 8.19 (*Lernratenfunktion einer SOM*)

Eine *Lernratenfunktion* η einer SOM ist eine monoton fallende Funktion $\mathbb{R}^+ \to [0,1]$ mit $\lim_{t \to \infty} \eta(t) = 0$, die verwendet wird, um die mit fortschreitender Zeit abnehmende Lernrate einer SOM zu beschreiben.

Die *lineare Lernratenfunktion*, die *exponentielle Lernratenfunktion* und die *Wurzel-Lernratenfunktion* können analog zu den entsprechenden Distanzfunktionen definiert werden (siehe beispielsweise [Koh01, NKK96]). Dabei gelten allerdings stärkere Einschränkungen für die Parameter: Die Parameter c bei der linearen Lernratenfunktion, c_1 bei der exponentiellen Lernratenfunktion und c_1 bei der Wurzel-Lernratenfunktion sind so zu wählen, dass $d(t)$ an den Auswertestellen (üblicherweise $t \in \mathbb{N}$ mit $\mathbb{N} = \{1,2,3,\ldots\}$) im Intervall $]0,1[$ liegt. Die Lernratenfunktion *Ordering Phase* ist definiert durch:

$$
\eta_{ord}(t) \stackrel{def}{=} \begin{cases}
c - \frac{0.8 \cdot c}{t_{order\_end}} \cdot t & \text{falls } t \leq t_{order\_end} \\
0.2 & \text{falls } t_{order\_end} < t \leq 0.8 \cdot t_{end} \\
1 - \frac{1}{t_{end}} \cdot t & \text{falls } 0.8 \cdot t_{end} < t \leq t_{end} \\
0 & \text{sonst}
\end{cases}
$$

mit $t_{end} \in \mathbb{R}^+$, $t_{order\_end} \in [0, 0.8 \cdot t_{end}]$ und $c_1 \in [0.2, 1]$.

Bild 8.53 zeigt Beispiele für verschiedene Lernratenfunktionen. Die Notwendigkeit eines Absenkens der Lernrate auf den Wert Null wird im folgenden Abschnitt noch näher erläutert (vgl. auch einführendes Beispiel zu SOM).

Nun kann ein Algorithmus für musterweises Training von SOM formuliert werden.

Algorithmus 8.20 (*Musterweises Training von SOM*)

(1) Initialisiere alle Gewichte $w_{(i,j)}^{(O)}$ der SOM mit geeigneten Werten.

(2) Für alle Muster (d.h. $k = 1, \ldots, |\mathcal{L}|$) einer freien Lernaufgabe $\mathcal{L} = \{\mathbf{x}(k)\}$ führe die folgenden Schritte aus (der Zeitraum für die Ausführung dieser Schritte wird als *Epoche* p bezeichnet):

    (a) Lege $\mathbf{x}(k)$ als externe Eingabe an die Neuronen der Eingabeschicht an.

    (b) Propagiere diese Eingabe zur Wettbewerbsschicht und bestimme die Netzeingaben $s_j^{(O)}(k)$ der Wettbewerbsneuronen.

    (c) Bestimme das Siegerneuron $j' \in \mathcal{U}_O$ mit seinem Koordinatenvektor $\mathbf{h}_{j'}$.

    (d) Bestimme für alle Neuronen $j \in \mathcal{U}_O$ mit ihren Koordinatenvektoren $\mathbf{h}_j$ den *Grad der Nachbarschaft* $\lambda_{k,p}(j) \in \mathbb{R}$ mit dem Siegerneuron j' gemäß der Vorschrift

$$
\lambda_{k,p}(j) = f\left(r_{norm,D}(\mathbf{h}_j - \mathbf{h}_{j'}), d(p)\right),
$$

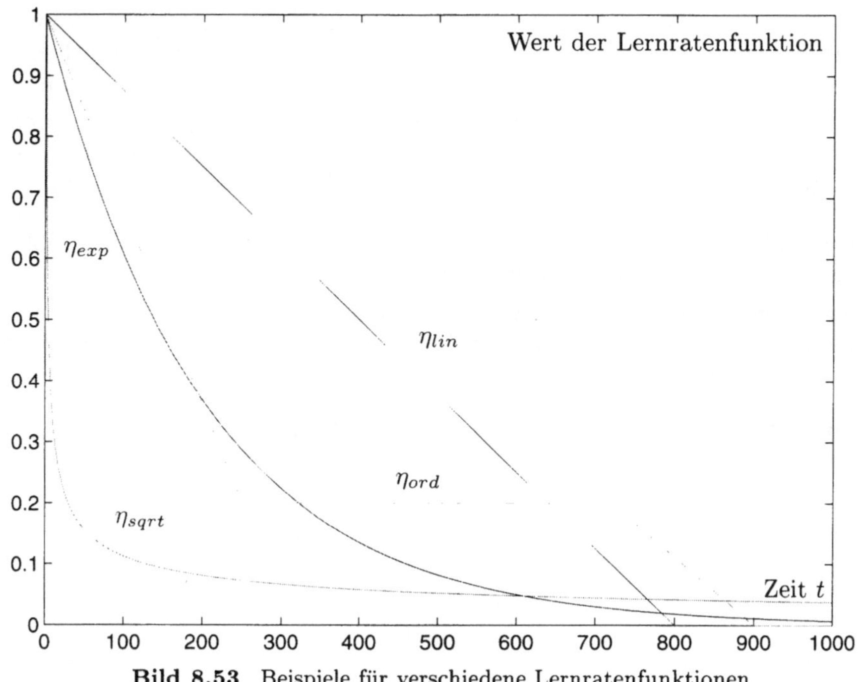

Bild 8.53 Beispiele für verschiedene Lernratenfunktionen

wobei $r_{norm,D}$ eine Radiusfunktion für ein SOM der Dimension D basierend auf einer geeigneten Norm $norm$ des $\mathbb{R}^D$, d eine Distanzfunktion und f eine Nachbarschaftsfunktion ist.

(e) Modifiziere jeden Gewichtsvektor um eine *Gewichtsänderung für das Muster k* $\nabla_k \mathbf{w}_j^{(O)}$ wie folgt:

$$\nabla_k \mathbf{w}_j^{(O)} = \left(\mathbf{a}^{(I)}(k) - \mathbf{w}_j^{(O)} \right) \cdot \eta(p) \cdot \lambda_{k,p}(j)$$

(d.h., addiere die Gewichtsänderung auf den bisherigen Wert). Dabei ist η eine geeignete Lernratenfunktion.

(3) Prüfe, ob eine zuvor geeignet gewählte Abbruchbedingung erfüllt ist. Wenn dies der Fall ist, gilt die Lernaufgabe als erfüllt. Anderenfalls setze das Lernen bei Schritt (2) fort (nächste Epoche).

Eine Initialisierung der Gewichte ist auf unterschiedliche Weise möglich. Beispielsweise können alle Gewichte mit zufällig gewählten, kleinen Werten vorbelegt werden oder alle Gewichte werden auf einen bestimmten Wert gesetzt. Im ersten Fall kann für die initiale Gewichtsverteilung eine Normalverteilung verwendet werden (mit festen Werten für Erwartungswert und Varianz, siehe z.B. [NKK96]) oder eine uniforme Verteilung innerhalb eines vorgegebenen Intervalls. Im zweiten Fall wird der Wert entweder vom Anwender vorgegeben oder er hängt von der Anzahl der Neuronen der Eingabeschicht ab (z.B. $\frac{1}{\sqrt{|U_I|}}$).
Im Gegensatz zu MLP und verwandten Netzparadigmen ist eine Vorbelegung aller Gewichte mit identischen Werten unproblematisch. Haben mehrere Neuronen den gleichen,

minimalen Netzeingabewert, so wird unter ihnen ein Siegerneuron nicht-deterministisch ausgewählt. Eine „Symmetrie" des Anfangszustandes wird dadurch aufgebrochen.

Die Lernrate wird üblicherweise für jede Epoche p durch $\eta(p)$ neu berechnet. Manchmal wird allerdings ein neuer Wert der Lernrate nur nach jeder x-ten Epoche bestimmt (z.B. $x = 100$ oder $x = 1000$). D.h., die Lernrate bleibt jeweils bis zum nächsten Update konstant. Das gleiche kann auch für Distanzfunktionen gelten [NKK96]. Umgekehrt werden Lernraten- bzw. Distanzfunktionen auch manchmal bei jedem einzelnen Gewichtsupdate ausgewertet. D.h., beide Werte sind statt in Abhängigkeit von der Epochenzahl p von der Nummer des aktuellen *Schrittes* zu bestimmen.

Abbruchkriterium ist im Allgemeinen eine bestimmte Epochenzahl (bzw. Schrittzahl), bei der die Lernrate Null oder fast Null ist. Man könnte aber auch ein Abbruchkriterium mit Hilfe des so genannten *Quantisierungsfehlers* definieren.

Definition 8.21 (*Quantisierungsfehler einer SOM*)
Der *Quantisierungsfehler (quantization error)* $\mathcal{E}_{quant}$ einer SOM ist definiert durch:

$$
\begin{aligned}
\mathcal{E}_{quant} &\overset{def}{=} \frac{1}{|\mathcal{L}|} \sum_{k=1}^{|\mathcal{L}|} \min_{j \in \mathcal{U}_O} \left\{ \left\| \mathbf{a}^{(I)}(k) - \mathbf{w}_j^{(O)} \right\| \right\} \\
&= \frac{1}{|\mathcal{L}|} \sum_{k=1}^{|\mathcal{L}|} \min_{j \in \mathcal{U}_O} \left\{ s_j^{(O)}(k) \right\}.
\end{aligned}
$$

Der Quantisierungsfehler wird als Maß für die Güte einer SOM verwendet [Zel94]. Er zeigt allerdings nicht an, wie gut die Topologieerhaltung ist. Hierfür könnte man beispielsweise als einfaches Kriterium den durchschnittlichen Abstand zwischen Siegerneuron und „zweitbestem" Neuron in der Karte für alle Trainingsmuster verwenden (*Gewinnerabstand* oder *Siegerabstand*).

Erläuterung des Lernalgorithmus

Welche Idee steht hinter dem in Algorithmus 8.20 beschriebenen Lernverfahren? Für ein Trainingsmuster wird zunächst das Siegerneuron bestimmt. Dabei handelt es sich um das Neuron, dessen Gewichtsvektor dem Eingabevektor (und somit dem Vektor der Netzeingaben in der Eingabeschicht) am ähnlichsten ist. Der Gewichtsvektor dieses Siegerneurons soll nun dem Eingabevektor noch ähnlicher gemacht werden. Durch eine geeignete Lernvorschrift wird der Gewichtsvektor auf den Eingabevektor zubewegt, also sozusagen von diesem „angezogen". D.h., bei einem erneuten Anlegen desselben Trainingsmusters wäre die Übereinstimmung zwischen Eingabevektor und Gewichtsvektor größer als zuvor.

Beispiel 8.22
Gegeben sei eine SOM mit zwei Eingabeneuronen und einer nicht näher spezifizierten Karte. Für eine Netzeingabe $s^{(I)}(k)$ sei nun das Neuron j' der Karte mit seinem zweidimensionalen Gewichtsvektor $\mathbf{w}_{j'}^{(O)}$ das Siegerneuron. Die Situation ist in Bild 8.54 dargestellt.

Mit einer Lernrate von $\eta = 0.5$ wird nun der Gewichtsvektor $\mathbf{w}_{j'}^{(O)}$ nach der Vorschrift $\nabla_k \mathbf{w}_{j'}^{(O)} = \left(\mathbf{a}^{(I)}(k) - \mathbf{w}_{j'}^{(O)} \right) \cdot 0.5$ geändert (ein Nachbarschaftgrad von Eins wird angenommen). D.h., $\nabla_k \mathbf{w}_{j'}^{(O)}$ wird zum ursprünglichen Gewichtsvektor $\mathbf{w}_{j'}^{(O)}$ addiert. Der neue

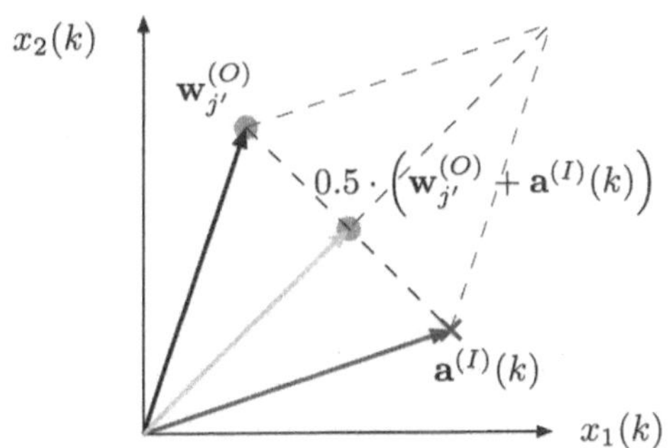

Bild 8.54 Erläuterung des Lernalgorithmus für SOM – 1

Gewichtsvektor ist somit $0.5 \cdot \left(\mathbf{w}_{j'}^{(O)} + \mathbf{a}^{(I)}(k) \right)$; er halbiert den Winkel zwischen ursprünglichem Gewichtsvektor und Eingabevektor (Aktivierungsvektor). Die Lernrate η bestimmt, wie stark der Gewichtsvektor des Siegerneurons vom Eingabevektor angezogen wird. Für eine niedrigere Lernrate von $\eta = 0.25$ wäre z.B. der neue Gewichtsvektor $0.75 \cdot \mathbf{w}_{j'}^{(O)} + 0.25 \cdot \mathbf{a}^{(I)}(k)$ und läge somit näher an dem ursprünglichen Gewichtsvektor.

Durch das Beispiel wird auch deutlich, dass eine Lernrate η außerhalb des Intervalls $]0,1[$ wenig sinnvoll ist.

Beim reinen *Wettbewerbslernen* wäre nun der Lernschritt abgeschlossen und das nächste Eingabemuster mit einem (eventuell) anderen Siegerneuron würde betrachtet werden usw. Eine topologieerhaltende Abbildung des Eingaberaums auf die Karte könnte man allerdings auf diese Art und Weise nicht erhalten. Bei SOM ist es nun so, dass auch die Gewichtsvektoren der Neuronen in der Nachbarschaft des Siegerneurons modifiziert werden. Dabei ist es unerheblich, ob diese Gewichtsvektoren am „zweitähnlichsten" o.ä. sind. Lediglich die Position der Neuronen auf der Karte ist von Bedeutung. Es sei vorweggenommen, dass am Trainingsende bei einer „gut" trainierten Karte die Neuronen, deren Gewichtsvektoren dem Gewichtsvektor des Siegerneurons ähnlich sind, durchaus auf der Karte in der Nähe des Siegerneurons liegen.

Wie stark die Gewichtsvektoren der Nachbarneuronen modifiziert werden, hängt außer von der Lernrate vom Grad ihrer Nachbarschaft ab.

Beispiel 8.23
Gegeben sei eine SOM mit zwei Eingabeneuronen und einer eindimensionalen Karte mit neun äquidistanten Neuronen (bzgl. der Kartenkoordinaten).

Bild 8.55 zeigt die Situation in der oberen Bildhälfte: Die neun zweidimensionalen Gewichtsvektoren $\mathbf{w}_1^{(O)}$ bis $\mathbf{w}_9^{(O)}$ sind hier nur als Punkte dargestellt. Diese Punkte sind entsprechend der Ordnung der Neuronen innerhalb der Karte miteinander verbunden. Für eine Aktivierung $\mathbf{a}^{(I)}(k)$ sei nun das Neuron 5 der Karte mit seinem zweidimensionalen Gewichtsvektor $\mathbf{w}_5^{(O)}$ das Siegerneuron. Als Nachbarschaftsfunktion wird hier $f_{cone}(r, 2.5)$ verwendet. Man sieht, dass fünf Neuronen einen Nachbarschaftsgrad echt größer als Null haben. Mit einer Lernrate von $\eta = 0.5$ wird nun jeder Gewichtsvektor $\mathbf{w}_j^{(O)}$ nach der Vorschrift

$$\nabla_k \mathbf{w}_j^{(O)} = \left(\mathbf{a}^{(I)}(k) - \mathbf{w}_j^{(O)} \right) \cdot \eta(p) \cdot \lambda_{k,p}(j)$$

geändert. Die Nachbarschaftsgrade sind 0.2 für die Neuronen 3 und 7, 0.6 für die Neuronen 4 und 6 sowie 1.0 für das Neuron 5 (Siegerneuron).

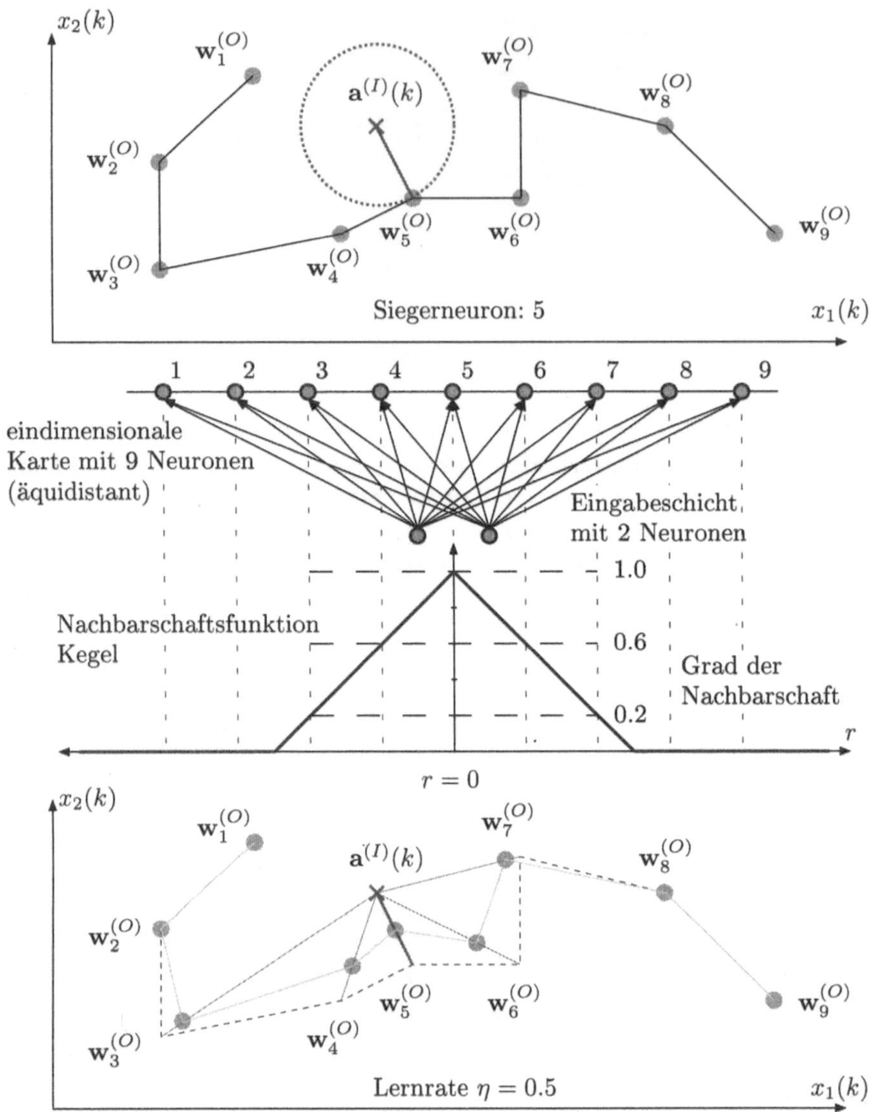

Bild 8.55   Erläuterung des Lernalgorithmus für SOM – 2 (nach [Zel94])

In der unteren Hälfte von Bild 8.55 sind die neuen Gewichtsvektoren wieder durch Punkte dargestellt und miteinander verbunden. Man erkennt beispielsweise, dass die Änderung des Gewichtsvektors von Neuron 7 geringer ist als die Änderung des Gewichtsvektors von Neuron 6, obwohl der Gewichtsvektor von Neuron 7 dem Eingabevektor geringfügig ähnlicher ist. Ebenso wird der Gewichtsvektor von Neuron 1, das einen Nachbarschaftsgrad Null hat, nicht geändert, obwohl er dem Eingabevektor ähnlicher ist als beispielsweise der Gewichtsvektor des Neurons 3.

Durch die Einführung von Nachbarschaften werden also auch die Gewichtsvektoren der in der Karte benachbarten Neuronen mehr oder weniger stark angezogen. Dadurch kann während des Trainings bei geeigneter Wahl der Parameter (z.B. Startwerte von Nachbarschaftsgröße und Lernrate) eine topologieerhaltende Abbildung des Eingaberaums auf die Karte entstehen. Man spricht auch von einer *Entfaltung der Karte*. Die Größe der Nachbarschaft sowie die Lernrate müssen allerdings während des Trainings allmählich bis auf Null reduziert werden, um eine Konvergenz des Verfahrens zu ermöglichen. Umgekehrt müssen Lernrate und Nachbarschaftsgröße anfangs hinreichend groß sein. Die Distanzfunktion darf beim Start der Trainings durchaus so gewählt werden, dass alle Neuronen einen echt positiven Nachbarschaftsgrad haben (siehe z.B. [Koh01]).

Nun könnte man vermuten, dass das Training beschleunigt wird, wenn die Gewichtsvektoren der Neuronen, die einen größeren Abstand vom Siegerneuron haben, vom Eingabevektor abgestoßen werden. Dazu wurden Nachbarschaftsfunktionen mit einem teilweise negativen Wertebereich eingeführt (z.B. Mexikanerhut-Funktion). In der Praxis stellt sich jedoch heraus, dass es leicht zu einer so genannten *Explosion* der Karte kommt, d.h., das Training divergiert (siehe z.B. [Zel94]).

Mit dem angegebenen Beispiel wurde auch deutlich, wieso üblicherweise der Nachbarschaftsgrad des Siegerneurons Eins ist und wieso die gängigen Nachbarschaftsfunktionen ein Maximum (mindestens) an der Stelle $r = 0$ haben.

Das Netz realisiert eine nichtlineare Abbildung, wobei Ähnlichkeitsbeziehungen zwischen den Eingangsmerkmalen soweit wie möglich erhalten werden. D.h., die Topologie des Eingabevektorraums X spiegelt sich in der Karte wider. Gleichzeitig werden Bereiche in X, aus denen viele Eingabemuster kommen, größer und somit in höherer Auflösung dargestellt als Bereiche mit wenigen Eingabemustern. Um „gute" Ergebnisse zu erzielen, ist dabei insbesondere eine geeignete Wahl der Lernratenfunktion $\eta(p)$ und der Distanzfunktion $d(p)$ notwendig. Bei einer zu raschen Abnahme werden die Gewichte fixiert, bevor die Karte einen Gleichgewichtszustand erreicht hat. Auch wenn die Startwerte zu gering sind, kann sich die Karte nicht oder nur teilweise entfalten. In manchen Fällen sind in der trainierten Karte *topologische Defekte* erkennbar. Im umgekehrten Fall, bei einer zu langsamen Abnahme, kann der Trainingsvorgang sehr lange dauern. Die Wahl der Distanz- und der Lernratenfunktion mit ihren Parametern ist also sehr kritisch [Zel94].

8.3.3 Allgemeine Hinweise zur Anwendung von SOM

In der Literatur finden sich viele Hinweise, die den Umgang mit SOM erleichtern (siehe beispielsweise [Koh01, Zel94]).

Festlegung von Ein- und Ausgangsgrößen

Eine Kodierung von Eingabegrößen (z.B. qualitative Größen) kann bei SOM ähnlich wie bei MLP erfolgen (siehe daher auch Abschnitt 8.1.3).

Eine Skalierung von Eingaben ist bei SOM (im Gegensatz zum Wettbewerbslernen) nicht notwendig, wird aber manchmal empfohlen. Die Orientierung der Karte hängt von der Skalierung der einzelnen Dimensionen des Eingabevektors ab. Will man Eingabevektoren skalieren, so könnte man z.B. die Varianz jeder Eingabekomponente in den Trainingsmustern normalisieren (siehe beispielsweise [Koh01]).

Parameterwahl und Strukturoptimierung

Bei der Karte ist eine Form mit wenig Symmetrieachsen deutlich vorteilhafter. Im Lernprozess orientiert sich die Karte entsprechend der Verteilung der Eingabedaten und muss sich entsprechend stabilisieren. Dies ist bei quadratischen Kartenformen schwieriger. Besser sind rechteckige, längliche Karten mit weniger Symmetrieachsen.

Zur Wahl einer geeigneten Kartengröße (Neuronenzahl in der Wettbewerbsschicht) finden sich wenig Hinweise. Hier findet man rasch durch Tests geeignete Werte.

Auch zur Wahl von Radiusfunktionen, Distanzfunktionen, Nachbarschaftsfunktionen und Lernratenfunktionen finden sich kaum Hinweise in der Literatur.

Die Anzahl der beim Training erforderlichen Epochen ist problemabhängig. Als Faustregel kann man sagen, dass die Zahl der Epochen mindestens 500 Mal größer sein sollte als die Zahl der Neuronen der Karte [Koh01].

Die Präsentation von Trainingsmustern der Lernaufgabe kann auf drei verschiedene Arten erfolgen:

- *Zyklisch fest:* Dabei werden Trainingsmuster dem Netz zyklisch in immer derselben Reihenfolge präsentiert. D.h., die Reihenfolge der Muster in jeder Epoche ist gleich; jedes Muster wird pro Epoche einmal angelegt.

- *Zyklisch zufällig:* Hier werden die Trainingsmuster dem Netz zyklisch präsentiert, wobei die Reihenfolge der Muster zufällig ist. D.h., die Reihenfolge der Muster in jeder Epoche ist zufällig; jedes Muster wird pro Epoche einmal angelegt. Diese Variante wird auch als *Shuffle*-Modus bezeichnet.

- *Zufällig:* Dabei wird in jedem Trainingsschritt zufällig ein Muster aus der Lernaufgabe ausgewählt (üblicherweise jedes Muster mit gleicher Wahrscheinlichkeit). Epochen gibt es bei dieser Variante, die auch als *Bootstrap*-Lernen bezeichnet wird, nicht.

Werden die initialen Gewichte nicht zufällig gewählt, sondern auf einen festen Wert gesetzt, so kann nach [Koh01] in vielen Fällen der Lernvorgang schneller konvergieren.

Anwendungen von SOM mit dem Lernziel einer Generalisierung

Nach dem Training spiegelt die Karte die Verteilung der Eingabedaten wider [Koh01]. Leider ist es in der Praxis häufig so, dass wichtige Bereiche des Eingaberaums durch vergleichsweise wenige Trainingsmuster abgedeckt sind. Ein Grund hierfür könnte sein, dass speziell diese Muster nur mit hohem Zeit- und Kostenaufwand zu ermitteln sind. Um diese seltenen Fälle beim Training geeignet zu berücksichtigen, kann man

- bei den entsprechenden Trainingsmustern eine höhere Lernrate wählen,

- bei den entsprechenden Trainingsmustern einen höheren Nachbarschaftsgrad wählen oder

- die entsprechenden Trainingsmuster häufiger präsentieren.

Die dritte dieser Lösungen ist sicherlich am einfachsten realisierbar, da nur die Lernaufgabe entsprechend aufbereitet werden muss, was vor dem Training geschehen kann. Eine Fallunterscheidung während des Trainings ist nicht erforderlich.

Will man die Repräsentation eines Trainingsmusters an einer bestimmte Stelle der Karte erzwingen, so kann man die entsprechenden Gewichtsvektoren mit Kopien dieser Trainingsmuster initialisieren und die Lernrate für diesen Bereich der Karte niedrig halten [Koh01].

In Randbereichen der Karte kann es durch die fehlende Nachbarschaft von Neuronen zu so genannten *Randeffekten* kommen. D.h., die Verteilung der Eingabedaten ist in diesen Bereichen auf der Karte leicht verzerrt wiedergegeben. Strategien zur Vermeidung dieser Effekte, die allerdings üblicherweise die Anwendung von SOM nicht beeinträchtigen, werden in [Koh01] vorgestellt.

Bewertungskriterien für trainierte Netze

Wie kann man die Qualität eines Trainingsvorganges überhaupt bewerten? Möchte man verschiedene SOM, die mit derselben Lernaufgabe trainiert wurden, miteinander vergleichen, so kann man den Quantisierungsfehler (siehe Definition 8.21) als Vergleichskriterium verwenden. Um geeignete Werte für Parameter wie z.B. Lernparameter (Lernrate, Nachbarschaft usw.) oder Netzstruktur (Kartengröße) festzulegen, sollten Netze mit unterschiedlichen Gewichtsinitialisierungen und gegebenenfalls unterschiedlicher Musterreihenfolge trainiert und mit Hilfe des Quantisierungsfehlers miteinander verglichen werden. Die „beste" Karte weist dabei den kleinsten Quantisierungsfehler auf. [Koh01] schlägt vor, die geeignetste SOM aus „einigen Dutzend" mit unterschiedlichen Gewichtsinitialisierungen und Musterreihenfolgen trainierter Netze auszuwählen. Idealerweise sollten allerdings wie bei MLP und DYNN statistische Tests zum Vergleich trainierter SOM verwendet werden (siehe beispielsweise Abschnitt 8.1.3).

Berechnet man den Quantisierungsfehler für die Muster der Lernaufgabe, so kann man nur die Approximationseigenschaften der Karte bewerten. Wendet man dieses Kriterium aber auf unbekannte Testmuster an, so kann man auch die Generalisierungsfähigkeit der Karte untersuchen.

Werden SOM für Klassifikationsaufgaben eingesetzt, so können verschiedene Kriterien zur Bewertung herangezogen werden. Von Interesse ist im Allgemeinen der Anteil korrekt klassifizierter Muster. Allerdings ist es für Vergleichszwecke vorteilhafter, nicht die Prozentzahl korrekt klassifizierter Muster, sondern die Prozentzahl unkorrekt klassifizierter Muster anzugeben [Pre94].

Da es sich bei dem Trainingsverfahren für SOM um ein stochastisches Verfahren handelt, bei dem z.B. die Reihenfolge der Muster in der Lernaufgabe oder die Gewichtsinitialisierung beim Start des Trainings Einfluss auf das Trainingsergebnis haben, sollten – wie bei MLP – bei der Bewertung einer Netzarchitektur Versuchswiederholungen durchgeführt werden. Ebenso sollte beim Vergleich mehrerer Netzarchitekturen ein statistischer Test verwendet werden, der die Signifikanz der Unterschiede zweier Ergebnisse bewertet.

8.3.4 Anwendungen von SOM

Modul für SOM-Anwendungen in ICONNECT

Mit dem Modul SOM können Anwendungen auf der Basis Selbstorganisierender Karten in ICONNECT realisiert werden. Wie das Modul DYNN kann auch das Modul SOM mit dem Modul FeedNN kombiniert werden (siehe Abschnitt 8.1.4).

Das Modul SOM liest Eingabegrößen des Netzes über den Eingang Net Input. Auch die weiteren Eingangsports Learning On/Off, Epoch Length und Data Min/Max können direkt mit entsprechenden Ausgängen des Moduls FeedNN verbunden werden. Darüberhinaus ist es möglich, über weitere Eingänge

- die Aktivierungen der Kartenneuronen oder die Verteilung der Gewichtsvektoren (falls die Dimension des Eingaberaums dies zulässt) grafisch darstellen zu lassen (Visualization On/Off),

- ein Netz zur Laufzeit zu speichern oder zu laden (Net Load und Net Save) bzw.

- die Gewichte des Netzes zurückzusetzen (Net Reset).

Die tatsächliche Ausgabe der SOM wird über den Port Net Output an Nachfolgemodule weitergegeben. Am Port Weights Vector können die Gewichte des Netzes ausgelesen werden. Über den Ausgang Error Vector werden Quantisierungsfehler und Gewinnerabstand für jede Epoche ausgegeben. Am Port Vizalization erfolgt die grafische Darstellung von Aktivierungen oder Gewichtsvektoren gemäß der Parametereinstellung. Net Info stellt nach einem Signalgraphzyklus Informationen über das Netz bereit.

Die Arbeitsweise des Netzes hängt davon ab, welche Eingänge verbunden sind:

- Wenn der Eingang Learning On/Off nicht verbunden ist, dann hängt das Lernverhalten von der entsprechenden Einstellung *Lernen EIN/AUS* im Parameterdialog ab.

- Wenn der Eingang Epoch Length nicht verbunden ist, wird die komplette Eingangsmatrix am Port Net Input als eine Epoche betrachtet. Die Länge der Epoche entspricht also Zahl der Zeilen der Matrix.

- Die Werte am Eingang Epoch Length spezifizieren die Länge der jeweiligen Epoche. Am Beginn einer jeden neuen Epoche wird ein Wert für die Epochenlänge eingelesen. Es muss also für jede in einem Zyklus des Signalgraphen angefangene Epoche ein Wert vorliegen.

- Ist der Eingang Learning On/Off verbunden, so muss auch an ihm für jede in einem Zyklus angefangene Epoche ein Wert anliegen.

Im Parameterdialog des Moduls (siehe Bilder 8.56 und 8.57) kann im Feld Netzarchitektur die Parameterquelle des Moduls festgelegt werden. Außerdem werden die Aktivierungsfunktion der Wettbewerbsneuronen (*Ausgabefunktion*) sowie die Zahl der Eingabeneuronen und die Zahl der Ausgabeneuronen hier angegeben. Es wird von rechteckigen Karten mit quadratischem Gitter ausgegangen. Soll eine Karte ein- oder zweidimensional sein, so sind Werte für die Zahl der Neuronen in der zweiten bzw. dritten Dimension auf Null zu setzen. Als Aktivierungsfunktion für die Wettbewerbsneuronen kann außer den bisher genannten (Identität und *Winner-takes-all*) auch eine lineare Skalierung aller Aktivierungen auf das Intervall $[0,1] \subset \mathbb{R}$ (*Min-Max-Skalierung*) verwendet werden.

Im Feld Trainingseinstellungen sind Initialisierungsfunktion (für die Startwerte der Gewichte), Radiusfunktion, Distanzfunktion, Nachbarschaftsfunktion und Lernratenfunktion mit ihren Parametern zu wählen. Außerdem ist festzulegen, ob ein Update der Gewichte immer nur nach jeder Epoche oder nach jedem Muster erfolgen soll (Option *Epochenweises Update EIN/AUS*).

Über das Feld Kontrolleinstellungen wird der Trainingsverlauf kontrolliert. Die Option *Lernen EIN/AUS* schaltet die SOM zwischen Trainings- und Anwendungsmodus hin und her. Die hier gewählte Option wird allerdings durch den am entsprechenden Eingangsport (Learning On/Off) anliegenden Wert überschrieben. Daneben kann auch eingestellt

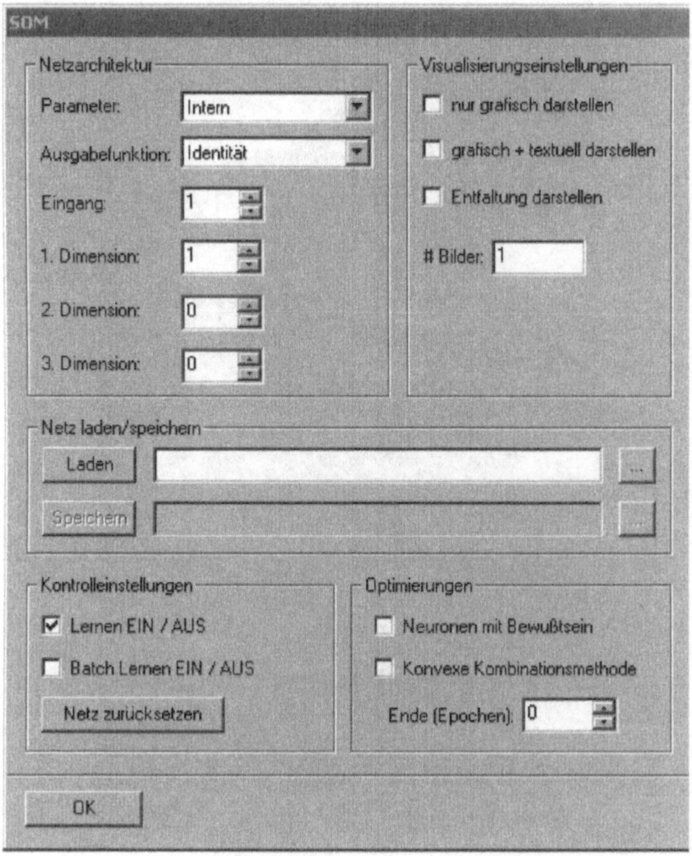

Bild 8.56 Parameterdialog des Moduls SOM (linke Seite)

werden, ob ein Update der Nachbarschaftsgrade, der Lernrate usw. nach jedem Muster oder erst nach jeder Epoche erfolgen soll (*Batch Lernen EIN/AUS*). Über den Button Netz zurücksetzen werden die Gewichte der SOM zurückgesetzt.

Das Modul SOM ist in der Lage, Aktivierungswerte oder Werte der Gewichtsvektoren (bei zweidimensionalen Eingaberäumen) grafisch auszugeben. Im Feld Visualisierungseinstellungen können verschiedene Möglichkeiten gewählt werden. Mit der Option *nur grafisch darstellen* werden die Aktivierungswerte der Wettbewerbsneuronen grafisch ausgegeben, so dass sie beispielsweise mit dem Modul WMFDisp dargestellt werden können. Mit *grafisch + textuell darstellen* werden die Aktivierungswerte zusätzlich in numerischer Form angegeben; dazu auch die Nummern der Neuronen. Alternativ ist es möglich, bei einem zweidimensionalen Eingaberaum die Gewichtsvektoren grafisch darzustellen. Sie werden entsprechend ihrer Nachbarschaft in der Karte miteinander verbunden. Die Länge der Intervalle zwischen der Ausgabe zweier Bilder (Anzahl der Trainings- oder Anwendungsschritte) wird durch *# Bilder* festgelegt.

Ein Laden und Speichern trainierter Netze ist über das Feld Netz Laden/Speichern möglich. Die im Feld Optimierungen auswählbaren Optionen werden im Abschnitt 8.3.5 be-

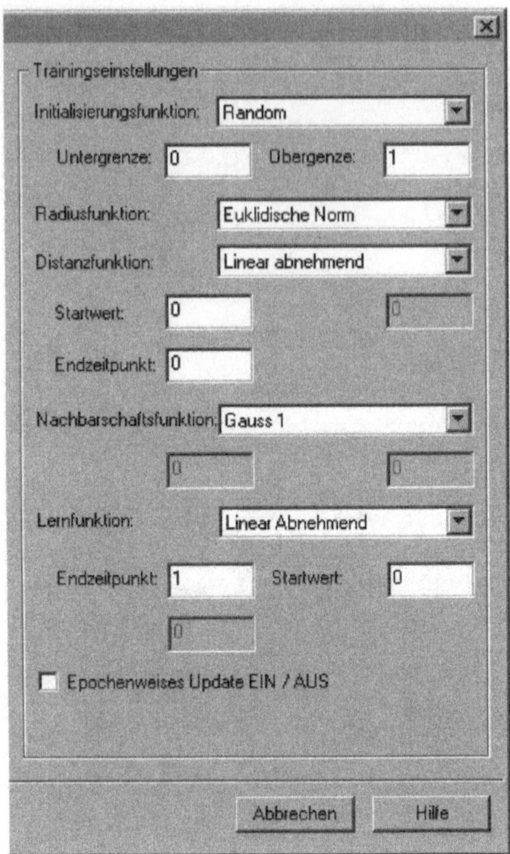

Bild 8.57 Parameterdialog des Moduls SOM (rechte Seite)

sprochen. Sie können zu einem verbesserten Training führen.

Weitere Informationen zum Modul **SOM** sind in der Online-Hilfe zu finden.

Kartenentfaltung – Beispiel für den Einfluss von Trainingsparametern

Das hier untersuchte Beispiel, das aus mehreren Versuchen besteht, veranschaulicht das Verhalten des Trainingsverfahrens und den Einfluss verschiedener Trainingsparameter auf das Trainingsergebnis.

Zunächst wird eine zweidimensionale Kohonen-Karte mit einem quadratischen (15×15)-Gitter und zwei Eingabeneuronen verwendet. Eine Dimensionsreduktion findet hier also nicht statt. Die Lernaufgabe für das Training der SOM besteht aus 15 000 Mustern, die zufällig (auf der Basis einer Gleichverteilung) gewählte, reellwertige Koordinaten innerhalb eines Einheitsquadrats darstellen.

Bild 8.58 zeigt den Signalgraph zum Beispiel Kartenentfaltung. Der Benutzerdialog ist in Bild 8.59 zu sehen. Wird die Visualisierung abgeschaltet, so erzielt man eine erhebliche

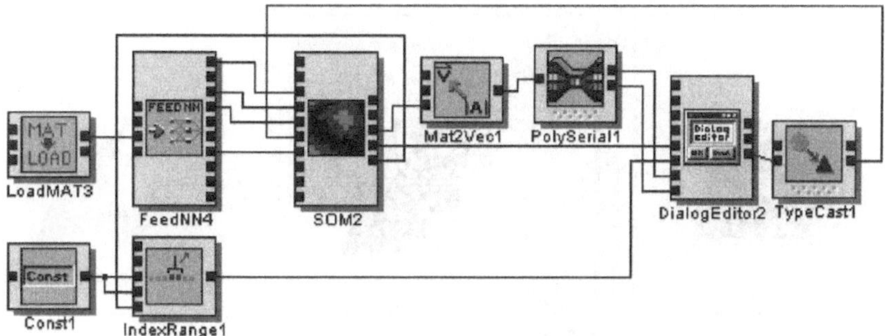

Bild 8.58 Signalgraph zum Beispiel Kartenentfaltung

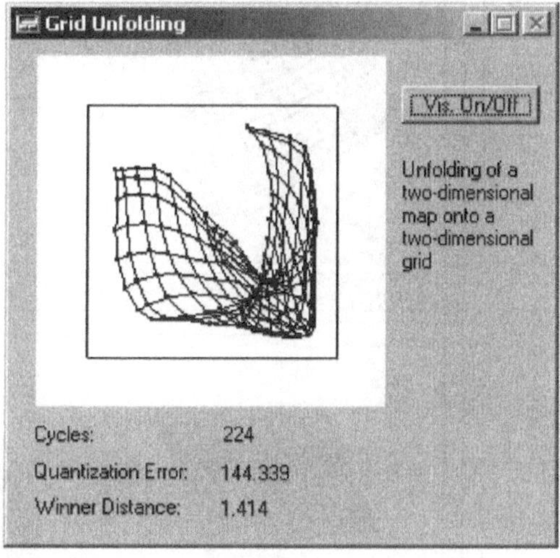

Bild 8.59 Benutzerdialog zum Beispiel Kartenentfaltung

Beschleunigung des Trainings. Außer der Epochenzahl werden auch der Quantisierungsfehler und der Siegerabstand ausgegeben.

Werden die Trainingsparameter geeignet gewählt, so ist zu erwarten, dass nach erfolgreichem Training die Gewichtsvektoren der Karte näherungsweise ebenfalls auf einem (15×15)-Gitter liegen. Ein entsprechendes Beispiel ist in Bild 8.60 zu sehen; gezeigt sind hier die Werte der Gewichtsvektoren der Kartenneuronen, die Verbindungen entsprechen der Nachbarschaft in der Karte. Werden Trainingsparameter nicht geeignet gewählt, so kann es zu topologischen Defekten der trainierten Karte kommen (Bild 8.61); die Karte konnte sich beim Training nicht entfalten.

Peano-Kurve – Beispiele für die Topologieerhaltung

In einem weiteren Versuch werden Punkte in einem zweidimensionalen Eingaberaum auf eine eindimensionale Karte abgebildet. Die hierfür verwendete SOM hat zwei Eingabeneuronen und eine Karte mit 64 auf der eindimensionalen Karte äquidistant angeordneten Neuronen. Die Lernaufgabe besteht aus 64 Mustern, nämlich aus allen Paaren

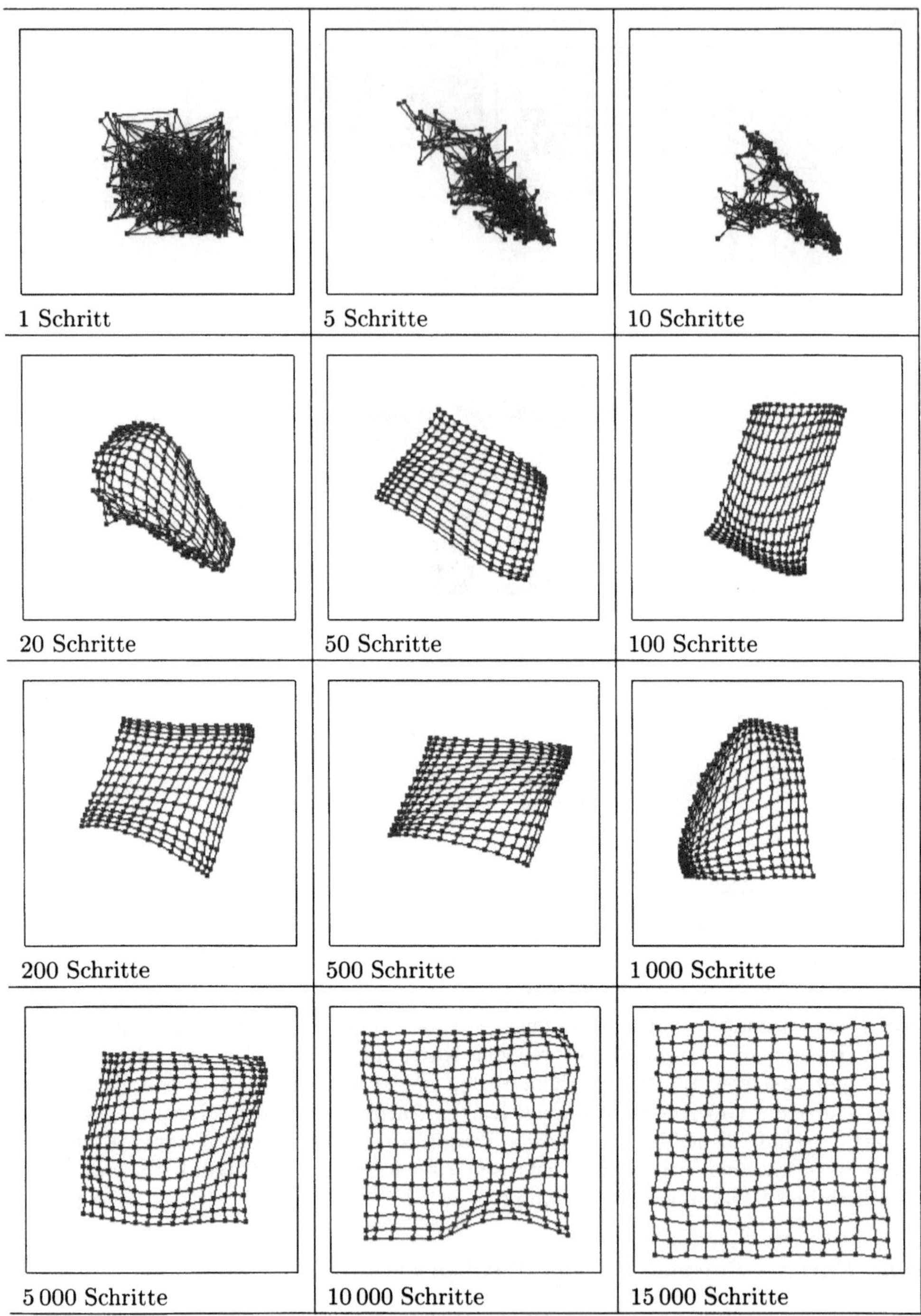

Bild 8.60 Einwandfreie Entfaltung einer Karte

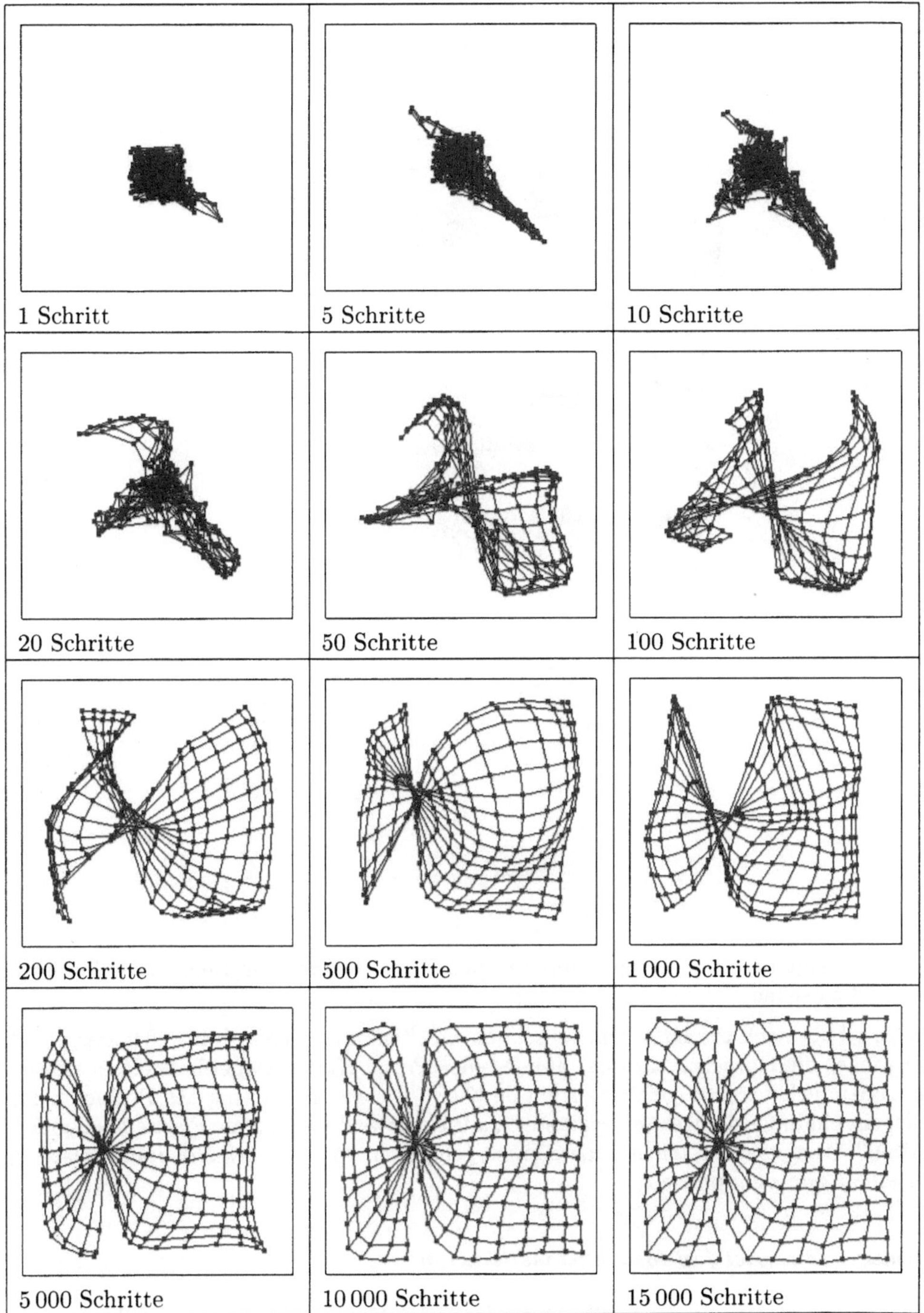

1 Schritt

5 Schritte

10 Schritte

20 Schritte

50 Schritte

100 Schritte

200 Schritte

500 Schritte

1 000 Schritte

5 000 Schritte

10 000 Schritte

15 000 Schritte

Bild 8.61 Entfaltung einer Karte mit topologischem Defekt

$(x_1(k), x_2(k))$ mit $x_1(k), x_2(k) \in \{0.1, 0.2, 0.3, 0.4, 0.5, 0.6, 0.7, 0.8\}$. Aufgabe des Trainingsalgorithmus ist es nun, einen höher- auf einen niedrigerdimensionalen Raum abzubilden. Dies kann nur durch eine geeignete *Faltung* geschehen.

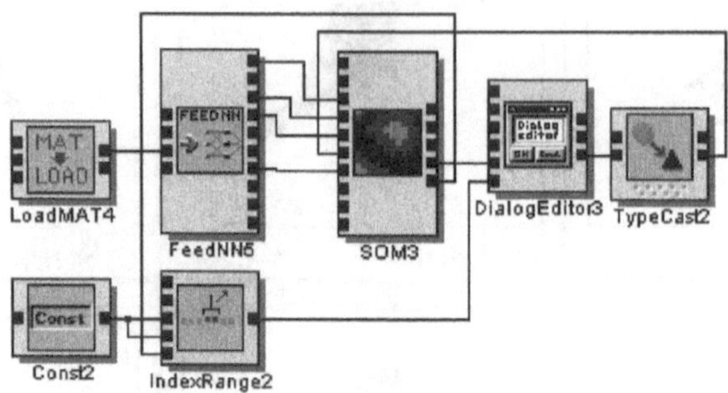

Bild 8.62   Signalgraph zum Beispiel Peano-Kurve

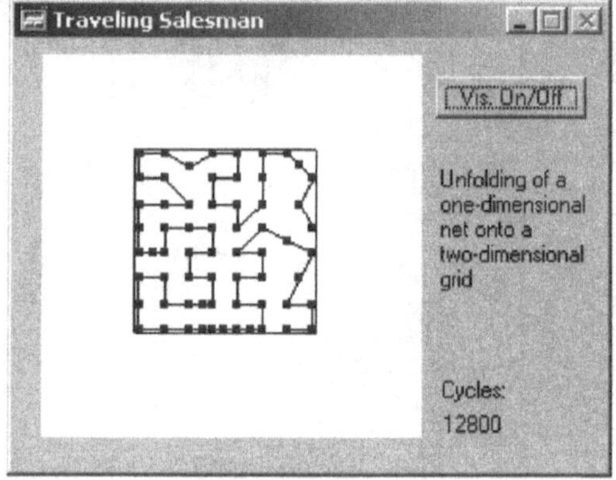

Bild 8.63   Benutzerdialog zum Beispiel Peano-Kurve

Bild 8.62 zeigt den Signalgraph zum Beispiel Peano-Kurve. Der Benutzerdialog ist in Bild 8.63 zu sehen.

Das Ergebnis nach erfolgreichem Abschluss des Trainings (siehe Bild 8.64; dargestellt sind wieder die Gewichtsvektoren) ähnelt einer *Peano-Kurve*. Dabei handelt es sich um eine „unendlich rekursiv gefaltete fraktale Kurve, welche die Lösung des Problems darstellt, ein eindimensionales Intervall stetig auf eine zweidimensionale Fläche abzubilden" [RMS91]. Analogien bestehen auch zum so genannten *Problem des Handlungsreisenden* (*travelling salesman problem*).

Cancer – Beispiel für Musterklassifikation

Von zentraler Bedeutung ist bei SOM die *Interpretation* des durch einen unüberwachten Lernvorgang erzielten Trainingsergebnisses. D.h., Abbildungen verschiedener Eingabemuster müssen auf der Karte lokalisiert werden. Erst dann ist die trainierte Karte in einer konkreten Anwendung einsetzbar. Zur Interpretation wird üblicherweise eine gewisse

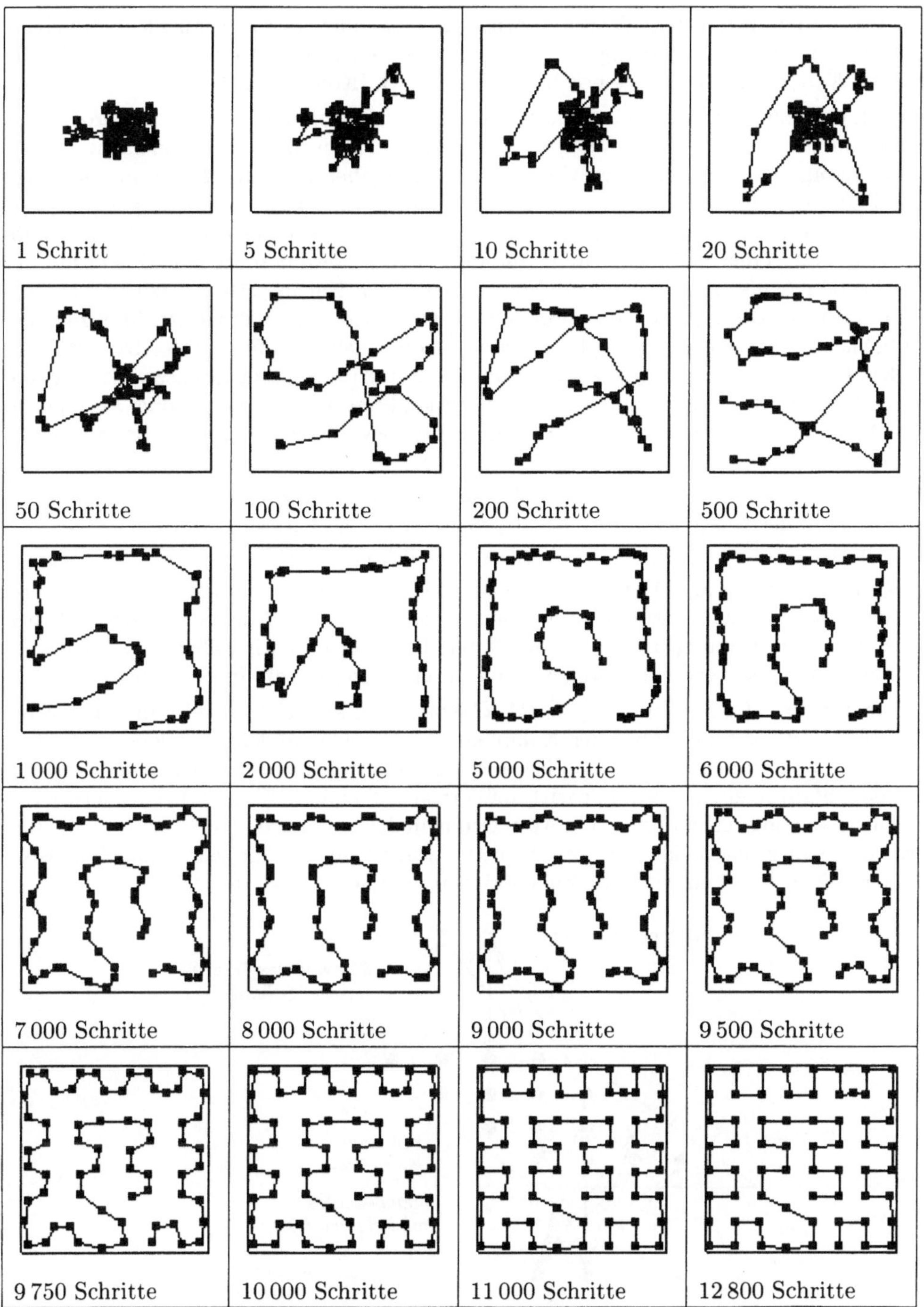

Bild 8.64 Kartenentfaltung im Beispiel „Peano-Kurve"

Zahl von bereits genauer analysierten Mustern verwendet, deren Ähnlichkeitsbeziehungen bekannt sind. Der Vorgang der Interpretation einer trainierten Karte wird häufig auch als *Kalibrieren* der Karte bezeichnet (siehe z.B. [Koh01, Zel94]).

Hier soll untersucht werden, wie SOM für Klassifikationsaufgaben eingesetzt werden können. Trainingsmuster einer SOM werden dabei zunächst durch den unüberwachten Trainingsvorgang entsprechend ihrer Verteilung im Eingaberaum auf *Cluster* in der Karte abgebildet. *Clustering* kann als eine Art unüberwachte *Klassifikation* angesehen werden, da keinerlei Vorwissen über die Zuordnung von Eingabemustern zu *Klassen* benötigt wird. Durch den unüberwachten Trainingsvorgang werden nicht nur Cluster auf der Karte gebildet, die trainierte Karte repräsentiert auch Nachbarschaftsbeziehungen zwischen Clustern. D.h., da die Abbildung einer SOM topologieerhaltend ist, impliziert ein Ähnlichkeitsmaß für Eingabemuster auch ein Ähnlichkeitsmaß für Cluster bzw. Klassen [NKK96]. Um nun eine unüberwacht trainierte SOM für Klassifikationszwecke verwenden zu können, ist es notwendig, den Clustern konkrete Klassen zuzuordnen. Einige für diese Aufgabe geeignete Algorithmen (Interpretationsverfahren) werden in [Bac01, Sic01] vorgestellt.

Einfache Grundvoraussetzung für den Einsatz von SOM in Klassifikationsaufgaben ist, dass die Zahl der Neuronen in der Karte größer ist als die Klassenzahl. Üblicherweise ist die Zahl der Neuronen in der Karte sogar deutlich größer, z.B. um den Faktor 10.

Um Clustern einer Karte Klassen zuordnen zu können, benötigen manche der Interpretationsverfahren eine vorgegebene Klassenzuordnung für die Muster der Lernaufgabe. Diese Information (entspricht der einer festen Lernaufgabe) wird allerdings nicht zum Training der Karte verwendet, sondern erst anschließend für die Interpretation.

Klassifizierende SOM (*Classifying SOM, CSOM*), wie sie beispielsweise in [Neu93] beschrieben sind, bestehen aus einer Kombination von SOM und MLP (siehe Bild 8.65). Die Ausgabeschicht einer CSOM wird auch als Kategorieschicht bezeichnet. Zunächst wird eine SOM in einem ersten Schritt unüberwacht trainiert. Eine nachgeordnete MLP-Schicht (zweilagig) erhält dann alle Aktivierungen der trainierten Karte als Eingabe und wird in einem zweiten, überwachten Schritt darauf trainiert, für jedes Eingabemuster, das der CSOM gegeben wird, die Zugehörigkeit zu einer Klasse anzugeben.

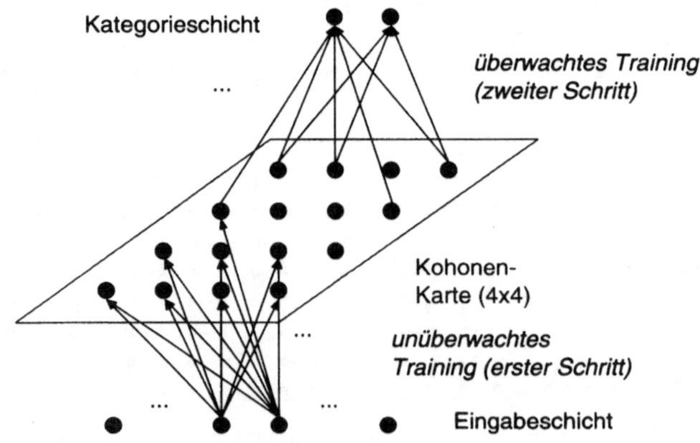

Bild 8.65 Struktur einer Klassifizierenden SOM

Alternativ könnte man beispielsweise auch eine SOM mit einer nachfolgenden Fuzzy-Schicht (siehe beispielsweise [PM99]) kombinieren. Diese erhält für jeden Trainingsvektor die Aktivierungen der SOM und die Vorgabeklasse des Trainingsvektors. Die Fuzzy-Schicht berechnet daraus Gebiete für jede Klasse, die nicht unbedingt überschneidungsfrei sein müssen. Fuzzy-Systeme werden in Abschnitt 8.5 detaillierter besprochen.

Das im Folgenden untersuchte Anwendungsbeispiel beschäftigt sich mit dem Training und der Anwendung einer CSOM auf medizinische Daten. Bei einer Diagnose von Brustkrebs soll ein Tumor entweder als gutartig oder als bösartig klassifiziert werden. Hierzu stehen verschiedene Merkmale (insgesamt 9) zur Verfügung, mit denen Zellen auf der Basis einer mikroskopischen Untersuchung beschrieben werden (z.B. Größe, Form).

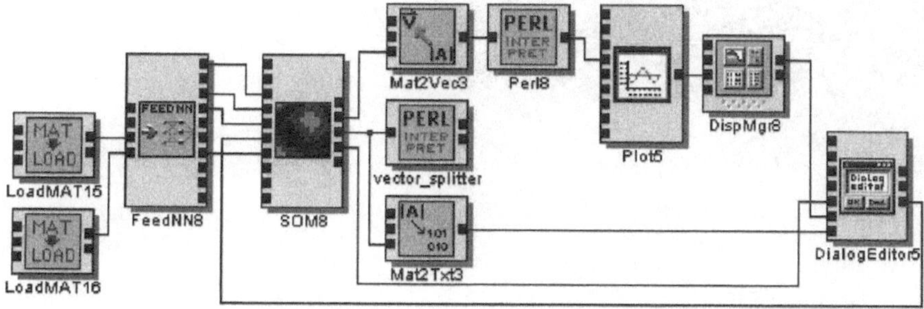

Bild 8.66 Signalgraph zum Training einer SOM mit Cancer-Daten

Insgesamt enthält die Lernaufgabe 699 Muster, von denen jeweils die Hälfte für Training und Test verwendet wird. 65.5% der Muster gehören zu gutartigen Tumoren.

Bild 8.66 zeigt den Signalgraph zum Training einer SOM; der dazugehörende Benutzerdialog ist in Bild 8.67 zu sehen. Ausgegeben werden der Wert eines der Gewichte der SOM (um die Konvergenz beobachten zu können), der Fehlervektor (Quantisierungsfehler und Siegerabstand) sowie die Aktivierungswerte der Kartenneuronen (in graphischer Darstellung, d.h. numerische Werte in Farbwerte umgesetzt). Die verwendete zweidimensionale Karte enthält 15 Neuronen (3 × 5). Wird die Visualisierung abgeschaltet, kann das Training beschleunigt werden. Nach dem Training muss das trainierte Netz zur weiteren Verwendung gespeichert werden. Dies geschieht über den Benutzerdialog des Moduls **SOM**.

Mit einem weiteren Signalgraphen (siehe Bild 8.68) wird anschließend die MLP-Schicht der CSOM in einem überwachten Trainingsvorgang trainiert. Hierzu muss über den Benutzerdialog des Moduls **SOM** das zuvor gespeicherte Netz wieder geladen werden. Zu beachten ist dabei dass nun die Option *Lernen EIN/AUS* im Benutzerdialog deaktiviert ist, da die SOM in diesem Schritt nur angewendet wird. In diesem Schritt wird mit Hilfe des Moduls **DYNN** lediglich eine MLP-Schicht trainiert (ggf. dazu im Benutzerdialog die Gewichte zurücksetzen). Diese verwendet die Ausgaben der 15 Kartenneuronen als Eingabe und hat selbst keine verdeckte Schicht und Ausgabeneuronen für die beiden Ausgabeklassen.

Bild 8.69 zeigt den Benutzerdialog zum Training der MLP-Schicht. Gezeigt wird (numerisch und grafisch) der Trainingsfehler des MLP. Die Gewichte des Netzes können über einen Button zurückgesetzt werden. Nach dem Training ist analog zum ersten Schritt das Trainierte MLP zu speichern (Benutzerdialog des Moduls **DYNN**).

Im dritten und letzten Schritt werden die beiden trainierten Netze zusammen als CSOM angewandt (siehe Signalgraph in Bild 8.70). Die beiden trainierten Netze sind über die

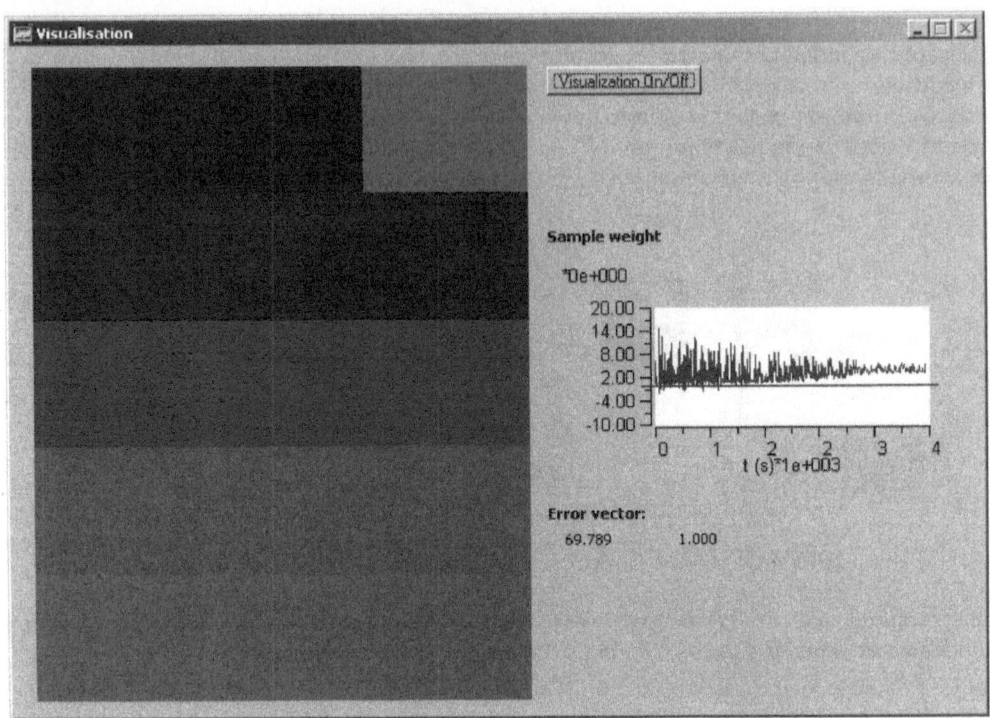

Bild 8.67 Benutzerdialog zum Training einer SOM mit Cancer-Daten

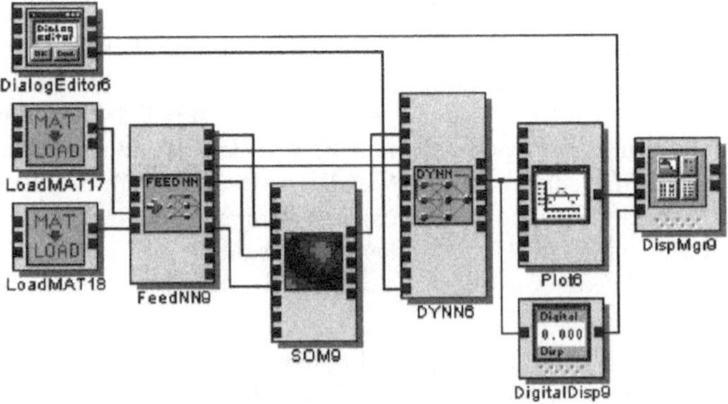

Bild 8.68 Signalgraph zum Training der MLP-Schicht einer CSOM mit Cancer-Daten

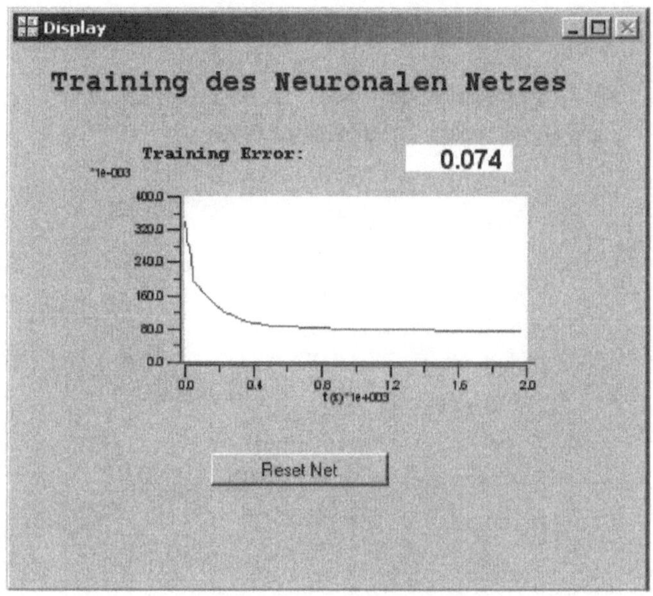

Bild 8.69 Benutzerdialog zum Training der MLP-Schicht einer CSOM mit Cancer-Daten

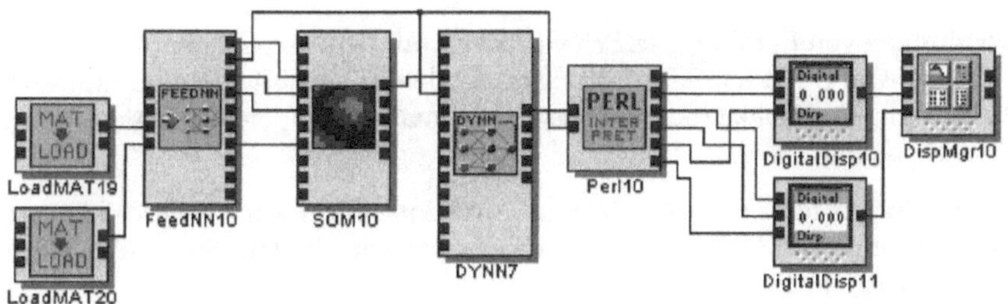

Bild 8.70 Signalgraph zur Anwendung einer CSOM auf Cancer-Daten

Benutzerdialoge der Module **SOM** und **DYNN** zu laden. Wie oben ist bei der SOM darauf zu achten, dass nicht gelernt wird. Im Benutzerdialog (siehe Bild 8.71 wird für jede der beiden Klassen die Anzahl richtig bzw. falsch klassifizierter Muster ausgegeben (bzw. der Anteil falsch klassifizierter Muster).

Die Daten wurden zur Verfügung gestellt von WOLBERG (University of Wisconsin Hospitals, Madison) [MW90, WM90]. Eine Beschreibung der Daten ist in [Pre94] zu finden.

8.3.5 Abschließende Bemerkungen zu SOM

In diesem Abschnitt wurde ein Netzparadigma vorgestellt, bei dem ein (üblicherweise hochdimensionaler) Eingaberaum topologieerhaltend auf eine (beispielsweise zweidimensionale) Karte abgebildet wird. Beim Training dieses Netzes wird durch die Nachbarschaftsbeziehung der Neuronen in der Karte eine spezielle Art von Vektorquantisierung durchgeführt, bei der die Gewichtsvektoren so im $|\mathcal{U}_I|$-dimensionalen Eingaberaum verteilt werden, dass sie den Eingaberaum räumlich geordnet repräsentieren [Zel94].

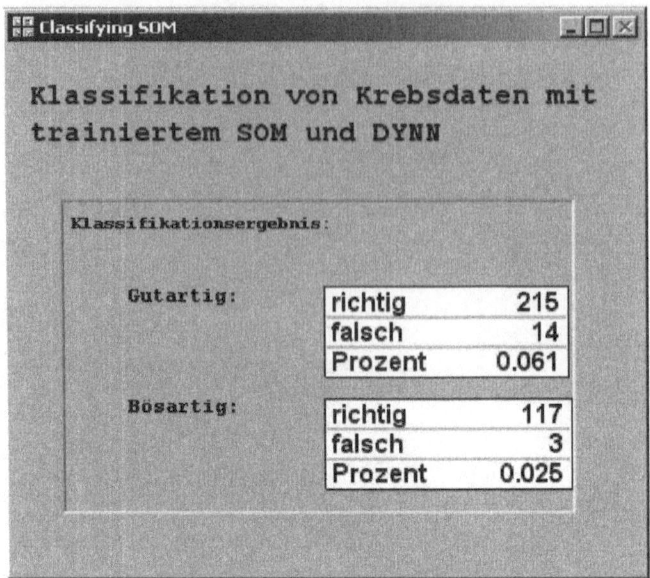

Bild 8.71 Benutzerdialog zur Anwendung einer CSOM auf Cancer-Daten

Bei Anwendungen von SOM lag ein Schwerpunkt auf dem Bereich der Musterklassifikation. Der Einsatz von SOM in Klassifikationsaufgaben ist sicherlich immer dann besonders vorteilhaft, wenn Ähnlichkeitsbeziehungen im Eingaberaum der Karte gleichzeitig visualisiert werden sollen.

An dieser Stelle werden nun abschließend zwei Vorschläge kurz besprochen, die helfen sollen, das Training von SOM weiter zu verbessern (siehe [Zel94]). Sie sind auch im Modul SOM von ICONNECT implementiert.

Konvexe Kombinationsmethode

Bei dieser Methode werden alle Gewichte mit dem gleichen Wert $\frac{1}{\sqrt{|\mathcal{U}_I|}}$ initialisiert. Die Länge jedes Gewichtsvektors $\mathbf{w}_j^{(O)}$ ist somit gleich Eins. Alle externen Eingaben $x_i(k) \in \mathbb{R}$ der SOM werden folgendermaßen modifiziert:

$$x_i'(k) \overset{def}{=} \alpha \cdot x_i(k) + (1 - \alpha) \cdot \frac{1}{\sqrt{|\mathcal{U}_I|}}.$$

Mit Beginn des Trainings wird α auf einen sehr kleinen, positiven Wert (fast Null) gesetzt. Damit sind die Eingabevektoren etwa gleich den Gewichtsvektoren, haben also ebenfalls eine Länge von (etwa) Eins. Im weiteren Verlauf des Trainings wird α allmählich bis auf den Wert Eins erhöht. Dadurch nehmen die Eingaben allmählich ihren eigentlichen Wert an und die Gewichtsvektoren folgen einem oder einer kleinen Guppe von Eingabevektoren. [Zel94] stellt fest, dass das Verfahren „recht gut" funktioniert, allerdings eine etwas längere Trainingszeit (höhere Epochenzahl) erfordert.

Neuronen mit Bewusstsein

Bei diesem Verfahren (nach [DeS88]) besitzt jedes Ausgabeneuron ein so genanntes *Fairness-Bewusstsein*. Wenn ein Neuron zu häufig gewinnt (öfter als eine vorgegebene Anzahl, z.B. $\frac{1}{|U_O|}$), dann wird seine Chance verringert, auch in folgenden Schritten zu gewinnen. Damit steigt die Chance anderer Neuronen, Siegerneuron zu werden. Realisiert wird dieses Verfahren beispielsweise durch einen zusätzlichen Strafterm, der auf die Netzeingabe $s_j^{(O)}(k)$ der Ausgabeneuronen addiert wird und der von der bisherigen Gewinnhäufigkeit abhängt. Eine Reihe von Modifikationen dieses Verfahrens sind denkbar (z.B. Berücksichtigung von Nachbarschaften).

8.4 Radiale-Basisfunktionen-Netze (RBF)

In diesem Abschnitt werden Radiale-Basisfunktionen-Netze (RBF-Netze) vorgestellt, die wie MLP überwacht trainiert werden, ein statisches Systemverhalten zeigen und immer aus drei Neuronenschichten bestehen. Die wesentlichsten Unterschiede zu MLP sind:

- MLP verwenden verdeckte Neuronen, in denen das Skalarprodukt aus Eingabevektor und Gewichtsvektor berechnet wird. Dagegen haben RBF-Netze verdeckte Neuronen, in denen der Euklidische Abstand aus Eingabevektor und Gewichtsvektor bestimmt wird (vgl. SOM).

- MLP nutzen sigmoide Aktivierungsfunktionen, wohingegen in RBF-Netzen in der verdeckten Schicht so genannte radialsymmetrische Funktionen genutzt werden.

Abhängig von der Wahl konkreter radialsymmetrischer Basisfunktionen (sowie weiterer Parameter, z.B. der Aktivierungsfunktion in der Ausgabeschicht) kann dies zu einer Reihe vorteilhafter Eigenschaften dieser Netze führen (siehe auch [Zel94]):

- In der verdeckten Schicht liefert die Aktivierungsfunktion nur dann Werte, die betragsmäßig deutlich größer als Null sind, wenn das angelegte Eingabemuster dem Gewichtsvektor zwischen Eingabeschicht und verdeckter Schicht ähnlich ist. Somit liefern RBF-Netze außerhalb des Bereichs, in dem sie trainiert wurden, im Gegensatz zu MLP keine unkontrollierbaren Ausgaben.

- Die einfache Architektur von RBF-Netzen ermöglicht eine direkte Berechnung der Gewichte der Verbindungen zwischen verdeckter Schicht und Ausgabeschicht in einem Schritt durch das Lösen eines linearen Ausgleichsproblems.

Ein Training von RBF-Netzen mit einem iterativen Verfahren (z.B. ein Gradientenabstiegsverfahren wie bei MLP) ist ebenfalls möglich. Bei dem hier verwendeten Lernverfahren werden beide Ideen kombiniert.

Radiale-Basisfunktionen-Netze wurden Ende der achtziger Jahre vorgestellt (BROOMHEAD und LOWE, 1988, MOODY und DARKEN bzw. POGGIO und GIROSI, 1989). Ansätze zur Interpolation oder Approximation mit radialen Basisfunktionen sind allerdings bereits deutlich älter.

Typische Anwendungsklassen von RBF-Netzen sind beispielsweise (vgl. Anwendungen von MLP):

- Modellierung nichtlinearer, kontinuierlicher Funktionen oder
- Klassifikation von Eingabedaten.

Grundlegende Einführungen zu RBF-Netzen sind in [Bis95, Hay99, NKK96, Zel94] zu finden, eine detaillierte Darstellung in [PG89].

In diesem Abschnitt wird zunächst die Architektur von Radialen-Basisfunktionen-Netzen ausführlich beschrieben. Dann wird ein Verfahren zum Training dieser Netze kurz vorgestellt. Anschließend werden einige praktische Hinweise zur Anwendung dieser Netze gegeben. Dann werden in ICONNECT realisierte Anwendungen vorgestellt. Um einen Vergleich mit MLP zu erleichtern, werden mit RBF-Netzen die gleichen Beispiele untersucht. Zuletzt folgen noch einige abschließende Bemerkungen zu Unterschieden von RBF-Netzen und MLP.

8.4.1 Beschreibung der Architektur von RBF

In diesem Abschnitt wird zunächst die Struktur von Radialen-Basisfunktionen-Netzen formal definiert und danach detailliert erläutert.

Definition 8.24 (*Radiales-Basisfunktionen-Netz*)
Ein *Radiales-Basisfunktionen-Netz* (*radial basis function network, RBF*) ist definiert durch:

(1) Neuronen des Netzes werden in verschiedenen Schichten angeordnet: $\mathcal{U}_I$ heißt *Eingabeschicht*, $\mathcal{U}_H$ heißt *verdeckte Schicht* und $\mathcal{U}_O$ heißt *Ausgabeschicht*. Die entsprechenden Neuronen heißen *Eingabeneuronen*, *verdeckte* Neuronen bzw. *Ausgabeneuronen*.

(2) Jedem Paar von Neuronen $(i,j) \in \mathcal{U}_m \times \mathcal{U}_n$ mit $m \neq n$ und $m \in \{I,H\}$ bzw. $n \in \{H,O\}$ wird ein Wert $w_{(i,j)}^{(n)} \in \mathbb{R}$ zugeteilt. Dieser Wert heißt *Gewicht* der *Verbindung* zwischen Neuron i und Neuron j. Durch die Neuronenschichten und die Verbindungen wird die *Netzstruktur* festgelegt.

(3) Jedes Neuron der Eingabeschicht leitet seine Eingabe (die *externe Eingabe* des Netzes) unverändert an alle Nachfolgeneuronen weiter. D.h., die *Aktivierung* eines Eingabeneurons $i \in \mathcal{U}_I$ ist

$$a_i^{(I)}(k) \stackrel{def}{=} x_i(k)$$

für einen externen Eingabevektor des Netzes $\mathbf{x}(k) \stackrel{def}{=} \left(x_1(k), x_2(k), \ldots, x_{|\mathcal{U}_I|}(k)\right)$. $\mathbf{x}(k)$ heißt auch *Eingabemuster*; $k \in \mathbb{N}$ ist eine Zählvariable, die die Nummer des aktuell vom Netz verarbeiteten Eingabemusters angibt.

(4) Die *Aktivierung* $a_j^{(H)}(k)$ jedes verdeckten Neurons $j \in \mathcal{U}_H$ berechnet sich mit Hilfe einer *Basisfunktion* aus der Netzeingabe $s_j^{(H)}(k)$ von j:

$$a_j^{(H)}(k) \stackrel{def}{=} h_j(s_j^{(H)}(k), p_j).$$

Dabei ist h_j im Allgemeinen eine *radialsymmetrische* Basisfunktion, die einen zusätzlichen variablen Parameter p_j haben kann.

Die *Netzeingabe* $s_j^{(H)}(k)$ ist definiert durch

$$s_j^{(H)}(k) \stackrel{def}{=} \sqrt{\sum_{i \in \mathcal{U}_I} \left(a_i^{(I)}(k) - w_{(i,j)}^{(H)}\right)^2}.$$

Mit der Notation $\|\cdot\|$ für die *Länge* eines Vektors definiert durch $\|\mathbf{x}\| \stackrel{def}{=} \sqrt{\langle \mathbf{x} | \mathbf{x}\rangle}$ sowie $\mathbf{a}^{(I)}(k) \stackrel{def}{=} \left(a_1^{(I)}(k), a_2^{(I)}(k), \ldots, a_{|\mathcal{U}_I|}^{(I)}(k)\right)$ und $\mathbf{w}_j^{(H)} \stackrel{def}{=} \left(w_{(1,j)}^{(H)}, w_{(2,j)}^{(H)}, \ldots, w_{(|\mathcal{U}_I|,j)}^{(H)}\right)$ (*Gewichtsvektor* oder *Prototypvektor*) gilt

$$s_j^{(H)}(k) = \left\| \mathbf{a}^{(I)}(k) - \mathbf{w}_j^{(H)} \right\|.$$

$\langle \cdot | \cdot \rangle$ ist dabei das Standardskalarprodukt für reellwertige Vektoren.

(5) Die *Aktivierung* eines Ausgabeneurons $m \in \mathcal{U}_O$ ist

$$a_m^{(O)}(k) \stackrel{def}{=} \sigma(s_m^{(O)}(k)).$$

Dabei ist σ im Allgemeinen die identische Abbildung oder eine sigmoide Aktivierungsfunktion. Die Netzeingabe $s_m^{(O)}(k)$ des Ausgabeneurons besteht aus der gewichteten Summe der Aktivierungen der Vorgängerneuronen in der Eingabeschicht und der verdeckten Schicht sowie einem *Biasgewicht* (*Schwellwert*):

$$s_m^{(O)}(k) \stackrel{def}{=} \sum_{j \in \mathcal{U}_H} w_{(j,m)}^{(O)} \cdot a_j^{(H)}(k) + \sum_{i \in \mathcal{U}_I} w_{(i,m)}^{(O)} \cdot a_i^{(I)}(k) + w_{(B,m)}^{(O)}.$$

Der *externe Ausgabevektor* des Netzes $\mathbf{y}(k) \stackrel{def}{=} \left(y_1(k), y_2(k), \ldots, y_{|\mathcal{U}_O|}(k)\right)$ heißt auch *Ausgabemuster*. Er ist durch die Aktivierungen der Ausgabeneuronen definiert:

$$y_m(k) \stackrel{def}{=} a_m^{(O)}(k).$$

Für RBF-Netze finden sich viele, leicht unterschiedliche Definitionen in der Literatur. Beispielsweise gibt es Netze mit oder ohne Shortcutverbindungen (Verbindungen zwischen Eingabeschicht und Ausgabeschicht), mit oder ohne Bias, Netze mit einer linearen Aktivierungsfunktion (identische Abbildung) in der Ausgabeschicht usw.

Neuronen:

Wie bei den bisher betrachteten Netzparadigmen berechnen die Verarbeitungseinheiten oder Neuronen eines RBF-Netzes aus einer Eingabe einen Aktivierungszustand, der an nachfolgende Neuronen weitergegeben wird.

Netzstruktur:

Die Netzstruktur beschreibt die Kommunikationsverbindungen zwischen den Neuronen. Im Gegensatz zu den bisher betrachteten Paradigmen sind bei RBF-Netzen *schichtübergreifende* Verbindungen (*shortcut connections*) zugelassen. Bild 8.72 zeigt die Struktur eines RBF-Netzes.

Die Zahl der Schichten eines RBF-Netzes ist immer drei, d.h., mehr als eine Schicht mit (radialen) Basisfunktionen wird im Allgemeinen nicht verwendet [Bis95]. Wie bereits erwähnt wurde, gibt es auch einfachere Formen von RBF-Netzen, die z.B. ohne Shortcut-Verbindungen definiert sind.

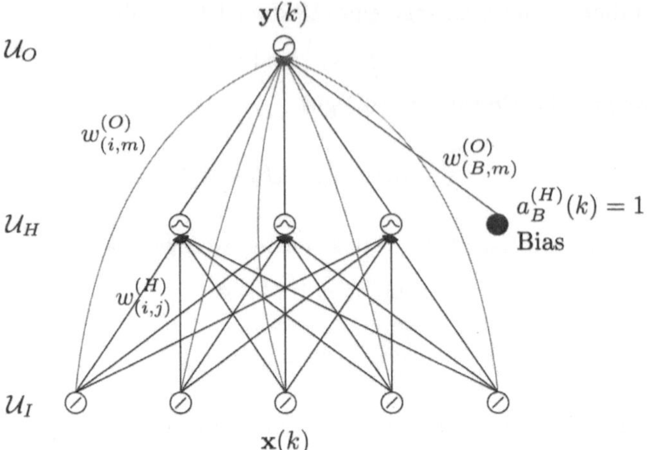

Bild 8.72 Struktur eines RBF-Netzes

Propagierung:

Die Netzeingabe wird beim RBF-Netz nur in der Ausgabeschicht wie bei MLP als gewichtete Summe der Aktivierungen der Vorgängerneuronen (Eingabeschicht und verdeckte Schicht) berechnet. In der verdeckten Schicht ist die Netzeingabe wie bei SOM definiert, nämlich durch den Euklidischen Abstand zwischen dem Gewichtsvektor (Prototypvektor) des aktuell betrachteten verdeckten Neurons und der Aktivierung der Eingabeneuronen. Dadurch wird die *Ähnlichkeit* zwischen dem Gewichtsvektor und dem aktuellen externen Eingabemuster des Netzes festgestellt, da die Neuronen der Eingabeschicht ihre Eingabe (d.h. die externe Eingabe des Netzes) unverändert an Nachfolger weitergeben.

Aktivierung:

Die Aktivierung eines Neurons hängt nur von der aktuellen Netzeingabe ab. Als Aktivierungsfunktionen für die Neuronen der Ausgabeschicht können wie beim MLP nichtlineare, sigmoide Funktionen eingesetzt werden (siehe Tabelle 8.1). Sehr häufig wird aber lediglich die identische Abbildung $\sigma_{id}(x) = x$ als Aktivierungsfunktion verwendet. Es entsteht dadurch ein Netz mit interessanten Trainingsmöglichkeiten (siehe Abschnitt 8.4.2).

Die Neuronen der verdeckten Schicht verwenden im Allgemeinen radialsymmetrische Basisfunktionen. Anforderungen an diese Basisfunktionen sind beispielsweise in [PG89] beschrieben. Basisfunktionen werden als *lokalisierte Basisfunktionen* bezeichnet, wenn gilt: $\lim_{x \to \infty} h_j(x,p_j) = 0$ [Bis95].

Bezeichnung	**Basisfunktion** h
Gauß-Funktion	$h_{gauss}(x,p) = e^{-\frac{x^2}{p^2}}$
multiquadratische Funktion	$h_{mquad}(x,p) = \sqrt{(x^2 + p^2)}$
inverse multiquadratische Funktion	$h_{invmquad}(x,p) = \frac{1}{\sqrt{x^2+p^2}}$

Tabelle 8.5 Verschiedene radialsymmetrische Basisfunktionen für RBF-Netze

Tabelle 8.5 zeigt verschiedene Beispiele für geeignete radialsymmetrische Basisfunktionen (siehe beispielsweise [Bis95, PG89, Zel94]. Die *Gauß-Funktion* und die *inverse multiquadratische Funktion* sind lokalisierte Basisfunktionen. Die *multiquadratische Funktion* und die *inverse multiquadratische Funktion* sind aus den allgemeineren Basisfunktionen $h(x,p) = (x^2 + p^2)^\alpha$ (mit $0 < \alpha < 1$) bzw. $h(x,p) = \frac{1}{(x^2+p^2)^\alpha}$ (mit $\alpha > 0$) für $\alpha = 0.5$ abgeleitet. Bild 8.73 zeigt Graphen dieser Basisfunktionen.

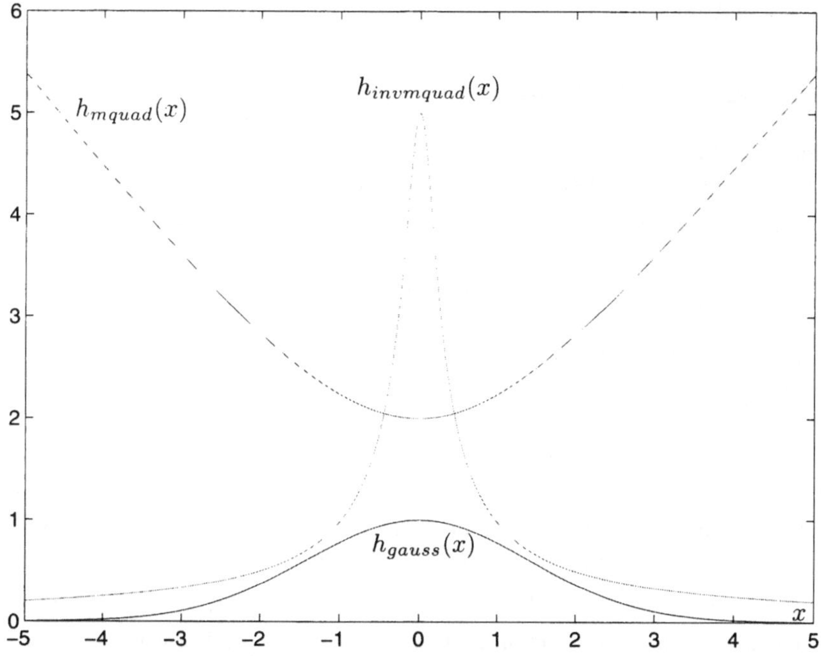

Bild 8.73 Beispiele für verschiedene radialsymmetrische Basisfunktionen

In der Praxis wird üblicherweise eine lokalisierte Basisfunktion (und unter diesen speziell die Gauß-Funktion) bevorzugt. Der Typ der Basisfunktion ist üblicherweise für alle Neuronen der verdeckten Schicht gleich. Der Parameter p wird individuell eingestellt, beispielsweise durch einen geeigneten Trainingsalgorithmus (siehe Abschnitt 8.4.2). Zu beachten ist auch, dass die Funktion eines verdeckten Neurons aufgrund der Netzeingabe nichtlinear ist, selbst wenn die als Aktivierungsfunktion verwendete Basisfunktion linear sein sollte.

Bei der Gauß-Funktion $h_{gauss,j}(x_j,p_j) = e^{-(x_j^2/p_j^2)}$ mit $x = s_j^{(H)}(k) = \left\| \mathbf{a}^{(I)}(k) - \mathbf{w}_j^{(H)} \right\|$ wird im Folgenden der Parameter $\mathbf{w}_j^{(H)}$ auch als *Zentrum* bezeichnet, der Parameter p_j als *Radius*. Unter den in Tabelle 8.5 angegebenen Basisfunktionen wird nur bei der Gauß-Funktion die „Breite" der Funktion über den Parameter p beeinflusst. Um einen änlichen Effekt bei der inversen multiquadratischen Funktion zu erzielen, schlägt [NKK96] folgende Modifikation vor:

$$h_{invmquad}(x,p) = \frac{1}{\sqrt{\frac{x^2}{p^2} + d^2}},$$

wobei $d \in \mathbb{R}$ eine Konstante ist.

In einem RBF-Netz haben üblicherweise alle Basisfunktionen den gleichen Typ. Da Basisfunktionen unterschiedlicher verdeckter Neuronen $j \in \mathcal{U}_H$ im Allgemeinen unterschiedliche Werte des Parameters p verwenden, werden p und die Basisfunktionen h im Folgenden mit dem Index j versehen (p_j bzw. h_j, siehe auch Definition 8.24).

Externe Eingabe und externe Ausgabe:

Wie bei MLP stellen die externe Eingabe und die externe Ausgabe die Verbindung des Netzes mit seiner Umgebung her.

8.4.2 Training von RBF-Netzen

Im Folgenden wird die Verwendung der Gauß-Funktion als Basisfunktion in verdeckten Neuronen sowie eine lineare Aktivierung in der Ausgabeschicht angenommen.

In einem RBF-Netz werden mit Hilfe eines geeigneten Trainingsverfahrens folgende Parameter eingestellt: die Gewichte der Verbindungen zwischen Eingabeschicht und Ausgabeschicht bzw. zwischen verdeckter Schicht und Ausgabeschicht, der Schwellwert (Biasgewicht) sowie die Zentren und Radien der Basisfunktionen.

Wie bei den bisher betrachteten Netzparadigmen müssen zunächst einige wichtige Grundbegriffe definiert werden. Dies ist insofern einfach, da auf die entsprechenden Definitionen bei MLP direkt verwiesen werden kann:

- Zum Training von RBF-Netzen wird eine feste Lernaufgabe verwendet (siehe Definition 8.2).

- Das beim Training verwendete Fehlermaß ist der gesamte quadrierte Fehler (kurz: Gesamtfehler) $\mathcal{E}$ (genauer: $\mathcal{E}_{LSE}$, siehe Definition 8.3).

- Der Lernalgorithmus für RBF-Netze ist überwacht (siehe Definition 8.4).

- Die Begriffe „Approximation" und „Generalisierung" für Lernziele werden verwendet, wie in Definition 8.7 angegeben.

Ergebnisse von allgemeinen Untersuchungen über die Approximationseigenschaften von RBF-Netzen werden beispielsweise in [Bis95, PG89] vorgestellt.

Ein zentraler Aspekt beim Training von RBF-Netzen ist die unterschiedliche Behandlung der verschiedenen trainierbaren (einstellbaren) Parameter. Unterschiedliche Parameter werden in drei aufeinanderfolgenden Schritten des Lernverfahrens gefunden:

- **Schritt 1:** Als erstes werden die Gewichte der Verbindungen zwischen Eingabeschicht und verdeckter Schicht (Prototypvektoren $\mathbf{w}_j^{(H)}$, d.h. Zentren der Basisfunktionen) sowie die Werte der Parameter p_j (Radien der Basisfunktionen) eingestellt. Das hierzu verwendete Verfahren (ein modifiziertes k-means Clustering) kann im Sinne von Definition 8.15 als „unüberwacht" bezeichnet werden.

- **Schritt 2:** Dann werden die Gewichte der Verbindungen zwischen verdeckter Schicht und Ausgabeschicht eingestellt. Das dazu eingesetzte Verfahren bestimmt diese Gewichte in einem Schritt durch das Lösen eines linearen Ausgleichsproblems. Es kann im Sinne von Definition 8.4 als „überwacht" bezeichnet werden.

- **Schritt 3:** Ein weiterer Schritt ist aus zwei Gründen erforderlich:

  - Die Werte der schichtübergreifenden Verbindungen und Schwellwerte sind noch nicht eingestellt.

– Die Verfahren der beiden ersten Schritte basieren auf vereinfachenden Annahmen bezüglich der Netzarchitektur und der Lernaufgabe.

Daher werden abschließend die Werte aller Parameter mit Hilfe eines iterativen Trainingsverfahrens (basierend auf der Idee des Gradientenabstiegs) ausgehend von den in den Schritten 1 und 2 gefundenen Startwerten trainiert. Das hierfür angegebene Verfahren, das im Prinzip dem Backpropagation-Algorithmus für epochenweises Training von MLP entspricht (siehe Algorithmus 8.9) ist ebenfalls ein überwachtes Lernverfahren.

Eine detaillierte Beschreibung des Trainingsverfahrens sowie seine Herleitung sind in [Sic01] zu finden.

8.4.3   Allgemeine Hinweise zur Anwendung von RBF-Netzen

Dieser Abschnitt beschäftigt sich mit Hinweisen, die einen erfolgreichen Einsatz von RBF-Netzen ermöglichen sollen. Wie bei den bisher betrachteten Netzparadigmen müssen folgende Punkte angesprochen werden:

- Selektion, Kodierung und Skalierung von Ein- und Ausgangsgrößen,

- Wahl der Parameter der Netzarchitektur (z.B. Zahl der verdeckten Neuronen, Auswahl eines Basisfunktionstyps) und Wahl von Lernparametern (z.B. Epochenzahl oder Lernrate),

- Anwendung von RBF-Netzen mit dem Lernziel der Generalisierungsfähigkeit und

- Kriterien zur Bewertung trainierter RBF-Netze und zum Vergleich verschiedener RBF-Netze.

Alle diese Punkte stehen in engem Zusammenhang und dürfen daher nicht unabhängig voneinander gesehen werden.

Eine Merkmalsbestimmung und Merkmalsselektion kann mit vergleichbaren Methoden erfolgen, wie sie für MLP angegeben wurden (siehe Abschnitt 8.1.3). Auch die Kodierung von Merkmalen (z.B. qualitative Merkmale) unterscheidet sich nicht. Eine Skalierung von Eingaben wird zwar üblicherweise durchgeführt, ist allerdings (wie bei SOM) nicht unbedingt notwendig. Eine Skalierung von Ausgaben ist nur bei Verwendung einer sigmoiden Aktivierungsfunktion mit beschränktem Wertebereich in der Ausgabeschicht zwingend notwendig, nicht jedoch, wenn die identische Abbildung zum Einsatz kommt.

Auch für die Wahl der Parameter der Netzstruktur gelten ähnliche Aussagen wie für MLP (siehe Abschnitt 8.1.3). Für RBF-Netze gibt es ebenfalls verschiedene Verfahren zur Strukturoptimierung. Allgemeine Hinweise zur Wahl der Zahl verdeckter Neuronen (und somit der Zahl der Basisfunktionen) gibt es nicht. Als Aktivierungsfunktionen werden meist die Gauß-Funktion in der verdeckten Schicht und die identische Abbildung in der Ausgabeschicht verwendet. Zur Wahl der Lernraten gibt es leider ebenfalls keine allgemeinen Hinweise.

Eine Überanpassung (Overfitting) der RBF-Netze an die Trainingsdaten ist wie bei anderen Netzparadigmen möglich. Zur Überprüfung der Generalisierungsfähigkeit müssen unbekannte Testmuster verwendet werden. Dabei sollte wie bei MLP eine Kreuzvalidierung durchgeführt werden (siehe Abschnitt 8.1.3). Auch die dort erwähnten Mechanismen zur Vermeidung einer Überanpassung können auf RBF-Netze übertragen werden.

Auch Kriterien zur Bewertung trainierter RBF-Netze können analog zu den für MLP definierten Kriterien angegeben werden (siehe Abschnitt 8.1.3). Insbesondere sollten auch verschiedene RBF-Netze mit Hilfe eines statistischen Tests (z.B. t-Test) miteinander verglichen werden.

8.4.4 Anwendungen von RBF-Netzen

Modul für RBF-Anwendungen in ICONNECT

Mit dem Modul **RBF** können Anwendungen mit RBF-Netzen in **ICONNECT** realisiert werden. Wie das Modul **DYNN** kann auch das Modul **RBF** mit den Modulen **FeedNN** und **PostNN** kombiniert werden (siehe Abschnitt 8.1.4).

Das Modul **RBF** liest Eingabegrößen des Netzes über den Eingang `Net Input` und Sollausgaben für das Training über den Eingang `Desired Output`. Diese beiden Eingänge sowie die weiteren Eingänge `Learning On/Off` und `Epoch Length` können direkt mit entsprechenden Ausgängen des Moduls **FeedNN** verbunden werden. Außerdem ist es möglich, über weitere Eingänge ein Netz zur Laufzeit zu speichern oder zu laden (`Net Load` und `Net Save`) bzw. die Gewichte des Netzes zurückzusetzen (`Net Reset`).

Die Ausgabe eines RBF-Netzes wird über den Ausgang `Net Output` an Nachfolgemodule (z.B. **PostNN**) weitergegeben. An weiteren fünf Ausgängen können die Werte der trainierbaren Parameter des Netzes nach jeder Epoche abgelesen werden (`Weights Vector Centers`, `Weights Vector HIDDEN-OUTPUT`, `Weights Vector Shortcuts`, `Radii` und `Weights Vector Bias`). Über den Ausgang `Error Vector` werden MSE und LSE für jede Epoche ausgegeben. Der Ausgang `Net Info` stellt nach einem Signalgraphzyklus Informationen über das Netz bereit.

Die Arbeitsweise des Moduls **RBF** hängt davon ab, welche Eingänge verbunden sind:

- Wenn der Eingang `Desired Output` nicht verbunden ist, kann das RBF-Netz nicht trainiert werden.

- Wenn der Eingang `Desired Output` verbunden ist, aber `Learning On/Off` nicht, so hängt das Lernverhalten von der entsprechenden Einstellung *Lernen EIN/AUS* im Parameterdialog ab.

- Die Werte am Eingang `Epoch Length` spezifizieren die Länge der jeweiligen Epoche an. Am Beginn einer jeden neuen Epoche wird ein Wert für die Epochenlänge eingelesen. Es muss also für jede in einem Zyklus des Signalgraphen angefangene Epoche ein Wert vorliegen.

- Wenn der Eingang `Epoch Length` nicht verbunden ist, wird die komplette Eingangsmatrix am Port `Net Input` als eine Epoche betrachtet. Die Länge der Epoche entspricht also der Zahl der Zeilen der Matrix.

- Ist der Eingang `Learning On/Off` verbunden, so muss auch an ihm für jede in einem Zyklus angefangene Epoche ein Wert anliegen.

Im Parameterdialog des Moduls (siehe Bild 8.74) kann im Feld **Kontrolleinstellungen** die Parameterquelle des Moduls festgelegt werden. Die Option *Lernen EIN/AUS* schaltet das RBF-Netz zwischen Trainings- und Anwendungsmodus hin und her. Die hier gewählte Option wird allerdings durch den am entsprechenden Eingangsport (`Learning On/Off`) anliegenden Wert überschrieben. Über den Button $\boxed{\text{Netz zurücksetzen}}$ werden die Gewichte der SOM zurückgesetzt.

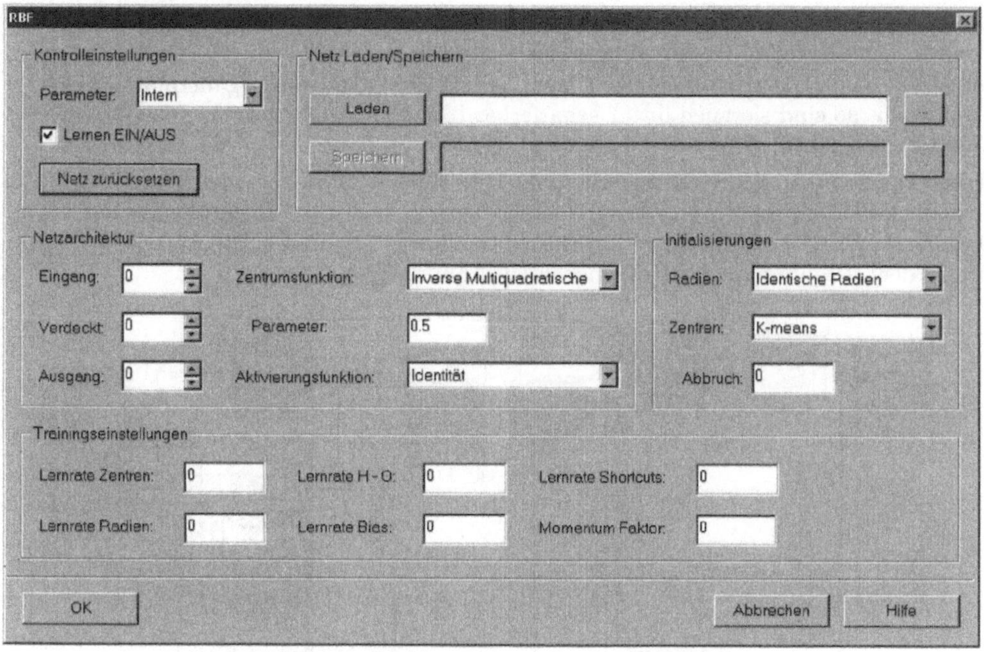

Bild 8.74 Parameterdialog des Moduls RBF

Über das Feld **Netzarchitektur** wird die Zahl der Neuronen in den einzelnen Schichten festgelegt. Außerdem werden die Basisfunktionen der verdeckten Neuronen (*Zentrumsfunktion*, ggf. mit zusätzlichem *Parameter* α) sowie die Aktivierungsfunktion für die Ausgabeschicht (*Aktivierungsfunktion*) hier angegeben.

Mit den Feldern **Initialisierungen** und **Trainingseinstellungen** werden die verschiedenen Schritte des Lernverfahrens beeinflusst. Die Initialisierung der Zentren kann (vgl. Abschnitt 8.4.2) mit einem modifizierten k-means erfolgen (beste Variante). Alternativ können Zentren mit zufälligen oder den ersten Mustern der Lernaufgabe initialisiert werden (*Zufällig* bzw. *Linear*). Für k-means ist noch ein Abbruchkriterium anzugeben (*Abbruch*). Mit dem Wert Null werden hier die besten Ergebnisse erzielt (eventuell auf Kosten der Trainingszeit). Die Radien können entweder alle mit dem gleichen Wert (*Identische Radien*) oder – bei Verwendung von k-means – durch die Berechnung der empirischen Varianz der erzeugten Cluster initialisiert werden (*Empirische Varianz*). Für den letzten Trainingsschritt (Gradientenabstieg analog zum Backpropagation-Verfahren mit Momentum-Term, siehe Abschnitt 8.1.2) können für jede zu trainierende Parameterart individuelle Lernraten vergeben werden.

Ein Laden und Speichern trainierter Netze ist über das Feld **Netz Laden/Speichern** möglich.

Weitere Informationen zum Modul **RBF** sind in der Online-Hilfe zu finden.

XOR – Beispiel für Approximationseigenschaften

Hinter der Anwendung von MLP in Klassifikationsaufgaben steht die Idee, verschiedene Bereiche des Eingaberaums linear zu separieren. MLP trennen Bereiche des Eingaberaums mit Hilfe von Hyperebenen ab (globale Sicht). RBF-Netze dagegen versuchen, verschiedene Bereiche des Eingaberaums sphärisch zu separieren. Sie erkennen Cluster mit Hilfe von Hypersphären (lokale Sicht). Sind Bereiche des Eingaberaums sphärisch separierbar, so sind sie auch linear separierbar [Hay99]. Die umgekehrte Aussage gilt im Allgemeinen nicht.

Die boolesche Funktion XOR wird nun mit Hilfe eines RBF-Netzes modelliert. Das RBF-Netz hat zwei verdeckte Neuronen, ein Bias-Neuron und auch schichtübergreifende Verbindungen. Als Basisfunktion wird die Gauß-Funktion verwendet. Die Aktivierungsfunktion in der Ausgabeschicht ist die identische Abbildung.

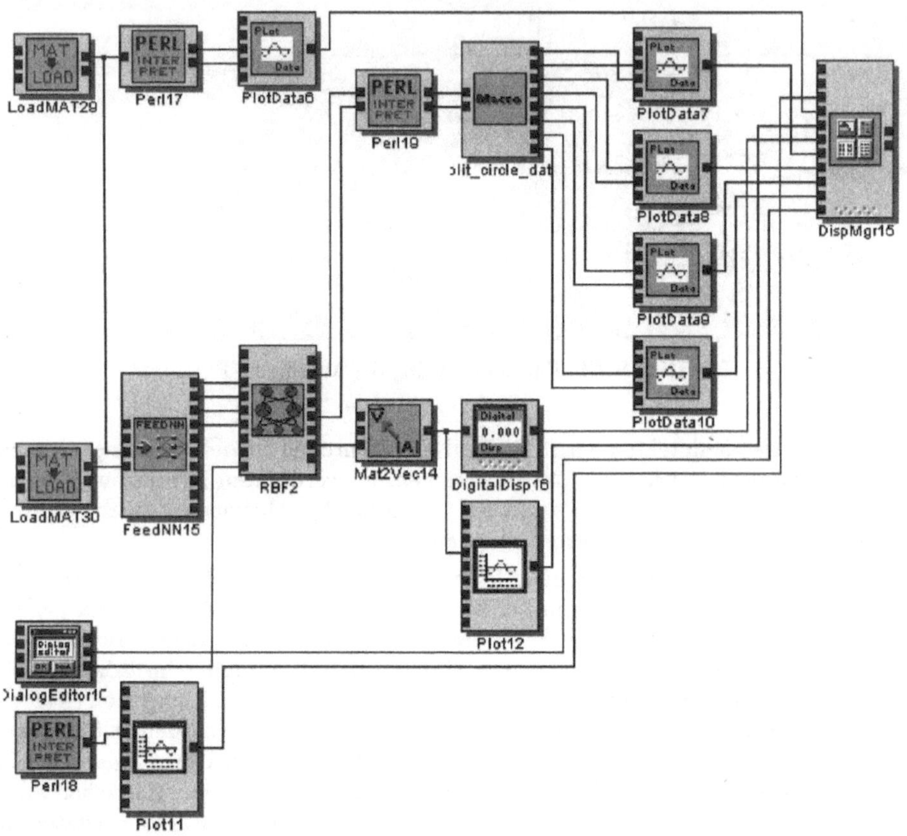

Bild 8.75 Signalgraph zur Lösung des XOR-Problems mit RBF-Netzen

Bild 8.75 zeigt den Signalgraphen für das XOR-Problem. Im Benutzerdialog (Bild 8.76) ist außer dem Verlauf des Trainingsfehlers (rechts) in der linken Bildhälfte eine Darstellung mit den vier Eingabemustern an den Ecken des Einheitsquadrats zu sehen. Werden – wie hier – zwei verdeckte Neuronen verwendet, so beschreiben die beiden Kreise die aktuelle Position (Zentren) und die Radien der Basisfunktionen der verdeckten Schicht. Die beiden Kreise trennen die beiden Muster (0,0) und (1,1), denen die Ausgabe 0 zugeordnet wird von den beiden anderen Mustern (1,0) und (0,1), die zur Ausgabe 1 führen. Aufgrund der beiden ersten Trainingsschritte (Clustering und lineares Ausgleichsproblem) ist der Trainingsfehler bereits vor der ersten Epoche von Backpropagation sehr gering.

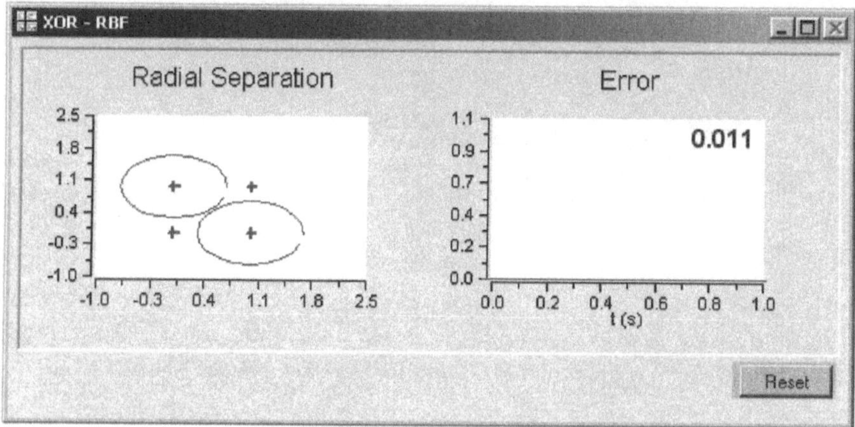

Bild 8.76 Benutzerdialog zur Lösung des XOR-Problems mit RBF-Netzen

Iris – Beispiel für Musterklassifikation

An dieser Stelle soll das Beispiel zur Musterklassifikation, das zur Demonstration der Fähigkeiten von MLP verwendet wurde (siehe Abschnitt 8.1.4), nochmals aufgegriffen werden, um Unterschiede zwischen MLP und RBF-Netzen zu zeigen. Signalgraph und Benutzerdialog sind ähnlich zum entsprechenden Beispiel für MLP.

HeartA – Beispiel für kontinuierliche Funktionsapproximation

An dieser Stelle soll das Beispiel zur kontinuierlichen Funktionsapproximation, das mit MLP untersucht wurde (siehe Abschnitt 8.1.4) auch mit RBF-Netzen realisiert werden, um Unterschiede zu MLP aufzuzeigen. Signalgraph und Benutzerdialog sind ähnlich zum entsprechenden Beispiel für MLP.

8.4.5 Abschließende Bemerkungen zu RBF-Netzen

In diesem Abschnitt wurde ein Netzparadigma vorgestellt, bei dem ein (üblicherweise mehrdimensionaler) Eingaberaum durch eine nichtlineare Funktion auf einen ein- oder mehrdimensionalen Ausgaberaum abgebildet wird. Das Systemverhalten eines RBF-Netzes ist statisch, d.h., das Ausgabemuster eines Netzes hängt nur vom aktuellen Eingabemuster ab. Außerdem ist ein RBF-Netz nichtlinear; diese Eigenschaft ist (bei linearer Aktivierung in der Ausgabeschicht) auf die Nichtlinearität der Aktivierungsfunktionen bzw. der Netzeingabefunktion in der verdeckten Schicht zurückzuführen. RBF-Netze lassen sich zwar sehr schön als Netze beschreiben bzw. darstellen; ihr Bezug zu biologischen Vorbildern ist jedoch geringer als bei den bisher vorgestellten Paradigmen.

Da MLP und RBF-Netze prinzipiell für die gleichen Anwendungen einsetzbar sind, ist die Frage zu stellen, ob eines dieser Netzparadigmen generell zu besseren Ergebnissen führt. Dies ist allerdings nicht der Fall, wie auch das Beispiel in Bild 8.77 zeigt. Bei der Klassifikationsaufgabe auf der linken Seite würde ein verdecktes Neuron in einem RBF-Netz zur Separierung der beiden Klassen von Eingabemustern genügen (MLP: 4 verdeckte Neuronen). Bei der Aufgabe, die auf der rechten Seite dargestellt ist, benötigt

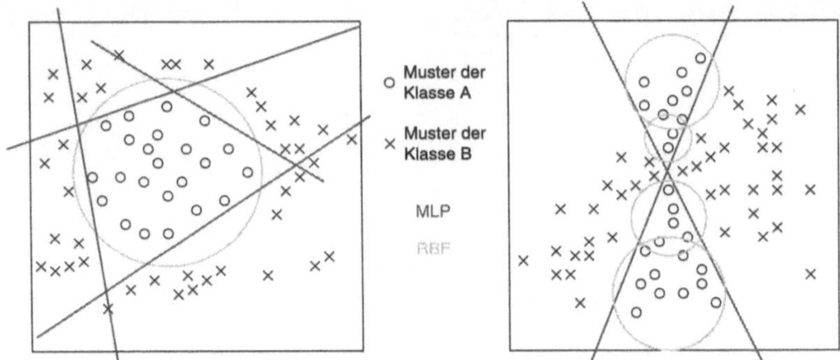

Bild 8.77   Vergleich von MLP und RBF-Netzen bei der Klassifikation

ein MLP nur 2 verdeckte Neuronen (RBF: 4 verdeckte Neuronen). Tabelle 8.6 stellt die Eigenschaften von MLP und RBF-Netzen in einer Übersicht zusammen.

MLP	**RBF-Netze**
Systemverhalten nichtlinear, statisch	Systemverhalten nichtlinear, statisch
mehrere verdeckte Schichten möglich	eine verdeckte Schicht
gleicher Neuronentyp in verdeckten Schichten und in Ausgangsschicht	unterschiedlicher Neuronentyp in verdeckter Schicht und in Ausgangsschicht
Aktivierungsfunktion in verdeckten Schichten und in Ausgangsschicht nichtlinear	Aktivierungsfunktion in verdeckter Schicht im Allgemeinen nichtlinear, in Ausgangsschicht häufig linear
Netzeingaben in verdeckten Schichten und in Ausgangsschicht definiert über Skalarprodukt von Aktivierungsvektor der Vorgängerschicht und Gewichtsvektor	Netzeingaben in verdeckter Schicht definiert über Euklidischen Abstand von Aktivierungsvektor der Vorgängerschicht und Gewichtsvektor; Netzeingaben in Ausgangsschicht wie bei MLP
globale Approximation eines nichtlinearen Ein-/Ausgabeverhaltens	lokale Approximation eines nichtlinearen Ein-/Ausgabeverhaltens
einstufiges Trainingsverfahren basierend auf einem iterativen Gradientenabstieg in der Fehlerfläche	Trainingsverfahren enthält heuristische Komponente (Clustering-Verfahren), Lösen eines linearen Ausgleichsproblems und iterativen Gradientenabstieg in der Fehlerfläche

Tabelle 8.6   Vergleich von MLP und RBF-Netzen (nach [Hay99])

8.5   Fuzzy-Systeme

Häufig werden nichtlineare Systeme (z.B. ein Regler) auf der Basis mathematischer Modelle (z.B. einer Regelstrecke) entwickelt. Mangelnde Kenntnisse oder auch zu hoher Aufwand lassen die Entwicklung eines solchen Modells nicht immer zu. Aus eigener Erfahrung wissen wir aber, dass sogar manche sehr komplexe Regelungsaufgaben, wie etwa das Fahren eines Autos, auch ohne eine solche Modellierung praktisch lösbar sind. In vielen Anwendungsgebieten lässt sich die Wissensakquisition, die Voraussetzung einer Modellbildung ist, in Form von Paaren von Ein- und entsprechenden Ausgangsgrößen eines Systems dokumentieren (beispielsweise Messwert-/Stellwertpaaren bei einem Regler). Die Beobachtungsergebnisse können dann zur Bildung so genannter *linguistischer Regeln* herangezogen werden. Solche Regeln sind beispielsweise von der Form: „**Wenn** das Auto *kurz* vor einem Hindernis ist **und** die Geschwindigkeit *hoch* ist, **dann** *stark* bremsen." Dabei repräsentieren die *linguistischen Terme kurz* und *hoch* in der Prämisse der Regel Werte für die Messgrößen, und *stark* in der Konklusion gibt einen für diese Situation geeigneten Stellwert an. Die gewählten Bezeichnungen können im Allgemeinen nicht mit einem genauen (*scharfen*) Zahlenwert assoziiert werden, sondern stehen für eine Menge von Zahlenwerten. Dabei können einige Zahlenwerte dieser Menge eindeutig mit den Begriffen assoziiert werden, bei anderen ist das schwieriger. Man spricht daher auch von *unscharfen* Werten.

Seit einigen Jahren werden nichtlineare Systeme immer häufiger mit Hilfe der so genannten *Fuzzy-Logik* modelliert. Typische Anwendungsgebiete von derartigen *Fuzzy-Systemen* sind beispielsweise nichtlineare Regelung, Prozessüberwachung, Fehlerdiagnose, Musterklassifikation usw. Fuzzy-Systeme arbeiten mit linguistischen Regeln, also mit unscharfen Werten. Die Fuzzy-Logik stellt dazu geeignete Mechanismen, beispielsweise zur Verknüpfung linguistischer Regeln, bereit. Da einem Fuzzy-System in einer praktischen Anwendung jedoch im Allgemeinen scharfe Eingabewerte zur Verfügung gestellt werden und auch scharfe Ausgabewerte benötigt werden, müssen zusätzliche Mechanismen zur Umwandlung von scharfen in unscharfe Werte (Fuzzifizierung) und umgekehrt (Defuzzifizierung) angegeben werden. Bild 8.78 zeigt eine schematische Darstellung eines Fuzzy-Systems. Fuzzy-Systeme realisieren eine nichtlineare Abbildung von einem üblicherweise mehrdimensionalen Eingaberaum in einen manchmal mehrdimensionalen Ausgaberaum. Das Systemverhalten der hier definierten Fuzzy-Systeme ist statisch, d.h., die Ausgabe hängt nur von der aktuellen Eingabe ab.

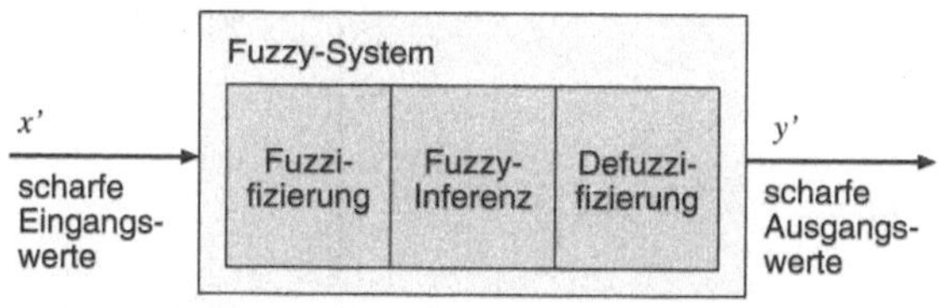

Bild 8.78 Schematische Darstellung eines Fuzzy-Systems

Die Abschnitte 8.5.1, 8.5.2 und 8.5.3 beschäftigen sich mit den drei in Bild 8.78 dargestellten Teilaufgaben, also Fuzzifizierung, Fuzzy-Inferenz (Regelauswertung) und Defuzzifizierung. Abschnitt 8.5.4 stellt dann einen Algorithmus zur Auswertung eines Fuzzy-Regelsystems, der diese drei Schritte umfasst, zusammenfassend dar. Die verschiedenen Freiheitsgrade, die dem Anwender bei der Entwicklung eines solchen Fuzzy-Systems offenstehen, werden in Abschnitt 8.5.5 aufgelistet. Abschnitt 8.5.6 beschreibt die in ICONNECT angebotenen Module und stellt zwei Beispiele aus den Bereichen Fuzzy-Regelung und Fuzzy-Klassifikation vor.

Als ergänzende Literaturstellen über Entwicklung und Einsatz von Fuzzy-Systemen können beispielsweise [ABA00, Bie97, Bot98, Kah95, MSF97, NKK96] verwendet werden.

8.5.1 Fuzzifizierung

In der klassischen Mengenlehre werden üblicherweise Teilmengen T einer Grundmenge G durch Auflistung aller Elemente oder durch Angabe von Prädikaten P, d.h. von Eigenschaften, festgelegt. Alternativ dazu kann man auch eine *charakteristische Funktion* oder *Zugehörigkeitsfunktion* $\mu_T(x)$ einführen, so dass gilt:

$$\mu_T(x) = \begin{cases} 1 & \text{falls } x \in T \\ 0 & \text{falls } x \in G \backslash T \end{cases} .$$

In praktischen Anwendungen ist eine derartige scharfe Zuordnung nicht immer sinnvoll. So ist beispielsweise manchmal nicht einzusehen, dass sehr ähnliche Größen unterschiedlich bewertet werden. In der Theorie der *Fuzzymengen* gibt man daher *Zugehörigkeitsgrade* für die einzelnen Elemente an, die jeweils zwischen 0 (gehört sicher nicht dazu) und 1 (gehört sicher dazu) liegen.

Definition 8.25 (Fuzzymenge)
Eine *Fuzzymenge* μ von G ist eine Funktion von einer Grundmenge G in das reelle Einheitsintervall [0,1], d.h. $\mu : G \longrightarrow [0,1]$.

Beispiel 8.26
Eine charakteristische Funktion zur Repräsentation der Menge aller *schnellen* Autos ist beispielsweise

$$\mu_T(x) = \begin{cases} 1 & \text{falls } x \geq 200 \text{ km/h} \\ 0 & \text{sonst} \end{cases} ,$$

mit $G = \mathbb{R}^+$. Für jede positive reelle Zahl x kann man nun angeben, ob μ_T den Wert 1 oder 0 besitzt (siehe Bild 8.79).

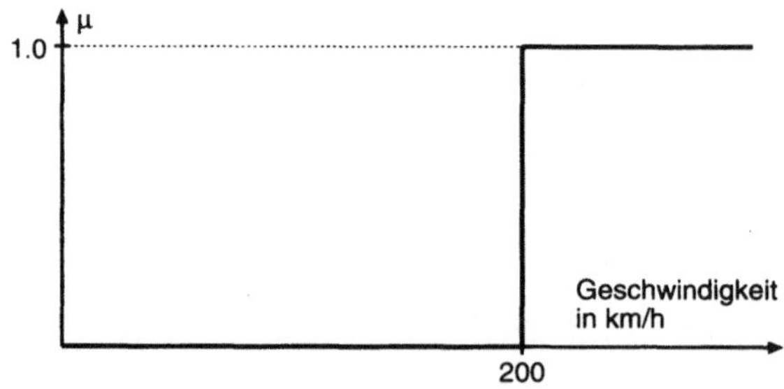

Bild 8.79 Charakteristische Funktion zur Repräsentation des Prädikates *schnell* – 1

Die in Bild 8.80 gezeigte Fuzzymenge, die ebenfalls die Eigenschaft *schnell* beschreibt, ist rein subjektiv und kann mit wechselndem Kontext oder Betrachter (z.B. Rennfahrer, Fußgänger) auch unterschiedlich ausfallen.

Häufig wird auch μ als *Zugehörigkeitsfunktion* und die Menge von Paaren $F = \{(x,\mu(x))|x \in X\}$ als Fuzzymenge bezeichnet. Die beiden Definitionen sind aber gleichwertig, da eine Fuzzymenge F durch eine Zugehörigkeitsfunktion eindeutig definiert ist. Ein einzelnes Wertepaar $(x,\mu(x))$ heißt auch *Singleton*.

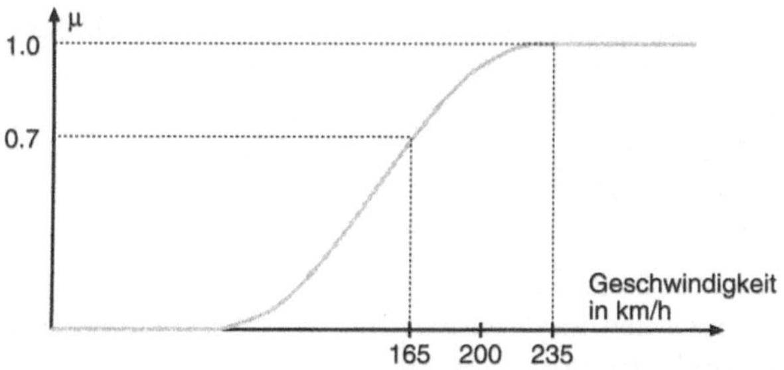

Bild 8.80 Charakteristische Funktion zur Repräsentation des Prädikates *schnell* – 2

Der Begriff „Zugehörigkeitsgrad" darf nicht mit dem Begriff „Wahrscheinlichkeit" verwechselt werden. Gehört ein Objekt mit einer bestimmten Wahrscheinlichkeit zu einer Menge, so ist es entweder ganz in der Menge enthalten oder nicht.

Hier werden nur Fuzzymengen über der Grundmenge $\mathbb{R}$ oder einem reellen Intervall betrachtet. Häufig werden als Fuzzymengen *Dreiecksfunktionen*

$$y_{m.d}(x) = \begin{cases} 1 - \left| \frac{m-x}{d} \right| & \text{falls } m - d \le x \le m + d \\ 0 & \text{falls } x < m - d \text{ oder } x > m + d \end{cases}$$

mit $d \in \mathbb{R}^+$ und $m \in \mathbb{R}$ verwendet. Der Wert m mit $y(m) = 1$ wird auch als *Modalwert* der Fuzzymenge bezeichnet. Dreiecksfunktionen eignen sich gut, um Aussagen der Art *etwa m* zu modellieren (siehe Bild 8.81). Anstelle dreieckförmiger Zugehörigkeitsfunktionen können beispielsweise auch *trapezförmige Zugehörigkeitsfunktionen* oder *Singletons* (s.o.) verwendet werden.

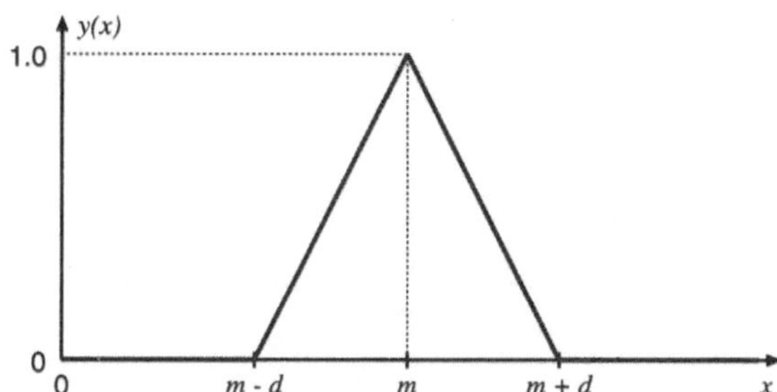

Bild 8.81 Verlauf einer typischen dreieckförmigen Zugehörigkeitsfunktion

Definition 8.27 (Support und Toleranz)

Ist μ eine Fuzzymenge in X, so heißt $S(\mu) = \{x \in X \mid \mu(x) > 0\}$ der *Support* (Träger oder Einflussbreite) von μ und $T(\mu) = \{x \in X \mid \mu(x) = 1\}$ die *Toleranz* von μ.

Für die dreieckförmige Zugehörigkeitsfunktion (siehe Bild 8.81) sind also Support und Toleranz durch $]m - d, m + d[$ und m (Modalwert) gegeben. Beim Singleton entsprechen Support und Toleranz dem Modalwert m.

Üblicherweise werden so genannte *normale Fuzzymengen* zur Charakterisierung von Parametern verwendet. Dabei handelt es sich um Fuzzymengen, die Elemente mit einem Zugehörigkeitsgrad von Eins besitzen. Der Wert $H(F) = \max_{x \in X}\{\mu(x)\}$ einer Fuzzymenge μ über der Grundmenge X wird als *Höhe* der Fuzzymenge bezeichnet. In der „klassischen" Mengenlehre arbeitet man also mit Mengen, deren Höhe gleich Eins ist (wie in Bild 8.81).

Ein umgangssprachlicher, „unscharfer" Wert, wie z.B. *groß* für die Körpergröße eines Menschen, wird im Folgenden als *linguistischer Term* bezeichnet, der zugrundeliegende Parameter, also hier die Körpergröße selbst, als *linguistische Variable*. Eine linguistische Variable wird im Allgemeinen durch mehrere linguistische Terme beschrieben, deren Fuzzymengen den Wertebereich der Variablen abdecken.

Was versteht man nun unter dem Begriff *Fuzzifizierung*? Für eine gegebene linguistische Variable seien Fuzzymengen für alle ihre linguistischen Terme definiert. Dann werden für einen *scharfen* Eingabewert mit Hilfe dieser Fuzzymengen die Zugehörigkeitsgrade bezüglich aller linguistischen Terme bestimmt. Typischerweise werden diese Fuzzymengen so definiert, dass für einen scharfen Eingabewert die Summe der Zugehörigkeitsgrade zu allen linguistischen Termen einer linguistischen Variablen gleich Eins ist.

Beispiel 8.28
Gegeben ist eine linguistische Variable mit den linguistischen Termen *niedrig*, *mittel* und *hoch* (siehe Bild 8.82), deren Fuzzymengen dreieck- bzw. trapezförmig sind. Die Zugehörigkeitsgrade für einen scharfen Eingangswert, beispielsweise $x' = 4.5$, sind $\mu_{niedrig}(4.5) = 0.25$, $\mu_{mittel}(4.5) = 0.75$ und $\mu_{hoch}(4.5) = 0$. Es gilt $\mu_{niedrig}(4.5) + \mu_{mittel}(4.5) + \mu_{hoch}(4.5) = 1$. Der scharfe Eingangswert $x' = 4.5$ kann also sowohl als *niedrig* als auch als *mittel* interpretiert werden.

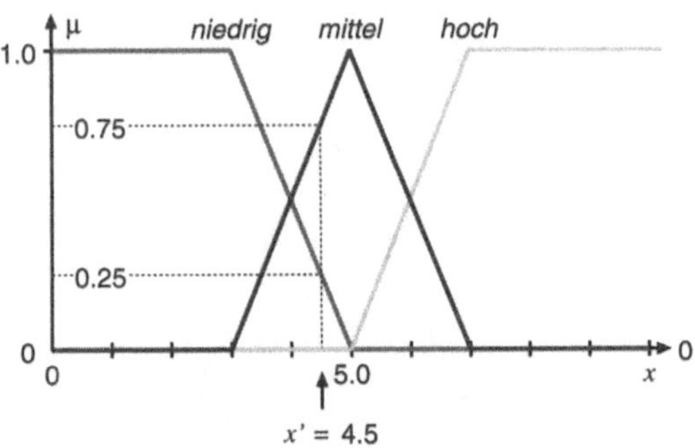

Bild 8.82 Fuzzifizierung

8.5.2 Fuzzy-Implikation und Fuzzy-Inferenz

In einem Fuzzy-System muss typischerweise ein *Regelsystem* $\mathcal{R}$ der Form

$$R_1 \quad : \quad \textbf{Wenn } x = niedrig \textbf{ und } y = mittel, \textbf{ dann } z = hoch$$
$$R_2 \quad : \quad \textbf{Wenn } x = mittel \textbf{ und } y = mittel, \textbf{ dann } z = mittel$$
$$R_3 \quad : \quad \textbf{Wenn } x = hoch \textbf{ und } y = niedrig, \textbf{ dann } z = niedrig$$

ausgewertet werden. Dabei seien x, y, und z linguistische Variablen, für die jeweils drei linguistische Terme *niedrig*, *mittel* und *hoch* definiert sind. Das angegebene Regelsystem ist nicht vollständig, da es Verknüpfungen der Eingabevariablen x und y gibt, für die keine Ausgabe definiert ist. In der Praxis sind Regelsysteme allerdings häufig vollständig. Um ein solches Regelsystem auswerten zu können, ist festzulegen, wie

(1) die Teilaussagen der Prämisse einer Regel verknüpft werden (... **und** ...),

(2) bei jeder einzelnen Regel die Konklusion aus der Prämisse abgeleitet wird (**Wenn** ... **dann** ...) und

(3) die Konklusionen der verschiedenen Regeln (hier R_1, R_2, R_3) eines Regelsystems miteinander verknüpft werden.

Auswertung der Prämisse einer Regel

Die Prämisse aus Regel R_1 des angegebenen Regelsystems ist $x = $ *niedrig* **und** $y = $ *mittel*. Diese UND-Verknüpfung der unscharfen Aussagen der Prämisse stellt eine zweistellige Fuzzyrelation dar. Dabei handelt es sich um eine Fuzzyrelation, bei der Fuzzymengen, die auf unterschiedlichen Grundmengen definiert sind, miteinander verknüpft werden. Eine solche Fuzzyrelation FR kann man nun z.B. unter Nutzung des MIN-Operators zur Modellierung der UND-Verknüpfung auswerten durch

$$\mu_{FR}(x,y) = \min\{\mu_{niedrig}(x), \mu_{mittel}(y)\}.$$

Bei einer ODER-Verknüpfung würde man entsprechend den MAX-Operator wählen. Auch eine Verwendung von anderen Operationenpaaren wäre möglich (siehe beispielsweise [NKK96, Sic01]).

Ableitung der Konklusion aus der Prämisse einer Regel

Der Einfachheit halber werden zunächst Regeln mit sehr einfachen Prämissen der Form $R : $ **Wenn** $x = A$ **dann** $y = B$ (wobei A und B linguistische Terme sind) betrachtet. Prämisse und Konklusion der Regel sind jeweils unscharfe Aussagen, und man benötigt eine Vorschrift für den Fall, dass die Prämisse mehr oder weniger wahr ist und daher auch die Konklusion mehr oder weniger gilt. Die Auswertung einer solchen *Fuzzy-Implikation* wird auch als *fuzzy-logisches Schließen* bezeichnet. Auch hierfür existieren eine Reihe von Operatoren. In der Praxis wählt man häufig die so genannte *Mamdani-Implikation*. Ihr liegt die Idee zugrunde, dass der Wahrheitsgehalt der Konklusion nicht größer sein sollte als der Wahrheitsgehalt der Prämisse:

$$\mu_{A \implies B}(x,y) = \min\{\mu_A(x), \mu_B(x)\}.$$

Daneben wird häufig das *algebraische Produkt* verwendet:

$$\mu_{A \implies B}(x,y) = \mu_A(x) \cdot \mu_B(x).$$

Liegt der (später noch zu beschreibenden) Fuzzy-Inferenz eine Mamdani-Implikation zugrunde, so spricht man z.B. von *MAX-MIN-Inferenz*, bei Verwendung des algebraischen Produkts z.B. von *MAX-PROD-Inferenz*. Das „MAX" in den beiden Bezeichnungen erhält erst bei Verknüpfung mehrerer Regeln Bedeutung (siehe unten).

Allgemein liefert die MAX-MIN-Inferenz für eine Regel der Form R : **Wenn** $x = A$ **dann** $y = B$ bei Vorliegen eines scharfen Eingangswertes $x = x'$ die Fuzzymenge (*Konklusions-Fuzzymenge*)

$$\mu_R(x',y) = \min\{ \underbrace{\mu_A(x')}_{\text{scharfer Wert}} , \underbrace{\mu_B(y)}_{\text{Fuzzymenge}} \}$$

als Ergebnis. Den Wert $\mu_A(x')$ bezeichnet man auch oft als *Erfüllungsgrad* der Prämisse der Regel und kürzt ihn mit dem Symbol H ab. Regeln mit einem Erfüllungsgrad $H > 0$ werden als *aktiv* bezeichnet. Den Vorgang der Regelauswertung nennt man auch *Fuzzy-Inferenz*.

Beispiel 8.29

Es soll eine Regel der Form R : **Wenn** $x = niedrig$ **dann** $y = hoch$ ausgewertet werden. Bild 8.83 zeigt die hier zugrunde gelegten linguistischen Terme.

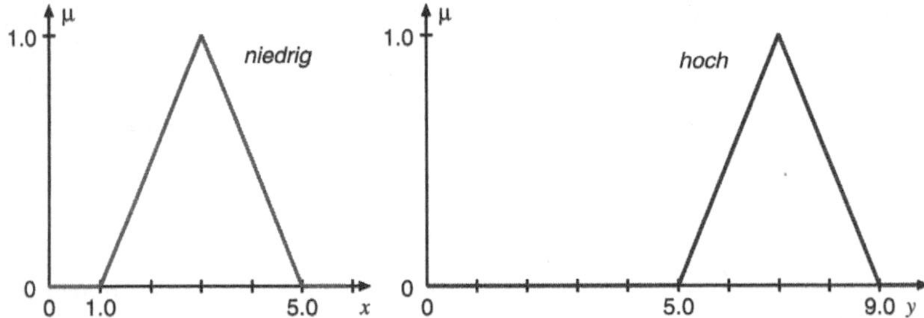

Bild 8.83　Linguistische Terme *niedrig* für x und *hoch* für y

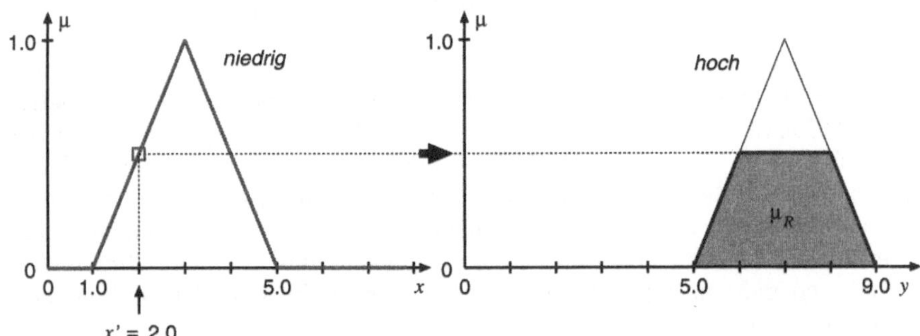

Bild 8.84　Grafische Darstellung der Inferenz für $x' = 2.0$

Bei MAX-MIN-Inferenz gilt z.B. für $x' = 2.0$ (siehe Bild 8.84):

$$\begin{aligned}
\mu_R(x' = 2.0,y) &= \min\{\mu_{niedrig}(2.0),\mu_{hoch}(y)\} \\
&= \min\{0.5,\mu_{hoch}(y)\}.
\end{aligned}$$

Das Ergebnis ist hier also kein scharfer Wert, sondern wieder eine Fuzzymenge, nämlich der auf der Höhe 0.5 abgeschnittene Bereich von $\mu_{hoch}(y)$.

Überlagerung mehrerer Regeln eines Regelsystems

Im Allgemeinen wird ein Regelsystem $\mathcal{R}$ aus mehreren Regeln bestehen, z.B.

$$R_1 \quad : \quad \textbf{Wenn } x = A \textbf{ dann } y = C$$
$$R_2 \quad : \quad \textbf{Wenn } x = B \textbf{ dann } y = B.$$

Dies entspricht einer ODER-Verknüpfung der Regeln, was beispielsweise wieder mit dem MAX-Operator ausgedrückt werden kann. Für die Gesamtrelation des Regelsystems $\mathcal{R}$ gilt dann:

$$\mu_{\mathcal{R}}(x,y) = \max\{\mu_{R_1}(x,y),\mu_{R_2}(x,y)\}.$$

An dieser Stelle wird nun die Bedeutung von „MAX" in den Bezeichnungen MAX-MIN-Inferenz und MAX-PROD-Inferenz deutlich. Sie bezieht sich auf die angegebene *Überlagerung* mehrerer Regeln. Die Bezeichner „MIN" bzw. „PROD" dagegen kennzeichnen den verwendeten Operator für die Fuzzy-Implikation (s.o.).

Außer der MAX-MIN- bzw. MAX-PROD-Inferenz werden manchmal auch die SUM-MIN- bzw. SUM-PROD-Inferenz verwendet. Diese Inferenzarten basieren auf der Idee, dass mehrere aktive Regeln mit derselben Schlussfolgerung auch verstärkt in das Inferenzergebnis einfließen sollten. Bei MAX-MIN- bzw. MAX-PROD-Inferenz wird dagegen nur jeweils die Regel mit dem maximalen Erfüllungsgrad berücksichtigt. Daher werden die Inferenzbeiträge aller aktiven Einzelregeln, also die in der Höhe H_j abgeschnittenen bzw. mit H_j multiplizierten Konklusions-Fuzzymengen, nicht mit Hilfe des MAX-Operators überlagert, sondern aufsummiert. Dabei kann eine resultierende Fuzzymenge mit Zugehörigkeitsgraden größer als Eins entstehen, was aber für die nachfolgende Defuzzifizierung unproblematisch ist.

Beispiel 8.30

Ein Regelsystem $\mathcal{R}$ sei gegeben durch

$$R_1 \quad : \quad \textbf{Wenn } x = \textit{niedrig} \textbf{ dann } y = \textit{hoch}$$
$$R_2 \quad : \quad \textbf{Wenn } x = \textit{mittel} \textbf{ dann } y = \textit{mittel}.$$

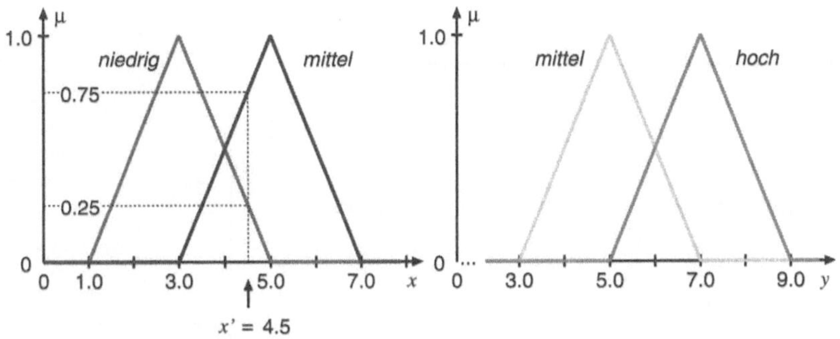

Bild 8.85 Linguistische Terme für x und y

Bild 8.85 zeigt die linguistischen Terme für x und y. Es gelte für den scharfen Eingangswert $x' = 4.5$: $\mu_{x\,=\,niedrig}(4.5) = 0.25$ und $\mu_{x\,=\,mittel}(4.5) = 0.75$. Für die beiden Regeln R_1 und R_2 sowie für $\mathcal{R}$ gilt dann mit MAX-MIN-Inferenz:

$$\mu_{R_1} = \min\{0.25, \mu_{y\,=\,hoch}(y)\},$$
$$\mu_{R_2} = \min\{0.75, \mu_{y\,=\,mittel}(y)\},$$
$$\mu_{\mathcal{R}} = \max\{\min\{0.25, \mu_{y\,=\,hoch}(y)\}, \min\{0.75, \mu_{y\,=\,mittel}(y)\}\}.$$

In Bild 8.86 ist dieser Inferenzvorgang für alle vier Inferenzmechanismen grafisch veranschaulicht.

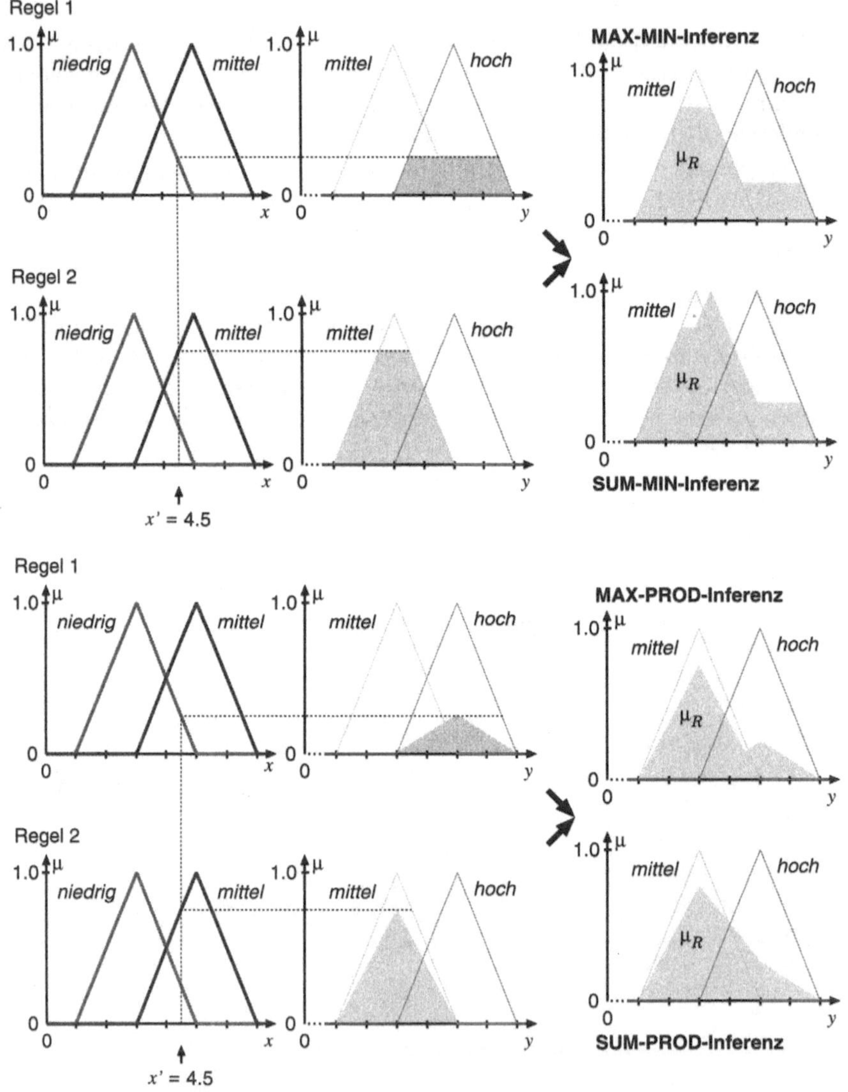

Bild 8.86   Inferenzvorgänge für den scharfen Eingangswert $x' = 4.5$ bei verschiedenen Inferenzmechanismen

8.5.3 Defuzzifizierung

Ergebnis eines Inferenzvorganges ist eine resultierende Fuzzymenge (Ergebnis-Fuzzymenge) mit einer Zugehörigkeitsfunktion $\mu_{\mathcal{R}}(x)$. Aufgabe der *Defuzzifizierung* ist es, aus einer derartigen Fuzzymenge wieder einen „sinnvollen" scharfen Ausgangswert y' zu generieren. Hierfür existieren verschiedene Verfahren.

Maximum-Methoden

Zur Ermittlung des scharfen Ausgangswertes y' wird bei *Maximum-Methoden* lediglich die Regel mit maximalem Erfüllungsgrad $H_{\max}$ herangezogen (siehe Bild 8.87). Für y' gilt hier also $y' \in [y_1, y_2]$.

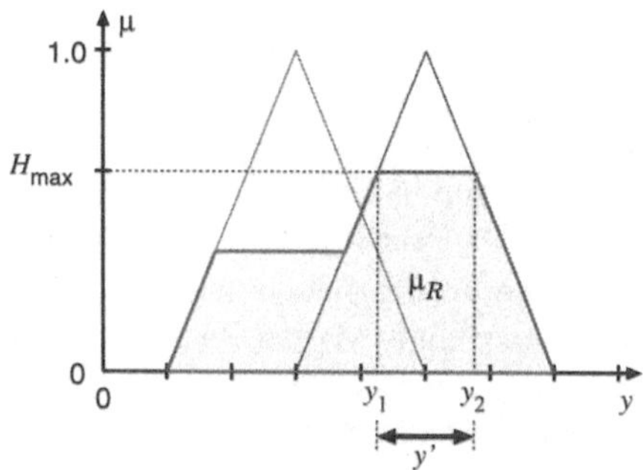

Bild 8.87 Bereich scharfer Ausgangswerte bei Maximum-Methoden

- Wahl des Mittelwertes: Bei dieser gebräuchlichsten Variante der Maximum-Methoden gilt für den scharfen Ausgangswert: $y' = \frac{y_1 + y_2}{2}$.
- Wahl des linken Randpunktes: Bei dieser Variante gilt $y' = y_1$.
- Wahl des rechten Randpunktes: Hier wird $y' = y_2$ gewählt.

Bei Wahl der MAX-PROD-Inferenz liefern alle drei Varianten den gleichen Wert, wenn die Ergebnis-Fuzzymenge aus überlagerten Dreiecksfunktionen besteht.

Die verschiedenen Maximum-Methoden sind wie folgt zu bewerten:

- Der Rechenaufwand zur Ermittlung des scharfen Ausgangswertes ist gering.
- Der ermittelte Wert ist unabhängig vom tatsächlichen Erfüllungsgrad der Regel mit maximalem Erfüllungsgrad.
- Eine Mittelung oder Prioritätsbildung ist für den Fall vorzusehen, dass mehrere Regeln mit dem gleichen maximalen Erfüllungsgrad (aber unterschiedlichen Schlussfolgerungen) auftreten.

Schwerpunktmethode

Die *Schwerpunktmethode* ist zumindest im Bereich der Fuzzy-Regelung das gebräuchlichste Defuzzifizierungsverfahren. Bei der Berechnung des scharfen Ausgangswertes werden mehrere aktive Regeln mit ihren Erfüllungsgraden berücksichtigt. Der scharfe Ausgangspunkt y' ist der Abszissenwert des Schwerpunktes der Fläche unterhalb der resultierenden Fuzzymenge (siehe Bild 8.88).

Die Schwerpunktmethode ist wie folgt zu bewerten:

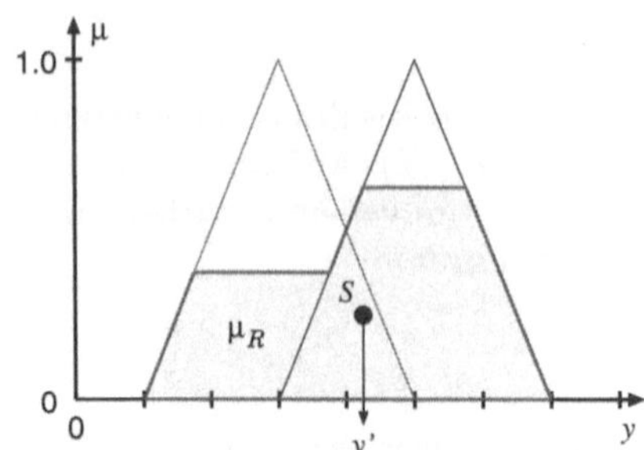

Bild 8.88   Schwerpunktmethode

- Der Rechenaufwand ist deutlich höher als bei den Maximum-Methoden (numerische Integration auf der Basis diskreter Stützstellen).

- Der scharfe Ausgangswert y' kann in Sonderfällen einen geringen oder keinen Zugehörigkeitsgrad zur resultierenden Fuzzymenge haben. Bei geeigneter Wahl der Regelbasis ist dieser Fall in der Praxis jedoch unwahrscheinlich.

- Der Wertebereich der Größe y wird nicht vollkommen ausgeschöpft. Der durch die Defuzzifizierung maximal erreichbare Wertebereich $[y'_{min}, y'_{max}]$ ist nur eine Teilmenge des Wertebereichs $[y_{min}, y_{max}]$ der Größe y. Zur Ausschöpfung des Wertebereiches kann eine so genannte *Randerweiterung* durchgeführt werden [Kah95].

Schwerpunktmethode mit SUM-MIN-Inferenz

Basis dieser Methode ist die SUM-MIN-Inferenz. Bei der MAX-MIN-Inferenz können bei der Überlagerung der Konklusions-Fuzzymengen der einzelnen Regeln beliebig komplexe Strukturen entstehen, für die die Berechnung des Schwerpunktes entsprechend aufwendig wird. Bei der SUM-MIN-Inferenz kann der scharfe Ausgangswert y' aus den Momenten und Flächen der einzelnen Fuzzymengen berechnet werden. Insbesondere für dreieck- oder trapezförmige Zugehörigkeitsfunktionen können Moment und Fläche einer abgeschnittenen Fuzzymenge relativ einfach ermittelt werden. Das Verfahren kann analog bei SUM-PROD-Inferenz verwendet werden.

Die Schwerpunktmethode mit SUM-MIN-Inferenz kann folgendermaßen bewertet werden:

- Durch die beschriebene Vorgehensweise können Zugehörigkeitsgrade zur resultierenden Fuzzymenge entstehen, die größer als Eins sind.

- Der Einfluss mehrerer aktiver Regeln mit gleicher Schlussfolgerung wird verstärkt.

- Der scharfe Ausgangswert ist einfacher zu berechnen als bei der Schwerpunktmethode.

- Berücksichtigt man bei mehreren aktiven Regeln mit gleicher Schlussfolgerung nur diejenige mit dem jeweils höchsten Erfüllungsgrad, so sind die Abweichungen zum Ergebnis der Schwerpunktmethode gering.

Höhenmethode

Die *Höhenmethode* setzt die Verwendung von dreieck- oder zumindest trapezförmigen Zugehörigkeitsfunktionen voraus. Die Berechnung des scharfen Ausgangswertes erfolgt hier mit Hilfe der Modalwerte der aktiven Regeln und ihrer Zugehörigkeitsgrade zur resultierenden Fuzzymenge. Es gilt

$$y' = \frac{\sum\limits_{j=1}^{m} y_j \cdot H_j}{\sum\limits_{j=1}^{m} H_j}$$

mit den Modalwerten y_j und den Erfüllungsgraden H_j. Das Verfahren wird häufig dann eingesetzt, wenn Singletons zur Definition der linguistischen Terme der Ausgangsvariablen verwendet werden (Höhenmethode als Schwerpunktverfahren für Singletons).

Die Höhenmethode ist wie folgt zu bewerten:

- Die Höhenmethode ist eine einfache Näherungsmethode für die Schwerpunktmethode mit sehr geringem Rechenaufwand.

- Dreieck- oder zumindest trapezförmige Zugehörigkeitsfunktionen werden als Basis vorausgesetzt.

8.5.4 Zusammenfassende Darstellung des Inferenzschemas

Wählt man folgende Operatoren:

- den MIN-Operator für die UND-Verknüpfung,

- den MAX-Operator für die ODER-Verknüpfung und

- den MIN-Operator oder das algebraische Produkt für die Implikation,

dann lässt sich das Inferenzschema mit Fuzzifizierung und Defuzzifizierung für den allgemeinen Fall einer Regelbasis mit mehreren Regeln wie im folgenden Algorithmus zusammenfassen. Aus Darstellungsgründen wird vereinfachend davon ausgegangen, dass jede linguistische Variable die gleiche Anzahl an linguistischen Termen umfasst.

Algorithmus 8.31 (*Inferenzschema eines Fuzzy-Systems*)
Gegeben seien die Regeln eines Regelsystems $\mathcal{R}$:

$$R_1 \quad : \quad \textbf{Wenn } x_1 = A_{11} \ldots \textbf{ und } x_i = A_{1i} \ldots \textbf{ und } x_n = A_{1n} \textbf{ dann } y = B_1$$

$$\ldots$$

$$R_j \quad : \quad \textbf{Wenn } x_1 = A_{j1} \ldots \textbf{ und } x_i = A_{ji} \ldots \textbf{ und } x_n = A_{jn} \textbf{ dann } y = B_j$$

$$\ldots$$

$$R_m \quad : \quad \textbf{Wenn } x_1 = A_{m1} \ldots \textbf{ und } x_i = A_{mi} \ldots \textbf{ und } x_n = A_{mn} \textbf{ dann } y = B_m$$

Dabei seien

$x_1, \ldots, x_i, \ldots, x_n$ Eingangsgrößen der Regeln (linguistische Variablen),

$A_{1i}, \ldots, A_{ji}, \ldots, A_{mi}$ linguistische Terme der Eingangsgröße x_i,

y Ausgangsgröße der Regeln (linguistische Variable),

$B_1, \ldots, B_j, \ldots, B_m$ linguistische Terme der Ausgangsgröße y.

Die Regelprämissen bestehen jeweils aus n Teilprämissen, so dass jede Regel eine $n+1$-stellige Fuzzyrelation darstellt. Die Gesamtrelation des Regelsystems $\mathcal{R} = R_1 \cup \ldots \cup R_j \cup \ldots \cup R_m$ entsteht durch Vereinigung aller m Fuzzyrelationen mittels des MAX-Operators. Für einen scharfen Satz von Eingangswerten $\mathbf{x}' = (x_1', x_2', \ldots, x_n')$ läuft dann das Inferenzschema für das Regelsystem $\mathcal{R}$ wie folgt ab:

(1) Ermittle den Erfüllungsgrad der Prämisse jeder Regel

$$H_1 \quad = \quad \min\{\mu_{A_{11}}(x_1'),\ldots \mu_{A_{1i}}(x_i'),\ldots \mu_{A_{1n}}(x_n')\}$$

$$\ldots$$

$$H_j \quad = \quad \min\{\mu_{A_{j1}}(x_1'),\ldots \mu_{A_{ji}}(x_i'),\ldots \mu_{A_{jn}}(x_n')\}$$

$$\ldots$$

$$H_m \quad = \quad \min\{\mu_{A_{m1}}(x_1'),\ldots \mu_{A_{mi}}(x_i'),\ldots \mu_{A_{mn}}(x_n')\}.$$

Regeln mit einem Erfüllungsgrad $H_j > 0$ gelten als aktiv.

(2) Bestimme die Konklusions-Fuzzymenge jeder Regel bei MAX-MIN-Inferenz durch Abschneiden der Konklusions-Fuzzymenge in der Höhe des Erfüllungsgrads oder bei MAX-PROD-Inferenz durch Multiplikation der Zugehörigkeitsfunktion mit dem Erfüllungsgrad.

Für MAX-MIN-Inferenz ergibt sich also

$$\mu_{R_1}(y) \quad = \quad \min\{H_1, \mu_{B_1}(y)\}$$

$$\ldots$$

$$\mu_{R_j}(y) \quad = \quad \min\{H_j, \mu_{B_j}(y)\}$$

$$\ldots$$

$$\mu_{Rm}(y) \quad = \quad \min\{H_m, \mu_{B_m}(y)\}$$

und für MAX-PROD-Inferenz

$$\mu_{R_1}(y) \quad = \quad H_1 \cdot \mu_{B_1}(y)$$

$$\ldots$$

$$\mu_{R_j}(y) \quad = \quad H_j \cdot \mu_{B_j}(y)$$

$$\ldots$$

$$\mu_{Rm}(y) \quad = \quad H_m \cdot \mu_{B_m}(y).$$

Die Berechnungen brauchen natürlich nur für aktive Regeln zu erfolgen.

(3) Ermittle die resultierende Ergebnis-Fuzzymenge des Regelsystems $\mathcal{R}$ durch Überlagerung der in Schritt 2 ermittelten Teilergebnisse über den MAX-Operator:

$$\mu_{\mathcal{R}}(y) \quad = \quad \max\{\mu_{R_1}(y),\ldots,\mu_{R_j}(y),\ldots,\mu_{Rm}(y)\}$$

(4) Berechne aus der resultierenden Ergebnis-Fuzzymenge $\mu_{\mathcal{R}}(y)$ einen scharfen Ausgangswert y' entsprechend dem gewählten Defuzzifizierungsverfahren (z.B. Höhenmethode).

Die Verknüpfung der Teilprämissen von Regeln durch UND stellt keine Einschränkung dar, da man eine Regel mit ODER-verknüpften Teilprämissen jederzeit in mehrere Regeln aufsplitten kann.

8.5.5 Freiheitsgrade bei der Entwicklung von Fuzzy-Systemen

Insgesamt hat man zur Beeinflussung des Übertragungsverhaltens eines Fuzzy-Systems die folgenden Möglichkeiten:

- Auswahl von Zugehörigkeitsfunktionen für die linguistischen Terme der Eingangsgröße(n) und der Ausgangsgröße(n) (d.h. Typ und Parameter),

- Festlegung von Operatoren für die logische UND- bzw. ODER-Verknüpfung der Regel-Teilprämissen,

- Definition der Regelbasis,

- Wahl eines Inferenzmechanismus mit

  - einem Operator für die Fuzzy-Implikation (**Wenn ... dann ...**),

  - einem Operator für die Überlagerung der einzelnen Ergebnis-Fuzzymengen zur Ausgangs-Fuzzymenge und

- Auswahl eines Defuzzifizierungsverfahrens.

Die große Zahl von Freiheitsgraden macht deutlich, dass der Entwurf von Fuzzy-Systemen einiger Erfahrung bedarf. Speziell die Definition der Regelbasis basiert häufig auf Experteninterviews, einer Identifikation eines Bedienerverhaltens oder einer Prozessanalyse (siehe beispielsweise [Kah95]). Detaillierte Hinweise für die erfolgreiche Entwicklung von Fuzzy-Systemen sind beispielsweise in [Alt95, Kah95] zu finden.

8.5.6 Anwendungen von Fuzzy-Systemen

Module für Fuzzy-Systeme in ICONNECT

In ICONNECT werden drei Module zur Definition und Verwendung von Fuzzy-Systemen zur Verfügung gestellt: Fuzzify, FuzzyLogic und DeFuzzify.

Das Modul Fuzzify wird zur Definition der linguistischen Terme einer Eingangsgröße (linguistische Variable) verwendet. Für jede Eingangsgröße wird eine eigene Instanz dieses Moduls benötigt. Für jeden linguistischen Term wird ein eigener Ausgang erzeugt. Im laufenden Betrieb, d.h. bei der Ausführung eines Signalgraphen, gibt das Modul für jeden scharfen Eingangswert die Erfüllungsgrade der verschiedenen linguistischen Terme aus.

Bild 8.89 zeigt den Parameterdialog des Moduls Fuzzify. Alle definierten linguistischen Terme werden angezeigt, wobei der aktuell betrachtete Term farblich hervorgehoben ist.

Im Feld **Allgemeine Einstellungen** kann für die Eingangsgröße ein Definitionsbereich angegeben werden (*Min. Eingangswert, Max. Eingangswert*). Liegt ein scharfer Eingabewert außerhalb dieses Intervalls, so ist der Zugehörigkeitsgrad zu allen linguistischen Termen Null. Die Auswertung der linguistischen Terme kann entweder durch wiederholte Auswertung der linguistischen Terme oder über eine Tabelle (*Berechnung mit Stützstellen*) erfolgen. Bei Verwendung einer solchen „Look Up"-Tabelle ist die Anzahl der Stützstellen anzugeben.

Im Feld **Definition der Linguistischen Terme** kann jeder der vorhandenen Terme zur Änderung oder Prüfung der Definition ausgewählt werden. Die anzugebenden Werte für Support und Toleranz beziehen sich (in Prozent) auf den Definitionsbereich der linguistischen Variablen. Für jeden Term kann eine Bezeichnung vergeben werden. Diese Form der Definition ermöglicht die Verwendung von dreieck- bzw. trapezförmigen Fuzzymengen bzw. von Singletons.

Vorhandene linguistische Terme können gelöscht (Button $\boxed{\text{Lösche LT}}$) bzw. neue können generiert werden (Button $\boxed{\text{Neue LT}}$). Außerdem können Definitionen geladen (Button $\boxed{\text{FS Laden}}$) bzw. gespeichert werden (Button $\boxed{\text{FS speichern}}$). Weitere Informationen zum Modul Fuzzify sind in der Online-Hilfe zu finden.

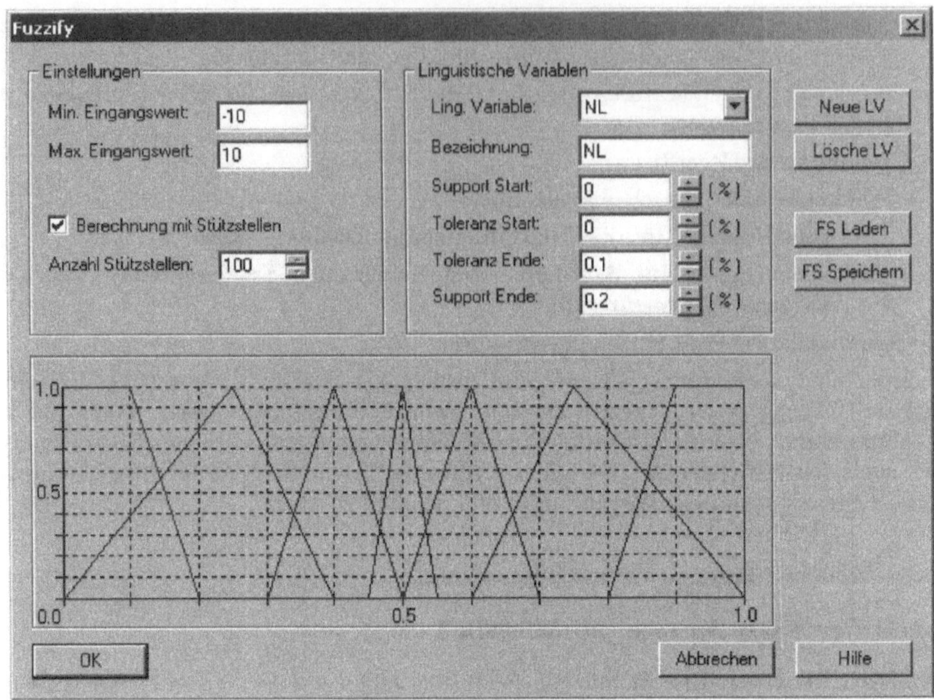

Bild 8.89 Parameterdialog des Moduls Fuzzify

Das Modul **FuzzyLogik** wird zur Definition eines Regelsystems benötigt. Es bietet zwei prinzipielle Verwendungsmöglichkeiten.

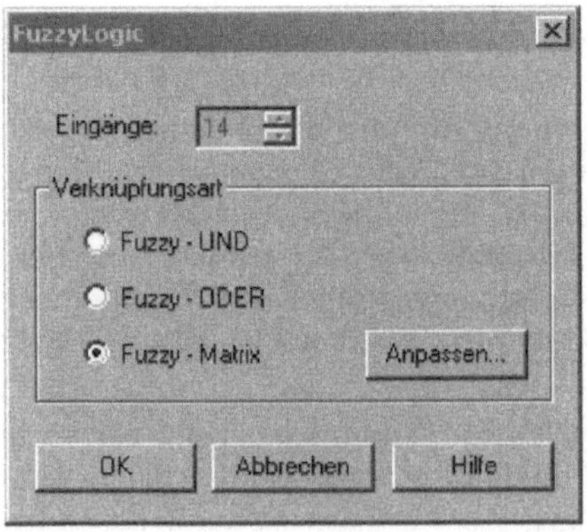

Bild 8.90 Parameterdialog 1 des Moduls FuzzyLogik

Bei der ersten Verwendungsmöglichkeit wird das Modul zur Realisierung einer der elementaren Verknüpfungen UND bzw. ODER eingesetzt (im Feld **Verknüpfungsart** ist *Fuzzy-UND* oder *Fuzzy-ODER* aktiviert, siehe Bild 8.90). In diesem Fall ist die Zahl der zu verknüpfenden Eingangswerte anzugeben (*Eingänge*). Das Modul hat dann entsprechend viele Eingangsports und zwei Ausgangsports. Die UND-Verknüpfung gibt das

Minimum aller parallel anliegenden Eingangswerte am ersten Ausgangsport aus, die ODER-Verknüpfung das Maximum. Am zweiten Ausgangsport des Moduls wird immer der negierte Ausgangswert des ersten Ausgangsports ausgegeben (*Fuzzy-Negation*, d.h. 1 − Wert am ersten Port). Es kann also sehr einfach eine Negation realisiert werden, indem nur eine Eingabe gewählt und der am zweiten Port ausgegebene Wert für die Weiterverarbeitung genutzt wird. Komplexere Verknüpfungen werden realisiert, indem verschiedene Instanzen des Moduls **FuzzyLogic** kombiniert werden.

Alternativ bietet das Modul eine zweite Verwendungsmöglichkeit, bei der zwei linguistische Variablen anhand eines partiell oder vollständig definierten (in Bezug auf diese beiden linguistischen Variablen) Regelsystems verknüpft werden. Hierzu ist zunächst im Feld **Verknüpfungsart** *Fuzzy-Matrix* zu aktivieren. Dann kann mit dem Button `Anpassen...` ein weiterer Parameterdialog (siehe Bild 8.91) geöffnet werden.

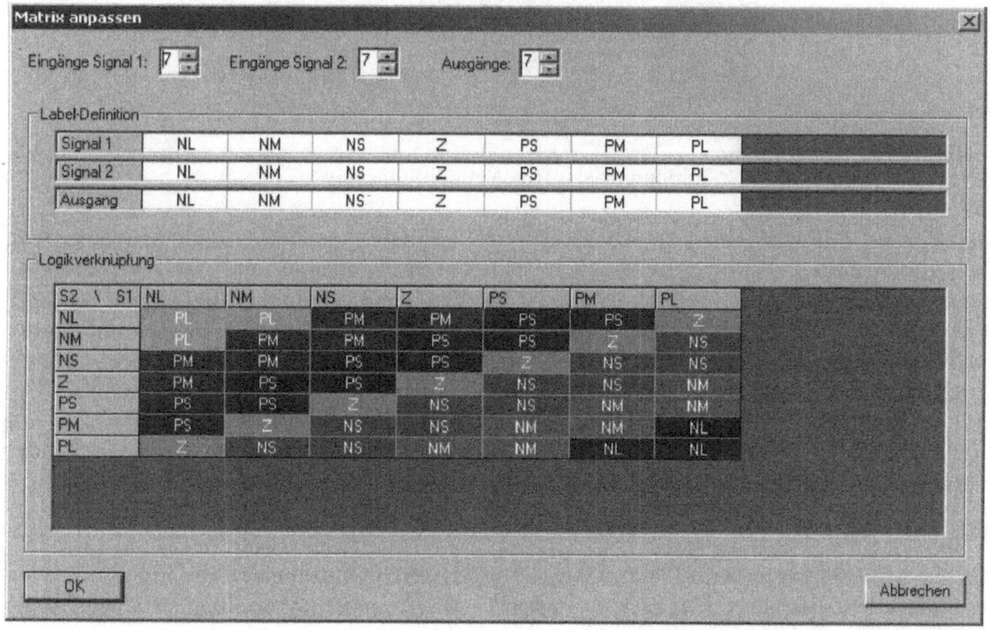

Matrix anpassen

Eingänge Signal 1: `7` Eingänge Signal 2: `7` Ausgänge: `7`

Label-Definition

Signal 1	NL	NM	NS	Z	PS	PM	PL
Signal 2	NL	NM	NS	Z	PS	PM	PL
Ausgang	NL	NM	NS	Z	PS	PM	PL

Logikverknüpfung

S2 \ S1	NL	NM	NS	Z	PS	PM	PL
NL	PL	PL	PM	PM	PS	PS	Z
NM	PL	PM	PM	PS	PS	Z	NS
NS	PM	PM	PS	PS	Z	NS	NS
Z	PM	PS	PS	Z	NS	NS	NM
PS	PS	PS	Z	NS	NS	NM	NM
PM	PS	Z	NS	NS	NM	NM	NL
PL	Z	NS	NS	NM	NM	NL	NL

OK   Abbrechen

Bild 8.91 Parameterdialog 2 des Moduls FuzzyLogik (Definition der Verknüpfungsmatrix)

Zur Verknüpfung der beiden linguistischen Variablen ist zunächst die jeweilige Anzahl der linguistischen Terme festzulegen (*Eingänge Signal 1* bzw. *Eingänge Signal 2*). Das gleiche gilt für die Anzahl der Terme der Ausgangsvariablen (*Ausgänge*). Entsprechend viele Eingangs- bzw. Ausgangsports werden erzeugt; die Anzahl der Terme ist allerdings jeweils auf Neun beschränkt. Im Feld **Label-Definition** können dann für jeden Term Bezeichner vergeben werden. Anschließend wird die Verknüpfungsmatrix im Feld **Logikverknüpfung** definiert, indem nach Auswahl eines Terms des Ausgangssignals mit einem einfachen Mausklick der Wert in die Matrix übernommen wird. Ein weiterer Mausklick löscht das Matrixfeld wieder. Typischerweise enthalten mehrere Matrixfelder eine Verknüpfung mit dem selben linguistischen Ausgangsterm, d.h. der selben Konklusion. Alle Regeln mit derselben Konklusion werden überlagert, indem das Maximum ermittelt wird (entspricht einer ODER-Verknüpfung). Bei der Ausführung des Signalgraphen werden an den Ausgangsports für jeden linguistischen Term die Erfüllungsgrade nach Auswertung aller Regeln ausgegeben.

Um mehr als zwei linguistischen Eingangsvariablen zu verknüpfen, können mehrere Instanzen des Moduls baumartig kombiniert werden (siehe Bild 8.92).

Weitere Informationen zum Modul FuzzyLogik sind in der Online-Hilfe zu finden.

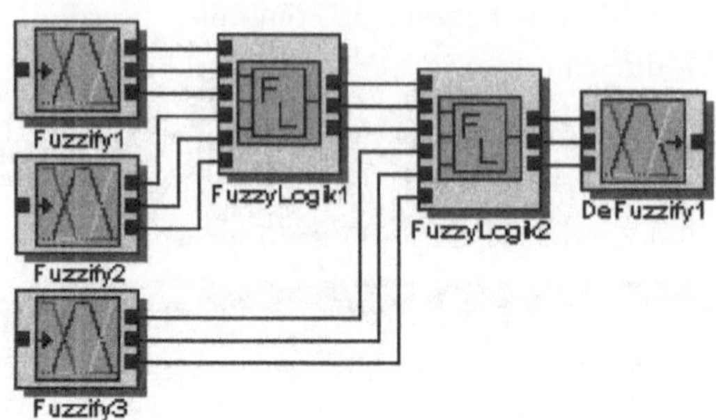

Bild 8.92   Kombination von zwei Instanzen des Moduls FuzzyLogik zur Realisierung einer dreidimensionalen Verknüpfungsmatrix

Das Modul DeFuzzify wird zur Definition der linguistischen Terme einer linguistischen Ausgangsvariablen sowie zur Wahl eines Inferenzmechanismus und eines Defuzzifizierungsverfahrens benötigt. Bei der Ausführung des Signalgraphen wird zunächst anhand der anliegenden Erfüllungsgrade für jeden linguistischen Term der Ausgangsvariablen eine Konklusions-Fuzzymenge bestimmt. Diese Konklusions-Fuzzymengen werden anschließend überlagert. Dazu bietet das Modul verschiedene Inferenzmechanismen: MAX-MIN, MAX-PROD, SUM-MIN und SUM-PROD. Zuletzt wird ein scharfer Ausgangswert ermittelt. Mögliche Defuzzifizierungsverfahren sind Maximum-Methode (Wahl des linken oder rechten Randpunktes oder Wahl des Mittelwertes) bzw. Schwerpunktmethode.

Bild 8.93 zeigt den Parameterdialog des Moduls DeFuzzify.

Im Feld Einstellungen kann für die Ausgangsgröße ein Definitionsbereich angegeben werden (*Min. Ausgangswert, Max. Ausgangswert*). Die Auswertung der linguistischen Terme erfolgt bei diesem Modul zwingend über eine Tabelle, für die die Anzahl der Stützstellen anzugeben ist.

Im Feld Allgemeine Einstellungen ist außerdem eine der vier Inferenzarten auszuwählen. Bei MAX-MIN- und SUM-MIN-Inferenz werden die Zugehörigkeitsfunktionen der linguistischen Terme mit den an den Eingängen anliegenden Werten (Erfüllungsgraden) beschnitten, es wird also das Minimum von Eingangswert und dem in der „Look Up"-Tabelle abgelegten Wert bestimmt. Bei MAX-PROD- oder SUM-PROD-Inferenz werden die Zugehörigkeitsfunktionen mit dem anliegenden Eingangswert gestaucht, es werden die in der „Look Up"-Tabelle abgelegten Werte mit den Eingangswerten multipliziert. Alle so gewonnenen Konklusions-Fuzzymengen der linguistischen Terme werden dann zu einer einzigen Fuzzymenge für den Ausgangswert überlagert. Die Art der Überlagerung hängt dabei wieder von dem gewählten Inferenzmechanismus ab. Bei MAX-MIN- und MAX-PROD-Inferenz werden alle Konklusions-Fuzzymengen miteinander verglichen und das absolute Maximum wird bestimmt. Bei SUM-MIN- und SUM-PROD-Inferenz werden die Konklusions-Fuzzymengen aufsummiert.

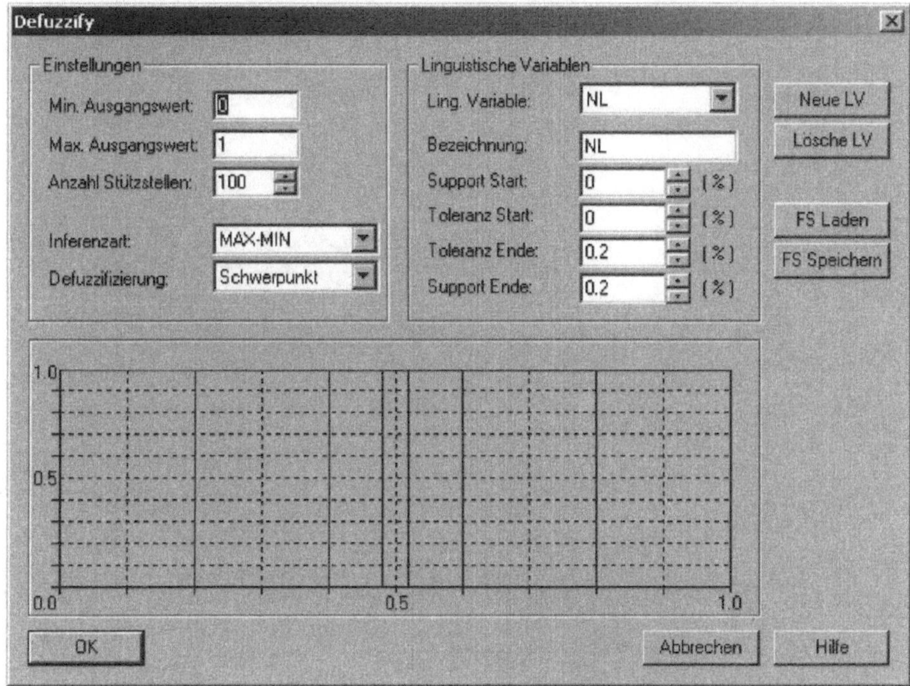

Bild 8.93 Dialog des Moduls DeFuzzify

Abschließend erfolgt die Defuzzifizierung. Ist dazu die Schwerpunktmethode gewählt, so wird diese – aufgrund der Diskretisierung durch die „Look Up"-Tabelle – durch die Höhenmethode angenähert. Der so bestimmte scharfe Wert wird dann am einzigen Ausgangsport ausgegeben.

Die Bedeutung weiterer Eingabefelder ist analog zum Modul **Fuzzify**. Weitere Informationen zum Modul **DeFuzzify** sind in der Online-Hilfe zu finden.

Qualitätsprüfung von Bildröhren – Beispiel für Fuzzy-Klassifikation

Diese Aufgabenstellung entstammt dem Bereich der Qualitätskontrolle. Bildröhren (Kathodenstrahlröhren) sollen nach der Produktion hinsichtlich eventueller Risse untersucht werden, um defekte Röhren aussortieren zu können. Es ist also eine Klassifikation in lediglich zwei Klassen erforderlich: „gut" bzw. „schlecht".

Um diese Rissprüfung durchführen zu können, wurden die Röhren durch einen leichten Stoß angeregt und das dabei entstehende Schallsignal wurde mit einem Mikrophon aufgenommen. Bild 8.94 zeigt einen typischen Verlauf des Schallsignals im Zeitbereich für eine intakte Bildröhre. Die Amplitude des Schallsignals klingt hier relativ langsam ab. In Bild 8.95 ist der Verlauf des Schallsignals im Zeitbereich für eine defekte Bildröhre zu sehen. Die Amplitude klingt deutlich schneller ab; außerdem sind niederfrequente Schwingungen erkennbar. Bei dem Defekt handelt es sich hier um eine lose, abgebrochene Ecke (also nicht nur um einen Riss). Häufig sind daher die Unterschiede zwischen den Signalen intakter und defekter Bildröhren nicht so signifikant wie in diesen beiden Beispielen.

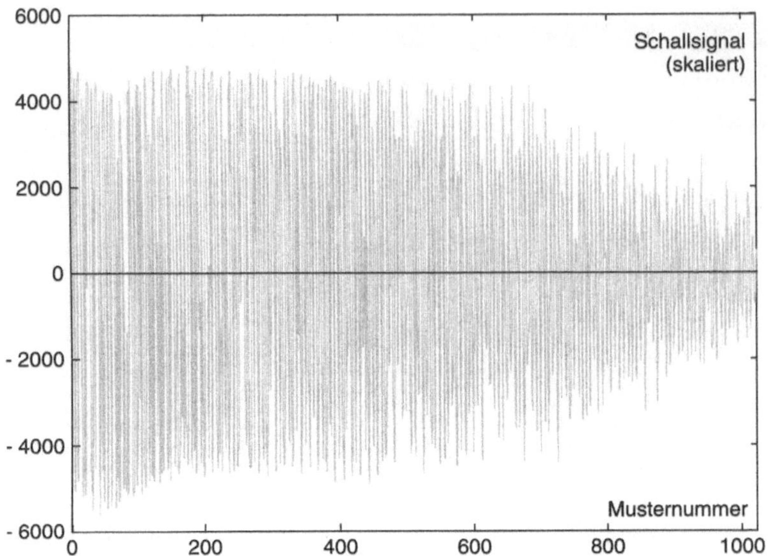

Bild 8.94 Schallsignal einer angeregten intakten Bildröhre

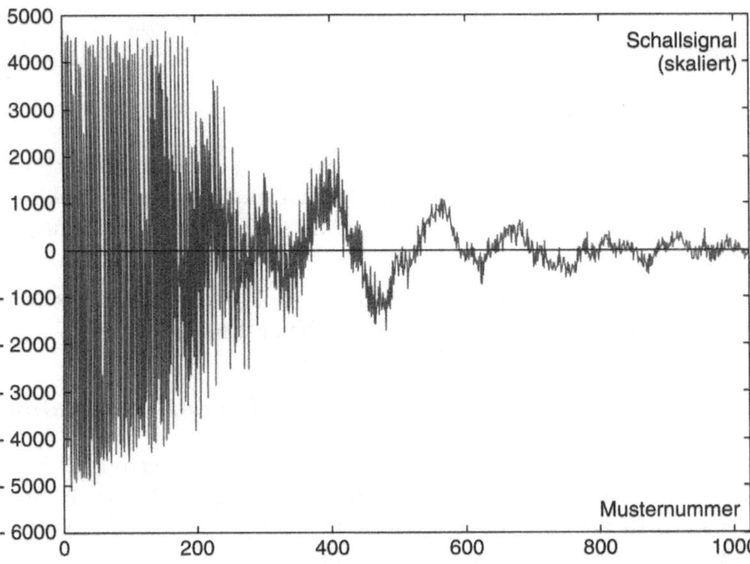

Bild 8.95 Schallsignal einer angeregten defekten Bildröhre

Für dieses Beispiel stehen verschiedene Schallsignale für intakte bzw. defekte Bildröhren zur Verfügung. Zwei für die Klassifikation geeignete Merkmale werden im Zeitbereich bzw. im Frequenzbereich dieser Signale bestimmt. Für das erste Merkmal wird die Anzahl von Schwellwertüberschreitungen im Zeitbereich gemessen; für das zweite Merkmal wird nach dem höchsten Peak im Spektrum des akustischen Signals gesucht.

Bild 8.96 zeigt den Signalgraphen des Beispiels. Aufgrund der einfachen Klassenzuord-

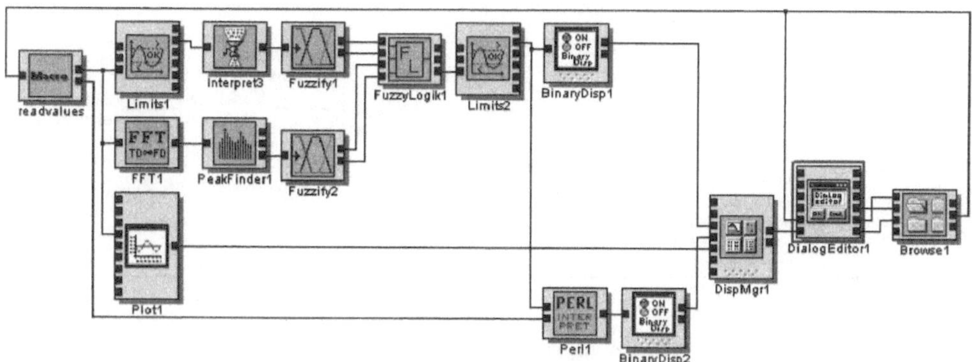

Bild 8.96 Signalgraph zur Bildröhrenklassifikation

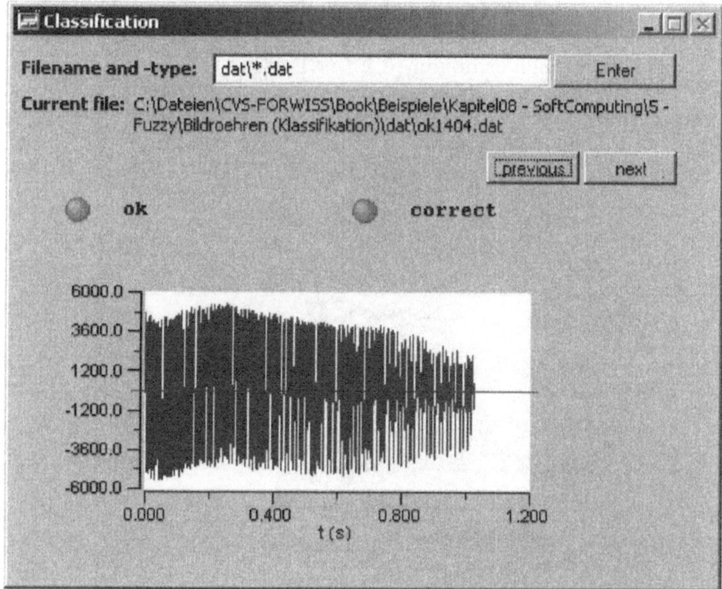

Bild 8.97 Benutzerdialog zur Bildröhrenklassifikation

nung wird das Modul **DeFuzzify** hier nicht benötigt. Der Benutzerdialog ist in Bild 8.97 zu sehen. Nacheinander können Dateien mit verschiedenen Bildröhrendaten ausgelesen werden. Jede Bildröhre wird klassifiziert und das Ergebnis der Klassifikation wird angezeigt und bewertet. Zusätzlich werden die Originaldaten im Zeitbereich ausgegeben.

Das inverse Pendel – Beispiel für Fuzzy-Regelung

Fuzzy-Regelung ist das „klassische" Anwendungsgebiet von Fuzzy-Systemen. Eine große Zahl von Büchern beschäftigt sich speziell mit diesem Thema (z.B. [Kah95, Kie97]). Auch zur Analyse von Fuzzy-Reglern (z.B. Stabilitätsanalyse) sei an dieser Stelle auf weiterführende Literatur verwiesen (z.B. [Alt95, Kah95, Kie97]).

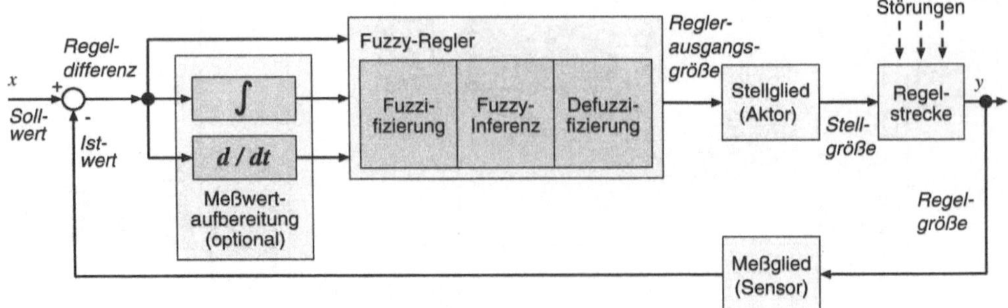

Bild 8.98 Aufbau eines Fuzzy-Reglers

In einem Regelkreis bestehen die Reglerein- und Reglerausgangsgrößen aus „scharfen"
Werten. Bild 8.98 zeigt den Aufbau eines Fuzzy-Reglers in einem Regelkreis. Ein Fuzzy-
Regler weist üblicherweise ein nichtlineares Übertragungsverhalten auf, er besitzt jedoch
kein Ein-/Ausgabeerinnerungsvermögen (d.h., er ist ein statisches System). Möchte man
dem Regler ein dynamisches Verhalten geben, so muss die Nachbildung dieses Verhaltens
außerhalb des eigentlichen Reglerkerns in einer *Messwertaufbereitung* geschehen (siehe
Bild 8.98). Analog zu dieser Vorgehensweise ist auch eine *Stellgrößen-Nachbearbeitung*
möglich.

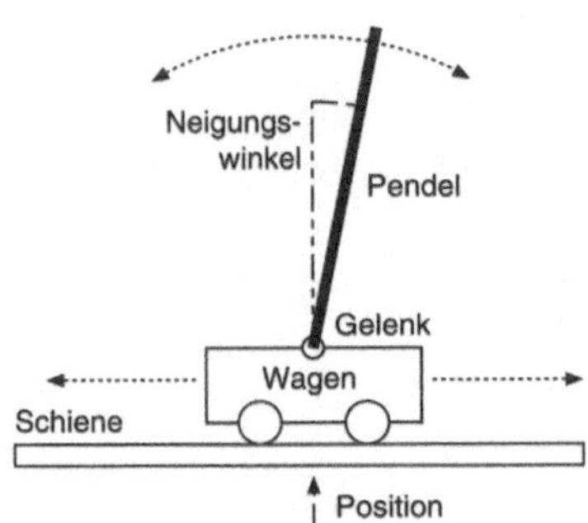

Der Versuchsaufbau ‹ **Bild 8.99** Versuchsaufbau eines inversen Pendels das mit Hilfe eines
Gelenks an einem Wagen befestigt ist. Das Pendel ist in einer Ebene kippbar. In der
gleichen Ebene ist der Wagen mit dem auf ihm montierten Pendel auf einer Schiene seitlich bewegbar (siehe Bild 8.99). Die Aufgabe eines Reglers ist es nun, den Wagen durch
seitlich einwirkende Kräfte so auf der Schiene zu verschieben, dass das Pendel in einer
senkrechten (aufrechten) Position gehalten (balanciert) werden kann. Als Eingangsgröße
des Reglers steht der aktuelle Winkel des Pendels zur Verfügung (und somit auch die aktuelle Winkelgeschwindigkeit). Ausgangsgröße ist die auf den Wagen seitlich einwirkende
Kraft. Diese Größen sind jeweils vorzeichenbehaftet zu sehen. Zusätzlich soll noch der
Wagen an einer bestimmte Position auf der Schiene gehalten werden.

Das Pendel wird hier durch einen geeigneten Algorithmus simuliert, der gegenüber einem
realen Versuchsaufbau einige Vereinfachungen vornimmt. Bild 8.100 zeigt die anzugebenden Modell- und Simulationsparameter des Pendels. In Bild 8.101 ist das Ergebnis der

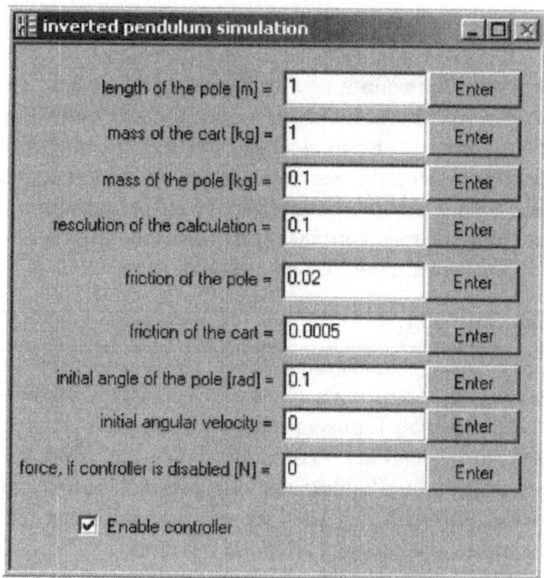

Bild 8.100 Parametereingaben zum inversen Pendel

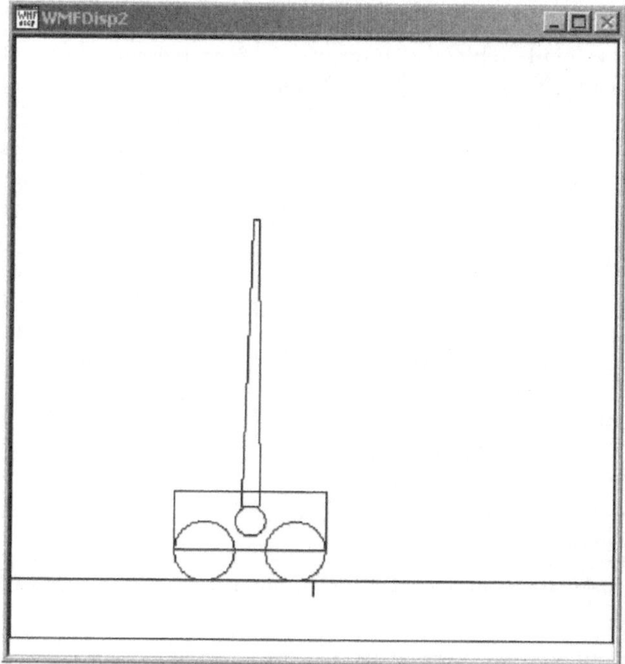

Bild 8.101 Simulationsdarstellung zum inversen Pendel

Simulation grafisch dargestellt. In einem weiteren Ausgabefenster wird noch der Winkel des Pendels in Abhängigkeit von der Winkelgeschwindigkeit dargestellt.

8.6 Abschließende Bemerkungen

In diesem Kapitel wurde die Anwendung von Neuronalen Netzen und Fuzzy-Systemen genauer untersucht. In diesem Abschnitt sollen abschließend die wesentlichsten Vor- und Nachteile der beiden Ansätze zusammengefasst werden (siehe Tabelle 8.7). Viele der modernen Ansätze aus dem Bereich des Soft-Computing versuchen, die Vorteile von Neuronalen Netzen und Fuzzy-Systemen miteinander zu kombinieren. Beispielsweise wird in so genannten Neuro-Fuzzy-Systemen die Interpretationsfähigkeit von Fuzzy-Systemen mit der Lernfähigkeit von Neuronalen Netzen verknüpft.

	Neuronale Netze	**Fuzzy-Systeme**
Vorteile	Lernfähigkeit, mathematisches Prozessmodell oder Regelwissen nicht erforderlich, inhärente Parallelität und verteilte Wissensrepräsentation, hohe Fehlertoleranz, Adaptionsfähigkeit, assoziative Informationsspeicherung, Robustheit bei Störungen und verrauschten Daten, Approximations- und Generalisierungsfähigkeiten, aktive Repräsentation von Informationen	gute Interpretationsfähigkeit und Verständlichkeit, einfache Nutzung von Expertenwissen (a-priori Wissen), mathematisches Prozessmodell nicht erforderlich, Toleranzfähigkeit, einfache Implementierung
Nachteile	weitgehend fehlende Interpretationsmöglichkeit und fehlende Introspektion (Black-Box-Verhalten), kein Regelwissen extrahierbar, sequentielles logisches Schließen wie in Expertensystemen schwer realisierbar, meist heuristische Wahl der Netzparameter, Wissenserwerb üblicherweise nur durch Lernen (kein Einbringen von Nebenwissen), meist langsames Lernen, Anpassung an veränderte Parameter kann Wiederholung des Lernvorgangs erfordern, keine garantierte Konvergenz des Lernvorgangs	Regelwissen (z.B. Expertenwissen) muss verfügbar sein, Verhalten eines Fuzzy-Systems durch sehr viele einzustellende Parameter beeinflusst, mangelnde Lernfähigkeit und Adaptierbarkeit, weniger zur Wissensgewinnung geeignet, Tuning-Versuch muss nicht erfolgreich sein, Probleme bei der Interpretation getunter Fuzzy-Systeme möglich

Tabelle 8.7 Eigenschaften verschiedener Soft-Computing Ansätze nach [ABA00, NKK96]

9   Embedded Internet

A. Bauhofer, M. Ramsauer und U. Wittl

Das Thema *Internet und Intranet* spielt auch in der Automatisierungstechnik eine immer größere Rolle. Zum einen ist es preisgünstig und fast überall verfügbar, zum anderen bietet es große Flexibilität und hohen Datendurchsatz. Der wichtigste Vorteil ist, dass es völlig dezentral und dadurch sehr ausfallsicher ist. Außerdem ist es völlig egal, ob nur eine Verbindung zu einem Rechner im nächsten Büro bzw. in einer Produktionshalle aufgebaut wird oder ob der Server irgendwo in der Welt steht. Das Protokoll, auf das alle Internet-Protokolle aufsetzen, ist TCP/IP (Transport Control Protocol / Internet Protocol).

Sicherheit und Internet

Die Offenheit des Internets hat jedoch nicht nur Vorteile. Es ergeben sich unzählige Angriffsmöglichkeiten, um den Betrieb zu stören oder ganz lahmzulegen oder um Spionage zu betreiben. Mehr oder weniger wirksame Schutzmechanismen dagegen sind Firewalls, Virenscanner oder VPN's (Virtual Private Network). Eine Firewall ist ein Rechner zwischen einem sicheren Netzwerk und dem Internet. Sie stellt die einzige Verbindung nach außen dar und untersucht alle ein- und ausgehenden Pakete. Dabei wendet sie zuvor eingestellte Regeln an. Widerspricht ein Datenpaket einer Regel, so wird es blockiert. Dadurch kann sich ein Netzwerk, je nach eingestelltem Regelwerk, vor Angriffen aus dem Internet schützen.

Um ein internes Netzwerk vor Computerviren oder trojanischen Pferden zu schützen, ist es absolut notwendig, regelmäßig einen guten Virenscanner auf allen Rechnern laufen zu lassen. Der Virenscanner sollte in regelmäßigen Abständen durch neue Virendatenbanken aktualisiert werden, da sich neue Viren besonders schnell ausbreiten. Die häufigste Übertragungsart von Viren ist heute per Email. Aber auch bei Downloads aus dem Internet schleichen sich immer wieder Viren ein.

Um eine sichere Verbindung (abhör- und störsicher) zwischen zwei Teilnehmern im Internet zu gewährleisten, müssen sie ihren Datenverkehr verschlüsseln. Diese Methode wird VPN genannt. Ein gängiges Verfahren ist SSL (Secure Socket Layer), das direkt auf TCP/IP aufsetzt. Es wird vor allem beim Einkaufen in Internet-Shops und beim Online-Banking verwendet.

9.1   Aufbau einer Verbindung zum Internet

Um das Internet überhaupt nutzen zu können, muss eine Verbindung dazu bestehen. Diese kann z.B. über eine Einwählverbindung per Telefon oder ISDN aufgebaut werden.

Dazu wird ein Internetanbieter (ISP – Internet Service Provider) benötigt, der eine Reihe von Anschlüssen (Modem bzw. ISDN) zur Verfügung stellt.

Es gibt aber auch Festverbindungen über Standleitungen. Eine neuere Variante ist z.B. DSL (Digital Subscriber Line). Bei diesem Verfahren werden die Daten auf einer normalen Telefon- oder ISDN-Leitung aufmoduliert. ADSL (asynchrones DSL, also Senden und Empfangen mit unterschiedlicher Geschwindigkeit) wird von einigen ISP (Internet Service Providern, Internetdienstanbietern) in Deutschland angeboten. Die Deutsche Telekom vertreibt es unter dem Namen T-DSL. Der Kunde benötigt einen Splitter, der das DSL-Signal vom Telefon- bzw. ISDN-Signal trennt. Vom Splitter wird eine Verbindung zum DSL-Modem benötigt. Das Modem ist wiederum mit dem Rechner über einen Ethernetanschluss verbunden. Das DSL-Modem ist – im Gegensatz zum herkömmlichen Modem – immer mit der Gegenstelle verbunden. Es können jedoch nur Daten übertragen werden, wenn der Benutzer mit Namen und Kennwort angemeldet ist.

Weitere Verbindungsmöglichkeiten sind noch in der Testphase, wie z.B. ein Zugang über die Steckdose. Dabei werden die Daten auf die Stromleitung aufmoduliert und zu einem Empfangsmodul im Ort weitergeleitet. Der Netzbetreiber bietet darüber eine Verbindung mit dem Internet an. Eine weitere Möglichkeit ist der Empfang über Kabel oder Satellit. Das bietet große Geschwindigkeit beim Empfangen, zum Senden muss jedoch trotzdem eine herkömmliche Verbindung aufgebaut werden. Bidirektionale Satellitenverbindungen sind so teuer und aufwändig, dass sie für Privatpersonen oder kleinere Firmen nicht in Frage kommen.

RAS – Remote Access Service

Der Aufbau der Verbindung über eine Telefonleitung und die nachfolgende Authentifikation geschieht meist über RAS. Dazu muss das Gerät für die Einwahl (Modem, ISDN-Karte, aber auch GPRS- bzw. UMTS-Handy) über einen TAPI-Treiber in Windows installiert sein. Wichtig dabei ist die Einstellung der gerätespezifischen Parameter wie Übertragungsrate oder Flusssteuerung sowie der Wählparameter wie Nummer, Anzahl der Wiederholungen, Leerlaufzeit für automatische Trennung, usw.

Bei manchen Anbietern ist keine Authentifizierung erforderlich. Das ist vor allem bei Call by Call Verbindungen so, da nur die Telefonkosten auflaufen. Bei Anbietern mit Abrechnung nach Zeit oder Datenmenge (aber auch bei Flatrates) ist ein Benutzername und Passwort notwendig, um den Anschluss vor Missbrauch zu schützen. Manche Unternehmen bieten die Möglichkeit, dass Mitarbeiter sich von zu Hause aus in das Netz der Firma einwählen können. In diesem Fall ist bei RAS die Möglichkeit des automatischen Rückrufs von Vorteil. Zum einen laufen die Telefonkosten zentral in der Firma auf (einfachere Abrechnung, günstigere Tarife), zum anderen wird ein unbefugter Zugriff von dritter Stelle unterbunden. Der technische Ablauf ist so, dass sich der Mitarbeiter von seinem Telefon aus in die Firma einwählt und sich authentifiziert. Der RAS-Server ruft, mittels der im Server gespeicherten Nummer, den Mitarbeiter zu Hause zurück. Erst nach dieser Prozedur können Daten übertragen werden.

Das fast ausschließliche Übertragungsprotokoll des Internets ist TCP/IP, teilweise ist auch noch IPX/SPX von Novell zu finden. Bei TCP/IP ist es nach der Einwahl ins Internet notwendig, dem Rechner eine IP-Adresse sowie alle weiteren Daten zur Verfügung zu stellen. Das wird normalerweise bei der Anmeldung automatisch durchgeführt. Falls dem ISP diese Informationen nicht automatisch zur Verfügung stellt, oder falls z.B. ein

DNS-Server nicht funktioniert, können manche Informationen auch manuell eingetragen werden.

Viele Internetnutzer haben inzwischen nicht mehr nur einen Rechner, sondern gleich mehrere zu einem kleinen Netzwerk verbunden. Dabei kann es vorteilhaft sein, von jedem PC aus ins Internet zu gelangen, ohne jeden mit Modem oder ISDN-Karte auszustatten. Ab Windows 2000 besteht die die Möglichkeit, einen Rechner als Gateway zu verwenden. Dazu muss in den Eigenschaften der Internetverbindung in der Registerkarte *Gemeinsame Nutzung* die gemeinsame Nutzung des Internets aktiviert werden. Es kann auch eingestellt werden, dass der Rechner die Verbindung automatisch aufbaut, wenn ein anderer Rechner auf Ressourcen im Internet zugreifen will.

ICONNECT bietet mit dem Modul RASClient eine eigene Möglichkeit zum Aufbau einer Internetverbindung. Es kann entweder der Name eines Telefonbucheintrags angegeben oder alle nötigen Parameter direkt eingegeben werden. Über die Eingänge Connect und Disconnect kann die Verbindung auf- und abgebaut werden. Mit dem Eingang Status kann die Verbindung überwacht werden. Am Ausgang wird dabei ausgegeben, ob die Verbindung noch offen oder getrennt ist.

9.2 Kommunikationsprotokolle in ICONNECT

In diesem Abschnitt werden die auf Ethernet basierenden Netzwerkprotokolle beschrieben, die auch von ICONNECT unterstützt werden. Grundlage für alle diese Protokolle ist TCP/IP und UDP. Darauf bauen die darüber liegenden Protokolle wie TFTP, TELNET, SMTP oder HTTP auf.

In ICONNECT gibt es für jedes dieser Protokolle ein eigenes Modul. Die Protokollhierarchie (Protokollstack) und die Kommunikation einer Schicht mit einer anderen wird durch die Datenverbindung zwischen den Modulen repräsentiert. Da die Kommunikation immer bidirektional ist, werden auch bei den Modulen immer Verbindungen in beiden Richtungen benötigt. Diese Verbindungen sind als Rückkopplungen im Signalgraphen zu sehen. In einigen Fällen ist das nicht erwünscht. Als Lösung können Rückkopplungen durch das Modul MultiComm aufgebrochen werden. Der Empfängerteil nimmt die Daten eines der Netzwerkmodule auf und der Senderteil gibt sie einen Zyklus später an das andere Netzwerkmodul weiter.

Die folgenden Abschnitte beschreiben die Protokolle und die zugehörigen Module in ICONNECT. Am Ende des Kapitels wird ein Beispiel für eine Client-Server Anwendung entwickelt. Dabei werden nur die von ICONNECT zur Verfügung gestellten Module verwendet.

9.2.1 TCP/IP

Die beiden grundlegenden Module für eine verbindungsorientierte Kommunikation in ICONNECT sind TCPServer und TCPClient. Sie repräsentieren die beiden Endstücke einer TCP/IP-Verbindung. Die Funktionsweise dieses Protokolls wurde bereits in Abschnitt 5.8 beschrieben.

Die Verbindung kann zwischen zwei ICONNECT-Modulen aufgebaut werden. Es kann sich aber auch ein Modul mit einem Server im Netz verbinden oder ein proprietärer Client kann sich mit einem ICONNECT-Server verbinden. Nach dem erfolgreichen Verbindungsaufbau können Daten von beiden Seiten aus gesendet und empfangen werden. Es gibt jedoch auch Anwendungen in denen nur eine Richtung benötigt wird.

Die meisten Protokolle im Internet senden Kommandos und Daten im ASCII-Format. Sie sind also direkt lesbar. Größere Datenmengen (Bilder, Programme, ...) werden binär übertragen. Auch die Module in ICONNECT haben dieses Verhalten. Die Module TCPServer und TCPClient verwenden für die Datenverbindung den Typ UBYTE[]. Damit lassen sich Daten als ASCII oder binär übertragen.

Liegen die Daten von den Vorgängermodulen schon im Format UBYTE[] vor, brauchen diese nicht konvertiert werden. Sollen jedoch andere Datentypen übertragen werden, z.B. DOUBLE[] oder SWORD[], so müssen diese nach UBYTE[] gewandelt werden. Dazu bietet sich das Modul ByteStream an. Es erwartet einen einstellbaren Datentyp und erzeugt von den Eingangsdaten eine binäre Kopie, die es als UBYTE[]-Datenstrom ausgibt. Dieser Mechanismus funktioniert natürlich auch in umgekehrter Richtung.

Bei der Übertragung einzelner Pakete zwischen zwei ICONNECT-Modulen, die auf der anderen Seiten wieder in der gleichen Größe und Anzahl zusammengesetzt werden sollen, empfiehlt es sich, die Längeninformation im ByteStream mit zu übertragen. Das empfangende Modul sammelt solange Daten auf, bis die angegebene Länge erreicht ist und gibt diese anschließend aus. Der Rest der Daten wird schon als nächstes Paket interpretiert.

TCPClient

Der TCPClient wird zur Verbindung mit einem entfernten Server verwendet. Dazu benötigt das Modul den Namen und den Port des Servers. Sobald am Modul Daten anliegen wird eine Verbindung zum Server hergestellt und die Daten gesendet. Werden Daten vom Server empfangen, so werden sie am Ausgang ausgegeben. Die Verbindung bleibt solange bestehen, bis sich die Parameter des Moduls (über Extern-Eingang) ändern oder bis der Server die Verbindung trennt. Im einem Beispiel am Ende des Kapitels (siehe Abschnitt 9.2.8) verwenden die Clients dieses Modul, um Aufgaben und Ergebnisse mit dem Server auszutauschen.

TCPServer

Die Aufgaben des Servers sind vielfältiger. Hauptaufgabe des Servers ist, auf Anforderungen von Clients auf einem bestimmten Port zu warten. Dazu muss im Eigenschaftsdialog der Port angegeben werden. Wird eine Verbindungsanforderung eines Clients registriert, erzeugt der Server intern einen eigenen Client und verbindet diesen mit dem entfernten Client. Um den Server nicht zu überlasten, kann die maximale Anzahl gleichzeitiger Verbindungen angegeben werden. Ist diese erreicht, nimmt der Server keine weiteren Anforderungen an, bis bestehende Verbindungen wieder getrennt werden.

Um die verschiedenen Daten der einzelnen TCP/IP-Verbindungen unterscheiden zu können, bekommt jede neue Verbindung eine eindeutige Nummer zugeordnet. Diese Nummer wird am Ein- und Ausgang ID parallel zur Datenverbindung gesendet. Wird der Eingang ID des Moduls TCPServer nicht verwendet, so sendet der Server alle Daten vom Eingang immer an alle Clients. Das ist vor allem für zustandslose Verbindungen interessant, wie z.B. bei einem Wetterinformationsserver, der immer Temperatur, Luftdruck und Luftfeuchtigkeit zu allen verbundenen Clients schickt.

Wenn sich ein Client mit dem Server verbindet oder wieder trennt, gibt das Modul am Ausgang `Connect` bzw. `Disconnect` die Nummer der Verbindung aus. Am Ausgang `RemoteInfo` wird die Adresse und der Port des Clients ausgegeben. Damit kann z.B. überwacht werden, dass sich nur autorisierte Clients mit dem Server verbinden. Ist eine Verbindung nicht zulässig, oder soll sie aus anderen Gründen getrennt werden, kann über den Eingang `Disconnect` die Nummer der Verbindung geschickt werden. Um eine Verbindung nach einer gewissen Leerlaufzeit automatisch zu trennen, kann im Einstellungsdialog der Parameter Timeout gesetzt werden.

Es gibt in **ICONNECT** mehrere Module, die zusammen mit dem Modul **TCPServer** verwendet werden. Als Beispiele sind **Shell** (für Telnet) oder **HTTP** (für einen Webserver) zu nennen. Im Programmbeispiel zu diesem Kapitel (siehe Abschnitt 9.2.8) wird das Modul dazu verwendet, aufgrund von Anforderungen eines Clients Aufgaben an diesen zu übertragen und anschließend die Ergebnisse einzulesen.

9.2.2 UDP

Im Gegensatz zu TCP ist das Protokoll UDP verbindungslos. Es eignet sich also nicht zur gesicherten Übertragung von größeren Datenmengen. Wegen der fehlenden Kontrollmechanismen ist es jedoch verhältnismäßig schnell. Es wird häufig zur Datenübertragung in einer Richtung zwischen gleichberechtigten Geräten verwendet. Dieses Verfahren wird „Peer to Peer" genannt.

Mit dem **ICONNECT**-Modul **UDP** ist es jedoch auch möglich, Daten an alle Rechner im gleichen Subnetz oder in einem anderen Subnetz zu senden. Dieses Verfahren wird Broadcast genannt. Dazu ist als Empfängeradresse 255.255.255.255 oder (in ein anderes Subnetz) die Subnetzadresse und „255" als Rechneradresse (z.B. 192.168.50.255) anzugeben.

Dieses Verfahren wird im Beispiel in Abschnitt 9.2.8 von den Clients dazu verwendet, die Adresse des Servers zu bestimmen. Es gibt jedoch auch Standardprotokolle, die UDP zur Übertragung benutzen. Ein Beispiel dazu ist das Protokoll TFTP.

9.2.3 TFTP

FTP bedeutet File Transfer Protocol (Datenübertragungsprotokoll). Das „T" steht für trivial, was vereinfachtes Datenübertragungsprotokoll bedeutet. Gegenüber dem normalen FTP hat es den Vorteil, dass nur ein Port verwendet wird und die Verbindung ausschließlich vom Client zum Server geöffnet wird. Damit kann es auch über eine einfache Firewall betrieben werden, ohne dass diese einen speziellen Daemon (Dienst) für FTP benötigt.

TFTP ist zustandslos (es wird keine Session aufgebaut, bei der Kommandos vom Erfolg vorheriger Kommandos abhängen) und der Client läuft in der Kommandozeile (bei Windows NT heißt das Kommando `tftp`). Das vereinfacht die Bedienung und erleichtert auch die Automatisierung von Datenübertragungen.

Der Nachteil gegenüber FTP ist jedoch, dass es zu Beginn keine Authentifizierung gibt. Außerdem ist es nicht möglich, den Verzeichnisinhalt auszulesen und es kann immer nur eine Datei übertragen werden. Je nach Anforderung wird sich der Anwender also für FTP oder TFTP oder ein anderes Protokoll zur Datenübertragung entscheiden.

In ICONNECT kann mit dem Modulen TFTPServer und UDP ein Server für TFTP aufgebaut werden. Bild 9.1 zeigt den Signalgraphen.

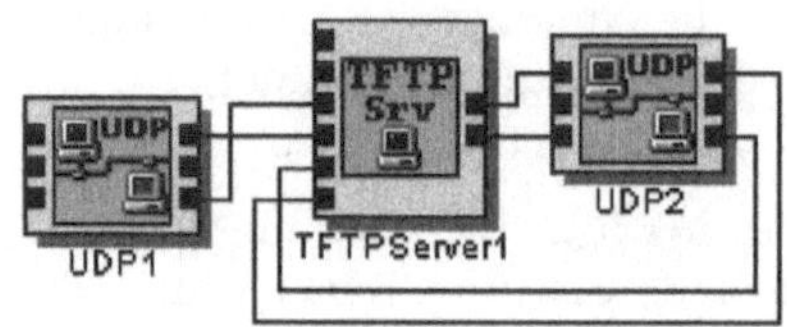

Bild 9.1   Beispiel eines TFTP-Servers in ICONNECT

Das Modul UDP1 dient dazu, auf ein TFTP-Kommando auf Port 69 zu warten. Sendet ein Client eine Anforderung, so wird diese inklusive der Information über Client-Adresse und Client-Port (das ist ein anderer als 69) an das Modul TFTPServer weitergeleitet. Dieser öffnet die angeforderte Datei (bei einer GET-Anweisung) und schickt das erste Paket an das Modul UDP2. Außerdem setzt er die Parameter für das zweite UDP-Modul damit die Antwort an den richtigen Client und an den richtigen Port geschickt wird.

Bei TFTP wird jedes Paket durch ein so genanntes Acknowledge (Empfangsbestätigung) quittiert. Dieses schickt der Client wiederum an den Server (dieses Mal auf dem Client-Port). Daraufhin wird vom Server das nächste Paket gesendet. Die Übertragung ist zu Ende, wenn die Datei komplett gesendet wurde. Das letzte Paket hat somit normalerweise nicht die volle Länge von 500 Byte, sondern ist kürzer. Wenn das letzte Paket genau 500 Byte lang wäre, würde der Server noch ein weiteres Paket ohne Inhalt senden.

Um Ausfälle von Client oder Server zu erkennen, warten beide Partner nur eine gewisse Zeit auf Antwort. Trifft diese nicht innerhalb dieses (beim Server einstellbaren) Timeouts ein, so wird das letzte Paket automatisch wiederholt. Nach der maximalen Anzahl von Versuchen wird die Übertragung abgebrochen.

Durch das Acknowledge kann das verbindungslose Protokoll UDP auch dazu verwendet werden, Daten geordnet und ohne Verlust zu übertragen.

9.2.4   Telnet – Remote Shell

Telnet ist ein Protokoll, das auf Port 23 von TCP/IP aufsetzt. Es dient dazu, von einem lokalen Rechner eine Kommando-Shell auf einem entfernten Rechner zu öffnen. Mit dem Modul Shell und ShellNT wird die MS-DOS Eingabeaufforderung von Windows für beliebige Clients zur Verfügung gestellt. Gebräuchliche Clients sind z.B. das Kommando telnet von Windows NT, das Programm HyperTerminal oder der Telnet-Client von Linux.

Da die Shell nicht am lokalen, sondern auf einem entfernten Rechner läuft, müssen einige Einschränkungen in Kauf genommen werden. Es ist immer nur der Inhalt des Shell-Fensters zu sehen, nie der gesamte Bildschirm des Rechners. Darum können auch keine Programme mit grafischer Oberfläche fernbedient werden. Trotzdem lassen sich solche aus einer Shell heraus starten (wenn z.B. das Kommando **explorer** eingegeben wird, startet der Windows-Explorer).

Kommandozeilenbasierte Befehle lassen sich ohne Einschränkungen ausführen. Beispiele dafür sind Texteditoren, Kommandos wie **dir**, **copy**, **move**, **chkdsk**, **fdisk**, **format** oder Win32-Kommandozeilenprogramme.

Die zwei Module (siehe Bild 9.2) geben alle Zeichen, die sie vom Client empfangen, an eine Eingabeaufforderung weiter und leiten sämtliche Ausgaben der Kommandozeile wieder zurück an den Client. In ICONNECT wird das Modul Shell normalerweise zusammen mit dem Modul TCPServer verwendet.

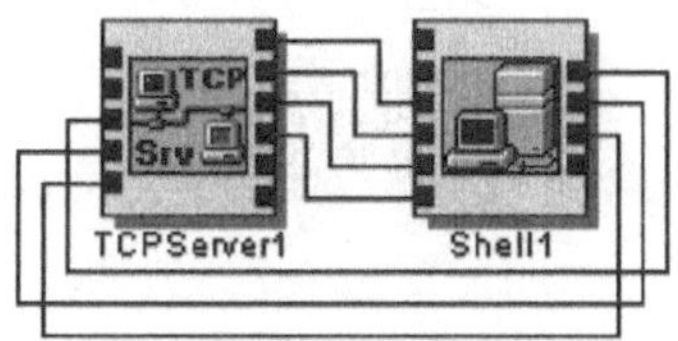

Bild 9.2 Beispiel eines TELNET-Servers in ICONNECT

Verbindet sich ein Client mit dem Modul **TCPServer**, so gibt er die Nummer der Verbindung über den Ausgang **Connect** an den Eingang **Open** des Moduls Shell weiter. Dieses Modul öffnet daraufhin eine neue Eingabeaufforderung und leitet die Standardein- und ausgabe auf seine eigenen Aus- und Eingänge um. Wird die Verbindung geschlossen, so wird die ID vom Ausgang **Disconnect** des Moduls TCPServer an den Eingang **Close** vom Modul Shell weitergeleitet. Daraufhin wird die Eingabeaufforderung geschlossen. Das Kommando **exit** beendet die Shell ebenfalls. Das Modul leitet darauf die ID der Verbindung vom Ausgang **Close** an den Eingang Disconnect des Moduls TCPServer weiter, der daraufhin die Netzwerkverbindung trennt.

Die Kommunikation zwischen den beiden Modulen erfolgt – wie im Abschnitt zum Modul TCPServer schon beschrieben – über die Ports **ID** und **Data**. Die ID wird benötigt, um mehrere offene Verbindungen voneinander unterscheiden zu können. Die Ausgabe einer Shell mit dem **HyperTerminal** von Windows ist in Bild 9.3 zu sehen.

Authentifizierung

Das Modul ShellNT bietet über die Möglichkeiten von Shell hinaus optional noch den Authentifizierungsmechanismus von Windows NT. Er kann in Windows NT, 2000 und XP verwendet werden. Der Client kann sich auf jedem beliebigen Betriebssystem befinden.

Nach dem Verbindungsaufbau muss ein gültiger Benutzername und ein Kennwort eingegeben werden, um mit der Shell arbeiten zu können. Werden wiederholt falsche Eingaben gemacht, wird die Verbindung getrennt. Die Anzahl der Versuche ist im Parameterdialog des Moduls einzustellen. Wenn das Benutzerkonto lokal auf dem Rechner ist, auf dem auch der Signalgraph mit dem Modul ShellNT läuft (nicht in der Domäne), kann beim Öffnen der Verbindung automatisch in das Verzeichnis des Benutzers gewechselt werden.

Diese erweiterten Funktionen müssen jedoch erst im Betriebssystem freigeschaltet werden, bevor sie verwendet werden können. Dazu werden die lokalen Richtlinien modifiziert. Genaueres ist in der Online-Hilfe des Moduls ShellNT nachzulesen.

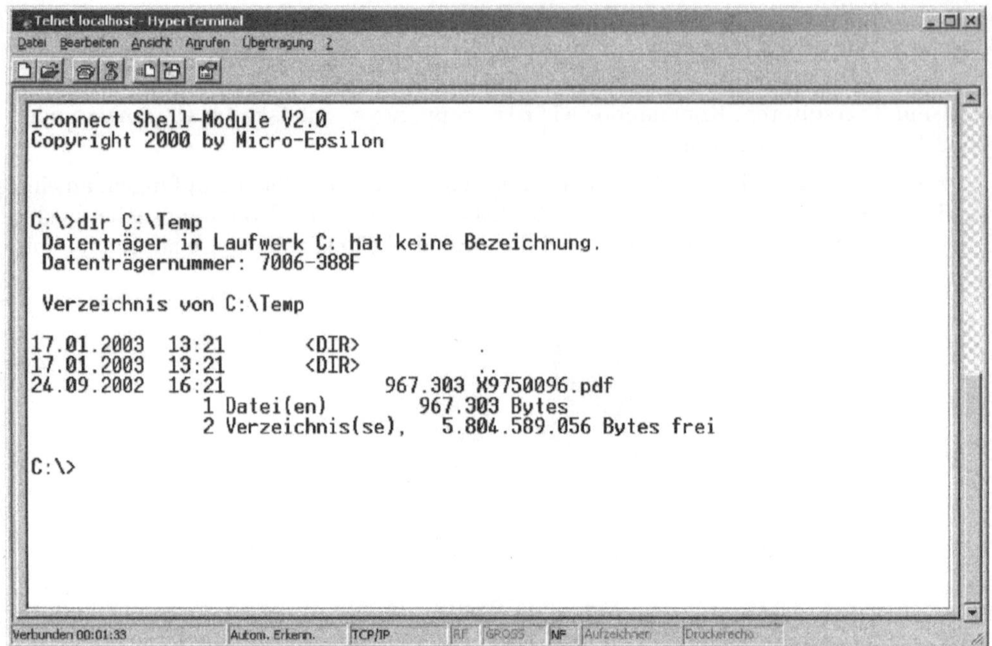

Bild 9.3 Beispiel eines TELNET-Clients mit Hyperterminal

9.2.5 SMTP – Email

Das Modul EMail hat – im Gegensatz zu den vorher beschriebenen Modulen – schon einen
eigenen TCP/IP-Client implementiert. Der Grund dafür ist, dass das Modul relativ häufig
benutzt wird und vom ungeübten Anwender schnell und einfach zu bedienen sein soll.

Das Modul dient dazu, Emails zu versenden. Im einfachsten Fall muss nur ein Eingang
als Trigger verbunden werden. Bei einem Signal wird ein Email mit vordefiniertem Text
an einen fest eingestellten Empfänger geschickt.

Zur Übertragung wird das Protokoll SMTP (Simple Mail Transfer Protocol) verwendet.
Es ist textbasierend (ASCII-Format) und zustandsorientiert (Kommandos müssen in bestimmter Reihenfolge geschickt werden). Nachdem sich der Email-Client mit dem Server
verbunden hat, muss er sich zuerst authentifizieren. Dabei überträgt er seinen Rechnernamen (bzw. den im Parameterdialog eingestellten Computernamen) an den Mailserver.
Dieser verwendet jedoch meist den über DNS aufgelösten Rechnernamen des Clients,
um gefälschte Adressen zu vermeiden. Anschließend sendet der Client Kommandos mit
dem Absendernamen und den Empfängern, gefolgt von dem Inhalt des Emails (inkl.
Mail-Header).

Der Mailserver legt das Email anschließend im Postfach des Empfängers ab. Wenn der
Server nicht für diesen Empfänger zuständig ist, wird das Email zu dem zuständigen Server weitergeleitet. Dieses Verhalten wird benötigt, da ein Benutzer meist nur die Adresse
seines eigenen Mailservers kennt, nicht aber die des Empfängers. Deshalb leitet er das
Email erst zu seinem eigenen Server. Um auch hier Missbrauch zu vermeiden, akzeptie-
ren die meisten Mailserver nur Emails, wenn entweder der Sender oder der Empfänger

ein Konto auf dem Server besitzt. Außerdem wird das Senden oft nur erlaubt, wenn zuvor mittels POP (Protokoll zum Abrufen von Email) eine Authentifizierung am Server vorgenommen wurde.

Im Modul **EMail** müssen erst einige Parameter eingegeben werden, bevor ein Email gesendet werden kann. Am wichtigsten ist der Name eines Mailservers, der zur Weiterleitung von Emails benutzt werden kann. Das ist üblicherweise der Mailserver im eigenem Hause (bei Firmen) oder der des ISP (Internet Service Provider). Der Mailserver von GMX heißt z.B. `smtp.gmx.de`, der von Web.de heißt `smtp.web.de`. Neben der Adresse ist auch der TCP/IP-Port wichtig. Dieser ist in den meisten Fällen 25 (SMTP). Kann ein Email nicht sofort verschickt werden, wird es solange wiederholt, bis die maximale Anzahl der Versuche erreicht ist.

Neben den Angaben zum Server wird noch der Name des Absenders benötigt. Dieser Name erscheint beim Empfänger im Feld *Mail von:* und wird auch als Antwortadresse verwendet. Der Computername ist optional.

In den Feldern *An*, *Cc* und *Bcc* können die Empfänger angegeben werden (mehrere durch Strichpunkt getrennt). Die Felder *Betreff* und *Text* können beliebig gefüllt werden. Im Feld *Kodierung* kann angegeben werden, wie der Text kodiert werden soll, da das Protokoll SMTP nur 7-Bit ASCII übertragen kann. *ASCII* überträgt den Text unverändert. *BASE64* und *UUENCODE* konvertieren den Text in Zahlen- und Buchstabenkolonnen. *MIME (plain text)* bedeutet *Multipurpose Internet Mail Extensions* und hat sich inzwischen als Standard etabliert. Wird der Text mit *MIME (html)* übertragen, so wird er vom Empfänger als HTML-Seite dargestellt, soweit dieser das unterstützt.

Im Feld *Dateien* können beliebige Dateien als Attachements (Anhang) angegeben werden. Mehrere Files werden durch Strichpunkt voneinander getrennt. Es können auch Platzhalter „*" und „?", z.B. `C:\Data*.txt` verwendet werden. Die Dateien werden mit *BASE64* kodiert und an das eigentliche Email angehängt.

SMTP wird von den meisten Email-Clients verwendet, wie z.B. **Pegasus**, **Outlook Express** und **Pine**. Es gibt in Windows noch eine weitere Möglichkeit zum Austausch von Emails. Die Schnittstelle dazu heißt MAPI (Messaging API) und wird von **Outlook** und einigen anderen Windowsprogrammen verwendet. Der Nachteil hierbei ist jedoch, dass unter dieser Schicht trotzdem wieder Mailprotokolle installiert werden müssen (Internet-Mail, Exchange-Server, ...), diese aber nicht direkt aus der Anwendung heraus parametriert werden können.

9.2.6 HTTP

Das inzwischen wohl am häufigsten genutzte Internetprotokoll ist HTTP (Hypertext Transfer Protocol). Das WWW (World Wide Web) beruht auf diesem Protokoll und jeder, der schon mal mit Internet Explorer, Netscape oder ähnlichem im Internet surfte, hat es zwangsläufig benutzt. Genauso wie das SMTP-Protokoll ist es textbasiert, jedoch arbeitet es zustandslos. Der Client (Internet Browser) erstellt eine Verbindung zum Server, schickt seine Anforderung und bekommt Daten zurück. Abschließend trennt der Server automatisch die Verbindung.

Eine Internetseite besteht im Normalfall aus vielen kleineren Elementen: HTML-Dateien, Bildern, Skripten, usw. Für jedes dieser Elemente baut der Browser eine neue Verbindung zum Server auf. Das Öffnen einer Internetseite geschieht so, dass der Benutzer den Namen einer Domain oder einer Seite eingibt oder anklickt. Der Browser extrahiert aus dieser

Angabe den Namen des Servers, löst mittels DNS (Domain Name Service) den Namen zu einer IP-Adresse auf und schickt seine Anforderung (kompletten Seitennamen inklusive Domain) an diesen Server.

Der Server untersucht die Anforderung und entscheidet, welche Seite er zurücksendet (auf einem Server können sich viele HTML-Seiten befinden, sogar mehrere Domänen). Der Client kann nun die empfangene Seite interpretieren und darstellen. Wenn er dabei feststellt, dass ihm Informationen oder Daten (z.B. Bilder) fehlen, schickt er eine weitere Anforderung an den Server. Die Daten, die der Server zurückschickt, können im ASCII-Format oder aber auch binär sein. Deshalb ist im Kopf der Antwort ein Feld definiert, das die Länge des Datenbereichs angibt. Der Datenbereich ist durch eine Leerzeile vom Kopf der Antwort getrennt.

Folgendes Beispiel zeigt eine (gekürzte) Anforderung eines Clients an einen Server. Da sich beide auf demselben Rechner befinden, wird `http://localhost` im Browser eingegeben. Der Client übersetzt die Anforderung in einen Schrägstrich „/", was für die Hauptseite der Domäne steht.

```
GET / HTTP/1.1

---
```

Das Kommando *GET* steht für „Holen einer Seite". Am Ende der Zeile ist das Protokoll inkl. Versionsnummer angegeben. Abgeschlossen wird der Kopf der Anforderung ebenfalls durch eine Leerzeile (hier durch drei Unterstriche gekennzeichnet). Jedoch gibt es hier keinen Datenbereich.

Die Antwort vom ICONNECT-Webserver sieht in diesem Beispiel so aus:

```
HTTP/1.0 200 OK
Server: Iconnect HTTP-Server module/2.0
Date: Tue, 24 Dec 2002 17:10:35 GMT
Last-Modified: Tue, 24 Dec 2002 09:03:26 GMT
Content-Length: 145
Content-Type: text/html

<html>
  <head>
    <title>Startseite</title>
  </head>
  <body>
    <p>Das ist eine Beispiel-Startseite für Ihren eigenen Web-Server.
  </body>
</html>
```

In der ersten Zeile steht wieder das verwendete Protokoll und eine Nummer mit nachfolgendem Text. Diese Zahl und der Text gibt an, ob die Anforderung erfolgreich war. Wird z.B. eine Seite nicht gefunden, wird *404 Not found* zurückgegeben.

Die folgenden Zeilen sind Statuszeilen, die den Server und die zurückgeschickte Seite beschreiben. Zu beachten ist der Parameter *Content-Length*, der die Länge des Datenbereichs angibt. Nach einer Leerzeile beginnt schließlich der Datenbereich, der eine einfache HTML-Datei beinhaltet.

Bild 9.4 zeigt die einfachste Form eines Web-Servers in ICONNECT. Er besteht aus dem Modul TCPServer, das auf Anforderungen auf Port 80 wartet und einem Modul HTTPServer, das die Anforderungen bearbeitet und Ergebnisse über den TCPServer an den Client zurückschickt. Der HTTPServer benötigt als Parameter ein Startverzeichnis, in dem sich die Dateien befinden. Außerdem braucht er den Namen der Startdatei, mit der er auf eine Standardanfrage antwortet.

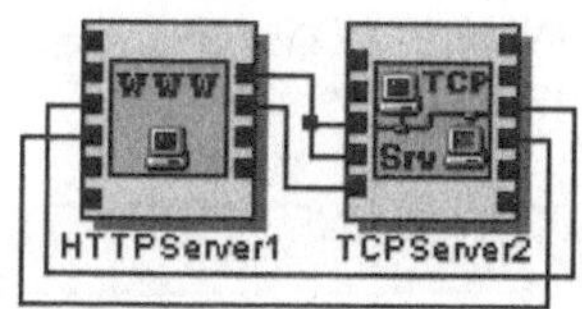

Bild 9.4 Beispiel eines HTTP-Servers in ICONNECT

Außer dem Kommando *GET* versteht der HTTPServer auch das Kommando *POST*. Dieses dient dazu, Daten vom Client an den Server zu übertragen. Dies wird z.B. oft beim Ausfüllen eines Formulars verwendet, das anschließend mit einer Schaltfläche [Abschicken] an den Server gesendet wird. Dieser kann die Daten an die dafür vorgesehenen Ausgänge POST-ID und POST-Text übertragen und anschließend eine Antwort an den Client schicken. Die Antwort wird vorher über die Eingänge Response-ID und Response-Text eingelesen.

9.2.7 XHTTP

ICONNECT bietet die Möglichkeit Visualisierungen und Eingabedialoge zu entwickeln, die auch auf entfernten Rechnern mittels eines Web-Browser angezeigt und editiert werden können. Dazu wurde das Protokoll HTTP um einige wenige Funktionen erweitert. Es bleibt trotzdem völlig transparent und wird auch von keiner Firewall blockiert. Diese Erweiterung wurde in einem neuen Modul XHTTP implementiert. Es beinhaltet alle Funktionen des Moduls HTTPServer und kann zusätzlich eine frei definierbare Anzahl von Kommunikationskanälen für Eingabe- und Visualisierungsmodule zur Verfügung stellen.

Einige der Module aus der Gruppe User Input haben einen Eingang WebIn und/oder einen Ausgang WebOut. Sie dienen dazu, mit entsprechenden Applets auf der Web-Seite Inhalte und Formate auszutauschen. Dazu müssen diese Ein- und Ausgänge mit den vorher definierten Kanälen des Moduls XHTTP verbunden werden. Die Kommunikation erfolgt immer im ASCII-Format. Deshalb ist der Datentyp jedes Kanals auf UBYTE[] einzustellen.

Die Gegenstücke zu den ICONNECT-Modulen können Java-Applets oder ActiveX-Controls sein, oder auch in Flash implementiert sein. Auf eine genaue Beschreibung dieser Thematik wird hier verzichtet, da im Abschnitt 9.4.2 genauer darauf eingegangen wird.

Um mit den ICONNECT-Modulen zu kommunizieren, müssen die Client-Controls eine Verbindung zum Server aufbauen. Darüber muss der Client das HTTP-Kommando POST mit einem eindeutigen Schlüsselnamen abschicken. Der XHTTP-Server vergleicht diesen Schlüssel mit denen seiner Kanäle und stellt mit dem passenden Kanal eine virtuelle Verbindung her. Jetzt werden alle Inhalte vom ICONNECT-Modul an das Client-Control weitergeleitet und umgekehrt. Der XHTTP-Server fügt beim ersten Datenpaket die Strings der Module als Daten an seinen eigenen Protokoll-Kopf an. Alle folgenden Informationen werden direkt weitergeleitet. Ebenso entfernt er von den Client-Controls den Protokoll-Kopf, bevor er den Inhalt an die Module weiterleitet.

9.2.8   Beispiel zur verteilten Verarbeitung in **ICONNECT**

Dieses etwas komplexere Beispiel zeigt eine Client-Server Lösung zur Verarbeitung rechenintensiver Algorithmen in **ICONNECT**. Die Kommunikation erfolgt mit den gerade besprochenen Modulen über das Internet.

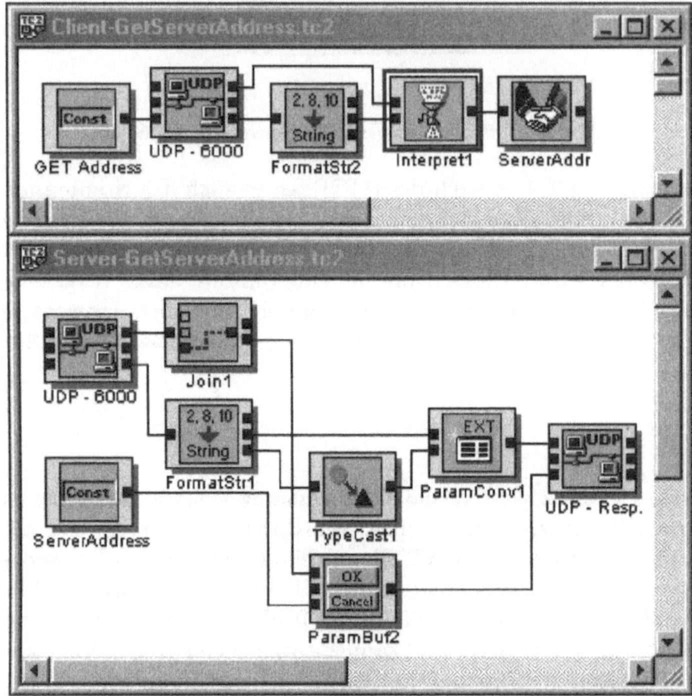

Bild 9.5 Beispiel zum Ermitteln einer Serveradresse

Die Aufgabe ist es, ein aufwändiges Problem in viele kleine Teile zu zerlegen und auf beliebig vielen autonomen Rechnern im lokalen oder in anderen (evtl. weltweiten) Netzen abzuarbeiten. Es kann einen oder mehrere Server geben, die das Komplettproblem bearbeiten und es Teil für Teil an die Clients weitergeben. Ein bekanntes Beispiel ist das SETI-Programm, bei dem viele Millionen Rechner im Internet die empfangenen Signale eines Radioteleskops nach periodischen Sequenzen durchforsten. Die Anwendung läuft als Bildschirmschoner.

Die Clients ermitteln die Adresse der Server durch eine Broadcast-Anfrage in das lokale Subnetz. Es muss mindestens einen Server geben, der auf die Anfrage antwortet. Das kann aber auch ein Zwischenrechner sein (im Folgenden Adress-Server genannt), der die Adresse eines Servers kennt und zurückliefert.

Bild 9.5 zeigt die Signalgraphen für Client und Server zur Ermittlung der Adresse des Servers. Wird im Server-Signalgraph als *ServerAddress* keine Adresse sondern ein Leerzeichen eingetragen, nimmt der Client automatisch die Adresse des antwortenden Servers, ansonsten die eingetragene Adresse. Damit kann der Server-Signalgraph für beide Servervarianten verwendet werden.

Nachdem der Client die Adresse des Servers kennt, kann er anhand des Moduls TCPClient eine Aufgabe vom Server anfordern. Diese Aufgabe ist in diesem Fall ein kompletter Signalgraph, der auf dem Client gespeichert wird. Der Server lädt den Graphen mittels LoadBin und gibt ihn über das Modul TCPServer an den Client weiter, wie in Bild 9.6 zu sehen ist.

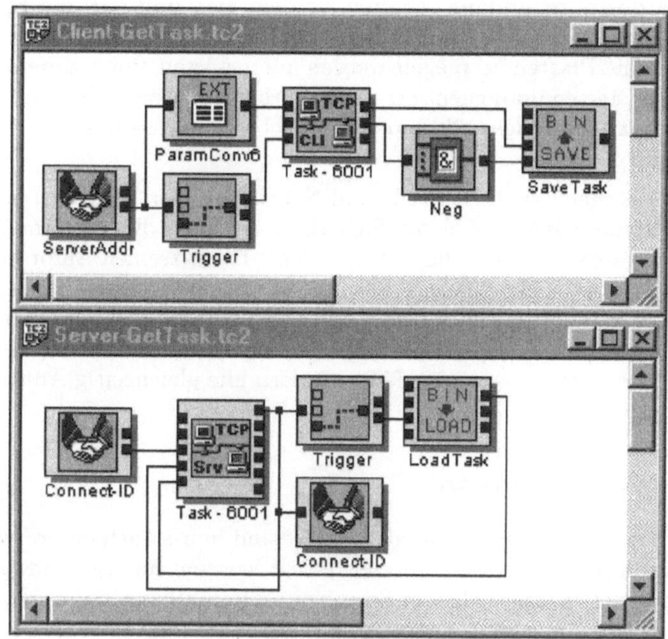

Bild 9.6 Übertragen einer Datei mittels TCPServer und TCPClient

Der Arbeitssignalgraph wird anschließend auf dem Client ausgeführt und liefert sein Ergebnis per Email an den Auftraggeber oder eine andere Person. Die Steuerung der einzelnen Signalgraphen geschieht auf Client- und Serverseite jeweils durch einen Steuersignalgraphen, der die einzelnen Arbeitssignalgraphen bei Bedarf startet und wieder stoppt.

9.3 Web-Server

Im Abschnitt 9.2.6 wurde schon auf das Protokoll HTTP und das zugehörige Modul in ICONNECT eingegangen. In diesem Kapitel wird ein kompletter Webserver mit den Mitteln von ICONNECT aufgebaut.

Anforderungen an die Hardware

Um einen Webserver aufzubauen, müssen einige technische Anforderungen erfüllt sein. Als erstes sollte eine Abschätzung gemacht werden, wie groß die zu verwaltende Datenmenge sein wird. Danach sollte die Speicherkapazität der Festplatte ausgerichtet werden. Außerdem sollte versucht werden, die Anzahl der Zugriffe pro Zeiteinheit (Tag, Minute, ...) abzuschätzen. So wird der Webserver einer Suchmaschine oder einer großen Firma sicher um einige Größenordnungen mehr benutzt als der einer Produktionsanlage, die für die Fertigung Statistiken zur Verfügung stellt. Nach der Anzahl der Zugriffe und dem Datenvolumen, das dabei übertragen wird, sollten der Prozessor und die Anbindung an das Netz gewählt werden.

Wenn es besondere Anforderungen an die Ausfallsicherheit gibt, können einige Komponenten der Hardware redundant gehalten werden. Das sind z.B. die Festplatten, die zu einem Festplattensystem zusammen geschaltet werden können. Über einen RAID-Controller können die Platten gespiegelt werden oder es kann eine redundante Datenhaltung auf verteilten Platten implementiert werden. Moderne Controller und Platten bieten auch die Möglichkeit, diese auch während des Betriebs zu wechseln. Dieses Verfahren wird Hot-Swap genannt.

Neben Festplatten können auch Netzteile und Netzwerkkarten mehrfach in einem Server eingebaut sein. Damit wird sowohl die Sicherheit als auch die Performance gesteigert (wenn sich die Netzwerkcontroller die Arbeit teilen). Bei extremen Anforderungen an die Ausfallsicherheit können sogar mehrere Rechner zu einer Serverfarm zusammengeschlossen werden. Diese haben alle die gleiche Aufgabe und springen für evtl. ausgefallene Geräte ein. Auch hier kann die Performance gesteigert werden, wenn die Server nicht passiv warten bis der aktive Server ausfällt, sondern alle gleichzeitig Anforderungen von Clients bearbeiten.

Anforderungen an die Software

Nachdem die hardwarespezifischen Details geklärt sind, muss auch die softwaretechnische Seite betrachtet werden. Als erstes sollte festgelegt werden, für wen und von wo aus der Server ansprechbar sein sollte. Falls der Server nur innerhalb einer Firma oder Abteilung verwendet werden soll (Intranet), benötigt er keine eindeutige IP-Adresse. Viele Firmen verwenden für ihre internen Netze den IP-Bereich 192.168.xxx.xxx. Dieser Bereich ist speziell dafür reserviert und darf im Internet nicht verwendet werden. Über Routing-Einträge und den Eintrag Default-Gateway lässt sich der Zugriff auf den Server weiter beschränken.

Will sich eine Firma im Internet präsentieren, soll jeder Besucher der Seite von überall aus Zugriff auf den Server haben. Dafür benötigt der Rechner eine weltweit eindeutige IP-Adresse. Diese wird normalerweise von dem Anbieter mitgeliefert, der die Verbindung ins Internet bereitstellt. Bei einer Standleitung wird sogar ein kleines Kontingent von festen IP-Adressen zur Verfügung gestellt. Diese können frei verwendet werden. Soll der Server über eine Einwählverbindung oder über DSL mit dem Internet verbunden werden, bekommt er normalerweise eine dynamische IP-Adresse zugewiesen. Diese ändert sich bei jeder Einwahl.

Damit sich niemand die IP-Adresse eines Servers merken muss, sollte dem Server ein Name gegeben werden. Darüber kann auf den Server zugegriffen werden. Da jedoch die IP-Adresse auf unterster Ebene zur Adressierung dient, muss der Name in eine IP-Adresse gewandelt werden. Das geschieht mittels DNS (siehe Abschnitt 5.8).

Nachdem der Zugriff auf den Server freigeschaltet ist, muss er aus sicherheitstechnischen Gründen ggf. wieder etwas eingeschränkt werden. Da die Website das wichtigste Instrument einer Firma ist, sich im Internet zu präsentieren, sind Webserver ein sehr beliebtes Ziel von Hackern. Deshalb sollten auf dem Rechner nur die wichtigsten Dienste laufen und alles nicht benötigte abgeschaltet bzw. deinstalliert werden. Insbesondere gilt das für

Netzwerkdienste. Das vermindert die Angriffspunkte erheblich. Außerdem ist es sinnvoll, einen Webserver nicht direkt ans Internet anzuschließen, sondern eine Firewall dazwischen zuschalten. Diese sollte so konfiguriert werden, dass nur die benötigten Protokolle freigeschaltet sind.

Damit sind die grundlegenden Überlegungen für den Aufbau des Servers abgeschlossen. Jetzt kann mit der Implementierung des eigentlichen Webservers begonnen werden. Erfahrungen haben gezeigt, dass es sinnvoll ist, Programm und Daten zu trennen. Das ist auch bei der Implementierung in ICONNECT so. Das Programm ist durch den Signalgraphen festgelegt und die Daten liegen in einem eigenen Verzeichnis, im folgenden Webverzeichnis genannt. Darin können HTML-Seiten, Skripte (Java, VB-Script), Bilder, Applets und beliebige andere Dateien abgelegt sein. Serverseitige Skripte gehören jedoch nicht zu den Daten und sind somit im Signalgraphen abgelegt.

Erzeugen einer Internet-Seite

Meist besteht eine Seite aus mehreren HTML-Dateien und Bildern, ggf. auch aus Skripten und Applets oder ActiveX-Controls. Früher wurden HTML-Dateien mit einem Texteditor erzeugt. Dazu musste der Entwickler diese Sprache beherrschen. Heute werden entsprechende Editoren verwendet. Der Entwickler erzeugt seine Seiten mit einer graphischen Oberfläche und der Editor wandelt sie schließlich in HTML um. Nur noch in Ausnahmefällen muss der Entwickler selbst den Code editieren. HTML-Editoren gibt es inzwischen in unzähliger Menge. Viele davon sind Freeware oder Shareware. Anhand des Editors Frontpage von Microsoft wird im Folgenden gezeigt, wie eine Internet-Seite erzeugt wird.

Über einen Assistenten kann eine einfache Seite erzeugt werden. Die Seiten können mittels dem Editor angepasst werden. Es können Bilder und Tabellen eingefügt werden. In der Navigationsansicht können Seiten untereinander verknüpft werden. Es ist auch möglich, mehrere Seiten als Frames in einem Fenster darzustellen. Mit dem Microsoft Skript-Editor kann Java-Skript oder VB-Skript in die HTML-Umgebung eingebunden werden.

Bilder und andere Dateien, z.B. Download-Files können ebenfalls in die Umgebung mit eingebunden werden. Dazu müssen sie in das Webverzeichnis kopiert und über Frontpage referenziert werden. Nachdem die Seite komplett fertig ist, wird sie veröffentlicht. Dabei werden alle internen Referenzen durch relative Dateinamen ersetzt, so dass die Site mit jedem Webbrowser geöffnet werden kann. Das veröffentlichte Web wird jetzt in das Webverzeichnis des Servers kopiert.

Erzeugen eines Webservers

Die einfachste Form eines Webservers war bereits in Bild 9.4 zu sehen. Um die Rückkopplungen zwischen TCPServer und HTTPServer aufzubrechen, wird im Folgenden noch zusätzlich das Modul MultiComm verwendet. Das erleichtert vor allem die Integration von serverseitigem Skripting. Der Signalgraph dazu ist in Bild 9.7 zu sehen.

Für einen Webserver reichen zur Funktion im Wesentlichen drei Parameter. Das ist zum einen der Port, auf dem er auf Anforderungen der Clients wartet. Der wird im TCPServer eingestellt. Die beiden anderen Parameter sind das Webverzeichnis, in dem sich die Daten befinden und die Startdatei, die auf eine unbestimmte Anfrage (ohne Seitennamen) geliefert wird. Diese Parameter sind im HTTPServer einzustellen. Bild 9.8 zeigt die Parameterdialoge des Moduls HTTPServer und TCPServer.

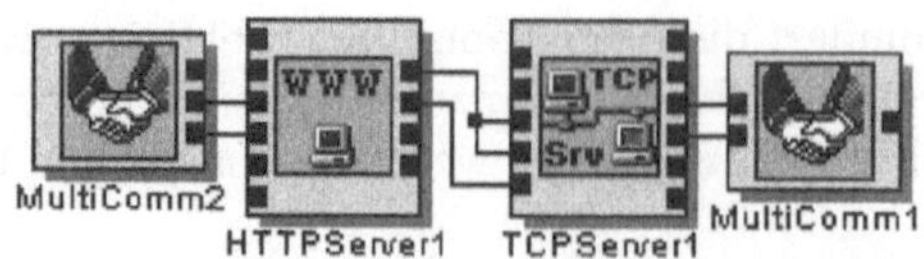

Bild 9.7 Beispiel eines HTTP-Servers mit MultiComm

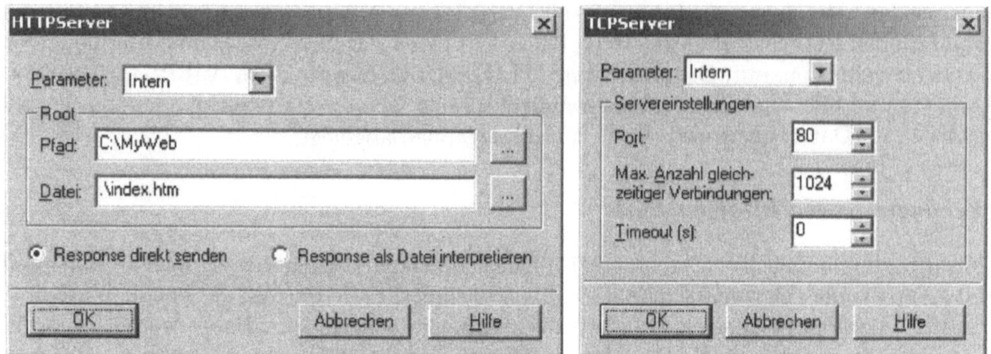

Bild 9.8 Einstellungsdialoge von HTTPServer und TCPServer

Der Webserver kann jetzt alle GET-Anforderungen von Clients bearbeiten und die entsprechende Datei aus dem Webverzeichnis laden und an den Client zurückschicken. Sollen auch POST-Kommandos der Clients bearbeitet werden, so ist serverseitiges Skripting notwendig.

POST-Kommandos

POST-Kommandos sind – genauso wie GET-Kommandos – auch Bestandteil des HTTP-Protokolls. Dabei wird jedoch keine Leseanforderung, sondern es werden Daten an den Server geschickt. Die Daten wurden vorher in einem Formular in einer HTML-Seite eingegeben oder durch ähnliche Mechanismen erzeugt. Der Kopf eines POST-Kommandos ähnelt dem eines GET-Kommandos:

```
POST /FeedbackScript HTTP/1.1
Referer: http://localhost/
Host: localhost
Content-Length: 139

Kommentar=Test&Kategorie=Website&Name=anonym&Organisation=Schulz+%26+
Co.&Telefon=0123%2F45678&FAX=0123%2F45679&E-Mail=anonym@schulzandco.de
```

Dieses Beispiel (gekürzt) ist aus einem Feedbackformular entnommen, in dem Kunden ihre Zufriedenheit mit dem Webangebot eines Anbieters ausdrücken können. Der Kopf zeigt an, dass es sich um ein POST-Kommando handelt. Als nächstes kommt der Name des Skripts, das ausgeführt werden soll, anschließend folgt das Protokoll und die Version. Die Zeile *Referer* gibt an, aus welcher Seite die Anforderung generiert wurde. Das Serverskript kann damit sicherstellen, dass es sich um keine kopierte und modifizierte Seite handelt. *Host* gibt den Rechnernamen an, unter dem der Client den Server kennt (das ist normalerweise der Name des Servers, bei Um- und Weiterleitungen kann er jedoch davon abweichen). Auch bei den POST-Kommandos gibt es wieder einen Eintrag *Content-Length*, der die Länge des Datenbereichs angibt. Eine Leerzeile schließt den Kopf ab und leitet den Datenbereich ein.

Die Daten bestehen bei einen POST-Kommando aus den einzelnen Eingabeparametern in der HTML-Seite. Diese werden durch ein „&" voneinander getrennt. Jeder Parameter besteht aus einer Beschreibung, einem „=" und dem Parameterwert. Leerzeichen in den Parametern werden durch ein „+"dargestellt, andere Sonderzeichen durch ein „%" und dem ASCII-Code (zweistellig in Hexadezimal).

Der HTML-Code der Feedbackseite für dieses POST-Kommando hat folgendes Aussehen (stark gekürzt, das Original ist auf beiliegenden CD zu finden):

```html
<html>
<head>
<title>Feedback Formular</title>
</head>
<body>
<form method="POST" action="FeedbackScript">
 <p><textarea name="Kommentar" rows="10" cols="45"></textarea> </p>
 <p><select name="Kategorie">
  <option selected>Website</option>
  <option>Organisation</option>
  <option>Produkte</option>
  <option>Serviceangebote</option>
 </select> </p>
 <input type="TEXT" name="Name">
 <input type="TEXT" name="Organisation">
 <input type="TEXT" name="Telefon">
 <input type="TEXT" name="FAX">
 <input type="TEXT" name="E-Mail">
 <p><input type="SUBMIT" value="Feedback abschicken"></p>
</form>
</body>
</html>
```

Über den Befehl

```
form method="POST"
```

wird festgelegt, dass es sich um ein POST-Kommando handelt. Der Befehl *action* gibt den Namen des Skripts an, das ausgeführt werden soll. Die nächsten Zeilen beschreiben die Eingabefelder und das Eingabeelement SUBMIT stellt eine Schaltfläche zum Abschicken des Kommandos dar.

Nachdem der Client dieses Kommando an den Server geschickt hat, erwartet er (genauso wie beim GET-Kommando) eine Antwort, die er ebenfalls interpretiert und darstellt.

Serverseitiges Skripting in ICONNECT

Das Modul HTTPServer bietet die Möglichkeit, POST-Kommandos in ICONNECT weiter zu verarbeiten (serverseitiges Skripting). Dazu stellt es die Ausgänge POST-ID und POST-Data zur Verfügung, an denen die POST-Kommandos ausgegeben werden. Über die Eingänge Response-ID und Response-Text kann die Antwort für den Client geschickt werden. Der HTTPServer bietet die Möglichkeit, die Antwort direkt zu schicken (sie muss im HTML-Format am Eingang anliegen), oder als Dateinamen zu interpretieren und diese Datei als Antwort zu schicken.

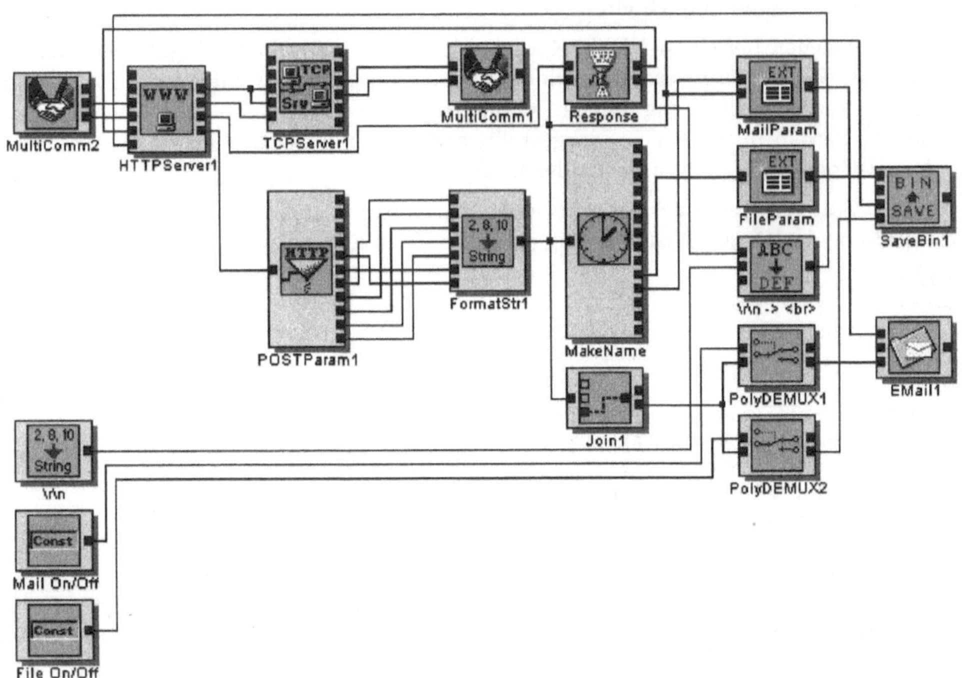

Bild 9.9   WebServer mit Skripting in ICONNECT

Zur Nachverarbeitung der POST-Kommandos gibt es in ICONNECT eine nahezu unbeschränkte Anzahl von Möglichkeiten. Am einfachsten ist es, die Parameter mit dem Modul PostParam zu zerlegen und einzeln auszugeben. Im Beispiel in Bild 9.9 wird dieses Modul dazu genutzt. Anschließend werden die Parameter mit dem Modul FormatStr wieder zusammengesetzt und anschließend auf drei Arten weiterverarbeitet. Das Modul Interpret mit dem Namen Response nimmt den String auf und erzeugt daraus eine Antwort für den Client. Anschließend werden daraus die CR-Zeichen (neue Zeile) durch „
" ersetzt (laut HTML-Definition). Das Ergebnis wird über den HTTPServer wieder an den Client geschickt.

Im zweiten Verarbeitungsschritt wird mit dem Modul TimeConvert ein Dateiname erzeugt (mit Datum und Uhrzeit) und das Modul SaveBin speichert den Parametersatz in dieser Datei ab. Das kann z.B. zum Protokollieren benutzt werden. Im letzten Schritt werden die Daten per Email an eine Person weitergeleitet, die diese Daten weiter Verarbeitung kann. Als Betreff wird auch hier die Ausgabe aus dem Modul TimeConvert mit Datum und Uhrzeit genutzt. Die beiden letzten Möglichkeiten können jeweils über die Module Const ein- und ausgeschaltet werden.

Dieses Beispiel zeigt jedoch nur einen sehr kleinen Ausschnitt aus dem Bereich des serverseitigen Skripting. Es können alle Stringverarbeitungsmodule aus der Gruppe Signal Processing\String dazu genutzt werden, ebenso die Skripting-Module Interpret, Perl oder **VBA**. Auch kann eine mit **ICONNECT** gesteuerte Maschine einen Webserver einsetzen, um über das Internet die Parameter der Maschine zu verändern. Damit benötigt die Anlage kein eigenes Benutzerinterface mehr (Monitor, Tastatur), sondern kann Ein- und Ausgaben komplett über das Internet abwickeln.

Protokollierung und Statistik der Zugriffe

Nachdem der Webserver fertig gestellt und im Einsatz ist, kommt normalerweise immer die Frage, wer wann auf den Server zugreift und welche Informationen der Benutzer hauptsächlich abruft. Diese Informationen können in **ICONNECT** durch das modulare Konzept auch nachträglich ausgelesen und protokolliert werden. Folgende Informationen von Modulen sind dafür relevant:

- Das Modul **TCPServer** bietet mit den Ausgang **RemoteInfo** die Adresse und den Port des Clientrechners. Der Ausgang **Error** dient dazu, evtl. auftretende Fehler zu protokollieren. Zusammen mit den Ausgängen **Connect** und **Disconnect** kann damit eine Statistik erzeugt werden. Darin ist enthalten, wer sich wann mit dem Server verbunden hat, und wie lange die Verbindung andauerte. An den Ausgängen **ID** und **Data** lässt sich ablesen, welche Informationen der Benutzer abgerufen hat. Außerdem schicken die meisten Webbrowser viele zusätzliche Informationen an den Server, die in der GET-Anforderung mitgeschickt werden.

- Das Modul **HTTPServer** bietet weitere Möglichkeiten zur Protokollierung. Die Ausgänge **Response-ID** und **Response-Text** beinhalten die Antwort des Servers für den Client und mit den Ausgängen **POST-ID** und **POST-Text** können POST-Kommandos überwacht werden. Auch in den POST-Kommandos werden von den Browsern viele interessante Informationen mitgeschickt, die protokolliert werden können. Die Standardinformationen *Referer* (aufrufende Seite), *Action/Script* (Name des Skripts) und *Host* werden auch von dem Modul **POSTParam** zur Verfügung gestellt.

Im folgenden Beispiel wird der Code für ein **Perl**-Modul vorgestellt, das die Informationen des Moduls **TCPServer** und **HTTPServer** sammelt und ausgibt. Diese Ausgabe könnte in eine Logdatei gespeichert werden:

```
if ($iConnect {"newdata"})
 {
 $id= $iConnect[0];
 $conn{$id}= true;
 $start{$id}= time();
 $iRemoteInfo=~/(.*):(.*)/;
 $remoteIP{$id}= $1;
 $remotePort{$id}= $2;
 }

if ($iID {"newdata"})
 {
 $id= $iID[0];
 $iData=~/(.*) (.*) /;
 $command{%id}= $1;
 $param{%id}= $2;
 }

if ($iRespID {"newdata"})
 {
```

```perl
$id= $iRespID[0];
$iRespData=~/.* (.*)/;
$answer{%id}= $1;
}

if ($iDisconnect {"newdata"})
{
$id= $iDisconnect[0];
$conn{$id}= false;
$delay= time()-$start{$id};
$oLogStr.= $id." ; ".$remoteIP{$id}." ; ".$remotePort{$id}." ; ".$delay." ; ".
           $command{%id}." ; ".$param{%id}." ; ".$answer."\r\n";
undef ($conn{$id});
undef ($start{$id});
undef ($remoteIP{$id});
undef ($remotePort{$id});
undef ($command{$id});
undef ($param{$id});
undef ($answer{$id});
}

if ($iError {"newdata"})
{
$oLogStr.= "Error: ".$iError."\r\n";
}
```

Um aus den Logdateien Statistiken zu erzeugen, können Module von ICONNECT verwendet werden. Die Auswertung kann z.B. in einem Perl-Skript erfolgen.

9.4 Kommunikation mit Applets

In vielen Situationen, z.B. zum Ablesen einer Überwachungsanzeige, ist es sehr nützlich, wenn die Bedienung eines ICONNECT-Graphen nicht an dem Rechner erfolgen muss, auf dem der Graph ausgeführt wird. Daher wurden Möglichkeiten geschaffen, ICONNECT-Graphen über Web-Broser fernzubedienen. In den nun folgenden Abschnitten werden die Fernbedienung von ICONNECT mit Java-Applets und Flash-Dateien vorgestellt und anhand von Beispielen erläutert.

9.4.1 Dynamische, bidirektionale Kommunikation mit Java-Applets

ICONNECT-Graphen können mit jedem Java-fähigen Browser über Internet fernbedient werden. Dazu werden HTML-Seiten erstellt, die Java-Applets enthalten. Diese Applets kommunizieren mit den Modulen des zu bedienenden ICONNECT-Graphen. Für den Datenaustausch wird zwischen ICONNECT und den Java-Applets eine bidirektionale Kommunikation aufgebaut. Sie dient sowohl zur Übertragung der initialen Parameter der Module an die Applets als auch zur Übermittlung von Daten zwischen den Applets und Modulen. Für die Übertragung sicherheitskritischer Daten kann eine SSL-Verschlüsselung (Secure Sockets Layer) stattfinden.

Voraussetzungen

Auf den Client-Rechnern muss Java 1.4 oder höher installiert sein. Falls eine verschlüsselte Übertragung eingesetzt werden soll, muss auch auf dem Server (ICONNECT-Rechner) eine Java-Laufzeitumgebung vorhanden und das Programm `Wrapper` konfiguriert und gestartet sein. Bei der Verwendung einer Java-Version ohne SSL-Unterstützung muss das Paket JSSE (Java Secure Socket Extension) installiert werden.

Funktionsprinzip

Für jedes anzuzeigende Ein- und Ausgabeelement des fernzubedienenden Signalgraphen muss ein entsprechendes, kompatibles Java-Applet existieren oder selbst erstellt werden. An den betroffenen Modulen müssen ein `WebOut` Ausgang und bei Eingabeelementen auch ein `WebIn` Eingang zur Verfügung stehen. Das Funktionsprinzip der Applets ist so gestaltet, dass die Applets möglichst unabhängig von den Modulen entwickelt werden können. Daher enthalten die Applets – soweit dies möglich ist – nur Programmcode, der zur Ein- bzw. Ausgabe von Daten dient, und nicht etwa Funktionen, die die Zulässigkeit eingegebener Werte überprüfen. Alle Berechnungen solcher Gültigkeitstests werden in den Modulen vorgenommen, d.h., eingegebene Daten werden von den Applets ungeprüft an die Module geschickt, dort überprüft und der neue anzuzeigende Wert wird wieder an die Applets geschickt. Erst wenn die Applets den neuen Wert erhalten, wird dieser angezeigt.

Die angegebene Strategie vermeidet inkonsistente Zustände (bis auf die Verzögerung durch die Übertragung der Daten über das Internet), falls mehrere Applets parallel mit dem gleichen ICONNECT-Graphen verbunden sind. Wird beispielsweise der Wert eines fernbedienten Moduls (etwa eine Zahleneingabe) zeitgleich in mehreren Browsern geändert (Browserbenutzer A gibt 3 ein und Browserbenutzer B wählt 2), so werden diese Änderungen in der Reihenfolge ihres Eintreffens im Modul verarbeitet und an alle Applets gesendet. Dadurch wird der zuletzt eingetroffene, gültige Wert an alle verbundenen Applets zur Anzeige geschickt. Falls also die Änderung von A nach der Änderung von B beim ICONNECT-Modul eintrifft, zeigen sowohl das Applet im Browser von A als auch das im Browser von B zunächst kurz den Wert 2 und schließlich den Wert 3 an. Falls ein Applet einen unzulässigen Wert sendet, wird dieser ignoriert und es wird erneut der ursprüngliche Wert vom Modul zum Applet übertragen und dort angezeigt.

Kommunikationsprotokoll

Da bei der Entwicklung einer ICONNECT-Anwendung oft noch nicht feststeht, ob und welche Daten verschlüsselt werden müssen, wurden alle die Verschlüsselung betreffenden Teile sowohl von den Modulen, als auch von den speziellen Applets getrennt. Aus diesem Grund kann die komplette Entwicklung ohne SSL-Verschlüsselung erfolgen und diese dann nachträglich mit geringem Aufwand eingebunden werden. Die gesamte Kommunikation zwischen den Modulen und den Applets erfolgt über Zeichenketten, die vom `WebOut` Ausgang der Bedienelemente über die Module `XHTTP` und `TCPServer` zu den Applets gesendet und in entgegengesetzter Richtung empfangen werden. Die Zeichenketten können sowohl Startparameter, als auch zur Laufzeit ein- bzw. auszugebende Daten enthalten, und haben die Form:

```
<Schlüssel> = <Wert>
```

Um zum Beispiel die Hintergrundfarbe eines Applets zu ändern, übertragen die Module folgende Zeichenkette:

```
BGCOLOR = 0x000000FF
```

Diese Zeichenkette wird zunächst grob vorverarbeitet, d.h., verschlüsselte Daten werden entschlüsselt, Steuerzeichen entfernt und die Nachrichtenköpfe (Header) werden verarbeitet. Anschließend wird die Zeichenkette analysiert und gegebenenfalls in ein anderes Format umgewandelt (z.B. `0x00BBGGRR` Farbformat in den Java-eigenen `Color`-Datentyp).

Erstellung eines fernbedienbaren *ICONNECT*-Graphen

In diesem Abschnitt wird beschrieben, wie man einen ICONNECT-Graphen erstellt, der eine über das Internet fernsteuerbare Checkbox enthält. Hierzu werden die drei Module Checkbox, XHTTP und TCPServer benötigt. Zunächst werden im Eigenschaftendialog des Checkbox-Moduls die gewünschten Parameter eingestellt, z.B. der NAME auf den Text `fernbedienbar`. Die Parameter PFAD und DATEI des Moduls XHTTP werden auf den Pfad `<PFAD>`, unter dem die HTML-Seiten abgelegt sind und auf den Namen der Startseite, deren Inhalt weiter unten beschrieben wird, gesetzt. Für das Checkbox-Modul muss hier auch ein neuer Kanal erstellt und konfiguriert werden. In dem durch einen Doppelklick erreichbaren Menü des neuen Kanals werden die Parameter *Signaltyp* auf `UBYTE[]` und *Schlüssel* auf `<KEYNAME>` gesetzt. Hierbei ist `<KEYNAME>` ein eindeutiger, kontextsensitiver, aber frei wählbarer Name, über den das Modul mit den verbundenen Java-Applets kommuniziert. Um die initiale Belegung des am Kanal angeschlossenen Moduls an die Applets zu übertragen, muss das Häkchen *Vorbelegung senden* aktiviert werden. Abschließend wird noch das TCPServer-Modul konfiguriert. Besonders wichtig ist hier der Parameter *Port* der die Port-Nummer des bereitgestellten Servers enthält. Im Normalfall ist dieser Wert `<PORT>`=80, der Standardwert für das HTTP-Protokoll. Die Einstellungen für das Checkbox-Beispiel sind in den Bildern 9.10 (Checkbox-Eigenschaften), 9.11 (XHTTP-Eigenschaften), 9.12 (Eigenschaften des `<KEYNAME>`-Ports) und 9.13 (TCPServer-Eigenschaften) zu sehen.

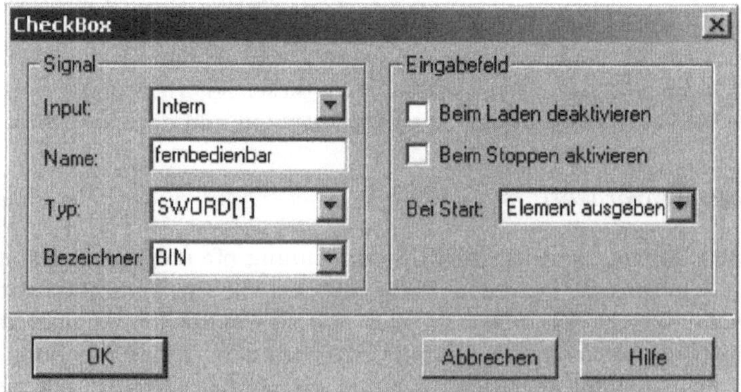

Bild 9.10 Eigenschaften des Checkbox-Moduls

Nachdem alle Module konfiguriert wurden, müssen noch die Verbindungen zwischen ihnen hergestellt werden. Der `WebOut`-Ausgang des Checkbox-Moduls muss mit dem Eingang *<KEYNAME>* des Moduls XHTTP verbunden werden und der `WebIn`-Eingang entsprechend mit dem *<KEYNAME>*-Ausgang. Die Ausgänge `Disconnect`, `Response-ID` und

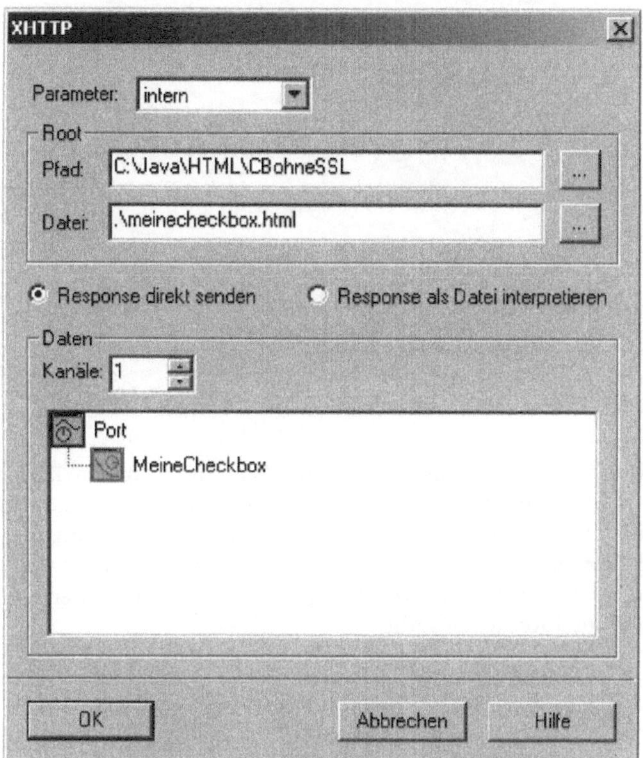

Bild 9.11 Eigenschaften des XHTTP-Moduls

Bild 9.12 Eigenschaften des <KEYNAME>-Ports

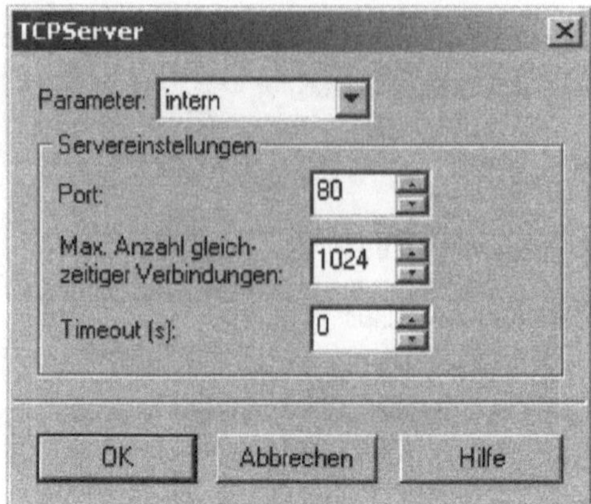

Bild 9.13 Eigenschaften des TCPServer-Moduls

Response-Text des **XHTTP**-Moduls werden jeweils an die Eingänge **Disconnect**, **ID** und **Data** des Moduls **TCPServer** angeschlossen. Schließlich werden noch die Kanten von den **TCPServer**-Ausgängen **Disconnect**, **ID** und **Data** zu den **XHTTP**-Eingängen **Disconnect**, **Command-ID** und **Command-Text** gezogen. Damit ist die Erstellung des Graphen abgeschlossen. In Bild 9.14 ist der **ICONNECT**-Signalgraph zu sehen, der die Bedienung des **Checkbox**-Moduls über Internet erlaubt.

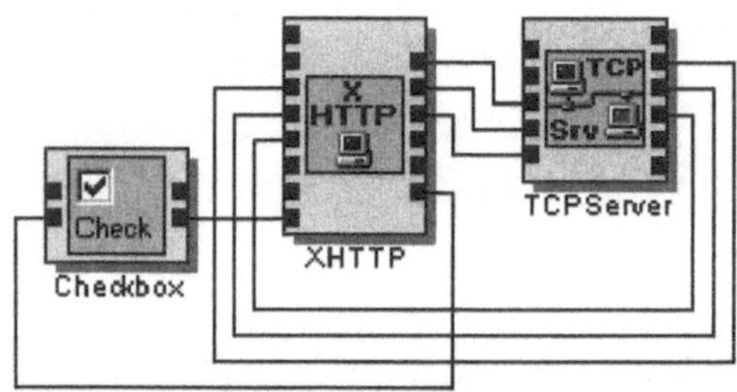

Bild 9.14 Signalgraph für Checkbox-Internetanbindung

Als nächstes müssen die benötigten Dateien im Verzeichnis <PFAD> abgelegt werden. Dazu gehören die HTML-Startseite, die im Webbrowser angezeigt werden soll, die spezifischen Klassen der darin enthaltenen Applets, sowie das JAR-Archiv **common.jar** der abstrakten und gemeinsam genutzten Klassen. Falls eine SSL-Verschlüsselung benötigt wird, muss hier auch die Datei **testkeys** liegen, die die benötigten SSL-Zertifikate und Schlüssel enthält. Die Verzeichnisstruktur auf dem Server der einfachen **Checkbox**-Fernbedienung ist in Bild 9.15 zu sehen. Die HTML-Seite enthält Informationen über die zu ladenden Applets und deren Initialparameter, falls diese von ihren Standard-Werten abweichen, wie z.B. den Parameter **key**, über den die Applets angesprochen und unterschieden werden. Jeder Parameter eines Applets lässt sich also in der HTML-Seite durch eine Zeile der Form

```
<PARAM name=<PARAMNAME> value="<VORBELEGUNG>">
```

vorbelegen, wobei die öffnende und die schliessende spitze Klammer Teil des Quelltextes sind. Für die Checkbox-Fernbedienung durch die in Bild 9.16 gezeigte Webseite ist daher folgender Quelltext ausreichend:

```
Meine fernbedienbare Checkbox:
```

```
<applet
  width="420"
  height="70"
  code="MyCheckbox.class"
  archive = "common.jar">
  <PARAM name="key" value="MeineCheckbox">
</applet>
```

Name ▲	Größe	Typ
common.jar	40 KB	Executable Jar File
meinecheckbox.html	1 KB	HTML Document
MyCheckbox.class	2 KB	CLASS-Datei
MyCheckboxMain.class	3 KB	CLASS-Datei

Bild 9.15 Verzeichnisstruktur der *Checkbox*-Dateien

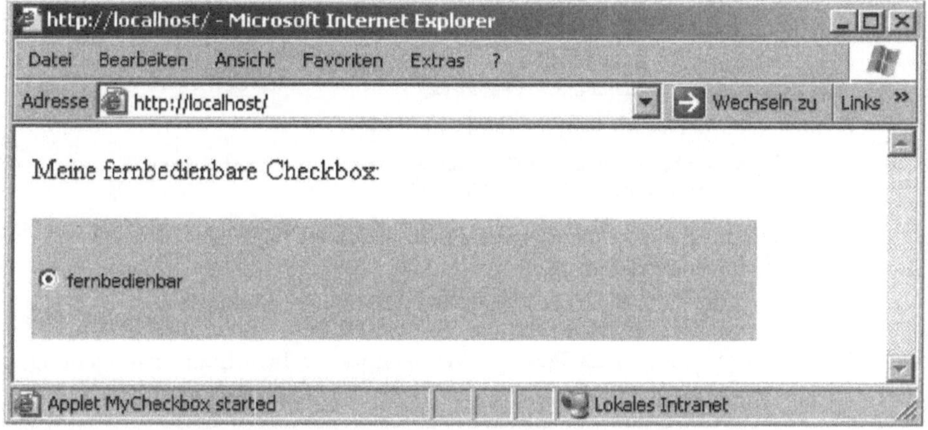

Bild 9.16 Webseite zur Fernbedienung einer Checkbox

SSL-Verschlüsselung

Im Folgenden werden die Schritte erklärt, die notwendig sind, um aus einer unverschlüsselten Übertragung eine verschlüsselte Übertragung zu erzeugen. Es wird davon ausgegangen, dass ein ICONNECT-Graph erstellt wurde, der bereits erfolgreich mit Java-Applets ferngesteuert werden kann. Die Aktivierung der SSL-Verschlüsselung geschieht dann in diesen Schritten:

(1) Anpassung der Port-Einstellungen:
Für die SSL-Verschlüsselung müssen die Ports, die für die Übertragung der Daten verwendet werden sollen, angegeben werden. Dazu ist es nötig, die beiden Parameter der Applets SSL und PORT in den HTML-Seiten anzupassen. Für die *Checkbox* ändert sich der HTML-Quelltext damit wie folgt:

```
Meine fernbedienbare Checkbox:

<applet
  width="420"
  height="70"
  code="MyCheckbox.class"
  archive = "common.jar">
  <PARAM name="key" value="MeineCheckbox">
  <PARAM name="ssl" value="1">
  <PARAM name="port" value="81">
</applet>
```

(2) Erstellen eines eigenen Zertifikats mit dem Werkzeug `keytool`, das z.B. im JDK 1.4 (Java Development Kit) enthalten ist:

- Erstellen eines neuen Schlüsselpaares namens `<NAME>` in einem neuen Schlüsselspeicher `<KEYSTORE>` und mit einer Gültigkeitsdauer von `<DURATION>` Tagen:

```
keytool -genkey -alias <NAME> -keypass passphrase -keystore
        <KEYSTORE> -storepass passphrase -validity <DURATION>
```

- Kopieren des Schlüsselpaares in das Verzeichnis des SSLWrappers mit dem Dateinamen `certificate` und in das Verzeichnis, das die HTML-Dateien enthält, mit dem Namen `testkeys`:

```
copy <KEYSTORE> <WRAPPERHOME>\certificate
copy <KEYSTORE> <HTMLHOME>\testkeys
```

- Exportieren des Schlüsselpaares als Zertifikat:

```
keytool -export -keystore <KEYSTORE> -storepass passphrase
        -alias <NAME> -file <CERTFILE>
```

- Hinzufügen der Zertifikatkette zu den vertrauenswürdigen Zertifikaten (falls noch nicht eingetragen):

```
keytool -import -keystore <JREHOME>\lib\security\cacerts
        -storepass changeit -alias <CERTALIAS> -file <CERTFILE>
```

  Hierbei bezeichnet `<JREHOME>` das Verzeichnis der Java-Laufzeitumgebung, die vom Web-Browser verwendet wird (z.B. `C:\Programme\Java\j2re1.4.0`).

(3) Einrichten des Programmes `Wrapper` auf der ICONNECT-Seite:
Um das Programm `Wrapper` für die SSL-Verschlüsselung auf ICONNECT-Seite zu benutzen, reicht es aus, dieses auf den Rechner zu kopieren. Der `Wrapper` lauscht auf dem Port `<PORT>`, auf dem das TCPServer-Modul die Daten unverschlüsselt sendet, verschlüsselt sie und schickt sie über den `<SSLPort>` an die Applets. Ebenso werden die von den Applets verschlüsselt gesendeten Daten am `<SSLPort>` empfangen, entschlüsselt und wiederum am `<PORT>` an ICONNECT weitergeleitet. Um die Verschlüsselung zu starten, wird das Programm mit den drei Parametern `<SSLPORT>`, `<HOSTNAME>` und `<PORT>` aufgerufen:

```
java wrapper -SSLPort:<SSLPORT> -Hostname:<HOSTNAME> -Port:<PORT>
```

Eine Kurzbeschreibung der Parameter des Programms erhält man durch:

```
java wrapper --help
```

Der Aufruf und die Ausgabe für das *Checkbox*-Beispiel sehen dann folgendermaßen aus:

```
C:\Programme\SSLWrapper>java wrapper -SSLPort:81 -Hostname:localhost
-Port:80

Starte mit:
        SSLPort:  81
        Hostname: localhost
        Port:     80

Initialisiere Keys......OK
Erstelle ServerSocket...OK

Warte auf Verbindung....OK
Warte auf Verbindung....
```

Aufbau eigener Java-Applets

Falls die existierenden Applets für eine geplante Anwendung nicht ausreichen, oder ein anderes Design benötigt wird, so können auch eigene Applets entwickelt werden. In diesem Abschnitt werden der Aufbau, die Klassenstruktur und die Funktion der Java-Applets beschrieben und am Beispiel einer runden Checkbox vorgestellt. Das Zusammenspiel der Klassen, aus denen ein Applet besteht, ist in Bild 9.17 zu sehen.

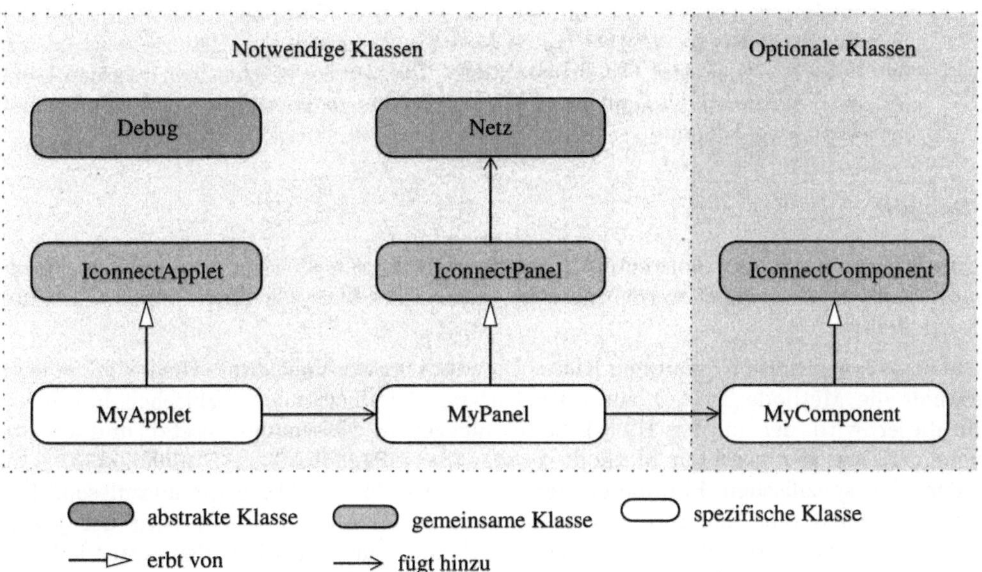

Bild 9.17 Klassenstruktur eines Java-Applets

Die Klassen können in drei Typen eingeteilt werden:

- *Abstrakte Basisklassen*
  Die drei abstrakten Basisklassen IconnectApplet, IconnectPanel und IconnectComponent werden von Applet-spezifischen Klassen geerbt und erweitert. In diesen Klassen werden einfache Basisfunktionen, wie z.B. das Setzen des Host-Namens oder die Vorverarbeitung der Parameter-Zeichenketten zur Verfügung gestellt und

es werden die Datenstrukturen erzeugt, die für die Kommunikation zwischen den Klassen notwendig sind.

- *Gemeinsam genutzte Klassen*
  Die beiden gemeinsam genutzten Klassen Netz und Debug enthalten Funktionen, die von allen Applets benötigt werden. Die Klasse Netz übernimmt den Verbindungsaufbau und -abbau sowie die optional zuschaltbare SSL-Ent- und Verschlüsselung. Diese Funktionen müssen also beim Erstellen eines neuen Applets nicht mehr implementiert werden. Um die Entwicklung neuer Applets zu unterstützen, wurde die Klasse Debug geschaffen. Sie stellt eine zentrale, statische Methode zur Ausgabe von Fehlermeldungen zur Verfügung, die einfach an einer Stelle (Variable CURRENTMASK) ein- bzw. ausgeschaltet werden kann. Ebenso ist es möglich, den Detailgrad der Fehlermeldungen festzulegen, um die Informationsmenge auf das gewünschte Maß einstellen zu können.

- *Applet-spezifische Klassen*
  Jedes Applet besitzt mindestens die zwei spezifischen Klassen Applet und Panel, wohingegen die Klasse Component optional ist und nur für komplexe Applets benötigt wird. Die beiden notwendigen Klassen sind von den entsprechenden abstrakten Klassen abgeleitet. Die Klasse Panel enthält die Zeichenfläche des Applets und seine Komponenten. Falls eigene Komponenten (z.B. eine selbst gezeichnete Ziffer einer Flüssigkristallanzeige) verwendet werden sollen, werden diese als Component-Klassen implementiert, die von der Klasse IconnectComponent abgeleitet werden. Diese eigenen und die vorgefertigten Java-Komponenten (z.B. eine *Checkbox*) werden dann in der Klasse Panel instantiiert. Die Applet-spezifischen Klassen bauen auf den Funktionen der gemeinsam genutzten Klassen auf und erben die Funktionen der abstrakten Klassen.

Beispiel

Nun werden die beiden notwendigen, spezifischen Applet-Klassen, die für jedes Applet individuell implementiert werden müssen, anhand des Beispiels einer runden Checkbox vorgestellt.

Die von der gemeinsam genutzten Klasse `IconnectApplet` abgeleitete Klasse `MyCheckbox` enthält die Methode `init()` zur Initialisierung der Checkbox-spezifischen Parameter. In dieser wird der in der HTML-Seite angegebene Hostname gesetzt und es wird versucht, mit der geerbten Methode `readAndSet(<PARAMETER>,<STANDARDWERT>)` für jeden der spezifischen Parameter den Wert aus der HTML-Seite auszulesen. Falls dort für einen oder mehrere Parameter kein Wert angegeben ist, wird der jeweilige Standardwert gesetzt. Abschließend wird noch das Aussehen des Applets festgelegt, wobei dieses nach Möglichkeit an den Stil des Betriebssystems angepasst wird (`UIManager.getSystemLookAndFeelClassName()`).

```java
/**
 * Beispiel-Applet : Runde Checkbox (Applet)
 */
import java.awt.BorderLayout;
import javax.swing.UIManager;

public class MyCheckbox extends IconnectApplet {
```

```java
public void init() {
  // setze Initial-Parameter aus HTML-Seite oder Standard-Werte
  setHostname();
  readAndSet("TYPE", "MyCheckbox");
  readAndSet("SSL", "0");
  readAndSet("PORT", "80");
  readAndSet("TEXT", "MeinSchalter");
  readAndSet("VALUE", "1");
  readAndSet("KEY", "Check1");
  readAndSet("DISABLED", "0");
  readAndSet("BGCOLOR", "0x00C8D0D4");

  // lege Aussehen des Applets fest
  getContentPane().setLayout(new BorderLayout());
  try {
    UIManager.setLookAndFeel(UIManager.getSystemLookAndFeelClassName());
  } catch (Exception e) {
  }
  getContentPane().add(new MyCheckboxMain(prop));
  }
}
```

Die zweite notwendige Klasse mit der Bezeichnung `MyCheckboxMain` ist von der gemeinsamen Klasse `IconnectPanel` abgeleitet. Sie instantiiert die Klasse `Netz`, enthält die Aufrufe zum Zeichnen der Oberfläche, sowie die Methoden zur Verarbeitung von Ereignissen wie z.B. *Klick auf Checkbox*. In ihr werden auch die Komponenten des Applets hinzugefügt und instantiiert (`checkbox = new JRadioButton(getProperty("TEXT"),getProperty ("VALUE").equals("1"))`) und die Parameter des Applets bei neu eintreffenden Nachrichten vom Server aktualisiert (`setPropertyBody()`). Die zweite wichtige Methode in diesem Beispiel ist `itemStateChanged(ItemEvent event)`. Sie beinhaltet den Quelltext, der bei einem Klick auf die Checkbox die Zeichenkette generiert, die an ICONNECT geschickt wird, um den neuen Status der Checkbox zu übertragen. Da hier nur ein Wert übertragen werden muss, lautet diese (mit dem Wert 0 oder 1 für <NEWVALUE> entsprechend der neuen Aktivierung der Checkbox):

```
VALUES: 1 STRING\r\nTYPE=CheckBox\r\nVALUE=<NEWVALUE>
```

Außerdem wird die Zeichenkette generiert, die abhängig vom gewählten Debug-Modus in der Klasse `Debug` ausgegeben werden soll:

```
Klick: Value=<NEWVALUE>
```

```java
/**
 * Beispiel-Applet: Runde Checkbox (Zeichenfläche)
 */
import java.awt.BorderLayout;
import java.awt.event.ItemEvent;
import java.awt.event.ItemListener;
import javax.swing.JRadioButton;
import java.util.Properties;

public class MyCheckboxMain extends IconnectPanel implements ItemListener
{

  // Variable für die Komponente: runde Checkbox
  private JRadioButton checkbox = null;
```

```java
/**
 * Konstruktor
 * @param prop Initial-Parameter der Checkbox
 */
public MyCheckboxMain(Properties prop) {
  super();
  this.prop = prop;

  // initialisiere Beschriftung und Wert der neuen Checkbox
  checkbox = new JRadioButton(getProperty("TEXT"), getProperty("VALUE")
                                            .equals("1"));

  // auf Ereignisse reagieren
  checkbox.addItemListener(this);

  // Layout festlegen
  setLayout(new BorderLayout());
  setBackground(makeColorFromIconnectFormat(getProperty("BGCOLOR")));
  add(checkbox);

  // checkbox zeichnen
  doLayout();

  // Netzwerkklasse hinzufügen
  netz = new Netz(this);
}

/**
 * Aktualisiert die Parameter der Checkbox
 * @param key Name des zu setzenden Schlüssels
 * @param value neuer Wert des Schlüssels
 */
public void setPropertyBody(String key, String value) {
  if (key.equals("VALUE")) {
    // setze Markierung oder setze sie zurück
    checkbox.setSelected(value.equals("1"));
  } else if (key.equals("TEXT")) {
    // ändere Bezeichnung
    checkbox.setText(value);
  } else if (key.equals("BGCOLOR")) {
    // ändere Hintergrundfarbe
    setBackground(makeColorFromIconnectFormat(value));
  } else if (key.equals("DISABLED")) {
    // de/-aktiviere Checkbox
    checkbox.setEnabled(value.equals("0"));
  }

  // zeichne Checkbox
  repaint();
}

/**
 * Sendet den neuen Wert bei einer Änderung an Iconnect
 */
public void itemStateChanged(ItemEvent event) {
```

```
    String dummy = "VALUES: 1 STRING\r\nTYPE=" + getProperty("TYPE") +
                   "\r\nVALUE=" + (checkbox.isSelected() ? "1" : "0");
    Debug.out("Klick: Value=" + (checkbox.isSelected() ? "1" : "0"),
              Debug.USER | Debug.DEBUG);
    netz.packetsend(dummy);
  }
}
```

Die optionalen Klassen `IconnectComponent` und `MyComponent` werden bei diesem Beispiel nicht benötigt. Diese sind nur notwendig, wenn das Applet eine oder mehrere selbst implementierte Komponenten enthält. In einem solchen Fall enthalten diese Klassen die Methoden, um Parameter zu setzen, auf Fokusänderungen zu reagieren und sich selbst zu zeichnen, wenn dies nötig ist. Ein komplexeres Applet, das Komponenten besitzt, ist z.B. `LCDisp`, das für jede anzuzeigende Ziffer die eigene Komponentenklasse `Digit` verwendet.

9.4.2 Dynamische, bidirektionale Kommunikation mit Flash-Dateien

Grundlagen

Damit die dynamische, bidirektionale Kommunikation reibungslos abläuft, werden zunächst die wichtigsten Informationen zur Entwicklungsumgebung und dem besonderen Dateiformat von Flash vorgestellt.

Entwicklungsumgebung

Das Erstellen der Flash-Dateien erfolgt mit dem Programm Macromedia Flash MX als Entwicklungsumgebung. Dabei ist es notwendig, den Aufbau zu kennen. In Bild 9.18 ist zu erkennen, dass sich die Entwicklungsumgebung aus mehreren Bereichen zusammensetzt. Jedem Bereich sind eigene Aufgaben zugeordnet.

- Senkrecht angeordnet ist der Bereich *Werkzeuge*. Über die dargestellten Symbole können Grafiken und Animationen erstellt und bearbeitet werden.

- Im Bereich *Zeitleiste* wird der zeitliche Ablauf eines Films bestimmt. Beim Erstellen einer Animation werden hier Bilder und Schlüsselbilder in der Zeitleiste angeordnet. Mit Hilfe der Skala kann die Bilddauer für ein Bild festgelegt werden. Bei mehreren Bildern wird der zeitliche Ablauf, in dem die Bilder erscheinen sollen, bestimmt. Dabei hängt die Abspieldauer, und damit die Geschwindigkeit der Bildfolge von der Einstellung in dem Fenster Dokumenteigenschaften ab. Diese ist zunächst mit zwölf Bildern pro Sekunde festgelegt. Falls es notwendig ist, kann in diesem Fenster die Bildrate vermindert oder erhöht werden.

  Zusätzlich können in diesem Bereich mehrere Ebenen angelegt werden. Die Ebenen bieten die Möglichkeit, Grafiken, Objekte und Animationen übereinanderzulegen. Damit ist es möglich, wie beim Übereinanderlegen von Folien komplexe Objekte in Teilbereiche zu zerlegen und trotzdem komplett darzustellen.

- Unter der Zeitleiste befindet sich der *Arbeitsbereich*. In diesem werden Bilder gezeichnet, importierte Grafiken angeordnet oder die Bilder eines Films zusammengestellt.

Bild 9.18 Macromedia Flash MX

- Der Bereich *Aktionen* befindet sich unter dem Arbeitsbereich. Zur Eingabe in diesem Bereich muss zwischen dem Normal- und dem Expertenmodus unterschieden werden. Im Normalmodus wird das Skript mit Hilfe von Menüs und Listen, die links im Bereich Aktionen angeordnet sind, erzeugt. Im Expertenmodus wird der ActionScript-Code frei eingegeben.

Neben den beschriebenen Bereichen bietet die Entwicklungsumgebung noch weitere Optionen die Grafiken zu verändern und zu gestalten. Darauf soll hier nicht näher eingegangen werden.

Darstellung von Flash-Dateien mit dem Flash-Player

Die Wiedergabe von Flash-Filmen ist mit zahlreichen Hard- und Softwareausstattungen möglich, wie die nachfolgenden Beispiele zeigen:

- Microsoft Windows 95, Windows 98, Windows ME, Windows NT 4.0, Windows 2000 oder Windows XP bzw. ein Macintosh PowerPC mit System 8.6 oder später (einschließlich OS X ab Version 10.1),

- Netscape-Plug-In für Netscape ab Version 4 (Windows) bzw. Netscape ab Version 4.5 oder Internet Explorer ab Version 5 (Mac OS),

- Für die Ausführung von ActiveX-Steuerungen: Microsoft Internet Explorer ab Version 5 (Windows 95, Windows 98, Windows Me, Windows NT 4, Windows 2000 oder Windows XP),

- Opera 6 (Windows) bzw. Opera 5 (Mac OS),

- Linux (x86) RedHat 7.3 oder neuer, ab Mozilla 1.1.

Flash-Dateiformat

Das Flash-Dateiformat oder auch SWF-Dateiformat genannt, liefert Vektorgrafiken und Animationen über das Internet an einen Flash-Player. Das SWF-Dateiformat ist als effizientes Übertragungsformat konzipiert. Zu seinen Zielen gehören:

- *Erweiterbarkeit* – Das Format ist abwärts kompatibel zu früheren Versionen des Flash-Players.

- *Netzwerkfähigkeit* – Das Format kann über Netzwerke mit geringer Übertragungsrate gesendet werden. Die Dateien sind gepackt und unterstützten stückweise Darstellung durch Streaming. Weil das SWF-Format ein binäres Format ist, ist es nicht lesbar wie z.B. eine HTML-Datei. Um die Dateigröße zu minimieren, werden Techniken wie Bit-Packing verwendet.

- *Einfachheit* – Das Format ist von geringem Umfang, so dass der Flash Player leicht auf andere Plattformen portierbar ist, wie z.B. auf dem PocketPC.

- *Geschwindigkeit* – Die Dateien werden schnell in hoher Qualität dargestellt.

- *Skriptfähigkeit* – Das Format unterstützt die Möglichkeit, die ActionScript-Sprache einzubinden.

- *Hardwareanforderungen* – Das Abspielen der Dateien erfordert keine besondere Hardwareaustattung. Eine bessere Hardwareausstattung kann vorteilhaft genutzt werden. Der Vorteil dieser geringen Hardwareanforderungen ist, dass unterschiedliche Monitorauflösungen und Farbtiefen problemlos unterstützt werden.

Voraussetzungen

ICONNECT-Signalgraphen können seit Version 5 des Macromedia Flash-Players mit Flash-Anwendungen über das Internet fernbedient werden. Seit dieser Version besteht die Möglichkeit, eine Verbindung über das XMLSocket-Objekt aufzubauen. Die Möglichkeiten, Flash-Dateien in einer HTML-Seite einzubetten oder als eigenständige Anwendung zu nutzen, bleiben erhalten.

Um Flash-Dateien auf dem Clientcomputer auszuführen, muss mindestens eine Flash-Player Version 5 installiert sein. Um alle Funktionen richtig nutzen zu können, ist es notwendig, die neueste Version des Flash-Players zu installieren.

Kommunikationsprotokoll

Durch das XMLSocket-Objekt besitzt der Flash-Player die Möglichkeit der bidirektionalen Kommunikation. Das XMLSocket-Objekt implementiert Clientsockets, mit denen der Computer, auf dem der Flash Player läuft, mit einem durch eine IP-Adresse oder einem Domänennamen identifizierten Computer, auf dem ICONNECT als Server ausgeführt wird, kommunizieren kann. Das XMLSocket-Objekt ist für Client-Server-Anwendungen nützlich, die geringe Latenzzeiten erfordern. Dazu unterhält eine XMLSocket-basierte Lösung eine offene Verbindung zu ICONNECT, damit neu eingegangene Nachrichten sofort und ohne Anforderung an den Client gesendet werden. Im Folgenden werden die Hauptmerkmale des Protokolls dargestellt:

- XML-Nachrichten werden über eine TCP/IP-Streaming-Socket-Verbindung im Vollduplexmodus gesendet.

- Jede XML-Nachricht ist ein vollständiges XML-Dokument, das mit einem Null-Byte abgeschlossen ist.

- Es kann eine unbegrenzte Anzahl von XML-Nachrichten über eine einzelne XML-Socket-Verbindung gesendet und empfangen werden.

Flash und Sicherheit

Die Sicherheit des Macromedia Flash-Players wird durch eine Reihe von Kontrollen, Leistungsmerkmalen und Beschränkungen gewährleistet.

- Der Flash-Player verhindert, dass private Daten von lokalen Datenträgern gelesen werden. Das Lesen von Daten auf einem Server ist nur gestattet, wenn sich der Server in der gleichen Domäne befindet, außer der Zugriff wird ausdrücklich gestattet.

- Dem Benutzer ist es möglich, Datenspeicherung von beliebigen Domänen zu deaktivieren.

- Durch die Verschlüsselungsfunktion SSL (Secure Socket Layer) kann die browserseitige Kommunikation zwischen dem ICONNECT-Rechner als Server und dem Flash-Player als Client verschlüsselt werden.

Eine Ausnahme bildet das XMLSocket-Objekt, das eine offene Verbindung zu ICONNECT herstellt und unterhält. Hier kann die browserseitige SSL-Verschlüsselung nicht eingesetzt werden, deshalb wurden aus Sicherheitsgründen folgende Einschränkungen im XMLSocket-Objekt implementiert:

- Der XMLSocket kann nur Verbindungen zu TCP-Portnummern herstellen, die größer 1024 sind. Durch Einschränkung der verfügbaren Anschlussnummern lässt sich das Risiko verringern, dass in ungeeigneter oder missbräuchlicher Weise auf festgelegte Ressourcen, wie z.B. die HTTP-Portnummer 80, zugegriffen wird.

- Das XMLSocket-Objekt kann nur Verbindungen zu Computern herstellen, die sich in der gleichen Subdomain wie die Flash-Datei (SWF-Datei) befinden. Diese Einschränkung gilt nicht, wenn ein Flash-Film von einem lokalen Datenträger aus wiedergegeben wird.

- Eine weitere Möglichkeit bietet die unidirektionale *md5* Verschlüsselung. Der Verschlüsselungsalgorithmus ist in ActionScript implementiert, so dass die Kommunikation zwischen den Flash-Filmen und dem Server verschlüsselt gesendet werden kann.

9.4.3   Webanbindung mit Flash

In diesem Beispiel wird gezeigt, wie das EditLine mit Hilfe einer Flash-Datei in einem Browser im Netzwerk dargestellt werden kann.

Beispiel 1: EditLine

Im Folgenden wird ein einfacher ICONNECT-Signalgraph, so wie er in Bild 9.19 abgebildet ist, erstellt.

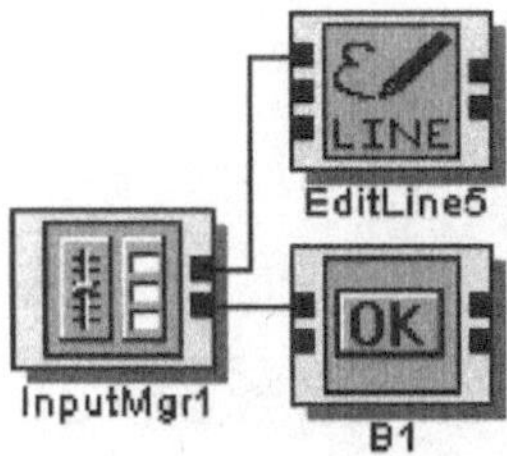

Bild 9.19   Einfacher Signalgraph mit Inputmanager

In Bild 9.20 ist zu erkennen, wie der *Inputmanager* dazu dargestellt wird.

Bild 9.20   Inputmanager

Für die Webanbindung müssen die folgenden zwei Module hinzugefügt und konfiguriert werden: TCP-Server und XHTTP.

TCP-Server

Damit ein Verbindungsaufbau mit dem Flash-Player zustande kommt, gilt auch für den TCP-Server-Port, dass dieser über 1024 liegen muss, da sonst die Sicherheitseinstellungen des Flash-Players einen Verbindungsaufbau verhindern.

XHTTP

Für das Beispiel 1 müssen die Parameter wie in Bild 9.21 angepasst werden.

Verbindung der Module

Die Verdrahtung muss wie in Bild 9.22 erfolgen. Nachdem alle oben beschriebenen Arbeitsschritte ausgeführt worden sind, ist der Signalgraph ablauffähig und der TCPServer wartet auf eingehende Verbindungen.

Bild 9.21 Konfiguration des XHTTP-Ports

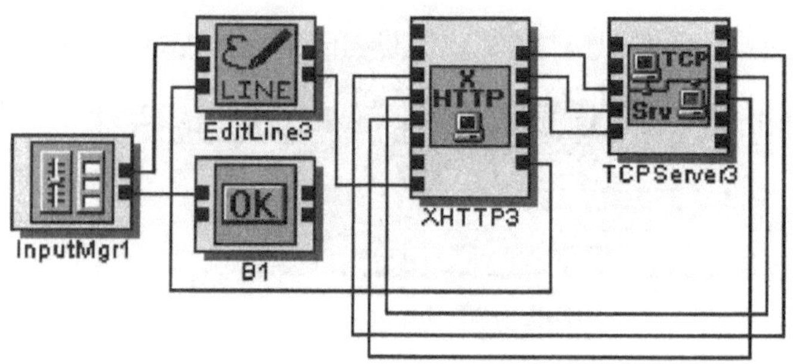

Bild 9.22 Verdrahtung Webanbindung

Flash-Anbindung

Ziel ist es, visuelle ICONNECT-Module in einem Netzwerk darzustellen. Dazu kann Flash als eigenständige Anwendung genutzt oder in eine HTML-Seite eingebunden werden. Als Entwicklungsumgebung wird Flash MX von Macromedia eingesetzt. Zum besseren Verständnis sind Grundkenntnisse in der Bedienung von Flash und dessen Skriptsprache ActionScript erforderlich.

Variablenübergabe bei eigenständiger Flash-Anwendung

Die ActionScript-Anweisung `loadVariables(url, stufe)` liest Daten aus einer externen Datei. Diese Daten können beispielsweise aus einer Textdatei geladen werden. Der Parameter `url` gibt einen absoluten oder relativen Pfad an, in dem sich die Variablen befinden. Wenn der Zugriff auf den Film von einem Webbrowser aus erfolgt, muss sich die

Adresse, die in der URL angegeben ist, in derselben Subdomain befinden wie der Film.
Der Parameter **stufe** gibt an, in welcher Stufe die Variablen geladen werden sollen.
Es ist generell zu empfehlen, die Variablen in Stufe 0 zu laden. Der Text an der angegebenen URL muss im Standard-MIME-Format `application/x-www-form-urlencoded`
vorliegen. Mit dem folgenden Ausdruck werden z. B. mehrere Variablen definiert:

```
company=Micro-Epsilon&modul=EditLine&port=6001&hostName=localhost
```

Befindet sich die Datei mit den Variablen im gleichen Verzeichnis wie die Flash-Datei,
werden die Variablen wie folgt geladen: `loadVariables('./variablen.txt', 0)`.

Variablenübergabe an Flash-Filme in HTML-Dateien

Flash-Filme werden in HTML-Dateien eingebettet. Dabei erfolgt die Einbettung für
den Internet-Explorer und den Netscape Navigator durch zwei unterschiedliche HTML-
Tags. Der folgende HTML-Code veranschaulicht die Übergabe eigener Variablen an einen
Flash-Film für beide Browser.

```
<!-- Internet Explorer -->
<OBJECT classid="clsid:D27CDB6E-AE6D-11cf-96B8-444553540000"
 codebase= "http://download.macromedia.com/pub/shockwave/cabs/flash/
             swflash.cab#version=6,0,0,0"
WIDTH="322"
HEIGHT="29"
ID="EditLine"
ALIGN="">
<PARAM NAME=movie VALUE="EditLine.swf">
<PARAM NAME=menu VALUE=false> <PARAM NAME=quality VALUE=high>
<PARAM NAME=scale VALUE=exactfit>
<PARAM NAME=bgcolor VALUE=#FFFFFF>
<PARAM NAME=FlashVars
  VALUE="id=EditLine&
         hostName=localhost&
         hostIP=127.0.0.1&
         port=6001&
         reconnectTime=2&
         defaultText=TextDisplay%20in%20Flash%20v1.0"
>

<!-- Netscape Communicator/Navigator   -->
<EMBED src="EditLine.swf"
       menu=false quality=high
       scale=exactfit
       bgcolor=#FFFFFF
       WIDTH="322"
       HEIGHT="29"
       NAME="EditLine"
       ALIGN=""
       TYPE="application/x-shockwave-flash"
       PLUGINSPAGE="http://www.macromedia.com/go/getflashplayer"
       FlashVars="id=EditLine
         hostName=localhost&
                 hostIP=127.0.0.1&
                 port=6001&
                 reconnectTime=2&
                 defaultText=TextDisplay%20in%20Flash%20v1.0"
```

```
>
</EMBED>
</OBJECT>
```

Der Parameter `FlashVars` übergibt der Flash-Datei Variablen. Diese können in Flash weiterverwendet werden. Dabei ist zu beachten, dass Flash nicht zwischen Groß- und Kleinschreibung unterscheidet. ICONNECT beachtet dies hingegen schon, so dass die Variable `id` genauso wie im XHTTP-Modul angegeben geschrieben werden muss. Mehrere Variablen sind im HTML-üblichen Format mit einem & zu verknüpfen. Im Folgenden werden die im aufgezeigten Beispiel übergebenen Variablen in ihrer Bedeutung erklärt.

- *id* – gibt an, von welchem Modul, das an den XHTTP-Server angeschlossen ist, Daten empfangen werden sollen.

- *hostName* – in dieser Variable wird der DNS-Name des ICONNECT-Rechners übergeben.

- *hostIP* – hier wird die IP-Adresse des ICONNECT-Rechners angegeben. Kann Flash den DNS-Namen des Rechners nicht auflösen, so wird ein erneuter Verbindungsaufbau über die IP-Adresse versucht.

- *port* – legt den im TCP Server eingestellten Port fest. Dieser muss über 1024 liegen.

- *reconnectTime* – bei einem Verbindungsverlust wird die XMLSocket-Verbindung geschlossen. Die `reconnectTime` gibt die Zeit bis zu einem erneuten Verbindungsversuch in Sekunden an.

- *defaultText* – der Inhalt der Variable wird beim Laden des Moduls angezeigt. Sobald eine Verbindung zu ICONNECT hergestellt wird, wird der Text durch den im ICONNECT-Modul EditLine angegebenen Text ersetzt. Diese Variable muss nicht übergeben werden.

Veröffentlichen von Flash-Dateien

Veröffentlichen bedeutet, dass Benutzer einen mit Flash erstellten Film in optimierter Form erhalten. Ruft der Anwender diese Datei auf, kann er sie nicht mehr verändern. Das Dialogfeld *Einstellung für Veröffentlichungen* wird über DATEI|EINSTELLUNGEN FÜR VERÖFFENTLICHUNGEN oder die Tastenkombination STRG + UMSCHALTEN + F12 angezeigt. Im Dialogfenster, wie in Bild 9.23 dargestellt, sind folgende Möglichkeiten zur Veröffentlichung zu erkennen. Nach der Auswahl des entsprechenden Registers liegen spezifische Einstellungsmöglichkeiten vor.

- Im Bereich `Formate` legt der Autor fest, mit welchen Dateiformaten eine Veröffentlichung erfolgt. Wird ein Bildformat (.jpg, .gif, .png) ausgewählt und ist zu erwarten, dass die Möglichkeit zur Wiedergabe von Flashdateien in einem Browser nicht gegeben ist, so wird anstelle des Flash-Films das ausgewählte Grafikformat angezeigt.

- Im Register `Flash` kann die Version des Flash-Players, in der die Veröffentlichung stattfinden soll, ausgewählt werden. Zu empfehlen ist jedoch immer die neueste Version des Flash-Players, da dann gewährleistet ist, dass der Flash-Film wie in der Entwicklungsumgebung abläuft.

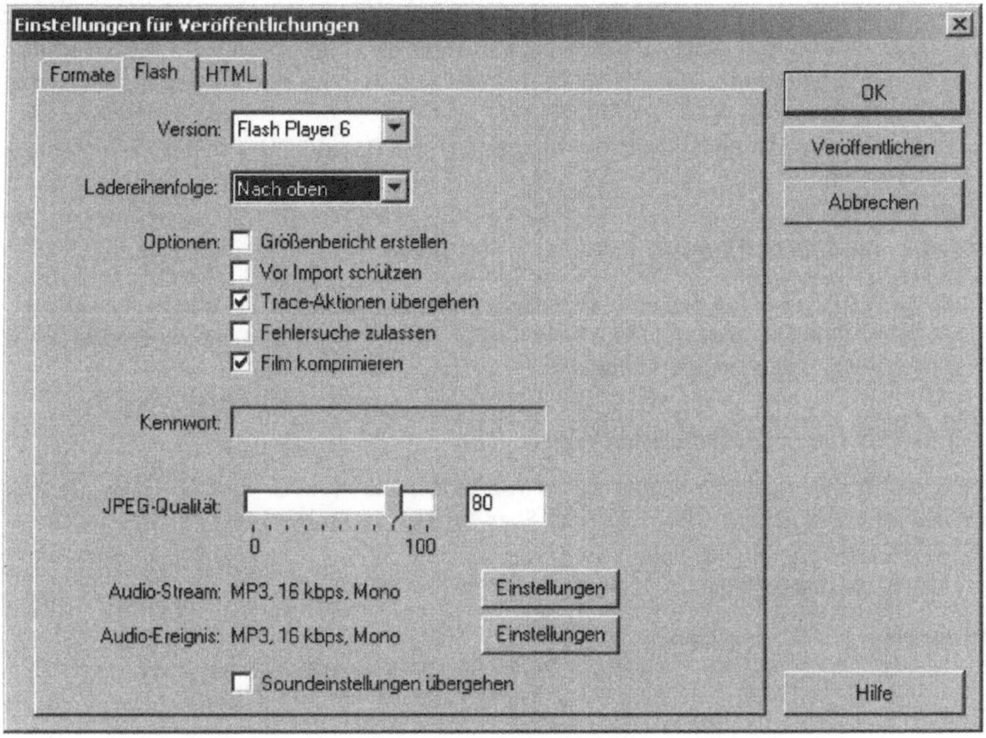

Bild 9.23   Dialogfeld Einstellung für Veröffentlichungen

In der Listbox Ladereihenfolge kann zwischen zwei Optionen gewählt werden: *Nach Oben* bzw. *Nach Unten*. Wählt man die Option *Nach Oben*, so wird die Ebenenladereihenfolge der MovieClips entsprechend dieser Einstellung verändert. Im speziellen Fall unter der Einstellung *Nach Oben*, wird zuerst die unterste Ebene und die entsprechend folgenden in aufsteigender, aber umgekehrter Reihenfolge, also von unten nach oben, geladen. Bei der zweiten Option *Nach Unten* erfolgt das Laden der Ebenen genau umgekehrt, also von oben nach unten. Weil die Verarbeitung als Stapelspeicher erfolgt, führt dies dazu, dass die Ausführungsreihenfolge der Ebenen in umgekehrter Richtung zur ausgewählten Option erfolgt. Bei kleinen Flash-Filmen spielt dies zunächst keine Rolle, wird die Datei jedoch größer (insbesondere bei langsamen Netzwerkverbindungen) bestimmt diese Option, welche Teile des Films zuerst geladen und dargestellt werden.

Der Bereich Optionen bietet weitere sinnvolle Möglichkeiten zur Veröffentlichung des Flash-Films, z.B. mit der Option: *Vor Import schützen* kann verhindert werden, dass der veröffentlichte Film in ein Flash-Dokument (FLA) überführt wird und somit von Dritten veränderbar ist.

Die Auswahl „Film komprimieren" ist seit Version 6 des Flash Players möglich und vermindert die Dateigröße. Dadurch werden auch die Ladezeiten signifikant verringert.

- Die Anwahl des Registers HTML erstellt durch die Option Vorlage, eine spezifische HTML-Datei für eine gewünschte Wiedergabeplattform und Wiedergabeart. Dabei wird die Bandbreite von einem normalen Internet-Browser bis hin zum Pocket PC 2002 unterstützt. Auch die Wiedergabeart ist wählbar. Wird z.B. *Flash mit FS-Command* gewählt, kann in der HTML-Seite JavaScript mit Flash kommunizieren und umgekehrt.

Die weiteren Wahlmöglichkeiten beeinflussen die Darstellung und das Verhalten des Flash-Films.

Aufbau von Flash-Filmen

Die Flash-Datei wird zum besseren Verständnis und aus Gründen der Wiederverwendbarkeit in zwei Bereiche unterteilt. Der erste Teilbereich dient zur Netzwerkkommunikation und der zweite Teil der Darstellung.

Teilbereich Netzwerkkommunikation

Der erste Teil baut auf einem leeren Flash-Dokument auf. In der Zeitleiste ist eine Ebene vorhanden. Diese Ebene wird in `Standardwerte` umbenannt. Es wird folgender ActionScript-Code hinzugefügt:

```
var std = new Object();

std.hostName       = "localhost";
std.hostIP         = "127.0.0.1";      // beide Werte werden auf Grund
                                       // der Sicherheitseinstellungen
                                       // von Flash benötigt.

std.port           = 6001;            // TCP-Server Port

std.ID             = "EditLine ";     // eine ID wird benötigt

std.reconnectTime  = 5;               // Zeit, nach der sich Flash
                                      // wieder mit ICONNECT verbindet.

fadeOutTime        = 5;               // Eine Meldung wird die vor-
                                      // gegebene Zeit angezeigt.
                                      // Ausnahme: die Meldung wird
                                      // überschrieben

showStatus         = true;            // Bei 'false' werden alle
                                      // Meldungen unterdrückt

connected = false; // Verbindungsstatus true/false

socket    = new XMLSocket();          // XMLSocket Objekt kommuniziert
                                      // mit ICONNECT
```

In der ersten Zeile wird ein Objekt mit dem Namen `std` angelegt. Diesem Objekt werden die Variablen `hostName`, `hostIP`, `port` und `ID` hinzugefügt. Die Variablen in dem Objekt `std` dienen als Standardwerte, wenn keine Variablen in der HTML-Seite an Flash übergeben werden. Ein Vorteil ist, dass die Flash-Datei direkt in der Entwicklungsumgebung getestet werden kann. Die Variable `connected` gibt an, ob die Verbindung zu **ICONNECT** besteht oder nicht. In dieser Ebene wird auch ein leeres XMLSocket-Objekt erzeugt, das für die Kommunikation zuständig ist. Dem XMLSocket-Objekt müssen noch Methoden

für den Verbindungsaufbau, das Senden und das Empfangen von Daten und den Fall,
dass die Verbindung beendet wird, zugewiesen werden. Dies geschieht durch das Hinzufügen einer neuen Ebene. Diese Ebene trägt den Namen **Funktionen**. Hier werden alle
Funktionen, die zum Verbindungsaufbau notwendig sind, eingetragen:

```
// Verbindungsaufbau zu ICONNECT
function connectToICONNECT(_host, _port) {
   trace("Host: " + _host + ":[" + _port + "]");
   socket.onConnect = myOnConnect;
   socket.onXML = handleIncoming;
   socket.onClose = myOnClose;
   socket.connect(_host, _port);
}
```

Die Methode `connectToICONNECT` sorgt für den Verbindungsaufbau und legt Rückruffunktionen fest. Die Rückruffunktionen haben folgende Aufgabe:

- *onConnect* – diese Funktion wird aufgerufen, wenn die Verbindungsanforderung
  von `connect` erfolgreich war. Schlägt der Verbindungsaufbau fehl, so wird versucht, sich über die IP-Adresse des **ICONNECT**-Rechners zu verbinden und der
  Rückruffunktion `onConnect` wird die Funktion `myXOnConnect` zugewiesen.

  ```
  // Ueberschreibt die Methode onConnect
  // Versucht sich über den Hostname zu verbinden
  function myOnConnect(success) {
     if (success) {
       trace("Verbindungsaufbau erfolgreich.");
       displayText("verbunden mit " + hostName+ ":" + port);
       connected = true;
       sendKey();
     } else {
       trace("Verbindungsaufbau fehlgeschlagen mit " + hostName);
       socket.onConnect = myXOnConnect;
         socket.connect(hostIP, port);
     }
  }
  ```

  ```
  // Bei fehlgeschlagenen Verbindungsaufbau versucht Flash sich über
  // die IP-Adresse zu verbinden
  function myXOnConnect(success) {
     if (success) {
       trace("Verbindungsaufbau erfolgreich.");
       displayText("verbunden mit " + hostIP+ ":" + port);
       connected = true;
       sendKey();
     } else {
       trace("Verbindungsaufbau fehlgeschlagen mit " + hostIP);
       socket.onConnect = myOnConnect;
       _timeStart = Math.round(getTimer()/ 1000) ;
       _waitToConnectID = setInterval(waitToConnect,1000,_timeStart);
     }
  }
  ```

- *onXML* – wird aufgerufen, wenn Daten von **ICONNECT** empfangen werden. Die
  Funktion `handleIncoming` zerlegt die empfangenen XML-Daten und weist den
  Wert `value` dem Textfeld zu.

```
function handleIncoming(xmlString) {

var i= 0;
do{
  xmlNode = xmlString.childNodes[i];

  incoming = xmlNode.childNodes;

  var index = 0;
  for(index in incoming) {
 if((incoming[index].nodeName).toLowerCase() == "value") {
trace(incoming[index].nodeName + "= "
           + incoming[index].firstChild.nodeValue);
_level0.txt = incoming[index].firstChild.nodeValue;
 }
  }

  tmpStr = new String(xmlNode);
  i++;
} while (tmpStr.length)
}
```

Die Funktion `handleIncoming` zerlegt die empfangenen XML-Daten und weist den
Wert `value` dem Textfeld zu. Das XHTTP-Modul sendet Daten in folgender Form:

```
<ServerStatus>HTTP/1.0 200 OK
Server: Iconnect XHTTP-Server module/3.0
Date: Tue, 25 Feb 2003 22:47:04 GMT
</ServerStatus>
<xml>
<Type>EditLine</Type>
<Disabled>0</Disabled>
<Length>12</Length>
<Value>Beispieltext</Value>
</xml>
```

Die *do {...} while(...)* Schleife sorgt dafür, dass beide XML-Blöcke verarbei-
tet werden. Der erste XML-Block beinhaltet Informationen über den Status des
ICONNECT-XHTTP-Moduls. Er wird für dieses Beispiel nicht weiter berücksich-
tigt. Im zweiten XML-Block sind alle Informationen, die der `Webout`-Ausgang des
EditLine-Moduls ausgibt. Die Funktion `handleIncoming` speichert den Wert des
Tags `Value` der Variable `txt` zu.

- *onClose* – wird der ICONNECT-Signalgraph gestoppt oder tritt ein Netzwerkpro-
  blem auf und die Socketverbindung wird getrennt, wird diese Funktion aufgerufen.

```
// Tritt in Kraft, wenn der Socket geschlossen wurde
// z.B. wenn der Signalgraph gestoppt wird
function myOnClose() {
   connected = false;
   trace("Socket was closed (maybe by ICONNECT)");
   _timeStart = Math.round(getTimer()/ 1000) ;
   _waitToConnectID = setInterval(waitToConnect, 1000, _timeStart);
}
```

Die Funktion `socket.connect(_host,_port)` stellt eine Verbindung zum angegebenen Rechner und Port her. Weitere Funktionen werden implementiert:

- Senden des Modulschlüssels:

```
function sendKey() {
xmlString = "POST " + ID + " HTTP/1.0\r\n\r\n\0"
trace("sendKey: " + xmlString);
displayText("sende Schlüssel: " + xmlString);
socket.send(xmlString);
}
```

- Senden von Daten an ICONNECT:

```
function sendXML(_txt) {
  xmlString  = "Values: 1 String\r\n";
  xmlString += "Type=EditLine\r\nDisabled=0\r\n";
  xmlString += "Length="+ length(_txt) + "\r\nValue=" + _txt;
  xmlString += "\r\n\r\n\0";
  xmlString = "Length: " + length(xmlString) + "\r\n" + xmlString;

  trace("sende Text: " + xmlString);

  socket.send(xmlString);
}
```

Die zu sendenden Daten sind für jedes Modul unterschiedlich. Das Modul EditLine erwartet folgenden Datenblock:

```
Type=EditLine
Disabled=0
Length=8
Value=Beispieltext
```

Damit der Datenblock vom XHTTP-Server richtig verarbeitet werden kann, muss eine Längenangabe hinzugefügt werden. Der komplette Datenblock für ein EditLine sieht wie folgt aus:

```
Length: 79
Values: 1 String
Type=EditLine
Disabled=0
Length=12
Value=Beispieltext
```

- Wartefunktion für den erneuten Verbindungsaufbau:

```
// Wartet n Sekunden bis ein erneuter Verbindungsaufbau
// unternommen wird. Bei n = 0 blockiert der Flash-Player
// (nicht empfehlenswert!)
function waitToConnect(timeStart)  {
    timeNow = Math.round(getTimer()/1000);
    if((timeStart+reconnectTime - timeNow) < 0 ) {
     trace("clear Interval");
     clearInterval(_waitToConnectID);
     delete(_waitToConnectID);
     connectToIC(hostName, port);

    } else {
     var dispText = "Verbindungsaufbau in "
     dispText =(timeStart+reconnectTime - timeNow)  + " Sekunden");
```

```
            displayText(dispText);
        }
    }
```

Die Funktion `waitToConnect` wartet die angegebene Zeit in `reconnectTime`, bis ein erneuter Verbindungsaufbau stattfindet.

* Funktionen zu Statusanzeige:

```
    // Hilfefunktionen für Statusmeldungen
    function displayText(statusText) {
        if(typeof(_statusTimerID) != "undefined") {
           clearInterval(_statusTimerID);        //Löscht den Timer
          delete(_statusTimerID);
        }
        if(showStatus) {
         status = statusText;
         timeStart = Math.round(getTimer())/1000;
         _statusTimerID = setInterval(clearStatus, 1000, timeStart);
        }
    }

    function clearStatus(timeStart) {
        timeNow = Math.round(getTimer())/1000;
        if(((timeStart+fadeOutTime)- timeNow) < 0) {
         status = "";
         clearInterval(_statusTimerID);        //Löscht den Timer
         delete(_statusTimerID);
        }
    }
```

Um die Statusmeldungen anzuzeigen, wird ein dynamisches Textfeld mit dem Variablennamen `status` in einer neuen Ebene hinzugefügt. Somit kann man auch im Produktivbetrieb feststellen, in welchem Zustand sich das Flash-Modul befindet. Hat die Variable `showStatus` in der Ebene `Standardwerte` den Wert *false*, wird keine Meldung angezeigt.

In einer neuen Ebene mit der Bezeichnung `Aktionen` wird festgelegt, welche Aktionen beim Laden der Flash-Datei ausgeführt werden. Bei diesem Beispiel wird überprüft, welche Variablen in der HTML-Seite stehen und an das Flash-Modul übergeben werden. Das folgende Skript zeigt, wie die Übergabe der Variablen geprüft wird:

```
 // Zeit bis zum Verbindungsaufbau
 if(typeof(reconnectTime) == "undefined") {
reconnectTime  = std.reconnectTime;
 }


 // XHTTP-Schluessel
 if(typeof(id) == "undefined") {
id  = std.id;
 }


 // DNS Name des ICONNECT Rechners
 // default: localhost
 if(typeof(hostName) == "undefined") {
hostName = std.hostName;
 }
```

```
// IP Adresse des ICONNECT Rechners
// default: 127.0.0.1
if(typeof(hostIP) == "undefined") {
hostIP = std.hostIP;
}

// Port des TCP-Servers
// default: 6001
if(typeof(port) == "undefined") {
port = std.port;
}

// Textfeldvorbelegung
if(typeof(defaultText) != "undefined") {
textToIC = defaultText;
}
```

Für jede Variable, die übergeben wird, wird eine Abfrage eingefügt. Die Abfrage überprüft, ob die Variable definiert ist und weist gegebenenfalls den Standardwert, der in
dem Objekt `std` gespeichert ist, der entsprechenden Variable zu. Dieser Ebene werden
zwei weitere Befehle hinzugefügt:

```
connectToICONNECT(hostName, port);
stop();
```

Der erste Befehl sorgt dafür, dass das Flash-Modul eine Socketverbindung zu dem angegebenen ICONNECT-Rechner aufbaut. Der Befehl `stop()` sorgt dafür, dass die Haupt-
zeitleiste in der Flash-Datei angehalten wird. Das Flash-Modul reagiert nur auf Aktionen,
wie z.B. das Eintreffen von Daten.

Anordnen der Ebenen in einem Ebenenordner

Mit Hilfe des Ebenenordners erhält man eine bessere Übersichtlichkeit. Alle Ebenen,
die in einem Ordner abgelegt worden sind, können ausgeblendet werden und nur der
Ebenenordner selbst bleibt sichtbar. In Bild 9.24 ist zu erkennen, wie die angelegten
Ebenen in einem Ebenenordner zusammengefasst sind.

Speichern als Vorlage

Macromedia Flash MX bietet die Möglichkeit, Flash-Dokumente als Vorlage zu speichern.
Diese Vorlagen können als Grundlage für weitere Projekte dienen. Um eine Flash-Datei
als Vorlage zu speichern, wird im Menü DATEI|ALS VORLAGE SPEICHERN... ausgewählt.

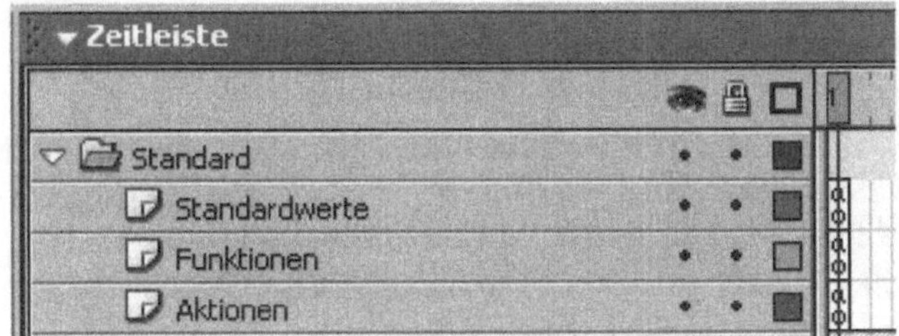

Bild 9.24 Anordnung von Ebenen mit Hilfe eines Ebenenordners

In Bild 9.25 ist der Dialog dargestellt. Im Textfeld *Name* des Dialogfelds *Als Vorlage speichern* wird der Name für die Vorlage eingegeben. In dem Popupmenü KATEGORIE wird eine Kategorie ausgewählt oder ein neuer Namen eingeben, um eine neue Kategorie anzulegen. Im Textfeld *Beschreibung* kann eine Beschreibung der neuen Vorlage eingegeben werden. Diese Beschreibung kann bis zu 255 Textzeichen umfassen und wird beim Auswählen der Vorlage im Dialogfeld *Neues Dokument* angezeigt.

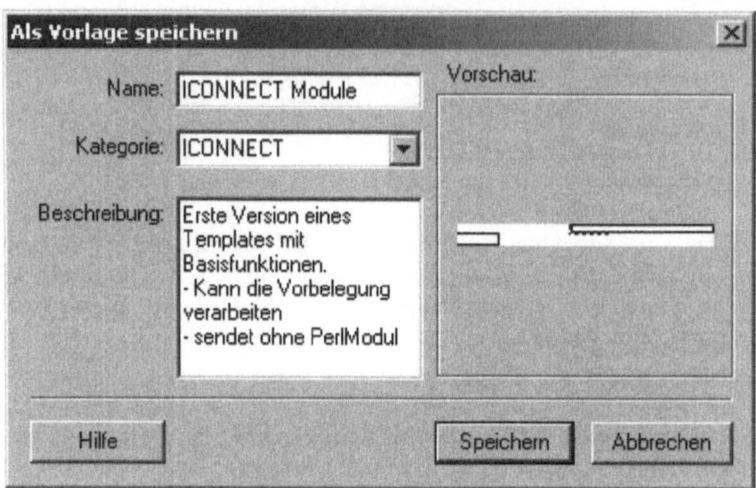

Bild 9.25 Dialog zum Speichern einer Vorlage

Teilbereich Visuelle Darstellung

Im ICONNECT-Signalgraph (Bild 9.22) ist das Modul EditLine vorhanden. Um dieses Modul nachzubilden, wird eine weitere Ebene außerhalb des Ordners angelegt. Diese Ebene trägt den Namen EditLine. In dieser wird ein dynamisches Textfeld mit dem Textwerkzeug angelegt. Die Textattribute werden im Dialog *Eigenschaften* wie in Bild 9.26 festgelegt. Im Feld Variable wird der Name `txt` eingeben.

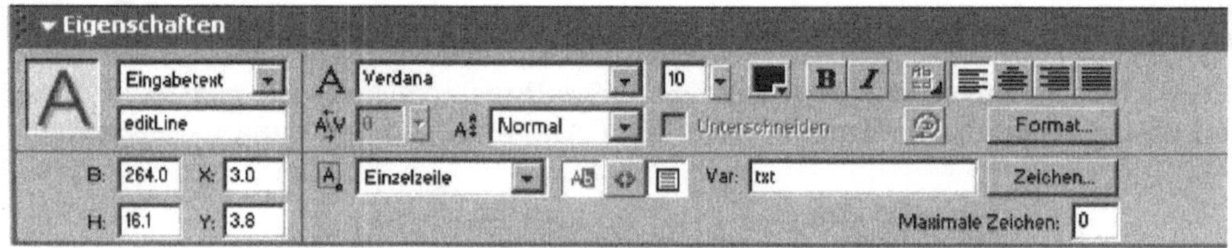

Bild 9.26 Dialog Textattribute

Die Funktion `handleIncoming` weist dieser Variable direkt den von ICONNECT empfangenen Text zu. Damit das Flash-Modul auch Daten an das ICONNECT-Modul EditLine senden kann, wird folgender ActionScript-Code hinzugefügt:

```
myObj = new Object();
myObj.onKeyDown = function() {
   if( Key.getAscii() == 13) {  // ENTER
```

```
      sendXML(txt);
  }
};
Key.addListener(myObj);
```

Diese Funktion wird aufgerufen, wenn die Taste $\boxed{\text{ENTER}}$ gedrückt wird und sendet die Daten in dem Textfeld an ICONNECT.

Beispiel 2: Kommunikation zwischen JavaScript & Flash

Wie bereits bei der Besprechung des Dialogfelds *Einstellungen für Veröffentlichungen* dargestellt wurde, ist die Option *Flash mit FSCommand* ausgewählt. Im nachfolgenden Beispiel wird detailliert verdeutlicht, wie Flash mit JavaScript bidirektional kommunizieren kann. Dies ermöglicht es, Standard-HTML-Formularelemente, wie z.B. Textfelder, Buttons, Checkboxen oder Listenfelder, in einer HTML-Datei zu nutzen und damit mit Flash zu kommunizieren.

Beispielsignalgraph

Der Signalgraph wird wie in Bild 9.27 erstellt. Der Schlüssel des Checkbox-Moduls im XHTTP-Server wird mit CheckBox festgelegt. Der Port des TCP-Servers ist 6001.

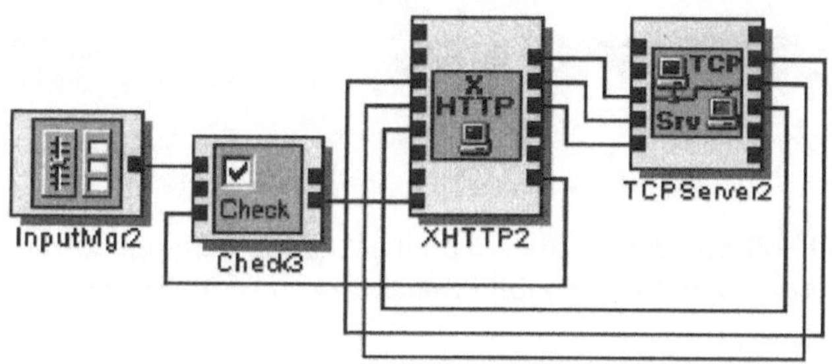

Bild 9.27 Beispielsignalgraph mit Webanbindung für JavaScript

Flash-Film

Diese Flash-Datei basiert auf der im Beispiel 1 beschriebenen Vorgehensweise zum Erstellen der Netzwerkschicht. Es muss nur die Funktion `handleIncoming` angepasst werden.

```
function handleIncoming(xmlString) {
  var i= 0;
  do{
    xmlNode = xmlString.childNodes[i];
    incoming = xmlNode.childNodes;
    var index = 0;
    for(index in incoming) {
     if((incoming[index].nodeName).toLowerCase() == "value") {
       userinput = false;
       checkboxValue = incoming[index].firstChild.nodeValue;
       userinput = true;
```

```
      }
    }
    tmpStr = new String(xmlNode);
    i++;
  } while (tmpStr.length)
  getURL("javaScript:update()");
}
```

Der eintreffende XML-String wird zerlegt und der Wert der Variable `value` wird in der Variable `checkboxValue` gespeichert. Nach der Schleife wird die Funktion `getUrl("javaScript:update()")` aufgerufen. Die Funktion `getUrl()` öffnet Webseiten in einem Browserfenster oder übergibt Daten an eine andere Anwendung. Die Anweisung `javaScript:update()` ist eine Funktion, die sich in derselben HTML-Seite wie der Flash-Film befindet. Der Flash-Film hat somit Zugriff auf diese Funktion. In der Flash-Datei wird noch eine Ebene mit dem Namen `JavaScript-Aktionen` hinzugefügt. Dieser Ebene wird ein weiteres Schlüsselbild, wie es in Bild 9.28 zu sehen ist, hinzugefügt. Die Arbeitsschritte zum Erstellen eines Schlüsselbildes werden jetzt dargestellt: In der Zeitleiste der Entwicklungsumgebung wird ein Bild mit Hilfe der Maus mit einem Einfach-Klick ausgewählt. Das Drücken der rechten Maustaste öffnet ein Popup-Menü, aus dem der Befehl SCHLÜSSELBILD EINFÜGEN ausgewählt wird.

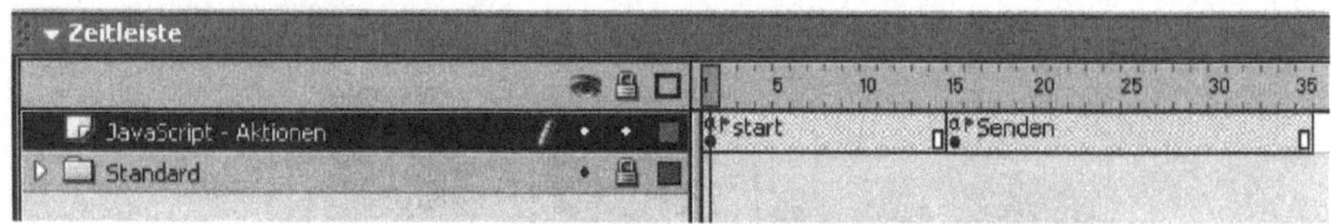

Bild 9.28 Zeitleiste mit Schlüsselbild

Dieses Schlüsselbild soll mit der Bildbezeichnung **Senden** benannt werden. Nach diesem Arbeitsschritten werden dem Schlüsselbild **Senden** zwei ActionScript-Zeilen hinzugefügt.

```
sendXML(checkboxValue);
gotoAndStop("start");
```

In der Vorlage muss noch der Wert der Variable `ID` abgeändert werden. Der Wert entspricht dem im **XHTTP**-Modul festgelegtem Schlüssel. Des Weiteren wird die Funktion `sendXML` wie folgt angepasst:

```
function sendXML(_textToIC) {
  xmlString  = "Values: 1 String\r\nType=Checkbox\r\nValue=";
  xmlString += _textToIC + "\r\nText=Beispiel\r\n";
  xmlString += "Disabled=0";
  xmlString += \r\n\r\n\0";
  xmlString = "Length: " + length(xmlString) + "\r\n" + xmlString;

  socket.send(xmlString);
}
```

HTML-Datei

Nachdem die Flash-Datei wie angegeben erstellt wurde, kann sie veröffentlicht werden. Durch die Entwicklungsumgebung wird nun die HTML-Seite mit eingebettetem Flash-Film erstellt. Dieser Seite muss noch JavaScript für die Kommunikation zwischen Flash und JavaScript hinzugefügt werden. Weil JavaScript nicht in allen Browser-Programmen gleich implementiert ist, muss im Code eine Unterscheidung zwischen Internet Explorer und Netscape getroffen werden. Diese Unterscheidung zeigt der folgende Code:

```
function thisMovie(movieName) {

  if(navigator.appName.indexOf("Microsoft") != -1) {
    return window[movieName]
  } else {
    return document[movieName]
  }
}
```

Damit JavaScript mit Flash kommunizieren kann werden noch zwei weitere Funktionen hinzugefügt:

```
var movieName = "checkBoxSample";

function update() {

    if(thisMovie(movieName).getVariable("checkboxValue") == "1"){
     meineCheckbox.checked = 1;
    } else {
     meineCheckbox.checked = 0;
    }
}
```

Die Variable `movieName` muss den gleichen Wert wie die Variable `id` in dem eingebetteten `Object`-Tag des Flash-Films haben. Die Funktion `update()` wird von dem Flash-Film aus aufgerufen und setzt die Checkbox mit dem Namen `meineCheckbox` in der HTML-Seite auf den Status der Checkbox von ICONNECT.

```
function updateFlash() {
    thisMovie(movieName).setVariable("checkBoxValue",
                          meineCheckbox.checked?1:0) ;
    thisMovie(movieName).TGotoLabel("_level0/", "senden");
}
```

Die Funktion `updateFlash()` setzt die Variable `checkBoxValue` in Flash und weist den Flash-Film an, den aktualisierten Wert an ICONNECT zu senden. Um eine Checkbox in einer HTML-Seite darzustellen, wird folgender Code benötigt:

```
<input type="checkbox" name="myCheckbox" value="checkbox"
        onClick="javaScript:updateFlash()"> Beispiel</p>
```

Bei einer Statusänderung in der Checkbox durch den Benutzer wird die bei `onClick` angegebene Funktion `updateFlash()` ausgeführt und somit diese Änderung an ICONNECT über Flash übergeben.

Beispiel 3: Erstellen des *ICONNECT-Moduls* LCDisp *in Flash*

Das ICONNECT-Modul LCDisp soll als Beispiel für die Umsetzung in Flash dienen. Damit die Darstellung in einem LC-Display erfolgen kann, müssen die bereits erläuterten Arbeitsschritte durchgeführt werden.

Um alle gesendeten Werte des LCDisp-Moduls zu erhalten, muss die Funktion `handle-Incoming` überschrieben werden. Das XHTTP-Modul gibt für das Modul LCDisp folgenden XML-String aus:

```xml
<xml>
    <Type>LCDisp</Type>
    <Value>0.00482</Value>
    <RangeMin>0</RangeMin>
    <RangeMax>1</RangeMax>
    <Precision>5</Precision>
    <Italic>0</Italic>
    <BGColor>0xAFD7C8</BGColor>
    <ActiveSegmentColor>0x000000</ActiveSegmentColor>
    <InactiveSegmentColor>0xAFD7C8</InactiveSegmentColor>
    <SegmentBorderColor>0xC8F7E0</SegmentBorderColor>
</xml>
```

Dieses Beispiel berücksichtigt die Werte `Value`, `RangeMin`, `RangeMax`, `Precision`, `BG-Color`, `ActiveSegmentColor`, `InactiveSegmentColor` und `SegmentBorderColor`.

Eingehende Daten werden von der Funktion `handleIncoming` bearbeitet. Es wird eine neue Ebene mit dem Namen `Eingehende Daten` hinzugefügt. In dieser Ebene wird folgende ActionScript-Funktion hinzugefügt:

```
function handleIncoming(xmlString) {
  var i= 0;
  do{
    xmlNode = xmlString.childNodes[i];
    incoming = xmlNode.childNodes;
    var index = 0;

    for(index in incoming) {

        if((incoming[index].nodeName).toLowerCase() == "value") {
          display.value = incoming[index].firstChild.nodeValue;
        } else if((incoming[index].nodeName).toLowerCase() ==
                                                    "rangemin") {
          display.rangemin = incoming[index].firstChild.nodeValue;
        } else if((incoming[index].nodeName).toLowerCase() ==
                                                    "rangemax") {
          display.rangemax = incoming[index].firstChild.nodeValue;
        } else if((incoming[index].nodeName).toLowerCase() ==
                                                    "bgcolor") {
          display.bgColor = incoming[index].firstChild.nodeValue;
        } else if((incoming[index].nodeName).toLowerCase() ==
                                             "activesegmentcolor") {
          display.asColor = incoming[index].firstChild.nodeValue;
        } else if((incoming[index].nodeName).toLowerCase() ==
                                             "segmentbordercolor") {
          display.sbColor = incoming[index].firstChild.nodeValue;
        } else if((incoming[index].nodeName).toLowerCase() ==
                                           "inactivesegmentcolor") {
          display.iaColor = incoming[index].firstChild.nodeValue;
        } else if((incoming[index].nodeName).toLowerCase() ==
                                                    "precision") {
          display.precision = incoming[index].firstChild.nodeValue;
        }
    }

    tmpStr = new String(xmlNode);
    i++;
```

```
} while (tmpStr.length)
  display.update();
}
```

In dieser Funktion wird der XML-String zerlegt und in entsprechenden Variablen gespeichert. Wenn die Bearbeitung vollständig abgeschlossen ist, wird die Funktion `display.update()` aufgerufen. Der Quellcode dieser Funktion wird im Weiteren noch erläutert.

Bild 9.29 LCDisplay in Flash

Die Darstellung der Daten soll wie in Bild 9.29 erfolgen. Sie erfolgt über MovieClips, eigenständige kleine Flash-Filme, die eigene Zeitleisten aufweisen und dadurch unabhängig voneinander ablaufen. Jede Movieclip-Instanz hat einen eindeutigen Instanznamen, so dass diese mit einer Aktion gezielt angesprochen werden können. Ein MovieClip für die Anzeige wird durch EINFÜGEN|NEUES SYMBOL erzeugt. In einem Dialogfenster (Bild 9.30) wird im Eingabefeld *Name*: LCDigit eingegeben und als Verhalten soll *MovieClip* ausgewählt sein.

Es werden nun die notwendigen Arbeitschritte für das Darstellen einer Ziffer als Movie-Clip erläutert:

(1) **Festlegen der Hintergrundfarbe**
In dem MovieClip mit dem Namen LCDigit wird ein Rechteck mit den Maßen 55 Pixel hoch und 58 Pixel breit ohne Rand gezeichnet. Dieses wird selektiert und in ein Symbol mit dem Namen LCBackground konvertiert. Als Instanzname wird `backgroundColor` vergeben.

(2) **Möglichkeit zur dynamischen Veränderung der Hintergrundfarbe**
Soll die festgelegte Hintergrundfarbe dynamisch verändert werden, muss die Action-Script-Funktion `setBackgroundColor()` aufgerufen werden. Durch den Aufruf wird die Hintergrundfarbe und gleichzeitig die Farbe des Bordersegments dynamisch verändert.

```
function setBackgroundColor() {
  // setzt Hintergrund- und SegmentBorder-Farbe
  bgColor = new Color(backgroundColor);
  bgColor.setRGB(colorBackground);
  segBorderColor = new Color(segmentBorderColor);
  segBorderColor.setRGB(colorBorderSegment);
}
```

(3) **Zeichnen einer LC-Ziffer**
Auf dem erstellten Hintergrundfeld soll nun, wie in Bild 9.31, eine LC-Ziffer gezeichnet werden. Da die einzelnen Elemente wiederum MovieClips sind, müssen für die Teile der Ziffer, unabhängig von der dargestellten Ziffer, die Instanznamen lcd1 - lcd7 vergeben werden. Für den Ordnungspunkt wird der Instanzname lcdDot verwendet. Die Zifferteile erhalten eine Umrahmung, das so genannte BorderSegment, durch das Festlegen des Instanznamens `segmentBorderColor`.

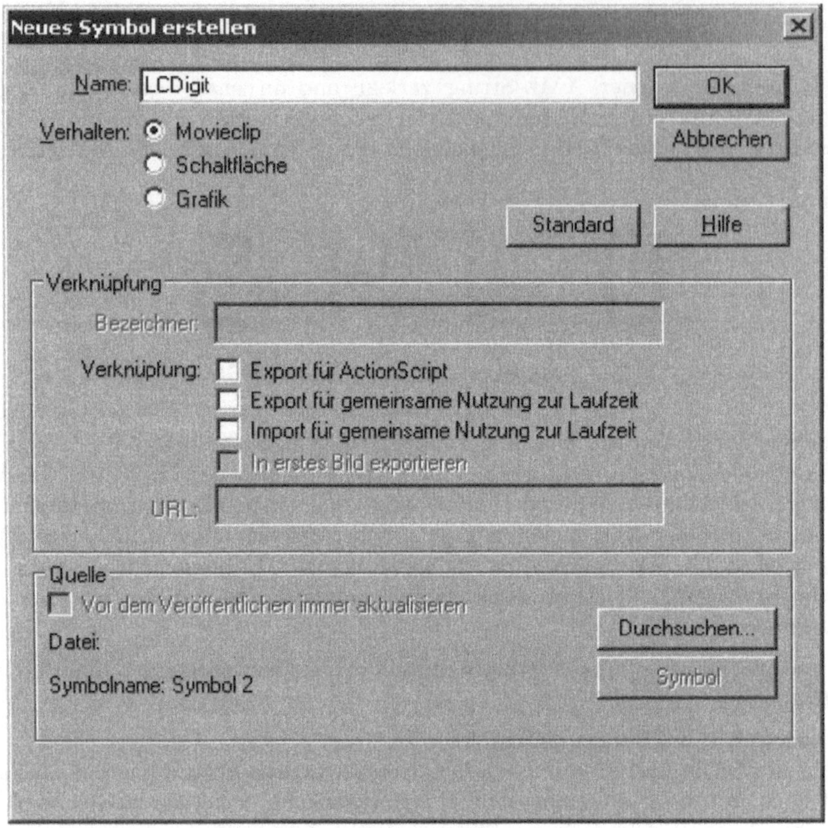

Bild 9.30 Erstellen eines neuen MovieClips

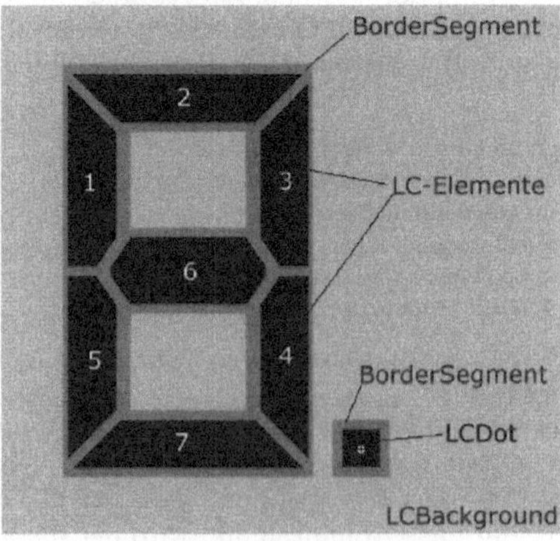

Bild 9.31 LC-Ziffer in Flash

(4) Festlegen der Darstellung der Zifferelemente durch ActionScript-Funktionen

Durch die ActionScript-Funktion wird festgelegt, welche Teilbereiche der Ziffernfelder `lcd1` - `lcd7` aktiv sein sollen. Dazu wird ein Variablenfeld mit Name `digits` eingefügt.

```
elements = new Array(lcd1, lcd2, lcd3, lcd4, lcd5, lcd6, lcd7);

digits = new Array(
      new Array(lcd1, lcd2, lcd3, lcd4, lcd5, lcd7)         /* 0 */,
      new Array(lcd3, lcd4)                                 /* 1 */,
      new Array(lcd2, lcd3, lcd5, lcd6, lcd7)               /* 2 */,
      new Array(lcd2, lcd3, lcd4, lcd6, lcd7)               /* 3 */,
      new Array(lcd1, lcd3, lcd4, lcd6)                     /* 4 */,
      new Array(lcd1, lcd2, lcd4, lcd6, lcd7)               /* 5 */,
      new Array(lcd1, lcd2, lcd4, lcd5, lcd6, lcd7)         /* 6 */,
      new Array(lcd2, lcd3, lcd4)                           /* 7 */,
      new Array(lcd1, lcd2, lcd3, lcd4, lcd5, lcd6, lcd7)   /* 8 */,
      new Array(lcd1, lcd2, lcd3, lcd4, lcd6, lcd7)         /* 9 */,
      new Array(lcd6)                                       /* - */
);
```

Mit Hilfe dieses Variablenfeldes kann festgelegt werden, welche Ziffer aus der Folge 0 bis 9 (bzw. das Symbol Minus) dargestellt werden soll. Die Festlegung für eine gewählte Ziffer erfolgt durch die ActionScript-Funktionen `clearNumber()` und `setNumber()`. Die `clearNumber()` bewirkt, dass alle Ziffernfelder inaktiv dargestellt werden, d.h., es wird keine Ziffer dargestellt. Mit der Funktion `setNumber()` wird eine Ziffer, die der Variable `value` zugewiesen ist, dargestellt. Die Darstellung der gewünschten Ziffer übernimmt die Funktion `update`, die im Folgenden noch erläutert wird.

```
function clearNumber() {
   for(i=0; i <= elements.length; i++) {
      tmpCol = new Color(elements[i]);
      tmpCol.setRGB(colorInActiveSegment);
   }
}

function setNumber() {
   if(_level0.connected == true) {
      clearNumber();
      setDot(false);
      numbers = new Array();
      numbers = digits[value];

      for(i=0; i <= numbers.length; i++) {
         tmpCol = new Color(numbers[i]);
         tmpCol.setRGB(colorActiveSegment);
      }
   }
}
```

(5) Darstellung des Ordnungspunktes

Die Funktion `setDot` setzt den Punkt nach der bereits erwähnten und später dargestellten Funktion `update`.

```
function setDot() {
if(_level0.connected == true) {
tmpCol = new Color(lcdDot);
if(valDot == false) {
tmpCol.setRGB(colorInActiveSegment);
} else {
tmpCol.setRGB(colorActiveSegment);
}
}
}
```

Damit ist eine Stelle des **LCDisplays** fertig. Das fertige Objekt ist in der Bibliothek dieser Flash-Datei vorhanden, sie kann mit F11 angezeigt werden. Die Bibliothek ist in Bild 9.32 dargestellt.

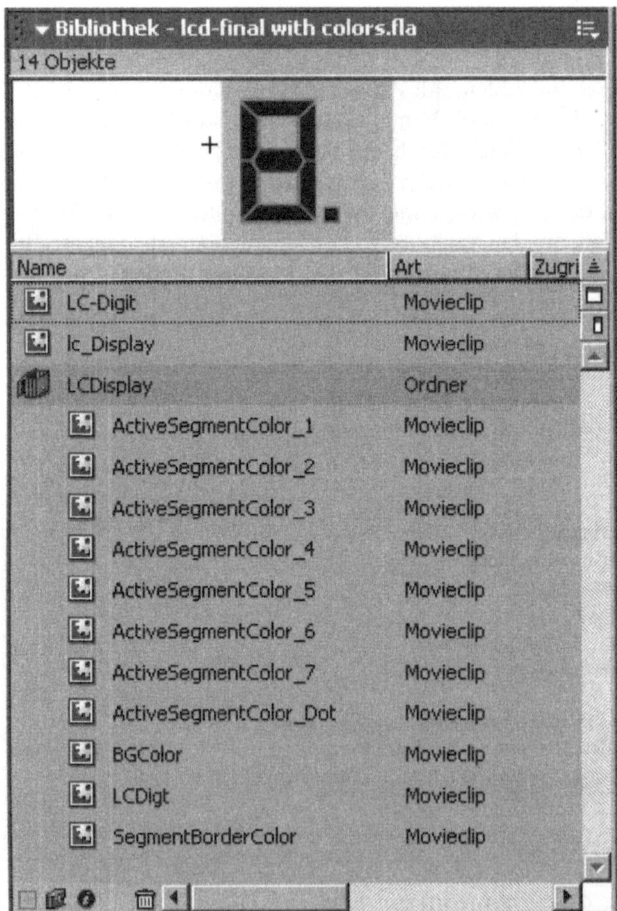

Bild 9.32 Bibliothek in Flash

Erstellung mehrstelliger Ziffernanzeigen

Um ein LCDisplay mit mehreren Ziffern zu erstellen, wird ein neuer MovieClip mit dem Instanznamen `display` benötigt. In diesem MovieClip wird der MovieClip `LCDigit` platziert und es wird ihm der Instanzname `lcd` zugewiesen. Das Darstellungsfeld hat die Maße von 232 Pixel in der Breite und einer Höhe von 55 Pixel.

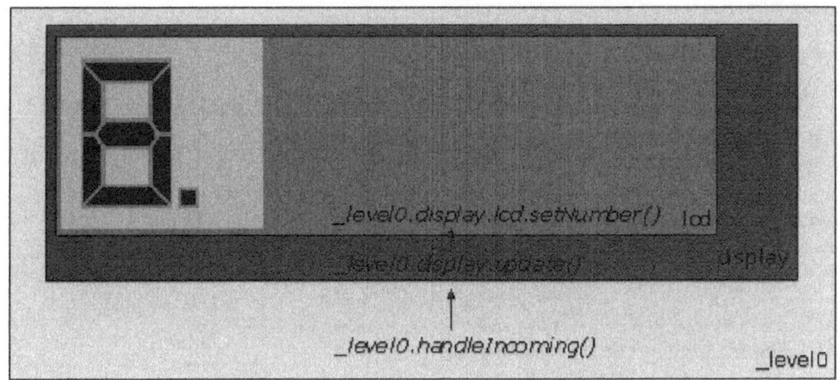

Bild 9.33 Darstellung verschiedener Flashebenen

Durch das Hinzufügen der Funktion `update` in dem MovieClip `display` wird die Möglichkeit gegeben, die Anzahl der Stellen und die entsprechenden Farben festzulegen.

Im Folgenden ist die Funktion `update` dargestellt. Die Arbeitsweise dieser Funktion wird durch die eingefügten Kommentare deutlich.

```
function update() {
  // Anzahl der Stellen Berechnen
  if(rangeMin < 0) {
    // Vorkommastellen mit Vorzeichen + Nachkommastellen
    newLength = length(rangeMin) + Number(precision);
  } else {
    // Vorkommastellen + Nachkommastellen
    newLength = length(rangeMax) + Number(precision);
  }
  // wenn sich die Anzahl der Stellen von der alten
  // Anzahl der Stellen unterscheidet, werden alle
  // MovieClips gelöscht und neu erstellt.
  // Die Breite wird angepasst.
  if(newLength != oldLength) {
    for(i=0; i < oldLength; i++) {
      removeMovieClip("lcd"+ i);
    }
    // Breite der einzelnen Module berechnen
    var width = 232 / (Number(newLength));
    strWidth = width.toString();
    width = new Number(strWidth.substr(0,4));
    var x0 = lcd._x ;
    var y0 = lcd._y ;
    //Erzeugen & platzieren der neuen MovieClips
    for(i=0; i < newLength; i++) {
```

```
    duplicateMovieClip(lcd, "lcd"+i, i);
    _level0.display["lcd"+i]._x = x0 + (lcd._width) + (i * width);
    _level0.display["lcd"+i]._y = y0;
    _level0.display["lcd"+i]._width = width;
    _level0.display["lcd"+i]._alpha = 100;
  }
  //Speichern der Stellenanzahl
  oldLength = newLength;
} else {
  // alle MovieClips bestehen bereits
  // es gibt nichts zu tun
}
// Der Dezimalpunkt wird in dem Wert value gesucht
pointAt = value.indexOf(".");

// Aus der Variable Value den Punkt entfernen,
// da nur die Zahlen dargestellt werden.
value = value.subString(0, pointAt) +
                        value.subString(pointAt + 1, value.length);
// Festlegen bei welcher Stelle der Dezimalpunkt erscheint.
pointAt=Number(newLength) - Number(precision)-1;

// Rechtsbündiges Ausrichten der Zahl
// Länge von value auf newLength bringen
// Wenn kein Vorzeichen angegeben ist
if(value.indexof("-") == -1) {
    value = "_" + value;
}
// Unterstrich für fehlende, führende Stellen hinzufügen
if(newLength != length(value)) {
  for(i=0; i  <= newLength-length(value); i++) {
    value = "_" + value;
  }
}
//value in Array aufteilen
numbers = value.toString().split("");
for(i=newLength; i >= 0; i--) {
  //Farben zuweisen
  _level0.display["lcd"+i].colorActiveSegment = asColor;
  _level0.display["lcd"+i].colorInActiveSegment = iaColor;
  _level0.display["lcd"+i].colorBackground = bgColor;
  _level0.display["lcd"+i].colorBorderSegment = sbColor;
  _level0.display["lcd"+i].setBackgroundColor();

  //Wert anzeigen
  _level0.display["lcd"+i].value= numbers[i];
  _level0.display["lcd"+i].setNumber();
  //Punkt deaktivieren
  _level0.display["lcd"+i].valDot=false;
  //Punkt ggf aktivieren
  if(pointAt == i) _level0.display["lcd"+i].valDot =true;
}
}
```

Mit der Tastenkombination STRG + EINGABE oder mit den STEUERUNG|FILM TESTEN kann der Testlauf gestartet werden.

Wichtige Befehle zur Manipulation von MovieClip-Eigenschaften

Befehl	Beschreibung
_alpha	Gibt die Alpha-Transparenz eines MovieClips in Prozent an. Die Objekte in einem Movieclip mit dem _alpha-Wert 0 sind aktiv, auch wenn sie nicht sichtbar sind.
_height	Stellt die Höhe des Movieclips in Pixel ein bzw. ruft sie ab.
_rotation	Gibt die Drehung des Movieclips in Grad an.
_width	Stellt die Breite des Movieclips in Pixel ein bzw. ruft sie ab.
_x	Ist eine Ganzzahl, welche die x-Koordinate eines Films relativ zu den lokalen Koordinaten des übergeordneten Movieclips einstellt. Wenn sich ein Movieclip in der Hauptzeitleiste befindet, bezieht sich das Koordinatensystem auf die linke obere Ecke der Bühne (0,0). Befindet sich der Movieclip dagegen in einem anderen Movieclip, der Transformationen aufweist, gilt für den Movieclip das Koordinatensystem des umgebenden Movieclips.
_y	Stellt die y-Koordinate des Films relativ zu den lokalen Koordinaten des übergeordneten Movieclips ein. Wenn sich ein Movieclip in der Hauptzeitleiste befindet, bezieht sich das Koordinatensystem auf die linke obere Ecke der Bühne (0,0). Befindet sich der Movieclip dagegen in einem anderen Movieclip, der Transformationen aufweist, gilt für den Movieclip das Koordinatensystem des umgebenden Movieclips.

9.5 Web-Browser in ICONNECT

Bisher wurden in diesem Kapitel hauptsächlich die Möglichkeiten von ICONNECT als Serveranwendung betrachtet. In diesem Abschnitt wird der Einsatz von ICONNECT als Client für das WWW untersucht.

An immer mehr Stellen im öffentlichen Leben werden Automaten aufgestellt, die unterschiedliche Dienste bereitstellen sollen. Als Beispiel dafür dienen Bankautomaten, Fahrkartenautomaten, Internet-Terminals, Informationsterminals, usw. In den meisten Automaten läuft ein handelsübliches Betriebssystem, wie Windows NT/2000 oder Windows NT Embedded. Als Bedienterminal dient eine vandalensichere Tastatur oder ein Touch-Screen. Durch eine integrierte Klimaanlage und ein wasserdichtes sowie einbruchssicheres Gehäuse sind die Automaten hardwaremäßig einigermaßen gut abgesichert.

Auf der Softwareseite muss ein sicheres Anwenderprogramm meist jedes Mal neu entwickelt werden. Dabei muss das Programm eine besondere Eigenschaft aufweisen. Es darf dem Anwender unter keinen Umständen Zugriff auf das Betriebssystem oder andere Programme geben. Diese Anforderung zu erfüllen, erweist sich jedoch als äußerst schwierig, da alle Ressourcen des Rechners vom Betriebssystem kontrolliert werden und das Anwendungsprogramm auf Betriebssystemfunktionen zurückgreifen muss. Damit ist ein tiefer Eingriff in das Betriebssystem unumgänglich.

In ICONNECT sind alle Komponenten dazu vorhanden. Um dem Entwickler zusätzlich die Möglichkeit zu geben, eine eigene individuelle Benutzeroberfläche zu implementieren, die ohne großen Aufwand auszutauschen ist, wurde das Modul WebBrowser implementiert. Es bietet ein sicheres Benutzerinterface und kann alle Websites darstellen, die lokal auf dem Rechner oder auf einem anderen Server liegen. Das Modul integriert den Microsoft Internet Explorer. Deshalb muss dieser vorher mindestens in Version 4.0 installiert werden.

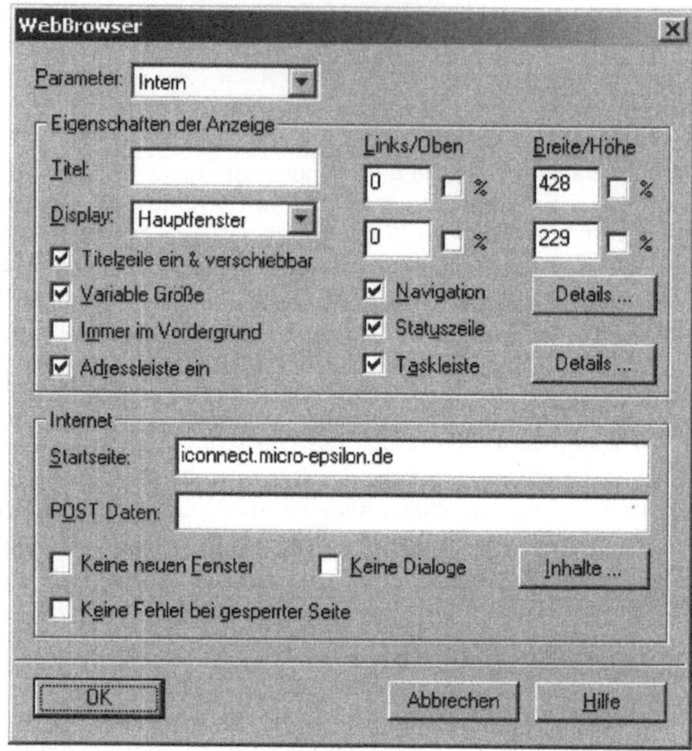

Bild 9.34 Einstellungsdialog von WebBrowser

Der Einstellungsdialog des Moduls **WebBrowser** ist in Bild 9.34 zu sehen. Er teilt sich in Eigenschaften, welche die Visualisierung betreffen und in Eigenschaften, welche die Website betreffen. Ein weiterer Einstellungsbereich, der alle anderen Anwendungen auf dem Rechner betrifft, ist nicht in diesem Dialog, sondern in der Registry verborgen. In den folgenden Abschnitten werden die Möglichkeiten zur Absicherung des Rechners (um der Sicherheitsanforderung eines öffentlichen Terminals zu genügen) im Detail beschrieben.

Fenstergröße und -position der Anwendung; Option immer im Vordergrund

Die wichtigste Eigenschaft einer abgesicherten Clientanwendung ist, dass sie den kompletten Bildschirm ausfüllt und sich weder in der Größe noch in der Position verändern lässt. Es darf auch keine Task-Leiste sichtbar sein, denn damit könnte der Anwender andere Applikationen starten bzw. aktivieren.

Das Modul **WebBrowser** hat einen Modus für diese Anforderung. Dazu wird im Eigenschaftsdialog der Parameter *Display* auf *Hauptfenster* gestellt. Damit ist das Anzeigefenster des Moduls nicht mehr Teil von **ICONNECT**, sondern ein eigenes Fenster direkt auf dem Desktop.

Dieses Fenster hat eine ein- und ausschaltbare Titelleiste. Der Text dieser Zeile kann im Moduldialog als Parameter *Titel* eingegeben werden. Wird kein Titel eingegeben, so wird der Titel der aktuellen HTML-Seite angezeigt. Diese Titelleiste hat das gleiche Aussehen wie die anderer Programme, außer dass das „X" zum Schließen und ggf. einige Punkte im Systemmenü deaktiviert sind. Wenn die Titelzeile eingeschaltet ist, kann der Benutzer mit der Maus darauf klicken und das Fenster verschieben (auch mit der Tastatur gibt es damit die Möglichkeit dazu). Um ein fixiertes Fenster zu erzeugen, muss die Titelzeile also ausgeschaltet sein.

Über das Kontrollkästchen *Variable Größe* im Moduldialog kann festgelegt werden, ob die Größe des Fensters vom Benutzer verändert werden darf. Ist das der Fall, so hat das Fenster einen normalen Rahmen. Das Fenster kann vergrößert bzw. verkleinert werden. Ist die Größe fest, hat das Fenster einen dünneren Rahmen (Dialogfeldrahmen), der keine Größenänderung erlaubt. Die Initialgröße und -position kann ebenfalls über den Einstellungsdialog festgelegt werden. Dabei können die Parameter für Links und Oben sowie für Breite und Höhe entweder in Pixel oder in Prozent „%" zur Bildschirmgröße angegeben werden. Diese vier Parameter werden weder im Modus Pixel noch im Modus Prozent von der Größe und Position der Task-Leiste beeinflusst. Beim Laden des Signalgraphen und auch bei Start wird das Fenster auf die eingestellte Position und Größe gesetzt.

Wenn das Fenster die einzige sichtbare Schnittstelle zum Benutzer sein soll, muss verhindert werden, dass ein anderes Fenster vor diesem im Vordergrund erscheint. Das kann mit dem Parameter *Immer im Vordergrund* eingestellt werden. Damit kann kein anderes Fenster mehr vor dem Browser-Fenster erscheinen. Einzige Ausnahme sind Fenster, die dieses Attribut ebenfalls besitzen.

Bei der Entwicklung der Anwendung ist darauf zu achten, diese Eigenschaft nicht zusammen mit dem Parametern für maximale und feste Größe zu verwenden, da sonst der Moduldialog nicht mehr sichtbar wird und somit nicht mehr editiert werden kann. Als Lösung dafür bietet sich an, den Eingang Hide des Moduls zu verwenden und das Browser-Fenster erst zur Laufzeit zu aktivieren (durch eine Null „0" am Eingang Hide) und vor dem Beenden des Signalgraphen das Fenster wieder zu verstecken (durch eine Eins „1").

Weitere Browser-Fenster

Durch die Einstellungsmöglichkeiten von Größe und Position kann das Anwendungsfenster entweder den kompletten Bildschirmbereich einnehmen oder auf einen Teil des Bildschirms begrenzt werden. Weitere **WebBrowser**-Module könnten dann den restlichen Teil des Bildschirms mit anderen Inhalten ausfüllen. Als Anwendungsbeispiel wäre eine Großprojektionsfläche zu nennen, die im Hauptbereich nützliche Informationen zur Verfügung stellt und auf einen oder mehreren Bereichen (z.B. rechts oder unten) Werbung einblendet. Beide Teile können völlig unabhängig voneinander von verschiedenen Modulen in verschiedenen Signalgraphen, ja sogar in zwei eigenen **ICONNECT**-Instanzen, gesteuert werden.

In einigen Fällen ist es wünschenswert, ein weiteres Fenster über dem Browser-Fensters einzublenden. Viele Websites im Internet verwenden z.B. diesen Mechanismus, um Seiten anderer Anbieter oder Formulare anzuzeigen, ohne dass die eigentliche Seite dabei weggeschaltet wird. Auch der Benutzer kann dieses Verhalten provozieren, indem er beim Klick auf einen Link gleichzeitig die Umschalttaste (Shift-Taste) gedrückt hält. Diese zusätzlichen Fenster sollten aber auf jeden Fall verschiebbar sein, damit die Informationen des

Hauptfensters noch betrachtet werden können. Zwischen den Fenstern sollte außerdem eine Umschaltmöglichkeit bestehen.

Diese Eigenschaft wird durch das Modul **WebBrowser** unterstützt. Dazu müssen keinerlei Änderungen am Einstellungsdialog vorgenommen werden. Weitere Browser-Fenster werden unter den vorher beschriebenen Umständen automatisch geöffnet und bekommen eine Titelzeile, damit sie verschiebbar werden. Im Normalfall ist auch ihre Größe veränderbar, außer in der HTML-Seite wird diese Option mittels Skripting verboten. Im Unterschied zum Hauptfenster haben diese Fenster oben rechts in der Titelzeile das „X" zum Schließen. Außerdem besitzen verschiedene Fenster immer eine Adressleiste, Navigationsleiste und eine Statuszeile. Diese Elemente werden in den weiteren Abschnitten beschrieben. Ein **WebBrowser**-Modul kann bis zu zehn weitere Unterfenster öffnen. Dieser Wert hat sich in der Praxis als ausreichend groß erwiesen, da eine große Anzahl von Fenstern die Übersichtlichkeit einschränkt. Sollen unter keinen Umständen Unterfenster geöffnet werden, kann dies mittels dem Parameter *Keine neuen Fenster* im Parameterdialog des Moduls verhindert werden.

Alle Unterfenster werden in der Task-Leiste von Windows angezeigt und können damit umgeschaltet oder auch geschlossen werden. Da die Task-Leiste jedoch meist nicht sichtbar sein soll, wäre es bei mehreren Unterfenstern wünschenswert, einen eigenen Mechanismus zum Verwalten der Fenster einbinden zu können.

Eigene Task-Leiste

In dem Modul **WebBrowser** wurde deshalb eine eigene Task-Leiste integriert. Sie enthält nur das Hauptfenster des Moduls, sowie alle seine untergeordneten Fenster. Über den Parameter *Task-Leiste ein* im Einstellungsdialog kann sie aktiviert werden. Über die Schaltfläche Details... daneben kann sie konfiguriert werden, wie in Bild 9.35 zu sehen ist.

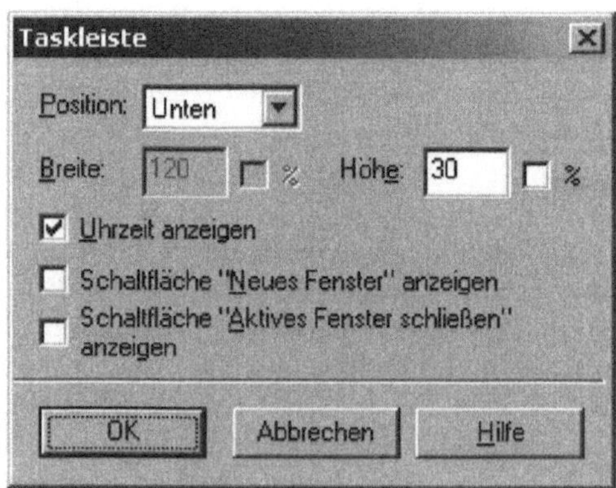

Bild 9.35 Einstellungsdialog der Task-Leiste im Modul WebBrowser

Der Parameter *Position* erlaubt es, die Task-Leiste an eine der vier Seiten des Bildschirms zu positionieren. Dieses Verhalten ist auch von der Windows Task-Leiste bekannt. Zusätzlich kann (wenn sie unten oder oben angedockt ist) die Höhe der Task-Leiste in Pixel oder Prozent „%" zur Bildschirmgröße angegeben werden. Die Breite ist dabei immer die gesamte Bildfläche. Analog dazu kann bei Position links bzw. rechts die Breite der Task-Leiste angegeben werden, die Höhe ist jetzt die gesamte Bildhöhe. Als Initialeinstellung ist sie unten angedockt und hat die gleiche Größe wie die normale Task-Leiste.

Der Parameter *Uhrzeit anzeigen* erlaubt es, am rechten bzw. unteren Ende der Task-Leiste die aktuelle Uhrzeit einzublenden. Damit hat sie (bis auf die „verbotenen" Schaltflächen wie z.B. die Startschaltfläche) das gleiche Aussehen wie die Windows Task-Leiste.

Die Task-Leiste wird erst bei Start des Signalgraphen eingeblendet und bei Stopp wieder ausgeblendet. Damit hat der Entwickler die Möglichkeit, bei gestopptem Signalgraphen die normale Task-Leiste zu nutzen. Bei gestartetem Signalgraphen wird in der freien Fläche der Task-Leiste für jedes Browser-Fenster eine eigene Schaltfläche erzeugt. Die Größe der Schaltfläche hängt von der Größe der Task-Leiste und der Anzahl der Fenster ab. Als Text der Schaltfläche wird die Titelleiste übernommen. Hat diese nicht komplett in der Schaltfläche Platz, so wird der Text gekürzt und es werden drei Punkte „..." angehängt.

Für jede der Schaltflächen existiert ein Kontextmenü, das anhand eines Klicks mit der rechtes Maustaste über der Schaltfläche geöffnet werden kann. Das Kontextmenü bietet die Möglichkeit, das Fenster zu schließen (beim Hauptfenster ist diese Möglichkeit deaktiviert). Falls das Terminal keine rechte Maustaste besitzt (z.B. bei einem Touch-Screen) und das „X" in der Titelleiste der Fenster zu klein ist, kann eine weitere Schaltfläche $\boxed{\text{Fenster schließen}}$ eingeblendet werden. Damit wird das gerade aktive Fenster (außer dem Hauptfenster) geschlossen. Analog dazu kann auch eine Schaltfläche $\boxed{\text{Neues Fenster}}$ eingeblendet werden, um ein neues Fenster ohne Inhalt zu öffnen. Auch diese beiden Parameter können im Einstellungsdialog der Task-Leiste aktiviert werden.

Konfigurierbare Navigationsleiste, Adressleiste und Statuszeile

Wie schon erwähnt, kann das Browser-Fenster eine Navigationsleiste, Adressleiste und Statuszeile besitzen. Sie können beim Hauptfenster im Parameterdialog getrennt voneinander ein- und ausgeschaltet werden, bei den Unterfenstern sind immer alle drei aktiviert.

Die Navigationsleiste ist eine Symbolleiste, die das Navigieren innerhalb einer Website erleichtert und einige weitere Funktionen zur Verfügung stellt. Bild 9.36 zeigt ein Browser-Fenster mit eingeschalteter Navigationsleiste, Adressleiste und Statuszeile.

Die Navigationsleiste hat acht verschiedene Schaltflächen, mit denen geblättert werden kann, ein Seitendownload abgebrochen bzw. eine Seite aktualisiert werden kann, zur Standard-Start- und Suchseite gesprungen werden und das Fenster gedruckt oder geschlossen werden kann. Alle diese Punkte können auch einzeln ein- und ausgeschaltet werden. Der Einstellungsdialog kann im Hauptdialog des Moduls mit der Schaltfläche $\boxed{\text{Details...}}$ neben dem Kontrollkästchen Navigation erreicht werden und bietet für jede der acht Schaltflächen ein Kontrollkästchen zum Aktivieren oder Deaktivieren der Funktion. Diese Einstellungen gelten für alle Browser-Fenster dieses Moduls.

Die Adressleiste ist auch eine Symbolleiste, in der die Adresse der aktuell angezeigten HTML-Seite angezeigt wird und in welcher der Benutzer den Namen neu anzuzeigender Seiten eintragen kann. Dadurch, dass das Eingabefeld mit einem Listenfeld kombiniert ist, kann der Benutzer auch Seiten auswählen, die früher schon einmal angezeigt wurden.

Bei einem Internet-Surf-Terminal ist es jedoch meist nicht gewünscht, dass nachfolgende Benutzer die Historie der bisher abgerufenen Seiten anzeigen können. Das hat zum einen datenschutzrechtliche Gründe, zum anderen widerstrebt es den meisten Personen, eine so einfach lesbare Fährte zu ihren bevorzugten Internetseiten zu hinterlassen. Deshalb kann über den Eingang `ClearAddress` am Modul der Inhalt der Adressleiste komplett

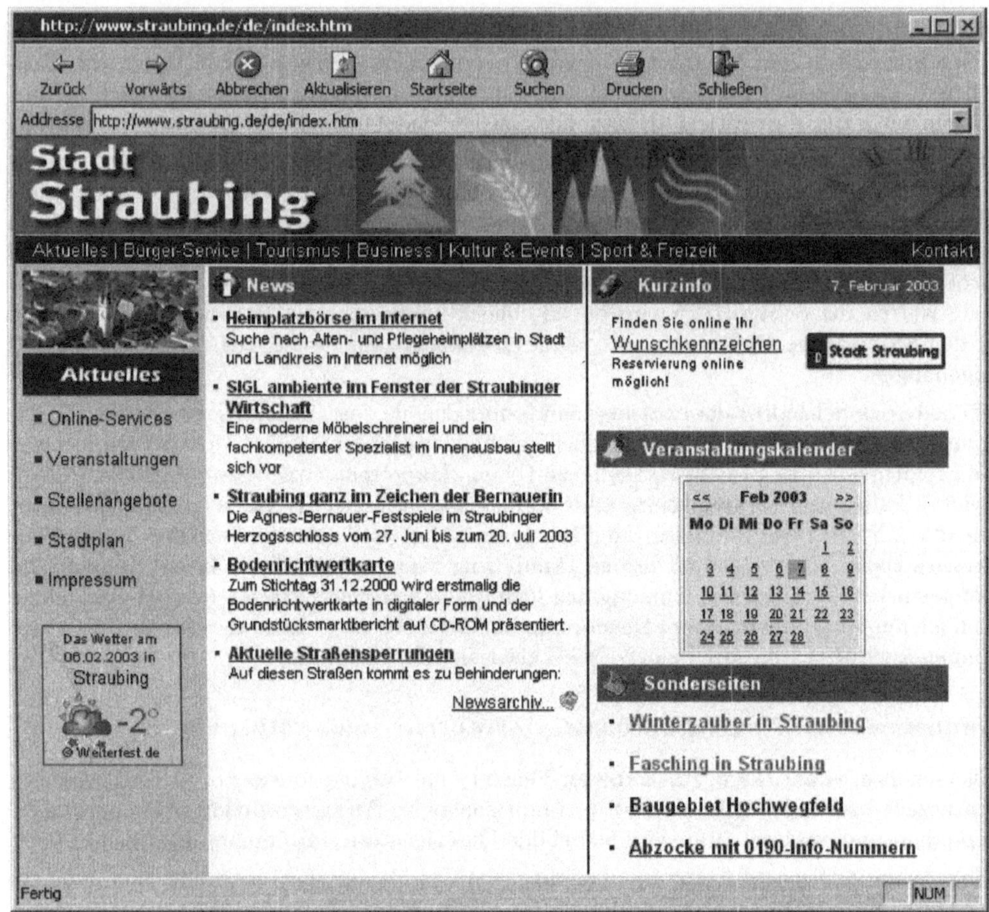

Bild 9.36 Beispiel eines Fensters des Moduls WebBrowser

gelöscht werden. Das kann auf Wunsch des Benutzers geschehen (z.B. durch einen Klick auf einen bestimmten Link, z.B. Logout) oder nach einer bestimmten Zeit der Inaktivität. Eine weitere Möglichkeit wäre, den Mausklick auf die Schaltfläche Schließen in der Navigationsleiste des Hauptfensters abzufangen (dieses Signal wird am Ausgang Close des Moduls ausgegeben) und zum Löschen des Inhalts der Adressleiste zu verwenden.

Die Statuszeile ist – im Gegensatz zu den anderen beiden Symbolleisten – am unteren Ende des Fensters. In ihr werden alle Statusmeldungen angezeigt, die das Browserelement des Internet Explorers erzeugt. Das ist im Normalfall der Name einer Seite, wenn mit der Maus über einen Link gefahren wird, oder die Meldung *Seite ... wird geöffnet* oder die Meldung *Fertig*.

Blockieren von Anwendungen und deren Fenstern und Dialogen

Ein weiterer wichtiger Punkt bei der Absicherung des Moduls **Webbrowser** ist es, Dialoge des Internet Explorers zu unterdrücken. Der am häufigsten auftretende Dialog ist der Druckdialog. Weitere Dialoge sind der Downloaddialog oder der Eigenschaftsdialog. Mit dem Parameter *Keine Dialoge* im Einstellungsdialog lassen sich diese unterdrücken. Dieser Modus wird auch als Silent-Modus bezeichnet.

Hat der Anwender die Möglichkeit, die rechte Maustaste zu drücken, wird im Browser-Fenster immer das Kontextmenü geöffnet. Soll auch das verhindert werden, muss ein Eintrag in der Registry erzeugt bzw. verändert werden. Das erfolgt entweder im Schlüssel

```
HKEY_LOCAL_MACHINE\Software\Policies\Microsoft\Internet Explorer\Restrictions
```

oder im Schlüssel

```
HKEY_CURRENT_USER\Software\Policies\Microsoft\Internet Explorer\Restrictions.
```

Dazu muss ein DWord-Eintrag *NoBrowserContextMenu* eingefügt und anschließend auf den Wert Eins „1" gesetzt werden. Der erste Schlüssel gilt für alle Benutzer des Rechners, der zweite nur für den gerade angemeldeten Benutzer. Damit kann zwischen normalem Anwender und Administrator der Maschine unterschieden werden.

Neben den eigenen Dialogen können auch beliebige andere Fenster blockiert werden. Jedoch ist dieser Vorgang nicht-trivial und kann bei Fehlbedienung zu Instabilitäten im System führen. Außerdem ist das Blockieren anderer Fenster eine globale Eigenschaft für alle Browsermodule. Deshalb ist sie nicht im Eigenschaftsdialog des Moduls hinterlegt, sondern kann nur in der Registry direkt bearbeitet werden. Der erfahrene Entwickler kann sich die benötigten Schlüssel jedoch exportieren und auf jeden beliebigen anderen Rechner übertragen.

Um Fenster blockieren zu können, muss in der Registry der Schlüssel

```
HKEY_LOCAL_MACHINE\Software\Micro-Epsilon\Iconnect\WebBrowser\BlockWindows
```

erzeugt werden. Darin können jetzt neue Zeichenfolgen eingetragen werden. Der Name der Zeichenfolge beschreibt den Namen des Fensters. Der Inhalt der Zeichenfolge muss entweder eine „1" (Fenster blockieren) oder eine „0" (Fenster nicht blockieren) sein. Jeder andere Inhalt führt ebenfalls zu keiner Blockade des Fensters. Im Namen können so genannte Wildcards (freie Ersetzungszeichen) angegeben werden. Wenn z.B. das erste Zeichen des Namens ein „*" ist, wird der Fenstername von vorne ignoriert, bis ein Teil mit dem Text hinter dem Wildcard zusammenpasst. Ein „*" am Ende hat dieselbe Wirkung von hinten. Damit lassen sich z.B. Fenster unterdrücken, die in der Titelleiste nicht nur ihren Namen, sondern auch den Namen des offenen Dokuments beinhalten.

Um z.B. immer den Texteditor zu blockieren, egal welche Datei darin gerade bearbeitet wird, muss erst der Text der Titelzeile bekannt sein. Ein Versuch zeigt, dass sich der Titel aus „Dateiname.txt - Editor" zusammensetzt. Da der Dateiname variabel ist, wird in der Registry der Name „*Editor" eingetragen. Damit werden jetzt alle Fenster blockiert, die mit dem Namen *Editor* enden.

Das Blockieren der Fenster wirkt sich bei allen Aktionen aus, die Fenster betreffen. Das sind z.B. Erzeugen, Aktivieren, Deaktivieren, Minimieren, Maximieren und Wiederherstellen eines Fensters. Aber es wird auch bei allen Nachrichten an ein Fenster die Prüfung durchgeführt. Wird ein Fenster entdeckt, das dem eingestelltem Filter entspricht, so wird an dieses Fenster die Nachricht *WM_CLOSE* geschickt, was das sofortige Schließen der zugehörigen Anwendung zur Folge hat.

Durch das Überwachen sämtlicher Fensternachrichten wird natürlich die Performance des Systems etwas verringert. Es sollten daher nur dann Fenster blockiert werden, wenn es unbedingt notwendig ist.

Einschränken der Inhalte

Bei einem Internet-Terminal, das über eine Adressleiste zur Eingabe von Seiten verfügt, ist es oft besonders wichtig, nur gewisse Inhalte zuzulassen bzw. gewisse Inhalte zu sperren. Kann das Terminal nur auf lokale Daten zugreifen (da keine Verbindung ins Internet besteht), denken viele Entwickler, dass damit genügend für die Sicherheit getan wäre. Jedoch kann der Anwender über einen einfachen Trick durch die Eingabe von `file://...` auf alle lokalen Dateien des Rechners zugreifen und sie betrachten.

In manchen Fällen ist es erwünscht, dass das Terminal eine Homepage (z.B. die einer Stadt) anzeigt, die auf einem zentralem Server gespeichert ist und viele Links ins Internet besitzt. Auch in diesem Fall ist es notwendig, die Inhalte einzuschränken.

Das Modul **WebBrowser** besitzt dazu einen Inhaltsmanager (Content-Manager) zum Freischalten oder Sperren von Inhalten. Im Eigenschaftsdialog des Moduls kann eine Startseite angegeben werden, die beim Start des Signalgraphen geladen wird. Es ist auch möglich, statt einem GET ein POST-Kommando abzuschicken, indem das Feld *POST-Daten* mit einem Text gefüllt wird. Über die Schaltfläche Inhalte... wird der Content-Manager geöffnet. Er ist in Bild 9.37 zu sehen.

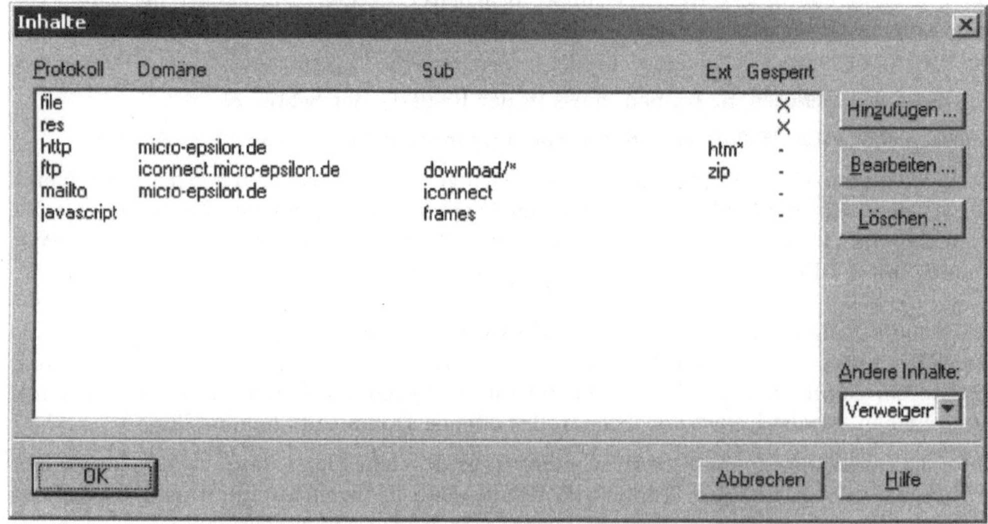

Bild 9.37 Content-Manager des Moduls WebBrowser

Hier können frei definierbare Regeln aufgestellt werden, die vor jedem Navigieren geprüft werden. Wird dabei festgestellt, dass der Link blockiert werden soll, so wird das Navigieren abgebrochen.

Achtung! Wenn die im Eigenschaftsdialog eingetragene Startseite im Content-Manager gesperrt ist, kann auch diese nicht angezeigt werden.

Über das Kontrollkästchen *Keine Fehler bei gesperrter Seite* im Eigenschaftsdialog kann festgelegt werden, ob die Fehlerseite „Seite nicht gefunden" erscheinen soll, oder ob die bisherige Seite weiterhin angezeigt werden soll.

Im Content-Manager können mehrere Einträge erstellt werden, die explizit gesperrt oder freigegeben werden. Für den gesamten Rest kann ebenfalls festgelegt werden, ob er gesperrt oder freigegeben wird. Der Dialog zum Editieren der Einträge ist in Bild 9.38 zu sehen.

Inhalte bearbeiten | Protokoll: | Domäne: | Seite/Name/Kommando: | Ext.: | Gesperrt:

ftp | iconnect.micro-epsilon.de | download/* | zip

OK | Abbrechen | Hilfe

Bild 9.38   Editieren eines Eintrags im Content-Manager

Dabei kann das Protokoll festgelegt werden, die betreffende Domäne, je nach Protokoll die Seite, der Name oder das Kommando, ggf. eine Extension und schließlich, ob dieser Eintrag gesperrt oder freigegeben ist. Tabelle 9.1 zeigt eine Auflistung der möglichen Protokolle und die Bedeutung der restlichen Felder.

Prot.	**Domäne**	**Seite/Name/Kommando**	**Ext.**
http	Name der Domäne bzw. des Zielrechners, z.B. micro-epsilon.de	Name der Site bzw. Datei, z.B. index.htm	Extension der Datei
ftp	Name der Domäne bzw. des Zielrechners, z.B. ftp.microsoft.com	Name der Datei bzw. des Verzeichniss, z.B. pub	Extension der Datei
mailto	Name der Domäne (das was hinter dem @ steht), z.B. web.de	Name des Empfängers der Email, z.B. hans.meier	nicht benutzt
java-script	nicht benutzt	Kommando bzw. Name der Funktion, z.B. makeTree	nicht benutzt
file	nicht benutzt	kompletter Dateiname, z.B. C:\test.txt	Extension der Datei
res	nicht benutzt	Name der lokalen Ressource	nicht benutzt

Tabelle 9.1   Bedeutung der Einträge im Content-Manager

Der Eintrag *Seite/Name/Kommando* kann am Beginn oder am Ende einen Stern „*" als Jokerzeichen enthalten. Diese so genannte Wildcard steht für jeden beliebigen Text am Anfang bzw. am Ende dieses Teils der URL. Auch bei der Extension kann dieser Wildcard verwendet werden. Der Eintrag *Domäne* wird von rechts nach links überprüft. Ist der Eintrag im Content-Manager kürzer (globaler) als der in der URL, so trifft dieser Eintrag auf die URL zu. Ist z.B. im Content-Manager der Eintrag `micro-epsilon.de` gesperrt und möchte der Benutzer zu `www.micro-epsilon.de` navigieren, so wird dies blockiert. Ist andererseits die Domäne `iconnect.micro-epsilon.de` freigeschaltet, betrifft das nicht automatisch auch `micro-epsilon.de` oder `www.micro-epsilon.de`.

Jede angeforderte URL wird über alle Einträge (von oben nach unten) auf alle eingegebenen Merkmale hin überprüft. Sobald ein Eintrag auf die URL passt (alle eingegebenen Merkmale müssen stimmen), wird die Aktion dafür ausgeführt. Es werden keine weiteren

Einträge mehr überprüft. Passt kein Eintrag auf die URL, wird die Standardaktion ausgeführt. Je weniger Merkmale in einem Eintrag gemacht werden, auf desto mehr URLs passt dieser Eintrag.

Die Einträge in der Liste des Content-Managers in Bild 9.37 haben folgende Wirkung:

- Alle lokalen Dateien werden gesperrt.

- Alle lokalen Ressourcen werden gesperrt. (Die beiden Einträge *file* und *res* wären nicht unbedingt nötig, da alle nicht in der Liste vorkommenden URL's durch die Einstellung *Andere Inhalte verweigern* gesperrt sind.)

- Alle Seiten der Domäne `micro-epsilon.de` (und deren Unterdomänen), die mit `.htm` oder `.html` (oder beliebige andere Zeichen nach dem `.htm`) enden und die über das Protokoll HTTP abgerufen werden, sind freigeschaltet.

- Es werden alle FTP-Downloads von `iconnect.micro-epsilon.de`, die im Verzeichnis `download` oder in einem Unterverzeichnis davon liegen und mit `.zip` enden, freigeschaltet.

- Alle Emails an die Adresse *iconnect@micro-epsilon.de* sind freigeschaltet.

- Das Java-Skript *frames* ist ebenfalls freigeschaltet.

Alle restlichen URLs sind gesperrt und werden nicht angezeigt.

Fall sich der interne Content-Manager als nicht ausreichend erweisen sollte, z.B. wenn die URL mit Datenbankeinträgen verglichen werden soll, bietet das Modul **WebBrowser** eine noch flexiblere Art der Überwachung. Bevor eine Seite geöffnet wird, gibt das Modul am Ausgang `BeforeNavigate` die komplette URL aus. Über Signalgraphprogrammierung kann der Entwickler damit einen eigenen Content-Manager aufbauen. Wenn eine Seite blockiert werden soll, kann er entweder ein Signal an den Eingang `Stop` schicken, oder er kann eine andere Seite öffnen (über die Eingänge `Navigate`, `NavigateTo` oder `Home`).

Blockieren von Systemtasten

Nachdem mit dem **WebBrowser** die Oberfläche festgelegt und fixiert werden kann und die Inhalte auch kontrolliert werden können, gibt es trotzdem noch einen weiteren Angriffspunkt bei einem Automaten. Falls die Eingabe von Text nötig ist, existiert in den meisten Fällen eine Tastatur. Damit kann der Anwender über besondere Tastenkombinationen zwischen Anwendungen umschalten, Anwendungen starten (z.B. den Windows Explorer) oder auch den Task-Manager öffnen.

Bei einem öffentlichen Gerät ohne ständige Aufsicht ist das nicht gewünscht. Eine Lösung wäre, alle „gefährlichen" Tasten, wie z.B. $\boxed{\text{Strg}}$, $\boxed{\text{Alt}}$ oder die Windows-Taste auf der Tastatur zu blockieren oder zu entfernen. Eine elegantere Lösung bietet sich jedoch mit **ICONNECT**.

Die beiden Module **DisableKeys** für Win9x und **DisableKeysNT** für Windows NT, 2000 und XP können alle diese Tastenkombinationen blockieren. Es ist damit sogar möglich, in Windows NT die Kombination $\boxed{\text{Strg - Alt - Entf}}$ zu blockieren.

Das Modul **DisableKeys** erlaubt nur ein kollektives Deaktivieren aller Kombinationen ($\boxed{\text{Alt - Tab}}$, $\boxed{\text{Alt - Esc}}$, $\boxed{\text{Strg - Esc}}$, $\boxed{\text{Strg - Alt - Entf}}$ und der Windows-Taste). Mit **DisableKeysNT** kann jede dieser Kombinationen selektiv aktiviert oder deaktiviert werden.

Das Modul **DisableKeysNT** benötigt einen Tastaturfiltertreiber. Er heißt `kbfilter.sys` und befindet sich im Modulverzeichnis von **ICONNECT**. Bei einer normalen Installation wird er automatisch installiert. Wird mit **ICONNECT** jedoch eine Runtime-Version erzeugt, so ist er im Bereich *Treiber* extra anzugeben (siehe Abschnitt 10.7).

Automatisches Starten des Browsers

Mit den bisher beschriebenen Mitteln kann ein abgesicherter Automat betrieben werden. Jetzt stellt sich jedoch die Frage, wie sich die Anlage starten lässt (z.B. nach einen Stromausfall oder einem Update), ohne dem Benutzer Einblick bzw. Zugriff auf BIOS, Betriebssystem oder ähnliche Komponenten zu geben. Beim Starten des Rechners ist **ICONNECT** und somit auch die Tastatursperre noch nicht aktiv.

Der einfachste Fall ist, im BIOS einfach ein Kennwort zu vergeben. Das System ist damit vor unberechtigtem Zugriff geschützt. Jedoch kann es das Starten verhindern, da der Rechner im BIOS auf die Kennworteingabe wartet. Hier soll eine etwas elegantere, wenn auch kompliziertere Methode vorgestellt werden.

Dazu wird eine einfache Hardwarekarte mit Digitalausgang, sowie Erfahrung in Elektronik benötigt. Der Monitor und die Tastatur sind jeweils durch Kabel mit dem Rechner verbunden. Außerdem besitzt der Monitor oft eine eigene Stromversorgung in einem externen Netzteil. Der geschickte Fachmann kann darin Leitungen entdecken, die für die Funktion des Geräts notwendig sind (z.B. eine +12 V Leitung für den Monitor oder eine Leitung zur Tastatur, je nach Typ verschieden). Wird diese Leitung getrennt, nimmt die Tastatur keine Eingaben mehr an und der Monitor zeigt kein Bild.

Über eine kleine elektronische Schaltung kann dieser Mechanismus mit dem Digitalausgang der Hardwarekarte verbunden werden. Es ist jedoch darauf zu achten, dass der Digitalausgang beim Einschalten immer einen definierten Initialpegel (Low oder High) einnimmt. Ist der Rechner schließlich hochgefahren und **ICONNECT** gestartet, kann damit der Ausgang gesetzt werden und Monitor und Tastatur setzen ihre Funktion fort. Dabei ist zu beachten, dass im BIOS die Überwachung auf vorhandene Tastatur abgeschaltet wird, da der Rechner sonst nicht startet.

Dieser Eingriff erfordert einiges Know-how und kann Rechner, Tastatur oder Monitor beschädigen. Wer eine einfachere Variante benutzen möchte, kann einen elektronischen Tastatur-, Maus- und Monitorumschalter verwenden. Damit brauchen keine Veränderungen am Tastatur- oder Monitoranschluss vorgenommen werden. Es ist aber trotzdem notwendig, den Impuls des Digitalausgangs als Schaltsignal des Umschalters zu verwenden.

Welche Möglichkeiten zur Ansteuerung von Digitalausgängen es in **ICONNECT** gibt, wurde bereits in Abschnitt 4.2.1 und Abschnitt 5.5 aufgezeigt. Unklar ist jetzt noch, wie **ICONNECT** automatisch gestartet werden kann. Dazu gibt es verschiedene Möglichkeiten.

Die erste ist, eine Verknüpfung auf den Hauptsignalgraphen der Anwendung in den Autostart-Ordner zu legen. Dieser wird nach dem Einloggen in den Rechner automatisch geladen. Über die Eigenschaft *Autostart nach Laden* in den Signalgrapheigenschaften wird er auch automatisch zum Einsatz gebracht. Das Einloggen bei Windows NT kann ebenfalls automatisiert werden. Dazu müssen in der Registry in der Sektion

`HKEY_LOCAL_MACHINE\Software\Microsoft\WindowsNT\CunnentVersion\Winlogon`

folgende Schlüssel gesetzt werden:

```
AutoAdminLogon:   "1"
DefaultDomain:    [Name der Domäne]
DefaultUserName:  [Benutzername]
DefaultPassword:  [Kennwort des Benutzers]
```

Alle diese Schlüssel sind als Text (*REG_SZ*) zu erzeugen. Anstelle der Bezeichner und der eckigen Klammern sind die gewünschten Informationen einzutragen.

Eine weitere Möglichkeit ist, ICONNECT als Shell des Betriebssystems einzutragen. Der Explorer wird in diesem Fall nicht als Standardshell verwendet, es wird auch kein Hintergrund (mit Bild, Icons, Task-Leiste) erstellt und der Benutzer hat keine Möglichkeit, irgendwelche Funktionen des Betriebssystems zu nutzen (selbst wenn ICONNECT nicht läuft). Auch in diesem Fall ist es notwendig, die Autologon-Funktion von Windows NT zu nutzen.

Wartungsmöglichkeiten, Fernwartungsmöglichkeiten

Durch eine Absicherung des Rechners ist es nicht mehr möglich, ohne besondere Mechanismen den Rechner zu warten. Folgende Tipps sollen die Wartung der Maschine erleichtern:

- Der Rechner sollte eine Möglichkeit zum geordneten Herunterfahren haben. Über einen Schlüsselschalter oder einen normalen Schalter in einem geschützten Bereich und einem Digitaleingang kann ICONNECT mitgeteilt werden, sich zu beenden und ggf. den Rechner herunterzufahren.

- Der Rechner sollte einen Wartungsmodus haben. Mit der Umschalt-Taste SHIFT kann der automatische Anmeldevorgang von Windows gestoppt werden. In den Rechner kann sich ein anderer Benutzer zur Wartung anmelden. Dabei wird ICONNECT nicht automatisch gestartet und das Betriebssystem damit nicht gesperrt. Davor muss aber eine evtl. Tastatur- und Monitorsperre aufgehoben werden. Im einfachsten Fall geschieht das durch Drücken eines Knopfs auf dem Tastaturumschalter.

- Eine andere Möglichkeit ist, mit einem Schlüsselschalter oder einer Tastenkombination und anschließender Kennwortabfrage bei laufendem ICONNECT in einen Wartungsmodus zu gelangen. ICONNECT hat damit die Möglichkeit, alle Sperrungen aufheben und der Wartungstechniker hat freie Hand.

- Der Rechner kann auch über Fernwartung verfügen. Dazu wird eine Telefon- bzw. ISDN-Leitung oder eine Verbindung ins Internet benötigt. In diesem Fall sollte jedoch über Sicherheitsmechanismen wie eine Firewall nachgedacht werden. Bei einer ISDN-Verbindung bietet ICONNECT die Möglichkeit, eingehende Anrufe zu überwachen und ggf. eine Servicenummer anzuwählen. Das ist mit den Modulen ISDNMon und RASClient (siehe Abschnitt 9.1) möglich.

  Die eigentliche Fernwartung kann mit speziellen Programmen (PC-Anywhere, VNC) oder mit den Mitteln von ICONNECT durchgeführt werden. Beispiele dazu (TFTP, Telnet, ...) befinden sich in Abschnitt 9.2.

Watchdog-Funktionen

Durch die bisher beschriebenen Möglichkeiten ist der Automat für den Normalbetrieb gerüstet und kann auch gewartet werden. Es kann jedoch nicht ausgeschlossen werden, dass es aufgrund der komplexen Hard- und Software zu Fehlern im laufendem Betrieb kommt. Mechanische Fehler und Hardwarefehler sind relativ selten und lassen sich nur durch einen Techniker vor Ort beheben.

Softwarefehler, wie z.B. Abstürze durch Fehler im Betriebssystem oder in Anwendungen sollten nicht immer den Einsatz eines Fachmanns vor Ort erfordern. Außerdem kann es relativ lange dauern, bis der Fehler bemerkt wird. Darum gibt es in vielen autonomen Maschinen einen automatischen Überwachungsmodus, Watchdog (Wachhund) genannt.

Das ist eine kleine Einsteckkarte, die mit dem Resetkontakt des Rechners verbunden wird. Nachdem der Watchdog durch eine Software aktiviert ist, muss er in regelmäßigen Abständen von der Software angesprochen werden. Fällt die Software aus, wird automatisch der Resetkontakt geschlossen und der Rechner neu gebootet.

Durch die in Abschnitt 4.2.1 beschriebenen Funktionen kann in ICONNECT jeder beliebige Watchdog aktiviert und zyklisch angesteuert werden. Diese Funktionalität sollte sich im gleichen Signalgraphen wie die restliche Sicherheitstechnik befinden. Fällt dieser Signalgraph aus irgendeinen Grund aus, wird der Rechner sofort neu gestartet. Damit öffnet sich auch im Fehlerfall keine Lücke, durch die ein Angreifer eindringen könnte. Außerdem verringert sich die Ausfallzeit des Automaten auf die Zeit, die er zum Booten und Starten der Anwendung benötigt.

Alle bisher besprochenen Mechanismen sollen dem Entwickler dazu dienen, einen Rechner innerhalb einer größeren Anlage abzusichern und so für den Einsatz durch Dritte tauglich zu machen.

Teile dieser Automatisierungs- und Absicherungsmöglichkeiten lassen sich dabei auch im schulischen bzw. universitären Bereich einsetzen, um öffentlich zugängliche Rechner vor unbefugten Eingriffen zu schützen. Das gleiche gilt auch für komplexe industrielle Anlagen, da auch diese vor Missbrauch und Ausfall geschützt werden müssen.

10 Tipps und Tricks

A. Bauhofer, M. Heininger und A. Stübinger

In diesem Kapitel werden verschiedene Hinweise gegeben, um ICONNECT optimal nutzen zu können. Nach einer detaillierten Beschreibung der Möglichkeiten zur sequentiellen und parallelen Komposition von Signalgraphen wird auf die Festlegung dynamischer Programmabläufe und auf die Anwendung des Automatenmoduls eingegangen. Dann wird beschrieben, wie statische und dynamische Menüs und Benutzerdialoge (Anzeigen und Verbergen von Fenstern) aufgebaut werden. Anschließend werden die Erzeugung eigenständiger Runtimeversionen von ICONNECT-Anwendungen, die Möglichkeiten zur Dokumentation von Anwendungen und die Realisierung mehrsprachiger Anwendungen besprochen. Abschließend folgen dann noch Hinweise zur hierarchischen Programmierung von Makros und zum Debugging von Signalgraphen.

10.1 Sequentielle Ausführung von Signalgraphen

Größere Applikationen bestehen aus Hauptsignalgraphen und Makros. Für bestimmte Anwendungsfälle kann es sinnvoll sein, zusätzlich eigenständige Signalgraphen auszuführen. Sie können entweder parallel zum Hauptsignalgraphen laufen oder auch zur Laufzeit nachgeladen und gestartet werden.

Starten von Signalgraphen

Signalgraphen können auf verschiedene Arten geladen werden. Im einfachsten Fall kann mit dem Menü DATEI|ÖFFNEN in ICONNECT ein Signalgraph ausgewählt werden oder ein Signalgraph wird vom Explorer aus mittels *Drag&Drop* in das ICONNECT-Fenster gezogen. Auch ein Doppelklick im Explorer öffnet einen Signalgraphen. Wenn ICONNECT ohne Kommandozeilenparameter gestartet wird, wird automatisch der zuletzt geöffnete Signalgraph geladen.

Zum Start einer fertigen Applikation eignen sich diese Methoden nicht. Besser ist, einen Link auf einen Signalgraphen im Startmenü zu platzieren, oder den Dateinamen als Kommandozeilenparameter von ICONNECT anzugeben. Die eleganteste Lösung ist die Erzeugung einer Runtime. Damit ist der Signalgraph für immer mit der ausführbaren Datei verbunden. Es muss in diesem Fall also nur die Anwendung gestartet werden.

Zum Ausführen eines Signalgraphen reicht es nicht aus, den Signalgraphen nur zu laden. Er muss anschließend auch gestartet werden. Das kann zum einen manuell über das Menü oder die Symbolleiste geschehen, es gibt jedoch auch Methoden zum automatischen Start. Die Einstellung *Autostart nach Laden* im Eigenschaftsdialog von Signalgraphen im

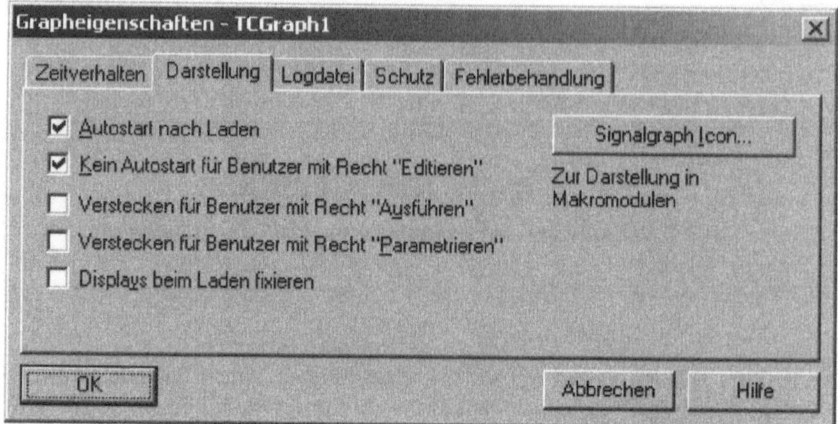

Bild 10.1 Darstellungs- und Laufzeitparameter eines Signalgraphen

Abschnitt *Darstellung* (Bild 10.1) aktiviert den Autostart eines Signalgraphen nach dem Laden.

Der Parameter *Kein Autostart für Benutzer mit Recht „Editieren"* im Eigenschaftsdialog verhindert, dass der Signalgraph automatisch gestartet wird, wenn ein Benutzer mit Editierrecht angemeldet ist. Da beim Starten von **ICONNECT** (Doppelklick auf Signalgraph, Öffnen über das Startmenü, ...) kein Benutzer angemeldet ist, wird in diesem Fall der Signalgraph trotzdem automatisch gestartet.

Wie schon erwähnt, bestehen die meisten größeren Applikationen aus einem Hauptsignalgraphen und vielen Makros und ggf. einigen nebenläufigen Signalgraphen. Die Makros werden automatisch beim Laden des Hauptgraphen geladen und gestartet (sie laufen innerhalb derselben Ablaufsteuerung und sind damit Teil des Hauptsignalgraphen). Die nebenläufigen Signalgraphen werden nicht automatisch geladen und gestartet. Dafür ist der Entwickler selbst zuständig. Es gibt dafür das Modul **Start**, das Signalgraphen oder Applikationen startet. Bild 10.2 zeigt den Eigenschaftsdialog des Moduls.

Der Parameter *Nur laden* gibt an, dass der Signalgraph nicht gestartet werden soll. Im Normalfall wird der Dateiname als relativer Pfad angegeben. Damit kann das ganze Projekt kopiert werden, ohne dass die Einträge in den Modulen verändert werden müssen.

Das Modul **Start** bietet auch die Möglichkeit, ausführbare Programme zu starten. Das sind z.B. EXE, COM oder Batchdateien. Als Typ muss *Ausführbares Programm* ausgewählt werden und in das Feld *Dateiname* der Name des Programms eingegeben werden. Dabei können optional Kommandozeilenparameter übergeben werden, die im Feld Parameter eingetragen werden.

Um auf das Ende des Programms zu warten, gibt es die Möglichkeit, den Ablauf des Signalgraphen anzuhalten, bis das Programm beendet wurde. Dazu ist das Kontrollkästchen *Warten auf Beendigung* zu aktivieren. Dadurch kann sichergestellt werden, dass ein Programmabschnitt fertig ist, bevor ein neuer begonnen werden kann.

In manchen Fällen ist es erwünscht, ein Programm nicht direkt zu starten, sondern aus einer Eingabeaufforderung heraus zu operieren. Dann darf im Feld Dateiname keine Eingabe gemacht werden, sondern der Name des Programms muss im Feld Parameter

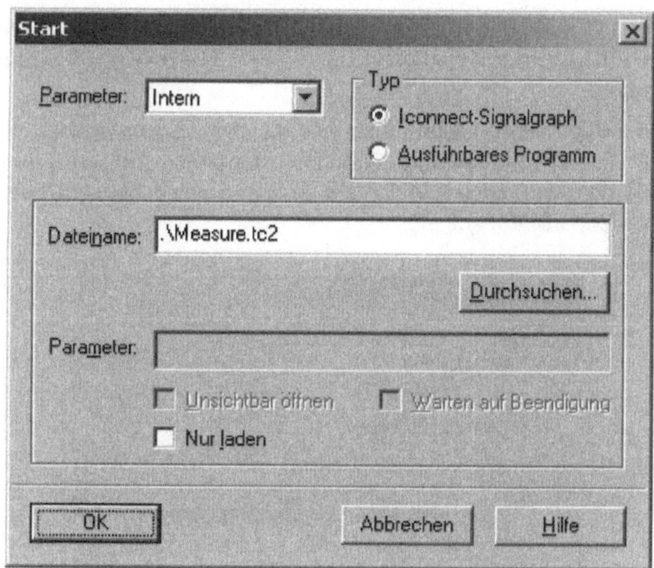

Bild 10.2 Eigenschaften des Moduls Start

angegeben werden. Das Modul Start öffnet eine Kommando-Shell und übergibt den Eintrag im Feld *Parameter* als Kommandozeile. Diese Methode ist geeignet, Befehle der Kommando-Shell auszuführen (copy, del, format, ...). Wenn die Eingabeaufforderung nicht sichtbar sein soll, kann der Parameter *Unsichtbar öffnen* aktiviert werden.

Stoppen und Speichern von Signalgraphen

Die gleiche Funktion im Menü bzw. in der Symbolleiste, die zum manuellen Start eines Signalgraphen verwendet wird (MESSUNG|START/STOP), kann auch zum Stoppen verwendet werden. Mit der Funktion MESSUNG|ALLE STOPPEN werden alle aktiven Signalgraphen gestoppt.

Um einen automatisierten Ablauf erzeugen zu können, gibt es jedoch auch Möglichkeiten, einen Signalgraphen aus dem Ablauf heraus zu stoppen.

Bild 10.3 Abmelden einer Quelle

Nachdem ein Signalgraph seine Aufgabe beendet hat (es sind keine Quellen mehr vorhanden), beendet er sich selbst. Dieser Fall ist in Bild 10.3 zu sehen. Ein Lademodul lädt eine Datei komplett, die Daten durchlaufen eine Verarbeitung und das Ergebnis wird wieder in eine Datei geschrieben. Da das Lademodul keinen Triggereingang und keine externen Parameter hat, weiß es, dass es nach dem Laden keine weitere Aufgabe hat.

Deshalb meldet es sich nach dem Ausgeben der Datei bei der Ablaufsteuerung ab. Diese wiederum stellt im nächsten Zyklus fest, dass keine Quellen mehr vorhanden sind und beendet den Ablauf.

Wenn jedoch weitere Quellen vorhanden sind, die sich nie abmelden (z.B. weil sie einen kontinuierlichen Datenstrom erzeugen), funktioniert dieser Mechanismus nicht mehr. In diesem Fall muss der Anwender selbst für das Stoppen von Signalgraphen sorgen. Dazu dient das Modul **Stop** (Bild 10.4).

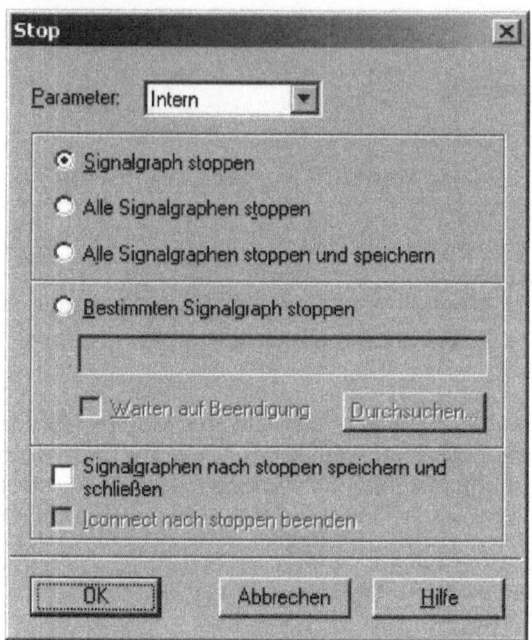

Bild 10.4 Eigenschaften des Moduls Stop

Im Modus *Signalgraph stoppen* schickt das Modul eine Nachricht an **ICONNECT**, sobald es am Eingang I einen Triggerimpuls bekommt. Die Ablaufsteuerung arbeitet den aktuellen Zyklus noch komplett ab und stoppt anschließend den Ablauf.

Achtung! Befinden sich innerhalb des Signalgraphen Rückkopplungen, die ständig Daten liefern und somit immer abgearbeitet werden, kann der Zyklus nicht beendet werden. In diesem Fall kann der Signalgraph auch nicht mit einem Modul **Stop** angehalten werden. Nur der Befehl MESSUNG|NOT-AUS im Menü stoppt den Signalgraphen unmittelbar.

Bei komplexeren Applikationen kommt es vor, dass ein Steuersignalgraph den Ablauf der Applikation bestimmt. In ihm befinden sich die Module **Start** zum Starten anderer Signalgraphen. Um die Kontrollstrukturen beisammen zu halten, ist es sinnvoll, aus den Steuergraphen heraus die Signalgraphen wieder stoppen zu können. Mit den weiteren Modi des Moduls **Stop** ist das möglich. Der Modus *Bestimmten Signalgraph stoppen* erlaubt es, einen Signalgraphen auszuwählen und diesen mit einem Triggerimpuls zu stoppen. Damit ist genau das konträre Verhalten zum Modul **Start** erreicht.

Es kommt immer wieder vor, dass ein Signalgraph mit einem Triggerimpuls gestoppt und gleichzeitig ein anderer gestartet werden soll. Dabei darf der zweite erst nach dem Stopp des ersten initialisiert werden. Ein Beispiel dafür ist eine Hardwarekarte, deren Treiber nur einmal geöffnet sein darf, jedoch zwei Signalgraphen darauf zugreifen müssen. Dann ist es absolut notwendig, einen Synchronisationsmechanismus einzuführen, der einen sequentiellen Ablauf sicherstellt. Der Parameter *Warten auf Beendigung* im Modul Stop ist der erste Teil dieses Mechanismus. Damit wird der Signalgraph, der das Stop-Modul enthält, solange blockiert, bis der zu stoppende Signalgraph komplett beendet ist. Erst danach kann der andere starten. Zusätzlich ist das Modul Start niedriger zu priorisieren, so dass es erst nach dem Modul Stop den Triggerimpuls bekommt.

Indem das Modul Stop auf das erfolgreiche Stoppen eines Signalgraphen wartet, kann es anschließend noch eine weitere Aufgabe erfüllen. Der Parameter *Signalgraph nach stoppen speichern und schließen* ist in diesem Modus auswählbar. Auch im Modus *Signalgraph stoppen* kann diese Aktion angewählt werden. Nach dem Stoppen wird der Signalgraph gespeichert und anschließend geschlossen.

Der Modus *Alle Signalgraphen stoppen* ist für den Fall gedacht, dass der Not-Aus-Schalter einer Maschine gedrückt wird und sofort alle Aktionen unterbrochen werden sollen. Es wird keine weitere Aktion mehr vorgenommen (Speichern, Schließen, ...). Alles bleibt im gegenwärtigen Zustand.

Jede Applikation hat einen Menüpunkt, der das Programm beendet. ICONNECT kann jedoch nicht beendet werden, solange Signalgraphen aktiv sind. Eine Lösung bietet das Modul Stop. Im Modus *Alle Signalgraphen stoppen und speichern* kann es dafür verwendet werden. Der Parameter *ICONNECT nach Stoppen beenden* dient dazu, die Applikation zu schließen. Häufig wird ein Stop-Modul mit diesen Einstellungen an ein Modul Menu angeschlossen. Der zugehörige Menüpunkt befindet sich üblicherweise im Untermenü DATEI und lautet BEENDEN.

Kommunikation zwischen sequentiell ablaufenden Signalgraphen

Es kann vorkommen, dass Signalgraphen, die Parameter und Daten untereinander austauschen müssen, nicht gleichzeitig laufen, wie es im vorherigen Beispiel mit den zwei Signalgraphen und der Hardwarekarte der Fall ist. Es kann z.B. sein, dass der zweite Signalgraph Informationen des ersten benötigt, um die Karte richtig anzusteuern.

Eine Möglichkeit der Kommunikation bietet die Registry von Windows. Der Vorteil dieser Methode ist, dass die Daten persistent sind und zu einem späteren Zeitpunkt abgerufen werden können. Ein Nachteil ist, dass in der Registry keine größeren Datenmengen abgespeichert werden sollten. ICONNECT bietet zur Unterstützung der Registry die Module LoadKey und SaveKey. Beide Module sind mehrkanalig (es können mehrere Schlüssel bzw. Parameter pro Modul gespeichert und geladen werden) und können auf alle Bereiche der Registry zugreifen. Werden sie zur Kommunikation zwischen Signalgraphen verwendet, bietet es sich an, einen eigenen Bereich innerhalb der vorgesehenen Sektion

```
HKEY\_LOCAL\_MACHINE\Software\Micro-Epsilon\Iconnect\Save/Load-Key
```

zu erstellen, in dem die Parameter für diese Applikation gespeichert werden.

Bild 10.5 zeigt den Eigenschaftsdialog des Moduls LoadKey. Die Anzahl der Kanäle (Parameter) kann festgelegt werden. Ebenso kann für jeden Parameter der Datentyp eingestellt werden, der am entsprechenden Ausgang übernommen wird. In der Registry werden alle Parameter als Text behandelt, was die Entwicklung von verteilten Signalgraphen erleichtert, da LoadKey nicht den gleichen Datentyp verwenden muss, wie das Modul SaveKey,

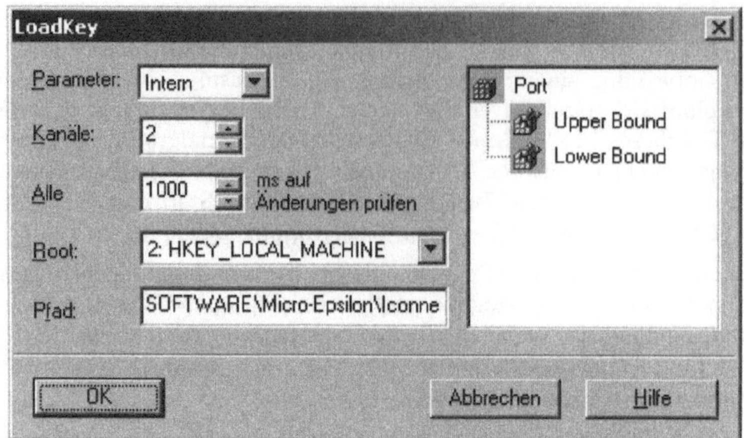

Bild 10.5 Eigenschaften des Moduls LoadKey

das den Parameter gespeichert hat. Was aber auf jeden Fall übereinstimmen muss, ist der Schlüsselname, da darüber der Parameter identifiziert wird.

Das Modul **LoadKey** kann auf zwei verschiedene Arten betrieben werden. Zum einen als Quelle, die in zyklischen (einstellbaren) Abständen die Registry auf Veränderungen prüft und diese ggf. ausgibt. Das ist sinnvoll, wenn immer die aktuellsten Parameter benötigt werden, diese aber in unregelmäßigen Abständen geschrieben werden. Als Beispiel ist eine verteilte Applikation zu nennen. Ein Signalgraph mit hoher Priorität erledigt die Kernaufgabe der Applikation. Ein zweiter Signalgraph dient zur Einstellung der Parameter. Er wird nur bei Bedarf gestartet und läuft mit niedrigerer Priorität. Beim Beenden des Einstellungdialogs werden die Parameter in der Registry gespeichert und sollen, ohne dass weitere Aktionen notwendig sind, vom Hauptsignalgraphen übernommen werden.

Im anderen Fall wird das Modul **LoadKey** als Verarbeitungsmodul betrieben, weshalb nur auf ein Triggersignal hin die Daten aus der Registry ausgelesen und weitergegeben werden. Durch das Verbinden des Eingangs **Trigger** wird der Modus umgeschaltet. Als Beispiel kann auch hier wieder eine aus mehreren Signalgraphen bestehende Applikation dienen, bei der jedoch der Arbeitssignalgraph immer vereinzelte Teile auf einem Förderband verarbeitet und die restliche Zeit wartet. Der Trigger zur Verarbeitung kann z.B. durch eine Lichtschranke erzeugt werden. Dieses Signal wird verwendet, um den aktuellen Parametersatz aus der Registry zu laden. Damit wird das Teil anschließend bearbeitet. Diese Methode hat den Vorteil, dass die CPU-Belastung geringer ist, da die Registry nur bei Bedarf geöffnet wird. In beiden Fällen können die Signalgraphen völlig asynchron und sogar zu verschiedenen Zeitpunkten ablaufen. Es ist immer gewährleistet, dass die aktuellen Parameter verwendet werden.

Kann die Registry nicht verwendet werden, z.B. weil größere Datenmengen zwischengespeichert werden sollen, bietet es sich an, diese in einer Datei abzulegen. Dazu gibt es in **ICONNECT** viele verschiedene Module, die in der Gruppe **Data IO\File** zusammengefasst sind. Auch hier gibt es immer Modulpaare, die jeweils zum Laden bzw. zum Speichern verwendet werden können. Um einen einzelnen Datenvektor oder zwei Vektoren gleichen Typs mit der Typinformation zu verarbeiten, eignen sich die Module **LoadAscii** bzw. **SaveAscii**.

Ein etwas freieres Datenformat und eine variable Anzahl von Kanälen bieten die Module **Load-** und **SaveTable**. Es können zwar keine Typinformationen verarbeitet werden, jedoch kann zu jedem Datenpunkt ein aktueller Zeitstempel erzeugt und gespeichert werden. Dieses Format eignet sich dazu, Daten mit Excel oder ähnlichen Programmen auszutauschen.

Die größte Flexibilität bieten die Module **Load-** und **SaveBin**. Sie erwarten bzw. liefern einen binären Datenstrom als **UBYTE[]**-Datentyp und überlassen die restliche Verarbeitung dem Entwickler. Mit den Stringverarbeitungsmodulen aus der Gruppe **Signal Processing\String** und mit den Skripting-Modulen kann damit ein eigenes Datenformat entwickelt oder ein bestehendes nachgebildet werden.

Die letzte hier erwähnte Möglichkeit zum Datenaustausch zwischen nicht parallel ablaufenden Signalgraphen wird vor allem im professionellen Einsatz genutzt. Das Modul **SQLEntry** erlaubt es, Daten aus beliebigen ODBC-Datenquellen zu laden oder zu speichern. Diese Datenquellen sind im Allgemeinen Datenbanken, z.B. Microsoft Access oder SQL-Server. Im Abschnitt 4.8 wurde das Modul ausführlich beschrieben.

Durch die Zwischenspeicherung von Daten auf einem Datenträger werden diese automatisch gepuffert. Dadurch wird die Synchronisation zwischen Signalgraphen erleichtert. Da sie nacheinander ablaufen, ist sichergestellt, dass die Parameter und Daten vorher komplett geschrieben wurden, bevor sie vom nachfolgenden Signalgraphen geladen werden.

10.2 Parallele Ausführung von Signalgraphen

Im letzten Abschnitt sind Abläufe beschrieben worden, in denen Signalgraphen hintereinander, bzw. ohne gegenseitige Beeinflussung laufen. Tatsächlich kommt es häufig vor, dass Signalgraphen nebeneinander laufen und sich dadurch zwangsweise beeinflussen. Abhängig davon, ob die Signalgraphen auf einem Rechner zentral oder verteilt auf mehreren Rechnern laufen, können verschiedene Seiteneffekte auftreten, die unterschiedlich zu behandeln sind.

10.2.1 Ausführung auf einem Rechner (Single PC)

Mehrere parallel ablaufende Signalgraphen auf einem Rechner teilen sich die Ressourcen des Systems. Das sind vor allem Prozessorzeit und Hauptspeicher. Der Entwickler muss die Wichtigkeit der einzelnen Signalgraphen abschätzen und sicherstellen, dass keine wichtigen Abläufe durch unwichtige blockiert oder verzögert werden.

Ein Beispiel soll das verdeutlichen. Eine Applikation besteht aus mehreren parallel ablaufenden Signalgraphen. Einer davon ist für die Regelung einer Maschine zuständig. Dazu muss er sehr schnell und in äquidistanten Zeitabständen ablaufen. Der zweite Signalgraph dient der Visualisierung der Regelung. Er muss nur ein paar mal pro Sekunde aktualisiert werden und es spielt keine Rolle, wenn er dabei unterbrochen wird.

Um sicherzustellen, dass zwei Signalgraphen dieses Verhalten garantieren, kann bei beiden Signalgraphen die Priorität verändert (siehe Abschnitt 3.3) werden. Das hat zur Folge, dass der höher priorisierte Signalgraph den anderen bei Bedarf unterbrechen kann (preemptives Multithreading), um die wichtigere Aufgabe zu erledigen. Andererseits kann der niedriger priorisierte Signalgraph den anderen nicht unterbrechen.

Kommunikation zwischen Signalgraphen

Bei Applikationen, die aus mehreren parallel laufenden Signalgraphen bestehen, gibt es fast immer die Anforderung, untereinander zu kommunizieren. Im einfacheren Fall werden nur Statusinformationen oder Parameter ausgetauscht, teilweise müssen jedoch auch größere Datenmengen in kurzer Zeit übermittelt werden.

Genauso wie beim sequentiellen Ablauf von Signalgraphen kann hierzu die Registry verwendet werden. Dateien und Datenbanken können ebenfalls zur Zwischenspeicherung dienen. Da die Module von ICONNECT Dateien aber nicht gleichzeitig lesend und schreibend öffnen können, eignen sich diese nur bedingt für parallel ablaufende Signalgraphen. Außerdem ist die Speicherung auf Festplatte relativ langsam.

Deshalb ist das Modul MultiComm zur Unterstützung von schneller Kommunikation zwischen Signalgraphen besser geeignet. Es kann sowohl als Sender als auch als Empfänger agieren. Zwischen den beiden Modulen befindet sich ein gemeinsamer Puffer (Shared Memory), der zur Zwischenspeicherung der Daten dient. Pro Datenpuffer können nur ein Sender, jedoch beliebig viele Empfänger existieren.

Der Sender arbeitet als Datensenke. Er liest Daten beliebigen Typs von den Eingängen und legt sie in dem Zwischenpuffer ab. Der Empfänger ist eine Quelle, der die Daten aus dem Puffer liest und als exakte Kopie der Eingangsdaten auf den Ausgang schreibt. Wenn alle Empfänger die Daten vom Puffer gelesen haben, wird dieser geleert. Falls der Sender Daten schneller schreibt, als sie vom Empfänger gelesen werden, werden die Daten zwischengespeichert.

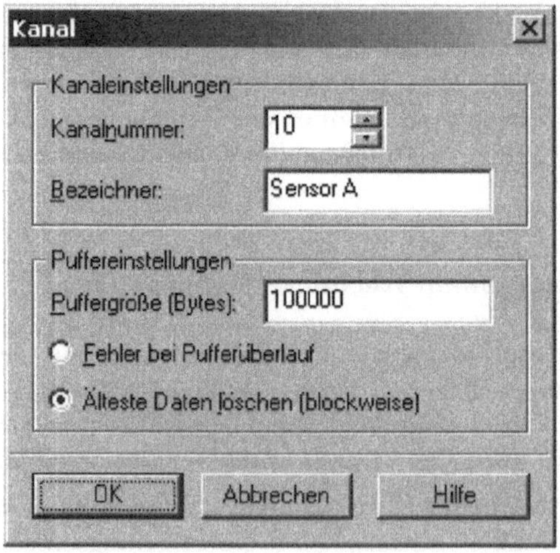

Bild 10.6 Kanaleinstellung des Moduls MultiComm

Zur Zwischenspeicherung hat der Puffer eine einstellbare Maximalgröße, bis zu der er anwachsen darf (siehe Bild 10.6). Bevor diese Größe durch einen neuen Datenblock überschritten wird, kann das Sendermodul auf zwei Arten reagieren. Es kann eine Fehlermeldung ausgeben und den Signalgraphen stoppen, oder es kann den ältesten Datenblock löschen, damit wieder Platz für neue Daten ist. Je nach Anforderung kann der Entwickler zwischen der einen oder der anderen Variante wählen.

Im Normalfall sollte es jedoch zu keinem Überlauf kommen, da er in jedem Fall zu einem Datenverlust führt. Der Sendersignalgraph darf auf Dauer also nicht schneller Daten produzieren als der Empfängersignalgraph sie verarbeiten kann.

Ein Ausnahmefall ist, wenn das Modul MultiComm zur Datenreduktion verwendet werden soll. Am Anfang dieses Abschnitts wurde ein Beispiel einer Regelung und deren Visualisierung aufgezeigt. In diesem Fall ist ein Überlauf zur Datenreduktion erwünscht. Die Regelung läuft mit einer Geschwindigkeit von bis zu 1 kHz und erzeugt in der gleichen Geschwindigkeit Werte zur Visualisierung. Da das Auge nur wenige Bilder pro Sekunde unterscheiden kann und das System nicht unnötig belastet werden soll, läuft die Visualisierung nur mit wenigen Hz.

Wird das Modul MultiComm zur Übertragung der Visualisierungsdaten verwendet, so kann die Puffergröße so eingestellt werden, dass genau ein Datenblock Platz hat. Schreibt der Sender einen neuen Block, bevor der alte ausgelesen wurde, so wird der alte vorher gelöscht. Damit hat der Empfänger auch immer die aktuellsten Daten zur Verfügung.

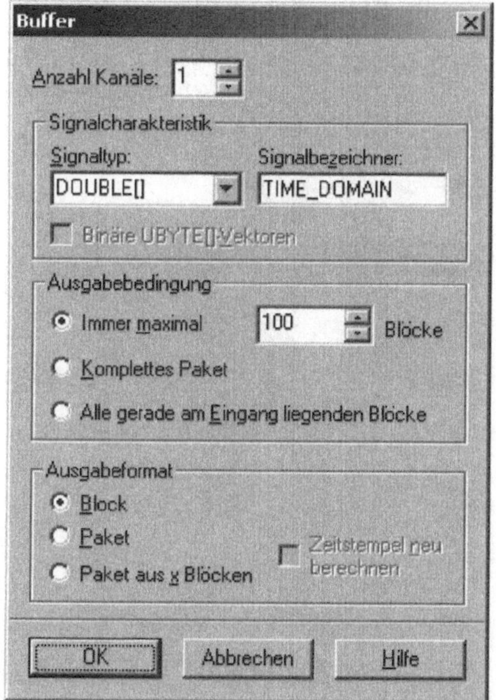

Bild 10.7 Eigenschaften des Moduls Buffer

Es gibt jedoch noch eine andere Möglichkeit, um die Kommunikation zwischen schnellen Sendern und langsamen Empfängern zu ermöglichen, ohne dass Daten verloren gehen. Dazu müssen die Daten im Sender solange aufgesammelt werden, bis der Empfänger wieder bereit ist, Daten zu empfangen. Dann werden diese als großer Block übertragen. Dazu soll das Beispiel mit der Regelung und Visualisierung etwas erweitert werden. Über die zu visualisierenden Werte soll eine Statistik mit Minimum, Maximum und Mittelwert erstellt werden. Dabei dürfen keine Werte verloren gehen.

Deshalb müssen die Werte im Regelsignalgraph aufgesammelt werden. Dazu eignet sich das Modul **Buffer**. Dieses Modul kann so eingestellt werden, dass es eine feste Anzahl von Blöcken aufsammelt und anschließend komplett ausgibt. Diese Einstellung ist in Bild 10.7 zu sehen. Wenn also z.B. 100 Datenblöcke aufgesammelt werden, bevor der Puffer ausgegeben wird, so darf der Empfänger bis zu hundert Mal langsamer als der Senders laufen, bevor ein Pufferüberlauf im Modul **MultiComm** auftritt.

Wenn nicht genau bekannt ist, wie das Geschwindigkeitsverhältnis zwischen Sender und Empfänger ist, oder wenn sich dieses beliebig ändern kann, kommt nur eine Rückmeldung des Empfängers in Frage. Sobald dieser bereit ist, neue Daten zu verarbeiten, schickt er ein Triggersignal über eine andere Instanz des Moduls **MultiComm** an den Sender, der daraufhin das Modul **Buffer** aktiviert, seinen bisherigen Inhalt auszugeben. Als Parameter für die Ausgabebedingung ist in diesem Fall *komplettes Paket* einzustellen. Wird schließlich beim nächsten Datenblock, der an das Modul **Buffer** geschickt wird, der Status *Paketende* gesetzt, gibt das Modul **Buffer** seinen bisherigen Inhalt aus. Das Setzen des Paketstatus kann mit dem Modul **TI** oder einem Skriptingmodul geschehen.

Beim Programmieren der Applikation sollte sich der Entwickler immer bewusst sein, dass die größte Performance durch frühzeitige und möglichst umfassende Datenreduktion (z.B. durch das Modul **Resampling**) zu erreichen ist. Auch das Zusammenfassen kleiner Datenblöcke (oder Einzelwerte) zu größeren Blöcken steigert die Geschwindigkeit der Verarbeitung. Nur zeitweise benötigte Daten sollten auch nicht nutzlos verarbeitet werden, sondern frühzeitig durch einen Demultiplexer (z.B. mit dem Modul **PolyDEMUX**) von der restlichen Verarbeitung ausgeschlossen werden.

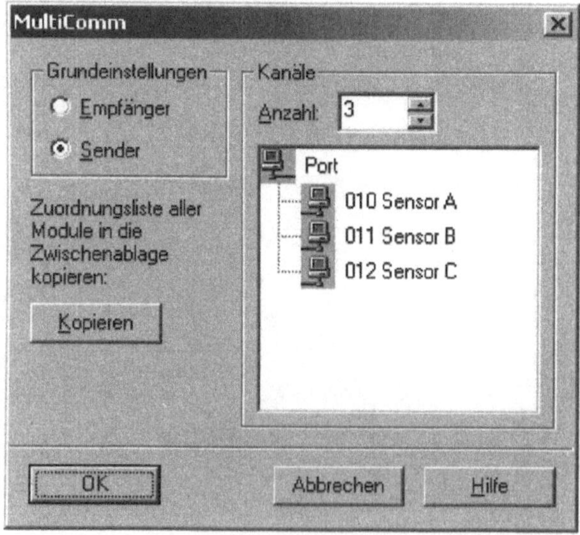

Bild 10.8 Eigenschaften des Moduls MultiComm

Meist reicht es nicht aus, nur eine einzige Datenverbindung über das Modul **MultiComm** zu übertragen. Deshalb bietet auch dieses Modul die Möglichkeit der Mehrkanaligkeit, wie in Bild 10.8 zu sehen ist. Jeder Kanal ist durch eine eindeutige Nummer gekennzeichnet und kann optional einen Bezeichner haben. Das erleichtert die Entwicklung von Signalgraphen, da sich ein Name leichter merken lässt, als eine Zahl.

Das Modul MultiComm eignet zur Übertragung von Parametern ebenso gut wie zur Übertragung von Daten. Größere Applikationen haben häufig eine große Zahl von Parametern. Es ist ineffizient, für jeden Parametern einen eigenen Kanal zu definieren. Außerdem könnte dies zu Engpässen führen, da in einer Applikation nur maximal 1000 Kanäle verwendet werden können.

Deshalb gibt es die Möglichkeit, Parameter (und Daten) durch das Modul Bus zusammenzufassen. Auch dieses Modul arbeitet in zwei Modi. Der Sendeteil dient zum Zusammenfassen und der Empfängerteil zum Zerlegen der Daten. Da sämtliche Informationen übertragen werden, kommen die Daten auf den Ausgängen als exakte Kopie der Daten von den Eingängen an.

Synchronisation von Signalgraphen

Bei Signalgraphen mit Zugriff auf exklusive Resourcen (Dateien, Hardwarekarten, ...) dient die Synchronisation und Kommunikation untereinander dazu, dass auf keine Ressourcen gleichzeitig zugegriffen wird, da dies zu Inkonsistenzen führen könnte. Bei parallel ablaufenden Signalgraphen ist außerdem darauf zu achten, dass Aufgaben, die voneinander abhängen, in der richtigen Reihenfolge abgearbeitet werden.

Das Datenflusskonzept von ICONNECT kann zur Synchronisation verwendet werden. Um voneinander abhängige Aufgaben in der richtigen Reihenfolge und zum richtigen Zeitpunkt abzuarbeiten, kann das benötigte Ergebnis des ersten Signalgraphen als Trigger für den Start der zweiten Aufgabe verwendet werden.

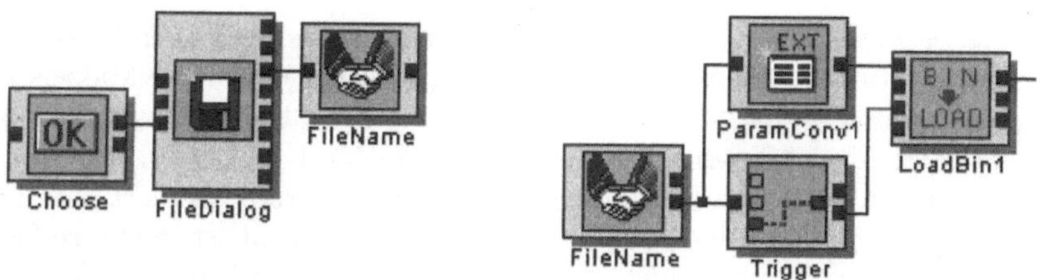

Bild 10.9 Synchronisation zwischen zwei getrennten Signalgraphen

Das Beispiel in Bild 10.9 soll das verdeutlichen. Im linken Signalgraph wählt der Benutzer eine Datei zur Verarbeitung aus. Erst nach Bestätigung des Auswahldialog mit OK wird der Dateiname über das Modul MultiComm an den rechten Signalgraph weitergeleitet. Der übernimmt den Dateinamen als externen Parameter in das Modul LoadBin. Damit das Lademodul nicht schon beim Start des Signalgraphen eine Datei öffnet (die als Initialname im Modul eingetragen ist), muss der Eingang Load verbunden sein. Das Modul Join mit dem Namen Trigger erzeugt aus dem Dateinamen einen Triggerimpuls. Um sicherzustellen, dass erst der Dateiname an das Lademodul übergeben wird, bevor die Datei geöffnet wird, ist die Priorität von Join niedriger zu setzen als die von ParamConv. Nachdem das Lademodul einen Triggerimpuls erhalten hat, öffnet es die Datei und gibt sie zur weiteren Verarbeitung am Ausgang aus.

Zur Synchronisation können jedoch nicht nur der Datenfluss, sondern auch speziell dafür erzeugte Steuersignale verwendet werden. Auch diese lassen sich mit dem Modul MultiComm übertragen. In einem Beispiel aus der Praxis soll diese Möglichkeit aufgezeigt werden.

Eine Anlage zum Kalibrieren von Sensoren besitzt u.a. ein Voltmeter, um die Messwerte von den Sensoren einzulesen. Das Messgerät ist über eine IEEE488-Schnittstelle mit dem Rechner verbunden. Die Kommunikation übernimmt das Modul IEEE488 aus der Gruppe Hardware IO\Interpret. Da es sich hierbei um eine sehr geschlossene Aufgabe handelt und die bidirektionale Kommunikation den restlichen Ablauf nicht beeinflussen soll, wird die Funktion in einem eigenen Messsignalgraphen implementiert, der parallel zu den restlichen Signalgraphen abläuft. Zur Kommunikation werden zwei Module MultiComm im Messsignalgraph verwendet. Über das Modul MultiComm zum Empfangen der Kommandos wird dem Messgerät mitgeteilt, einen Messwert aufzunehmen. Wenn das Ergebnis vorliegt, wird es über das andere Modul MultiComm (zum Senden der Antwort) an die Empfänger weitergeleitet.

Der Hauptsignalgraph kann jetzt über das erste Kommunikationsmodul ein Steuersignal senden, das vom Messsignalgraphen als Aufforderung zum Messen eines Wertes interpretiert wird. Kommt der Messwert schließlich im Hauptsignalgraphen an, kann er als Triggersignal zur weiteren Verarbeitung dienen.

In einer größeren Applikation kommt es vor, dass der Messwert an verschiedenen Stellen im Hauptsignalgraphen und seinen Makros benötigt wird. Da das Modul MultiComm mehrere Empfänger pro Kanal bedienen kann, ist die Übertragung des Messwerts relativ einfach zu implementieren. Durch Kopieren der betreffenden Empfängermodule an die benötigten Stellen kann dort der Messwert ausgelesen werden. Damit die Messwerte nur an den gerade benötigten Stellen weiterverarbeitet werden, kann die Datenübertragung durch die schon bekannten Modulen Join und PolyDEMUX abgeschaltet werden.

Schwieriger ist es, das Triggersignal von verschiedenen Stellen aus an den Messsignalgraph zu schicken. Es gibt die Möglichkeit, die Triggersignale quer durch alle Makros zu ziehen und in einem einzigen MultiComm-Sender zusammenzufassen. Das ist jedoch aufwändig und beeinträchtigt die Übersichtlichkeit. Eine andere Methode ist, in der Registry ein Flag zu setzen, einen Messwert auszulesen. Der Messsignalgraph reagiert auf dieses Flag uns setzt es anschließend wieder zurück. Die dritte Möglichkeit ist, mehrere Sender auf verschiedenen Kanälen zu verwenden. Im Messsignalgraph wird der Empfänger um die Anzahl der Kanäle erweitert und die Signale mit einem Logik-Gatter *ODER*-verknüpft.

Signalgraphausführung auf Mehrprozessorsystemen

Da ICONNECT bei Multiprozessorsystemen die Signalgraphen auf alle verfügbaren Prozessoren verteilt, erhöht sich die Ausführungsgeschwindigkeit. Außerdem verringert sich die Beeinflussung der Signalgraphen untereinander, da sich diese nicht unterbrechen, sondern auf den vorhandenen Prozessoren physikalisch parallel ablaufen. Dadurch wird die Komplexität der Synchronisierung erhöht. Bei den dafür vorgesehenen Modulen wie z.B. MultiComm ist es durch die Programmierung bereits sichergestellt, dass es zu keinen Inkonsistenzen oder Deadlocks kommt.

Beim Zusammenspiel mehrerer Signalgraphen mit Zugriff auf exklusive Ressourcen (z.B. bei Hardwarezugriffen mit dem Skriptingmodul Interpret) hat jedoch der Signalgraphentwickler die Verantwortung, einen reibungslosen Ablauf zu garantieren. Es ist deshalb besonders bei Multiprozessormaschinen wichtig, die beschriebenen Synchronisationsmechanismen zu verwenden.

Größter Vorteil von Multiprozessorsystemen ist, dass auch besonders zeitkritische und rechenintensive Signalgraphen in höchster Priorität laufen können, ohne dass die Bedienbarkeit durch den Benutzer beeinträchtigt wird. So kann die Priorität eines Signalgraphen auf *TIME_ CRITICAL* gesetzt werden und die *Solldurchlaufzeit* und *Wartezeit nach Durchlauf* auf 0 ms gesetzt werden. Damit sind – je nach Komplexität der Aufgabe – Zykluszeiten im Signalgraphen von unter 1 μs möglich. Visualisierung, Benutzereingaben und das Betriebssystem verteilen sich auf die weiteren Prozessor(en).

10.2.2 Verteilte Ausführung von Signalgraphen im Netzwerk

Um sehr rechenintensive Aufgaben in einer vorgegebenen Zeit zu lösen, gibt es die Möglichkeit, den Rechner mit den besten und schnellsten Komponenten auszustatten. Das hat den Nachteil, dass diese Aufrüstung unverhältnismäßig teuer ist. Außerdem sind die neuesten und schnellsten Komponenten meist anfälliger als altbewährte und es kann passieren, dass die Rechenleistung trotzdem nicht ausreicht, um die Aufgabe zufrieden stellend zu lösen.

Eine kostengünstige und ausfallsichere Lösung ist die Aufteilung der Gesamtaufgabe auf Teilaufgaben und deren Verteilung auf mehrere Rechner. Als Kommunikationsmedium bietet sich ein Netzwerk mit TCP/IP an, da es einfach aufzubauen ist. Im Abschnitt 9.2.8 wurde ein Beispiel vorgestellt, das auf diesem Modell aufsetzt. In diesem Abschnitt wird besonders auf die Kommunikation und Synchronisation der Rechner untereinander eingegangen.

Nachdem im Beispiel (siehe Bild 9.6) die Tasks (Aufgaben) auf die Clients verteilt wurden, konnten diese ihre Teilaufgaben autonom lösen und das Ergebnis per Email an den Server übertragen. In der Realität ist es aber oft so, dass die Clients untereinander Zwischenergebnisse austauschen müssen, um mit der Arbeit fortfahren zu können.

Als Beispiel hierzu kann die Wettervorhersage dienen. Die Eingangsdaten liegen in Form von mehreren Matrizen vor, wobei jeder Wert in der Matrix einen Messwert (Druck, Temperatur, ...) einer Wetterstation repräsentiert. Um das globale Wetter in ausreichend kurzer Zeit vorhersagen zu können, müssen die Matrizen in viele kleinere Quadrate zerlegt werden. Für jedes dieser Teile wird eine eigene Vorhersage berechnet. Dies geschieht aus den oben genannten Gründen auf verteilten Systemen. Anschließend kann aus den lokalen Ergebnissen auf das globale Wetter rückgeschlossen werden.

Bei der Vorausberechnung eines lokalen Ausschnitts werden aber für jeden Schritt auch die letzten Zwischenergebnisse der umliegenden Gebiete benötigt. Darum ist es unumgänglich, dass die Clients untereinander (oder unter Zuhilfenahme des Servers) miteinander kommunizieren.

ICONNECT bietet zur Kommunikation über TCP/IP mehrere Möglichkeiten an. Am einfachsten zu bedienen ist das Modul **NetCom**. Bild 10.10 zeigt die Einstellmöglichkeiten des Moduls. Es kann als Sender oder Empfänger betrieben werden. Dabei kann es pro Kanal und Rechner jeweils nur einen Sender oder Empfänger geben. Die Kommunikation ist also festgelegt auf zwei Endpunkte (Peer to Peer). Als Server wartet das Modul auf eine Anforderung eines Clients. Als Client verbindet es sich mit dem eingestellten Server auf dem eingestellten Port.

Ähnlich wie beim Modul **MultiComm** kann auch hier die Puffergröße sowie das Verhalten bei Pufferüberlauf eingestellt werden. Der Unterschied bei der Speicherverwaltung ist, dass es hier zwei Puffer gibt, einen auf Sender- und einen auf Empfängerseite. Die

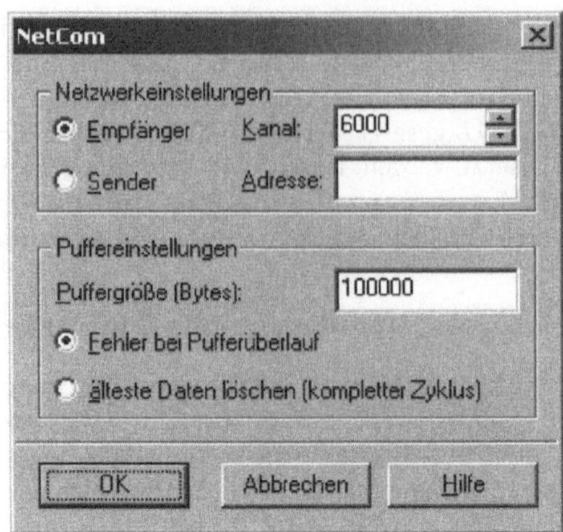

Bild 10.10 Einstellungsmöglichkeiten des Moduls NetCom

Übertragung ist transparent, d.h., die auf der Senderseite gelesenen Daten (und Typinformationen) werden auf der Empfängerseite unverändert ausgegeben.

Der Ein- bzw. Ausgang des Moduls ist polymorph. Er lässt sich also mit beliebigen Datentypen verbinden. Ausnahmen sind POINTER-Datentypen oder weitere polymorphe Ports.

Die einfache Bedienung des Moduls ergibt sich daraus, dass die Verbindung sofort beim Start des Signalgraphen aufgebaut und ständig aufrecht erhalten wird. Mit NetCom ist keine bidirektionale Kommunikation möglich. Wird diese benötigt oder soll der Verbindungsaufbau flexibel sein, können die bereits beschriebenen Module TCPClient und TCPServer (Abschnitt 9.2) verwendet werden. Mit ihnen können Adressen und Ports als externe Parameter zur Laufzeit verändert werden und die Kommunikation kann zu beliebigen Zeitpunkten aufgebaut oder wieder unterbrochen werden. Auch lassen sich Daten in beide Richtungen übertragen, was ein richtiges Client-Server Prinzip ermöglicht.

Als Datentyp wurde bei den TCP/IP-Modulen der Datentyp UBYTE[] gewählt. Dieser binäre String ist universell einsetzbar und kann mit den Modulen aus der Gruppe Signal Processing\String oder dem Modul TypeCast verarbeitet werden. Auch das Modul ByteStream kann zur Konvertierung verwendet werden. Es kann die ICONNECT-Datentypen SWORD und DOUBLE (jeweils als Skalar und als Vektor) in einen binären String konvertieren. Auch der Datentyp UBYTE[] kann konvertiert werden. Dabei wird jedoch nur eine Veränderung vorgenommen, wenn von einem (1 Byte)-ANSI Zeichensatz in ein (2 Byte)-Unicode Format oder zurück gewandelt wird.

Die Konvertierung von Gleitpunktzahlen geschieht mit dem Modul ByteStream binär, d.h., jede Zahl im DOUBLE-Format wird als 8-Byte Zeichenfolge interpretiert. Bei Ganzzahlen können mehrere Konvertierungsparameter angegeben werden. Es ist möglich, eine Zahl als String mit je einem, zwei oder vier Byte zu interpretieren. Außerdem kann die Bytereihenfolge getauscht werden. Dadurch wird die Konvertierung von High-Endian in Low-Endian bzw. umgekehrt ermöglicht.

Wie im Abschnitt 9.2 schon erwähnt wurde, kann ByteStream am Anfang des binären Datenstroms eine Längeninformation einfügen. Damit können zerstückelte bzw. aneinander gefügte Pakete wieder original rekonstruiert werden. Natürlich kann das Modul auch den komplementären Modus, der einen binären Datenstrom wieder zurück in ICONNECT-Datenströme konvertiert.

Neben der verbindungsorientierten Kommunikation mittels TCP/IP eignet sich auch die verbindungslose Kommunikation über UDP zur Übertragung von Informationen im Netz. Zur Verdeutlichung soll das Beispiel der Wettervorhersage von vorher dienen. Die einzelnen Knoten können ihre Zwischenergebnisse mit dem Modul UDP als Broadcast an alle anderen Rechner übermitteln. Die Rechner, die benachbarte Quadrate berechnen, merken sich diese Ergebnisse und verwenden sie anschließend für den nächsten Berechnungsschritt.

10.3 Festlegung von dynamischen Programmabläufen

Je größer die Anforderungen an eine Applikation werden, desto komplexer wird auch das Steuerungsprogramm. Durch Kapselung einzelner Algorithmen und Programme in Makros und eigenständige Signalgraphen lassen sich auch aufwändige Anwendungen einfach realisieren.

Bei sehr großen technischen Anlagen, die eine Menge von Zuständen, Abläufen und Ereignissen haben können, reicht jedoch ein statischer Ablauf durch einen Signalgraphen, bzw. eine statische Hintereinanderschaltung mehrerer Signalgraphen oft nicht mehr aus. Es ist notwendig, je nach Zustand und gewünschtem Ablauf, bzw. beim Eintreten diverser Ereignisse, komplett verschiedene Programmteile zu aktivieren.

Da diese Programme ggf. auf die gleiche Hardware zugreifen, diese jedoch meist nur exklusiv verwendet werden kann, dürfen die Programmteile nicht gleichzeitig aktiv sein. Die exklusive Verwendung trifft auch auf das Modul Menu zu.

Um diese Programme sequentiell zur richtigen Zeit, sowie auch parallele Signalgraphen korrekt ablaufen zu lassen, ist ein eigener Signalgraph zur Steuerung dieser Abläufe zu empfehlen. Um diesen kompakt und übersichtlich zu gestalten, sollten nur wenige Module zum Starten und Stoppen vieler verschiedener Signalgraphen verwendet werden.

Dynamisches Starten und Stoppen von Signalgraphen

Über externe Parameter können die Module Start und Stop mit den Namen der betreffenden Signalgraphen parametriert werden, das Modul Join kann zum Erzeugen des Trigger-Impulses verwendet werden.

Die Namen der zu startenden bzw. stoppenden Signalgraphen können auf verschiedenste Weise erzeugt werden. Eine Möglichkeit ist, mit dem Modul Interpret (siehe Abschnitt 10.3.1) einen Automaten aufzubauen, der die Namen der Signalgraphen direkt an die Module zum Starten oder Stoppen weitergibt. Eine andere Möglichkeit ist, das Modul Automaton zu verwenden, um damit einen Automaten zu erzeugen und die Namen der Signalgraphen über Nummern kodiert auszugeben. Mit dem Modul ListBox oder HashTable kann eine Tabelle (Lookup-Table) erzeugt werden, welche die Nummer anschließend wieder zu einem Namen auflöst und ausgibt.

Wenn der Ablauf völlig variabel ist und die Steuergraphen zum Starten und Stoppen der Programmgraphen getrennt sind (das ist unter bestimmten Situationen sinnvoll), gibt es keinen Informationsaustausch darüber, welches Messprogramm gerade aktiv ist. Um diese Information im zweiten Steuergraphen (Stoppgraphen) zu bekommen, kann der erste Steuergraph (Startgraph) den Namen des Programms in die Registry schreiben. Der Stoppgraph kann diesen Namen auslesen und den entsprechenden Signalgraphen stoppen.

Eine weitere Möglichkeit ist, das Modul **MultiComm** zu verwenden, um Informationen zwischen den Programmgraphen und den Steuergraphen auszutauschen. Als Beispiel könnte auch hier über einen bestimmten Kanal der Name des laufenden Programmgraphen abgefragt werden und dieser seinen Namen als Antwort auf einem anderen Kanal zurückschicken.

Ein Beispiel zum Kalibrieren von Wegsensoren soll das Zusammenspiel zwischen sequentiellen Programmgraphen, parallelen Signalgraphen und einem Steuergraphen zeigen. Zum Start der Anlage wird der Steuergraph gestartet. Dieser startet als erstes die nebenher laufenden Hardwaregraphen, die zum Auslesen des Sensormesswertes und zum Positionieren eines Linearmotors dienen (um den Sensor über seinen gesamten Messbereich zu positionieren). Ein dritter Hardwaregraph dient dazu, die aktuelle Position des Linearantriebs (und somit des Sensors) zu bestimmen.

Diese drei Hardwaregraphen kommunizieren über das Modul **MultiComm**. Nachdem sie gestartet wurden, wird vom Steuergraph ein Initialisierungsgraph für den Linearantrieb ausgeführt. Dieser meldet die Erledigung seiner Aufgabe über ein Modul **MultiComm** wieder an den Steuergraph, der ihn stoppt und schließt. Damit ist die Startphase abgeschlossen und eine Benutzeraktion über das Modul **Menu** wird erwartet.

Es gibt die Möglichkeit, diverse Stammdaten und Hardwareparameter zu verändern, einen Messdurchlauf zu starten oder das Programm zu beenden. Beim Starten eines Messdurchlaufs wird ein Eingabegraph gestartet, der eine Eingabemaske für die Sensordaten zur Verfügung stellt. Als Vorgabeparameter werden Werte aus der Registry geladen. Der Benutzer gibt jetzt alle benötigten Informationen zum Sensor ein und bestätigt den Dialog mit $\boxed{\text{OK}}$. Der Eingabegraph speichert seine Einstellungen in der Registry und gibt ebenfalls ein Signal an den Steuergraph.

Dort wird der Eingabegraph gerschlossen und als nächstes ein Signalgraph für den Handbetrieb gestartet, mit dem der Benutzer den Sensor über den Linearantrieb in die gewünschte Position bringen kann. Dazu werden von den Hardwaregraphen die aktuellen Positionswerte und Sensorwerte ausgelesen und visualisiert. Nachdem die gewünschte Position erreicht ist, gibt der Benutzer wieder ein $\boxed{\text{OK}}$-Signal an den Steuergraphen weiter.

Dieser startet jetzt den Auswertegraph und den automatischen Messablaufgraph, der den Sensor erst an das Ende des Messbereichs positioniert und anschließend in Schritten an den Ausgangspunkt zurückbewegt und dabei immer einen Messwert des Sensors und die aktuelle Position aufzeichnet. Die ermittelten Werte werden an den Auswertegraph geschickt. Der sammelt sie auf und errechnet daraus die Linearitätskurve des Sensors. Sobald der Ausgangspunkt erreicht ist, schickt der Ablaufgraph wieder ein Signal an den Steuergraphen.

Dieser stoppt den Ablaufgraphen und aktiviert die Visualisierung des Auswertegraphen. Der Benutzer hat jetzt die Möglichkeit, das Ergebnis zu übernehmen und in einer Datenbank zu archivieren, oder den Sensor neu zu justieren und die Kalibrierung erneut vorzunehmen. Anschließend geht das Programm in den Ausgangszustand zurück (Einga-begraph) oder beginnt sofort mit einem neuen Messablauf.

Außerdem hat der Benutzer die Möglichkeit, die aktuelle Bearbeitung jederzeit zu un-terbrechen und in den Startzustand (Auswahl über Menü) zu gelangen. Zur Steuerung dieses Ablaufs wurde ein Automat innerhalb des Moduls Interpret implementiert.

10.3.1 Aufbau eines Automaten mit Interpret

Ein Interpret-Modul, das die Funktion eines Automaten übernimmt, hat diverse Eingänge, über die Ereignisse empfangen werden, einen internen Zustand und einen Ausgang, an dem dieser Zustand ausgegeben wird. Normalerweise werden auch Aktionen in diesem Interpret implementiert, die ebenfalls über entsprechende Ausgänge ausgegeben werden.

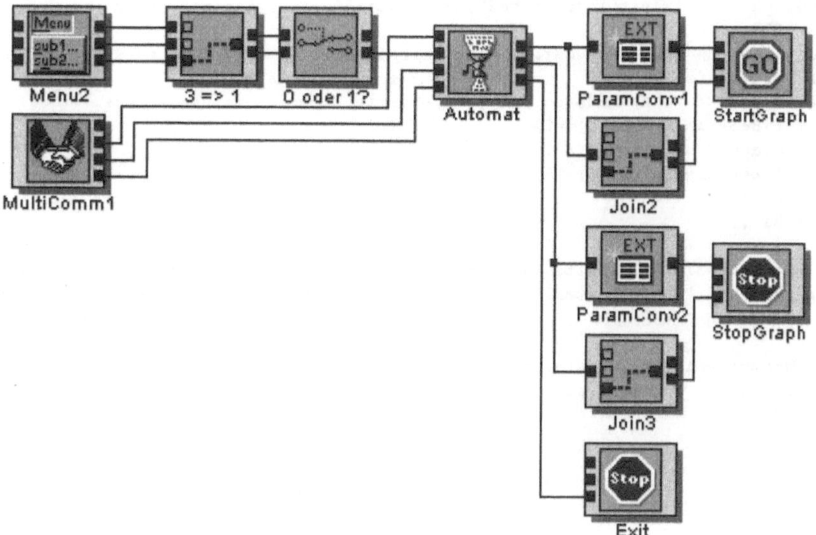

Bild 10.11 Beispiel eines Automaten mit Interpret

Ein Signalgraph für obiges Beispiel ist in Bild 10.11 zu sehen. Die Module 3=>1 (Join) und 0 oder 1? (PolyDEMUX) zwischen dem Modul Menu und dem Modul Interpret dienen dazu, einen skalaren Wert von eins bis drei zu erzeugen, je nachdem, auf welchem Ausgang des Moduls Menu ein Triggerimpuls angekommen ist.

Der Programmcode für den entsprechenden Interpret zu dem vorhergehenden Beispiel soll hier komplett abgebildet werden:

```
input trigger iInitLinMotorFertig ("TYPEINFO", "TypeInfo", "SWORD[1]", "BIN");
input trigger iBenutzerBefehl ("TYPEINFO", "TypeInfo", "SWORD[1]", "SCALAR");
input trigger iStammdatenFertig ("TYPEINFO", "TypeInfo", "SWORD[1]", "BIN");
input trigger iMessAblaufFertig ("TYPEINFO", "TypeInfo", "SWORD[1]", "BIN");
output oStartGraph ("TYPEINFO", "TypeInfo", "UBYTE[]", "Text");
output oStoppGraph ("TYPEINFO", "TypeInfo", "UBYTE[]", "Text");
output oExit ("TYPEINFO", "TypeInfo", "SWORD[]", "BIN");

int status; status= 100; // Interner Zustand des Automaten. Um weitere Zustände
                         // einführen zu können, wird er in Zehnerschritten erhöht
```

```
execute
  {
  if (status==100) {                          // Startzustand
    oStartGraph << ".\SensorWert.tc2";        // Graphen zum Lesen des Sensorwertes starten
    status= 110;                              // in den Folgezustand übergehen
  } else if (status==110) {
    oStartGraph << ".\SensorPos.tc2";         // im zweiten Schritt Graphen zum Bestimmen
    status= 120;                              // der Sensorposition starten
  } else if (status==120) {
    oStartGraph << ".\LinMotor.tc2";    // schließlich Graphen zum Positioieren
    status= 200;                              // des Linearantriebs starten
  } else if (status==200) {
    oStartGraph << ".\InitLinMotor.tc2";   // Initialisierung des Linearantriebs vornehmen
    status= 210;
  } else if (status==210 && newdata (iInitLinMotorFertig)) { // Initialisierng fertig
    oStoppGraph  << ".\InitLinMotor.tc2"; // Initialisierungsgraph wieder beenden
    status= 300;
  } else if (status==300 && newdata (iBenutzerBefehl)) {      // Benutzereingabe?
    if (iBenutzerBefehl[0]==1)                // Befehl Stammdaten
      oStartGraph << ".\Stammdaten.tc2";      // Starte Stammdateneingabemaske
    else if (iBenutzerBefehl[0]==2)           // dito
      oStartGraph << ".\MessAblauf.tc2";
    else if (iBenutzerBefehl[0]==3)           // Beenden?
      oExit << 1;                             // Exit-Signal für das Modul Stop
    status= 310;
  }
  else if (status==310 && newdata (iStammdatenFertig)) {     // Stammdaten eingegeben?
    oStoppGraph  << ".\Stammdaten.tc2";   // Signalgraph wieder beenden
    status= 300;                              // Zurück in Status für Benutzerbefehl
    }
  else if (status==310 && newdata (iMessAblaufFertig)) {    // dito
    oStoppGraph  << ".\MessAblauf.tc2";
    status= 300;
    }
  }
```

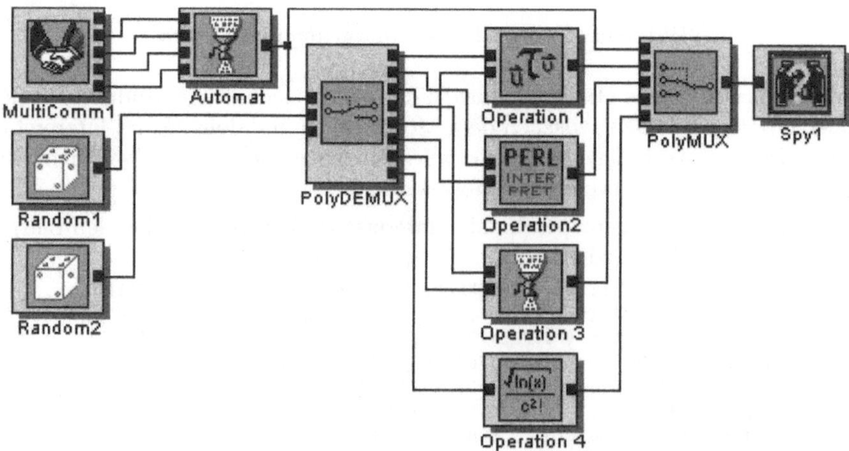

Bild 10.12 Auftrennung und nachfolgende Zusammenführung des Datenflusses

Ein Automat im Interpret (oder im Modul **Automaton**) kann ebenfalls dazu benutzt werden, den Datenfluss innerhalb eines Signalgraphen zu steuern. Zur Unterstützung dazu dienen Module zur Aufteilung oder Zusammenführung von Datenströmen, z.B. die Module **PolyDEMUX** und **PolyMUX**.

Bild 10.12 zeigt eine verzweigte Verarbeitung. Die Kontrolleingänge von Multiplexer und Demultiplexer **Control** werden mit dem Statusausgang des Automaten verbunden. Je nach Status wird nur eine der Verarbeitungen durchgeführt und das Ergebnis wieder auf einen Datenstrom zusammengeführt. Im Bild ist eine Besonderheit zu sehen. Der vierte Verarbeitungsstrang benötigt nur einen der beiden Datenkanäle. Deshalb ist der zweite unbenutzt, d.h. vom Demultiplexer aus nicht verbunden.

Durch die Verbindung der Module ist die Ablaufreihenfolge nicht eindeutig festgelegt. Deshalb sollte darauf geachtet werden, die Prioritäten der Module so zu vergeben, dass die gewünschte Reihenfolge der Verarbeitung gewährleistet ist.

10.4 Beispiel für das Automatenmodul: Tic Tac Toe

Als Beispiel für den anwendungsbezogenen Einsatz des Automatenmoduls soll in diesem Abschnitt vorgestellt werden, wie das Spiel „Tic Tac Toe" auf Statecharts-Basis umgesetzt werden kann.

Im Normalfall wird bei diesem Spiel ein Spielfeld mit drei mal drei Feldern eingesetzt, auf dem zwei Spieler abwechselnd jeweils ein freies Feld mit einem bestimmten Symbol markieren, so dass nachvollziehbar ist, welcher Spieler welches Feld belegt hat. Derjenige Spieler, der als erster drei Symbole in einer Reihe (horizontal, vertikal, diagonal) belegt hat, hat gewonnen. Ein solches Spielfeld soll nun zunächst mit **ICONNECT** über einen Input-Manager nachgebildet werden. Bild 10.13 zeigt einen entsprechenden Screenshot.

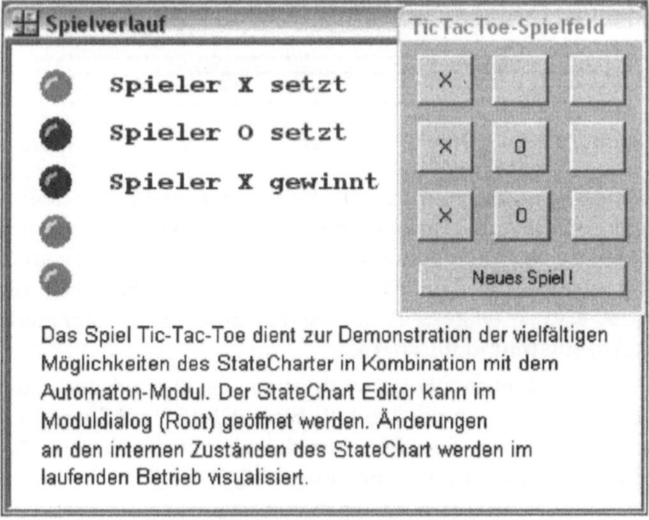

Bild 10.13 Tic Tac Toe - Spielfeld

Die beiden Spieler werden durch die Symbole „X" und „O" unterschieden. Die Lämpchen auf der linken Seite geben an, welcher Spieler am Zug ist und welcher Spieler gewonnen hat. Die Felder des Spielfeldes werden mit einem Mausklick gesetzt. Durch die Schaltfläche [Neustart] kann das Spiel von vorne begonnen werden.

10.4.1 Der ICONNECT-Signalgraph

Bild 10.14 zeigt den ICONNECT-Signalgraphen, der das Verhalten des Spiels steuert. Das Herzstück des Systems stellt das Automatenmodul **Automat** dar. Hier sind nur einige Eingänge beschaltet, über das Modul **Spielfeld** wird dem Automatenmodul über 10 Eingänge mitgeteilt, welches Feld gesetzt wurde (9 Möglichkeiten, daher 9 Signaleingänge, die das Setzen eines Feldes mit einer positiven Signalflanke signalisieren) oder ob das Spiel neu gestartet werden soll.

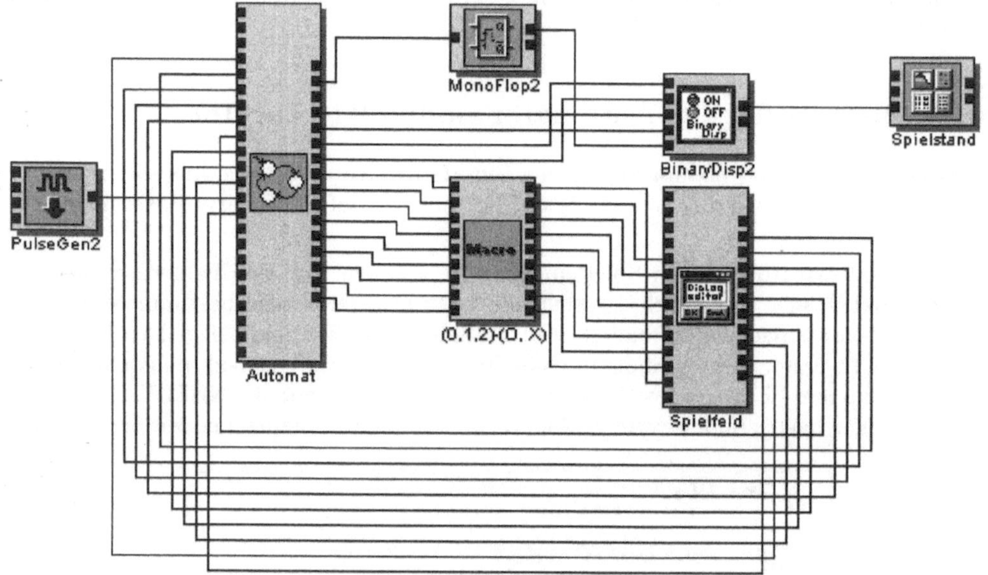

Bild 10.14   ICONNECT-Signalgraph des Tic Tac Toe Spiels

Es gibt weiterhin einen Eingang, mit dem das System ab- und angeschaltet werden kann. Dies ist der Eingang, an dem der Pulsgenerator hängt. Durch eine positive Flanke wird das System eingeschaltet und durch eine weitere positive Signalflanke an diesem Eingang kann es wieder abgeschaltet werden. Diese Funktion wird jedoch hier nicht verwendet, der Plusgenerator ist also so eingestellt dass er bei Starten des Signalgraphen einmalig einen Puls an das Automatenmodul abgibt.

Die Ausgänge des Automatenmoduls geben über den Spielstand und darüber Auskunft, welcher Spieler am Zug ist (über die Module **BinaryDisp2** und **Spielstand**). Welche Felder wie belegt sind werden dem Spielfeld zurückgemeldet, da das Spielfeld selbst „kein Gedächtnis" hat und Belegungen nicht mit aufzeichnet.

10.4.2 Das Automatenmodul

Es soll nun im Detail beschrieben werden, wie das Automatenmodul Züge entgegennimmt und ermittelt, welcher Spieler gewonnen hat. Man könnte dies auch in aufwändiger Weise mit einem Skript lösen, aber die Realisierung mit Statecharts ist deutlich anschaulicher und leichter zu verstehen.

Hauptprogramm

Bild 10.15 zeigt den sequentiellen Hauptautomaten des Systems, also das Statechart der obersten Hierarchiestufe oder das so genannte *Hauptprogramm*.

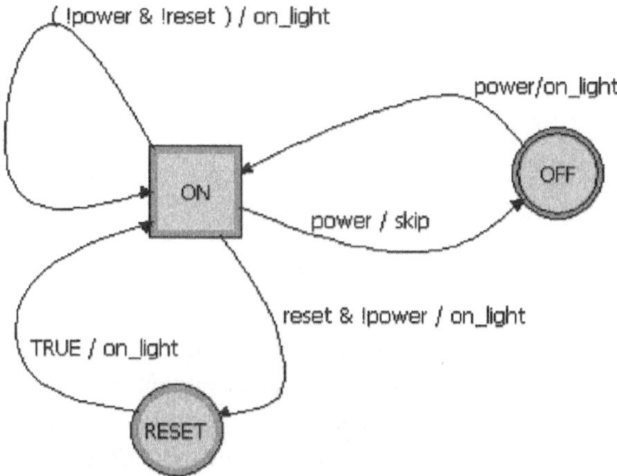

Bild 10.15 Hauptprogramm des Tic Tac Toe Spiels

Das System befindet sich beim Starten zunächst im Zustand *OFF*. Wird nun von der Umgebung das Signal **power** erzeugt, so wird das System angeschaltet. Dies erledigt der Pulsgenerator, der am Eingang **power** des Automatenmoduls angeschlossen ist. Das Signal on_light wird erzeugt und teilt der Umgebung des Automatenmoduls mit, dass das System aktiv ist und könnte ggf. mit einem Lämpchen verknüpft werden. Im Beispiel ist dieser Ausgang nicht belegt.

Durch das Signal **power** wird also der hierarchische Zustand *ON* aktiviert. Wird im Spielfeld die Schaltfläche [Neustart] betätigt, so wird an das Automatenmodul das Signal **reset** versendet, über das der Zustand *ON* für einen Taktzyklus über den Zustand *RESET* verlassen, aber dann über die TRUE-Kante sofort wieder aktiviert wird. Dies hat den Sinn, dass die Belegungsdaten des Spielfelds im Zustand *ON* zurückgesetzt werden, weil diese beim erneuten Betreten des *ON*-Zustandes neu initialisiert werden.

Zustand ON

Der Zustand *ON* stellt den Zustand des Systems dar, in dem es sich im Normalbetrieb befindet. Es handelt sich hierbei um einen hierarchischen Zustand, daher wird er als Rechteck gezeichnet. Er ist durch ein weiteres Statechart genauer beschrieben, welches in Bild 10.16 abgebildet ist und aus zwei parallel komponierten sequentiellen Automaten aufgebaut ist.

Der linke Automat besteht aus den Zuständen *PLAYER_1* sowie *PLAYER_2* und steuert, welcher Spieler am Zug ist. Da *PLAYER_1* der Anfangszustand ist, kann der erste Spieler zu Beginn des Spiels ein Feld setzen. Dazu existieren die Signale i1, i2 bis i9, die

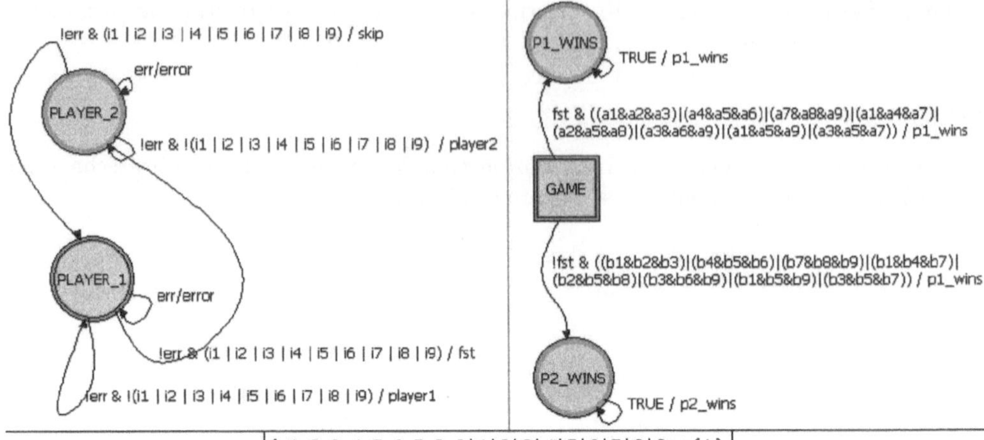

Bild 10.16 Statechart des *ON*-Zustands

angeben, auf welches Spielfeld geklickt wurde und die an das Automatenmodul über das Modul Spielfeld gesendet werden und somit Eingangssignale des Systems darstellen.

In diesem sequentiellen Automaten wird jedoch nur registriert, dass der erste Spieler ein Feld gesetzt hat und dann über die Transition mit der Beschriftung !err & (i1 | ... | i9) / fst der Zustand *PLAYER_2* aktiviert. Das Signal err ist ein lokales Signal; es wird nicht von der Umgebung des Automatenmoduls generiert, sondern von dem rechten sequentiellen Automaten, wenn ein schon belegtes Feld gesetzt werden soll. In diesem Fall findet kein „Spielerwechsel" statt, da die Warteschleife err / error beschritten wird, die zusätzlich verursacht, dass das Automatenmodul das Signal error nach außen sendet, welches im Spielfeld durch ein Lämpchen angezeigt wird.

Bei einem gültigen Spielzug wird beim Wechsel von Spieler 1 auf Spieler 2 zusätzlich das lokale Signal fst erzeugt, das angibt, dass Spieler 1 den Zug verursacht hat. Da beim Wechsel von Spieler 2 auf Spieler 1 dagegen dieses Signal nicht erzeugt wird, kann gefolgert werden, dass Spieler 2 am Zug war.

Der rechte sequentielle Automat ist für die Speicherung des Feldbelegung und für die Ermittlung des Gewinners verantwortlich. Um das Verhalten dieses Automaten beschreiben zu können, muss zunächst der hierarchische Zustand *GAME* erläutert werden, der die eigentliche „Speicherung" vornimmt und so lange nicht verlassen wird, bis einer der Spieler gewonnen hat.

Bild 10.17 zeigt einen Ausschnitt des Statecharts, das den *GAME*-Zustand darstellt. Es handelt sich hierbei nämlich um 9 parallel geschaltete sequentielle Automaten, die sich nur in den verwendeten Signalen unterscheiden.

Der Trick ist, dass jeder sequentielle Automat 1 bis 9 die Belegung des entsprechenden Feldes in Form seines Zustandes speichert. Wird z.B. das Signal i1 von der Umgebung empfangen, so bedeutet dies, dass der Spieler das Feld 1 setzen will. Im ersten, linken sequentiellen Automat in Bild 10.17, der die Belegung des Feldes 1 regelt und speichert, wird nun überprüft, ob dieses Feld schon gesetzt wurde; dies ist genau dann der Fall, wenn sich dieser Automat nicht mehr im Zustand *EMPTY* befindet. In diesem Fall wird durch die Warteschleife i1 / err sowohl an Zustand *P1* als auch an Zustand *P2* das schon

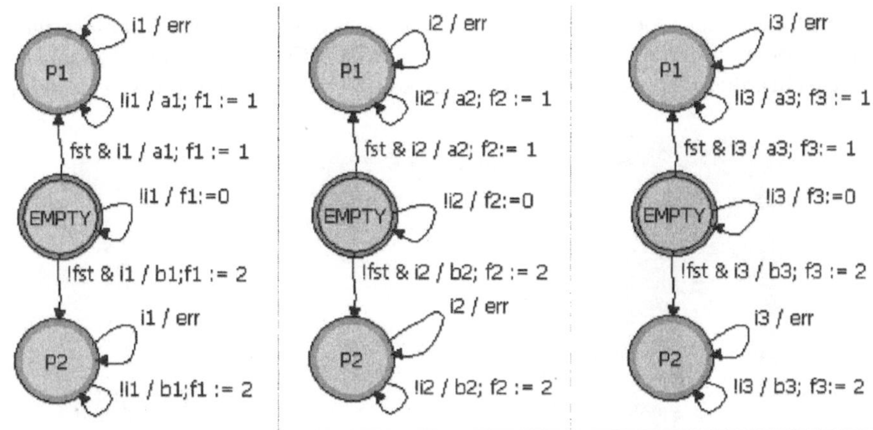

Bild 10.17 Statechart des *GAME*-Zustands

erwähnte lokale Signal err gesendet, das die höher liegende Hierarchiestufe empfängt und wie beschrieben behandelt.

Befindet sich der Automat jedoch im Zustand *EMPTY* und ist Spieler 1 am Zug, so ist auch das lokale Signal fst präsent (vgl. oben), und somit wird durch die Transition mit der Bedingung fst & i1 der Zustand *P1* aktiviert, der nun angibt, dass dieses Feld von Spieler 1 gesetzt wurde. Ist das Signal fst nicht präsent, so wird dagegen der Zustand *P2* beschritten, der wiederum verdeutlicht, dass dieses Feld von Spieler 2 gesetzt wurde.

Die lokalen Signale a1 bis a9 bzw. b1 bis b9 werden bei einer Belegung des Feldes und ab diesem Zeitpunkt dauerhaft erzeugt (man betrachte die Warteschleifen) und geben an obere Hierarchiestufen die Information weiter, welche Felder durch welche Spieler belegt sind. Sie sind lokal und können daher von außen am Modul nicht abgelesen werden. Da aber die Feldbelegung visualisiert werden soll, wurden hier noch die Zählvariablen f1 bis f9 verwendet, die für jedes Feld j angeben, ob und wie es belegt ist (fj=0: nicht belegt, fj=1: belegt von Spieler 1, fj=2: belegt von Spieler 2). Diese Zählvariablen können von außen am Automatenmodul abgelesen werden.

Der Gewinner wird nun so ermittelt, dass im rechten sequentiellen Automaten des Zustands *ON* (vgl. Bild 10.16) der Zustand *GAME* dann verlassen wird, wenn einer der Spieler 3 Felder in einer Reihe markiert hat. Die Markierung der Felder durch Spieler 1 bzw. 2 werden durch die lokalen Signale a1 bis a9 bzw. b1 bis b9 signalisiert, die im *GAME*-Automaten erzeugt werden. Es gibt genau 8 Möglichkeiten, 3 Felder in einer Reihe zu markieren (3 horizontal, 3 vertikal und 2 diagonal). Genau diese Möglichkeiten werden durch die beiden Transitionen abgedeckt, die den Zustand *GAME* verlassen und entweder den Zustand *P1_WINS* oder *P2_WINS* aktivieren. Durch Erzeugen eines der Signale p1_wins bzw. p2_wins teilt das Automatenmodul der Spielstandsanzeige mit, wer gewonnen hat.

10.5 Statische und dynamische Menüs

ICONNECT stellt ein Menü zur Verfügung, das die Erstellung und Ausführung von Signalgraphen unterstützt und ein Debug-Werkzeug zur Fehlersuche beinhaltet. Bei einer fertigen Applikation ist es jedoch nicht erwünscht, dass der Anwender Signalgraphen starten, stoppen oder verändern kann. Deshalb gibt es in ICONNECT die Möglichkeit, das Menü einzuschränken, zu verändern und sogar komplett neue Menüpunkte zu definieren.

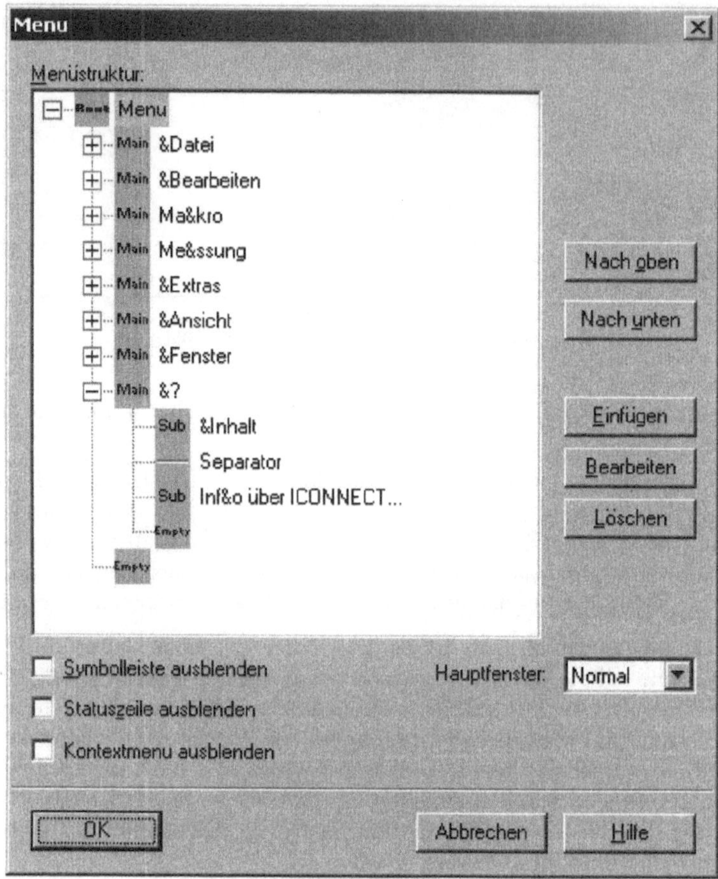

Bild 10.18 Erzeugen eines eigenen Menüs

Dafür wird das Modul Menu benötigt. Nach dem Einfügen des Moduls in einen Signalgraphen kann mit einem Doppelklick der Einstellungsdialog geöffnet werden. Darin ist das normale Menü von ICONNECT als Baumstruktur abgebildet (siehe Bild 10.18). Es können darin Hauptmenüpunkte vorkommen, die keine Aktion auslösen, sondern ein Untermenü aufklappen. In diesen Untermenüs stehen weitere Menüpunkte oder Separatoren. Separatoren haben keine Funktion, sondern dienen nur zur Unterteilung der Untermenüs.

Es gibt zwei verschiedene Arten von Untermenüpunkten. Die erste (*Standardmenüpunkt*) erzeugt ein Kommando (über die Command-ID Nummer festgelegt) das von ICONNECT erkannt und ausgeführt wird. Die Command-ID's können in einem neu erzeugten Modul ermittelt werden, indem der betreffende Menüpunkt geöffnet wird.

Die zweite Art der Menüpunkte (*Ausgang*) führt keine Aktion aus, sondern sendet einen Triggerimpuls an den entsprechenden Ausgang. Der Signalgraphentwickler kann diesen

Impuls zur Steuerung seiner Applikation verwenden. Häufig kommt es vor, dass ein Menüpunkt, z.B. STANDARDEINSTELLUNGEN, dazu benutzt wird, einen Dialog zum Einstellen von Parametern zu öffnen. Dieser Dialog kann z.B. mit dem Modul DialogEditor erzeugt werden. Wird der Ausgang des Menüpunktes mit dem Eingang `Trigger` verbunden, wird der zuvor unsichtbare Dialog aktiviert und Benutzereingaben können getätigt werden. Durch das Klicken auf OK wird der Dialog wieder geschlossen.

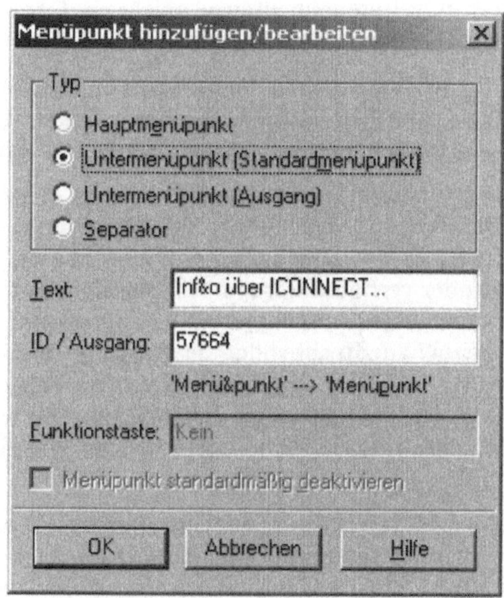

Bild 10.19 Bearbeiten von Menüpunkten

Um ein Programm durch die Tastatur bedienbar zu machen, können bestimmten Menüpunkten Tasten zugeordnet werden. Durch die Taste ALT und dem festgelegten Buchstaben wird dieser Menüpunkt aktiviert. Um einen Buchstaben für einen Menüpunkt festzulegen, ist im Einstellungsdialog (siehe Bild 10.19) vor dem gewünschten Buchstaben ein kaufmännisches „und" („&") zu schreiben.

Jedem Menüpunkt, der eine Ausgabe an einem Ausgang erzeugt, kann auch eine Funktionstaste zugeordnet werden. Das ist für den Anwender die schnellste Möglichkeit, eine Aktion auszuführen. So wie bei dem Modul FnKey können die Funktionstasten F1 bis F12 mit allen Kombinationen der Umschalttaste (SHIFT), der Taste ALT und der Taste STRG verwendet werden. Ausnahmen sind die von Windows fest vorgegebenen Tasten, z.B. ALT + F4 zum Schließen einer Anwendung.

Mit dem Modul Menu kann außerdem das Verhalten des Hauptfensters von ICONNECT beeinflusst werden. Die Parameter *Symbolleiste ausblenden, Statuszeile ausblenden* und *Kontextmenü ausblenden* dienen dazu, die entsprechenden Unterstützungsleisten und Menüs zu verbergen. Damit kann verhindert werden, dass der Anwender zur Laufzeit Einfluss auf den Signalgraphen nehmen kann.

Das Hauptfenster von ICONNECT kann als normales Fenster oder maximiert dargestellt werden. Ist keine Titelzeile erwünscht, eignet sich der Modus *Vollbild*. Wird außerdem das gesamte Menü aus dem Menübaum entfernt, erscheint auch kein Menü mehr. Damit kann ein Fenster erzeugt werden, das den kompletten Bildschirm ausfüllt und keine eigenen

Bereiche verwendet. Der Entwickler kann also selbst den kompletten Bildschirminhalt frei gestalten.

Um Menüpunkte im Menübaum zu bearbeiten, reicht ein Doppelklick auf das entsprechende Element. Der Dialog zum Bearbeiten eines Menüpunkts kann aber auch durch die Schaltfläche Bearbeiten geöffnet werden. Die Schaltfläche Einfügen fügt *vor* dem gerade aktivierten Punkt einen neuen Punkt ein und öffnet den Bearbeitungsdialog. Um *hinter* dem letzten Menüpunkt einen weiteren einzufügen, reicht ein Doppelklick auf den Punkt *Empty*, der sich am Ende jedes Menüs und Untermenüs befindet.

Die Schaltfläche Löschen dient zum Löschen eines Menüpunkts oder eines ganzen Astes. Die Schaltflächen Nach oben und Nach unten verschieben einen Menüpunkt oder einen ganzen Ast innerhalb seiner Umgebung (jedoch nicht in andere Äste).

Beim Schließen des Dialogs wird für jeden Menüpunkt mit Ausgang ein eigener Ein- und Ausgang angelegt. Der Eingang dient dazu, den Menüpunkt zur Laufzeit zu aktivieren bzw. deaktivieren. So können, abhängig von Zuständen im Signalgraph, einzelne Menüpunkte freigeschaltet oder verboten werden. Als Beispiel ist eine Anwendung für unterschiedliche Benutzer zu nennen. Die Benutzer haben unterschiedliche Berechtigungen. Über das Modul UserInfo können die Rechte oder der Name des Benutzers dazu verwendet werden, Signale für das Aktivieren oder Deaktivieren von Menüpunkten zu erzeugen. Es können auch die Module aus der Gruppe Logic verwendet werden, um bestimmte Signale miteinander zu verknüpfen. Dazu eignen sich auch besonders die Skripting-Module oder das Modul Automaton.

Durch diese Funktion können auch zustandsgesteuerte Menüs erzeugt werden. Erst wenn eine Aktion erledigt ist, wird der Menüpunkt für die nächste Aktion aktiviert. Das kann z.B. in einer Messanlage angewandt werden, um sicherzustellen, dass die Sensoren vor der Benutzung erst kalibriert werden.

Sollen Menüpunkte schon zu Programmstart deaktiviert sein, kann das auch über eine Vorbelegung im Eigenschaftsdialog des Menüpunkts eingestellt werden.

Es ist offensichtlich, dass keine zwei Menüs gleichzeitig aktiv sein können. Deshalb darf zu einem Zeitpunkt auch nur ein Modul Menu gestartet sein. Soll ein weiterer Signalgraph mit einem zweiten Modul gestartet werden, schlägt dies mit einer Fehlermeldung fehl.

Es ist jedoch möglich, das Menü zur Laufzeit komplett umzuschalten. Dazu werden mindestens drei Signalgraphen benötigt. Einer ist der Steuergraph und die beiden anderen enthalten je ein eigens Modul Menu. Der Steuergraph stoppt den einen Signalgraphen, wartet auf dessen Beendigung uns startet anschließend den anderen Graphen. Das ist z.B. dann sinnvoll, wenn zwei komplett getrennte Programme innerhalb einer Applikation laufen sollen. Diese zwei Programme haben je ein eigenes Menü und sind auch bei der Entwicklung schon getrennt, da sie in verschiedenen Signalgraphen implementiert werden. Der Steuergraph kann die Anweisung zum Umschalten z.B. über ein Modul MultiComm erhalten. Jedes Programm kann somit für sich selbst entscheiden, wann es sich beenden und ggf. zum anderen Programm umschalten will.

Das lässt sich natürlich auf eine unbegrenzte Anzahl von Programmen erweitern, die zur Laufzeit umgeschaltet werden können. Neben dem Menü werden auch die Anzeigen und Eingabedialoge umgeschaltet. Damit lässt sich eine große vielschichtige Applikation ggf. auf mehrere kleinere, besser überschaubare Einzelapplikationen zerlegen, die trotzdem aus einem Programm heraus benutzt werden.

10.6 Anzeigen und Verbergen von Fenstern

Ebenso wie ein frei definierbares Menü werden in ICONNECT auch frei definierbare Fenster und Dialoge unterstützt. Jedes Display und Eingabeelement hat ein eigenes Fenster bzw. einen Eingabedialog. Das reicht für den Laborbetrieb meistens aus. In industriellen Anwendungen und Applikationen müssen Anzeigen und Eingabedialoge jedoch kompakt und übersichtlich sein. Deshalb gibt es in ICONNECT Module zum Zusammenfassen von solchen Elementen. Für Displays wird dafür das Modul DisplayManager, für Eingabeelemente das Modul InputManager verwendet. Diese Module wurden bereits im Abschnitt 3.7.1 erläutert.

Im Abschnitt 3.8 wird ein weiteres Modul, der DialogEditor, beschrieben, mit dem komplette Dialoge mit Eingabeelementen erzeugt werden können, ohne dass weitere Eingabemodule nötig sind. Diese drei Module besitzen einen Eingang zum Anzeigen oder Verbergen des Fensters oder Dialogs.

Der DialogEditor kann damit als Parameterdialog verwendet werden, der durch eine Benutzeraktion (z.B. die Auswahl eines Menüpunkts) angezeigt wird. Der Benutzer ändert im Dialog die Parameter entsprechend seinen Wünschen ab und beendet den Dialog entweder mit OK oder Abbrechen. Je nach dieser Auswahl werden die Eingaben übernommen und am Ausgang ausgegeben oder verworfen und die bisherigen Parameter ausgegeben.

Der Eingang Hide erlaubt es auch, den Dialog aus dem Signalgraphablauf heraus wieder auszublenden. Wenn beispielsweise ein Dialog zur Anzeige einer Störung dient und nach Behebung der Störung automatisch wieder verschwinden soll, lässt sich dieser Mechanismus einsetzen. Eine Beispielanwendung dazu ist eine Anlage mit Drucker, die ein Warnungsfenster ausgibt, wenn kein Papier mehr vorhanden ist. Sobald es nachgefüllt wird, verschwindet die Warnung automatisch.

Dialoge, die mit dem InputManager erzeugt werden, können sich den Anzeigebereich einer Visualisierung mit dem DisplayManager teilen. Die Fenster der Module können dazu auf einem Bildschirmausschnitt fixiert werden.

Damit die Fenster beim Laden und Starten des Signalgraphen gleich im richtigen Modus (sichtbar oder unsichtbar) erzeugt werden, kann für jedes dieser drei Module eine Vorbelegung gewählt werden. Das Gleiche gilt auch für das Stoppen von Signalgraphen. Durch diese Vorbelegung wird verhindert, dass die Fenster beim Laden des Signalgraphen flackern (kurz aufblitzen und wieder verschwinden).

Zur Erzeugung eigener Visualisierungen dient das Modul DisplayManager. In ihm können alle Anzeigemodule zusammengefasst werden. Auch dabei ist es sinnvoll, dass das Fenster aus- und eingeblendet werden kann, da eine Applikation aus mehreren Visualisierungsfenstern bestehen kann. Auch dieses Fenster kann fixiert werden.

Im folgenden Beispiel soll ein Modul GAL vorgestellt werden, das die Steuerung von drei Displays übernimmt, von denen jeweils nur eines eingeblendet wird. Dieses Beispiel lässt sich problemlos auf beliebig viele Anzeigen erweitern.

```
<Disp1= (>In1 + <Disp1) * /(>In2 + >In3);
<Disp2= (>In2 + <Disp2) * /(>In1 + >In3);
<Disp3= (>In3 + <Disp3) * /(>In1 + >In2);
```

Bevor der Algorithmus jedoch in die Applikation integriert wird, sollte er getestet werden. Als Datenquelle dazu dient das Modul FnKey, zur Anzeige der Funktion ein BinaryDisp. Bild 10.20 zeigt den Signalgraphen.

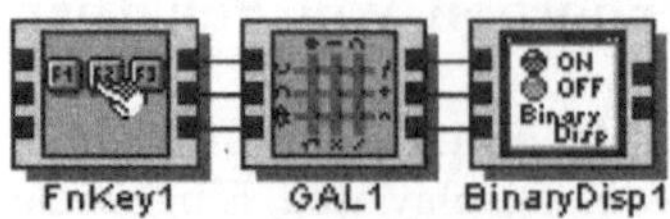

Bild 10.20 Test der Umschaltsteuerung mehrerer Displays mittels GAL

Außer dem Modul **GAL** eignet sich auch das Modul **Automaton** gut zur Steuerung von Fenstern. Die Anwendung, die im Beispiel 10.20 realisiert wurde, wird jetzt mit einem Automatenmodul implementiert. Beispiel 10.21 zeigt den Automaten des StateCharters.

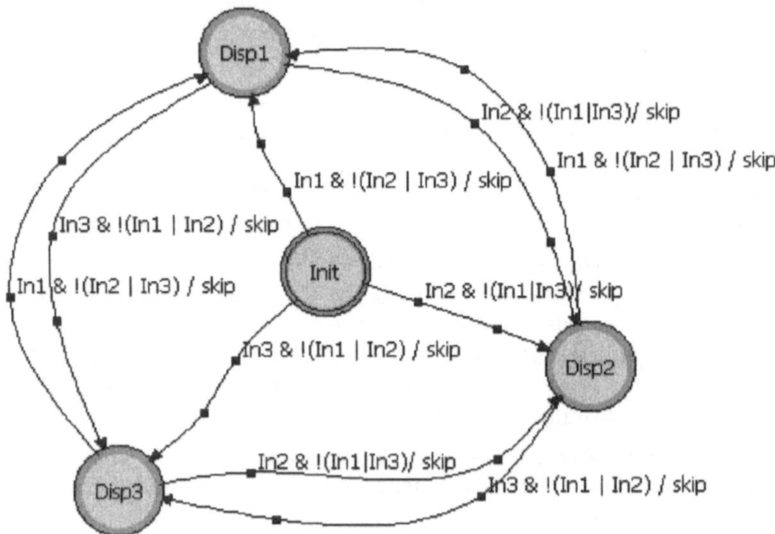

Bild 10.21 Umschaltsteuerung mehrerer Displays mittels Automaton

Es gibt auch den Fall, dass Displays nie sichtbar werden. Das ist bei Protokollfenstern der Fall, die ausschließlich für den Ausdruck gedacht sind. In diesem Fall wird der Eingang **Hide** nicht verwendet, sondern der Eingang **Print**, um den Ausdruck zu starten. Der **DisplayManager** wird außerdem per Standardeinstellung auf unsichtbar gestellt.

10.7 Erstellen von Runtimes

Nachdem mit **ICONNECT** eine Applikation erstellt wurde, sollte sie sich einfach auf dem Zielrechner installieren lassen und für die Installation keine besonderen Kenntnisse erfordern. Deshalb sollte die Applikation mitsamt allen benötigten Signalgraphen, Bildern und **ICONNECT**-Dateien in einem Installationsprogramm zusammengefasst werden.

Das kann der Entwickler durch die Erstellung von Runtimeversionen erreichen. Dieses Paket ist in **ICONNECT** im Menüpunkt DATEI|RUNTIMEVERSION ERSTELLEN... zu finden. Bild 10.22 zeigt den zugehörigen Dialog.

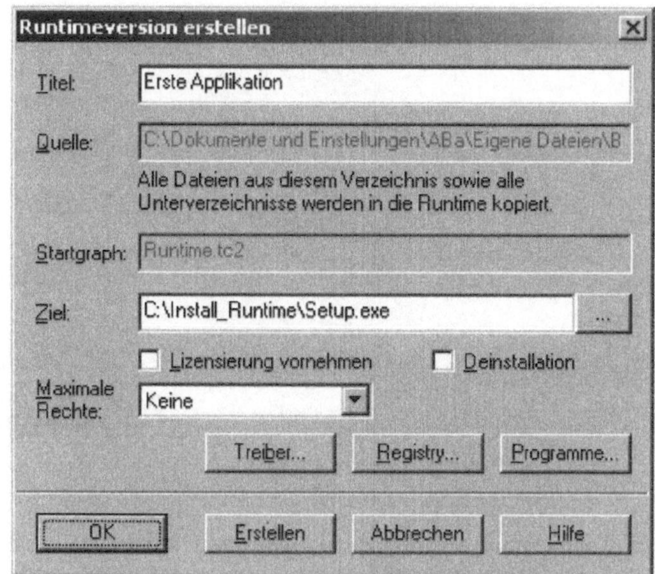

Bild 10.22 Dialog zur Erstellung von Runtimeversionen

Runtimes lassen sich nur in der Vollversion von **ICONNECT** erstellen. In der Demoversion oder Lightversion ist dieser Menüpunkt deaktiviert. Außerdem muss der Hauptsignalgraph mit allen seinen Makros, parallelen Signalgraphen, Bildern, Datendateien, usw. in einem eigenen Unterverzeichnis gespeichert werden. Beim Erstellen der Installationsversion nimmt **ICONNECT** alle Dateien dieses Verzeichnisses und seiner Unterverzeichnisse und packt diese in einer Setupdatei zusammen.

ICONNECT überprüft dabei automatisch, welche Module für die Applikation verwendet wurden. Nur diese werden auch in die Setupdatei mit aufgenommen. Da auch Systemdateien, die für den Betrieb von **ICONNECT** notwendig sind, in die Installation mit aufgenommen werden, ist die Installationsdatei immer mindestens 2 MB groß.

Voraussetzungen an den Signalgraphen

Bevor eine Runtimeversion erzeugt werden kann, muss die Applikation einige Anforderungen erfüllen. Sie benötigt ein eigenes Menü, die Signalgraphen sollten nicht sichtbar sein, zum Beenden ist das Modul **Stop** obligatorisch und eine Visualisierung und Eingabe mit den Modulen **DisplayManager**, **InputManager** und **DialogEditor** ist ratsam. Damit der Signalgraph auch automatisch startet, muss der Parameter *Autostart nach Laden* im Eigenschaftsdialog der Ablaufsteuerung (siehe Abschnitt 10.1) aktiviert werden.

Nicht vergessen werden sollte, dass sich der Entwickler eine Hintertür offen lässt, über die er die Applikation wieder bearbeiten kann. Das kann zum einen durch den Parameter *Kein Autostart durch Benutzer der Gruppe 2* geschehen. Damit kann jedoch jeder, der eine Vollversion von **ICONNECT** besitzt, die Signalgraphen öffnen und verändern. Deshalb sollte jeder Signalgraph durch ein Passwort geschützt sein. Bild 10.23 zeigt den Dialog zum Schützen von Signalgraphen und deren Makros.

Eine andere Möglichkeit (die auch zusätzlich verwendet werden kann) ist, durch eine

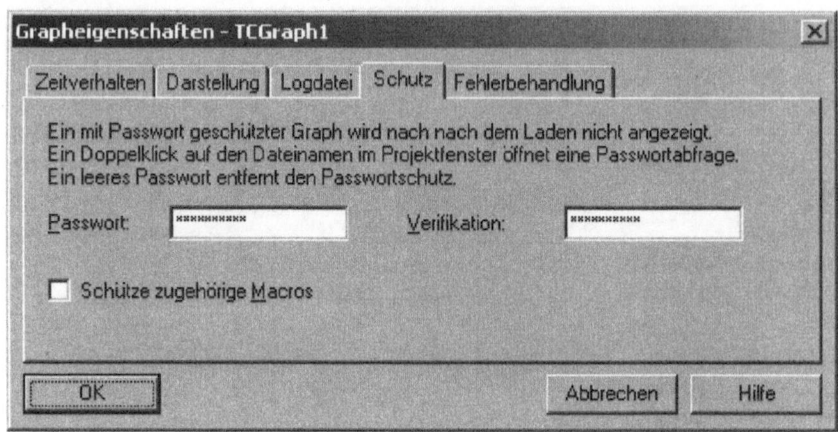

Bild 10.23 Dialog zur Kennwortvergabe

Tastenkombination den Signalgraphen zu stoppen. Dafür bietet sich das Modul **FnKey** an. Damit auch hier die Sicherheit gegeben ist, dass keine Unbefugten in den Signalgraphen eingreifen, sollte diese Funktion mit gewissen Attributen verknüpft werden, wie z.B. der Nummer des Dongles, Benutzername oder einer Kennwortabfrage. Die beiden ersten Attribute liefert das Modul **UserInfo**, das Kennwort kann mit dem **DialogEditor** abgefragt werden. Bild 10.24 zeigt einen Signalgraphen, der auf eine Tastenkombination hin den Signalgraphen stoppt, wenn die Nummer des Dongles mit einer fest eingegebenen Nummer übereinstimmt.

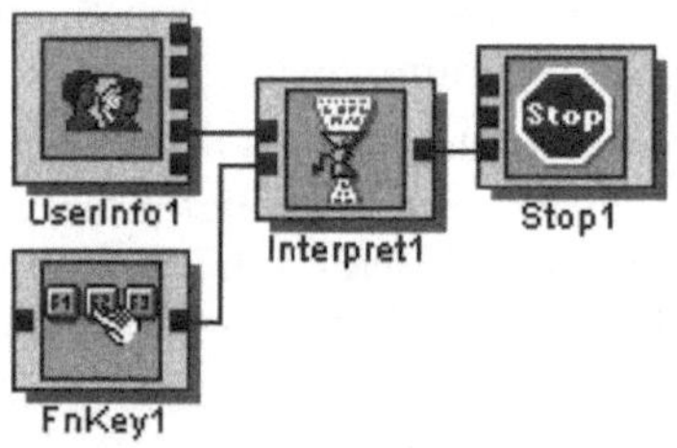

Bild 10.24 Sicherheitsprüfung beim Stoppen eines Signalgraphen

Eine Applikation kann durch ein Online-Hilfesystem ergänzt werden. Es kann im HTML-Format, als kompiliertes HTML (CHM-Format), als normale Hilfedatei (HLP-Format) oder auch als normale Textdatei vorliegen. Die Anzeige kann mittels eines normalen Browsers, dem in **ICONNECT** integrierten Modul **WebBrowser** oder anderen Programmen erfolgen. Das Öffnen der Hilfe kann über einen Menüpunkt oder die Taste F1 geschehen. Um die Hilfedateien automatisch mit der Installation zu verteilen, sollten sie sich jedoch im gleichem oder in einem Unterverzeichnis des Hauptsignalgraphen befinden.

Bei der Installation wird ein Verzeichnis für die Applikation angelegt, in der die Anwendung und einige Zusatzdateien abgelegt werden. Die Dateien und Signalgraphen im Quellverzeichnis werden in das Unterverzeichnis **Program** kopiert. Die verwendeten Module werden im Verzeichnis **Module** abgelegt.

Runtime-Parameter

Nachdem der Signalgraph und alle seine Komponenten in der gewünschten Form vorliegen, die Applikation ausreichend getestet ist und funktioniert, können die Parameter für die Installation eingestellt werden. Dazu wird der in Bild 10.22 gezeigte Dialog geöffnet. Der Titel gibt den Namen der Applikation an. Dieser Name wird bei der Installation, im Startmenü bzw. auch bei der Verknüpfung auf dem Desktop und bei der Deinstallation verwendet.

Die Quelle wird automatisch vorgegeben. Dabei handelt es sich um das Verzeichnis, in dem der Startgraph gespeichert ist. Das Zusammenpacken aller Applikationsdateien bezieht sich auf dieses Verzeichnis. Alle Dateien, die sich im gleichen oder einem Unterverzeichnis befinden, werden mit installiert. Der Startgraph wird ebenso fest vorgegeben. Das ist der Signalgraph, der beim Öffnen des Runtime-Dialogs aktiv war. Dieser wird als Hauptgraph verwendet und beim Öffnen der installierten Runtimeversion gestartet.

Damit wurden alle Quellen der Installation angegeben. Der Parameter *Ziel* gibt an, wohin die Installationsversion gespeichert werden soll. Es sollte jedoch nicht das Verzeichnis mit der Applikation sein. Da beim Zusammenpacken alle Dateien dieses Verzeichnisses verwendet werden, wird beim wiederholten Erstellen der Runtime die Installationsdatei immer wieder mit eingepackt, was die Größe dieser Datei jedes mal verdoppelt.

Da jedes benutzerfreundliche Programm auch eine Deinstallationsroutine haben sollte, gibt es beim Erzeugen einer Runtimeversion die Möglichkeit, ein Deinstallationsprogramm automatisch zu integrieren. Der Parameter *Deinstallation* dient diesem Zweck. Dabei wird bei der Installation der Runtimeversion das Deinstallationsprogramm mit installiert. Es ist über das Startmenü oder über das Symbol *Software* in der Systemsteuerung erreichbar.

Lizenzierung und Dongle

Um die Runtimeversion vor Raubkopien oder unberechtigtem Einsatz zu schützen, wird das Schutzkonzept von ICONNECT verwendet. Signalgraphen mit mehr als 50 Modulen benötigen auch als Runtime eine gültige Lizenz, um ausgeführt werden zu können. Bis zu 150 Module reicht eine Lightversion von ICONNECT, bei größeren Applikationen bietet sich eine ICONNECT-Runtime Lizenz an. Es kann natürlich auch eine Developer Lizenz verwendet werden.

Die Lizenzformen, die Editieren erlauben, sind die Light- und Developerversion. Um eine Runtime vor dem unbefugtem Editieren durch den Anwender zu schützen, kann bei der Erstellung der Runtimeversion das maximale Zugriffsrecht unabhängig der Lizenzform beschränkt werden. Mit dem Parameter *Maximale Rechte* kann angegeben werden, welche Rechte der Anwender maximal hat, unabhängig vom verwendeten Dongle.

Wenn auch Applikationen mit weniger als 50 Modulen geschützt werden sollen, kann das Modul **UserInfo** verwendet werden. Damit kann im Signalgraphen festgestellt werden, ob ICONNECT als Demoversion läuft oder lizenziert ist und welche Seriennummer der Dongle hat. Stimmt das ermittelte Ergebnis nicht mit dem vorher festgelegten Sollzustand zusammen, kann der Signalgraph automatisch beendet werden.

Um eine Applikation mit Dongleunterstützung auf einem Rechner zu installieren, der kein ICONNECT installiert hat, muss auch der Treiber für den Dongle installiert werden und die Lizenzierung durchgeführt werden. Mit dem Kontrollkästchen *Lizenzierung vorneh-men* im Runtime-Dialog kann der Entwickler dies einfach festlegen. Bei der Installation der Runtimeversion wird in diesem Fall automatisch der Dongletreiber installiert und nach der Installation die Lizenzierung vorgenommen. Jedoch müssen dafür beim Erzeugen der Runtimeversion einige Voraussetzungen erfüllt sein. Im Quellverzeichnis muss ein Verzeichnis Dongle existieren, in dem sich der Treiber des Dongles befindet. Dieses Verzeichnis befindet sich auf der ICONNECT-CD und muss lediglich kopiert werden. Außerdem muss sich die Lizenzierungsanwendung License.exe im ICONNECT-Verzeichnis befinden. Die wird jedoch automatisch mit der ICONNECT-Installation mit kopiert. Diese beiden Komponenten werden ebenfalls beim Erzeugen der Runtime in die Installationsdatei mit eingepackt.

Um den unbefugten Einsatz der Software zu verhindern (z.B. bei Leasing), gibt es die Möglichkeit, speziell für diese Anwendung angefertigte Dongles zu verwenden. Diese haben einen oder mehrere Zähler integriert, die über das Modul **DongleCounter** gelesen, ausgegeben und dekrementiert werden. Sobald ein Zähler Null erreicht, wird ein Triggerimpuls erzeugt. Der Entwickler kann daraufhin seine Applikation sperren oder schon frühzeitig eine Warnung ausgeben.

Über ein spezielles und sicheres Verfahren kann der Entwickler einen Schlüssel erzeugen, der den Zähler beim Endkunden wieder auf einen gültigen Wert setzt und die Applikation somit wieder freischaltet. Damit ist es z.B. möglich, Software zu vermieten oder zu verleasen. Durch den nicht manipulierbaren Zähler ist dieses Verfahren sicher. Andere Varianten mit Überprüfung des Datums bzw. Einträge in der Registry haben sich dagegen als nicht tauglich erwiesen, da sie zu leicht umgangen werden.

Da jeder Entwickler einen eigenen Code und speziell angefertigte Dongles bekommt, führt auch ein Vertauschen der Dongles zu keiner Sicherheitslücke, da das Modul **DongleCounter** dies erkennt und die Funktion verweigert. Dieses Modul und die Hilfsprogramme sind nicht im Standard Lieferumfang von ICONNECT enthalten, sondern werden bei der Bestellung der besonderen Dongles mitgeliefert.

Eigene Treiber, Einstellungen und Zusatzskripte

Wenn in der Runtimeversion auf Hardware zugegriffen werden soll, wird dafür ein Treiber benötigt. Der kann vom Hersteller der Hardware mitgeliefert werden und unabhängig von der eigenen Applikation installiert werden. Es kann aber auch sein, dass er automatisch mit installiert werden soll. Auch die Treiber, die mit ICONNECT mitgeliefert werden (siehe dazu Abschnitte 5.3, 5.2 und 4.2.1), werden in Runtimeversionen verwendet. Diese müssen auch automatisch mit installiert werden. Für die Betriebssysteme mit 9x-Kern (Windows 95, 98 und ME), reicht es aus, den VXD-Treiber in das richtige Verzeichnis zu kopieren, bei Windows NT, 2000 und XP müssen die SYS-Treiber installiert werden.

Die Schaltfläche Treiber im Runtime-Dialog öffnet einen weiteren Dialog (s. Bild 10.25), in dem Treiber VXD- und SYS-Treiber verwaltet werden können. Die aktuellen Einträge werden in der Liste angezeigt, über die Schaltflächen Hinzufügen , Bearbeiten und Entfernen können die Einträge verändert werden. Der Einstellungsdialog dazu ist in Bild 10.26 zu sehen.

Alle Treiber in diesem Dialog werden beim Erzeugen der Runtimeversion in die Installationsdatei mit eingepackt und beim Installieren der Runtime automatisch installiert.

Bild 10.25 Verwalten von Treibern einer Runtimeversion

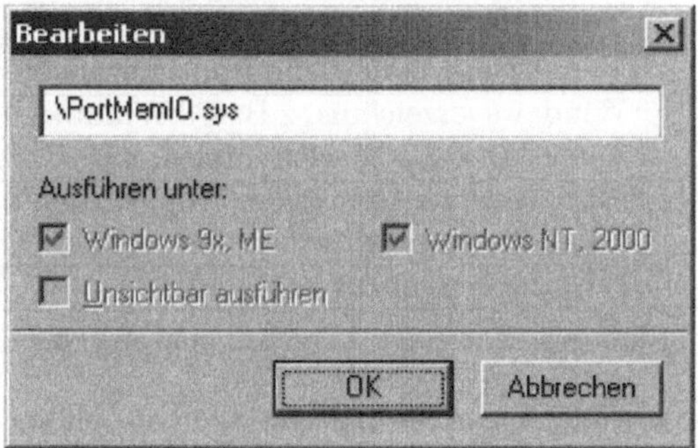

Bild 10.26 Bearbeiten von Treibern einer Runtimeversion

Neben Treibern gibt es auch die Möglichkeit, eigene Registrierungseinträge in die Installation aufzunehmen. Die gewünschten Daten und Schlüssel müssen dazu im Registry Editor (`RegEdit.exe`) exportiert und gespeichert werden. Bei Windows 2000 und XP ist darauf zu achten, beim Exportieren das Format *RegEdit 4* anzugeben, damit sie auch in Win9x funktionieren. Diese REG-Dateien können anschließend mit der Schaltfläche *Registry* bearbeitet werden. Dabei werden dieselben Dialoge wie bei den Treibern verwendet. Es kann hier zusätzlich angegeben werden, für welches Betriebssystem der Treiber installiert werden soll.

Da beim Erzeugen der Runtimeversion noch nicht bekannt ist, auf welchem Rechner und in welchem Verzeichnis das Programm installiert wird, ist es nicht möglich, in der Registry auf Pfade oder Dateien der installierten Version zu verweisen. ICONNECT bietet jedoch die Möglichkeit, in den REG-Dateien Umgebungsvariablen zu verwenden, die bei der Installation durch die aktuellen Verzeichnisse ersetzt werden. Um welche Variablen es sich dabei handelt, wird in den nächsten Absätzen beschrieben.

Schließlich gibt es noch die Schaltfläche Programme, in der beliebige Programme, Kommandos und Skripte angegeben werden können. Diese werden bei der Installation ebenfalls ausgeführt. Beispiele für ausführbare Programme sind weitere Installationsprogramme, die für die Funktion der Applikation notwendig sind, oder selbst entwickelte Anwendungen, die noch weiterführende Initialisierungen oder Installationen vornehmen. Grundsätzlich kann in dieser Sektion jede ausführbare Datei, z.B. `*.EXE`, `*.COM` oder `*.BAT` angegeben werden.

Zusätzlich können hier auch Kommandos der Eingabeaufforderung eingegeben werden. Das sind z.B. `copy`, `del`, `rename` oder `remove`. Der Befehl `copy` z.B. kann dazu verwendet werden, um eine Support-DLL, die für den Betrieb der Applikation notwendig ist, an die richtige Position zu kopieren. Wurde sie beim Erzeugen der Runtimeversion ins Quellverzeichnis kopiert, wird sie bei der Installation automatisch in das Verzeichnis `Program` kopiert und kann von dort in das Hauptverzeichnis der Applikation kopiert werden. Damit kann sie beim Starten des Programms automatisch geladen werden. Der Eintrag in der Sektion *Programme* sieht dazu wie folgt aus:

```
copy %MAINDIR%\Program\xxx.dll %MAINDIR%
```

Die Variable `%MAINDIR%` ist eine Umgebungsvariable, wie sie schon bei den Registryeinträgen erwähnt wurde. Tabelle 10.1 stellt alle erlaubten Umgebungsvariablen und deren Bedeutung vor.

Variable	Bedeutung
%MAINDIR%	Verzeichnis, in dem die Runtimeversion installiert wird
%WINDIR%	Windowsverzeichnis, z.B. C:\Windows
%SYSDIR%	Verzeichnis für Systemdateien, z.B. C:\Windows\System32
%STARTMENUDIR%	Startmenüverzeichnis der Applikation, falls weitere Einträge hinzugefügt werden sollen
%DESKTOPDIR%	Desktopverzeichnis

Tabelle 10.1 Umgebungsvariablen zur Unterstützung einer Runtime-Installation

Wie schon bei den Treibern und Registrierungseinträgen dienen auch hier wieder die beiden bekannten Dialoge zum Bearbeiten der Einträge. Zusätzlich kann angegeben werden, ob die Kommandos sichtbar oder unsichtbar ausgeführt werden sollen. Das bietet sich besonders bei Kommandozeilenbefehlen an, da das Erscheinen einer Eingabeaufforderung während der Installation den Anwender möglicherweise irritiert.

Benötigte Systemdateien

ICONNECT wurde mit Microsoft Visual C++ entwickelt. Deshalb werden für den Betrieb Systemdateien benötigt. Diese müssen jedoch nicht vom Entwickler der Runtimeversion mitgeliefert und installiert werden, sondern sie werden automatisch an das Installationsprogramm hinzugefügt und bei der Installation auf dem Zielsystem hinzugefügt. Dabei wird beachtet, dass keine neuere Version der Systemdateien durch ältere Versionen überschrieben wird.

Installation und Deinstallation

Nachdem die Runtimeversion fertig gestellt ist, kann mit der Schaltfläche `Erstellen` die Installationsdatei erzeugt werden. Diese kann z.B. per CD oder Email an den Kunden geschickt werden. Durch einen Doppelklick auf die Datei wird das Installationsprogramm geöffnet. Bild 10.27 zeigt den dabei erscheinenden Dialog.

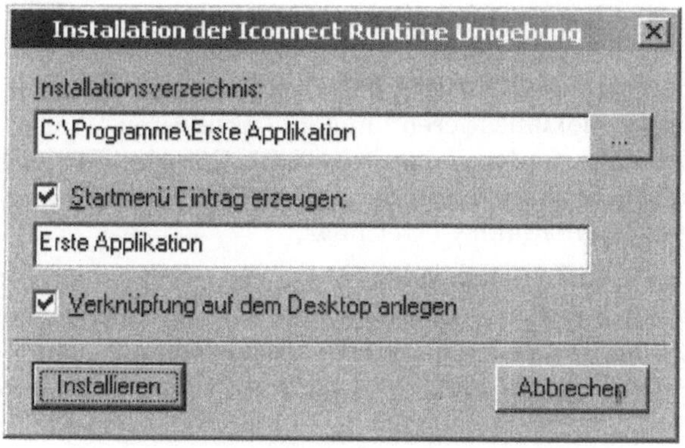

Bild 10.27 Installieren der Runtimeversion

Der Parameter *Installationsverzeichnis* gibt an, wohin die Runtimeversion installiert werden soll. Durch die Schaltfläche daneben kann ein Verzeichnis ausgewählt werden. Soll ein Startmenüeintrag erstellt werden, so ist das Kontrollkästchen *Startmenü Eintrag erzeugen* anzuwählen. Daraufhin wird ein Eingabefeld aktiv, in dem der Name des Startmenüs angezeigt wird und verändert werden kann. Als Standard wird der Name der Applikation vorgeschlagen. Wird kein Startmenüeintrag erzeugt, wird hier auch der Eintrag für die Deinstallation nicht erzeugt (er ist jedoch trotzdem in der Systemsteuerung vorhanden).

Soll anstatt eines Startmenüeintrags oder zusätzlich dazu ein Bild (Icon) auf dem Desktop erscheinen, muss das Kontrollkästchen *Verknüpfung auf dem Desktop anlegen* aktiviert werden. Diese Verknüpfung vereinfacht das Starten der Anwendung sehr, da der Benutzer das Startmenü nicht aufklappen und darin suchen muss.

Durch die Schaltfläche Installieren wird die Installation abgeschlossen. Wurde beim Erstellen *Lizenzierung vornehmen* angegeben, so wird anschließend das Lizenzierungsprogramm gestartet. Der Benutzer wird dabei aufgefordert, seine Lizenzdiskette einzulegen und die Lizenzierung durchzuführen. Anschließend ist die Anwendung bereit für den Einsatz.

Wurde beim Erzeugen der Runtime *Deinstallation* angegeben, so kann die Applikation auch wieder automatisch entfernt werden. Dazu genügt es, den Punkt *Deinstallation* im Startmenü oder den Eintrag in der Systemsteuerung über das Symbol *Software* aufzurufen. Nach der obligatorischen Abfrage, ob sich der Benutzer sicher ist, werden zuerst alle Treiber deinstalliert, anschließend die Startmenüeinträge und Desktop-Verknüpfungen entfernt, alle Dateien und Unterverzeichnisse im Programmverzeichnis gelöscht und schließlich das Programmverzeichnis selbst entfernt.

Achtung! Bei der Deinstallation ist darauf zu achten, dass sich keine wichtigen Daten mehr im Programmverzeichnis befinden, da diese gelöscht werden.

Wurde bei der Installation der Dongletreiber installiert, wird jetzt nachgefragt, ob dieser ebenfalls entfernt werden soll. Das sollte nur dann mit Ja bestätigt werden, wenn keine weitere **ICONNECT**-Version oder Runtime installiert ist. Andernfalls kann diese nur noch in der Demoversion ausgeführt werden.

10.8 Dokumentation speichern

Nachdem eine Applikation in ICONNECT erstellt wurde, ist es für viele Entwickler
wichtig, ihre Arbeit zu dokumentieren und zu archivieren. Auch die Zertifizierung
nach DIN EN ISO 9002 erfordert eine Dokumentation des Projekts. Eine gute Hilfe leistet das Dokumentationswerkzeug in ICONNECT. Es ist über den Menüpunkt
DATEI|DOKUMENTATION SPEICHERN erreichbar.

Damit ist es möglich, einen kompletten Signalgraphen inklusive aller seiner Module und
Parameter in textueller Form zu speichern. Zur besseren Übersicht ist das Archiv als
Baumstruktur aufgebaut. Jeder neue Ast in diesem Baum ist um einige Leerzeichen
weiter eingerückt als der übergeordnete. Ist ein Ast zu Ende, wird die Einrückung wieder
verringert.

Jeder Parameter ist in einer eigenen Zeile gespeichert. Dabei wird zuerst der Name des
Parameters gefolgt von einem Doppelpunkt und anschließend der Wert geschrieben. Der
Wert kann ein Text, eine Ganzzahl oder eine Gleitpunktzahl sein. Zeiger werden hexadezimal dargestellt. Jedoch tritt dieses Format nur bei Binärdaten auf, die sich nicht
textuell repräsentieren lassen.

Die Datei beginnt mit der Zeile *ICONNECT – signal graph*, nach einer Leerzeile kommt
der Name der Applikation und die Dateiversion. Anschließend folgt die Sektion mit den
Signalgrapheigenschaften und den Runtimeeinstellungen. Es folgt die große Sektion der
Module. Vor jeder Liste steht immer erst die Anzahl der Elemente. Das vereinfacht die
automatisierte Weiterverarbeitung in anderen Applikationen.

Jedes Modul stellt seine Modul-ID (Nummer), seinen Namen und seine eindeutige Nummer (*Absolute ID*) dar, gefolgt von den modulspezifischen Parametern. Nach der Modul-
sektion folgen die Verbindungen zwischen den Modulen. Die Nummern für Quell- und
Zielmodul beziehen sich auf die *Absolute ID*. Ist der Signalgraph ein Makro, folgt jetzt
die Makrodefinition. Am Ende werden die Daten für die Visualisierung angefügt.

Nach dieser eigentlichen Dokumentation folgt eine Zusammenfassung, welche Module in
dem Signalgraphen und seinen Makros verwendet wurden. Diese Information kann dazu
verwendet werden, den Start von ICONNECT durch Entfernen unbenutzter Module zu
beschleunigen und den Speicherverbrauch zu verringern. Das macht keinen Sinn bei einer
Runtimeversion, da hier sowieso nur die benötigten Module installiert werden.

Im Folgenden ist ein Auszug eines dokumentierten Signalgraphen zu sehen:

```
ICONNECT - signal graph

Iconnect: 4.31
Signal graph properties:
  Wait after loop (ms): 10
  Desired loop time(ms): 50
  Wait after module (ms): 0
  each module: 1
  ...
Runtime properties:
  Destination file:
  Title:
  License: 0
  Rights: 0
  ...
Modules:
```

```
No. modules: 4
Modules:
  Module 0:
    ID: 53431
    Name: UserInfo1
    Modul:
      Coordinate:
        X: 13
        Y: 10
      Absolute ID: 1
      Symbolic name:
      Breakpoint: 0
      Comment:
      Module data:
        Module data len: 32
        Documentation: UserInfo1: 4.31
                       Priority: 255
  ...
Wires:
  No. wires: 3
  Wires:
    Wire 0:
      Source ID: 3
      Source Port: 0
      Dest ID: 4
      Dest Port: 1
      Precision: 3
      Stream buffer size: 32
      Identifier:
      ...
Used module dlls for signal graph and macros
    .\Flow Control\Stop.dll
    .\Math\Interpret.dll
    .\User Input\FnKey.dll
    .\User Input\Static\UserInfo.dll
```

Da in dieser Datei jeder einzelne Parameter des Signalgraphen archiviert wird, eignet sich dieses textuelle Format auch dazu, Signalgraphen zu rekonstruieren. Es ist also auf jeden Fall sinnvoll, die Dokumentation aller Signalgraphen und Makros zu erstellen und bei den Projektunterlagen zu archivieren.

10.9 Mehrsprachigkeit (Übersetzung von Anwendungen)

In ICONNECT gibt es mehrere Bereiche, die mehrsprachig aufgebaut sind. Das ist zum einen die Entwicklungsumgebung selbst, die nach der Installation auf Rechnern mit deutschsprachigem Betriebssystem in Deutsch und bei allen anderen Sprachen in Englisch startet.

Der Parameter *Sprache* in den Standardeinstellungen von ICONNECT (siehe Bild 10.28) legt die Sprache der Entwicklungsumgebung fest. Die Auswahl *System* verwendet die schon erwähnte Betriebssystemsprache, als Alternative lässt sich explizit die Sprache Deutsch oder Englisch (unabhängig vom Betriebssystem) einstellen.

Achtung! Nach dem Umschalten der Sprache muss ICONNECT neu gestartet werden, damit die Einstellung wirksam wird.

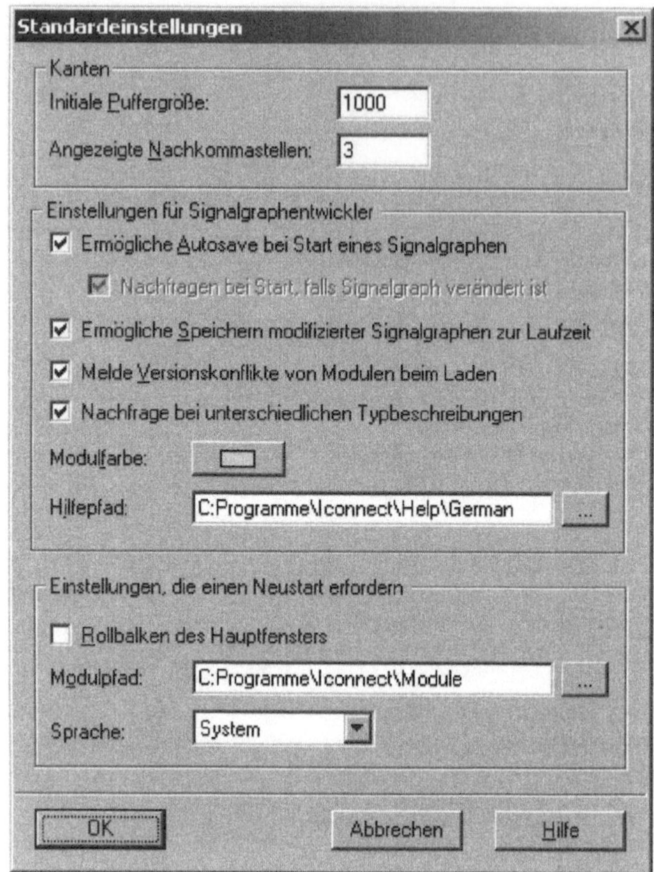

Bild 10.28 Standardeinstellungen von ICONNECT

Ein zweiter Bereich, in dem Sprachumschaltung eine Rolle spielt, ist bei Applikationen zu finden. Sollen eigene Anwendungen in mehreren Ländern mit verschiedenen Sprachen zum Einsatz kommen, so stellt sich über kurz oder lang die Frage, wie verschiedene Sprachen durch die Applikation unterstützt werden.

Eine Möglichkeit ist, die komplette Anwendung zu kopieren und anschließend alle Texte zu übersetzen. Das Problem dabei ist jedoch, dass jede Änderung am Programm in Zukunft für jede Sprache gemacht werden muss. Das erhöht den Aufwand um ein Vielfaches und die Wahrscheinlichkeit, dass dabei Fehler in das Programm eingebaut werden, steigt damit ebenfalls.

Eine andere Möglichkeit ist, alle Texte in eigenen Dateien abzuspeichern und diese zur Laufzeit zu laden. Für einfache Textanzeigen ist das realisierbar. Sollen jedoch Texte in komplexen Visualisierungsmodulen wie **Plot** oder in Eingabedialogen umgeschaltet werden, erweist sich diese Methode als recht'aufwändig.

Es wäre auch denkbar, jedem Modul, das Texte mehrsprachig ausgeben soll, diese als externe Parameter zuzuführen. Jedoch ist auch dieser Vorschlag nicht praktikabel, da nahezu jeder bereits bestehende Signalgraph fast komplett neu entwickelt werden müsste.

Außerdem funktioniert dieser Mechanismus nicht für Module mit variabler Anzahl von Texten. Deshalb wurde in ICONNECT ein erweitertes Konzept integriert.

Modul Translator

Bevor ein Visualisierungselement oder Eingabeelement einen Text am Bildschirm (oder Drucker) darstellt, wird die Oberfläche von ICONNECT gefragt, ob eine Übersetzung für diesen Text vorhanden ist. Sollte das der Fall sein, so wird die Übersetzung ausgegeben. ICONNECT kann diese Anfrage natürlich nicht selbst beantworten, sondern leitet sie an ein spezielles Modul weiter, falls dieses vorhanden ist. Das Modul heißt Translator.

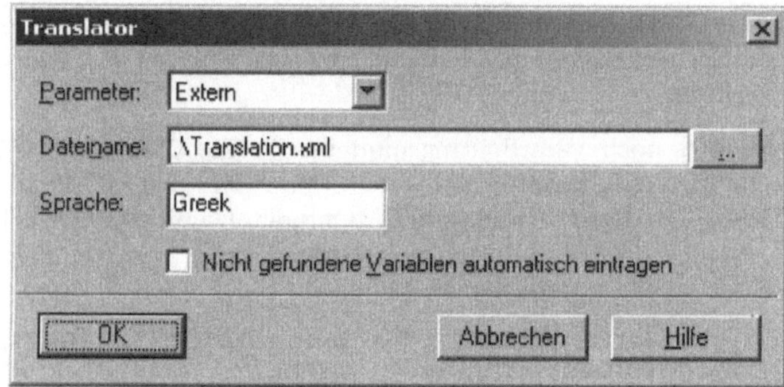

Bild 10.29 Einstellungen des Moduls Translator

Die Parameter des Moduls sind in Bild 10.29 dargestellt. Der Parameter *Dateiname* gibt den Namen der Übersetzungsdatei an. Darin sind die in der Applikation verwendeten Texte sowie die Übersetzung in andere Sprachen vorhanden. Der Parameter *Sprache* legt die gewünschte Sprache fest.

Wird das Modul aufgefordert, einen bestimmten Text zu übersetzen, so sucht es erst in der Datei, ob dieser Text enthalten ist und anschließend nach der Übersetzung für die gewählte Sprache. Ist der Eintrag vorhanden, so wird er verwendet, andernfalls wird der Ursprungstext zurückgegeben.

Anwendungsmöglichkeiten

Folgende Module nutzen das Modul Translator für die Übersetzung:

- Die Module DisplayManager und InputManager übersetzen den Titel des Fensters und alle statischen Texte. Dabei ist zu beachten, dass diese zeilenweise übersetzt werden. Das heißt, jede Zeile wird für sich an den Übersetzer geschickt und das Ergebnis wird dargestellt.

- Die Displays BinaryDisp, DigitalDisp, LinGauge, Meter, Plot, Plot3D und Surface übersetzen den Titel bzw. die Namen der Signale. Das sind die Texte, die auch in den Eigenschaftsdialogen eingegeben werden.

- Das Modul DialogEditor übersetzt seinen Titel, alle statischen Texte (Beschriftungen), alle Listenelemente sowie alle Tooltips. Das sind Fenster, die eingeblendet werden können, wenn die Maus über ein Element des DialogEditors bewegt wird.

- Bei den Eingabeelementen unterstützen die Module Button, CheckBox und alle Module aus der Gruppe List den Translator. Der Button und die CheckBox übersetzen die Beschriftung, die Listenmodule übersetzen ihre Listeninhalte in die gewünschte Sprache. Es ist zu beachten, dass sortierte Listen dabei ggf. ihre Sortierung verlieren (da ansonsten der Index nicht mehr mit dem Element übereinstimmen würde).

- Neben den Anzeige- und Eingabemodulen gibt es noch eine Reihe weiterer Module, die Texte beinhalten oder erzeugen. Auch diese können den Translator zur Übersetzung verwenden. Texte erzeugt und ausgegeben werden im Modul Const, EMail, LogEvent, NTMsg, SaveTable, SMS und WinCtrl. Eigene Dialoge mit Texten oder ähnliches werden von den Modulen DynFileDlg, FolderDlg, Menu und MsgBox dargestellt. Auch hier werden dargestellte Texte übersetzt. Es ist zu beachten, dass der Dialog von DynFileDlg ein Standarddialog von Windows ist. Deshalb erscheint er in der Sprache des Betriebssystems. Lediglich der einstellbare Filter kann automatisch übersetzt werden.

- Schließlich gibt es noch Verarbeitungsmodule, die das Übersetzen von Texten ermöglichen. Im Bereich Skripting ist es das Modul Interpret, sowie alle seine abgeleiteten Module im Bereich Hardware IO\Interpret. Damit können beliebige Texte übersetzt werden, indem sie durch das Modul geleitet werden. Folgendes kleine Programm ist dazu im Interpret notwendig:

```
input trigger iText("TYPEINFO", "TypeInfo", "UBYTE[]", "Text");
output oText("TYPEINFO", "TypeInfo", "UBYTE[]", "Text");

char buf[100];

execute
 {
 if (strTranslate (buf, iText)) // buf wird vergrößert, wenn nötig
  oText << buf;
 else
  oText << iText;
 }
```

Das Modul Interpret wird häufig verwendet, um eigene Ausgabetexte zu erzeugen. Mit dem Translator und der Übersetzungsfunktion ist es möglich, auch diese Texte mehrsprachig zu erzeugen. Eine weitere etwas einfachere Möglichkeit der Übersetzung bietet das Modul StrOp. Mit der Operation *Translate* leistet es dasselbe wie der eben vorgestellte Interpret-Code.

Schließlich kann auch das Modul TimeConvert den Translator nutzen, um die Texte in den Eingabefeldern *S1* und *S2* nach dem Erstellen zu übersetzen.

Anwendung des Moduls Translator

Um den Übersetzungsmechanismus zu verwenden, reicht es, das Modul Translator aus der Gruppe Data IO\Applikation zu verwenden. Es spielt dabei keine Rolle, ob das Modul im gleichen Signalgraphen oder Makro vorhanden ist wie die Module mit den zu übersetzenden Texten. Der Signalgraph mit dem Modul Translator muss nicht einmal gestartet sein, er arbeitet auch im gestoppten Modus.

Außerdem können beliebig viele **Translator**-Module gleichzeitig verwendet werden. Sie werden der Reihe nach gefragt, ob sie die gewünschte Übersetzung durchführen können. Sobald eines der Module den gewünschten Eintrag in der XML-Datei findet, gibt es die Übersetzung zurück.

Wie schon erwähnt, legt der Parameter *Sprache* die gewünschte Sprache der Übersetzung fest. Um eine Applikation in eine andere Sprache zur Laufzeit umzuschalten, muss dieser Parameter geändert werden. Dazu ist das Listenfeld *Parameter* auf *Extern* zu schalten. Am Eingang EXT kann jetzt ein **ParamConv** angeschlossen werden. Dieser führt den Parameter `language` nach außen. Von dort kann er mit jedem beliebigen Namen für eine Sprache belegt werden.

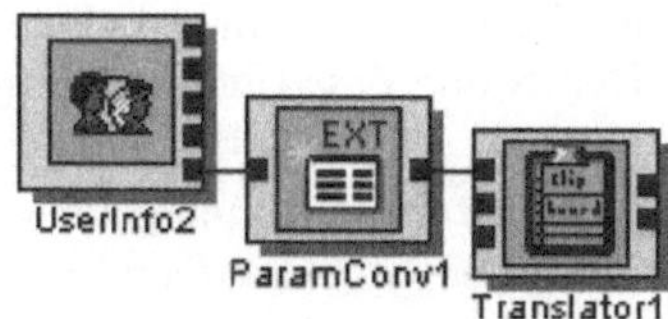

Bild 10.30 Beispiel für die Verwendung des Moduls **Translator**

Bild 10.30 zeigt einen Signalgraphen, in dem ein Translator zum Übersetzen verwendet wird. Die Sprache wird aus den Eigenschaften des angemeldeten Benutzers ausgelesen. Meldet sich der Benutzer ab und ein anderen an, wird seine bevorzugte Sprache vom Modul **UserInfo** ermittelt und an den **Translator** weitergegeben. Der informiert alle Module, dass sich die Sprache geändert hat, worauf diese ihre Inhalte neu übersetzen lassen.

Die Sprache eines Benutzers kann in der Benutzerverwaltung von **ICONNECT** eingestellt werden. Dazu ist der Menüpunkt EXTRAS|BENUTZERVERWALTUNG zu öffnen und dort die gewünschte Sprache einzutragen.

Es gibt noch weitere Möglichkeiten, die Sprache der Applikation zur Laufzeit umzuschalten. Wenn die Umschaltung von einer anderen Applikation aus gesteuert werden soll, kann diese den Sprachnamen in die Registry speichern. Das Modul **LoadKey** kann dazu verwendet werden, den String zu laden und an den **Translator** weiterzugeben. Falls der Anwender die Sprache direkt im Programm umstellen will, kann das Modul **DialogEditor** oder der **InputManager** mit einer **ListBox** verwendet werden. Der Dialog kann bei Bedarf über das Menü eingeblendet werden, der Anwender wählt die gewünschte Sprache aus der Liste aus und der **Translator** schaltet sofort um. Sobald der Benutzer die Sprache ausgewählt hat, schließt er mit der Schaltfläche OK den Dialog.

Wenn die Übersetzungen für verschiedene Sprachen in einzelnen Dateien vorliegen, ist es sinnvoll, für jede Datei ein eigenes Modul Translator zu verwenden, die sich in verschiedenen Signalgraphen befinden. Die Signalgraphen können, abhängig von der ausgewählten Sprache über die Module **Start** und **Stop** aktiviert werden. Damit ist eine externe Parametrierung nicht notwendig.

Format der Übersetzungsdatei

Bisher wurde nur über den Einsatz des Moduls innerhalb von Signalgraphen gesprochen. Ein sehr wichtiger Teil ist jedoch auch die Übersetzungsdatei. Das Format der Datei ist XML (Extensible Markup Language). Da es sich dabei um ein ASCII-Format handelt, kann die Datei mit jedem Texteditor bearbeitet werden. Jedoch gibt es auch zahlreiche XML-Editoren, die das Bearbeiten der Datei vereinfachen.

Das verwendete XML-Format ist im Grunde eine Baumstruktur, genauso wie das Format der Dokumentationsdatei im Abschnitt 10.8. Anstelle der Einrückungen werden Tags verwendet, um einen neuen Ast zu beginnen. Es gibt immer einen Beginn-Tag am Anfang eines Astes und einen Ende-Tag am Schluss. Tags stehen immer zwischen spitzen Klammern, also z.B. *<Tag>*. Der Beginn-Tag wird mit einen Text zwischen den Klammern gekennzeichnet. Der Ende-Tag hat den gleichen Text, jedoch davor noch einen Schrägstrich, z.B. *</Tag>*.

Die XML-Datei beginnt mit dem Tag *<Vars>*. Innerhalb dieses Astes befinden sich alle Texte, jeweils in einer eigenen Tag-Sektion mit dem Namen *<Var>*. Der zu übersetzende Text steht schließlich innerhalb des Tags *<ID>*. Für jede Sprache, in die übersetzt werden soll, existiert ein weiteres Tag. Der Name des Tags ist die gewünschte Sprache (so wie sie auch im Translator angegeben wird). Innerhalb des Tags steht die Übersetzung. Es können also in der XML-Datei pro Einzeltext beliebig viele Übersetzungen eingetragen werden. Für jeden Text können außerdem verschiedene Sprachen angegeben werden.

Folgendes Beispiel zeigt eine Übersetzungsdatei mit mehreren Einträgen. Bei den ersten beiden wurde als *<ID>* ein Name verwendet, der in die jeweilige Sprache übersetzt werden soll.

```
<Vars>
  <Var>
    <ID>Prompt</ID>
    <English>Enter your name:</English>
    <German>Geben Sie Ihren Namen ein:</German>
  </Var>
  <Var>
    <ID>Message</ID>
    <English>Your query will be processed</English>
    <German>Ihre Anfrage wird bearbeitet</German>
  </Var>

  <Var>
    <ID>Klicken Sie auf Speichern, um die Eingaben zu übernehmen.</ID>
    <English>Click on Save to accept your input.</English>
  </Var>

  <Var>
    <ID>$VAR1</ID>
    <German>Apfelbaum</German>
    <English>Apple tree</English>
  </Var>
  <Var>
    <ID>%VAR2</ID>
    <German>Tisch</German>
    <English>Table</English>
  </Var>
</Vars>
```

Für eine bestehende Applikation, die nachträglich mehrsprachig gemacht werden soll, ist es ziemlich aufwändig, alle Texte durch Variablen zu ersetzen. Deshalb ist es auch möglich, ganze Texte (inkl. Leerzeichen) in dem Tag *<ID>* anzugeben. Beim dritten Eintrag ist die *<ID>* schon der deutsche Text. Somit wird nur noch die englische Übersetzung benötigt. Der deutsche Text in <*ID*> wird immer dann verwendet, wenn keine passende Übersetzung gefunden wird.

Am Ende der Datei stehen zwei weitere Einträge, denen je ein Sonderzeichen vorangestellt sind. Diese Art der Kennzeichnung von Texten kann sinnvoll sein, wenn normale (nicht zu übersetzende) Texte mit Variablen gemischt sind. Durch die Voranstellung eines Sonderzeichens kann der Entwickler besser zwischen Originaltexten und Variablennamen unterscheiden.

Konzeption der Übersetzungsdatei

Im letzten Abschnitt wurde schon erwähnt, dass eine Applikation auch mehrere Instanzen des Moduls **Translator** verwenden kann. Dadurch ergeben sich einige besondere Vorteile:

- Eine Anwendung muss nicht komplett auf einmal übersetzt werden. Somit können einzelne Komponenten in einer XML-Datei zusammengefasst werden, während andere erst später (und ggf. von anderen Personen) überarbeitet werden. Außerdem erleichtert es die Zusammenführung von Programmteilen, die getrennt entwickelt wurden. Wenn sichergestellt ist, dass die Texte in den <*ID*>'s unterschiedlich sind, sind keine weiteren Anpassungen notwendig.

- Wenn für mehrere Übersetzungen verschiedene Übersetzungsbüros beauftragt werden, kann jedes Büro seine Übersetzung in einer eigenen Datei vornehmen. Es ist nicht notwendig, diese Dateien am Ende wieder zu einer zusammenzuführen. Das erleichtert auch die nachträgliche Erweiterung der Applikation um weitere Texte. Soll zu einem späteren Zeitpunkt noch eine weitere Sprache unterstützt werden, muss nur eine weitere Datei und ein neues Modul angelegt werden, die bestehenden Dateien und Module bleiben unverändert.

Erzeugen einer Übersetzungsdatei

Beim Erstellen einer Applikation stehen hauptsächlich funktionelle Aufgaben im Vordergrund. Eine Adaption an andere Sprachen wird dabei häufig vernachlässigt oder an das Ende der Entwicklung gestellt. Auch gibt es häufig Anwendungen, die ursprünglich nur für einen Kunden oder einen kleinen Kundenkreis gedacht waren. Zur weiteren Verbreitung soll das Programm schließlich in mehreren Sprachen zur Verfügung stehen.

Um nachträglich alle Texte in Fenstern, Dialogen und diversen Modulen zu übersetzen, muss jedes Modul der Applikation genau untersucht werden. Das ist ein großer Aufwand. Zur Vereinfachung wurde in das Modul **Translator** ein Mechanismus integriert, der die Texte bei nicht gefundenen Übersetzungen in die XML-Datei einträgt.

Damit wird für den Entwickler das Erstellen der Einträge vereinfacht. Er muss nur das Modul **Translator** integrieren, eine XML-Datei auswählen und das Kontrollkästchen *Nicht gefundene Variablen automatisch eintragen* auswählen. Nach dem Start der Applikation sollten alle Fenster und Dialoge einmal geöffnet werden, damit alle Texte zur Übersetzung an den Translator geschickt werden.

Als Ergebnis wird eine XML-Datei generiert, die alle vorkommenden Texte beinhaltet. Diese kann ohne weiteren Aufwand an ein Übersetzungsbüro weitergeben werden, das zu jedem Eintrag eine Übersetzung hinzufügt. Anschließend wird diese Datei wieder in die Applikation kopiert. Damit ist die Übersetzung fertig. Wird die Anwendung später erweitert oder verändert, kann dasselbe Verfahren wieder verwendet werden. Da nur Texte eingetragen werden, deren Übersetzung nicht gefunden wurde, gibt es keine doppelten Einträge in der Datei. Auch das Übersetzungsbüro hat keinen Mehraufwand, da es auch nur die Einträge übersetzen muss, für welche die Übersetzungen noch fehlen.

Tipps

Soll das Modul Translator seine XML-Datei zur Laufzeit erneut laden (falls Änderungen daran vorgenommen wurden), so kann der Eingang Reload verwendet werden. Der Ausgang Error kann zur Weiterverarbeitung von Fehlern, z.B. Datei nicht gefunden, benutzt werden. Wird dieser Ausgang nicht verbunden, führt ein Fehler zum Abbruch des Signalgraphen. Im Gegensatz dazu dient der Ausgang Warning nur zur Information. Dort werden Texte ausgegeben, für die keine Übersetzung gefunden wurde.

Sollen bestimmte Texte explizit *nicht* übersetzt werden, so sind die beiden Zeichen „\$" vor dem eigentlichen Text zu setzen. Der Text wird zwar an das Modul Translator weitergegeben, dieses entfernt jedoch nur die beiden Sonderzeichen und gibt den Rest unverändert zurück.

Achtung! Besonders wichtig ist, bei dem zu übersetzenden Text auf Groß- und Kleinschreibung zu achten. Wenn diese nicht mit der innerhalb des Tags <ID> zusammenpasst, wird auch keine Übersetzung durchgeführt.

Genauso wichtig ist, bei Verwendung eines normalen Texteditors zur Bearbeitung der XML-Datei keine Sonderzeichen für die Texte und deren Übersetzung zu verwenden. Das gilt auch für Umlaute (ä, ö, ü, ...). Diese müssen entsprechend der XML-Syntax „gequoted", also durch Zusatzzeichen gekennzeichnet werden. Wenn ein XML-Editor verwendet wird, erledigt der diese Aufgabe.

Da in der XML-Datei keine mehrzeiligen Texte angegeben werden können und keine Tabulatoren möglich sind, können für diese Konstrukte Ersetzungszeichen angegeben werden. Diese beginnen immer mit einem „\". Tabelle 10.2 listet alle möglichen Ersetzungen auf.

Zeichen	Bedeutung
\t	Wird durch einen Tabulator ersetzt
\r	Wird durch einen Wagenrücklauf (Carrige Return) ersetzt
\n	Wird durch einen Zeilenvorschub (Line Feed) ersetzt
\\	Wird durch einen einzelnen \ ersetzt

Tabelle 10.2 Ersetzungszeichen in den Übersetzungstexten der XML-Datei

Das Modul Translator nutzt das Paket MSXML von Microsoft, das mindestens in der Version 3, Service Pack 2 vorhanden sein muss. Ab dem Internet Explorer 5.5 wird diese Komponente automatisch installiert.

Falls MSXML nicht vorhanden ist, kann die Komponente direkt von der ICONNECT-CD installiert werden. Sie befindet sich im Verzeichnis Support\XML und ist dort in Deutsch oder Englisch verfügbar. Sie ist für alle Microsoft Betriebssysteme geeignet und benötigt zur Installation den Microsoft Installer, der ebenfalls auf der CD im Verzeichnis Support\MSI zu finden ist.

10.10 Hierarchische Programmierung – Makros

In Abschnitt 3.2.1 wurde die Verwendung von Makros eingeführt und an einfachen Beispielen gezeigt. Im folgenden werden speziellere Anwendungen von Makros und Lösungsmöglichkeiten für einzelne „Probleme" dargestellt.

Parametrisierte Makros

Um Makros möglichst allgemein einsetzen zu können und damit so etwas wie eine „Makrobibliothek" zusammenstellen zu können ist es notwendig möglichst wenige Annahmen über Moduleinstellungen innerhalb des Makros zu treffen. Damit jedoch müssen alle Daten von außen, d.h. vom übergeordneten Signalgraphen getroffen und in den Makrographen geschickt werden. Das wiederum bedeutet viele Verbindungen an das Makromodul, die die eigentliche Funktion des Makros verdecken können.

Geschickter ist es eine Menge von Standardeinstellungen über ein Modul **Bus** zu einer Verbindung zusammenzufassen und nur diese Verbindung an das Makromodul anzuschliessen. Dann können die „wichtigen" Verbindungen zusätzlich an das Makromodul geführt werden und sind deutlicher sichtbar.

Das Modul **Bus** wird hier in beiden Varianten verwendet: eingestellt als Sender wirkt es wie ein Konzentrator, eingestellt als Empfänger jedoch wird die eine Verbindung wieder auf ihre Einzelverbindungen aufgetrennt.

Verbindungen mit polymorphen Modulports

Wie in Abschnitt 3.2.1 beschrieben wurde, besitzen Makroports zunächst keinen definierten Typ. Problematisch kann nun der Fall werden, wenn auch der andere Modulport, mit dem der Makroport verbunden werden soll, keinen Datentyp besitzt. Bei Ketten von polymorphen Modulports kann **ICONNECT** die durchgängige Typsicherheit nicht mehr sicherstellen, weshalb **ICONNECT** keine Verbindungen zwischen polymorphen Modulports erlaubt.

Dies würde die Arbeit z.B. mit dem Modul **ParamConv**, das verschiedene Parameter zu einer Verbindung verschmelzen kann, in nicht unerheblicher Weise behindern. Um dennoch eine Verbindung zwischen einem polymorphen Modulport und einem Makroport erstellen zu können, gibt es deshalb folgende Möglichkeiten:

- Hilfsverbindung im Makro
  Der Makroport wird zunächst mit einem anderen Modul, das schon einen Typ besitzt, verbunden. Damit erhält der Makroport dessen Datentyp und kann dann dem polymorphen Modul verbunden werden. Das Hilfsmodul kann dann gelöscht werden.

  Dieser Weg funktioniert nur für Makroeingangsports, da nur diese mit mehreren anderen Modulen im Makro verbunden werden können.

- Verbindung außerhalb des Makros
  Dieses Problem tritt bei der Verbindung eines Moduls **ParamConv** mit einem Makroausgangsport auf.

Zunächst ist der Makroausgangsport zu erstellen. Dann wird das Makro abgespeichert und im übergeordneten Signalgraphen, der das zugehörige Makromodul beinhaltet, wird die Operation MAKROS|ALLE MAKROS AKTUALISIEREN durchgeführt. Damit erhält das Makromodul einen entsprechenden Port, der zunächst keinen Datentyp besitzt. Dieser Modulport wird dann mit dem **EXT**-Eingang eines Anzeigeelements verbunden. Damit erhält der Modulport des Makromoduls den entsprechenden Datentyp und somit auch der Makroport. Dann kann der Makroport, der nun einen Datentyp besitzt, mit dem datentyplosen Modulport im Makro verbunden werden.

Dieser Weg ist etwas aufwändiger, funktioniert dafür in jeglicher Konfiguration. Die Reihenfolge der Operationen ist dabei wichtig.

Der Makroport „vergißt" den eigenen Datentyp erst dann, wenn alle Verbindungen gelöscht wurden. „Alle" bedeutet in diesem Zusammenhang wirklich alle Verbindungen in allen Signalgraphen.

Ersetzen eines Moduls

Das Ersetzen eines Moduls durch ein anderes kann sehr aufwändig werden, vor allem, wenn hierbei lange Verbindungen eingefügt werden müssen. In solchen Fällen bietet sich der Einsatz eines temporären Makros an.

Hierzu wird das zu ersetzende Modul markiert und über die Funktion MAKROS|MAKRO DEFINIEREN in ein Makro „weggeklappt". Innerhalb des Makros werden dann die Verbindungen vom zu ersetzenden Modul auf ein neues Modul „umgebogen". Nachdem im Makro das zu ersetzende Modul gelöscht wurde, kann das Makro im übergeordneten Signalgraphen über die Operation MAKRO AUFLÖSEN wieder aufgelöst werden.

Hinweis: dieser Weg ist für Anzeige- und Eingabemodule leider nicht möglich.

10.11   Debugginghilfen von **ICONNECT**

In Abschnitt 3.2.2 wurde schon beschrieben, wie der **ICONNECT**-eigene Debugger eingesetzt werden kann. Daneben stellt **ICONNECT** auch spezielle Module zur Verfügung, um nicht nur Debugginginformationen, sondern auch Statusinformationen über einen ablaufenden Signalgraphen zu gewinnen.

Das am einfachsten einzusetzende Modul ist **Spy**. Es besitzt nur einen Dateneingang, der mit allen Datentypen verträglich ist und deshalb mit jedem Modulausgang verbunden werden kann. Es entspricht praktisch den in Programmiersprachen gerne eingesetzten `printf`-Anweisungen.

Standardmäßig wird bei Eintreffen von neuen Daten die bisherige Anzeige gelöscht. Über den Menüpunkt ANSICHT|ANFÜGEN oder die Taste $\boxed{\text{ENTF}}$ jedoch kann **Spy** so eingestellt werden, dass die neuen Daten an die schon von **Spy** empfangenen und angezeigten angefügt werden. Damit können alle Daten, die ein Modul während eines Signalgraphenablaufs ausgibt, mitprotokolliert werden. Nach Markieren des zu kopierenden Textes können die Daten mittels der Taste $\boxed{\text{STRG-C}}$ in die Zwischenablage von Windows überführt werden und in einem beliebigen anderen Programm weiterverarbeitet werden.

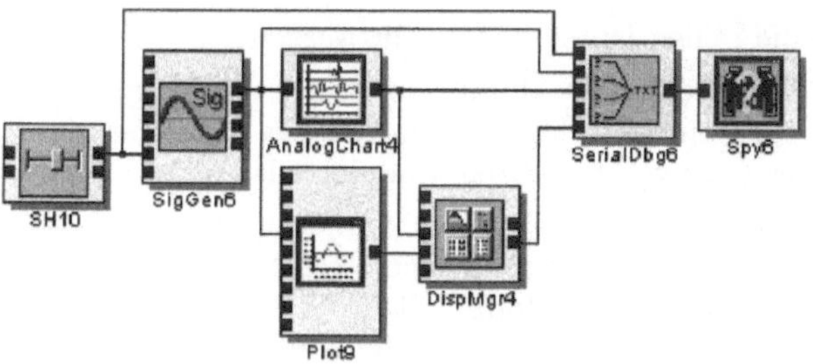

Bild 10.31 Signalgraph mit Modulen SerialDbg und Spy

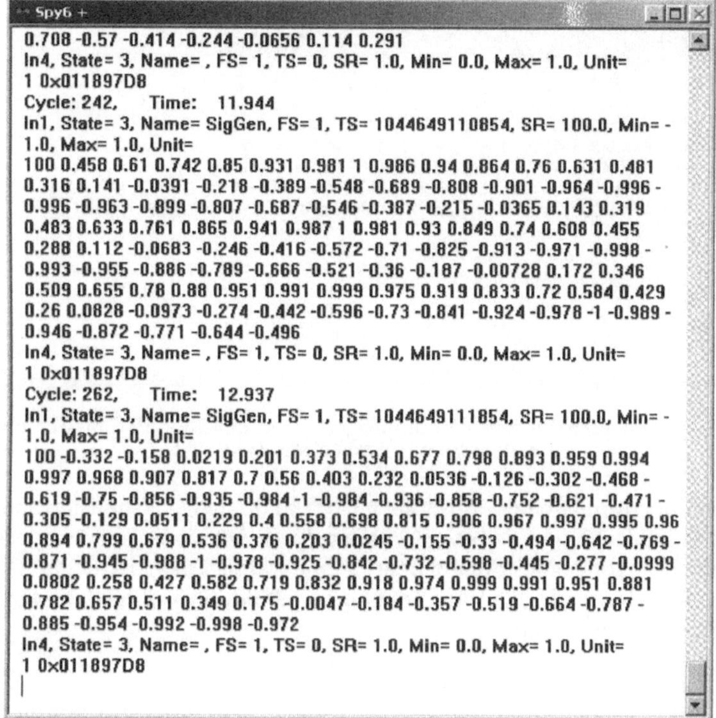

Bild 10.32 Anzeige des Moduls Spy aus dem Signalgraphen aus Bild 10.31

Da jedes Modul **Spy** ein eigenes Fenster auf der **ICONNECT** Oberfläche öffnet, können diese sehr schnell unübersichtlich werden. Deshalb können die Debuggingausgaben mehrerer Module über das Modul **SerialDbg** (Bild 10.31) zu einem Fenster zusammengefasst werden. Die interessanten Modulausgänge werden über das Modul **SerialDbg** zu einem Datenstrom zusammengefasst, der dann in einem vom Modul **Spy** dargestellen Fenster angezeigt werden kann (Bild 10.32). Gleichzeitig wird der angezeigte Datenstrom um weitere Informationen wie z.B. einem Zeitstempel angereichert. Somit kann praktisch die Ausführung eines Signalgraphen direkt nachverfolgt werden. Daneben könnten die Debuggingdatenströme natürlich auch über ein Modul **Bus** zu einem Strom zusammengeschalten werden. Dabei werden die Informationen jedoch nicht mehr so übersichtlich dargestellt, da nun die reinen Daten dargestellt werden.

Etwas eingeschränkter arbeitet das Modul Join in diesem Zusammenhang, da es nur mit bestimmten Datentypen umgehen kann. Dafür kann es nützliche Dienste im Zusammenfassen der **Error** Ausgänge von mehreren Modulen leisten.

Daneben können über das Modul TI alle Typinformationen einer Verbindung einzeln abgefragt werden und entsprechend verarbeitet werden. Visuell angezeigt werden können diese Informationen über das Modul TIDisp, das zusätzlich sogar in einem Modul DisplayManager auf der Oberfläche einer Applikation angeordnet werden kann.

Neben dem Einsatz von speziellen Modulen, um Debugginginformation anzeigen zu können, stellt auch der Debugger selbst das Hilfsmittel eines Variablenfensters zur Verfügung (Bild 10.33).

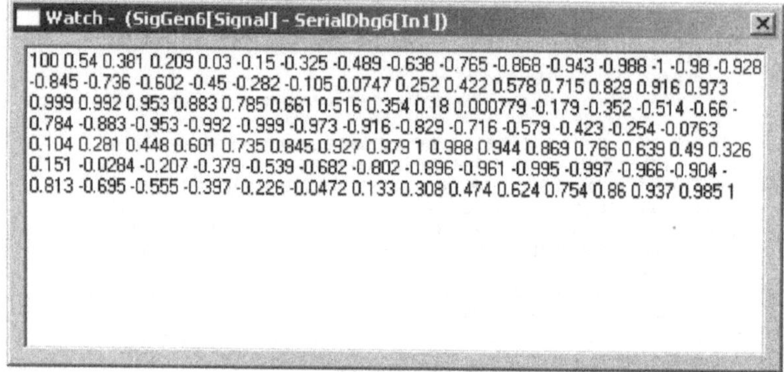

Bild 10.33 Variablenfenster zur Verbindung zwischen den Modulen SigGen und SerialDbg aus dem Signalgraphen aus Bild 10.31

Allerdings wird der Inhalt eines Variablenfensters nur dann aktualisiert, wenn im Einzelschrittmodus im Debugger selbst gearbeitet wird. Damit ist dieses Variablenfenster nicht direkt zur Kontrolle eines ablaufenden Signalgraphen das Mittel der Wahl, sondern dient zur schnellen Kontrolle der Daten auf einer Verbindung, ohne dass der Signalgraph selbst verändert werden müsste.

11   Anwendungsbeispiele
A. Bauhofer, H. Farr, R. Hesse, A. Liebl, B. Sick, A. Sonntag und M. Wimmer

In diesem Kapitel werden verschiedene, insbesondere industrielle Anwendungsbeispiele von ICONNECT näher beschrieben, um die vielfältigen Einsatzmöglichkeiten dieses Komponentenframeworks zu demonstrieren. Im Einzelnen werden folgende Beispiele vorgestellt und besprochen (hier entsprechend der Reihenfolge in diesem Kapitel):

- verschiedene Systeme, die (allerdings manchmal erst bei näherer Betrachtung erkennbar) sich mit Dickenmessung in irgendeiner Form beschäftigen (Foliendickenmessung, Lagerschalenkontrolle, Messung der Planität von Displayglas u.a.),

- ein System zur Prüfung von Xenon-Lampenstartern,

- ein Prüfstand für einen pneumatischen Aktor,

- ein System zur Qualitätskontrolle einer flexiblen Kunststoffleitung,

- ein Verfahren zur Qualitätskontrolle von Getränkedosen,

- die VIDEO^{CONTROL} Tafelzentrierung (mit einem Anwendungsbeispiel, das sich mit der Positionierung von Blechtafeln vor einem Stanzvorgang beschäftigt),

- die VIDEO^{CONTROL} Ovalitätsprüfung (beispielsweise eingesetzt zur Vermessung von Aluminiumrohren),

- *vision4Automation*, ein Bildverarbeitungs-Messsystem zur dimensionellen Messung geometrischer Größen, und

- die Regelung eines inversen Pendels.

11.1   Systeme zur Dickenmessung mit ICONNECT

In diesem Kapitel werden Systeme von Micro-Epsilon Messtechnik (Abteilung Systeme) vorgestellt, deren softwaretechnische Komponente mit ICONNECT realisiert worden ist. Diese Systeme werden zur Messung geometrischer Größen eingesetzt, die von der Wegmessung abgeleitet werden können, wie beispielsweise Dicke, Planität oder Konzentrizität. Von Micro-Epsilon Messtechnik wurden die Maschinen, die elektrische Steuerungstechnik und die Wegmesstechnik entwickelt und gefertigt. Außerdem wurde die Steuerungs- und Analysesoftware in ICONNECT implementiert. Die Systeme werden eingesetzt zur Prozesskontrolle, Prozessregelung, sowie in der Qualitätssicherung. Bevor die einzelnen Applikationen diskutiert werden, wird die Programmstruktur der ICONNECT-Anwendungen erläutert, da für diese Zwecke ein Konzept ausgearbeitet wurde, das die Stärken von ICONNECT in größtmöglichem Umfang nutzt.

11.1.1   Struktur der ICONNECT-Applikationen

Ein System zur Messung geometrischer Größen im industriellen Bereich verfügt immer über ein Hardware-Interface zur Akquisition von Messdaten, die in Form von analogen Spannungssignalen vorliegen. Diese Messdaten werden mit Datenraten im kHz-Bereich eingelesen, in einem FIFO-Speicher auf der Messkarte zwischengespeichert und anschließend blockweise über ein virtuelles Device einem ICONNECT-Modul übergeben. Dieser Funktionsbereich ist der wichtigste in der gesamten Applikation und bekommt deswegen die höchste Priorität.

Ferner ist auch ein digitales Interface zur Ein- und Ausgabe von Steuersignalen notwendig. Im Gegensatz zu Messdaten wird hier auf einzelne Werte reagiert, die sich im ms-Bereich ändern. Somit ergibt sich zwischen dem analogen und dem digitalen Interface ein deutlicher Unterschied in der Zyklus- und Reaktionszeit. Während beim analogen Interface aufgrund der blockorientierten Verarbeitung die Zykluszeit lang und die Reaktion aufgrund des FIFO-Zwischenspeichers langsam ist, muss beim digitalen Interface sehr schnell reagiert werden, und der Zyklus ist wegen der Einzelwertverarbeitung sehr kurz. Somit benötigen die beiden Aufgaben jeweils eigene Signalgraphen, die nebenläufig abgearbeitet werden und entsprechend ihren Anforderungen parametrisiert werden müssen.

In der Regel besitzen Systeme, wie sie hier diskutiert werden, eine Datenbank, in der Rezepturen, Materialien bzw. Teile und Aufträge verwaltet werden. Diese Datenbank wird ebenfalls in einem eigenen Signalgraphen programmiert. Da hier auf die Eingabe von Menschen reagiert, bzw. nur zum Anfang der Messung für eine etwaige Parametrisierung eine Datenverarbeitung durchgeführt wird, kann dieser Signalgraph mit niedrigster Priorität bearbeitet werden.

Für die weitere Eingabe von Daten durch den Benutzer wird ebenfalls ein eigener Signalgraph entwickelt. Hier werden alle Eingabedialoge zusammengefasst, bzw. der Aufruf von flankierenden (zusätzlichen) Programmen integriert, wie z.B. Microsoft Explorer oder Acrobat Reader zur Visualisierung der Online-Dokumentation. Für die Priorisierung gelten die gleichen Richtlinien wie für den Signalgraph der Datenbank.

Alle Systeme arbeiten mit zwei unterschiedlichen Modi. Zum einen verfügen sie über einen *Einrichtbetrieb*. In dieser Funktion werden die Signale aller Sensoren für den Benutzer im Ruhezustand bzw. Schrittbetrieb visualisiert und er kann alle Aktoren manuell ansteuern. Zum anderen existiert ein *Routinebetrieb*, in dem das System seine Messaufgabe ausführt, die Aktoren automatisch steuert, Daten visualisiert und archiviert. Diese beiden Modi sind ebenfalls in einem eigenen Signalgraph implementiert. Schließlich gibt es noch einen zentralen Signalgraphen, der alle Aufgaben koordiniert und die Benutzerführung mit Menü und Funktionstasten übernimmt.

Die beschriebene Struktur ist in Bild 11.1 zusammenfassend dargestellt.

Die Struktur und der Aufbau der ICONNECT-Programme für die noch zu erläuternden Systeme ist nun klar. Zwei Arten von Systemen werden vorgestellt: Maschinen zur Messung von bandförmigem Material und Automaten zur Messung von Stückgut.

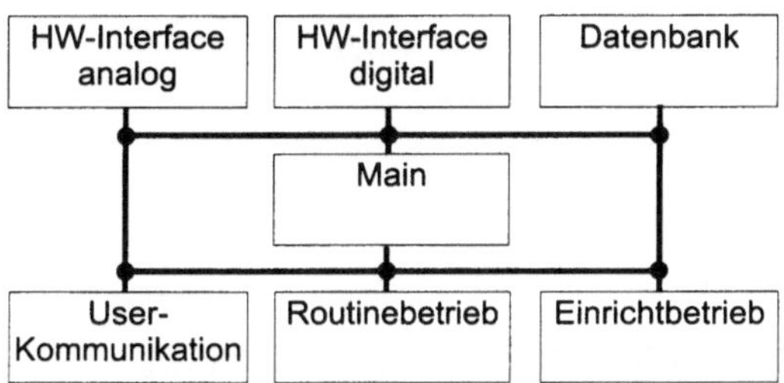

Bild 11.1 Nebenläufige Signalgraphen einer ICONNECT-Applikation im Überblick

11.1.2 Systeme zur Messung von bandförmigem Material

Allgemeines zur Herstellung von bandförmigen Material

Um die Aufgaben der Systeme für Bandmaterial besser zu verstehen, wird zunächst der Herstellungsprozess des Targetmaterials erläutert.

Die hier vorgestellten Systeme messen die Dicke von Material, das entweder kalandriert oder extrudiert wird.

Beim *Kalandrieren* wird Granulat, das durch Erhitzen zu einem Brei geworden ist, durch zwei Walzen gepresst und auf diese Weise zu einem flachen Band geformt. Die Breite der produzierten Bänder liegt je nach Material und Einsatz des Endprodukts zwischen wenigen Millimetern und fast fünf Metern. Bei der Bandproduktion mit einem Kalander kann das Produkt durch Verstellen der Lage der beiden Walzen dicker oder dünner hergestellt werden. Der Keil, der durch das Verstellen der Walzen entsteht, kann schließlich durch Heizen bzw. Kühlen der Walzen in der Mitte zusätzlich beeinflusst werden.

Beim *Extrusionsprozess* wird das erhitzte Granulat durch eine Düse gepresst, welche die Form des Endprodukts vorgibt. So werden beispielsweise Profile für Fensterrahmen, Abwasserrohre, Folien usw. extrudiert. Jede Düse ist unterteilt in kleine Segmente, und jedes Segment kann einzeln durch Heizen oder Kühlen in seinem Spalt verändert werden, womit die Dicke des Endprodukts gesteuert werden kann.

Der Dickenmessung in diesen Prozessen fallen zwei Aufgaben zu. Zum einen ist eine Überwachung durchzuführen, die sicherstellt, dass das Produkt innerhalb seiner Toleranzen gefertigt wird. Diese muss der Hersteller dem Abnehmer garantieren. Das Einhalten der Toleranz hat aber noch weitere Gründe. Einerseits ist es wichtig für den Prozess. Bei einer keilförmigen Folie wird beispielsweise der Wickel am Schluss so unförmig, dass Ladevorgänge unmöglich werden. Andererseits spielen wirtschaftliche Gesichtspunkte eine Rolle. Je näher an der unteren Toleranz der Foliendicke gefahren werden kann, um so weniger Granulat wird verwendet und desto höher ist der Gewinn bei der Produktion. Die zweite Aufgabe liegt in der Regelung der Düsen, bzw. des Walzenspalts. Bei sehr engen Toleranzen oder Düsen mit vielen Segmenten ist es nicht mehr möglich, den Prozess manuell zu bedienen. Das Dickensystem liefert dann ein entsprechendes Signal, mit dem die Aktoren der Produktion angesteuert werden können.

Nachdem nun der Einsatzzweck und die Anforderungen von Systemen zur Banddickenmessung kurz diskutiert sind, wird im Anschluss je ein Messsystem zur Dickenmessung von Kunststofffolie, zur Messung der Wanddicke von Gummiluftfedern sowie zur Messung von Brennstoffzellenmaterial vorgestellt.

Dickenmessung von Folien aus Kunststoff

Bild 11.2 System zur Dickenmessung gegen eine Messwalze (Micro-Epsilon FILMcontrol 8103)

Wie bereits erläutert wurde, ist bei der Herstellung und Veredelung von Flachfolien aus Kunststoff die Messung des Dickenprofils ein wichtiges Thema, da sowohl die Qualität der Produktion als auch die Reduktion der eingesetzten Rohstoffmenge von einer präzisen Messung abhängig sind. Als Technologie anerkannt und auch dominierend ist in diesem Zusammenhang der Einsatz von Isotopen- und Röntgenstrahlung. Die Verwendung dieser Verfahren wird jedoch durch steigende Auflagen bzgl. des Einsatzes, des Transports und der Lagerung von Strahlungsquellen zunehmend aufwändiger und dementsprechend in Frage gestellt. Eine echte Alternative ist der Einsatz von Kombinationen aus Wegmesssystemen, die von zwei Seiten bzw. von einer Seite gegen eine Messwalze arbeiten (siehe Bild 11.2). Für Folien ab einer Dicke von $d = 30\ \mu$m erweist sich die Kombination aus einem Lasermikrometer und einem Wirbelstromsensor als sehr präzise Technologie. Im Detail ergeben sich für Systeme zur Foliendickenmessung folgende Forderungen:

(1) Merkmale: Dicke der Folie im Quer- und Längsprofil,

(2) Messprinzip: berührungslos,

(3) Traversiergeschwindigkeit: $\frac{2000\ \text{m}}{\text{min}}$,

(4) Traversierbreite: 1000 mm bis 3000 mm,

(5) Genauigkeit: < 5% der Solldicke.

Bei dieser Methode werden die beiden Sensoren der Wegmesssysteme in einen Messkopf integriert, der von einer Seite gegen eine Walze misst, über welche die Folie geführt wird (Prinzip siehe Bild 11.3, tatsächlicher Messkopf siehe Bild 11.4). Der Wirbelstromsensor

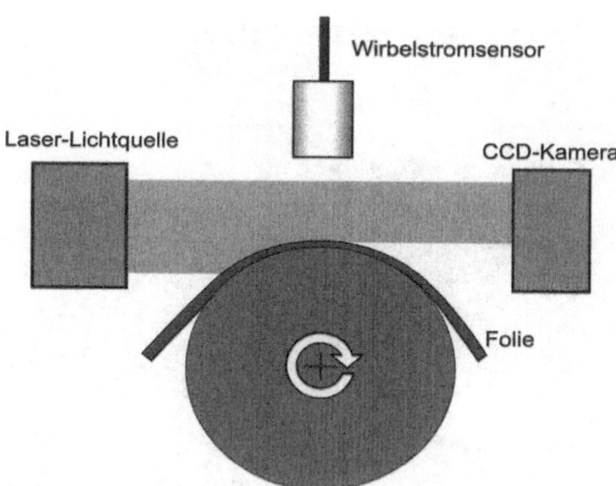

Bild 11.3 Prinzip der Dickenmessung mit Lasermikrometer und Wirbelstromsensor

(eddyNCDT Serie 100 von Micro-Epsilon) wird von der Folie nicht beeinflusst. Er bestimmt den Abstand des Messkopfes zur Walze und somit zur Unterseite der Folie (d_A). Der Lichtvorhang des Lasermikrometers (optoNCDT ODC3000 von Micro-Epsilon) wird von der Oberseite der Folie und vom Wirbelstromsensor abgeschattet (d_R). Damit wird der Abstand vom Wirbelstromsensor zur Folienoberseite erfasst. Die Differenz der beiden Signale ergibt die Dicke der Folie (d_D): $d_D = d_A - d_R$.

Aus dieser Beschreibung des Messprinzips wird neben der Strahlungsfreiheit ein weiterer Vorteil des Verfahrens deutlich: Die Ermittlung der Foliendicke erfolgt nicht über die Messung einer Materialkonstante, die im Prozess oft instabil und temperaturabhängig ist, sondern es handelt sich um eine echte geometrische Dickenmessung, die unabhängig von den Materialeigenschaften ist.

Der Messung der Walzenoberfläche durch den Wirbelstromsensor kommt eine besondere Bedeutung zu. Um einen möglichst großen Messspalt zu erzielen, wird sowohl der Grundabstand des Wirbelstromsensors als auch sein Messbereich auf ein Maximum gestreckt. Diese Tatsache und die Messung gegen die gekrümmte Oberfläche der Walze beeinträchtigen die Linearität des Wirbelstromsensorsystems. Um die geforderte Präzision zu erreichen, wird eine softwaretechnische Linearisierung des Dickensignals eingesetzt. Dieses von Micro-Epsilon patentierte Verfahren zur Durchführung der Linearisierung wird unter anderem dann verwendet, wenn es darum geht, geometrisch angepasste Sensoren für äußerst anspruchsvolle Messaufgaben zu verwenden.

Die Linearisierung erfolgt während eines Kalibriervorgangs. Dazu wird der Sensorkopf mit einem pneumatisch bewegten Zylinder durch den Messbereich bewegt und die Walzenoberfläche gemessen. Auf diese Weise lässt sich in Abhängigkeit der beiden Sensorsignale die Abweichung der gemessen Dicke vom Istwert 0 μm erfassen. Werden die Messbereiche der beiden Sensoren an der x- und y-Achse eines dreidimensionalen Koordinatensystems aufgetragen, so ergibt die Verschiebung der Sensorik eine Diagonale durch den Nullpunkt des Systems. Wenn man den Messfehler als z-Koordinate einträgt, entsteht über dieser Diagonale ein Gebirge, das die kombinierte Linearitätsabweichung der Sensorik wiedergibt. Mit einem Funktionenmodell, das gemäß den physikalischen Ursachen des Linearitätsverhaltens entwickelt wurde, wird das vorher gewonnene Fehlergebirge approximiert und eine Korrekturfunktion berechnet. Bei der Dickenmessung wird dann jeder

Bild 11.4 Sensorkopf zur Dickenmessung mit Lasermikrometer und Wirbelstromsensor

Messwert mit dieser Funktion korrigiert (siehe dazu auch Abschnitt 11.1.3).

Die Datenerfassung erfolgt bei dieser Systemapplikation (wie meistens) mit einem speziellen I/O-Board, das ein synchrones Einlesen der analogen Signale beider Sensoren zulässt. Um eine präzise Zuordnung der Dickenwerte zur Position auf der Folie zu erreichen, kann das Board inkrementelle Signale der Achse synchron zu den analogen Eingangsgrößen abtasten. Für dieses Board wurde ein eigenes ICONNECT-Modul mit dem dazugehörigen Device-Treiber entwickelt. Die Steuerung der Traversierung, die Berechnung der statistischen Zielgrößen für eine Schicht bzw. für die Rollenauswertung sowie die Rezepturdatenbank wurden ebenfalls in eigenen Modulen realisiert, die in die ICONNECT-Umgebung integriert worden sind.

In Bild 11.5 ist eine Kombination aus Querprofil und Längstrend abgebildet (Routinebetrieb bei der Extrusion). Mit dem Querprofil wird die letzte Traversierung des Messkopfes visualisiert; damit kann die Dicke der Folie in Bezug auf die Breite überwacht werden. Für jedes Düsensegment wird ein Datenpunkt im Koordinatensystem eingetragen. Der Cursor symbolisiert die Position des Messkopfes über dem Band. Der Längstrend zeigt die Entwicklung der Dicke in Bezug auf die Länge der Rolle. Für jede Traversierung wird ein Minimum, ein Mittelwert und ein Maximum angezeigt.

Bei der Produktion mit einem Kalander sind vor allem die drei Zonen links, Mitte, rechts interessant, da dafür die Kalanderwalzen verstellt werden können. Im Bild 11.6 ist ein Längstrend für diese Aufgabe dargestellt. Für jede Traversierung ist ein Messpunkt im Koordinatensystem eingetragen. Über den Trend kann die Produktionsänderung nach einer Verstellung der Walzen nachvollzogen werden.

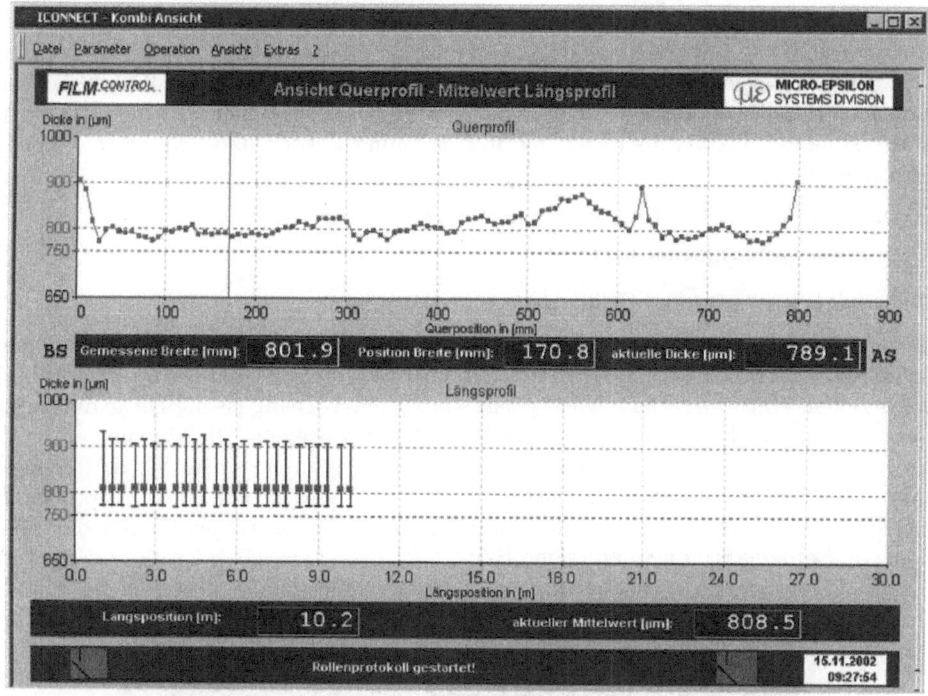

Bild 11.5 Kombiprofil, als Ansicht des Routinebetriebs

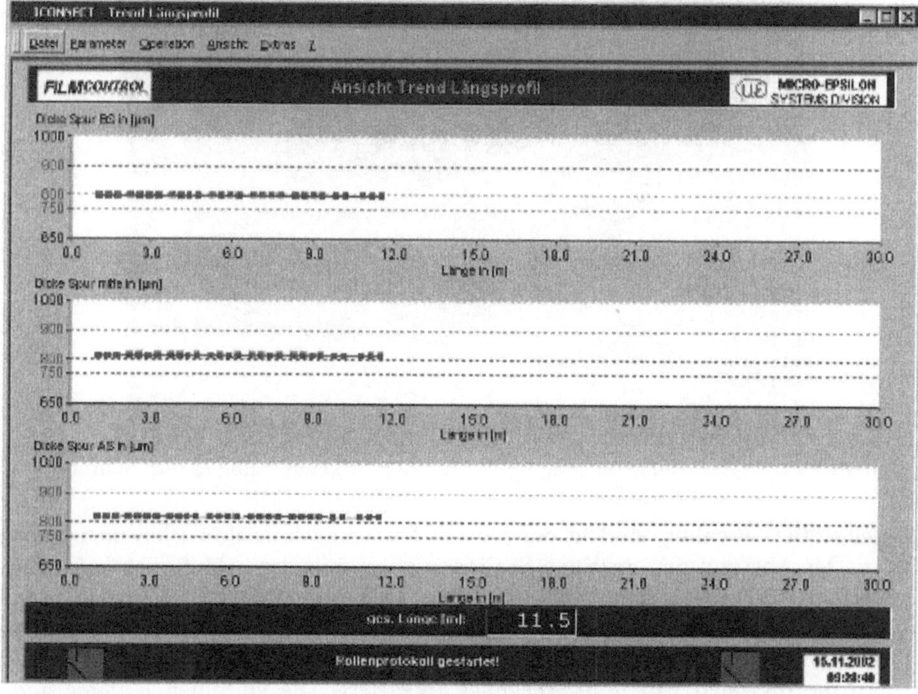

Bild 11.6 Längstrend zur Analyse der Produktion mit einem Kalander

Wanddicke von Gummiluftfedern

In Fahrwerken neuer Automobile und Nutzfahrzeuge setzen sich Luftfedern aus Gummi zunehmend durch. Diese werden in einem mehrstufigen Extrusionsprozess hergestellt. An ein Messsystem zur Prozessüberwachung und -regelung werden dabei folgende Anforderungen gestellt:

(1) Merkmale: Dicke des Gummis in vier Spuren,

(2) Messprinzip: berührungslos,

(3) Genauigkeit: $< 10\%$ der Solldicke.

Bei der Produktion der Federn werden drei Gummischichten auf einen Extrusionsdorn aus Aluminium aufgebracht. Zwischen den Schichten wird jeweils ein Netz bestehend aus einem speziellen Garn integriert. Nach jedem Extrusionsvorgang ist die Dicke der aufgebrachten Gummischicht zu messen und der Extruder ist zu regeln. Die Messung erfolgt in vier Spuren je um $90°$ versetzt. Dazu sind vier Messbügel mit je einem Wirbelstromsensor (eddyNCDT Serie 100 von Micro-Epsilon) und einem Lasermikrometer (optoNCDT ODC3000 von Micro-Epsilon) auf Achsen montiert. Auf diesen Achsen können die Messbügel zu- und aufgefahren werden (siehe Bild 11.7).

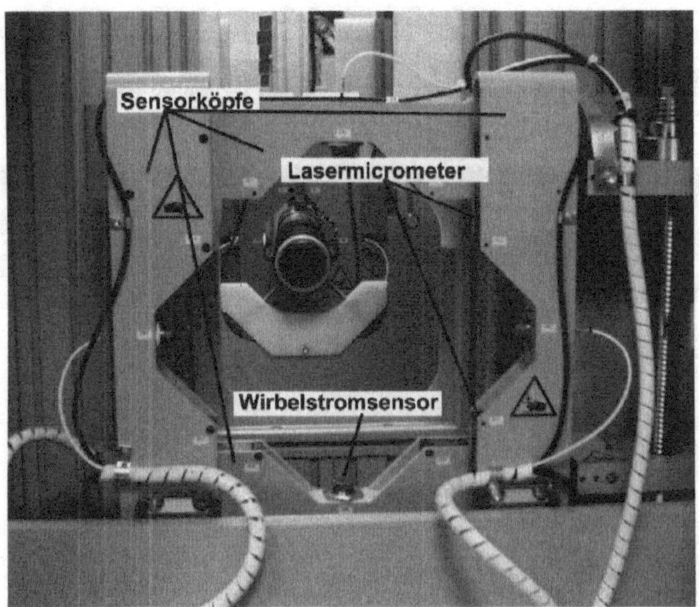

Bild 11.7 Anordung der Messköpfe zur Wanddickenmessung in vier Spuren

Wie bereits oben erwähnt, sind in der ganzen Fertigungslinie drei Dickenmesssysteme integriert. Der Abstand der einzelnen Stationen untereinander beläuft sich auf ungefähr 25 m. Der Leitstand ist weitere 25 m vom ersten Rechner entfernt. Die einzelnen Systeme sind daher mit Feldbusknoten ausgerüstet, in denen die Wandlung der Messspannung stattfindet. Ferner sind die Encoder für die inkrementalen Messsysteme der Zustellmotoren und die digitalen Ein- und Ausgänge integriert. Die einzelnen Knoten sind jeweils Slaves des Feldbusknotens im Messrechner. Dieser arbeitet wiederum als Slave des

Feldbusknotens im Leitrechner. Zwischen Mess- und Leitrechner werden Rezepturdaten, Steuerdaten und Messdaten transferiert.

Auch bei dieser Anwendung ist der Einsatz der bereits erläuterten Linearisierung von zentraler Bedeutung, da unterschiedliche Dorndurchmesser verwendet werden. Jeder Dorndurchmesser beinflusst das Feld des Wirbelstromsensors in anderer Weise. Deswegen ist der Wirbelstromsensor jedesmal softwaretechnisch anzupassen. Um den Linearisierungsvorgang nicht bei einem Durchmesserwechsel durchführen zu müssen, werden die Daten der Linearisierung in einer Datenbank hinterlegt.

In Bild 11.8 ist die Bildschirmansicht des Einrichtbetriebs dargestellt. Sie zeigt die Daten der einzelnen Sensoren eines Systems. Dieser Modus ermöglicht die Bewegung der Achsen und die Durchführung der Linearisierung. Die eigentliche Messung im Routinebetrieb kann nicht nur vom Leitstand über den Rechner gestartet werden, sondern auch über Taster am Systemgehäuse.

Bild 11.8 Visualisierung des Einrichtbetriebs zur Messung von Gummiluftfedern

Dickenmessung von Brennstoffzellenmaterial

Nachdem zwei Applikationen vorgestellt wurden, deren Messanordnung aus zwei unterschiedlichen Sensoren besteht, die auf einer Seite montiert sind (*Kombisensorik*) wird nun eine Applikation diskutiert, die mit zwei gleichen Sensoren arbeitet, welche von zwei Seiten gegen das Produkt messen (*Dualsensorik*).

Eine der am meisten diskutierten Fragen der heutigen Zeit ist die zukünftige Versorgung mit Energie, wenn die fossilen Brennstoffe zur Neige gehen. Eine Alternative, die zur Zeit untersucht und erforscht wird, ist die Brennstoffzelle. Diese soll nicht nur als kleines Kraftwerk im Eigenheim eingesetzt werden, sondern auch im Automobil Verwendung finden. Bei der Brennstoffzelle gibt es unterschiedliche Trägermaterialien, die benutzt werden, um die entsprechende chemische Reaktion durchzuführen.

Ein mögliches Material ist ein mit Graphit beschichtetes und gebackenes Flies, das bandförmig hergestellt wird. Dies Flies kann mit kapazitiven Sensoren (Micro-Epsilon capaNCDT Series 620) gemessen werden. Wie bei der Folienproduktion ist auch bei der Herstellung dieses Brennstoffzellenmaterials die Dicke ein wichtiges Merkmal. Im Einzelnen werden vom Messautomat diese Eigenschaften erwartet:

(1) Merkmale: Dicke der Folie im Quer- und Längsprofil,

(2) Messprinzip: berührungslos,

(3) Traversiergeschwindigkeit: $\frac{2000\ \mathrm{m}}{\mathrm{min}}$,

(4) Traversierbreite: 1200 mm,

(5) Genauigkeit: $< 5\ \mu\mathrm{m}$.

Bei leitfähigen Targetmaterialien besteht anders als bei Folie bzw. Gummi nicht die Möglichkeit, mit einem Sensor die Auflagefläche des Targets und damit die gegenüberliegende Oberfläche des Materials zu erkennen. Deswegen müssen die Sensoren auf beiden Seiten des Messobjekts angebracht werden. Bei Applikationen mit breitem, bandförmigem Material führt dies immer zu Problemen bei Temperaturschwankungen. Die Traversen, die als Aufnahme der Achsen zur Bewegung der Sensoren dienen, dehnen sich mit Änderung der Temperatur aus und beeinflussen den Messspalt (siehe Bild 11.9).

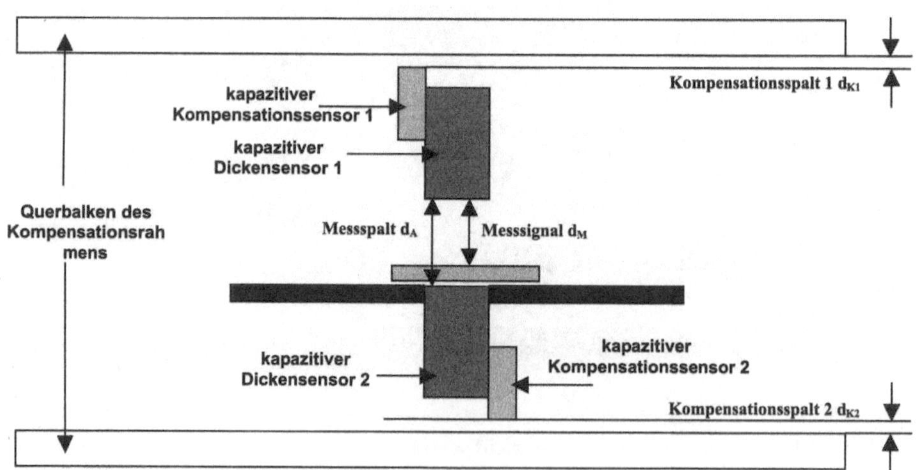

Bild 11.9 Sensoranordnung mit Kompensationsrahmen

Um trotzdem eine präzise Messung durchzuführen, muss die Änderung des Messspalts kompensiert werden. Dazu ist im vorliegenden System ein temperaturstabiler Kompensationsrahmen integriert. Dieser ist an den entscheidenden Stellen aus Invar gefertigt, das einen Temperaturkoeffizienten von nahezu 0 aufweist. Zu den beiden Messsensoren (d.h. Sensoren, die gegen das Target messen; Signale d_1 und d_2 in Bild 11.9) werden zwei zusätzliche Kompensationssensoren (d.h. Sensoren, die gegen den Kompensationsrahmen messen; Signale d_{K1} und d_{K2} in Bild 11.9) eingeführt. Diese sind jeweils mit den Messsensoren verbunden und messen damit den Abstand der Traverse zum Kompensationsrahmen. In einem Kalibriervorgang wird der Messspalt d_A über die ganze Breite des Systems aufgenommen und hinterlegt. Mit diesem Messspalt und den beiden Sensorwerten wird die Dicke des Materials berechnet.

Tritt während der Betriebszeit eine Veränderung der Traverse ein, so verändert sich der Abstand von der Traverse zum temperaturinvarianten Kompensationsrahmen. Dies zeigt sich entsprechend im Signal des Kompensationssensor. Diese Signaländerung wird auf den hinterlegten Messspalt addiert. Auf diese Weise ist der resultierende Wert des Messspalts konstant und die Dicke d_D kann wie folgt berechnet werden: $d_D = d_A - (d_1 + d_2 + d_{K1} + d_{K2})$. Wie bei der Foliendickenmessung wird auch hier eine spezielle A/D-Wandlerkarte eingesetzt, die analoge und inkrementale Werte synchron einlesen kann. Diese Eigenschaft ist im Rahmen dieser Applikation besonders wichtig, da die präzise Kenntnis der Position im Messspalt für die Berechnung des Kompensationswertes notwendig ist. Im Bild 11.10 ist das System zur Vermessung von Brennstoffzellenmaterial dargestellt.

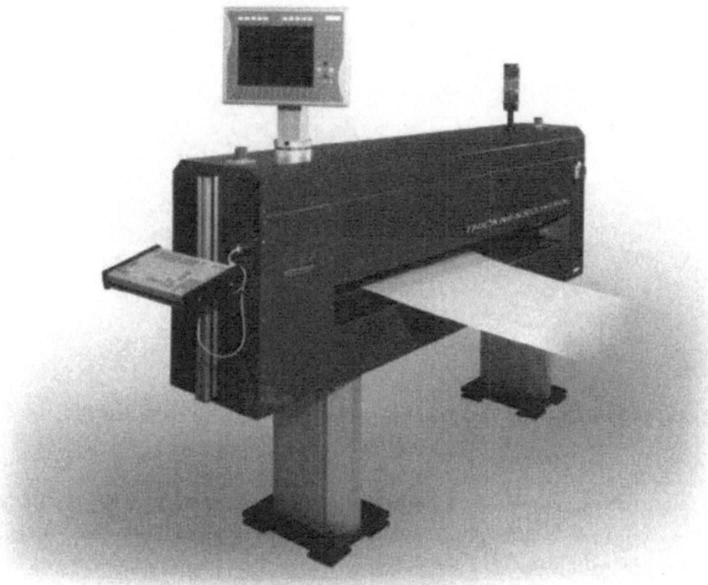

Bild 11.10 System zur beidseitigen Dickenmessung (Micro-Epsilon THICKNESScontrol 8313)

11.1.3 Systeme zur Messung von Stückgut

Neben Systemen zur Vermessung von bandförmigen Materialien wurden auch Systeme zur Messung geometrischer Größen an Stückgut mit **ICONNECT** entwickelt. In diesem Abschnitt werden drei solcher Systeme vorgestellt.

Wanddickenmessung von Lagerschalen

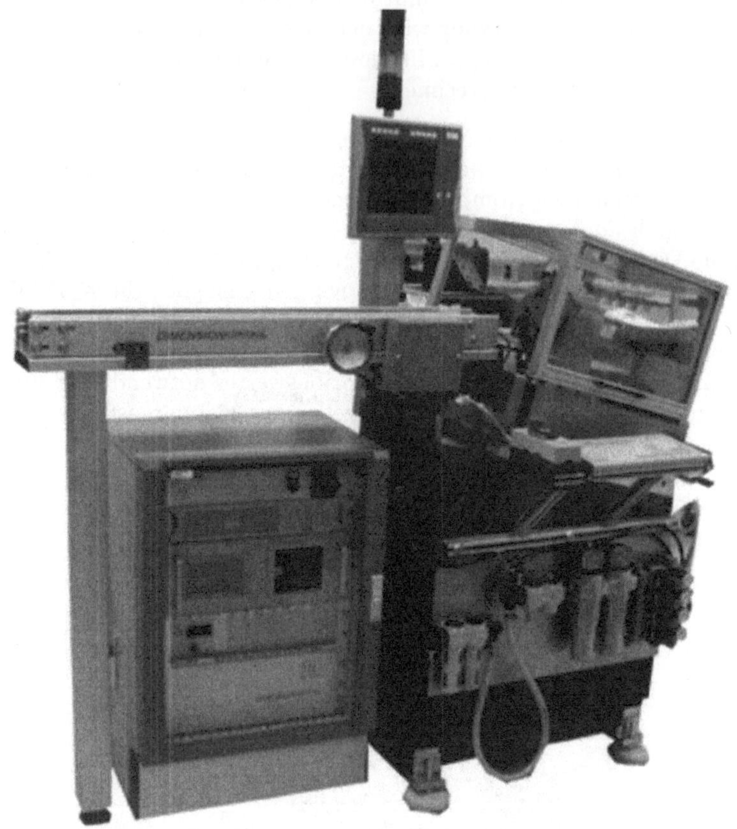

Bild 11.11   System zur Wanddickenmessung von Lagerschalen (Micro-Epsilon DIMENSIONcontrol 8202)

In Verbrennungsmotoren wird die Kurbelwelle an mehreren Punkten mit je zwei Halbschalen gelagert. An diese Lagerschalen werden in Bezug auf Dicke und Parallelität höchste Anforderungen gestellt, um die Langlebigkeit und die Geräuscharmut zu erhöhen, sowie den Kraftstoffverbrauch zu reduzieren. Die Anforderungen an das Messsystem sind:

(1) Merkmale: Wanddicke im Scheitel, optional an den Schenkeln,

(2) Messprinzip: berührungslos,

(3) Taktzeit: < 1 s,

(4) Reproduzierbarkeit: ± 0.1 μm bei 6 σ.

Für die Messung der oben genannten Merkmale müssen die Lagerschalen durch einen Messspalt aus zwei kapazitiven Sensoren geführt werden. Diese Führung erfordert höchste Präzision, damit die notwendige Reproduzierbarkeit erreicht wird. Aus diesem Grund wurde eine geneigte Luftrutsche entwickelt, auf der die Schalen nahezu reibungsfrei auf einem Luftkissen durch den Messspalt gleiten (siehe Bild 11.12). Die Bewegung der Schale wird nun durch sie selbst bestimmt und ist damit in hohem Maße reproduzierbar. Diese Technologie erwies sich jeder anderen Methode, die Schale zu führen, als weit überlegen. Aufgrund der benötigten hohen Linearität und Auflösung wurde als physikalisches Messprinzip die kapazitive Technologie (Micro-Epsilon capaNCDT Series 620) gewählt.

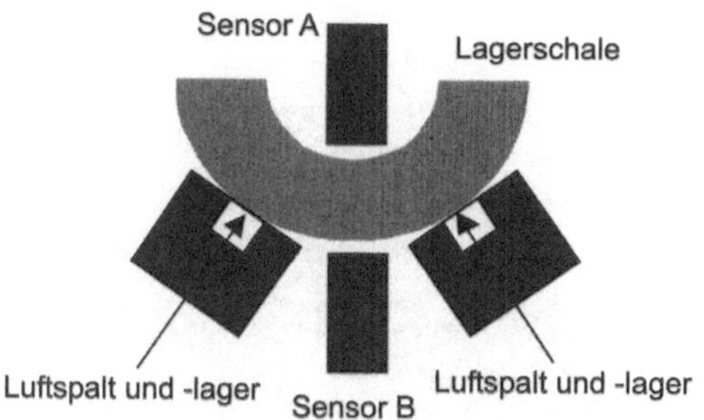

Bild 11.12 Sensoranordnung zur Vermessung von Lagerschalen

Um die Wanddicke zu ermitteln, muss der Abstand der beiden Sensoren bekannt sein. Dieser wird mit Hilfe eines Kalibriervorgangs bestimmt. Hier wird mit einer so genannten Masterschale, deren Dicke d_M genau bekannt ist, und den beiden Sensorsignalen d_1 und d_2 der Messspalt d_A berechnet: $d_A = d_M + d_1 + d_2$.

Um bei kleinen Schalendurchmessern eine Kollision des Sensors auf der Innenseite der Schale zu vermeiden, wird der obere der beiden Sensoren halbkreisförmig geschliffen. Die Linearität des Sensors wird durch die abgerundete Form enorm beeinträchtigt. Darum wird die in Abschnitt 11.1.2 beschriebene softwaretechnische Linearisierung der Sensoren durchgeführt, um die Linearität auf die geforderte Qualität zu verbessern.

Bei der Linearisierung wird im Kalibriervorgang nach der Ermittlung des Messspalts die Masterschale durch den Messbereich der beiden Sensoren bewegt. Auf diese Weise wird in Abhängigkeit der beiden Sensorsignale die Abweichung der gemessen Dicke vom Istwert der Masterschale erfasst und die Korrekturfunktion $f_K : D \times D \to D$, wobei D die Menge der Sensorsignale ist, berechnet. Die Berechnung und Korrektur des Signals erfolgt gemäß Abschnitt 11.1.2. Die Verbesserung der Linearität durch das Kompensationsverfahren wird in Bild 11.13 dargestellt. Die Dicke d_D der Schale ergibt sich somit durch $d_D = d_A - (d_1 + d_2 + f_k(d_1, d_2))$.

Wie bereits oben beschrieben wurde, wird die Messung mit kapazitiven Sensorsystemen (Micro-Epsilon capaNCDT Series 600) durchgeführt. Diese sind in einem C-Rahmen integriert, dessen Gabelabstand einstellbar ist. In einem Rüstvorgang kann das System so auf einen anderen Schalendurchmesser angepasst werden. Die Luftrutsche ist aus zwei verstellbaren Leisten aufgebaut, um auch hier eine Justage auf verschiedene Durchmesser zu ermöglichen. Die Schalen werden vor dem C-Rahmen in einem so genannten Bahnhof gesammelt, bis eine bestimmte Anzahl vorhanden ist und ein Initiator dies meldet. Die Schalen werden dann von pneumatisch angetriebenen Zylindern vereinzelt und anschließend im gleitenden Zustand vermessen. Abhängig vom Ergebnis werden die einzeln Sortierklappen angesteuert.

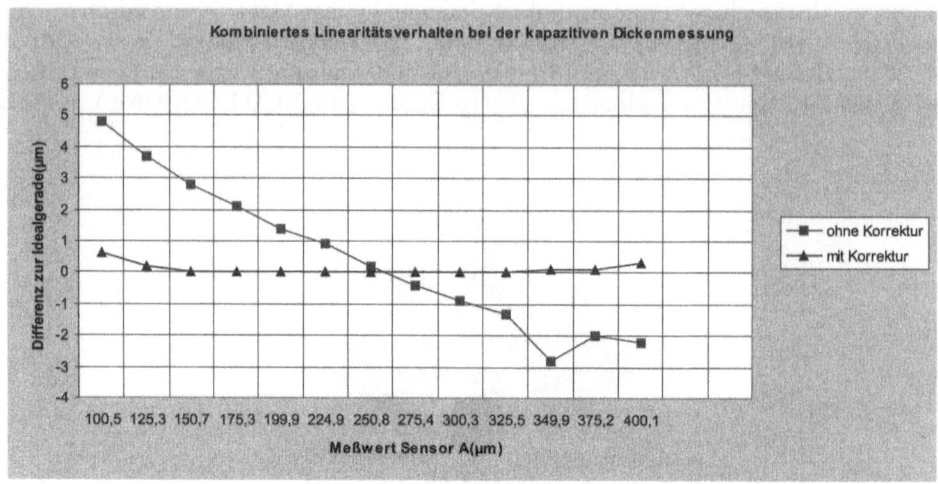

Bild 11.13 Differenz der Linearitäten vor und nach der Linearisierung

Koaxialität von Lagerbuchsen

Beim Aufbau von Kompressoren für Kühlaggregate werden zur Lagerung der Pleuel
Buchsen integriert, deren Maßhaltigkeit und Form für die Effizienz und Langlebigkeit
des Kompressors von solcher Bedeutung ist, dass sich die Integration eines Messsystems
in die Fertigungslinie als rentabel erweist. Die Anforderungen an das Messsystem sind:

(1) Merkmale: Außenduchmesser, Innendurchmesser, Koaxialität,

(2) Messprinzip: berührungslos,

(3) Taktzeit: < 4 s,

(4) Genauigkeit: ± 2 µm,

(5) Handling: vollautomatisch.

Für die Messung der genannten Merkmale müssen die Lagerbuchsen gedreht werden. Diese Drehung erfordert einen hohen Zeitaufwand. Darum wurde ein Messkopf entwickelt,
der im Wechsel zwei Messstationen bedienen kann. Auf diese Weise kann ein Teil zugeführt und beschleunigt, bzw. markiert und abgeführt werden, während das zweite Teil
vermessen wird. Aufgrund der Materialbeschaffenheit des zu prüfenden Teils und dessen
Größe wurde als physikalisches Messprinzip die kapazitive Technologie (Micro-Epsilon
capaNCDT Series 600) gewählt.

Um die Koaxialität zu ermitteln, müssen die Durchmesser an beiden Enden der Buchse bekannt sein. Für den Außendurchmesser werden an den beiden Seiten der Buchse
jeweils 3 Sensoren in einem Winkel von 120° zueinander angeordnet (siehe Bild 11.14).
Die Sensoren verfügen über einen Messbereich von 0.5 mm und liefern die Daten zur
Ermittlung des Außendurchmessers. Zur Erfassung des Innendurchmessers werden zwei
kapazitive Sensoren in einen Dorn integriert. Die beiden Sensoren sind genau gegen-
überliegend zu einem äußeren Sensorpaar angeordnet. Mit dieser Sensoranordnung kann
indirekt über die gemessene Wandstärke die Koaxialität der Buchse rechnerisch ermittelt werden. Die Sensoren im Dorn werden rund geschliffen, damit der Messkopf sauber

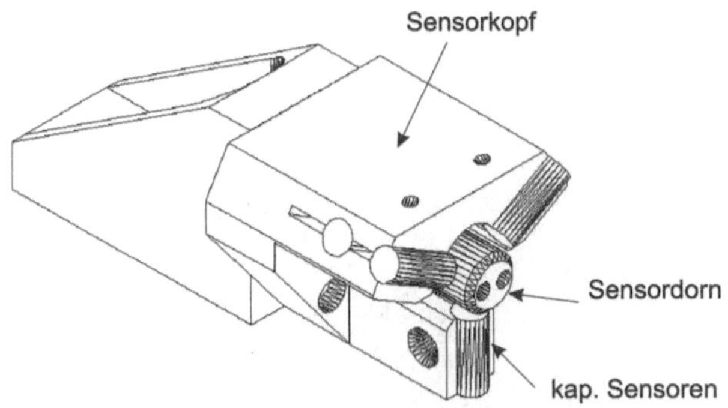

Bild 11.14 Sensoranordnung zur Messung der Koaxialität von Lagerbuchsen

über die Buchse geführt werden kann. Die Linearität wird durch die abgerundete Form enorm beeinträchtigt. Darum wird auch hier eine softwaretechnische Linearisierung der Sensoren durchgeführt, um die Linearität auf die geforderte Qualität zu verbessern. Um die gewünschte Genauigkeit zu erreichen, muss ferner die Lagerung der Buchsen bei der Drehbewegung äußerst exakt sein. Die Buchsen werden auf einem Luftlagerbock gedreht. Das Luftlager besitzt nahezu kein Lagerspiel und ist zudem verschleißfrei. Es bietet somit die besten Bedingungen für die Bewegung der Buchse, da sowohl zeitinvariantes als auch zeitvariantes Lagerspiel bei der Messung zu Winkelfehlern führt, die präzise Messungen unmöglich machen.

Wie bereits oben beschrieben, besteht das System aus zwei Messstationen. Jede Station besteht aus einer Vereinzelungseinrichtung, einem Luftlagerbock und einem Antriebsmotor. Die Lagerbuchsen rutschen jeweils über ein Rohr aus einem Schwingförderer, der die Teile lagerichtig sortiert, in die Vereinzelungseinrichtung. Die Vereinzelung gibt ein Teil frei, wenn die Messstation leer ist. Die Buchse wird mit Hilfe des Motors auf eine konstante Drehgeschwindigkeit beschleunigt. Ist der Messkopf in der Nachbarstation fertig, so wechselt er pneumatisch die Messstation und wird auf die sich drehende Buchse aufgesetzt. Nach einer Umdrehung im Messkopf werden die Merkmale bestimmt. Die Buchse wird anschließend so gedreht, dass sie lagerichtig für die nun folgende Markierung übergeben werden kann. Im nächsten Schritt gibt der Messkopf den Prüfling frei. Mit Hilfe eines Elektromagneten wird die Buchse vor einen Tintentstrahldrucker geführt und dort markiert. Die Lagerbuchse verlässt anschließend die Messeinrichtung und wird gemäß den geprüften Merkmalen sortiert. In Bild 11.15 ist das System zur Buchsenmessung in seiner Gesamtansicht mit einem Detailausschnitt und dem Display dargestellt.

Planität von Displayglas

Bei den beiden bisher in diesem Abschnitt vorgestellten Systemen wurden mit Lagerschalen und Lagerbuchsen sehr robuste Targets vermessen. Wesentlich empfindlicher ist das Material, das im folgenden vermessen wird, nämlich Flachglas für Displays.

Für die Herstellung von Anzeigen bzw. Displays für Telekommunikationsgeräte wird Dünnstglas mit hoher Planität benötigt. Demnach ist bei der Glasproduktion die Planität eine wesentliches Merkmal der Qualitätssicherung. Ausgehend von den Prüfergebnissen

Bild 11.15 System zur Messung der Koaxialität von Lagerbuchsen (Micro-Epsilon DIMENSIONcontrol 8203)

kann auch der Fertigungsprozess optimiert werden. Die Dünnstglas-Platten werden stichprobenartig μm-genau vermessen. Dabei werden folgende Anforderungen an das Messsystem gestellt:

(1) Merkmale: Planität von Displayglas mit

    (a) Dicke: 0.03 mm $< t <$ 3.0 mm,

    (b) Länge 240 mm $< l <$ 1200 mm,

    (c) Breite 300 mm $< w <$ 1180 mm,

(2) Messprinzip: berührungslos,

(3) Messzeit 30 s,

(4) Genauigkeit: $< 24\ \mu$m.

Das System ist als Messtisch konzipiert, dessen Tischplatte aus Hartgestein gefertigt ist. Diese Platte besitzt eine Oberfläche mit einer Ebenheit $p < 4\ \mu$m, die als Referenzfläche für die Messung dient. An den Seiten des Tisches befinden sich zwei Laufflächen, auf welchen ein Messportal auf Luftlagern traversiert. Auf dem Messportal sind sechs laseroptische Triangulationssensoren montiert, die nach dem Prinzip der direkten Reflexion arbeiten. In Bild 11.16 ist das System im Überblick dargestellt.

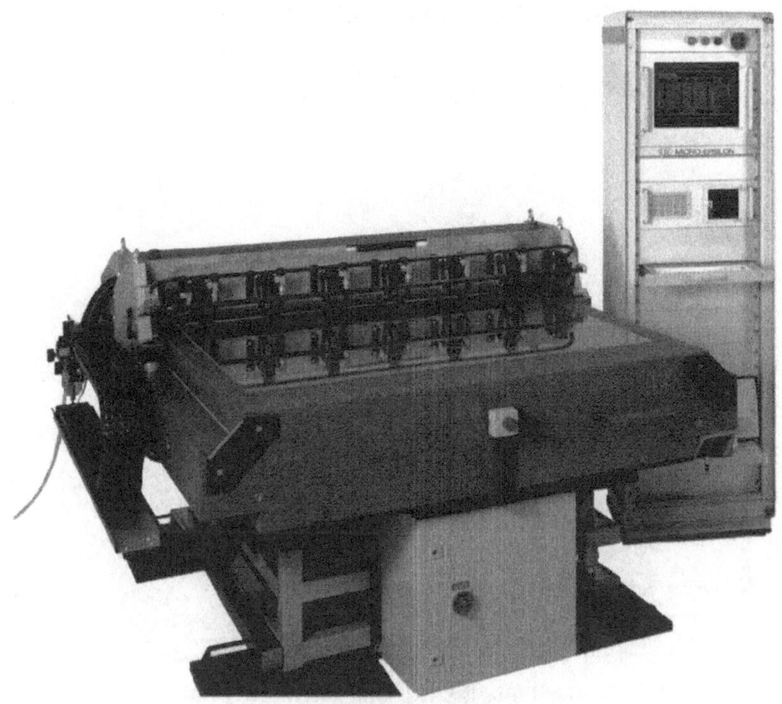

Bild 11.16 System zur Messung der Planität von Flachglas (Micro-Epsilon
DIMENSIONcontrol 8204)

Da der dunkle Hartgesteintisch von den Sensoren nicht erkannt wird, sind in der Nullposition des Portals Glasplättchen integriert, deren Dicke $t_{M,i}$ bekannt ist. Vor jeder Messung wird der Abstand $d_{R,i}$ zu diesen Plättchen erfasst und die Steinoberfläche als Basis $d_{B,i}$ für jeden Sensor i ermittelt: $d_{B,i} = d_{R,i} + t_{M,i}$. Auf diese Weise werden Einflüsse der Temperatur auf die Mechanik des Portals kompensiert. Der Abstand der Oberfläche des Glases $d_{i,j}$ berechnet sich dann aus dem aktuellen Sensorsignal $d_{S_{i,j}}$ in der Position j und dem Abstand der Basisfläche: $d_{i,j} = d_{B,i} - d_{S_{i,j}}$.

Das Portal besitzt auf beiden Seiten einen kapazitiven Sensor, der in ein Ausgleichsluftlager integriert ist, um die Lage des Portals zur Referenzfläche in Traversierrichtung zu bestimmen. Die Werte aus dieser Messung fließen als Korrektur in die oben ausgeführten Berechnungen ein. Damit wird die Fertigungstoleranz der Lauffläche zur Oberfläche der Platte kompensiert. Als lokale Planität w_i wird für jede Spur die Differenz aus größtem und kleinstem Punkt angenommen: $w_i = \max_i - \min_i$ mit $\min_i = \min(d_{i,j})$ und $\max_i = \max(d_{i,j})$. Die Planität w der Scheibe ist schließlich die Differenz aus größtem Maximum zu kleinstem Minimum: $w = \max(\max_i) - \min(\min_i)$. In Bild 11.17 ist die Ansicht gezeigt, mit welcher der Bediener anhand der gemessenen zwölf Spuren die Planität der Glasscheibe analysiert.

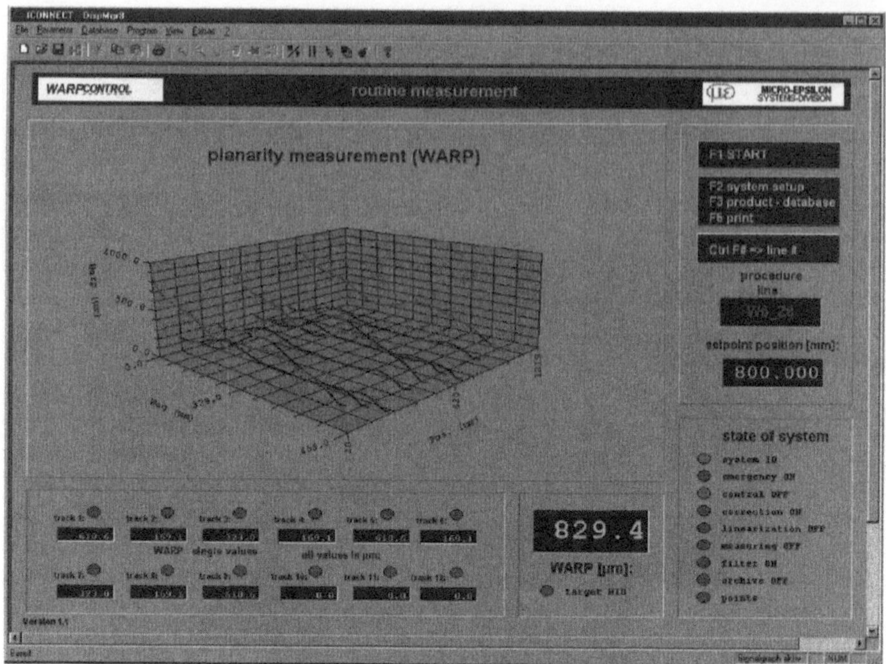

Bild 11.17 Darstellung des Ergebnisses einer geprüften Scheibe

11.1.4 Messmittelfähigkeit

Nach der Besprechung einzelner Anwendungen, die mit ICONNECT realisiert wurden, soll zum Abschluss auf einen Funktionsbaustein eingegangen werden, der in allen Systemen enthalten ist: die Ermittlung der Messmittelfähigkeit.

Messsysteme werden genutzt, um Prozesse zu überwachen, zu steuern bzw. zu regeln. Um eine Aussage zu treffen, ob mit einem vorliegendem Messgerät ein Prozess mit gegebenenfalls sehr kleiner Prozessstreuung sicher zu beurteilen ist, muss dessen Genauigkeit bzw. Streuung analysiert und mit den Anforderungen verglichen werden. Die DIN EN ISO 9000ff fordert daher im Element Prüfmittel eine Beurteilung durch Fähigkeitsstudien.

Der Verbereitungsgrad dieser Methoden nimmt immer mehr zu. Aus diesem Grund enthalten die Systeme von Micro-Epsilon Softwareroutinen zur Bestimmung der Messmittelfähigkeit. Diese wird abgeleitet aus der Wiederholpräzision und der Linearität. Die Wiederholpräzision ist charakterisiert durch Wiederholungsmessungen, die in kurzen Zeitabständen nach einem festgelegten Messverfahren an denselben Teilen (normal, Prüfteil oder mehrere gleichartige Teile) mit derselben Ausrüstung und am selben Ort durchgeführt werden. Ein Maß für die Wiederholpräzision ist die Standardabweichung der Messwertreihe.

Unter der Linearität ist das Maximum der Genauigkeiten zu verstehen, ermittelt an Normalen, die den gesamten Messbereich abdecken. Werden die einzelnen Abweichungen in ein Diagramm eingetragen, so resultiert daraus die Kennlinie der Linearitätsabweichungen.

Die Genauigkeit wiederum ist die Abweichung zwischen dem Mittelwert einer Messwertereihe bei wiederholtem Messen des gleichen Merkmals und dem wahren Wert des Merkmals. Der wahre Wert bezieht sich hierbei auf ein Normal, bzw. eine der Prüfmittelüberwachung zugrunde liegende Maßverkörperung, deren Ist-Wert ausreichend bekannt ist. Die Untersuchung ist an ein und dem selben Normal, von einem Bediener und an einem Ort vorzunehmen.

Mit der Ermittlung der Linearität und der Wiederholpräzision, durch Berechnung des Fähigkeitsindex, kann die Eignung und Tauglichkeit eines Systems nachgewiesen werden. Im folgenden wird die Berechnung des so genannten *Fähigkeitsindex* erläutert: Die Prüfmittelfähigkeit wird durch die Bildung des c_{gm} - Wertes (d.h. Prüfmittelfähigkeitsindex) ermittelt. Dabei sind folgende Größen zu definieren:

(1) x_i definiert den einzelnen Messwert einer Stichprobe mit $i = 1,..,50$.

(2) $\bar{x}_g$ definiert den empirischen Mittelwert der gemessenen Stichprobe

$$\bar{x}_g = \frac{1}{50} \sum_{i=1}^{50} x_i$$

(3) s_w definiert die Standardabweichung der Stichprobe, die zur Berechnung des Fähigkeitsindex herangezogen wird:

$$s_w = \sqrt{\frac{1}{50-1} \sum_{i=1}^{50} (x_i - \bar{x}_g)}$$

(4) T definiert die Toleranz des zu messenden Merkmals. Unternehmensintern muss ein Bruchteil der Toleranz definiert werden, auf den der Fähigkeitsindex bezogen wird. Wird dieser Bruchteil mit $99.99 = 6 \cdot s_w$ der Stichprobenmesswerte getroffen, so ist das System fähig, die geforderte Toleranz zu messen. Gemäß den Vorgaben einer internen Schriftenreihe der Fa. Bosch, welche den Aufbau einer Prüfmittelüberwachung definiert, wird mit 20 der Toleranz gearbeitet. Ferner ist ein Wert festzulegen, der als Untergrenze für die Fähigkeit akzeptiert wird. Ein gebräuchlicher Wert ist hier $c_{gm} \geq 1.33$.

(5) Der Prüfmittelindex c_{gm} ist gemäß der folgenden Formel definiert:

$$c_{gm} = \frac{0.2 \cdot T}{6 \cdot s_w} \geq 1.33.$$

Mit einem entsprechenden Masterteil kann der Bediener die grundsätzliche Eignung des Systems zur Abnahme überprüfen und die Einsatzfähigkeit im Lauf des Gebrauchs überwachen. In Bild 11.18 ist die Ansicht zur Durchführung der Messmittelanalyse dargestellt.

11.2 Xenon-Lampenstarter Prüfung

Die Firma Zollner ist Zulieferer der Automobilindustrie und stellt für Xenon-Scheinwerfer Fassungen und Elektronik her. Dies schließt auch die Zündgeräte der Lampen ein. Um den Lichtbogen in den Lampen zu zünden, sind einige Spannungspulse von mehreren

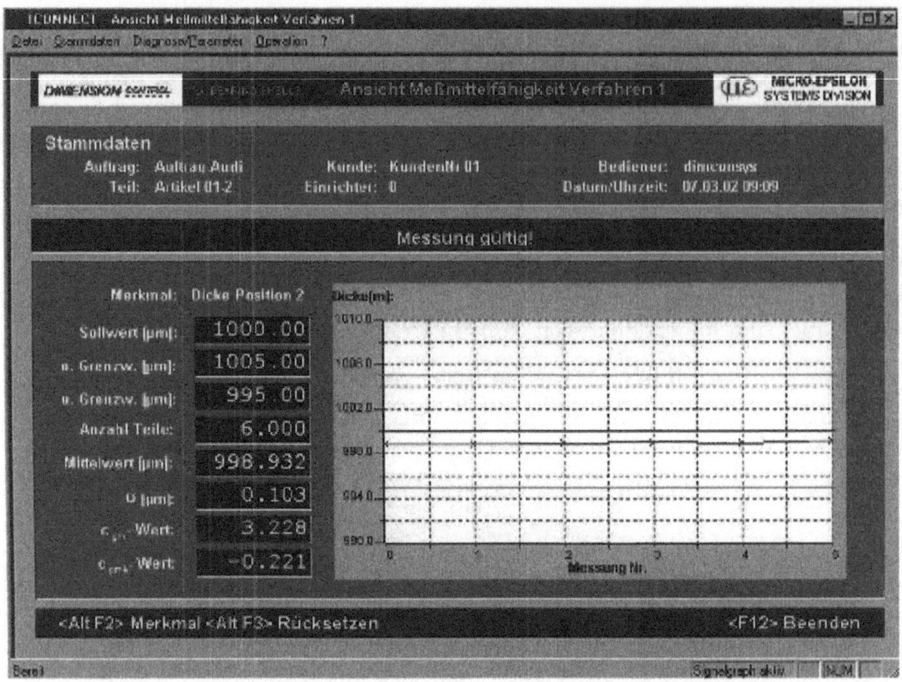

Bild 11.18 Bildschirmansicht zur Ermittlung des Prüfmittelindex

1000 V nötig. Diese Pulse müssen eine gewisse Form und Dauer haben. Nach der Zündung werden die Lampen mit einer Betriebsspannung von mehreren 100 V versorgt. Die Zündgeräte müssen tausende von Schaltvorgängen ohne merkliche Änderung der Zündeigenschaften aushalten. Das stellt eine große Anforderung an die Zündgeräte, weshalb sie während der Produktion eine anspruchsvolle Qualitätskontrolle durchlaufen. Dazu wurde in Zusammenarbeit mit Micro-Epsilon Messtechnik ein Prüfstand entwickelt, der alle relevanten Daten erfasst und an einen PC weitergibt. Dort werden die Daten mit ICONNECT verarbeitet und ausgewertet. Die Softwareapplikation besteht aus einem Hauptsignalgraphen, der zwei weitere Signalgraphen nacheinander laufen lässt. Insgesamt besteht das ICONNECT-Programm aus knapp 150 Modulen.

Bild 11.19 zeigt den Aufbau der Hardware. Die Steuerung erfolgt vollautomatisch mit einer SPS (speicherprogrammierbare Steuerung). Das Zündgerät wird über eine automatische Zuführung in den Prüfstand eingebracht. Anschließend werden zwei verschiedene HV-Prüfköpfe (High Voltage, Hochspannungsprüfköpfe) an den Lampenkontakt und die Spannungsversorgung mechanisch angedockt.

11.2.1 Anforderungen an die Hardware

Da die Amplituden der zu messenden Spannungen sehr hoch sind und die Dauer der Pulse nur mehrere Nanosekunden beträgt, werden zur Messung besondere Geräte benötigt. Das sind zum einen Hochspannungsprüfköpfe mit großen Isolatoren, die hohen Spannungen um einen Faktor 1000 verringern, zum anderen wird ein Oszilloskop von LeCroy verwendet, das eine Abtastrate bis 500 MS/s (Megasample/Sekunde) bietet. Es ist

Bild 11.19 Aufbau des Prüfstands

außerdem programmierbar, d.h., es lässt sich durch einen PC einstellen, welche Größen erfasst werden sollen. Die Ergebnisse lassen sich ebenfalls vom PC auslesen.

Um die Messwerte in den Rechner einzulesen, bietet das Oszilloskop drei Möglichkeiten. Erstens kann es über die serielle Schnittstelle an den PC angeschlossen werden. Für diese Anwendung ist das jedoch zu langsam, da die Pulse zur Zündung sich innerhalb weniger Millisekunden wiederholen und jeder Puls ausgewertet werden muss. Die zweite Möglichkeit ist, das Oszilloskop über GPIB (IEEE-488, Standard Industrieschnittstelle) anzuschließen. Dazu wird eine IEEE488-Einsteckkarte für den Rechner benötigt. ICONNECT bietet dafür Treiber für die Karten von Keithley und National Instruments. Die letzte Möglichkeit ist, das Oszilloskop über Ethernet und TCP/IP an das Firmennetz anzuschließen. Jeder beliebige Rechner kann dann eine Verbindung aufbauen und das Gerät steuern und Messwerte auslesen. Um Störungen aus dem Netz zu vermeiden (z.B. Vollauslastung), kann ein eigenes Netzwerk nur aus diesen beiden Komponenten gebildet werden.

Für diese Applikation wurde GPIB als Protokoll verwendet. Zur Kommunikation mit dem Oszilloskop wurde ein eigenes Modul in ICONNECT entwickelt. Dieses Modul ActiveDSO unterstützt alle drei Kommunikationsverfahren und eignet sich somit für alle Oszilloskope von LeCroy, die wenigstens eine der drei Schnittstellen implementiert haben.

11.2.2   Kommunikation mit Oszilloskopen von LeCroy

Wie in Bild 11.20 zu sehen ist, werden im Eigenschaftsdialog von **ActiveDSO** nur allgemeine Parameter angegeben. Der *Eingabemodus* legt fest, ob die Steuerung des Oszilloskops über die Eingabefelder auf der Gerätefrontseite oder über den Rechner erfolgen soll. Die Auswahl „—" lässt die aktuelle Einstellung bestehen. Wenn innerhalb des einstellbaren *Timeouts* keine Verbindung zum Gerät aufgebaut werden kann, so wird ein Fehler generiert und entweder am PC-Bildschirm oder am Ausgang **Error** des Moduls ausgegeben. Der Ausgang **Connected** gibt an, ob gerade eine Verbindung besteht.

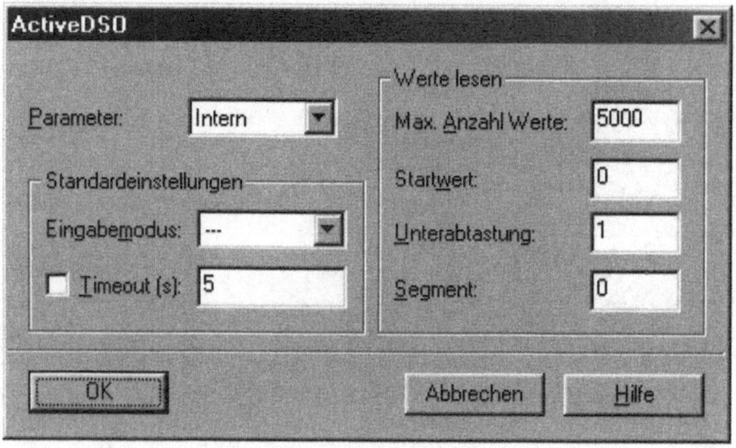

Bild 11.20   Parameter des Moduls ActiveDSO

Sollen Rohwerte vom Oszilloskop gelesen werden, so kann die *maximale Anzahl Werte, Startwert, Unterabtastung* oder nur ein gewünschtes *Segment* angegeben werden. Bei dieser Applikation ist es aus zeitlichen Gründen nicht möglich, alle Werte zu lesen. Deshalb werden nur die vorverarbeiteten Ergebnisse übertragen.

Um eine Verbindung zum Oszilloskop aufzubauen, wird über den Eingang **Connect** ein String (Zeichenfolge) geschickt, der die Verbindungsart und die Adresse angibt. In diesem Fall ist das *IP:192.168.1.200*. Um die Verbindung wieder zu trennen, wird an den Eingang **Disconnect** ein Triggerimpuls „1" geschickt. Eine „1" am Eingang **DeviceClear** löscht den Dateninhalt des Oszilloskops, eine „2" führt einen Reset aus. Um Rohdaten vom Gerät anzufordern, ist der gewünschte Kanal als String an den Eingang **GetData** zu schicken.

Die eigentliche Kommunikation der Daten erfolgt über die Eingänge **SendString** und **ReadString** sowie über den Ausgang **String**. Ein Text am Eingang **SendString** wird sofort an das Oszilloskop weitergeschickt, bei einem Text am Eingang **ReadString** wird zusätzlich noch auf eine Antwort gewartet. Sie wird am Ausgang **String** ausgegeben. Um das Oszilloskop bei Start der Messung zu initialisieren, wird die komplette Konfiguration des Geräts aus einer Datei gelesen und an den Eingang **SendString** übergeben. Danach ist das Oszilloskop so konfiguriert, dass es die gewünschten Daten erfasst.

11.2.3 Erfassung der Zündeigenschaften

Ein Pulssatz des Zündgerätes ist in Bild 11.21 zu sehen. Dabei werden folgende Werte vom Oszilloskop erfasst und von ICONNECT anschließend ausgelesen:

- Maximale Amplitude des ersten Kanals (Max U):
  Das ist die maximale Spannung des Zündpulses.

- Minimale Amplitude des ersten Kanals (Min U):
  Das ist die maximale Spannung in negativer Richtung.

- Länge des Pulses bei oberer Triggerschwelle des ersten Kanals (Δt@lv):
  Die Zeit, in der die Spannung über einem Pegel liegt.

- Länge des Pulses bei unterer Triggerschwelle des ersten Kanals (Δt@lv):
  Die Zeit, in der die Spannung unter einem Pegel liegt.

- Amplitude des zweiten Kanals (Zündfunkenstreckenspannung):
  Das ist die primäre Spannung zur Erzeugung des HV-Zündpulses.

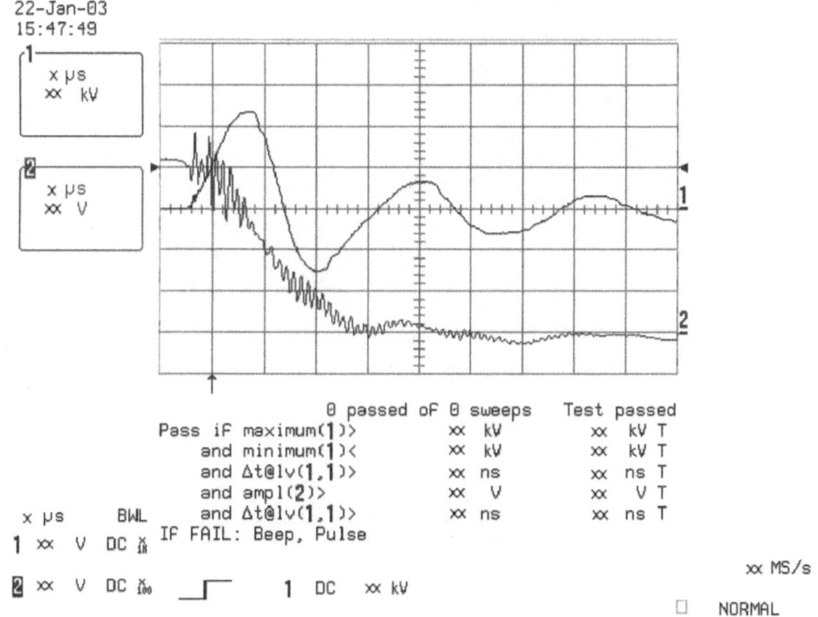

Bild 11.21 Aufnahme der Daten mit LeCroy-Oszilloskop

Die fünf Bedingungen, ersichtlich am Oszilloskop-Bildschirm (Pass if maximum ...), können auch im Gerät festgelegt werden und müssen nicht unbedingt mit den im PC eingetragenen Grenzwerten übereinstimmen. Das Oszilloskop kann dadurch bei Bedarf hardwaremäßig getrennt durch ein Gut-/Schlechtsignal zur Auswertung verwendet werden.

Sobald ein Zündgerät in der Prüfstation ist und alle Tastköpfe in Position sind, sendet die SPS ein Startsignal an ICONNECT. Daraufhin wird das Oszilloskop über das Modul ActiveDSO in das gewünschte Messprogramm geschaltet und aktiviert. Das Messprogramm **HV** besteht aus drei Phasen. In der ersten und dritten Phase werden alle paar Millisekunden die aktuellen Werte des Oszilloskops eingelesen und jedes Mal übernommen, wenn es sich um einen neuen Zündpuls handelt. Das wird erkannt, da bei jedem neuen Trigger ein Bit eines Registers im Oszilloskop gesetzt wird. In der zweiten Phase wird aus prüftechnischen Gründen eine Pause eingesetzt. Die Umschaltung der Phasen wird ebenfalls von der SPS gesteuert.

Während der Messung führt der Auswertesignalgraph schon Berechnungen durch und nach dem Endesignal der SPS wird das Ergebnis auf Festplatte gespeichert. Die Baugruppe wird ausgefahren und das System wartet auf einen neuen Arbeitszyklus.

11.2.4   Auswertung durch den ICONNECT-Signalgraphen

Bei Inbetriebnahme wird die Anlage eingerichtet. Dazu kann ein Dialog zur Einstellung der Grenzwerte aufgerufen werden (siehe Bild 11.22). Die Eingaben werden mit dem Modul SaveKey in der Registry (Systemdatei) des PC's gespeichert und beim Neustart der Anwendung automatisch wieder mit LoadKey geladen. Anschließend kann die Produktion aufgenommen werden.

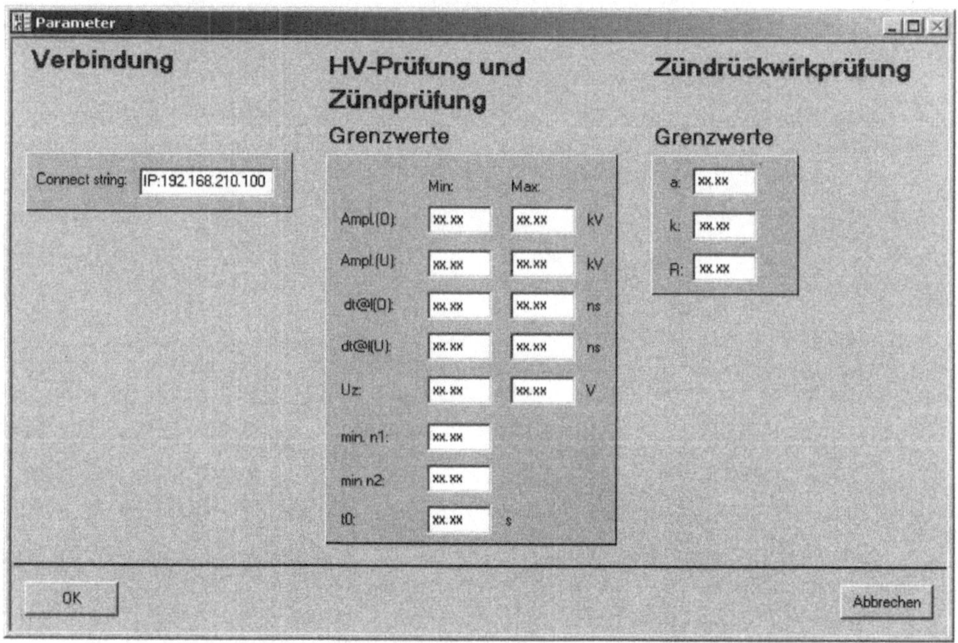

Bild 11.22   Einstellung der Parameter zur Überwachung der Messwerte

Für jeden der fünf beschriebenen Messwerte kann ein unterer und ein oberer Grenzwert angegeben werden. Die Messwerte werden geprüft und ausgewertet. Im Dialog ist auch eine Mindestanzahl an Pulsen anzugeben, die vom Zündgerät pro Phase erzeugt werden müssen. Werden weniger erkannt (z.B. wegen einem Baugruppen- oder Maschinenfehler), wird die Baugruppe aussortiert. In der Phase 1 wird nur getestet, ob die Anzahl der Pulse ausreichend ist (reiner Funktionstest der Baugruppe).

Alle gemessenen Daten werden am Bildschirm dargestellt. Wird bei einem Spannungspuls ein Fehler festgestellt, so wird dieser in der Anzeigetabelle markiert. Nach der Prüfung jeder Baugruppe wird über eine Anzeige am Bildschirm (Leuchtdiode, Modul BinaryDisp) angezeigt, ob sie in Ordnung (IO) oder nicht in Ordnung (NIO) war.

Neben der Darstellung der Ergebnisse am Bildschirm wird auch eine Statistik geführt. Sie zeigt die Anzahl der Gut- und Schlechtteile, die Gesamtzahl der Baugruppen sowie das Gut- zu Schlecht-Verhältnis in Prozent. Außerdem wird die Anzahl der getesteten Baugruppen pro Stunde angegeben. Das sind bei diesem Prüfstand immerhin ca. 300 – 500 Stück, was eine durchschnittliche Zeit einer Baugruppe im Prüfstand von ca. 7 s ergibt (inklusive einfahren, andocken der Prüfköpfe und ausfahren). Dabei könnte die Software noch kürzere Zykluszeiten unterstützen.

Die Statistik kann vom Benutzer am Ende der Schicht rückgesetzt werden, sie wird aber auch automatisch jede Woche neu begonnen. Damit sie bei einem unvorhergesehenen Ausfall des Rechners (z.B. durch Stromausfall) nicht verloren geht, wird sie nach jeder Baugruppe zwischengespeichert. Beim Rücksetzen der Statistik (manuell oder automatisch) wird ebenfalls eine Datei mit aktuellem Datum und Uhrzeit generiert.

Neben der Statistik werden auch alle Messwerte in einer Datei gespeichert. Auch die Sollvorgaben und ggf. Markierungen von fehlerhaften Spannungspulsen werden mit eingetragen. Täglich um 0:00 Uhr wird eine Datei abgeschlossen und die nächste generiert. Durch eine Datierung der Zündgeräte und eine Archivierung der Daten lassen sich auch noch nach vielen Jahren die Eigenschaften von Baugruppen zurückholen und kontrollieren, wie es von vielen Automobilherstellern inzwischen gefordert wird. Im Zweifelsfall kann damit belegt werden, dass die Produktion ordnungsgemäß erfolgte und die Qualitätskontrolle erfolgreich war.

Der Prüfstand ist seit Mai 2001 ohne Ausfall im Dauerbetrieb.

11.3   Prüfstand für pneumatischen Aktor

Die Firma Festo entwickelt innovative Alternativen zu Pneumatikzylindern, um neue Wege in der Aktuatorik zu beschreiten. Zum Ermitteln der technischen Daten wird ein Prüfstand für dynamische Messungen benötigt. Dieser Prüfstand wird hier beschrieben. Ein Pneumatikzylinder besteht aus einem Kolben, der sich innerhalb einer Führung (Zylinder) verschieben lässt. Dieser Zylinder hat an beiden Seiten Luftanschlüsse, über die, gesteuert durch ein Ventil, abwechselnd der Zylinder mit Druckluft beaufschlagt werden kann. Durch spezielle Dichtungen zwischen Zylinder und Kolben wird die Leckage auf ein Minimum reduziert.

Je nachdem, auf welcher Seite der Zylinder mit Druckluft beaufschlagt wird, bewegt sich der Kolben auf die gegenüberliegende Seite. Stellt sich ihm ein Widerstand entgegen, baut er eine Kraft dagegen auf. Beispiele dieser Pneumatikzylinder findet man in der Automatisierungstechnik. Pneumatikzylinder haben, wie jeder Aktuator, spezifische Eigenschaften.

Der von Festo entwickelte Aktuator hat, verglichen mit herkömmlichen Aktuatoren, andere Eigenschaften und bietet somit die Möglichkeit, völlig neue Einsatzgebiete zu erschließen. Diese Entwicklung trägt den Namen *Pneumatischer Muskel.* Dieser besteht, im Gegensatz zu herkömmlichen Aktuatoren, nicht aus Metall, sondern aus einem auf Kautschuk basierenden Material. Er hat die Form eines Schlauchs und ist an beiden Enden abgeschlossen. Ein Ende ist wie beim Pneumatikzylinder fest verankert, das andere ist an dem zu bewegenden Objekt befestigt.

11.3.1 Unterschiede zu Pneumatikzylindern

Wird der Schlauch (Kontraktionsmembran) mit Druckluft beaufschlagt, dehnt er sich im Durchmesser aus und wird dadurch kürzer. Durch diese Verkürzung (Kontraktion) wird ebenfalls eine Kraft auf das zu bewegende Objekt erzeugt. Wie schon erwähnt, besitzt der *Pneumatische Muskel* eigene charakteristische Eigenschaften. Besonders hervorzuheben ist die Tatsache, dass er schmutzunempfindlich ist. Da er keine zueinander bewegten Teile hat entfällt eine Dichtung. Dies macht ihn zum einen leckagefrei, zum anderen gibt es keine Kolbenstange, die verschmutzt werden kann. Weitere Vorteile sind hohe Dynamik, geringes Gewicht und Slick-Stick-Freiheit. Unter Slip-Stick wird die ungleichförmige Bewegung (Sprung zwischen Haft- und Gleitreibung der Dichtung) bei sehr geringen Verfahrgeschwindigkeiten verstanden. Durch das Fehlen von zueinander bewegten Teilen gibt es diese Dichtungen im herkömmlichen Sinn nicht.

Als Antriebsmedium für den Muskel, in der Fachsprache auch *Fluidic-Muscle* genannt, wird in erster Linie Druckluft verwendet. Bei speziellen Applikationen kann aber auch Wasser oder Öl zum Einsatz kommen.

Vereinfacht kann der *Fluidic-Muscle* als Zugfeder, mit über den Druck einstellbarer Federrate, betrachtet werden. Dies bedeutet, dass der Muskel, wird er mit Druckluft betrieben, als Luftfeder verwendet werden kann. Ist dieser Effekt unerwünscht, kann als Antriebsmedium ein nicht kompressibles Fluid verwendet werden. Der Muskel ist dann nahezu steif.

Ein weiterer Unterschied wird erst durch das Vergleichen der Kraftkennlinien augenscheinlich. Im Gegensatz zu einem Zylinder, der über den gesamten Hub die gleiche Kraft besitzt, verläuft der Kraftverlauf über die Kontraktion nahezu linear abfallend. Das bedeutet, die Anfangskraft ist (im Vergleich zu einem Zylinder gleichen Durchmessers) ca. 10 mal höher, fällt aber (bei maximaler Kontraktion) nahezu linear auf Null ab.

Bei dem *Fluidic-Muscle* ist es möglich, im Gegensatz zum Zylinder, ohne Regelung Zwischenpositionen nur durch Druckänderung anzufahren.

Zur Qualifikation der Produkte und der Entwicklungsphasen benötigt Festo ein Messsystem um standardisierte Prüfungen durchzuführen. Dazu wurde in Zusammenarbeit zwischen Festo und Micro-Epsilon ein Prüfstand entwickelt. Bild 11.23 zeigt einen Muskel, eingespannt in den Prüfstand. Um eine Gegenkraft zur Kontraktionsbewegung des Messobjekts zu erzeugen, ist der Muskel am unteren Ende mit einem Pneumatikzylinder verbunden. Dieser simuliert so die Belastung auf den Muskel. Die Software wurde mit ICONNECT entwickelt und besteht aus etwas über 200 Modulen.

11.3.2 Technischer Aufbau

An dem Prüfstand ist ein laseroptischer Sensor (ILD 2200) von Micro-Epsilon angebracht, der die Kontraktion des Muskels erfasst. Ein Kraftaufnehmer der Firma Hottinger Baldwin Messtechnik (HBM) misst die dabei auftretenden Kräfte. Schließlich dient noch ein Druckaufnehmer von Kistler dazu, den Druck zu bestimmen, der im Schlauch herrscht.

Über eine Messkarte von BMC werden diese drei Signale in ICONNECT eingelesen. Da sich die Dynamik des Systems in einem Bereich von wenigen Hz bewegt, wurde eine Abtastrate von 1000 Hz gewählt. Die Blockgröße beträgt 256 Werte. Dadurch wird eine

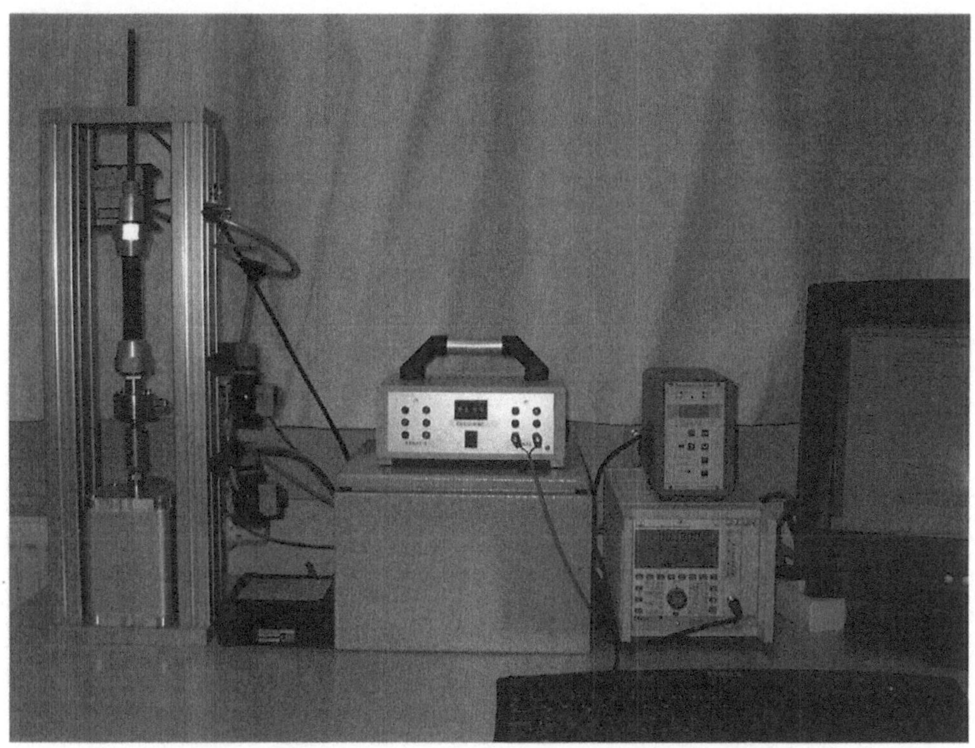

Bild 11.23 Prüfstand zur Messung pneumatischer Aktoren

Aktualisierung der Anzeige alle $\frac{1}{4}$ Sekunde erreicht. Bild 11.24 zeigt den Hauptsignalgraph der Applikation mit den zugehörigen Komponenten, die in Makros implementiert wurden.

Sehr deutlich ist das HW-Modul **AD-In** zu erkennen, das die drei gemessenen Signale ausgibt. Das zweite wichtige Modul ist **Menu**, das die Benutzereingaben verarbeitet und ausgibt. Es erzeugt ein spezifisches Menü, dass genau an die Anforderungen der Applikation angepasst ist. Über die Module **MultiComm** mit dem Namen **Status** werden je nach Zustand einzelne Menüpunkte deaktiviert. Der Menüpunkt DATEI|BEENDEN triggert das Modul **Stop**, das die Applikation beendet. Über die Punkte im Menu OPTIONEN können die Dialoge in den Makros **Legende**, **ExportDialog**, **Autozero**, **ScaleDialog** und **ZoomDialog** aufgerufen werden. Die ersten vier Dialoge legen Standardeinstellungen fest, der letzte ist zur Offlineauswertung der Daten bestimmt.

Die Standardeinstellungen werden in das Makro **Calc** übergeben. Wird mit dem Menüpunkt MESSUNG|START das Makro **UserInput** geöffnet, kann damit die Messung gestartet werden. Die Daten werden ebenfalls an das Makro **Calc** geliefert und dort verrechnet. Anschließend werden die Ergebnisse im Makro **VisualOnline** oder **VisualOffline** dargestellt. Neben der internen Verarbeitung können die Messdaten zur Weiterverarbeitung in Excel mit dem Makro **ExportData** gespeichert werden. Die Anzeigen können mit dem Makro **SaveJPG** als Bild gespeichert werden.

Bild 11.25 zeigt die Verrechnung der gemessenen Signale als Blockschaltbild. Es entspricht einer vereinfachten Darstellung des Makros **Calc**. Generell bietet sich an, vor der

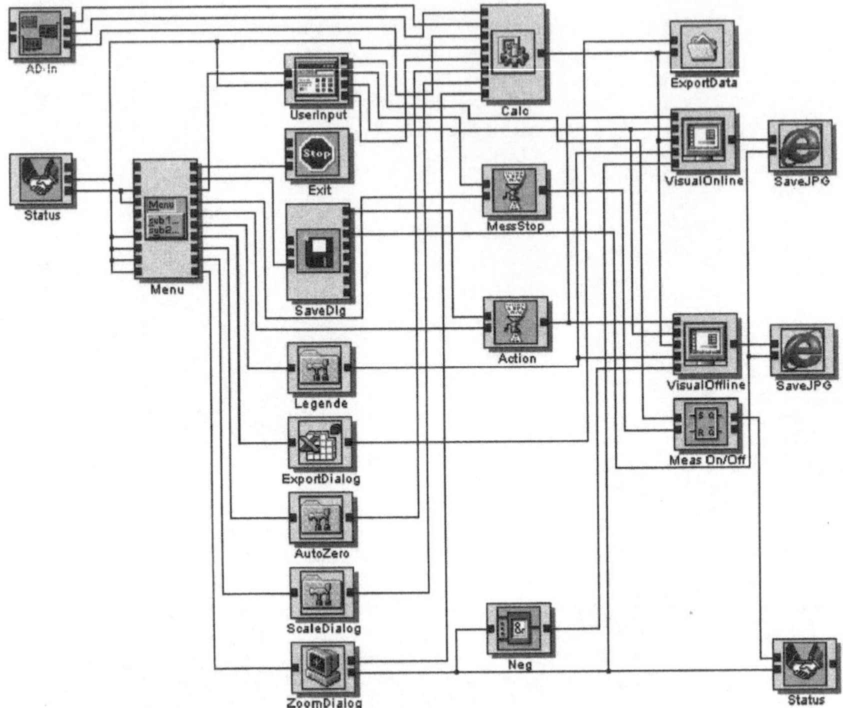

Bild 11.24 Hauptsignalgraph des Prüfstands

Implementierung einer Funktion ein Blockschaltbild zu entwerfen, da sich dadurch der Implementierungsaufwand verringert und Konzeptfehler schon frühzeitig erkannt werden.

11.3.3 Berechnung und Auswertung der Daten

Neben den drei gemessenen Größen Weg, Kraft und Druck sollen noch zwei weitere bestimmt werden. Das ist zum einen die Geschwindigkeit und zum anderen die Beschleunigung der Kontraktion. Als erstes werden die Signale (gebündelt als Busverbindung) mit den Parametern aus dem Skalierungsdialog in den gewünschten Wertebereich konvertiert. Im nächsten Schritt werden sie mit den Autozero-Parametern nullgesetzt, d.h, innerhalb des Wertebereichs verschoben. Die Messparameter geben an, welche Signale aufgezeichnet werden sollen. Unbenötigte Kanäle werden durch einen Demultiplexer ausgeblendet.

Die beiden Größen Geschwindigkeit und Beschleunigung werden durch numerische Differentiation des Wegsignals ermittelt. Vorher ist jedoch eine Glättung notwendig, da das gemessene Signal im Bereich von 0.03% rauscht und sich dieser Wert bei einer Abtastrate von 1000 Hz in der Ableitung vervielfacht. Die Signalglättung wird mit dem Modul Smooth durch gleitende Mittelwertbildung über 64 Werte erreicht. Auch die Differentiation ist in diesem Modul implementiert. Die erste Ableitung eines Wegsignals ergibt die Geschwindigkeit, die zweite die Beschleunigung.

Da die Datenaufnahme in wesentlich höherer Abtastrate erfolgt als sie vom Benutzer eingestellt werden kann, müssen die fünf Signale reduziert werden (Resampling). Schließlich

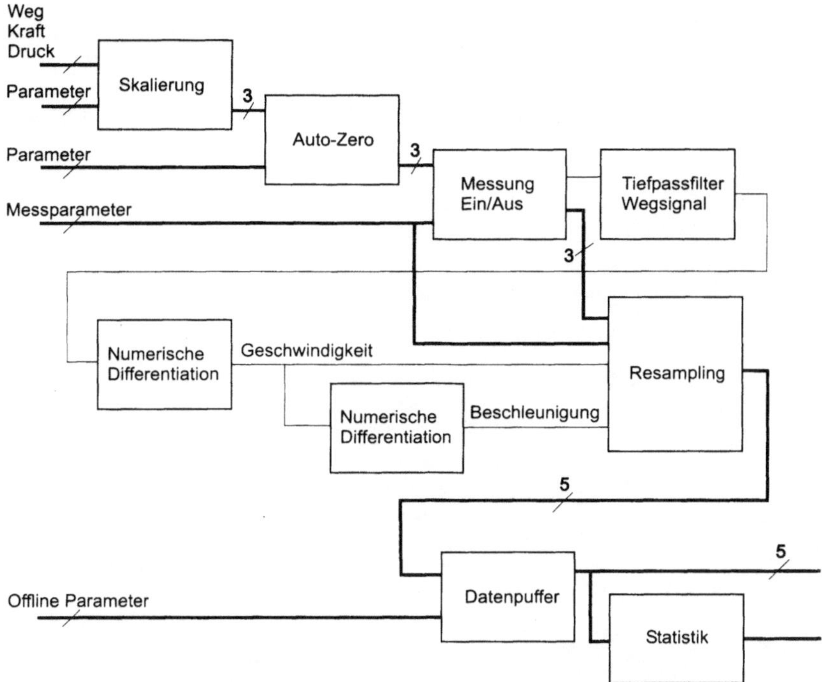

Bild 11.25 Berechnung der Prüfdaten

werden sie in einem Datenpuffer gesammelt und zu den beiden Visualisierungen ausgegeben. Der Datenpuffer ist ebenfalls für das Verarbeiten des Signals im Offlinemodus verantwortlich.

11.3.4 Layout der Anwendung

Die ICONNECT-Applikation wurde einer normalen Windows-Anwendung nachempfunden, d.h., sie hat ein eigenes Menü, Einstellungsdialoge und Fenster. Nach dem Start ist das Hauptfenster mit leerer Visualisierung zu sehen. Über das Menü kann die Messung gestartet werden. Der darauf erscheinende Dialog lässt die Eingabe der Abtastrate und Dauer der Messung zu. Es kann ausgewählt werden, welche Signale erfasst bzw. berechnet werden sollen. Bei diesen kann ein Anzeigebereich angegeben werden oder eine automatische Skalierung vorgenommen werden. Schließlich kann noch der Anzeigebereich der Visualisierung (Zeit) angegeben werden. Bild 11.26 zeigt den Dialog.

Durch Betätigen der Schaltfläche $\boxed{\text{Start}}$ beginnt die eigentliche Messung. Da die Abtastrate einstellbar ist (bis zu 200 Hz), muss das Eingangssignal der Messkarte reduziert werden. Das geschieht mit dem Modul **Resampling**. Jedoch wird die Unterabtastung erst nach der Berechnung von Geschwindigkeit und Beschleunigung durchgeführt, um keine Informationen aus dem Signal zu verlieren. Durch flexible Einstellung der Abtastrate können sehr schnelle Messungen im Sekundenbereich genauso durchgeführt werden wie Messungen im Bereich von Wochen und Monaten.

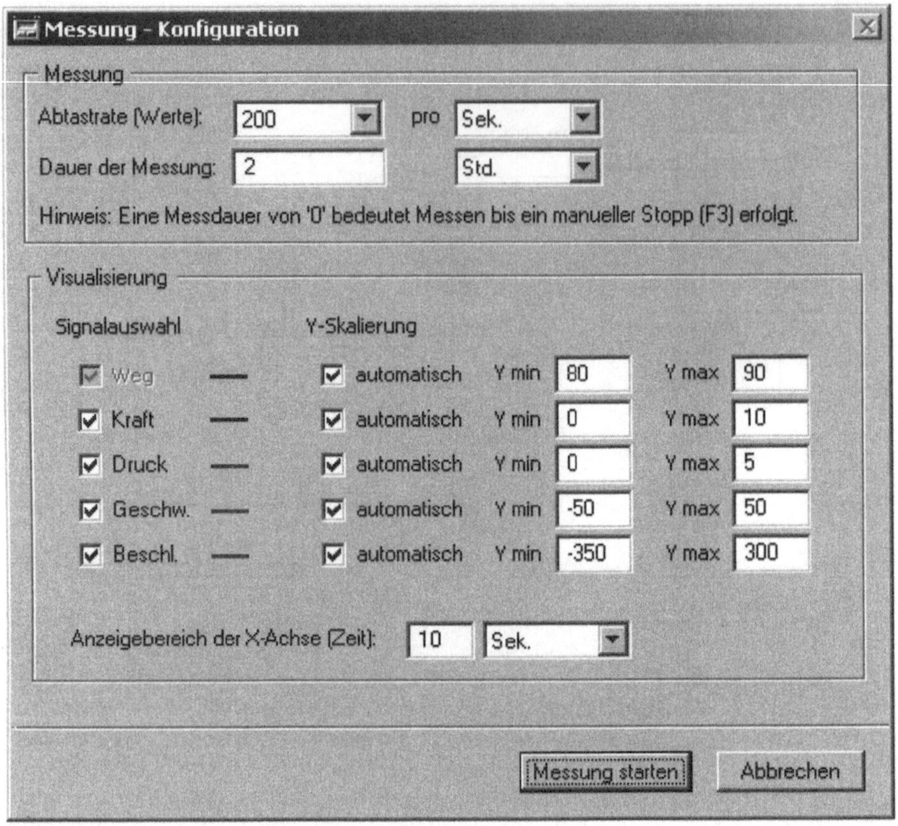

Bild 11.26 Start der Messung am Prüfstand

In der Visualisierung werden die gemessenen und errechneten Werte als Kurven dargestellt, wie in Bild 11.27 zu sehen ist. Am linken Rand sind die Achsenbeschriftungen zu
sehen. Sie sind zur besseren Unterscheidung in verschiedenen Farben aufgeteilt. Um auch
beim Ausdruck in Schwarz-Weiß die Kurven voneinander unterscheiden zu können, ist
jede mit einem Symbol gekennzeichnet (Dreieck, Plus, Quadrat, ...). An der rechten Seite wird für jedes Signal eine Statistik berechnet. Sie setzt sich aus Minimum, Maximum
und Mittelwert zusammen.

In der Anzeige sind einige frei definierbare Felder vorhanden. Über OPTIONEN|LEGENDE
können sie vom Anwender verändert werden. Dadurch lässt sich jede Messung dokumen-
tieren. Mit DATEI|DRUCKEN wird die Anzeige ausgedruckt. Dabei reicht ein normaler, zu
Windows kompatibler Schwarz-Weiß Drucker. Sollen die Messergebnisse farbig archiviert
werden, kann die Visualisierung als Bild exportiert werden. Als Format dafür wurde das
Dateiformat JPG gewählt.

11.3.5   Export der Daten

Falls eine weitere Verarbeitung oder Archivierung der gemessenen und errechneten Daten
(in textueller Form) gewünscht ist, können diese schon während der Messung in eine

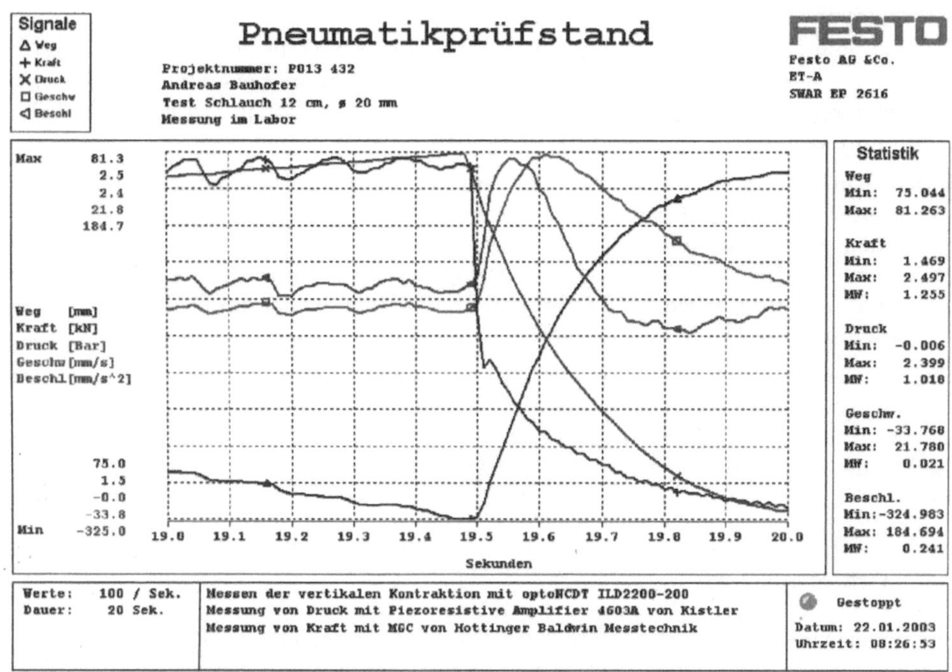

Bild 11.27 Visualisierung des Prüfstands

Datei gespeichert werden. Im Exportdialog (OPTIONEN|EXPORTEINSTELLUNGEN) kann der Dateiname festgelegt werden. Das Format ist CSV (comma separated values), da dieses ohne Konvertierung in Excel eingelesen werden kann.

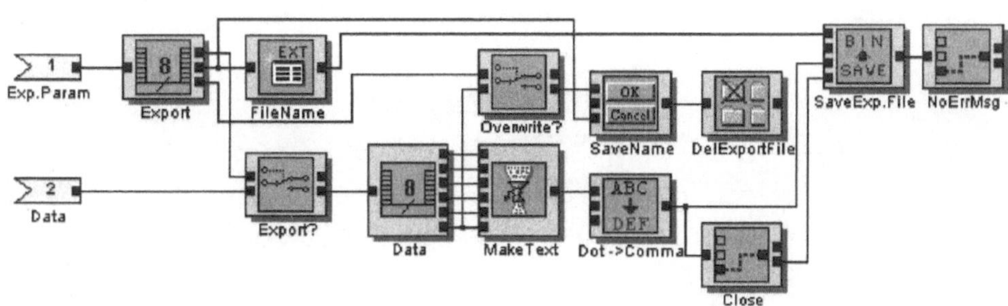

Bild 11.28 Export der Daten in Excel

Das Makro, das für die Aufbereitung und Speicherung der Daten zuständig ist, wird in Bild 11.28 dargestellt. Über den Eingang `Exp.Param` werden die Exportparameter als Bus eingelesen, am Eingang `Data` liegen die fünf Signale ebenfalls als Bus an. Ist die Exportfunktion deaktiviert, wird das gesamte Bussignal mit einem Demultiplexer abgeschaltet. Im anderen Fall werden die Daten mit dem Modul **Bus** ausgekoppelt und an ein Modul **Interpret** weitergegeben. Dort werden sie in einen Text konvertiert und Zeile für Zeile zusammengefügt, getrennt durch ein Komma. Bei Start der Messung wird eine

Kopfzeile erzeugt, die zur Identifizierung der Spalten dient.

Da Excel im deutschsprachigen Raum ein Dezimalkomma anstelle eines Punkts erwartet, werden im nächsten Modul StrReplace alle Punkte durch Kommas ersetzt. Das wäre zwar auch im Interpret möglich gewesen, jedoch lässt sich diese Funktion in StrReplace einfacher einstellen und kann später ggf. modifiziert werden.

Nach dem Auskoppeln der Parameter aus dem Bus wird der Dateiname an das Modul SaveBin weitergegeben. Außerdem wird überprüft, ob neue Daten an die Datei angehängt werden sollen, oder ob die Datei überschrieben werden soll. Ist das der Fall, wird der Dateiname in einem Modul SaveName (ParamBuf) zwischengespeichert und über ein Triggersignal (aktiviert durch das Modul PolyDEMUX) an das Modul DelFile weitergegeben. Dieses löscht die Datei vor dem ersten Schreiben der Daten.

Die Daten werden anschließend an das Modul SaveBin weitergegeben, welches sie in einer Datei speichert. Um auch während der Messung mit Fremdprogrammen auf die Datei zuzugreifen, wird sie nach jeder Schreiboperation unverzüglich geschlossen. Das geschieht mit dem Modul Join, das ein Triggersignal erzeugt. Falls beim Speichern ein Fehler auftritt, wird dieser ignoriert, um die laufende Messung nicht zu beeinträchtigen.

11.3.6   Offlineauswertung

Um bei einer Messung die interessanten Stellen herauszufinden und zu dokumentieren, können die Signale auch offline ausgewertet werden. Nach Stopp der Messung ist dieser Modus über MESSUNG|OFFLINEAUSWERTUNG zu erreichen. In der Visualisierung wird das Signal über die gesamte Messung dargestellt und ein Dialog zur Bedienung der Auswertung wird geöffnet (siehe Bild 11.29). Die beiden Schieberegler *CX1* und *CX2* dienen dazu, in der Anzeige zwei Kursoren im Signal zu bewegen. Die Schaltfläche Zoom vergrößert das Signal zwischen den Kursoren auf die gesamte Anzeige. Über den Rollbalken kann innerhalb des gesamten Bereichs gescrollt werden. Die Schaltfläche Reset setzt die Anzeige wieder komplett zurück. Auch die Offlineauswertung kann ausgedruckt oder exportiert werden.

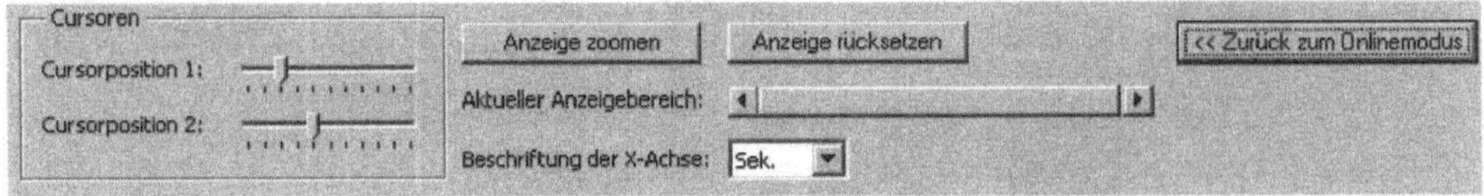

Bild 11.29   Offlineauswertung am Prüfstand

11.3.7   Weitere Einstellungen

Um das Programm vielseitig nutzen zu können, gibt es noch weitere Einstellungsmöglichkeiten, die vor Beginn der Messung durchgeführt werden können. Zum einen können alle Eingangssignale über eine Zweipunktskalierung auf beliebige andere Wertebereiche umskaliert werden. So können einzelne Sensoren getauscht werden, ohne dass besondere Anpassungen durch den Entwickler nötig sind. Zum anderen gibt es die Möglichkeit, die gemessenen Signale automatisch nullzusetzen. Das geschieht im Dialog *Autozero*. Es wird für jeden Sensor das Ausgangssignal angezeigt. Über die Schaltfläche Autozero kann dieser

Wert zur Nullsetzung verwendet werden. Das veränderte Signal wird in den Feldern darunter dargestellt. Die Schaltfläche [Reset] hebt die Nullsetzung für das gewünschte Signal wieder auf.

11.4 Qualitätskontrolle einer flexiblen Kunststoffdruckleitung

In diesem Abschnitt wird ein Beispiel für das Zusammenspiel von verschiedenen Sensoren und ICONNECT in einem Qualitätssicherungssystem gegeben. Die Aufgabe bestand in der Kontrolle einer gewebten und innen beschichteten, flexiblen Druckleitung während der Fertigung. Kontrolliert werden sollte zum einen die Güte des Gewebes und zum anderen die Dicke und Vollständigkeit der Innenbeschichtung. Da eine berührungslose Kontrolle vorgesehen war, wurde ein Mehrkamerasystem zur Prüfung des Gewebes und der Innenbeschichtung sowie ein kombiniertes System aus einem kapazitiven Sensor und einem Wirbelstromsensor zur Prüfung der Beschichtungsdicke gewählt. Des Weiteren sollte das gesamte Qualitätssicherungssystem Fehler an die Webmaschinensteuerung melden, damit der Fertigungsprozess bei Vorliegen einer Störung gegebenenfalls angehalten werden kann.

Eine gleichbleibend hohe Qualität der Druckleitung ist für ihren Einsatz unerlässlich. Die Kunststoffleitung dient zur grabenlosen Erneuerung von Altrohren im Hochdruckbereich. Dabei wird die flexible Kunststoffrohrleitung, die sich durch eine hohe Festigkeit bei gleichzeitig geringer Wandstärke auszeichnet, direkt in das Altrohr eingezogen. Der Vorteil eines solchen Verfahrens besteht darin, dass ein neues Druckrohr ohne nennenswerte Durchmesserverringerung in der alten Rohrleitung in Betrieb genommen werden kann. Als Folge davon entfallen großräumige Aufbrucharbeiten und die damit verbundenen Lärm- und Verkehrsbelastungen. Daraus ergibt sich eine Kostenersparnis von ca. 30 − 50% gegenüber dem herkömmlichen Rohrleitungsbau. Bei einer Installationslänge von über 1000 m und einem speziellen Einzugs- und Verbindungsverfahren kann eine alte Leitung in wenigen Arbeitstagen erneuert werden. Im Gegensatz zum klassischen Verfahren reduziert sich die Sanierungszeit für die Altleitung um etwa 50 − 70%. Weitere Informationen über die flexible Druckleitung sind in [Sti03] zu finden.

Das Qualitätssicherungssystem besteht aus zwei Teilen. Für die Software zur Prüfung der Beschichtung kam ICONNECT zum Einsatz, die Kontrolle des Gewebes wurde auf einem anderen Betriebssystem und damit nicht in ICONNECT realisiert. Das fertige System hat den in Bild 11.30 gezeigten Aufbau.

Im Folgenden werden die einzelnen Bestandteile des Qualitätskontrollsystems näher erläutert.

11.4.1 Die Gewebekontrolle

Die Gewebekontrolle hat die Aufgabe, das Gewebe der Druckleitung flächenmäßig zu erfassen und auf Auffälligkeiten hin zu überprüfen. Hierbei war eine 100%ige-Prüfung vorgesehen. Die entwickelte Software detektiert markante Punkte auf den Gewebebildern und entscheidet anhand deren Lage und Lagebeziehungen untereinander, ob das Gewebe in Ordnung ist oder nicht. Bei Vorliegen eines Gewebefehlers wird dieser mittels der Kommunikationsschnittstelle (siehe Abschnitt 11.4.2) an die Prozesssteuerung weitergegeben.

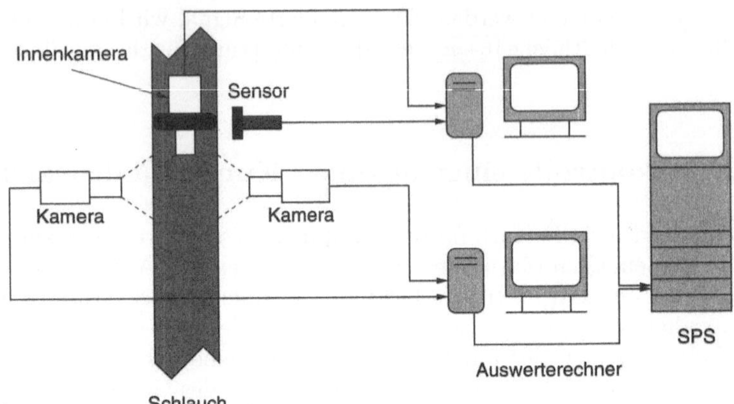

Bild 11.30 Schematische Darstellung des Qualitätskontrollsystems

Das System zur Prüfung des Gewebes besteht aus insgesamt 24 Standard-CCD-Kameras (Auflösung 768×576 Pixel), die an vier Bildverarbeitungsrechnern (Athlon 650 MHz, 512 MB Hauptspeicher, 40 GB Festplatte) angeschlossen sind. Die Kommunikationsschnittstelle läuft als eigenes Programm zusätzlich auf einem der vier Bildverarbeitungsrechner. An jeden der vier Bildverarbeitungsrechner wurden sechs Kameras angeschlossen. Da der Framegrabbertreiber unter dem Windows©-Betriebssystem zum Entwicklungszeitpunkt mehrere Framegrabberkarten in einem Rechner nicht unterstützte, wurde auf das BeOS©-Betriebssystem ausgewichen, dessen Treiber den Betrieb von mehreren Framegrabberkarten in einem Rechner erlaubte. Aus diesem Grund konnte ICONNECT nicht für das Gesamtsystem eingesetzt werden.

Bild 11.31 zeigt einen Ausschnitt der Gesamtmaschine. Neben der flexiblen Leitung ist auch ein Teil des Gewebekontrollsystems zu erkennen. Um Lichtreflexionen zu vermeiden, wurden Kameras und Leuchten vom Umgebungslicht mit einer schwarzen Stoffabdeckung abgeschirmt.

11.4.2 Die Kommunikationsschnittstelle

Die Kommunikationsschnittstelle wurde ebenfalls unter dem Betriebssystem BeOS© implementiert. Sie bietet eine bidirektionale Verbindung zwischen der Prozesssteuerung der Webmaschine und dem Qualitätssicherungssystem. Um auf ein aufwendiges Ansteuern der von der Prozesssteuerung bereitgestellten S7-Schnittstelle verzichten zu können, wurde die Kommunikation mit Hilfe des TCP/IP-Protokolls realisiert. Die Struktur der Kommunikationsschnittstelle entspricht einer Client-Server-Architektur: Der Server läuft als eigenes Programm neben der eigentlichen Qualitätskontrolle auf einem der vier Bildverarbeitungsrechner. Es hat sich während des Betriebs des Systems herausgestellt, dass diese Lösung hinsichtlich der Verarbeitungsgeschwindigkeit ausreichend ist. Ansonsten wäre es auch möglich gewesen, den Server auf einem eigenen Rechner zu betreiben. Die Clients sind in das Programm zur Gewebekontrolle bzw. zur Beschichtungsprüfung eingebunden. Bei der Kommunikation handelt es sich um eine zentralisierte Kommunikation. Die Clients können nur mit dem Server Nachrichten austauschen. Der Server entscheidet anhand des Absenders und des Nachrichtentyps, wer welche Nachricht bekommen muss. Insgesamt gibt es folgende Kommunikationsströme:

Bild 11.31 Teil des Gewebekontrollsystems (mit freundlicher Genehmigung der Rädlinger primus line GmbH)

Prozesssteuerung	→	QS-System	: Systemstart, -stopp, Synchronisations-Signal
QS-System	→	Prozesssteuerung	: Fehlermeldung

Das Kommunikationsprotokoll ist bewusst einfach gehalten. Eine Meldung besteht aus einem Header mit einer definierten Länge, der u.a. einen Meldungscode, den Absender und die Länge des nachfolgenden Meldungstextes beinhaltet. Der eigentliche Inhalt der Nachricht ist dann eine Zeichenfolge mit der im Header definierten Länge. Werte, die von der Prozesssteuerung oder dem Qualitätssicherungssystem ausgewertet werden müssen, sind in der Nachricht besonders gekennzeichnet, so dass sie leicht aus der Zeichenfolge herausgelesen werden können. In ICONNECT ließ sich das Parsen einer solchen Meldung mit Hilfe des Moduls Interpret realisieren. Folgendes Codesegment gibt ein Beispiel für die Bearbeitung einer Meldung, die eine Längenangabe enthält:

```
// Als Eingabe kommt eine Meldung in Form einer Zeichenkette
input trigger in_message("TYPEINFO", "TypeInfo", "UBYTE[]", "Text");

// Ausgegeben wird eine Länge als Zahlwert
output out_length("TYPEINFO", "TypeInfo", "SWORD", "TIME_DOMAIN");

[...]

execute
{
  [...]
  // Die ersten Bytes der Nachricht beschreiben den Typ.
```

```
for(i = 0; i < 4; ++i) { status[i] = in_message[i]; }

// Wenn es sich um eine Längenangabe handelt...
if(strcmp(status, "ISRL") == 0)
{
  // Länge des Nachrichtentextes
  sl = strlen(in_message);

  found = 0;

  // Durchlaufen des Nachrichtentextes
  for(i = 0; i < sl; ++i)
  {
    // '*' bezeichnet das Ende der Längenangabe
    if(in_message[i] == '*') { found = 0; }

    // Wenn eine Längenangabe gefunden wurde, wird sie in eine
    // Zeichenkette kopiert.
    if(found == 1) { length[length_count++] = in_message[i]; }
  }

    // Durch ':' wird der Beginn der Längenangabe gekennzeichnet
    if(in_message[i] == ':') { found = 1; }
  }

  // Umwandeln der Zeichenkette in eine ganze Zahl und Ausgabe
  // auf dem Ausgang 'out_length'
  out_length = atoi(length);
}

  [...]
}
```

11.4.3   Die Beschichtungsdickenmessung

Neben der flächenmäßigen 100%igen-Kontrolle der Gewebeoberfläche muss auch die Dicke einer von innen auf das Gewebe aufgetragenen Kunststoffbeschichtung gemessen werden. Für den späteren Einsatz der flexiblen Druckleitung u.a. bei der Erdgas- und Wasserleitungssanierung ist es notwendig, dass diese Kunststoffschicht eine gewisse Mindeststärke besitzt.

Gemessen wird die Schichtstärke auf zwei Arten: zum einen punktweise mit Hilfe eines Wegmesssystems bestehend aus einem kapazitiven Sensor und einem Wirbelstromsensor und zum anderen mittels einer im Inneren der Druckleitung angebrachten Kamera. Die notwendige Software für beide Systeme wurde mit Hilfe von ICONNECT implementiert. Im Folgenden werden beide Verfahren etwas näher erläutert.

Das Wegmesssystem

Das Wegmesssystem misst die absolute Dicke der Beschichtung. Es besteht aus einem kapazitiven Sensor und einem Wirbelstromsensor. Diese laufen auf einem Schleifring um die Rohrleitung herum. Die Schichtstärke wird somit nur auf einer spiralförmigen Bahn entlang der Druckleitung gemessen, da sich diese während der Messung unter den Sensoren wegbewegt.

Die kapazitive Wegmessung basiert auf der Wirkungsweise eines idealen Plattenkondensators, dessen Elektroden durch den Sensor selbst und das gegenüberliegende Messobjekt (hier ein Gegenring aus Aluminium) gebildet werden. Durchfließt ein konstanter Wechselstrom den Sensorkondensator, so ist die Amplitude der Wechselspannung am Sensor proportional zum Abstand der Kondensatorelektroden. Nach der Demodulation der Wechselspannung wird die Differenz zu einer einstellbaren Kompensationsspannung gebildet, verstärkt und als Analogsignal ausgegeben.

Im Wirbelstromsensor befindet sich eine wechselstromdurchflossene Spule, die ein Magnetfeld erzeugt. Nähert sich innerhalb dieses Magnetfeldes ein leitfähiges Objekt (hier der oben bereits erwähnte Aluminiumring), so wird in diesem ein Wirbelstrom induziert. Dadurch verändert sich die Stromstärke innerhalb des Schwingkreises, der die Spule speist. Diese Stromstärkenänderung kann gemessen werden und liefert ein Maß für den Abstand des Messobjektes von der Stirnfläche des Sensors.

Für das Zusammenspiel der beiden Sensoren gilt, dass bei einem idealen Aufbau der Webmaschine samt Aluminiumgegenring und Schleifring der Abstand von der Umlaufbahn des Schleifringes zum Gegenring konstant bleiben sollte. Schleifring und Aluminiumgegenring besitzen exakt denselben Mittelpunkt. Die Dicke der Beschichtung könnte dann allein durch den kapazitiven Sensor gemessen werden. In der Praxis ist dies nicht der Fall. Der Wirbelstromsensor muss die Position des im Inneren der Druckleitung fest montierten Aluminiumringes bestimmen, da die gesamte Produktionsanlage während des Webens und Beschichtens nicht in Ruhe ist und die Position von Schleif- und Gegenring im laufenden Betrieb nicht nachjustiert werden kann. Die Dickenmessung übernimmt dann der kapazitive Sensor. Er misst den Abstand zum Gegenring. Aus der Position des Gegenringes, dem Verhalten der Sensoren bei einer Kalibriermessung ohne innenbeschichtetes Gewebe und der Dielektrizitätskonstante ε_r der Beschichtung kann dann auf die absolute Dicke der Beschichtung geschlossen werden. ICONNECT bringt standardmäßig Module zum Ansteuern und Auswerten der verwendeten Sensoren mit, wie in Bild 11.32 dargestellt ist. Zusätzlich zu den Daten der Schichtdickensensoren wird auch ein Temperatursensor, der die Temperatur der Innenkamera (siehe unten) kontrolliert, mit ausgewertet.

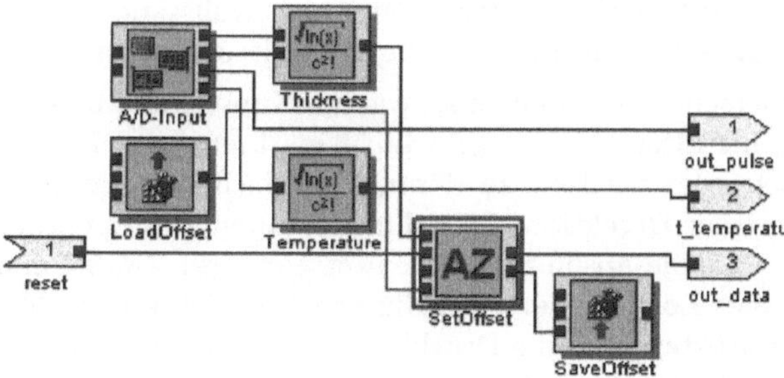

Bild 11.32 Signalgraph zum Einlesen und Auswerten der Schichtdickensensordaten

Des Weiteren ist es relativ einfach möglich, die gemessenen Schichtstärken auf dem Bildschirm graphisch darzustellen. Bild 11.33 zeigt als Beispiel einen Teil der Bedienoberfläche des Beschichtungskontrollsystems.

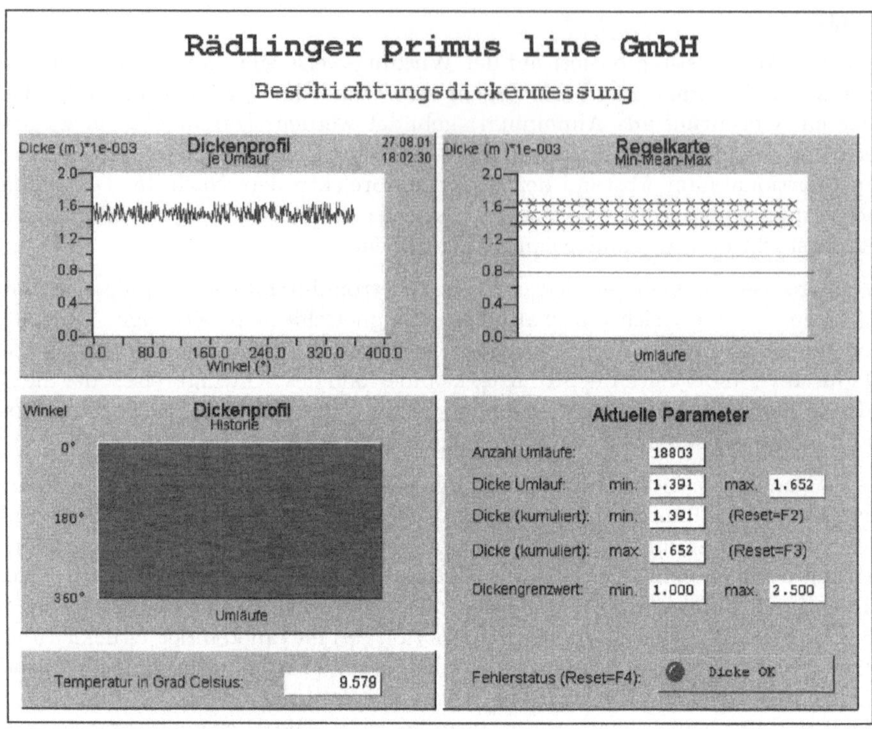

Bild 11.33   Ausgabe der Schichtdickenmessung mit ICONNECT

Das so aufgebaute Messsystem ermöglicht es, das Einhalten einer Mindestschichtstärke zu überprüfen. Weiter können auch „langsame" Schichtstärkenschwankungen und Bewegungen der flexiblen Leitung, die während der Produktion auftreten, erkannt werden.

Das optische Schichtdickeninspektionssystem

Das optische Schichtstärkeninspektionssystem hat die Funktion, die Innenbeschichtung auf mögliche Löcher zu überprüfen. Aufgrund der nicht vollständigen Schichtdickenkontrolle des Wegstreckenmessystems muss hierfür ein anderes System eingesetzt werden.

Da es sich bei der Beschichtung um einen schwarzen Kunststoff handelt, fällt bei ausreichend dick aufgetragener Beschichtung kein Licht ins Innere der Druckleitung. Hat die Beschichtung ein Loch oder wird sie zu dünn, kann Licht ins Innere gelangen. Dieser „helle Fleck" wird von einer Detektionsalgorithmik erkannt. Das optische Schichtstärkeninspektionssystem kann keine absoluten Dickenwerte messen. Damit man gewährleisten kann, dass im Falle eines Loches oder einer dünnen Beschichtung Licht ins Innere fällt, sind in gleichmäßigem Abstand um die Druckleitung Halogenlichtquellen angebracht, die von außen auf das Gewebe leuchten. Im Inneren ist eine Kamera befestigt, welche kontinuierlich die Innenwand aufnimmt. Das grauwertige Eingabebild wird dann zuerst einmal durch ein Schwellwertverfahren mit Hilfe des Moduls ImageOp in ein Binärbild umgewandelt. Anschließend werden in diesem Bild weiße Stellen gesucht. Dabei wird das Modul **BlobAnalysis** benutzt. Die gefundenen Stellen werden ihrer Größe nach sortiert. Übersteigt der Umfang der größten gefundenen hellen Stelle einen Schwellwert, so wird eine

Fehlermeldung vom System generiert und ausgegeben. Der Grund für eine helle Stelle im Inneren der Druckleitung ist ein Loch oder eine zu geringe Stärke der Beschichtung. Sehr kleine und unregelmäßig verteilte helle Flecken sind auf das Kamerarauschen zurückzuführen. Durch die Schwellwertbildung werden diese Stellen unterdrückt. Bild 11.34 zeigt ein Beispiel eines Loches in der Beschichtung. Das strahlenförmige Gitter auf dem Bild dient dazu, die Position des Beschichtungsfehlers, die in der Fehlermeldung mit an die Prozesssteuerung weitergegeben wird, genauer zu beschreiben.

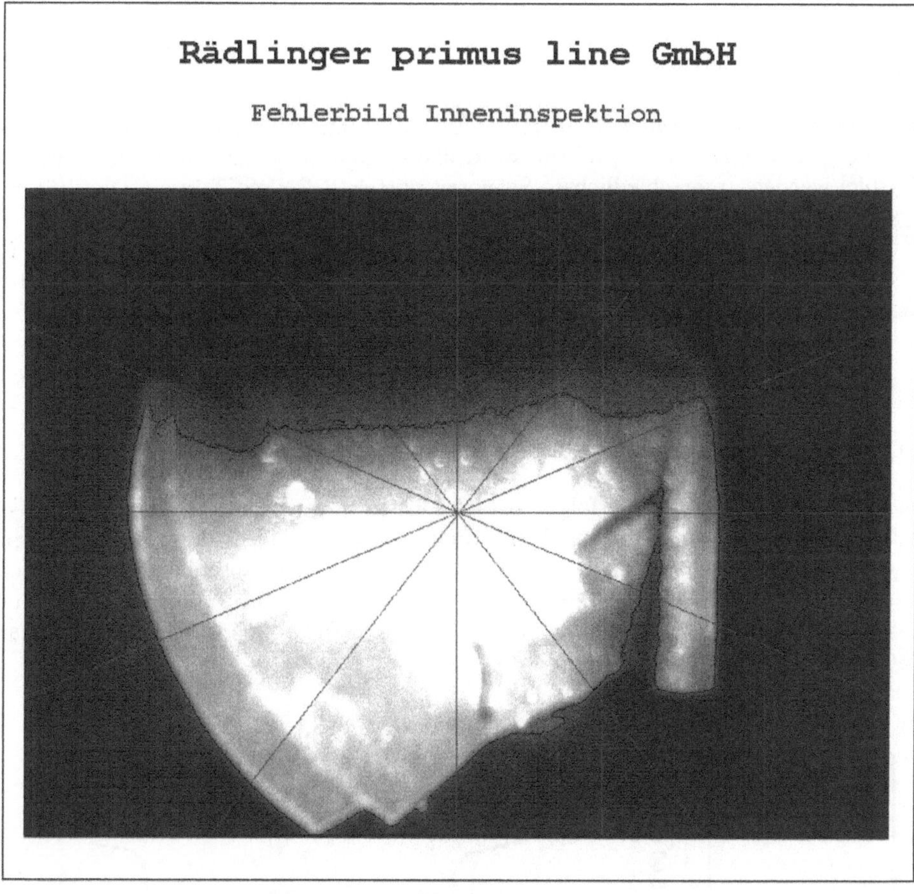

Bild 11.34 Fehlerhafte Beschichtung

Da die Innenkamera direkt unterhalb des Extruders, welcher den verflüssigten, heißen Kunststoff auf das Gewebe presst, angebracht ist, ist es notwendig, die Kamera zu kühlen und zur Sicherheit auch die Temperatur des Kameragehäuses zu kontrollieren. Das Temperatursignal der Kamera gelangt über die gleiche Analog-Digital-Wandlerkarte (A/D-Input in Bild 11.32) wie die Daten des Schichtdickenmesssystems in den Auswerterechner und wird ebenfalls mit ICONNECT überwacht. Bei Überschreiten einer Maximaltemperatur wird ein Alarm ausgelöst, da infolge zu hoher Temperaturen die Innenkamera zum einen immer schlechtere, d.h. durch starkes Rauschen gestörte Bilder liefern würde und zum anderen im Extremfall die Sensorelektronik durch zu große Hitze zerstört werden würde.

Neben der Auswertealgorithmik für die Schichtstärken- und Temperaturmessung und der optischen Inneninspektion musste auch der Client für die Kommunikationsschnittstelle implementiert werden. Da ICONNECT aber mit dem Modul TCPClient bereits standardmäßig ein Modul für das Empfangen und Versenden von TCP/IP-Paketen beinhaltet, mussten lediglich die empfangenen Meldungen ausgewertet werden, und bei Vorliegen eines Fehlers musste eine entsprechende Fehlermeldung erzeugt werden. Beides ließ sich einfach mit Hilfe des Moduls Interpret lösen. Ein Beispiel für das Auswerten einer Längenmeldung ist im Abschnitt 11.4.2 gezeigt.

11.4.4 Zusammenfassung

Das System zur *Druckleitungsinspektion* zeigt, dass man ICONNECT problemlos auch in aufwendigen, heterogenen Qualitätskontrollsystemen einsetzen kann. Im vorgestellten Beispiel werden unterschiedlichste Sensoren mittels ICONNECT in ein Qualitätskontrollsystem integriert. Mit Hilfe der Kommunikation über die standardisierte TCP/IP-Schnittstelle fügt sich ICONNECT nahtlos in das System zur Gewebekontrolle ein und liefert so einen entscheidenden Beitrag für die Qualität und Sicherheit der fertigen flexiblen Druckleitung.

11.5 Qualitätskontrolle von Getränkedosen

11.5.1 Messaufgabe

In der industriellen Fertigung erfolgt vor der Durchführung einer Montage häufig eine Qualitätskontrolle der dazu nötigen Werkstücke. Dabei sollen fehlerhafte Zwischenprodukte erkannt und gegebenenfalls ausgesondert werden. Das anschließend vorgestellte Messverfahren ist ein derartiges Beispiel. Das System wurde im Rahmen einer Fallstudie realisiert. Für einen möglichen industriellen Einsatz galt es, den erreichbaren Durchsatz und die Messgenauigkeit zu bestimmen.

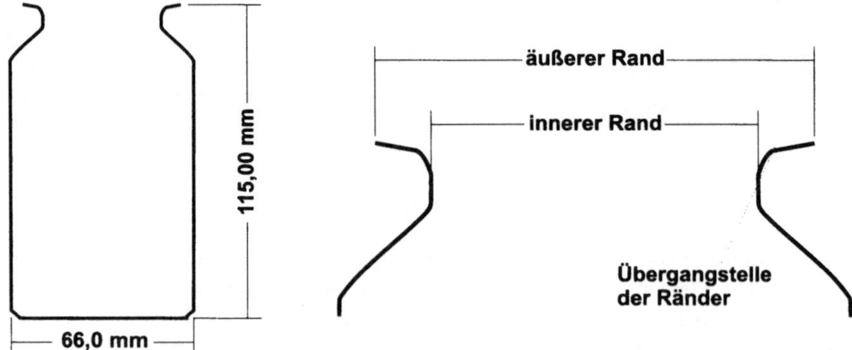

Bild 11.35 Schematische Darstellung einer Dose (links) und der zu vermessenden Dosenränder (rechts).

Vor dem Anbringen des Deckels soll der obere Rand von Getränkedosen auf seine Beschaffenheit hin überprüft werden, um so diejenigen Dosen aus dem weiteren Produktionsprozess auszuschließen, die nicht zuverlässig abdichten. Das Ziel der Messaufgabe ist somit die Kontrolle der Radien und der Rundheit des äußeren und des inneren Dosenrandes von unverschlossenen Getränkedosen. Ein abschließender Vergleich der ermittelten Werte mit einer Spezifikation erlaubt das Klassifizieren und Aussondern von fehlerhaften Dosen. Im linken Abschnitt von Bild 11.35 ist die Seitenansicht einer Dose schematisch dargestellt (vgl. [Hes99]). Die Form des Dosenrandes ist rechts vergrößert gezeigt. Der Rand der Dose unterteilt sich in einen äußeren Abschnitt, der etwas schräg zur Waagrechten verläuft. An ihn schließt der gewölbte innere Randabschnitt an. Die Analyse einer Dose beginnt mit der Aufnahme einer Dosenaufsicht durch eine Grauwertkamera, die mit der in Bild 11.37 vergleichbar ist. Daraus werden anschließend Randkonturpunkte extrahiert und diese wiederum für Kreispassungen verwendet. Auf diesem Weg erhält man eine Approximation für den inneren und den äußeren Randkreis. Entscheidend für die Güte der Approximation und die darauf aufbauende Auswertung ist eine Kamerakalibrierung, die zur Transformation von Koordinaten des Bildes in das metrische System benötigt wird.

Der nächste Abschnitt 11.5.2 stellt die Messvorrichtung vor und zeigt zudem Aspekte auf, die bei der Messung beachtet werden müssen. Ferner wird auf die softwaretechnische Realisierung der Messaufgabe näher eingegangen. Abschnitt 11.5.3 nennt einige der Resultate, die in Experimenten mit dem erstellten System gewonnen wurden.

11.5.2 Anforderungen an den Messaufbau, Arbeitsabläufe und softwaretechnische Aspekte

Die zur Vermessung von Getränkedosen notwendigen Arbeitsschritte sind in Bild 11.36 schematisch dargestellt. Die einzelnen Teilschritte werden in den folgenden Absätzen ausführlich vorgestellt.

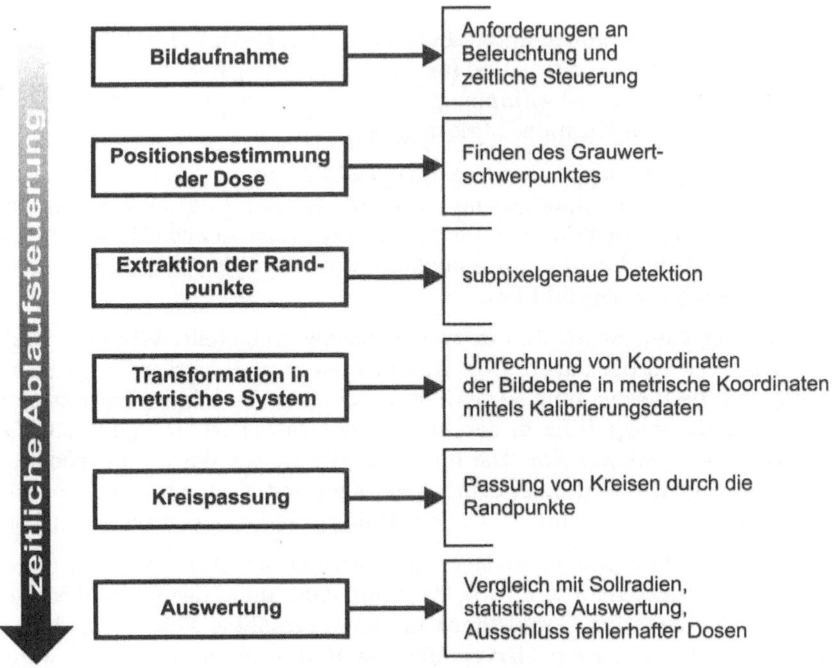

Bild 11.36 Stationen des Messsystems.

Bildaufnahme

Eine bildverarbeitungsgestützte Vermessung der Dosenränder beginnt mit der Aufnahme
der Dosenaufsicht durch eine Grauwertkamera. Typischerweise werden derartige Systeme
bei einer Fließbandproduktion eingesetzt. Die Aufnahme einer Aufsicht wird dann oftmals
über einen Trigger gesteuert. Mittels eines Sensors, wie etwa einer Lichtschranke, wird
das Passieren eines Testobjekts wahrgenommen, woraufhin durch einen Framegrabber,
an dem eine Grauwertkamera angeschlossen ist, die Aufnahme erfolgt. Bedeutend für die
zuverlässige Ausführung der Messung ist die Position der Dose im Bild. Zwar wird nicht
vorausgesetzt, dass sich das Messobjekt in einem bestimmten Bereich im Bild befindet,
dennoch sollte es, um zuverlässige Resultate zu erzielen, vollständig sichtbar sein. Offensichtlich sind die besten Ergebnisse dann zu erwarten, wenn die Aufnahme genau zu dem
Zeitpunkt gestartet wird, zu dem sich die Dose zentral unter der aufnehmenden Kamera befindet. Ein kritischer Aspekt in diesem Zusammenhang ist die Beleuchtung, durch
die ein entsprechender Kontrast im Eingabebild erzeugt werden soll. Die anschließenden Operationen setzen voraus, dass sich die Dosenaufsicht vom Hintergrund aufgrund
unterschiedlicher Grauwertniveaus abhebt. Um gute Messresultate zu erzielen, sollten
die Aufnahmen wie in Bild 11.37 dargestellt aufgebaut sein. Dazu empfiehlt es sich, die
Lichtdurchlässigkeit des Objektivs stark zu reduzieren und die Ausleuchtung des Dosenbodens durch eine konzentrisch zur Kamera angebrachte Ringlampe vorzunehmen. Der
Hintergrund – das Fließband – muss nicht-reflektierend sein. Steuert man den Kontrast
der Bilder auf diese Art, so erreicht man zudem eine weitestgehende Unabhängigkeit des
Messsystems von der Umgebungsbeleuchtung.

Positionsbestimmung der Dose und Extraktion der Randpunkte

Das zuverlässige Zustandekommen unterschiedlicher Grauwertniveaus des Hintergrundes
und des reflektierenden Dosenbodens sind für die Lokalisierung der Dose im Bild entscheidend. Die Algorithmik zur Lagebestimmung des Dosenmittelpunkts und zur Extraktion
der Randpunkte bildet den Kern der Messaufgabe.

Ausgegangen wird von Aufnahmen, wie sie in Bild 11.37 dargestellt sind. Wichtige Merkmale der Bilder sind der Dosenboden und vor allem der Rand der Dosen. Das Zentrum
des Dosenbodens zeichnet sich durch ein hohes Grauwertniveau aus (1), das jedoch nach
außen hin abfällt und zunehmend unregelmäßiger wird. Dies liegt daran, dass das Blech
an dieser Stelle nach innen gewölbt ist.

Der obere Rand der Dose ist im Bild in zwei Sektionen aufgeteilt. Wie man Bild 11.35
entnehmen kann, verläuft der äußere Dosenrand (3) leicht abgeschrägt. Diese Schräge ist
aber so gering und die Beleuchtung so gewählt, dass dieser Ausschnitt Licht stark reflektiert und dadurch als weißer Ring in der Abbildung sichtbar ist. Demgegenüber ist der
innere Dosenrand (4) stark gewölbt. Die Intensität des Lichts, das daran reflektiert und
durch die Kamera registriert wird, ist deutlich geringer und wird, wie aus dem Grauwertverlauf in Abbildung 11.37 ersichtlich ist, dem Hintergrundgrauwertniveau zugeordnet.

Zur Bestimmung der Randpunkte ist eine Lokalisierung der Dose bzw. des ungefähren
Dosenzentrums nötig. Da gefordert wird, dass mit Ausnahme der Getränkedose selbst
keine weiteren reflektierenden Gegenstände in einer Aufnahme sichtbar sind, kann der
Mittelpunkt durch den Grauwertschwerpunkt des Bildes gut approximiert werden. In
der Regel genügt es, eine reduzierte Anzahl von Punkten zu verwenden. So wurden bei

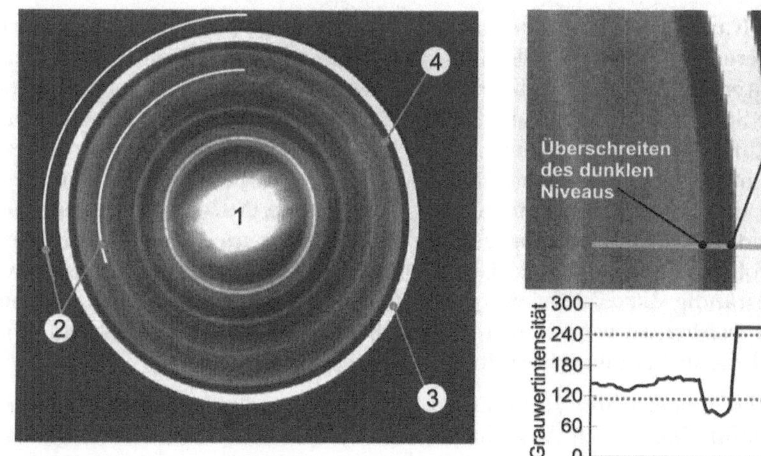

Bild 11.37 Links in der Darstellung ist der Ausschnitt aus einem ursprünglichen Eingabebild
– Dimension: 786 × 576 Pixel – gezeigt, in dem die Dosenaufsicht enthalten ist. Rechts ist ein
vergrößerter Ausschnitt des Rings mit zugehöriger Grauwertverteilung entlang eines Strahls
(rechts unten) dargestellt.

einer Bilddimension von 768×576 Pixel beispielsweise nur die Grauwerte der Bildpunkte
verwendet, die die Knoten eines regelmäßigen Gitters mit Kantenlänge 4 Pixel bilden.

Anschließend wird ein Ring (2) bestimmt, der den inneren und den äußeren Dosenrand
enthält. Dazu werden die Grauwertintensitäten entlang von Strahlen, die vom Dosenmittelpunkt in Richtung Bildrand ausgehen, untersucht. Diese „Grauwertgebirge" lassen klar
zwei hohe Niveaus erkennen, von denen das erste dem Bereich des Doseninneren und das
zweite dem äußeren Rand zuzuordnen ist. Kennt man mehrere dieser Stellen auf dem äußeren Dosenrand (bei der gegebenen Anwendung wurden acht Richtungen betrachtet), so
legt man einen Ring um diesen Rand. Die Festlegung der Ringbreite kann beispielsweise
relativ zum Abstand der gefundenen Randpunkte zum Dosenmittelpunkt erfolgen.

Der so bestimmte Ring beschreibt den Bereich im Bild, in dem die gesuchten Randpunkte auftreten. Die Anzahl der Punkte, die auf dem äußeren und inneren Dosenrand
gesucht werden, wird vom Benutzer vor der Durchführung von Messungen festgelegt.
In äquidistanten Winkelschritten von $\frac{2\pi}{<\text{Anzahl Punkte}>}$ werden nun die Grauwertverläufe
entlang von Strahlen (5) vom äußeren zum inneren Rand des Rings hin betrachtet. Die
Detektion der Randpunkte geschieht über ein Schwellwertverfahren. Dazu führt man auf
dem Ring eine Mehrniveaupassung durch. Diese ermittelt mindestens zwei Schwellwerte,
wobei einer benötigt wird, der den hellen Dosenrand segmentiert, und ein zweiter, der
den Hintergrund vom Rest des Ringausschnitts trennt (siehe Grauwertverlauf in Bild
11.37). Um die äußeren Konturpunkte zu finden, ermittelt man die Stelle im Grauwertverlauf eines Strahls, an der ein Übergang vom Niveau des Hintergrunds (dunkel) zum
Grauwertplateau des Randes (hell) zu erkennen ist. Die Bestimmung der Punkte des inneren Dosenrandes erfordert, dass zuerst dieses hohe Grauwertniveau überschritten wird
und die Position bestimmt wird, an der die Grauwerte erstmals wieder unterhalb des
oberen Schwellwerts liegen. Wie aus der Beschreibung der Aufnahmen hervorgeht, ist
diese Stelle jedoch noch nicht einem Randpunkt zuzuordnen. An dieser Position ist vielmehr erst der Übergang von dem schrägen Verlauf des äußeren Randes zum gewölbten
des inneren auszumachen. Da nur ein geringer Anteil des einfallenden Lichts an diesem

Bereich der Dose zur Kamera reflektiert wird, liegen die Grauwerte in diesem Abschnitt unterhalb des niedrigeren Schwellwerts. Deshalb ist als nächstes der Übergang des Grauwertniveaus vom Hintergrundniveau zu Werten, die oberhalb des unteren Schwellwerts liegen, gesucht. Diese Stelle beschreibt einen äußeren Randpunkt. Damit die anschließenden Kreispassungen und Abstandsmessungen zuverlässigere Ergebnisse liefern, sollten die Randpunkte z.B. mittels linearer Interpolation subpixelgenau bestimmt werden. Der Grund, weshalb man den Grauwertverlauf auf den Strahlen von Außen nach Innen und auch nur auf den Randbereich begrenzt betrachtet, ist der, dass man dadurch das relativ unregelmäßige und folglich unzuverlässige Grauwertgebirge des Doseninneren umgeht. Sollte ein Strahl vollständig durchlaufen werden und kein Punkt, welcher zum inneren Rand zählt gefunden werden, so wertet man dies als Fehler. Es erfolgt jedoch kein Abbruch. Vielmehr wird dieser Strahl nicht weiter berücksichtigt.

Auf diese Weise können die gesuchten Randpunkte zuverlässig und präzise ermittelt werden. Voraussetzung dafür sind jedoch Aufnahmen, die mit denen in Bild 11.37 vergleichbar sind. Die Algorithmen wurden so entworfen, dass sie auch bei veränderten Umgebungsbedingungen, wie einer Variation der Beleuchtung oder einer Skalierung, also einer Änderung der Dosengröße im Bild, angewendet werden können. Dies liegt unter anderem daran, dass die Schwellwerte zur Extraktion der Punkte dynamisch ermittelt werden (siehe Abschnitt 7.4.1). Jedoch müssen auch bei Modifikationen der Aufnahmen die prinzipiellen Grauwertverläufe erhalten bleiben. Falls sich beispielsweise die Größe der Dose im Bild sehr stark ändert, ist zu beachten, dass dadurch der innere Rand möglicherweise nicht mehr zuverlässig erkannt werden kann, da dieser Übergangsbereich im Bild zu klein wird.

Transformation von Pixel-Koordinaten in das metrische System

Bevor die gefundenen Randpunkte analysiert und weiterverarbeitet werden können, müssen sie in das metrische System überführt werden. Bis zu diesem Zeitpunkt sind die Koordinaten in der Bildebene bekannt. Positionen und Abstände beziehen sich deshalb auf die Einheit Pixel. Die Transformation ist jedoch nötig, da die Spezifikation einer Dose und damit auch die Sollgrößen und Toleranzen der Radien im metrischen System angegeben werden. Damit diese Umrechnung erfolgen kann, muss vor einer Messausführung eine Kalibrierung der Kamera stattfinden (vgl. Abschnitt 7.4.2). Ein weiterer Vorteil einer Kalibrierung ist, dass zudem der Einfluss von Störungen gemindert wird. Abhängig von Kamera- und Objektivtyp können deutlich merkbare Verzerrungen in aufgenommenen Bildern auftreten. Ein Extremfall wäre der so genannte Fischaugeneffekt, der sich in Form von starken sphärischen Verzerrungen bemerkbar macht. Eine Korrektur dieser Fehler macht eine zuverlässige Messung oft erst möglich.

Kreispassung

Durch die korrigierten Koordinaten der Punkte des äußeren und des inneren Randes werden anschließend zwei Kreise gepasst. Da die Ausführungszeit ein kritischer Faktor der Qualitätskontrolle ist, wird hierfür der in Abschnitt 7.4.2 vorgestellte algebraische Passungsalgorithmus verwendet. Zudem zeigte sich in den durchgeführten Testläufen, dass die erzielten Ergebnisse eine ausreichend hohe Genauigkeit aufwiesen, so dass eine Minimierung des Euklidischen Abstands nicht erforderlich war.

Auswertung

Die bisher ermittelten Randpunkte und Passkreise werden im Folgenden dazu verwendet, eine Überprüfung einer Dose gemäß einer vorgegebenen Spezifikation durchzuführen. Diesbezüglich kann zum einen die Rundheit des Randes, bzw. die vorhandene Abweichung von idealen konzentrischen Kreisen ermittelt werden. Hierzu können einerseits die Abstände der Randpunkte von den gepassten Kreisen berechnet und überprüft werden, ob die Abweichung innerhalb eines Toleranzbereichs liegt. Andererseits lässt ein Vergleich der beiden Kreismittelpunkte Aussagen über die Konzentrizität zu. Da vor einer Anwendung der Kreispassungsalgorithmik eine Transformation der Randpunkte in das metrische System erfolgte, ist nun auch eine Gegenüberstellung der Radien mit den Vorgaben des Dosenentwurfs möglich. Eine Gesamtbetrachtung dieser Ergebnisse kann dazu dienen, fehlerhafte Dosen zu klassifizieren und aus dem weiteren Fertigungsprozess auszuschließen. Eine statistische Auswertung der Messresultate kann zudem dazu verwendet werden, die Messung zu verfeinern und genauere Aussagen über die zu erwartende Messgenauigkeit und Zuverlässigkeit des Systems zu erstellen. Beispielsweise kann dies zur Wahl der Toleranzwerte sinnvoll sein, um sowohl falsche Positive – fehlerhafte Dosen, die jedoch nicht ausgesondert werden – wie auch falsche Negative – Dosen die fälschlich als Ausschuss klassifiziert werden – zu vermeiden. Der nächste Abschnitt stellt einige der Ergebnisse vor, die durch Experimente gewonnen wurden.

11.5.3 Experimentelle Ergebnisse

Das in den vorangegangenen Abschnitten beschriebene Verfahren wurde in ICONNECT realisiert. Die im Folgenden vorgestellten experimentellen Ergebnisse sind [SW01] entnommen. Ermittelt wurde unter anderem das Grundrauschen des Systems, also die Abweichungen, die durch das Messverfahren selbst verursacht werden. Ferner wurden auch Messungen mit mehreren Getränkedosen als Testmuster durchgeführt und die Verteilung der Resultate betrachtet. Ziel war es, repräsentative und reproduzierbare Versuche zu erstellen.

Grundrauschen des Systems

Um das verfahrensbedingte Rauschen zu ermitteln, wurde eine zentral unter der Kamera angebrachte Dose kontinuierlich aufgenommen. Auf diese Weise wurden insgesamt 1000 Testbilder verarbeitet.

In Bild 11.38 ist die Verteilung der Messergebnisse graphisch dargestellt. Für den äußeren Rand wurde im Mittel ein Radius von 27.813 mm und für den inneren Rand ein Wert von 26.502 mm ermittelt. In beiden Fällen betrug die Standardabweichung ca. 7 μm. Die durchgeführten Messungen ergaben 27.798 mm als minimalen und 27.859 mm als maximalen Radius des äußeren Randes. Entsprechend waren 26.502 mm und 26.560 mm die Intervallgrenzen für den kleineren Kreis.

Trigger-gesteuerte Aufnahmesequenzen

Die in diesem Abschnitt betrachteten Testfälle dienen dazu, die industrielle Tauglichkeit des Verfahrens zu untersuchen. Dazu erfolgte eine Simulation eines Fließbandbetriebs. Zu diesem Zweck rotierten Dosen auf einen Plattenspieler. Sobald sich eine Getränkedose

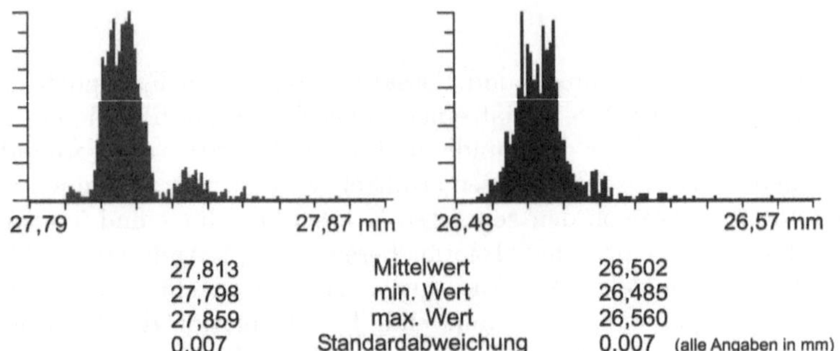

Bild 11.38 Verteilung der ermittelten Radien für inneren (rechts abgebildet) und äußeren (links dargestellt) Rand.

unter der Grauwertkamera befand, wurde die Aufnahme über einen Trigger gesteuert ausgelöst. Da zwischen der tatsächlichen Aufnahme und dem Auslösen des Triggersignals eine Verzögerung auftritt, konnten die Positionen der Dosen in den Bildern variieren.

Der erste Testfall betrachtete erneut wiederum nur eine Getränkedose. Es wurden ebenfalls 1000 Berechnungen durchgeführt. Von besonderem Interesse war die Standardabweichung, die sich in dieser Situation ergab. Sie wies mit 7 μm für den äußeren und 8 μm für den inneren Radius einen geringen Unterschied zu den Werten des zuvor vorgestellten Testfalls der ruhenden Dose auf.

Als weiteres Experiment wurden zwei Dosen derselben Art abwechselnd aufgenommen. Aufgrund von leichten Deformierungen, die die Dosen erfahren haben, weisen sie geringfügig abweichende Radien auf, was sich auch durch die Messungen nachvollziehen ließ. Die in Bild 11.39 dargestellten Ergebnisse zeigen zwei deutliche Spitzen in den jeweiligen Verteilungen der gemessenen Radien. Da beide zudem etwa dieselbe Höhe aufweisen, kann man daraus folgern, dass eine Unterscheidung der Getränkedosen durch diese Messvorrichtung möglich ist. Weitere statistische Resultate sind ebenfalls in Bild 11.39 aufgeführt.

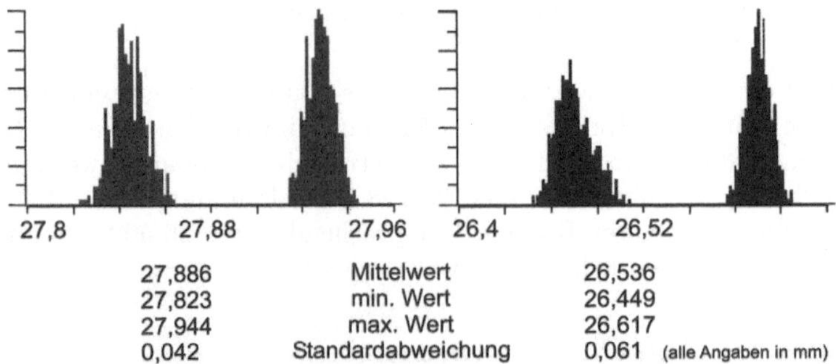

Bild 11.39 Verteilung der Messergebnisse bei Testläufen mit zwei Getränkedosen aus derselben Fertigungsstraße, jedoch mit geringfügigen Deformierungen. links: Messergebnisse des äußeren Rands; rechts: innerer Rand.

11.5.4 Leistungsbewertung

Für die industrielle Tauglichkeit der Anwendung ist unter anderem der Durchsatz entscheidend. Die maximale Anzahl an zu vermessenden Getränkedosen pro Zeiteinheit war bei den bisher vorgestellten Experimenten durch den Versuchsaufbau begrenzt. So konnten bei der zuletzt präsentierten Messung etwa 1.4 Gegenstände pro Sekunde vermessen werden. Hier wirkte sich vor allem die Rotationsgeschwindigkeit des verwendeten Plattenspielers, welcher zur Simulation eines Fließbands verwendet wurde, beschränkend auf den Durchsatz aus. Damit eine fundierte Aussage über den maximal zu erwartenden Durchsatz getroffen werden kann, wurden gespeicherte Aufnahmen von Dosen der Größe 768×576 für die Messung verwendet. Ferner wurde die Ausgabe auf eine Darstellung der Messresultate – Radien der gepassten Kreise, Standardabweichung etc. – beschränkt, da zusätzliche graphische Anzeigen zu hoher Prozessorlast führen können. Insgesamt konnten so auf dem verwendeten System, bestehend aus einem AMD Duron 800 MHz mit 256 MB Arbeitsspeicher, mehr als 20 Getränkedosen pro Sekunde vermessen werden.

Das Messsystem wurde als Fallstudie für eine konkrete industrielle Anwendung entworfen. Diesbezüglich ist vor allem die Genauigkeit der Messungen ausschlaggebend für einen späteren Einsatz. In Abschnitt 11.5.3 wurde eine Standardabweichung von 7μm ermittelt. Mittels der in Abschnitt 11.1.4 definierten Messmittelfähigkeit lässt sich daraus ein Toleranzwert von 280 μm ableiten. Da damit sowohl die erzielbare Genauigkeit, wie auch der Durchsatz die geforderte Spezifikation erfüllen, belegt diese Studie den möglichen Einsatz zur Qualitätskontrolle im Fertigungsprozess.

11.6 VIDEO^{CONTROL} Tafelzentrierung

In diesem Abschnitt wird eine Anwendung aus dem Bereich der Bildverarbeitung beschrieben.

Das Messsystem **VIDEO^{CONTROL} Tafelzentrierung** wird eingesetzt zur Kontrolle der Positionierung von Blechtafeln. Beim Stanzen von bedruckten Blechtafeln (z.B. für Deckel von Glasbehältern) ist die exakte Positionierung Grundlage dafür, Stanzteile zu erhalten, bei denen das bedruckte Muster vollständig und zentriert auf den ausgestanzten Bauteilen vorhanden ist.

Das Messsystem überprüft die Position jeder Blechtafel an mehreren Stellen während des Positionierungsvorganges und protokolliert dabei die Positionen der Blechtafel an den verschiedenen Stellen, um die Zuverlässigkeit der Positionierungsmechanik zu kontrollieren. Weichen die gemessenen Positionen von den geforderten Positionen zu stark ab, so ist eine Neujustage der Positionierungsmechanik erforderlich.

Jede Blechtafel durchläuft zur vollständigen Positionierung durch die Mechanik 4 Vorgänge (Triggerpunkte). Dabei wird sie in fest montierte Anschläge bewegt (Vorgang 1 und 3) und danach wieder um eine fest vorgegebene Länge vom Anschlag entfernt (Vorgang 2 und 4).

11.6.1 Realisierung und technische Daten

Die Bestimmung der Position einer Blechtafel erfolgt mit Hilfe von drei Kameras, wobei zwei davon an einer Seite der Tafel, und die dritte an einer zur ersten Seite senkrechten

Seite platziert sind (siehe Bild 11.40). Durch eine derartige Positionierung der drei Kameras kann die Position einer Tafel eindeutig bestimmt werden. Die Kameras sind von oben auf die Tafel gerichtet, wobei unterhalb eines jeden von der Kamera sichtbaren Bereichs eine LED-Leuchtplatte montiert ist. Dadurch wird ein hoher Kontrast der Kante zum Hintergrund erzielt. Die Messzeitpunkte werden durch vier unterschiedliche 24V DC Signale getriggert (Routinemessung) oder kontinuierlich betrieben, um Einstellungen am System einfacher durchführen zu können.

Nach jedem Vorgang werden alle vom Messsystem ermittelten Abstände zu den Nulllinien am Bildschirm ausgegeben und zusätzlich zeilenweise in eine ASCII-Datei zur Weiterverarbeitung (z.B. mit Excel) geschrieben.

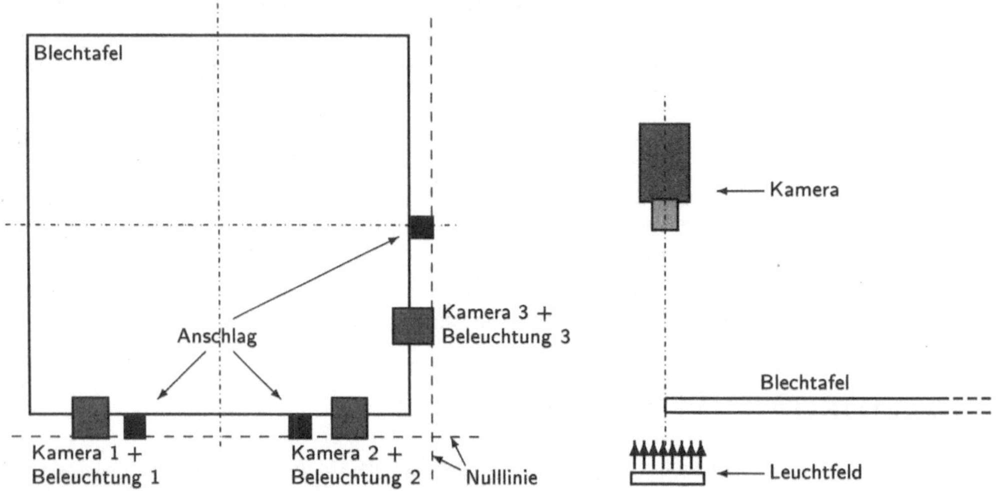

Bild 11.40 Anordnung der Kameras (links: Ansicht von oben, rechts: Profilansicht)

11.6.2 Technische Daten

Es können Blechtafeln von minimal 900 × 900 mm bis maximal 1200 × 1200 mm positioniert werden. Der Messbereich jeder Kamera beträgt 30 mm. Die Messgenauigkeit des Systems beträgt 0.01 mm.

11.6.3 Durchführung von Routinemessungen

Routinemessungen können von einem Benutzer mit eingeschränkten Rechten durchgeführt werden. Einstellungen am System kann nur ein Benutzer der höheren Passwortebene durchführen (siehe Abschnitt 11.6.4).

Während der Routinemessung wird die in Bild 11.41 zu sehende Anzeige ausgegeben. Diese zeigt die aufgenommenen Kamerabilder sowie die ermittelten Messgrößen aller drei Kameras.

Im Fenster *Grundeinstellungen* sind der aktuelle Benutzer, Uhrzeit und Datum, die momentane Kamerabetriebsart (getriggert, kontinuierlich, stop) und der aktuelle Vorgang zu sehen. Darunter werden Statusmeldungen ausgegeben (Messung aktiv, keine Kante

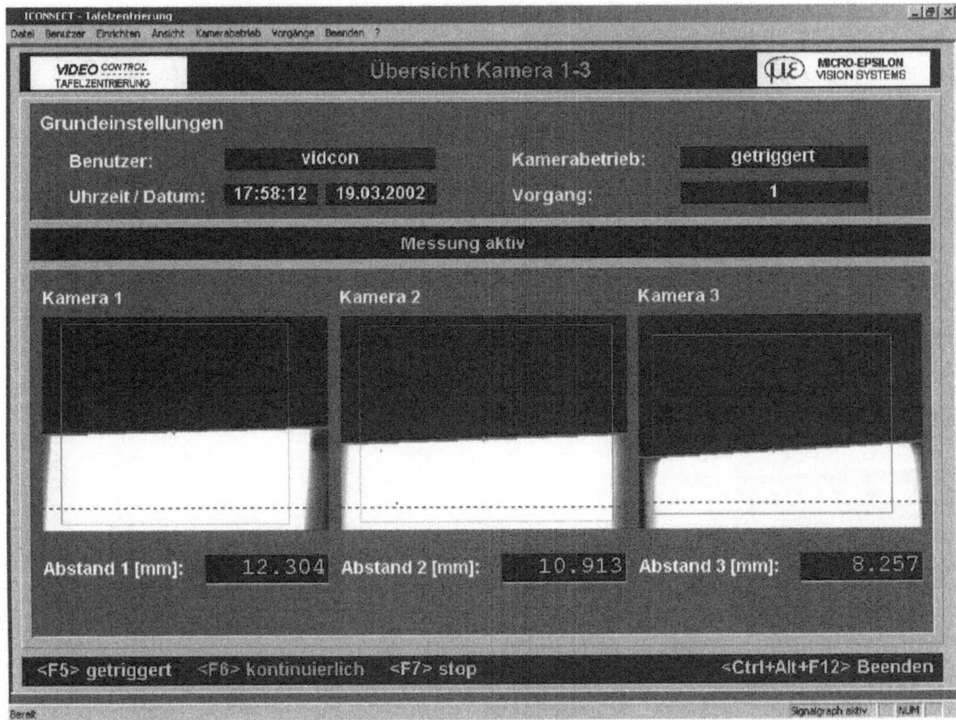

Bild 11.41   Ansicht *Übersicht Kamera 1-3*

gefunden, ...). Weiter unten ist für jede Kamera das zuletzt aufgenommene Bild, die detektierte Kante (durchgezogene Linie), der Schwerpunkt der detektierten Kante (Kreuz) bzgl. des Messfensters und die Nulllinie (gestrichelte Linie) zu sehen. Das Rechteck innerhalb eines Bildes definiert den zur Kantenfindung relevanten Teil des Bildes (AOI = Area of Interest). Darunter wird der Abstand der ermittelten Kante in Millimeter für jede der drei Kameras angezeigt.

Die Anzeige ist mit dem Modul **DisplayManager** realisiert, der in sich verschiedene Display-Module kombiniert: **VideoDisp** für Bilder, **WMFDisp** für Geraden, Rechtecke und Schwerpunkte, **TextDisp** für die Anzeige von Benutzer, Datum/Uhrzeit, Kamerabetrieb, Vorgangsnummer und die Statusanzeige und **DigitalDisp** für die Darstellung der Messwerte.

11.6.4   Einrichtbetrieb

Im Einrichtbetrieb können die Einstellungen separat für alle drei Kameras vorgenommen werden. Es ist nur einem Benutzer der höheren Passwortebene gestattet, Einstellungen am System vorzunehmen.

In Bild 11.42 ist die Anzeige zur Einrichtung von Kamera 1 zu sehen. Die Anzeigen für Kamera 2 und 3 sind analog aufgebaut.

Im Fenster *Grundeinstellungen* werden der aktuelle Benutzer, die momentane Kamerabetriebsart und der aktuelle Vorgang angezeigt. Darunter werden Statusmeldungen ausgegeben. Im Fenster Einstellungen kann die Position der Nulllinie verändert werden,

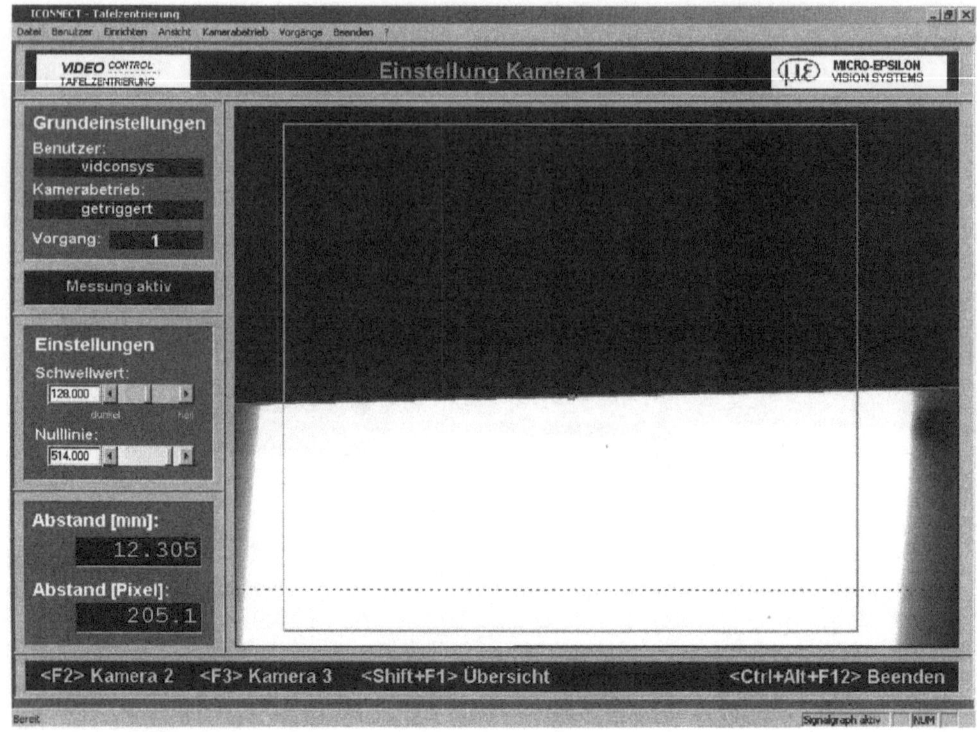

Bild 11.42 Ansicht *Einrichtbetrieb*

ebenso der Schwellwert für die Kantenfindung. Der Schwellwert ist derjenige Grauwert, der den Grenzwert zwischen hell und dunkel definiert. Im darunter liegenden Fenster wird der Abstand der ermittelten Kante zur Nulllinie in Millimeter und in Pixel angezeigt. Rechts im Bild ist das zuletzt aufgenommene Bild, sowie die detektierte Kante (durchgezogene Linie), der Schwerpunkt der detektierten Kante (Kreuz) bzgl. des Messfensters und die Nulllinie (gestrichelte Linie) zu sehen. Das Rechteck definiert den zur Kantenfindung relevanten Teil des Bildes (AOI = Area of Interest). Das AOI kann mit Hilfe der Taste [Strg] und der rechten Maustaste verändert werden.

Die Anzeige ist mit mehreren Modulen des Typs **DisplayManager** realisiert. Zusätzlich wurde hierbei noch das Modul **InputManager** zusammen mit den Modulen **ScrollH** und **EditLine** verwendet, die die Dateneingabe des Schwellwerts und der Nulllinie ermöglichen.

11.6.5 Realisierung der Konturextraktion

Der Signalgraphausschnitt, der zur Bestimmung der Kante im Bild verantwortlich ist, ist in Bild 11.43 zu sehen. Zur Detektion der Konturpunkte der Kante wird das Modul **Fan** verwendet. Das Modul **Fan** wird als Parallelfächer verwendet, d.h., die Konturpunkte werden entlang von parallelen Strahlen detektiert. Die Parameter zur Suche werden extern über das Modul **ParamConv** eingestellt. Mit Hilfe der Module **FeatData** und **Formula** werden Start- und Endpunkt sowie maximale Breite des Suchbereichs aus dem vorgegebenen AOI berechnet. Durch die vom Modul **Fan** detektierten Konturpunkte wird danach mit dem Modul **GeomFitting** eine Gerade gepasst und der Schwerpunkt der detektierten Punktmenge berechnet. Damit wird später der Abstand zur Nulllinie berechnet.

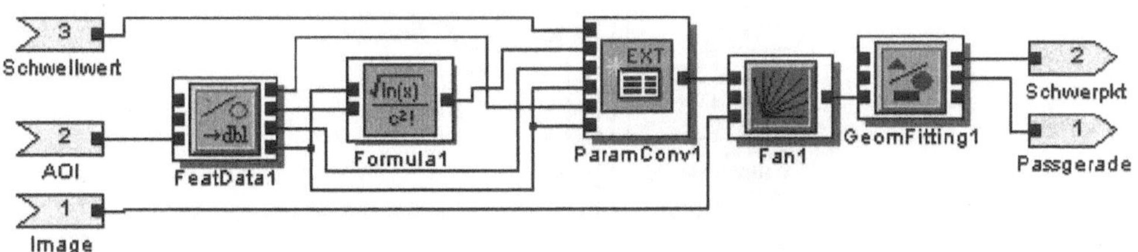

Bild 11.43 Signalgraphausschnitt *Messung*

11.6.6 Abspeichern der Messdaten

Die Messdaten der drei Kameras, die nach dem Start der Routinemessung erfasst werden, werden in eine ASCII-Datei im Gleitpunktformat mit 3 Nachkommastellen abgespeichert. Dadurch besteht die Möglichkeit, Messwertreihen nachträglich zu kontrollieren oder statistisch auszuwerten, um Trends bzw. Fehler in der Produktion zu erkennen. Die Datei enthält zeilenweise folgende Einträge:

- Benutzer,
- Datum,
- Uhrzeit,
- Vorgangsnummer,
- Messwert Kamera 1 in Millimeter,
- Messwert Kamera 2 in Millimeter und
- Messwert Kamera 3 in Millimeter.

In Bild 11.44 ist der Teil des Signalgraphen zu sehen, der für das Speichern der oben genannten Daten verantwortlich ist. Dabei konvertiert das Modul **FormatStr** die Einzelwerte in eine Textzeile, die dann mit dem Modul **SaveBin** einer vorgegebenen Datei angehängt wird.

11.6.7 Zusätzliche Funktionalität

An dieser Stelle wird noch kurz auf einige nützliche Zusatzfunktionen des Messsystems eingegangen, die mit Hilfe des Moduls **Start** realisiert wurden. Bild 11.45 zeigt einen kleinen Ausschnitt, bei dem vom Modul **Menü** aus verschiedene Aktivitäten gesteuert werden.

Mit dem Modul **Menü** ist speziell für dieses Messsystem ein Menü generiert worden, mit dem alle Aktionen (Umschalten des Bildschirms, Start der Messung, Aufrufen der Hilfe, Beenden der Anwendung, ...) ausgeführt werden können. Zusätzlich können einige Aktionen auch über Funktionstasten ausgeführt werden.

So kann z.B. während des laufenden Messprogramms der Windows-Explorer gestartet werden, um während der Messung die Messdatendatei auf Diskette bzw. im hausinternen

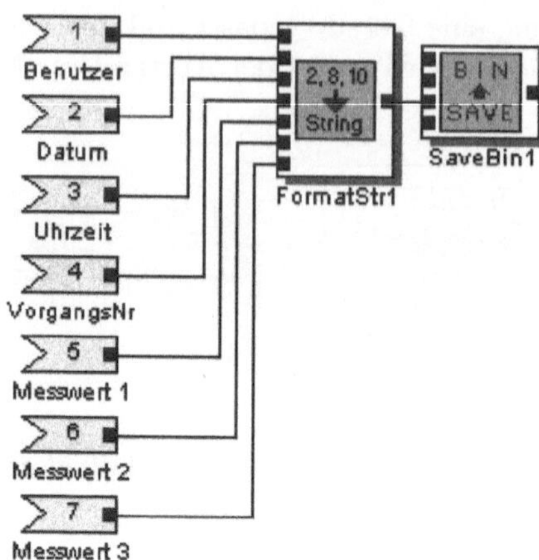

Bild 11.44 Signalgraphausschnitt *Speicherung der Messwerte*

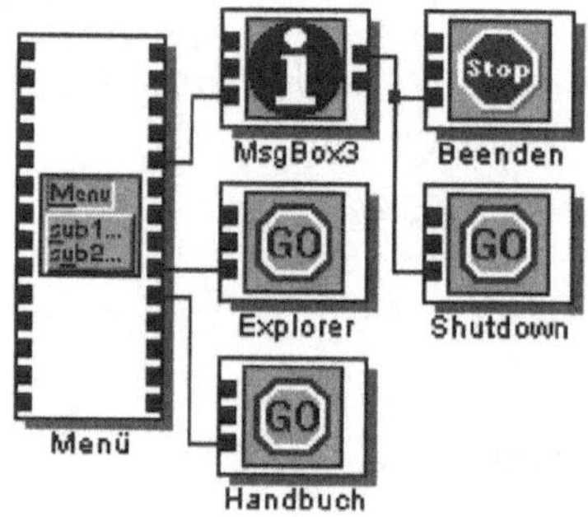

Bild 11.45 Signalgraphausschnitt *Steuerung*

Netzwerk zu sichern. Dies ist insbesondere dann sehr sinnvoll, wenn der Benutzer einge-schränkte Windowsrechte besitzt, und dadurch keine Programme ausführen darf. In Bild 11.46 sind links die Dialogeinstellungen des Moduls zum Start des Windows-Explorers zu sehen. Ebenso wird eine Online-Dokumentation zur Verfügung gestellt, die auf Tas-tendruck bzw. über das Menü erscheint. Bild 11.46 zeigt rechts die Dialogeinstellungen des Moduls **Start** zur Aktivierung der Online-Hilfe.

Über das Abmelden von **ICONNECT** kann das System während einer laufenden Messung für unberechtigte Personen gesperrt werden. Das Messsystem ist dadurch für Eingaben über die Tastatur gesperrt, bis sich ein Bediener ordnungsgemäß anmeldet.

Mit Hilfe des Moduls **Stop** kann das Messsystem beendet werden. Um unberechtigten Zu-griff auf den Rechner auszuschließen, kann wiederum mit dem Modul **Start** ein Programm gestartet werden, dass den Rechner automatisch herunterfährt. Das Modul **MsgBox** in Bild 11.45 sorgt für eine Sicherheitsabfrage vor dem Beenden und Herunterfahren des Systems.

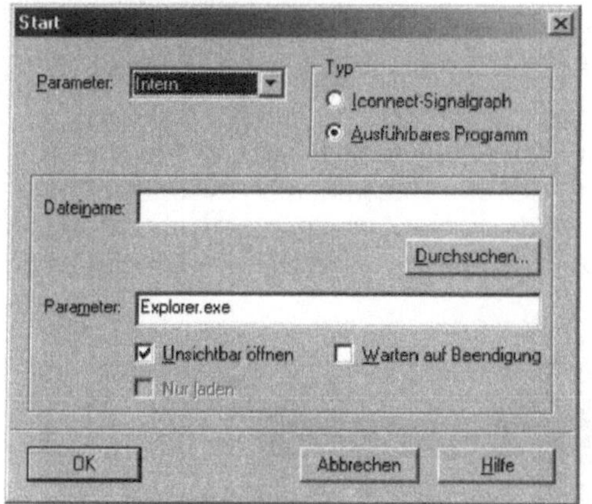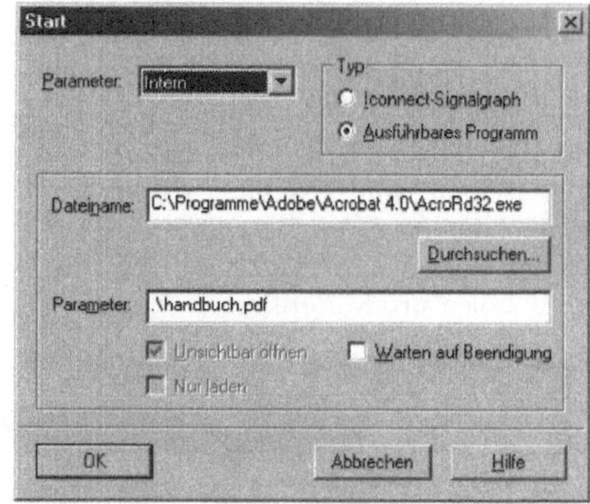

Bild 11.46 Dialogeinstellungen Startmodule (links: Start Windows-Explorer, rechts: Start Online-Hilfe)

11.7 VIDEO^{CONTROL} Ovalitätsprüfung

In diesem Abschnitt wird eine weitere Anwendung aus dem Bereich der Bildverarbeitung beschrieben.

Das Messsystem **VIDEO^{CONTROL} Ovalitätsprüfung** wird eingesetzt zur beidseitigen Vermessung von Aluminiumrohren auf Radius und maximale Abweichung von der Rundheit. Dabei werden sowohl Innen- als auch Außenradius betrachtet. Außerdem werden zusätzlich die mittleren Radien und maximalen Abweichungen von der Rundheit über beide Seiten ermittelt.

11.7.1 Realisierung und technische Daten

Beide Seiten der Aluminiumrohre werden mit Hilfe von zwei Kameras mit telezentrischen Objektiven betrachtet. Die Stirnflächen der Rohre werden jeweils mit LED-Ringleuchten beleuchtet, die die Rohrwand im Kamerabild hell hervorheben. In Bild 11.47 ist die Anordnung von Bauteil, Kameras und Beleuchtungen zu sehen. Es werden die Innenkontur und die Außenkontur der Rohrwand detektiert und auf Radius und maximale Abweichung von der Rundheit hin überprüft.

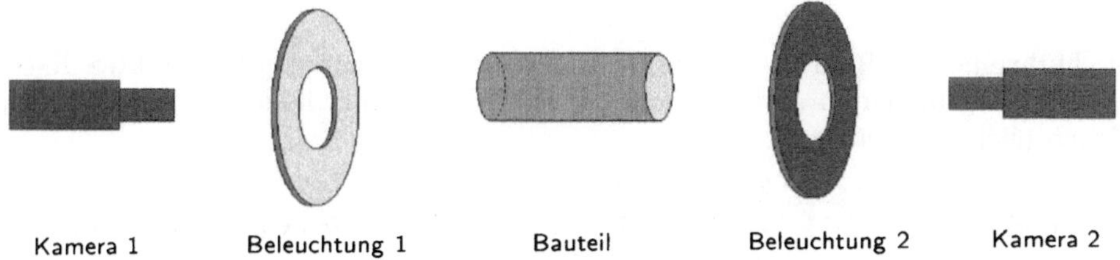

Bild 11.47 Anordnung von Bauteil, Kameras und Beleuchtungen

Der Messzeitpunkt wird durch ein Steuersignal über eine Digital-I/O-Einsteckkarte ausgelöst.

Nach jeder Messung werden alle vom Messsystem ermittelten Messwerte am Bildschirm ausgegeben und zusätzlich zeilenweise in eine ASCII-Datei zur Weiterverarbeitung (z.B. mit Excel) geschrieben.

Der durch das telezentrische Objektiv bestimmte Aufnahmebereich beträgt 28.2 mm. Mit einer Toleranz von ca. 3 mm verbleibt ein Messbereich von 25.2 mm, d.h., es können Rohre bis maximal 25.2 mm Durchmesser vermessen werden. Die Messgenauigkeit des Systems beträgt ± 0.02 mm bezogen auf den Radius. Das System ist ausgelegt für Taktzeiten bis zu 70 Teilen pro Minute.

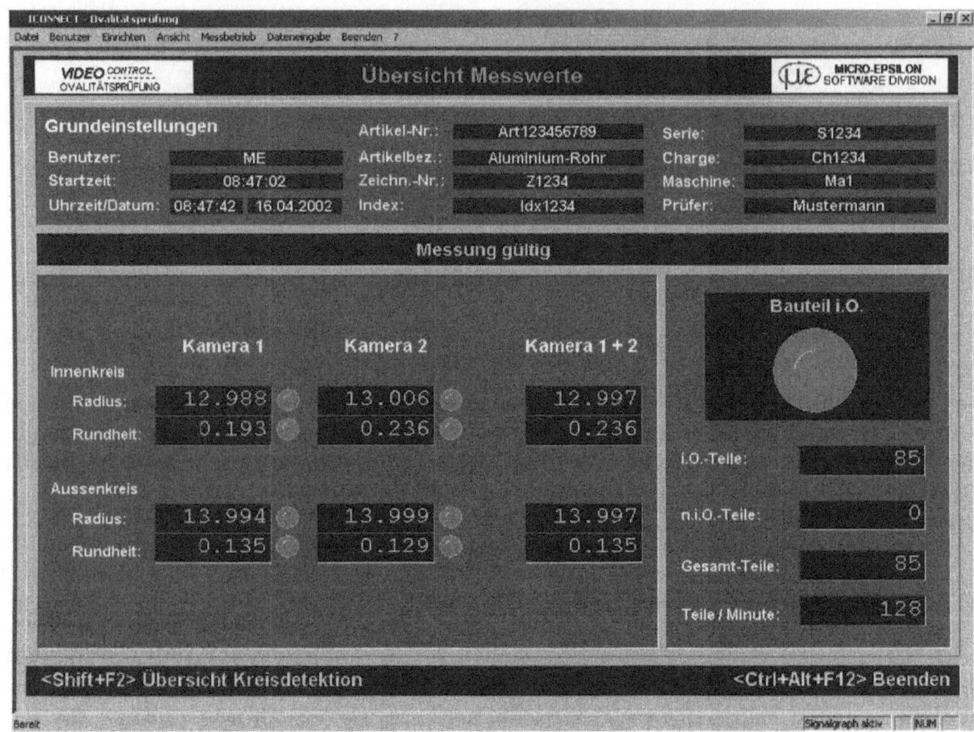

Bild 11.48 Ansicht *Übersicht Messwerte*

11.7.2 Durchführung von Routinemessungen

Zur Durchführung von Routinemessungen ist ein Benutzer mit eingeschränkten Rechten befugt. Einstellungen am System kann nur ein Benutzer der höheren Passwortebene durchführen (siehe Abschnitt 11.7.3).

Während der Routinemessung kann zwischen der in Bild 11.48 zu sehenden *Übersicht Messwerte* und der in Bild 11.49 dargestellten *Übersicht Kreisdetektion* gewählt werden.

In beiden Ansichten werden im oberen Teil des Bildschirms im Fenster *Grundeinstellungen* der aktuelle Benutzer, die Startzeit der Routinemessung, die aktuelle Uhrzeit und das Datum, sowie alle Auftragsdaten (Artikelnummer, Artikelbezeichnung, Zeichnungsnummer, Index, Serie, Charge, Maschine, Prüfer) angezeigt. In dem darunter liegenden

Feld werden Statusmeldungen ausgegeben (Messung gültig, keine Messdaten an Kamera 1/2, Masterteil einlegen, ...).

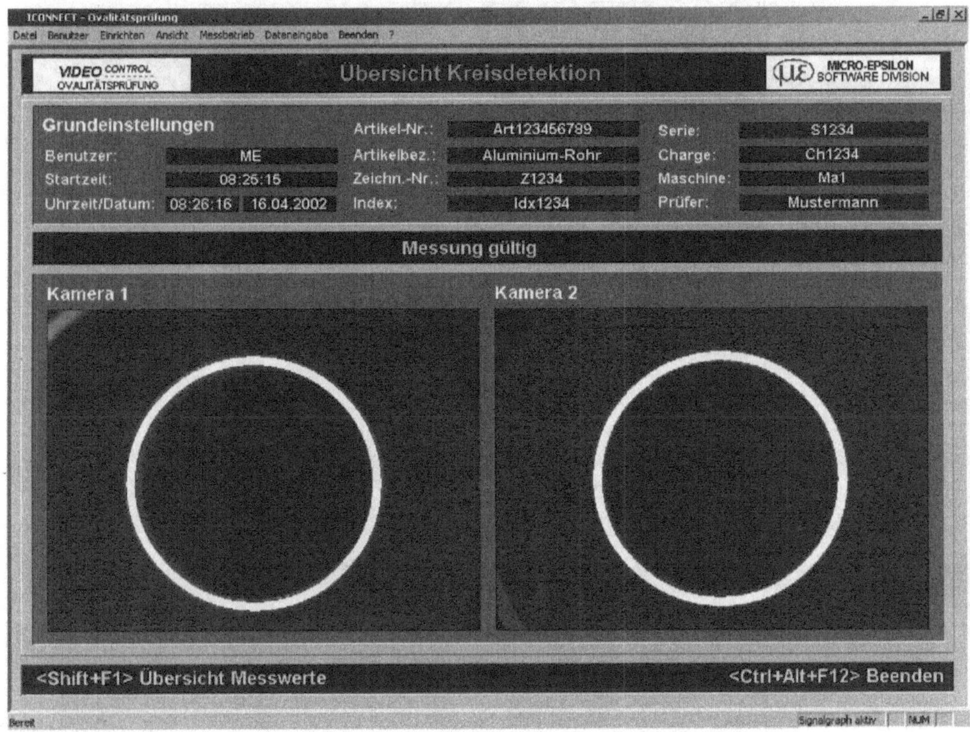

Bild 11.49   Ansicht *Übersicht Kreisdetektion*

In der *Übersicht Messwerte* werden unterhalb der Statusmeldungen die aktuellen Messwerte dargestellt. Angezeigt werden für jede Kamera Radius und maximale Abweichung von der Rundheit des Innenkreises, sowie Radius und maximale Abweichung von der Rundheit des Außenkreises. In der Spalte Kamera 1+2 ist der mittlere Radius der beiden Kameras, sowie der maximale Wert der Rundheit beider Kameras jeweils für den Innen- und den Außenkreis zu sehen. Rechts davon wird die Bewertung der Messung dargestellt. Es sind eine Anzeige für „Bauteil i.O." (grüne Lampe) bzw. „Bauteil n.i.O." (rote Lampe) und Zähler für Bauteile, die der Spezifikation genügen, Bauteile, die zum Ausschuss gehören und die Gesamtzahl gemessener Teile pro Minute vorhanden.

Die *Übersicht Kreisdetektion* beinhaltet unterhalb der Statusmeldungen die Kamerabilder überlagert mit den gepassten Kreisen.

11.7.3   Einrichtbetrieb

Im Einrichtbetrieb können die Einstellungen separat für beide Kameras vorgenommen werden. Es ist nur einem Benutzer der höheren Passwortebene gestattet, Einstellungen am System vorzunehmen.

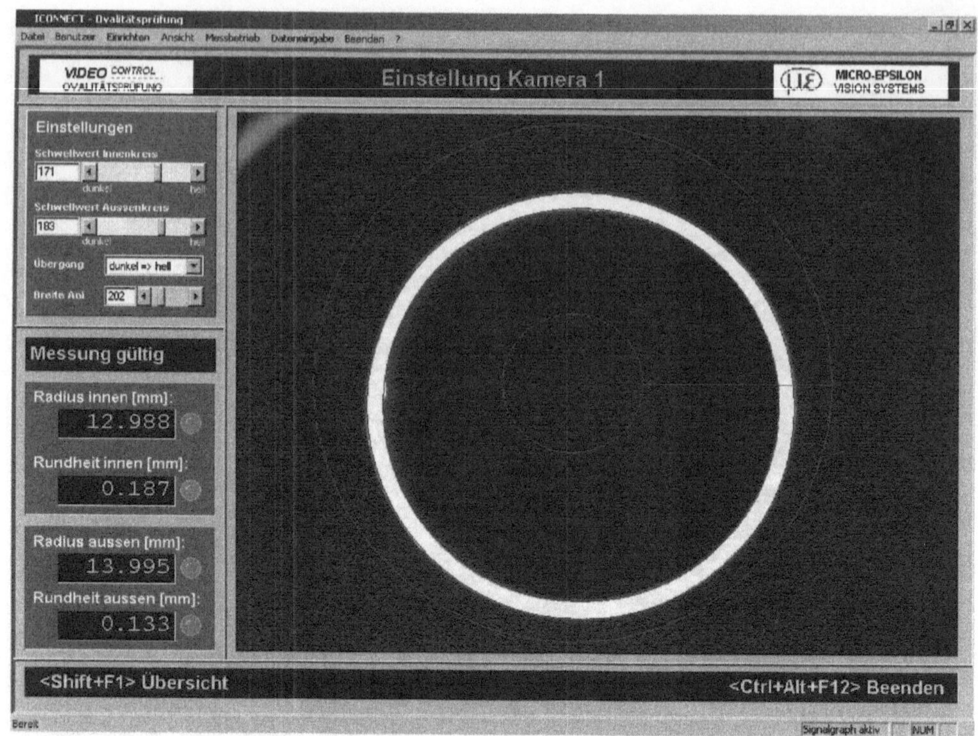

Bild 11.50 Ansicht *Einrichtbetrieb*

In Bild 11.50 ist die Anzeige zur Einrichtung von Kamera 1 zu sehen. Die Anzeige für Kamera 2 ist analog aufgebaut.

Im Fenster *Einstellungen* können die Schwellwerte für den Innen- und Außenkreis verändert werden, den Übergang von hell nach dunkel bzw. von dunkel nach hell, sowie die Breite des für die Kantendetektion relevanten Bildausschnittes (Kreisring). In dem darunter liegenden Feld werden Statusmeldungen ausgegeben. Unterhalb der Statusmeldungen werden die ermittelten Messwerte dargestellt. Dies sind jeweils Radius und maximale Abweichung von der Rundheit für den Innen- und Außenkreis. Rechts im Bild sind das zuletzt aufgenommene Bild sowie die detektierten Einzelpunkte der Kantenfindung, die gepassten Kreise und das Messfenster erkennbar. Der Kreisring definiert den zur Kantenfindung relevanten Teil des Bildes (AOI = Area of Interest). Das AOI kann mit Hilfe der Taste STRG und der rechten Maustaste verändert werden.

11.7.4 Realisierung der Konturextraktion

Der Signalgraphausschnitt, der zur Bestimmung der Kreiskontur im Bild verantwortlich ist, ist in Bild 11.51 zu sehen. Zur Detektion der Konturpunkte der Kante wird das Modul **Fan** verwendet. Das Modul **Fan** wird als Radialfächer verwendet, d.h., die Konturpunkte werden entlang von radialen Strahlen detektiert. Die Parameter zur Suche werden extern über das Modul **ParamConv** eingestellt.

Durch die vom Modul **Fan** detektierten Konturpunkte wird danach mit dem Modul

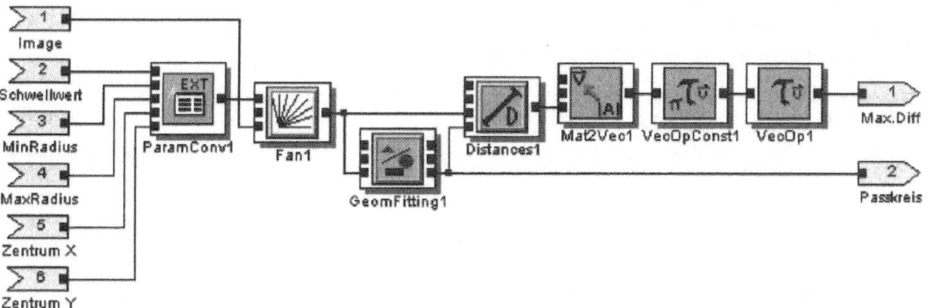

Bild 11.51 Signalgraphausschnitt *Messung*

GeomFitting ein Kreis gepasst. Mit dem Modul Distances werden die Abstände jedes ermittelten Konturpunktes zum Passkreis ermittelt. Die Modulsequenz Mat2Vec, VecOpConst und VecOp dient zur Ermittlung der maximalen Abweichung von der Rundheit.

11.7.5 Kalibrieren, Sollwerte und Toleranzen

Bevor das Messsystem einsatzfähig ist, muss es kalibriert werden. Dazu wird ein Masterbauteil vermessen, um alle folgenden Messungen mit Hilfe der über einen Dialog einstellbaren Ist-Werte des Masterbauteils und dem Ergebnis der Kalibriermessung zu korrigieren.

Eine Aufforderung zur Kalibrierung erfolgt automatisch beim Neustart des Rechners. Es ist außerdem möglich, automatisch nach einer einstellbaren Anzahl von Messungen eine Kalibrierung zu fordern. Die Kalibrierung kann aber auch jederzeit manuell durchgeführt werden.

Die bei der Kalibrierung ermittelten Werte werden als Referenzwerte in der Windows-Registry hinterlegt, um bei einem Komplettabsturz des Systems (z.B. durch Stromausfall) die Kalibrierung nicht zu verlieren. Zum Schreiben und Lesen von Einträgen in der Registry wurden die Module SaveKey und LoadKey verwendet.

Die Sollwerte und Toleranzen für die Produktion werden über einen Dialog eingegeben. Es können Sollwerte und Toleranzen für Radius und maximale Abweichung von der Rundheit des Innenkreises und des Außenkreises festgelegt werden. Zur Beurteilung der Messung werden die ermittelten Messwerte mit den Sollwerten verglichen. Liegen die gemessenen Größen innerhalb der Toleranzen, so wird das Bauteil als i.O. (in Ordnung), sonst als n.i.O. (nicht in Ordnung) beurteilt.

11.7.6 Notbetriebverhalten und Statistik

Das Messsystem besitzt ein einstellbares Verhalten für den Notbetrieb. Dieses Verhalten wird durch Statusmeldungen (Warnsignal, Stoppsignal, Wiederanlauf) angezeigt, und zugleich durch Steuersignale auf einer Digital-I/O-Einsteckkarte ausgegeben. Es können Einstellungen vorgenommen werden, um folgende Signale zu konfigurieren:

Warnsignal: Nach einer eingestellten Anzahl von aufeinanderfolgenden, als Ausschuss klassifizierten Bauteilen wird ein Warnsignal ausgegeben. Die Ausgabe des Warnsignals kann auch unterdrückt werden.

Stoppsignal: Nach der eingestellten Anzahl von aufeinanderfolgenden, als Ausschuss klassifizierten Bauteilen wird ein Stoppsignal ausgegeben, mit welchem die Zuführung der Bauteile gestoppt werden kann. Die Ausgabe des Stoppsignals kann auch unterdrückt werden.

Wiederanlauf: Wurde ein Stoppsignal ausgegeben, so wird die hier eingestellte Anzahl von Folgemessungen als schlecht beurteilt, um die Messstation leerzuräumen.

Zur genaueren Analyse der Produktion können die Messwerte statistisch untersucht und dargestellt werden. Bild 11.52 zeigt ein Beispiel der Statistik für den Innenkreis von Kamera 1. Analog können auch alle anderen Messwerte online statistisch ausgewertet werden.

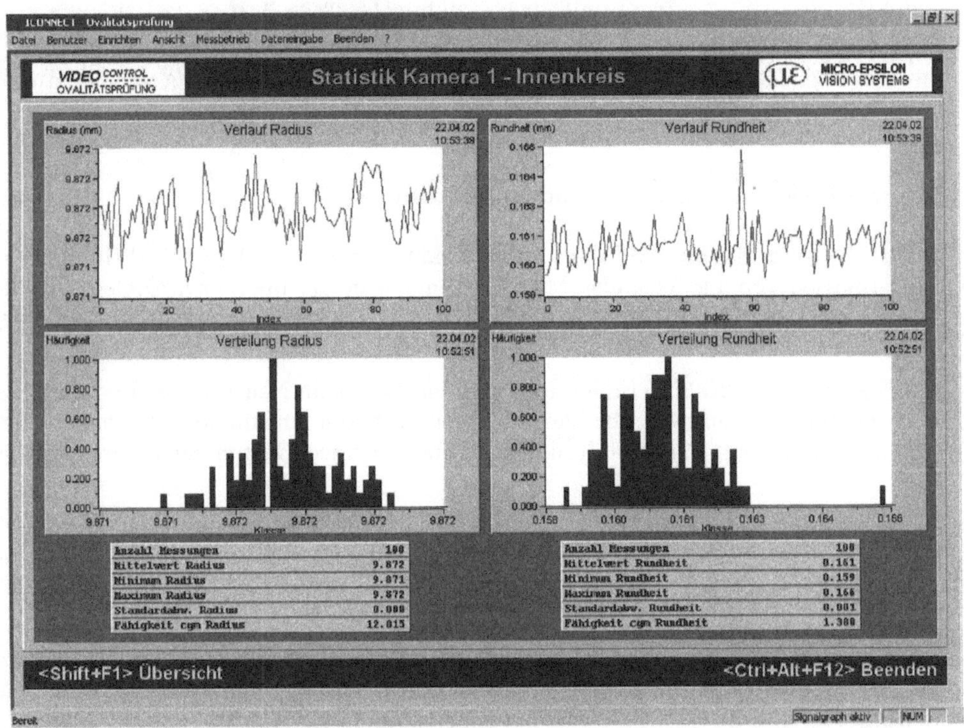

Bild 11.52 Ansicht *Statistik Kamera 1 - Innenkreis*

In dieser Ansicht werden die letzten 100 Messwerte des Radius und der maximalen Abweichung von der Rundheit in verschiedenen Formen dargestellt:

- graphischer Verlauf,
- Verteilung (Histogrammdarstellung),
- Mittelwert,
- Minimum,
- Maximum,

- Standardabweichung σ und

- Messmittelfähigkeitsindex (OGW = oberer Grenzwert, UGW = unterer Grenzwert)

$$c_{gm} = \frac{0.2 \cdot (\text{OGW} - \text{UGW})}{6 \cdot \sigma}.$$

Die wichtigsten Module zur Implementierung der Statistikfunktionen sind **Buffer** zum Puffern der Messwerte, **DStatistics** zur Bestimmung der statistischen Kenngrößen, **Hist** zur Berechnung der Verteilung der Messwerte und **Plot** zur Darstellung des graphischen Verlaufs sowie der Verteilung der Messwerte.

Alle vom System ermittelten Messdaten werden in ASCII-Dateien abgelegt. Dadurch besteht die Möglichkeit, Messreihen nachträglich zu kontrollieren oder statistisch auszuwerten, um Trends bzw. Fehler in der Produktion zu erkennen. Die Daten werden generell ans Ende der Dateien angefügt. Für jeden neuen Auftrag werden zwei ASCII-Dateien angelegt. Der Dateiname wird automatisch aus den Auftragsdaten generiert. Eine Datei enthält die Auftragsdaten, Sollwerte und Toleranzen, die andere Datei enthält zeilenweise Messwerte, Messzeitpunkt und Fehlercodes. Das Abspeichern der Daten ist analog zu dem im Abschnitt 11.6.6 beschriebenen Vorgehen realisiert.

11.7.7 Steuersignale

Zur Steuerung von Maschinen werden über eine Digital-I/O-Einsteckkarte Steuersignale bereitgestellt. Für dieses Messsystem sind die Signale

- Bauteil n.i.O.,

- Warnsignal,

- Stoppsignal,

- Wiederanlauf,

- Kalibrierung erforderlich und

- keine Messdaten vorhanden

am Ausgang der Digital-I/O-Karte verfügbar.

Zur Steuerung des Messzeitpunktes wird von der Karte das Triggersignal zur Bildaufnahme eingelesen.

Die Signale werden im Signalgraphen mit Hilfe des Moduls **Dio8255** auf die Karte ausgegeben bzw. eingelesen.

Wie auch schon beim Messsystem **VIDEO**^{CONTROL} **Tafelzentrierung** wurde ein eigenes Menü für diese Anwendung erstellt. Außerdem sind zusätzliche Funktionen wie der Windows-Explorer für Windows-User mit eingeschränkten Rechten sowie eine Online-Dokumentation verfügbar. Ebenso können die Messstation für unberechtigten Zugriff gesperrt und der Rechner automatisch beim Beenden des Messprogramms heruntergefahren werden. Genauere Details können im Abschnitt 11.6 nachgelesen werden.

11.8   Vision4Automation

vision4Automation ist ein Bildverarbeitungs-Messsystem, das zur dimensionellen Messung geometrischer Größen eingesetzt wird. Es wurde mit ICONNECT entwickelt und so konzipiert, dass der Benutzer keine Kenntnis von der ICONNECT-Programmierung besitzen muss, um das System bedienen zu können. Es müssen keine Signalgraph- oder Moduleigenschaften geändert werden, um das Verhalten des Systems zu ändern. Alle Parameter können bei laufendem Signalgraphen in den für den Benutzer sichtbaren Anzeigen und Dialogen verändert werden.

Das Messsystem besteht aus einem Industrie-PC, an dem bis zu vier CCD-Kameras betrieben werden. Mittels einer installierten Digital-I/O-Karte werden bis zu 24 Signale vom Messsystem nach außen geführt. Das Messsystem *vision4Automation* stellt die Messpakete *Fläche*, *Kante* und *Kreis* zur Verfügung. Von jedem Messpaket existieren jeweils vier Instanzen, wobei die einzelnen Instanzen unabhängig voneinander parametrierbar sind. Jede Instanz ermittelt 4 Messwerte, so dass insgesamt 48 Messwerte pro Messvorgang ermittelt und zur Verrechnung verwendet werden können. Die Messwerte können gegeneinander verrechnet und skaliert werden. Dafür stehen 24 Verrechnungswerte zur Verfügung. Für jeden Verrechnungswert können ein Sollwert, ein oberer und ein unterer Grenzwert angegeben werden. *vision4Automation* leitet aus diesen Angaben für jeden Verrechnungswert ein Kriterium zur Beurteilung einer Messung (i.O./n.i.O.) her. Somit werden 24 Kriterien pro Messung ermittelt. Es stehen vier Zähler zur Verfügung, die jeweils eine beliebige logische Kombination der ermittelten Kriterien darstellen und Messungen, die in Ordnung bzw. nicht in Ordnung sind, zählen. Die Einzelkriterien und die kombinierten Kriterien (Zähler) können über die Digital-I/O-Karte nach außen geführt werden.

In der Hauptansicht von *vision4Automation* werden die Verrechnungswerte, die Kriterien und die Zähler der aktuellen Messung dargestellt (siehe Bild 11.53).

11.8.1   Messpaket *Fläche*

Mit dem Messpaket *Fläche* können auf einem Messobjekt Flächen vermessen werden. So kann beispielsweise überprüft werden, ob Bohrungen vorhanden sind oder ob Flächen korrekt gestanzt wurden. Außerdem können Oberflächen auf Rauheit überprüft werden (siehe Bild 11.54). Existieren mehrere zu überprüfende Flächen auf einem Messobjekt, kann die relative Lage der Flächen zueinander überprüft werden.

Das Messpaket *Fläche* arbeitet nach folgendem Prinzip: Im Kamerabild werden in einem rechteckigen Messfenster Pixel geprüft. Der Benutzer kann Position und Größe des Messfensters mit der Maus verändern. Alle über bzw. unter einem einstellbaren Schwellwert liegenden Pixel (Schwellwertkriterium) werden zur Berechnung der Messwerte verwendet. Eine Region wird also dann als Fläche erkannt, wenn die Pixel heller oder dunkler als die Pixel der Umgebung sind. Folgende Messwerte werden ermittelt:

- Fläche (Summe aller Pixel, die das Schwellwertkriterium erfüllen),

- Umfang (die Länge der durch die Randpixel aller gefundenen Flächen definierte Kontur),

- Schwerpunkt X (der Durchschnitt über die x-Koordinaten aller Pixel, die das Schwellwertkriterium erfüllen),

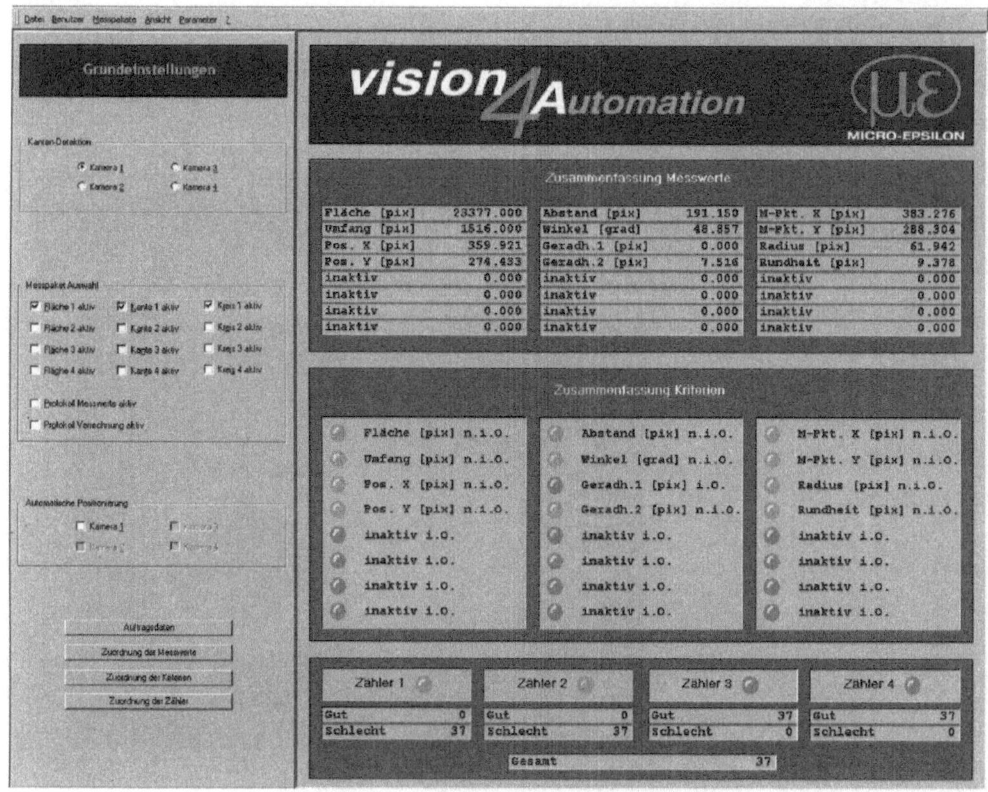

Bild 11.53 Hauptansicht **Vision4Automation**

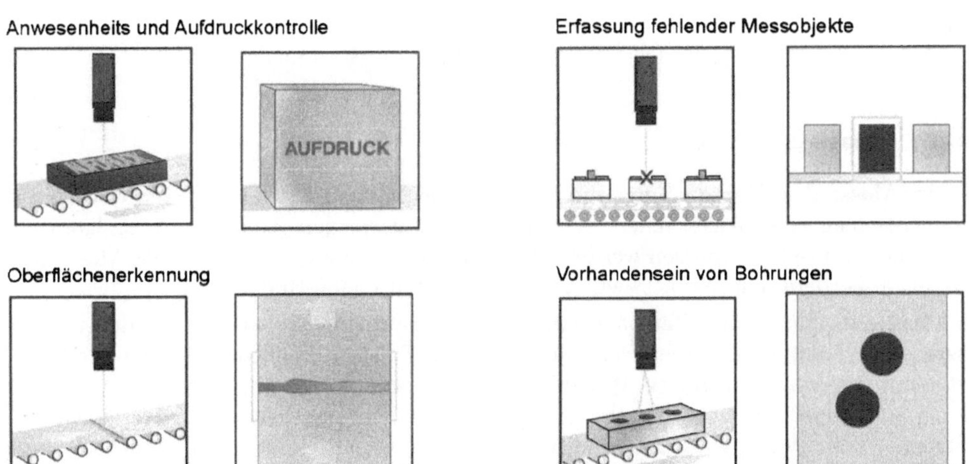

Bild 11.54 Messaufgaben *Fläche*

- Schwerpunkt Y (der Durchschnitt über die y-Koordinaten aller Pixel, die das Schwellwertkriterium erfüllen).

In Bild 11.55 werden die Messwerte für die untere Bohrung ermittelt. Das Messfenster, die ermittelten Pixel und der daraus resultierende Schwerpunkt und Umfang der Fläche werden im Kamerabild markiert.

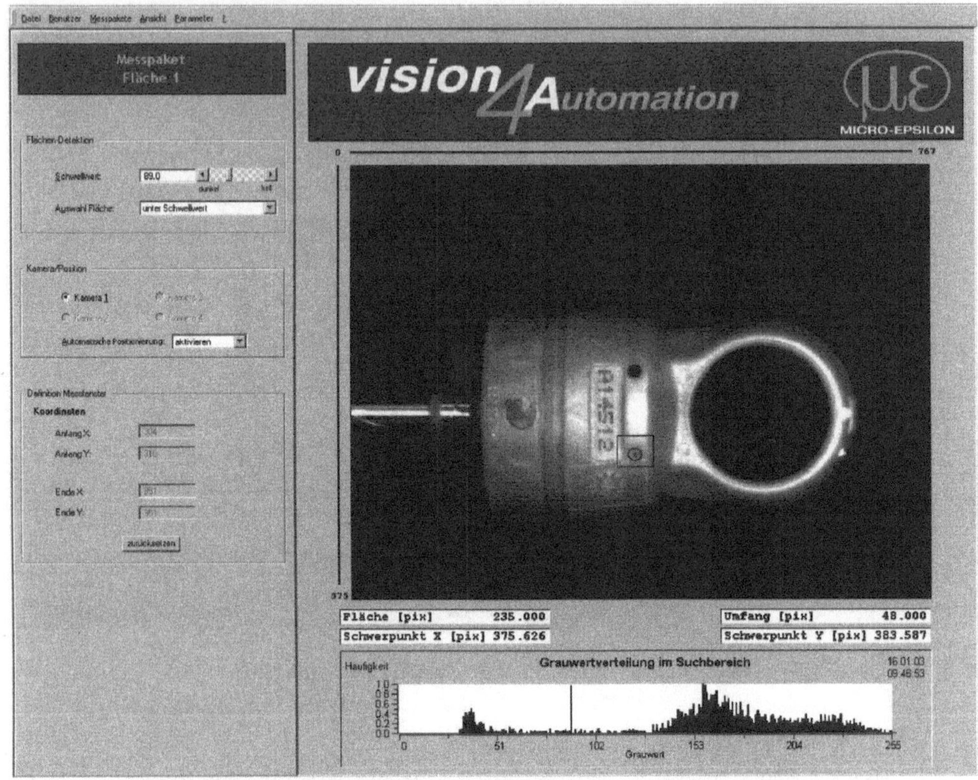

Bild 11.55 Beispiel für Anwendung des Messpakets Fläche

11.8.2 Messpaket *Kante*

Mit dem Messpaket *Kante* können die Kanten eines Messobjektes vermessen werden. Es können beispielsweise Ausbrüche von Kanten erkannt werden (Geradheit). Es kann die Breite eines Bauteils vermessen werden (Abstand zwischen zwei Kanten). Das Messpaket ermittelt außerdem den Winkel zwischen zwei Kanten (siehe Bild 11.56).

Das Messpaket *Kante* arbeitet nach folgendem Prinzip: Im Kamerabild werden in zwei Messfenstern Kanten ermittelt. Der Benutzer kann Position und Orientierung der Messfenster mit der Maus verändern. In jedem Messfenster gibt es eine Referenzlinie, von der aus in senkrechter Richtung gesucht wird. Über- bzw. unterschreitet ein Pixel einen einstellbaren Schwellwert, wird es als ein zu einer Kante gehörendes Pixel betrachtet. Aus allen gefundenen Pixeln werden zwei Geraden gepasst (in jedem Messfenster eine). Das Messsystem erkennt also eine Kante, wenn sich im Messfenster zwei Regionen mit Grauwerten jeweils über bzw. unter dem Schwellwert befinden, wobei die Grenzlinie zwischen

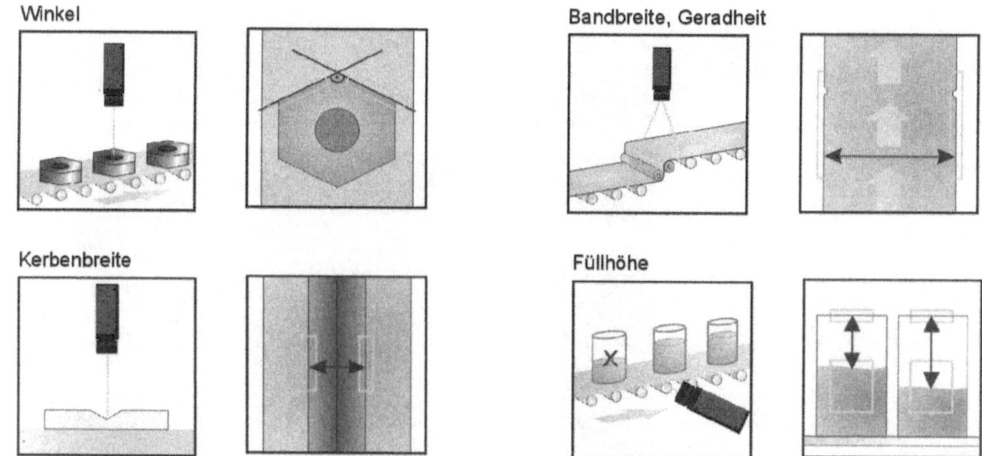

Bild 11.56 Messaufgaben *Kante*

beiden Regionen durch eine Gerade beschrieben wird. Es werden folgende Messwerte ermittelt:

- Abstand (der Abstand der beiden Schwerpunkte der in den Messfenstern ermittelten Pixelmengen),
- Winkel (der spitze Winkel zwischen den beiden gepassten Geraden),
- Geradheit Kante 1 (die maximale Abweichung der detektierten Konturpunkte zur gepassten Gerade im Messfenster 1),
- Geradheit Kante 2 (Die maximale Abweichung der detektierten Konturpunkte zur gepassten Gerade im Messfenster 2).

Das Messfenster, die ermittelten Punkte und die gepassten Geraden werden im Kamerabild markiert (siehe Bild 11.57).

11.8.3 Messpaket *Kreis*

Mit dem Messpaket *Kreis* können kreisförmige Konturen eines Messobjektes vermessen werden. Es kann beispielsweise der Radius von Bohrungen oder von kreisförmigen Bauteilen vermessen werden (siehe Bild 11.58). Ausbrüche in den Bohrungen werden erkannt (Rundheit). Sind mehrere Bohrungen vorhanden, kann die relative Position der Bohrungen zueinander überprüft werden.

Das Messpaket *Kreis* arbeitet nach folgendem Prinzip: Im Kamerabild wird in einem Messfenster nach einer kreisförmigen Kontur gesucht. Das Messfenster besteht aus einem Kreisringsegment. Der Benutzer kann Position und Orientierung des Messfensters mit der Maus verändern. Gesucht wird von innen nach außen oder von außen nach innen. Über- bzw. unterschreitet ein Pixel entlang der Suchrichtung einen Schwellwert, wird es als zur kreisförmigen Kontur gehörendes Pixel betrachtet. Durch alle gefundenen Konturpunkte wird ein Kreis gepasst. Das Messsystem erkennt also einen Kreis, wenn sich im Messfenster zwei Regionen mit verschiedenen mittleren Grauwerten befinden, wobei die Grenzlinie zwischen beiden Regionen durch einen Kreisbogen beschrieben wird. Folgende Messwerte werden ermittelt:

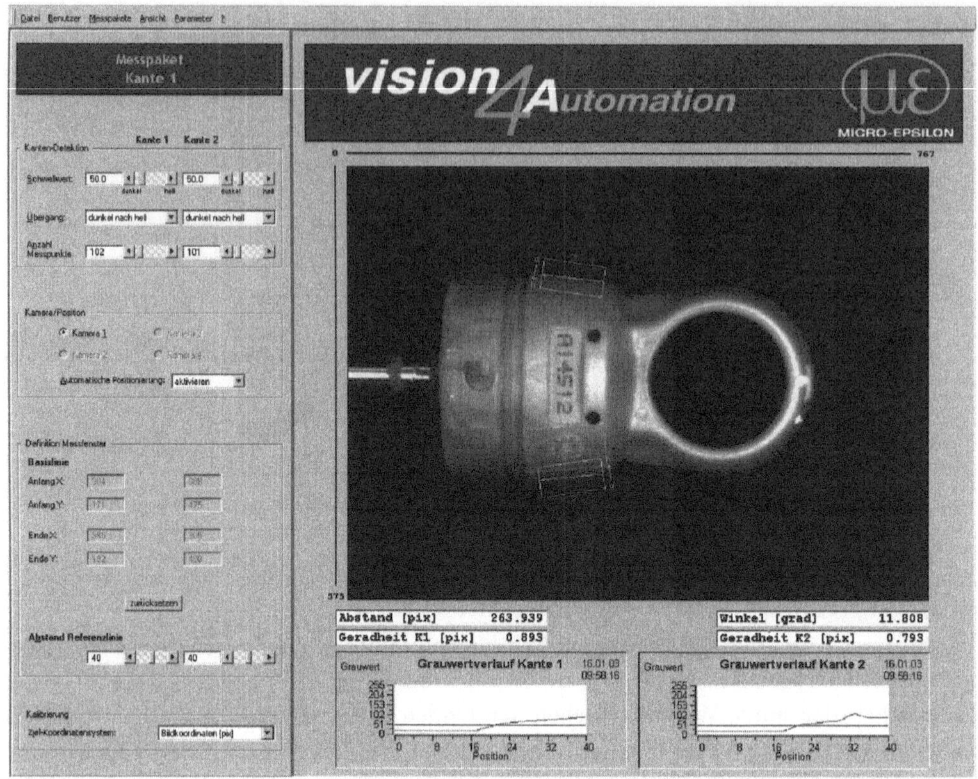

Bild 11.57 Messpaket *Kante*

Rundheit, Radius

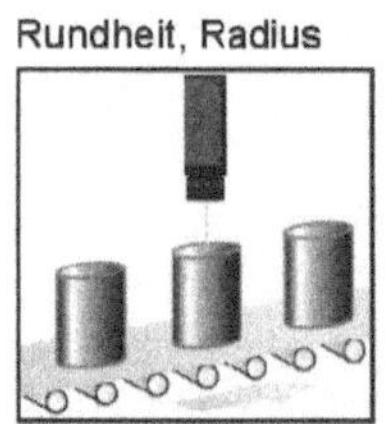

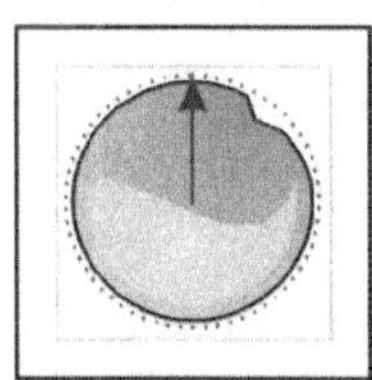

Innen- und Außenradius

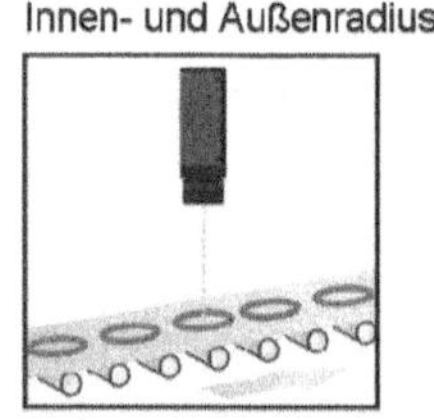

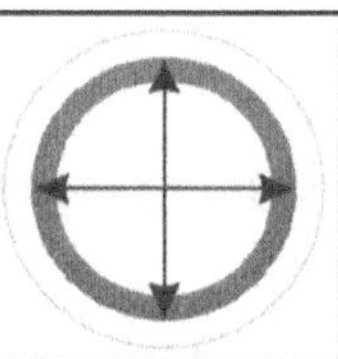

Bild 11.58 Messaufgaben *Kreis*

- Mittelpunkt X (x-Koordinate des Mittelpunkts des gepassten Kreises),

- Mittelpunkt Y (y-Koordinate des Mittelpunkts des gepassten Kreises),

- Radius (der Radius des gepassten Kreises),

- Rundheit (die maximale Abweichung der detektierten Konturpunkte zum gepassten Kreis).

Das Messfenster, die ermittelten Punkte und der gepasste Kreis werden im Kamerabild markiert (siehe Bild 11.59).

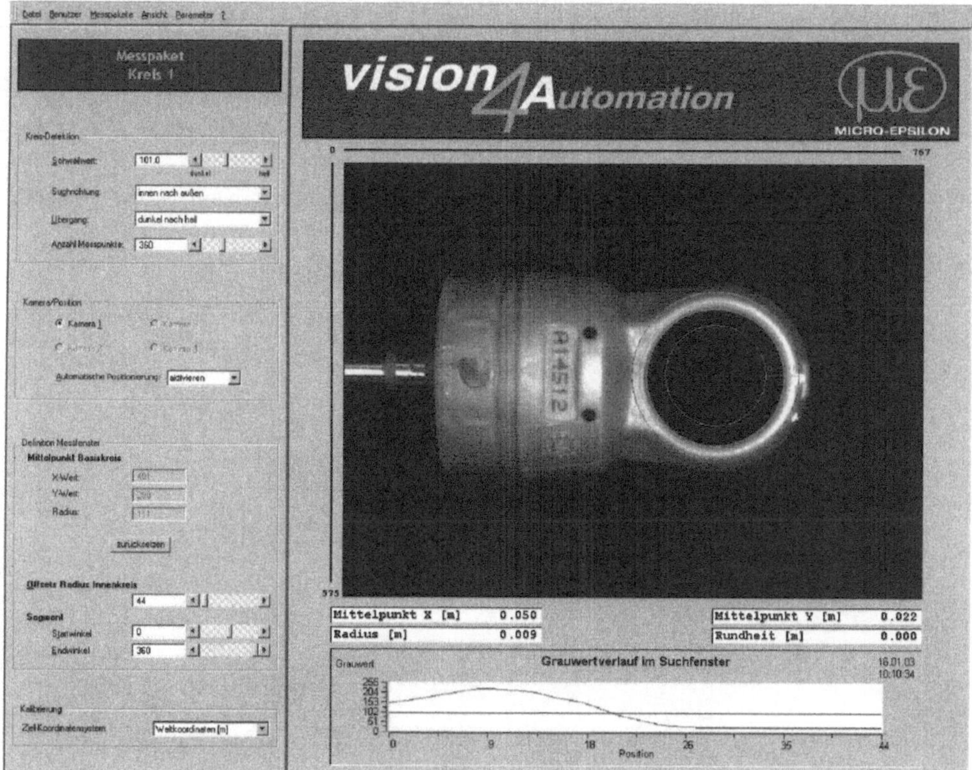

Bild 11.59 Messpaket *Kreis*

11.8.4 Automatische Positionierung

Die Messfenster in den einzelnen Messpaketen können im Einrichtbetrieb vom Benutzer auf die jeweilige Messaufgabe angepasst werden. Im Messbetrieb werden die Messwerte durch die Auswertung der Pixel in den Messfenstern ermittelt. Mit Hilfe der *Automatischen Positionierung* werden die Messfenster je nach Lage und Orientierung des Messobjekts im Kamerabild nachgeführt. Veränderungen in der Position und Orientierung des Messobjekts werden so vom Messsystem kompensiert.

Die *Automatische Positionierung* arbeitet nach folgendem Prinzip: Im Kamerabild werden in einem rechteckigen Messfenster Pixel geprüft. Der Benutzer kann Position und Größe des Messfensters mit der Maus verändern. Alle über bzw. unter einem einstellbaren Schwellwert liegenden Pixel werden zur Bestimmung des Schwerpunkts und der Orientierung des Objekts verwendet. Die Messfenster in den einzelnen Messpaketen werden mit Hilfe dieser Information automatisch nachgeführt, so dass die Messungen unabhängig von Position und Orientierung der Messobjekte durchgeführt werden können.

11.8.5 Verrechnungswerte

Zur Verrechnung der Messwerte aus den einzelnen Messpaketen stehen 24 Verrechnungswerte zur Verfügung. Zur Berechnung eines Verrechnungswertes können die Messwerte von verschiedenen Messpaketen verwendet werden. So können beispielsweise folgende Messaufgaben gelöst werden (siehe auch Bild 11.60):

- Ermitteln der Wandstärke und Konzentrizität von Rohren,
- Messung der relativen Position zweier Bohrungen/Flächen zueinander (Versatz),
- Messung des Winkels zwischen drei Bohrungen/Flächen,
- Messung des Abstands/Winkels von Bohrungen/Flächen zur Kante eines Messobjektes,
- Messung der Länge eines Bauteils mit kreisrunden Abgrenzungen,
- Messung der relativen Position von Flächen zu kreisrunden Abgrenzungen eines Messobjektes.

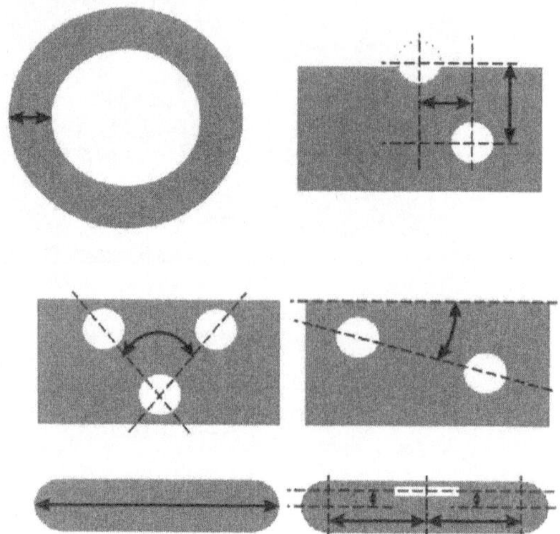

Bild 11.60 Beispiele Verrechnung der Messwerte

Die Verrechnung der Messwerte erfolgt in Perl. Dabei können alle in Perl verfügbaren Operatoren verwendet werden.

Beispiel: Es soll der Abstand von zwei Bohrungen eines Messobjektes zueinander berechnet werden. In den beiden dazu notwendigen Messpaketen werden die Positionen der Bohrungen ermittelt. Durch die Verrechnung der Messwerte kann der Abstand bestimmt werden. Der Verrechnungswert ist folgendermaßen zu definieren (In Perl wird eine Variable durch das Zeichen "$" definiert; die Zeichen "**" repräsentieren die Potenzfunktion):

```
$Messwert1 = sqrt(($Position1X - $Position2X) ** 2 +
                  ($Position1Y - $Position2Y) ** 2);
```

11.8.6 Statistik

Um sich über mehrere zeitlich aufeinanderfolgende Messungen einen Überblick verschaffen zu können, gibt es in *vision4Automation* die Ansicht *Statistik* (siehe Bild 11.61). Hier können Trends, Wiederholbarkeit und Messmittelfähigkeit einer Messung überprüft werden. Es werden zwei Diagramme angezeigt (siehe Bild 11.61): Im oberen Diagramm wird der zeitliche Verlauf eines vom Benutzer gewählten Verrechnungswertes dargestellt. Im unteren Diagramm wird die Häufigkeitsverteilung des gewählten Verrechnungswertes dargestellt, wobei die Häufigkeiten auf die Häufigkeit des Wertes mit maximalem Vorkommen bezogen sind. Es werden folgende statistische Werte berechnet und angezeigt:

- Anzahl der Messungen,
- Mittelwert,
- Minimum,
- Maximum,
- Standardabweichung σ und
- Messmittelfähigkeit c_{gm} (siehe Abschnitt 11.1.4).

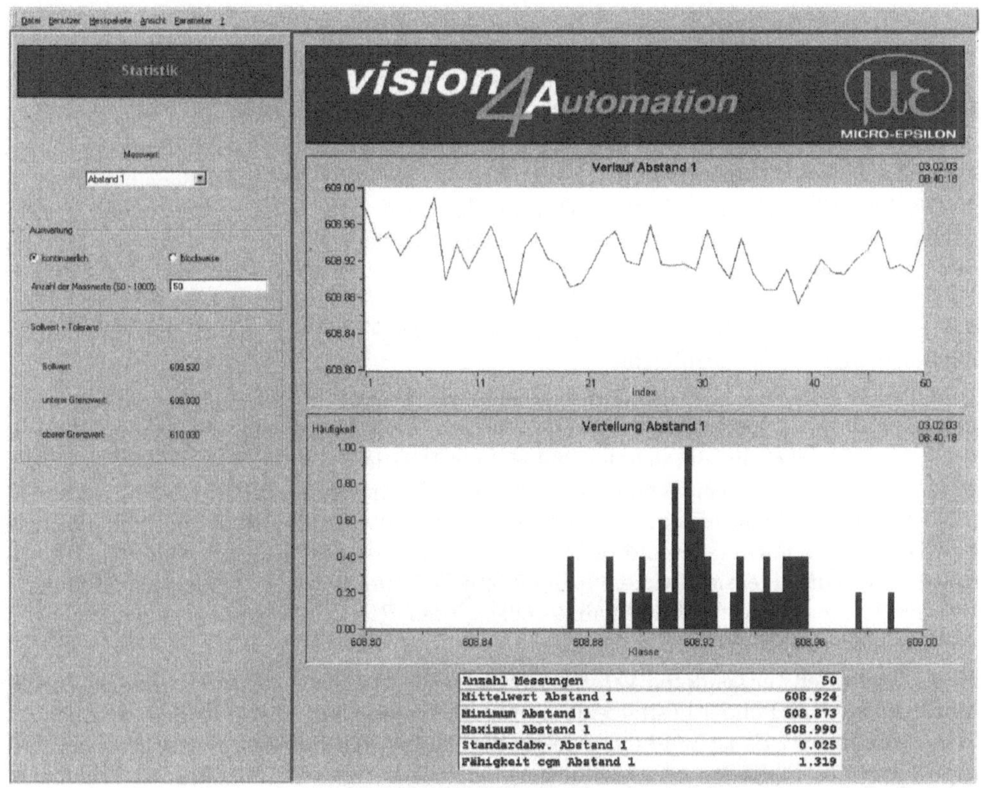

Bild 11.61 Statistik

11.8.7 Parametereinstellungen und Protokolle

vision4Automation ermöglicht es, Parametersätze zu speichern und zu laden. So können die Parameter verschiedener Messobjekttypen gespeichert werden und somit kann das Messsystem für verschiedene Messaufgaben konfiguriert werden. Außerdem können für ein Messobjekt verschiedene Toleranzen angegeben werden. Das Einrichten eines neuen Objekttyps kann durch eine schrittweise Anpassung vereinfacht werden. Werden die Parameter eines Objekttyps einmal gespeichert, können sie zu einem beliebigen späteren Zeitpunkt wieder geladen werden. Es können die Parameter von beliebig vielen

Objekttypen gespeichert werden. Im Messsystem wird zwischen zwei Parametersätzen unterschieden, dem Parametersatz für Kameraeinstellungen und dem Parametersatz für Messpakete.

In $^{vision}4^{Automation}$ gibt es die Möglichkeit, sowohl die Messwerte der Messpakete als auch die verrechneten Werte in Dateien zu protokollieren. So können Messwertreihen nachträglich kontrolliert werden und statistische Berechnungen durchgeführt werden. In jedem Messvorgang werden die Messwerte, die Bezeichnungen der Messwerte, das aktuelle Datum, die aktuelle Uhrzeit und der aktuelle Benutzer protokolliert. Zu Beginn des Protokolls werden die Auftragsdaten gespeichert, so dass eine eindeutige Zuordnung der Messwerte zur gemessenen Serie/Charge existiert.

11.9 Regelung eines inversen Pendels

In diesem Abschnitt wird auf die Realisierung eines bekannten Benchmark-Problems aus dem Bereich der Regelungstechnik näher eingegangen. Ziel dieser Anwendung ist es, ein Pendel, das an einer frei drehbaren Achse auf einem auf einer ebenen Schiene beweglichen Schlitten montiert ist, in aufrechter Position balanciert zu halten. Dazu benötigt man Sensoren, welche die aktuellen Werte des Pendelwinkels und der Schlittenposition an den Rechner liefern, sowie einen Motor mit Antrieb, der den Schlitten in geeigneter Weise auf der Schiene bewegt. Um diese Ausgabe zu berechnen, wurde ein PID-Regler entwickelt und in ICONNECT realisiert. Er liefert ausgehend von den Eingangsdaten die Sollgeschwindigkeit des Schlittens.

Das *inverse Pendel* ist ein bekanntes Benchmark-Beispiel in der Regelungstechnik. Es handelt sich um ein nichtlineares System vierter Ordnung [MT98], das jedoch aufgrund der Linearisierbarkeit im Bereich der senkrechten Position gut beherrschbar ist. Der Entwurf eines geeigneten Reglers soll hier nicht näher betrachtet werden (siehe hierzu z.B. [MT98]); bei der Realisierung des Reglers können verschiedene Reglerparadigmen, wie z.B. PID-Regler, Fuzzy-Systeme oder Neuronale Netze zum Einsatz kommen. In Abschnitt 8.5.6 wurde gezeigt, wie ein – in diesem Fall simuliertes – Pendel mit Hilfe eines Fuzzy-Reglers balanciert werden kann. Hier werden PID-Regler zum Balancieren eines realen Pendels verwendet.

Bild 3.24 zeigt den verwendeten Versuchsaufbau; eine schematische Darstellung ist in Bild 8.99 zu sehen. Das Pendel besitzt eine bestimmte Masse mit einem definierten Abstand von der Drehachse. Es ist auf einem an einer Schiene montierten, beweglichen Schlitten befestigt, der durch einen motorgetriebenen Seilzug bewegt werden kann. Die Schiene ist etwa 1 m lang. Der Regelkreis des Pendels ist in Bild 11.62 schematisch dargestellt.

11.9.1 Algorithmus

Aufschwingen

Um das Pendel aufschwingen zu lassen, wird zunächst der Schlitten an den linken Rand der Schiene bewegt. Dann wird gewartet, bis das Schwingen des Pendels abgeklungen ist. Anschließend wird der Schlitten zur Mitte der Schiene hin maximal beschleunigt und dort an einem vorgegebenen Punkt plötzlich abgebremst. Die Trägheit des Pendels führt dann zu einer Aufschwungbewegung. Ziel ist, dass dabei das Pendel näherungsweise in eine aufrechte Position kommt. Abhängig von der erreichten Winkelgeschwindigkeit muss

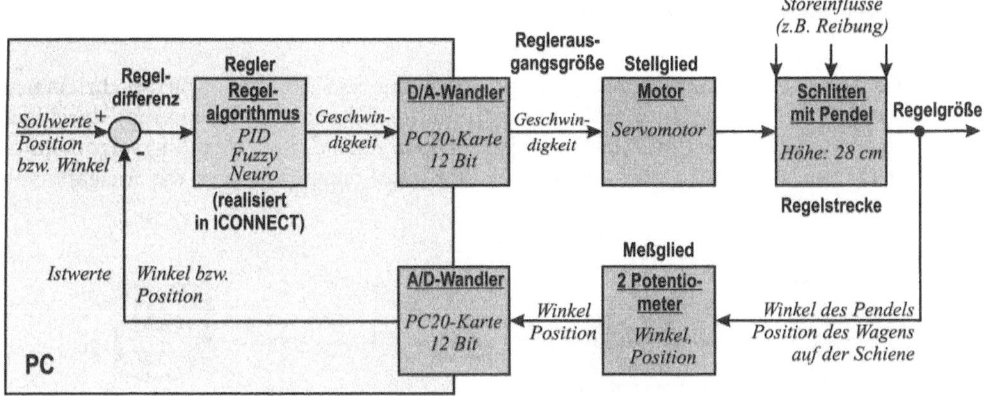

Bild 11.62 Regelkreis des inversen Pendels

das Pendel nachgeregelt werden, um seine Bewegung zu verstärken oder ein Überschlagen zu verhindern. Dazu wird in einem Bereich von etwa 40° um die aufrechte Position die Winkelgeschwindigkeit gemessen und durch schnelle Schlittenbewegungen korrigiert. Sobald das Pendel die aufrechte Position mit akzeptabler Winkelgeschwindigkeit erreicht hat, wird die nächste Phase eingeleitet.

Halten

Das Halten des Pendels wird mit Hilfe eines PID-Reglers durchgeführt Dieser hat den aktuellen Winkel des Pendels als Eingabe sowie die Soll-Geschwindigkeit des Schlittens als Ausgabe. Die Regelung ist so stabil, dass sie auch mit stärkeren, von außen auf das Pendel einwirkenden Stößen zurechtzukommt.

Stellt man lediglich die Aufgabe, das Pendel in einer senkrechten Position zu halten (vorgegebener Winkel 0°), so kann es vorkommen, dass der Schlitten allmählich an ein Ende der Schiene driftet und dort das Pendel nicht mehr gehalten werden kann. Um dies zu vermeiden, wurde dem PID-Regler ein Eingang `Soll-Winkel` hinzugefügt, dessen Werte von einem PD-Regler erzeugt werden. Dieser hat die Aufgabe, den Schlitten in der Mitte der Schiene zu halten. Dazu wird der Sollwinkel so modifiziert, dass er leicht in Richtung des Zielpunktes auf der Schiene zeigt, wodurch der Schlitten tendenziell in die gewünschte Richtung driftet.

Zusätzliche Effekte

Zu Demonstrationszwecken kann das Pendel auf Knopfdruck oder in periodischen Abständen fallen gelassen werden. Dabei überschlägt es sich im Allgemeinen und kann beim erneuten Erreichen der aufrechten Position wieder „aufgefangen" und erneut balanciert werden. Sobald sich dann das Pendel wieder stabilisiert hat, wird der Schlitten an seine Soll-Position zurückgebracht.

Der Schlitten kann außerdem während des Balancierens eine Sinusbewegung auf der Schiene ausführen oder verschiedene zufällige oder frei wählbare Positionen anfahren. Es ist sogar möglich, die Schiene während des Balancierens an einer Seite anzuheben und die so entstandene Schrägstellung per Mausklick automatisch zu korrigieren.

11.9.2   Realisierung in ICONNECT

Bild 11.63 zeigt den Hauptsignalgraph zur Regelung des Pendels. Die beschriebenen
Phasen werden mit Hilfe eines endlichen Automaten (Modultyp **Automaton**) durchlau-
fen. Verschiedene Makros sind beispielsweise für den eigentlichen Regelungsalgorithmus
(Bild 11.64), die Erzeugung eines Dialogs für Parametereingaben oder die Ausgabe von
Messwerten zuständig.

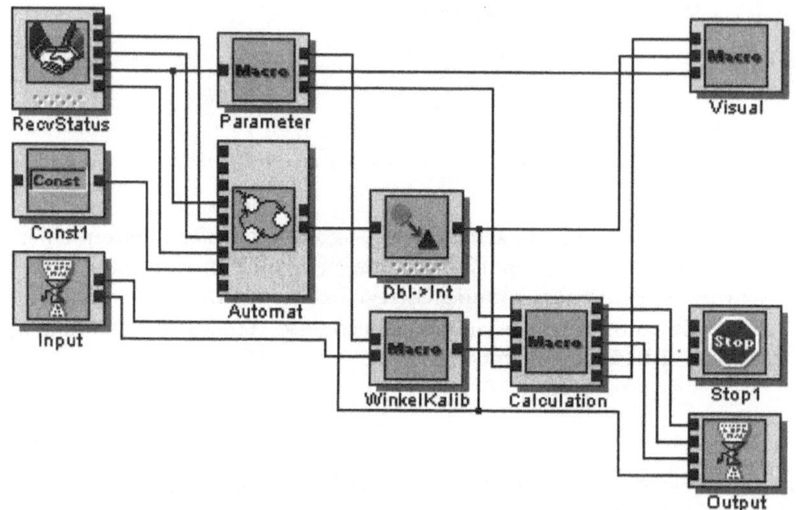

Bild 11.63   Hauptsignalgraph zum inversen Pendel

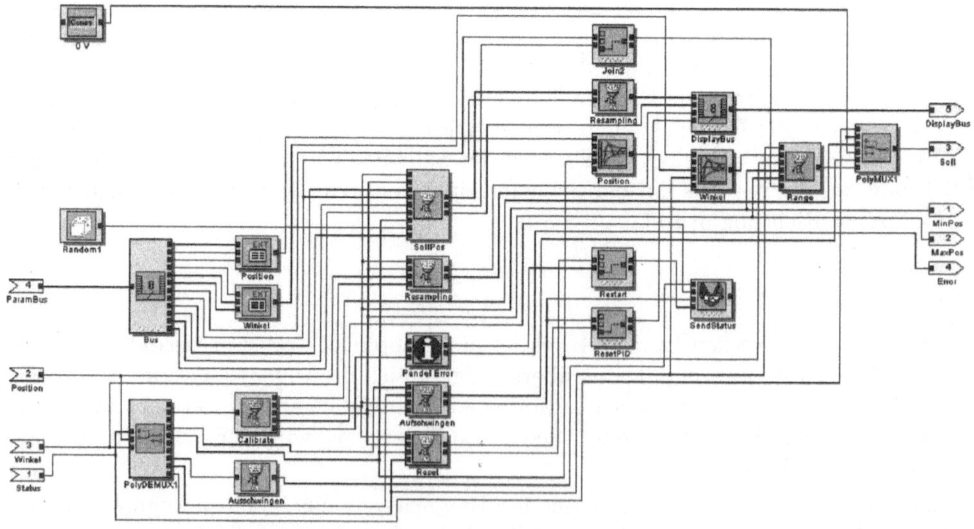

Bild 11.64   Signalgraph für den Regelungsalgorithmus des inversen Pendels

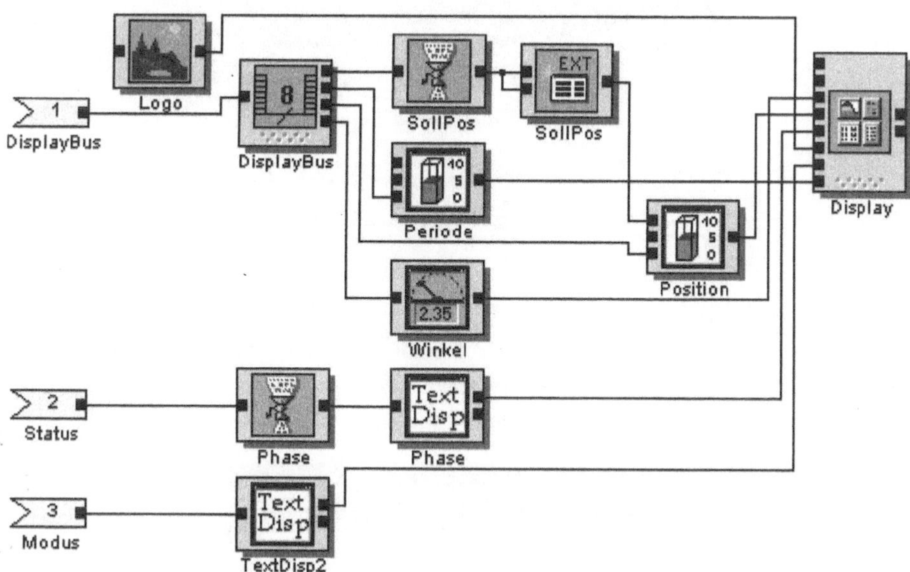

Bild 11.65 Signalgraph zur Erzeugung des Ausgabedialogs des inversen Pendels

11.9.3 Benutzerschnittstellen

Bild 11.66 zeigt den Eingabedialog, in dem vor und während der Regelung die Parameter der Regler und der anderen Algorithmen eingestellt werden können. Die Schalter Winkel kalibrieren und Umfallen bewirken eine Kalibrierung des Schienenwinkels (typischerweise einmalig nach dem Aufstellen des Pendels) bzw. einen Überschlag des Pendels. Im Feld *Modus* kann man zwischen verschiedenen Wegen (Sinus, Zufall, manuell) wählen, die der Schlitten beschreiben und dabei das Pendel balancieren soll. Im Feld *Sicherheitsrand* ist festgelegt, wie nahe an den Rändern der Schiene die Soll-Position liegen darf. Durch den Schieberegler *Lage* kann die Soll-Position im Modus *manuell* eingestellt werden. Der Wert *Periode* gibt die Zeit an, in der das Pendel im Modus *Sinus* einmal hin- und herfährt, im Modus *Zufall* die Zeit, nach der eine neue, zufällige Soll-Position eingestellt wird. Als letzter einstellbarer Parameter legt *Amplitude* fest, wie weit der Schlitten im Modus *Sinus* nach links und rechts bewegt wird.

In Bild 11.67 ist das Ausgabefenster dargestellt, in dem der aktuelle Winkel des Pendels sowie Ist- und Soll-Position des Schlittens angezeigt werden. „Phase" beschreibt den aktuellen Zustand der Regelung an (z.B. Kalibrieren, Ausschwingen, Aufschwingen, Halten). Der Balken „Periode" zeigt die verbleibende Zeit bis zum Beginn der nächsten Periode (z.B. die neue Soll-Position im Modus „Zufall").

11.9.4 Erfahrungen bei der Entwicklung

Bei der Entwicklung dieser zeitkritischen Anwendung wurden überwiegend vorgefertigte Module eingesetzt, die mittels der Parameterdialoge an die Anwendung angepasst wurden. Die auf diese Weise realisierten Signalgraphen stellten jedoch nicht die eigentliche

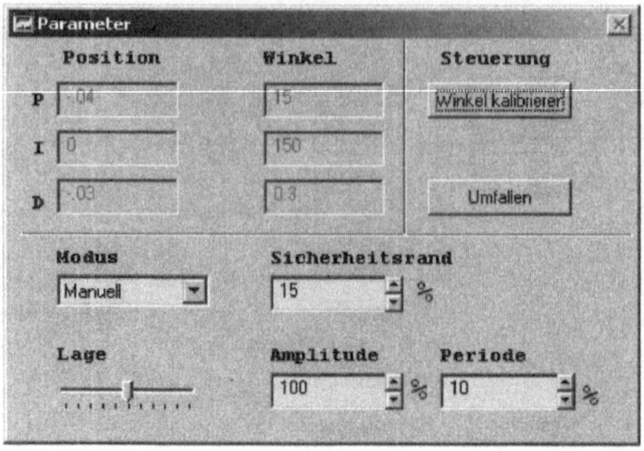

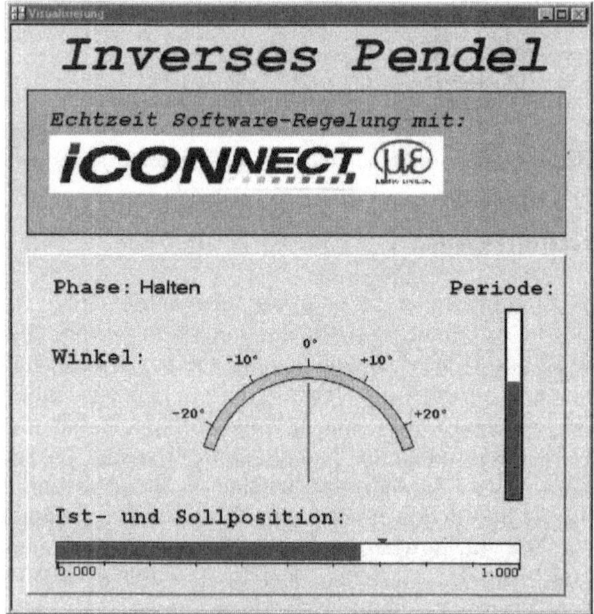

Bild 11.66 Eingabedialog des Pendel-Systems

Bild 11.67 Ausgabefenster des Pendel-Systems

Herausforderung dar. Diese bestand vielmehr darin, die jeweiligen Werte (P, I und D) für die Regler zum Halten des Pendelwinkels und der Schlittenposition zu bestimmen. Hierzu gibt es mehrere Möglichkeiten. Zum einen kann man vor dem Start des Signalgraphen die Werte einstellen und das Verhalten des Pendels beobachten, zum anderen kann man durch das Einfügen von Schiebereglern in den Signalgraphen eine Feinjustage dieser Werte während der laufenden Regelung vornehmen, wodurch die Optimierungsphase der Regler-Entwicklung beachtlich verkürzt werden kann. Eine andere Möglichkeit wäre es, ein physikalisches Modell des Pendels zu erstellen und die benötigten Werte analytisch zu bestimmen (siehe z.B. [MT98]). Bei diesem Verfahren müssen jedoch zahlreiche Konstanten des Pendels, des Schlittens und des Motors bekannt sein oder gemessen werden.

12 Zusammenfassung und Ausblick

R. Mandl und B. Sick

Fast am Ende dieses Buches, das einerseits grundlegende Konzepte und Algorithmen in verschiedensten Bereichen wie z.B. Digitale Signalverarbeitung, Bildverarbeitung, Soft-Computing, Embedded Internet usw. vorgestellt hat, andererseits auf die effiziente Anwendung dieser Verfahren im Bereich Messen, Steuern und Regeln mit Hilfe von ICONNECT eingegangen ist, soll nun abschließend ICONNECT nochmals unter dem Aspekt des *Software-Engineering* etwas näher betrachtet werden. Die dabei wesentlichen Begriffe sind bereits im Untertitel des Buches verwendet, ohne dass sie bisher definiert oder näher erläutert wurden: *komponentenbasierte Programmierung* und *visuelle Programmierung*. Diese beiden Punkte werden nun in den beiden folgenden Abschnitten aufgegriffen (Abschnitte 12.1 und 12.2). Anschließend wird noch kurz auf einige mögliche Aspekte der Weiterentwicklung von ICONNECT eingegangen (Abschnitt 12.3).

12.1 Komponentensoftware

Grundlage für diesen Abschnitt ist eine Veröffentlichung über die Bedeutung von komponentenbasierter Softwareentwicklung im Bereich Messen, Steuern und Regeln (siehe [MSG02]).

Motivation

Wie in diesem Buch deutlich wurde, werden im Bereich Messen, Steuern und Regeln typischerweise unterschiedliche und meist wohlbekannte parameterisierte Basisalgorithmen verwendet (wie z.B. Techniken zum Resampling von Signalen, digitale Filter im Zeitbereich, Fourier-Transformationen, PID-Regler, Fuzzy-Klassifikatoren usw.). In verschiedenen Anwendungen werden derartige Basisalgorithmen auf unterschiedliche Weise kombiniert, um komplexe Anwendungsprobleme zu lösen. Diese Arbeit kann von Applikations-Ingenieuren mit Hilfe vorgefertigter Software-Bausteine vorgenommen werden. Software-Ingenieure realisieren die Basisalgorithmen im Allgemeinen unabhängig von späteren Anwendungen. In Kapitel 2 wurde gezeigt, wie ein entsprechendes Konzept in ICONNECT realisiert wurde. Ein komponentenbasierter Ansatz ist der sozusagen „natürliche" Weg, um Softwareentwicklung im Anwendungsbereich Messen, Steuern und Regeln zu unterstützen.

Erläuterung des Begriffs

An dieser Stelle soll das Konzept von *Softwarekomponenten* zunächst allgemein, d.h. völlig unabhängig von einem speziellen Anwendungsgebiet beschrieben werden.

Verwendet man die Definition von SZYPERSKI, so lassen sich *Komponenten* (d.h. Softwarekomponenten) wie folgt beschreiben [Szy98]:

„Eine Softwarekomponente ist ein Baustein mit vertraglich spezifizierten Schnittstellen und ausschließlich expliziten Kontextabhängigkeiten. Eine Softwarekomponente kann unabhängig von anderen Softwarekomponenten eingesetzt werden und wird typischerweise durch Dritte mit anderen Komponenten zusammen kombiniert."

Als eine Schlussfolgerung aus dieser Definition wird in [Szy98] weiterhin festgestellt, dass Softwarekomponenten in binärer Form vorliegen und ohne weitere Modifikation angewandt werden. Verglichen mit anderen Definitionen des Begriffs „Komponente" (siehe beispielsweise [DGOS02, Sam97] für weitere Beispiele und [Szy98] für eine entsprechende Übersicht) ist die hier angegebene ziemlich genau und restriktiv.

Anwendungsunabhängige Komponenten-Konzepte finden sich beispielsweise in [Szy98]:

- CORBA (Common Object Request Broker Architecture) von OMG (Object Management Group),

- DCOM (Distributed Component Object Model) von Microsoft oder

- ActiveX, Java von Sun und JavaBeans.

Das Konzept von Softwarekomponenten ist prinzipiell unabhängig von der Implementierung der Komponenten. Komponenten bzw. Objekte sind unterschiedliche, aber einander ergänzende Objekte. Tatsächlich sind viele Komponenten in einer objektorientierten Programmiersprache implementiert. Objekte werden typischerweise nicht einzeln verkauft, Komponenten schon.

In Softwarekomponenten sind Algorithmen gekapselt. Komponenten – genau genommen sollte man dann eigentlich von Instanzen von Komponenten sprechen – interagieren mit anderen Komponenten und mit der Umgebung eines Komponentensystems mit Hilfe wohldefinierter Schnittstellen. Die Umgebung eines Komponentensystems kann im Anwendungsbereich Messen, Steuern und Regeln mit einem eingebetteten System beispielsweise ein technischer Prozess sein. Immer wenn eine Komponente entsprechend „ihres" Algorithmus Daten produziert hat, werden diese Resultate an die Umgebung oder an andere Komponenten weitergegeben. Handelt es sich um mehrere Nachfolger, so spricht man auch von *Multicasting.* Die Ausführung der Algorithmen kann gestartet werden, wenn die erforderlichen Eingabedaten vorliegen. Man spricht in diesem Fall auch von asynchroner Kommunikation und Datenfluss-getriebener Ausführung der Komponenten. Das *Komponentensystem* kann daher insgesamt auch als *Datenflussgraph* interpretiert werden.

Vorteile komponentenbasierter Softwareentwicklung

Alle Punkte, die allgemein als Vorteile komponentenbasierter Softwareentwicklung (komponentenbasierter Programmierung) genannt werden, gelten speziell auch für den Anwendungsbereich Messen, Steuern und Regeln:

- eine verbesserte Qualität der entwickelten Software aufgrund der Möglichkeit zur Wiederverwendung von getesteter und erprobter Software (*software re-use*) auf der Komponentenebene,

- eine optimale Unterstützung von prototypischen Entwicklungen (*rapid prototyping*) und eine erhebliche Beschleunigung der Entwicklungszeiten an sich (*shorter time to market*),

- eine leichte Anpassbarkeit an variable Anforderungen und eine verbesserte Konfigurierbarkeit (insbesondere wichtig für den Einsatz in eingebetteten Systemen mit veränderlichen Umgebungsbedingungen),

- eine leichtere Wartung von Anwendungen und ein verbesserter Software-Support vor allem aufgrund der Möglichkeit für Software-Updates auf der Komponentenebene,

- eine Trennung der Aufgaben von Applikations-Ingenieuren (Komposition von Komponenten) von den Aufgaben von Software-Ingenieuren (Entwicklung von Komponenten),

- eine höhere Flexibilität, eine bessere Strukturierung und eine leichtere Skalierbarkeit von Software, sowie

- ein besserer Schutz von geistigem Eigentum (*IP: intellectual property*) durch Bereitstellung von Bibliotheken bereits compilierter Algorithmen in Form von Komponenten.

Alle Vorteile zusammengenommen führen zu einer Vervielfältigung des investierten finanziellen und geistigen Kapitals.

Komponentenframeworks

Komponentensysteme im Bereich Messen, Steuern und Regeln enthalten typischerweise bis zu einigen Hundert oder mehr als Tausend Instanzen von Komponenten. Insbesondere zur Steuerung der Ausführung eines solchen Komponentensystems bzw. zur Steuerung der Interaktion der einzelnen Instanzen von Komponenten wird ein geeignetes *Komponentenframework* benötigt.

Ein wichtiger Bestandteil eines Komponentenframeworks ist ein *Scheduler*, der eine (z.B. durch einen Datenflussgraphen) vorgegebene partielle Ausführungsreihenfolge der Komponenten bzw. der Kommunikationsaktionen zwischen den Komponenten in eine totale Ordnung (serielle Reihenfolge) überführt. Ein solcher Scheduler kann übrigens selbst wieder als Komponente realisiert sein. Die Ausführungsreihenfolge (der *Schedule*) ist im Allgemeinen datenabhängig, d.h. abhängig von bestimmten Werten. Daher kann der Schedule nur dynamisch, d.h. zur Laufzeit, bestimmt werden.

Im Idealfall wird von Komponenten eine Art der Komposition unterstützt, die auch als *plug and play* bekannt ist. Aber auch wenn Komponenten in einem vorher spezifizierten Sinne „korrekt" arbeiten, können doch durch die spätere Komposition verschiedenste Probleme auftreten, die nicht an einer einzelnen Komponente erkennbar sind. Die Frage: „Wie können kritische Eigenschaften von Komponentensystemen garantiert werden?" ist nicht nur im Bereich Messen, Steuern und Regeln von sehr großer Bedeutung. Ein entscheidender Punkt dabei ist, dass ein Software-Ingenieur, der eine Komponente implementiert, einer überaus großen Anzahl von möglichen Kombinationen von Komponenten gegenüber steht, in welchen er die neue Komponente testen müsste. Zudem nimmt diese Zahl zu, immer wenn später neue Komponenten implementiert werden.

Ein Komponentenframework kann durch automatische Prüfung vorgegebener Regeln während der Entwurfsphase dabei helfen, Fehler, die erst durch die Kombination von Komponenten entstehen, zu vermeiden. Ganz allgemein ist es jedoch nicht möglich jedes gewünschte Verhalten von Komponentensoftware bereits beim Entwurf des Komponentensystems zu garantieren. SZYPERSKI stellt fest, dass dieses Problem derzeit im Zentrum aktueller Forschung steht [Szy98].

ICONNECT als Komponentenframework

Aufgrund der Ausführungen zu Komponenten und Komponentenframeworks wurde bereits deutlich, dass es sich bei ICONNECT tatsächlich um ein Komponentenframework handelt:

- Module haben die Eigenschaften von Komponenten. Sie kapseln einen Basisalgorithmus, liegen in compilierter Form vor, haben genau spezifizierte Schnittstellen und werden durch Dritte (Applikations-Ingenieure) zu komplexen Komponentensystemen zusammengesetzt.

- Der Editor unterstützt die Vermeidung von Kompatibilitätsfehlern zwischen Modulen durch geeignete Mechanismen zur Typprüfung. Beispielsweise wird die Übereinstimmung von Blocklängen oder Abtastraten geprüft.

- Die Ablaufsteuerung bestimmt zur Laufzeit die Ausführungsreihenfolge der Module (den Schedule).

Editor und Ablaufsteuerung haben beide keine Kenntnis über spezifische Eigenschaften bestimmter Module. So ist es möglich, dass Erweiterungen der Modulbibliothek durch neue Komponenten jederzeit ohne Änderung von Editor und Ablaufsteuerung möglich sind.

Das Komponentenframework ICONNECT kann in dem in [Szy98] beschriebenen Sinne als *Blackbox*-Framework bezeichnet werden. Es unterstützt die Entwicklung und Ausführung von Komponentensoftware für einen bestimmten Anwendungsbereich, nämlich Messen, Steuern und Regeln.

12.2 Visuelle Programmierung

Grundlage für diesen Abschnitt ist eine Veröffentlichung über die Bedeutung von ICONNECT als visuelles Programmiersystem für die Online-Signalverarbeitung (siehe [MRSS01]).

Motivation

Seit den ersten Ansätzen am Ende der 50er Jahre nimmt die Bedeutung von Grafiken in Computeranwendungen ständig zu. Grafische Elemente kommen nicht nur bei der Erstellung von Benutzerschnittstellen zum Einsatz (Stichwort *Mensch-Maschine-Kommunikation*), sondern auch in verschiedensten Multimediaanwendungen, in vielen Simulationssystemen oder auch bei der Visualisierung von Softwareentwurfsprozessen. Ein weiterer, sehr wichtiger Bereich ist die *visuelle Programmierung* von Software. Hinter diesem Begriff steht die Idee, dass die Konstruktion von Programmen (Programmierung) mit Hilfe grafischer Bausteine ermöglicht und unterstützt wird.

Bei der visuellen Programmierung soll sich die Bedeutung (Semantik) eines Programms aus Informationen erschließen lassen, die ein Mensch visuell erfasst [Sch98a]. Zu dieser Art von Informationen gehören beispielsweise

- grafische Objekte (beispielsweise Icons, Diagramme, Farben),

- geometrische Eigenschaften (beispielsweise Größe oder Form von Icons),

- topologische Merkmale (beispielsweise Verbindungen zwischen Icons, Überdeckungen oder Berührungen von Icons),

- typografische Eigenschaften (beispielsweise die Verwendung bestimmter Zeichensätze).

Systeme zur visuellen Programmierung gibt es zwar bereits seit etwa zwanzig Jahren, allerdings werden die möglichen Vor- und Nachteile immer noch heftig diskutiert. Wichtige Fragen in diesem Kontext sind beispielsweise [Sch98a]:

- Erleichtern oder erschweren visuelle Programme die Kommunikation zwischen verschiedenen Entwicklern oder zwischen Entwicklern und Anwendern?

- Sind visuelle Programme leichter oder aufgrund ihrer zweidimensionalen Struktur sogar schwerer verständlich?

- Ist die visuelle Programmierung leicht erlernbar oder ist die Vermittlung effektiver Problemlösungsstrategien sogar schwieriger?

- Ist das Potential zur Produktivitätssteigerung hoch oder doch eher gering?

- Ist visuell programmierte Software leicht modifizierbar oder nicht?

Universelle *visuelle Programmiersysteme*, mit denen beliebige Arten von Anwendungen realisiert werden können, konnten sich bisher in der Praxis nicht durchsetzen. Um so erstaunlicher ist auf den ersten Blick der außerordentliche Erfolg visueller Programmiersysteme in bestimmten technischen Anwendungsgebieten, speziell im Bereich Messen, Steuern und Regeln. Programme zur Signalverarbeitung (online oder offline) oder in der Regelungstechnik sind – wie im vorausgehenden Abschnitt diskutiert wurde – zum einen dadurch charakterisiert, dass bestimmte Algorithmen wie beispielsweise eine FFT, ein PID-Regler oder ein FIR-Filter immer wieder neu parameterisiert zu wesentlich komplexeren Algorithmen kombiniert werden. Zum anderen ist es aber speziell im diesem Anwendungsgebiet so, dass die Aufgaben der Komponentenentwicklung und der Anwendungsentwicklung von sehr unterschiedlichen Personengruppen übernommen werden:

- Die *Komponentenentwicklung* ist die Aufgabe von Software-Ingenieuren mit detaillierten Kenntnissen über Programmiersprachen wie beispielsweise C oder C++, die effiziente und numerisch stabile Implementierung von Algorithmen u.ä.

- Die *Anwendungsentwicklung* ist Aufgabe von Applikations-Ingenieuren mit detaillierten Kenntnissen über die speziellen Probleme und Anforderungen einer konkreten Aufgabenstellung und die Algorithmen, die zur Lösung dieser Probleme erforderlich sind.

Somit liegt die Idee nahe, das im vorausgehenden Abschnitt angesprochene Komponentenframework als ein Framework zur visuellen Programmierung von Komponentensystemen zu realisieren, um so dem Applikations-Ingenieur, der nicht notwendigerweise über entsprechende Programmierkenntnisse und -erfahrung verfügt, die Entwicklung komplexer Anwendungen im Bereich Messen, Steuern und Regeln zu erleichtern.

Erläuterung der Begriffe

Ausgehend von dem Begriff „*visuell*" werden nun die Begriffe „*visuelle Sprache*", „*visuelle Programmiersprache*" und „*visuelle Softwarebeschreibungssprache*" definiert und erläutert. Auf die beiden letztgenannten Definitionen baut die Erklärung der Begriffe „*visuelles Programmieren*" und „*visuelles Programmiersystem*" auf. Abschließend wird noch kurz auf den Begriff der „*Softwarevisualisierung*" eingegangen. Die angegebenen Definitionen (Zitate) sind [Sch98a] entnommen.

„Visuell ist die Bezeichnung für jene Eigenschaft eines Objekts, durch die mindestens eine Information über das Objekt, die für das Erreichen eines Handlungsziels unverzichtbar ist, nur durch das visuelle Wahrnehmungssystem des Menschen gewonnen werden kann."

Beispiele für entsprechende Objekte im Bereich der Softwareentwicklung sind Elemente einer Benutzerschnittstelle, Sprachkonstrukte, Programmbausteine usw. Ist beispielsweise ein Button einer Benutzeroberfläche durch ein Icon gekennzeichnet, so ist dies eine visuelle Eigenschaft des Objekts Button. Visuelle, informative Elemente sind also beispielsweise grafische Objekte, topologische Eigenschaften, geometrische Attribute und typografische Merkmale (s.o.). Im Gegensatz dazu bezeichnet man alle Eigenschaften eines Objekts, die zwar als Text sichtbar, aber im genannten Sinn nicht visuell sind, als verbal. Dass diese Unterscheidung wichtig ist, zeigt das folgende Beispiel: Ein Programmcode, bei dem bestimmte Schlüsselworter farbig hervorgehoben sind, ist verbal, wenn ein Schlüsselwort trotz fehlender farbiger Markierung als solches erkannt wird. Der Programmcode wäre visuell, wenn die Eigenschaft „Schlüsselwort" mit der Farbmarkierung gekoppelt wäre.

„Eine visuelle Sprache ist eine formale Sprache mit visueller Syntax oder visueller Semantik und dynamischer oder statischer Zeichengebung."

Unter *Syntax* versteht man die Regeln, mit Hilfe derer aus atomaren Bausteinen (den Zeichen eines Alphabets) einer Sprache neue Bausteine („Worte" und „Sätze") geformt werden. Eine *Semantik* ordnet den so gewonnenen komplexen Bausteinen ihre Bedeutung zu. So wird eine Beziehung zwischen den Bausteinen einerseits und den durch sie bezeichneten Dingen andererseits hergestellt.

Eine Syntax wird als visuell bezeichnet, wenn die Bausteine der Sprache visuell sind und die Bildung von Ausdrücken in dieser Sprache mit Hilfe visueller Elemente erfolgt. Die Semantik einer Sprache ist dann visuell, wenn die Interpretation der Ausdrücke in dieser Sprache notwendigerweise die visuellen Eigenschaften dieser Ausdrücke erfordert. Es gibt im Gegensatz zu verbalen Sprachen keine normierte Beschreibungsform durch Grammatiken für die Syntax visueller Sprachen. Die Einhaltung der Regeln der Sprache wird meist durch einen Editor erzwungen (durch geeignete Mechanismen zur Typprüfung).

Bei einer statischen Zeichengebung ist die Interpretation der Zeichen unabhängig von der Zeit. Eine dynamische Zeichengebung liegt dann vor, wenn für die Interpretation von Zeichen nicht nur der aktuelle Zeitpunkt, sondern auch die vergangenen Zeitpunkte eine Rolle spielen, also Zeichenfolgen interpretiert werden.

„Eine visuelle Programmiersprache ist eine visuelle Sprache zur vollständigen Beschreibung der Eigenschaften von Software. Sie ist entweder eine Universalprogrammiersprache oder eine Spezialprogrammiersprache."

Kennzeichen einer Universalprogrammiersprache ist, dass sie berechnungsuniversell ist. D.h., jeder beliebige (auf einer so genannten Turing-Maschine ausführbare) Algorithmus kann in dieser Sprache formuliert werden. Demgegenüber fehlen in Spezialprogrammiersprachen wesentliche Sprachkonstrukte wie z.B. Schleifen oder Verzweigungen. Daher sind diese Spezialprogrammiersprachen nicht berechnungsuniversell.

In visuellen Programmiersprachen haben visuelle Elemente syntaktische und semantische Bedeutung. Dabei ist die Syntax durch die verwendeten Grafiken und Texte, ihre räumliche Anordnung und ihre Verbindungen gegeben. Demgegenüber sind verbale Programmiersprachen dadurch gekennzeichnet, dass eventuell verwendete visuelle Elemente syntaktisch und semantisch ohne Bedeutung sind. Diese visuellen Elemente haben nur einen informellen Charakter wie z.B. Einrückungen, die das Lesen erleichtern.

„Eine visuelle Softwarebeschreibungssprache ist eine visuelle Sprache zur Beschreibung bestimmter Aspekte von Software. Aus den damit erstellten Beschreibungen ist Programmcode maschinell generierbar."

Eine visuelle Softwarebeschreibungssprache ist also nicht identisch mit einer visuellen Programmiersprache. Ein Beispiel für eine visuelle Softwarebeschreibungssprache ist UML (*Unified Modeling Language*). Sie ermöglicht es, die Grobstruktur und die prinzipielle Funktionalität eines Systems zu erfassen. Man kann in UML Klassendiagramme erstellen, die dann in Programmcode umgesetzt werden. Die einzelnen Funktionen usw. müssen dann in einer verbalen Programmiersprache (z.B. Java oder C++) implementiert werden.

„Visuelle Programmierung ist die Erstellung von Software mit visuellen Programmiersprachen und visuellen Softwarebeschreibungssprachen. Eine Menge integrierter Werkzeuge zur visuellen Programmierung heißt visuelles Programmiersystem."

Im Gegensatz dazu versteht man unter verbaler Programmierung die Programmierung auf Basis von Zeichenketten ohne visuellen Bedeutungsgehalt. Man spricht ebenfalls nicht von visueller Programmierung, wenn man Programmierumgebungen mit grafischer Benutzerschnittstelle für verbale Programmiersprachen verwendet, grafische Entwurfsmethoden anwendet und die Software nicht einmal teilweise maschinell erzeugt wird, Software zur grafischen Datenverarbeitung entwickelt usw.

„Softwarevisualisierung ist die werkzeugunterstützte, visuelle Darstellung von Software für Analysezwecke, d.h. für Untersuchungen der statischen und dynamischen Eigenschaften von Software."

Das Ziel ist in diesem Fall die Veranschaulichung softwaretechnischer Sachverhalte (ihre Struktur, Gründe für ihr Funktionieren bzw. Nichtfunktionieren etc.). Demgegenüber steht bei visueller Programmierung die Implementierung im Vordergrund. Bei der Softwarevisualisierung ist es unwichtig, ob die zu visualisierenden Eigenschaften mit einer visuellen oder verbalen Programmiersprache programmiert wurden.

Taxonomie visueller Programmiersysteme

Die oben eingeführten Begriffe bilden die Grundlage für eine einordnende Charakterisierung visueller Programmiersysteme. Die Taxonomie von Schiffer (siehe [Sch98a]) unterscheidet drei Gruppen visueller Programmiersysteme (VP-Systeme), die in Tabelle 12.1 angegeben sind.

Bei VP-Systemen basierend auf verbalen Sprachen sind die Programmiersprachen die grafischen Gegenstücke verbaler Programmiersprachen. Dagegen besitzen die Programmiersprachen von VP-Systemen aus der zweiten Gruppe kein Gegenstück in der verbalen Programmierung. In der dritten Gruppe sind die VP-Systeme enthalten, die unterschiedliche Sprachkonzepte in sich vereinen oder spezielle Ansätze für die parallele Programmierung umsetzen.

Zu VP-Systemen, die auf verbalen Programmiersprachen basieren, gehören unter anderem:

- *Steuerflussorientierte VP-Systeme:* Sie beruhen auf einem imperativen Programmierparadigma. In solchen Systemen wird die Befehlsaktivierung durch die Programmsteuerung ausgelost.

Klasse	Unterklasse
VP-Systeme basierend auf verbalen Sprachen	steuerflussorientiert datenflussorientiert funktionsorientiert objektorientiert constraintorientiert
VP-Systeme basierend auf visuellen Sprachen	regelorientiert beispielorientiert formularorientiert
VP-Systeme für spezielle Bereiche	parallelitätsorientiert multiparadigmenorientiert

Tabelle 12.1   Klassifikation visueller Programmiersysteme (VP-Systeme)

- *Datenflussorientierte VP-Systeme:* Das Datenflussprinzip bildet hier die Grundlage. Das Vorhandensein von Daten bedingt die Ausführungsreihenfolge der Operationen. Wichtige Eigenschaften von Datenflussprogrammen sind implizite Ausführungsreihenfolge und Parallelität der Operationen, Nebeneffektfreiheit und das Fehlen von Variablen. Nebeneffekte sind Wirkungen von Operationen mit Ausnahme der Produktion von Resultaten. Da das reine Datenflussprinzip nicht berechnungsuniversell ist, werden Datenflusssprachen bisweilen um Ablaufstrukturen wie Verzweigungen und While-Schleifen ergänzt.

- *Objektorientierte VP-Systeme:* Sie sind aus Variationen der Konzepte objektorientierter Programmierung hervorgegangen. In solchen Systemen wird Software meist auf zwei Ebenen entwickelt: Zur Entwicklung von Programmbausteinen verwendet man eine verbale Programmiersprache und Klassenbibliotheken. Wenn man die Applikation entwirft, benutzt man diese verbal erstellten Bausteine und verbindet sie visuell zu komplexeren Einheiten.

Zu VP-Systemen für spezielle Bereiche gehören u.a.:

- *Multiparadigmenorientierte VP-Systeme:* Sie integrieren mehrere der zuvor beschriebenen Programmierparadigmen. Ziel ist es, das der jeweiligen Problemstellung am besten entsprechende Konzept oder Werkzeug zu verwenden.

Beispiele zu den einzelnen Klassen von VP-Systemen sind in [Sch98a] zu finden. Seit einiger Zeit gibt es immer mehr Werkzeuge, die in die Klasse multiparadigmenorientierter VP-Systeme fallen. Besonders interessant für den Bereich der Online-Signalverarbeitung ist beispielsweise eine Kombination von endlichen Automaten mit Datenflussgraphen, um neben hauptsächlich datenflussdominanten auch kontrollflussdominante Probleme lösen zu können.

Einordnung von ICONNECT

Möchte man ICONNECT gemäß der beschriebenen Taxonomie einordnen, so stellt sich zunächst die Frage, ob es sich überhaupt um ein visuelles Programmiersystem handelt. Die Komposition von Signalgraphen in einem grafischen Editor kann als Softwareerstellung mit einer visuellen Programmiersprache verstanden werden, wobei die Modulbibliothek atomare Sprachelemente bereitstellt (Module), die mit Hilfe weiterer visueller Sprachelemente im Editor kombiniert werden (Verbindungen). Die Ablaufsteuerung erlaubt dann die Ausführung von in dieser Sprache erstellten Programmen (Signalgraphen).

Unterschiedliche Modultypen sind anhand von Icons (teilweise auch anhand von Formen) unterscheidbar. Verschiedene Eigenschaften von Modulen (z.B. aktuell ausgewählte Module, Makros, Haltepunkte für Debugging) sind durch Rahmen in unterschiedlichen Farben gekennzeichnet. Die Kompatibilität von Modulen wird beim Ziehen von Verbindungen – soweit möglich – durch einen Typprüfungsmechanismus überprüft.

ICONNECT ist also tatsächlich als ein Framework zur visuellen Programmierung und demnach als ein visuelles Programmiersystem anzusehen.

Als nächstes ist der Frage nachzugehen, um welche Art der visuellen Programmierung es sich handelt. Die Programmierung in ICONNECT folgt dem Datenflussparadigma, dessen Grundlagen in [Den74] konzipiert wurden. ICONNECT stellt also offensichtlich ein datenflussorientiertes, visuelles Programmiersystem dar. Da die einzelnen Module objektorientiert entwickelt werden und der ICONNECT-Anwendungsentwickler diese Einzelmodule zu größeren Einheiten verbindet, kann man aber auch Aspekte eines objektorientierten visuellen Programmiersystems erkennen. Insgesamt könnte man also auch von einem multiparadigmenorientierten visuellen Programmiersystem sprechen. Zu erwähnen ist auch an dieser Stelle der in ICONNECT integrierte `StateCharter`, mit dem Lösungen für kontrollflussdominante (Teil-)Probleme spezifiziert werden können.

12.3 Zukünftige Weiterentwicklung von ICONNECT

Die Entwicklungsrichtung von ICONNECT wurde maßgeblich von Erfordernissen aus der Projektarbeit und von Kundenwünschen geleitet. Trotz der zeitlichen Restriktionen bei der Lösung einer Applikation ist es erforderlich, von der konkret geforderten Realisierung zu abstrahieren und eine möglichst allgemein gültige Problemlösung zu finden, die die konkrete Realisierung als Sonderfall einschließt. Nur so kann eine optimale Wiederverwendbarkeit der entstehenden Module erreicht werden. Der Aufwand zur Lösung des verallgemeinerten Problems kann dabei beträchtlich höher sein, als es den ersten Anschein hat. Aus diesem Grund ist es unabdingbar, die Entwicklung eines längerfristig einsetzbaren Baukastensystems sowohl thematisch als auch zeitlich von konkreter Projektarbeit zu entkoppeln. Gerade diese Trennung in die Applikations- und Entwicklerschicht wird durch das Design von ICONNECT unterstützt.

Weiterhin dürfen die Aufwände zur Entwicklung und Pflege der Entwicklungsumgebung (Editor, Makro- und Projektverwaltung, Benutzerverwaltung, Fehlerbehandlung, Dokumentations-Tools etc.) nicht unterschätzt werden. Die strenge Trennung zwischen Funktionen der Oberfläche und Funktionen der Module von ICONNECT erleichtert die unabhängige Weiterentwicklung von Framework und Modulbibliothek.

Für einige spezielle Funktionen, wie z.B. das dynamische Nachladen und Starten weiterer Signalgraphen oder den Zugriff auf Informationen der Benutzerverwaltung ist eine Kommunikation von Modulen mit der Oberfläche und damit eine gegenseitige Abhängigkeit unvermeidlich. Solche Module sind deshalb nur durch das ICONNECT-Entwicklerteam integrierbar. Eine vollständige Integration aller denkbaren Schnittstellenfunktionen zwischen Modul und Oberfläche wird daher in nächster Zeit erfolgen. Damit kann eine „Fernsteuerung" aller Funktionen der Entwicklungsumgebung durch entsprechende Module erreicht werden. Eine praktische Anwendung stellt das automatisierte Speichern der gesamten Dokumentation aller laufenden Signalgraphen in textueller Form (ASCII, XML) dar. Da das Speichern z.B. automatisiert bei allen Parameteränderungen im laufenden Betrieb ausgelöst werden kann, ist eine lückenlose Überwachung aller Parameter während einer Produktion möglich. Ebenso leicht können alle Änderungen an Signalgraphen nachvollzogen werden.

Die Modulbibliothek von ICONNECT stellt die eigentliche Funktionalität des Frameworks aus Anwendersicht dar. Auch diese wächst entsprechend marktorientierter Erfordernisse. Von der Sensorsignalverarbeitung in der Wegmesstechnik ausgehend hat sich ICONNECT in den letzten Jahren in die allgemeine Messtechnik und weit darüber hinaus verbreitet. Der Einsatz der Bildverarbeitung als messtechnisches Werkzeug (optische Messtechnik) ergänzt die Einsatzmöglichkeiten in der industriellen Mess- und Automatisierungstechnik oder auch in der Qualitätssicherung. Eine Ausweitung der Funktionalität in Richtung akustischer Qualitätssicherung ist mit den bereits reichlich vorhandenen Skript-Funktionen machbar. Der Komfort bei der Erstellung von Anwendungen der Geräuschanalyse kann mit weiteren spezialisierten Modulen jedoch erheblich gesteigert werden. Die eingebauten Skript-Funktionen könnten zukünftig durch einen integrierten Skript-Debugger ergänzt werden. Dieser ist zur Zeit nur in VBA verfügbar.

Der Einsatz von Skriptfunktionen ist derzeit auf die reine Signalerzeugung oder Verarbeitung beschränkt. Es ist denkbar, auch frei programmierbare Displaymodule auf der Basis von Skripten zu realisieren. Dies würde die Flexibilität der Visualisierung in ICONNECT erheblich verbessern.

Auch die Benutzerfreundlichkeit des Entwicklungssystems spielt eine große Rolle bei der Weiterentwicklung von ICONNECT. Die schnellere und einfachere Erstellung und Wartung von Applikationen führt dazu, dass deren Funktionsumfang stetig wächst. Bereits heute übliche Signalgraphen mit mehreren Tausend Modulen stellen besondere Herausforderungen an die Effizienz und an den Speicherverbrauch eines Komponentenframeworks auf der einen Seite und nach einer Steigerung der Entwurfssicherheit auf der anderen Seite.

Zukünftigen Erweiterungen von ICONNECT aus Sicht des Software-Engineering liegt die Frage zugrunde, wie die Anwendung von Komponentensoftware noch sicherer gemacht werden kann bzw. wie eventuelle Entwurfsfehler möglichst früh erkannt werden können. Im Vordergrund stehen dabei Antworten auf Fragen wie beispielsweise:

- Wie sehen optimale Modelle von Signalen aus und welche Eigenschaften sollen zur Entwurfszeit geprüft werden? Ist bei Typkonflikten das automatische Einfügen von Komponenten zur Typkonvertierung möglich und sinnvoll?

- Wie kann die Menge der bisher vorhandenen Module um weitere, standardisierte Kontrollkomponenten zur Steuerung des Signalflusses angereichert werden?

- Können Signalgraphstrukturen nach der Entscheidbarkeit bestimmter Fragestellungen wie beispielsweise Periodizität, Speicherverbrauch, Determiniertheit und Deadlockfreiheit der Anwendung klassifiziert werden? Welche Hilfestellung ist bei Strukturen möglich, bei denen die genannten Fragestellungen unentscheidbar sind?

Durch eine geeignete (teilweise ergänzte) Typisierung von Modulen, der Eingangs- und Ausgangsports von Modulen soll die Entwurfssicherheit weiter verbessert werden.

In einer späteren Version von ICONNECT wird es vielleicht möglich sein, einige dieser Fragestellungen zu beantworten. Prinzipiell sind die genannten Themen aber immer noch Gegenstand aktueller Forschung, so dass rasche Lösungen sicher nicht zu erwarten sind.

<table><tr><td>

13</td><td>

Kurzanleitung zur CD
O. Buchtala</td></tr></table>

Dieser Abschnitt enthält Informationen zur Benutzung der dem Buch beigefügten CD. Neben Anweisungen zur Installation werden Hinweise zur Verwendung der auf der CD befindlichen Beispiele gegeben.

Messen, Steuern, Regeln mit ICONNECT

In den vorangegangenen Kapiteln wurden verschiedene Verfahren aus dem Bereich der Mess-, Steuer- und Regelungstechnik vorgestellt. Um die Funktionsweise noch genauer zu verdeutlichen, wurden viele dieser Verfahren in ICONNECT realisiert.

ICONNECT stellt ein vielseitiges Werkzeug zur Erzeugung von Applikationen dar, das insbesondere in der Mess-, Steuer- und Regelungstechnik häufig zum Einsatz kommt. Es besteht aus einer umfangreichen Modulbibliothek, aus der so genannte Signalgraphen durch Verdrahtung kombiniert werden. Auf diese Weise wird visuell ein Blockschaltbild generiert, das dann sofort in einen ausführbaren, dynamischen Ablauf umgesetzt werden kann. Neben zahlreichen Modulen zur Steuerung und Auswertung von Signalen stehen auch verschiedene Module zur Erzeugung von Benutzerschnittstellen zur Verfügung. So lassen sich auch ohne Programmierkenntnisse Applikationen erzeugen, die dem Benutzer eine auch optisch ansprechende Umgebung bieten.

Installation von ICONNECT

Zur Installation von ICONNECT sind folgende Schritte notwendig:

(1) Der ICONNECT-Installationsassistent wird bei Einlegen der CD automatisch oder manuell durch Ausführen von Start.exe auf der CD gestartet.

(2) Der Menüpunkt Installation beginnt die Installation.

(3) Nach Betätigen des Buttons [Weiter] erscheint die Auswahl der zu installierenden Softwarepakete.

(4) Das Paket ICONNECT muss aktiviert werden. Für die Ausführung einiger Beispiele sind ebenso die Pakete Active Perl und Visual Basic for Applications notwendig.

(5) [Weiter] setzt die Installation fort.

(6) [Installieren] startet die Installation der Komponente ICONNECT.

(7) Die nachfolgende Menüführung ermöglicht die Eingabe eines individuellen Installationspfades.

(8) Nach Abschluss des Kopiervorgangs kann die Installation durch Einlegen der Lizenzdiskette als Vollversion registriert werden. Dieser Vorgang wird mit `Start` durchgeführt. Mit `Beenden` wird ICONNECT als Demoversion installiert, was für alle Beispiele zu diesem Buch ausreichend ist.

Installation weiterer Komponenten

Einzelne Komponenten, die bei der Installation von ICONNECT nicht ausgewählt wurden, können auch noch nachträglich installiert werden:

(1) Der ICONNECT-Installationsassistent wird bei Einlegen der CD automatisch oder manuell durch Ausführen von Start.exe auf der CD gestartet.

(2) Der Menüpunkt Installation beginnt die Installation.

(3) Nach Betätigen des Buttons `Weiter` erscheint die Auswahl der zu installierenden Softwarepakete.

(4) Das gewünschte Paket wird hier aktiviert. Die verbleibenden Pakete sollten deaktiviert werden.

(5) `Weiter` setzt die Installation fort.

(6) `Installieren` startet die Installation der gewählten Pakete.

Inhalt der CD

Die auf der CD enthaltenen Softwarepakete liegen in folgender Verzeichnisstruktur vor. Dabei entspricht *CD-LW* dem Laufwerksbuchstaben des verwendeten CD-Laufwerks.

CD-LW:\Autorun	Verzeichnis des Autostarters
CD-LW:\Dongle	Installationsverzeichnis des Dongle-Treibers (wird nur bei einer Erstellung von Runtimeversionen benötigt)
CD-LW:\Install\Iconnect	ICONNECT Installationsverzeichnis
CD-LW:\Install\Iconnect\MSR_Buch_Beispiele	Basisverzeichnis der Beispiele zum Buch
CD-LW:\Support\Acrobat	Acrobat Reader 5.05
CD-LW:\Support\Can-EMS	Unterstützung für CAN-Bus
CD-LW:\Support\DCOM	DCOM-Unterstützung für OPCClient-Modul
CD-LW:\Support\DirectX	DirectX Version 8.1b
CD-LW:\Support\Dongle	Dongle-Treiber für ICONNECT
CD-LW:\Support\Html Help	Html Hilfe Control zum Anzeigen von Html-Hilfen
CD-LW:\Support\MSI	Microsoft Installer.
CD-LW:\Support\ODBC	ODBC-Treiber für Datenbank-Module
CD-LW:\Support\Perl	Unterstützung für Perl-Modul
CD-LW:\Support\VBA	Unterstützung für VBA-Modul
CD-LW:\Support\XML	XML-Unterstützung für Translator-Modul

Benutzung der Beispiele zum Buch

Die in diesem Buch beschriebenen Beispiele befinden sich auf der CD in den Unterverzeichnissen von *CD-LW:\Install\Iconnect\MSR_Buch_Beispiele*. Auf der Festplatte sind die Beispiele nach der Installation im Unterverzeichnis *MSR_Buch_Beispiele* des ICONNECT-Verzeichnisses zu finden.

Die Struktur der Unterverzeichnisse entspricht dabei der Kapitelstruktur des Buches. So befinden sich beispielsweise die Signalgraphen zur Bildverarbeitung aus Kapitel 7 in *Kapitel7 - Bildverarbeitung*.

Um das Starten der Beispielsignalgraphen komfortabler zu gestalten, steht im Basispfad der Beispiele das Dokument IConnectBuch - Beispiele.pdf zur Verfügung. Es ist für den interaktiven Gebrauch gedacht und erleichtert das Navigieren durch die Vielzahl der Beispiele. Gleichzeitig werden zu einigen Signalgraphen besondere Benutzungshinweise gegeben.

Bevor das Dokument IConnectBuch - Beispiele.pdf geöffnet werden kann, muss das Paket **Acrobat Reader** installiert sein. Eine nachträgliche Installation kann wie oben beschrieben erfolgen. Das Beispiel-Dokument kann dann entweder mit dem Eintrag in der **ICONNECT**-Startgruppe unter **Programme** gestartet oder manuell von CD oder Festplatte geöffnet werden.

Im Dokument befindet sich zu jedem verfügbaren Signalgraphen eine Kurzbeschreibung und ein Link, mit dem **ICONNECT** mit dem jeweiligen Beispiel direkt gestartet werden kann. Zum übersichtlicheren Navigieren dienen die Lesezeichen im Fenster **Lesezeichen**.

Es sollte beachtet werden, dass einige der Beispiele sich auf die Module **Perl** und **VBA** stützen. Daher wird empfohlen, die Pakete **Active Perl** und **Visual Basic for Applications** vorher zu installieren, sofern noch nicht geschehen.

Literaturverzeichnis

[ABA00] ALIEV, R.; BONFIG, K. W.; ALIEW, F.: *Soft Computing – Eine grundlegende Einführung*; Verlag Technik, Berlin, 2000

[Alt95] VON ALTROCK, C.: *Fuzzy Logik, Band 1: Technologie*; 2. Aufl.; R. Oldenbourg Verlag, München, Wien, 1995

[ASP94] ANGELINE, P. J.; SAUNDERS, G. M.; POLLACK, J. P.: *An Evolutionary Algorithm that Constructs Recurrent Neural Networks*; in: *IEEE Transactions on Neural Networks*; Bd. 5 (1); S. 54 – 65, 1994

[Bac01] BACH, C.: *Algorithmen zur Interpretation trainierter selbstorganisierender Karten (SOM) für Klassifikationsaufgaben*; Diplomarbeit; Universität Passau, Lehrstuhl für Rechnerstrukturen, 2001

[Bas01a] BASLER VISION TECHNOLOGIES: *CameraLink-Technology Brief*; Firmenschrift; Basler Vision Technologies, 2001; Online im Internet – URL: http://www.baslerweb.com/popups/448/Camera_Link_Technology_Brief.pdf [Stand: 04.02.2003]

[Bas01b] BASLER VISION TECHNOLOGIES: *IEEE 1394-Technology Brief*; Firmenschrift; Basler Vision Technologies, 2001; Online im Internet – URL: http://www.baslerweb.com/popups/612/IEEE_1394_Technology_Brief.pdf [Stand: 04.02.2003]

[Bee94] VON DER BEECK, M.: *A Comparison of Statecharts Variants*; in: *Proc. Formal Techniques in Real-Time and Fault-Tolerant Systems (FTRTFT'94)* (Hg. Langmaack, H.; de Roever, W.-P.; Vytopil, J.); Bd. 863 von *Lecture Notes in Computer Science*; S. 128 – 148; Springer Verlag, 1994

[Ber01] BERGER, M.: *Grundkurs der Regelungstechnik*; Books on Demand, 2001

[BG92] BERRY, G.; GONTHIER, G.: *The Esterel Synchronous Programming Language: Design, Semantics, Implementation*; Science of Computer Programming; Bd. 19, S. 87 – 152, 1992

[Bie97] BIEWER, B.: *Fuzzy-Methoden: Praxisrelevante Rechenmodelle und Fuzzy-Programmiersprachen*; Springer-Verlag, Berlin, Heidelberg, New York, 1997

[Bis95] BISHOP, C. M.: *Neural Networks for Pattern Recognition*; Clarendon Press, Oxford, 1995

[BM58] BOX, G. E. P.; MULLER, M. E.: *A Note on the Generation of Random Normal Deviates*; Ann Math Stat; Bd. 28, S. 610 – 611, 1958

[BM98] BLAKE, C.; MERZ, C.: *UCI Repository of machine learning databases*, 1998; Online im Internet – URL: http://www.ics.uci.edu/~mlearn/MLRepository.html [Stand: 29.04.2003]

[Bot98] BOTHE, H.-H.: *Neuro-Fuzzy-Methoden: Einführung in Theorie und Anwendungen*; Springer-Verlag, Berlin, Heidelberg, New York, 1998

[Bri82] BRIGHAM, E. O.: *FFT - Schnelle Fourier-Transformation*; R. Oldenbourg Verlag, München, 1982

[Bro97] BROY, M.: *Informatik (Eine grundlegende Einführung), Band 1*; 2. Aufl.; Springer Verlag, Berlin, 1997

[BWLT94] BACK, A.; WAN, E. A.; LAWRENCE, S.; TSOI, A. C.: *A Unifying View of Some Training Algorithms for Multilayer Perceptrons with FIR Filter Synapses*; in: *Neural Networks for Signal Processing IV* (Hg. Vlontzos, J.; Hwang, J.-N.; Wilson, E.); S. 146 – 154; IEEE Press, New York, 1994; (Proceedings of the NNSP '94 IEEE Workshop, Ermioni)

[CGHC97] CLOUSE, D. S.; GILES, C. L.; HORNE, B. G.; COTTRELL, G. W.: *Time-Delay Neural Networks: Representation and Induction of Finite-State Machines*; in: *IEEE Transactions on Neural Networks*; Bd. 8 (5); S. 1065 – 1070, 1997

[Chi95]   CHI, Z.: *MLP Classifiers: Overtraining and Solutions*; in: *Proceedings of the IEEE International Conference on Neural Networks*, Perth; Bd. 5; S. 2821 – 2824, 1995

[Com00]   COMPAQ COMPUTER CORPORATION, HEWLETT-PACKARD COMPANY, INTEL CORPORATION, LUCENT TECHNOLOGIES INC., MICROSOFT CORPORATION, NEC CORPORATION, KONINKLIJKE PHILIPS ELECTRONICS N. V.: *Universial Serial Bus-Specification, Rev. 2.0*; Firmenschrift, 2000; Online im Internet – URL: http://www.usb.org/developers/docs/usb_20.zip [Stand: 04.02.2003]

[CU93]   CICHOCKI, A.; UNBEHAUEN, R.: *Neural Networks for Optimization and Signal Processing*; John Wiley & Sons, Chichester, New York, 1993

[Den74]   DENNIS, J. B.: *First Version of a Dataflow Procedure Language*; in: *Proceedings of the Programming Symposium, Paris, April 1974*; Bd. 19; S. 362 – 376, 1974

[DeS88]   DeSIENO, D.: *Adding a conscience to competitive learning*; in: *Proceedings of the International Conference on Neural Networks ICNN'88*; S. 117 – 124, 1988

[DGOS02]   DOUCET, F.; GUPTA, R.; OTSUKA, M.; SHUKLA, S.: *An Environment for Dynamic Component Composition for Efficient Co-Design*; in: *Design Automation and Test Conference (DATE 2002)*, March 2002

[Don91]   DONNER, K.: *Hierarchical Approximation for Pattern Recognition*; in: *Applications of Artifical Intelligence*, Prague; S. 213 – 226, 1991

[Dor96]   DORFFNER, G.: *Neural Networks for Time Series Processing*; in: *Neural Network World*; Bd. 6 (4); S. 447 – 468, 1996

[DSAW98]   DEMANT, C.; STREICHER-ABEL, B.; WASZKEWITZ, P.: *Industrielle Bildverarbeitung – Wie optische Qualitätskontrolle wirklich funktioniert*; Springer-Verlag, Berlin, Heidelberg, 1998

[Ele57]   ELECTRONIC INDUSTRIES ALLIANCE: *Electrical Performance Standards Monochrome Television Studio Facilities*; Technical standard; Electronic Industries Alliance, 1957; Committee: R4.8 DTV Interface Subcommitee

[Ell93]   ELLIOT, D. L.: *A Better Activation Function for Artificial Neural Networks*; Technischer Bericht TR-93-8; University of Maryland, Institute for Systems Research, 1993

[Fei99]   FEINDT, E.-G.: *Computersimulation von Regelungen - Modellbildung und Softwareentwicklung*; Oldenbourg, München, Wien, 1999

[Fis36]   FISHER, R. A.: *The Use of Multiple Measurements in Axonomic Problems*; Annals of Eugenics; Bd. 7, S. 179 – 188, 1936

[Fla99]   FLANDRIN, P.: *Time-Frequency/Time-Scale Analysis*; Academic Press, USA, 1999

[Fle96]   FLEXER, A.: *Statistical Evaluation of Neural Network Experiments: Minimum Requirements and Current Practice*; in: *Proceedings of the 13th European Meeting on Cybernetics and Systems Research (Cybernetics and Systems '96)*, Wien (Hg. Trappl, R.); S. 1005 – 1008, 1996

[FS99]   FUCHS, E.; SICK, B.: *Using Temporal Information in Input Features of Neural Networks*; in: *Proceedings of the 9th International Conference on Artificial Neural Networks (ICANN '99) incorporating the IEE Conference on Artificial Neural Networks*, Edinburgh; Bd. 1; S. 467 – 472, 1999; (IEE Conference Publication No. 470)

[Fuc99]   FUCHS, E.: *Schnelle Quadratmittelapproximation in gleitenden Zeitfenstern mit diskreten orthogonalen Polynomen*; Dissertation; Universität Passau, 1999

[GG92]   GERSHO, A.; GRAY, R. M.: *Vector Quantization and Signal Compression*; Kluwer, Boston, 1992

[GK99]   GEIGER, C.; KANZOW, C.: *Numerische Verfahren zur Lösung unrestringierter Optimierungsaufgaben*; Springer Verlag, Wien, New York, 1999

[GLHK98] GILES, C.; LIN, T.; HORNE, B.; KUNG, S.: *The Past Is Important: A Method for Determining Memory Structure in NARX Neural Networks*; in: *International Joint Conference on Neural Networks (IJCNN '98)*, Anchorage; S. 1834 – 1839, 1998

[GW92] GONZALES, R. C.; WOODS, R. E.: *Digital Image Processing*; Addison-Wesley, Reading Mass., 1992

[Hab91] HABERÄCKER, P.: *Digitale Bildverarbeitung – Grundlagen und Anwendungen*; Carl Hanser Verlag, München, Wien, 1991

[Ham87] HAMMING, R. W.: *Digitale Filter*; VCH Verlagsgesellschaft, Weinheim, New York, 1987

[Har87] HAREL, D.: *Statecharts: A Visual Formalism for Complex Systems*; Science of Computer Programming; Bd. 8, S. 231 – 274, 1987

[Hay94] HAYKIN, S.: *Neural Networks – A Comprehensive Foundation*; Macmillan College Publishing Company, New York, 1994

[Hay99] HAYKIN, S.: *Neural Networks – A Comprehensive Foundation*; 2. Aufl.; Prentice Hall, Upper Saddle River, 1999

[Hei02] HEININGER, M.: *Spezifikation und Implementierung eines Simulationswerkzeugs und Strukturanalysators für die verteilte Implementierung von Statecharts in einer datenflussorientierten Umgebung*; Diplomarbeit; Universität Passau, Lehrstuhl für Rechnerstrukturen, 2002

[Hes99] HESSE, R.: *Bildverarbeitungsgestützte Kreispassung zur Vermessung von Dosen*; Diplomarbeit; Universität Passau, 1999

[HM94] HAPPEL, B. L. M.; MURRE, J. M. J.: *Design and Evolution of Modular Neural-Network Architectures*; in: *Neural Networks*; Bd. 7 (6–7); S. 985 – 1004, 1994

[Hof93] HOFFMANN, N.: *Kleines Handbuch Neuronale Netze – Anwendungsorientiertes Wissen zum Lernen und Nachschlagen*; Friedrich Vieweg & Sohn Verlagsgesellschaft, Braunschweig, Wiesbaden, 1993

[Hof98] HOFFMANN, R.: *Signalanalyse und -erkennung – Eine Einführung für Informationstechniker*; Springer Verlag, Berlin, Heidelberg, 1998

[HSW89] HORNIK, K.; STINCHCOMBE, M.; WHITE, H.: *Multilayer Feedforward Networks are Universal Approximators*; in: *Neural Networks*; Bd. 2; S. 359 – 366, 1989

[Ins95] INSTITUTE OF ELECTRICAL AND ELECTRONICS ENGINEERS: *IEEE Standard for a High Performance Serial Bus*; Technical standard; Institute of Electrical and Electronics Engineers (IEEE), 1995

[Ins96] INSTITUTE OF ELECTRICAL AND ELECTRONICS ENGINEERS: *IEEE Standard for Low-Voltage Differential Signals (LVDS) for Scalable Coherent Interface (SCI)*; Technical standard; Institute of Electrical and Electronics Engineers (IEEE), 1996

[Int70] INTERNATIONAL TELECOMMUNICATION UNION – RADIOCOMMUNICATION: *Conventional Television System - Recommendation ITU-R BT.470-5*; Technical standard; International Telecommunication Union – Radiocommunication (ITU-R), 1970; (vormals CCIR)

[Jäh93] JÄHNE, B.: *Digitale Bildverarbeitung*; Springer-Verlag, Berlin, Heidelberg, 1993

[Kah95] KAHLERT, J.: *Fuzzy Control für Ingenieure – Analyse, Synthese und Optimierung von Fuzzy-Regelungssystemen*; Friedrich Vieweg & Sohn Verlagsgesellschaft, Braunschweig, Wiesbaden, 1995

[Kie97] KIENDL, H.: *Fuzzy control methodenorientiert*; R. Oldenbourg Verlag, München, Wien, 1997

[Koh01] KOHONEN, T.: *Self-Organizing Maps*; Bd. 30 von *Information Sciences*; 3. Aufl.; Springer-Verlag, Berlin, Heidelberg, New York, 2001

[LDL94]   LIN, D.-T.; DAYHOFF, J. E.; LIGOMENIDES, P. A.: *Prediction of Chaotic Time Series and Resolution of Embedding Dynamics with the ATNN*; in: *Proceedings of the 1994 World Congress on Neural Networks*, San Diego; Bd. 2; S. 231 – 236, 1994

[LGHK97]   LIN, T.-N.; GILES, C. L.; HORNE, B. G.; KUNG, S.-Y.: *A Delay Damage Model Selection Algorithm for NARX Neural Networks*; in: *IEEE Transactions on Signal Processing*; Bd. 45 (11); S. 2719 – 2730, 1997; (Special Issue on Neural Networks)

[LHGK98]   LIN, T.; HORNE, B.; GILES, C.; KUNG, S.: *What to Remember, How Memory Order Affects the Performance of NARX Neural Networks*; in: *International Joint Conference on Neural Networks (IJCNN '98)*, Anchorage; S. 1051 – 1056, 1998

[LHTG96]   LIN, T.; HORNE, B. G.; TIŇO, P.; GILES, C. L.: *Learning Long-Term Dependencies in NARX Recurrent Neural Networks*; in: *IEEE Transactions on Neural Networks*; Bd. 7 (6); S. 1329 – 1338, 1996

[LLD93]   LIN, D.-T.; LIGOMENIDES, P. A.; DAYHOFF, J. E.: *Spatiotemporal Topology and Temporal Sequence Identification with an Adaptive Time-Delay Neural Network*; in: *SPIE – Intelligent Robots and Computer Vision XII*; Bd. 2055; S. 536 – 545, 1993

[Mar92]   MARANINCHI, F.: *Operational and Compositional Semantics of Synchronous Automaton Compositions*; in: *Proceedings CONCOUR'92* (Hg. Cleaveland, W.); Bd. 630 von *Lecture Notes in Computer Science*; S. 550 – 564; Springer Verlag, 1992

[Moh94]   MOHRAZ, K.: *Neuronale Netze mit dynamischer Architektur*; Diplomarbeit; Universität Erlangen – Nürnberg, IMMD – Lehrstuhl für Programmier- und Dialogsprachen sowie Compiler, 1994

[MP96]   MOHRAZ, K.; PROTZEL, P.: *FlexNet – A Flexible Neural Network Construction Algorithm*; in: *Proceedings of the 4th European Symposium on Artificial Neural Networks (ESANN '96)*, Brüssel; S. 111 – 116, 1996

[MRSS01]   MAYDL, W.; RAMSAUER, M.; SCHWARZFISCHER, T.; SICK, B.: *ICONNECT: Ein datenflußorientiertes, visuelles Programmiersystem für die Online-Signalverarbeitung*; in: *Engineering komplexer Automatisierungssysteme (EKA 2001): Beschreibungsmittel, Methoden, Tools und Anwendungen (7. Fachtagung)* Braunschweig; S. 225 – 247, 2001

[MSF97]   MANN, H.; SCHIFFELGEN, H.; FRORIEP, R.: *Regelungstechnik – Analoge und digitale Regelung, Fuzzy-Regler, Regler-Realisierung, Software*; 7. Aufl.; Carl Hanser Verlag, München, Wien, 1997

[MSG02]   MAYDL, W.; SICK, B.; GRASS, W.: *Towards a Specification Technique for Component-Based Measurement and Control Software for Embedded Systems*; in: *Proceedings of the 28th EUROMICRO Conference (EUROMICRO 2002)*, Dortmund (Hg. Fernandez, M.; Crnkovic, I.; Fohler, G.; Griwodz, C.; Plagemann, T.; Gruenbacher, P.); S. 74 – 80, 2002

[MT98]   MESSNER, W.; TILBURY, D.: *Control Tutorials for Mathlab and Simulink: A Web-based Approach*; Addison Wesley Longman Verlag, 1998

[MW90]   MANGASARIAN, O.; WOLBERG, W.: *Cancer Diagnosis via Linear Programming*; SIAM News; Bd. 23 (5), 1990

[MW94]   McDONNELL, J. R.; WAAGEN, D.: *Evolving Recurrent Perceptrons for Time-Series Modeling*; in: *IEEE Transactions on Neural Networks*; Bd. 5 (1); S. 24 – 38, 1994

[Nat00]   NATIONAL SEMICONDUCTOR CORPORATION: *LVDS Owner's Manual*; Firmenschrift; National Semiconductor Corporation, 2000; Online-Version im Internet – URL: http://www.national.com/appinfo/lvds/files/LOM_2.pdf [Stand: 04.02.2003]

[Neu93]   NeuralWare, Inc.; Pittsburgh (PA); *Neural Computing – A Technology Handbook for NeuralWorks Professional II/PLUS and NeuralWorks Explorer*, 1993

[NFSM97]   NÖMMER, J.; FUCHS, E.; SICK, B.; MANDL, R.: *Entwicklung und Ablauf objekt-orientierter Echtzeitsoftware auf der Basis parametrisierter Algorithmenmodule*; in: *Tagungsband Echtzeit '97*, Wiesbaden; S. 62 – 67, 1997

[NKK96]   NAUCK, D.; KLAWONN, F.; KRUSE, R.: *Neuronale Netze und Fuzzy-Systeme*; 2. Aufl.; Friedrich Vieweg & Sohn Verlagsgesellschaft, Braunschweig, Wiesbaden, 1996

[Ots79]   OTSU, N.: *A Threshold Selection Method from Gray-Level Histograms*; in: *IEEE Transactions of Systems, Man, and Cybernetics*; Bd. 9; S. 62 – 66, 1979

[PG89]   POGGIO, T.; GIROSI, F.: *A Theory of Networks for Approximation and Learning*; A.I. Memo No. 1140, C.B.I.P. Paper No. 31; Massachusetts Institute of Technology – Artificial Intelligence Laboratory & Center for Biological Information Procesing – Whitaker College, 1989

[PM99]   PAL, S.; MITRA, S.: *Neuro-Fuzzy Pattern Recognition – Methods in Soft Computing*; John Wiley & Sons, New York, 1999

[Pre94]   PRECHELT, L.: *PROBEN1 – A Set of Neural Network Benchmark Problems and Benchmarking Rules*; Technical Report 21/94; Universität Karlsruhe, Fakultät für Informatik, September 1994

[PTVF92]   PRESS, W.; TEUKOLSKY, S.; VETTERLING, W.; FLANNERY, B. (Hg.): *Numerical Recipes in C; The Art of Scientific Computing*; 2. Aufl.; Cambridge University Press, New York, 1992

[RB93]   RIEDMILLER, M.; BRAUN, H.: *A Direct Method for Faster Backpropagation Learning: The RPROP Algorithm*; in: *Proceedings of the 1993 IEEE International Conference on Neural Networks (ICNN '93)*, San Francisco; Bd. 1; S. 586 – 591, 1993

[RD90]   RANGWALA, S.; DORNFELD, D.: *Sensor Integration Using Neural Networks for Intelligent Tool Condition Monitoring*; in: *Journal of Engineering for Industry (Transactions of the ASME)*; Bd. 112; S. 219 – 228, August 1990

[Ree93]   REED, R.: *Pruning Algorithms – A Survey*; in: *IEEE Transactions on Neural Networks*; Bd. 4 (5); S. 740 – 747, 1993

[Rie93]   RIEDMILLER, M.: *Untersuchungen zu Konvergenz und Generalisierungsfähigkeit überwachter Lernverfahren mit dem SNNS*; in: *Tagungsband zum Workshop Simulation Neuronaler Netze mit SNNS (SNNS '93)*, Stuttgart (Hg. Zell, A.); S. 107 – 116, 1993

[Rie94]   RIEDMILLER, M.: *Advanced Supervised Learning in Multi-layer Perceptrons – From Backpropagation to Adaptive Learning Algorithms*; in: *International Journal of Computer Standards and Interfaces*; Bd. 16 (3); S. 265 – 278, 1994; (Special Issue on Artificial Neural Networks)

[RMS91]   RITTER, H.; MARTINETZ, T.; SCHULTEN, K.: *Neuronale Netze – Eine Einführung in die Neuroinformatik selbstorganisierender Netzwerke*; Künstliche Intelligenz; 2. Aufl.; Addison-Wesley Publishing Company, Bonn, München, Reading, 1991

[Roj96]   ROJAS, R.: *Neural Networks – A Systematic Introduction*; Springer-Verlag, Berlin, Heidelberg, New York, 1996

[Sam97]   SAMETINGER, J.: *Software Engineering with Reusable Components*; Springer Verlag, 1997

[Sar96]   SARLE, W. (Hg.): *Neural Nets: A List of Frequently Asked Questions (FAQ)*; USENET: comp.ai.neural-nets, September 1996; Online im Internet – URL: ftp://ftp.sas.com/pub/neural/FAQ.html [Stand: 20.12.1999]

[SBF+98a] SICHENEDER, A.; BENDER, A.; FUCHS, E.; MANDL, R.; MENDLER, M.; SICK, B.: *Tool-supported Software Design and Program Execution for Signal Processing Applications Using Modular Software Components*; in: *Proceedings of the International Workshop on Software Tools for Technology Transfer (STTT '98)*, Aalborg (Hg. Margaria, T.; Steffen, B.); S. 61 – 70, 1998; (BRICS Notes Series NS-98-4)

[SBF⁺98b] SICHENEDER, A.; BENDER, A.; FUCHS, E.; MANDL, R.; SICK, B.: *A Framework for the Graphical Specification and Execution of Complex Signal Processing Applications*; in: *Proceedings of the 1998 International Conference on Acoustics, Speech, and Signal Processing (ICASSP '98)*, Seattle; Bd. 3; S. 1757 – 1760, 1998

[Sch90] SCHRÜFER, E.: *Signalverarbeitung*; Carl Hanser Verlag, München, Wien, 1990

[Sch98a] SCHIFFER, S.: *Visuelle Programmierung – Grundlagen und Einsatzmöglichkeiten*; Addison Wesley Longman Verlag, 1998

[Sch98b] SCHOLZ, P.: *Design of reactive systems and their distributed implementation with statecharts*; Dissertation; Technische Universität München, 1998

[Sch99] SCHWARZFISCHER, T.: *An Efficient Rectangular Graph Algorithm*; Technischer Bericht; Universität Passau, Lehrstuhl für Rechnerstrukturen, 1999

[Sch00] SCHICKER, E.: *Datenbanken und SQL*; Teubner Verlag, 2000

[SDB97] SCHITTENKOPF, C.; DECO, G.; BRAUER, W.: *Two Strategies to Avoid Overfitting in Feedforward Networks*; in: *Neural Networks*; Bd. 10 (3); S. 505 – 516, 1997

[SH95] SETIONO, R.; HUI, L. C. K.: *Use of a Quasi-Newton Method in a Feedforward Neural Network Construction Algorithm*; in: *IEEE Transactions on Neural Networks*; Bd. 6 (1); S. 273 – 277, 1995

[She97] SHEPHERD, A. J.: *Second Order Methods for Neural Networks – Fast and Reliable Training Methods for Multi-Layer Perceptrons*; Springer-Verlag, London, Berlin, Heidelberg, 1997

[SHG95] SIEGELMANN, H.; HORNE, B.; GILES, C.: *Computational capabilities of recurrent NARX neural networks*; Techn. Ber. UMIACS-TR-95-12, CS-TR-3408; University of Maryland, Institute for Advanced Computer Studies, 1995

[Sic00] SICK, B.: *Signalinterpretation mit Neuronalen Netzen unter Nutzung von modellbasiertem Nebenwissen am Beispiel der Verschleißüberwachung von Werkzeugen in CNC-Drehmaschinen*; VDI-Verlag, Düsseldorf, 2000; (Fortschritt-Berichte VDI (Reihe 10: Informatik/Kommunikationstechnik) Nr. 629)

[Sic01] SICK, B.: *Technische Anwendungen von Soft-Computing Methoden*; Vorlesungsskriptum, Universität Passau, Fakultät für Mathematik und Informatik, Juli 2001

[Soi98] SOILLE, P.: *Morphologische Bildverarbeitung*; Springer-Verlag, Berlin, Heidelberg, 1998

[Ste84] STEARNS, S. D.: *Digitale Verarbeitung analoger Signale*; 2. Aufl.; R. Oldenbourg Verlag, München, 1984

[Sti03] STIMMELMAYR, H.: *Erneuerung von Rohrnetzen im Hochdruckbereich*; 3R international; Bd. 1, S. 48–50, 2003

[SW01] SCHÖFFLER, M.; WIMMER, M.: *Vermessung von Getränkedosen in Iconnect*; Programmierpraktikum; Universität Passau, 2001

[Szy98] SZYPERSKI, C.: *Component Software*; Addison-Wesley, 1998

[The02] THE IMAGING SOURCE GMBH: *Introduction to Cameras*; Firmenschrift; The Imaging Source GmbH, circa 2002; Online im Internet – URL: http://www.theimagingsource.de/prod/cam/camintro_2.htm [Stand 04.02.2003]

[UDC⁺92] ULBRICHT, C.; DORFFNER, G.; CANU, S.; GUILLEMYN, D.; MARIJUÁN, G.; OLARTE, J.; RODRÍGUEZ, C.; MARTÍN, I.: *Mechanisms for Handling Sequences with Neural Networks*; in: *Intelligent Engineering Systems through Artificial Neural Networks* (Hg. Dagli, C. H.; Burke, L. I.; Shin, Y. C.); Bd. 2; S. 273 – 278; ASME Press, New York, 1992; (Proceedings of the 2nd Artificial Neural Networks in Engineering Conference (ANNIE '92), St. Louis)

[VG02] VON GRÜNIGEN, D.: *Digitale Signalverarbeitung*; 2. Aufl.; Fachbuchverlag Leipzig im Carl Hanser Verlag, München, Wien, 2002

[VS91]   VOSS, K.; SÜSSE, H.: *Praktische Bildverarbeitung*; Carl Hanser Verlag, München, Wien, 1991

[Wan93a]   WAN, E. A.: *Finite Impulse Response Neural Networks with Applications in Time Series Prediction*; Dissertation; Stanford University, Department of Electrical Engineering, 1993

[Wan93b]   WAN, E. A.: *Time Series Prediction by Using a Connectionist Network with Internal Delay Lines*; in: *Time Series Prediction: Forecasting the Future and Understanding the Past* (Hg. Weigend, A. S.; Gershenfeld, N. A.); SFI Studies in the Sciences of Complexity; S. 195 – 217; Addison-Wesley Publishing, Reading, 1993

[WB98]   WAN, E. A.; BEAUFAYS, F.: *Diagrammatic Methods for Deriving and Relating Temporal Neural Network Algorithms*; in: *Adaptive Processing of Sequences and Data Structures* (Hg. Giles, C. L.; Gori, M.); Nr. 1387 in Lecture Notes in Computer Science; S. 63 – 98; Springer Verlag, Berlin, Heidelberg, New York, 1998; (Proceedings of the International Summer School on Neural Networks, Vietri sul Mare, Salerno, 1997)

[Wei98]   WEISS, F.: *Strukturfindung für Neuronale Time-Delay-Netze mit Hilfe verteilter genetischer Algorithmen*; Diplomarbeit; Universität Passau, Lehrstuhl für Rechnerstrukturen, 1998

[Wer90]   WERBOS, P. J.: *Backpropagation Through Time: What it Does and How to Do It*; in: *Proceedings of the IEEE*; Bd. 78 (10), 1990

[WG93]   WEIGEND, A. S.; GERSHENFELD, N. A. (Hg.): *Time Series Prediction: Forecasting the Future and Understanding the Past*; SFI Studies in the Sciences of Complexity; Addison-Wesley Publishing, Reading, 1993

[WHH+89]   WAIBEL, A.; HANAZAWA, T.; HINTON, G.; SHIKANO, K.; LANG, K. J.: *Phoneme Recognition Using Time-Delay Neural Networks*; in: *IEEE Transactions on Acoustics, Speech, and Signal Processing*; Bd. 37 (3); S. 328 – 339, 1989

[WM90]   WOLBERG, W.; MANGASARIAN, O.: *Multisurface Method of Pattern Separation for Medical Diagnosis Applied to Breast Cancer Cytology*; Proceedings of the National Academy of Sciences USA; Bd. 87, Dez. 1990

[Wüt02]   WÜTSCHNER, M.: *Einführung in die Kameratechnik*; Firmenschrift; Stemmer Imaging GmbH, 2002; Online-Version im Internet – URL: ftp://ftp.imaging.de/download/documents/produkte/kameras/Einfuehrung_Kameratechnik.pdf [Stand 04.02.2003]

[YCP91]   YEHNG, Y.-S.; CHEN, L.-G.; PARNG, T.-M.: *AST: Automatic Schematic Generator*; INTEGRATION the VLSI journal; Bd. 11, S. 11 – 27, 1991

[Zad97]   ZADEH, L. A.: *What is soft computing?*; in: *Soft Computing: A Fusion of Foundations, Methodologies and Applications*; Bd. 1 (1); S. 1 – 2, 1997

[Zel94]   ZELL, A.: *Simulation Neuronaler Netze*; Addison-Wesley Publishing, Bonn, Paris, Reading, 1994

[ZS84]   ZHANG, T. Y.; SUEN, C. Y.: *A fast parallel algorithm for thinning digital patterns*; Communications of the ACM; Bd. 27 (3), S. 236 – 239, 1984

Index